KB239683

김은옥 지음

(주) 삼양미디어

Intro

JSP가 웹 사이트를 구축하는 주력 언어가 된지도 꽤 많은 시간이 흘렀습니다. 처음 JSP가 나올 때만 해도 JSP와 DB 연동만으로 웹페이지를 작성했었습니다. 그 후 Ajax가 등장하면서 서버 페이지의 요청에 이것이 사용되고, PC용 웹 브라우저뿐만 아니라 모바일 기기의 브라우저에서도 웹 사이트가 제대로 표시되는 것이 요구되었습니다. 제가 JSP 2.0 책을 쓴 후 웹 사이트의 구축에 많은 것들이 변경되고 이런 새로운 기술들이 필요하게 되어, 이번 JSP 2.3 책에서는 이러한 요구를 반영했습니다.

이 책은 JSP를 조금 접해 보았으나 익숙하지 않은 사용자들과 초보 개발자를 위한 기본서입니다. 따라서 입문서보다는 개발자가 되기 위해 알고 있어야 할 필수 사항을 위주로 설명했으며, 예제도 그런 요구가 만족되도록 선별하였습니다. 즉, 초보 개발자가 되기 위해서 반드시 알아야 하는 부분만을 담았습니다.

책의 내용은 JSP의 기본 문법인 JSP 구성 요소부터 jQuery 기반의 Ajax를 사용한 서버 페이지 요청 방법, 회원 관리, 게시판, 파일 업로드, EL, JSTL, Custom Tag, Ajax 기반의 모델 2를 사용한 쇼핑몰 구축까지 초보 개발자를 위한 필수 부분을 다루었습니다. Ajax 기반의 회원 관리 및 게시판 시스템, Ajax 기반의 모델 2를 사용한 웹 애플리케이션은 JSP 초보 개발자로서 반드시 작성하는 부분까지는 필수로 익혀야 합니다. 또한 요즘 대두되고 있는 데이터 보안을 위해, 해시 함수를 사용해서 비밀번호를 암호화하는 방법 및 블록 함수를 사용한 개인 정보 암호화 방법도 다루었습니다.

마지막으로 항상 같은 당부를 드립니다만, 좋은 프로그래머가 되기 위해서는 언제나 기본과 그에 따라 알아두어야 할 필수 사항이 중요합니다. 기본을 제대로 쌓아야 응용을 할 수 있고, 응용을 할 수 있어야 요즘같이 빠르게 발전하는 기술에 재빨리 반응할 수 있습니다. 프로그래머의 경력도 중요하지만, 그 경력에 걸맞은 기술력을 가지고 있는 것이 바로 경쟁력입니다. 즉, 초보 개발자는 초보 개발자로서 가져야 할 필수 기술을 반드시 습득해서 응용할 수 있어야, 중고급 프로그래머로 거듭 날 수 있게 된다는 점을 명심하기 바랍니다.

마지막으로 이 책이 출간될 수 있도록 도와주신 삼양미디어 여러분께 감사의 글을 올립니다.

김은옥

CONTENTS

JSP 페이지의 구성 요소

CONTENTS

Chapter 4 JSP 페이지의 내장 객체와 영역

Chapter 5   JSP 페이지의 액션 태그

CONTENTS

Chapter 6 — JSP 페이지의 에러 처리

Chapter 7 — Ajax(Asynchronous Javascript+XML)

Chapter **8**

JSP 로직의 모듈화 – 자바빈

Chapter **9**

데이터베이스와 JSP의 연동

Chapter 11   자바빈/커넥션 풀/세션을 사용한 Ajax 기반의 회원 관리 시스템

Chapter 14 표현 언어(Expression Language)

CONTENTS

이 책의 소스는 JDK 8 기반에서 컨테이너는 톰캣 8, 개발 플랫폼은 이클립스 4.4에서 테스트되었으며, 데이터베이스는 MySQL 5.5 버전을 사용했습니다. 다른 환경에서 사용 시에는 결과가 다르게 나올 수 있습니다.

▲ 부록 CD 구조

■ [program] 폴더 : 이 폴더에는 자바 개발 환경 구축을 위한 JDK 설치 프로그램, 이클립스, 톰캣 및 MySQL 그리고 커넥션 풀, 파일 업로드를 위한 라이브러리들이 있습니다.

■ [source] 폴더 : 이 폴더에는 이 책에서 학습할 모든 예제 프로젝트 및 학습 평가 문제 프로젝트 파일들이 있습니다. 이 폴더에 있는 파일 및 폴더는 복사&붙여넣기를 사용해서 이클립스의 프로젝트에 추가하여 실행할 수 있습니다.

※ 각 프로젝트에서 JSP 페이지는 [Webcontent] 폴더에 있으며, .java 파일은 [src] 폴더에 있습니다.

• [ex] 프로젝트 : 〈학습평가〉 중 소스 코드를 작성해야 하는 문제들의 정답 프로젝트

• [SEEDCBC_JSP] 프로젝트 : KISA에서 제공하는 블록 암호 변환 프로젝트

• [shoppingmall] 프로젝트 : Chapter 17의 쇼핑몰 소스 프로젝트

• [studyjsp] 프로젝트 : Chapter 01~16의 예제 소스 프로젝트

■ [강의용PPT] 폴더 : 각 장의 내용을 파워포인트로 작성한 강의용 프레젠테이션 파일이 들어 있습니다.

JSP의 기본 개요

첫 번째 Chapter에서는 웹 프로그래밍의 개요, 웹 프로그래밍의 처리 방식 및 구현 방식 그리고 JSP와 서블릿에 대해 개괄적으로 학습한다.

웹 프로그래밍의 이해

여기에서는 동적 페이지로 웹 페이지를 작성하는 것이 왜 중요한지, 그리고 이러한 동적 페이지를 작성하기 위해 어떤 웹 프로그래밍 언어들이 필요한지 간단하게 살펴본다. 또한 웹 애플리케이션의 구조 및 구성 요소에 대해서도 알아본다.

1 웹 프로그래밍의 개요

간단한 전달사항 등을 웹 페이지에 표시할 때는 HTML 태그만을 사용해도 된다. 그러나 데이터베이스에 저장된 내용 등을 웹 페이지에 표시할 때는 HTML 태그만으로 처리할 수 없다. 즉, HTML만으로는 데이터가 실시간으로 변화하는 것을 처리하거나 저장하기에는 불가능하다는 것이다. 따라서 동적으로 변화는 데이터를 처리하고 표시할 수 있는 무엇인가가 필요하게 되었다.

이렇게 동적으로 변화하는 데이터를 처리하고 표시하기 위해서 개발된 것이 CGI, ASP, PHP, JSP 등이며 보통 웹 프로그래밍 언어라고 하면 이들을 일컫는다. 웹 프로그래밍은 기본적으로 클라이언트(client)/서버(server) 방식으로, 클라이언트(웹 브라우저)가 특정 페이지를 웹 서버에 요청(request)하게 되면 웹 서버가 이를 처리한 후 결과를 다시 클라이언트(웹 브라우저)에게 응답(response)하게 되는 구조이다.

▲ 클라이언트/서버 방식의 구조

(1) CGI(Common Gateway Interface)

CGI는 웹 페이지에 동적으로 변하는 데이터를 처리하고 표시하기 위해서 가장 먼저 개발된 언어로, 웹 서버와 외부 프로그램 사이에서 정보를 주고받는 방법이나 규약들을 말한다. CGI는 웹 브라우저가 웹 서버를 통해 데이터베이스 서버에 질의를 요구하는 작업을 처리하는 대화형(동적) 웹 페이지를 작성할 때 사용된다.

즉, CGI란 웹 서버와 동적 콘텐츠 생성을 맡은 프로그램 사이에서 정보를 주고받는 인터페이스로, CGI의 규약을 준수한다면 어떤 언어라도 사용 가능하다. 개발 언어로는 UNIX 플랫폼(Platform)에서는 문자열 처리가 간단한 펄(Perl), Windows 플랫폼에서는 비주얼 베이직(Visual Basic) 등이 사용된다. 그러나 서버의 자원을 과도하게 사용하는 문제점 때문에 UNIX 플랫폼 이외에는 거의 사용되지 않는다.

(2) ASP(Active Server Page)

ASP는 마이크로소프트(Microsoft) 사에서 개발한 비주얼 베이직이라는 언어를 기반으로 사용한다. 스크립트 방식으로 동적인 웹 페이지를 작성할 수 있도록 지원하는 기술로, 간단히 말하면 서버에서 실행하는 스크립트 언어라 할 수 있다.

ASP는 ActiveX라는 제공된 컴포넌트를 사용할 수도 있으며, 이를 직접 개발하기 위한 기능도 제공한다. 그러나 ActiveX는 보안에 취약하다는 단점이 있어 최근에는 사용하지 않는 것이 권고안이며, 대신 Ajax(Asynchronous JavaScript+XML)를 사용해서 처리하는 것이 국제 표준이다. 닷넷(.Net) 기반의 ASP.Net도 있으나 국내에서는 비즈니스 로직으로 EJB(Enterprise Java Bean)을 채용하고 있어서 사용률이 높지 않다. EJB는 웹 프로그래밍에서 같은 자바 계열인 JSP를 사용해서 처리한다.

또한 ASP는 특정 플랫폼과 특정 웹 서버에서만 동작한다는 치명적인 단점이 있다. 오직 Windows 플랫폼에서 IIS(Internet Information Server) 웹 서버만 사용한다.

(3) PHP(Personal HomePage tools, Professional Hypertext Preprocessor)

PHP는 어떤 플랫폼에서든지 동작하며, C 언어의 문법과 유사하기 때문에 기존의 개발자들이 쉽게 사용할 수 있다는 장점 그리고 적은 명령어만으로 프로그래밍이 가능하기 때문에 편리성이란 측면에서도 많은 이점이 있는 언어였다. 그러나 컴포넌트를 지원하지 않는 불편함과 보안에 취약해 해킹의 대상이 된다는 문제가 있어 현재는 소규모 웹 사이트에서만 사용되고 있다.

인터페이스(Interface)

하나의 시스템을 구성하는 2개의 구성 요소(하드웨어, 소프트웨어) 또는 2개의 시스템이 상호 작용할 수 있도록 접속되는 경계(boundary), 또는 이 경계에서 상호 접속하기 위한 하드웨어, 소프트웨어, 조건, 규약 등을 포괄적으로 가리키는 말

플랫폼(Platform)

운영체제(OS)가 설치된 개발 환경을 말한다. 예를 들어 윈도(Windows) 기반에서는 윈도 플랫폼이라 부른다.

Ajax(Asynchronous JavaScript+XML)

자바스크립트(JavaScript)에 의한 비동기적인(asynchronous) 통신으로, 클라이언트인 웹 브라우저와 서버 사이에서 XML 기반인 데이터를 교환하는 방법이다. 여기서 비동기적인 통신이란 서버가 응답을 받을 준비가 된 상태인지의 여부에 상관없이 웹 브라우저가 서버로 정보를 전송하는 것으로, 사용자는 언제 정보가 전송되었는지 알지 못한다. 이와 같은 비동기적인 통신 방법을 사용하는 Ajax는 정보를 더 빨리 전송할 수 있다는 장점이 있다.

Malicious Source Injection(외부 파일 실행 공격 기법)

이 기법은 PHP의 독특한 특징으로 인해, 공격자의 웹 서버에 존재하는 공격용 프로그램을 공격 대상 서버에서 실행하게 되어 웹 서버를 장악 당하는 공격 기법이다. 공격자가 공격 대상 서버에 접속할 필요조차 없다는 점에서 무서운 공격 기법으로 PHP에만 발생한다.

(4) 서블릿(Servlet)과 JSP

1) Servlet(Server+Applet)

서블릿은 Sun Microsystems(썬마이크로시스템즈, 현 오라클) 사에서 발표한 기술로서, 자바(Java) 언어를 기반으로 하는 동적 웹 페이지를 작성할 수 있도록 지원한다. 서블릿은 멀티 쓰레딩(multi thread)에 의해 사용자 요구를 처리하고 가공해서 이에 대한 결과를 사용자에게 응답한다.

서블릿은 자바 프로그램과 작성하는 형식이 거의 같기 때문에, 자바를 학습하지 않으면 작성하기 어렵다는 단점과 자바 코드 안에 HTML 태그가 혼재되어 있어서 작업에 대한 분리적인 측면에서 볼 때 그 효율성이 떨어진다는 문제점을 가지고 있다.

2) JSP(Java Server Pages)

JSP는 서블릿과 마찬가지로 자바를 기반으로 하는데, 서블릿보다는 자바 코드에 덜 의존적이라서 좀 더 쉽고 편하게 프로그래밍할 수 있다. JSP와 서블릿은 같은 처리 구조를 가지며, 페이지의 요청이 있을 시 최초 한 번 자바 코드로 변환된 후 서블릿 클래스로 컴파일된다. 결론적으로 JSP는 실행 시 서블릿으로 변환된다. 단 한 번만 서블릿으로 변경되면 코드를 수정하기 전까지 재변환 작업이 일어나지 않기 때문에 수행 속도에서는 JSP나 서블릿 간에 별 차이가 없다. 따라서 최근에는 JSP는 주로 사용자용 화면인 뷰(View)의 구현에, 서블릿은 사용자용 뷰와 프로그램 로직 사이를 제어하는 역할(컨트롤러 : Controller)로 주로 사용한다.

쓰레드(thread)

쓰레드란 프로세스 내의 명령어 블록으로, 프로세스 내에 있는 것이다. 프로세스가 이미 메모리를 할당받았으므로 쓰레드는 따로 메모리를 할당받지 않는다. 멀티 쓰레딩이란 하나의 프로세스를 여러 개의 쓰레드로 나누어 동시에 처리하는 것으로, 메모리는 점유하지 않으면서 프로그램의 수행 속도를 향상시킨다.

3 웹 애플리케이션의 구조 및 구성 요소

웹 애플리케이션이란 웹을 기반으로 실행되는 프로그램을 의미하며, 웹 프로그래밍을 통해 구현한다. 웹 애플리케이션은 다음과 같은 구조를 통해 사용자의 요청을 체계적으로 처리한다.

▲ 웹 애플리케이션의 구조 및 처리 순서

웹 애플리케이션의 처리 순서는 ❶웹 브라우저가 웹 서버에 어떠한 페이지를 요청하게 되면 ❷해당 웹 서버는 웹 브라우저의 요청을 받아서 요청된 페이지의 로직 및 데이터베이스와의 연동을 위해 웹 애플리케이션 서버에 이들의 처리를 요청한다. ❸이때 웹 애플리케이션 서버는 데이터베이스와의 연동이 필요한 경우 이를 수행한다. ❹로직 및 데이터베이스 작업의 처리 결과를 웹 서버에 돌려보낸다. ❺그러면 웹 서버는 웹 브라우저에 결과를 응답하게 된다.

여기서 우리는 웹 애플리케이션이 웹 브라우저, 웹 서버, 웹 애플리케이션 서버, 데이터베이스로 구성되었다는 것을 알 수 있다. 이들의 각각의 기능을 표로 정리해 보자.

웹 애플리케이션 구성 요소	기 능
웹 브라우저	웹에서 클라이언트이며, 사용자의 작업창이라 할 수 있다. 예 IE, Chrome, Safari, FireFox 등
웹 서버	웹 브라우저의 요청을 받아들이는 곳으로 작업의 결과도 웹 브라우저에게 응답을 하는 곳이다. 요청된 페이지의 로직 및 데이터베이스와의 연동을 위해 애플리케이션 서버에 이들의 처리를 요청하는 작업을 수행한다. 예 아파치(Apache), IIS(Internet Information Server)
웹 애플리케이션 서버(WAS)	요청된 페이지의 로직 및 데이터베이스와의 연동을 처리하는 부분이다. 영어권에서는 그냥 애플리케이션 서버로 부른다. 예 BEA사의 웹로직(WebLogic), IBM의 웹스피어(WebSphere), 티맥스의 제우스(jeus), Caucho의 레진(Resin), Oracle의 글래스피시, 아파치 톰캣
데이터베이스	데이터의 저장소로 웹에서 발생한 데이터는 모두 이곳에 저장된다. 게시판의 글들, 회원의 정보 등을 예로 들 수 있다. 사용자의 입장에서 가장 안쪽에 있기 때문에 데이터베이스 서버를 Back-end Server라고도 부른다. 예 Oracle, Sybase, Informix, DB2, Mssql, MySQL

▲ 웹 애플리케이션의 구성 요소

JSP 웹 프로그래밍을 하려면 웹 서버, 웹 애플리케이션 서버, 웹 컨테이너가 필요하다. 이 책에서는 자카르타 프로젝트(Jakarta Project)에서 무료로 제공하는 웹 컨테이너인 톰캣을 사용해서 JSP 프로그래밍을 학습할 것이다. 톰캣은 웹 애플리케이션 서버의 기능을 가지고 있지만, 웹 애플리케이션 서버라기보다는 JSP와 서블릿을 서비스해주는 웹 컨테이너 역할로 주로 사용하기 때문에 보통 웹 컨테이너로 불린다. 톰캣은 무료이기 때문에 유료 프로그램에 비해 처리해야 하는 자잘한 작업들이 많다는 점이 귀찮고 불편할 수 있으나, 오히려 제공하는 기능이 단순하기 때문에 기본을 이해하고 익혀야 하는 초보자들이 사용하기에는 적합하다. 작업 환경을 설정하는 방법은 Chapter 02에서 살펴본다.

웹 애플리케이션 처리 방식 및 구현 방식

웹 애플리케이션을 처리하는 방식(CGI 방식과 웹 애플리케이션 서버 방식)과 웹 애플리케이션을 구현하는 방식(실행 코드 방식과 스크립트 코드 방식)에 대해 학습한다.

1 웹 애플리케이션 처리 방식

웹 애플리케이션을 처리하는 데는 CGI 방식과 웹 애플리케이션 서버 방식이 있다. 이 두 방식의 기본적인 처리 구조는 같으나 웹 서버가 웹 애플리케이션 프로그램을 사용하는 방식이 다르다.

예를 들어 5명의 사용자가 abc라는 페이지를 요청했고, 거기에는 ABC라는 프로그램이 사용되었다고 하자. 이러한 요청에 대해 CGI 방식과 웹 애플리케이션 서버 방식이 각각 어떤 식으로 처리하는지 알아보자.

(1) CGI(Common Gateway Interface) 방식

프로세스(Process)

메모리 할당을 받은 프로그램, 즉 실행 중인 프로그램을 의미한다. 프로세스는 메모리 할당을 받으므로 과도한 프로세스는 시스템에 부하를 준다. 즉, 시스템의 성능(Performance)이 떨어진다.

CGI 방식은 웹 서버가 애플리케이션 프로그램을 직접 호출하는 구조이다. 이때 애플리케이션 프로그램은 프로세스를 생성하여 처리하게 되는데, 1개의 요청에 대해 1개의 프로세스가 생성되어 그 요청을 처리한 뒤 종료한다.

위의 예에서 5명의 사용자가 모두 같은 abc 페이지를 요청하면, abc 페이지에서 ABC 프로그램을 사용하는 부분은 각각 프로세스가 생성된다. 즉, 아래의 그림과 같이 요청한 개수 5개에 해당하는 5개의 프로세스가 생성되는 것이다.

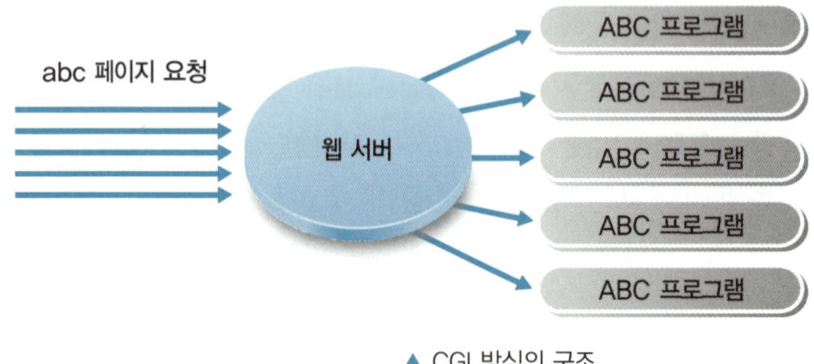

▲ CGI 방식의 구조

이러한 프로세스 기반의 CGI 프로그램은, 많은 사용자가 몰리는 웹 사이트에 요청되는 수많은 요청에 대해서 하나의 요청마다 새로운 프로세스가 생성되고, 처리하고, 종료하는 식의 운영 방식을 갖는다. 즉, 1000명의 사용자가 요청하면 1000개의 프로세스가 생성되어 처리된다. 이것은 시스템에 많은 부하를 가져오기 때문에 중대한 단점이 된다. 이런 문제 때문에 현재 일부의 UNIX 플랫폼을 제외하고는 CGI 방식을 사용하지 않는다.

(2) 웹 애플리케이션 서버(web application server) 방식

웹 애플리케이션 서버 방식은 웹 서버가 애플리케이션 프로그램을 직접 처리하지 않고, 웹 애플리케이션 서버가 처리하도록 넘기는 방식이다. 애플리케이션 서버 방식은 여러 명의 사용자가 동일한 페이지를 요청하여 같은 애플리케이션 프로그램을 처리할 때 오직 한 개의 프로세스만을 할당하고, 사용자의 요청을 쓰레드(Thread) 방식으로 처리한다.

앞의 예에서 5명의 사용자가 모두 같은 abc 페이지를 요청하면, abc 페이지에서 ABC 프로그램을 사용하는 부분은 한 번만 프로세스가 생성된다. 즉, 아래의 그림과 같이 5개를 요청하였어도 1개의 프로세스만 생성되고, 사용자의 요청은 쓰레드로 처리된다.

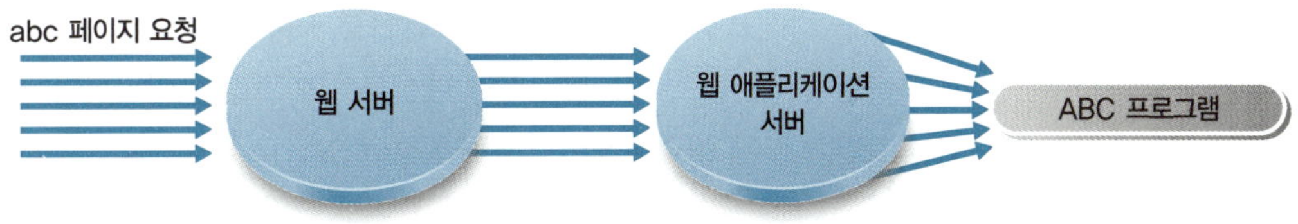

▲ 웹 애플리케이션 서버 방식의 구조

이렇듯 여러 개의 요청에 대해 오직 1개의 프로세스만을 할당하고 사용자의 요청을 쓰레드로 처리하는 방식은 메모리를 절약할 수 있게 해준다. 따라서 CGI 방식에 비해 동시에 더 많은 사용자에게 서비스를 제공할 수 있을 뿐만 아니라 전체적으로 성능도 향상되어 보다 안정적인 웹 서비스를 제공할 수 있다. 이런 이유로 대기업의 웹 사이트나 포털 사이트들은 웹 애플리케이션 서버 방식을 채택하고 있다. 현재 가장 많이 사용되고 있는 웹 프로그래밍 언어인 JSP와 ASP(우리나라를 제외하고는 비교적 많이 사용됨)는 모두 웹 애플리케이션 서버 방식을 취하고 있다.

웹 애플리케이션 프로그램은 구현 방식에 따라 실행 코드 방식과 스크립트 코드 방식으로 구분된다. JavaScript · VBScript는 클라이언트 쪽에서 처리하므로 클라이언트 사이드 스크립트(client side script)라 하고, ASP · JSP · PHP는 서버 쪽에서 처리하므로 서버 사이드 스크립트(server side script)라 한다. 즉, 이들은 스크립트 코드 방식으로 처리된다.

실행 코드 방식은 미리 컴파일된 실행 프로그램을 사용자의 요청에 따라 실행한다. 반면에 스크립트 코드 방식은 사용자의 요청이 있을 때 스크립트 코드를 번역하여 번역된 코드를 실행한다. 언뜻 보면 미리 컴파일된 프로그램을 사용하여 번역에 시간이 걸리지 않는 실행 코드 방식이 더 빠르게 느껴지겠으나, 실제로는 그렇지 않다. 스크립트 코드 방식에서는 해당 페이지가 처음으로 요청되었을 때 단 한번만 번역이 실행되고, 이후에는 해당 페이지의 요청이 있는 경우에는 번역된 코드가 실행된다. 따라서 실제적인 속도의 체감은 거의 없다.

또한 스크립트 코드 방식을 사용하는 것은 ASP, JSP 등의 웹 애플리케이션 서버 방식이므로 CGI 방식의 실행 코드 방식을 사용하는 것보다 전체적인 성능이 뛰어나다. 즉, 스크립트 코드 방식을 사용하는 스크립트 언어를 사용하는 것이 쉽고 빠르게 웹 애플리케이션을 구현할 수 있다는 의미이다. 현재 대부분 사이트들이 이러한 장점들 때문에 스크립트 언어를 기반으로 웹 애플리케이션을 구현하고 있다.

JSP 및 서블릿의 개요

여기서는 JSP 페이지의 개요 및 기본 구조와 HTTP 프로토콜과 서블릿의 동작 방식에 대해 살펴본다.

1 JSP의 개요

JSP는 Java Server Pages의 약자로, 썬마이크로시스템즈 사의 자바 서블릿(Servlet) 기술을 확장시킨 웹 환경상에서 100% 순수한 자바만으로 서버 사이드 모듈을 개발하기 위한 기술이다.

JSP도 서블릿과 만찬가지로 서버 사이드에서 DBMS와 같은 백 엔드 서버(Back-end Server)와 연동하여 이들 백 엔드 서버의 데이터를 가공하여 화면에 표시할 수 있고, 여러 조건에 따라 표시할 수 있는 내용들을 동적으로 처리할 수 있는 기능을 제공하고 있다.

JSP는 웹 프로그래밍 언어 중의 하나로, 자바라는 언어를 기반으로 만들어졌다. 그래서 자바 언어가 갖는 다음과 같은 특징들을 그대로 이어 받고 있다.

- 객체 지향적이다.
- 네트워크 지향적이다.
- 멀티 쓰레드를 지원한다.
- 플랫폼에 독립적이다.
- 보안성이 뛰어니다.
- 코드가 친근하다.

자바는 J2SE(Standard Edition), J2EE(Enterprise Edition), J2ME(Micro Edition)으로 나누어져 개발되는데 JSP는 J2EE을 구성하는 기술 중 하나이다.

(1) J2EE를 구성하는 기술의 개요

J2EE는 컨테이너(container)가 관리하는 컴포넌트(container-managed component) 그룹과 서비스 API(Service API) 그룹으로 나누어진다.

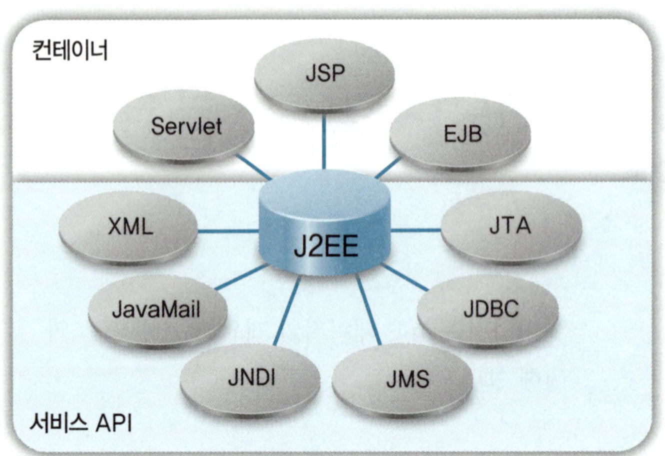

▲ J2EE를 구성하는 기술들

컨테이너는 여러 가지 컴포넌트를 가지고 있고, 컴포넌트들이 제공하는 각종 서비스를 관리하는 런타임(runtime) 환경을 제공한다. 이에 반해 서비스 API(Application Interface)는 실제로 사용하는 각종 서비스 환경을 제공한다.

이렇게 컨테이너 측면과 서비스 API 측면을 구별하는 이유는, 이미 개발되어 제공되는 서비스들 및 컨테이너를 연계하여 집중적인 튜닝을 통해 성능을 향상할 수 있기 때문이다. 즉, 커넥션 풀링(connection pooling)과 같이 전반적으로 사용되는 컴포넌트나 서비스는 그쪽 전문가에게 맡기고, 일선 개발자들은 비즈니스 로직 개발에 집중할 수 있다.

(2) 컨테이너(container)

프로그래밍에서 가장 중요한 요소는 재사용 가능한 비즈니스 로직을 작성할 수 있게 도와주는 컴포넌트이다. J2EE에서는 비즈니스 로직을 위해 웹 컨테이너(web container)와 EJB 컨테이너(EJB container)를 제공한다.

웹 컨테이너(web container)는 서블릿과 JSP에 대한 실행 환경을 제공하고, EJB 컨테이너(EJB container)는 Enterprise JavaBean에 대한 실행 환경을 제공한다.

■ 컨테이너를 구성하는 3가지 기술

① Servlet : 서버 쪽에서 실행되는 프로그램이다.

② JSP(Java Server Page) : 컴포넌트를 웹 페이지에 내장시켜 통합시킬 수 있다. JSP는 HTML, Java 코드, JavaBean 컴포넌트 등을 하나의 웹 페이지 내에 모두 포함한다. 서블릿을 한 차원 더 확장시킨 버전이다.

③ EJB(Enterprise Java Beans) : EJB 스펙은 확장 가능하고(scalable), 다중 사용자

처리에 안전하며, 트랜잭션 기능을 인식하는 분산된 비즈니스 애플리케이션 컴포넌
트를 개발하기 위해 필요한 표준화된 모델을 제공한다. EJB는 비즈니스 로직을 구현
한 각종 컴포넌트들을 서버에 분산시켜놓고, 지속성 있는 데이터를 객체 지향적인 방
식으로 표현할 수 있다.

(3) 서비스 API(Service API)

■ JDBC

J2EE의 구성 요소로 포함된 JDBC 2.0 API는 DataSource나 분산 트랜잭션 지원과 같
은 향상된 기능을 제공한다. DataSource 객체는 데이터베이스 리소스 풀링을 처리하고,
분산 트랜잭션 지원 기능은 몇몇 분산된 비즈니스 컴포넌트들이 하나의 단일 트랜잭션을
이룰 수 있게 한다.

■ XML(eXtensible Markup Language)

J2EE에서는 디플로이먼트 디스크립터(deployment descriptors)를 작성하는 포맷으로
XML을 사용한다. 디플로이먼트 디스크립터는 J2EE 애플리케이션의 환경을 설정(배치)할
때 사용하는 것으로, Chapter 02에서 톰캣을 설치하면 직접 확인할 수 있다. 톰캣에서는
web.xml, server.xml 등이 해당된다.

■ JavaMail

대규모 애플리케이션들은 일반적으로 이메일 메시지를 보내고, 읽을 수 있는 능력을 요
구하는데, J2EE에서는 JavaMail API를 제공한다.

■ JTA(Java Transaction API)

J2EE에서는 EJB 등과 같은 컴포넌트들에 대한 트랜잭션 관리를 자동화할 수 있는 스펙
을 정의한다. JTA는 컨테이너 내에 상주하면서, 다중 컴포넌트들과 다중 데이터 원본들에
대해서까지도 트랜잭션을 적용할 수 있도록 확장된 트랜잭션의 범위를 제공한다.

■ JMS(Java Massaging System)

JMS는 컴포넌트 간에 비동기적이며, 에러가 발생해도 잘 견딜 수 있는(fault-tolerant :
무정지 네트워크의 구현) 애플리케이션 메시지를 주고받을 수 있게 해주는 표준적 API를
제공한다. JMS는 메시지 큐(message queue)라 불리는 소프트웨어를 통해 구현되는 경우
가 많다. 메시지 큐는 컴포넌트들 간의 메시지 통신을 위한 일종의 허브(hub) 역할로, 메
시지를 받아서 전달해주는 매개 역할을 책임진다. 메시지 큐를 사용해 메시지를 전달하면,
비록 실시간으로 메시지 통신이 일어나지 않더라도 메시지 통신에 일관성이 지켜진다.
JMS는 IBM사의 MQSeries나 Sonic사의 SonicMQ 등과 같은 기존의 메시지 소프트웨어
들과 잘 어울려서 서비스한다.

■ JNDI(Java Naming and Directory Interface)

JNDI는 기업형의 네이밍과 디렉토리 서비스(naming and directory service)에 접근할 수 있게 하는 API로, 분산 환경에 있는 서버들 간에 객체를 공유하는 방법을 제공한다. DNS(Domain Name System)는 일종의 네이밍 서버로 시스템에서 이용되는 어떤 이름들의 영역(scope of name)을 관리하는 데 쓰이며, 각종 시스템들 사이에 이름을 번역해주는 일을 수행한다.

2 JSP 페이지의 구조

JSP 페이지의 구조를 이해하기 전에 HTML 페이지와의 차이점을 알아보기 위한 date.html 페이지를 먼저 살펴보자.

```
01  <!-- date.html -->
02  <!-- HTML예제 -->
03  <!DOCTYPE html>
04  <html>
05  <head>
06  <meta charset="UTF-8">
07  <title>HTML예제</title>
08  </head>
09  <body>
10      <p>일반적인 HTML페이지로 아래와 같이 현재 날짜를 제공합니다.<br/>
11          현재 날짜는 2014년 07월 21일 입니다.
12  </p>
13  </body>
14  </html>
```

위의 date.html 페이지는 HTML 태그만으로 구성된 웹 페이지이다. 이 페이지가 현재 날짜를 제공하는 웹 사이트의 한 페이지로 서비스된다고 가정해보자. 또한 이 웹 사이트는 현재 모든 사용자에게 제공되는 서비스이고, 사용자들은 언제나 이 사이트에 접속해서 이 페이지를 본다면 어떻게 될지를 생각해보자.

이 페이지는 현재 날짜를 제공하는 것으로, 사이트의 운영자는 이 페이지를 계속 현재 날짜로 고쳐진 수정된 페이지가 각 사용자들에게 서비스되게끔 해야 한다. 최악의 경우 매일 밤 날짜가 바뀔 때마다 변경된 현재 날짜를 표시해 줘야하는 서비스를 사용자들에게 해야 한다.

그렇다면 계속 변화하는 정보는 어떻게 표현해야 할까? 이럴 때는 프로그래밍 코드와 데이터베이스를 연동할 수 있는 JSP와 같은 웹 프로그래밍 언어를 사용해야 한다. 그러면 JSP로 작성한 아래의 date.jsp 예제를 살펴보자. 이 예제는 앞의 HTML 코드와 마찬가지로 날짜를 표시하는데, 실시간으로 현재의 날짜를 표시한다는 점이 다르다.

```jsp
01  <!--date.jsp-->
02  <!--jsp예제-->
03  <%@ page language="java" contentType="text/html; charset=UTF-8"
04          pageEncoding="UTF-8"%>
05  <%@ page import="java.util.Date, java.text.SimpleDateFormat" %>
06  <!DOCTYPE html>
07  <html>
08  <head>
09  <meta charset="UTF-8">
10  <title>JSP예제</title>
11  </head>
12  <body>
13  <%
14      Date nowDate = new Date( );//현재 날짜와 시간을 얻어옴
15      //날짜 형식을 yyyy년MM월dd일 형태로 사용하기 위해서 SimpleDateFormat 객체 생성
16      SimpleDateFormat dateFormat = new SimpleDateFormat("yyyy년MM월dd일");
17      //현재의 날짜와 시간에 yyyy년MM월dd일 형식을 format( ) 메소드를 사용해서 적용
18      String formatDate = dateFormat.format(nowDate);
19  %>
20      <p> 일반적인 JSP 페이지의 형태로 아래와 같이 현재 날짜를 제공합니다.<br/>
21      현재 날짜는 <%= formatDate%> 입니다.</p>
22  </body>
23  </html>
```

위의 date.jsp 페이지의 코드는 JSP 페이지의 아주 기본적이고 핵심적인 형태이다. 일단 지금은 익숙하지 않은 위의 코드들을 파악하는 것보다는 이 JSP페이지의 형태를 살펴보고 이해하는 것이 중요하다.

date.jsp 페이지의 코드에서 먼저 살펴볼 부분은 <%@ %>, <% %>, <%= %> 기호들이다. 이 기호들은 동적인 웹 페이지를 구현하기 위한 부분으로 웹 서버에서 해당 페이지가 실행되어 그 결과를 사용자에게 응답할 때, 다시 해당 페이지에 그 결과를 포함시킨다. 즉,

date.jsp 페이지가 수행된 결과가 〈% %〉, 〈%= %〉 부분에 표시되고, 응답 결과는 웹 서버를 통하여 사용자의 웹 브라우저로 전송되어 순수한 HTML 태그로만 구성된 페이지가 보이게 되는 것이다.

결론을 정리하자면, 이 부분들의 내용이 웹 서버에서 실행되고 난 후 사용자의 웹 브라우저로 응답 결과가 전송되었을 때는 현재의 날짜를 나타내고 있는 일반적인 웹 페이지인 HTML 페이지의 형태로 보이게 된다는 것이다. 이에 대한 자세한 내용은 Chapter 03에서 살펴본다.

3   서블릿의 개요

앞으로 살펴볼 서블릿에 관한 내용은 초보자에게 어렵게 느껴질 수도 있는 부분이다. 현 시점에서 너무 어렵다면 우선은 건너뛰어도 되나, Chapter 17을 학습하기 전에는 반드시 읽어보도록 한다.

서블릿은 멀티 쓰레딩으로 사용자 요구를 처리하고 가공한 후 이에 대한 결과를 내보내는 구조이다. CGI가 클라이언트를 프로세스로 처리하는데 반해 서블릿은 클라이언트를 쓰레드로 처리하기 때문에 다수의 클라이언트 요구를 효과적으로 처리할 수 있다. JSP와 서블릿은 둘 다 자바 기반으로 만들어진 웹 프로그래밍 언어이며, 처리 구조가 같다. 엄밀히 말하면 JSP 페이지는 최초의 요청이 있을 시에 자바 코드로 한 번 변환된 후 서블릿 클래스로 컴파일된다. 즉 JSP는 실행 시 서블릿으로 변환된다. 단 한 번만 서블릿으로 변경되며, 코드를 수정하기 전까지 재변환 작업이 일어나지 않기 때문에 JSP나 서블릿 간에 처리 속도는 차이가 없다.

서블릿과 JSP는 상호 연계되어 사용된다. JSP 페이지는 화면에 결과를 표시하는 정적인 부분을 담당하고, 서블릿에서는 웹 애플리케이션의 흐름을 제어해서 효율적인 웹 사이트를 구성한다. 즉, JSP 페이지는 주로 사용자 뷰(View)의 구현에 사용되고, 서블릿은 사용자 뷰와 프로그램 로직 사이를 제어해주는 컨트롤러(Controller)로 사용된다.

(1) HTTP 프로토콜

HTTP 프로토콜은 연결을 유지하지 않고(Connectionless, 비연결성), 서버의 상태에 상관하지 않는(Stateless, 비상태성) 특징을 갖고 있다.

웹 브라우저는 HTTP 프로토콜에 맞게 요청(request)을 웹 서버에 전송하고, 웹 서버 역시 HTTP 프로토콜에 맞게 요청에 따른 응답(reply)을 웹 브라우저에 전송한다.

웹 서버에 요청을 전송하기 위한 HTTP 메소드(method)는 다음과 같다.

메소드명	특징
Get	• http header에 정보를 실어 보냄 • 메소드 생략 시 기본값 • url 뒤에 요청 쿼리가 붙음 • 전달 속도 빠름 • 256byte가 한계 • 적은 양의 데이터 전송 시 좋음
Post	• http의 body에 정보를 실어 보냄 • 데이터 크기의 제한이 없음 • 보안에 좋음
Head	• Header(서버)의 정보만 얻어낼 때 사용
Put	• Resource를 저장할 때 사용
Delete	• Resource를 제거할 때 사용 • Put과 Delete를 허용하면 서버의 안정성이 떨어짐
Trace	• 클라이언트에서 서버까지 가는 경로를 추적
Options	• 서버의 성능 등을 확인할 때 사용

▲ HTTP 메소드

(2) 서블릿의 동작 원리

HTTP Servlet이나 다른 종류의 Servlet을 생성하려면 서블릿 API를 사용해야 한다. 서블릿은 javax.servlet이나 javax.servlet.http 패키지의 클래스와 인터페이스를 사용해 만든다.

javax.servlet 패키지는 프로토콜에 독립적인 서블릿을 만들기 위한 클래스를 제공하고, javax.servlet.http 패키지는 HTTP 프로토콜의 고유한 기능(GET, POST 등)을 제공하는 서블릿을 만드는 클래스를 제공한다. 모든 서블릿은 javax.servlet.Servlet 인터페이스를 구현해서 생성해야 한다. 이 인터페이스는 서블릿을 직접 생성할 수 없기 때문에 하위 클래스인 javax.servlet.GenericServlet 또는 javax.servlet.http.HttpServlet 클래스 중 하나를 상속받아 작성한다. 프로토콜에 독립적인 서블릿은 GenericServlet 클래스를 상속받아 작성하고, HTTP 서블릿은 HttpServlet 클래스를 상속받아 작성한다.

자바 애플릿(applet)처럼 서블릿도 main( ) 메소드를 갖지 않는다. 대신, 서블릿의 특정 메소드를 서버가 호출해 실행한다. 서버가 서블릿에 요청을 전달할 때마다, 서블릿의 service( ) 메소드가 호출되어 사용자의 요청을 처리한다.

프로토콜에 독립적인 제너릭(generic) 서블릿은 요청을 처리하기 위해 service( ) 메소드를 재정의해야 한다. service( ) 메소드는 request 객체와 response 객체를 매개 변수로 가진다. request 객체는 클라이언트의 요청을 처리하고, response 객체는 그 요청을 처리한 결과를 클라이언트에 반환하기 위해 사용된다.

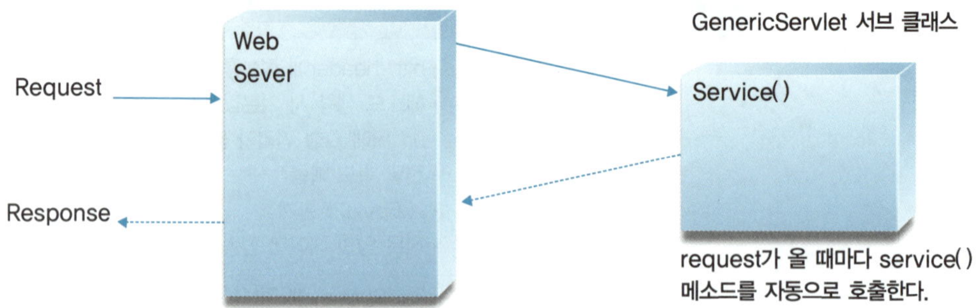

▲ 사용자의 요청을 처리하는 제너릭 서블릿

HTTP 서블릿은 일반적으로 service( ) 메소드를 재정의하지 않는다. 대신에 GET 요청을 다루기 위해 doGet( ) 메소드를, POST 요청을 다루기 위해 doPost( ) 메소드를 재정의한다.

javax.servlet 패키지 안에 있는 ServletRequest와 ServletResponse 클래스는 제너릭 서블릿의 request와 response에 대한 접근을 제공하는 반면, javax.servlet.http 패키지 안에 있는 HttpServletRequest와 HttpServletResponse 클래스는 HTTP 요청과 응답에 대한 기능을 제공한다.

■ HTTP 서블릿의 요청과 응답 과정

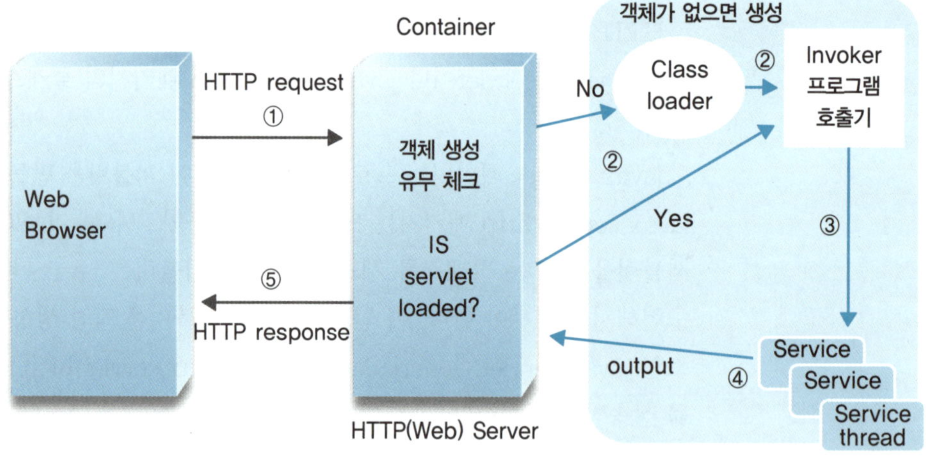

▲ HTTP 서블릿의 요청과 응답 과정

① 클라이언트의 서비스 요청 → 객체 생성의 유무 체크 : only one
② Yes면 생성 안 함 , no면 객체 생성(메모리에 올린다.)
③ Invoker를 실행

  thread를 하나 만듦 – 작업용 request당 1개씩

④ Invoker에서 생성된 thread에서 service 메소드(response의 내용이 담김) 호출. thread의 run 메소드와 유사, 클라이언트당 1개씩 생성

⑤ 결과를 클라이언트에게 보냄. 이때 결과를 mime type으로 보내는데 웹 브라우저의 mime type은 text/html임

container는 객체 생성의 유무를 체크해서 객체가 없으면 생성하는 역할을 한다.

■ **서블릿의 요청과 응답의 과정에서 container가 하는 일의 순서**

① 객체의 유무를 판단 , 없으면 생성

② thread 생성

③ Service( ) 호출

④ Service( ) (HttpServlet class의 메소드)가 doGet( ) 자동 호출

■ **서블릿의 요청과 응답의 과정에서 Service( ) 메소드가 하는 일의 순서**

① Requset가 올 때마다 doGet( )을 호출

② doGet( )은 HttpServlet에 의해 지원 받는 메소드 중 하나로 요청을 처리

학습 정리

- 데이터베이스에 저장된 내용 등과 같이 동적으로 변화하는 데이터를 처리하고 표시하기 위해서 개발된 것이 CGI, ASP, PHP, JSP이다.

- 자바 기반의 서블릿과 JSP는 자바가 가지는 특성과 장점을 수용하여 플랫폼 독립, 객체 지향적, 멀티 쓰레딩 등의 장점을 가지고 있다.

- 웹 애플리케이션이란 웹을 기반으로 실행되는 프로그램을 의미하며, 웹 프로그래밍을 통해 구현한다.

- 웹 애플리케이션을 처리하는 방식에는 CGI 방식과 웹 애플리케이션 서버 방식이 있으며, 구현 방식은 실행 코드 방식과 스크립트 코드 방식으로 구분된다.

- JSP는 ASP, PHP 등과 같은 스크립트 언어 방식으로 서블릿보다 좀 더 쉽게 동적인 웹 페이지 개발에 접근할 수 있으며, 자바빈 컴포넌트 지원과 사용자 정의 태그로 정적인 부분과 동적인 부분에 대한 분리를 보다 확실히 할 수 있는 큰 장점이 있다.

- J2EE는 컨테이너(Container)가 관리하는 컴포넌트(container-managed component) 그룹과 서비스 API(Service API) 그룹으로 나누어진다. 컨테이너는 컴포넌트들이 제공하는 각종 서비스를 관리하는 런타임(runtime) 환경을 제공하고, 서비스 API(Application Interface)는 실제로 사용하는 각종 서비스 환경을 제공한다.

- 서블릿과 JSP는 상호 연계되어 사용된다. JSP 페이지는 화면에 결과를 표시하는 정적인 부분을 담당하고, 서블릿에서는 웹 애플리케이션의 흐름을 제어해서 효율적인 웹 사이트를 구성한다.

1 웹 애플리케이션 구성 요소인 웹 브라우저, 웹 서버, 웹 애플리케이션 서버, 데이터베이스의 기능에 대해 기술하시오.

2 웹 애플리케이션 처리를 위한 CGI 방식과 웹 애플리케이션 서버 방식에 대해 기술하시오.

3 서버에서 실행되는 서버 사이드 스크립트를 나열하고, 각 특징에 대해 설명하시오.

4 서블릿의 요청과 응답 방식에 대해 기술하시오.

5 웹 서버에 요청하기 위한 HTTP 메소드를 나열하시오.

2

JSP 개발 환경 설정

이 Chapter에서는 JSP 웹 애플리케이션을 개발하기 위한 환경을 설정해보겠다. JDK, 톰캣, 이클립스를 다운로드하여 설치한 후 가상 환경인 이클립스에서 개발하기 위한 환경 설정 방법을 학습하고, 가상 환경인 이클립스에서 개발한 웹 애플리케이션을 실제 서버 환경으로 배포하는 방법도 알아본다.

JDK 다운로드 및 설치

여기서는 오라클 사이트에서 JDK를 다운로드하여 설치한 후 환경 변수를 설정하고, JDK의 환경 변수 설정이 제대로 되었는지를 확인하는 작업을 살펴본다.

자바 기반의 애플리케이션을 작성하려면 반드시 JDK(Java Development Kit, 자바 개발 킷)를 설치해야 한다. 자바 기반의 애플리케이션은 자바를 비롯해 JSP 웹 애플리케이션, 안드로이드 애플리케이션 등이 해당된다. 우리는 JSP 웹 애플리케이션을 작성할 것이기 때문에 JDK가 필요하다.

> JDK는 자바 기반에서 작성되는 자바 프로그래밍 및 JSP 페이지를 실행할 수 있는 환경으로 만들어주는 개발 환경 도구로 자바 언어를 컴퓨터가 인식할 수 있는 기계어로 번역해 프로그램을 실행한다.

1 JDK 다운로드하기

> 부록 CD의 프로그램을 사용해도 된다.

JDK는 오라클(Oracle) 사이트에서 무료로 제공한다. Windows 32bit인 경우 부록 CD의 [program] 폴더에 있는 jdk-8u5-windows-i586.exe 파일을 사용해도 되나, 가급적이면 최신 버전을 사용할 것을 권장한다. 자바는 버전이 달라도 설치 방법은 같다.

01 웹 브라우저를 실행하고 J2SE를 다운로드 받을 수 있는 페이지인 'http://www.oracle.com/technetwork/java/javase/downloads/index.html'에 접속하면 [Java SE Downloads] 화면이 표시된다. 또는 'java.sun.com'에 접속하여 [Software Downloads]의 [Top Downloads]에서 [Java SE]를 클릭한다.

02 스크롤바를 조금 내려 [Java Platform, Standard Edition]에서 [JDK]의 [DOWNLOAD] 버튼을 클릭한다. 이 버튼을 클릭하면 현재 시점에서 가장 최신 버전을 다운로드할 수 있다.

> **참고 | 자바의 업데이트 버전**
>
> 필자는 Java를 1.2 버전부터 사용했는데 새 버전은 언제나 버그가 있었다. 그 버그를 개선하는 부분이 J2SE 1.4 버전 계열에서는 뒤에 '_01'을 표시하는 식으로 업데이트되고, J2SE 5.0에서는 'Update 1' 이란 식으로 업데이트된다. 또한 J2SE 6.0과 7.0에서는 'u' 다음에 업데이트 번호가 표시된다. 따라서 뒤에 붙은 숫자가 큰 버전이 버그를 개선한 안정적인 프로그램이란 의미가 된다. 필자의 경험에 의하면 최소한 3번의 업데이트는 거쳐야 어떤 프로그램을 개발해도 문제가 없다.

03 [Java SE Development Kit 8 Downloads] 화면으로 바뀌면 스크롤바를 내려 [Java SE Development Kit 8u 업데이트 버전]으로 이동한다. 필자가 다운로드한 시점에서는 [Java SE Development Kit 8u5] 항목이 최신 버전이다. 독자 여러분은 각자 설치 시점에서 가장 최신 버전을 선택하기 바란다. 여기에서 라이선스에 동의하는 [Accept License Agreement]를 선택한다.

Java SE Development Kit 8u5
You must accept the Oracle Binary Code License Agreement for Java SE to download this software.

Accept License Agreement · Decline License Agreement

Product / File Description	File Size	Download
Linux x86	133.58 MB	jdk-8u5-linux-i586.rpm
Linux x86	152.5 MB	jdk-8u5-linux-i586.tar.gz
Linux x64	133.87 MB	jdk-8u5-linux-x64.rpm
Linux x64	151.64 MB	jdk-8u5-linux-x64.tar.gz
Mac OS X x64	207.79 MB	jdk-8u5-macosx-x64.dmg
Solaris SPARC 64-bit (SVR4 package)	135.68 MB	jdk-8u5-solaris-sparcv9.tar.Z
Solaris SPARC 64-bit	95.54 MB	jdk-8u5-solaris-sparcv9.tar.gz
Solaris x64 (SVR4 package)	135.9 MB	jdk-8u5-solaris-x64.tar.Z
Solaris x64	93.19 MB	jdk-8u5-solaris-x64.tar.gz
Windows x86	151.71 MB	jdk-8u5-windows-i586.exe
Windows x64	155.18 MB	jdk-8u5-windows-x64.exe

▲ JDK 다운로드 페이지 3

04 [Accept License Agreement]를 선택하고 나면 다운로드가 가능한 항목으로 변경된다. 각자 자신의 PC 운영체제에 맞게 알맞은 버전을 클릭해서 다운로드 받는다.

Windows 32bit

PC 운영체제가 Windows XP, Vista 32bit, Windows 7, Windows 8 32bit인 경우에는 [Windows x86]의 [jdk-8u업데이트버전-windows-i586.exe]를 클릭해 다운로드한다.

Window 64bit

PC 운영체제가 Vista 64bit, Windows 7, Windows 8 64bit인 경우에는 [Windows x64]의 [jdk-8u업데이트버전-windows-x64.exe]를 클릭해 다운로드한다.

Java SE Development Kit 8u5
You must accept the Oracle Binary Code License Agreement for Java SE to download this software.

Thank you for accepting the Oracle Binary Code License Agreement for Java SE; you may now download this software.

Product / File Description	File Size	Download
Linux x86	133.58 MB	jdk-8u5-linux-i586.rpm
Linux x86	152.5 MB	jdk-8u5-linux-i586.tar.gz
Linux x64	133.87 MB	jdk-8u5-linux-x64.rpm
Linux x64	151.64 MB	jdk-8u5-linux-x64.tar.gz
Mac OS X x64	207.79 MB	jdk-8u5-macosx-x64.dmg
Solaris SPARC 64-bit (SVR4 package)	135.68 MB	jdk-8u5-solaris-sparcv9.tar.Z
Solaris SPARC 64-bit	95.54 MB	jdk-8u5-solaris-sparcv9.tar.gz
Solaris x64 (SVR4 package)	135.9 MB	jdk-8u5-solaris-x64.tar.Z
Solaris x64	93.19 MB	jdk-8u5-solaris-x64.tar.gz
Windows x86	151.71 MB	jdk-8u5-windows-i586.exe
Windows x64	155.18 MB	jdk-8u5-windows-x64.exe

▲ JDK 다운로드 페이지 4

여러분의 다운로드 시점에서 최신 파일이 다운로드된다. 필자의 경우 [jdk-8u5-windows-i586.exe]또는 [jdk-8u5-windows-x64.exe]를 다운로드했다.

만일 다운로드가 되지 않고 웹 브라우저의 상단에 노란색의 긴 박스가 표시된다면, 노란 박스를 클릭해서 [파일 다운로드]를 선택한다.

01 기존에 열려 있는 웹 브라우저를 모두 닫고 다운로드한 jdk-8u업데이트버전-windows-i586.exe 혹은 jdk-8u업데이트버전-windows-x64.exe 파일을 더블클릭하여 설치를 시작한다.

Windows XP의 경우 보안 경고가 표시되면 [실행] 버튼을 클릭하고, Windows 7의 경우 권한 부여에 대한 창이 표시되면 [예] 버튼을 클릭해서 설치를 시작한다.

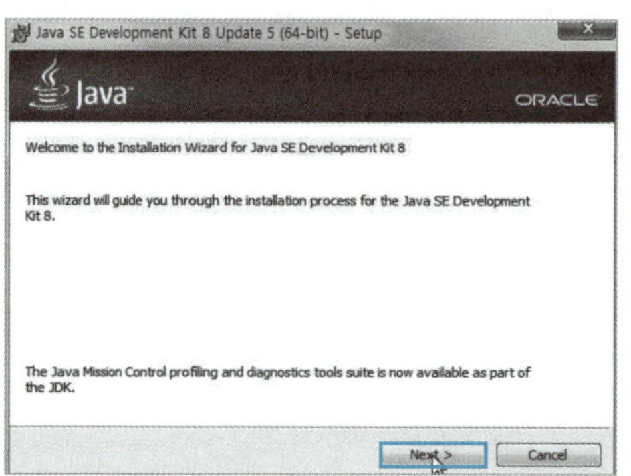

◀ Java SE의 설치 1

02 기본 드라이브인 C에 설치할 경우에는 그냥 [Next] 버튼을 클릭하고, 설치 드라이브를 변경하려면 [Change] 버튼을 눌러 경로를 지정하고 [Next] 버튼을 클릭하면 JDK의 설치가 시작된다.

03 이어서 JRE를 설치하는 화면으로 변경되면 [Next] 버튼을 클릭한다.

앞에서 JDK의 설치 드라이브를 변경했다면 여기에서도 [Change] 버튼을 눌러 설치 드라이브를 변경한다.

04 JRE의 설치가 시작된다.

05 설치 진행 후 대화상자의 이름 부분에 'Complete'가 표시되면 [Close] 버튼을 눌러 설치를 끝낸다.

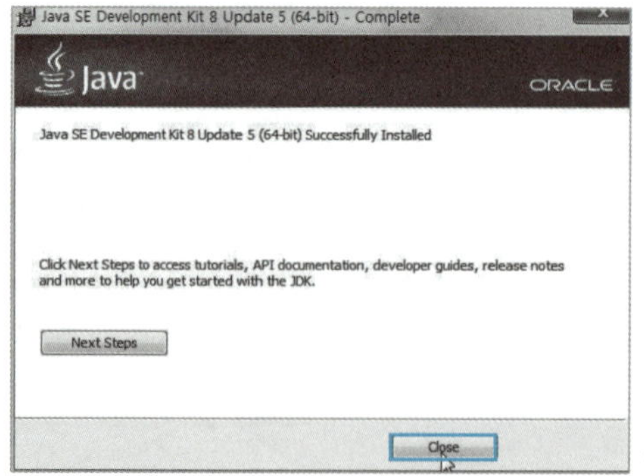

◀ Java SE의 설치 1

06 탐색기를 실행하고 설치 드라이브의 [Program Files]–[Java] 폴더 또는 경로를 직접 지정한 폴더로 이동하면 다음과 같이 설치된 것을 확인할 수 있다.

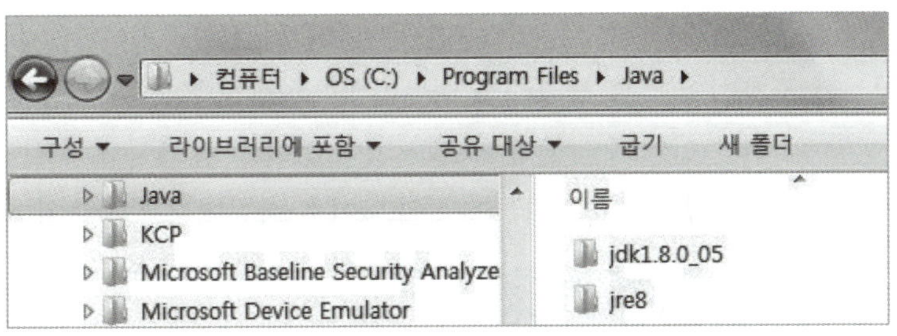

▲ Java SE 설치 후 탐색기에서 확인한 결과

3 자바 환경 변수 설정하기

컴퓨터상에 있는 자바 컴파일 명령어(javac)와 실행 명령(java)의 위치를 컴퓨터에게 인식시켜, 어느 위치에서도 그 명령어를 사용할 수 있도록 환경 변수를 설정해야 한다. 또한 자바 기반에서 작업해야 하는 다른 프로그램이 제대로 작동하기 위해서도 환경 변수를 설정하는 것이 좋다.

Windows 플랫폼에서는 자바 가상 머신(JVM)이 작동하므로 환경 변수를 설정하지 않는 경우도 있는데, 이는 자바만 단독으로 사용할 경우이고 DBMS들과의 연동 시 또는 지금처럼 JSP 기반의 웹 애플리케이션을 개발할 때는 반드시 환경 변수를 설정해야 한다. 또한 자바만 단독으로 사용할 경우에도 환경 변수를 설정하는 것이 좋다.

다음과 같은 3개의 환경 변수를 설정해야 하는데, 환경 변수명이 소문자인 경우 제대로 동작되지 않는 경우도 있으므로 가급적 대문자로 기술한다.

환경 변수명	환경 변수값
PATH	;C:\Program Files\Java\jdk1.8.0_05\bin;
CLASSPATH	.;C:\Program Files\Java\jdk1.8.0_05\lib\tools.jar
JAVA_HOME	C:\Program Files\Java\jdk1.8.0_05

01 Windows 7의 경우 [제어판]–[시스템]에서 [고급 시스템 설정]을 클릭한다(Windows XP는 [제어판]–[시스템]을 클릭).

02 [시스템 등록 정보] 또는 [시스템 속성] 대화상자의 [고급] 탭을 선택하고 [환경 변수] 버튼을 클릭한다.

[환경 변수] 대화상자의 [시스템 변수]에 설정할 환경 변수들이 있다. 추가 또는 변경할 항목이 있으면 [시스템 변수]의 [새로 만들기], [편집] 버튼을 눌러서 한다.

03 PATH 설정 : [시스템 변수]에서 PATH 환경 변수는 기존 [Path] 변수를 선택하고 [편집] 버튼을 클릭해서 변수값의 제일 마지막에 추가해 작성한 후 [확인] 버튼을 누른다. 만일 오라클 9i가 설치되어 있다면 JDK와의 우선권 문제가 발생하기 때문에 제일 앞에 기술한다. 오라클10g이후 버전에서는 상관없다.

변수 이름	Path
변수 값	;C:\Program Files\Java\jdk1.8.0_05\bin;

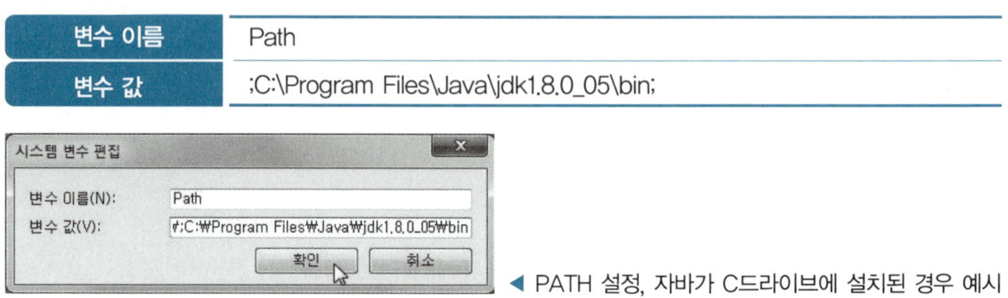

◀ PATH 설정, 자바가 C드라이브에 설치된 경우 예시

04 CLASSPATH 설정 : [시스템 변수]에 CLASSPATH가 없는 경우 [새로 만들기]를 이용해 다음과 같이 작성한 후 [확인] 버튼을 클릭한다.

변수 이름	CLASSPATH
변수 값	.;C:\Program Files\Java\jdk1.8.0_05\lib\tools.jar;

◀ CLASSPATH 설정, 자바가 C드라이브에 설치된 경우 예시

05 JAVA_HOME 설정 : [시스템 변수]에 JAVA_HOME이 없는 경우 [새로 만들기]를 이용해 다음과 같이 작성한 후 [확인] 버튼을 클릭한다.

변수 이름	JAVA_HOME
변수 값	C:\Program Files\Java\jdk1.8.0_05

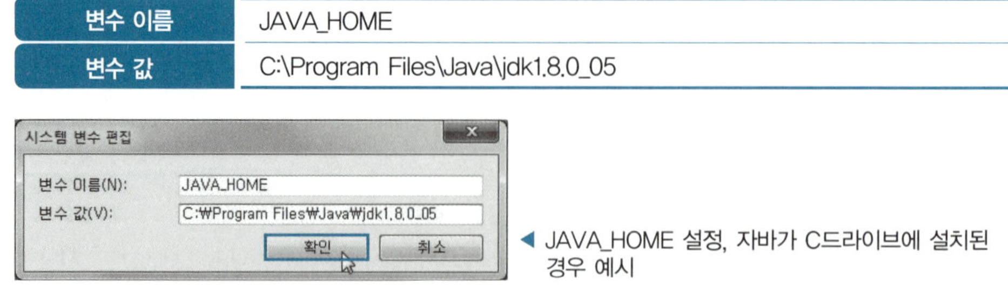

◀ JAVA_HOME 설정, 자바가 C드라이브에 설치된 경우 예시

06 [환경 변수] 대화상자의 [확인] 버튼을 클릭한 후 [시스템 등록 정보] 또는 [시스템 속성] 대화상자의 [확인] 버튼도 눌러 닫는다. 제어판을 닫는다.

[명령 프롬프트] 창을 열고 JDK의 환경 변수가 제대로 설정되었는지 간단한 방법을 통해 확인해보자.

01 윈도의 [시작]–[실행] 메뉴를 실행해서 [실행] 대화상자에 "cmd"를 입력하고 [확인] 버튼을 클릭 또는 윈도의 [시작]–[보조프로그램]–[명령 프롬프트] 메뉴를 선택해서 [명령 프롬프트] 창을 연다.

02 [명령 프롬프트] 창에 "javac"라고 입력하고(경로는 상관없음) Enter 키를 눌렀을 때 javac 명령어와 함께 쓸 수 있는 옵션에 대한 설명이 나오면 제대로 설치된 것이다.

> **c:\\>javac**

▲ 자바 환경 변수 설정 확인 1

03 java 명령어도 실행되는지 확인한다.

> **c:\\>java**

JDK7에서 java 명령어를 사용하면 옵션에 대한 설명이 한글로 표시된다.

▲ 자바 환경 변수 설정 확인 2

결과가 옆의 그림과 다르다면 환경 변수를 잘못 설정한 것이므로, 다시 한번 제어판의 [시스템 등록 정보] 또는 [시스템 속성] 대화상자를 열어서 환경 변수 설정 내용에 오타가 없는지를 확인한다. 또한 실제 JDK의 설치 경로와 환경 변수의 경로가 같아야 한다.

주의 [명령 프롬프트] 창이 열린 상태에서 환경변수를 수정하면 반영되지 않으므로 반드시 [명령 프롬프트] 창을 닫고 환경 변수를 수정한 후 다시 [명령 프롬프트] 창을 열어서 작업한다.

웹 컨테이너 톰캣 다운로드 및 설치

여기에서는 웹 컨테이너인 톰캣을 다운로드하여 설치한 후 환경 변수를 설정해 웹 애플리케이션을 작성할 수 있는 환경을 구축하는 방법을 살펴본다.

JSP는 J2EE 영역으로, J2EE 영역을 제공하는 웹 컨테이너인 톰캣(Tomcat)을 설치해서 작업한다. 톰캣은 JSP 및 서블릿을 작성하고 실행할 수 있는 웹 컨테이너로, 웹 서버와 웹 애플리케이션 서버의 기능도 가지고 있다. 따라서 아파치 웹 서버를 설치하지 않아도 톰캣만으로 JSP 및 서블릿을 학습하는 데는 충분하다.

그러나 실제 개발 현장에서는 웹 서버와 웹 애플리케이션 서버를 따로 설치하여 작업한다. 웹 컨테이너인 톰캣 하나만 설치하는 것과 웹 서버와 웹 애플리케이션 서버를 따로 설치하는 것이 프로그래밍 코딩에 어떤 영향이 있을까? 라는 의문을 품을 수 있을 것이다.

결론을 말하면 그다지 영향을 미치지 않으며, 한글 처리와 몇 가지의 설정만 차이가 날 뿐이다. 그런데도 웹 서버와 웹 애플리케이션 서버를 굳이 따로 설치하는 이유는 웹 사이트의 성능을 향상시키기 위한 것이다.

1 톰캣 다운로드하기

톰캣은 아파치(Apache)와 썬 마이크로 시스템즈의 공동 프로젝트인 아파치 자카르타 프로젝트(Apache Jakarta Project)에 의해 만들어진 웹 컨테이너로, 무료로 제공되어 많은 사용자가 부담 없이 사용하고 있다.

01 웹 브라우저를 실행하고 톰캣 사이트인 'http://tomcat.apache.org/'에 접속한 후 왼쪽의 [Download]에서 [Tomcat 8.0]을 클릭한다.

02 Download 화면으로 이동하면 스크롤바를 내려서 톰캣 버전 부분으로 이동한다(책을 쓰는 시점에서는 8.0.9 버전이 표시된다). 이 [8.0.업데이트 버전] 항목의 [Binary Distributions]에서 [Core]의 [zip]을 클릭하면 apache-tomcat-8.0.업데이트버전.zip 파일이 다운로드된다. Windows 32bit, Windows 64bit에 상관없이 이 버전을 다운하여 사용하면 된다.

톰캣 설치 파일은 부록 CD의 [program] 폴더에서도 제공한다. 파일명은 apache-tomcat-8.0.9.zip이다.

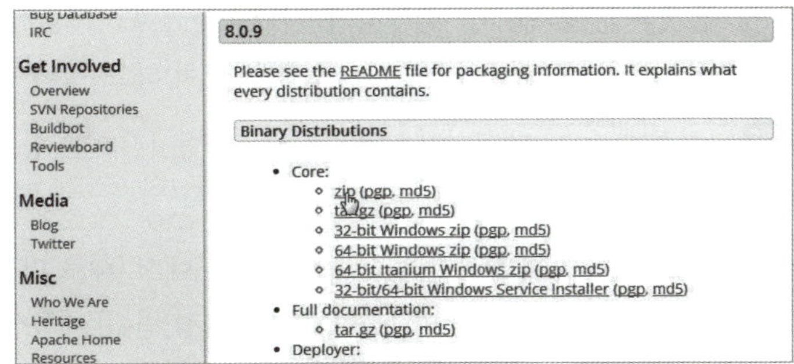

▲ 톰캣 (Tomcat) 다운로드 2

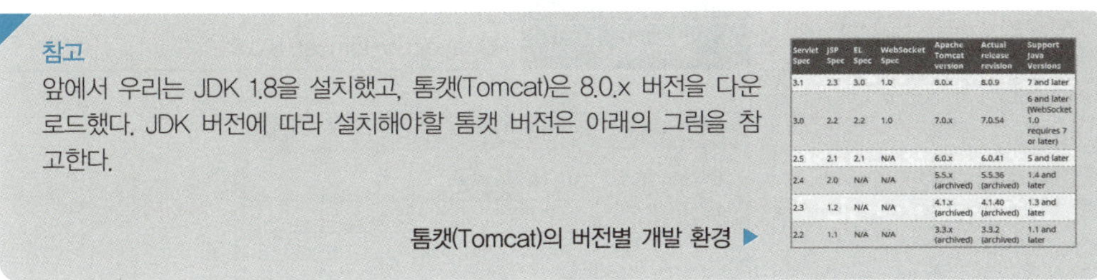

필자의 경우에는 책을 쓰는 시점에서 가장 최신 파일인 8.0.9를 다운로드 받았다. 8.0.9를 선택하면 apache-tomcat-8.0.9.zip 파일이 다운로드된다.

2 톰캣 설치하기

01 다운로드한 톰캣 파일 apache-tomcat-8.0.업데이트버전.zip 파일(필자의 경우 apache-tomcat-8.0.9.zip)의 압축을 해제하면 톰캣이 설치된다. 톰캣 파일의 압축을 해제하기 위한 프로그램을 실행한 후 apache-tomcat-8.0.업데이트버전.zip을 선택하고 압축 해제를 시작한다.

02 압축 해제의 위치는 드라이브의 루트를 선택한다. 예를 들어 C드라이브의 루트 아래에 해제하려면 C드라이브를 선택한다. 각자 원하는 드라이브의 루트를 선택해서 압축을 해제한다. 톰캣은 압축을 해제하면 바로 설치된다.

03 탐색기를 열어 톰캣이 설치된 것을 확인한다. 설치한 드라이브에 [apache-tomcat-8.0.업데이트버전] 폴더가 생성된 것을 확인할 수 있다. 여러분은 각자 설치한 드라이브로 이동해서 확인한다.

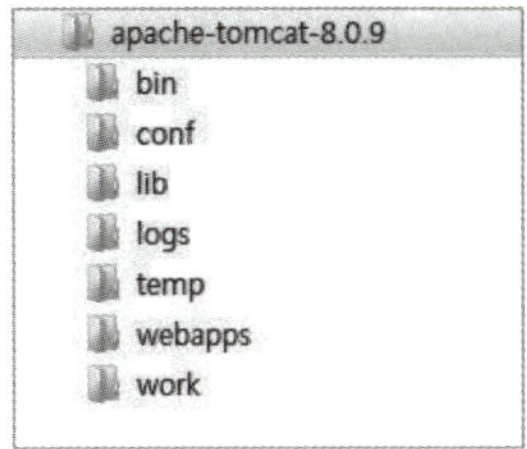

탐색기에서 톰캣이 설치된 것을 확인 ▶

04 톰캣의 환경 변수를 설정하기 위해 Windows 7의 경우 [제어판]−[시스템]을 선택 (Windows XP는 [제어판]−[시스템]을 클릭)하고 [고급 시스템 설정]을 클릭한다.

05 [시스템 속성] 대화상자의(Windows XP는 [시스템 등록 정보]) [고급] 탭에서 [환경 변수] 버튼을 클릭한다.

06 CATALINA_HOME 설정 : [시스템 변수]에서 [새로 만들기] 버튼을 클릭해서 아래와 같이 작성하고 [확인] 버튼을 누른다. [환경 변수] 대화상자와 [시스템 속성] 대화상자의 [확인] 버튼을 차례로 클릭하고 [제어판]을 닫는다.

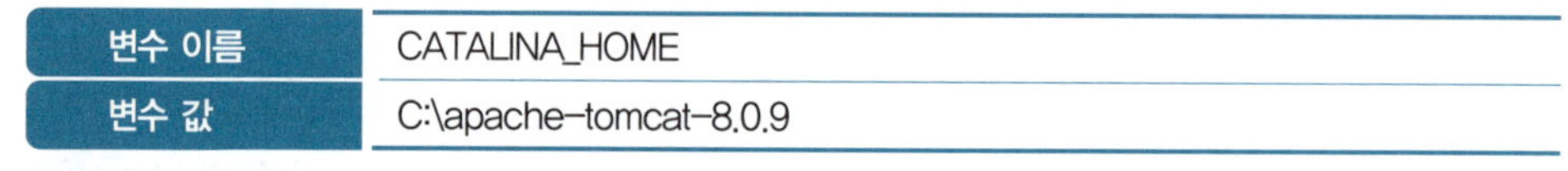

변수 이름	CATALINA_HOME
변수 값	C:\apache-tomcat-8.0.9

▲ CATALINA_HOME 설정, I 드라이브에 설치된 경우 예시

07 제대로 설치되었는지 확인하기 위해 톰캣 홈의 하위 폴더인 [bin] 폴더에 있는 startup.bat 파일을 더블클릭한다. startup.bat 파일은 톰캣 서비스를 올리기 위한 파일이다.

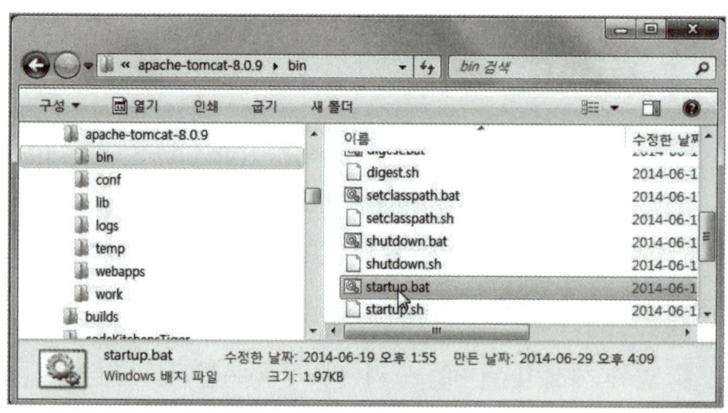

▲ 톰캣(Tomcat) 설치 확인 1

08 [Tomcat] 창이 표시되면서 각종 서비스가 올라오는 것을 확인할 수 있다. JSP를 서비스하기 위해서는 이 창이 항상 열려 있어야 한다. 물론 이클립스의 경우에는 자체적으로 톰캣을 실행시킬 수 있으나, 실제 환경에서 서비스를 하는 경우에는 반드시 이 창이 열려 있어야만 JSP 기반의 작업을 할 수 있다.

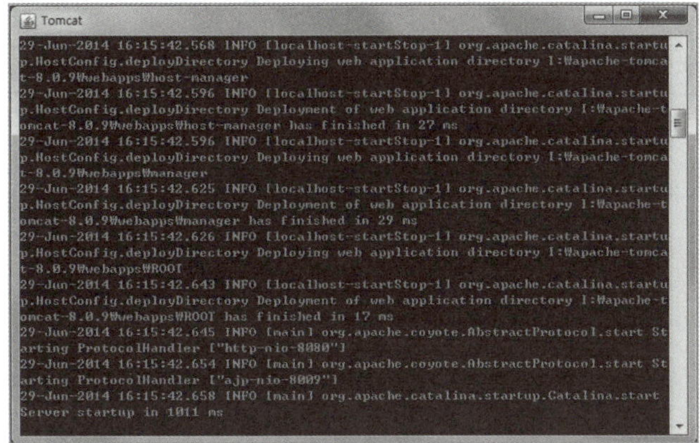

▲ 톰캣(Tomcat) 설치 확인 2

만일 [Tomcat] 창이 뜨다가 사라지면 제어판의 환경 변수 중에서 JAVA_HOME 변수와 CATALINA_HOME 변수가 잘못 설정되었는지 다시 확인한다. 반드시 JDK의 설치 경로와 환경 변수의 경로가 같아야 한다.

09 웹 브라우저를 열어 'http://127.0.0.1:8080/'에 접속한다. 아래와 같은 화면이 표시되면 제대로 설치가 된 것이다.

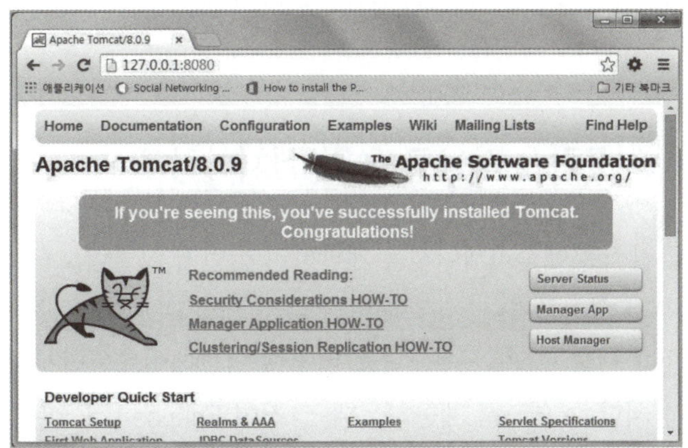

▲ 톰캣(Tomcat) 설치 확인 3

만일 위와 같은 화면이 표시되지 않으면 주소에 입력한 URL에 오타가 있는지를 확인한다.

10 톰캣 서비스를 내릴 때는 톰캣 홈의 하위 폴더인 [bin] 폴더 안의 shutdown.bat 파일을 실행한다.

여기까지 하면 JSP 웹 애플리케이션 개발 환경의 기본 설정은 끝난다. 다음 Section에서는 애플리케이션 개발 툴인 이클립스를 설치하고 프로젝트 작업 환경을 설정한다.

통합 개발 환경 이클립스 다운로드 및 설치

여기에서는 통합 개발 환경 이클립스를 다운로드 및 설치하고, 이클립스에서 애플리케이션을 개발하기 위한 환경 설정 방법을 살펴본다.

특별한 개발 툴을 쓰지 않고 메모장과 같은 범용 에디터(문서 작성기)를 사용해서 애플리케이션의 프로그램을 코딩할 수도 있다. 그러나 이런 범용 에디터는 프로그램의 크기가 커지면 코딩하기도 관리하기도 힘들다. 특히 프로젝트 단위로 개발해야 하는 애플리케이션의 경우 각 프로그램 파일 간의 유기적인 관계도 고려해야 하기 때문에 단순한 범용 에디터로 개발하는 것은 고역이다.

이클립스는 애플리케이션을 개발하기 위한 통합 개발 환경으로, 체계적인 개발을 할 수 있는 각종 도구를 제공하고 있다. 이클립스는 자바 기반의 애플리케이션은 물론 C 기반의 애플리케이션 및 PHP 기반의 웹 애플리케이션도 작성할 수 있으며 DBMS도 제어할 수 있다.

1 이클립스 다운로드 및 설치하기

이클립스로 애플리케이션을 개발하려면 먼저 이클립스 SDK를 설치한 후 필요한 플러그인을 추가 설치하거나, 경우에 따라 다른 개발 SDK 혹은 툴 등을 이클립스 SDK에 추가로 설치해야 했다. 그러나 이클립스 버전이 업그레이드되면서 이러한 것들을 하나로 묶어 한 번에 설치할 수 있도록 제공하는데, 그것이 Eclipse IDE 버전이다.

Eclipse IDE 버전은 두 가지가 제공된다. Eclipse IDE for Java Developers와 Eclipse IDE for Java EE Developers가 있는데, 웹 프로젝트를 작성하려면 Eclipse IDE for Java EE Developers를 다운받아 설치한다.

> Windows 32bit인 경우 부록 CD의 [program] 폴더에 있는 eclipse-jee-luna-R-win32. zip 파일을 사용해도 된다.

01 웹 브라우저를 열고 이클립스 다운로드 사이트인 'http://www.eclipse.org/downloads/'에 접속하여 [Eclipse IDE for Java EE Developers]에서 Windows XP · Vista · Window 7 · Windows 8 32bit일 경우 [Windows 32bit]를 클릭하고, Vista 64bit · Window 7 · Windows 8 64bit일 경우 [Windows 64bit]를 선택한다.

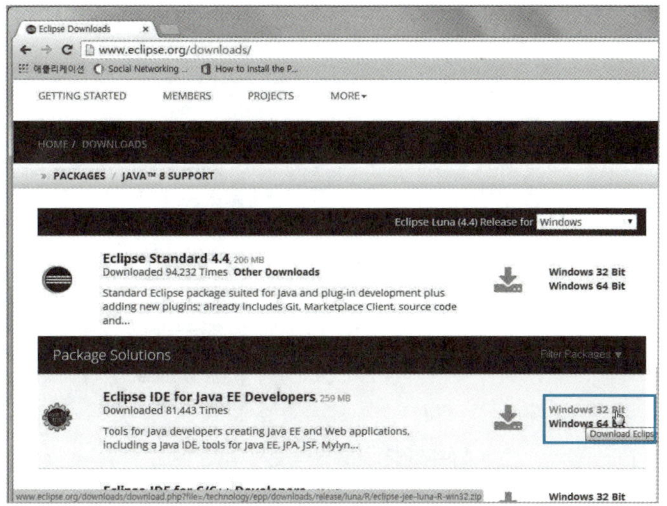

▲ 이클립스(Eclipse) 다운로드 1

02 [Eclipse downloads – mirror selection] 화면으로 이동하면 기본적으로 표시되는 미러 사이트 '[Korea, Republic Of] KAIST(http)'를 클릭한다. 간혹 '[Korea, Republic Of] Daum Communications Corp. (http)'로 표시될 때도 있는데, 이를 클릭해도 된다.

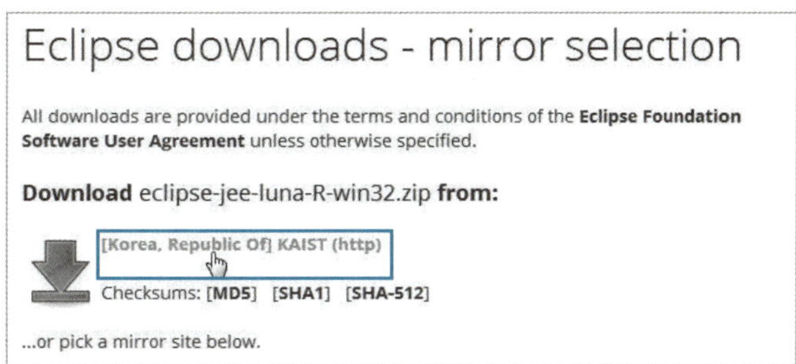

▲ 이클립스(Eclipse) 다운로드 2

03 다운로드 화면에서 표시되는 영어 메시지는 무시하고 파일 다운로드를 완료한다. 필자가 책을 쓴 시점에서 eclipse-jee-luna-R-win32.zip 또는 eclipse-jee-luna-R-win32-x86_64.zip 파일이 다운로드된다.

04 원하는 드라이브의 루트(C: 또는 D:)를 선택해서 다운로드한 eclipse-jee-버전-win32.zip 또는 eclipse-jee-버전-win32-x86_64.zip 파일의 압축을 해제하면 이클립스가 설치된다. 이클립스도 압축을 해제하면 설치가 된다.

05 탐색기를 열어서 이클립스가 설치된 것을 확인한다.

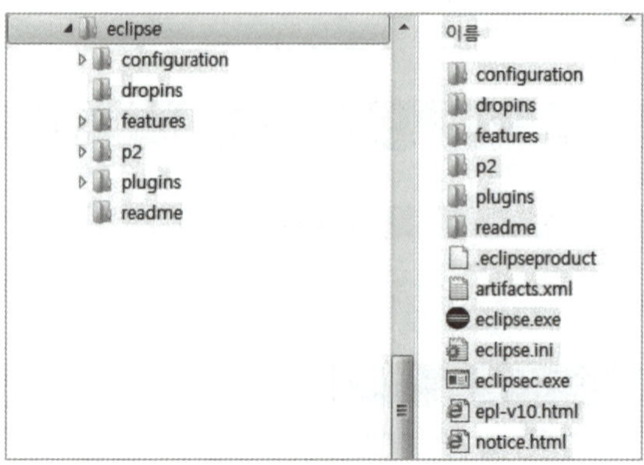

▲ 탐색기에서 이클립스 설치 확인

2 이클립스 실행 및 작업 환경 설정하기

이클립스를 원하는 작업 형태로 사용하려면 이클립스를 실행한 후 작업 환경을 설정하는 것이 좋다.

01 [eclipse] 폴더에 있는 eclipse.exe 파일을 더블클릭해 이클립스를 실행한다.

02 이클립스가 실행되면서 먼저 [Workspace Launcher] 대화상자가 표시되는데, [Workspace]에 "C:\project"를 입력한다. 그러면 해당 폴더가 존재하지 않으면 새로 만들고, 존재하면 해당 폴더를 사용한다.

[Use the as default and do not ask again]은 이 대화상자를 다시 표시하지 않으려면 체크하는 옵션인데, 워크스페이스를 전환해야 하므로 체크하지 않고 [OK] 버튼을 클릭한다.

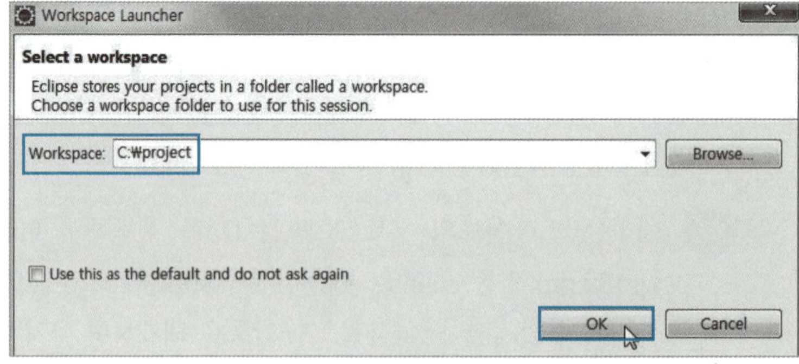

▲ 이클립스 실행 2

03 [Welcome] 탭이 표시되면 오른쪽 상단의 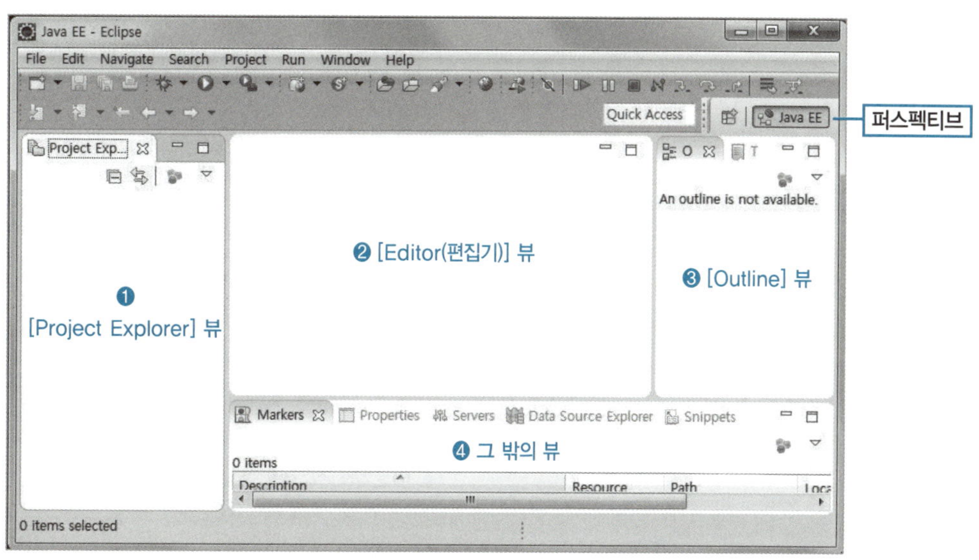 [Workbench]를 클릭한다.

04 이클립스 작업창이 표시된다. [Java EE] 퍼스펙티브라는 것은 현재 Java SE 프로젝
트 및 Java EE 프로젝트를 작성할 수 있는 작업 환경이라는 의미이다. [Java EE] 퍼
스펙티브의 경우 다음과 같은 뷰들이 배치되며, 퍼스펙티브가 달라지면 기본 배치되
는 뷰들도 달라진다.

▲ 이클립스 실행 4

❶ **[Project Explorer] 뷰** : 프로젝트 목록과 해당 프로젝트의 구성 파일을 표시하는 것
으로, 프로젝트의 생성 및 필요한 파일 생성

❷ **[Editor(편집기)] 뷰** : 생성된 파일의 편집

❸ **[Outline] 뷰** : 파일의 구조도를 비주얼하게 표시

❹ **그 밖의 뷰**

- [Makers] 뷰 : 워크밴치 리소스와 관련된 객체 관리

- [Properties] 뷰 : 선택한 아이템의 이름과 값을 표시

- [Servers] 뷰 : 톰캣, 아파치 서버 등의 웹 서버의 동작을 이클립스에서 제어

- [Data Source Explorer] 뷰 : 오라클, MySQL과 같은 DBMS를 이클립스에서 제어

- [Snippets] 뷰 : 카탈로그와 체계화된 재사용 가능한 프로그래밍 객체를 제공

05 이클립스 작업 환경을 설정하기 위해 [Window]–[Preferences] 메뉴를 선택한다.

06 웹 페이지에서 한글이 깨지지 않게 처리하기 위해 [Preference] 창에서 [General]–[Workspace]를 클릭한다. [Text file encoding]에서 [Other]–[UTF-8]을 선택한다. 변경 사항을 적용하기 위해 [Apply] 버튼을 클릭한다.

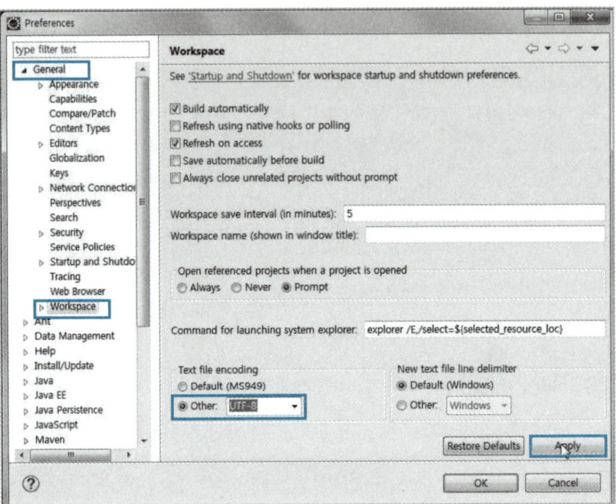

▲ 이클립스 작업 환경 설정 1

07 이번에는 [Editor] 뷰에 표시되는 소스 코드에 라인 번호를 부여하기 위해 [General]–[Editors]–[Text Editors]를 선택한 후 [Show line numbers]에 체크하고 [OK] 버튼을 클릭한다. 버전에 따라 기본적으로 체크되어 있는 경우도 있다.

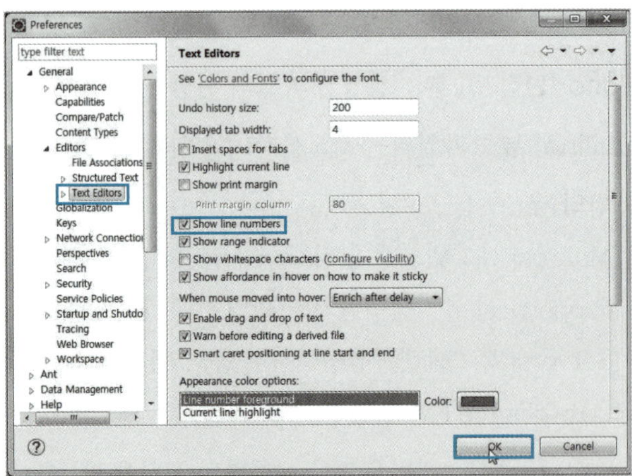

▲ 이클립스 작업 환경 설정 2

여기까지 이클립스 작업 환경 설정이 끝났다. 이제부터는 JSP 페이지 작성을 위해 이클립스에서 웹 서버를 설정하고 동적 웹 프로젝트(Dynamic Web Project)를 작성하면 된다.

Section 04 이클립스에서 웹 애플리케이션 작성

여기에서는 웹 애플리케이션을 작성해서 실제 환경에서 서비스하는 일련의 과정을 살펴본다.

이클립스에서 웹 애플리케이션을 작성하기 위해서는 먼저, 사용할 웹 서버를 이클립스로 끌어오는 웹 서버를 작성 후 동적 웹 프로젝트를 작성한다. 동적 웹 프로젝트가 웹 애플리케이션으로 이것을 작성 후에는 실제적으로 작업을 처리하거나 결과를 표시하는 JSP 페이지나 서블릿을 작성한다. 이렇게 웹 애플리케이션을 작성하고 난 후에는 실제 서비스 환경으로 배포해 사용한다.

1 웹 서버 작성하기

설치된 톰캣 서버는 이클립스에서 사용할 수 있도록 가져다 쓸 수 있다. 여기서는 웹 애플리케이션을 실행할 수 있는 웹 서버로 톰캣을 사용하기 위한 설정을 한다.

01 서버를 설정하기 위해 이클립스에서 [File]–[New]–[Other] 메뉴를 선택한다.

02 [New] 창의 [Wizard]에서 [Server]의 [Server]를 선택하고 [Next] 버튼을 클릭한다.

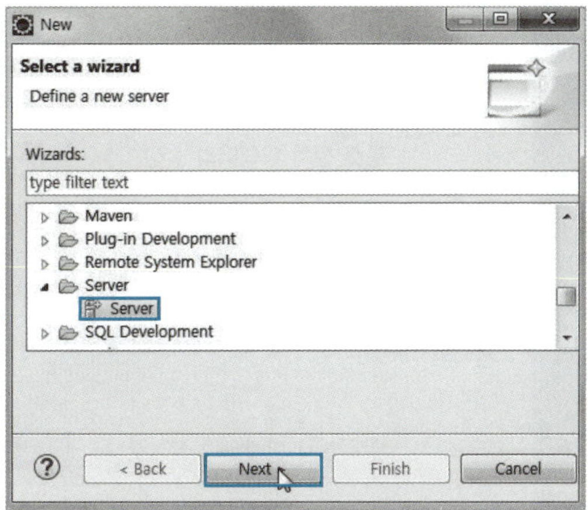

▲ Tomcat v8.0 서버 설정 1

03 [New Server] 창의 [Define a New Server] 화면이 표시되면 [Select the server type]
에서 [Apache]의 [Tomcat v8.0 Server]를 선택한 후 [Next] 버튼을 클릭한다.
여기서는 작성할 서버의 종류에 대해 설정하는 것으로, 나머지는 기본값을 그대로 사
용한다.

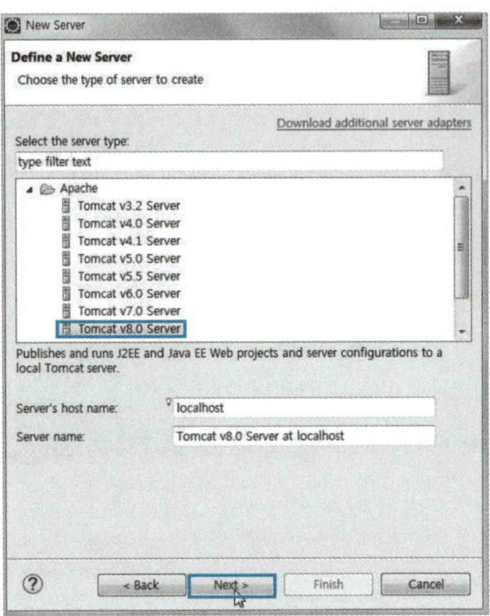

◀ Tomcat v8.0 서버 설정 2

04 선택한 서버의 종류에 따른 설정을 하는 [Tomcat Server] 화면이 표시된다. 톰캣은
다음과 같이 설정하고 [Finish] 버튼을 클릭한다.

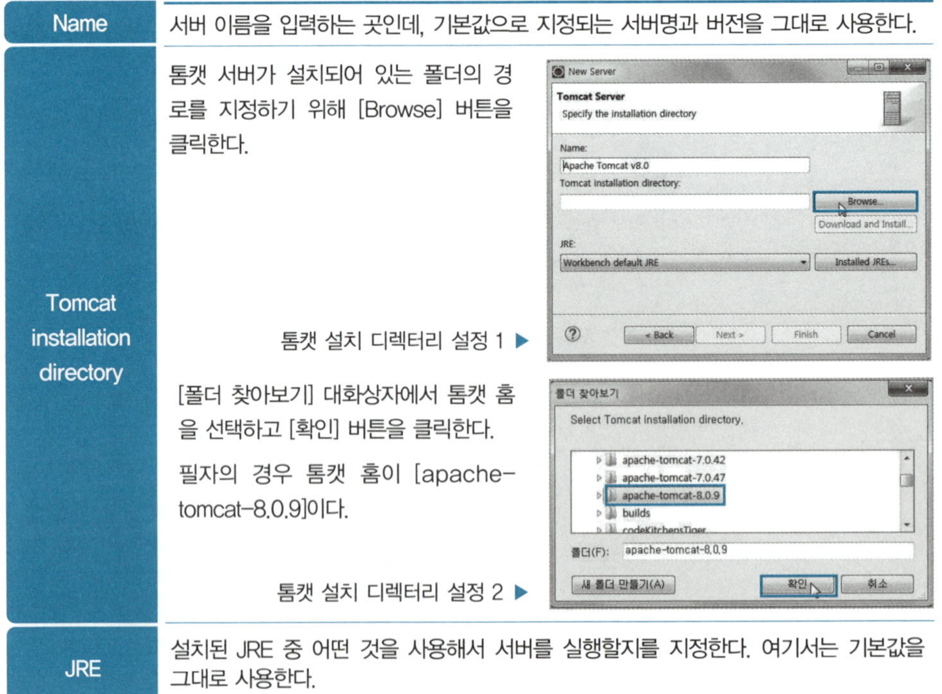

Name	서버 이름을 입력하는 곳인데, 기본값으로 지정되는 서버명과 버전을 그대로 사용한다.
Tomcat installation directory	톰캣 서버가 설치되어 있는 폴더의 경로를 지정하기 위해 [Browse] 버튼을 클릭한다. 톰캣 설치 디렉터리 설정 1 ▶ [폴더 찾아보기] 대화상자에서 톰캣 홈을 선택하고 [확인] 버튼을 클릭한다. 필자의 경우 톰캣 홈이 [apache-tomcat-8.0.9]이다. 톰캣 설치 디렉터리 설정 2 ▶
JRE	설치된 JRE 중 어떤 것을 사용해서 서버를 실행할지를 지정한다. 여기서는 기본값을 그대로 사용한다.

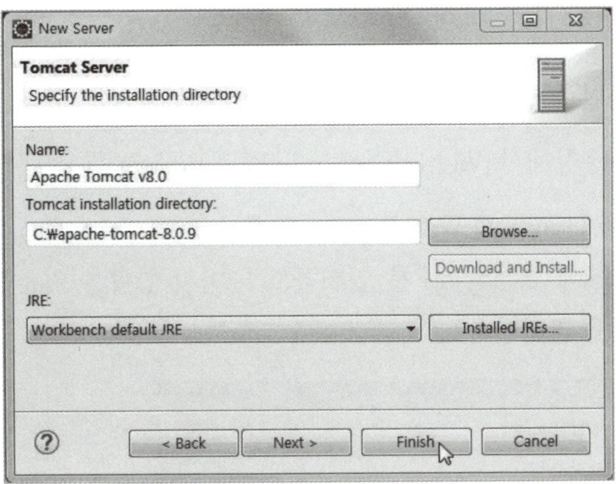

▲ Tomcat v8.0 서버 설정 3

05 이것으로 Tomcat v8.0 Server가 이클립스에 등록되었는데, [Project Explorer] 뷰 또는 [Servers] 뷰에서 확인할 수 있다.

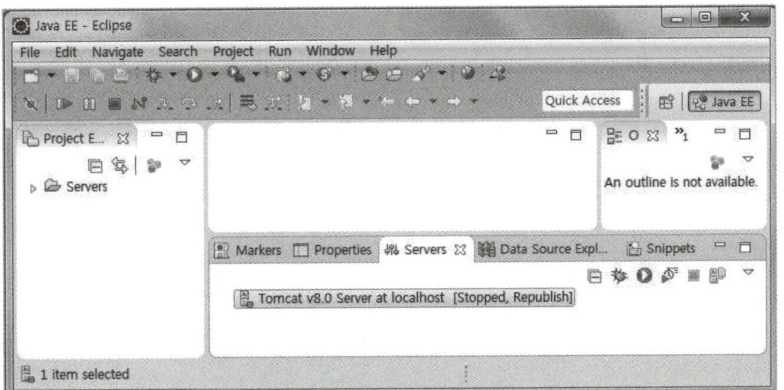

▲ Tomcat v8.0 서버 설정 확인

같은 방식으로 다른 서버도 등록할 수 있다. 이클립스에서는 여러 서버 설정을 제공하고 프로젝트마다 원하는 서버에 배치할 수 있다.

2 동적 웹 프로젝트 작성하기

이클립스에서 애플리케이션은 프로젝트 단위로 프로그래밍하며, 웹 애플리케이션 또한 마찬가지이다. 이클립스에서 웹 애플리케이션은 동적 웹 프로젝트(Dynamic Web Project)로 생성해 실제 환경에 배포한다. 즉, 동적 웹 프로젝트를 작성해야 웹 페이지를 만들 수 있다.

(1) 동적 웹 프로젝트 작성

01 이클립스에서 [File]–[New]–[Other] 메뉴를 선택한다.

02 [New] 창에서 [Web]–[Dynamic Web Project]를 선택하고 [Next] 버튼을 클릭한다.

03 [New Dynamic Web Project]의 [Dynamic Web Project] 화면이 표시되면 [Project name]에 "studyjsp"를 입력하고 나머지 항목은 기본값을 그대로 사용한 후 [Next] 버튼을 클릭한다.

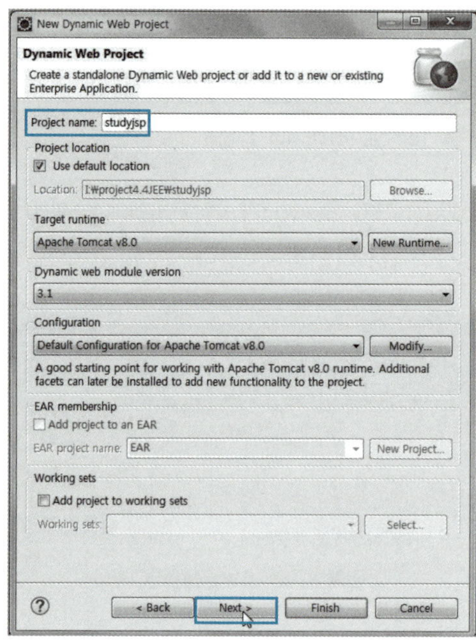

◀ 동적 웹 프로젝트 작성 2

이 단계는 프로젝트의 기본적인 정보를 설정하는 것으로 각 항목의 내용은 다음과 같다.

Project name	프로젝트의 이름을 지정하는 곳으로 직접 입력한다. ▣ studyjsp
Project location	프로젝트의 배치 장소를 지정하는 것으로, 보통은 [Use default location]이 선택되어 있다. 선택을 해제하면 프로젝트의 배치 장소를 변경할 수 있다.
Target runtime	프로젝트의 실행에 사용하는 서버 설정을 선택하는 것으로, 앞에서 설정한 Apache Tomcat v8.0이 기본값으로 선택되어 있다.
Configuration	사전에 특수한 기능 등을 결합한 형태로 구성해놓은 프로젝트를 사용하기 위한 것으로, 특별히 사용하지 않으려면 기본값을 그대로 둔다.
EAR membership	• EAR(Enterprise Archive)이라는 엔터프라이즈 아카이브 파일에 포함시키기 위한 것으로, 이것은 자바 EE 규정에 의거한 J2EE Server에서 사용 가능하다(톰캣에서는 사용할 수 없음). • Target runtime에서 자바 EE 규정에 의거한 J2EE Server를 선택하면, [Add project to an EAR]이 활성화된다. 이 항목을 선택하고, [EAR project name]을 설정하면, 특정 EAR에 프로젝트가 결합된다.

04 자바 애플리케이션 빌드에 대한 [Java] 화면이 표시된다. 이 단계는 기본 소스 .java 가 저장된 폴더 [src]에 대응되는 .class 파일이 저장되는 폴더를 지정하는 것으로, 여기서는 기본값인 [build\classes]를 그대로 사용하고 [Next] 버튼을 클릭한다.

05 웹 모듈(Web Module)에 관해 설정하는 [Web Module] 화면이 표시된다. 웹 모듈은 프로젝트에서 작성되는 웹 애플리케이션의 일부분이다. [Context root]와 [Content Directory]는 기본값을 그대로 사용하고 [Generate web.xml deployment descriptor]에 체크한 후 [Finish] 버튼을 클릭한다.

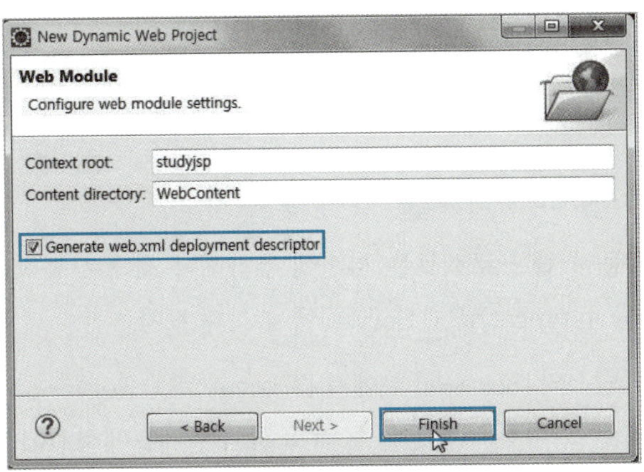

▲ 동적 웹 프로젝트 작성 4

각 항목의 내용은 다음과 같다.

Context Root	컨텍스트 루트의 장소를 지정하는 것으로, 일반적으로 프로젝트의 디렉토리가 선택된다. 여기서는 'studyjsp'가 기본값으로 설정되어 있다.
Content Directory	콘텐츠의 배치 장소를 지정하는 것으로, 일반적으로 'WebContent'가 기본값으로 설정되어 있는데 이 폴더가 웹 모듈이다. 콘텐츠에는 .java 파일과 설정 파일을 제외한 jsp, html, css, js 파일 등을 위치시킨다.
Generate web.xml deployment descriptor	이 항목은 동적 웹 프로젝트 생성 시, 해당 프로젝트에 필요한 개별적인 설정 정보 등을 기술하는 디플로이먼트 디스크립터(deployment descriptor)인 web.xml의 생성 여부를 선택한다. 이 파일은 [프로젝트명] – [WebContent] – [WEB-INF] 안에 위치한다.

06 [Project Explorer] 뷰에 [studyjsp] 프로젝트가 생성된 것을 확인할 수 있다.

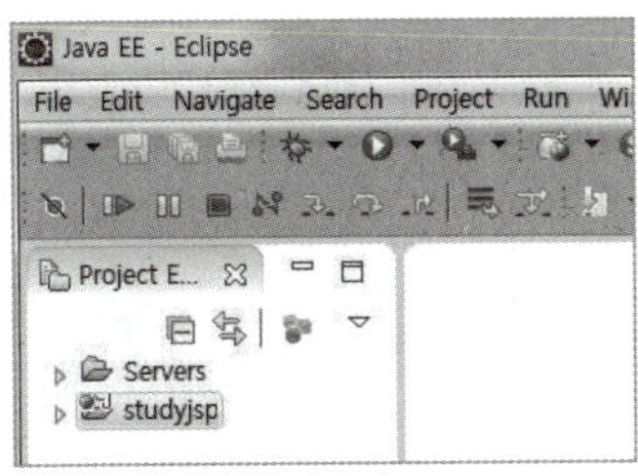

작성된 동적 웹 프로젝트 확인 ▶

07 작성된 [studyjsp] 프로젝트는 이클립스의 워크스페이스(workspace) 폴더에 프로젝트명과 같은 이름의 폴더로 관리된다.

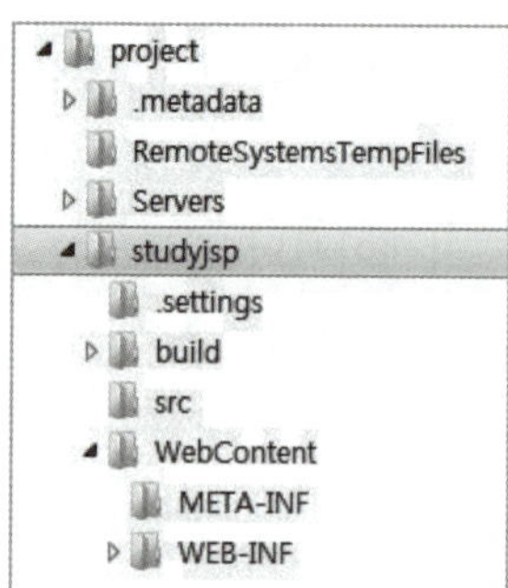

◀ 탐색기에서 워크스페이스 내에 작성된 프로젝트 확인

(2) 동적 웹 프로젝트를 서버에 추가

생성된 동적 웹 프로젝트는 서버에 추가해야 제대로 동작될 수 있다. 작성한 [studyjsp] 프로젝트를 [Tomcat v8.0 Server]에 추가해 보자.

01 이클립스의 [Servers] 뷰에서 [Tomcat v8.0 Server at localhost~]를 선택하고 마우스 오른쪽 마우스 버튼을 눌러 표시되는 메뉴에서 [Add and Remove]를 클릭한다.

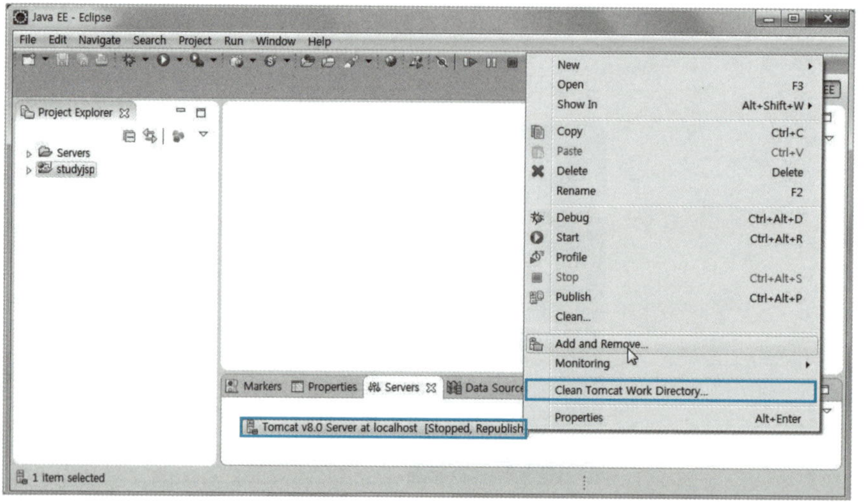

▲ 프로젝트를 톰캣 서버에 추가 1

02 [Add and Remove] 창이 표시되면 [Available]에 있는 추가할 프로젝트인 [studyjsp]를 선택하고 [Add] 버튼을 클릭한다.

03 [Configured]에 프로젝트가 표시되면 [Finish] 버튼을 클릭한다.

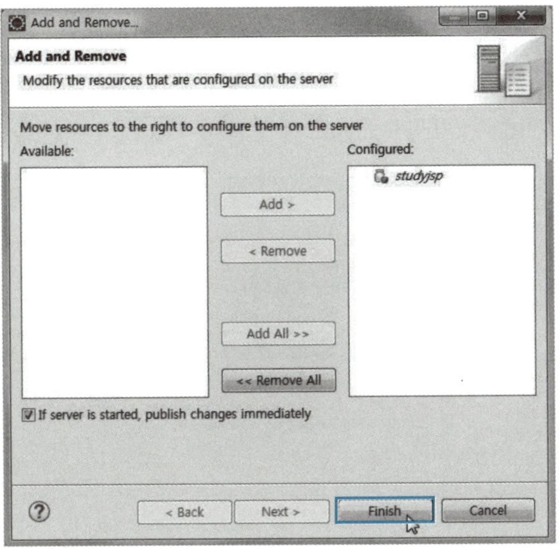

▲ 프로젝트를 톰캣 서버에 추가 3

04 [Servers] 뷰의 [Tomcat v8.0 Server at localhost~] 안에 [studyjsp] 프로젝트가 추가된 것을 알 수 있다.

▲ 프로젝트를 톰캣 서버에 추가 4

3 JSP 페이지와 서블릿 작성하기

서버 설정과 동적 웹 프로젝트 작성이 끝나면 JSP 페이지와 서블릿을 작성해 실행할 수 있다. 작성한 프로젝트에 JSP 페이지와 서블릿 페이지를 추가한 후 톰캣 서버에서 실행시킨다.

(1) JSP 페이지 작성 및 실행

JSP 페이지의 인코딩과 템플릿을 변경한 후 페이지를 작성하고 실행한다.

1) JSP 페이지의 인코딩 설정 및 템플릿 페이지 변경

모바일 기기에서의 웹 페이지 서비스를 고려하여 작성할 JSP 페이지의 인코딩을 utf-8로 지정하고, 템플릿 페이지에서 JSP의 html 부분으로 html5 문법을 따르기 위한 환경 설정을 한다.

01 [Window]-[Preferences] 메뉴를 선택한다.

02 [Preferences] 창이 표시되면 [Web]-[JSP Files]을 선택하고 [Ecoding] 값을 [ISO 10646/Unicode(UTF-8)]로 지정한 후 [Apply] 버튼을 클릭한다.

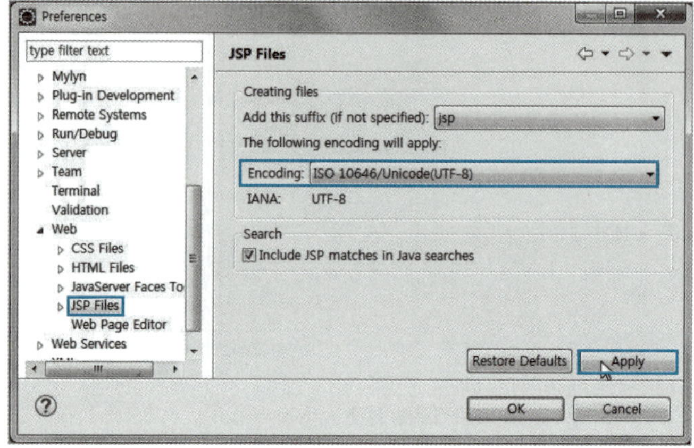

▲ JSP 페이지의 인코딩 설정

03 [JSP Files]-[Editor]-[Templates]을 선택하면 오른쪽에 내용이 표시된다. 여기에서 [New] 버튼을 클릭한다.

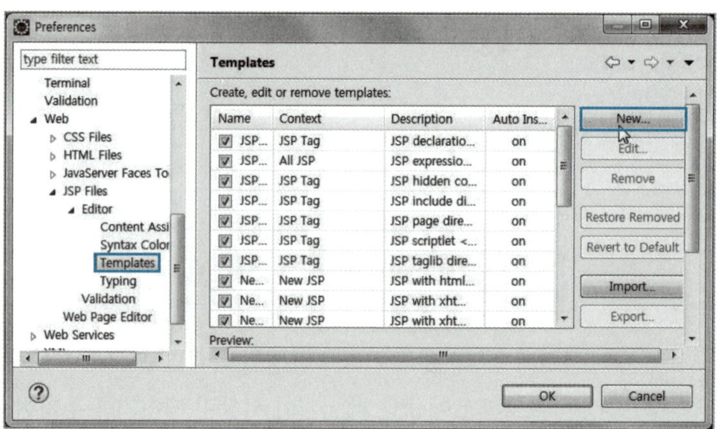

▲ JSP 페이지의 템플릿 설정 1

04 [New Template] 창이 표시되면 [Name]에 "New JSP File (html5)"을 입력하고 [Context]에서 [New JSP]를 선택한다. 그리고 부록 CD의 [source]-[studyisp]-[WebContent]-[ch02] 폴더에서 jsptemplate.txt 파일을 열고 내용을 복사하여 [Pattern]에 붙여넣기 한 후 [OK] 버튼을 클릭한다.

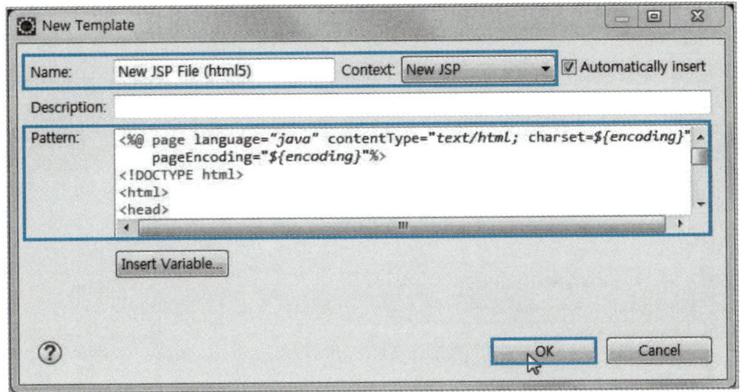

▲ JSP 페이지의 템플릿 설정 2

05 [Create, edit or remove templates]에 [New JSP File (html5)]이 추가된 것을 확인하고 [OK] 버튼을 클릭한다.

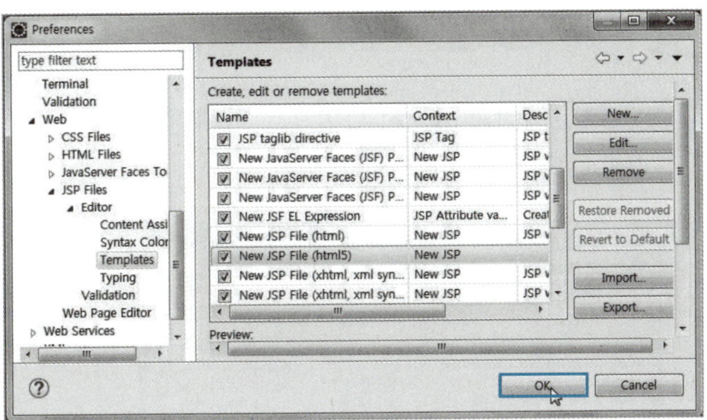

▲ JSP 페이지의 템플릿 설정 3

2) JSP 페이지 작성

이클립스 프로젝트에서 JSP 페이지는 [프로젝트]-[WebContent] 폴더에 생성한다. JSP 페이지를 작성해보자.

01 [Project Explorer] 뷰에서 [studyjsp] 프로젝트의 [WebContent] 폴더를 선택하고 마우스 오른쪽 버튼을 눌러 표시되는 메뉴에서 [New]-[JSP File]을 클릭한다.

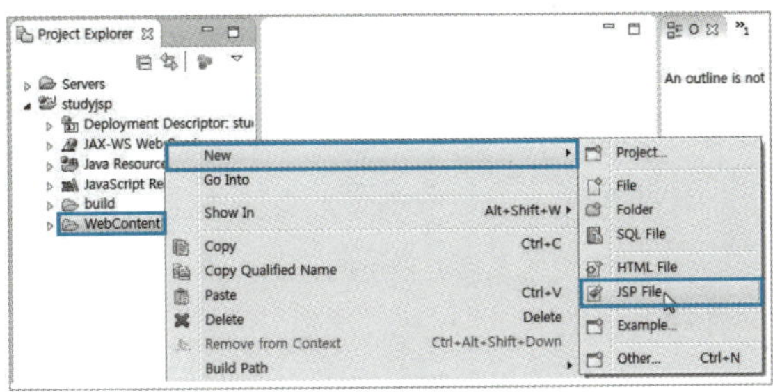

▲ 이클립스에서 JSP 페이지 작성 1

02 [New JSP File] 창이 표시되면 파일 작성 위치로 [studyjsp] 프로젝트의 [Web Content]를 선택한다. [File name]에는 "index.jsp"를 입력하고 [Next] 버튼을 클릭한다.

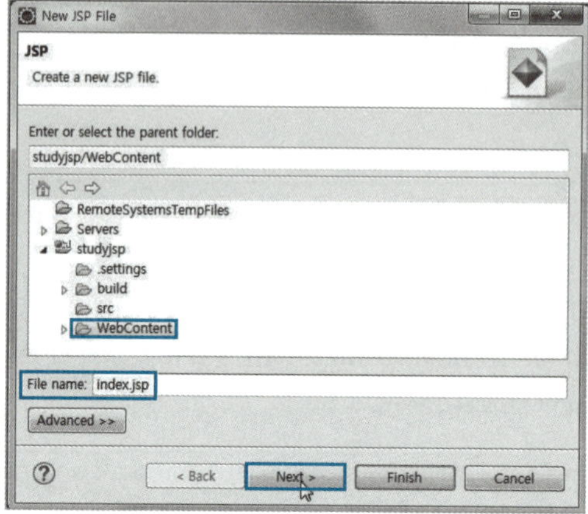

◀ 이클립스에서 JSP 페이지 작성 2

03 [Select JSP Template] 화면으로 바뀌면 앞에서 생성한 [New JSP File (html5)]을 선택하고 [Finish] 버튼을 클릭한다.

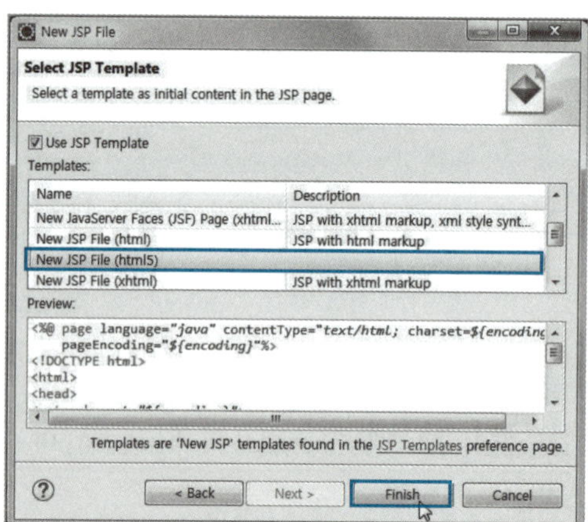

◀ 이클립스에서 JSP 페이지 작성 3

04 다음과 같이 index.jsp 페이지가 작성된 것을 확인할 수 있다.

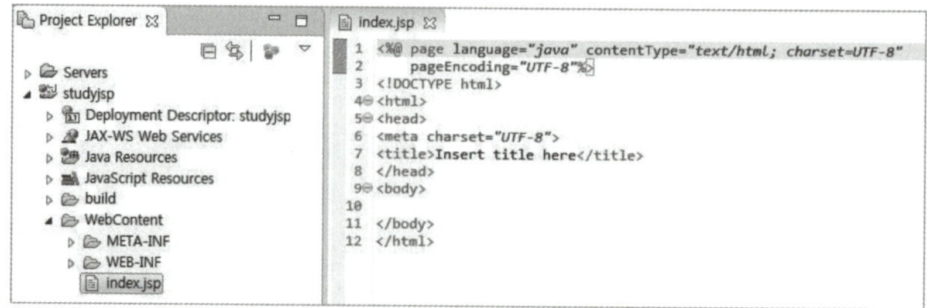

▲ 이클립스에서 JSP 페이지 작성 4

3) JSP 페이지 실행

작성된 index.jsp 페이지를 수정한 후 이클립스에서 실행하는 방법에 대해 알아본다.

01 작성된 index.jsp 페이지에 다음과 같이 내용을 추가한 후 [File]-[Save] 메뉴를 선택해 저장한다. 변경 및 추가된 부분은 색으로 표시했다.

```
01  <%@ page language="java" contentType="text/html; charset=UTF-8"
02          pageEncoding="UTF-8"%>
03  <!DOCTYPE html>
04  <html>
05  <head>
06  <meta charset="UTF-8">
07  <title>처음으로 작성하는 JSP페이지</title>
08  </head>
09  <body>
10      <%= "처음으로 작성하는 JSP페이지" %>
11  </body>
12  </html>
```

02 완성된 소스를 실행하기 위해 톰캣 서버의 서비스를 시작한다. 이클립스에서 톰캣 서버의 서비스를 실행하려면 먼저 서버의 실행 여부를 확인한다. [Servers] 뷰의 [Tomcat v8.0 Server at localhost]가 'Tomcat v8.0 Server at localhost [Stopped, Republish]'로 표시되어 있으면 현재 서비스가 중단된 상태라는 의미이다.

서비스를 실행하기 위해 'Tomcat v8.0 Server at localhost [Stopped, Republish]'를 선택하고 [Servers] 뷰의 ▶ [Start the server] 아이콘을 클릭한다.

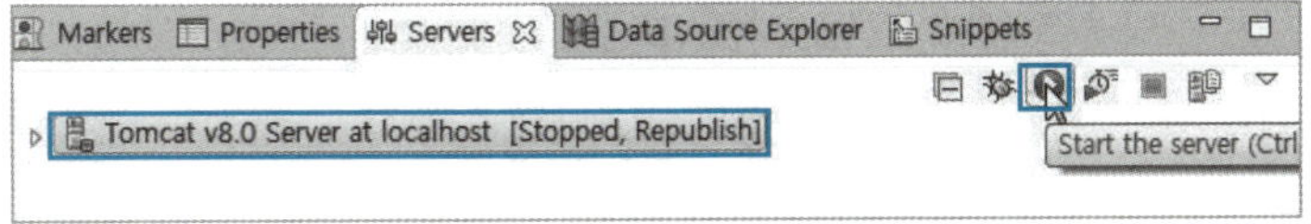

▲ 톰캣 서버 서비스 시작하기 1

03 그러면 화면의 제어가 [Console] 뷰로 넘어가 서비스에 필요한 파일들을 로딩한다.

▲ 톰캣 서버 서비스 시작하기 2

04 로딩이 끝나면 제어가 다시 [Servers] 뷰로 돌아오고, 톰캣 서버가 'Tomcat v8.0 Server at localhost [Started, Synchronized]'로 변경된 것을 확인할 수 있다. 톰캣 서버가 현재 서비스 중이라는 의미이다.

▲ 톰캣 서버 서비스 시작하기 3

05 서버가 성공적으로 실행되면 index.jsp 페이지를 선택하고 마우스 오른쪽 버튼을 눌러 [Run As]-[Run on Server] 메뉴를 클릭한다.

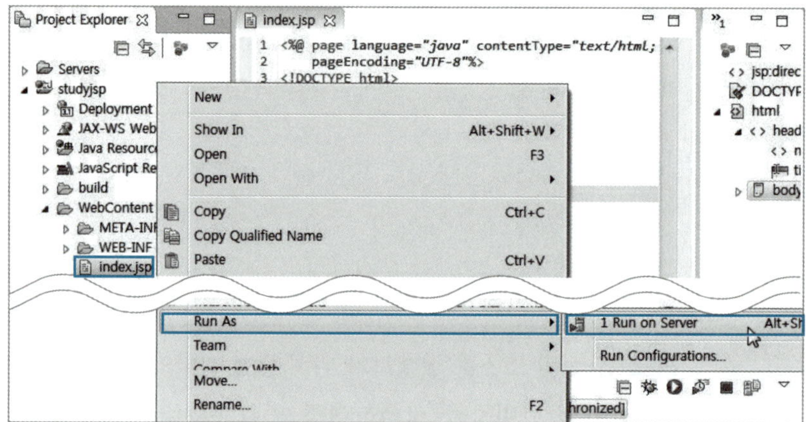

06 [Run on Server] 창이 표시되면 기본값을 그대로 사용하고 [Finish] 버튼을 클릭한다.

07 index.jsp가 이클립스 자체 내장 웹 브라우저에서 실행되어 표시된다.

▲ index.jsp 페이지 실행 3

08 서블릿을 작성하고 실행하기 전에는 기존의 톰캣 서비스를 중단하는 것이 좋다. 톰캣 서버를 중단시킬 때는 ■ [Stop the Server] 아이콘을 클릭한다.

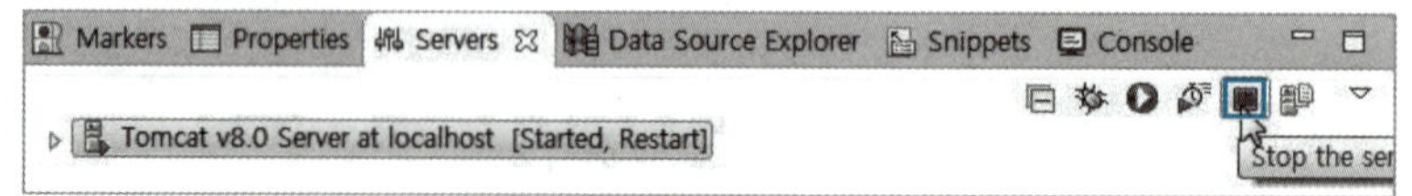

▲ 톰캣 서버 서비스 중단

(2) 서블릿 작성 및 실행

서블릿(Servlet)은 JSP 페이지처럼 화면에 내용을 표시할 목적으로 사용하는 것이 아니라, MVC 패턴에서 로직인 모델(Model)과 화면에 결과를 표시하는 뷰(View) 사이에서 제어를 하는 컨트롤러(Controller)로 사용된다.

서블릿은 .java 파일이기 때문에 [Java Resources]-[src] 위치에 저장된다. 자바 기반의 모든 애플리케이션에서 .java 파일은 항상 [src]에 위치한다. 또한 자바 파일들은 패키지로 관리하는 것이 편하므로, 먼저 패키지를 작성하는 것이 좋다.

1) [ch02] 패키지 작성

패키지란 관련된 자바 클래스들을 모아서 관리하는 것으로, 애플리케이션을 개발할 때 는 일반적으로 패키지(package)를 생성해서 로직 파일들을 관리한다. 여기서는 [Java Resources]-[src] 안에 [ch02] 패키지를 만든다.

01 [Project Explorer] 뷰의 [studyjsp] 프로젝트에서 [Java Resources]-[src]를 선택하고 마우스 오른쪽 버튼을 눌러 [New]-[Package] 메뉴를 클릭한다.

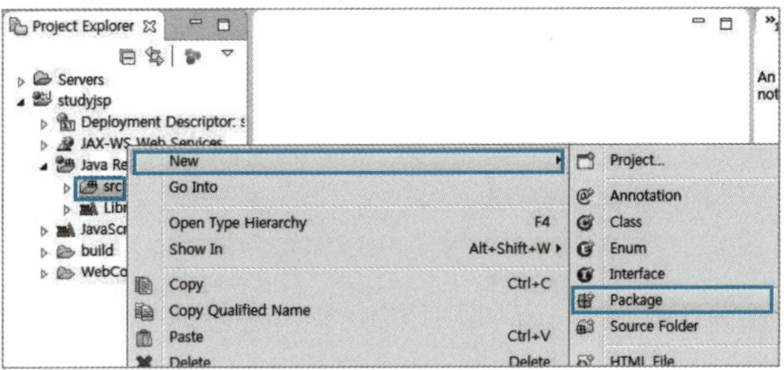

▲ [ch02] 패키지 생성 1

02 [Java Package] 화면에서 [Source folder]의 내용이 'studyjsp/src'인 것을 확인하고 [Name]에 "ch02"를 입력한 후 [Finish] 버튼을 클릭한다.

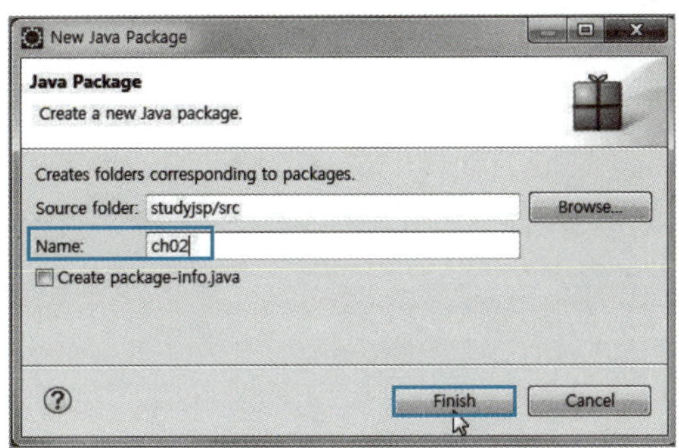

▲ [ch02] 패키지 생성 2

03 [Java Resources]-[src] 안에 [ch02] 패키지가 생성된다.
패키지의 색이 투명한 것은 현재 패키지 안에 자바 클래스
가 하나도 없어서이며, 자바 클래스를 만들고 나면 황토색
으로 바뀐다. 만일 [ch02] 패키지가 [src] 아래에 만들어지
지 않으면 F5 키를 누른다. 그래도 반영되지 않으면 이클
립스를 닫고 다시 실행하면 된다.

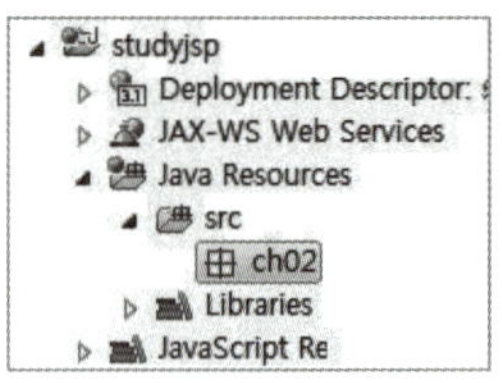

▲ [ch02] 패키지 생성 3

2) 서블릿 작성

서블릿은 자바 클래스로 .java 파일로 만들어져서 관리된다. 따라서 서블릿 클래스를 생
성하면 서블릿이 생성된다. 여기서는 작성한 [ch02] 패키지에 HelloServlet 클래스를 생성
한다.

01 [Project Explorer] 뷰의 [studyjsp] 프로젝트에서 [Java Resources]-[src]-[ch02]
패키지를 선택하고 마우스 오른쪽 버튼을 눌러 [New]-[Servlet] 메뉴를 클릭한다.

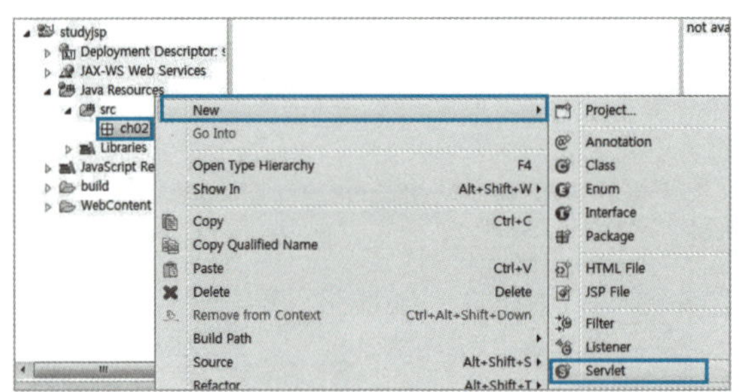

▲ HelloServlet 서블릿 작성 1

02 [Create Servlet] 창이 표시되면 [Class name]에 "HelloServlet"을 입력하고 [Next]
버튼을 클릭한다.

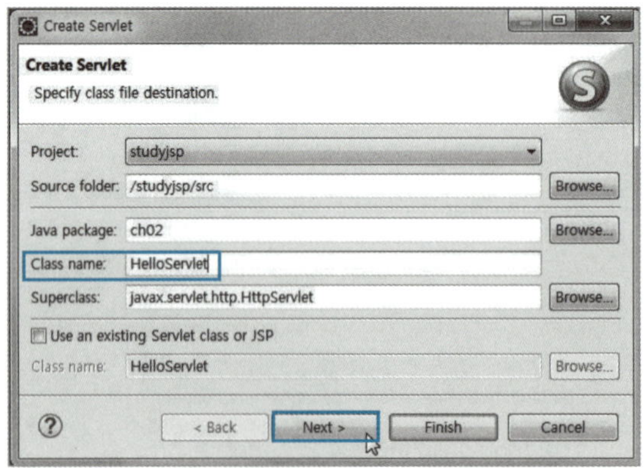

▲ HelloServlet 서블릿 작성 2

03 서블릿을 실행할 때 필요한 파라미터, URL 매핑 등을 기술하는 화면으로 이동한다.
여기서는 기본값을 그대로 사용하고 [Next] 버튼을 클릭한다.

URL 매핑이 /HelloServlet이라는 것은 이 서블릿을 실행할 때 http://127.0.0.1:8080
/studyjsp/HelloServlet과 같은 경로를 갖는다. http://127.0.0.1:8080/studyjsp는
웹 애플리케이션 루트로 현재의 프로젝트명이다.

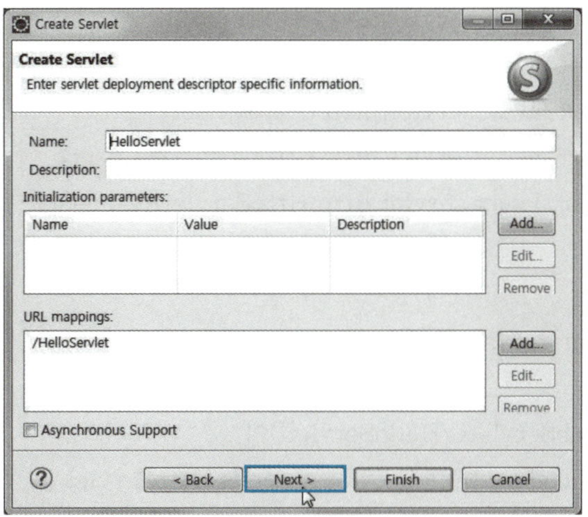

◀ HelloServlet 서블릿 작성 3

04 서비스 메소드를 선택하는 화면으로 이동하면 기본값을 그대로 사용하고 [Finish] 버
튼을 클릭한다.

05 [ch02] 패키지 안에 HelloServlet.java가 생성된 것을 확인할 수 있다.

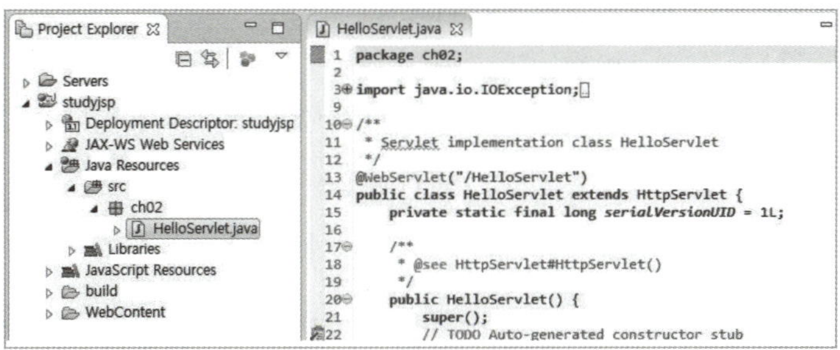

▲ HelloServlet 서블릿 작성 5

3) 서블릿 실행

앞에서 작성한 HelloServlet.java 서블릿을 톰캣 서버에서 실행한다. 실행하는 방법은
JSP 페이지와 같다.

01 HelloServlet.java 서블릿의 내용을 수정한 후 저장한다. 변경 및 추가된 부분은 색
으로 표시했다.

```java
01   package ch02;
02
03   import java.io.IOException;
04   import java.io.PrintWriter;
05
06   import javax.servlet.ServletException;
07   import javax.servlet.annotation.WebServlet;
08   import javax.servlet.http.HttpServlet;
09   import javax.servlet.http.HttpServletRequest;
10    import javax.servlet.http.HttpServletResponse;
11
12   /**
13    * Servlet implementation class HelloServlet
14    */
15   @WebServlet("/HelloServlet")어
16   public class HelloServlet extends HttpServlet {
17       private static final long serialVersionUID = 1L;
18
19       /**
20        * @see HttpServlet#HttpServlet( )
21        */
22       public HelloServlet( ) {
23          super( );
24          // TODO Auto-generated constructor stub
25       }
26
27       /**
28        * @see HttpServlet#doGet(HttpServletRequest request, HttpServletResponse
       response)
29        */
30       protected void doGet(HttpServletRequest request, HttpServletResponse
       response) throws ServletException, IOException {
31               // TODO Auto-generated method stub
32               response.setContentType("text/html;charset=utf-8");
33
34               try {
```

화면에 '처음 작성하는 Servlet'이라는 문구를 출력하기 위해 4, 35, 37~48 라인을 코딩해야 한다. 이것만 봐도 화면에 내용을 출력하는 용도로 서블릿을 사용하기에는 구조가 너무 복잡하고, JSP에 비해 불편하다는 것을 알 수 있다.

```java
35          PrintWriter out = response.getWriter( );
36          out.println("<HTML>");
37      out.println("<HEAD><TITLE>처음 작성하는 Servlet</TITLE ></Head>");
38          out.println("<BODY>");
39          out.println("처음 작성하는 Servlet");
40          out.println("</BODY>");
41          out.println("<HTML>");
42          out.close( );
43      }catch(Exception e){
44          getServletContext( ).log("Error in HelloServlet:",e);
45      }
46  }
47
48  /**
49  * @see HttpServlet#doPost(HttpServletRequest request, HttpServlet Response
        response)
50  */
51  protected void doPost(HttpServletRequest request, HttpServletResponse
    response) throws ServletException, IOException {
52      // TODO Auto-generated method stub
53  }
54
55  }
```

02 [Servers] 뷰의 [Tomcat v8.0 Server at localhost]가 'Tomcat v8.0 Server at localhost [Stoppted, Republish]'로 표시되어 현재 서비스가 중단된 상태인 것을 확인한다. 서블릿의 변경 사항을 반영하기 위해서는 반드시 서버를 새로 올려야 한다.

톰캣 서비스를 실행하기 위해 'Tomcat v8.0 Server at localhost [Stoppted, Republish]'를 선택하고 [Servers] 뷰의 ▶ [Start the Server] 아이콘을 클릭한다.

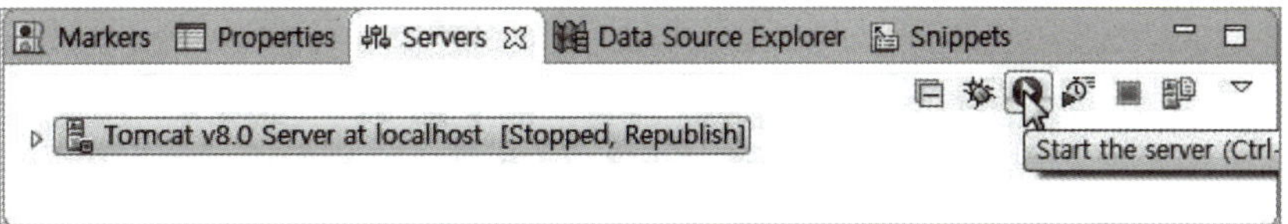

03 서버가 실행되면 HelloServlet.java 서블릿을 선택하고 마우스 오른쪽 버튼을 눌러 [Run As]-[Run on Server] 메뉴를 클릭한다.

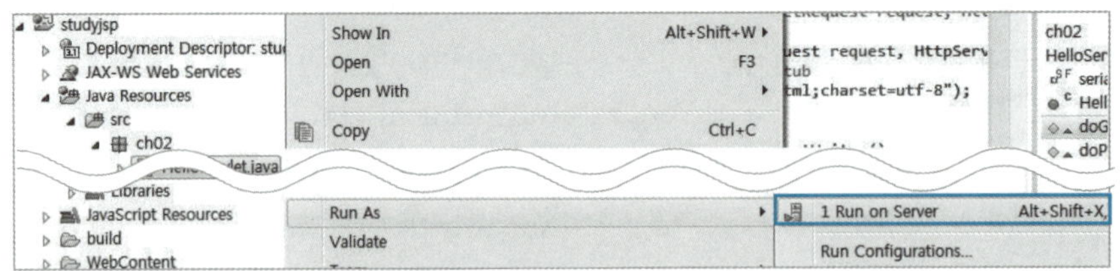

▲ HelloServlet 서블릿 실행 1

04 [Run on Server] 창이 표시되면 기본값을 그대로 사용하고 [Finish] 버튼을 클릭한다.

05 HelloServlet.java 서블릿이 이클립스 자체 내장 웹 브라우저에서 실행되어 표시된다.

▲ HelloServlet 서블릿 실행 2

지금까지 이클립스에서 웹 서버로 톰캣을 지정하고, 동적 웹 프로젝트를 작성해 JSP 페이지와 서블릿을 작성하는 방법을 학습했다. 동적 웹 프로젝트는 하나의 웹 애플리케이션으로 서비스된다. 사실 우리가 작업하고 있는 이클립스는 테스트 환경이다. 또한 우리가 작업하는 컴퓨터는 개발 컴퓨터이다. 즉, 실제로 서비스를 하는 서버가 아니라는 것이다.

웹 애플리케이션을 웹상에서 서비스하려면, 애플리케이션 개발 후 실제로 서비스하는 서버로 배포 파일인 WAR 파일을 내보내서 서비스한다. JSP는 서비스하는 서버의 운영체제가 UNIX, LINUX, Windows Server이건 관계없이 개발자가 사용하기 편한 개발 컴퓨터 환경에서 개발해 배포 파일 WAR를 만들면 된다. 이 WAR 파일만을 FTP(알FTP 등의 프로그램)를 사용해 웹 서비스 위치로 보내면, 서비스 시 자동으로 파일의 압축이 해제되어 우리가 이클립스에서 테스트한 화면 그대로 클라이언트에게 서비스한다.

다음에서 WAR 파일을 생성해 서비스하는 일련의 과정에 대해 학습한다.

4 웹 애플리케이션 배포 – WAR 내보내기

아직까지 거의 작성한 것은 없으나 일단 웹 서비스를 위해 WAR 파일을 만들어 서비스 환경에서 실행해보는 방법을 학습한다. 웹 애플리케이션(여기서는 웹 사이트를 의미)을 완성한 후 서비스하기 위해서는 반드시 WAR 파일을 만들어야 한다는 것을 명심한다. 이클립스에서는 WAR 파일을 쉽게 작성하는 방법을 제공한다.

(1) WAR 파일 생성

우리가 작성한 [studyjsp] 프로젝트가 서비스할 웹 사이트가 되기 위해서는 이 [studyjsp] 프로젝트를 WAR 파일로 작성해 배포한다. [studyjsp] 프로젝트는 책을 끝까지 학습해야 완성되나, 일단은 현재의 내용만 가지고 학습해보자.

01 톰캣 서버가 올라와 있다면 내린 후에, [studyjsp] 프로젝트를 클릭하고 [Export]-[WAR file] 메뉴를 선택한다.

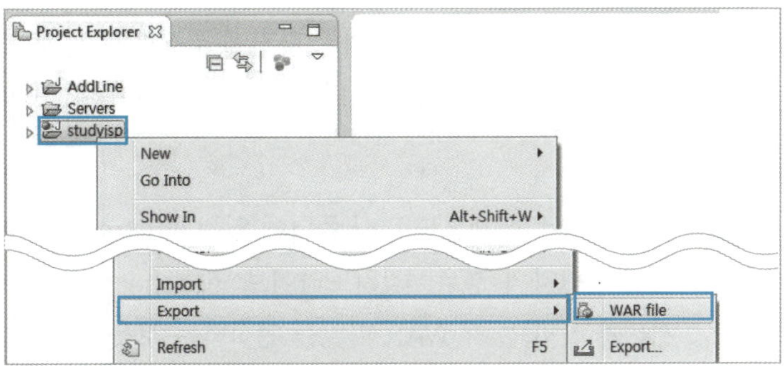

▲ [studyjsp] 프로젝트의 WAR 내보내기 1

02 [Export] 창이 표시되면 [Destination]의 [Browse] 버튼을 클릭해서 내보낼 위치를 '톰캣홈\webapps' 로 지정한다. [Destination]의 값이 원하는 위치인지 확인하고 [Overwrite existing file]에 체크해 선택한 후 [Finish] 버튼을 클릭한다.

이때 **톰캣홈은 톰캣이 설치되어** 서비스되는 홈으로 톰캣8을 C 드라이브에 설치한 경우 'C:\apache-tomcat-8.0.9\'와 같은 형태이다. [Overwrite existing file]은 기존에 같은 이름의 WAR 파일이 있는 경우에는 덮어쓰기를 할 것인가의 여부를 지정하는 것으로 필자의 경우는 웹 애플리케이션의 내용이 업데이트된 경우, 업데이트된 내용이 적용되도록 이 항목을 선택했다.

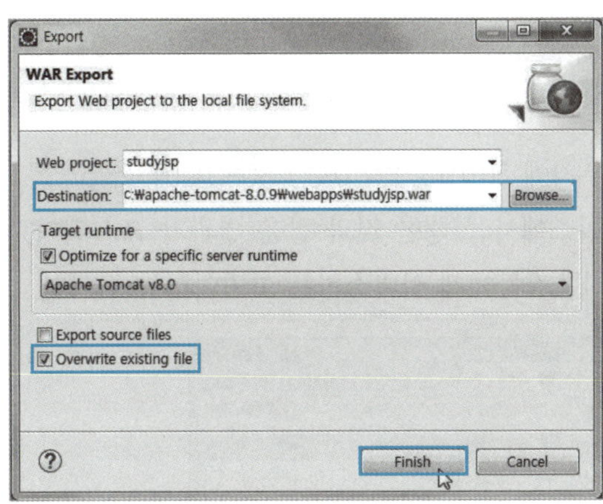

▲ [studyjsp] 프로젝트의 WAR 내보내기 2

03 탐색기를 통해 [톰캣홈] – [webapps] 폴더에 studyjsp.war 파일이 생성된 것을 확인할 수 있다.

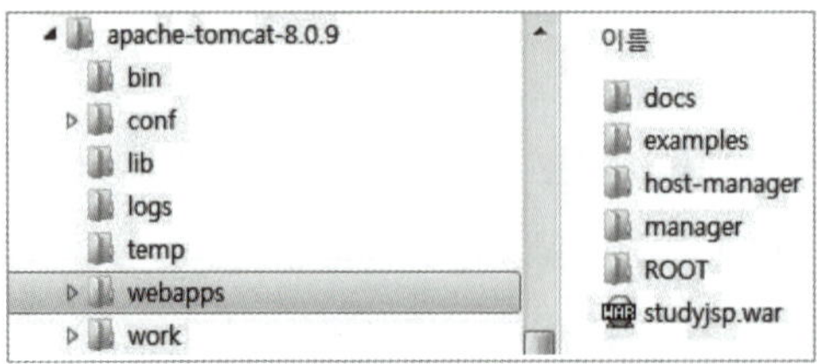

▲ [studyjsp] 프로젝트의 WAR 내보내기 3

(2) 내보낸 WAR 파일을 실제 서비스 환경에서 실행

내보낸 WAR 파일을 실제 서비스 환경에서 실행해 결과를 확인한다. 우리는 학습용으로 실행하는 것이기 때문에 특별히 별도의 서버로 전송해 실행하지 않고, 자신의 컴퓨터에서 실행한다.

01 탐색기에서 [톰캣홈]–[bin] 폴더에 있는 startup.bat 파일을 더블클릭해 톰캣 서버를 올린다(필자의 경우 '설치드라이브:\apache-tomcat-8.0.9\bin' 안에 있음). 톰캣 서버가 올라 올 때 WAR 파일을 인식하는 것을 확인할 수 있다.

02 톰캣 서버가 정상적으로 올라오면 [톰캣홈]–[webapps] 폴더에 있는 studyjsp.war 파일의 압축이 해제되어 [studyjsp] 웹 애플리케이션 폴더가 생성된 것을 확인할 수 있다.

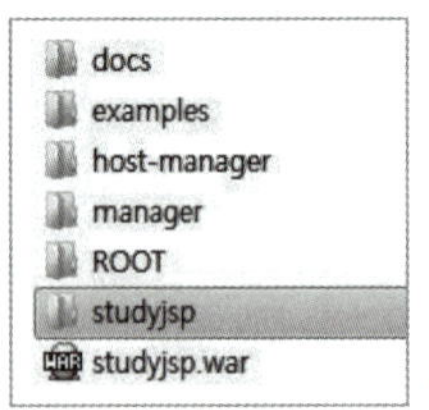

◀ [studyjsp] 프로젝트를 실제 환경에서 실행 2

03 웹 브라우저에 "http://127.0.0.1:8080/studyjsp/"를 입력해서 실행하면, index.jsp를 이클립스에서 실행한 것과 같은 결과가 표시된다. 차이가 있다면 아래의 화면은 실제로 사용자들에게 서비스하는 화면이라는 점이다.

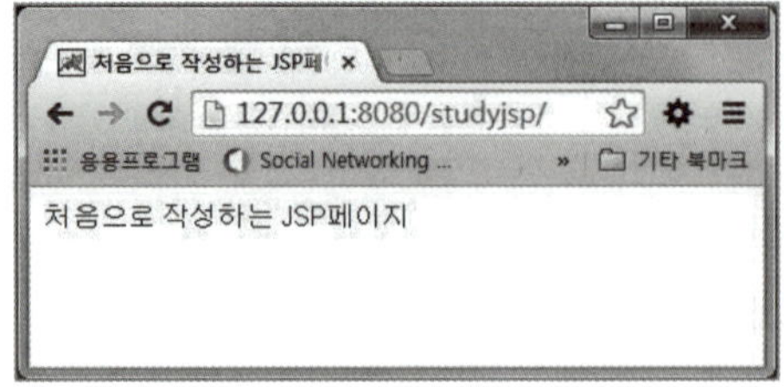

▲ [studyjsp] 프로젝트를 실제 환경에서 실행 3

04 이번에는 웹 브라우저에 "http://127.0.0.1:8080/studyjsp/HelloServlet"을 입력해서 실행한다. 마찬가지로 이클립스에서 HelloServlet 서블릿을 실행한 것과 같은 결과가 표시된다.

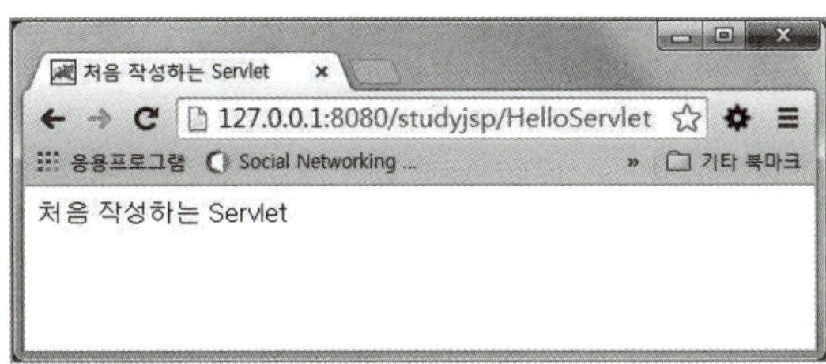

▲ [studyjsp] 프로젝트를 실제 환경에서 실행 4

05 이클립스에서 톰캣을 실행할 것이므로, 탐색기에서 [톰캣홈]-[bin] 폴더에 있는 shutdown.bat 파일을 더블클릭해 톰캣 서버를 내린다. 톰캣 서비스는 한 번만 올라올 수 있으며, 두 번을 동시에 올리면 두 번째로 올려진 서버는 서비스 시 같은 포트(8080)를 사용하기 때문에 에러가 발생한다.

이 책을 끝까지 학습하여 [studyjsp] 프로젝트가 완성되면 다시 한 번 WAR 파일을 작성해 서비스하여 실제 환경에서 테스트해보는 것이 좋다.

참고 | 자바 기반의 프로젝트 배포

자바 기반의 프로젝트는 서비스를 위해 해당 프로젝트별 배포 파일을 작성한다. 각 프로젝트별 배포 파일은 다음과 같다.

프로젝트 종류		배포 파일
자바 프로젝트	그룹웨어, 라이브러리 작성 시 사용	JAR 파일
동적 웹 프로젝트	웹 사이트 구축 시 사용	WAR 파일
안드로이드 프로젝트	안드로이드 앱 개발 시 사용	APK 파일(안드로이드 앱 설치 파일)

각 배포 파일은 이클립스에서 쉽고 편하게 작성할 수 있다.

웹 애플리케이션 폴더 구조와 JSP의 처리 과정

Section 05

여기에서는 웹 애플리케이션의 각 폴더가 어떤 역할을 하는지 그리고 JSP 페이지와 로직 자바 클래스, 서블릿이 어느 폴더에 위치하는지 등을 살펴보고, 클라이언트가 JSP 페이지를 요청하면 어떤 과정을 거쳐 응답되는지에 대한 일련의 과정을 알아본다.

서비스되는 웹 애플리케이션은 서버나 테스트 환경에서 폴더 구조이기 때문에 웹 애플리케이션 폴더라고도 부른다.

1 웹 애플리케이션 폴더 구조

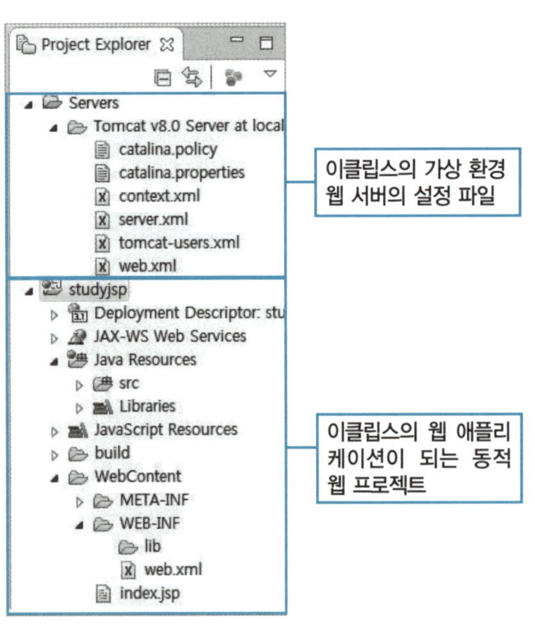

이클립스에서 웹 애플리케이션을 프로젝트 구조로 프로그래밍하게 되면, 초보 학습자의 경우 JSP 페이지를 어느 위치에 작성하고 서블릿 및 로직 클래스는 어느 위치에 작성해야 하는지 감이 잡히지 않는다. 또한 실제 서비스 환경을 제공하는 웹 애플리케이션 폴더의 어느 위치와 연동되는지도 알아두면 좋다.

(1) [프로젝트]–[Java Resources]–[src]

.java 파일인 서블릿과 자바 로직 클래스를 작성하는 위치이다. 실제로 서비스될 때는 웹 서버에서 [웹 애플리케이션]–[WEB-INF]–[classes] 폴더에 .class 파일이 실행된다.

WAR를 내보낸 경우 [Java Resources]-[src]에 위
치한 .java 파일은 [WEB-INF]-[classes] 폴더에
.class 파일로 자동으로 컴파일되어 서비스된다.

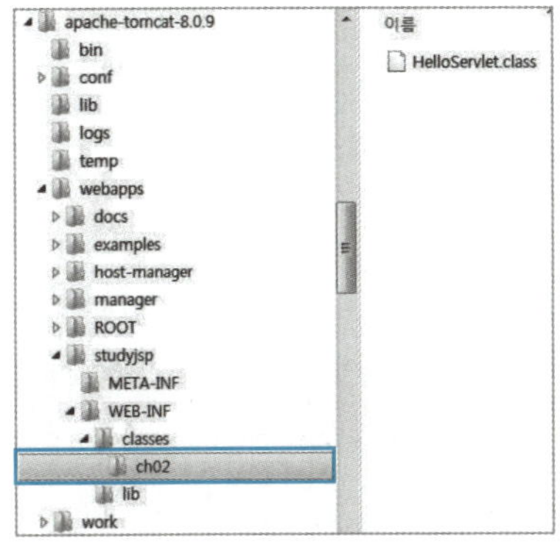

(2) [프로젝트]- [WebContent]

JSP 페이지, HTML, CSS, JS 파일 및 이미지 파
일 등이 위치한다. 실제로 서비스될 때는 웹 서버에서
[웹 애플리케이션] 위치가 된다.

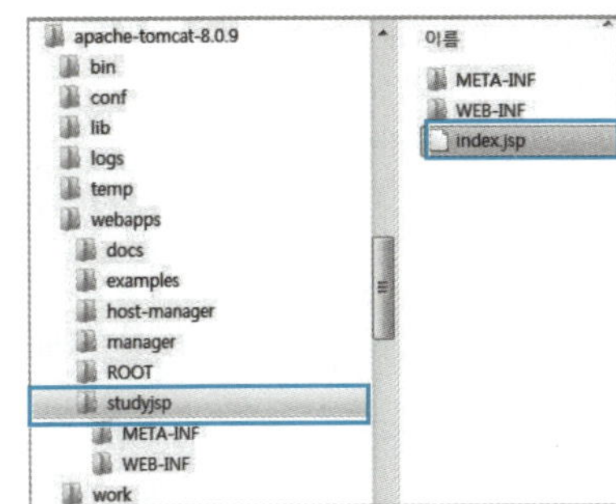

2 JSP의 처리 과정

JSP 페이지가 내부적으로 어떠한 처리 방식에 의해 동작되는지 살펴본다.

웹 브라우저에서 웹 서버로 JSP 페이지를 요청하면, 웹 서버는 이 요청을 웹 컨테이너로
넘긴다. 이런 요청을 받은 웹 컨테이너는 해당 JSP 페이지를 찾아서 서블릿인 .java 파일
로 변환하는 파싱(parsing) 과정을 거친 후 컴파일된다. 컴파일된 서블릿(.class)은 최종적
으로 웹 브라우저에 응답되어 사용자는 그 결과를 보게 된다. 이러한 과정은 해당 JSP 페
이지가 최초로 요청되었을 때 단 한번만 실행된다. 이후 같은 페이지에 대한 요청이 있으면
변환된 서블릿 파일이 서비스된다.

다음 그림을 통해 JSP 페이지가 서블릿으로 변화하는 과정을 단계적으로 살펴보자.

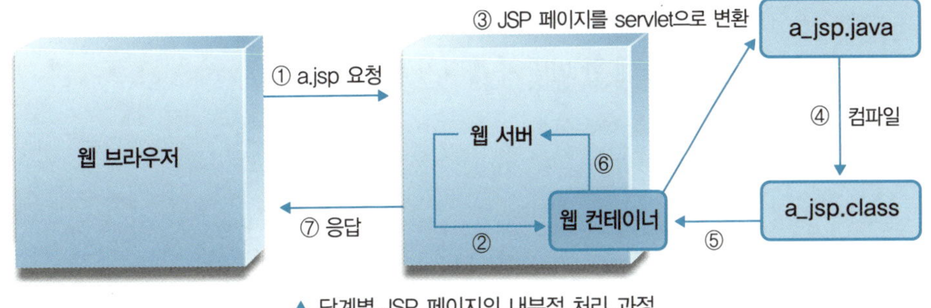

▲ 단계별 JSP 페이지의 내부적 처리 과정

① 사용자의 웹 브라우저에서 'http://서버주소./a.jsp'와 같은 형태로 JSP 페이지를 요청한다.

② 웹 서버는 요청한 해당 페이지를 처리하기 위해 JSP 컨테이너에 처리를 넘긴다.

③ 해당 JSP 파일이 처음 요청된 것인지 판단하여 맞다면 JSP 파일을 서블릿으로 파싱(변환)한다. 즉, 그림에서와 같이 a.jsp 페이지를 요청하면 a_jsp.java와 같은 서블릿 파일이 생성된다. 만일 이전에 요청되었던 페이지라면 다시 파싱할 필요가 없으므로 바로 ⑥의 단계로 넘어간다.

JSP 페이지는 실행을 위해서 서블릿으로 파싱되고 클래스 파일로 컴파일되는데, 이러한 과정은 JSP 페이지가 처음으로 호출되었을 때에만 거치게 된다. 만일 이전에 어떤 JSP 파일이 호출된 적이 있었다면 이후로 들어오는 해당 JSP 파일의 요청에 대해서는 ④와 ⑤의 과정을 거치지 않는다. 그러나 이미 요청되었던 JSP 페이지의 내용이 변경된 경우에는 서블릿으로 변환 및 컴파일되는 과정을 다시 거쳐서 웹 브라우저의 요청에 응답한다.

④ 서블릿 파일은 자바에서 실행 가능한 상태인 클래스 파일로 컴파일된다. a.jsp 페이지의 요청에 의해 생성된 a_jsp.java 서블릿 파일은 a_jsp.class 파일로 컴파일된다.

⑤ 클래스 파일은 메모리에 로딩되어 실행된다.

⑥ 이 실행 결과는 다시 웹 서버에게 넘겨진다.

⑦ 웹 서버는 웹 브라우저가 인식할 수 있는 HTML 형태로 결과를 웹 브라우저에게 응답한다. 웹 서버로부터 응답 받은 결과물인 HTML 페이지를 웹 브라우저에서 실행시켜서, 해당 웹 페이지가 웹 브라우저에 표시된다.

웹 브라우저는 HTML 태그로 구성된 페이지를 실행시켜 주는 프로그램이다. 즉, 웹 서버에서 HTML 페이지가 실행되는 것이 아니라, 웹 브라우저에서 HTML 태그들이 실행되어서 비로소 화면에 보이게 되는 것이다.

JSP 파일의 서비스 동작 방식과 순서를 한마디로 요약하면 "JSP 페이지는 서블릿으로 변환되어, 웹 브라우저의 요청에 대한 응답을 HTML 페이지로 생성한다."라고 할 수 있다. JSP 페이지가 서블릿으로 변환되어지더라도 처리 속도가 떨어지지 않는 것은 이러한 처리가 처음에 한 번만 수행되기 때문이다.

학습 정리

- **JDK 다운로드 및 설치**

  JDK는 'http://www.oracle.com/technetwork/java/javase/downloads/index.html' 사이트에서 다운로드하여 설치한다.

- **톰캣(Tomcat) 다운로드 및 설치**

  톰캣은 'http://tomcat.apache.org/' 사이트에서 다운로드하여 설치한다.

- **통합 개발 환경 이클립스(Eclipse) 다운로드 및 설치**

  'http://www.eclipse.org/downloads/' 사이트에서 Eclipse IDE for Java EE Developers를 다운로드하여 설치한다.

- **이클립스에서 웹 애플리케이션 작성**

  이클립스에서 JSP 페이지를 작성하려면 먼저 서버(Server)를 설정하고, 동적 웹 프로젝트(Dynamic Web Project)를 작성한 후 JSP 페이지를 작성해서 실행한다.

- **이클립스에서 작성한 웹 애플리케이션 배포 - WAR 내보내기**

  작성한 웹 애플리케이션을 WAR 파일로 내보낸 후 실제 서버 환경에서 실행한다.

3

JSP 페이지의 구성 요소

이번 Chaprter에서는 JSP 페이지의 설정 및 조각 코드의 삽입, 커스텀 태그의 사용과 관련 있는 디렉티브, JSP 페이지에 로직을 기술할 때 사용하는 스크립트 요소인 선언문, 표현식, 스크립트릿에 대해 학습한다. 또한 스크립트릿에 기술하는 제어문 및 톰캣 컨테이너에서 한글 처리를 위해 작성할 코드에 대해서도 학습한다.

JSP 페이지의 디렉티브

JSP 페이지의 디렉티브(directive)는 클라이언트가 요청한 JSP 페이지가 실행될 때 필요한 정보를 지정하는 역할을 한다. 즉, 필요한 정보를 JSP 컨테이너에게 알려서 어떻게 처리하도록 하는 지시자이다. 디렉티브는 태그 안에서 @로 시작하며 page, include, taglib 등의 3가지 종류가 있는데, 여기에서는 이들에 대해 살펴본다.

1 page 디렉티브_⟨%@page%⟩

JSP 페이지에 대한 속성은 page 디렉티브(⟨%@page%⟩)의 속성들을 사용해서 정의한다. 즉, 서버에 요청한 결과를 응답받을 때 생성되는 페이지의 타입, 스크립트 언어, import할 클래스, 세션 및 버퍼의 사용 여부 및 버퍼의 크기 등 JSP 페이지에서 필요한 설정 정보를 지정한다.

page 디렉티브의 속성에 대한 요약은 다음과 같으며, 자주 사용하는 속성은 진하게 표시했다.

속성명	속성의 기본값	사용법	속성 설명
info		info="설명…"	페이지를 설명하는 문자열을 지정하는 속성
language	"java"	language="java"	JSP 페이지의 스크립트 요소에서 사용할 언어를 지정하는 속성
contentType	"text/html;charset=ISO-8859-1"	contentType="text/html; charset=utf-8"	JSP 페이지가 생성할 문서의 타입을 지정하는 속성
extends		extends="system.MasterClass"	자신이 상속 받을 클래스를 지정할 때 사용하는 속성
import		import="java.util.Vector" import="java.util.*"	다른 패키지에 있는 클래스를 가져다 쓸 때 사용하는 속성
session	"true"	session="true"	HttpSession의 사용 여부를 지정하는 속성
buffer	"8kb"	buffer="10kb" buffer="none"	JSP 페이지의 출력 버퍼의 크기를 지정하는 속성

autoFlush	"true"	autoFlush="false"	출력 버퍼가 다 찰 경우에 저장되어 있는 내용의 처리를 설정하는 속성
isThreadSafe	"true"	isThreadSafe="true"	현재 페이지에 멀티 쓰레드의 허용 여부를 설정하는 속성
errorPage		errorPage="error/fail.jsp"	에러 발생 시 에러를 처리할 페이지를 지정하는 속성
isErrorPage	"false"	isErrorPage="false"	해당 페이지를 에러 페이지로 지정하는 속성
pageEncoding	"ISO-8859-1"	pageEncoding="utf-8"	해당 페이지의 문자 인코딩을 지정하는 속성
isELIgnored	JSP 버전 및 설정에 따라 다름	isELIgnored="true"	표현 언어(EL)에 대한 지원 여부를 설정하는 속성

▲ page 디렉티브에 사용할 수 있는 속성 및 값

(1) info 속성_ JSP 페이지를 설명하는 문자열

info 속성은 해당 JSP 페이지를 설명하는 문자열로, 속성값의 내용이나 길이 제한이 없다. 이 속성을 설정하지 않더라도 페이지의 처리 내용에는 아무런 영향을 미치지 않지만, JSP 페이지에 제목을 붙이는 것과 같은 기능을 한다.

```
<%@page info="copyright by KIM" %>
```

(2) language 속성_스크립트 요소에서 사용할 언어 지정

language는 JSP 페이지의 로직을 기술하는 스크립트 요소에서 사용할 프로그래밍 언어를 지정하는 속성으로, 생략 가능하며 생략 시 기본값으로 java가 지정된다. 현재는 스크립트 언어로 자바만 지원한다.

```
<%@page language="java" %>
```

(3) contentType 속성_생성할 문서의 타입을 지정

contentType 속성은 JSP 페이지의 내용이 어떤 타입의 문서로 생성되는지를 지정하는 속성이다. 즉, 사용자 요청에 대한 응답 결과가 어떤 형태로 출력되는지를 MIME Type(마임 타입)으로 지정하는 속성으로 text/html, text/plain, text/xml 등의 속성값을 지정할 수 있다. 이중에서 기본값은 text/html인데, 이는 응답 결과를 html 문서 형식으로 생성해서 출력하겠다는 의미이다.

```
<%@ page contentType ="text/html" %>
```

contentType 속성의 charset(캐릭터셋)을 이용해 응답 결과를 보여줄 때 사용할 문자의 인코딩을 지정할 수 있다. charset의 기본값은 ISO-8859-1(서유럽 언어)이고, 한글 문서를 생성할 때는 euc-kr을 사용하나, 최근에는 모바일을 고려해서 utf-8을 사용한다. 즉, 일반 웹 브라우저 및 모바일 웹 브라우저에서 표시되는 한글이 깨지지 않게 하려면 반드시 "charset=utf-8"로 설정해야 한다.

```
<%@ page contentType="text/html; charset=UTF-8" %>
```

따라하기 [ch03] 폴더 작성

JSP 페이지들을 제대로 관리하기 위해, 이번 Chaprter에서 학습하는 예제들을 관리하는 [ch03] 폴더를 작성한다. 웹 페이지를 관리하는 [WebContent] 폴더에 [ch03] 폴더를 생성한다.

01 [studyjsp] 프로젝트의 [WebContent] 폴더를 선택하고 마우스 오른쪽 버튼을 눌러 [New]-[Folder] 메뉴를 클릭한다.

02 [New Folder] 창에서 [Enter or select the parent folder]의 값이 [studyjsp/WebContent]이면 [Folder name]에 "ch03"을 입력하고 [Finish] 버튼을 클릭한다.

03 [Project Explorer] 뷰에서 [WebContent] 폴더 안에 [ch03] 폴더가 생성된 것을 확인한다.

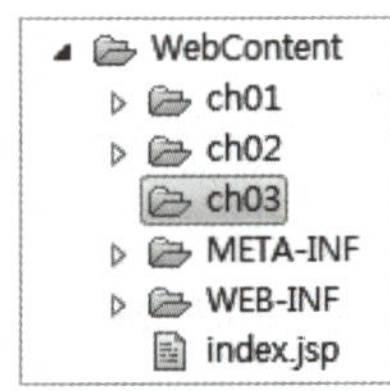

▲ [ch03] 폴더 생성 2

따라하기 page 디렉티브 예제 – info, language, contentType 속성

page 디렉티브의 속성 중 info, language, contentType의 사용 방법을 학습하는 예제이다.

실행 결과 pageDirective1.jsp 페이지

01 pageDirective1.jsp 페이지를 작성하기 위해서 [ch03] 폴더를 선택하고 마우스 오른쪽 버튼을 눌러 [New]-[JSP File] 메뉴를 클릭한다.

02 [New JSP File] 창의 [Enter or select the parent folder]의 값이 [studyjsp/WebContent/ch03]인 것을 확인한 후 [File name]에 "pageDirective1.jsp"를 입력하고 [Finish] 버튼을 클릭한다.

03 pageDirective1.jsp 페이지의 기본적인 코딩이 작성되면 다음과 같이 수정한 후 저장한다.

```
01  <%@ page language="java" contentType="text/html; charset=UTF-8"
02      pageEncoding="UTF-8"
03      info="copyright by Kim"%>
04  <!DOCTYPE html>
05  <html>
06  <head>
07  <meta charset="UTF-8">
08  <title>page 디렉티브 예제1- info, language, contentType 속성사용</title>
09  </head>
10  <body>
11  <h2>page 디렉티브 예제1- info, language, contentType 속성사용</h2>
12  <%=getServletInfo( )%>
13  </body>
14  </html>
```


3라인 page 디렉티브의 info="copyright by Kim"은 info 속성의 값을 "copyright by Kim"으로 지정한다.

12라인 <%=getServletInfo( )%>은 page 디렉티브의 info 속성값을 화면에 출력하라는 의미이다. 이때 getServletInfo( )은 page 디렉티브의 info 속성에서 지정한 값을 얻어낼 때 사용하는 메소드이고, <%= %>은 어떤 내용을 화면에 출력(표시)할 때 사용하는 표현식이다.

04 [Servers] 뷰에서 톰캣 서버가 시작되지 않았으면 ▶ [Start the server] 아이콘을 클릭한다.

톰캣 서버가 시작된 것을 확인한 후, pageDirective1.jsp 파일을 선택하고 마우스 오른쪽 버튼을 눌러 [Run As]-[Run on Server] 메뉴를 선택하면 실행 결과가 표시된다.

(4) extends 속성_상속받을 클래스 지정

extends 속성은 현재 JSP 페이지가 상속받을 클래스를 지정하는 속성으로, JSP 페이지가 서블릿으로 변환(파싱)되는 시점에서 상속받을 클래스를 지정할 때 사용된다. 그러나 이런 작업은 JSP 컨테이너가 알아서 적절한 클래스들을 상속시켜 변환하므로, 실제로 이 속성은 사용할 일이 거의 없다. extends 속성을 사용한 소스 코드는 본 적이 없을 만큼 거의 사용되지 않는 속성이다.

```
<%-- JSP 주석문 --%>
<%-- work.test.ClassDef 클래스를 상속받아서 이 웹 페이지를 작성한다는 의미--%>
<%@ page extends="work.test.ClassDef" %>
```

(5) import 속성_다른 위치에 있는 클래스 참조

풀네임(full name) 클래스명
풀네임 클래스명이란 패키지명을 포함하는 클래스명을 말한다.
예 work.test.ClassDef
work.test.ClassDef에서 work.test까지가 패키지명이고 ClassDef가 클래스명이다.

JSP 페이지 내에서 다른 위치에 있는 클래스를 풀네임(패키지명을 포함하는 클래스명)으로 사용하지 않기 위해 import 속성을 사용한다. 다른 패키지(폴더)에 있는 클래스를 가져다 쓸 때 사용한다. 또한 import 속성은 page 디렉티브의 속성 중에서 유일하게 중복 사용이 가능하다.

```
<%-- 여러 개의 패키지를 쉼표로 구분해서 사용 가능 --%>
<%@ page import="java.util.*, java.sql.Timestamp" %>

<%-- page 디렉티브의 속성 중 유일하게 중복해서 사용 가능 --%>
<%@ page import="java.io.*" %>
```

(6) session 속성_Http Session의 사용 여부 지정

세션(session)
네트워크 환경에서 사용자 간 또는 컴퓨터 간의 대화를 위한 논리적인 연결을 의미하는 것으로, 여기서는 웹 서버에 웹 브라우저(클라이언트)가 연결되어 있는 상태를 말한다.

session 속성은 JSP 페이지가 HttpSession을 사용할지 여부를 지정하는 속성으로, true 또는 false의 속성값을 갖는다.

```
<%@ page session="true" %>
```

속성값이 "true"이면 현재의 JSP 페이지가 세션을 사용하는 것으로 세션을 유지하고,

만일 세션이 존재하지 않을 경우는 새로운 세션을 생성하여 연결한다. 속성값이 "false"이면 세션을 사용하지 않는다. 이 속성의 기본값은 "true"이다. session에 대한 자세한 내용은 〈Chapter 10. 쿠키와 세션〉에서 학습한다.

(7) buffer 속성

buffer 속성은 JSP 페이지의 출력 버퍼의 크기를 지정하는 속성으로 기본값은 8KB이다. buffer 속성의 값을 "none"으로 지정하면 출력 버퍼를 사용하지 않는다는 의미로, 이때는 웹 브라우저에 출력될 JSP 페이지의 내용이 출력 버퍼를 거치지 않고 바로 출력된다.

```
<%@ page buffer="8kb"%>
<%@ page buffer="none"%>
```

8KB를 기본값으로 사용하는 이유는 프로그래머들의 오랜 경험 끝에 JSP 페이지에서 가장 타당한 크기로 인식되었기 때문이다. 거의 대부분 8KB로 충분하며, 만일 더 많은 내용을 출력한다면 그에 맞게 크기를 늘려주면 된다.

(8) autoFlush 속성

autoFlush 속성은 JSP 페이지의 내용들이 웹 브라우저에 출력되기 전에 출력 버퍼가 다 찰 경우, 저장되어 있는 내용들을 어떻게 처리할지를 지정하는 속성이다.

만일 autoFlush 속성의 값을 "true"로 설정하면, 버퍼가 다 찼을 경우 자동적으로 버퍼의 내용이 웹 브라우저에 출력되고, 출력 버퍼는 비워진다.

```
<%@ page autoflush="true"%>
```

autoFlush 속성의 기본값은 "true"이며, buffer의 속성값을 "none"으로 지정한 경우에는 autoflush 속성값을 "false"로 지정할 수 없다.

(9) isThreadSafe 속성

isThreadSafe 속성은 JSP 페이지에서 멀티 쓰레드를 사용할 수 있도록 지정하는 속성으로 기본값은 "true"이다. 즉, 해당 JSP 페이지가 다수의 웹 브라우저의 접근을 허용할지 여부를 결정한다.

```
<%@ page isThreadSafe="false"%>
```

속성값을 "false"로 지정하면 다수의 웹 브라우저의 요청을 동시에 처리하지 않고 요청한 순서대로 처리하므로 많은 시간이 걸린다. 즉, '쓰레드의 프로세스화'가 되어, JSP의 장점인 멀티 쓰레드를 사용할 수 없어서 처리 속도가 떨어진다. 그러므로 가급적이면 "false" 값은 사용하지 않는 것이 좋다.

page 디렉티브 예제
– import, session, buffer, autoFlush, isThreadSafe 속성

page 디렉티브의 속성 중 import, session, buffer, autoFlush, isThreadSafe의 사용
방법을 학습하는 예제이다.

 pageDirective2.jsp 페이지

01 pageDirective2.jsp 페이지를 작성하기 위해서 [ch03] 폴더를 선택하고 마우스 오른
쪽 버튼을 눌러 [New]–[JSP File] 메뉴를 클릭한다.

02 [New JSP File] 창의 [Enter or select the parent folder]의 값이 [studyjsp/
WebContent/ch03]인 것을 확인한 후 [File name]에 "pageDirective2.jsp"를 입력
하고 [Finish] 버튼을 클릭한다.

03 pageDirective2.jsp 페이지의 기본적인 코딩이 작성되면 다음과 같이 수정한 후 저
장한다.

```
01  <%@ page language="java" contentType="text/html; charset=UTF-8"
02      pageEncoding="UTF-8"
03          session="true"
04          buffer="8kb"
05          autoFlush="true"
06          isThreadSafe="true"%>
07  <%@ page import="java.sql.Timestamp" %>
08  <%@ page import="java.text.SimpleDateFormat" %>
09  <!DOCTYPE html>
10  <html>
11  <head>
12  <meta charset="UTF-8">
13  <title>page 디렉티브 예제2 – import, session, buffer, autoFlush, isThreadSafe
        속성</title>
```

```
14    &lt;/head&gt;
15    &lt;body&gt;
16    &lt;h2&gt;page 디렉티브 예제2 - import, session, buffer, autoFlush, isThreadSafe 속성
      &lt;/h2&gt;
17    &lt;%
18        Timestamp now = new Timestamp(System.currentTimeMillis( ));
19        SimpleDateFormat format = new SimpleDateFormat("yyyy-MM-dd");
20        String strDate = format.format(now);
21    %&gt;
22
23        오늘은 &lt;%=strDate %&gt; 입니다.
24    &lt;/body&gt;
25    &lt;/html&gt;
```

소스코드 설명

3라인 session="true"는 현재 페이지가 세션을 유지하도록 지정한다.

4라인 buffer="8kb"는 현재 페이지의 출력 버퍼의 크기를 8kb로 지정한다.

5라인 autoFlush="true"는 현재 페이지의 출력 버퍼가 다 차면, 자동으로 화면에 출력하고 내용을 비우도록 지정한다.

6라인 isThreadSafe="true"는 현재 페이지가 멀티 쓰레드를 사용할 수 있도록 지정한다.

7라인 18라인에서 Timestamp 클래스를 사용하기 위해서 import 받았다. Timestamp 클래스는 오늘 날짜와 현재 시간을 얻어낼 때 사용한다.

8라인 19라인에서 SimpleDateFormat 클래스를 사용하기 위해서 import 받았다. SimpleDateFormat 클래스는 날짜 데이터를 지정한 형식으로 표시할 때 사용한다.

17~21라인 JSP의 로직 코드를 기술하기 위해서 JSP 스크립트릿을 사용한 부분이다. 로직 코드는 이곳에 기술한다.

18라인 Timestamp now = new Timestamp(System.currentTimeMillis( ));은 현재 시간을 포함한 오늘 날짜를 얻어내기 위해서 Timestamp 클래스의 객체(인스턴스) now를 생성했다. 자바 계열 (JAVA, JSP 포함)에서는 오늘 날짜를 얻어내기 위해서는 18라인과 같은 방법으로 객체를 생성해서 얻어내야 한다. 그러면 오늘 날짜에 대한 모든 정보는 now가 가지고 있다.
18라인에서 참고사항으로 알고 있어야 할 점은 now는 Timestamp 클래스의 객체(인스턴스)이면서 이 객체가 어느 위치에 있는지 가리키는 레퍼런스 변수라는 점이다. 레퍼런스 변수는 객체의 위치를 가리키는 변수로 주로 객체의 위치를 저장한다.

19라인 날짜의 표기 방식을 연-월-일 방식으로 표시하기 위해 SimpleDateFormat 클래스를 사용했다. SimpleDateFormat 클래스의 객체를 생성하려면 SimpleDateFormat format = new SimpleDateFormat("yyyy-MM-dd");과 같이 괄호 안에 표기할 형식을 기술해야 한다. "yyyy-MM-dd"는 연도 네 자리, 월 두 자리, 일 두 자리의 표기법을 사용한다는 의미이다. 분을 표기하는 m과 구분하기 위해서 월을 표기할 때는 MM과 같이 대문자로 사용한다. 대문자 M이면 월(month)을, 소문자 m이면 분(minute)을 의미한다.

04 [Servers] 뷰의 톰캣 서버가 시작된 것을 확인한 후, pageDirective2.jsp 파일을 선택하고 마우스 오른쪽 버튼을 눌러 [Run As]–[Run on Server] 메뉴를 클릭하면 실행 결과가 표시된다.

(10) errorPage 속성_에러 발생 시 처리할 페이지 지정

errorPage 속성은 JSP 페이지를 처리하는 도중에 해당 페이지에서 예외가 발생할 경우 예외를 처리할 페이지를 지정하는 속성이다. 해당 페이지에서 예외를 처리하지 않고 errorPage 속성값으로 지정한 다른 페이지에서 예외를 처리한다.

```
<%@ page errorPage="errorPro.jsp"%>
```

그러나 JSP 2.0 이상에서 톰캣 컨테이너의 버전이 5.5.15 이상인 경우에는 errorPage 속성이 적용되지 않으며, 에러 코드별로 에러 페이지를 제어해야 한다. 에러 페이지를 제어하는 방법은 〈Chapter 06. JSP 페이지의 에러 처리〉에서 자세히 설명한다.

(11) isErrorPage 속성

isErrorPage 속성은 현재 JSP 페이지가 일반적인 페이지인지 아니면 에러를 처리하는 페이지인지를 지정할 때 사용된다. 요청된 현재의 페이지가 발생된 예외를 처리하는 페이지이면 isErrorPage 속성의 값을 "true"로 지정한다. 기본적으로 일반적인 JSP 페이지는 에러를 처리하는 페이지가 아니므로 isErroPage 속성의 기본값은 "false"이다. 이 속성도 JSP 2.0부터는 사용되지 않는다.

```
<%@ page isErrorPage="true"%>
```

(12) pageEncoding 속성

pageEncoding 속성은 JSP 페이지에서 사용하는 문자(character)의 인코딩을 지정할 때 사용되는 것으로, 생략 시 기본값으로는 ISO-8859-1을 사용한다. 한글 처리 시에는 모바일을 고려해서 UTF-8을 사용한다.

```
<%@ page pageEncoding ="UTF-8"%>
```

2 include 디렉티브_<%@include%>

JSP 페이지에서는 여러 페이지에서 공통적으로 사용되는 내용이 있을 때, 이러한 내용을 별도의 파일로 저장해 두었다가 필요한 JSP 페이지 내에 삽입할 수 있는 기능을 제공한다. 이때 공통적으로 포함될 내용을 가진 파일을 해당 JSP 페이지 내에 삽입하는 기능을 제공하는 것이 include 디렉티브이다.

include 디렉티브는 <%@ include로 시작하며, 포함시킬 파일명을 file 속성값으로 기술한다. 사용 방법은 다음과 같다.

```
<%@ include file="포함될 파일의 url"%>
```

include 디렉티브는 단순히 포함될 파일의 내용을 복사해서 붙여넣기 하는 방식으로 해당 페이지에 가져오는 방식을 사용한다. include 디렉티브를 사용한 JSP 페이지가 컴파일되는 과정에서 include 되는 JSP 페이지의 소스 내용을 그대로 포함해서 컴파일하게 된다. 즉, 복사 & 붙여넣기 방식으로 두 개의 파일이 하나의 파일로 합쳐진 후 하나의 파일로서 변환되고 컴파일된다.

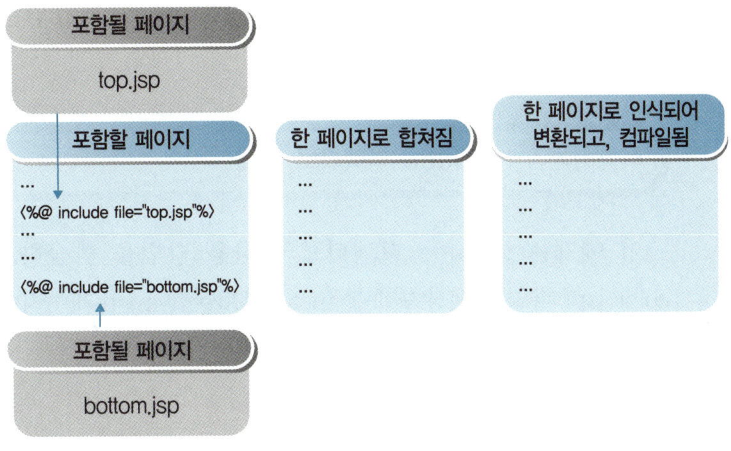

▲ include 디렉티브의 처리 과정

include 디렉티브는 주로 조각 코드를 삽입할 때 사용된다. 예를 들면 color.jspf와 같이 조각 코드를 가지는 페이지의 내용처럼 어떤 값을 갖는 변수를 정의하는 경우에 주로 사용된다.

```
<%//color.jspf의 내용 - 색상 값 변수 정의
 String bodyback_c="#e0ffff";
 String back_c="#8fbc8f";
 String title_c="#5f9ea0";
 String value_c="#b0e0e6";
 String bar="#778899";
%>
```

조각 코드의 사용은 이 변수들의 값이 필요한 페이지에서 조각 코드 페이지를 include 디렉티브를 사용해서 포함하며, <%=변수명%>과 같이 사용한다.

```
<%=bodyback_c%>
```

이런 방식으로 프로그래밍하면 변수의 값이 바뀌더라도 조각 코드 페이지의 내용만 변경하면 되고, 이것을 사용하는 페이지는 소스 코드를 변경할 필요 없이 사용하면 되므로 페이지의 유지보수가 쉬워진다.

조각 코드를 가지는 페이지는 jspf 확장자를 사용하는데 이것은 단지 완전한 소스 코드 페이지와 구별하기 위한 것으로, jsp 확장자를 써도 상관없다. 다만 대부분 프로젝트가 팀 작업으로 이루어지므로, 팀원 모두가 조각 코드라는 것을 알아볼 수 있도록 jsp보다는 jspf 확장자를 사용하는 것이 좋다.

어떤 파일의 내용을 현재 페이지로 포함하는 방법에는 include 디렉티브 이외에 include 액션 태그라는 것이 있다. include 디렉티브는 소스 코드를 복사한 후 같이 변환되어 컴파일되지만, include 액션 태그는 포함되는 페이지의 실행 결과만을 삽입한다. include 디렉티브는 <Chapter. 05 액션 태그>에서 학습한다. 둘의 쓰임은 다르므로, 반드시 둘 다 사용할 수 있도록 알아두어야 한다.

따라하기   include 디렉티브 예제

이 예제는 include 디렉티브의 사용 방법을 학습하는 것으로, 색상값이 정의된 color.jspf 파일의 색상 변수를 includeDirective.jsp 페이지에서 사용한다.

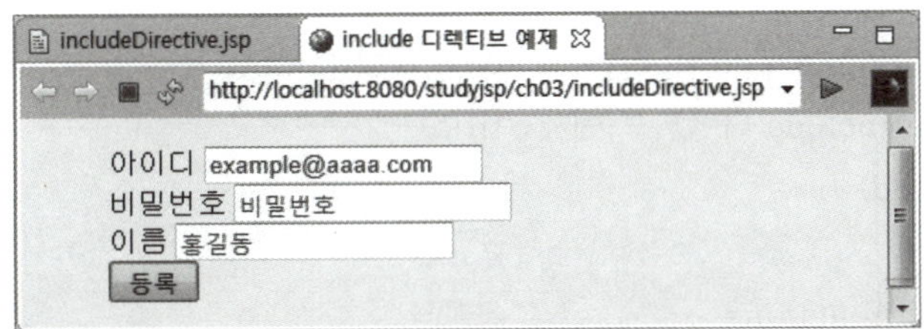

01 [New]-[JSP File] 메뉴를 사용해 [studyjsp]-[WebContent]-[ch03] 폴더에 color.jspf 페이지를 작성한다. 기본적인 코딩이 작성되면 다음과 같이 수정한 후 저장한다.

```
01    <%@ page language="java" contentType="text/html; charset=UTF-8"
02        pageEncoding="UTF-8"%>
03    <%//color.jspf의 내용 - 색상 값 변수 정의
04     String bodyback_c="#e0ffff";
05     String back_c="#8fbc8f";
06     String title_c="#5f9ea0";
07     String value_c="#b0e0e6";
08     String bar="#778899";
09    %>
```

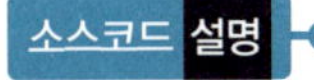

소스코드 설명

1라인 조각 코드 페이지로 다른 페이지에 포함되는 페이지인 경우에도, contentType과 pageEncoding을 사용해서 한글을 포함한 페이지의 인코딩을 지정해야 한다.

4~8라인 각 변수에 색상 코드값을 저장했다. 이 값을 변경하면 다른 느낌의 웹 페이지를 볼 수 있다.

02 [New]-[JSP File] 메뉴를 사용해 [studyjsp]-[WebContent]-[ch03] 폴더에 includeDirective.jsp 페이지를 작성한다. 기본적인 코딩이 작성되면 다음과 같이 수정한 후 저장한다

```
01    <%@ page language="java" contentType="text/html; charset=UTF-8"
02        pageEncoding="UTF-8"%>
03    <%@ include file="color.jspf" %>
04    <!DOCTYPE html>
05    <html>
```

```
06    <head>
07    <meta charset="UTF-8">
08    <meta name="viewport" content="width=device-width,initial-scale=1.0"/>
09    <title>include 디렉티브 예제</title>
10    </head>
11    <body bgcolor="<%=bodyback_c%>">
12      <form action="">
13        <dl>
14          <dd>
15              <label for="id">아이디</label>
16              <input id="id" type="email" placeholder="example@aaaa.com" required>
17          </dd>
18          <dd>
19              <label for="pass">비밀번호</label>
20              <input id="pass" type="text" placeholder="비밀번호" required>
21          </dd>
22          <dd>
23              <label for="name">이름</label>
24              <input id="name" type="text" placeholder="홍길동" required>
25          </dd>
26          <dd>
27              <input type="submit" value="등록">
28          </dd>
29        </dl>
30      </form>
31    </body>
32    </html>
```


3라인 `<%@ include file="color.jspf" %>`은 색상값을 갖고 있는 조각 코드 페이지 color.jspf를 includeDirective.jsp 페이지로 가져오기 위해 include 디렉티브를 사용했다.

8라인 `<meta name="viewport" content="width=device-width,initial-scale=1.0"/>`은 스마트 기기에서 모바일 웹 브라우저로 해당 화면을 봤을 때 적절한 글자 크기가 표시되도록 지정하는 것이다. 즉, PC에서 웹 브라우저로 볼 때는 없어도 되는 코드이지만, 스마트 기기에서는 글자가 축소되어 너무 작게 보이는 것을 막아준다.

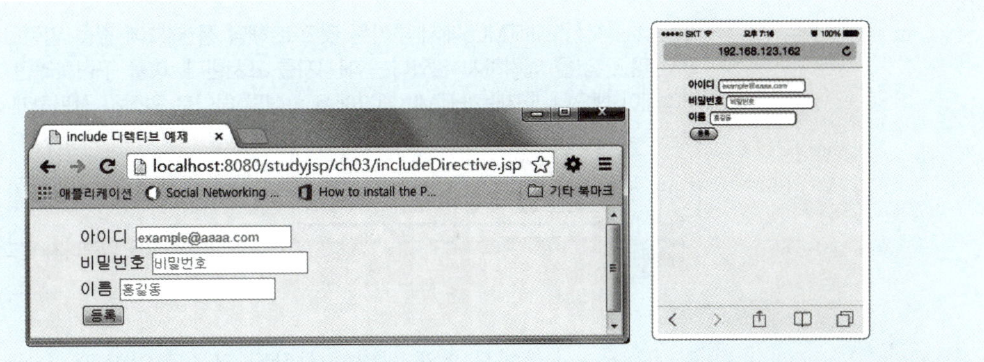

▲ PC 브라우저에서 실행 결과   ▲ 모바일 브라우저에서 실행 결과

11라인   `<body bgcolor="<%=bodyback_c%>">`은 color.jspf 페이지에 정의한 bodyback_c 변수의 값을 bgcolor 속성의 값으로 지정했다. bodyback_c 변수는 색상 코드 값을 갖고 있어서 해당 색상값으로 `<body>` 태그의 배경색이 지정된다.

13라인   `<dl>`은 define list를 정의하는 태그이다. 한 구역처럼 사용되므로 줄 바꿈을 할 필요가 없다.

14라인   `<dd>`는 define list의 아이템을 기술할 때 사용한다. `<dl>` 태그 안에 내용을 기술할 때 사용한다.

15라인   `<label for="id">아이디</label>`과 같이 HTML5 태그에서는 폼 태그 중 `<input>` 태그와 같이 레이블이 필요한 태그를 위해 `<label>` 태그를 사용하는 것을 권장한다. for 속성의 값에는 해당 `<label>` 태그와 연결되는 폼 태그의 id 속성값을 기술한다.

16라인   `<input id="id" type="email" placeholder="example@aaaa.com" required>`는 아이디로 이메일을 입력받기 위한 `<input>` 태그이다. type="email" 속성은 HTML5에서 추가된 속성으로, 이것을 사용하면 스마트 기기의 경우 이메일 입력 시 이메일용 키보드가 표시된다.

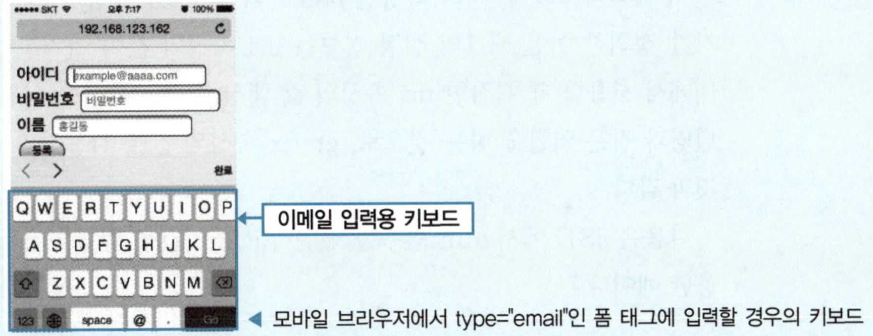

◀ 모바일 브라우저에서 type="email"인 폼 태그에 입력할 경우의 키보드

`placeholder="example@aaaa.com"` 속성은 입력 도우미 역할을 하는 것으로, 다른 값을 입력하면 사라진다. 이 속성도 HTML5에서 추가된 것이다.

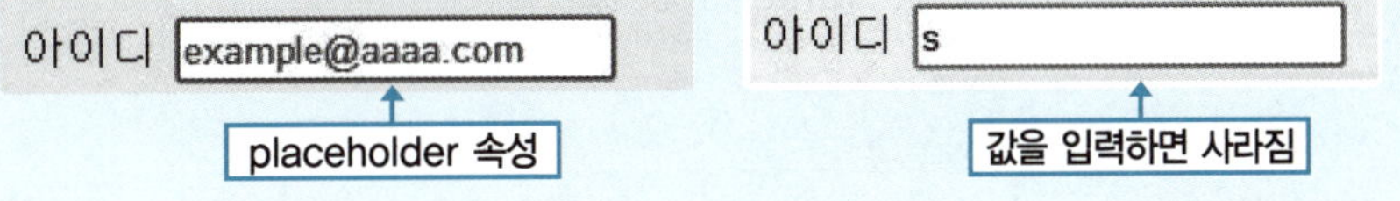

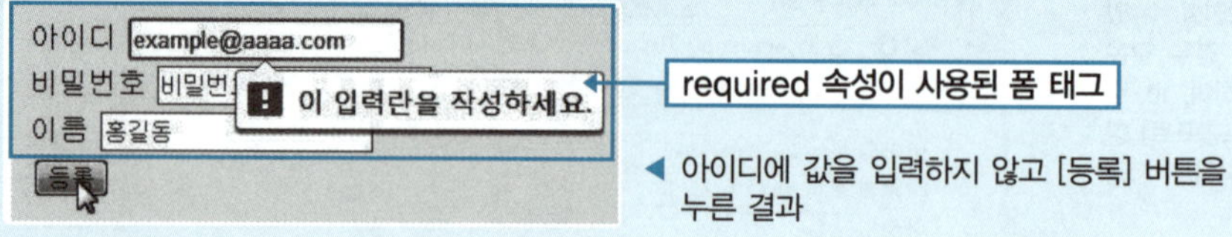

required 속성도 HTML5에서 추가된 것으로 해당 폼 태그에 값을 입력하지 않으면 페이지가 이동되지 않고, 값을 입력하지 않았다는 메시지를 표시한다. 이를 구현하려면 기존에는 자바스크립트로 처리해야 했으나, 현재는 HTML 태그에서 속성값 하나로 굉장히 간편하게 처리할 수 있다.

03   [Servers] 뷰에서 톰캣 서버가 시작된 것을 확인한 후, includeDirective.jsp 파일을 선택하고 마우스 오른쪽 버튼을 눌러 [Run As]–[Run on Server] 메뉴를 클릭하면 실행 결과가 표시된다.

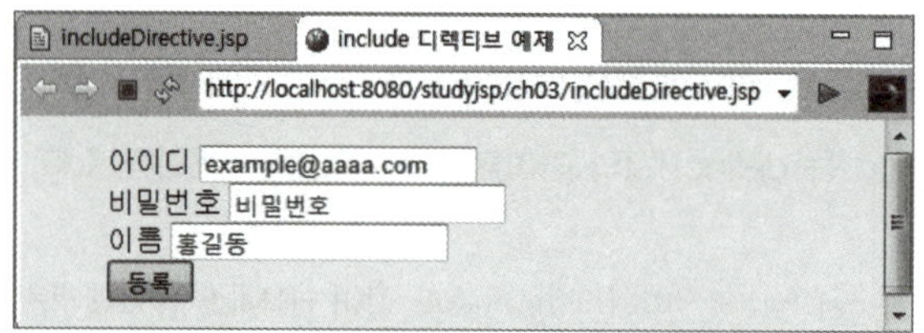

▲ 이클립스의 내장 웹 브라우저에서 실행한 결과

3   taglib 디렉티브_⟨%@taglib%⟩

taglib 디렉티브는 표현 언어(EL : Expression Language), JSTL(JSP Standard Tag Library), 커스텀 태그(Custom Tag)를 JSP 페이지 내에 사용할 때 쓴다.

이 디렉티브의 두 개의 속성인 prefix 속성과 uri 속성의 값을 지정해서 사용한다. 사용자가 정의한 어떤 태그의 설정 정보는 uri 속성의 값이 가지고 있고, 이것을 해당 페이지 내에서 사용할 때 복잡한 uri 속성의 값 대신 prefix 속성을 사용한다. prefix 속성의 값은 별명과 같은 역할을 하는 것으로, prefix 속성의 값을 사용하면 uri 속성의 값을 사용하는 것과 같다.

다음은 JSTL에서 aInt 변수를 선언하고 초기값을 할당하기 위해 taglib 디렉티브를 사용한 예이다.

```
⟨%@ taglib prefix="c" uri="http://java.sun.com/jsp/jstl/core" %⟩
--중략--
⟨c:set var="aInt" value="123"%⟩
```

uri 속성값을 왜 이렇게 복잡하게 지정하는 것일까? 이것은 XML의 네임스페이스(namespace)와 같은 의미인데, 누구와도 중복되지 않는 네임스페이스를 사용하기 위해 유일한 값인 URL을 이용하기 때문이다. 즉, 우리가 어떠한 값을 지정할 때 누구와도 겹치지 않게 하려면 무엇을 사용해야 하는가? 그것에 대한 해답은 URL(URI)이다. URL은 전 세계적으로 유일한 값을 가진다. 그래서 자신들만의 네임스페이스를 정의할 때 거의 대부분 URL을 사용한다. 또한 현업에서 로직 모듈의 패키지를 지정할 때도 이것을 사용한다. 즉, 프로젝트를 작성할 때 실제로 회사의 URL을 사용한다. 마찬가지로 자바로 어떤 모듈을 만들 때도 패키지명을 URL로 사용하는 경우가 많다.

하지만 URL은 태그의 엘리먼트(Element)명으로 사용할 수 없는 특수 문자를 포함하고 있다. 따라서 XML 문법에 어긋나기 때문에 prefix의 값을 대신 사용한다.

taglib 디렉티브에 대한 자세한 설명과 예시는 Chapter 14~16에 걸쳐서 살펴 본다.

엘리먼트(Element)명

<html> 태그에서 <html> 자체는 <html> 태그이고, 이때 < >사이에 있는 html이 이 태그의 엘리먼트명이 된다. XML에서는 주로 엘리먼트명을 지칭할 때가 많으므로 잘 알아둔다.

HTML5 기본 문법

1 HTML4와 HTML5의 웹 페이지 기술 방식 차이

(1) HTML4의 웹 페이지 기술 방식

- HTML : <div>를 사용해 영역을 구분

```
<div>
<div>
      <p>
      <p>
```

- CSS : 화면에 HTML의 태그를 표현
- JavaScript : 처리나 서버에 요청 작업

(2) HTML5의 웹 페이지를 기술 방식

- HTML5 : <section>을 사용해 영역을 구분하고, 자바스크립트가 담당하던 처리의 일부를 HTML 태그의 속성에서 처리. 한글 인코딩은 utf-8을 사용

```
<header>
  <nav></nav>
</header>
<section id="">
</section>
<footer>
</footer>
```

- CSS3 : 화면에 HTML의 태그를 표현하고 자바스크립트가 담당하던 처리의 일부를 담당
- JavaScript : HTML5, CSS에서 처리할 수 없는 기능 등을 담당. 캔버스(Canvas)에서 사용하면 게임의 작성도 가능

2 HTML5에 추가된 새로운 태그

웹 브라우저의 종류나 버전에 따라 지원되지 않는 태그도 있으니, 자세한 사항 및 사용법은 'http://www.w3schools.com/html/html5_new_elements.asp' 페이지를 참조한다.

(1) 구조적 엘리먼트(태그) – 구역을 나누는 블록 요소인 div 엘리먼트를 대체

- header : 사이트의 소개나 내비게이션 등을 표시
- nav : 사이트의 내비게이션 항목을 표시

```
<nav><a href="#intro">기관소개</a></nav>
```

- **article** : 독립적인 콘텐츠를 표시. 뉴스기사, 블로그의 글
- **section** : 일반적인 문서나 애플리케이션 영역을 표시. 섹션의 제목을 나타내는 <h1>~<h6>과 함께 사용
- **aside** : 본문의 내용과는 독립적인 사이드바의 콘텐츠를 표시
- **footer** : 사이트의 제작자나 저작권의 정보 등을 주로 표시

(2) 멀티미디어 엘리먼트 – 플러그인 없이 멀티미디어를 재생

- **audio** : 오디오를 재생

```
<audio controls>
  <source src = "play1.mp3" type = "audio/mpeg"/>
</audio>
```

- **video** : 비디오를 재생

```
<video width="320" height="240" controls>
  <source src = "movie1.mp4" type = "video/mp4">
</video>
```

(3) 기타 엘리먼트

- **canvas** : 웹상에서 그래픽 표시. 자바스크립트 및 API와 같이 사용해서 다양한 애플리케이션을 만들 수 있음. 캔버스의 제어는 자바스크립트가 담당

```
<canvas id = "canvas1" width="320" height="240"/>
```

- **command** : 사용자 실행 명령어를 표시

```
<command type="command" label="Open" onclick="open( )">Open</command>
```

- **datalist** : 사용자가 텍스트 필드에 입력 시 선택할 수 있는 값의 목록을 표시

```
<datalist id="bro">
  <option value="IE">
  <option value="Chrome">
  <option value="Safari">
</datalist>
```

- **details** : 추가적인 정보나 사용자가 요청하는 정보를 표시

```
<details>
<summary>Copyright</summary>
<p> 이 책의 저작권은 Kingdora에게 ~</p>
</details>
```

- **embed** : 플러그인 콘텐츠 표시

```
<embed src="a.swf">
```

- **figure** : 설명글을 붙일 대상을 정의
- **figcaption** : <figure>로 정의한 대상에 설명글을 붙임

```
<figure>
  <img src="images/a.jpg" alt="우리회사">
  <figcaption>우리회사 전경</figcaption>
</figure>
```

- **keygen** : 서버로 양식 전송 시 한 쌍의 키를 생성해 private key(비밀키)는 로컬에, public key(공용키)는 서버에 저장

```
<keygen name="security">
```

- **mark** : 텍스트에 형광펜을 칠한 것과 같은 강조 효과

```
<p>본 웹사이트의 <mark>고객센터</mark> 입니다.</p>
```

- **meter** : 측정값을 표시

```
<meter value="2" min="1" max="10">10점 만점 중 2점</meter>
```

- **output** : 수학적 계산의 결과값을 표시

```
<form oninput="x.value=parseInt(a.value)+parseInt(b.value)">
<input type="number" id="a" value="5">
+<input type="number" id="b" value="10">
=<output name="x" for="a b"></output>
</form>
```

- **progress** : 시간이 걸리는 작업을 막대로 표시

```
<progress value="30" max="100"></progress>
```

- **time** : 날짜나 시간을 표시

```
<p>올해 <time datetime="2014-04-01">전략회의</time></p>
```

③ HTML5에서 변경된 태그

기존에 존재했으나 HTML5에서 의미가 변경된 태그는 다음과 같다.
- **a** : href 속성 없이 사용하면 null 링크로 사용
- **address** : 실제의 주소를 표시
- **b** : 제품 소개서의 제품명이나 요약 문서의 키워드 등과 같이 중요하지 않지만 텍스트를 진하게 표시할 때 사용
- **hr** : 단락의 주제를 바꿀 때 사용
- **I** : 주요한 정보를 기울임꼴로 표시
- **menu** : 실제 문서 메뉴 정보를 제공하는 데 사용
- **small** : 세부 주석이나 법적 인쇄 문서에서 작은 글자 정보를 표시
- **strong** : 중요한 정보를 진하게 표시

④ HTML5에서 제거된 태그

CSS에서 대체할 수 있기 때문에 더 이상 사용되지 않는 태그는 다음과 같다.
- basefont, big, center, font, frame, frameset, noframes, s, strike, tt, u

다른 태그들과의 사용법에서 혼란을 주어 더 이상 사용되지 않는 태그는 다음과 같다.
- acronym, applet, isindex, dir, noscript

⑤ 속성의 변경

(1) 새로 추가된 속성

- **autocomplete** : 자동 완성 기능을 켜거나 끔. 〈input〉 태그에서 사용

```
<input type="text" id="name" name="name" autocomplete/>
```

- **autofocus** : 입력 필드에 포커스를 줌. 〈input〉, 〈select〉,〈textarea〉,〈button〉 태그에서 사용

```
<input type="text" id="name" name="name" autofocus />
```

- **async** : 스크립트를 실행할 수 있게 되면 비동기적으로 실행. 〈script〉 태그에서 사용

```
<script src="demo_async.js" async></script>
```

- **label** : 메뉴명을 지정. 〈menu〉 태그에서 사용

```
<menu label="파일">
  <button type="button" onclick="fileNew( )">새파일...</button>
  <button type="button" onclick="fileOpen( )">열기...</button>
  <button type="button" onclick="fileSave( )">저장</button>
</menu>
```

• **manifest** : 오프라인 웹 캐시를 사용 시 manifest 파일의 경로 지정. 〈html〉 태그에서 사용

```
〈html manifest="test.appcache"〉
〈head〉
〈title〉test〈/title〉
〈/head〉
생략…
〈/html〉
```

• **min, max** : 숫자 범위를 지정 시 최소, 최대값 지정. 〈input〉 태그에서 사용

```
〈input type="number" id="age" name="age" value="20"
    min="20" max="99"  /〉
```

• **multiple** : 여러 개의 값을 허용. 〈input〉 태그에서 사용

```
〈!--복수 개의 파일 선택--〉
〈form action="process.jsp"〉
  업로드할 파일 선택: 〈input type="file" name="files" multiple〉
  〈input type="submit"〉
〈/form〉
```

• **novalidate** : 서버로 양식을 전송 시 유효했는지를 보증할 수 없음. 〈form〉 태그에서 사용

```
〈form action="process.jsp" novalidate〉
```

• **pattern** : 조건을 사용한 일반식을 표시. 〈input〉 태그에서 사용

```
〈input type="text" name="areaCode" pattern="[A-Za-z]{3}"
   title="지역코드 3자리"〉
```

• **placeholer** : 입력 필드에 입력 힌트를 표시. 입력하기 위해 필드를 클릭하면 힌트 내용은 사라짐. 〈input〉, 〈textarea〉 태그에서 사용

```
〈input id="name" name="name" type="text"
   placeholder="김개동" autofocus〉
```

• **required** : 필수 입력 필드를 설정. 〈input〉, 〈textarea〉 태그에서 사용

```
〈input id="name" name="name" type="text"
   placeholder="김개동" autofocus required〉
```

- **reversed** : 목록의 번호가 역순(내림차순)으로 표시. 〈ol〉 태그에서 사용

```
〈ol reversed〉
  〈li〉JAVA〈/li〉
  〈li〉JSP〈/li〉
  〈li〉HTML5〈/li〉
〈/ol〉
```

- **scoped** : 해당 엘리먼트의 부모와 자식 엘리먼트가 스타일의 적용 대상. 지정하지 않으면 문서 전체. 〈style〉 태그에서 사용

```
〈style scoped〉
  p {color : black;}
〈/style〉
```

- **start** : ordered list의 시작값을 지정. 〈ol〉 태그에서 사용

- **step** : 숫자나 범위를 지정할 때 값의 단계값을 지정. 〈input〉 태그에서 사용

- **type** : 메뉴의 종류 선택. 선택할 수 있는 값은 toolbar, context, list. 〈menu〉 태그에서 사용

```
〈menu type="toolbar"〉
〈li〉
〈menu label="파일"〉
  〈button type="button" onclick="fileNew( )"〉새파일...〈/button〉
  〈button type="button" onclick="fileOpen( )"〉열기...〈/button〉
  〈button type="button" onclick="fileSave( )"〉저장〈/button〉
〈/menu〉
〈/li〉
〈/menu〉
```

- **value** : 아이템의 값을 지정. 〈li〉 태그에서 사용

(2) 권장하지 않는 속성

다른 속성을 대체하거나 생략 가능해서 가급적이면 사용하지 않는 것을 권장하는 속성

- **〈img〉의 border 속성** : 값이 0일 때만 사용하고 가급적이면 CSS 사용
- **〈script〉의 language 속성** : type 속성과 중복되어 생략
- **〈a〉의 name 속성** : id 속성으로 바꿔 쓰기를 권장

(3) 제거된 속성

CSS로 대체 가능해서 더 이상 사용하지 않는 속성
- align, background, border, cellpadding, cellspacing, frame, height, width, size, type, valign 등

(4) 웹 폼

1) HTML5에서 웹 폼을 구성하는 방법

- 모든 폼 태그는 <form>과 </form> 사이에 위치
- <input>, <select>와 같은 폼 태그에 <label> 태그를 붙임

```
<label for="name">이름</label>
<input type="text" id="name"/>
```

- **<fieldset> 태그를 사용해 관련된 태그를 그룹화**

```
<fieldset>
  <legend>취미</legend>
  <input type="checkbox" name="h1" id="h1"/>
  <label for="h1" >낮잠</label>
  <input type="checkbox" name="h2" id="h2"/>
  <label for="h2" >TV시청</label>
</fieldset>
```

2) HTML5에서 웹 폼을 구성 예시

```
<form id="tform" action="a.jsp" method="post">
  <label for="name">이름</label>
  <input type="text" id="name" name="name"/>
  <fieldset>
     <legend>취미</legend>
     <input type="checkbox" name="h1" id="h1"/>
     <label for="h1" >낮잠</label>
     <input type="checkbox" name="h2" id="h2"/>
     <label for="h2" >TV시청</label>
  </fieldset>
</form>
```

3) 〈input〉 태그의 타입

- 〈input type="text"〉 : 텍스트 필드
- 〈input type="password"〉 : 패스워드 필드
- 〈input type="checkbox"〉 : 체크박스
- 〈input type="radio"〉 : 라디오 버튼
- 〈input type="file"〉 : 파일 선택기
- 〈input type="submit"〉 : [submit] 버튼
- 〈input type="reset"〉 : [reset] 버튼
- 〈input type="button"〉 : [button] 버튼

아래는 〈input〉 태그에 추가된 타입이다.

- 〈input type="email"〉 : 이메일 필드
- 〈input type="url"〉 : URL 필드
- 〈input type="tel"〉 : 전화번호 필드
- 〈input type="number"〉 : 숫자 필드. ▲/▼을 눌러 선택
- 〈input type="range"〉 : 숫자 필드. 슬라이드 막대를 사용해 숫자 선택
- 〈input type="date"〉 : 날짜 선택 필드
- 〈input type="datetime"〉 : 시간 선택 필드
- 〈input type="search"〉 : 검색 필드
- 〈input type="color"〉 : 색상 선택

4) 폼 태그에서 새로 추가된 속성

list, max, min, pattern, placeholder, valid, invalid, required, autocomplete, autofocus 등

JSP 페이지의 스크립트 요소

JSP 페이지를 구성하는 요소 중 하나인 스크립트 요소에는 선언문(Declaration), 스크립트릿(Scriptlet), 표현식(Expression)이 있다. 선언문은 JSP 페이지에서 전역 변수나 메소드를 선언할 때 사용하며, 스크립트릿은 JSP 페이지에서 프로그램 처리와 관련된 로직 코드를 기술할 때 사용한다. 그리고 표현식은 화면에 내용을 출력할 때 사용한다. 이번 여기에서는 이들에 대해 학습한다.

1 스크립트 요소 이해하기

JSP 페이지에서는 선언문(Declaration), 스크립트릿(Scriptlet), 표현식(Expression)이라는 3가지의 스크립트 요소를 제공한다. 이들은 JSP 페이지에서 다음과 같은 형식과 목적으로 사용된다.

요소	형식	목적
선언문(Declaration)	<%! %>	전역 변수 선언 및 메소드 선언
스크립트릿(Scriptlet)	<% %>	프로그래밍 코드 기술
표현식(Expression)	<%=%>	화면에 출력할 내용 기술

▲ JSP 페이지의 스크립트 요소

2 선언문(Declaration)_<%! %>

선언문은 JSP 페이지 내에서 멤버 변수(c언어의 전역 변수라고 생각하면 됨)나 메소드가 필요할 때 선언해서 쓰기 위한 요소이다. 변수 선언과 로직을 기술(메소드에서 함)한다는 점에서 뒤에 나오는 스크립트릿(Scriptlet)와 비슷하나, 선언의 위치가 달라서 쓰임이 다르다.

선언문(〈%! %〉)에서 선언된 변수는 자바에서와 마찬가지로 전역 변수 역할을 하는 멤버 변수가 되며, 별도의 메소드를 작성해서 로직을 기술한다. 반면에 스크립트릿(〈% %〉)에서 선언되는 변수는 지역 변수이고, 로직은 JSP 페이지의 기본 메소드(_ jspService( ) 메소드) 내에 정의된다.

선언문의 문법은 다음과 같다.

〈%! 문장 %〉

> **참고 | 멤버 변수와 지역 변수**
>
> - **멤버 변수(Member Variable)**
>   C 언어의 전역 변수와 유사한 것으로, 클래스의 속성을 기술할 때 사용된다. 멤버 변수 선언 시에는 변수의 데이터 타입과 변수명들을 기술해야 하며, 초기값을 기술하지 않으면 선언한 변수의 데이터 타입의 기본값으로 초기화된다. 숫자 타입은 0으로, String(문자열) 타입과 레퍼런스 타입은 null 값으로 초기화된다.
>
> - **지역 변수(Local Variable)**
>   메소드 안에서 선언된 변수를 지역 변수라고 한다. 이 지역 변수는 초기화가 자동으로 일어나지 않기 때문에, 코드에서 초기화를 하지 않고 사용하게 되면 컴파일 에러가 발생한다. 그리고 선언된 메소드 내에서만 사용되며, 그 메소드 밖에서는 접근할 수 없는 변수이다. 지역 변수는 해당 메소드의 사용이 완료되면 메모리에서 자동 제거되므로 자동 변수라고도 부른다.

(1) 선언문에서 변수 선언

선언문에서 선언된 변수는 JSP 페이지가 서블릿으로 파싱(parsing)될 때 서블릿의 멤버 변수가 된다.

```
〈%!
    private String name= "Kingdora";
    private int year = 2014;
%〉
```

위에서 선언한 변수 name과 year는 해당 JSP 페이지의 스크립트 요소들이 모두 참조할 수 있는 멤버 변수이며, 이 변수를 참조하는 스크립트릿 요소보다 선언문에서 선언한 변수가 뒤에 있다고 해도 name과 year 변수를 참조할 수 있다.

C 언어 등에서는 반드시 변수를 선언한 뒤에 그 변수를 참조할 수 있으나, 자바에서는 변수의 선언이 그 변수를 사용하는 라인보다 뒤에서 선언되어도 사용 가능하다. 따라서 자바 기반의 JSP에서도 그 특징이 그대로 적용된다. 그러나 실무에서는 항상 변수를 먼저 선언하고 해당 변수를 참조하는 구조로 작성한다.

선언문에서 변수를 선언하는 이 예제의 학습을 통해 멤버 변수의 참조를 이해한다.

실행 결과 ─ declarationTest1.jsp 페이지

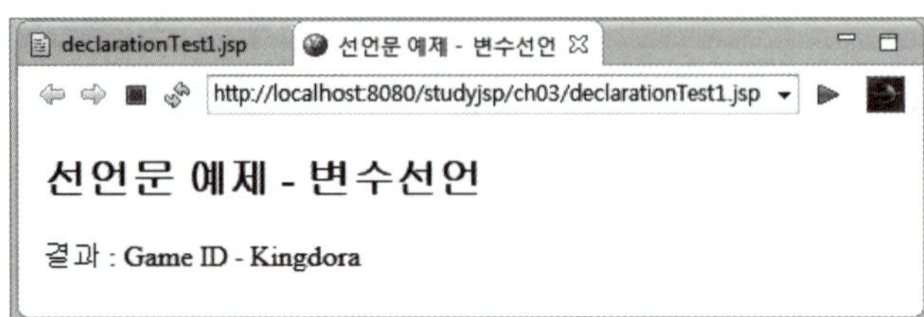

01 [New]–[JSP File] 메뉴를 사용해 [studyjsp]–[WebContent]–[ch03] 폴더에 declarationTest1.jsp 페이지를 작성한다. 기본적인 코딩이 작성되면 다음과 같이 수정한 후 저장한다.

```
01  <%@ page language="java" contentType="text/html; charset=UTF-8"
02      pageEncoding="UTF-8"%>
03  <!DOCTYPE html>
04  <html>
05  <head>
06  <meta charset="UTF-8">
07  <meta name="viewport" content="width=device-width,initial-scale=1.0"/>
08  <title>선언문 예제 – 변수선언</title>
09  </head>
10  <body>
11    <h2>선언문 예제 – 변수선언</h2>
12    <% //문자열과 전역 변수 str2의 값을 결합해 선언한 지역 변수 str1에 저장
13      String str1 = "Game ID – " + str2;//문자열 결합
14    %>
15
16    <%! //전역 변수 str2 선언
17      String str2 = "Kingdora";
18    %>
19
20      결과 : <%=str1 %>
21  </body>
22  </html>
```

12~14라인 스크립트릿에서 변수 선언에 값을 할당한 부분으로 13라인에서는 아직 선언하지도 않은 변수 str2를 참조하고 있다. 또한 "Game ID - " + str2에서 문자열과 문자열 사이에 사용한 '+'는 문자열을 결합하는 문자열 결합 연산자이다.

16~18라인 선언문에서 str2 변수를 선언해서 값을 할당했다. 이때 str2 변수는 메소드 간에 참조할 수 있는 멤버 변수가 된다.

19라인 str1 변수의 내용을 화면에 출력한다.

02 [Servers] 뷰의 톰캣 서버가 시작된 것을 확인한 후, declarationTest1.jsp 파일을 선택하고 마우스 오른쪽 버튼을 눌러 [Run As]-[Run on Server] 메뉴를 클릭하면 실행 결과가 표시된다.

(2) 선언문에서 메소드 선언

선언문에서 선언된 메소드는 JSP 페이지 내에서 별도로 정의된 메소드로 사용된다. 즉, 기본 메소드인 _jspService( ) 메소드와 동등하게 사용된다. 기본 메소드는 JSP 페이지가 서블릿으로 파싱될 때 생성되는 메소드로, 스크립트릿을 학습할 때 확인한다.

```
<%!
  String id = "Kingdora";
  public String getId( ) {
      return id;
  }
%>
```

위에서 선언한 getId( ) 메소드는 멤버 변수 id 값을 리턴(반환)하는 메소드이다. 이때 id 변수는 선언문에서 선언된 멤버 변수로 getId( ) 메소드에서 접근할 수 있다.

따라하기 선언문 예제 – 메소드 선언

선언문에서 메소드를 선언하는 이 예제의 학습을 통해 메소드를 선언해서 사용하는 방법을 이해한다.

실행 결과 declarationTest2.jsp 페이지

01 [New]–[JSP File] 메뉴를 사용해 [studyjsp]–[WebContent]–[ch03] 폴더에
declarationTest2.jsp 페이지를 작성한다. 기본적인 코딩이 작성되면 다음과 같이 수
정한 후 저장한다.

```
01  <%@ page language="java" contentType="text/html; charset=UTF-8"
02      pageEncoding="UTF-8"%>
03  <!DOCTYPE html>
04  <html>
05  <head>
06  <meta charset="UTF-8">
07  <meta name="viewport" content="width=device-width,initial-scale=1.0"/>
08  <title>선언문 예제 – 메소드선언</title>
09  </head>
10  <body>
11    <h2>선언문 예제 – 메소드 선언</h2>
12
13    <%!
14      String id = "Kingdora";
15
16      public String getId( ) {
17          return id;
18      }
19    %>
20
21    id변수  : <%=id %><br>
22    getId( )메소드 실행결과 : <%= getId( ) %>
23  </body>
24  </html>
```


13~19라인 멤버 변수 id와 메소드 getId( )를 선언하는 부분이다.

21~22라인 id 변수의 내용과 getId( ) 메소드의 실행 결과를 출력하는 부분이다.

02 [Servers] 뷰의 톰캣 서버가 시작된 것을 확인한 후, declarationTest2.jsp 파일을 선
택하고 마우스 오른쪽 버튼을 눌러 [Run As]–[Run on Server] 메뉴를 클릭하면 실
행 결과가 표시된다.

스크립트릿은 JSP 페이지에서 가장 많이 쓰이는 스크립트 요소로 주로 프로그래밍의 로직을 기술할 때 많이 쓰인다. 스크립트릿은 JSP 페이지가 서블릿으로 변환되고 이 페이지가 호출될 때, 기본 메소드인 _jspService( ) 메소드 안에 선언된다. 스크립트릿에서 선언된 변수는 지역 변수로 선언된다. JSP 페이지에서는 지역 변수를 많이 사용하며, 멤버 변수는 거의 사용하지 않는다.

스크립트릿의 문법은 다음과 같다.

〈% 문장%〉

따라하기　　**JSP 페이지가 서블릿으로 파싱된 소스 확인**

이 예제는 JSP 페이지가 서블릿으로 변환된 소스를 통해서, 스크립트릿과 선언문에서 선언된 변수의 차이점을 확인한다.

실행 결과　scriptletTest1.jsp 페이지

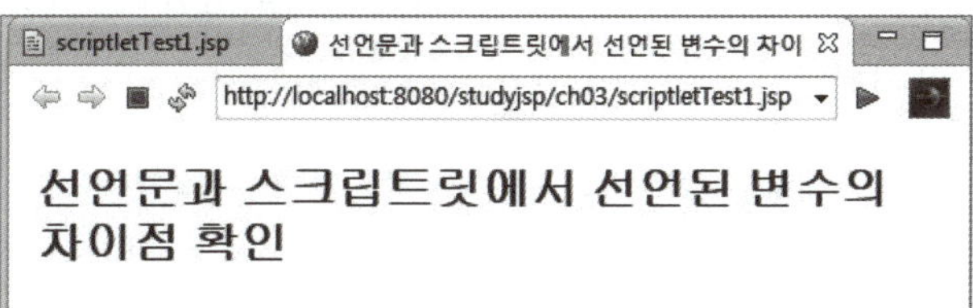

01 [New]-[JSP File] 메뉴를 사용해 [studyjsp]-[WebContent]-[ch03] 폴더에 scriptletTest1.jsp 페이지를 작성한다. 기본적인 코딩이 작성되면 다음과 같이 수정한 후 저장한다.

```
01    <%@ page language="java" contentType="text/html; charset=UTF-8"
02        pageEncoding="UTF-8"%>
03    <!DOCTYPE html>
04    <html>
05    <head>
06    <meta charset="UTF-8">
07    <meta name="viewport" content="width=device-width,initial-scale=1.0"/>
08    <title>선언문과 스크립트릿에서 선언된 변수의 차이</title>
09    </head>
```

```
10    〈body〉
11      〈h2〉선언문과 스크립트릿에서 선언된 변수의 차이점 확인〈/h2〉
12
13      〈%!
14        String str1 = "선언문에서 선언한 변수";//멤버 변수
15      %〉
16
17      〈%
18        String str2 = "스크립트릿에서 선언한 변수";//지역 변수
19      %〉
20    〈/body〉
21    〈/html〉
```


13~15라인 선언문에서 멤버 변수 str1을 선언해서 값을 할당했다.

17~19라인 스크립트릿에서 지역 변수 str2를 선언해서 값을 할당했다.

02 [Servers] 뷰의 톰캣 서버가 시작된 것을 확인한 후, scriptletTest1.jsp 파일을 선택하고 마우스 오른쪽 버튼을 눌러 [Run As]–[Run on Server] 메뉴를 클릭하면 실행 결과가 표시된다.

03 scriptletTest1.jsp가 서블릿으로 변환된 것을 이클립스 가상 환경에서 확인하기 위해 [워크스페이스]–[.metadata]–[.plugins]–[org.eclipse.wst.server.core] 폴더를 더블클릭한다.

04 [org.eclipse.wst.server.core] 폴더 내의 [tmp0]–[work]–[Catalina]–[localhost] 폴더로 이동하면 [studyjsp] 폴더를 확인할 수 있다. 이 폴더가 우리가 작성한 [studyjsp] 프로젝트의 JSP 페이지를 서블릿으로 파싱한 파일이 위치하는 곳이다.

05 [studyjsp] 폴더 내의 [org]–[apache]–[jsp]–[ch03] 폴더로 이동하면 scriptlet Test1_jsp.class 파일과 scriptletTest1_jsp.java 파일을 확인할 수 있다. scriptletTest1_jsp. java 바로 서블릿으로 변환된 파일

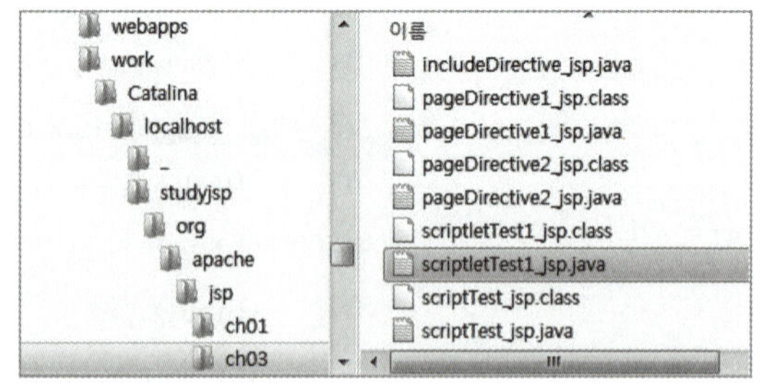

로, 이 파일을 메모장이나 다른 에디터로 연다. scriptletTest1_jsp.class 파일은 scriptletTest1_jsp.java 파일을 컴파일한 파일이다.

■ **scriptletTest1_jsp.java 파일의 내용**

```
01   /*
02    * Generated by the Jasper component of Apache Tomcat
03    * Version: Apache Tomcat/8.0.9
04    * Generated at: 2014-07-22 08:35:11 UTC
05    * Note: The last modified time of this file was set to
06    *       the last modified time of the source file after
07    *       generation to assist with modification tracking.
08    */
09   package org.apache.jsp.ch03;
10
11   import javax.servlet.*;
12   import javax.servlet.http.*;
13   import javax.servlet.jsp.*;
14
15   public final class scriptletTest1_jsp extends org.apache.jasper. runtime.Http
     IspBase
16       implements org.apache.jasper.runtime.JspSourceDependent {
17
18
19       String str1 = "선언문에서 선언한 변수"; //멤버 변수
20
21       private static final javax.servlet.jsp.JspFactory _jspxFactory =
22           javax.servlet.jsp.JspFactory.getDefaultFactory( );
23
24       private static java.util.Map<java.lang.String,java.lang.Long> _jspx_dependants;
25
26       private javax.el.ExpressionFactory _el_expressionfactory;
27       private org.apache.tomcat.InstanceManager _jsp_instancemanager;
28
29       public java.util.Map<java.lang.String,java.lang.Long> getDependants( ) {
30           return _jspx_dependants;
31       }
32
33       public void _jspInit( ) {
34           _el_expressionfactory = _jspxFactory.getJsp ApplicationContext(getServlet
             Config( ) .getServletContext( )).getExpressionFactory( );
```

```java
35        _jsp_instancemanager = org.apache.jasper .runtime.InstanceManager
          Factory.getInstanceManager(getServletConfig( ));
36    }

37

38    public void _jspDestroy( ) {
39    }

40

41    public void _jspService(final javax.servlet.http.HttpServletRequest request,
      final javax.servlet.http.HttpServletResponse response)
42        throws java.io.IOException, javax.servlet.ServletException {

43

44      final javax.servlet.jsp.PageContext pageContext;
45      javax.servlet.http.HttpSession session = null;
46      final javax.servlet.ServletContext application;
47      final javax.servlet.ServletConfig config;
48      javax.servlet.jsp.JspWriter out = null;
49      final java.lang.Object page = this;
50      javax.servlet.jsp.JspWriter _jspx_out = null;
51      javax.servlet.jsp.PageContext _jspx_page_context = null;

52

53

54      try {
55        response.setContentType("text/html; charset=UTF-8");
56        pageContext = _jspxFactory.getPageContext(this, request, response,
57              null, true, 8192, true);
58        _jspx_page_context = pageContext;
59        application = pageContext.getServletContext( );
60        config = pageContext.getServletConfig( );
61        session = pageContext.getSession( );
62        out = pageContext.getOut( );
63        _jspx_out = out;

64

65        out.write("\r\n");
66        out.write("<!DOCTYPE html>\r\n");
67        out.write("<html>\r\n");
68        out.write("<head>\r\n");
69        out.write("<meta charset=\"UTF-8\">\r\n");
```

```
70    out.write("<meta name=\"viewport\"content=\"width=device-width,initial-
      scale=1.0\"/>\r\n");
71    out.write("<title>선언문과 스크립트릿에서 선언된 변수의 차이</title>\r\n");
72    out.write("</head>\r\n");
73    out.write("<body>\r\n");
74    out.write("  <h2>선언문과 스크립트릿에서 선언된 변수의 차이점 확인</h2>\r\n");
75    out.write("  \r\n");
76    out.write("  ");
77    out.write("\r\n");
78    out.write("  \r\n");
79    out.write("  ");
80
81    String str2 = "스크립트릿에서 선언한 변수"; //지역 변수
82
83    out.write("\r\n");
84    out.write("</body>\r\n");
85    out.write("</html>");
86  } catch (java.lang.Throwable t) {
87    if (!(t instanceof javax.servlet.jsp.SkipPageException)){
88      out = _jspx_out;
89      if (out != null && out.getBufferSize( ) != 0)
90        try {
91          if (response.isCommitted( )) {
92            out.flush( );
93          } else {
94            out.clearBuffer( );
95          }
96        } catch (java.io.IOException e) {}
97    if (_jspx_page_context != null) _jspx_page_context.handlePageException(t);
98      else throw new ServletException(t);
99    }
100   } finally {
101     _jspxFactory.releasePageContext(_jspx_page_context);
102   }
103  }
104    }
```

위에 있는 소스를 분석해 보면, 선언문에서 선언한 변수는 클래스의 멤버의 위치에 선언되고(19라인), 스크립트릿의 코드들은 _jspService( )라는 메소드(41~103라인) 안에 선언되어 있는 것을 확인할 수가 있다.

지금까지 선언문과 스크립트릿의 차이점을 살펴봤으니, 이제는 스크립트릿에서 로직하여 작업을 처리하는 간단한 예제를 살펴본다.

 스크립트릿 예제 - 로직 사용

스크립트릿에서 로직을 사용하는 것을 학습하기 위해 간단한 제어문을 사용한 예제를 살펴보자.

 scriptletTest2.jsp 페이지

01 [New]-[JSP File] 메뉴를 사용해 [studyjsp]-[WebContent]-[ch03] 폴더에 scriptletTest2.jsp 페이지를 작성한다. 기본적인 코딩이 작성되면 다음과 같이 수정한 후 저장한다.

```
01  <%@ page language="java" contentType="text/html; charset=UTF-8"
02      pageEncoding="UTF-8"%>
03  <!DOCTYPE html>
04  <html>
05  <head>
06  <meta charset="UTF-8">
07  <meta name="viewport" content="width=device-width,initial-scale=1.0"/>
08  <title>스크립트릿 예제 - 로직사용</title>
09  </head>
10   <body>
11    <h2>스크립트릿 예제 - 로직사용</h2>
12    <%
13      int var1 = 6;
14
```

```
15        if(var1 > 5){
16      %>
17          변수 var1의 값은 5보다 크다.
18      <%}else{%>
19          변수 var1의 값은 5보다 작거나 같다.
20      <%}%>
21      </body>
22      </html>
```


13라인 int var1 = 6;은 지역 변수 var1을 선언하고 초기값으로 6을 할당하는 것이다.

15~20라인 if문을 사용하여 var1의 값이 5보다 크면 17라인을 수행해 문자열을 화면에 표시하고, 그렇지 않으면 19라인을 수행해 화면에 표시하는 부분이다.

02 scriptletTest2.jsp 파일을 마우스 오른쪽 버튼으로 눌러 [Run As]-[Run on Server] 메뉴를 클릭해서 실행한다.

4 표현식(Expression)_<%= %>

표현식은 웹 브라우저로 출력하기 위해 사용한다. 즉, 화면에 내용을 출력하기 위해 사용하며, 변수의 값 및 메소드의 결과값도 출력할 수 있다. 다만 스크립트릿(<%%>) 안에는 표현식을 쓸 수 없으며, 대신 스크립트릿 내에서 출력할 부분은 out 내장 객체의 print( ) 메소드 또는 println( ) 메소드를 사용한다. 또한 HTML 태그도 스크립트릿 안에 쓸 수 없다.

JSP의 표현식은 오직 출력을 목적으로 하는 문장이다. 따라서 어떤 처리를 하는 문장들은 기술하지 않는다. 이런 문장들은 스크립트릿 안에 기술한다.

표현식의 일반적인 문법은 다음과 같다.

```
<%=문장%>
```

자바에서 문장 끝에 기술하는 세미콜론(;)은 표현식에서는 생략한다. JSP 페이지가 서블릿으로 변환될 때 표현식 부분이 out.print( ); 메소드로 변환되어 자동으로 세미콜론이 붙기 때문이다.

```
<%=name[i]%>
```

JSP 표현식은 byte, short, int, long, float, double, char, Boolean 등의 기본 데이터 타입과 자바 레퍼런스 타입도 표현이 가능하다. 그리고 모든 표현식의 값들은 문자열로 변환되어 웹 브라우저에 출력된다. 기본 데이터 타입은 자바 시스템이 알아서 toString( ) 메소드를 사용해서 출력해주며, 자바 객체 타입은 직접 java.lang.Object 클래스의 toString( ) 메소드 또는 해당 클래스에서 선언한 toString( ) 메소드를 사용하여 출력한다.

따라하기 　표현식 예제

JSP 페이지의 표현식을 활용하는 예제를 학습해보자. 배열의 원소에 접근해서 배열 내용을 출력하고, 기본 데이터 타입의 변수와 레퍼런스 타입의 변수를 출력하는 방법이다.

실행 결과 — expressionTest.jsp 페이지

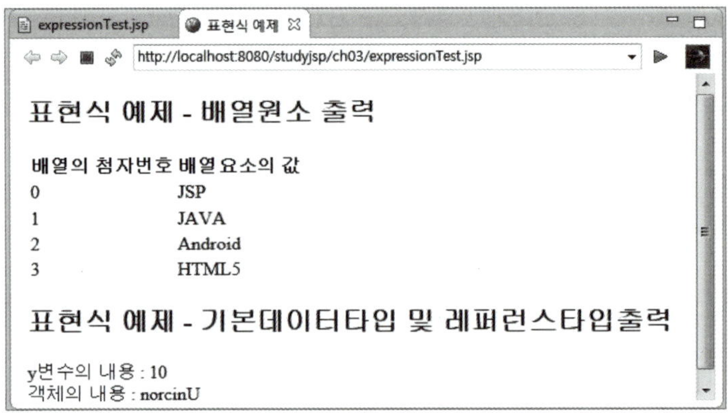

01 [New]-[JSP File] 메뉴를 사용해 [studyjsp]-[WebContent]-[ch03] 폴더에 expressionTest.jsp 페이지를 작성한다. 기본적인 코딩이 작성되면 다음과 같이 수정한 후 저장한다.

```
01  <%@ page language="java" contentType="text/html; charset=UTF-8"
02      pageEncoding="UTF-8"%>
03  <!DOCTYPE html>
04  <html>
05  <head>
06  <meta charset="UTF-8">
07  <meta name="viewport" content="width=device-width,initial-scale=1.0"/>
08  <title>표현식 예제</title>
09  </head>
10  <body>
11  <h2>표현식 예제 - 배열원소 출력</h2>
```

```
12      <%
13          //배열의 초기화 블럭- 배열의 선언, 메모리 할당, 초기값 설정을 한 번에 함.
14          String[] str = {"JSP","JAVA","Android","HTML5"};
15      %>
16      <table>
17          <tr><th>배열의 첨자번호<th>배열요소의 값
18          <% for(int i=0; i<str.length; i++){%>
19              <tr><td><%=i %><td><%=str[i]%>
20          <%} %>
21          </table>
22
23      <h2>표현식 예제 – 기본데이터타입 및 레퍼런스타입출력</h2>
24      <%
25          //기본 데이터 타입의 출력
26          int x = 10;
27          int y = (x>10) ? 20 : x;
28          out.println("y변수의 내용 : " + y +"<br>");
29
30          //레퍼런스 타입의 출력
31          StringBuffer sf = new StringBuffer("Unicron");
32          sf.reverse( );
33          out.println("객체의 내용 : " + sf.toString( ));
34      %>
35      </body>
36      </html>
```


14라인 String[ ] str = {"JSP","JAVA","Android","HTML5"};은 배열의 초기화 블록으로, 이것을 사용하면 배열의 선언, 메모리 할당, 초기값 설정을 한 번에 할 수 있다.

16~21라인 표 안에 배열의 내용을 표시하기 위해 <table> 태그를 사용했다.

- **17라인** '<tr><th>배열의첨자번호<th>배열요소의 값'과 같이 </th>와 </tr>을 사용하지 않은 것을 알 수 있다. HTML5에서는 <tr>, <th>, <td> 태그의 닫는 태그인 </tr>, </th>, </td> 태그를 생략해도 된다.

- **18~20라인** for문을 사용해서 배열의 원소를 출력하는 부분이다.

- **18라인** <% for(int i=0; i<str.length; i++){%>에서 int i=0은 for문의 첨자 변수 i를 선언 후 초기값 0을 할당한 것이다. str.length은 배열의 원소 수를 나타내는 것으로 여기서는 4가 된다. 따라서 i<str.length은 i 값이 4보다 작을 때까지, 즉 첨자 변수 0~3까지 반복된다. i++는 첨자 변수의 값의 1 증가해서 반복 처리를 제어한다.

배열(array)

배열은 같은 데이터 타입을 갖는 여러 개의 값들을 하나의 변수로 관리할 목적으로 사용한다. 기본 데이터 타입(int, char, double,…)과 레퍼런스 타입이 모두 배열이 될 수 있다.

- **19라인** ⟨tr⟩⟨td⟩⟨%=i %⟩⟨td⟩⟨%=str[i]%⟩에서 ⟨%=i %⟩은 첨자 변수의 값을 출력하고 ⟨%=str[i]%⟩은 배열의 원소값을 출력한다.

- **26~28라인** 기본 데이터 타입의 변수 y를 출력한다. 이때 스크립트릿 안에서 출력하기 위해 out.println( ) 메소드를 사용했다.

- **27라인** int y = (x)10) ? 20 : x;는 조건 연산자로 x 변수의 값이 10보다 크면 y 변수에 20 을 넣고, 그렇지 않으면 y 변수에 x 변수의 값 10을 저장한다.

31~33라인 StringBuffer 객체 sf의 toString( )을 사용해 객체의 값을 얻어낸 후 출력한다.

- **31라인** StringBuffer sf = new StringBuffer("Unicron");은 "Unicron"이라는 내용을 갖는 StringBuffer 객체를 생성한다. StringBuffer 클래스는 주로 문자열을 추가하거나 역순으로 뒤 집을 경우 사용한다.

- **32라인** sf.reverse( );는 문자열을 역순으로 배치하는 것이다. 따라서 "Unicron" 문자열은 "norcinU"가 된다.

- **33라인** out.println("객체의 내용 : " + sf.toString( ));에서 sf.toString( )은 객체 sf의 내용을 문자열로 얻어낸다.

02 expressionTest.jsp 파일을 마우스 오른쪽 버튼으로 눌러 [Run As]–[Run on Server] 메뉴를 클릭해서 실행한다.

5 주석(Comment)_⟨!-- --⟩, ⟨%-- --%⟩, //, /* */

주석은 프로그램의 실행에는 영향을 미치지는 않지만, 프로그램의 이해 및 소스 코드 분석을 위해서는 꼭 필요한 것이다. 귀찮아서 작성하지 않는 경우도 있으나 현업에서는 혼 자서 프로젝트를 작성하지 않는다. 프로젝트 팀원들이 협업을 해서 작업하므로 반드시 주 석을 작성하는 습관을 갖도록 한다. 처음에는 주석 달기가 너무 귀찮고 싫을 것이다. 그러 나 어느 정도 습관 들면 오히려 주석이 없으면 허전해진다.

JSP 페이지에서 사용할 수 있는 주석은 HTML 주석, 자바 주석 그리고 JSP 주석이 있다.

(1) HTML 주석 – ⟨!-- --⟩

HTML 주석은 HTML, XML, JSP 페이지를 작성할 때 사용할 수 있는 주석의 한 종류 로, 이중에서도 주로 HTML과 XML에서 많이 사용된다. HTML 주석은 ⟨!--로 시작해서 --⟩로 끝나는 형태이다.

■ **일반적인 HTML 주석의 예시**

```
<!-- html 주석입니다. -->
```

HTML 주석은 이것을 사용한 페이지를 웹에서 서비스할 때 화면에 주석 내용이 표시되지 않으나, [소스 보기]를 수행하면 주석의 내용이 화면에 표시된다. 프로그램 실행 코드를 사용할 필요가 없는 HTML 문서에서는 사용 시 문제가 없으나, 프로그램 실행 코드를 사용할 수 있는 JSP 페이지에서 주석문 안에 실행문을 기술하면 그 내용은 실행된다.

다음과 같은 HTML 주석문의 경우 화면에 표시되지 않으나 <%=str%>와 같은 JSP 실행 코드들이 실행된다.

<!-- html 주석입니다. & <%=str%> -->

만일 str 변수의 내용이 "소스 보기를 하면 화면에 표시됩니다."라는 문자열이라면, 아래와 같이 두 개의 문자열이 결합되는 실행 과정을 수행 후 하나의 주석으로 표시된다.

<!-- html 주석입니다. 소스 보기를 하면 화면에 표시됩니다. -->

즉, HTML 주석은 웹 브라우저에만 표시되지 않을 뿐이지 실제로는 실행되고, 소스 보기를 하면 HTML 주석의 내용을 확인할 수 있다.

(2) JSP 주석 – <%-- --%>

JSP 주석은 JSP 페이지에서만 사용되며 <%--로 시작해서 --%>로 끝나는 형태이다. 스크립트릿 밖에 사용되는 주석으로, 주로 HTML 태그에 주석을 줄 때 사용하면 좋다.

■ 일반적인 JSP 주석의 예시

<%-- JSP 주석입니다. --%>

JSP 주석은 오직 웹 브라우저에 출력되는 결과로만 표시되며, [소스 보기]를 수행해도 표시되지 않는다. 또한 JSP 주석 내에 실행 코드를 넣어도 그 코드는 실행되지 않는다.

만일 str 변수의 내용이 "소스 보기를 해도 화면에 표시되지 않습니다."이라면 아래의 주석문에서 표현식 <%=str%>은 실행되지 않을 뿐만 아니라 아예 표시되지도 않는다.

<%-- JSP 주석입니다. & <%=str%> --%>

HTML 주석은 서블릿으로 변환 시 주석의 내용이 무시되지 않고 주석 안에 포함되어 있는 표현식 및 스크립트릿이 같이 변환되어 컴파일된다. 그러나 JSP 주석의 경우 주석문 안에 포함되어 있는 문장은 전부 무시되므로, 주석문이 실행 코드를 가지고 있다고 하더라도 전혀 실행되지 않는다. 또한 JSP 주석은 서블릿으로 변환 시 자바 주석의 형태로 변환된다.

(3) 자바 주석 – //, /**/

자바 주석은 //과 /**/을 사용해서 작성한다. //은 한 줄짜리 주석을, /**/은 여러 줄의 주석을 작성할 때 사용한다. 스크립트릿의 로직 코드에 주석을 줄 때 사용한다.

```
//주석
/*주석
  여러 줄에 걸친 주석이다.
*/
```

자바 주석은 스크립트릿이나 선언문에서 사용되는 주석으로, 자바와 주석 처리 방법이 같으며 실제로 가장 많이 사용된다. JSP 주석이 서블릿으로 변환 시 자바 주석으로 변환되므로, 자바 주석과 JSP 주석은 그 기능이 같다.

따라하기 주석 예제

JSP 페이지에서 사용하는 HTML 주석, JSP 주석, 자바 주석의 차이를 확인하기 위한 예제를 살펴보자.

실행 결과 (commentTest.jsp 페이지)

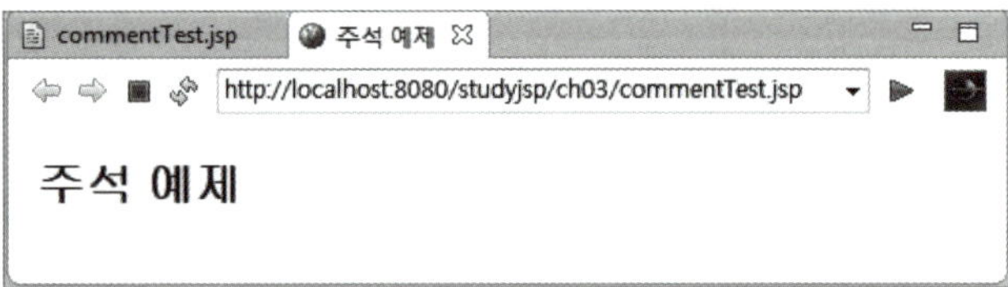

01 [New]-[JSP File] 메뉴를 사용해 [studyjsp]-[WebContent]-[ch03] 폴더에 commentTest.jsp 페이지를 작성한다. 기본적인 코딩이 작성되면 다음과 같이 수정한 후 저장한다.

```
01   <%@ page language="java" contentType="text/html; charset=UTF-8"
02       pageEncoding="UTF-8"%>
03   <!DOCTYPE html>
04   <html>
05   <head>
06   <meta charset="UTF-8">
07   <meta name="viewport" content="width=device-width,initial-scale=1.0"/>
08   <title>주석 예제</title>
09   </head>
10    <body>
11      <h2>주석 예제</h2>
12      <%
```

```
13        //자바 주석입니다.
14        //문자열 변수 선언 및 초기값 할당
15        String str1 = "소스보기를 하면 화면에 표시됩니다.";
16        String str2 = "소스보기를 해도 화면에 표시되지 않습니다.";
17    %>
18
19    <!-- HTML 주석입니다.<%=str1%> -->
20    <%-- JSP 주석입니다.<%=str2%> --%>
21    </body>
22    </html>
```


13, 14라인 이 라인들의 자바 주석은 화면에 표시되지 않으며, 소스 보기로도 표시되지 않는다.

19라인 <!-- HTML 주석입니다.<%=str1%> -->은 HTML 주석이므로 화면에는 표시되지 않는다. 다만 <%=str1%>가 실행되어서 [소스 보기]를 하면 주석문이 <!-- HTML 주석입니다. 소스보기를 하면 화면에 표시됩니다. -->로 바뀌어 있는 것을 확인할 수 있다.

20라인 <%-- JSP 주석입니다.<%=str2%> --%>은 JSP 주석이므로 화면에도, [소스 보기]로도 표시되지 않는다.

02 commentTest.jsp 파일을 마우스 오른쪽 버튼으로 눌러 [Run As]-[Run on Server] 메뉴를 선택하여 실행한다. 이때 결과가 표시된 웹 브라우저 화면에서 마우스 오른쪽 버튼을 눌러 [소스 보기]를 선택한다.

그러면 다음과 같이 HTML 주석만 표시된다.

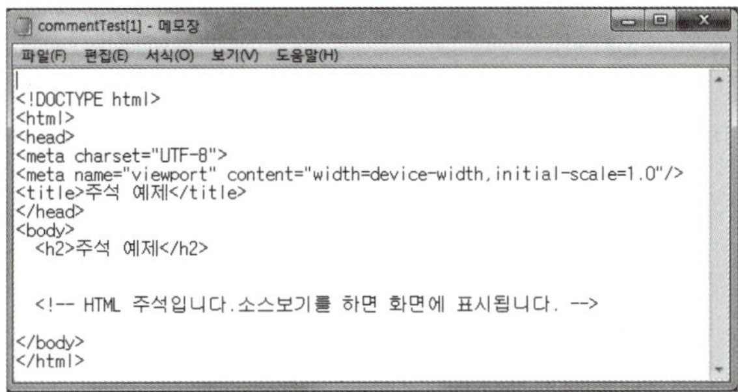

JSP의 제어문

여기에서는 JSP에서 제공하는 제어문인 조건 비교 분기문과 조건 비교 반복문을 살펴본다.
주어진 문제를 해결하기 위해서는 문제를 이루고 있는 구조라든가, 해결하기 위해서 어떤
동작(일)이 필요한지를 먼저 나열해 보아야 한다. 이 나열한 내용을 통해 더 능률적인 방법을
제시해서 작업을 효율적으로 처리할 수 있다. 또한 문제를 해결하기 위한 동작들은 어떠한
순서가 필요한데, 이렇게 어떤 문제를 해결하기 위해한 일련의 과정(절차)을 알고리즘
(Algorithm)이라한다.

알고리즘은 문제를 해결하기 위해 실행되어야 하는 동작들과 동작들이 실행되는 순서를
반드시 포함하고 있다. 또한 동작들은 상황에 따라 다른 동작을 수행하거나, 같은 동작을 반
복해야 할 것이다. 이러한 것을 프로그램 제어(control)라고 한다. 상황에 따라 적합한 제어
문을 사용해서 문제를 해결하도록 하는 것이 제어문을 사용하는 목적이다.

JSP의 제어문에는 조건 비교 분기문(if, switch)과 조건 비교 반복문(for, while, do-
while)의 두 가지 형태가 있으며 if, for, while문이 가장 많이 사용된다.

1　조건 비교 분기문 – if

조건 비교 분기문의 하나인 if문은 주어진 조건을 비교해서 그 결과에 따라 여러 대안들
중에서 하나를 선택할 때 사용된다. if문의 조건에 들어갈 수 있는 타입은 리턴 타입 또는
결과값이 boolean일 경우만 가능하다. 기본적인 형태는 if문(단순 if문), if-else문, 블록 if
문의 세 가지 형태이다.

(1) if문(단순 if문)

조건을 비교해서 조건을 만족하는 경우에만 문장 statement1을 수행한다. 즉, 조건을
만족하는 경우에 if문 다음의 문장을 수행한다.

기본 문법	예시

if(조건){
    statement1;
}
	//if문을 사용해 k값이 10보다 작거나 같으면, 변수 s
	에 k 값을 더함
	if(k<=10){
	    s=s+k;
	}

(2) if-else문

조건을 비교해서 조건을 만족하는 경우에만 문장 statement1을 수행하고, 조건을 만족하지 못한 경우에는 statement2를 수행한다. 즉, 조건을 만족하는 경우에 수행하는 문장과 조건을 만족하지 못했을 때 수행하는 문장이 달라진다.

기본 문법	예시

if(조건){
    statement1;
}else{
    statement2;
}
	//x 값이 0보다 크거나 같으면 변수 s에 1을 대입하고, 그렇지 않으면 변수 s에 2를 대입
	if(x>=0){
	    s=1;
	}else{
	    s=2;
	}

(3) 블록 if문

블록 if문에는 여러 개의 조건이 등장한다. 조건1을 비교해서 만족하는 경우에는 statement1을 수행하고, 그렇지 않은 경우에는 다시 조건2를 비교해서 만족하는 경우에 statement2를 수행하며, 조건을 어느 것도 만족하지 못하는 경우(그 외의 경우)에는 statement3을 수행한다. 즉, 조건을 만족하지 못하는 경우에 다시 조건을 비교한다. 블록 if문은 처리해야 할 경우의 수가 3개 이상일 때 사용한다.

기본 문법	예시

if(조건1){
    statement1;
}else if(조건2){
    statement2;
} else{
    statement3;
}
	//x 값이 0보다 크면 변수 s에 1을 대입하고, x 값이
	0이면 변수 s에 2를 대입하고, 그 외에는 s에 3을 대
	입
	if(x>0){
	    s=1;
	}else{
	    s=2;
	}

이 예제는 if-else문을 사용해서 선택한 색상에 따라 다른 결과를 표시하는 것이다. 이름을 입력하고 색을 선택하는 입력 폼은 ifTestForm.jsp 페이지가 제공하고, 선택한 색에 따라 처리해 결과를 표시하는 것은 ifTest.jsp 페이지에서 한다.

실행 결과   ifTestForm.jsp 페이지

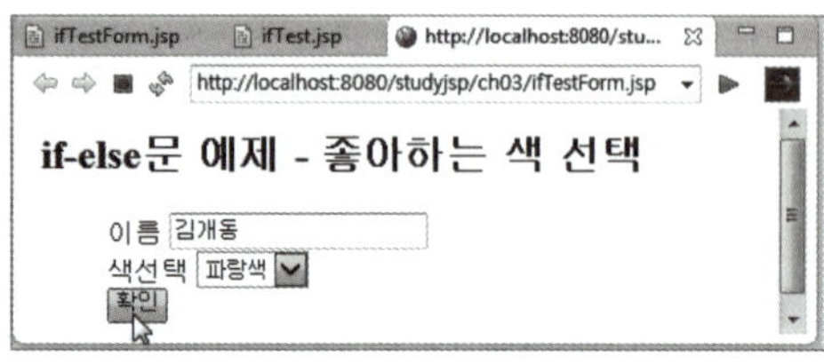

ifTest.jsp 페이지

01   [New]-[JSP File] 메뉴를 사용해 [studyjsp]-[WebContent]-[ch03] 폴더에 ifTestForm.jsp 페이지를 작성한다. 기본적인 코딩이 작성되면 다음과 같이 수정한 후 저장한다. 소스가 점점 복잡해지기 때문에 필요 없는 코드는 제거하고 작성하였다.

```
01  <%@ page language="java" contentType="text/html; charset=UTF-8"
02      pageEncoding="UTF-8"%>
03  <meta name="viewport" content="width=device-width,initial-scale=1.0"/>
04
05  <h2>if-else문 예제 - 좋아하는 색 선택</h2>
06  <form method="post" action="ifTest.jsp">
07   <dl>
08    <dd>
09     <label for="name">이름</label>
10      <input id="name" name="name" type="text"
11           placeholder="홍길동" autofocus required>
12    </dd>
13    <dd>
14     <label for="color">색선택</label>
15      <select id="color" name="color" required>
16       <option value="blue" selected>파랑색
17       <option value="green">초록색
```

```
18          〈option value="red"〉빨강색
19          〈option value="yellow"〉기타
20       〈/select〉
21     〈/dd〉
22     〈dd〉
23       〈input type="submit" value="확인"〉
24     〈/dd〉
25   〈/dl〉
26 〈/form〉
```


6라인 〈form method="post" action="ifTest.jsp"〉는 입력 폼인 ifTestForm.jsp에서 내용을 입력하고 [확인] 버튼을 누르면 입력한 정보를 action 속성에 기술한 ifTest.jsp 페이지로 보낸다.

10라인 〈input id="name" name="name" type="text" placeholder="홍길동" autofocus required〉에서 id 속성은 〈label〉 태그에서 필요해서 사용했으며, name 속성은 입력한 값을 "name"이라는 파라미터 변수에 넣어 ifTest.jsp 페이지로 보내야 하기 때문에 기술했다. autofocus 속성은 해당 폼을 실행하면 포커스가 자동으로 들어오도록 한다.

15라인 〈select id="color" name="color" required〉는 16~19 라인의 〈option〉 중 선택한 값을 name 속성의 값인 "color" 변수에 저장해서 ifTest.jsp 페이지로 보낸다.

02 [New]–[JSP File] 메뉴를 사용해 [studyjsp]–[WebContent]–[ch03] 폴더에 ifTest.jsp 페이지를 작성한다. 기본적인 코딩이 작성되면 다음과 같이 수정한 후 저장한다.

```
01 〈%@ page language="java" contentType="text/html; charset=UTF-8"
02    pageEncoding="UTF-8"%〉
03 〈meta name="viewport" content="width=device-width,initial-scale=1.0"/〉
04
05 〈%--폼으로부터 넘어온 데이터의 한글이 깨지지 않게 처리 --%〉
06 〈% request.setCharacterEncoding("utf-8");%〉
07
08 〈h2〉if-else문 예제 – 좋아하는 색 선택〈/h2〉
09
10 〈%--입력한 값을 얻어내서 처리 --%〉
11 〈% //ifTestForm.jsp의 10, 14라인의 파라미터 변수 name과 color의 값을 얻어냄
12    String name = request.getParameter("name");
13    String color = request.getParameter("color");
```

```
14
15       String selectColor = "";//지역 변수 초기화
16       //if문을 사용해서 color 파라미터 변수로부터 얻어낸 값을 가지고,
17       //selectColor 변수에 넣을 값을 결정
18       if (color.equals("blue")) {//두개의 문자열이 같은가를 비교
19           selectColor = "파랑색";
20       } else if (color.equals("green")) {
21           selectColor = "초록색";
22       }else if (color.equals("red")){
23           selectColor = "빨강색";
24       }else{
25           selectColor = "기타색";
26       }
27     %>
28
29     <%--결과 출력 --%>
30     <%=name%>님이 선택한 색은 <%=selectColor%>입니다.<p>
31     선택한 색:<br>
32     <img src="<%=color + ".jpg"%>" border="0">
```


6라인 <% request.setCharacterEncoding("utf-8");%>은 폼으로부터 넘어온 데이터의 한글이 깨지지 않게 처리하는 것으로, 폼의 메소드가 post 방식인 경우에만 한글을 제대로 처리해준다. 만일 get 방식이라면 server.xml에서 추가로 설정해야 하는데, 이것은 뒤에서 학습한다.

12라인 String name = request.getParameter("name");은 ifTestForm.jsp의 10라인의 이름을 입력하는 <input> 태그에 입력된 값을 얻어낸다.

13라인 String color = request.getParameter("color");은 ifTestForm.jsp의 14라인의 좋아하는 색을 선택하는 <select> 태그에서 선택한 값을 얻어낸다.

18~26라인 if문으로 선택한 색상값을 가진 color 변수의 값에 따라 색상명을 selectColor 변수에 넣는 작업을 처리한다.

30~32라인 선택한 색상명과 그에 해당하는 이미지 파일을 불러와 화면에 표시한다.

03 ifTestForm.jsp 파일을 선택하고 마우스 오른쪽 버튼을 눌러 [Run As]–[Run on Server] 메뉴를 클릭한다.

이때 이름을 입력하고 색을 선택한 후 [확인] 버튼을 클릭한다.

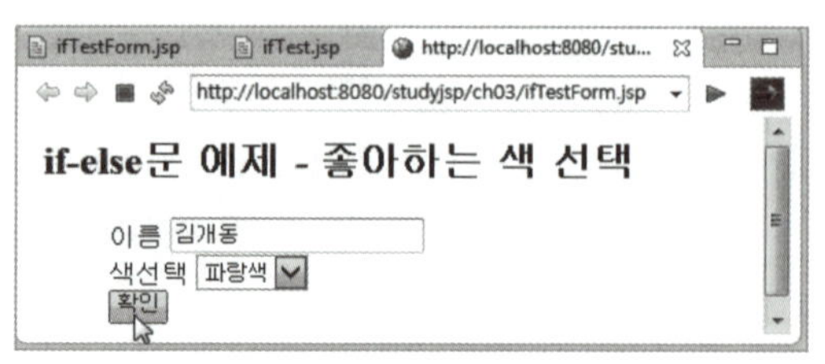

▲ ifTestForm.jsp 페이지 실행 결과

그러면 프로그램의 제어가 ifTest.jsp 페이지로 넘어가서, 선택한 색의 이름과 그에 해당하는 이미지 파일이 화면에 표시된다.

▲ ifTest.jsp 페이지 실행 결과

 ## 조건 비교 반복문 - for, while

for문과 while문은 조건을 비교하여 만족하면 일정한 문장을 반복 수행하는 조건 비교 반복문이다. 반복 횟수를 알고 있는 때는 for문을 주로 사용하고, 반복 횟수를 모를 때는 주로 while문을 사용한다.

(1) for문

조건에 의한 일정한 문장을 반복 수행하는 for문은 반복을 수행할 횟수가 결정된 경우에 주로 사용한다. 즉, 반복 수행을 몇 번 할지를 결정하는 경계값(boundary value)이 정확히 결정된 형태에서 사용한다는 것이다. 특히, 배열과 같이 반복해야 하는 횟수가 결정된 형태를 제어할 때는 반드시 for문을 사용한다.

for문에서 초기값은 단 한 번만 수행된다. 조건문은 for문 안의 문장이 수행되기 전에 먼저 조건을 판별해서 조건을 만족하는 경우 for문 안의 문장을 수행한다. 증감값은 for문 안의 문장을 수행하고 나서 수행된다. 반복횟수만큼 반복한다.

기본 문법	예시

for(초기값; 조건문; 증감값){
    statement;
}
	//첨자 변수 i를 0~9까지 증가시켜서 for문 내의 문장 k++;를 10번 수행
	for(int i=0; i<10; i++)
	    k++;

(2) while문

조건 비교 반복문인 while문은 기본적으로 for문과 쓰임새가 같다. 그러나 for문이 정해진 횟수를 반복하는 경우에 사용한다면, while문은 몇 번을 반복해야 할지 알 수 없을 때 사용한다. 이 경우라도 for문을 사용할 수는 있지만, while문을 선호한다.

while문은 조건문을 비교해서 조건을 만족하는 경우에는 문장(statement)을 수행하고, 그렇지 않으면 while문을 빠져나온다. 이때 수행되는 문장 안에는 반드시 for문과 같이 반복 횟수를 제어하는 변수를 가지고 있어야 수행 횟수를 제어할 수 있다.

기본 문법	예시
```while(조건문){ statement; count증감; }```	```//count 변수의 값이 10보다 작거나 같으면 s 변수에 count 변수의 값을 누적시킨 후 count 변수의 값을 1 증가. s+=count;문을 10번 수행 while(count<=10){ s+=count; count++; };```

따라하기   while문 예제

이 예제는 while문을 제어하는 것을 학습하는 것으로 곱해질 값과 곱해질 횟수에 값을 입력해서 처리 결과를 표시하는 것이다. 여기에서 곱해질 값과 곱해질 횟수의 입력 폼은 whileTestForm.jsp 페이지가 제공하고, 입력값에 대한 처리 결과 whileTest.jsp 페이지에서 표시한다.

실행 결과 whileTestForm.jsp 페이지

whileTest.jsp 페이지

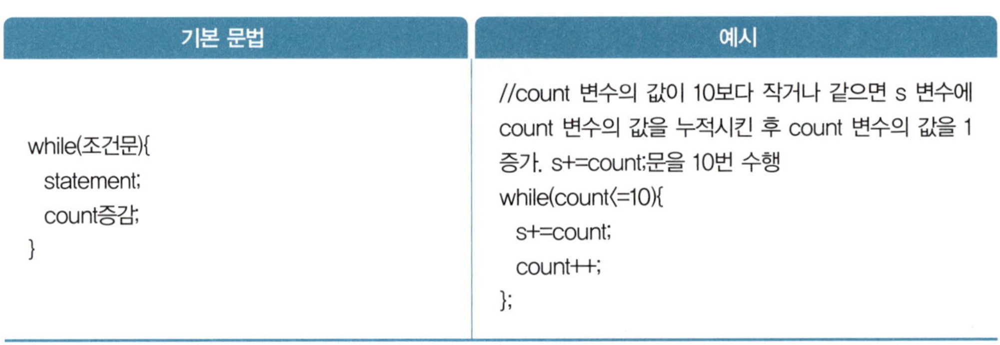

01 [New]-[JSP File] 메뉴를 사용해 [studyjsp]-[WebContent]-[ch03] 폴더에 whileTestForm.jsp 페이지를 작성한다. 기본적인 코딩이 작성되면 다음과 같이 수정한 후 저장한다.

```
01    <%@ page language="java" contentType="text/html; charset=UTF-8"
02        pageEncoding="UTF-8"%>
03    <meta name="viewport" content="width=device-width,initial-scale=1.0"/>
04
05    <h2>While문 예제 – 임의의 값을 임의의 횟수로 곱하기</h2>
06    <form method="post" action="whileTest.jsp">
07      <dl>
08        <dd>
09          <label for="number">곱해질 값 :</label>
10          <input type="number" name="number" autofocus required>
11        </dd>
12        <dd>
13          <label for="num">곱해질 횟수 :</label>
14          <input type="number" name="num" required>
15        </dd>
16        <dd>
17          <input type="submit" value="확인">
18        </dd>
19      </dl>
20    </form>
```


6라인 `<form method="post" action="whileTest.jsp">`은 10, 14라인에서 입력한 값을 whileTest.jsp 페이지로 보낸다.

02 [New]–[JSP File] 메뉴를 사용해 [studyjsp]–[WebContent]–[ch03] 폴더에 whileTest.jsp 페이지를 작성한다. 기본적인 코딩이 작성되면 다음과 같이 수정한 후 저장한다.

```
01    <%@ page language="java" contentType="text/html; charset=UTF-8"
02        pageEncoding="UTF-8"%>
03    <meta name="viewport" content="width=device-width,initial-scale=1.0"/>
04
05    <% request.setCharacterEncoding("utf-8");%>
06
07    <h2>While문 예제 – 임의의 값을 임의의 횟수로 곱하기</h2>
08    <%
```

```
09    int number = Integer.parseInt(request.getParameter("number"));
10    int num = Integer.parseInt(request.getParameter("num"));
11    long multiply = 1;
12    int count = 0;
13
14    while(count<num){
15        multiply *= number;
16        count++;
17    }
18 %>
19 결과: <%=multiply%>
```


9라인　int number = Integer.parseInt(request.getParameter("number"));은 while TestForm. jsp의 10라인에서 입력한 값을 얻어낸다. 이때 request.getParameter( ) 메소드의 리턴 타입이 String이기 때문에 결과값이 문자열로 출되어 연산에 사용할 수 없다. 따라서 Integer. parseInt(문자열) 메소드를 사용해서 문자열로 추출된 값을 정수형 숫자 타입인 int 타입으로 변환했다.

10라인　int num = Integer.parseInt(request.getParameter("num"));은 whileTestForm.jsp의 14 라인에서 입력한 값을 얻어낸다. 마찬가지로 추출값을 숫자 타입으로 파싱한다.

14~17라인　while문은 입력한 숫자인 number에 곱해질 횟수인 num만큼 반복해서 곱하는 작업을 한다.

19라인　결과값을 화면에 표시한다.

03 whileTestForm.jsp 파일을 선택하고 마우스 오른쪽 버튼을 눌러 [Run As]–[Run on Server] 메뉴를 클릭한다.

이때 곱해질 값과 곱해질 횟수를 입력하고 [확인] 버튼을 클릭한다. 프로그램의 제어가 whileTest.jsp 페이지로 넘어가서 작업을 처리하고 결과가 화면에 표시된다.

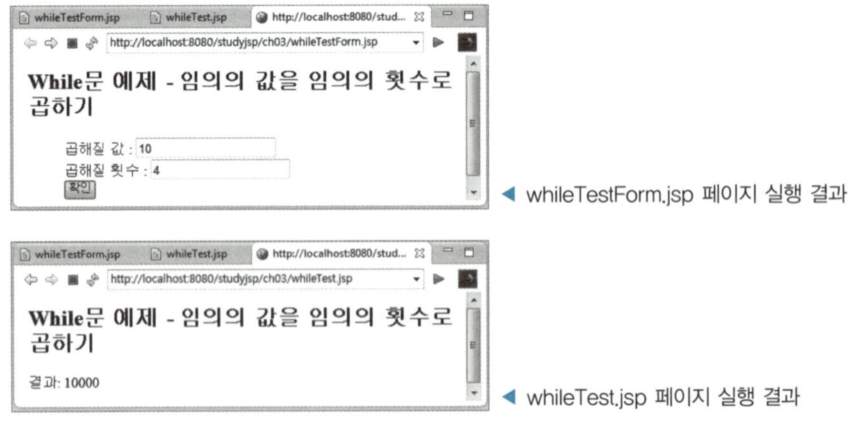

◀ whileTestForm.jsp 페이지 실행 결과

◀ whileTest.jsp 페이지 실행 결과

톰캣 기반에서 JSP 페이지의 한글 처리

JSP 페이지에서의 한글 처리 문제는 중요하다. 기껏 작성한 웹 페이지에서 한글이 깨진다면 해당 페이지가 무슨 내용을 담고 있는지 알 수 없다. 또한 이 페이지를 요청한 사용자들의 신뢰도를 잃는다. 믿기지 않겠지만, 아직도 이런 사이트들이 있다. 물론 인터넷 익스플로러에서 [보기]–[인코딩]–[한국어] 메뉴를 선택하면 깨진 한국어가 제대로 표시되긴 하나 이것을 사용자들에게 요구하면 안 된다. 이것은 사용자의 편의를 위해 프로그래머가 처리해 주어야 한다.

특히, 우리가 학습에 사용하는 웹 컨테이너인 톰캣은 한글을 전혀 배려하지 않는다. 처음에 웹 컨테이너로 resine을 사용했던 필자는 후에 톰캣을 사용하다가 한글을 전혀 배려하지 않는 톰캣 때문에 꽤나 당황했었다. 톰캣은 완전히 무료인 웹 컨테이너이기 때문에 그만큼 알아서 처리를 해주어야 하는 부분이 많아서 그렇다. 한글 처리도 그에 해당한다.

1 톰캣 환경에서 한글 처리하기

(1) 서버에서 웹 브라우저에 응답되는 페이지의 화면 출력 시 한글 처리

```
<%@ page contentType="text/html;charset=utf-8"%>
```

여러분도 알고 있듯이 위의 코드는 서버에서 웹 브라우저로 응답되는 페이지를 화면에 출력할 때 한글이 깨지지 않도록 한 한글 처리이다. 모든 페이지에 필수적으로 해줘야 한다.

(2) 웹 브라우저에서 서버로 넘어오는 파라미터 값에 한글이 있는 경우 (Post 방식) 한글 처리

```
<% request.setCharacterEncoding("utf-8");%>
```

위의 코드는 폼에 데이터를 입력해서 데이터 값을 파라미터로 웹 서버로 넘겨서 처리할 때의 문제이다. 즉, 웹 브라우저에서 서버로 넘어오는 파라미터 값에 한글이 있는데 처리해 주지 않으면, 깨진 한글을 받아들여서 처리한다. 그러면 당연히 응답 결과를 웹 브라우저에 표시할 때 깨진 한글이 그대로 표시된다. 이렇듯 입력 시 한글이 깨지면 출력 시에도 깨지게 되므로, 폼으로부터 파라미터를 넘겨받는 페이지에는 반드시 위의 코드를 작성해 주어야 한다.

(3) 웹 브라우저에서 서버로 넘어오는 파라미터 값에 한글이 있는 경우 (Get 방식) 한글 처리

폼에 데이터를 입력해서 데이터 값을 파라미터로 웹 서버로 넘겨서 처리할 때 메소드가 get 방식으로 넘어오면 ⟨% request.setCharacterEncoding("utf-8");%⟩ 코드를 기입해도 한글이 깨지게 된다.

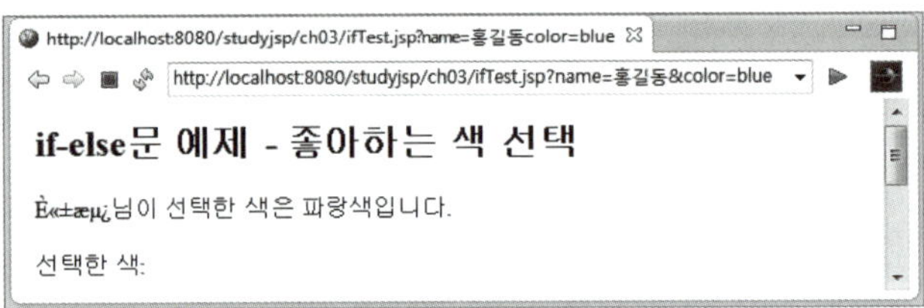

이런 경우에 한글이 깨지지 않게 하려면, 두 곳에 위치한 server.xml 파일의 한글 인코딩을 지정해야 한다. 하나는 실제로 서비스하는 환경인 [톰캣홈]-[conf] 폴더에 있는 server.xml 파일이고, 다른 하나는 이클립스의 경우 [Project Explorer] 뷰의 [Servers]-[Tomcat v8.0 Server]에 있는 server.xml 파일이다.

2 이클립스에서 Get 방식 한글 처리 추가하기

이클립스의 [Project Explorer] 뷰에서 [Servers]-[Tomcat v8.0 Server~]에 있는 server.xml 파일에 한글 인코딩을 지정한다.

01 [Project Explorer] 뷰에서 [Servers]-[Tomcat v8.0 Server]에 있는 server.xml 파일을 더블클릭한다.

02 다음과 같은 화면이 표시되면 [Source] 탭을 선택한다.

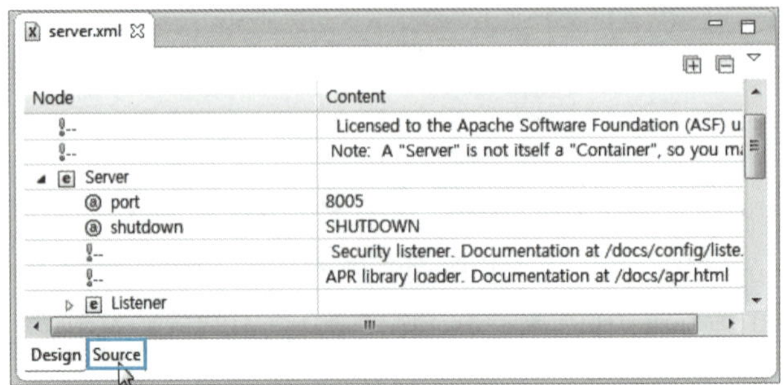

03 server.xml 의 코드가 표시되면 port 번호가 8080인 〈Connector〉에 URIEncoding
="EUC-KR"을 추가한 후 저장한다. 필자가 사용하는 버전에서는 이것이 64라인에
있다. 아쉽게도 톰캣에서는 아직까지 UTF-8로는 한글을 세팅할 수 없다.

```
<Connector connectionTimeout="20000" port="8080"
      protocol="HTTP/1.1" redirectPort="8443"
      URIEncoding="EUC-KR"/>
```

04 톰캣 서버를 내렸다가 다시 올리면 한글이 제대로 표기되는 것을 볼 수 있다.

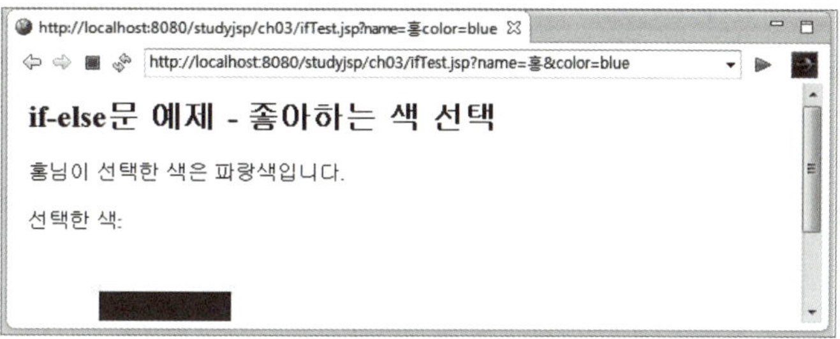

3 실제 서비스 환경에서 Get 방식 한글 처리 추가하기

실제 서비스 환경인 [톰캣홈]-[conf] 폴더에 있는 server.xml 파일에 한글 인코딩을 지
정한다.

01 탐색기에서 [톰캣홈]-[conf] 폴더에 있는 server.xml 파일을 연다.

02 port 번호가 8080인 〈Connector〉에 URIEncoding="EUC-KR"을 추가한 후 저장한
다. 추가 위치는 apache-tomcat-8.0.9의 경우 [apache-tomcat-8.0.9]-[conf] 폴
더에 있는 server.xml 파일의 70라인(메모장 또는 에디트플러스에서 수정 시)에 아래
와 같이 추가한 후 저장한다.

```
<Connector port="8080" protocol="HTTP/1.1"
      connectionTimeout="20000"
      redirectPort="8443"
      URIEncoding="EUC-KR" />
```

한글이 안정적으로 표시되게 하려면 이클립스의 server.xml과 [apache-tomcat-8.0.9]-
[conf] 폴더에 있는 server.xml 파일 모두에 URIEncoding="EUC-KR"을 추가한다.

학습 정리

- JSP 페이지의 디렉티브는 클라이언트가 요청한 JSP 페이지가 실행될 때 필요한 정보를 지정하는 역할로, 디렉티브는 태그 안에서 @로 시작하며 page, include, taglib 등의 3가지 종류가 있다.
  - page 디렉티브(⟨%@page%⟩) : JSP 페이지에 대한 속성을 설정
  - include 디렉티브(⟨%@ include%⟩) : 여러 페이지에서 공통적으로 사용되는 내용 및 페이지 포함 기능을 제공
  - taglib 디렉티브(⟨%@taglib%⟩) : 표현 언어(EL; Expression Language), JSTL(JSP Standard Tag Library), 커스텀 태그(Custom Tag)를 JSP 페이지 내에 사용할 수 있도록 제공

- JSP 페이지의 스크립트 요소에는 선언문(Declaration), 스크립트릿(Scriptlet), 표현식(Expression)이 있다.
  - 선언문(⟨%!%⟩) : JSP 페이지에서 전역 변수나 메소드를 선언할 때 사용
  - 스크립트릿(⟨%%⟩) : JSP 페이지에서 프로그램 처리와 관련된 로직 코드를 기술할 때 사용
  - 표현식(⟨%=%⟩) : 화면에 내용을 출력할 때 사용

- JSP 페이지에서는 HTML 주석(⟨!-- --⟩), 자바 주석(//, /* */), JSP 주석(⟨%-- --%⟩)을 사용할 수 있다.

- JSP의 제어문은 조건 비교 분기문(if, switch), 조건 비교 반복문(for, while, do-while)의 두 가지 형태가 있으며 이중에서 if, for, while문이 가장 많이 사용된다.

- 톰캣 환경에서는 응답 결과 및 요청 데이터에 대해서 한글을 처리해야 한다.
  - 웹 브라우저에 응답되는 페이지의 화면 출력 시 한글 처리

```
<%@ page contentType="text/html;charset=utf-8"%>
```

  - 웹 브라우저에서 서버로 넘어오는 파라미터 값에 한글이 있는 경우(Post 방식) 한글 처리

```
<% request.setCharacterEncoding("utf-8");%>
```

  - 웹 브라우저에서 서버로 넘어오는 파라미터 값에 한글이 있는 경우(Get 방식) 한글 처리

```
<Connector connectionTimeout="20000" port="8080"
        protocol="HTTP/1.1" redirectPort="8443"
        URIEncoding="EUC-KR"/>
```

1 스크립트릿을 사용해서 지역 변수 id와 name을 선언하고 표현식을 사용해서 출력하는 프로그램을 작성하시오. 변수값은 다음과 같으며 파일명은 ex03-01.jsp 로 저장한다.

■ 변수값

```
String id = "abcd";
String name = "test";
```

2 다음과 같은 결과가 나오도록 10보다 크거나 같은 값을 입력하면 "10보다 크거나 같은 값", 10보다 작으면 "10보다 작은 값"을 출력하는 프로그램을 작성하시오. 값을 입력받는 폼을 ex03-02Form.jsp, if문을 사용한 값의 판정은 ex03-02Pro.jsp를 작성해서 한다.

3 Chapter 03에서 작성한 whileTestForm.jsp와 whileTest.jsp를 for문을 사용하는 것으로 변경하시오. 파일명은 ex03-03Form.jsp, ex03-03Pro.jsp로 저장한다.

4

JSP 페이지의 내장 객체와 영역

웹 컨테이너는 JSP 페이지에서 사용되는 9개의 객체를, 객체의 생성 없이 바로 사용할 수 있도록 제공한다. 이들 객체들을 JSP의 내장 객체(Implicit Object)라고 부르는데, 이번 Chapter에서는 이들 내장 객체가 무엇이며 어떻게 쓰이는지 그리고 이들 중 영역을 가지는 4개의 객체에 대해 학습한다.

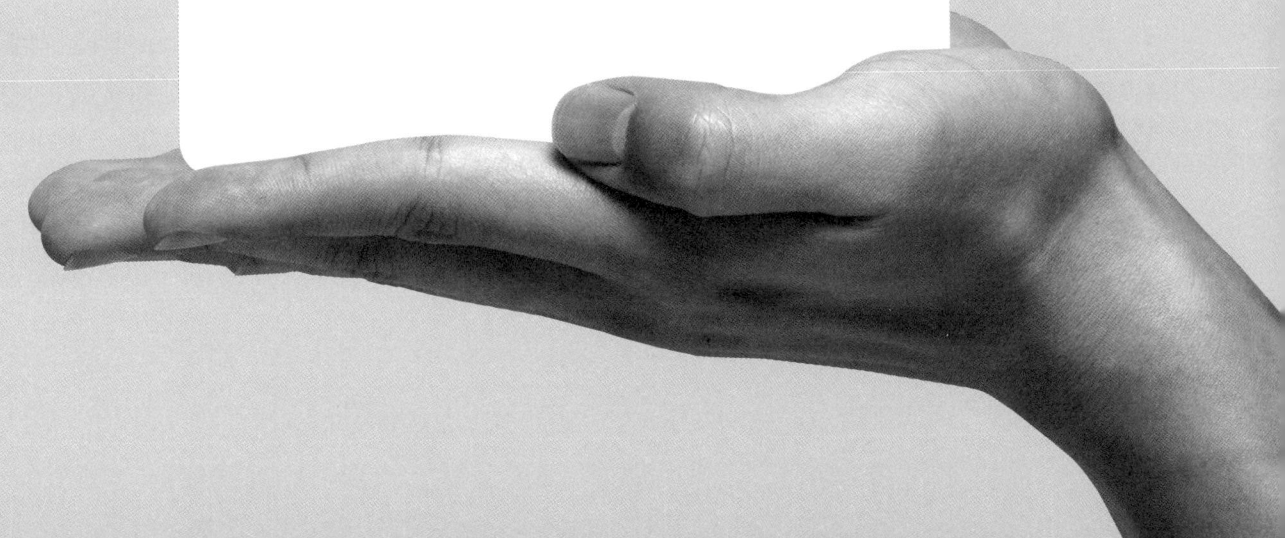

내장 객체의 개요

내장 객체(Implied Object)는 JSP에서 제공하는 것으로, 객체의 레퍼런스를 사용해 객체의 프로퍼티(멤버 필드, 전역 변수)와 메소드에 접근한다. JSP 페이지에서 사용하는 내장 객체는 레퍼런스 타입의 변수를 선언과 객체 생성 없이 사용할 수 있는데, 이것은 JSP 페이지가 서블릿으로 변환될 때 JSP 컨테이너가 자동으로 제공하기 때문이다.

밑줄이 그어진 부분이 바로 내장 객체로 제공되는 객체의 레퍼런스(그냥 객체라고 지칭되기도 함)이다.

```
public void _jspDestroy() {
}

public void _jspService(final javax.servlet.http.HttpServletRequest request, final
javax.servlet.http.HttpServletResponse response)
        throws java.io.IOException, javax.servlet.ServletException {

  final javax.servlet.jsp.PageContext pageContext;
  javax.servlet.http.HttpSession session = null;
  final javax.servlet.ServletContext application;
  final javax.servlet.ServletConfig config;
  javax.servlet.jsp.JspWriter out = null;
  final java.lang.Object page = this;
  javax.servlet.jsp.JspWriter _jspx_out = null;
  javax.servlet.jsp.PageContext _jspx_page_context = null;


  try {
    response.setContentType("text/html; charset=UTF-8");
    pageContext = _jspxFactory.getPageContext(this, request, response,
                      null, true, 8192, true);
    _jspx_page_context = pageContext;
    application = pageContext.getServletContext();
    config = pageContext.getServletConfig();
    session = pageContext.getSession();
    out = pageContext.getOut();
    _jspx_out = out;

    out.write("\r\n");
```

▲ 서블릿으로 변환된 파일에서 내장 객체 확인

지금까지 어떤 선언이나 객체를 생성하지 않고도 request와 out이라는 객체를 사용한 이유는 이들이 바로 JSP 페이지에서 내부적으로 지원이 되는 내장 객체였기 때문이다.

```
String name = request.getParameter("name");
```

위의 예시에서 name이라는 파라미터 변수의 값을 얻어내는 getParameter( ) 메소드는 request 내장 객체의 메소드이다.

자바의 내장 객체는 자바 클래스 또는 인터페이스의 형태이며, JSP 페이지에서 제공하는 내장 객체는 다음과 같다(자주 사용되는 객체는 진하게 표시).

객체에 대한 자세한 설명은 'http://tomcat.apache.org/tomcat-8.0-doc/servletapi/index.html' 과 'http://tomcat.apache.org/tomcat-8.0-doc/jspapi/index.html' 에서 볼 수 있다.

내장 객체명	리턴 타입(Return Type)	설명
request	javax.servlet.http.HttpServletRequest 또는 javax.servlet.ServletRequest	웹 브라우저의 요청 정보를 저장하고 있는 객체
response	javax.servlet.http.HttpServletResponse 또는 javax.servlet.ServletResponse	웹 브라우저의 요청에 대한 응답 정보를 저장하고 있는 객체
out	javax.servlet.jsp.JspWriter	JSP 페이지의 출력할 내용을 가지고 있는 출력 스트림 객체
session	javax.servlet.http.HttpSession	하나의 웹 브라우저 내에서 정보를 유지하기 위한 세션 정보를 저장하고 있는 객체
application	javax.servlet.ServletContext	웹 애플리케이션 Context의 정보를 저장하고 있는 객체
pageContext	javax.servlet.jsp.PageContext	JSP 페이지에 대한 정보를 저장하고 있는 객체
page	java.lang.Object	JSP 페이지를 구현한 자바 클래스 객체
config	javax.servlet.ServletConfig	JSP 페이지에 대한 설정 정보를 저장하고 있는 객체
exception	java.lang.Throwable	JSP 페이지에서 예외가 발생한 경우에 사용되는 객체

▲ JSP 페이지의 내장 객체

위의 표에서 exception 내장 객체는 JSP 페이지가 에러 페이지로 지정될 때 만들어지는 객체이므로 일반적인 JSP 페이지에서는 만들어지지 않는다. 좀 더 자세한 내용은 exception 내장 객체에서 다시 살펴본다.

내장 객체명과 관련하여 주의할 사항이 있는데, 스크립트릿(〈%%〉)에서 내장 객체명과 같은 이름으로 변수를 선언할 수 없다는 것이다. 만약에 9개의 내장 객체의 이름과 동일한 이름으로 선언하면 에러가 발생한다.

선언문(〈%!%〉)에서는 내장 객체명과 같은 이름으로 변수를 선언할 수는 있지만 가급적이면 사용하지 않는 것이 좋다.

request, session, application, pageContext 내장 객체는 속성(attribute)값을 저장하고 읽을 수 있는 메소드인 setAttribute( ) 메소드와 getAttribute( ) 메소드를 제공한다. 속성값을 저장하고 읽을 수 있는 기능은, 내장 객체를 사용해서 JSP 페이지들 및 서블릿 간에 정보를 주고받을 수 있게 해 준다.

메소드 : 리턴 타입	설명
setAttribute(String key, Object value) : void	해당 내장 객체의 속성(attribute)값을 설정하는 메소드로, 속성명에 해당하는 key 매개 변수에 속성값에 해당하는 value 매개 변수의 값을 지정한다.
getAttributeNames( ) : java.util.Enumeration	해당 내장 객체의 속성명을 읽어오는 메소드로, 모든 속성의 이름을 얻어낸다.
getAttribute(String key) : Object	해당 내장 객체의 속성명을 읽어오는 메소드로, 주어진 key 매개 변수에 해당하는 속성값을 얻어낸다.
removeAttribute(String key) : void	해당 내장 객체의 속성을 제거하는 메소드로, 주어진 key 매개 변수에 해당하는 속성명을 제거한다.

▲ 내장 객체의 속성과 관련된 메소드

■ setAttribute(String key, Object value) 메소드

setAttribute(String key, Object value) 메소드의 매개 변수 value는 Object 타입이므로 모든 타입의 객체를 저장할 수 있으며, key는 String 타입으로만 속성명을 지정할 수 있다. 앞으로 많은 예제들에서 이들 공통 메소드들을 다루게 될 것이다.

내장 객체의 종류

1 request 내장 객체

request 객체는 웹 브라우저에서 JSP 페이지로 전달되는 정보의 모임으로, HTTP 헤더와 HTTP 바디로 구성되어 있다. 웹 컨테이너는 요청된 HTTP 메시지를 통해 HttpServletRequest 객체를 얻어내고, 이 객체로부터 사용자의 요구 사항을 얻어낸다. JSP 페이지에서는 HttpServletRequest 객체를 request 객체명으로 사용한다.

(1) request 객체에서 사용자의 요구 사항을 얻어내는 요청 메소드

request 객체는 사용자가 입력 폼에 입력한 사용자의 요구 사항을 얻어낼 수 있도록 요청 메소드를 제공하는데, 이들은 다음과 같다.

메소드	설명
String getParameter(name)	파라미터 변수 name에 저장된 변수값을 얻어내는 메소드이며, 해당하는 변수명이 없으면 null 값을 리턴한다. 단독값을 입력하는 text, select, radio 등에서 사용된다.
String[ ] getParameterValues (name)	파라미터 변수 name에 저장된 모든 변수값을 얻어내는 메소드이며, 변수값은 String 배열로 리턴된다. 다중값을 입력하는 checkbox에서 선택한 값을 얻어낼 때 주로 사용된다.
Enumeration getParameterNames( )	요청에 의해 넘어오는 모든 파라미터 변수를 java.util. Enumeration 타입으로 리턴한다. 변수가 가진 객체들을 저장해야 하기 때문에 컬렉션인 Enumeration 타입을 사용했다.

▲ request 내장 객체의 요청 파라미터 관련 메소드

참고 | Enumeration 객체

java.util.Enumeration 인터페이스는 객체를 저장하는 객체(컬렉션)로 저장된 객체들을 모두 Object 타입으로 저장한다. 주로 사용하는 메소드는 다음과 같다.

- boolean hasMoreElements( ) : 더 이상의 객체가 있는지 없는지를 판단하여 객체가 있으면 true 값을, 없으면 false 값을 리턴한다.
- Object nextElement( ) : 다음 객체를 가져오는 메소드로 이때 Object 타입으로 받아온 객체를 원래의 객체 형태로 형 변환(casting)해서 사용한다.

[studyjsp] 프로젝트의 [WebContent] 폴더를 선택하고 마우스 오른쪽 버튼을 누른다.
[New]-[Folder] 메뉴를 실행하여 [WebContent] 폴더에 [ch04] 폴더를 생성한다.

이 예제는 request 객체에서 제공하는 요청 메소드를 사용해 정보를 입력해서 입력한
정보를 얻어내는 것이다. requestTestForm1.jsp에서는 입력 폼을 제공하고, request
Test1.jsp에서는 서버에서 처리하기 위해 입력한 정보를 얻어낸다.

실행 결과 requestTestForm1.jsp 페이지   requestTest1.jsp 페이지

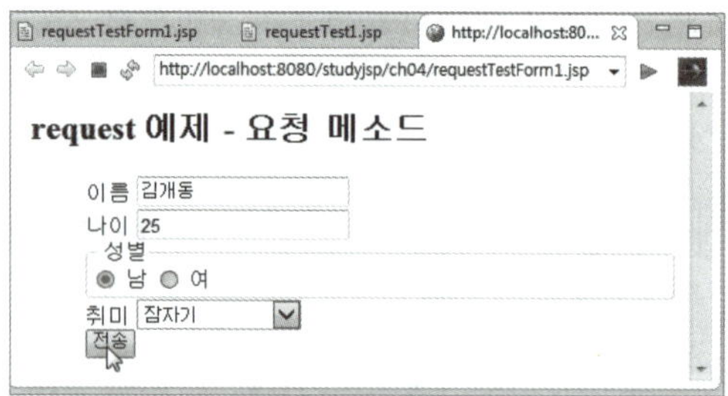

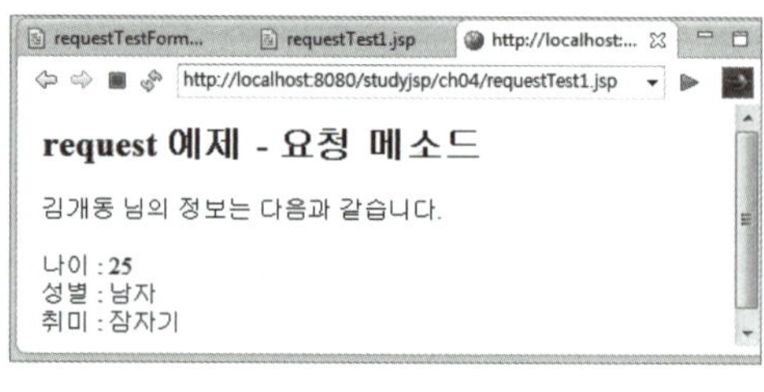

01 [New]-[JSP File] 메뉴를 사용해 [studyjsp]-[WebContent]-[ch04] 폴더에
requestTestForm1.jsp 페이지를 작성한다. 기본적인 코딩이 작성되면 다음과 같이
수정한 후 저장한다.

```
01  <%@ page language="java" contentType="text/html; charset=UTF-8"
02      pageEncoding="UTF-8"%>
03  <meta name="viewport" content="width=device-width,initial-scale=1.0"/>
04
05  <h2>request 예제 - 요청 메소드</h2>
06  <form method="post" action="requestTest1.jsp">
07   <dl>
08    <dd>
09     <label for="name">이름</label>
10     <input id="name" name="name" type="text"
11           placeholder="김개동" autofocus required>
12    </dd>
```

```
13      <dd>
14       <label for="age">나이</label>
15       <input id="age" name="age" type="number"
16              min="20" max="99" value="20" required>
17      </dd>
18      <dd><fieldset>
19       <legend>성별</legend>
20       <input id="gender" name="gender" type="radio" value="m" checked>
21       <label for="gender">남</label>
22       <input id="gender" name="gender" type="radio" value="f">
23       <label for="gender">여</label>
24      </fieldset></dd>
25      <dd>
26       <label for="hobby">취미</label>
27       <select id="hobby" name="hobby" required>
28        <option value="잠자기" selected>잠자기
29        <option value="무협지보기">무협지보기
30        <option value="애니메이션시청">애니메이션시청
31        <option value="건프라">건프라
32       </select>
33      </dd>
34      <dd>
35       <input type="submit" value="전송">
36      </dd>
37     </dl>
38    </form>
```


10, 15, 20, 22~23, 27라인 각 라인의 입력값을 6라인의 requestTest1.jsp로 전송한다.

20, 22라인 라디오 버튼으로, 라디오 버튼은 그룹화를 통해서 반드시 하나의 값을 선택하도록 해야 한다. 웹 페이지에서는 name 속성의 값을 같은 값으로 지정해서 그룹화를 한다. 그러면 라디오 버튼 중 선택된 항목의 value 속성의 값이 넘어간다. 예제에서 '남'을 선택하면 gender=m 값이 requestTest1.jsp 페이지로 전송된다.

02 [New]-[JSP File] 메뉴를 사용해 [studyjsp]-[WebContent]-[ch04] 폴더에 requestTest1.jsp 페이지를 작성한다. 기본적인 코딩이 작성되면 다음과 같이 수정한 후 저장한다.

```
01  <%@ page language="java" contentType="text/html; charset=UTF-8"
02      pageEncoding="UTF-8"%>
03  <meta name="viewport" content="width=device-width,initial-scale=1.0"/>
04
05  <% request.setCharacterEncoding("utf-8");%>
06
07  <h2>request 예제 - 요청 메소드</h2>
08  <% //request객체에서 파라메터값을 얻어냄
09      String name = request.getParameter("name");
10      String age = request.getParameter("age");
11      String gender = request.getParameter("gender");
12      String hobby = request.getParameter("hobby");
13
14      //성별값 처리
15      if(gender.equals("m"))
16          gender = "남자";
17      else
18          gender = "여자";
19  %>
20
21  <%-- DB연동을 위한 작업--%>
22  <%-- 화면 출력--%>
23  <%=name%> 님의 정보는 다음과 같습니다.<p>
24  나이 : <%=age%><br>
25  성별 : <%=gender%><br>
26  취미 : <%=hobby%>
```


15~18라인 라디오 버튼 중 선택된 항목이 어떤 것인지를 판별하기 위해서 사용하는 if문이다. 라디오 버튼 중 선택 항목을 얻어낼 때는 if문을 사용한다.

03 requestTestForm1.jsp 파일을 선택하고 마우스 오른쪽 버튼을 눌러 [Run As]-[Run on Server] 메뉴를 클릭한다.

값을 입력 또는 선택한 후 [전송]
버튼을 클릭한다.

프로그램의 제어가 requestTest1.
jsp 페이지로 넘어가서 작업을 처
리하고 결과가 화면에 표시된다.

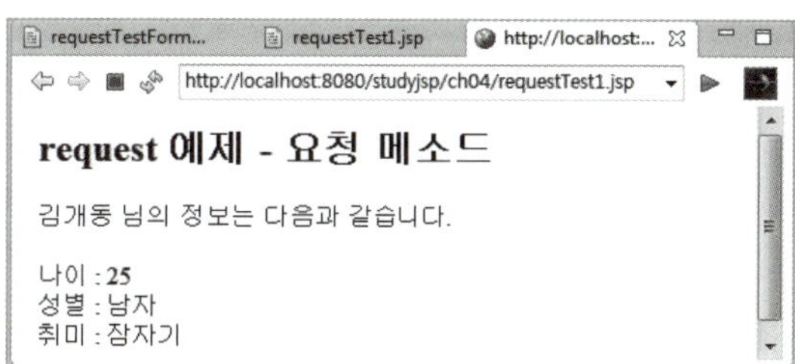

(2) 웹 브라우저와 웹 서버의 정보를 얻어내는 메소드

request 객체는 요청된 파라미터의 값 외에도 웹 브라우저와 웹 서버의 정보도 가져올
수 있다. 다음은 request 객체의 메소드들 중 웹 브라우저, 웹 서버 및 요청 헤더의 정보를
가져올 때 사용되는 메소드들이다.

메소드	설명
String **getProtocol( )**	웹 서버로 요청 시 사용 중인 프로토콜을 리턴한다.
String **getServerName( )**	웹 서버로 요청 시 서버의 도메인 이름을 리턴한다.
String **getMethod( )**	웹 서버로 요청 시 요청에 사용된 요청 방식(GET, POST, PUT 등)을 리턴한다.
String **getQueryString( )**	웹 서버로 요청 시 요청에 사용된 QueryString을 리턴한다.
String **getRequestURI( )**	웹 서버로 요청 시 요청에 사용된 URL로부터 URI 값을 리턴한다.
String **getRemoteHost( )**	웹 서버로 정보를 요청한 웹 브라우저의 호스트 이름을 리턴한다.
String **getRemoteAddr( )** : String	웹 서버로 정보를 요청한 웹 브라우저의 IP 주소를 리턴한다.
String **getServerPort( )**	웹 서버로 요청 시 서버의 Port 번호를 리턴한다.
String **getContextPath( )** : String	해당 JSP 페이지가 속한 웹 애플리케이션의 콘텍스트 경로를 리턴한다. 콘텍스트 경로는 웹 애플리케이션 루트 경로이다. 예 http://localhost:8080/studyjsp/ch04/requestTest1.jsp에서 getContextPath() 메소드를 사용하면 웹 애플리케이션 루트 경로인 http://localhost:8080/studyjsp를 반환
String **getHeader(name)**	웹 서버로 요청 시 HTTP 요청 헤더(header) 이름인 name에 해당하는 속성값을 리턴한다.
Enumeration **getHeaderNames( )**	웹 서버로 요청 시 HTTP 요청 헤더(header)에 있는 모든 헤더 이름을 리턴한다.

▲ request 내장 객체의 웹 브라우저, 웹 서버 및 요청 헤더의 정보 관련 메소드

 request 객체 예제–웹 브라우저, 웹 서버 및 요청 헤더의 정보 관련 메소드

request 객체에서 제공하는 웹 브라우저, 웹 서버 및 요청 헤더의 정보 관련 메소드를 사
용해 정보를 얻어내는 예제를 살펴보자.

 requestTest2.jsp 페이지

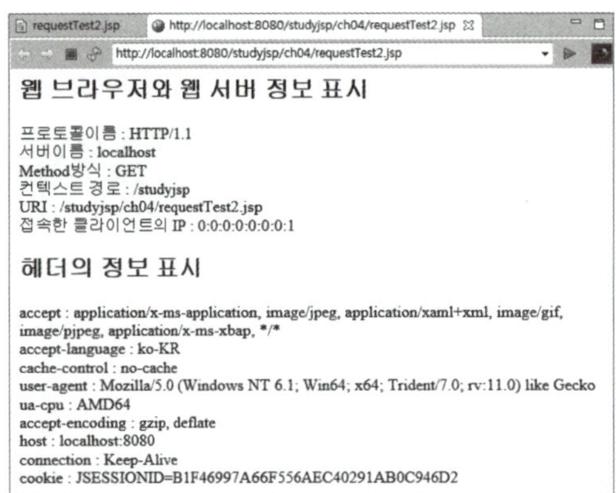

01 [New]–[JSP File] 메뉴를 사용해 [studyjsp]–[WebContent]–[ch04] 폴더에
requestTest2.jsp 페이지를 작성한다. 기본적인 코딩이 작성되면 다음과 같이 수정
한 후 저장한다.

```
01  <%@ page language="java" contentType="text/html; charset=UTF-8"
02      pageEncoding="UTF-8"%>
03  <%@ page import="java.util.Enumeration" %>
04  <meta name="viewport" content="width=device-width,initial-scale=1.0"/>
05
06  <% request.setCharacterEncoding("utf-8");%>
07
```

```jsp
08  <%
09      String names[ ] ={"프로토콜이름","서버이름",
10              "Method방식","컨텍스트 경로","URI","접속한 클라이언트의 IP"};
11      String values[ ] ={request.getProtocol( ),
12              request.getServerName( ),request.getMethod( ),
13              request.getContextPath( ),request.getRequestURI( ),
14              request.getRemoteAddr( )};
15
16      Enumeration<String> en = request.getHeaderNames( );
17      String headerName="";
18      String headerValue="";
19  %>
20
21  <h2>웹 브라우저와 웹 서버 정보 표시</h2>
22  <%
23    for(int i=0;i<names.length;i++){
24      out.println(names[i] + " : " + values[i] +"<br>");
25    }
26  %>
27
28  <h2>헤더의 정보 표시</h2>
29  <%
30    while(en.hasMoreElements( )){
31      headerName = en.nextElement( );
32      headerValue = request.getHeader(headerName);
33      out.println(headerName + " : " + headerValue +"<br>");
34    }
35  %>
```


3라인 16라인에 있는 Enumeration 인터페이스를 사용하기 위해서 import 했다. Enumeration 인터페이스는 객체를 저장하기 위해서 사용한다.

9라인 names 배열은 이 예제에서 표시할 웹 브라우저 및 웹 서버의 정보에 대한 설명을 배열로 저장했다. 이렇게 사용하면 일일이 설명문을 기술하지 않고도 23~25라인에 걸쳐있는 for문을 사용해서 names 배열의 설명과 가져온 정보인 values 배열의 내용을 쌍(pair)으로 표시할 수 있다.

11라인 values 배열은 이 예제에서 표시할 웹 브라우저 및 웹 서버의 정보를 배열로 저장했다. 이렇게 사용하면 화면에 표시하기 위한 정보를 가지고 있는 메소드를 일일이 기술하지 않고도, 23~25라인에 걸쳐있는 for문을 사용해서 표시할 수 있다.

16라인 Enumeration⟨String⟩ en = request.getHeaderNames( );은 request 객체의 get HeaderNames( ) 메소드를 사용해서 요청 헤더의 모든 정보를 얻어낸다. 이때 얻어내는 정보가 Enumeration 타입이므로 객체를 받는 변수도 반드시 Enumeration 타입으로 지정해야 한다. 여기서는 Enumeration 타입의 변수 en을 사용했다. 이렇게 사용하면 en은 요청 객체에 대한 모든 정보를 가지고 있는 객체에 접근할 수 있고, 이 객체에 접근하려면 en을 사용해야 한다.

또한 Enumeration⟨String⟩ en = request.getHeaderNames( );에서 Enumeration ⟨String⟩ 은 Enumeration 클래스의 객체 생성 시 Enumeration에 저장되는 객체의 타입을 지정한 것으로 제너릭(generic)이라 부른다. 이것을 사용하면 형 변환을 하지 않아도 되는 이점이 있으므로 사용하는 것이 좋다.

만약 제너릭 타입을 지정하지 않으면 경고가 발생하는데, 이때 무시해도 상관은 없으나 가급적 권장 형태는 따르는 것이 좋다. 대부분 컬렉션 관련 인터페이스나 클래스 사용 시에도 이 규칙이 적용된다.

예 Vector⟨저장할 객체 타입⟩ v = new Vector⟨저장할 객체 타입⟩( ) ; — 권장 형태

JDK1.5부터 추가를 요구

23~25라인 for문은 웹 브라우저와 웹 서버 정보를 가지고 있는 values 배열의 내용과 이들의 설명을 가지고 있는 names 배열의 내용을 출력한다.

30~34라인 while문은 Enumeration 객체 안에 있는 각각의 헤더 정보를 표시하기 위해 사용했다. Enumeration 객체 안에 들어있는 요소의 수를 알 수 없기 때문에 이들을 반복 처리하려면 30라인의 en.hasMoreElements( ) 메소드를 사용해야 한다. hasMoreElements( ) 메소드는 다음 요소(엘리먼트)가 있으면 true를 리턴하고, 없으면 false를 리턴해서 while문을 빠져나오게 된다. 31라인의 headerName = en.nextElement( );에서 en.nextElement( )는 다음 요소로 이동해서 그 요소의 값을 가져온다.

　– **32라인** headerValue = request.getHeader(headerName);은 해당 헤더 정보에 해당하는 값을 얻어내는 부분이다.

02 requestTest2.jsp 파일을 선택하고 마우스 오른쪽 버튼을 눌러 [Run As]–[Run on Server] 메뉴를 클릭하면 실행 결과가 표시된다.

2 response 내장 객체

response 객체는 웹 브라우저로 응답할 응답 정보를 가지고 있다. 웹 브라우저에 보내는 응답 정보는 HttpServletResponse 객체에 있으며, JSP에서는 response 객체를 사용해 접근한다. response 객체는 응답 정보와 관련하여 주로 헤더 정보 입력, 리다이렉트 등의 기능을 제공한다.

다음의 표는 response 객체에서 자주 사용되는 헤더 정보 입력과 리다이렉트에 관련된 메소드들이다.

메소드	설명
void **setHeader(name, value)**	헤더 정보의 값을 수정하는 메소드로, name에 해당하는 헤더 정보를 value 값으로 설정한다.
void **setContentType(type)**	웹 브라우저의 요청 결과로 보일 페이지의 contentType을 설정한다.
void **sendRedirect(url)**	페이지를 이동시키는 메소드로, url로 주어진 페이지로 제어가 이동한다.

▲ response 내장 객체에서 자주 사용되는 메소드

■ setHeader(name, value) 메소드

웹 브라우저로 응답될 Header 정보를 새로 설정하기 위한 메소드로, 이것은 헤더 설정 정보를 새로 설정하는 작업에서 주로 사용된다.

■ setContentType(type) 메소드

page 디렉티브의 contentType 속성과 같은 역할을 한다.

■ sendRedirect(url) 메소드

sendRedirect(url) 메소드는 해당 페이지로 리다이렉트할 때 사용된다. 자주 사용하는 메소드로 게시판의 글을 쓴 후 DB에 저장 후 게시판의 글목록을 보여주는 시스템에서와 같이 중간의 로직 처리를 보여줄 필요가 없을 때 사용한다. 사용 방법을 잘 알아두는 것이 좋으며, 아래의 예시를 통해 처리되는 방법을 살펴본다.

```
//여기는 a.jsp
//사용자가 a.jsp 페이지를 요청했으나 sendRedirect( ) 메소드를 만나면
//프로그램 제어가 b.jsp로 이동되어 b.jsp 페이지가 응답됨
response.sendRedirect("b.jsp"); //③
```

위의 예를 그림으로 표현하면 다음과 같다.

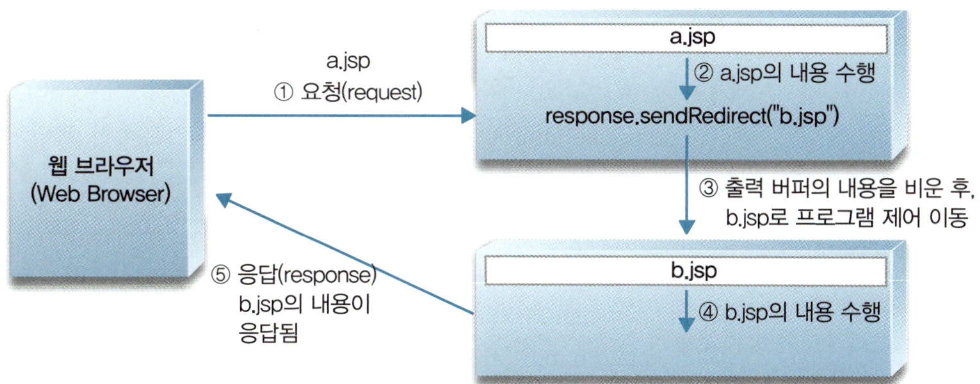

① 웹 브라우저가 a.jsp 페이지를 요청

② a.jsp 페이지의 내용을 수행

③ response.sendRedirect("b.jsp"); 문장을 만나면 프로그램의 제어가 b.jsp 페이지로

이동. 이때 response.sendRedirect("b.jsp"); 문장을 만나기 전까지 실행된 코드 중 출력 결과에 포함된 내용이 있는 출력 버퍼를 비움. 즉, 이전까지 실행한 내용 중 출력될 값을 모두 버린 후에 b.jsp 페이지로 이동

④ b.jsp 페이지를 수행

⑤ b.jsp 페이지를 수행한 결과를 요청한 웹 브라우저로 응답. 이때 b.jsp 페이지의 내용만 처리 결과로서 화면에 표시

sendRedirect(url) 메소드와 유사한 것으로 <jsp:forward> 액션 태그가 있는데, 하는 작업은 비슷해 보이지만 내부적으로 처리되는 요청의 개수와 세부적으로 적용되는 작업이 다르다. <jsp:forward> 액션 태그는 〈Chapter 05. JSP 페이지의 액션 태그〉에서 자세히 살펴본다.

따라하기 response 객체 예제 – sendRedirect( ) 메소드의 사용

이 예제는 response 객체의 sendRedirect( ) 메소드를 사용해 요청 페이지가 리다이렉트되는 것을 확인하는 것이다. 이때 요청된 페이지는 responseRedirect.jsp이고, 리다이렉트에 의해 응답되는 페이지는 responseRedirected.jsp이다.

실행 결과 responseRedirect.jsp 페이지

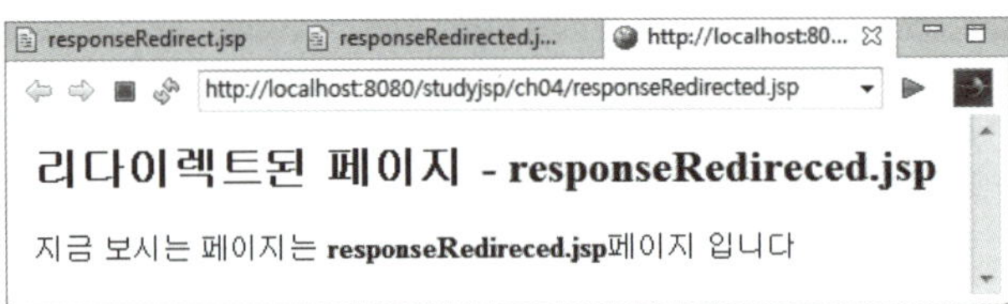

01 [New]–[JSP File] 메뉴를 사용해 [studyjsp]–[WebContent]–[ch04] 폴더에 responseRedirect.jsp 페이지를 작성한다. 기본적인 코딩이 작성되면 다음과 같이 수정한 후 저장한다.

```
01    <%@ page language="java" contentType="text/html; charset=UTF-8"
02        pageEncoding="UTF-8"%>
03    <meta name="viewport" content="width=device-width,initial-scale=1.0"/>
04
05    <h2>response 객체 예제 – sendRedirect( ) 메소드의 사용</h2><%--출력버퍼에추가 --%>
06    현재 페이지는 <b>responseRedirect.jsp</b> 페이지입니다. <%--출력버퍼에추가 --%>
07    <%response.sendRedirect("responseRedirected.jsp");%><%--출력버퍼비움 --%>
```

7라인 response.sendRedirect("responseRedirected.jsp");은 responseRedirected.jsp 페이지로 제어를 이동시킨다. 이때 출력 버퍼에 저장되는 출력 내용(5, 6라인)은 출력 버퍼에서 비워지고, 제어가 이동된 responseRedirected.jsp 페이지의 내용만 출력 버퍼에 저장되어 실행한 후 화면에 표시된다.

02 [New]-[JSP File] 메뉴를 사용해 [studyjsp]-[WebContent]-[ch04] 폴더에 responseRedirected.jsp 페이지를 작성한다. 기본적인 코딩이 작성되면 다음과 같이 수정한 후 저장한다.

```
01  <%@ page language="java" contentType="text/html; charset=UTF-8"
02      pageEncoding="UTF-8"%>
03  <meta name="viewport" content="width=device-width,initial-scale=1.0"/>
04
05  <h2>리다이렉트된 페이지 - responseRedireced.jsp</h2> <%--출력버퍼에추가 --%>
06   지금 보시는 페이지는 <b>responseRedireced.jsp</b>페이지 입니다 <%--출력버퍼에
    추가 --%>
```

출력 버퍼에는 response Redirected.jsp 페이지의 5, 6라인의 실행 결과만 포함되어 화면에 표시된다.

03 responseRedirect.jsp 파일을 선택하고 마우스 오른쪽 버튼을 눌러 [Run As]-[Run on Server] 메뉴를 클릭하면 실행 결과가 표시된다.

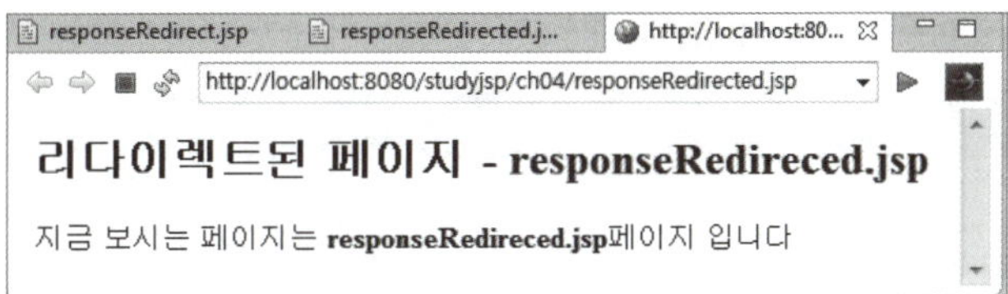

▲ 요청은 responseRedirect.jsp 페이지, 응답은 responseRedirected.jsp 페이지

요청한 페이지는 responseRedirect.jsp인데, 응답은 responseRedirected.jsp 페이지가 한다. 따라서 처리 결과는 responseRedirected.jsp 페이지의 실행 내용만 표시된다.

3 out 내장 객체

out 객체는 JSP 페이지가 생성한 결과를 웹 브라우저에 전송해 주는 출력 스트림으로, JSP 페이지가 웹 브라우저로 보내는 모든 정보는 out 객체를 통해서 전송된다. 여기서 모

든 정보라 하면 JSP 스크립트 요소뿐만 아니라 비 스크립트 요소인 HTML과 일반 텍스트
도 모두 포함된다.

out 객체는 javax.servlet.jsp.JspWriter 클래스 타입으로 JSP에서는 out 객체로 사
용된다. 주로 많이 사용되는 메소드는 웹 브라우저에 출력할 때 사용되는 println( ) 메소드
이다.

```
<%
  Stirng str = "JSP"
  out.println(str); //out 객체가 제공하는 화면 출력 메소드
%>
```

표현식(<%=문장%>)과 out.println( )는 둘 다 브라우저에 출력시키는 똑같은 역할을 수
행한다. 다만 JSP 페이지에서 개발자들에게 편의성을 제공하기 위해서 <%=문장%>과 같
은 형태를 제공한다. JSP 페이지가 서블릿으로 변환될 때, <%=문장%> 부분은
out.println(문장)으로 변환되어 실행된다.

표현식(<%=문장%>)은 스크립트릿(<%%>) 안에 쓸 수 없다. 대신 스크립트릿(<%%>)
안에서 어떠한 내용을 웹 브라우저에 출력하고 싶다면 그때는 out.println( )을 사용해야
한다.

out 기본 객체는 출력 버퍼와도 밀접한 관련이 있는데, 사실 JSP 페이지가 사용하는
출력 버퍼는 out 기본 객체가 내부적으로 사용하는 버퍼이다.

다음의 표는 out 내장 객체가 제공하는 메소드들 중 사용 빈도가 높은 것들이다.

메소드	설명
boolean isAutoFlush( )	출력 버퍼가 다 찼을 때 처리 여부를 결정하는 것으로, 자동으로 플러시(출력해서 비우기)할 경우에는 true를 리턴하고, 그렇지 않을 경우 false를 리턴한다.
int getBufferSize( )	출력 버퍼의 전체 크기를 리턴한다.
int getRemaining( )	현재 남아 있는 출력 버퍼의 크기를 리턴한다.
void clearBuffer( )	현재 출력 버퍼에 저장되어 있는 내용을 웹 브라우저에 전송하지 않고 비운다.
String println(str)	주어진 str 값을 웹 브라우저에 출력한다. 이때 줄 바꿈은 적용되지 않는다.
void flush( )	현재 출력 버퍼에 저장되어 있는 내용을 웹 브라우저에 전송하고 비운다.
void close( )	현재 출력 버퍼에 저장되어 있는 내용을 웹 브라우저에 전송하고 출력 스트림을 닫는다.

▲ out 내장 객체에서 자주 사용하는 메소드

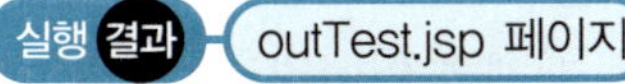

out 객체 예제
– getBufferSize( ), getRemaining( ), println( ) 메소드 사용

이 예제는 out 객체의 메소드를 사용한 것이다.

실행 결과 ─ outTest.jsp 페이지

01 [New]-[JSP File] 메뉴를 사용해 [studyjsp]-[WebContent]-[ch04] 폴더에 outTest.jsp 페이지를 작성한다. 기본적인 코딩이 작성되면 다음과 같이 수정한 후 저장한다.

```
01  <%@ page language="java" contentType="text/html; charset=UTF-8"
02      pageEncoding="UTF-8"%>
03  <meta name="viewport" content="width=device-width,initial-scale=1.0"/>
04
05  <%
06          int bufferSize = out.getBufferSize( ); //버퍼 크기 얻어냄
07          int remainSize = out.getRemaining( ); //남은 버퍼의 크기 얻어냄
08          int usedSize = bufferSize - remainSize; //사용 가능한 버퍼 크기 얻어냄
09  %>
10  <h2>out 객체 예제 - getBufferSize( ), getRemaining( ), println( ) 메소드 사용</h2>
11  <b>현재 페이지의 버퍼 사용현황</b><br>
12  출력 버퍼의 전체 크기 : <%=bufferSize%>byte<br>
13  현재 사용한 버퍼의 크기 : <%=usedSize%>byte<br>
14  남은 버퍼의 크기 : <% out.println(remainSize);%>byte
```

02 outTest.jsp 파일을 선택하고 마우스 오른쪽 버튼을 눌러 [Run As]-[Run on Server] 메뉴를 클릭하면 실행 결과가 표시된다.

pageContext 객체는 현재 JSP 페이지의 콘텍스트(Context)를 나타내며 주로 다른 내장 객체를 구하거나 페이지의 흐름을 제어할 때와 에러 데이터를 얻어낼 때 사용된다. javax.servlet.jsp.PageContext 객체 타입으로, JSP에서는 pageContext 객체로 사용된다.

아래의 예는 pageContext 객체를 이용하여 out 객체를 얻어내는 방법이다.

```
JspWriter outObject = pageContext.getOut( );
```

다음의 표는 다른 내장 객체를 얻어내는 pageContext 내장 객체의 메소드들이다.

메소드	설명
ServletRequest getRequest( )	페이지 요청 정보를 가지고 있는 request 내장 객체를 리턴한다.
ServletResponse getResopnse( )	페이지 요청에 대한 응답 정보를 가지고 있는 response 내장 객체를 리턴한다.
JspWriter getOut( )	페이지 요청에 대한 출력 스트림인 out 내장 객체를 리턴한다.
HttpSession getSession( )	요청한 웹 브라우저의 세션 정보를 담고 있는 session 내장 객체를 리턴한다.
ServletContext getServletContext( )	페이지에 대한 서블릿 실행 환경 정보를 담고 있는 application 내장 객체를 리턴한다.
Object getPage( )	page 내장 객체를 리턴한다.
ServletConfig getServletConfig( )	해당 페이지의 서블릿 초기 설정 정보를 담고 있는 config 내장 객체를 리턴한다.
Exception getException( )	페이지 실행 중에 발생되는 에러 페이지에 대한 예외 정보를 갖고 있는 exception 내장 객체를 리턴한다.

▲ pageContext 내장 객체의 메소드

session 객체는 웹 브라우저의 요청 시, 요청한 웹 브라우저에 관한 정보를 저장하고 관리하는 내장 객체이다. session 객체는 javax.servlet.http.HttpSession 객체 타입으로, JSP에서는 session 객체로 사용된다.

session 객체는 웹 브라우저(클라이언트)당 1개가 할당된다. 그래서 주로 회원 관리 시스템에서 사용자 인증에 관련된 작업을 수행할 때 사용된다.

다른 내장 객체들과 마찬가지로 session 객체도 별도의 생성 없이 암묵적으로 사용된다. 이것은 page 디렉티브의 session 속성이 "true"로 설정되어 있어야 가능한데, session 속성의 기본값은 "true"이므로 사용하는 데 아무런 문제가 없다.

다음의 표는 요청한 웹 브라우저의 정보를 유지하기 위해 사용되는 session 내장 객체의 메소드들이다.

메소드	설명
String **getId( )**	해당 웹 브라우저에 대한 고유한 세션 ID를 리턴한다.
long **getCreationTime( )**	해당 세션이 생성된 시간을 리턴한다.
long **getLastAccessedTime( )**	웹 브라우저의 요청이 시도된 마지막 접근 시간을 리턴한다.
void **setMaxInactiveInterval(time)**	해당 세션을 유지할 시간을 초 단위로 설정한다.
int **getMaxInactiveInterval( )**	기본값은 30분으로, setMaxInactiveInterval(time)으로 지정된 값을 리턴한다.
boolean **isNew( )**	현재의 웹 브라우저가 새로 불려진, 즉 새로 생성된 세션의 경우 true 값을 리턴한다.
void **invalidate( )**	현재 정보의 유지로 설정된 세션의 속성값을 모두 제거한다. 주로 세션을 무효화시킬 때 사용한다.

▲ session 내장 객체의 메소드

따라하기 session 객체 예제 – 세션 설정 및 무효화

session 객체의 메소드를 사용한 세션 유지와 무효화에 관한 예제이다. 아이디와 비밀번호를 입력하는 폼은 sessionTestForm.jsp 페이지에서 제공하고, 세션의 설정은 sessionTest.jsp 페이지에서, 세션의 무효화는 logout.jsp 페이지에서 한다.

실행 결과 · sessionTestForm.jsp 페이지

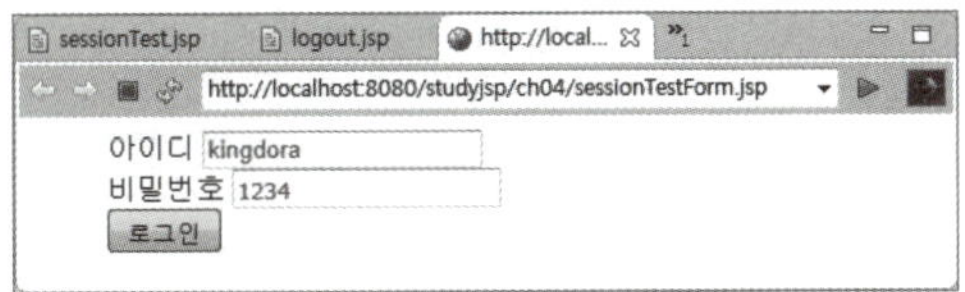

sessionTest.jsp 페이지

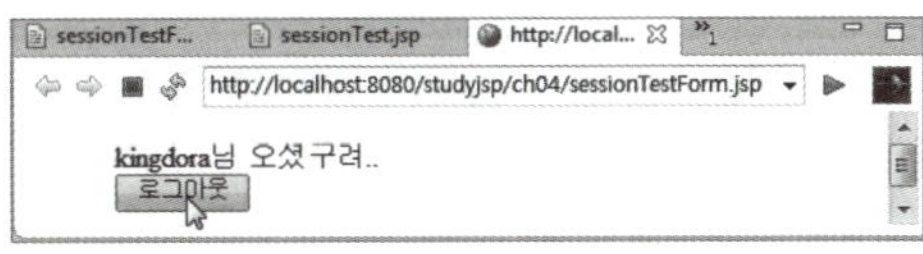

01 [New]-[JSP File] 메뉴를 사용해 [studyjsp]-[WebContent]-[ch04] 폴더에 sessionTestForm.jsp 페이지를 작성한다. 기본적인 코딩이 작성되면 다음과 같이 수정한 후 저장한다.

```
01    <%@ page language="java" contentType="text/html; charset=UTF-8"
02        pageEncoding="UTF-8"%>
```

```jsp
03    <meta name="viewport" content="width=device-width,initial-scale=1.0"/>
04
05    <%if(session.getAttribute("id") == null){ //세션이 설정되지 않은 경우%>
06    <form method="post" action="sessionTest.jsp">
07      <div id="unauth">
08      <dl>
09        <dd>
10          <label for="id">아이디</label>
11          <input id="id" name="id" type="text"
12              placeholder="kingdora" autofocus required>
13        </dd>
14        <dd>
15          <label for="pass">비밀번호</label>
16          <input id="pass" name="pass" type="password"
17                      placeholder="1234" required>
18        </dd>
19        <dd>
20          <input type="submit" value="로그인">
21        </dd>
22      </dl>
23      </div>
24    </form>
25    <%}else{ //세션이 설정된 경우%>
26    <form method="post" action="logout.jsp">
27      <div id="auth">
28      <dl>
29        <dd>
30          <%=session.getAttribute("id")%>님 오셨구려..
31        </dd>
32        <dd>
33          <input type="submit" value="로그아웃">
34        </dd>
35      </dl>
36      </div>
37    </form>
38    <%}%>
```

5~25라인 세션이 설정되지 않은 경우 5~25라인의 if 영역이 실행되어 로그인 폼이 표시된다. 로그인 폼에 아이디와 비밀번호를 입력한 후 [로그인] 버튼을 클릭하면 프로그램 제어가 sessionTest.jsp 페이지로 이동한다. sessionTest.jsp 페이지에서는 인증 성공 시 세션 속성을 설정한다.

25~38라인 회원 인증에 성공해 세션이 설정된 경우 25~38라인의 else 영역이 실행되어 인증 성공 내용이 표시된다. 이때 [로그아웃] 버튼을 클릭하면 프로그램 제어가 logout.jsp 페이지로 이동한다. logout.jsp 페이지에서는 세션의 속성을 제거해서 인증을 무효화한다.

02 [New]-[JSP File] 메뉴를 사용해 [studyjsp]-[WebContent]-[ch04] 폴더에 sessionTest.jsp 페이지를 작성한다. 기본적인 코딩이 작성되면 다음과 같이 수정한 후 저장한다.

```
01  <%@ page language="java" contentType="text/html; charset=UTF-8"
02      pageEncoding="UTF-8"%>
03  <meta name="viewport" content="width=device-width,initial-scale=1.0"/>
04
05  <% request.setCharacterEncoding("utf-8");%>
06  <%
07    String id = request.getParameter("id");
08    String pass = request.getParameter("pass");
09
10    if(id.equals("kingdora") && pass.equals("1234"))
11      session.setAttribute("id", id);
12
13    response.sendRedirect("sessionTestForm.jsp");
14  %>
```


10~11라인 if(id.equals("kingdora") && pass.equals("1234"))에서 입력한 아이디가 kingdora이고, 비밀번호가 1234이면 인증에 성공하여 11라인 session.setAttribute("id", id);을 실행해 세션 속성을 설정한다. 세션 속성을 설정한 후에는 13라인 response.sendRedirect("sessionTestForm.jsp");를 실행해 다시 sessionTestForm.jsp 페이지로 이동한다. 이때 인증에 성공했기 때문에 화면에는 인증 성공 부분이 표시된다.

03 [New]-[JSP File] 메뉴를 사용해 [studyjsp]-[WebContent]-[ch04] 폴더에 logout.jsp 페이지를 작성한다. 기본적인 코딩이 작성되면 다음과 같이 수정한 후 저장한다.

```
01  <%@ page language="java" contentType="text/html; charset=UTF-8"
02      pageEncoding="UTF-8"%>
03  <meta name="viewport" content="width=device-width,initial-scale=1.0"/>
04
05  <%
06    session.invalidate( );
07    response.sendRedirect("sessionTestForm.jsp");
08  %>
```


6라인 session.invalidate();는 세션 속성을 무효화한다. 세션의 속성이 제거된 후 7라인 response.sendRedirect("sessionTestForm.jsp");를 실행하면 로그인 폼이 다시 표시된다.

04 sessionTestForm.jsp 파일을 선택하고 마우스 오른쪽 버튼을 눌러 [Run As]–[Run on Server] 메뉴를 클릭한다.

페이지가 표시되면 아이디와 비밀번호를 입력한 후 [로그인] 버튼을 클릭한다.

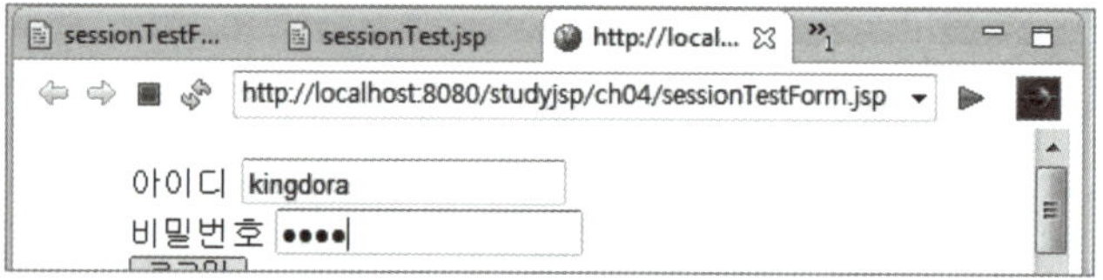

▲ sessionTestForm.jsp 페이지 실행 결과

인증에 성공하면 session TestForm.jsp 페이지의 인증 성공 부분이 표시된다.

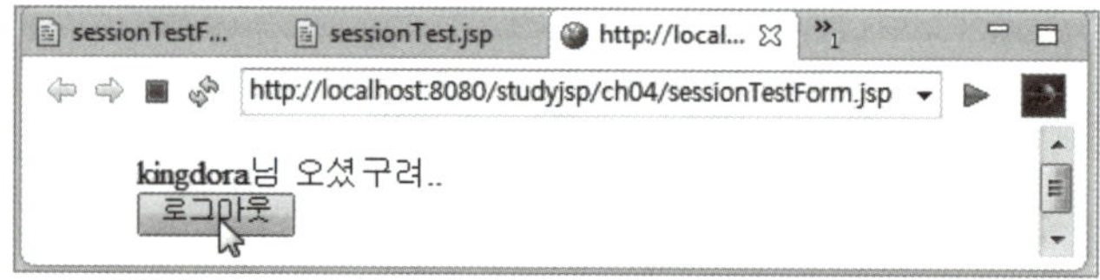

▲ 인증 성공 화면 시

[로그아웃] 버튼을 클릭하거나 인증에 실패하면 sessionTestForm.jsp 페이지 인증이 되지 않았을 때의 부분이 표시된다.

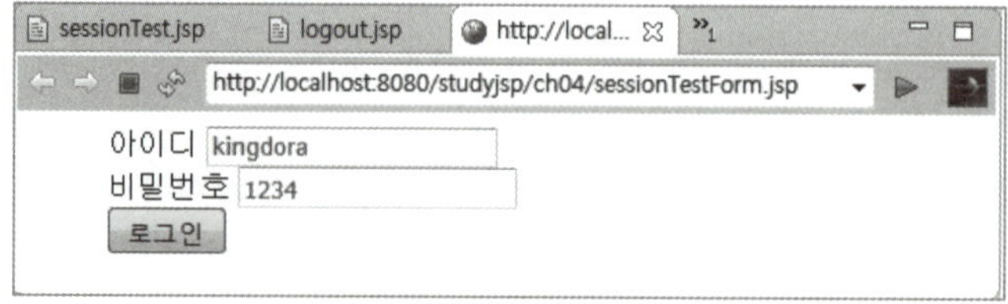

▲ 인증 실패 또는 [로그아웃] 버튼 클릭 시

세션에 대한 좀 더 자세한 내용은 〈Chapter 10. 쿠키와 세션〉에서 살펴본다.

6 application 내장 객체

application 내장 객체는 웹 애플리케이션의 설정 정보를 갖는 context와 관련 있는 것으로, 웹 애플리케이션과 연관이 있다. application 객체는 웹 애플리케이션이 실행되는 서버의 설정 정보 및 자원에 대한 정보를 얻어내거나, 애플리케이션이 실행되고 있는 동안에 발생할 수 있는 이벤트 로그 정보와 관련된 기능들을 제공한다.

application 기본 객체는 웹 애플리케이션당 1개가 생성되므로, 하나의 웹 애플리케이션에서 공유하는 변수로 사용된다. 주로 웹 사이트의 방문자 기록을 카운트할 때 사용된다.

application 객체는 javax.servlet.ServletContext 객체 타입으로 제공하고 application 객체 형태로 사용한다.

다음 표는 웹 애플리케이션의 설정 환경 및 자원에 대한 정보를 제공하는 application 객체 관련 메소드이다.

메소드	설명
String **getServerInfo( )**	웹 컨테이너의 이름과 버전을 리턴한다.
String **getMimeType(fileName)**	지정한 파일의 MIME 타입을 리턴한다.
String **getRealPath(path)**	지정한 경로를 웹 애플리케이션 시스템상의 경로로 변경하여 리턴한다.
void **log(message)**	로그 파일에 message를 기록한다.

▲ application 내장 객체의 메소드

따라하기　application 객체 예제

application 객체를 사용하는 예제이다.

실행 결과　applicationTest.jsp 페이지

01 [New]-[JSP File] 메뉴를 사용해 [studyjsp]-[WebContent]-[ch04] 폴더에 applicationTest.jsp 페이지를 작성한다. 기본적인 코딩이 작성되면 다음과 같이 수정한 후 저장한다.

```
01  <%@ page language="java" contentType="text/html; charset=UTF-8"
02      pageEncoding="UTF-8"%>
03  <meta name="viewport" content="width=device-width,initial-scale=1.0"/>
04
05  <h2>application 내장객체</h2>
06  <%
07      String info = application.getServerInfo( );
08      String path = application.getRealPath("/");
09      application.log("로그 기록 : ");
10  %>
11
12  웹 컨테이너의 이름과 버전 : <%=info%><p>
13  웹 애플리케이션 폴더의 로컬 시스템 경로 : <%=path%>
```

소스코드 설명

7라인 application.getServerInfo( )는 웹 컨테이너의 이름과 버전을 얻어낸다.

8라인 application.getRealPath("/")는 웹 애플리케이션 루트에 대한 로컬상의 실제 경로를 얻어낸다.

9라인 application.log("로그 기록 : ")은 [톰캣 홈]-[log]-[localhost.날짜.log] 파일에 로그를 기록한다. 이클립스에서는 [Console] 뷰에서 확인할 수 있다.

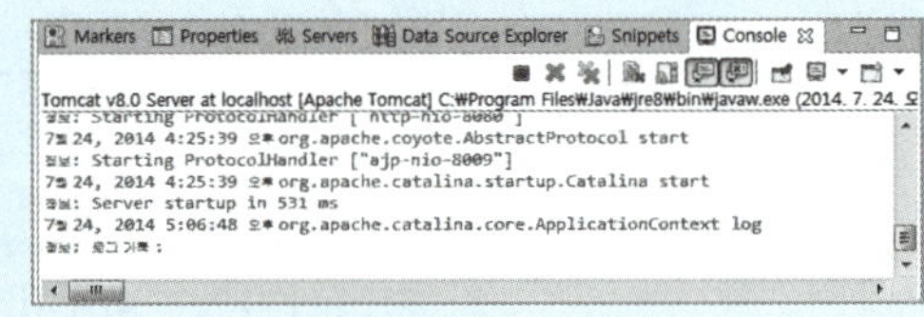

02 applicationTest.jsp 파일을 선택하고 마우스 오른쪽 버튼을 눌러 [Run As]-[Run on Server] 메뉴를 클릭하면 실행 결과가 표시된다.

7 config 내장 객체

config 내장 객체는 javax.sevlet.ServletConfig 객체 타입으로, ServletConfig 객체는 서블릿이 초기화되는 동안 참조해야 할 정보를 전달해 주는 역할을 한다. 즉, 서블릿이 초기화될 때 참조해야 하는 정보를 가지고 있다가 전달해준다. config 내장 객체는 컨테이너당 1개의 객체가 생성된다. 같은 컨테이너에서 서비스되는 모든 페이지는 같은 객체를 공유한다.

다음의 표는 config 내장 객체가 제공하는 메소드이다.

메소드	설명
Enumeration **getInitParameterNames( )**	모든 초기화 파라미터 이름을 리턴한다.
String **getInitParameter(name)**	이름이 name인 초기화 파라미터의 값을 리턴한다.
String **getServletName( )**	서블릿의 이름을 리턴한다.
ServletContext **getServletContext( )**	실행하는 서블릿 ServletContext 객체를 리턴한다.

▲ config 내장 객체의 메소드

따라하기 config 객체 예제

config 객체의 메소드를 사용한 예제이다.

실행 결과 configTest.jsp 페이지

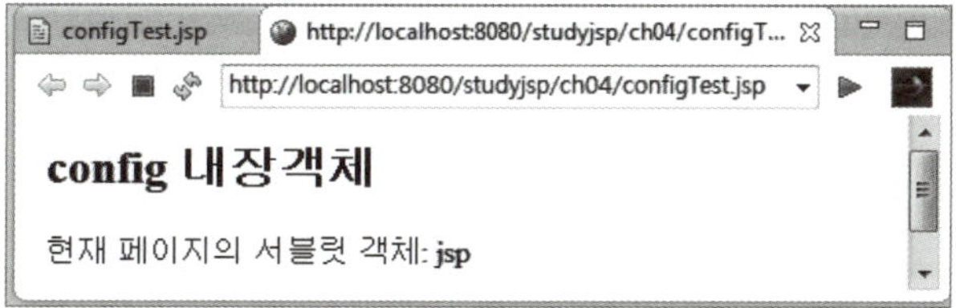

01 [New]-[JSP File] 메뉴를 사용해 [studyjsp]-[WebContent]-[ch04] 폴더에 configTest.jsp 페이지를 작성한다. 기본적인 코딩이 작성되면 다음과 같이 수정한 후 저장한다.

```
01  <%@ page language="java" contentType="text/html; charset=UTF-8"
02      pageEncoding="UTF-8"%>
03  <meta name="viewport" content="width=device-width,initial-scale=1.0"/>
04
05  <h2>config 내장객체</h2>
06  <%
07      String name = config.getServletName( );
08  %>
09
10  현재 페이지의  서블릿 객체: <%=name%><p>
```

소스코드 설명

7라인 String name=config.getServletName( );에서 config.getServletName( )은 현재 페이지의 서블릿 객체명을 문자열로 반환한다. 기본적으로 jsp 페이지에서는 서블릿 객체명이 jsp로 얻어진다.

02 configTest.jsp 파일을 선택하고 마우스 오른쪽 버튼을 눌러 [Run As]-[Run on Server] 메뉴를 클릭하면 실행 결과가 표시된다.

8 page 내장 객체

page 내장 객체는 JSP 페이지 그 자체를 나타내는 객체로, JSP 페이지 내에서 page 객체는 this 키워드(this : 자바에서 자기 자신을 가리키는 레퍼런스)로 자기 자신을 참조할 수 있다. page 객체는 javax.servlet.jsp.HttpJspPage 객체 타입으로 JSP 내장 객체이다.

> this.getSevletInfo( ); //page 디렉티브의 info 속성에 접근

웹 컨테이너는 자바만을 스크립트 언어로 지원하기 때문에 page 객체는 현재 거의 사용되지 않는 내부 객체이다. 그러나 자바 이외의 다른 언어가 사용될 수 있도록 허용된다면 page 객체를 참조하는 경우가 발생할 수 있다.

따라하기 page 객체 예제 – this 레퍼런스를 통한 접근

page 객체를 사용한 예제이다.

실행 결과 pageTest.jsp 페이지

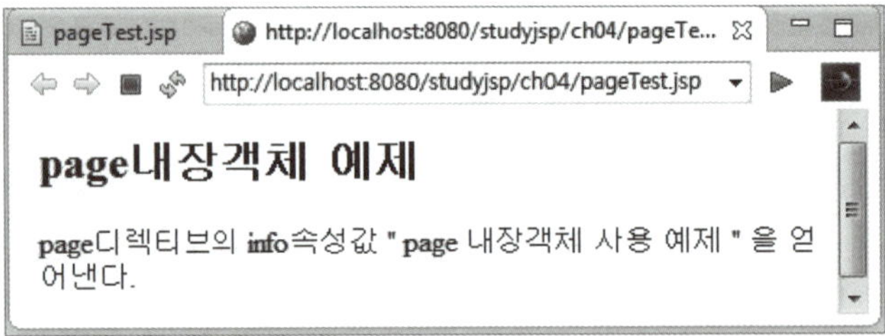

01 [New]-[JSP File] 메뉴를 사용해 [studyjsp]-[WebContent]-[ch04] 폴더에 pageTest.jsp 페이지를 작성한다. 기본적인 코딩이 작성되면 다음과 같이 수정한 후 저장한다.

```
01  <%@ page language="java" contentType="text/html; charset=UTF-8"
02      pageEncoding="UTF-8"%>
03  <%@ page info = "page 내장객체 사용 예제" %>
04  <meta name="viewport" content="width=device-width,initial-scale=1.0"/>
```

05

06   〈% String info = this.getServletInfo( );%〉

07   〈h2〉page내장객체 예제〈/h2〉

08   page디렉티브의 info속성값 " 〈%=info%〉 " 을 얻어낸다.

6라인   〈% String info = this.getServletInfo( );%〉에서 this.getServletInfo( )는 page 디렉티브의 info 속성값을 얻어낸다. 이때 this는 현재 페이지에서 page 객체의 레퍼런스이다.

02   pageTest.jsp 파일을 선택하고 마우스 오른쪽 버튼을 눌러 [Run As]-[Run on Server] 메뉴를 클릭하면 실행 결과가 표시된다.

9 exception 내장 객체

exception 내장 객체는 JSP 페이지에서 예외가 발생하였을 경우, 예외를 처리할 페이지에 전달되는 객체이다. exception 객체는 page 디렉티브의 isErrorPage 속성을 true로 지정한 JSP 페이지에서만 사용 가능한 내장 객체로, java.lang.Throwable 객체 타입이다.

다음은 exception 내장 객체에서 제공하는 메소드들이다. 특히 printStackTrace( )는 실제로 많이 사용되는 메소드이므로 잘 알아둔다.

메소드	설명
String **getMessage( )**	발생된 예외의 메시지를 리턴한다.
String **toString( )**	발생된 예외 클래스명과 메시지를 리턴한다.
String **printStackTrace( )**	발생된 예외를 역추적하기 위해 표준 예외 스트림을 출력한다. 예외 발생 시 예외가 발생한 곳을 알아낼 때 주로 사용된다.

▲ exception 내장 객체의 메소드

내장 객체의 영역

웹 애플리케이션은 page, request, session, application이라는 4개의 영역(Scope)을 가지고 있다. 내장 객체의 영역은 객체의 유효기간이라고도 불리며, 객체를 누구와 공유할 것인가를 나타낸다.

(1) page 영역

page 영역은 한 번의 웹 브라우저(클라이언트)의 요청에 대해 하나의 JSP 페이지가 호출된다. 즉, 웹 브라우저의 요청이 들어오면 단 한 개의 페이지만 대응된다. 따라서 page 영역은 객체를 하나의 페이지 내에서만 공유한다. page 영역은 pageContext 내장 객체를 사용한다.

(2) request 영역

request 영역은 한 번의 웹 브라우저(클라이언트)의 요청에 대해 같은 요청을 공유하는 페이지가 대응된다. 이 말은 웹 브라우저의 한 번의 요청에 단지 한 개의 페이지만 요청될 수 있고, 때에 따라 같은 request 영역이면 두 개의 페이지가 같은 요청을 공유할 수 있다는 의미이다. 따라서 request 영역은 객체를 하나 또는 두 개의 페이지 내에서 공유할 수 있다. include 액션 태그, forward 액션 태그를 사용하면 request 내장 객체를 공유하게 되어서 같은 request 영역이 된다. 주로 페이지 모듈화에 사용되며, request 영역은 request 내장 객체를 사용한다.

(3) session 영역

session 영역은 하나의 웹 브라우저당 1개의 session 객체가 생성된다. 즉, 같은 웹 브라우저 내에서 요청되는 페이지들은 같은 객체를 공유하게 된다. 주로 회원 관리의 회원 인증에 사용되며, session영역은 session 내장 객체를 사용한다.

(4) application 영역

application 영역은 하나의 웹 애플리케이션당 1개의 application 객체가 생성된다. 즉, 같은 웹 애플리케이션에 요청되는 페이지들은 같은 객체를 공유한다. 우리가 현재 학습에 사용하고 있는 /studyjsp 웹 애플리케이션에서는 같은 application 객체를 공유한다. application 영역은 application 내장 객체를 사용한다.

- request 객체는 웹 브라우저에서 JSP 페이지로 전달되는 정보의 모임으로 HTTP 헤더와 HTTP 바디로 구성되어 있다.

- response 객체는 웹 브라우저로 응답할 정보를 가지고 있다.

- out 객체는 JSP 페이지가 생성한 결과를 웹 브라우저에 전송해 주는 출력 스트림이며, JSP 페이지가 웹 브라우저에게 보내는 모든 정보는 out 객체를 통해서 전송된다. 여기서 모든 정보라 하면, 스크립트 요소뿐만 아니라 비 스크립트 요소인 HTML, 일반 텍스트도 모두 포함된다.

- pageContext 객체는 현재 JSP 페이지의 콘텍스트를 나타내며, 주로 다른 내장 객체를 구하거나 페이지의 흐름 제어 그리고 에러 데이터를 얻어낼 때 사용된다.

- session 객체는 웹 브라우저의 요청 시, 요청한 웹 브라우저에 관한 정보를 저장하고 관리하는 내장 객체이다. session 객체는 웹 브라우저(클라이언트)당 1개가 할당된다. 따라서 주로 회원 관리에서 사용자 인증에 관련된 작업을 수행할 때 사용된다.

- application 객체는 웹 애플리케이션이 실행되는 서버의 설정 정보 및 자원에 대한 정보를 얻어내거나 애플리케이션이 실행되고 있는 동안에 발생할 수 있는 이벤트 로그 정보와 관련된 기능들을 제공한다.

- config 내장 객체는 서블릿이 초기화되는 동안 참조해야 할 정보를 전달해 주는 역할을 한다. config 내장 객체는 컨테이너당 1개의 객체가 생성된다. 같은 컨테이너에서 서비스되는 모든 페이지는 같은 객체를 공유한다.

- page 내장 객체는 JSP 페이지 그 자체를 나타내는 객체로 JSP 페이지 내에서 page 객체는 this 키워드로 자기 자신을 참조할 수 있다.

- exception 내장 객체는 JSP 페이지에서 예외가 발생하였을 경우 예외 페이지에 전달되는 객체이다.

1 다음의 결과가 나오도록 데이터를 입력받는 폼 ex04-01Form.jsp와 입력받은 값을 화면에 표시하는 ex04-01Pro.jsp를 작성하시오.

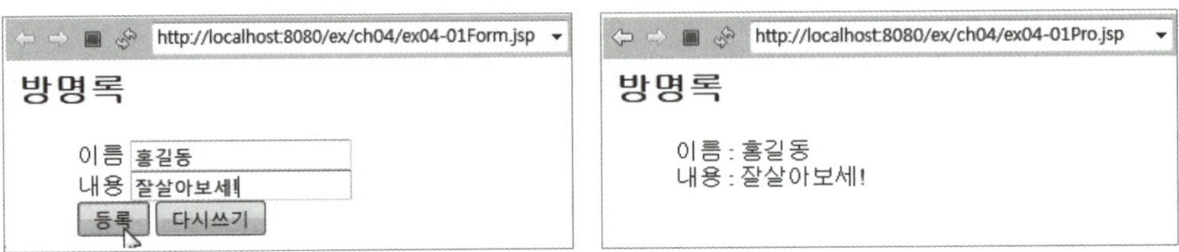

2 다음의 결과가 나오도록 로그를 기록하는 ex04-02.jsp를 작성하시오.

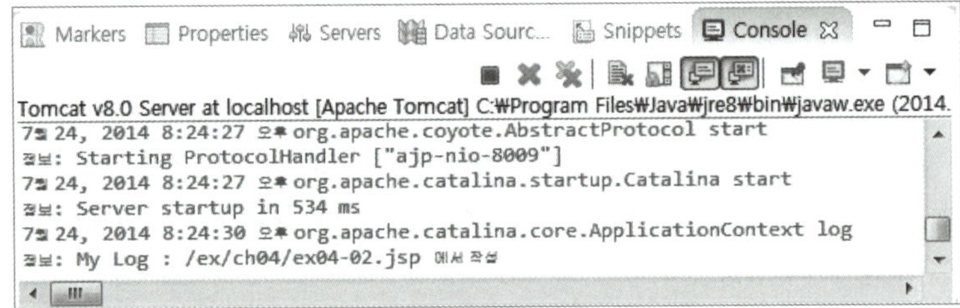

3 'http://localhost:8080/ex/ch04/ex04-03.jsp?var1=2&var2=2' 를 실행해 다음과 같은 결과가 나오도록 소스 코드 ex04-03.jsp의 빈칸 ①~③을 채우시오.

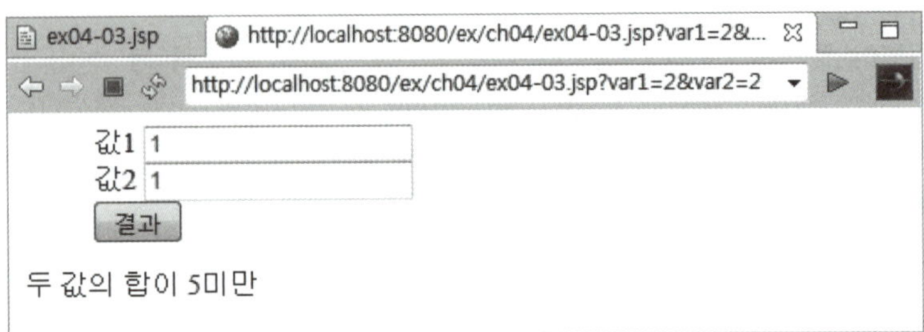

```jsp
01  <%@ page language="java" contentType="text/html; charset=UTF-8"
02       pageEncoding="UTF-8"%>
03  <meta name="viewport" content="width=device-width,initial-scale=1.0"/>
04
05  <form method="get" action="#">
06   <dl>
07    <dd>
08     <label for="var1">값1</label>
09     <input id="var1" name="var1" type="text"
10            placeholder="1" required>
11    </dd>
12    <dd>
13     (
14        ①
15     )
16    </dd>
17    <dd>
18     <input type="submit" value="결과">
19    </dd>
20   </dl>
21  </form>
22  <%
23   int var1 = Integer.parseInt(request.getParameter("var1"));
24   (              ②                          )
25
26  if( var1 + var2 (  ③  ) 5)
27    out.println("두 값의 합이 5이상");
28  else
29    out.println("두 값의 합이 5미만");
30  %>
```

JSP 페이지의 액션 태그

이번 Chapter에서는 JSP 페이지에서 페이지의 모듈화와 흐름 제어를 위한 include, forward 액션 태그를 학습하고 템플릿 페이지를 작성하여 JSP 페이지를 모듈화하는 것에 대해 알아본다.

액션 태그의 개요

여기에서는 JSP 페이지에서는 제공하는 6개의 액션 태그(Action tag)인 include, forward, plug-in, useBean, setProperty, getProperty에 대해 개괄적으로 살펴본다.

JSP 페이지에서 액션 태그는 스크립트, 주석, 디렉티브와 함께 JSP 페이지를 이루는 요소이다. 액션 태그는 페이지와 페이지 사이의 제어를 이동시킬 수도 있고, 다른 페이지의 실행 결과를 현재의 페이지에 포함시킬 수 있다. 또한 자바빈을 JSP 페이지에서 사용할 수 있는 기능도 제공한다. 그리고 웹 브라우저에서 자바 애플릿을 실행시킬 수 있도록 지원하는 기능도 있다.

액션 태그는 XML 문법을 따르기 때문에 단독 태그의 경우도 반드시 종료 태그를 포함해야 한다.

XML 태그의 기본 문법

1. 바디(body)가 있는 경우
   : 시작 태그와 종료 태그의 쌍으로 이루어진다.
```
<jsp:include page="a.jsp" flush="false">
  <jsp:param name="paramName" value="value1"/>
</jsp:include>
```

2. 바디(body)가 없는 경우 : 시작 태그에 종료 태그가 포함된다.
```
<jsp:param name="paramName" value="value1"/>
```

다음 표는 JSP에서 제공하는 6개의 액션 태그에 관한 설명이다.

액션 태그명	액션 태그	설명
include	<jsp:include>	다른 페이지의 실행 결과를 현재의 페이지에 포함할 때 사용
forward	<jsp:forward>	웹 페이지 간의 제어를 이동시킬 때 사용
plug-in	<jsp:plug-in>	웹 브라우저에서 자바 애플릿을 실행시킬 때 사용
useBean	<jsp:useBean>	자바빈을 JSP 페이지에서 쓸 때 사용
setProperty	<jsp:setProperty>	프로퍼티의 값을 세팅할 때 사용
getProperty	<jsp:getProperty>	프로퍼티의 값을 얻어낼 때 사용

▲ JSP의 액션 태그

이번 Chapter에서는 〈jsp:include〉와 〈jsp:forward〉 액션 태그에 대해서만 학습하고, 자바빈과 관련된 〈jsp:useBean〉, 〈jsp:setProperty〉, 〈jsp:getProperty〉 액션 태그는 〈Chapter 08. JSP 로직의 모듈화 – 자바빈〉에서 자세히 살펴본다.

JSP 페이지의 모듈화

여기에서는 JSP 페이지의 모듈화에 사용되는 include 액션 태그와 include 디렉티브의 사용에 대해 학습한다.

include 액션 태그는 include 디렉티브(<%@ include)와 함께 다른 페이지를 현재 페이지에 포함시킬 수 있는 기능을 가지고 있다. include 디렉티브는 단순하게 소스 코드가 텍스트로 포함되고, include 액션 태그는 처리 결과만을 포함시킨다. 이때 포함되는 페이지는 HTML, JSP, Servlet 페이지 모두 가능하다.

include 액션 태그와 include 디렉티브는 처리 방식과 사용되는 때가 모두 다르다. include 디렉티브는 주로 조각 코드를 삽입할 때 사용되고, include 액션 태그는 페이지를 모듈화할 때 사용된다. 즉, 템플릿 페이지를 작성할 때 사용된다.

1 include 액션 태그(<jsp:include>)의 기본 사용법

include 액션 태그의 기본 사용법은 다음과 같다.

```
<jsp:include page="포함될 페이지" flush="true"/>
```

■ page 속성

이 속성의 값은 현재 페이지에 결과가 포함될 페이지명이 되며, 생략 불가능한 필수 속성이다. 이때 포함될 페이지명은 경우에 따라 상대 경로(같은 폴더 내 또는 하위 폴더 내에 있는 페이지의 경우)를 쓰거나, 웹 애플리케이션 절대 경로(대부분의 경우)를 사용한다. 이 값은 표현식을 사용할 수 있다. 단, include 디렉티브에서는 표현식을 쓸 수 없다.

```
String content= request.getParameter("name");
<jsp:include page="<%=content%>" flush="false"/>
```

■ flush 속성

이 속성의 값에는 포함될 페이지로 제어가 이동될 때, 현재 포함하는 페이지가 지금까지 출력 버퍼에 저장한 결과를 처리하는 방법을 결정하는 것이 들어간다. flush 속성의 값을 "true"로 지정하면 포함될 페이지로 제어가 이동될 때, 현재 페이지가 지금까지 버퍼에 저장한 내용을 웹 브라우저에 출력하고 버퍼를 비운다.

<jsp:include page="포함될 페이지" flush="false"/>

2 include 액션 태그의 처리 과정

include 액션 태그의 처리 과정은 다음과 같다.

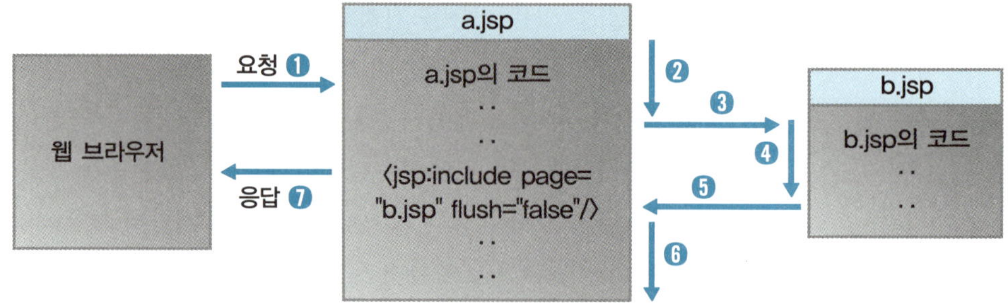

▲ include 액션 태그의 처리 과정

① 웹 브라우저가 a.jsp 페이지를 웹 서버에 요청한다.

② 서버는 요청받은 a.jsp 페이지를 처리하는데, a.jsp 페이지 내에서 출력 내용은 출력 버퍼에 저장하는 등의 작업을 처리한다.

③ 이때 <jsp:include page="b.jsp" flush="false"/> 문장을 만나면 하던 작업을 멈추고 프로그램 제어를 b.jsp 페이지로 이동시킨다.

④ b.jsp 페이지를 처리한다. b.jsp 페이지는 페이지 내에 출력 내용을 출력 버퍼에 저장한다.

⑤ b.jsp 페이지의 처리가 끝나면 다시 a.jsp 페이지로 프로그램의 제어가 이동하는데, 이동 위치는 <jsp:include page="b.jsp" flush="false"/> 문장의 다음 행이 된다.

⑥ a.jsp 페이지의 나머지 부분을 처리한다. 출력할 내용이 있으면 출력 버퍼에 저장한다.

⑦ 출력 버퍼의 내용을 웹 브라우저로 응답한다.

include 액션 태그는 같은 request 기본 객체를 공유하므로, 위의 그림에서 a.jsp와 b.jsp는 같은 request 기본 객체를 공유한다. 원래 reguest 객체는 각 요청에 따라 각각 개별적으로 생성되나, include 액션 태그를 사용한 a.jsp 페이지의 request 객체와 b.jsp 페이지의 request 객체는 같은 객체이다.

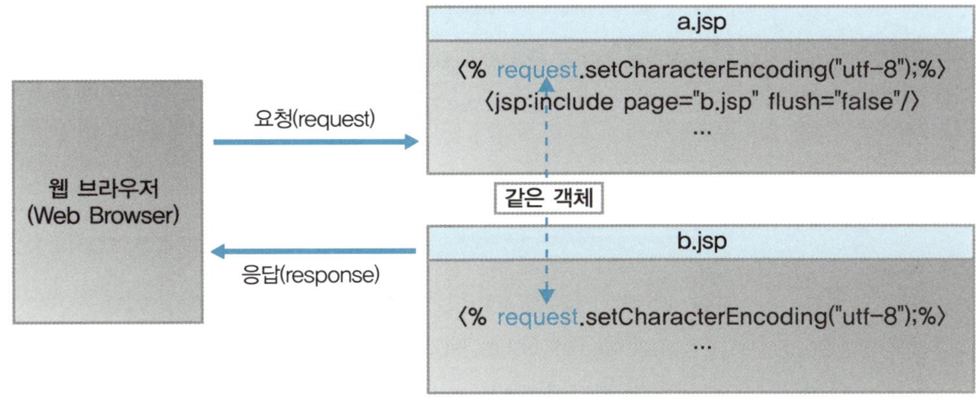

▲ include 액션 태그를 사용하는 두 페이지는 같은 request 객체를 공유

따라하기 [ch05] 폴더 작성

[studyjsp] 프로젝트의 [WebContent] 폴더를 마우스 오른쪽 버튼으로 선택하고 [New]–[Folder] 메뉴를 실행하여 [WebContent] 폴더에 [ch05] 폴더를 생성한다.

따라하기 include 액션 태그 예제 – 페이지의 포함 관계 및 request 객체 공유

이 예제는 include 액션 태그를 사용해 페이지의 포함 관계 및 request 객체 공유를 확인하는 것이다. 이름과 포함할 페이지를 입력 받는 폼은 includeTestForm.jsp가 제공하고, include 액션 태그를 가지고 다른 페이지의 실행 결과를 가져오는 작업은 includeTest.jsp 페이지가 담당한다. 그리고 includeTest.jsp 페이지로 실행 결과가 포함되는 페이지는 includedTest.jsp이다.

실행 결과 includeTestForm.jsp 페이지

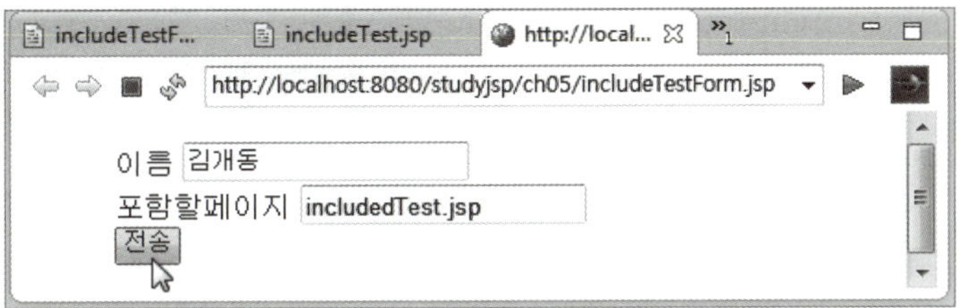

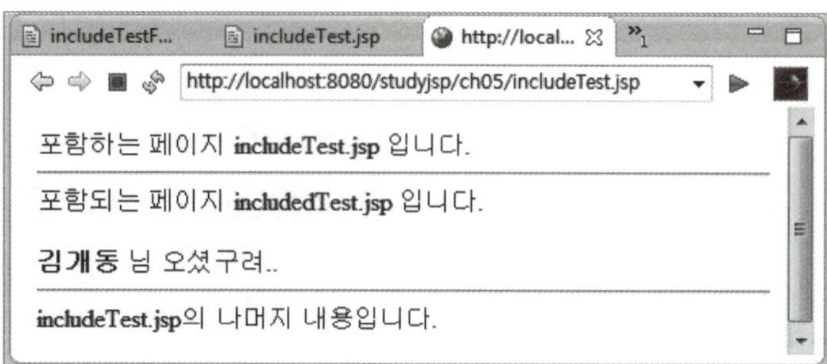

01 [New]–[JSP File] 메뉴를 사용해 [studyjsp]–[WebContent]–[ch05] 폴더에 includeTestForm.jsp 페이지를 작성한다. 기본적인 코딩이 작성되면 다음과 같이 수정한 후 저장한다.

폼에 입력 내용을 입력하고 [전송] 버튼을 클릭하면, action 속성값에 기술된 include Test.jsp 페이지로 입력한 값과 프로그램의 제어가 넘어간다. 이때 9라인은 이름을 입력받는 곳으로 includedTest.jsp의 5라인과 연결되는 부분이다. 14라인은 포함할 페이지명을 기술하는 곳으로 value="includedTest.jsp"로 기본값을 지정했기 때문에 입력하지 않아도 된다. 이 라인은 include Test.jsp 페이지의 7라인과 연결된다.

```jsp
01  <%@ page language="java" contentType="text/html; charset=UTF-8"
02      pageEncoding="UTF-8"%>
03  <meta name="viewport" content="width=device-width,initial-scale=1.0"/>
04
05  <form method="post" action="includeTest.jsp">
06   <dl>
07    <dd>
08      <label for="name">이름</label>
09      <input id="name" name="name" type="text"
10              placeholder="김개동" autofocus required>
11    </dd>
12    <dd>
13      <label for="pagename">포함할페이지</label>
14      <input id="pagename" name="pageName" type="text"
15              value="includedTest.jsp" required>
16    </dd>
17    <dd>
18      <input type="submit" value="전송">
19    </dd>
20   </dl>
21  </form>
```

02 [New]-[JSP File] 메뉴를 사용해 [studyjsp]-[WebContent]-[ch05] 폴더에 includeTest.jsp 페이지를 작성한다. 기본적인 코딩이 작성되면 다음과 같이 수정한 후 저장한다.

```
01  <%@ page language="java" contentType="text/html; charset=UTF-8"
02      pageEncoding="UTF-8"%>
03  <meta name="viewport" content="width=device-width,initial-scale=1.0"/>
04
05  <% request.setCharacterEncoding("utf-8");%>
06
07  <% String pageName = request.getParameter("pageName");%>
08  포함하는 페이지 includeTest.jsp 입니다.<br>
09
10  <hr>
11  <jsp:include page="<%=pageName%>" flush="false"/>
12  includeTest.jsp의 나머지 내용입니다.
```


7라인 pageName 파라미터 변수의 값을 pageName 변수에 넣어준다. 여기서는 pageName 변수에 "includedTest.jsp"가 들어간다.

11라인 <jsp:include page="<%=pageName%>" flush="false"/>는 현재의 위치에 pageName 변수가 가지고 있는 "includedTest.jsp" 문자열에 해당하는 includedTest.jsp 페이지의 실행 결과를 포함시킨다.

03 [New]-[JSP File] 메뉴를 사용해 [studyjsp]-[WebContent]-[ch05] 폴더에 includedTest.jsp 페이지를 작성한다. 기본적인 코딩이 작성되면 다음과 같이 수정한 후 저장한다.

```
01  <%@ page language="java" contentType="text/html; charset=UTF-8"
02      pageEncoding="UTF-8"%>
03  <meta name="viewport" content="width=device-width,initial-scale=1.0"/>
04
05  <% String name = request.getParameter("name");%>
06  포함되는 페이지 includedTest.jsp 입니다.<p>
07  <b><%=name%></b> 님 오셨구려..
08  <hr>
```

5라인 String name = request.getParameter("name");은 includeTestForm.jsp 페이지로부터
넘어오는 파라미터 변수값이다. include 액션 태그를 사용하면 같은 request 객체를 공유하기 때문
에 가능하다. 즉, includeTest.jsp 페이지의 5라인과 7라인의 request 객체는 includedTest.jsp
페이지의 5라인의 request 객체와 같다.

04 [Servers] 뷰의 톰캣 서버가 시작된 것을 확인한 후, includeTestForm.jsp 파일을 선
택하고 마우스 오른쪽 버튼을 눌러 [Run As]-[Run on Server] 메뉴를 클릭하면 실
행 결과가 표시된다.

이름과 포함할 페이지를 입력한 후 [전송] 버튼을 클릭한다.

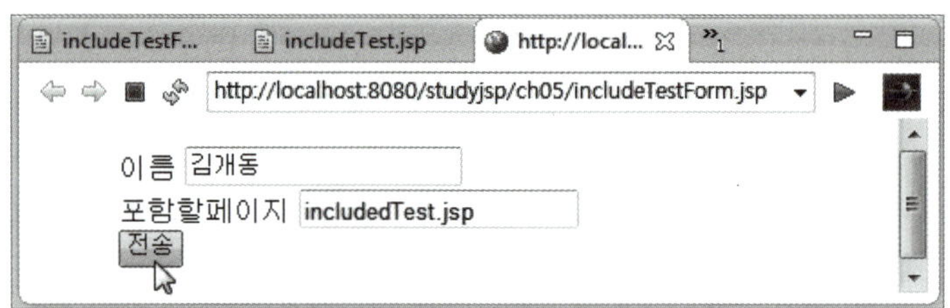

그러면 프로그램의 제어가 includeTest.jsp 페이지로 넘어가서 includeTest.jsp 페이
지의 내용과 include 액션 태그를 사용한 처리 결과가 포함되는 includedTest.jsp 페
이지의 내용이 결합되어 표시된다.

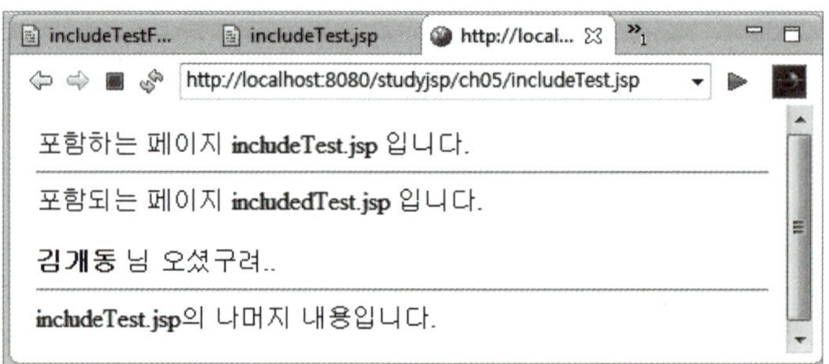

3 include 액션 태그에서 포함되는 페이지에 값 전달하기

include 액션 태그는 포함되는 JSP 페이지에 값을 전달할 수 있다. 포함되는 JSP 페이
지에 값 전달은 요청 파라미터를 추가적으로 지정하여 사용할 수 있는데, include 액션 태
그의 바디(body) 안에 param 액션 태그(<jsp:param>)를 사용하여 다음과 같은 형태로 사
용하면 된다.

```
〈jsp:include page="포함되는 페이지" flush="false"〉
  〈jsp:param name="paramName1" value="var1"/〉
  〈jsp:param name="paramName2" value="var2"/〉
〈/jsp:include〉
```

- **name 속성** : 포함되는 JSP 페이지에 전달할 파라미터의 이름을 표시한다.

- **value 속성** : 전달할 파라미터의 값을 표시한다. 이때 value 속성의 값으로 표현식을 사용할 수 있다.

```
〈jsp:include page="b.jsp" flush="false"〉
  〈jsp:param name="p1" value="〈%=var%〉"/〉
〈/jsp:include〉
```

따라하기   include 액션 태그 예제 – 포함되는 페이지에 정보 전달

include 액션 태그에 param 액션 태그를 추가로 사용해 포함되는 페이지에 정보를 전달하는 예제이다. include 액션 태그를 가지고 파라미터 값을 전달해서 다른 페이지의 실행 결과를 가져오는 작업은 includeParamTest.jsp 페이지가 하고, 정보를 넘겨받아 처리한 결과가 포함되는 페이지는 includedParamTest.jsp이다.

실행 결과 (includeParamTest.jsp 페이지)

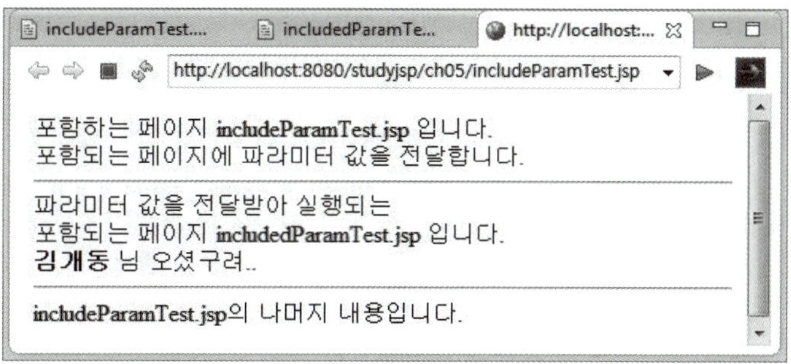

01 [New]-[JSP File] 메뉴를 사용해 [studyjsp]-[WebContent]-[ch05] 폴더에 includeParamTest.jsp 페이지를 작성한다. 기본적인 코딩이 작성되면 다음과 같이 수정한 후 저장한다.

```
01  <%@ page language="java" contentType="text/html; charset=UTF-8"
02      pageEncoding="UTF-8"%>
03  <meta name="viewport" content="width=device-width,initial-scale=1.0"/>
04
05  <% request.setCharacterEncoding("utf-8");%>
06
07  <%
08    String name = "김개동";
09    String pageName = "includedParamTest.jsp";
10  %>
11   포함하는 페이지 includeParamTest.jsp 입니다.<br>
12   포함되는 페이지에 파라미터 값을 전달합니다.<br>
13  <hr>
14  <jsp:include page="<%=pageName%>" flush="false">
15    <jsp:param name="name" value="<%=name %>"/>
16    <jsp:param name="pageName" value="<%=pageName %>"/>
17  </jsp:include>
18  includeParamTest.jsp의 나머지 내용입니다.
```


5라인 <%request.setCharacterEncoding("utf-8");%>은 15~16라인의 파라미터 변수가 request 객체를 통해서 넘어가고 실행 결과가 되돌아오기 때문에 반드시 여기서 request 객체의 한글 인코딩을 처리해야 한다.

8라인 name 변수를 선언하고 변수에 값을 넣어준다.

9라인 pageName 변수를 선언하고 변수에 값을 넣어준다.

14~17라인 include 액션 태그의 영역으로 pageName 변수에 설정된 includedParamTest. jsp 페이지의 실행 결과를 현재의 페이지(includeParamTest.jsp)에 포함한다. includedParamTest. jsp 페이지의 실행 결과를 포함할 때, 15~16라인에 있는 name 변수와 pageName 변수를 파라미터 변수로 사용해서 iincluded ParamTest.jsp 페이지로 보낸다. 이때 name 파라미터 변수가 가지는 값은 <%=name%>에 해당하는 8라인의 name 변수의 값이고, pageName 파라미터 변수가 가지는 값은 <%=pageName%>에 해당하는 9라인의 pageName 변수의 값이다.

02 [New]-[JSP File] 메뉴를 사용해 [studyjsp]-[WebContent]-[ch05] 폴더에 includedParamTest.jsp 페이지를 작성한다. 기본적인 코딩이 작성되면 다음과 같이 수정한 후 저장한다.

```
01    <%@ page language="java" contentType="text/html; charset=UTF-8"
02        pageEncoding="UTF-8"%>
03    <meta name="viewport" content="width=device-width,initial-scale=1.0"/>
04
05    <%
06      String name = request.getParameter("name");
07        String pageName = request.getParameter("pageName");
08      %>
09        파라미터 값을 전달받아 실행되는 <br>
10        포함되는 페이지 <%=pageName %> 입니다.<br>
11    <b><%=name%></b> 님 오셨구려..
12    <hr>
```


6~7라인　includeParamTest.jsp 페이지로부터 넘어온 파라미터 변수값을 얻어내기 위한 부분으로 request.getParameter( ) 메소드를 사용했다

03 includeParamTest.jsp 파일을 선택하고 마우스 오른쪽 버튼을 눌러 [Run As]-[Run on Server] 메뉴를 클릭하면 실행 결과가 표시된다.

4　JSP 페이지의 중복 영역 처리 : JSP 페이지의 모듈화

웹 사이트를 구축하다 보면 작성해야 하는 페이지가 너무 방대해서 질렸던 기억이 있을 것이다. 필자도 역시 그럴듯한 사이트를 구축하기 위해서 이렇게 많은 작업이 필요하구나 싶어 놀랐던 적이 있다. 일단 로직을 빼고 화면에 표출해야 하는 페이지만을 놓고 봐도 마찬가지이다.

보통 사이트의 상단에는 5~6개 정도의 주 메뉴가 있고, 그 주 메뉴는 각각 적게는 3개에서 많게는 8~9개 정도의 부 메뉴를 가지고 있다. 각 부 메뉴의 항목은 각각의 페이지로 매핑될 수도 있으나 그렇지 않은 경우 다시 한 번 하위 메뉴가 나타난다. 여기에 게시판이나 다른 기능을 추가하면 작성해야 하는 페이지의 수가 실로 엄청나다는 것을 알 수 있다. 뿐만 아니라 우리가 보는 웹 페이지 화면은 한 개의 페이지로 이루어진 것이 아니라 거의 대부분 여러 개의 페이지로 이루어져 있다.

물론 이것을 혼자서 모두 작성하지 않고 팀과 함께 작성한다. 우리가 생각해볼 문제는 여러 명이 함께 작업할 때 페이지의 통일성을 어떻게 유지해야 하는가이다. 이것은 템플릿

페이지를 작성해서 유지한다. 그리고 방대한 웹 사이트의 페이지들은 중복되는 부분이 있는데 이것은 따로 페이지로 만들어서 필요할 때마다 호출해서 사용한다.

중복되는 페이지의 호출은 include 액션 태그를 사용한다. 그래서 include 액션 태그를 페이지의 모듈화라고 불렀던 것이다.

그러면 중복되는 페이지를 모듈화해서 사용하는 이점에 대해 알아보자. 웹 사이트의 페이지들은 기본적으로 다음과 같은 구조를 갖는 경우가 많다.

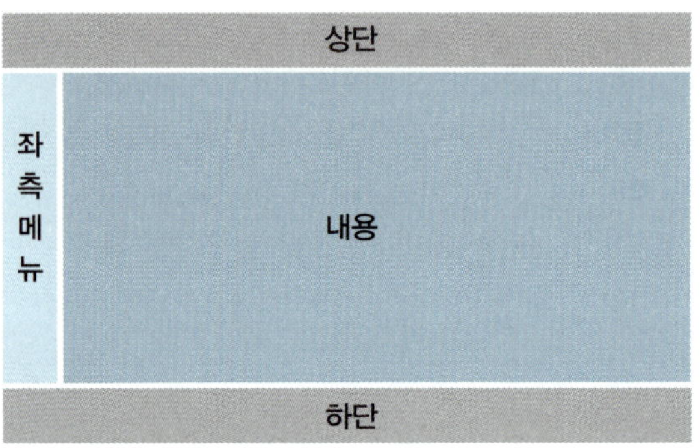

▲ 웹 페이지의 구조

위의 그림과 같이 보통 상단에는 로고를 포함한 메뉴, 좌측에 메뉴(하위 메뉴 포함), 중앙에 내용, 하단에는 회사 소개 · 찾아오는 길 · 보안 정책 등의 내용을 포함하고 있다. 그리고 상단, 좌측 메뉴, 하단은 같은 내용을 표시해야 하는 경우가 많고, 주로 중앙의 내용만 계속 바뀌게 된다. 즉 같은 구조를 계속 유지하고 있다는 것이다.

이러한 구조는 〈table〉 태그나 HTML5의 문서 구조를 사용해서 작성한다. 여기서는 〈table〉 태그를 사용하여 템플릿 페이지를 작성하는 방법을 학습하고, HTML5를 사용한 작성법은 〈Section 04. 템플릿 페이지를 사용한 JSP 페이지의 모듈화〉에서 학습한다.

〈table〉 태그를 사용한 경우	HTML5의 문서 구조를 사용한 경우

`<table>`
 `<tr>`
  `<td colspan="2">`상단`</td>`
 `</tr>`
 `<tr>`
  `<td>`좌측`</td>`
  `<td>`중앙의 내용`</td>`
 `</tr>`
 `<tr>`
  `<td colspan="2">`하단`</td>`
 `</tr>`
`</table>`
	`<header>`
	 `<nav>`상단`</nav>`
	`</header>`
	`<div id="leftMenu">`
	 좌측
	`</div>`
	`<section id="content">`
	 중앙의 내용
	`</section>`
	`<footer>`
	 하단
	`</footer>`

각각 상단, 좌측, 하단은 같은 페이지를 유지하고 중앙의 내용만 바뀌는 것은 〈jsp:include〉 액션 태그를 사용하면 된다. 〈table〉 태그를 사용한 예시는 다음과 같다.

```
<table>
 <tr>
  <td colspan="2"><jsp:include page="top.jsp" flush="false"/></td>
 </tr>
 <tr>
  <td><jsp:include page="left.jsp" flush="false"/></td>
  <td><jsp:include page="<%=content%>" flush="false"/></td>
 </tr>
 <tr>
  <td colspan="2"><jsp:include page="bottom.jsp" flush="false"/></td>
 </tr>
</table>
```

중앙의 내용은 페이지마다 바뀌므로 〈jsp:include page="〈%=content%〉" flush="false"/〉처럼 page의 속성값을 표현식을 사용해서 그때그때 표시되는 페이지를 변동시킬 수 있다. 만일 좌측의 메뉴도 경우에 따라 다르다면 같은 방법을 사용할 수 있다.

페이지의 중복 부분을 모듈화하는 방법을 살펴보았다. 페이지를 모듈화하는 것은 정작 살펴보았지만 "왜 모듈화를 하면 좋은가?"라는 가장 중요한 것을 설명하지 않았다. 그것은 사이트의 유지 보수가 쉬워진다는 것이다. 웹 사이트를 구축하고 나면 그것으로 작업이 끝나는 일은 거의 없다. 사이트 개편이니, 리뉴얼이니 해서 자주 뒤엎는다. 특히 10대~20대를 타깃으로 하는 사이트는 매 시즌마다 뒤엎는 경우가 많다. 이 경우 모든 페이지를 바꾸어야 한다면 끔찍할 것이다.

모듈화된 페이지를 모듈화화면 중복되는 페이지만 수정해도 모든 페이지가 수정된 것과 같은 효과를 준다. 즉, 사이트의 유지 보수가 쉬워진다. 이것이 페이지를 모듈화 하는 가장 큰 이유 중 하나이다.

따라하기　　include 액션 태그 예제 – 페이지의 모듈화

이 예제는 템플릿 페이지를 작성하고 include 액션 태그를 사용해서 페이지를 모듈화하는 것이다. main.jsp 페이지를 실행하면 templateTest.jsp 페이지로 프로그램의 흐름이

이동한다. templateTest.jsp 페이지는 템플릿의 구조만 가지고 있으며, 각각의 내용은
include 액션 태그를 사용해서 포함시킨다.

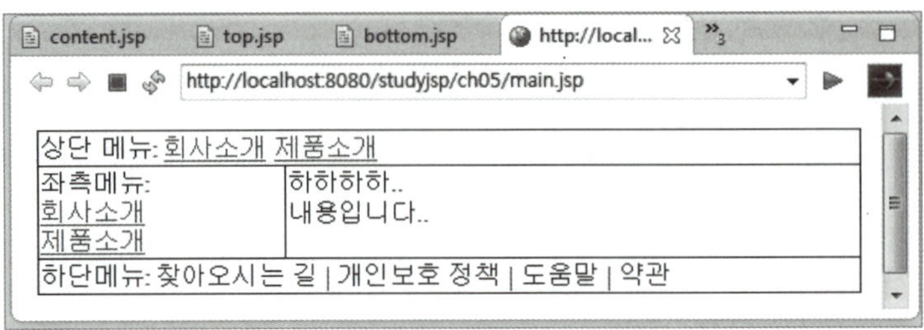

01 [New]-[JSP File] 메뉴를 사용해 [studyjsp]-[WebContent]-[ch05] 폴더에
main.jsp 페이지를 작성한다. 기본적인 코딩이 작성되면 다음과 같이 수정한 후 저장
한다.

```
01  <%@ page language="java" contentType="text/html; charset=UTF-8"
02      pageEncoding="UTF-8"%>
03  <meta name="viewport" content="width=device-width,initial-scale=1.0"/>
04
05  <jsp:forward page="templateTest.jsp">
06    <jsp:param name="CONTENTPAGE" value="content.jsp"/>
07  </jsp:forward>
```


5~7라인   forward 액션 태그로 프로그램의 흐름을 제어한다. 자세한 내용은 이 Chapter의 후반부
에 다시 살펴본다.

- **5라인**   `<jsp:forward page="templateTest.jsp">`는 page 속성이 지정한 templateTest.jsp
  페이지로 이동한다. 이때 6라인 `<jsp:param name="CONTENTPAGE" value="content.jsp"/>`에서 지정한 파라미터 변수 CONTENTPAGE에 content.jsp를 값으로 지정해서
  templateTest.jsp로 보낸다.

02 [New]-[JSP File] 메뉴를 사용해 [studyjsp]-[WebContent]-[ch05] 폴더에
templateTest.jsp 페이지를 작성한다. 기본적인 코딩이 작성되면 다음과 같이 수정
한 후 저장한다.

```
01  <%@ page language="java" contentType="text/html; charset=UTF-8"
02      pageEncoding="UTF-8"%>
```

```
03    <meta name="viewport" content="width=device-width,initial-scale=1.0"/>
04
05    <style>
06    <!--
07      table,tr,td{
08        border : 1px solid black;
09        border-collapse : collapse;
10      }
11      -->
12    </style>
13
14    <% String contentPage = request.getParameter("CONTENTPAGE"); %>
15
16    <table>
17    <tr>
18      <td colspan="2">
19         <jsp:include page="top.jsp" flush="false" />
20      </td>
21    </tr>
22    <tr>
23      <td width="150" valign="top">
24         <jsp:include page="left.jsp" flush="false" />
25      </td>
26      <td width="350" valign="top">
27         <jsp:include page="<%= contentPage %>" flush="false" />
28      </td>
29    </tr>
30    <tr>
31      <td colspan="2">
32         <jsp:include page="bottom.jsp" flush="false" />
33      </td>
34    </tr>
35    </table>
```

5~12라인 스타일시트로 테이블의 테두리 선을 지정한다. HTML5 태그에서는 HTML 태그에 스타일을 지정하는 속성 대신 CSS로 처리하도록 규정하고 있다.

14라인 main.jsp의 6라인에서 넘어온 파라미터 변수 CONTENTPAGE의 값을 얻어내서 contentPage 변수에 넣는다.

19, 24, 27, 32라인 include 액션 태그를 사용한 페이지 모듈화 부분이다.

－ **27라인** <jsp:include page="<%= contentPage %>" flush="false" />에서 page="<%= contentPage %>"는 페이지의 내용을 유동적으로 바꾸기 위한 부분이다.

03 [New]-[JSP File] 메뉴를 사용해 [studyjsp]-[WebContent]-[ch05] 폴더에 left.jsp, top.jsp, content.jsp, bottom.jsp 페이지를 작성한다. 기본적인 코딩이 작성되면 다음과 같이 수정한 후 저장한다.

left.jsp

```
01    <%@ page language="java" contentType="text/html; charset=UTF-8"
02        pageEncoding="UTF-8"%>
03    <meta name="viewport" content="width=device-width,initial-scale=1.0"/>
04
05    좌측메뉴:<br>
06    <a href="">회사소개</a><br>
07    <a href="">제품소개</a>
```

top.jsp

```
01    <%@ page language="java" contentType="text/html; charset=UTF-8"
02        pageEncoding="UTF-8"%>
03    <meta name="viewport" content="width=device-width,initial-scale=1.0"/>
04
05    상단 메뉴:
06    <a href="">회사소개</a>
07    <a href="">제품소개</a>
```

content.jsp

```
01    <%@ page language="java" contentType="text/html; charset=UTF-8"
02        pageEncoding="UTF-8"%>
03    <meta name="viewport" content="width=device-width,initial-scale=1.0"/>
```

04

05　하하하하..

06　내용입니다.

01　<%@ page language="java" contentType="text/html; charset=UTF-8"

02　　pageEncoding="UTF-8"%>

03　<meta name="viewport" content="width=device-width,initial-scale=1.0"/>

04

05　하단메뉴: 찾아오시는 길 ｜ 개인보호 정책 ｜ 도움말 ｜ 약관

---

04 main.jsp 파일을 선택하고 마우스 오른쪽 버튼을 눌러 [Run As]-[Run on Server] 메뉴를 클릭하면 실행 결과가 표시된다.

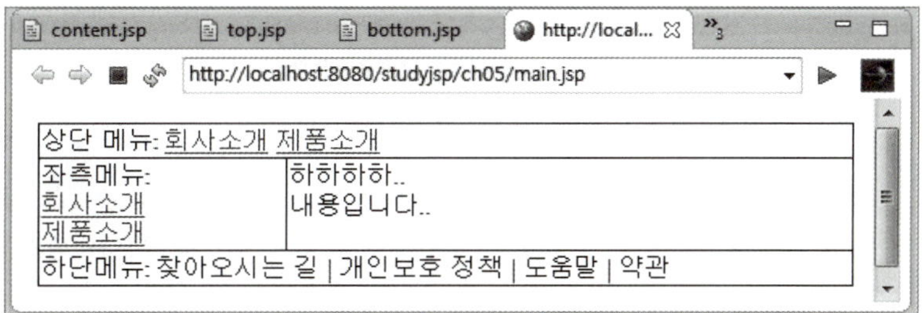

▲ 표시되는 내용은 template.jsp

main.jsp 파일을 실행했으나 화면에 표시되는 내용은 templateTest.jsp 페이지이다. 즉, 요청한 것은 main.jsp 파일이나, 응답은 templateTest.jsp 페이지가 한다. 또한 templateTest.jsp 페이지의 각 영역에 표시되는 내용은 left.jsp, top.jsp, content.jsp, bottom.jsp 페이지이다.

JSP 페이지의 흐름 제어

forward 액션 태그는 다른 페이지로 프로그램의 제어를 이동할 때 사용되는 것으로 페이지의 흐름을 제어한다. 여기에서는 forward 액션 태그의 사용법과 처리 과정 그리고 파라미터를 전달하는 방법에 대해 학습한다.

1 forward 액션 태그의 개요_〈jsp:forward〉

forward 액션 태그는 페이지의 흐름을 제어하는 것으로, JSP 페이지 내에서 forward 액션 태그를 만나면 그전까지 출력 버퍼에 저장되어 있던 내용을 제거한 후 forward 액션 태그가 지정하는 페이지로 이동한다. 사용자가 입력한 값에 따라 각 페이지로 이동해야 할 경우에 사용하면 좋다. forward 액션 태그를 잘 이해하면 모델 2(Model 2)에서 컨트롤러를 훨씬 더 쉽게 이해할 수 있다. 모델 2에서는 컨트롤러가 forward 액션 태그와 같이 페이지의 흐름을 제어한다.

2 forward 액션 태그의 기본 사용법

forward 액션 태그는 다음과 같이 사용한다.

```
〈jsp:forward page="이동할 페이지명"/〉
```

■ page 속성
이동할 페이지명을 기술한다. 이동할 페이지명은 상대 경로나 웹 애플리케이션 절대 경로로 지정할 수 있고, 표현식도 사용할 수 있다.

```
〈jsp:forward page="a.jsp"/〉 〈%--상대 경로--%〉
〈jsp:forward page="/ch05/a.jsp"/〉 〈%--웹애플리케이션 절대 경로--%〉
〈jsp:forward page="〈%=movePage%〉"/〉 〈%--표현식 사용--%〉
```

(1) forward 액션 태그의 처리 과정

iforward 액션 태그는 다음과 같이 처리된다.

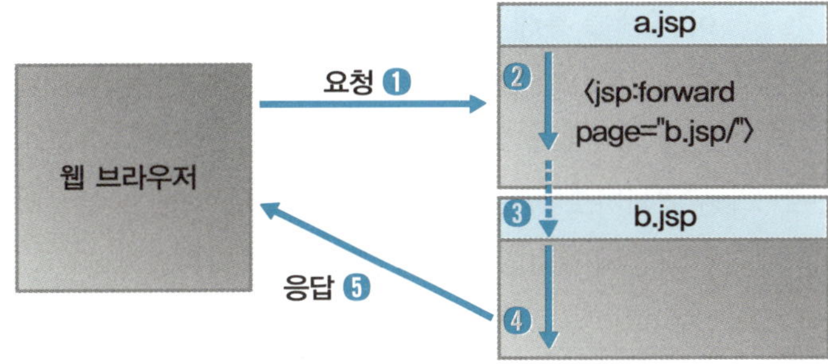

▲ forward 액션 태그의 처리 과정

① 웹 브라우저에서 웹 서버로 a.jsp 페이지를 요청한다.

② 요청된 a.jsp 페이지를 수행한다.

③ a.jsp 페이지를 수행하다가 〈jsp:forward〉 액션 태그를 만나면 이제까지 저장되어 있는 출력 버퍼의 내용을 제거하고, 프로그램 제어를 page 속성에서 지정한 b.jsp로 이동(포워딩)한다.

④ b.jsp 페이지를 수행한다.

⑤ b.jsp 페이지를 수행한 결과를 웹 브라우저에게 응답한다.

여기서 우리가 한 가지 주목해야 할 점은 요청된 페이지는 a.jsp이지만 웹 브라우저에 응답되는 내용은 b.jsp라는 점이다. 이 방법을 활용해서 모듈화된 JSP 페이지의 흐름을 제어할 때 사용된다.

forward 액션 태그도 include 액션 태그와 마찬가지로 같은 request 객체를 공유한다. 위의 그림의 a.jsp와 b.jsp는 같은 request 객체를 공유한다. 원래 resuest 객체는 각 요청마다 개별적인 request 객체가 생성되나, forward 액션 태그를 사용한 a.jsp 페이지의 request 객체와 b.jsp 페이지의 request 객체는 같은 객체이다.

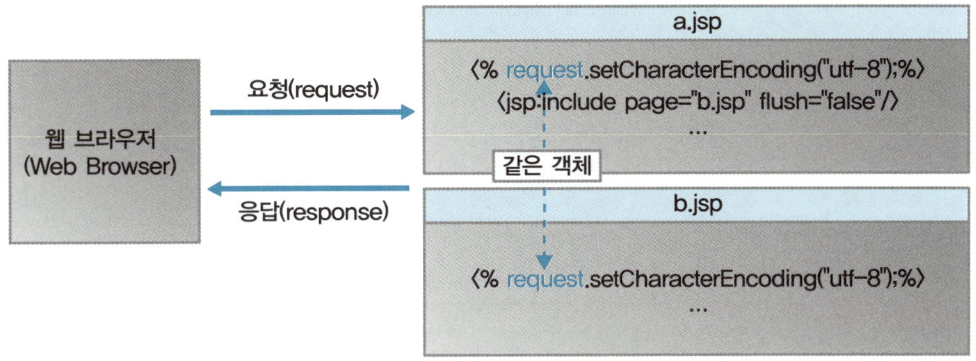

▲ forward 액션 태그를 사용하는 두 페이지는 같은 request 객체를 공유

이 예제를 통해 forward 액션 태그를 사용해 페이지의 흐름 제어 및 request 객체를 공유하는 것을 확인한다. forwardFrom.jsp 페이지에서 request 객체에 setAttribute( ) 메소드를 사용해 id와 name 속성을 설정한 후 forward 액션 태그를 사용하여 forwardTo.jsp 페이지로 이동하면, 같은 request 객체를 공유하기 때문에 getAttribute( ) 메소드를 사용해 id와 name 속성의 값을 얻어낼 수 있다.

실행 결과 forwardFrom.jsp 페이지

01 [New]–[JSP File] 메뉴를 사용해 [studyjsp]–[WebContent]–[ch05] 폴더에 forwardFrom.jsp 페이지를 작성한다. 기본적인 코딩이 작성되면 다음과 같이 수정한 후 저장한다.

```
01  <%@ page language="java" contentType="text/html; charset=UTF-8"
02      pageEncoding="UTF-8"%>
03  <meta name="viewport" content="width=device-width,initial-scale=1.0"/>
04
05  <% request.setCharacterEncoding("utf-8"); %>
06
07  <%
08    request.setAttribute("id", "kingdora@kings.com");
09    request.setAttribute("name", "김개동");
10  %>
11
12  forwardForm.jsp 페이지입니다. <br>
13  화면에 절대로 표시되지 않습니다. <br>
14
15  <jsp:forward page="forwardTo.jsp"/>
```

5라인 공유되는 request 객체에 한글 인코딩을 설정한다.

8~9라인 request 객체에 setAttribute( ) 메소드를 사용해서 id 속성과 name 속성을 설정한다. id 속성의 값은 "kingdora@kings.com"이고 name 속성의 값은 "김개동" 으로 설정했다.

15라인 <jsp:forward page="forwardTo.jsp"/>는 forward 액션 태그를 사용해서 forwardTo.jsp 페이지로 포워딩하는 부분으로, 이 문장을 만나면 이전까지 출력 버퍼에 저장되어 있는 내용은 제거하고 지정한 페이지로 이동한다.

02 [New]-[JSP File] 메뉴를 사용해 [studyjsp]-[WebContent]-[ch05] 폴더에 forwardTo.jsp 페이지를 작성한다. 기본적인 코딩이 작성되면 다음과 같이 수정한 후 저장한다.

```
01    <%@ page language="java" contentType="text/html; charset=UTF-8"
02        pageEncoding="UTF-8"%>
03    <meta name="viewport" content="width=device-width,initial-scale=1.0"/>
04
05    <%
06      String id = (String)request.getAttribute("id");
07      String name = (String)request.getAttribute("name");
08    %>
09
10    forwardTo.jsp 페이지입니다. <br>
11    아이디 : <b><%=id%></b><br>
12    패스워드 : <b><%=name%></b>
```


forwardTo.jsp 페이지는 포워딩 페이지로 forwardFrom.jsp 페이지와 같은 request 객체를 공유한다.

6~7라인 request 객체의 getAttribute( ) 메소드를 사용해서 id 속성과 name 속성의 값을 얻어 낸다.

03 forwardFrom.jsp 파일을 선택하고 마우스 오른쪽 버튼을 눌러 [Run As]-[Run on Server] 메뉴를 클릭하면 실행 결과가 표시된다.

요청한 페이지는 forwardFrom.jsp이지만, 응답은 forwardTo.jsp 페이지가 한다. 주소에는 요청한 페이지인 forwardFrom.jsp가 표시된다.

(2) forward 액션 태그에서 포워딩되는 페이지에 값 전달하기

forward 액션 태그에서 값을 전달하기 위한 param 액션 태그의 사용 방법은 include 액션 태그에서와 같다. forward 액션 태그에서 param 액션 태그를 사용해서 프로그램의 제어가 이동할 페이지에 파라미터 값을 전달한다.

```
<jsp:forward page="이동할 페이지명">
    <jsp:param name="paramName1" value="var1"/>
    <jsp:param name="paramName2" value="var2"/>
</jsp:forward>
```

> **따라하기**　forward 액션 태그 예제 – 포워딩되는 페이지에 파라미터 전달

이 예제는 forward 액션 태그에 param 액션 태그를 사용해서 포워딩되는 페이지에 값을 전달하는 방법을 확인하는 것이다. 색을 선택하는 forwardParamForm.jsp 페이지에서 선택한 값을 forwardParamTo.jsp 페이지로 전달하면 forwardParamTo.jsp 페이지에서 색상값에 해당하는 JSP 페이지로 포워딩한다.

실행 결과　forwardParamForm.jsp 페이지　　　　forwardParamTo.jsp

01 [New]-[JSP File] 메뉴를 사용해 [studyjsp]-[WebContent]-[ch05] 폴더에 forwardParamForm.jsp 페이지를 작성한다. 기본적인 코딩이 작성되면 다음과 같이 수정한 후 저장한다.

```
01  <%@ page language="java" contentType="text/html; charset=UTF-8"
02      pageEncoding="UTF-8"%>
03  <meta name="viewport" content="width=device-width,initial-scale=1.0"/>
04
```

```
05    <h2>포워딩될 페이지에 파라미터값 전달하기 예제</h2>
06    <form method="post" action="forwardParamTo.jsp">
07      <dl>
08        <dd>
09          <label for="name">이름</label>
10          <input id="name" name="name" type="text"
11                  placeholder="홍길동" autofocus required>
12        </dd>
13        <dd>
14          <label for="color">색선택</label>
15          <select id="color" name="color" required>
16            <option value="blue" selected>파랑색
17            <option value="green">초록색
18            <option value="red">빨강색
19            <option value="yellow">노랑색
20          </select>
21        </dd>
22        <dd>
23          <input type="submit" value="확인">
24        </dd>
25      </dl>
26    </form>
```


10, 15라인 여기에서 입력하거나 선택한 값은 6라인의 forwardParamTo.jsp 페이지로 넘겨져 처리된다.

02 [New]-[JSP File] 메뉴를 사용해 [studyjsp]-[WebContent]-[ch05] 폴더에 forwardParamTo.jsp 페이지를 작성한다. 기본적인 코딩이 작성되면 다음과 같이 수정한 후 저장한다.

```
01    <%@ page language="java" contentType="text/html; charset=UTF-8"
02        pageEncoding="UTF-8"%>
03    <meta name="viewport" content="width=device-width,initial-scale=1.0"/>
04
05    <% request.setCharacterEncoding("utf-8"); %>
06
```

```
07    <h2>포워딩하는 페이지: forwardParamTo.jsp</h2>
08
09    <%
10       String name = request.getParameter("name");
11       String selectedColor = request.getParameter("color");
12       String selectedPage = selectedColor + ".jsp";
13    %>
14
15    <jsp:forward page="<%=selectedPage%>">
16       <jsp:param name="selectedColor" value="<%=selectedColor%>"/>
17       <jsp:param name="name" value="<%=name%>"/>
18    </jsp:forward>
```


10, 11라인 forwardParamForm.jsp에서 넘어온 파라미터 변수값을 얻어내서 각각 name과 selectedColor 변수에 저장한다.

12라인 selectedColor 변수값에 따른 jsp 페이지명을 만들어 15라인에서 포워딩 페이지로 사용한다. 만일 selectedColor 변수값이 blue이면 selectedPage 변수에는 blue.jsp가 저장되어 15라인의 포워딩 페이지가 blue.jsp로 지정된다.

15~18라인 selectedColor 변수값에 따라 해당 페이지로 프로그램의 제어가 이동한다. 이때 각각 포워딩되는 blue.jsp, green.jsp, red.jsp, yellow.jsp 페이지는 forwardParamTo.jsp 페이지와 같은 request 객체를 공유한다.

03 [New]-[JSP File] 메뉴를 사용해 [studyjsp]-[WebContent]-[ch05] 폴더에 blue.jsp, green.jsp, red.jsp, yellow.jsp 페이지를 작성한다. 기본적인 코딩이 작성되면 다음과 같이 수정한 후 저장한다.

blue.jsp

blue.jsp, green.jsp, red.jsp, yellow.jsp 페이지의 16~17라인의 request 객체는 forwardParamTo.jsp 페이지와 같은 객체를 공유한다.

```
01    <%@ page language="java" contentType="text/html; charset=UTF-8"
02          pageEncoding="UTF-8"%>
03    <meta name="viewport" content="width=device-width,initial-scale=1.0"/>
04
05    <style>
06    <!--
07      img{
08         border : 0;
09         width : 70px;
10         height : 30;
```

```
11        }
12    -->
13    </style>
14
15    <%
16        String name = request.getParameter("name");
17        String selectedColor = request.getParameter("selectedColor");
18    %>
19    <h2>포워딩되는 페이지 - <%=selectedColor+".jsp"%></h2>
20    <b><%=name%></b>님의 좋아하는 색은 "<%=selectedColor%>"이고
21    자기탐구와 내적성장을 상징하는 색입니다.<br>
22    <img src="<%=selectedColor+".jpg"%>">
```

```
01    <%@ page language="java" contentType="text/html; charset=UTF-8"
02        pageEncoding="UTF-8"%>
03    <meta name="viewport" content="width=device-width,initial-scale=1.0"/>
04
05    <style>
06    <!--
07      img{
08    border : 0;
09    width : 70px;
10    height : 30;
11      }
12    -->
13    </style>
14
15    <%
16        String name = request.getParameter("name");
17        String selectedColor = request.getParameter("selectedColor");
18    %>
19    <h2>포워딩되는 페이지 - <%=selectedColor+".jsp"%></h2>
20    <b><%=name%></b>님의 좋아하는 색은 "<%=selectedColor%>"이고
21    기분의 안정과 온화함을 상징하는 색입니다.<br>
22    <img src="<%=selectedColor+".jpg"%>">
```

```jsp
01  <%@ page language="java" contentType="text/html; charset=UTF-8"
02      pageEncoding="UTF-8"%>
03  <meta name="viewport" content="width=device-width,initial-scale=1.0"/>
04
05  <style>
06  <!--
07   img{
08      border : 0;
09      width : 70px;
10      height : 30;
11      }
12  -->
13  </style>
14
15  <%
16    String name = request.getParameter("name");
17    String selectedColor = request.getParameter("selectedColor");
18  %>
19  <h2>포워딩되는 페이지 - <%=selectedColor+".jsp"%></h2>
20  <b><%=name%></b>님의 좋아하는 색은 "<%=selectedColor%>"이고
21  생명을 상징하는 색입니다.<br>
22  <img src="<%=selectedColor+".jpg"%>">
```



```jsp
01  <%@ page language="java" contentType="text/html; charset=UTF-8"
02      pageEncoding="UTF-8"%>
03  <meta name="viewport" content="width=device-width,initial-scale=1.0"/>
04
05  <style>
06  <!--
07   img{
08      border : 0;
09      width : 70px;
10      height : 30;
11      }
```

```
12    --〉
13    〈/style〉
14
15    〈%
16        String name = request.getParameter("name");
17        String selectedColor = request.getParameter("selectedColor");
18    %〉
19    〈h2〉포워딩되는 페이지 - 〈%=selectedColor+".jsp"%〉〈/h2〉
20    〈b〉〈%=name%〉〈/b〉님의 좋아하는 색은 "〈%=selectedColor%〉"이고
21    빛의 밝음과 따뜻함을 상징하는 색입니다.〈br〉
22    〈img src="〈%=selectedColor+".jpg"%〉"〉
```

---

04 forwardParamForm.jsp 파일을 선택하고 마우스 오른쪽 버튼을 눌러 [Run As]-
[Run on Server] 메뉴를 클릭하면 실행 결과가 표시된다.

forwardParamForm.jsp 페이지가 표시되면 이름을 입력하고 색을 선택한 후 [확인]
버튼을 클릭한다.

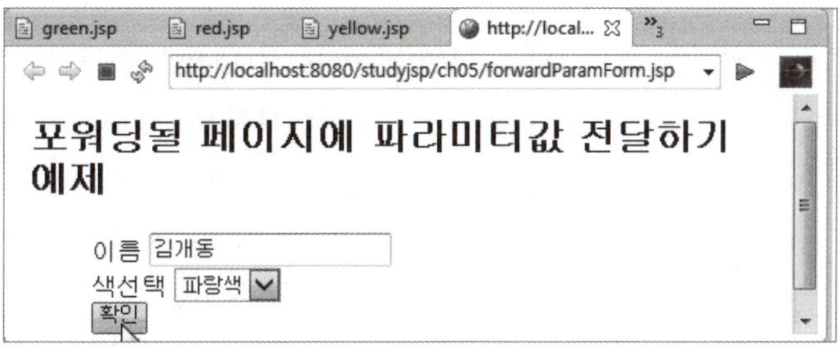

그러면 forwardParamTo.jsp 페이지에 의해서 선택한 색에 해당하는 JSP 페이지로
포워딩된다. 아래의 결과는 파란색을 선택한 경우이다.

템플릿 페이지를 사용한
JSP 페이지의 모듈화

여기에서는 페이지 모듈화에 사용되는 include 액션 태그와 forward 액션 태그가 템플릿 페이지에서 어떤 역할을 하는지 그리고 프로젝트 개발 시 JSP를 어떻게 관리하고 모듈화하는지에 대해서 알아본다.

1 템플릿 페이지의 개요

(1) 템플릿 페이지와 MVC와의 관련성

요즘 프로그램들은 대부분 MVC(Model-View-Controller) 기법으로 개발되고 있다. MVC 기법이란 프로그램을 모델(Model), 뷰(View), 컨트롤러(Controller)로 나누어서 개발하는 것이다. 모델은 로직을 가지고 있는 부분으로 DB와 연동한다. JSP 기반의 웹 프로그래밍에서는 보통 자바빈과 로직 클래스가 모델이 된다. 뷰는 사용자에게 제공하는 화면으로 UI(User Interface)에 해당한다. JSP 기반의 웹 프로그래밍에서는 JSP 페이지가 뷰가 된다. 컨트롤러는 뷰와 모델 사이에서 흐름을 제어한다. JSP 기반의 웹 프로그래밍에서는 컨트롤러를 서블릿으로 작성한다.

이 책에서는 MVC 기법에 필요한 부분들을 학습하고, 최종적으로 모델 2 구조를 사용해서 MVC 패턴을 구현하는 것이 목적이다(필자는 여기까지를 초중급자로 생각한다.).

그런데 템플릿 페이지를 작성한다면서 느닷없이 MVC를 거론하는 이유는 JSP 페이지가 MVC에서 뷰에 해당하고, 바로 그 뷰를 모듈화하는 것이 템플릿 페이지이기 때문이다. JSP의 기본 문법을 끝마친 이 시점에서 이제부터 우리가 무엇을 위해 학습하는지 거론해야 하기 때문이다. 즉, 우리는 JSP 기반에서 MVC 패턴으로 웹 프로그래밍을 작성하는 것이 목적이다. 그것을 위해 학습을 하고 있는 중이다.

MVC 기법에서 뷰가 가장 쉽고 익숙한 것이다. 우리가 처음부터 여기까지 학습한 것은 모두 JSP 페이지를 만드는 것에 대한 설명이었다. 여기에서는 웹 사이트를 구축하기 위해서 뷰에 해당하는 JSP 페이지를 모듈화해서 유지 보수를 쉽게 하는 것에 대해 학습한다.

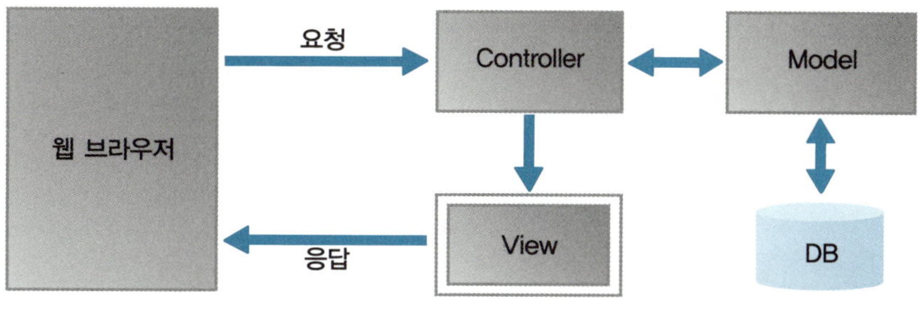

▲ MVC의 구조

(2) 템플릿 페이지의 개요

아래 그림은 앞에서 학습했던 페이지 모듈화의 웹 페이지 구조를 좀 더 자세히 표시한 것이다. 웹 브라우저에 표시되는 하나의 웹 페이지가 기본적으로 다수의 페이지로 이루어져 있다는 것을 알 수 있다. 아래의 그림은 기본적인 형태로 4개의 페이지로 이루어진다. 상단과 좌측 메뉴 그리고 하단은 거의 고정적인 페이지가 표시되고, 매번 내용이 바뀌는 페이지는 중앙의 내용 부분이다.

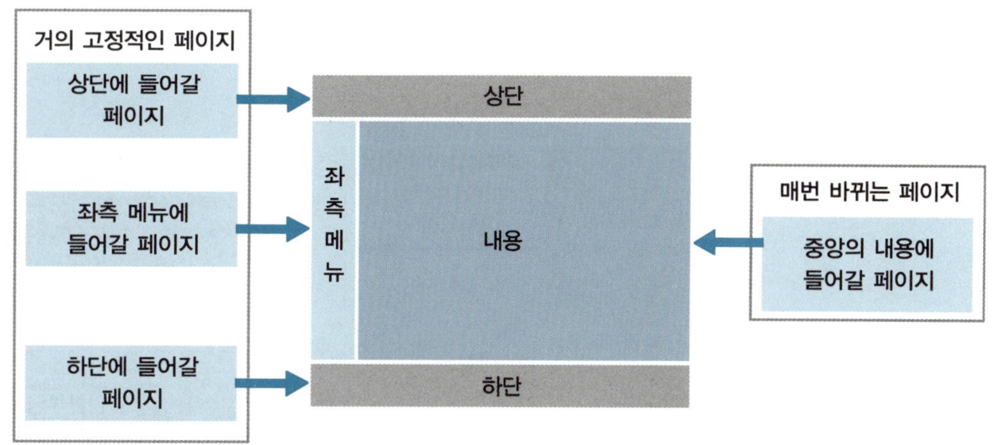

▲ 웹 페이지의 구조

이것을 프로그램 코드로 표시하면 다음과 같다. HTML5 태그에 대한 설명은 Chapter 03의 알아두기(98쪽)를 참조한다.

```
<header>
  <nav>상단</nav>
</header>
<div id="leftMenu">
  좌측
</div>
```

```
〈section id="content"〉
  중앙의 내용
〈/section〉
〈footer〉
  하단
〈/footer〉
```

2 템플릿 페이지 작성하기

메인 페이지인 main2.jsp에서 forward 액션 태그를 사용해 템플릿 페이지인 template2.jsp 페이지를 포워딩하며, 템플릿 페이지에서는 include 액션 태그를 사용해 페이지 모듈인 top.jsp, left.jsp, content.jsp, bottom.jsp를 로드해 표시한다.

이제부터 살펴볼 예제는 이 Chapter의 앞에 〈Section 02. JSP 페이지의 모듈화 – (4) JSP 페이지의 중복 영역 처리〉에서 다룬 예제와 같은 것인데, 여기서는 HTML5 태그 구조를 사용해서 배치한다.

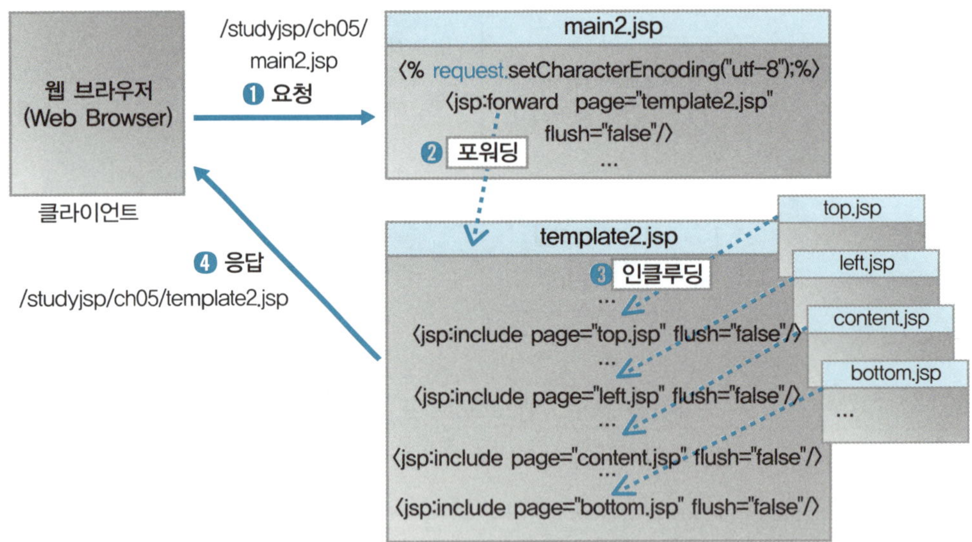

▲ 템플릿 페이지의 처리 구조

이 예제는 HTML5 구조를 사용해서 템플릿 페이지를 작성한 것이다. 메인 페이지에서 템플릿 페이지로 이동할 때 forward 액션 태그가 사용되며, 템플릿 페이지에서 페이지 모듈을 로드할 때 include 액션 태그가 사용된다.

실행 결과   main2.jsp 페이지

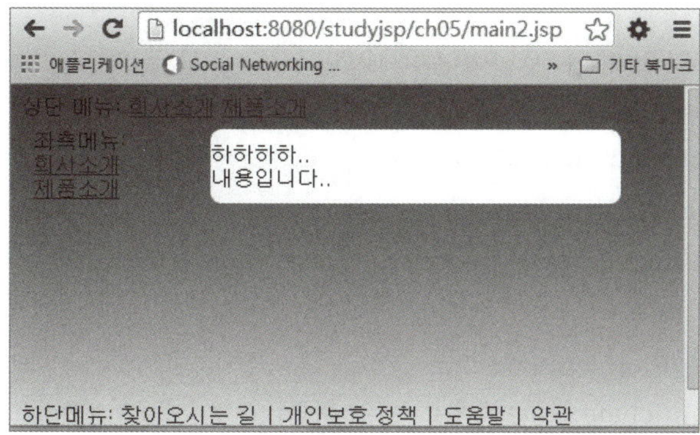

01 [New]-[JSP File] 메뉴를 사용해 [studyjsp]-[WebContent]-[ch05] 폴더에 main2.jsp 페이지를 작성한다. 기본적인 코딩이 작성되면 다음과 같이 수정한 후 저장한다.

```
01    <%@ page language="java" contentType="text/html; charset=UTF-8"
02        pageEncoding="UTF-8"%>
03    <meta name="viewport" content="width=device-width,initial-scale=1.0"/>
04
05    <jsp:forward page="template2.jsp">
06      <jsp:param name="CONTENTPAGE" value="content.jsp"/>
07    </jsp:forward>
```

소스코드 설명

5~7라인 프로그램의 제어를 template2.jsp 페이지로 이동시킨다. 이때 파라미터 변수 CONTENTPAGE에 content.jsp 값을 넣어서 전달한다.

02 [New]-[JSP File] 메뉴를 사용해 [studyjsp]-[WebContent]-[ch05] 폴더에 template2.jsp 페이지를 작성한다. 기본적인 코딩이 작성되면 다음과 같이 수정한 후 저장한다.

```
01    <%@ page language="java" contentType="text/html; charset=UTF-8"
02        pageEncoding="UTF-8"%>
03    <meta name="viewport" content="width=device-width,initial-scale=1.0"/>
04    <link rel="stylesheet" href="template.css"/>
05
06    <% String contentPage = request.getParameter("CONTENTPAGE"); %>
07
08    <header>
09      <jsp:include page="top.jsp" flush="false" />
10    </header>
11    <div id="content">
12      <section id="areaSub">
13        <jsp:include page="left.jsp" flush="false" />
14      </section>
15      <section id="areaMain">
16        <jsp:include page="<%= contentPage %>" flush="false" />
17      </section>
18    </div>
19    <footer>
20      <jsp:include page="bottom.jsp" flush="false" />
21    </footer>
```


4라인 <link rel="stylesheet" href="template.css"/>는 사용할 스타일인 template.css를 현재 페이지로 끌어와 사용하는 것이다. 디자인과 관련된 것은 모두 스타일 시트 파일에 기술된다.

8~21라인 HTML5 문서 구조를 사용해서 템플릿 페이지를 구현한 것이다.

03 [New]-[Other]-[Web]-[CSS File] 메뉴를 사용해 [studyjsp]-[WebContent]-[ch05] 폴더에 template.css를 작성한다. 기본적인 코딩이 작성되면 다음과 같이 수정한 후 저장한다.

```
01    @CHARSET "UTF-8";
02
03    body{/*배경색에 그라데이션 지정*/
04        background : -webkit-gradient(linear, left top, left bottom, from(#55f),
        to(#fff));
```

```css
05      }

06

07      header{/*header엘리먼트에 적용*/
08          position : relative;
09          height : 15%;
10      }

11

12      #content{/*id속성의 값이 content인 엘리먼트에 적용*/
13          margin : -10px 9px 50px;
14          height : 65%;
15          width : 90%;
16      }

17

18      #areaMain{/*id속성의 값이 areaMain인 엘리먼트에 적용*/
19          width : 70%;
20          float : right; /*배치 : 오른쪽*/
21          padding : 10px 0;
22          background-color : #fff;
23          border-radius: 8px; /*모서리 둥글게 처리*/
24          -webkit-border-radius: 8px;
25              position : relative;
26      }

27

28      #areaSub{/*id속성의 값이 areaSub인 엘리먼트에 적용*/
29          float : left; /*배치 : 왼쪽*/
30      }

31

32  footer{/*footer엘리먼트에 적용*/
33          clear : both; /*배치 left, right를 모두 제거*/
34          height : 15%;
35      }
```

HTML, JSP 페이지에 사용할 스타일은 스타일시트에 기술한다.

20라인 float:right;는 해당 구역이 오른쪽부터 자연스럽게 배치된다는 것으로, 화면의 크기에 맞춰 자연스럽게 배치된다. 여기서는 id 속성의 값이 areaMain인 section 엘리먼트, 즉 내용이 표시되는 부분이 적용된다.

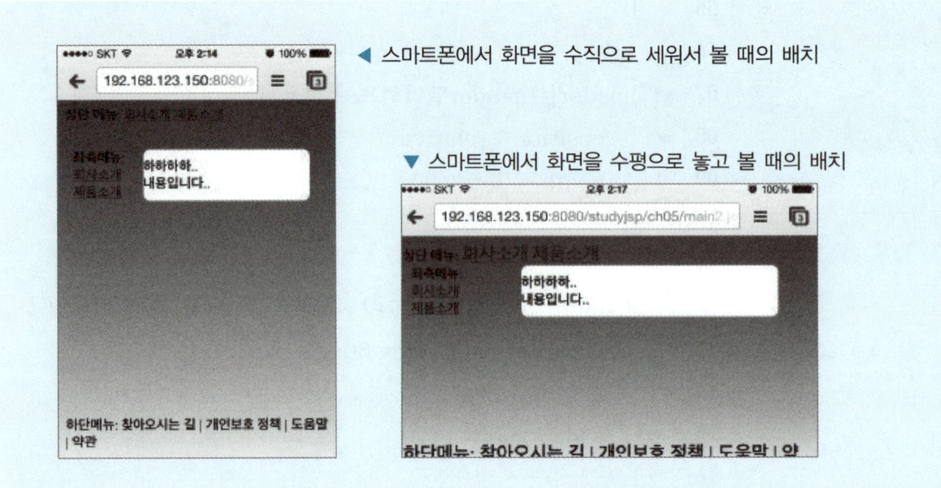

29라인 float:left;는 id 속성의 값이 areaSub인 section 엘리먼트, 즉 좌측 메뉴에 해당하는 부분에 적용된다.

33라인 clear : both;는 footer 엘리먼트가 별도의 영역이므로 float의 영향을 받지 않도록 float를 해제하는 것이다. 20라인의 float:right;와 29라인의 float:left;를 모두 해제한다.

04 main2.jsp 파일을 선택하고 마우스 오른쪽 버튼을 눌러 [Run As]–[Run on Server] 메뉴를 클릭하면 실행 결과가 표시된다.

JSP Web Programming

- 액션 태그는 디렉티브, 스크립트, 주석과 함께 JSP 페이지를 이루고 있는 요소이다.
  - include − 페이지를 모듈화할 때 〈jsp:include〉 액션 태그가 사용된다.
  - forward −페이지의 흐름을 제어할 때 〈jsp:forward〉 액션 태그가 사용된다.
  - plug-in − 〈jsp:plug-in〉 액션 태그는 애플릿을 실행할 때 사용된다.
  - useBean − 자바빈을 사용할 때(자바빈 객체 생성 시) 〈jsp:useBean〉 액션 태그가 사용된다.
  - setProperty −자바빈의 속성값을 저장할 때 사용된다.
  - getProperty − 자바빈의 속성값을 읽어 올 때 사용된다.

- include 액션 태그의 사용법

```
<jsp:include page="포함될 페이지" flush="true|false" />

<jsp:include page="포함될 페이지" flush="true|false"> <%-- 파라미터 사용--%>
    <jsp:param name="paramName" value="var2" />
</jsp:include>
```

- forward 액션 태그의 사용법

```
<jsp:forward page="이동할 페이지" />

<jsp:forward page="이동할 페이지"> <%-- 파라미터 사용--%>
    <jsp:param name="paramName" value="var2" />
</jsp:forward>
```

1 다음의 빈칸을 채워 소스를 완성하시오.

```
01    <%@ page contentType="text/html;charset=euc-kr"%>
02    <jsp:include __________ ="a.jsp" flush="false">
03        <jsp:param __________ ="id" value="var2"/>
04    </jsp:include>
05    <jsp:forward __________ ="c.jsp"/>
```

2 include 액션 태그와 include 디렉티브의 차이점과 각각 어느 경우에 사용되는지를 기술하시오.

3 다음 코드의 실행 결과를 기술하시오.

〈ex05-01From.jsp〉

```
01    <%@ page language="java" contentType="text/html; charset=UTF-8"
02        pageEncoding="UTF-8"%>
03    <meta name="viewport" content="width=device-width,initial-scale=1.0"/>
04
05    <% request.setCharacterEncoding("utf-8");%>
06
07    <%
08      String sports= "eSports";
09      String name= "홍길동";
10    %>
11    <jsp:forward page="ex05-01To.jsp">
12        <jsp:param name="name" value="<%=name%>"/>
13        <jsp:param name="sports" value="<%=sports%>"/>
14    </jsp:forward>
```

〈ex05-01To.jsp〉

```
01   <%@ page language="java" contentType="text/html; charset=UTF-8"
02      pageEncoding="UTF-8"%>
03   <meta name="viewport" content="width=device-width,initial-scale=1.0"/>
04
05   <%
06     String name = request.getParameter("name");
07     String sports = request.getParameter("sports");
08   %>
09   <b><%=name%></b> 님이 좋아하는 스포츠는 "<%=sports%>" 입니다.
```

JSP 페이지의 에러 처리

이번 Chapter에서는 JSP 2.0 이후 버전부터 권장하는 에러 처리 형태인 에러 코드별 에러 처리 방법에 대해 학습한다.

에러 처리의 개요

JSP 페이지에서 에러가 발생했을 때 표시되는 에러 페이지는 다른 서버 페이지들과 다르다. 여기서는 JSP 에러 페이지가 어떻게 표시되는지 살펴본다.

JSP가 ASP나 PHP보다 어렵게 느껴지는 것은 다양한 기술의 습득을 요구하기 때문이다. 대신 이런 많은 기능을 익혀놓으면 강력한 웹 페이지를 작성할 수 있다는 것이 장점이기도 하다.

에러 페이지도 JSP의 학습을 어렵게 하는 것 중 하나라고 필자는 생각한다. 필자는 ASP와 PHP를 사용한 후에 JSP를 사용했다. 그때 JSP의 학습을 어렵다고 느끼게 했던 것은 페이지에서의 예외 처리와 보기만 해도 무서운 에러 페이지였다. ASP와 PHP에서의 에러 메시지는 상냥하다. 에러가 발생한 코드를 보여주고 그것에 따른 메시지를 보여준다. 영어를 잘하지 못하더라도 차근차근 보면 이해할 수 있다.

그러나 JSP에서는 에러가 발생하면 "500 Servlet error" 에러 메시지가 주로 표시되며, 하나의 코드에서 에러가 발생하더라도 웹 브라우저의 전체 화면이 에러 메시지로 도배가 된다. 무슨 치명적인 에러가 발생한 것처럼 말이다. 이것은 프로그래머가 오타만 내도 발생한다.

JSP 에러 메시지 ▶

JSP에서는 왜 이렇게 에러 메시지를 표시하는 것일까? 사실 이것은 JSP 나름대로의 배려이다. 에러가 발생하면 그 에러가 어떠한 경로로 발생하게 되었는지 스택을 뒤집어서 추적하는 것이다.

위의 그림에서는 18라인에서 에러가 발생했고, 발생한 이유는 "str"라는 변수가 선언되지 않고 사용되었다는 메시지를 표시하고 있다. 보기에는 별로 친하고 싶지 않은 에러 메시지이나 웹 컨테이너들이 업그레이드되면서, 이것도 많이 친절해진 메시지이다. 하지만 초보자가 한눈에 보기에는 아직 어렵다. 하물며 이 사이트를 방문하는 방문자들은 오죽하겠는가!

우리가 이 Chapter에서 학습할 내용은 에러가 발생했을 때 이런 무시무시한 에러 메시지를 표시하지 말고 다른 페이지를 보여주자는 것이다. JSP 2.0에서는 에러를 코드별로 처리하는 방법을 제시하며, 이 방법을 사용해서 에러를 제어한다.

에러 코드별 처리

과거에는 page 디렉티브의 errorPage 속성을 사용하여 에러를 처리하였는데, 이 방법은 최근에 나온 웹 컨테이너들은 지원하지 않을 수도 있다. 실제로 톰캣 컨테이너 5.5.15 버전부터는 이것을 지원하지 않는다.

현재는 에러 페이지를 사용하지 않고 에러 코드별 처리나 에러 종류별 처리를 사용한다. 에러가 한 가지 종류만 발생하는 것이 아니기 때문이다. 여기서는 에러 코드별 처리 방법에 대해 살펴본다.

HTTP 에러 코드	에러 메시지
200	OK, 에러 없이 전송 성공
404	Not Found, 문서를 찾을 수 없음. 이 에러는 클라이어트가 요청한 문서를 찾지 못한 경우에 발생하므로 URL을 다시 잘 보고 주소가 올바로 입력되었는지를 확인
500	Internal Server Error, 서버 내부 오류. 이 에러는 웹 서버가 요청 사항을 수행할 수 없을 경우에 발생

▲ HTTP 에러 코드표

위의 표를 보면 알 수 있듯이 JPS에서는 이렇듯이 상황에 따라 다른 코드를 표시하게 된다. 위에 표시된 상황을 모두 알 필요는 없으나, 프로그램을 작성해서 서비스하려면 주로 발생하는 404 코드와 500 코드는 알아두는 것이 좋다. 404 코드는 주로 사용자가 잘못된 페이지를 요청할 때, 500 코드는 프로그램 코딩 오류일 때 발생한다.

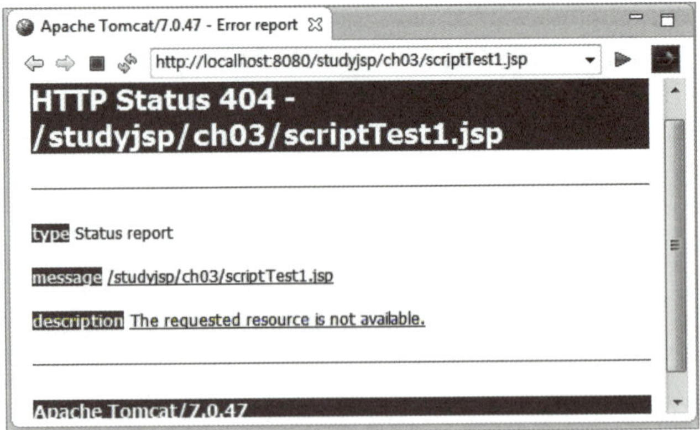

▲ HTTP 404 에러

404 에러와 500 에러를 처리하려면 web.xml에 <error-page> 엘리먼트를 사용한다.

```xml
<?xml version="1.0" encoding="UTF-8"?>
<web-app    xmlns:xsi="http://www.w3.org/2001/XMLSchema-instance"
xmlns="http://xmlns.jcp.org/xml/ns/javaee" xsi:schemaLocation="http://xmlns
.jcp.org/xml/ns/javaee http://xmlns.jcp.org/xml/ns/javaee/web-app_3_1.xsd"
id="WebApp_ID" version="3.1">
  <display-name>studyjsp</display-name>
  <welcome-file-list>
    <welcome-file>index.html</welcome-file>
    <welcome-file>index.htm</welcome-file>
    <welcome-file>index.jsp</welcome-file>
    <welcome-file>default.html</welcome-file>
    <welcome-file>default.htm</welcome-file>
    <welcome-file>default.jsp</welcome-file>
  </welcome-file-list>

  <error-page><!--404에러처리-->
    <error-code>404</error-code>
    <location>/error/404code.jsp</location>
  </error-page>
  <error-page><!--500에러처리-->
    <error-code>500</error-code>
    <location>/error/500code.jsp</location>
  </error-page>
</web-app>
```

<error-page></error-page> 태그를 사용해서 처리할 에러 코드와 그것을 처리할 페이지를 기술한다.

- <error-code></error-code> : 에러 코드명 기술

    예 <error-code>404</error-code> : 404 에러 처리

- <location></locaion> : 에러를 처리할 페이지 기술

    예 <location>/error/404code.jsp</locaion> : 404 에러가 발생하면 프로그램 제어가
    /error/404code.jsp 페이지로 이동

[studyjsp] 프로젝트의 [WebContent] 폴더를 마우스 오른쪽 버튼으로 클릭하고 [New]–[Folder] 메뉴를 선택해 [WebContent] 폴더에 [error] 폴더를 생성한다.

에러 코드별로 에러를 처리하기 위해 web.xml 파일을 수정하고 에러를 처리하는 페이지인 404code.jsp와 500code.jsp 페이지를 작성한다. 이때 404 에러는 404code.jsp 페이지가 처리하고, 500 에러는 500code.jsp 페이지가 처리하도록 작성했다. 이들 페이지에 원래의 에러 메시지 대신 사용자에게 익숙한 문구가 표시되며, web.xml에서 에러가 발생하면 해당 에러 처리 페이지가 동작되도록 처리한 예제이다.

실행 결과 ─ 500 에러 처리 페이지

404 에러 처리 페이지

01 부록 CD의 [source]–[studyjsp]–[WebContent]–[error] 폴더에서 error.jpg, notfound.jpg 이미지 파일을 복사해서 [studyjsp]–[WebContent]–[error] 폴더에 붙여넣기 한다.

02 [studyjsp]–[WebContent]–[WEB-INF] 폴더에 있는 web.xml 파일을 더블클릭해서 연 후 [소스] 탭을 선택하고 다음과 같이 수정한 후 저장한다.

```
01    <?xml version="1.0" encoding="UTF-8"?>
02    <web-app xmlns:xsi="http://www.w3.org/2001/XMLSchema-instance"
         xmlns="http://xmlns.jcp.org/xml/ns/javaee" xsi:schemaLocation=
         "http://xmlns.jcp.org/xml/ns/javaee http://xmlns.jcp.org/xml/ns/javaee/web-
         app_3_1.xsd" id="WebApp_ID" version="3.1">
03    <display-name>studyjsp</display-name>
```

```
04      <welcome-file-list>
05        <welcome-file>index.html</welcome-file>
06        <welcome-file>index.htm</welcome-file>
07        <welcome-file>index.jsp</welcome-file>
08        <welcome-file>default.html</welcome-file>
09        <welcome-file>default.htm</welcome-file>
10        <welcome-file>default.jsp</welcome-file>
11      </welcome-file-list>
12
13      <error-page><!--404에러처리-->
14        <error-code>404</error-code>
15        <location>/error/404code.jsp</location>
16      </error-page>
17
18      <error-page><!--500에러처리-->
19        <error-code>500</error-code>
20        <location>/error/500code.jsp</location>
21      </error-page>
22    </web-app>
```


14~17라인 404 코드를 처리하기 위한 부분이다. 에러 코드명은 <error-code></error-code>의 바디(body)에 기술하고, 에러 코드를 처리할 페이지는 <location></locaion>의 바디에 기술한다. 404 에러가 발생하면 프로그램 제어가 /error/404code.jsp로 이동한다. 이때 요청 페이지는 사용자가 요청한 페이지를 그대로 유지한다.

19~22라인 500 코드를 처리하기 위한 부분이다. 500 에러가 발생하면 프로그램 제어가 /error/500code.jsp로 이동한다. 이때 요청 페이지는 사용자가 요청한 페이지를 그대로 유지한다.

03 [New]-[JSP File] 메뉴를 사용해 [studyjsp]-[WebContent]-[error] 폴더에 404code.jsp 페이지를 작성한다. 기본적인 코딩이 작성되면 다음과 같이 수정한 후 저장한다.

```
01    <%@ page language="java" contentType="text/html; charset=UTF-8"
02      pageEncoding="UTF-8"%>
03    <meta name="viewport" content="width=device-width,initial-scale=1.0"/>
04
05    <%response.setStatus(HttpServletResponse.SC_OK);%>
06
```

07 <title>404에러 페이지</title>

08 <img src="http://localhost:8080/studyjsp/error/notfound.jpg">

5라인 response.setStatus(HttpServletResponse.SC_OK);는 현재 페이지가 정상적으로 응답되는 페이지임을 지정하는 코드이다. 이 코드를 생략하면 웹 브라우저는 자체적으로 제공하는 화면을 표시한다.

8라인 <img src="http://localhost:8080/studyjsp/error/notfound.jpg">와 같이 에러 페이지에 이미지를 표시할 때는 절대 경로를 이용한다.

04 [New]-[JSP File] 메뉴를 사용해 [studyjsp]-[WebContent]-[error] 폴더에 500code.jsp 페이지를 작성한다. 기본적인 코딩이 작성되면 다음과 같이 수정한 후 저장한다.

---

01 <%@ page language="java" contentType="text/html; charset=UTF-8"

02   pageEncoding="UTF-8"%>

03 <meta name="viewport" content="width=device-width,initial-scale=1.0"/>

04

05 <%response.setStatus(HttpServletResponse.SC_OK);%>

06

07 <title>500에러 페이지</title>

08 <img src="http://localhost:8080/studyjsp/error/error.jpg">

5라인 response.setStatus(HttpServletResponse.SC_OK);는 현재 페이지가 정상적으로 응답되는 페이지임을 지정하는 코드이다. 이 코드를 생략하면 웹 브라우저는 자체적으로 제공하는 화면을 표시한다.

8라인 <img src="http://localhost:8080/studyjsp/error/error.jpg">와 같이 에러 페이지에 이미지를 표시할 때는 절대 경로를 이용한다.

05 [Servers] 뷰의 톰캣 서버를 중단한 후 다시 시작한다. 500 에러가 발생하는 date.jsp 파일을 선택하고 마우스 오른쪽 버튼을 눌러 [Run As]-[Run on Server] 메뉴를 클릭하면 실행 결과가 표시된다.

고의로 에러를 발생시키는 date.jsp 페이지를 실행하면 500 에러를 처리하는 페이지가 표시되고, 존재하지 않는 페이지 data.jsp를 실행하면 404 에러를 처리하는 페이지가 표시된다.

학습 정리

- 에러를 처리하는 방법에는 에러 페이지에서 처리하는 것과 에러 코드별 처리가 있다.

- 에러 페이지별 처리는 웹 컨테이너에 따라 지원하지 않을 수도 있으므로 가급적이면 에러 코드별 처리를 사용한다.

- 에러 코드별 처리를 사용할 때는 처리할 에러 코드와 매핑되는 페이지를 web.xml에 기술한다.

Ajax
(Asynchronous Javascript+XML)

이번 Chapter에서는 Ajax가 무엇인지 이해하고, Ajax를 사용한 웹 페이지를 작성하는 방법을 학습한다. 또한 XMLHttpRequest(XHR) 객체 및 jQuery 라이브러리를 사용한 서버와의 비동기 통신을 이해한다.

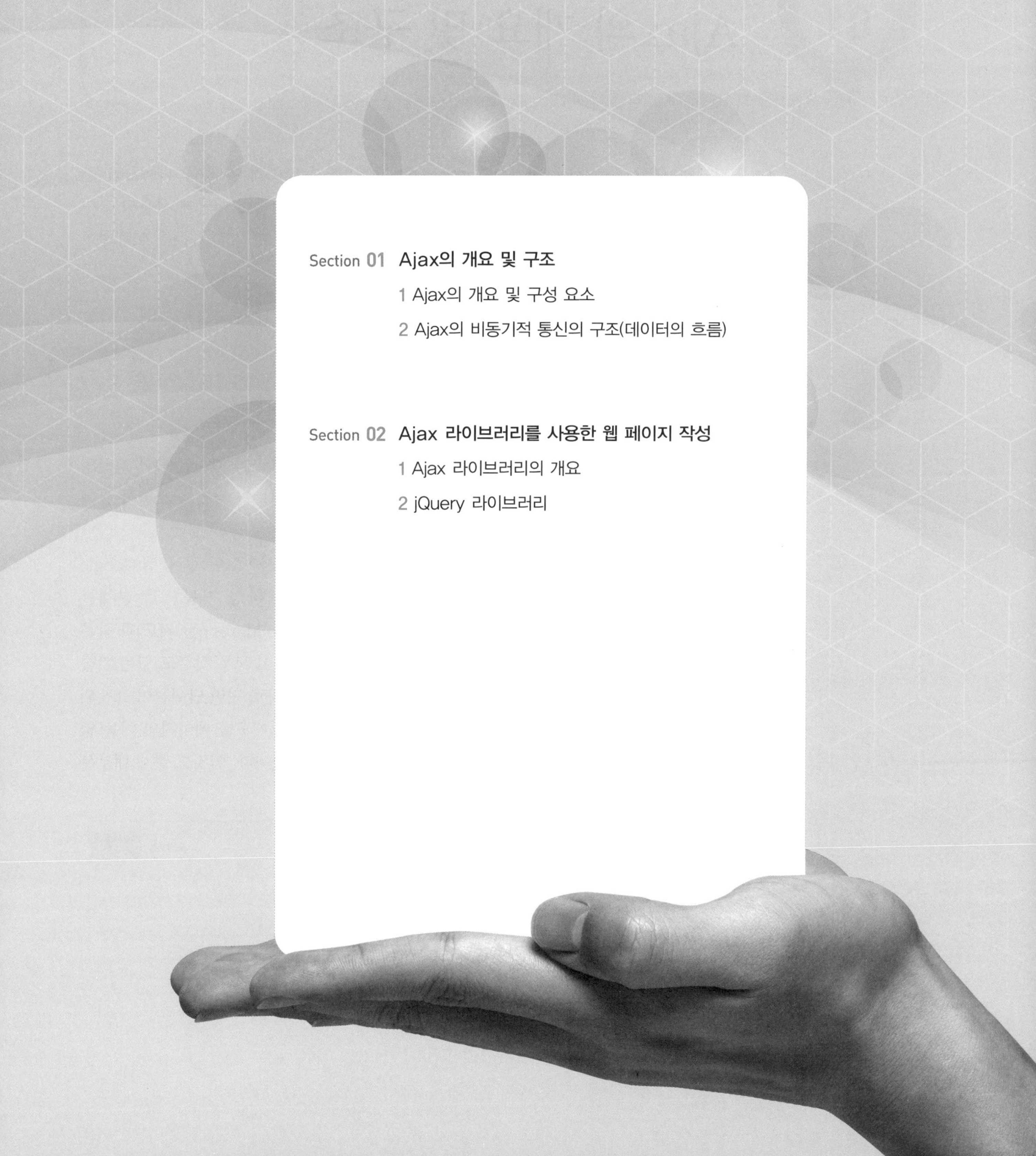

Ajax의 개요 및 구조

여기에서는 Ajax(Asynchronous Javascript+XML)가 무엇이며, 이것을 사용하면 웹 애플리케이션이 어떻게 달라지는지에 대해 알아본다. 또한 이 기술이 어떻게 사용되고 있으며, Ajax의 독특한 수행 방식이 현업에서 어떻게 구현되는지 그리고 Ajax를 이해하기 위한 기본 사항에 대해서도 알아본다.

1 Ajax의 개요 및 구성 요소

(1) Ajax의 개요

Ajax라는 용어는 2005년 2월 18일 제임스 제시 개럿(Jesse James Garrett)이 자신의 블로그에 'Ajax : a new approach to web application'라는 제목의 글을 실으면서 붙여지게 된 용어이다.

물론 이 용어가 사용되기 전에도, 구글(Google)의 실험적인 사이트인 구글 랩(Google Lab)에서 구글 서제스트(Google Suggest, 검색어 자동 완성 기능으로 현재는 Autocomplete라 불림, 이하 검색어 자동 완성)나 구글 맵(Google Map, 구글 지도)과 같은 서비스를 제공하고 있었다. 구글 서제스트는 요즘의 검색 엔진들이 모두 갖추고 있는 기술인 동적인 검색 방법으로, 찾는 단어의 일부를 입력하면 팝업 상자로 관련 단어들이 표시되는 기술이다. 구글 맵은 구글이 제공하는 지도 서비스로, 표시된 지도를 페이지의 이동 없이 마우스 동작만으로 지도 표시 영역을 바꾸는 것이 가능한 기술이다. 이것도 현재 대부분의 검색 엔진에서 제공하는 지도에 모두 구현되어 있는 기능이다.

▲ 구글에서 제공하는 검색어 자동 완성 기능

위와 같은 사용자 인터페이스는 플래시(Flash)를 사용한 플러그인, 자바 애플릿, 액티브엑스(ActiveX) 등 웹 브라우저 자체의 기능이 아닌 추가적인 기능을 사용해서 구현하는 방법밖에 없다고 생각되어져 왔다. 그러나 구글 랩이 공개된 이후 이런 생각들은 바뀌게 되었다. 자바스크립트, DOM, 스타일 시트 등의 웹 브라우저가 기본적으로 가지고 있는 기능들을 사용해도 가능하다는 것을 알게 되었다. 다만 당시에는 이런 기술을 한마디로 정의할 용어가 없어서 제임스 제시 개럿이 이러한 기술을 'Asynchronous JavaScript+XML'의 약어인 'Ajax(에이잭스)'로 명명했고, 이후 이렇게 불리게 되었다.

Ajax라는 오래된 새로운 기술(이미 있었던 것을 조합해서 새롭게 발전시킨 기술)로 웹 브라우저가 기본적으로 가지고 있는 기능들을 사용해서 웹 브라우저와 사용자 간에 전적으로 새로운 관계가 구축되었다.

(2) Ajax를 이루는 구성 요소

Ajax의 기능을 정의하기 위해서는 기본적으로 다음과 같은 구성 요소들이 필요하다.

> • XHTML(현재는 HTML5)과 CSS를 사용한 표준 기술 기반의 웹 페이지
> • DOM을 사용한 동적인 화면 표시와 상호 작용
> • XML과 XSLT 등을 사용한 데이터의 변경과 조작
> • XMLHttpRequest를 사용한 비동기적인 데이터 전송
> • 그리고 이것들을 결합해서 사용하는 자바스크립트

각각의 구성 요소에 대한 설명은 다음과 같다.

1) XHTML(HTML5)과 CSS를 사용한 표준 기술 기반의 웹 페이지

사용자들의 운영체제와 웹 브라우저 환경은 매우 다양한데, 어느 환경에서나 Ajax가 같은 동작을 수행할 수 있으려면 일정한 기준이 필요하다. 이에 대해 Ajax에서는 W3C에서 규정한 XHTML(Extensible HyperText Markup Language), CSS(Cascading Style Sheets)와 ECMA에서 규정한 자바스크립트(또는 ECMAScript라고도 부름) 등 표준화 단체가 책정하고 있는 표준 기술을 기반으로 사이트를 작성하게 한다. 이런 표준 기술을 준수한 Ajax로 작성한 사이트는 표준 기술을 지원할 수 있는 웹 브라우저를 사용하면 같은 결과를 얻을 수 있다.

2) DOM을 사용한 동적인 화면 표시와 상호 작용

Ajax에서는 사용자의 동작에 대응해서 동적으로 웹 브라우저에 표시되는 결과를 변경할 수 있다. 웹 브라우저에 표시되는 내용의 변경은 자바 스크립트를 사용해서 DOM(Document Object Model, 문서 객체 모델)의 구조를 변경해 표현한다. DOM을 자바스크

립트를 사용해서 웹 브라우저에 표시되는 내용을 변경한다는 것은 DynamicHTML란 용어로 불린다. 즉, Ajax에서 웹 라우저에 표시되는 내용을 변경한다는 것은 DynamicHTML을 사용한다는 것을 의미한다.

또한 Ajax에서는 사용자 또는 스크립트로부터의 동작에 의해서 표시되고 있는 웹 브라우저 용에 새로운 데이터를 보내서, 그 데이터를 기준으로 DynamicHTML의 기술을 사용해서 표시한다. 이때 웹 브라우저측으로 보낼 수 있는 데이터는 표준화 데이터인 XML(Extensible Markup Language) 또는 XML 문서를 변경하는 데 사용하는 XSLT(Extensible Stylesheet Language Transformation)를 사용한다.

3) XML과 XSLT 등을 사용한 데이터의 변경과 조작

XML은 HTML과 같은 마크업 언어(Markup Language)이다. 차이점은 HTML은 미리 정의된 특정 태그를 사용하고, XML은 사용자가 태그를 정의할 수 있다는 것이다. 사용자가 태그를 정의하기 때문에 HTML보다 XML의 문법 준수 규칙이 강한 편이다.

이들은 서로 보완하는 입장으로 사용 목적 자체가 다르다. XML은 문서의 구조를 표현하는 것이 목적이고, HTML은 문서의 내용을 표시하는 것이 목적이다. 따라서 상호보완적으로 사용되고 있다.

4) XMLHttpRequest를 사용한 비동기적인 데이터 전송

XMLHttpRequest는 HTTP(Hyper Text Transfer Protocol)를 사용한 서버와의 통신을 수행하기 위한 객체로, Ajax에서 데이터의 전송은 XMLHttpRequest 객체를 사용한다. HTTP는 인터넷상에서 HTML 등을 송수신하기 위한 통신 프로토콜(절차)이다. DOM을 사용한 웹 브라우저의 내용은 객체화되어 있는데, 이것을 이용해서 비동기적으로 서버와의 통신을 수행할 수 있다.

또한 XMLHttpRequest 객체의 이름에 있는 XML을 보면 알 수 있듯이 원래 XML 데이터의 전송을 목적으로 사용되는 객체이다. 물론 HTML이나 Text 형식의 데이터도 사용 가능하다.

5) 이것들을 결합해서 사용하는 자바스크립트

위의 구성 요소들을 결합해서 사용하는 자바스크립트가 필요하다. 이 자바스크립트는 Ajax를 사용한 사이트를 만들 때 기반이 되는 페이지로, 앞에서 소개한 구성 요소들 간의 동작을 제어하고 서버에 비동기적 요청을 하는 가장 중요한 부분이다.

Ajax의 비동기적 통신은 다음과 같은 두 가지 특징을 갖고 있다.

- 웹 브라우저는 요청을 송신하면 응답을 기다리지 않는다.
- 서버는 필요한 데이터만을 응답한다.

동작 방식은 다음과 같다.

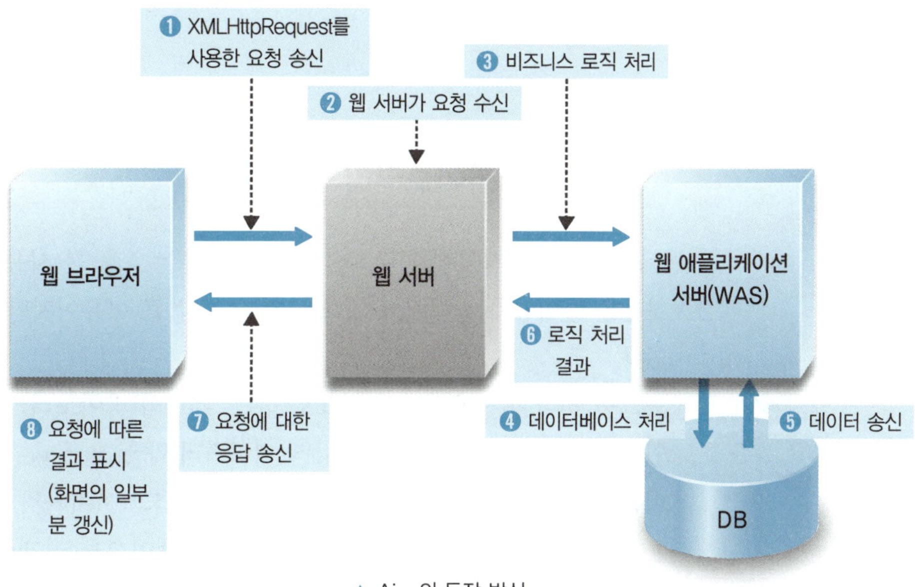

▲ Ajax의 동작 방식

Ajax의 동작 순서는 ❶웹 브라우저에서 사용자의 동작에 의해 일어난 요청이 서버측에 송신된다. 이때 요청은 XMLHttpRequest 객체에 의해 송신된다. ❷일단 요청이 송신되면 웹 브라우저는 서버측의 응답을 기다릴 필요 없이 그대로 웹 브라우저 안의 작업을 처리할 수 있다. ❸그 사이 서버측에서는 송신 받은 요청을 처리하며 ❹❺데이터베이스와 연동하는 작업을 수행한다. ❻이런 작업을 통해서 처리가 끝나면 ❼클라이언트인 웹 브라우저로 처리 결과를 보낸다. ❽이때 응답되는 페이지 전체를 새롭게 만들어 페이지 전체를 웹 브라우저로 보내는 것이 아니라 필요한 데이터만을 보낸다.

만일 서버의 응답을 기다리는 동기적 통신이라 하더라도 필요한 데이터만을 응답받을 수 있도록 처리한다면 넓은 의미에서 Ajax적인 애플리케이션이라고 할 수 있다.

Ajax 라이브러리를 사용한 웹 페이지 작성

여기에서는 Ajax 기능을 쉽게 사용할 수 있도록 제공되는 라이브러리들의 개요 및 사용법에 대해 알아본다.

1 Ajax 라이브러리의 개요

Ajax가 개발자들에게 주목받고 있는 이유는 Ajax를 사용해서 작성된 사이트들이 사용자들을 끌어당기는 매력이 있다는 것이 가장 큰 이유이지만, 그 외에도 여러 가지 이유가 있다.

그중 하나는 사용자들이 필요로 하는 Ajax의 라이브러리가 인터넷상에 많이 공개되어 있다는 점이다. 대표적으로 jQuery(제이쿼리)와 prototype.js(프로토타입)을 들 수 있는데, 이들을 사용하면 엘리먼트의 접근 및 처리가 쉽고 서버와의 통신도 쉽게 작성할 수 있다.

또한 기업에서 Ajax로 작성된 웹 애플리케이션을 공개하는 것도 있는데, 대표적으로 'Google Developers', 'Yahoo User Interface Library', '네이버 개발자 센터', 'Daum DNA 개발자 네트워크' 등을 들 수 있다.

Ajax를 사용한 웹 애플리케이션을 직접 작성해보면 기술적으로 상당히 힘들고 노력이 필요한 작업이라는 것을 알 수 있다. 그러나 라이브러리를 사용하면 이런 힘든 부분들을 쉽게 구현할 수 있다. 라이브러리들 중 현재 가장 많이 사용되고 있는 것은 jQuery 라이브러리이다.

2 jQuery 라이브러리

(1) jQuery 라이브러리의 개요

jQuery(제이쿼리)는 빠르고 가벼우면서도 다양한 기능을 가진 자바스크립트 라이브러리로, 2005년 처음 소개되었으며 2006년 존 레식이 공식적으로 소개했다. MIT 라이선스

GNU GPL(General
Public Licence)

FST(Free Software Foundation
: 자유 소프트웨어 재단)에서
만든 소프트웨어 라이선스로
대표적으로 리눅스 커널이 사
용한다. 가장 널리 알려진 카피
레프트(copyleft) 사용허가서로
이 허가를 가진 프로그램을 사
용해서 만든 프로그램도 카피
레프트를 갖는다.

와 GNU GPL(General Public Licence)의 이중 라이선스를 가진 오픈 소프트웨어이다.

jQuery는 현재 가장 많이 사용되는 자바스크립트 프레임워크로, 이것을 사용하면 웹 애플리케이션 작성이 쉬워지며 자바스크립트나 Ajax 및 DOM 관련 작업을 간단히 처리해준다. jQuery 라이브러리가 제공하는 기능은 다음과 같다.

- HTML/DOM 작업
- HTML 이벤트 처리
- Ajax
- CSS 작업
- 각종 효과 및 애니메이션
- 각종 유틸리티 등

jQuery 라이브러리는 'http://jquery.com' 사이트에서 다운로드하여 사용하거나 CDN (Content delivery network : 콘텐츠 전송 네트워크)을 사용해 HTML 파일에 포함한다.

```
<!--다운로드받은 파일 포함-->
<script src="jquery-1.11.0.min.js"></script>
```

```
<!--CDN 사용-->
<script src="http://code.jquery.com/jquery-1.11.0.min.js"></script>
```

네트워크가 원활하지 않는 곳에서 작업할 때에는 파일을 다운로드하여 포함하는 형태를 사용하고, 신 버전을 따로 받을 필요 없이 항상 최적의 라이브러리를 제공받으려면 CDN을 사용한다. 여기서는 파일을 다운로드 받아 포함하는 형태를 사용한다.

(2) jQuery 다운로드 및 사용법

jQuery는 제이쿼리 다운로드 사이트인 'http://jquery.com/download/'에서 최신 버전을 다운로드하여 사용한다. 필자가 책을 쓴 시점에서는 jQuery 1.11.0과 jQuery 2.1.0이 최신 버전이다. 다만 jQuery 2.x 버전은 IE 6, 7, 8에서는 지원되지 않으므로 아직은 사용하지 않는 것이 좋다. jQuery 1.x 버전을 다운로드 받을 때 압축된 버전(compressed)을 다운로드 받는 것이 좋다.

압축 버전(compressed,
product version)

최소화된 압축 버전으로 실제
서비스되는 웹 사이트에 사용
한다.

비압축 버전
(uncompressed,
development version)

테스트와 개발을 위해 사용한다.

우리는 학습용이긴 하지만 실제 서비스 환경에서 실행되는 사이트를 만드는 것이므로 압축된 버전(compressed)을 다운로드받아 사용한다.

따라하기 | **jQuery 다운로드 및 배치**

최신의 jQuery를 다운받아 웹 애플리케이션 내에 배치한다.

01 제이쿼리 다운로드 사이트인 'http://jquery.com/ download/' 로 이동한 후 최신의 버전 중 압축된 버전(compressed)의 하이퍼링크를 클릭한다. 크롬 브라우저에서는 파일이 다운로드되지 않고 열리는 경우가 있으니, 이럴 때는 IE에서 다운로드한다.

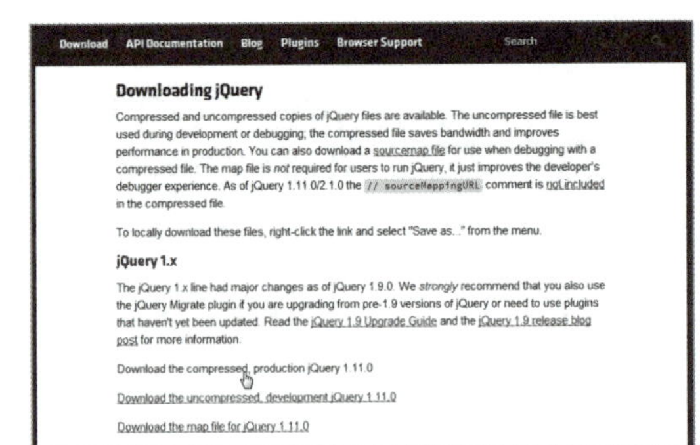

02 이클립스 프로젝트(studyjsp)의 [WebContent]에 [js] 폴더를 생성하고 다운로드한 jquery-1.11.0.min.js 파일을 복사한다.

따라하기   **[ch07] 폴더 작성**

[studyjsp] 프로젝트의 [WebContent] 폴더에 [ch07] 폴더를 생성한다.

따라하기   **jQuery를 사용한 웹 페이지 작성 – jQuery 테스트 페이지**

다운로드하고 배치한 jQuery의 사용 방법을 학습한다.

실행 결과 ─ **jQTest.jsp 페이지**

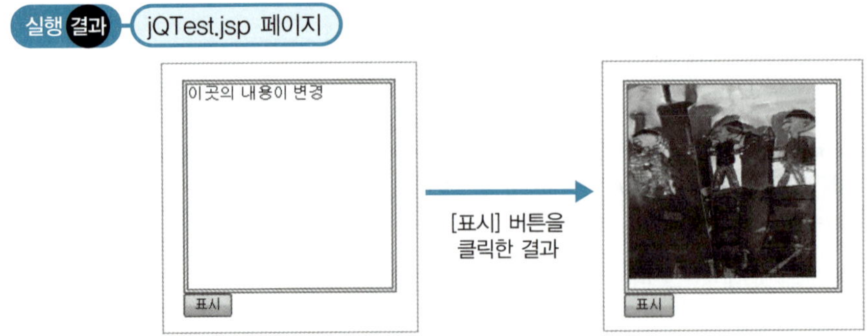

01 [New]-[JSP File] 메뉴를 사용해 [studyjsp]-[WebContent]-[ch07] 폴더에 jQTest.jsp 페이지를 작성한다. 기본적인 코딩이 작성되면 다음과 같이 수정한 후 저장한다.

```
01   <%@ page language="java" contentType="text/html; charset=UTF-8"
02       pageEncoding="UTF-8"%>
03   <!DOCTYPE html>
04   <html>
05   <head>
06   <meta charset="UTF-8">
07   <meta name="viewport" content="width=device-width,initial-scale=1.0"/>
08   <title>jQuery 테스트 페이지</title>
09   <style type="text/css">
10     div#displayArea{
11       width  : 200px;
12       height : 200px;
13       border : 5px double #6699FF;
14     }
15   </style>
16   <script src="../js/jquery-1.11.0.min.js"></script>
17   <script>
18   $(document).ready(function( ){
19       $("button").click(function( ){
20           $("#displayArea").html("<img src='ansi_main2s.png' border='0'/>");
21       });
22   });
23   </script>
24   </head>
25   <body>
26   <div id="displayArea">이곳의 내용이 변경 </div>
27   <button>표시</button>
28   </body>
29   </html>
```

16라인 〈script src="../js/jquery-1.11.0.min.js"〉〈/script〉는 jQuery를 현재 페이지에서 사용하기 위해 포함하는 구문으로, 이 라이브러리를 참조하는 자바스크립트 구문보다 먼저 기술해야 한다.

17~23라인 jQuery 라이브러리를 참조해 [표시] 버튼을 클릭하면 이미지를 〈div id="display Area"〉 태그 내에 표시한다.

18~22라인 현재 페이지가 완전히 로딩되면 자동으로 실행된다. jQuery를 사용한 처리나 이벤트 처리는 이 구문 안에 기술한다.

18라인 $(document).ready(function( ){은 해당 페이지가 완전히 로딩되면 실행하는 것으로, 이 이벤트는 해당 페이지의 로딩이 끝나기 전에 jQuery가 실행되는 것을 방지하기 위해 사용한다. 즉, 프로그램을 안정적으로 기술하기 위해 사용한다.

19~21라인 button 엘리먼트에서 클릭 이벤트가 발생하면 자동으로 실행된다.

- **19라인** $("button").click(function( ){은 〈button〉 태그를 클릭하면 실행되는 것으로 jQuery에서 엘리먼트를 참조할 때는 $(엘리먼트명)과 같이 사용한다. jQuery를 사용해 작업을 처리하면 코드가 간단해진다.

- **20라인** $("#displayArea").html("〈img src='ansi_main2s.png' border='0'/〉");은 id 속성의 값이 displayArea인 엘리먼트의 내용으로 "〈img src='ansi_main2s.png' border='0'/〉"을 지정한다. jQuery에서 id 속성값으로 엘리먼트에 접근하려면 $("#id속성값")과 같이 사용한다. html("내용") 메소드는 지정한 엘리먼트의 내용으로 큰따옴표(" ") 안의 내용을 넣는다. 이때 html 태그가 있으면 해당 태그를 해석해서 처리한다.

26라인 〈div id="displayArea"〉이곳의 내용이 변경 〈/div〉은 내용이 변경될 대상이다.

27라인 〈button〉표시〈/button〉은 [표시] 버튼을 만든다.

02 jQTest.jsp 파일을 선택하고 마우스 오른쪽 버튼을 눌러 [Run As]-[Run on Server] 메뉴를 클릭하면 실행 결과가 표시된다. 이때 실행 결과에서 [표시] 버튼을 클릭하면 이미지가 표시된다.

(3) jQuery 기본 사용법

1) 기본 문법

jQuery는 HTML 엘리먼트를 선택해, 선택한 엘리먼트에 어떤 동작을 수행한다. 기본적인 엘리먼트 선택 문법은 다음과 같다

```
$(selector).action( )
```

- **$** : jQuery에서 정의 및 접근에 사용

- **(selector)** : HTML 엘리먼트

- **action( )** : 해당 엘리먼트에서 수행할 동작

```
//예시

$(this).hide( ) //현재 엘리먼트를 숨긴다. 이때 this는 이벤트가 발생하는 엘리먼트이다.

$("p").hide( ) //<p> 엘리먼트들을 숨긴다.

$(".test").hide( ) //class 속성의 값이 test인 엘리먼트를 숨긴다.

$("#test").hide( ) //id 속성의 값이 test인 엘리먼트를 숨긴다.
```

2) 실렉터 – HTML 엘리먼트에 접근

jQuery 실렉터는 엘리먼트를 선택하여 작업을 처리하기 위해 사용한다. 모든 jQuery의
실렉터는 $로 시작해 $( )와 같은 형태로 사용한다. ( ) 안에는 엘리먼트명, 엘리먼트의 id
속성값, class 속성값 등이 올 수 있다.

실렉터	표시 형태	사용 예
엘리먼트명	$("엘리먼트명")	– HTML 태그 <p>연습</p> – JS에서 접근 $("p")
엘리먼트의 id 속성값	$("#id속성 값")	– HTML 태그 <p id="test">연습</p> – JS에서 접근 $("#test")
엘리먼트의 class 속성값	$(".class속성 값")	– HTML 태그 <p class="t1">연습</p> – JS에서 접근 $(".t1")

▲ jQuery 실렉터

3) HTML 엘리먼트의 내용에 접근 – get/set

HTML 엘리먼트 객체의 내용에 접근해야 엘리먼트의 내용을 변경할 수 있다. $("p")와
같은 형태는 HTML 엘리먼트의 객체 자체에 접근하는 것이며, 내용에 접근하려면 text( ),
html( ), val( ) 메소드 중 하나를 사용해야 한다.

메소드	설명
text( )	선택한 엘리먼트의 내용을 텍스트 형태로 지정하거나 얻어낸다.
html( )	선택한 엘리먼트의 내용을 HTML 태그를 포함하여 지정하거나 얻어낸다.
val( )	폼 필드의 값을 지정하거나 얻어낸다.

▲ 엘리먼트의 내용을 얻어내거나 변경하는 메소드

엘리먼트의 내용을 얻어낼 때는 [엘리먼트.메소드]와 같은 형태로 text( ), html( ), val( ) 메소드를 사용한다.

- HTML 태그
<p>연습</p>

- JS에서 접근
$("p").text( ) //text( ) 메소드를 사용해서 <p> 태그의 내용을 얻어냄

엘리먼트의 내용을 변경할 때는 [엘리먼트.메소드("변경할내용");]과 같은 형태로 text( ), html( ), val( ) 메소드를 사용한다.

- HTML 태그
<p>연습</p>

- JS에서 접근
$("p").text("작업"); //text( ) 메소드를 사용해서 <p> 태그의 내용을 변경함

따라하기 jQuery 사용 – 엘리먼트의 내용 변경

이 예제는 jQuery의 실렉터와 내용 접근 메소드를 사용해서 엘리먼트의 내용을 얻어내고 변경하는 것이다.

실행 결과 jQTest2.jsp 페이지

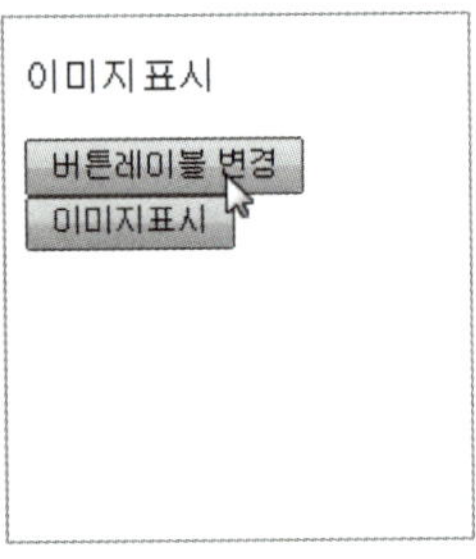

▲ [버튼레이블 변경] 버튼을 클릭한 결과   ▲ [이미지표시] 버튼을 클릭한 결과

01 [New]-[JSP File] 메뉴를 사용해 [studyjsp]-[WebContent]-[ch07] 폴더에 jQTest2.jsp 페이지를 작성한다. 기본적인 코딩이 작성되면 다음과 같이 수정한 후 저장한다.

```
01    <%@ page language="java" contentType="text/html; charset=UTF-8"
02       pageEncoding="UTF-8"%>
03    <!DOCTYPE html>
04    <html>
05    <head>
06    <meta charset="UTF-8">
07    <meta name="viewport" content="width=device-width,initial-scale=1.0"/>
08    <title>jQuery 실렉터와 메소드를 사용한 엘리먼트의 내용변경</title>
09    <script src="../js/jquery-1.11.0.min.js"></script>
10     <script>
11      $(document).ready(function( ){
12           $("#b1").click(function( ){//<button id="b1">엘리먼트를 클릭하면 자동 실행
13               $("#b2").text($("p").text( ));//두 번째 버튼의 레이블 변경
14           });
15
16           $("#b2").click(function( ){//<button id="b2">엘리먼트를 클릭하면 자동 실행
17              //이미지 표시
18               $("#display").html("<img src='myFace.png' border='0'/>");
19           });
20      });
21    </script>
22    </head>
23    <body>
24     <p>이미지표시</p>
25     <button id="b1">버튼레이블 변경</button>
26     <div id="display"></div>
27     <button id="b2">버튼</button>
28    </body>
29    </html>
```


11~20라인 페이지의 로딩이 끝나면 자동 실행된다.

- **12~14라인** 25라인의 <button id="b1"> 엘리먼트를 클릭하면 자동 실행된다. [버튼레이블 변경] 버튼을 클릭하면 13라인에서 <p> 엘리먼트의 내용을 얻어내서 27라인의 두 번째 버튼의 레이블을 [이미지표시]로 변경한다.

- **16~19라인** 27라인의 <button id="b2"> 엘리먼트를 클릭하면 자동 실행된다. [이미지표시] 버튼을 클릭하면 26라인의 <div id="display"> 엘리먼트의 내용으로 <img src='myFace.png' border='0'/>가 들어가서 화면에 이미지가 표시된다.

 jQTest2.jsp 파일을 선택하고 마우스 오른쪽 버튼을 눌러 [Run As]–[Run on Server] 메뉴를 클릭하면 실행 결과가 표시된다.

실행 결과에서 [버튼레이블 변경] 버튼을 클릭하면 두 번째 버튼이 [이미지표시]로 변경된다. 이때 [이미지표시] 버튼을 클릭하면 이미지가 화면에 표시된다.

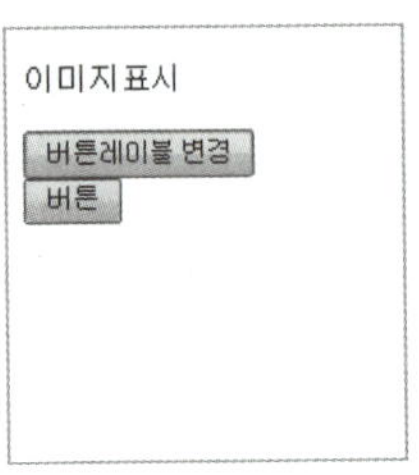

▲ jQTest2.jsp 페이지
　실행 결과

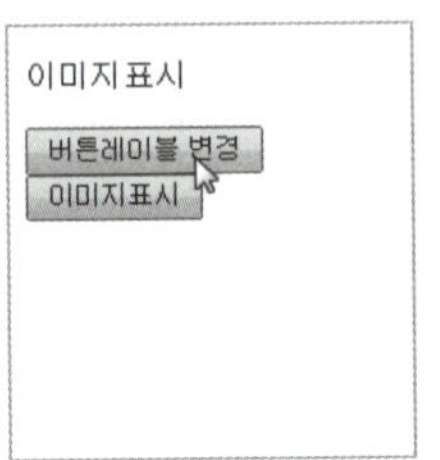

▲ [버튼레이블 변경]
　버튼을 클릭한 결과

▲ [이미지표시] 버튼을
　클릭한 결과

4) 이벤트

이벤트는 마우스를 이동하거나 엘리먼트 또는 라디오버튼 등을 클릭하는 동작에 의해 발생하는 것으로 jQuery에서도 웹 페이지에서 발생한 이벤트를 제어하는 방법을 제공한다. 자주 사용하는 이벤트들은 다음과 같다.

마우스 이벤트(Mouse Events)	설명
click	엘리먼트 클릭 시 발생
dblclick	엘리먼트 더블클릭 시 발생
mouseenter	엘리먼트에 마우스 포인터가 위치
mouseleave	엘리먼트에 위치한 마우스 포인터가 벗어나면 발생

▲ 마우스 이벤트

```
//예시
$("p").click(function( ){ //<p> 엘리먼트에서 클릭 이벤트 발생 시 실행
  alert("test");
});


$("#s1").mouseenter(function( ){//id 속성의 값이 s1인 엘리먼트에
  alert("마우스포인터가 위치됨");
});
```

키보드 이벤트(Keyboard Events)	설명
keypress	키보드를 눌렀다 놓으면 발생
keydown	키보드를 누르면 발생
keyup	눌린 키보드를 놓으면 발생

▲ 키보드 이벤트

```
//예시
$("input").keypress(function( ){//<input> 엘리먼트에서 키보드를 눌렀다 놓으면 발생
  $(this).css("font-color","#cccccc");
})
```

폼 이벤트(Form Events)	설명
submit	폼 전송 시 발생
change	폼 엘리먼트가 변경되면 발생
focus	폼 엘리먼트의 포커스가 위치되면 발생
blur	폼 엘리먼트가 포커스를 잃으면 발생

▲ 폼 이벤트

```
//예시
$("input").focus(function( ){//<input>엘리먼트가 포커스를 받으면 발생
  $(this).css("background-color","#cccccc");
})
```

도큐먼트/윈도우 이벤트 (Document/Window Events)	설명
ready	페이지의 로드가 완료되면 발생
load	페이지가 로드되면 발생
resize	웹 브라우저의 창의 크기를 변경하면 발생
scroll	웹 브라우저 창의 스크롤을 이동하면 발생
unload	페이지가 언로드되면 발생

▲ 도큐먼트/윈도우 이벤트

```
//예시
$(document).ready(function( ){//페이지 로드가 완료되면 발생
  //id 속성의 값이 result인 엘리먼트에 test.txt 파일을 로드함
  $("#result").load("test.txt");
});
```


jQuery 사용 예제 – 엘리먼트에서 이벤트 처리

이 예제는 jQuery를 사용한 이벤트 처리 방법을 학습하는 것이다.

 jQTest3.jsp 페이지

▲ 〈p〉 태그의 내용에   ▲ 마우스 포인터가 나감   ▲ [더블클릭하시구려] 버튼을
　마우스 포인터 위치　　　　　　　　　　　　　　　　　　　 더블클릭한 결과

01 [New]-[JSP File] 메뉴를 사용해 [studyjsp]-[WebContent]-[ch07] 폴더에
jQTest3.jsp 페이지를 작성한다. 기본적인 코딩이 작성되면 다음과 같이 수정한 후
저장한다.

```
01    <%@ page language="java" contentType="text/html; charset=UTF-8"
02        pageEncoding="UTF-8"%>
03    <!DOCTYPE html>
04    <html>
05    <head>
06    <meta charset="UTF-8">
07    <meta name="viewport" content="width=device-width,initial-scale=1.0"/>
08    <title>jQuery 이벤트처리</title>
09    <script src="../js/jquery-1.11.0.min.js"></script>
10     <script>
11      $(document).ready(function( ){
12       $("p").mouseenter(function( ){//<p> 엘리먼트에 마우스 포인터를 위치시키면 자동 실행
13            $(this).text("왔구려, 마우스포인터!!!");
14        });
15
```

```
16          $("p").mouseleave(function( ){//〈p〉 엘리먼트에서 마우스 포인터가 나가면 자동 실행
17              $(this).text("돌아와 마우스포인터!!!");
18          });
19
20          $("button").dblclick(function(){//〈button〉 엘리먼트를 더블클릭하면 자동 실행
21              $(this).css("background-color","#cccccc");
22          });
23      });
24  〈/script〉
25  〈/head〉
26  〈body〉
27   〈p〉마우스 포인터를 여기에!!!〈/p〉
28   〈button〉더블클릭하시구려.〈/button〉
29  〈/body〉
30  〈/html〉
```


12~14라인 〈p〉 엘리먼트에 마우스 포인터를 위치시키면 자동 실행되어 27라인의 〈p〉 태그의 내용이 "왔구려, 마우스포인터!!!"로 변경된다.

– **13라인** $(this).text("왔구려, 마우스포인터!!!");에서 $(this)는 이벤트가 발생한 엘리먼트 자신을 의미한다. 여기서는 이벤트가 발생한 〈p〉 태그이다.

16~18라인 〈p〉 엘리먼트로부터 마우스 포인터가 나가면 자동 실행되어 27라인의 〈p〉 태그의 내용이 "돌아와 마우스포인터!!!"로 변경된다.

20~22라인 〈button〉 엘리먼트인 [더블클릭하시구려.] 버튼을 더블클릭하면 자동 실행되어 이 버튼의 배경색이 변경된다.

– **21라인** $(this).css("background-color","#cccccc");에서 css( ) 메소드는 해당 엘리먼트의 스타일을 변경할 때 사용한다. 여기서는 배경색을 변경한다.

02 jQTest3.jsp 파일을 선택하고 마우스 오른쪽 버튼을 눌러 [Run As]–[Run on Server] 메뉴를 클릭하면 실행 결과가 표시된다.

실행 결과에서 "마우스 포인터를 여기에!!!" 문장에 마우스 포인터를 위치시키면 내용이 "왔구려, 마우스포인터!!!"로 변경된다.

▲ jQTest3.jsp 페이지 실행 결과   ▲ 〈p〉 태그의 내용에 마우스 포인터 위치

"왔구려, 마우스포인터!!!"에서 마우스 포인터가 벗어나면 "돌아와 마우스포인터!!!"로 변경된다. 또한 [더블클릭하시구려.] 버튼을 더블클릭하면 버튼의 배경색이 변경된다.

▲ 마우스 포인터가 나감	▲ [더블클릭하시구려] 버튼을 더블클릭한 결과

(4) jQuery Ajax

jQuery는 Ajax 기능을 구현하는 메소드들을 제공한다. 이 메소드들은 서버로부터 text, HTML, XML 또는 JSON 형태의 파일을 요청하고 응답받을 수 있는 기능을 제공한다. 이들 메소드를 사용하면 간단한 코드만을 이용해서 Ajax 기능을 구현할 수 있다. jQuery의 Ajax 관련 메소드 중 서버 요청과 관련된 메소드는 다음과 같다.

메소드명	설명
$.get( )	서버로 HTTP get 방식의 요청을 함
$.getJSON( )	HTTP get 방식을 사용해서 JSON 데이터를 요청함
$.post( )	서버로 HTTP post 방식의 요청을 함
.load( )	서버로 데이터를 요청하고 HTML 엘리먼트에 응답받은 결과를 로드함(넣음)
$.ajax( )	비동기 Ajax 요청을 수행함. get, post 방식을 지정해서 사용

▲ Ajax 관련 메소드

1) .load( ) 메소드

이 메소드는 서버에 요청하고 지정한 엘리먼트에 응답받은 결과를 넣는다. 응답받은 결과를 화면에 표시해야 하는 로그인 폼, 회원 가입 폼, 글목록 등을 실행할 때 주로 사용한다. $.get(url, data, success) 메소드와 처리 결과가 거의 같다.

■ .load( ) 메소드의 사용법

엘리먼트.load(url [, data] [, complete(responseText, textStatus, XMLHttpRequest)])

• url : 서버에 요청할 url이며 문자열로 지정한다. 반드시 기술해야 하는 필수 요소이다.

```
//예시
$( "#result" ).load( "ajax/test.html" );
```

- **data** : 전송할 파라미터이며 키와 값의 쌍을 문자열 또는 객체로 기술한다. 필요할 때만 사용하는 선택 요소이다.

- **complete(responseText, textStatus, XMLHttpRequest)** : 서버가 처리한 요청에 대한 응답 결과를 얻어낸다. responseText에 응답 결과가, textStatus에 응답된 상태가, XMLHttpRequest에 XMLHttpRequest 객체가 포함된다. 필요할 때만 사용하는 선택 요소이다.

```
//예시
$("#div1").load("test.txt",function(responseText, textStatus, XMLHttpRequest){
   if(textStatus=="success")
     //정상적인 응답인 경우의 작업 처리
   if(textStatus=="error")
     //정상적으로 처리되지 못한 경우의 처리
});
```

 jQuery Ajax 메소드 사용 예제 – load( ) 메소드

이 예제는 jQuery Ajax 메소드인 load( ) 메소드를 사용해서 특정 엘리먼트에 서버에 요청한 xhrTest1.jsp 페이지의 실행 결과를 표시하는 것이다.

실행 결과 · jQTest4.jsp 페이지

▲ [결과] 버튼을 클릭하여 xhrTest1.jsp 페이지 실행

▲ [표시] 버튼을 클릭하여 xhrTest1.jsp 페이지 내의 작업 처리

01 [New]-[JSP File] 메뉴를 사용해 [studyjsp]-[WebContent]-[ch07] 폴더에 jQTest4.jsp 페이지를 작성한다. 기본적인 코딩이 작성되면 다음과 같이 수정한 후 저장한다.

```jsp
01  <%@ page language="java" contentType="text/html; charset=UTF-8"
02     pageEncoding="UTF-8"%>
03  <!DOCTYPE html>
04  <html>
05  <head>
06  <meta charset="UTF-8">
07  <meta name="viewport" content="width=device-width,initial-scale=1.0"/>
08  <title>jQuery Ajax메소드 -load( )</title>
09  <script src="../js/jquery-1.11.0.min.js"></script>
10  <script>
11    $(document).ready(function( ){
12        //[결과] 버튼을 클릭하면 xhrTest1.jsp 페이지가 실행된다.
13      $("#b1").click(function( ){
14          $("#result").load("xhrTest1.jsp");
15      });
16    });
17  </script>
18  </head>
19  <body>
20    <button id="b1">결과</button>
21    <div id="result"></div>
22  </body>
23  </html>
```


11~16라인 20라인에서 정의한 [결과] 버튼을 클릭하면 xhrTest1.jsp 페이지의 실행 결과가 <div id="result"> 엘리먼트에 표시된다. 이때 xhrTest1.jsp 페이지는 get 방식으로 요청되어 처리된다.

02 jQTest4.jsp 파일을 선택하고 마우스 오른쪽 버튼을 눌러 [Run As]-[Run on Server] 메뉴를 클릭하면 실행 결과가 표시된다.

실행 결과에서 [결과] 버튼을 클릭하면 xhrTest1.jsp 페이지가 특정 구역에 실행된다. 실행된 jQTest4.jsp 페이지의 [표시] 버튼을 클릭하면 xhrTest1.jsp 페이지 내의 작업이 처리된다.

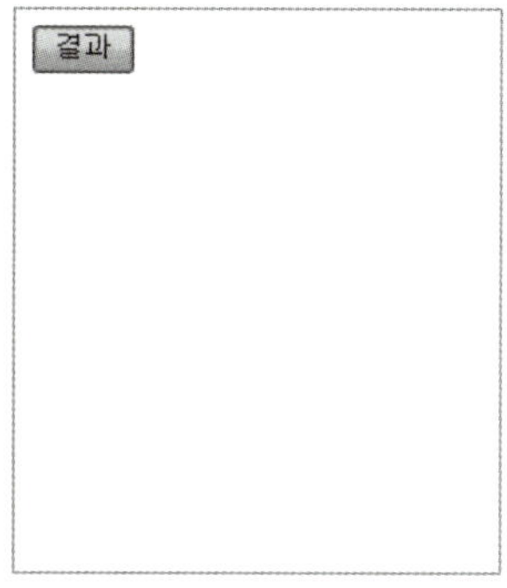

▲ jQTest4.jsp 페이지 실행 결과

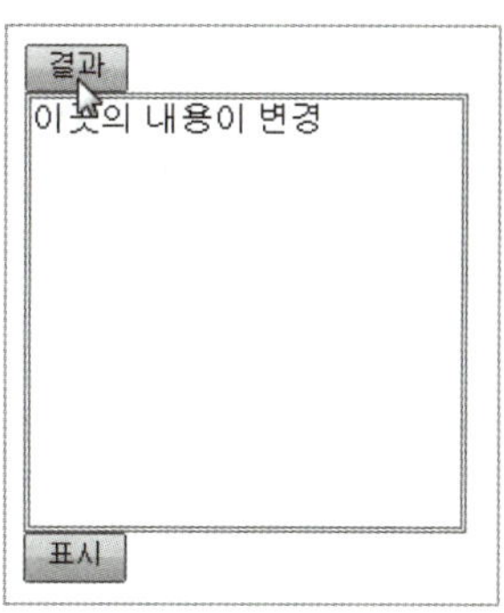

▲ [결과] 버튼을 클릭하여
xhrTest1.jsp 페이지 실행

▲ [표시] 버튼을 클릭하여 xhrTest
1.jsp 페이지 내의 작업 처리

따라하기　jQuery Ajax 메소드 사용 예제 – load( ) 메소드 응답 처리

이 예제는 jQuery Ajax 메소드인 load( ) 메소드를 사용해서 특정 엘리먼트에 서버에 요청한 xhrTest3.txt 페이지를 로드하는 것이다. 이때 서버의 요청이 성공했는가에 대한 응답을 받는 방법을 학습한다.

실행 결과　jQTest5.jsp 페이지

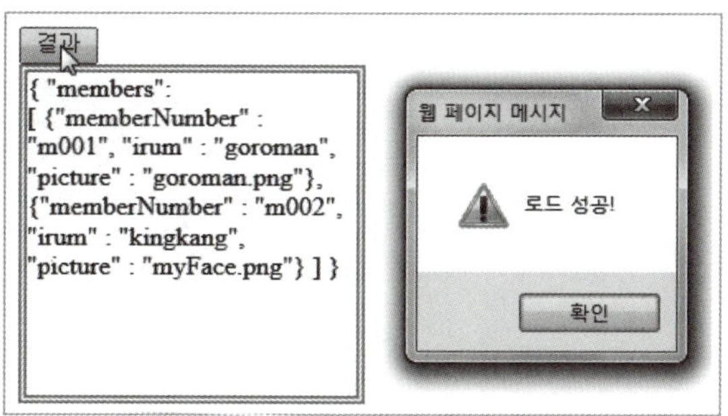

▲ [결과] 버튼을 클릭하여 xhrTest3.txt 로드

01 [New]–[JSP File] 메뉴를 사용해 [studyjsp]–[WebContent]–[ch07] 폴더에 jQTest5.jsp 페이지를 작성한다. 기본적인 코딩이 작성되면 다음과 같이 수정한 후 저장한다.

```
01   <%@ page language="java" contentType="text/html; charset=UTF-8"
02       pageEncoding="UTF-8"%>
03   <!DOCTYPE html>
```

```
04  <html>
05  <head>
06  <meta charset="UTF-8">
07  <meta name="viewport" content="width=device-width,initial-scale=1.0"/>
08  <title>jQuery Ajax메소드 -load( ) 응답처리</title>
09  <style type="text/css">
10   #result{
11     width  : 200px;
12     height : 200px;
13     border : 5px double #6699FF;
14     }
15  </style>
16  <script src="../js/jquery-1.11.0.min.js"></script>
17  <script>
18   $(document).ready(function( ){
19   //[결과] 버튼을 클릭하면 xhrTest3.txt가 <div id="result"> 엘리먼트에 로드
20   $("#b1").click(function( ){
21    $("#result").load("xhrTest3.txt", function(response,stu,xhr){
22       if(stu=="success")//서버 요청이 성공 시
23       alert("로드 성공!"); //메시지 상자 표시
24       if(stu=="error")//서버 요청 실패 시
25       alert("에러: "+xhr.status+": "+xhr.stu);
26     });
27    });
28    });
29  </script>
30  </head>
31  <body>
32   <button id="b1">결과</button>
33   <div id="result"></div>
34  </body>
35  </html>
```


18~28라인 32라인에서 정의한 [결과] 버튼을 클릭하면 xhrTest3.txt를 로드해 엘리먼트에 표시한다. 이때 서버 요청이 성공적으로 이루어지면 21라인의 stu 매개 변수에 "success"를, 실패하면 "error"가 들어간다.

22~25라인 서버 요청이 성공했을 때와 실패했을 때의 처리를 한다.

02 jQTest5.jsp 파일을 선택하고 마우스 오른쪽 버튼을 눌러 [Run As]-[Run on Server] 메뉴를 클릭하면 실행 결과가 표시된다. 실행 결과에서 [결과] 버튼을 클릭하면 jQTest5.jsp 페이지가 특정 구역에 로드된다.

2) $.get( )

서버로 HTTP get 방식의 요청을 한다. .load( ) 메소드를 사용하는 것과 결과가 거의 같으며 사용법은 다음과 같다.

```
$.get( url [, data ] [, success(data, textStatus, jqXHR) ] [, dataType ] )
```

- **url** : 서버에 요청할 url이며 문자열로 지정한다. 반드시 기술해야 하는 필수 요소이다.

```
//예시
$.get( "ajax/test.html", function( ){
});
```

- **data** : 전송할 파라미터이며 키와 값의 쌍을 문자열 또는 객체로 기술한다. 필요할 때만 사용하는 선택 요소이다.

- **success(data, textStatus, jqXHR)** : 서버가 처리한 요청이 성공하면 이 콜백 함수는 실행된다. 필요할 때만 사용하는 선택 요소이다. 매개 변수 data는 요청된 페이지의 내용(또는 처리 결과), textStatus는 처리 상태, jqXHR는 XMLHttpRequest 객체이다. 매개 변수는 경우에 따라 사용되지 않을 수 있다.

```
//예시
$.get( "ajax/test.html", function(data,status){
    var resultStr = "데이터: " + data + "\n처리상태: " + status;
    $("p").text(resultStr);
});
```

따라하기 **jQuery Ajax 메소드 사용 예제 – $.get( ) 메소드**

이 예제는 jQuery Ajax 메소드인 $.get( ) 메소드를 사용해서 get 방식으로 서버에 요청한 xhrTest3.txt 페이지의 내용을 엘리먼트에 표시하는 것이다. 이때 서버에 요청한 페이지의 내용과 처리 상태를 응답받는다.

```
결과
데이터: { "members":
[ {"memberNumber" :
"m001", "irum" : "goroman",
"picture" : "goroman.png"},
{"memberNumber" : "m002",
"irum" : "kingkang",
"picture" : "myFace.png"} ] }
처리상태: success
```

01 [New]-[JSP File] 메뉴를 사용해 [studyjsp]-[WebContent]-[ch07] 폴더에 jQTest6.jsp 페이지를 작성한다. 기본적인 코딩이 작성되면 다음과 같이 수정한 후 저장한다.

```
01  <%@ page language="java" contentType="text/html; charset=UTF-8"
02      pageEncoding="UTF-8"%>
03  <!DOCTYPE html>
04  <html>
05  <head>
06  <meta charset="UTF-8">
07  <meta name="viewport" content="width=device-width,initial-scale=1.0"/>
08  <title>jQuery Ajax메소드 - $.get( )</title>
09  <style type="text/css">
10   #result{
11     width  : 200px;
12     height : 200px;
13     border : 5px double #6699FF;
14   }
15  </style>
16  <script src="../js/jquery-1.11.0.min.js"></script>
17  <script>
18   $(document).ready(function( ){
19      $("#b1").click(function( ){//[결과] 버튼을 클릭하면 자동 실행
20          //xhrTest3.txt를 get 방식으로 요청
21          $.get("xhrTest3.txt", function(data,status){
22              //data: xhrTest3.txt의 내용 + status: 처리상태 → resultStr에 저장
23              var resultStr = "데이터: " + data + "\n처리상태: " + status;
```

```
24                    //resultStr 내용을 <div id="result">에 표시
25                    $("#result").text(resultStr);
26              });
27              });
28        });
29    </script>
30    </head>
31    <body>
32     <button id="b1">결과</button>
33     <div id="result"></div>
34    </body>
35    </html>
```


18~28라인 get 방식으로 서버에 xhrTest3.txt 페이지를 요청해 처리한 내용을 21라인 function(data,status){에서 응답받는다. 처리한 내용은 data 변수에, 요청 결과의 상태는 status 변수에 저장된다.

02 [Servers] 뷰의 톰캣 서버가 시작된 것을 확인한 후, jQTest6.jsp 파일을 선택하고 마우스 오른쪽 버튼을 눌러 [Run As]-[Run on Server] 메뉴를 클릭하면 실행 결과가 표시된다. 실행 결과에서 [결과] 버튼을 클릭하면 xhrTest3.txt 페이지의 내용과 처리 상태가 특정 구역에 표시된다.

3) $.post( )

서버로 HTTP post 방식의 요청을 하며, 사용법은 다음과 같다.

```
$.post( url [, data ] [, success(data, textStatus, jqXHR) ] [, dataType ] )
```

■ **url** : 서버에 요청할 url이며 문자열로 지정한다. 반드시 기술해야 하는 필수 요소이다.

■ **data** : 전송할 파라미터로 문자열 또는 객체로 기술한다. 필요할 때만 사용하는 선택 요소이다.

```
//예시
$.post( "ajax/test.jsp",
  {//전송할 파라미터
    name:"kingdora",
    status:"homebody "
```

```
    },
    function(data, status){
  });
```

- **success(data, textStatus, jqXHR)** : 서버가 처리한 요청이 성공하면 이 콜백 함수는 실행된다. 필요할 때만 사용하는 선택 요소이다. 매개 변수 data는 요청된 페이지의 내용(또는 처리 결과), textStatus는 처리 상태, jqXHR는 XMLHttpRequest 객체이다. 매개 변수는 경우에 따라 사용되지 않을 수 있다.

> **따라하기** jQuery Ajax 메소드 사용 예제 – $.post( ) 메소드

이 예제는 jQuery Ajax 메소드인 $.post( ) 메소드를 사용해서 post 방식으로 서버에 요청한 process.jsp 페이지의 내용을 엘리먼트에 표시하는 것이다. 이때 서버에 요청한 페이지에 파라미터를 보내 처리한 후 결과를 얻어낸다.

> **실행 결과** jQTest7.jsp 페이지

01 [New]–[JSP File] 메뉴를 사용해 [studyjsp]–[WebContent]–[ch07] 폴더에 jQTest7.jsp 페이지를 작성한다. 기본적인 코딩이 작성되면 다음과 같이 수정한 후 저장한다.

```
01    <%@ page language="java" contentType="text/html; charset=UTF-8"
02        pageEncoding="UTF-8"%>
03    <!DOCTYPE html>
04    <html>
05    <head>
06    <meta charset="UTF-8">
07    <meta name="viewport" content="width=device-width,initial-scale=1.0"/>
```

```
08    <title>jQuery Ajax메소드 - $.post( )</title>
09    <style type="text/css">
10     #result{
11       width : 200px;
12       height : 200px;
13       border : 5px double #6699FF;
14     }
15    </style>
16    <script src="../js/jquery-1.11.0.min.js"></script>
17    <script>
18     $(document).ready(function( ){
19            $("#b1").click(function( ){//[결과] 버튼을 클릭하면 자동 실행
20              //xhrTest3.txt를 get 방식으로 요청
21              $.post("process.jsp", //요청 페이지
22              {//요청 페이지에 실어서 보낼 데이터
23                name:"kingdora",
24                  stus:"homebody"
25                },
26              function(data,status){//응답 내용 처리
27                if(status = "success")//요청이 제대로 처리되었으면
28                    $("#result").html(data);
29              });
30            });
31     });
32    </script>
33    </head>
34    <body>
35     <button id="b1">결과</button>
36     <div id="result"></div>
37    </body>
38    </html>
```


18~31라인 post 방식으로 서버에 process.jsp 페이지를 요청한다. 이때 22~25라인에 기술한 파라미터를 요청 페이지로 보낸다. 요청 페이지를 처리한 후 응답되는 내용은 26~28라인이 받아서 처리한다. 이때 27라인에서 요청이 성공적으로 처리되면 28라인에서 36라인에 기술한 〈div id="result"〉에 결과를 넣는다.

02 [New]-[JSP File] 메뉴를 사용해 [studyjsp]-[WebContent]-[ch07] 폴더에 process.jsp 페이지를 작성한다. 기본적인 코딩이 작성되면 다음과 같이 수정한 후 저장한다.

```
01  <%@ page language="java" contentType="text/html; charset=UTF-8"
02     pageEncoding="UTF-8"%>
03  <meta name="viewport" content="width=device-width,initial-scale=1.0"/>
04
05  <% request.setCharacterEncoding("utf-8");%>
06
07  <%
08    String resultStr = "처리결과: <br>";
09    String name = request.getParameter("name");
10    String stus = request.getParameter("stus");
11    resultStr += "이름은 " + name + "이고,<br>";
12    resultStr += "현재상태는  " + stus ;
13    out.println(resultStr);
14  %>
```


9~10라인 jQTest7.jsp 페이지에서 넘겨준 파라미터 변수를 받아서 11~12라인에서 결과 문자열을 생성한다. 이 결과 문자열은 13라인에서 요청을 신청한 jQTest7.jsp 페이지로 보낸다.

03 jQTest7.jsp 파일을 선택하고 마우스 오른쪽 버튼을 눌러 [Run As]-[Run on Server] 메뉴를 클릭하면 실행 결과가 표시된다. 실행 결과에서 [결과] 버튼을 클릭하면 process.jsp 페이지를 실행한 결과가 특정 구역에 표시된다.

4) $.ajax( )

서버로 비동기 Ajax 요청을 하며 주로 로그인 처리, 회원 가입 처리, 글쓰기 처리 등과 같이 DB와 연동 후 처리 결과만을 반환하는 경우에 사용하면 좋다. 사용법은 다음과 같다.

```
$.ajax({type:value, url:value, data:value, success:function(data){} ... })
```

- **type** : 서버에 요청할 HTTP 방식으로 get 또는 post를 지정한다.

- **url** : 서버에 요청할 url이며 문자열로 지정한다. 반드시 기술해야 하는 필수 요소이다.

- **data** : 전송할 파라미터이며 문자열 또는 객체로 기술한다. 필요할 때만 사용하는 선택 요소이다.

- **success** : 서버가 처리한 요청이 성공하면 function(data)( ) 콜백 함수가 실행된다. 매개 변수 data는 처리 결과를 반환받는다. 이 처리 결과에 따른 작업이 필요한 경우 사용한다.

```
//예시
var query = {id : $("#id").val( ), //전송할 데이터- 폼에서 얻어냄
             passwd:$("#passwd").val( )};


$.ajax({
        type: "POST",
        url: "loginPro.jsp",
        data: query,
        success: function(data){ //요청 페이지 실행한 결과
            if(data == 1)//로그인 성공
                    $("#main_auth").load("loginForm.jsp");
            else if(data == 0){//비밀번호 틀림
                    alert("비밀번호가 맞지 않습니다.");
                    $("#passwd").val("");
                    $("#passwd").focus( );
            }else if(data == -1){//아이디 틀림
                    alert("아이디가 맞지 않습니다.");
                    $("#id").val("");
                    $("#passwd").val("");
                    $("#id").focus( );
            }
        }
});
```

따라하기　jQuery Ajax 메소드 사용 예제 – $.ajax( ) 메소드

이 예제는 앞의 예제 〈jQuery Ajax 메소드 사용 예제 – $.post( ) 메소드〉를 $.ajax( ) 메소드를 사용해서 처리한 것으로 실행 결과가 같다.

01 [New]-[JSP File] 메뉴를 사용해 [studyjsp]-[WebContent]-[ch07] 폴더에 jQTest8.jsp 페이지를 작성한다. 기본적인 코딩이 작성되면 다음과 같이 수정한 후 저장한다.

```
01  <%@ page language="java" contentType="text/html; charset=UTF-8"
02      pageEncoding="UTF-8"%>
03  <!DOCTYPE html>
04  <html>
05  <head>
06  <meta charset="UTF-8">
07  <meta name="viewport" content="width=device-width,initial-scale=1.0"/>
08  <title>jQuery Ajax메소드 - $.ajax( )</title>
09  <style type="text/css">
10   #result{
11     width  : 200px;
12     height : 200px;
13     border : 5px double #6699FF;
14   }
15  </style>
16  <script src="../js/jquery-1.11.0.min.js"></script>
17  <script>
18   $(document).ready(function( ){
19     $("#b1").click(function( ){//[결과] 버튼을 클릭하면 자동 실행
20          //요청 페이지에 전송할 데이터
21          var query = {name : "kingdora",
22               stus : "homebody"};
23          //process.jsp 페이지에 요청 데이터를 보낸 후 결과를 반환받음
```

```
24                $.ajax({
25                    type: "POST", //전송 방식
26                    url: "process.jsp", //요청 페이지
27                    data: query, //전송 데이터
28                    success: function(data){ //요청 페이지를 실행한 결과
29                        $("#result").html(data);
30                    }
31                });
32          });
33        });
34    </script>
35    </head>
36    <body>
37      <button id="b1">결과</button>
38      <div id="result"></div>
39    </body>
40    </html>
```


21~22라인 요청 페이지인 26라인의 process.jsp 페이지로 전달할 데이터이다. {변수명1:값1, 변수명2:값2,…}의 형태로 나열해서 정의한다.

24~31라인 비동기 Ajax 방식으로 서버에 페이지를 요청하고 응답 결과를 반환받는다.

- **25라인** type 속성을 사용해 전송 방식을 POST로 지정했다.
- **26라인** url 속성을 사용해 서버에 요청할 페이지를 지정한다.
- **27라인** data 속성을 사용해 요청 페이지로 전달할 데이터를 지정한다.
- **28~30라인** success 속성을 사용하고 값으로 function(data){}를 사용해 요청 페이지를 실행한 결과가 성공하면 function(data){} 안에 기술한 작업을 처리한다.

02 [Servers] 뷰의 톰캣 서버가 시작된 것을 확인한 후, jQTest8.jsp 파일을 선택하고 마우스 오른쪽 버튼을 눌러 [Run As]-[Run on Server] 메뉴를 클릭하면 실행 결과가 표시된다.

실행 결과에서 [결과] 버튼을 클릭하면 process.jsp 페이지를 실행한 결과가 특정 구역에 표시된다.

jQuery에 대한 좀 더 자세한 내용은 'http://api.jquery.com/' 또는 'http://www.w3schools.com/jquery/jquery_ref_ajax.asp' 페이지를 참조한다.

- Ajax의 기능을 정의하기 위한 기본적인 구성 요소

  - XHTML(현재는 HTML5)과 CSS를 사용한 표준 기술 기반의 웹 페이지
  - DOM을 사용한 동적인 화면 표시와 상호 작용
  - XML과 XSLT 등을 사용한 데이터의 변경과 조작
  - XMLHttpRequest를 사용한 비동기적인 데이터 전송
  - 그리고 이것들을 결합해서 사용하는 자바스크립트

- Ajax의 동작 순서

  ① 웹 브라우저에서 사용자의 동작에 의해 서버측에 요청이 XMLHttpRequest 객체에 의해 송신된다.
  ② 일단 요청이 송신되면 웹 브라우저기 서버측의 응답을 기다릴 필요 없이 그대로 웹 브라우저 안의 작업을 처리할 수 있다.
  ③ 그 사이 서버측에서는 송신 받은 요청을 처리하며,
  ④ 데이터베이스와 연동하는 작업을 수행한다.
  ⑤ 이런 작업을 통해서 처리가 끝나면,
  ⑥ 웹 브라우저로 응답 시 필요한 데이터만을 보낸다.

- XMLHttpRequest 객체(XHR 객체라고도 지칭)는 Ajax에서 서버와 웹 브라우저 간에 통신을 담당하는 것으로, 가장 중요한 객체이나 표준이 아니기 때문에 각각의 웹 브라우저마다 자신들에게 맞는 형태로 제공한다. Ajax 라이브러리를 사용하면 힘든 부분들을 쉽게 구현할 수 있어서 XMLHttpRequest 객체를 사용하는 것보다 편하다.

- jQuery는 현재 가장 많이 사용되는 Ajax 라이브러리로, 이것을 사용하면 웹 애플리케이션 작성이 쉬워지며, 자바스크립트나 Ajax 및 DOM 관련 작업을 간단히 처리해준다.

- jQuery 라이브러리가 제공하는 기능에는 HTML/DOM 작업, CSS 작업, HTML 이벤트 처리, 각종 효과 및 애니메이션, Ajax, 각종 유틸리티 등이 있다.

- jQuery 라이브러리를 사용하려면 'http://jquery.com/' 사이트에서 다운로드하거나 CDN(Content delivery network : 콘텐츠 전송 네트워크)을 사용해 HTML 파일에 포함한다.

```
<!--다운로드받은 파일 포함-->
<script src="jquery-1.11.0.min.js"></script>
<!--CDN 사용-->
<script src="http://code.jquery.com/jquery-1.11.0.min.js"></script>
```

1 jQuery를 사용해 다음의 ex07-01.jsp에서 아이디와 비밀번호를 입력한 후 [확인] 버튼을 클릭하면 화면에 입력한 아이디와 비밀번호를 지정한 위치에 출력하는 프로그램을 작성하시오.

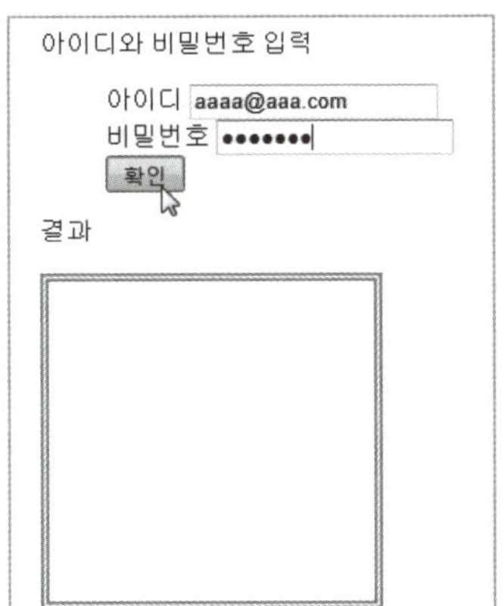

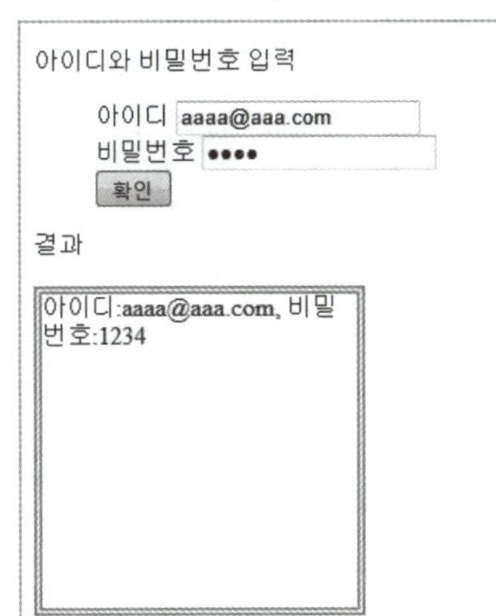

2 jQuery의 .load( )를 사용해 다음의 결과와 같이 ex07-02.jsp에서 [로드] 버튼을 클릭하면 지정한 위치 ex07-01.jsp를 로드하는 프로그램을 작성하시오.

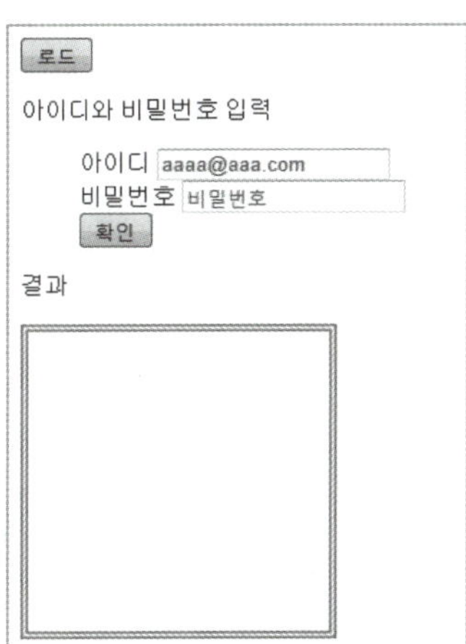

3 jQuery의 $.ajax( )를 사용해 다음의 결과와 같이 ex07-03.jsp에서 이름을 입력한 후 [처리] 버튼을 클릭하면 입력한 이름을 ex07-03Pro.jsp 페이지에 전달하고 실행한 결과를 지정한 위치에 표시하

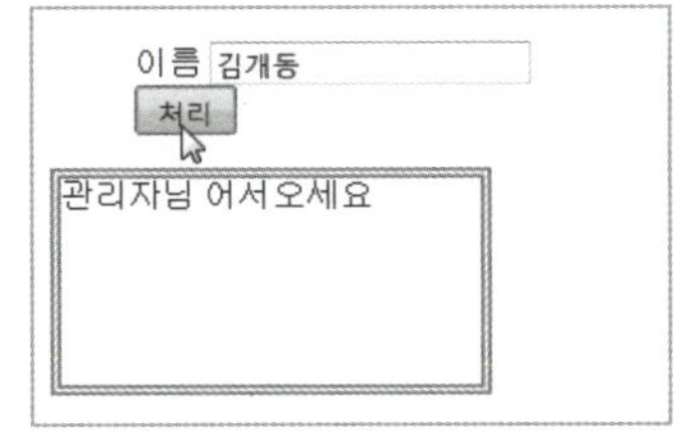

는 프로그램을 작성하시오.(ex07-03Pro.jsp 페이지에서 전달받은 이름이 "김개동"이면 "관리자님 어서오세요"를 반환하고 그 외의 이름이면 "회원님 어서오세요"를 반환한다.)

8

JSP 로직의 모듈화 – 자바빈

이번 Chapter에서는 JSP 페이지와 로직을 분리하는 것과 분리된 로직을 모듈화해서 사용하는 것에 대해 학습하기 위해 자바빈의 작성 방법과 JSP 페이지에서 자바빈에 접근하는 방법 등에 대해 학습한다.

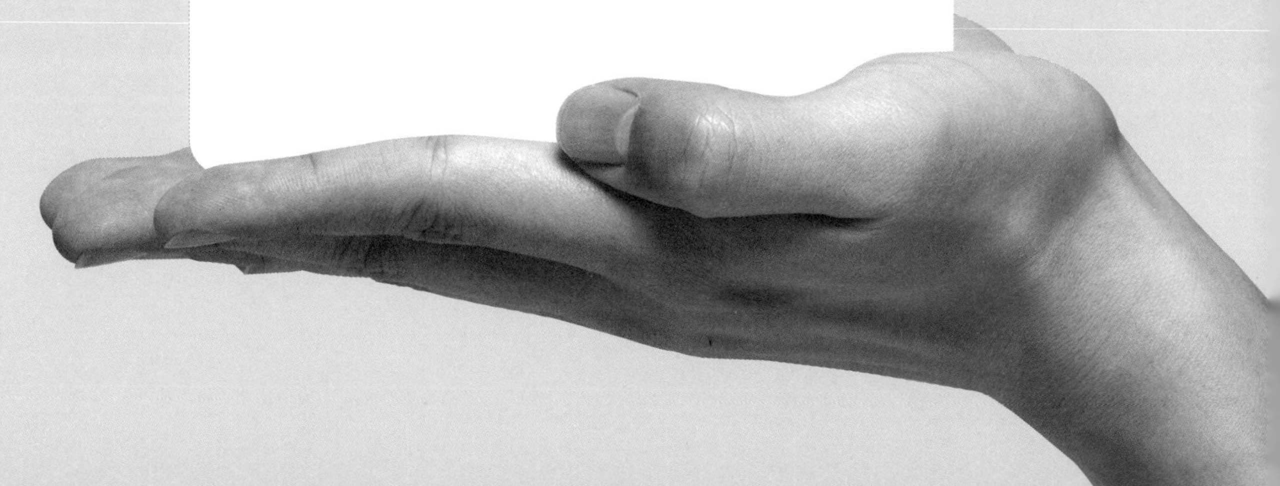

자바빈의 개요 및 작성

여기에서는 JSP 웹 애플리케이션에서 자바빈(JavaBean)의 역할을 알아보고, 자바빈 클래스를 작성하는 방법을 살펴본다.

1 자바빈의 개요

우리는 지금까지 JSP 페이지를 작성하기 위한 각종 구성 요소, 내장 객체, 액션 태그 및 Ajax를 사용한 서버 페이지에 요청 등에 대해 학습했다. 물론 이것만 가지고도 데이터베이스와의 연동을 제외한 JSP 페이지를 작성할 수 있다. 그러나 지금까지의 방법에 따라 웹 애플리케이션을 작성하다 보면 몇 가지 문제에 부딪치게 된다.

■ 문제점 1

첫 번째 문제점은 JSP 페이지를 화면에 표시하기 위한 화면 표시 부분과 실제 JSP 페이지를 처리하는 로직 코드가 같은 페이지 내에 기술되어 JSP 페이지를 한눈에 이해하기 어렵다는 점이다.

```
...생략...
<% //로직 코드
  while(rs.next( ) && i<=PageSize){
   try{
    int num=rs.getInt("uid");
    String name=rs.getString("name").trim( );
    String email=rs.getString("email").trim( );
    String homepage=rs.getString("homepage").trim( );
    String comment=rs.getString("comment").trim( );
    String signdate=rs.getString("signdate").trim( );
    String clienthost=rs.getString("clienthost").trim( );
%>
<%--화면표시 부분--%>
```

```
<table border="1" cellspacing="0" width="600" align="center">
    <td align="right" colspan="2">
        <% if(admin.equals("ok")){%>
        <a href="edit.jsp?num=<%=num%>&admin=<%=admin%>">[수정]</a>
        <a href="delete.jsp?num=<%=num%>&admin=<%=admin%>">[삭제]</a>
    <%}else{%>
        <a href="edit.jsp?num=<%=num%>">[수정]</a>
        <a href="delete.jsp?num=<%=num%>">[삭제]</a>
    <%}%>
    </td>
...생략...
```

위의 코드는 HTML 태그들과 JSP 코드가 같은 페이지에 함께 존재하는 예시이다. 척 봐도 복잡하고 무엇을 작성하고 있는 것인지 한눈에 파악하기 어렵다. 그리고 이렇게 작성한 JSP 페이지는 디자이너가 디자인하기에도 역시 복잡하고 어려울 수 밖에 없다.

디자이너와 프로그래머는 독립적으로 작업하는 것이 아니라 서로 협력하면서 프로젝트를 진행해야 한다. 프로그래머는 디자이너가 이해하지 못하는 부분을 잘 설명해주고 프로그램의 필요한 부분을 이해시켜야 서로 유기적인 협력을 할 수 있는 것인데, 위의 예시와 같은 코드는 디자이너가 내용을 이해하기에도, 디자인하기에도 어려운 형태이다. 프로젝트를 능률적으로 진행하려면 가능한 독립적으로 작업하는 것이 좋으므로, 디자이너가 작업하는 화면 표시(뷰, view) 부분과 프로그래머가 작업하는 로직(모델, Model) 부분은 분리해야 한다.

■ 문제점 2

JSP 페이지에 화면 표시 부분과 로직들이 함께 존재하는 위와 같은 형태의 코드는 재사용하기가 어렵다. JSP 페이지를 작성하다보면 페이지의 구조가 비슷한 형태로 흐르는 것을 알 수 있는데 프로젝트도 마찬가지이다. 전혀 다른 성격의 프로젝트이더라도 항상 기본적인 구조는 같다. 따라서 비슷한 작업을 매번 반복하는 비효율성을 피하기 위해서는 JSP 페이지 내에 있는 반복적인 코드를 따로 작성해놓고 재사용할 필요가 있다.

이렇게 JSP 페이지에 화면 표시 부분과 로직들이 함께 존재해서 복잡하게 구성되는 것을 가능한 피하고, JSP 페이지의 로직 부분을 분리해서 코드를 재사용함으로써 프로그램의 효율을 높이는 것이 자바빈을 사용하는 목적이다.

현재 모든 프로그래밍에서 모듈화(컴포넌트(component)화)가 대세이다. 프로그램을 모듈화하면 잘 작성해 놓은 코드를 재사용해서 프로그램의 작성 기간이 단축되고, 이미 실 시스템에 올렸던 코드를 사용하므로 코드의 안정성이 보장되어 유지 보수에도 좋다.

즉, 프로그램을 작업 단위별로 작성해서 레고 블록처럼 필요한 모듈을 끼워서 사용할 수 있다. 또한 표준화된 모듈을 여러 가지 형태로 보유하게 되어, 어떤 프로그램이든지 쉽게 작성할 수 있다. 바로 자바빈이 웹 프로그래밍에서 이러한 모듈을 작성해서 재사용이 가능하도록 해주는 부분이다. 자바빈을 잘 이해해 두면 EJB(Enterprise Java Bean)를 작성하게 되었을 때, 내부적인 구조가 비슷해서 쉽게 접근할 수 있다.

2 자바빈 작성하기

자바빈(JavaBean)은 자바로 작성된 컴포넌트들을 일반적으로 일컫는 말이다. 자바는 프로그램 기본 단위가 클래스이고, 자바빈은 클래스들이 복합적으로 이루어진 구조이다.

자바빈을 작성하기 위해서는 자바빈을 작성하는 규칙을 알아야 한다. 모든 프로그램 언어에는 문법과 규칙이라는 것이 있듯이 자바빈도 그러한 규칙을 갖는다. 자바빈이라는 이름에서도 느껴지듯이 자바빈은 자바 언어의 프로그램 작성 규칙과 문법을 따른다.

자바를 몰라도 JSP를 학습할 수 있다고 하는 경우가 있는데, 그것은 사실 거짓말이나 다름없다. JSP만큼 그 모체가 되는 언어와 관련이 많은 스크립트 언어도 없다. JSP를 제대로 작성하려면 반드시 자바의 문법을 숙지하고 있어야 한다. 특히 자바의 클래스를 만드는 규칙을 잘 모르면 자바빈을 작성할 때 고생하게 되므로 자바의 기초 지식이 없다면 틈틈이 학습하기 바란다. 그러면 일단 클래스의 기본 작성 방법을 살펴본다.

(1) 자바빈 클래스 작성

자바빈은 자바의 클래스를 만드는 것과 같은 규칙을 갖는다. 자바의 클래스를 작성하는 기본적인 순서는 다음과 같다.

> **클래스의 작성 순서**
>
> 1. package 패키지명; //없으면 생략 가능
> 2. import 패키지명을 포함한 클래스의 풀네임; //없으면 생략 가능
> 3. class 클래스명{ //필수 정의, 생략 불가능
>   }

자바의 클래스를 만들 때는 위의 코드와 같이 포함될 패키지명(package문)과 해당 클래스를 생성할 때 필요한 라이브러리 클래스(import문)들이 필요하다(필요없으면 생략 가능). 그리고 실제로 만들 클래스의 정의 부분(class문)이 필요한데 이는 생략할 수 없다. 자바 파일은 1개 이상의 클래스를 포함해야 하기 때문이다.

자바의 클래스는 다음과 같은 형식으로 선언한다.

> 접근제어자 [키워드] class 클래스명{ }

- **접근 제어자(Access modifier)** : public, private, default(접근 제어자가 없는 형태)가 올 수 있는데, 자바빈을 작성할 때는 접근 제어의 강도가 가장 약한 public을 주로 사용한다. 웹에서는 불특정 다수의 접근을 허용해야 하기 때문에 누구나 접근할 수 있는 public을 사용한다.
- **키워드(Keyword)** : final, abstract, static 등이 있으나 자바빈 클래스에서는 사용하지 않는다.
- **클래스명(Class name)** : 첫 글자는 대문자로 시작하고 나머지는 소문자를 사용한다. 또한 여러 개의 단어로 이루어진 경우, 다음 단어의 첫 글자는 대문자로 시작한다.

> //클래스 선언 예시
> public class UtilClass{ }

자바의 클래스는 캡슐화(Encapsulation)의 역할을 한다. 캡슐화(Encapsulation)는 객체 지향의 가장 중요한 개념 중 하나인 정보 은닉(information hiding)을 구현한다. 자바 클래스를 캡슐화의 형태로 작성하려면 다음과 같은 방법으로 작성해야 한다.

> - 정의된 클래스는 사용 시 객체로 할당되며, public으로 선언해 누구나 접근할 수 있는 객체로 생성한다.
> - 클래스의 멤버 변수는 private으로 선언해서 정보에 직접 접근할 수 없도록 한다.
> - 객체의 정보를 갖는 멤버 변수에 접근하려면 setter(세터)/getter(게터) 메소드를 사용한다. setter/getter 메소드의 접근 제어자는 public을 사용한다.

자바빈의 클래스 선언은 접근 제어자로 public을 사용하고, 멤버 변수의 접근 제어자는 private을 사용해서 작성한다. 자바빈에서는 멤버 필드를 프로퍼티(property)라고도 부른다. 또한 프로퍼티의 값을 저장하고 얻어내는 메소드를 setter/getter 메소드라 하며, 접근 제어자로 public을 사용한다. 자바빈 클래스는 아래의 예시와 같이 작성한다.

```
package bean.logon;
public class DbDataLogin{ //자바빈 클래스
//프로퍼티
  private String id;
  private String passwd;
//setter 메소드
```

```java
  public void setId(String id){
     this.id = id.trim( );
  }
  public void setPasswd(String passwd){
     this.passwd = passwd.trim( );
  }
//getter 메소드
  public String getId( ){
     return id;
  }
  public String getPasswd( ){
     return passwd;
  }
}
```

(2) Setter/Getter 메소드 작성

프로퍼티(property)는 값을 저장하기 위한 멤버 필드로 접근 제어자를 private로 선언해서 작성한다. JSP 페이지의 내용을 DB에 저장하거나 DB에 저장된 내용을 JSP 페이지에 표시할 때 중간 데이터 저장소로 사용된다. 즉, 객체가 갖고 있는 정보의 저장소이기 때문에 외부에서 함부로 접근하는 것을 막기 위해 접근 제어의 강도가 가장 강한 private를 사용한다. 만일 프로퍼티에 접근해 정보를 얻어내야 한다면 setter/getter 메소드를 사용한다.

이 데이터 저장소의 역할을 하는 프로퍼티에 값을 저장할 때는 setter 메소드인 setXxx( ) 메소드를 사용하고, 저장된 값을 사용할 때는 getter 메소드인 getXxx( ) 메소드를 사용한다. 이때 Xxx는 프로퍼티명이며 첫 글자는 대문자로 작성한다. 예를 들어 프로퍼티명이 id인 경우 setter는 setId( )가 되고, getter는 getId( )가 된다. 하나의 프로퍼티에는 하나의 setXxx( ) 메소드와 getXxx( ) 메소드가 존재한다.

setXxx( ) 메소드 작성 방법은 앞의 예제 코드에서 볼 수 있듯이 다음과 같은 형태를 취한다.

```java
public void setId(String id){
   this.id = id.trim( );
}
```

위의 코드를 보면 프로퍼티에 값을 저장하기 때문에 파라미터로부터 값을 받아오는 setId(String id)와 같은 형태를 취한다. 값을 저장만 하는 메소드이므로 리턴 타입이 void이다. 리턴 타입이 void라는 것은 이 메소드의 수행 결과를 리턴(반환)하지 않는다는 의미이다.

this.id = id.trim( ); 이 부분은 넘어온 파라미터의 값을 프로퍼티에 저장하는 부분으로, this.id가 프로퍼티이고 id.trim( )의 id 변수가 파라미터 변수이다. trim( ) 메소드는 해당 변수값의 좌우에 쓸모없는 공백이 있는 경우 제거하는 메소드이다. 이런 쓸모없는 공백은 데이터베이스에도 저장되므로 프로그램의 안정성을 위해서 꼭 기술해서 제거해야 한다. 그리고 프로퍼티명과 파라미터명이 같으면 프로그램에 혼란을 주기 때문에 프로퍼티명 앞에는 this가 붙는다. this는 자기 자신의 클래스를 가리키는 레퍼런스이다.

getXxx( ) 메소드 작성 방법은 앞의 예제 코드에서 볼 수 있듯이 다음과 같은 형태를 취한다.

```
public String getId( ){
    return id;
}
```

저장된 프로퍼티의 값을 얻어내는 메소드이기 때문에 getId( )와 같이 파라미터가 없다. 그러나 저장된 값을 사용해야 하기 때문에 반드시 리턴 타입을 기술해야 한다. String getId( )는 메소드의 수행 결과값이 String 타입으로 호출한 곳으로 반환된다는 것이다. String과 같이 void 이외의 리턴 타입이 기술되면 해당 메소드의 마지막에 return문을 반드시 기술해야 한다. 기술하지 않으면 에러가 발생한다. return문이 이 메소드의 수행 결과를 호출한 쪽으로 리턴하는 문장이다.

마지막으로 자바빈의 작성(저장) 위치를 알아야 한다. 일반적으로 자바 파일(서블릿, 자바빈)은 [웹애플리케이션 폴더]-[WEB-INF]-[classes] 폴더에 위치해야 한다. 톰캣에서 서비스되는 [studyjsp] 프로젝트를 예로 들면 [톰캣홈]-[webapps]-[studyjsp]-[WEB-INF]-[classes]에 자바빈 클래스들이 위치한다.

가상 환경 이클립스에서는 [프로젝트명]-[Java Resources]-[src] 폴더에 자바빈 클래스들이 위치한다. 이클립스에서는 자바 기반 프로젝트의 로직 파일인 .java 파일은 모두 이 [src] 폴더에 위치한다. 자바 기반 프로젝트에는 자바 프로젝트, 동적 웹 프로젝트, 안드로이드 프로젝트 등이 있다.

즉, 이클립스에서 자바빈을 포함한 로직 파일을 작성하면 원본 파일은 [프로젝트명]-[Java Resources]-[src] 폴더에 위치하게 된다. 또한 자동으로 컴파일되어 '.class' 파일은 [build]-[classes] 폴더에 위치한다. 작성이 끝난 후에 해당 프로젝트를 WAR 파일로 내보내기 하면 [build]-[classes] 폴더에 있는 자바 클래스 파일들은 서버상의 [웹 애플리케이션 폴더]-[WEB-INF]-[classes] 폴더에 알아서 위치된다. 즉, 자바빈 파일의 컴파일이나 위치를 일일이 신경 쓰지 않아도 된다는 의미이다.

복잡해보이나 규칙만 이해하면 그다지 어렵지는 않으므로 몇 번만 연습해보도록 한다. 특히 이클립스에서 데이터를 저장하는 빈이 갖고 있는 setter/getter(setXxx( ) 메소드와 getXxx( ) 메소드)는 [Source]–[Generate Getters and Setters] 메뉴를 사용하면 자동으로 생성할 수 있다.

이 예제는 id 프로퍼티 하나만 가진 데이터를 저장하는 자바빈을 작성하는 것으로, 이 자바빈에는 id프로퍼티 값을 저장하거나 얻어내기 위한 setter 메소드와 getter 메소드가 존재한다.

01 TestBean.java를 작성하기 위해 [studyjsp] 프로젝트를 마우스 오른쪽 버튼으로 클릭하고 [New]–[Class] 메뉴를 선택한다.

02 [New Java Class] 창이 표시되면 [Source folder]의 값이 [studyjsp/src]인 것을 확인하고 [Package]에 "ch08.bean"을 입력한다. [Name]에는 "TestBean"을 입력하고 나머지는 기본값을 그대로 사용한 채 [Finish] 버튼을 클릭한다.

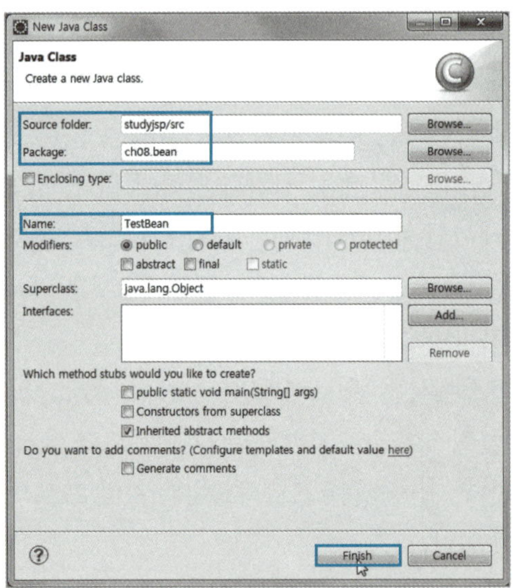

03 TestBean.java가 생성된 것을 확인할 수 있다.

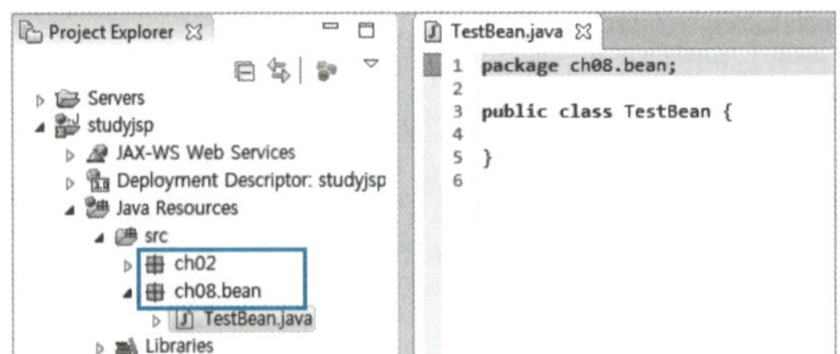

04 TestBean.java의 내용을 아래와 같이 수정한 후 저장한다.

```
01    package ch08.bean;
02
03    public class TestBean {
04          private String id;
05
06    }
```

05 [Source]-[Generate Getters and Setters] 메뉴를 선택한다.

06 [Generate Getters and Setters] 창이 표시되면 [Select getters and setters to create]에서 id 프로퍼티를 선택한다. [Insertion point]에서 [After 'id']를 선택하고 [Sort by]의 값이 [Fields in getter/setter pairs]로 설정된 것을 확인한 후 나머지 항목은 기본값으로 둔 채 [OK] 버튼을 클릭한다.

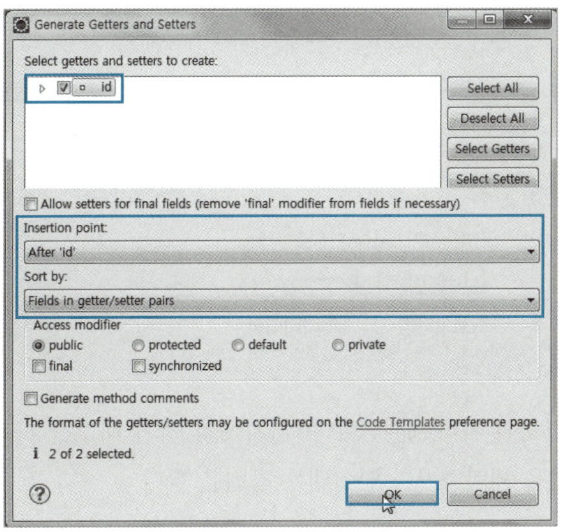

07 데이터 저장 자바빈인 TestBean.java 파일의 내용이 완성된 것을 확인한 후 저장한다.

```
01    package ch08.bean;
02
03    public class TestBean {
04          private String id;
05
06          public String getId( ) {
```

```
07              return id;
08          }
09
10          public void setId(String id) {
11              this.id = id;
12          }
13
14      }
```


1라인 package ch08.bean;은 패키지명을 기술하는 부분으로, 작성되는 자바 클래스 파일 (.class)이 [ch08]-[bean] 폴더 안에 컴파일되어 작성된다. 여기서는 TestBean.class 파일이 [build]-[classes]-[ch08]-[bean] 폴더 안에 위치된다. 이클립스 버전에 따라 이 폴더의 내용을 볼 수 없는 경우도 있다.

3~14라인 TestBean 클래스의 영역으로, 이 클래스는 하나의 프로퍼티를 선언해서 getter/Setter 메소드를 사용하여 해당 프로퍼티에 접근하는 클래스이다.

- **4라인** private String id;는 문자열 값을 저장할 수 있도록 프로퍼티 id를 String 타입으로 선언했다. 또한 프로퍼티의 접근 제어자는 private을 사용했다.

- **6~8라인** getId( ) 메소드는 id 프로퍼티 값을 얻어내기 위해서 사용하는 것이다.

- **10~12라인** setId(String id) 메소드는 id 파라미터의 값을 id 프로퍼티에 저장하기 위해서 사용하는 것이다.

```
public void setId(String id) {
        this.id = id;
}
         프로퍼티명        파라미터명
```

이렇게 정의된 자바빈은 JSP 페이지에서 액션 태그를 사용하여 자바빈의 객체 생성 및 프로퍼티 값을 세팅하거나 얻어내는 작업을 한다.

자바빈과 연동하는 액션 태그

여기에서는 JSP에서 정의된 자바빈 객체에 접근하기 위한 액션 태그를 학습한다. 자바빈 객체를 생성하기 위해 useBean 액션 태그를 사용하며 프로퍼티에 값을 저장할 때는 setProperty 액션 태그, 프로퍼티에 저장된 값을 얻어낼 때는 getProperty 액션 태그를 사용하는 방법을 살펴본다.

JSP 페이지에서는 자바빈을 사용하기 위해서 3가지의 액션 태그가 제공된다.

자바빈 관련 액션 태그	설명
<jsp:useBean id="..." class="..." scope="..."/>	자바빈 객체를 생성
<jsp:setProperty name="..." property="..." value="..."/>	생성된 자바빈 객체의 프로퍼티 값을 저장
<jsp:getProperty name="..." property="..." />	생성된 자바빈 객체의 프로퍼티 값을 사용하기 위해 얻어냄

▲ 자바빈 관련 액션 태그

JSP에서 자바빈을 사용하기 위해서는 위의 3가지 태그를 알아야 한다. 태그의 이름에서도 알 수 있듯이 자바빈 객체를 생성하고, 생성된 자바빈 객체에 프로퍼티 값을 저장하고, 그리고 생성된 자바빈 객체에서 저장된 프로퍼티 값을 가져오는 것으로 구성되어 있다.

1 자바빈 객체 생성_useBean 액션 태그(<jsp:useBean>)

자바빈 객체를 생성하는 <jsp:useBean> 액션 태그의 사용 방법은 다음과 같다.

<jsp:useBean id = "빈 이름" class = "자바빈 클래스 이름" scope = "범위" />

- **id 속성** : 생성될 자바빈 객체(인스턴스)의 이름을 쓰는 곳이다. 필수 속성이므로 생략할 수 없다. 예 id = "testBean"

- **class 속성** : 객체가 생성될 자바빈 클래스명을 기술하는 곳으로, 패키지명을 포함한 자바 클래스의 풀네임을 기술한다. 필수 속성이므로 생략할 수 없다.
  예 class="ch08.bean.TestBean"

■ **scope 속성** : 자바빈 객체의 유효 범위로 자바빈 객체가 공유되는 범위를 지정한다. scope 속성값으로 page, request, session, application을 가지며 scope 속성 생략 시 기본값은 page이다. ◉ scope="page"

ch08.bean 패키지에 있는 TestBean 자바빈 클래스의 객체를 생성하는 〈jsp:useBean〉 액션 태그의 사용 예는 다음과 같다.

```
<jsp:useBean id= "testBean" class="ch08.bean.TestBean" scope="page" />
```

id 속성값인 testBean은 생성되는 객체명(인스턴스명, 레퍼런스명)이다. 향후 TestBean 클래스의 멤버 변수(프로퍼티)나 메소드에 접근하려면 testBean 레퍼런스를 사용해야 한다. 또한 scope 속성의 값이 "page"이기 때문에 이 객체는 현재의 JSP 내에서 공유될 수 있다.

위의 〈jsp:useBean〉 액션 태그를 사용하는 것은 자바에서 객체를 생성하는 다음의 문장과 같다.

```
TestBean testBean = new TestBean( );
```

만일 〈jsp:useBean〉 액션 태그에서 id 속성값에 지정한 객체의 레퍼런스명이 이미 존재하는 경우, 자바빈 객체를 새로 생성하는 것이 아니라 기존에 생성된 객체를 그대로 사용한다. 이때 id 속성값, class 속성값, scope 속성값이 모두 같아야 같은 객체가 된다.

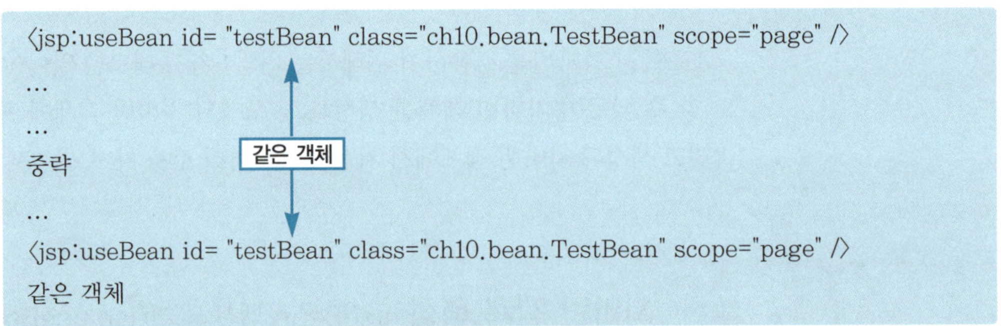

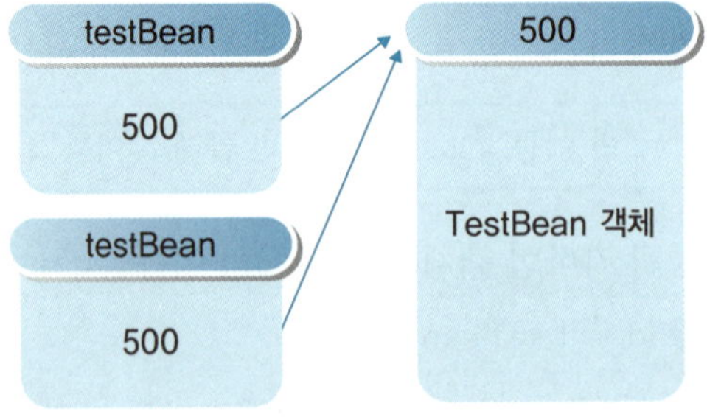

▲ 같은 TestBean 객체를 사용

자바빈 객체의 프로퍼티 값을 저장하기 위해 사용하는 <jsp:setProperty> 액션 태그의 사용 방법은 다음과 같다.

```
<jsp:setProperty name= "빈 이름" property="프로퍼티 이름" value="프로퍼티에 저장할 값 " />
```

- **name 속성** : 자바빈 객체의 이름을 지정한다. 필수 속성이므로 생략할 수 없다.

  예 name = "testBean"

- **property 속성** : 프로퍼티명을 지정한다. 필수 속성이므로 생략할 수 없다.

  예 property = "id"

- **value 속성** : 프로퍼티에 저장할 값을 지정하며, 생략할 수 있다.

  예 value = "kingdora"

<jsp:setProperty> 액션 태그의 사용 예는 다음과 같다.

```
<jsp:useBean id= "testBean" class="ch08.bean.TestBean" scope="page" >
  <jsp:setProperty name="testBean" property="id"/>
</jsp:useBean>
```

위의 <jsp:setProperty name="testBean" property="id"/> 액션 태그는 자바빈 클래스의 setId( ) 메소드와 자동 연동된다. 즉 property 속성값 "id"는 자바빈 클래스의 id 프로퍼티를 의미한다. 이때 사용된 액션 태그가 setProperty이므로 setId( ) 메소드와 연동하게 되는 것이다.

```
public void setId(String id) {
  this.id = id;
}
```

하나의 프로퍼티 값을 세팅할 때는 위와 같이 사용하나, 프로퍼티가 많을 경우 이 작업도 만만치 않다. 아래의 예와 같이 여러 개의 프로퍼티를 일일이 지정하는 것도 보통일이 아니다.

```
<jsp:useBean id="inDb" scope="page" class="bean.logon.DbDataLogin">
  <jsp:setProperty name="inDb" property="id"/>
  <jsp:setProperty name="inDb" property="userpass"/>
  <jsp:setProperty name="inDb" property="username"/>
  <jsp:setProperty name="inDb" property="socialid1"/>
  <jsp:setProperty name="inDb" property="socialid2"/>
  <jsp:setProperty name="inDb" property="birth"/>
  <jsp:setProperty name="inDb" property="email"/>
  <jsp:setProperty name="inDb" property="addr"/>
  <jsp:setProperty name="inDb" property="zip1"/>
  <jsp:setProperty name="inDb" property="job"/>
</jsp:useBean>
```

이렇게 많은 프로퍼티의 값은 한 번에 세팅할 수 있는데, property 속성값을 *(애스테리스크)로 주면 모든 프로퍼티 값이 한 번에 저장된다.

아래의 예시는 많은 프로퍼티의 각각의 값을 한 번에 지정하는 것이다.

```
<jsp:useBean id="inDb" scope="page" class="bean.logon.DbDataLogin">
  <jsp:setProperty name="inDb" property="*"/>
</jsp:useBean>
```

아무 때나 한 번에 모든 프로퍼티의 값을 지정할 수 있는 것은 아니다. 이 작업이 가능하려면 폼으로부터 넘어오는 파라미터의 이름과 개수가 자바빈의 프로퍼티 이름과 개수와 일치해야 한다.

사용자 입력 폼

```
<tr>
    <td bgcolor="" class="normalbold" width="200"> 사용자 ID</td>
    <td  width="400">
      <input type="text" name="id" size="10" maxlength="10">
    </td>
  </tr>
```

자바빈을 사용하는 JSP 페이지

```
<jsp:useBean id="inDb" scope="page" class="bean.logon.DbDataLogin">
  <jsp:setProperty name="inDb" property="id"/>
</jsp:useBean>
```

자바빈 클래스

```
public void setId(String id) {
    this.id = id;
}
```


위의 예시에서 굵게 강조한 세 부분과 일치해야 한다. 가급적이면 이렇게 작성해야 프로그램이 쉬워진다.

만일 폼으로부터 넘어오는 파라미터명과 자바빈 클래스의 프로퍼티명이 다를 경우에는 다음과 같이 작성한다.

사용자 입력 폼

```
<tr>
    <td bgcolor="" class="normalbold" width="200"> 사용자 ID</td>
    <td  width="400">
      <input type="text" name="userid" size="10" maxlength="10">
            <input type="button" name="confirm_id" value="ID중복확인"
OnClick="openConfirmid(this.form)">
    </td>
  </tr>
```

자바빈을 사용하는 JSP 페이지

```
<jsp:useBean id="inDb" scope="page" class="bean.logon.DbDataLogin">
  <jsp:setProperty name="inDb" property="id" param="userid"/>
</jsp:useBean>
```

자바빈 클래스

```
public void setId(String id) {
    this.id = id;
}
```

위와 같이 폼으로부터 넘어온 파라미터명과 자바빈의 프로퍼티가 일치하지 않는 경우 ⟨jsp:setProperty⟩ 액션 태그에 param 속성을 기술해야 한다. param 속성값에는 폼으로부터 넘어온 파라미터명을 기술한다.

자바빈의 프로퍼티 값 얻기
_getProperty 액션 태그(⟨jsp:getProperty⟩)

자바빈 객체에서 저장된 프로퍼티 값을 얻어내서 사용할 목적으로 쓰이는 ⟨jsp:getProperty⟩ 액션 태그의 사용 방법은 다음과 같다.

```
⟨jsp:getProperty name= "빈 이름" property="프로퍼티 이름" /⟩
```

- **name 속성** : 자바빈 객체의 이름을 지정한다. 필수 속성이므로 생략할 수 없다.
  - 예 name="testBean"
- **property 속성** : 프로퍼티명을 기술하는 곳이다. 필수 속성이므로 생략할 수 없다.
  - 예 property="id"

⟨jsp:getProperty⟩ 액션 태그의 사용 예는 다음과 같다.

```
⟨jsp:useBean id= "testBean" class="ch08.bean.TestBean" scope="page" /⟩
⟨jsp:getProperty name="testBean" property="id"/⟩
```

위의 ⟨jsp:getProperty name="testBean" property="id"/⟩ 액션 태그는 자바빈 클래스의 getId( ) 메소드와 자동 연동된다. 즉 property 속성값 "id"는 자바빈 클래스의 프로퍼티 id를 의미한다. 이때 사용된 액션 태그가 getProperty이므로 getId( ) 메소드와 연동하게 되는 것이다.

```
public String getId( ) {
    return id;
}
```

> **따라하기**   **[ch08] 폴더 작성**

[studyjsp] 프로젝트의 [WebContent] 폴더에 [ch08] 폴더를 생성한다.

> **따라하기**   **자바빈 객체를 사용하는 JSP 페이지 작성**

이 예제는 앞에서 작성한 TestBean 자바빈을 JSP 페이지에서 사용하기 위한 것이다. beanTestForm.jsp 페이지는 이름을 입력받는 폼을 제공하고, beanTestPro.jsp 페이지는 ⟨jsp:useBean⟩ 액션 태그를 사용해서 자바빈을 JSP 페이지에서 사용할 수 있게 해준다.

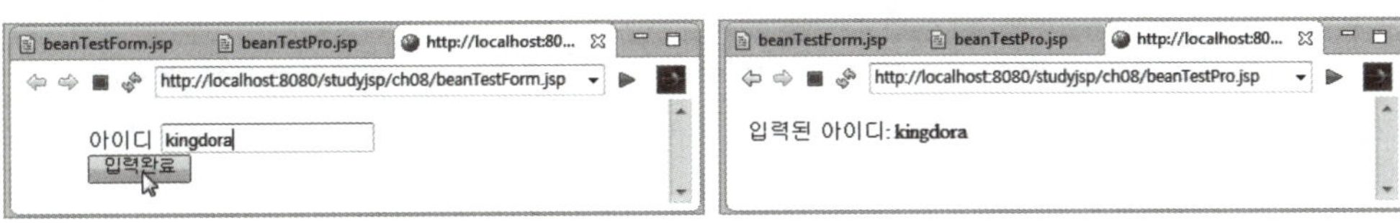

01 [New]-[JSP File] 메뉴를 사용해 [studyjsp]-[WebContent]-[ch08] 폴더에 beanTestForm.jsp 페이지를 작성한다. 기본적인 코딩이 작성되면 다음과 같이 수정한 후 저장한다.

```
01  <%@ page language="java" contentType="text/html; charset=UTF-8"
02      pageEncoding="UTF-8"%>
03  <meta name="viewport" content="width=device-width,initial-scale=1.0"/>
04
05  <form method="post" action="beanTestPro.jsp">
06    <dl>
07    <dd>
08     <label for="id">아이디</label>
09     <input id="id" name="id" type="text"
10              placeholder="aaaa" autofocus required>
11    </dd>
12    <dd>
13     <input type="submit" value="입력완료">
14    </dd>
15    </dl>
16  </form>
```

소스코드 설명

5~16라인 <form> 태그의 영역으로 아이디를 입력한 후 [입력완료] 버튼을 클릭하면 프로그램 제어가 action 속성에 기술된 "beanTestPro.jsp" 페이지로 이동한다.

- **9라인** 아이디를 입력하면 그 값이 id 변수에 들어간다. 이 변수는 beanTestPro.jsp 페이지의 8라인과 연결된다.

02 [New]-[JSP File] 메뉴를 사용해 [studyjsp]-[WebContent]-[ch08] 폴더에 beanTestPro.jsp 페이지를 작성한다. 기본적인 코딩이 작성되면 다음과 같이 수정한 후 저장한다.

```
01    <%@ page language="java" contentType="text/html; charset=UTF-8"
02        pageEncoding="UTF-8"%>
03    <meta name="viewport" content="width=device-width,initial-scale=1.0"/>
04
05    <% request.setCharacterEncoding("utf-8");%>
06
07    <jsp:useBean id="testBean" class="ch08.bean.TestBean">
08        <jsp:setProperty name="testBean" property="id"/>
09    </jsp:useBean>
10
11    입력된 아이디: <jsp:getProperty name="testBean" property="id" />
```


7~9라인 TestBean 자바빈의 객체 testBean을 생성한 후 8라인에서 객체의 레퍼런스명 testBean을 사용하여 TestBean 클래스의 setId( ) 메소드에 접근해서, beanTestForm.jsp 페이지에서부터 넘어오는 파라미터 변수 id의 값을 TestBean 클래스의 id 프로퍼티의 값으로 저장한다. 이때 넘어오는 파라미터 변수의 이름과 자바빈의 프로퍼티 이름이 같다.

11라인 <jsp:getProperty name="testBean" property="id"/>는 TestBean 클래스의 getId( ) 메소드에 접근해서 id 프로퍼티의 값을 얻어내 <jsp:getProperty> 액션 태그를 기술한 그 위치로 가져와서 화면에 출력한다.

03 자바빈(자바 클래스 파일)을 작성 및 수정 후에는 반드시 서버를 내렸다가 다시 올려야 제대로 실행된다. [Servers] 뷰의 톰캣 서버가 시작된 것을 확인한 후, requestTestForm1.jsp 파일을 선택하고 마우스 오른쪽 버튼을 눌러 [Run As]-[Run on Server] 메뉴를 클릭하면 실행 결과가 표시된다.

화면에 실행 결과가 표시되면 아이디를 입력한 후 [입력완료] 버튼을 클릭한다.

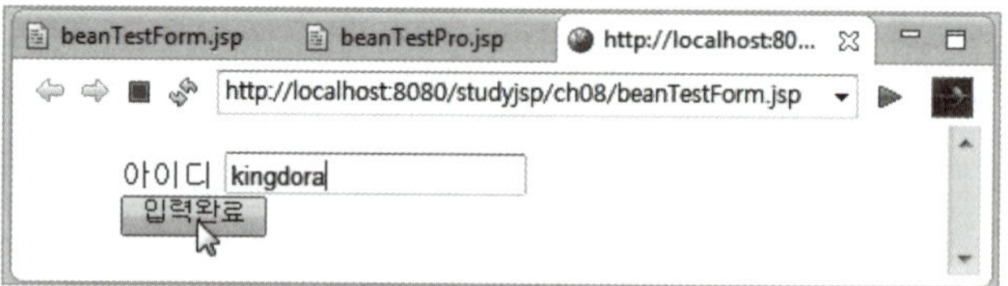

▲ beanTestForm.jsp 페이지 실행 결과

그러면 beanTestPro.jsp 페이지로 제어가 이동하여 입력한 값을 자바빈의 프로퍼티에 저장하고 얻어내는 처리가 수행된다.

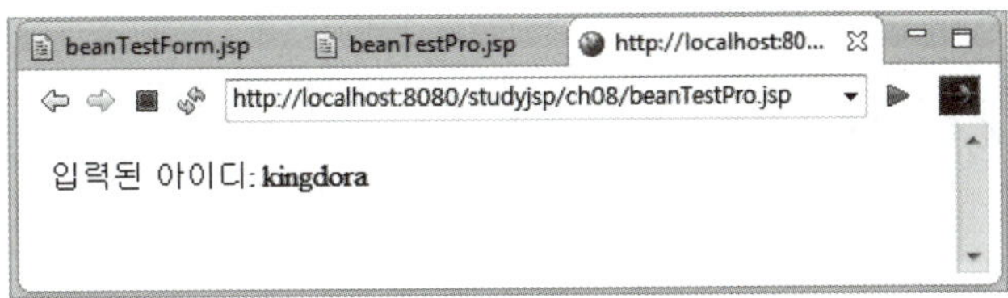

▲ beanTestPro.jsp 페이지 실행 결과

지금까지 자바빈을 작성하고 컴파일한 후 JSP 페이지에서 액션 태그를 사용하여 자바빈을 사용하는 일련의 작업을 해보았다. 실제로 작성해보면 그다지 복잡하지 않으며 몇 번만 해보면 금세 익숙해질 것이다.

자바빈을 JSP 페이지에서 사용하려면 먼저 자바빈 클래스를 생성하고 자바빈을 사용할 JSP페이지를 작성하면 된다. 앞에서는 데이터를 저장하는 자바빈만 작성했다. 그런데 자바빈은 데이터베이스와 연동하는 빈이 하나 더 있어야 완벽해진다. 데이터를 저장하는 빈은 EJB의 엔티티빈(Entity Bean), 데이터베이스와 연동하는 빈은 EJB의 무상태 세션빈(Stateless Session Bean)과 같은 역할을 한다고 할 수 있다.

다음은 데이터베이스와 연동하는 빈의 예시이다. 아쉽게도 아직 우리는 데이터베이스를 연동하는 JDBC 부분을 학습하지 않아서 데이터베이스와 연동하는 빈을 작성할 수 없다. 데이터베이스와 연동하는 빈은 JDBC를 학습한 후에 작성한다.

```java
package ch12.board;

import java.sql.*;
import javax.sql.*;
import javax.naming.*;
import java.util.*;

public class BoardDBBean {
  private static BoardDBBean instance = new BoardDBBean( );

  public static BoardDBBean getInstance( ) {
    return instance;
  }

  private BoardDBBean( ) { }

  private Connection getConnection( ) throws Exception {
    Context initCtx = new InitialContext( );
    Context envCtx = (Context) initCtx.lookup("java:comp/env");
    DataSource ds = (DataSource)envCtx.lookup("jdbc/jsptest");
    return ds.getConnection( );
  }
  … 생략
```

자바빈을 사용한 회원 관리 시스템의 회원 가입 부분 작성

여기에서는 회원 관리 시스템의 일부분인 회원 가입 부분을 작성해 보겠다. 회원 가입 정보 저장 자바빈(회원 가입 데이터 저장빈)과 회원 가입 폼 페이지를 작성하는 부분을 학습한다.

1 회원 가입 시스템 개요

회원 관리 시스템은 크게 회원 가입, 회원 인증, 회원 정보 수정, 회원 탈퇴의 4부분으로 이루어져 있다. 이중 여기에서는 회원 가입 부분만을 다룬다.

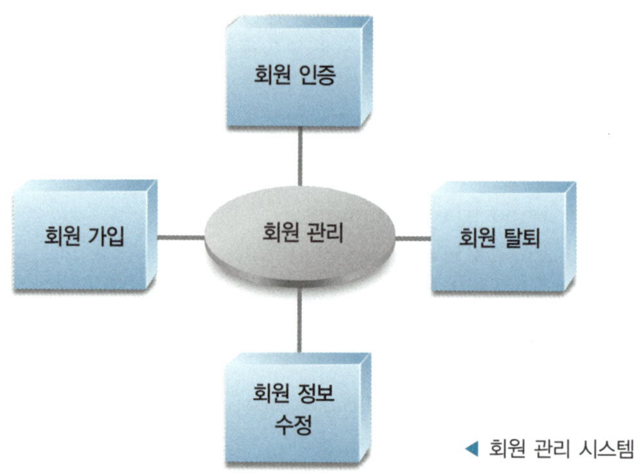

◀ 회원 관리 시스템

이제부터 자바빈을 사용해 회원 가입 부분을 작성하는 것에 대해 알아보자. 회원 가입에서 중요한 부분은 데이터베이스에 회원에 관한 정보를 저장해서 회원 인증에 사용해야 한다는 것이다. 하지만 우리는 아직 JSP에서 데이터베이스를 사용하는 법을 배우지 않았기 때문에 여기에서는 회원 정보 폼으로부터 회원 정보를 입력받아 필요한 정보를 저장하는 자바빈만을 작성한다. 따라서 자바빈 클래스와 JSP 페이지에서 자바빈을 사용하기 위한 액션 태그와의 관계에 대해서만 프로그램을 작성해 살펴본다.

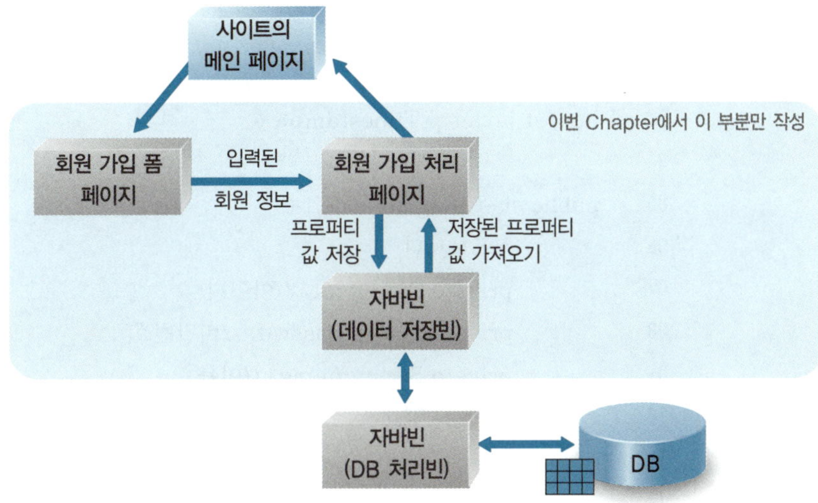

▲ 회원 가입 부분의 구조

JSP에서 웹 애플리케이션을 작성할 때는 DB 테이블, 자바빈, JSP 페이지 순서로 작성한다. 아직 DB를 배우지 않았으니 자바빈부터 작성한다.

2 회원 가입 정보를 저장하기 위한 자바빈 작성하기

사용자가 입력한 정보를 저장하는 데이터 저장빈을 작성한다. 이 자바빈은 아이디, 비밀번호, 이름, 가입일의 정보를 저장하는 4개의 프로퍼티를 갖고 있다.

따라하기 | 회원 가입 시스템 – 데이터 저장 자바빈 작성

이 예제는 idt, passwd, name, reg_date 프로퍼티를 가진 데이터 저장빈을 작성한다.

01 RegisterBean.java를 작성하기 위해 [studyjsp] 프로젝트를 마우스 오른쪽 버튼으로 선택하고 [New]–[Class] 메뉴를 클릭한다.

02 [New Java Class] 창이 표시되면 [Source folder]의 값이 [studyjsp/src]인 것을 확인하고 [Package]에 "ch08.register"를, [Name]에 "RegisterBean"을 입력한다. 나머지는 기본값을 그대로 사용하고 [Finish] 버튼을 클릭한다.

03 RegisterBean.java가 생성되면 내용을 다음과 같이 수정한 후 저장한다.

```java
package ch08.register;

import java.sql.Timestamp;

public class RegisterBean {
        //프로퍼티
        private String idt; //아이디
        private String passwd; //비밀번호
        private String name; //이름
        private Timestamp reg_date; //가입일

        public String getIdt( ) {
            return idt;
        }
        public void setIdt(String idt) {
            this.idt = idt;
        }
        public String getPasswd( ) {
            return passwd;
        }
        public void setPasswd(String passwd) {
            this.passwd = passwd;
        }
        public String getName( ) {
            return name;
        }
        public void setName(String name) {
            this.name = name;
        }
        public Timestamp getReg_date( ) {
            return reg_date;
        }
        public void setReg_date(Timestamp reg_date) {
            this.reg_date = reg_date;
        }

```

1라인 package ch08.register; 이 클래스를 ch08.register에서 관리한다.

3라인 import java.sql.Timestamp;은 10라인의 가입일 reg_date의 데이터 타입을 Timestamp 객체 타입으로 저장하기 위해 사용했다. 날짜 데이터를 저장하기 위한 타입이다.

7~10라인 정보를 저장하는 프로퍼티들이다.

12~35라인 7~10라인에 정의한 프로퍼티의 정보를 얻어내거나 저장하기 위한 getter/setter 메소드들이다.

3 회원 가입 폼 및 가입된 정보 확인 페이지 작성하기

회원 가입 프로그램의 화면인 JSP 페이지는 사용자로부터 필요한 정보를 입력받는 폼과 내부적으로 이것을 처리하는 페이지가 필요하다. registerForm.jsp 페이지는 사용자로부터 정보를 입력받을 수 있도록 입력 폼을 제공하고, registerPro.jsp 페이지는 내부적으로 회원 가입을 처리한다. 원래 회원 가입 처리 페이지는 사용자가 입력한 정보를 갖고 자바빈 객체를 생성해 데이터베이스에 저장해야 한다. 그러나 아직 데이터베이스를 학습하지 않았으므로, 여기서는 화면에 사용자가 입력한 정보를 화면에 표시한다.

따라하기 회원 가입 시스템 – 회원 가입 폼 및 정보 확인 페이지 작성

회원 가입 폼인 registerForm.jsp 페이지와 정보 확인 페이지인 registerPro.jsp 페이지를 작성해 회원 가입 구조를 학습하는 예제이다.

실행 결과

registerForm.jsp 페이지

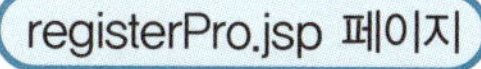
registerPro.jsp 페이지

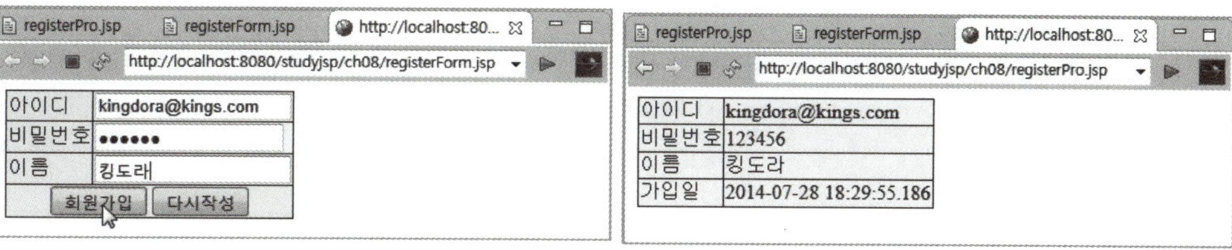

01 [New]-[JSP File] 메뉴를 사용해 [studyjsp]-[WebContent]-[ch08] 폴더에 registerForm.jsp 페이지를 작성한다. 기본적인 코딩이 작성되면 다음과 같이 수정한 후 저장한다.

스타일시트(CSS :
Cascading Style
Sheets)
웹 페이지 내에서 필요한 전반
적인 스타일을 미리 저장해 둔
것으로, 문서 전체의 일관성을
유지할 수 있게 해주므로 개별
적인 웹 페이지에서 세세한 스
타일 지정을 줄여준다.

```
01  <%@ page language="java" contentType="text/html; charset=UTF-8"
02      pageEncoding="UTF-8"%>
03  <meta name="viewport" content="width=device-width,initial-scale=1.0"/>
04  <link rel="stylesheet" href="style.css"/>
05
06  <form method="post" action="registerPro.jsp">
07    <table>
08     <tr>
09      <td class="label"><label for="idt">아이디</label>
10       <td class="content"><input id="idt" name="idt" type="text" size="20"
11         maxlength="30" placeholder="example@kings.com" autofocus required>
12     <tr>
13      <td class="label"><label for="passwd">비밀번호</label>
14       <td class="content"><input id="passwd" name="passwd" type="password"
15         size="20" placeholder="6~12자 숫자/문자" maxlength="12" required>
16     <tr>
17      <td class="label"><label for="name">이름</label>
18       <td class="content"><input id="name" name="name" type="text" size="20"
19              maxlength="10" placeholder="킹도라" required>
20     <tr>
21      <td class="label2" colspan="2"><input type="submit" value="회원 가입">
22       <input type="reset" value="다시작성">
23    </table>
24  </form>
```

소스코드 설명

10, 14, 18라인 입력받은 아이디, 비밀번호, 이름 정보를 6라인의 action 속성에서 지정한
registerPro.jsp 페이지로 보내서 처리한다.

02 [New]-[JSP File] 메뉴를 사용해 [studyjsp]-[WebContent]-[ch08] 폴더에
registerPro.jsp 페이지를 작성한다. 기본적인 코딩이 작성되면 다음과 같이 수정한
후 저장한다.

```
01  <%@ page language="java" contentType="text/html; charset=UTF-8"
02      pageEncoding="UTF-8"%>
03  <%@ page import="java.sql.Timestamp" %>
```

```
04    <meta name="viewport" content="width=device-width,initial-scale=1.0"/>
05    <link rel="stylesheet" href="style.css"/>
06
07    <% request.setCharacterEncoding("utf-8");%>
08
09    <jsp:useBean id="registerBean" class="ch08.register.RegisterBean">
10        <jsp:setProperty name="registerBean" property="*"/>
11    </jsp:useBean>
12    <% //현재 날짜와 시간을 가입일로 지정
13    registerBean.setReg_date(new Timestamp(System.currentTimeMillis( )));%>
14
15    <table class="content">
16      <tr>
17        <td>아이디
18        <td><jsp:getProperty name="registerBean" property="idt"/>
19      <tr>
20        <td>비밀번호
21        <td><jsp:getProperty name="registerBean" property="passwd"/>
22      <tr>
23        <td>이름
24        <td><jsp:getProperty name="registerBean" property="name"/>
25      <tr>
26        <td>가입일
27        <td><jsp:getProperty name="registerBean" property="reg_date"/>
28    </table>
```

소스코드 설명

9~11라인 　회원 가입 폼인 registerForm.jsp 페이지에서 입력받은 값을 〈jsp:useBean〉 액션 태그를 사용해 데이터 저장빈 RegisterBean 객체를 생성한 후 〈jsp:setProperty〉 액션 태그를 사용해 프로퍼티에 저장한다.

13라인 　가입일은 직접 입력하지 않고 현재 날짜와 시간을 얻어내서 따로 저장한다.

15~28라인 　회원 가입 폼에 입력한 값을 〈jsp:getProperty〉 액션 태그를 사용해서 화면에 표시한다.

03　자바빈(자바 클래스 파일)을 작성 및 수정한 후에는 반드시 서버를 내렸다가 다시 올려야 제대로 실행된다. [Servers] 뷰의 톰캣 서버가 시작된 것을 확인한 후, registerForm.jsp 파일을 선택하고 마우스 오른쪽 버튼을 눌러 [Run As]-[Run on Server] 메뉴를 클릭하면 실행 결과가 표시된다.

화면에 실행 결과가 표시되면 정보를 입력한 후 [회원 가입] 버튼을 클릭한다.

▲ registerForm.jsp 페이지

▲ registerPro.jsp 페이지

　지금까지 자바빈이란 무엇이며 어떻게 작성하는지를 학습했는데, 이는 아직 제대로 된 완전한 자바빈은 아니다. 누누이 강조했듯이 〈Chapter 09. 데이터베이스와 JSP의 연동〉과 〈Chapter 10. 쿠키와 세션〉에 대해 학습한 후에 데이터베이스와 연동하는 빈과 회원의 인증이 되었을 때 세션을 유지하는 것까지 학습하여 이 예제는 완성하도록 한다.

- 자바빈은 자바에서 사용되는 컴포넌트로, JSP 페이지의 로직 부분을 분리해서 코드를 재사용함으로써 프로그램의 효율을 높이는 것이 목적이다.

- 자바빈의 클래스 선언은 접근 제어자를 public을 사용하고, 프로퍼티는 접근 제어자를 private을 사용해서 작성한다.

```java
public class TestBean{
  private String id;
```

- 데이터 저장소의 역할을 하는 프로퍼티에 값을 저장할 때는 setXxx() 메소드를 사용하고, 저장된 값을 사용할 때는 getXxx() 메소드를 사용한다. 이때 Xxx는 프로퍼티명이며 첫 글자는 대문자로 작성한다. 하나의 프로퍼티에는 하나의 setXxx() 메소드와 getXxx() 메소드가 존재한다.

```java
public class TestBean{
  private String id;

  pubic void setId(String id){
    this.id = id;
  }

  pubic String getId( ){
    return id;
  }
```

- useBean 액션 태그는 JSP 페이지에서 자바빈 객체를 생성한다.

```
<jsp:useBean id= "빈 이름" class="자바빈 클래스 이름" scope="범위"/>
```

- setProperty 액션 태그는 JSP 페이지에서 자바빈 객체의 프로퍼티 값을 저장하기 위해 사용된다.

```
<jsp:setProperty name= "빈 이름" property="프로퍼티 이름" value="프로퍼티에 저장할 값"/>
```

- getProperty 액션 태그는 JSP 페이지에서 자바빈 객체에서 저장된 프로퍼티 값을 사용하기 위해 사용된다.

```
<jsp:getProperty name= "빈 이름" property="프로퍼티 이름"/>
```

다음 예제는 사용자로부터 정보를 입력받는 폼의 일부이다. 아래의 소스를 참고해서 주어진 문제를
해결하시오.

사용자 입력 폼

```
<dl>
    <dd>label for="name">이름</label>
       <input id="name" name="name" type="text"
        size="20" placeholder="홍길동" maxlength="10" autofocus>
    </dd>
    <dd><label for="email">이메일</label>
       <input id="email" name="email" type="email"
        size="30" placeholder="aaaa@aaa.com" maxlength="50">
    </dd>
    <dd><label for="comment">방문소감</label>
       <textarea id="comment" name="comment" rows="10" cols="50"></textarea>
    </dd>
    <dd><label for="passwd">비밀번호</label>
       <input id="passwd" name="passwd" type="password"
        size="20" placeholder="6~16자 숫자/문자" maxlength="16">
    </dd>
</dl>
```

1 위의 사용자 입력 폼에 해당하는 자바빈을 작성하시오. 이때 자바빈의 패키지명은 ex.ch08,
클래스명은 ExTestBean으로 한다.

2 사용자가 입력한 내용을 처리하는 폼 처리 페이지의 나머지 부분을 채우시오.

폼 처리 페이지

```
<%@ page language="java" contentType="text/html; charset=UTF-8"
    pageEncoding="UTF-8"%>
<meta name="viewport" content="width=device-width,initial-scale=1.0"/>
<% request.setCharacterEncoding("utf-8");%>
<jsp:useBean id="testBean" class="ex.ch08.ExTestBean">
   <jsp:________ name="________" property="*" />
</jsp:useBean>
이름: <jsp:getProperty name="________" property="name" /><br>
이메일: <jsp:getProperty name="________" property="________" /><br>
방문소감: <jsp:getProperty name="________" property="________" /><br>
```

데이터베이스와 JSP의 연동

이번 Chapter에서는 JSP 페이지와 데이터베이스의 연동을 위한 데이터베이스 연결 기술인 JDBC의 개념과 JSP 페이지에서 JDBC 연동 그리고 DBCP API를 사용한 커넥션 풀도 학습한다. 또한 프로그램의 신뢰도를 보장하기 위한 트랜잭션도 살펴본다.

데이터베이스의 개요 및 설치

여기서는 대부분의 애플리케이션 시스템에서 데이터를 보관할 때 사용하는 데이터베이스와 DBMS의 개념, DBMS인 MySQL을 설치해서 작업 데이터베이스를 생성하는 방법 및 권한 설정 등을 학습한다. 또한 이클립스에서 DBMS를 직접 제어하는 방법도 학습한다.

1 데이터베이스와 DBMS

업무가 다양화되고 복잡해짐에 따라 이를 처리하기 위한 프로그램도 많은 기능을 가지게 되었고, 그 프로그램에서 다루는 데이터의 양도 많아지게 되었다.

프로그램에서 발생하는 데이터를 관리하는 데는 파일을 사용하는 방법과 데이터베이스를 사용하는 방법이 있다. 과거에는 데이터를 파일로 관리하였다. 파일로 관리되는 데이터는 호환성이 없어서 데이터의 교환이나 관리 등에 문제가 있었다. 즉, 기존의 데이터를 활용하고 싶어도 파일의 시스템이 달라지면 데이터 파일을 다시 생성해야 했고 보안에서의 문제도 발생하였다.

이러한 문제점 때문에 데이터베이스가 등장하게 되었다. 데이터베이스는 데이터의 효율적 · 지속적인 관리를 목적으로 하는 데이터의 집합이다.

데이터베이스를 관리하는 프로그램을 DBMS(Database Management System)라고 한다. DBMS는 데이터를 안정적으로 보관할 수 있는 다양한 기능, 즉 데이터의 삽입 · 수정 · 삭제, 데이터의 무결성 유지, 트랜잭션 관리, 데이터의 백업 및 복원, 데이터 보안 등의 기능을 제공한다. DBMS는 현재 ORDBMS(Object Relational DBMS : 객체 관계형 DBMS)와 RDBMS(Relational DBMS : 관계형 DBMS)가 주류를 이루고 있으며, 그밖에 OODBMS(Object- Oriented DBMS : 객체 지향 DBMS) 등이 있다.

ORDBMS 및 RDBMS는 데이터를 이차원적인 구조를 가지는 테이블(Table)로 표현한다. 하나의 데이터베이스 안에 하나 이상의 테이블을 갖고 있으며, 현재 사용되는 대부분의 DBMS가 이 구조를 갖고 있다. Microsoft사의 SYBASE · MS-SQL · ACCESS, ORACLE사의 ORACLE · MySQL, IBM사의 DB2 · INFORMIX 등은 버전에 따라 RDBMS 또는 ORDBMS에 해당한다.

테이블은 DBMS에서 데이터를 저장하는 저장소이다. 모든 데이터는 테이블에 저장해야한다. 테이블은 레코드로 이루어져 있고, 다시 레코드는 필드로 이루어져 있다. 한 가지 명심할 사항은 테이블에서 데이터 처리의 기본 단위는 필드가 아니라 레코드라는 것이다. 테이블을 JSP 프로그램 연동에서 사용할 때도 마찬가지로 데이터는 레코드 단위로 처리된다.

필드

필드명 →	이름	사번	부서	직위
레코드 →	김개동	941002s	관리부	과장
	홍길동	982012d	개발부	대리
	...	...	...	...

▲ 테이블의 구조

2 DBMS 설치 및 데이터베이스 생성하기

MySQL은 주로 중소 규모의 사이트에서 사용된다. 대규모 사이트의 경우 Microsoft사의 SYBASE나 MS-SQL 또는 ORACLE사의 ORACLE이나 IBM사의 DB2, INFORMIX 등을 사용한다. 좋은 DBMS를 사용하면 사이트의 응답 속도가 빨라지는 것은 사실이지만, 중소 규모의 사이트라면 굳이 무리해서 비싼 DBMS를 사용하는 것보다 MySQL을 사용해도 좋다. MySQL은 개발용으로는 무료이지만 상용으로는 구입해야 한다.

MySQL을 다운로드하여 설치한 후에 MySQL 드라이버도 다운로드하여 설치한다. MySQL 드라이버는 MySQL과 JSP와 같은 응용 프로그램을 연결할 때 사용한다.

그러면 MySQL부터 다운로드하여 설치해 보자(기존에 다른 DBMS가 있으면 그것을 사용해도 좋다).

(1) MySQL 다운로드

MySQL은 'http://dev.mysql.com/downloads/' 사이트에서 제공한다. 우리가 설치할 mysql-5.5.30-win32.msi 파일과 mysql-connector-java-5.1.29.zip 파일은 부록 CD의 [program] 폴더에서도 제공하니 이것을 사용해도 된다.

이 책을 쓴 시점에서 최신 버전은 5.6.16.버전(mysql-installer-community-5.6.16.0.msi)인데 이 버전은 DB를 전문적으로 사용하기 위한 것으로, 이 책에서와 같이 프로그래밍에서 DB를 간단하게 연결해 쓰기에는 맞지 않다. 이 버전은 MySQL로 DBMS 를 전문적으로 관리하는 작업을 하거나 배우려는 사람들에게 추천한다.

　여기서는 단순히 프로그래밍에서 연결해서 쓸 것이기 때문에 바로 앞 버전인 5.5 버전을 사용한다.

따라하기　MySQL 다운로드

01 웹 브라우저를 실행하고 'http://dev.mysql.com/downloads/' 사이트로 이동한 후 [MySQL Community Server]를 클릭한다.

02 [Windows, MSI Installer] 화면이 표시되면 스크롤바를 내려 [Generally Available (GA) Releases] 탭에서 [Looking for previous GA versions?]의 [MySQL Community Server 5.5 >>]를 클릭한다.

03 [Download MySQL Community Server] 화면이 표시되면 스크롤바를 내려 [Generally Available (GA) Releases] 탭의 [Selection Version]의 값이 [5.5.36]이 고, [Select Platform]의 값이 [Microsoft Windows]인 것을 확인한 후 [Windows (x86, 32-bit), MSI Installer]의 [Download] 버튼을 클릭한다.

운영체제가 Windows 64bit인 경우에는 [Windows (x86, 64-bit), MSI Installer]의 [Download] 버튼을 클릭한다.

MySQL 5.5 다운로드
사이트 주소

https://dev.mysql.com/do
wnloads/mysql/5.5.html#d
ownloads

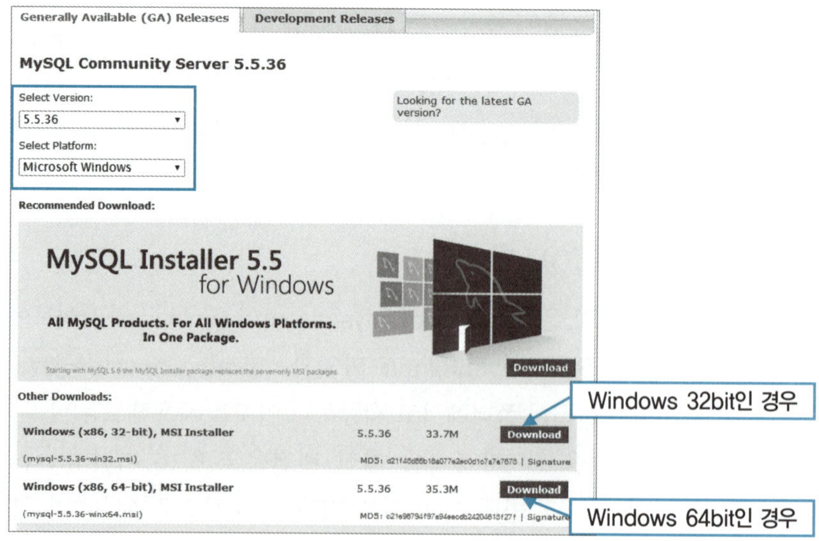

▲ MySQL 다운로드 3

04 [Begin Your Download-mysql-5.5.36-win32.msi] 또는 [Begin Your Download-mysql-5.5.36-x64.msi] 화면이 표시되면 로그인하거나 회원 가입을 하라는 내용은 무시하고 [No thanks, just start my download.] [No thanks, just start my download.] 링크를 클릭한다.

그러면 mysql-5.5.36-win32.msi 또는 mysql-5.5.36-winx64.msi 파일이 다운로드된다.

참고 | Oracle을 다운로드하는 경우

대기업이나 관공서 등에서는 오라클 데이터베이스를 많이 사용하기 때문에 이를 사용하고 싶은 학습자도 많다.

오라클은 'http://www.oracle.com/technetwork/database/enterprise-dition/downloads/index.html' 사이트에서 다운로드할 수 있다. 필자가 이 책을 쓴 시점에서는 Oracle Database 12c Release 1 버전이 최신이며, 각자 자신의 컴퓨터의 운영체제에 맞는 것을 잘 선택해서 다운로드한 후 설치하면 된다.

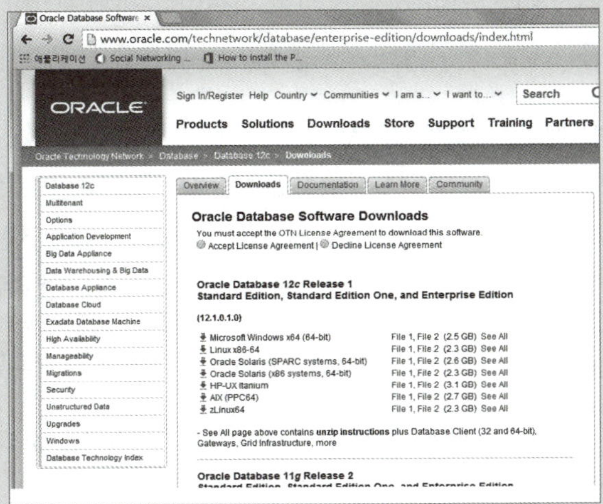

▲ Oracle 다운로드

JDBC 드라이버는 오라클을 설치하고 나면 11g의 경우 C 드라이브의 [app]-[계정명]-[product]-[dbhome_1]-[jdbc]-[lib] 폴더 안에 있는 ojdbc6.jar, 12c의 경우 ojdbc7.jar를 사용한다.

따라하기 MySQL 설치

01 다운로드한 mysql-5.5.36-win32.msi 또는 mysql-5.5.36-winx64.msi 파일을 마우스 오른쪽 버튼으로 선택하고 [설치]를 클릭하면 설치가 시작된다.

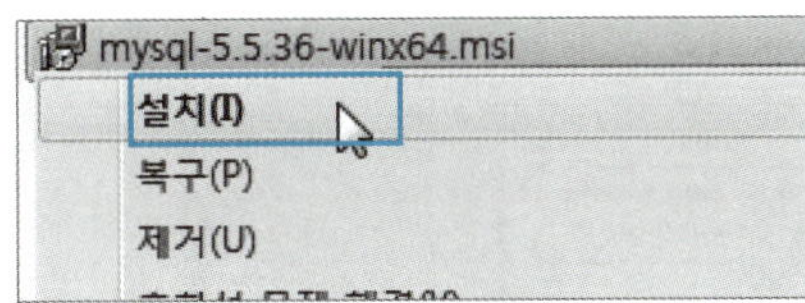

▲ MySQL 설치 1

02 보안 경고 대화상자가 표시되면 [실행] 버튼을 클릭한다.

03 설치가 시작되면 [Next] 버튼을 클릭한다.

04 라이선스 동의 화면인 [End-User License Agreement] 화면이 표시되면 [I accept the terms in the License Agreement]에 체크하여 라이선스에 동의하고 [Next] 버튼을 클릭한다.

05 [Choose Setup Type]에서 [Typical] 버튼을 클릭한다. 설치 드라이브 및 설치 사항을 변경하려면 [Custom] 버튼을 클릭한다.

06 [Ready to Install MySQL Server 5.5] 화면이 표시되면 [Install] 버튼을 클릭한다.

07 설치가 시작된다. 권한 허용에 관한 화면이 표시되면 [예] 버튼을 클릭하고, 설치 중간에 다음과 같은 화면이 표시되면 [Next] 버튼을 클릭한다.

08 설치가 끝나면 [Finish] 버튼을 클릭한다.
여기까지 기본적인 설치는 끝났지만 MySQL Server Instance 설정을 해야 한다. 후에 따로 설정해도 되나 [Finish] 버튼을 클릭하면 바로 연결해서 설치가 되니 그냥 이어서 진행한다. 권한 허용에 관한 화면이 다시 표시되면 [예] 버튼을 클릭한다.

09 [Welcome to the MySQL Server Instance] 화면이 표시되면 [Next] 버튼을 클릭한다.

10 [Detailed Configuration]이 선택되어 있으면 기본값을 그대로 사용하고 [Next] 버튼을 클릭한다.

11 나머지 부분들도 모두 기본값을 그대로 선택하고 [Next] 버튼을 클릭하며 기본값으로 계속 진행한다. 그러다가 [Character Set] 설정 부분이 나오면 그림과 같이 [Manual Select Default Character Set/Collation]을 선택하고 [Character Set]의 값을 [euckr]로 설정한 후 [Next] 버튼을 클릭한다.

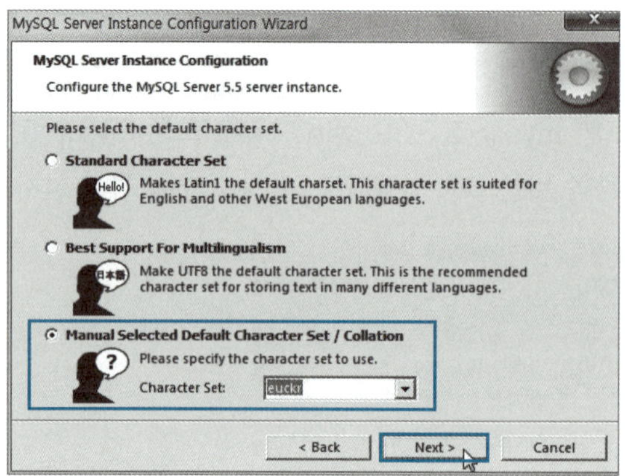

◀ MySQL 설치 10

MySQL 5.5에서는 반드시 위의 그림과 같이 설정해야만 데이터베이스 테이블에서 한글이 깨지지 않는다. 만약 이 부분에서 실수로 [euckr]를 선택하지 않았다면 나중에 MySQL 설치 드라이브의 [Program Files]-[MySQL]-[MySQL Server 5.5] 폴더에서 my.ini 파일을 더블클릭하여 [default-character-set]의 값을 [default-character-set=euckr]로 변경한다.

12 기본값을 그대로 사용하고 [Next] 버튼을 클릭하다가 [root 계정]의 패스워드 입력 부분이 나오면 패스워드를 두 번 입력한다(필자는 연습용으로 그냥 1234를 입력하였는데, 실무에서 사용할 때는 절대로 이런 패스워드를 사용하면 안 된다). [Next] 버튼을 클릭하고 마지막에 [Execute] 버튼을 누르면 서비스가 시작된다.

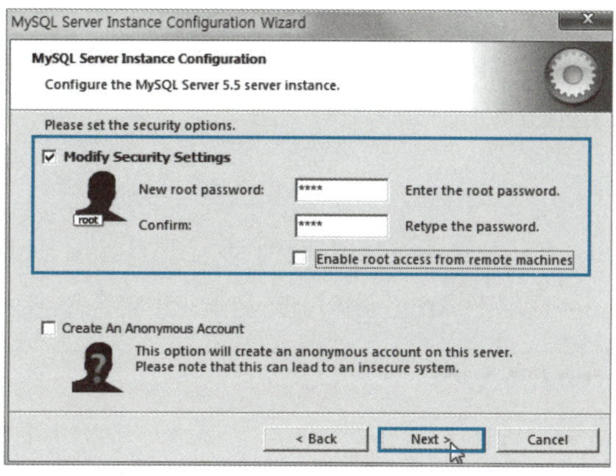

▲ MySQL 설치 11

참고 | mysql 설치 시 1045 에러 발생 문제 해결
• 원인 : MySQL을 여러 번 설치하면 이런 경우가 발생할 수 있다.
• 해결 방법 : 다음과 같은 순서로 다시 설치한다.
① [제어판]-[서비스]에서 [MySQL] 서비스 중지시킴
② [제어판]에서 설치된 [MySql Server 버전] 제거
③ 탐색기에서 C 드라이브의 [Program Files]-[MySQL] 폴더를 수동 제거
④ 탐색기에서 숨김 폴더인 C 드라이브의 [ProgramData]-[MySQL] 폴더를 수동 제거
   (숨김 폴더는 [구성]-[폴더 및 검색 옵션]-[보기] 탭에서 [숨김 파일, 폴더 및 드라이브 표시]를 선택해 숨김을 해제한 후 제거)
⑤ 컴퓨터를 재부팅
⑥ MySQL 다시 설치

13 설치가 완전히 끝나면 [시작]-[설정]-[제어판]-[관리 도구]의 [서비스]에서 [MySQL] 서비스가 [시작됨]으로 표시되는 것을 통해 시작한 것을 확인할 수 있다.

(2) MySQL 드라이버 다운로드 및 설치

MySQL을 설치했다고 끝난 것이 아니다. MySQL과 프로그래밍과 연동하려면 반드시
MySQL 드라이버를 설치해야 한다. 부록 CD에서 제공하는 mysql-connector-java-
5.1.29.zip 파일을 사용할 경우에는 다운로드는 생략해도 된다.

따라하기 MySQL 드라이버 다운로드와 설치

01 MySQL 다운로드 사이트인 'http://dev.mysql.com/downloads/'에 접속하여 왼쪽
의 다운로드 항목에서 [MySQL Connectors]를 클릭한다.

02 [MySQL Connectors] 화면으로 이동하면 왼쪽의 [MySQL Connectors]의 하위 항
목인 [Connector/J]를 클릭한다.

03 [Download Connector/J] 화면으로 이동하면 스크롤바를 내려 [Generally
Available (GA) Releases] 탭에서 [Platform Independent (Architecture
Independent), ZIP Archive]의 [Download] 버튼을 클릭한다.

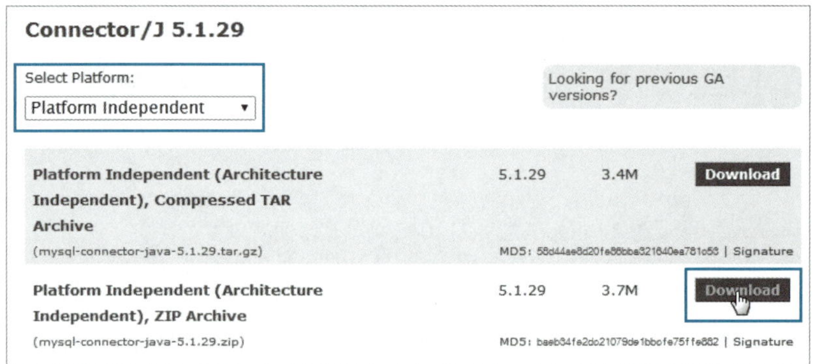

▲ MySQL드라이버 다운로드 3

04 [Begin Your Download-mysql-connector-java-5.1.29.zip] 화면에서 스크롤바를
내려 [No thanks, just start my download.]를 클릭한다. 그러면 필자의 경우
mysql-connector-java-5.1.29.zip 파일이 다운로드된다.

따라하기 MySQL 드라이버 설치

01 다운로드한 mysql-connector-java-5.1.29.zip 파일의 압축을 해제한다. 압축 해제
위치는 어디든 상관없다.

02 압축 해제된 [mysql-connector-java-버전] 폴더에서 mysql-connector-java-버전-bin.jar 파일을 복사해 [자바 설치 드라이브의 jdk 버전]-[lib] 폴더 안에 붙여넣기 한다. 필자의 경우 C 드라이브의 [Program Files]-[Java]-[jdk1.8.0_05]-[lib]에 mysql-connector-java-5.1.29-bin.jar 파일을 붙여넣기 했다.

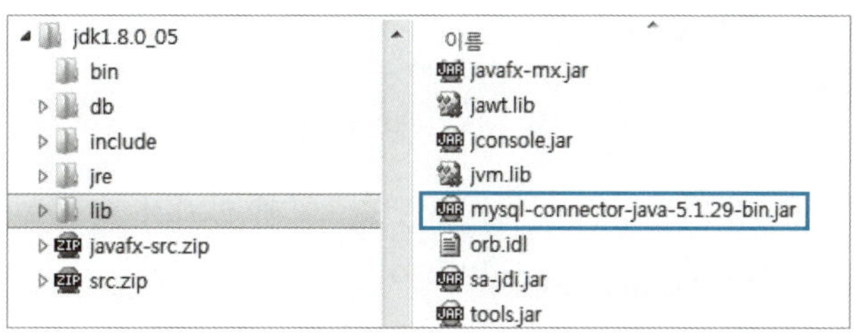

▲ MySQL 드라이버 설치

일반적으로 자바 기반에서 프로젝트를 작성할 경우 이런 JAR 파일들은 [자바 설치 드라이브 jdk 버전]-[lib] 폴더 안에 모아서 관리하는 것이 좋다. 나중에 이클립스에서 프로젝트 내에 외부 JAR 파일을 추가하거나 가져오기할 때 이런 JAR 파일들이 모여 있어야 작업하기 편하기 때문이다.

(3) 이클립스 프로젝트에 MySQL 커넥터 드라이버 연결

적당한 위치에 MySQL 커넥터 드라이버를 위치시킨 후에는 이클립스 프로젝트에서 JDBC를 사용할 수 있게 드라이버를 연결해 주어야 한다. 만일 이클립스에서 작업하지 않고 다른 툴이나 에디터에서 JDBC 프로그램을 작성하려면, 이 mysql-connector-java-5.1.29-bin.jar 파일을 [제어판]-[시스템]-[환경 변수]에서 [CLASSPATH] 환경 변수에 연결해야 한다.

이클립스에서 MySQL 커넥터 드라이버는 JDBC를 사용한 DB 연동이 필요한 프로젝트에서 설정한다. 이렇게 하는 이유는 프로젝트마다 다른 DBMS를 사용할 수 있게 하기 위해서이다. 동적 웹 프로젝트에서 DB 연동을 할 때 해당 드라이버는 반드시 [WebContent]-[WEB-INF]-[lib] 폴더에 위치해야 한다.

> **따라하기** 이클립스 프로젝트에 MySQL 커넥터 드라이버 연결

01 [자바 설치 드라이브의 jdk 버전]-[lib] 폴더에 붙여넣기했던 mysql-connector-java-5.1.29-bin.jar 파일을 다시 복사한다.

02 이클립스가 실행되어 있지 않으면 이클립스를 실행한다.

03 MySQL 커넥터 드라이버를 사용해 DB와 연동할 프로젝트인 [studyjsp]의 [WebContent]–[WEB-INF]–[lib] 폴더를 선택한 후 붙여넣기 한다.

▲ 이클립스에서 JDBC 드라이버 연결

여기까지 기본적인 설치는 끝났다. 이제 설치가 잘 되었는지 확인한 후 데이터베이스를 생성하고 생성된 데이터베이스에 접근할 수 있는 계정을 생성하는 작업이 남아있다. 원래 DB는 설치하는 것도 복잡하고 설치 후에 해야 하는 작업도 만만치 않다.

(4) MySQL 설치 확인

따라하기   MySQL 설치 확인

01 윈도의 [보조 프로그램]에 있는 [명령 프롬프트] 메뉴를 선택하거나 [시작]–[실행]에서 "cmd"를 입력해 실행한다.

02 [명령 프롬프트] 창이 표시되면 다음과 같이 명령어를 입력해 MySQL 설치 드라이브로 이동한다. 명령을 입력한 후에는 항상 [Enter] 키를 누른다.

```
C:\~>cd\
C:\>cd C:\Program Files\MySQL\MySQL Server 5.5\bin
```

▲ MySQL 설치 확인 1

03 아직 계정을 만들지 않았으니 루트(root) 계정을 사용해서 MySQL에 접속해 본다. [명령 프롬프트] 창에 다음과 같이 입력해서 루트 계정으로 접속한다. 그러면 접속된 MySQL 화면이 표시되어 프롬프트가 mysql>로 변경된다.

```
C:\Program Files\MySQL\MySQL Server 5.5\bin>mysql -u root -p
```

'Enter password:' 부분에는 MySQL 설치 단계에서 마지막에 입력했던 루트 계정의 패스워드를 입력한다(필자는 "1234"를 입력).

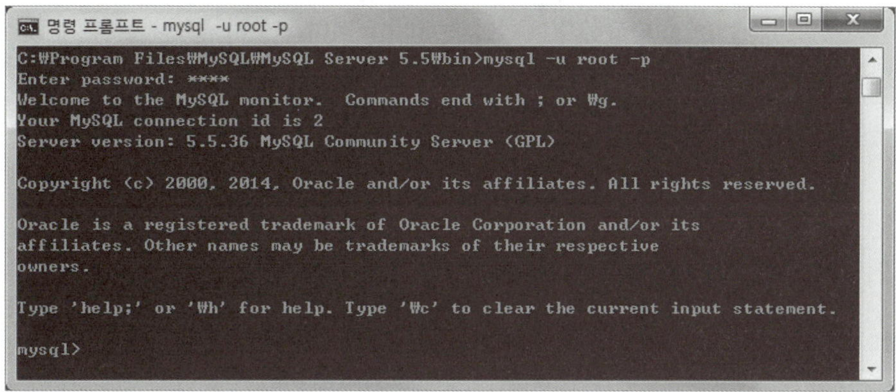

▲ MySQL 설치 확인 2

04 이때 "quit" 명령을 입력하면 MySQL 화면을 빠져나와 프롬프트가 다시 C:\Program Files\MySQL\MySQL Server 5.5\bin〉으로 변경된다.

(5) MySQL에 데이터베이스 추가

따라하기　MySQL에 데이터베이스 추가(데이터베이스명: jsptest)

데이터베이스를 추가하려면 mysqladmin을 사용해야 한다. [명령 프롬프트] 창에 다음과 같이 입력해 jsptest 데이터베이스를 생성한다. 성공하면 DOS 명령 프롬프트 C:\Program Files\MySQL\MySQL Server 5.5\bin〉이 표시된다.

```
C:\Program Files\MySQL\MySQL Server 5.5\bin>mysqladmin -u root -p
create jsptest
```

'Enter password:' 부분에 루트 계정의 패스워드를 입력한다(필자는 "1234"를 입력).

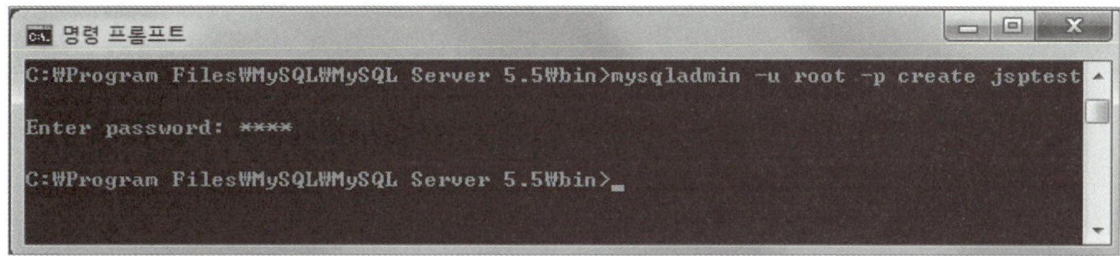

▲ jsptest 데이터베이스 생성

(6) 생성된 데이터베이스에 사용자 계정 추가 및 권한 설정

01 생성된 데이터베이스에 사용자 계정 추가 및 권한을 설정하려면 MySQL에 루트 계정으로 접속한다.

```
C:\Program Files\MySQL\MySQL Server 5.5\bin>mysql -u root -p
```

02 데이터베이스에 로컬 호스트(localhost)에 접근할 수 있는 사용자 계정 추가 및 권한을 설정한다. 추가할 계정은 다음과 같다.

```
사용자 계정 : jspid
계정 패스워드 : jsppass
```

명령 프롬프트 창에 다음과 같이 입력해서 사용자 계정을 추가하여 로컬 호스트에 접근할 수 있는 권한을 설정한다.

```
grant select, insert, update, delete, create, drop, alter
on jsptest.* to 'jspid'@'localhost'
identified by 'jsppass';
```

> **주의** 이때 한 줄보다는 가급적 여러 줄에 나눠서 입력하는 것이 좋다. SQL에서는 ;을 만나기 전까지는 하나의 문장이 끝난 것이 아니므로 여러 줄에 나눠서 입력해도 된다. 여러 줄에 나눠서 입력하면 오타를 수정하기가 쉽다.

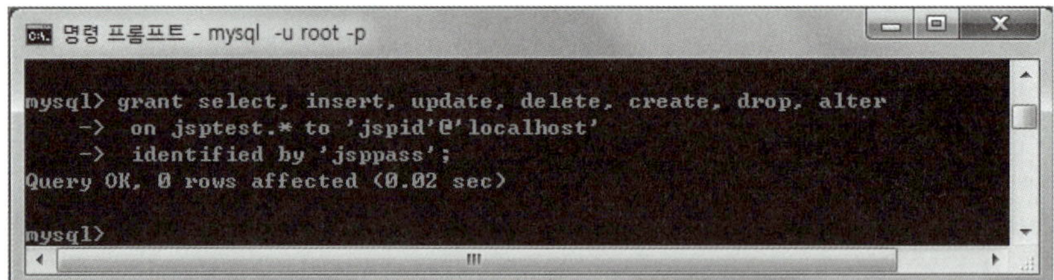

▲ jsptest 데이터베이스에 로컬 호스트(localhost)에 접근 권한 설정

03 이번엔 모든 서버(%)에 접근할 수 있는 권한을 설정한다. 추가할 계정은 다음과 같다.

```
• 사용자 계정 : jspid
• 계정 패스워드 : jsppass
```

[명령 프롬프트] 창에 다음과 같이 입력해서 사용자 계정을 추가하여 모든 서버에 접근할 수 있는 권한을 설정한다.

```
grant select, insert, update, delete, create, drop, alter
on jsptest.* to 'jspid'@'%'
identified by 'jsppass';
```

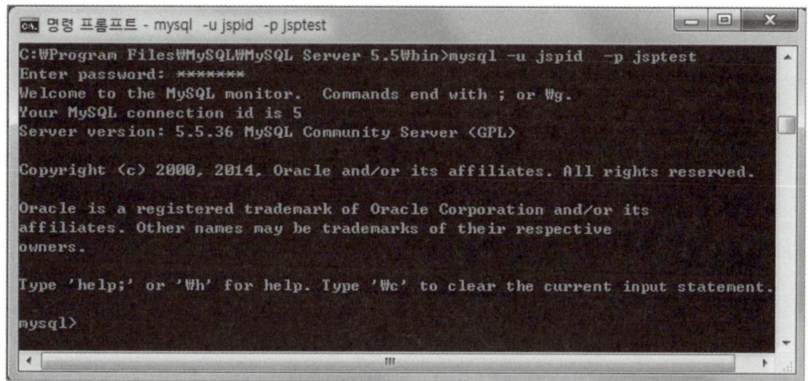

▲ jsptest 데이터베이스에 모든 서버(%)에 접근할 수 있는 권한 설정

04 이번엔 jsptest 데이터베이스에 사용자 계정 추가 및 권한이 제대로 설정되었는지 확인한다. 먼저 "quit"를 입력해서 루트(root) 계정의 접속을 해제한다.

05 jsptest 데이터베이스에 jspid 계정으로 접속한다.

```
C:\Program Files\MySQL\MySQL Server 5.5\bin>mysql -u jspid -p jsptest
```

'Enter password:' 부분에 javaid 계정의 패스워드인 "jsppass"를 입력한다.

▲ jsptest 데이터베이스에 사용자 계정으로 접속

06 javaid 계정에서 접근할 수 있는 데이터베이스에 jsptest가 있는지를 확인하기 위해 [명령 프롬프트] 창에 다음과 같이 입력한다. jsptest 데이터베이스가 있는 것을 확인할 수 있다.

> mysql> show databases;

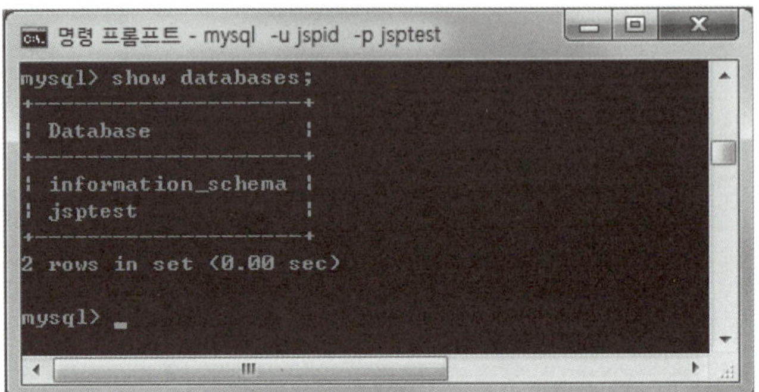

▲ jsptest 데이터베이스 확인

명령 프롬프트에서 MySQL을 사용하는 것은 사실 많이 불편하다. 사용 시 필요한 데이터베이스, 계정 등은 모두 추가했으므로 앞으로는 이클립스에서 MySQL을 끌어다가 사용한다. [명령 프롬프트] 창은 더 이상 필요 없으니 닫아둔다.

3 이클립스에서 [Data Source Explorer] 뷰를 사용한 DBMS 제어

이클립스의 [Data Source Explorer] 뷰를 사용하면 DBMS와 연동해 데이터베이스를 직접 제어할 수 있다. 사실 [명령 프롬프트] 창에서는 메모장과 같은 편집기처럼 자유롭게 쿼리문을 기술하기가 쉽지 않다. 편집기에 문서를 작성하듯이 명령어를 복사해 재사용하거나, 다시 앞에 작성한 명령어 중 일부만을 재실행 사용하는 방식은 쿼리문을 보다 쉽게 작성하고 실행할 수 있다. 명령 프롬프트로는 어려운 작업이다. 그래서 프로그래머들이 하는 일 중 하나가 이와 같은 기능을 갖는 툴을 설치해 DB를 제어하는 것이었다.

[Eclipse IDE for Java EE Developers]에서는 이런 기능을 갖는 툴을 뷰로 제공하는데, 그것이 [Data Source Explorer] 뷰이다. [Data Source Explorer] 뷰는 설치된 DBMS와 커넥터를 통해 쿼리문의 수행을 가능하게 한다.

(1) [Data Source Explorer] 뷰에서 데이터베이스 커넥션 설정

이클립스의 [Data Source Explorer] 뷰에서 설치된 DBMS인 MySQL의 커넥터를 사용해 데이터베이스 커넥션을 설정한다. 이 커넥션을 설정해야 이클립스에서 데이터베이스를 제어할 수 있다.

따라하기　데이터베이스 커넥션 설정

01　데이터베이스 커넥션을 설정하기 위해 이클립스 창의 아래에 위치한 [Data Source Explorer] 뷰를 선택한다.

02　[Data Source Explorer] 뷰의 내용이 표시되면 [Database Connections]를 마우스 오른쪽 버튼으로 클릭하고 [New]를 선택한다.

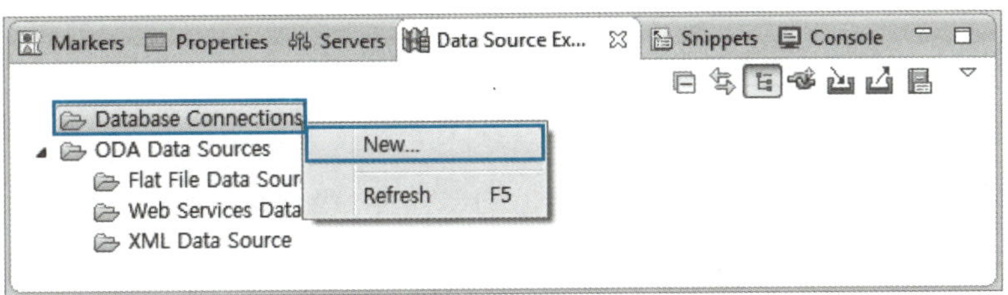

▲ 데이터베이스 커넥션 설정 2

03　[New Connection Profile] 창이 표시되면 [Connection Profile Type]에서 [MySQL]을 선택하고 [Name]에 "jspmysqlconn"을 입력한 후 [Next] 버튼을 클릭한다.
(오라클을 설치한 경우에는 [Connection Profile Type]에서 [Oracle]을 선택)

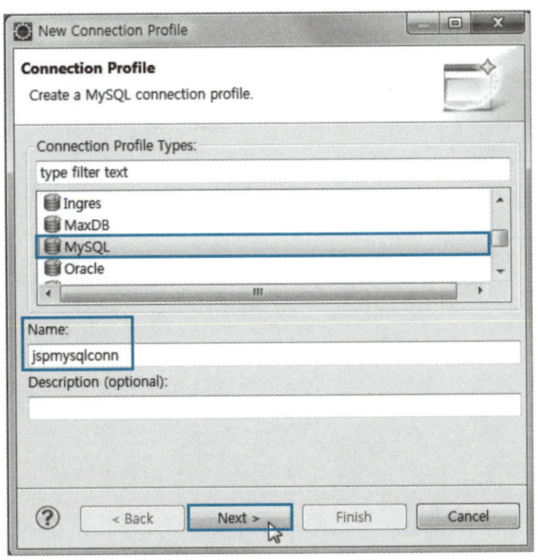

▲ 데이터베이스 커넥션 설정 3

04 [Specify a Driver and Connection Details] 화면이 표시되면 [Drivers]의 [New Driver Definition] 버튼을 클릭한다.

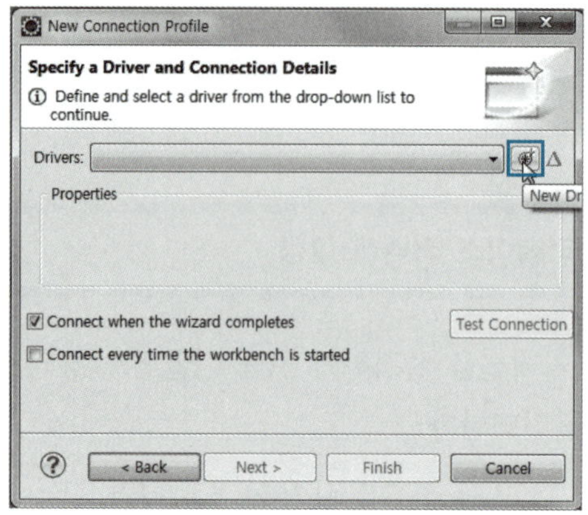

▲ 데이터베이스 커넥션 설정 4

05 [New Driver Definition] 대화상자가 표시되면 화면의 [Name/Type], [JAR List], [Properties] 탭에 각각 필요한 설정을 차례로 지정해야 한다.

먼저 [Name/Type] 탭을 보면 ❸에서 선택한 커넥션 타입이 MySQL이기 때문에 MySQL의 JDBC 드라이버의 리스트가 표시되는데, 우리가 사용할 드라이버(mysql-connector-java-5.1.29-bin.jar)가 5.1 버전이기 때문에 그에 해당하는 것을 선택했다(만일 ❸에서 선택한 커넥션 타입이 오라클이면 Oracle의 JDBC 드라이버가 표시).

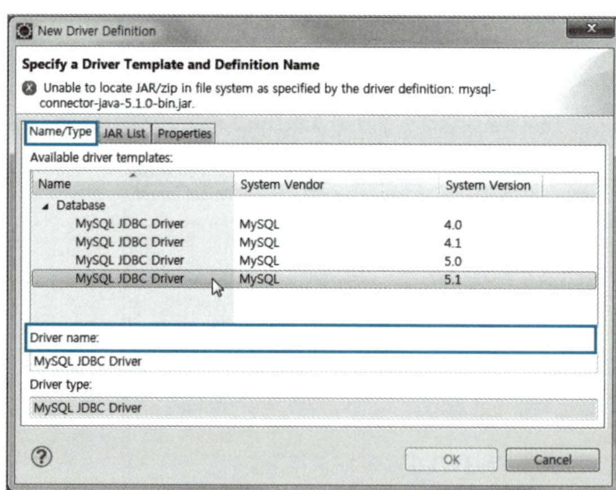

▲ 데이터베이스 커넥션 설정 5

06 [JAR List] 탭에서는 사용할 JDBC 드라이버의 경로를 포함한 파일을 지정한다.

[JAR List] 탭의 [Driver files]에서 기존의 예시로 표시된 드라이버를 선택하고 [Remove JAR/Zip] 버튼을 클릭해서 제거한 후, 실제로 사용할 JDBC 드라이버를 추가하기 위해 [Add JAR/Zip] 버튼을 클릭한 후 JDBC 드라이브를 선택해 추가한다. JDBC 드라이브인 mysql-connector-java-5.1.29-bin.jar는 C 드라이브의 [Program Files]-[Java]-[jdk1.8.0_5]-[lib] 위치에 복사해 놓은 것을 사용한다.

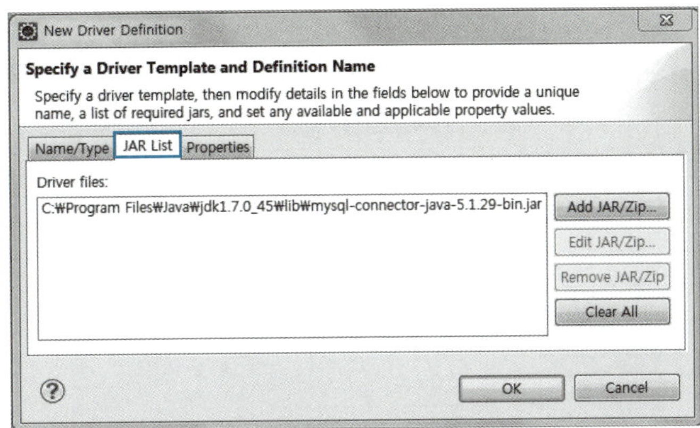

▲ 데이터베이스 커넥션 설정 6

07 [Properties] 탭에서는 커넥션 설정에 필요한 URL, 데이터베이스 이름, JDBC 드라이버 클래스 그리고 데이터베이스 접근에 필요한 계정 이름과 패스워드를 기술한다.

[Properties] 탭을 선택해 [Connection URL]의 값은 "jdbc:mysql://localhost:3306/jsptest"로, [Database Name]의 값은 "jsptest"로 변경한다. [Password]의 값은 "jsppass"를, [User ID]의 값은 "jspid"를 입력한 후 [OK] 버튼을 클릭한다.

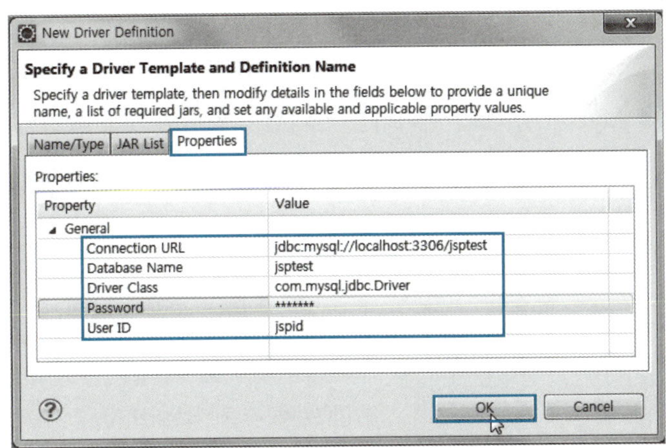

▲ 데이터베이스 커넥션 설정 7

08 [Specify a Driver and Connection Details] 화면의 [Properties]에 표시되는 내용을 확인하고 [Test Connection] 버튼을 클릭한다. [Success] 대화상자가 표시되면 [OK] 버튼을 클릭한다.

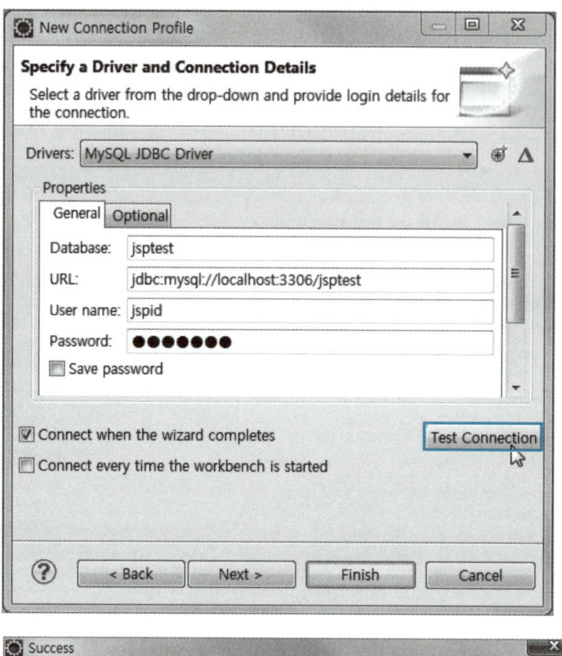

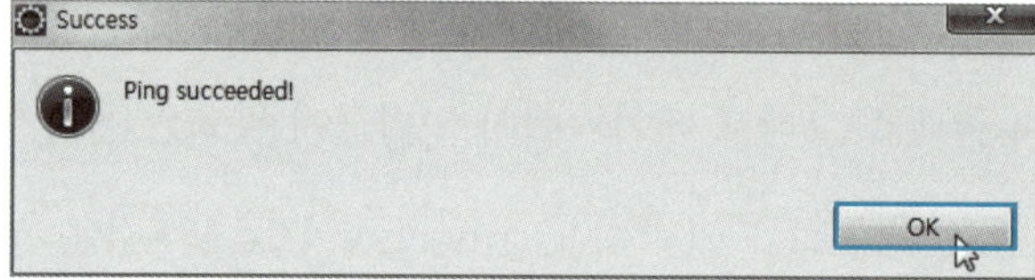

▲ 데이터베이스 커넥션 설정 8

09 [Specify a Driver and Connection Details] 화면의 [Finish] 버튼을 클릭하면 모든 설정이 끝난다.

10 MySQL을 직접 제어하는 커넥션이 연결된 것을 확인할 수 있다.

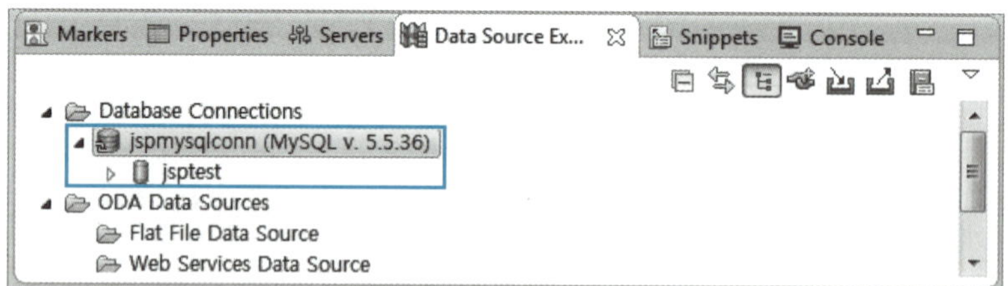

▲ 데이터베이스 커넥션 설정 10

앞으로 커넥션을 연결할 때는 [Connection] 메뉴를 사용하고, 커넥션을 해제할 때는 [Disconnection] 메뉴를 사용한다.

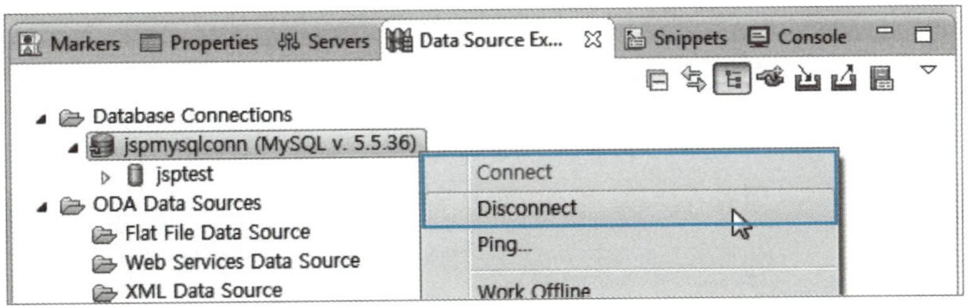

(2) [Data Source Explorer] 뷰에서 설정된 데이터베이스 커넥션을 사용한 데이터베이스 제어

설정된 데이터베이스 커넥션을 사용해 쿼리문을 작성하기 위해서는 스크랩북 (scrapbook)을 생성해야 한다. 이클립스에서 DB 연동 작업을 지원하는 내장 뷰 혹은 플러그인으로 설치된 뷰들의 경우 대부분 이 스크랩북을 사용해 쿼리문을 작성 및 실행한다.

따라하기   스크랩북 생성하기

01 스크랩북을 작성하기 위해서 [Data Source Explorer] 뷰에서 [jspmysqlconn (MySQL v.5.5.36)]을 선택하고 [Open SQL Scrapbook] 아이콘을 클릭한다.

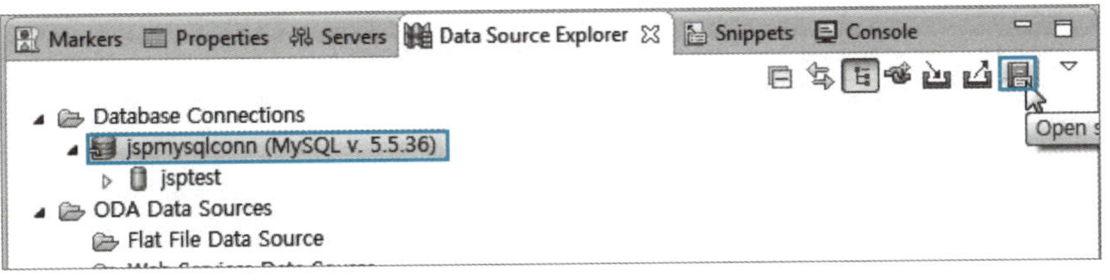

▲ 스크랩북을 사용한 쿼리문 실행 1

02 새 스크랩 북이 편집기 뷰에 표시되면 [Connection profile] 항목을 설정한다. [Type] 은 [MySql_5.1]을, [Name]은 [jspmysqlconn]을, [Database]는 [jsptest]를 선택한다.

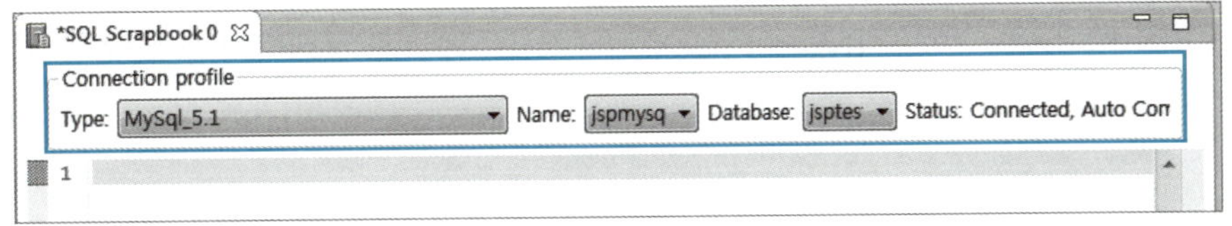

▲ 스크랩북을 사용한 쿼리문 실행 2

03 스크랩북을 저장하면 작성했던 쿼리문을 어디서든지 재사용할 수 있다. 저장을 위해 [File]-[Save] 메뉴를 선택한다. [Save As] 대화상자가 표시되면 [Enter or select the parent folder]에서 [studyjsp] 프로젝트를 선택하고 [File name]에 "mysqlconn.sql"을 입력한 후 [OK] 버튼을 클릭한다.

스크랩북 파일인 mysqlconn.sql은 [studyjsp] 프로젝트에 저장되며, 스크랩북 파일 명은 임의로 지정할 수 있다.

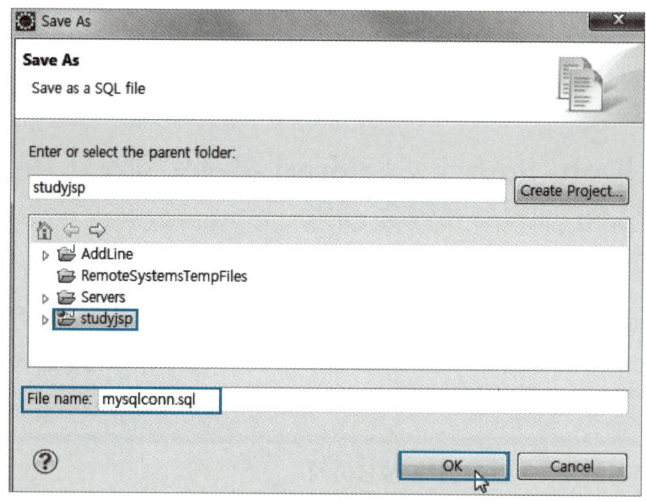

▲ 스크랩북을 사용한 쿼리문 실행 3

04 [studyjsp] 프로젝트에 mysqlconn.sql 파일이 생성된 것을 확인할 수 있다. 그리고 에디터 뷰의 [SQL Scrapbook 0]의 이름이 저장한 [mysqlconn.sql]로 변경된 것을 확인할 수 있다.

이제부터는 SQL 구문을 입력해 쿼리를 작성한 후 실행한다. 스크랩북에서는 작성한 쿼리문을 드래그해 블록을 지정한 후 실행 명령어를 [Execute Selected Text] 메뉴 를 선택하거나 또는 Alt + X 키를 눌러 실행한다.

05 [mysqlconn.sql] 에디터 뷰에 SQL 구문 "show databases;"를 입력한 후 마우스로 구문을 드래그해 블록을 지정한다. 지정한 블록에서 마우스 오른쪽 버튼을 클릭해 [Execute Selected Text] 메뉴를 선택하거나 Alt + X 키를 눌러 실행한다.

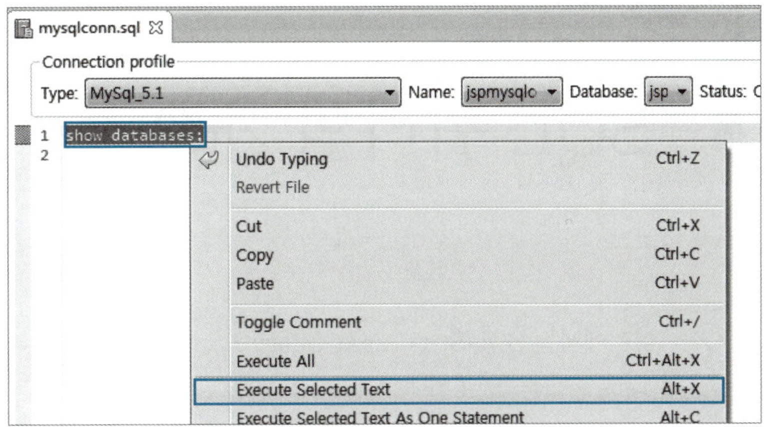

▲ 스크랩북 뷰에 쿼리문 작성 및 실행 1

06 쿼리문을 실행하면 [SQL Results] 뷰가 화면에 표시된다. 이 [SQL Results] 뷰에 실행한 쿼리문, 쿼리문의 성공 여부 및 실행 결과 등이 표시된다.

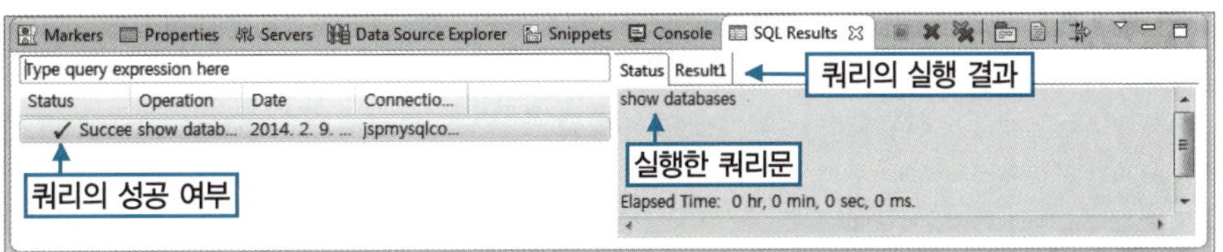

▲ 스크랩북 뷰에 쿼리문 작성 및 실행 2

07 [SQL Results] 뷰의 [Result1]를 선택하면 쿼리의 실행 결과를 볼 수 있다.

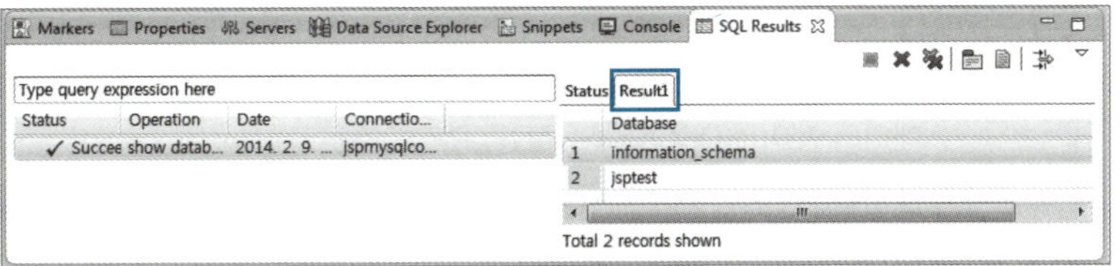

▲ 스크랩북 뷰에 쿼리문 작성 및 실행 3

스크랩북인 [mysqlconn.sql] 에디터 뷰는 가급적이면 닫지 않고 그냥 열어두는 것이 좋다. 버전에 따라 창을 닫았다가 다시 열면 커넥션이 연결되지 않아 새로운 스크랩북을 다시 생성해야 하는 경우도 있기 때문이다.

이제 모든 커넥션 설정은 끝났으며, 다음 항목에서 SQL 구문을 학습한다.

SQL 쿼리의 개요

여기에서는 SQL(Structured Query Language) 쿼리문과 테이블 필드의 데이터 타입에 대해 알아본다. 또한 테이블 작업 관련 쿼리문인 CREATE, ALTER, DROP문 및 레코드 작업 관련 쿼리문인 INSERT, UPDATE, DELETE, SELECT문을 학습한다.

1 SQL 쿼리의 개요 및 데이터 타입

(1) SQL 쿼리의 개요

SQL은 Structured Query Language의 약자로 구조화된 질의 언어다. 데이터베이스 생성부터 레코드 검색 등의 작업을 수행할 때 사용된다.

SQL문은 크게 데이터 정의문(Data Definition Language, DDL), 제어문, 조작문(Data Control Language), 쿼리(Query), 트랜잭션(Transaction) 처리로 나뉜다.

- 데이터 정의문(DDL) – CREATE, ALTER, DROP
- 데이터 제어문(DCL) – GRANT, REVOKE
- 데이터 조작문(DML) – INSERT, UPDATE, DELETE
- 쿼리(Query) – SELECT
- 트랜잭션(Transaction) 처리 – COMMIT, ROLLBACK

이 책 한 권에서 위의 구문을 모두 학습한다는 것은 불가능하다. 우리는 JSP와의 연동을 위해 기본적으로 알아야 할 구문들만을 중점적으로 학습한다.

(2) 데이터 타입(Data Type)

데이터베이스에서 가장 중요한 것 중 하나가 테이블을 잘 만드는 것이다. 잘못 만들어진 테이블은 쿼리의 응답시간에도 영향을 미치기 때문이다. 잘 만들어진 테이블의 조건 중 하나는 정확한 필드의 데이터 타입과 그에 따른 필드의 크기를 적절히 지정하는 것이다. 필드의 크기는 한 개의 레코드 크기를 좌우하고 레코드는 전체 테이블의 용량을 결정한다.

따라서 테이블을 생성하기 전에 사용하려는 DBMS가 제공하는 데이터 타입을 확인해 두는 것이 좋다. 적정한 크기의 레코드가 되도록 필드의 데이터 타입과 크기를 결정하는 데 필요하기 때문이다.

다음은 MySQL에서 제공하는 필드의 데이터 타입과 그에 따른 필드의 크기를 표시한 것이다. 테이블을 만들 때 참고하기 바라며, 좀 더 자세한 내용은 'http://dev.mysql.com/doc/refman/5.6/en/index.html' 페이지를 참조한다.

숫자 타입		
데이터 타입	저장 공간	표현 범위
TINYINT	1byte	−128~127 UNSIGNED 0~255
SMALLINT	2bytes	−32768~32767 UNSIGNED 0~65535
MEDIUMINT	3bytes	−8388608~8388607 UNSIGNED 0~16777215
INT, INTEGER	4bytes	−2147483648~2147483647 UNSIGNED 0~4294967295
BIGINT	8bytes	−9223372036854775808~9223372036854775807 UNSIGNED 18446744073709551615

날짜 및 시간 타입	
데이터 타입	저장 공간
DATE	3bytes
DATETIME	8bytes
TIMESTAMP	4bytes

문자열 타입	
데이터 타입	저장 공간(저장 문자의 개수)
CHAR	1~255
VARCHAR	1~255
BLOB(Binary Large Object), TEXT	1~65535
MEDIUMBLOB, MEDIUMTEXT	1~1677215
LONGBLOB, LONGTEXT	1~4294967295

▲ MySQL의 주요 데이터 타입

아래는 ORACLE에서 제공하는 필드의 데이터 타입과 그에 따른 필드의 크기를 표시한 것이다. 테이블을 만들 때 참고하기 바라며, 좀 더 자세한 내용은 'http://docs.oracle.com /cd/E11882_01/server.112/e41084/toc.htm' 페이지를 참조한다.

※ LOB(Large Object) 데이터 타입은 대용량의 텍스트 및 이미지, 비디오 등의 비구조적인 데 이터를 저장한다.

숫자 타입		
데이터 타입	저장 공간	표현 범위
NUMBER	가변 길이	$1.0 \times 10^{-130} \sim 1.0 \times 10^{126}$:절댓값 NUMBER(전체 자릿수, 소수점 이하 자릿수) 전체 자릿수 >= 소수점 이하 자릿수+3 예 Number(3) : 정수, 0~999 예 Number : 실수 예 Number(5,2) : 0~999.99
LONG	가변 길이 (최대 2GB)	BLOB 사용을 권장

날짜 및 시간 타입	
데이터 타입	저장 공간
DATE(시간 데이터가 포함됨)	7bytes 범위 : BC 4712.1.1 ~ 9999.12.31
TIMESTAMP	7~11bytes(가변 길이) 소수부에 데이터가 없으면 : 7byte 소수부에 데이터가 있으면 : 11byte

문자열 타입	
데이터 타입	저장 공간(저장 문자의 개수)
VARCHAR2	1~4000개 또는 byte 한글 : 문자 수*2byte, 영문 : 문자 수*1byte
NVARCHAR2	1~대략 4000byte(유니코드 문자열 저장) UTF8 : 문자 수*3byte AL16UTF16 : 문자수*2byte

LOB(Large Object) 타입*	
데이터 타입	저장 공간(바이트)
BLOB, CLOB, NCLOB	$1 \sim 2^{32} - 1$

▲ ORACLE의 주요 데이터 타입

(1) 테이블 작업 관련 쿼리문

테이블 작업은 테이블을 생성, 수정 및 삭제하는 작업으로 이와 관련된 쿼리문에는 CREATE, ALTER, DROP문이 있다.

1) 테이블 생성 – CREATE문

뷰(View)

SQL SELECT문을 기반으로 하는 가상 테이블인 쿼리 종류로, 이미 존재하는 하나 혹은 그 이상의 테이블에서 원하는 데이터만 정확히 가져올 수 있도록 미리 원하는 필드만 모아서 가상으로 만든 테이블이다. 자주 사용하고 복잡한 조인을 가지는 쿼리문의 경우 매번 쿼리를 만드는 작업이 만만치 않은데, 이럴 때 뷰를 사용한다. 즉, 뷰를 사용하는 목적은 편의성과 보안 때문이라고 할 수 있다.

테이블을 생성할 때는 Create문을 사용한다. 물론 데이터베이스나 뷰(View)를 생성할 때도 마찬가지이다.

테이블을 생성하는 CREATE문의 일반형은 다음과 같다.

```
CREATE TABLE table_name (
    col_name1 type [PRIMARY KEY] [NOT NULL/NULL],
    col_name2 type [DEFAULT],
    ....
    col_name3 type );
```

설명

- table_name : 테이블명
- col_name : 필드명
- type : 필드의 데이터 타입
- [PRIMARY KEY] : 만들어질 테이블의 기본 키를 설정하는 것으로 생략 가능
- [NOT NULL/NULL] : 테이블의 필드에 들어갈 값에 Null 값을 허용할지의 여부를 설정하는 부분으로 생략 가능
- [DEFAULT] : 기본값을 지정하는 부분으로 생략 가능. 기본 값은 조회 수와 같이 필드의 값이 계산되는 경우 필요함

따라하기 | CREATE문을 사용한 테이블 생성

이 책에서 DB 관련 부분은 모두 MySQL DBMS를 사용해서 실습한다.

이 예제는 jsptest 데이터베이스에 member 테이블과 test 테이블을 생성해 테이블을 만드는 것을 학습한다.

■ 생성할 테이블 – member 테이블

member 테이블은 4개의 필드를 가지고 있으며, 모든 필드가 Null 값을 허용하지 않는 필수 입력 개체이다. 기본 키는 id 필드이다.

```
create table member(
  id varchar(50) not null primary key,
  passwd varchar(16) not null,
  name varchar(10) not null,
  reg_date datetime not null
);
```


■ 생성할 테이블 – test 테이블

test 테이블은 3개의 필드를 가지고 있으며, 모든 필드가 Null 값을 허용하지 않는 필수 입력 개체이다. 기본 키는 num_id 필드이며, 입력하지 않아도 숫자가 1씩 증가한다. auto_increment는 글번호 등을 자동으로 증가시킬 때 사용한다.

```
create table test(
  num_id int not null primary key auto_increment,
  title varchar(50) not null,
  content text not null
);
```


■ 생성된 테이블의 결과

01 이클립스의 [Data Source Explorer] 뷰에서 [Database Connections]–

[jspmysqlconn]의 연결이 해제되어 있으면 마우스 오른쪽 버튼을 클릭해 [Connect]
메뉴를 선택한다.

02 [Properties for mysqlconn] 창이 표시되면 [Password]에 "jsppass"를 입력하고
[OK] 버튼을 클릭한다.

03 [Data Source Explorer] 뷰의 [Database Connections]−[mysqlconn]이 연결된 것
을 확인할 수 있다. 또한 [mysqlconn.sql] 에디터 뷰의 [Status]의 값이 Connected
로 변경된 것을 확인할 수 있다.

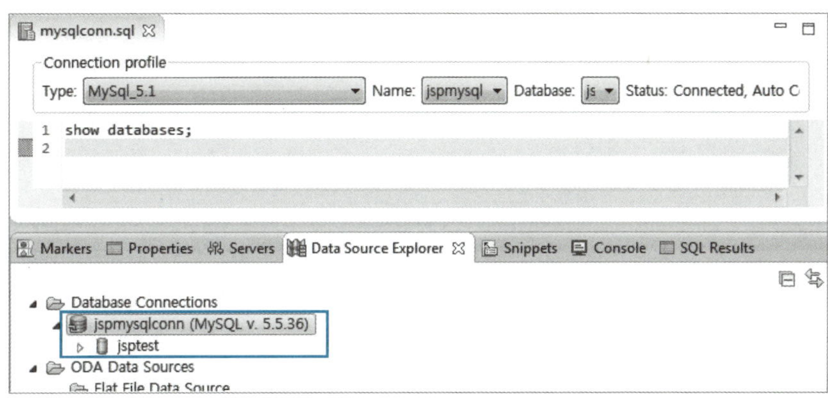

▲ [Data Source Explorer] 뷰와 [mysqlconn.sql] 에디터 뷰

04 member 테이블을 생성하기 위한 쿼리문을 [mysqlconn.sql] 에디터 뷰에 입력한다.
실행할 쿼리문을 드래그해 블록을 지정하고 마우스 오른쪽 버튼을 클릭해 [Execute
Selected Text] 메뉴를 선택하거나 　Alt　+X 키를 누른다.

```
create table member(
  id varchar(50) not null primary key,
  passwd varchar(16) not null,
  name varchar(10) not null,
  reg_date datetime not null
);
```

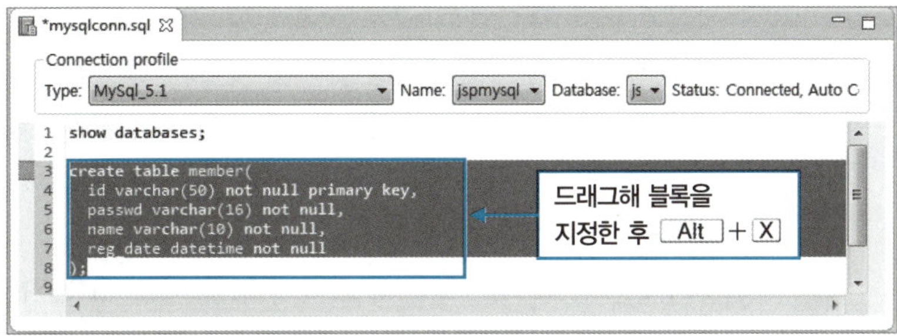

05 테이블이 생성되었는지 여부가 [SQL Results] 뷰의 [Status] 탭에 표시된다.

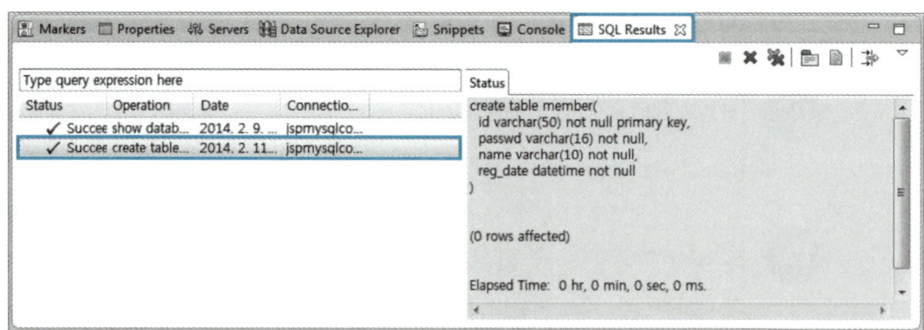

06 생성된 member 테이블의 구조를 확인할 경우, [mysqlconn.sql] 에디터 뷰에 "desc member;"를 입력하고 드래그해 블록을 지정한 후 [Alt]+[X]키를 누르면 결과가 표시된다. 이때 [SQL Results] 뷰의 [Result1] 탭을 선택하면 테이블의 구조를 볼 수 있다.

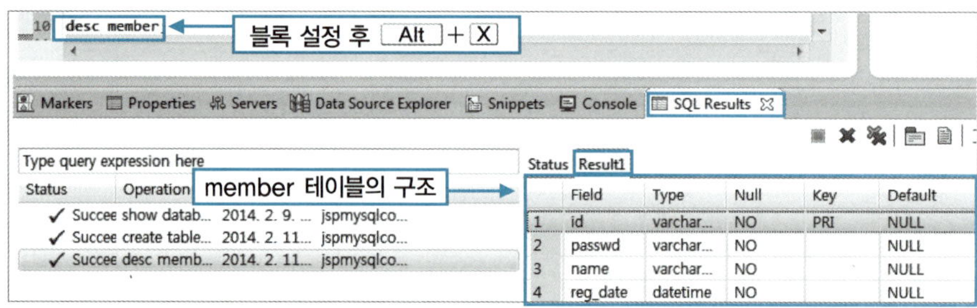

07 마찬가지 방법으로 test 테이블을 생성하기 위해 [mysqlconn.sql] 에디터 뷰에 테이블 생성 쿼리문을 입력한 후 드래그해 블록을 지정하고 [Alt]+[X]키를 누르면 [SQL Results] 뷰의 [Status] 탭에 쿼리 실행 결과가 표시된다.

```
create table test(
    num_id int not null primary key auto_increment,
    title varchar(50) not null,
    content text not null
);
```

08 생성된 test 테이블의 구조를 확인할 경우, [mysqlconn.sql] 에디터 뷰에 "desc test;"를 입력하고 드래그해 블록을 지정한 후 [Alt]+[X]키를 누르면 결과가 표시되고, 테이블의 구조는 [SQL Results] 뷰의 [Result1] 탭을 선택해 확인한다.

2) 테이블 수정 – ALTER문

기존 테이블의 필드를 추가, 삭제 및 수정할 때는 ALTER문을 사용한다. 테이블의 필드를 추가할 때는 ADD문을 사용하고, 삭제할 때는 DROP문을 사용한다. 또한 필드의 타입이나 크기를 변경할 때는 MODIFY문을 사용한다.

테이블의 필드를 추가하는 ALTER문의 일반형은 다음과 같다.

```
ALTER TABLE table_name
ADD (add_col_name1 type [DEFAULT] [NOT NULL/NULL],
      ...
      add_col_name3 type  );
```

설명

- add_col_name1 : 추가할 필드명
- type : 추가할 필드의 데이터 타입

테이블의 필드를 수정하는 ALTER문의 일반형은 다음과 같다.

```
ALTER TABLE table_name
MODIFY (modi_col_name1 type [DEFAULT] [NOT NULL/NULL],
      ....
      modi_col_name3 type  );
```

설명

- modi_col_name1 : 수정할 필드명
- type : 수정할 필드의 데이터 타입

테이블의 필드를 삭제하는 ALTER문의 일반형은 다음과 같다.

```
ALTER TABLE table_name
DROP del_col_name1;
```

설명

- del_col_name1 : 삭제할 필드명. 필드 삭제는 한 번에 한 필드만 가능

따라하기   ALTER문을 사용한 필드 추가

이 예제는 jsptest 데이터베이스의 member 테이블에 address 필드와 tel 필드를 추가하는 방법을 학습하는 것이다.

■ **address 필드와 tel 필드 추가**

```
alter table member
    add (address varchar(100) not null,
        tel varchar(20) not null);
```


■ **수정된 테이블의 결과**

01 이클립스의 [Data Source Explorer] 뷰에서 [Database Connections]-[jspmysqlconn]의 연결이 해제되어 있으면 마우스 오른쪽 버튼을 눌러 [Connect] 메뉴를 선택하고 [Password]에 "jsppass"를 입력한 후 [OK] 버튼을 클릭한다.

02 member 테이블에 address 필드와 tel 필드를 추가하기 위해 쿼리문을 [mysqlconn.sql] 에디터 뷰에 입력한다. 실행할 쿼리문을 드래그해 블록을 지정하고 Alt + X 키를 누른다.

```
alter table member
    add (address varchar(100) not null,
        tel varchar(20) not null);
```

03 필드 추가 결과를 확인하기 위해 "desc member;"를 입력하고 드래그해 블록을 지정한 후 Alt + X 키를 누른다. [SQL Results] 뷰의 [Result1] 탭을 선택하면 테이블의 구조를 볼 수 있다.

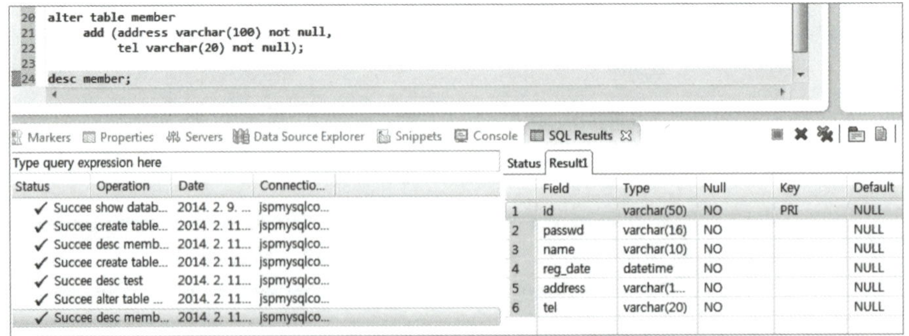

3) 테이블 제거 - DROP문

테이블의 구조를 잘못 만들었을 때는 Alter문을 사용해서 수정할 수 있다. 그러나 테이블의 구조를 잘못 구성한 부분이 너무 많다면 테이블을 제거하고 새로 만드는 편이 나을 수도 있는데, 테이블을 제거할 때는 DROP문을 사용한다. 물론 데이터베이스나 뷰(View)를 제거할 때도 마찬가지이다. 한 번 제거되면 데이터도 완전히 제거되어서 복구가 불가능하니, 신중히 결정해서 사용해야 한다.

테이블을 제거하는 쿼리의 일반형은 다음과 같다.

```
DROP TABLE table_name;
```

설명

- table_name : 삭제하려는 테이블 이름

따라하기 DROP문을 사용한 테이블 제거

이 예제는 jsptest 데이터베이스에 있는 test 테이블을 제거하는 것이다.

■ 제거할 test 테이블

```
drop table test;
```

01 먼저 jsptest 데이터베이스에 있는 테이블들을 보기 위해 [mysqlconn.sql] 에디터 뷰에 "show tables;" 쿼리문을 입력한다. 쿼리문을 드래그해 블록을 지정한 후 **Alt** + **X** 키를 눌러 쿼리 실행 결과를 확인한다.

```
show tables;
```

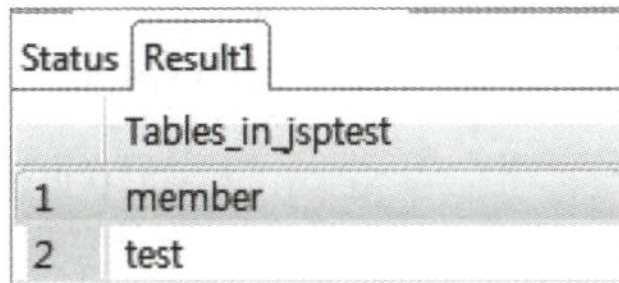

02 test 테이블을 제거하기 위해 [mysqlconn.sql] 에디터 뷰에 "drop table test;" 쿼리문을 입력한 후 드래그해 블록을 지정하고 **Alt** + **X** 키를 눌러 쿼리를 실행한다.

```
drop table test;
```

03 test 테이블이 제거된 것을 확인하기 위해 [mysqlconn.sql] 에디터 뷰에 "show tables;" 쿼리문을 입력한 후 드래그해 블록을 지정하고 **Alt** + **X** 키를 누른다.

[SQL Results] 뷰의 [Result1] 탭을 선택하면 테이블이 제거된 것을 볼 수 있다.

> show tables;

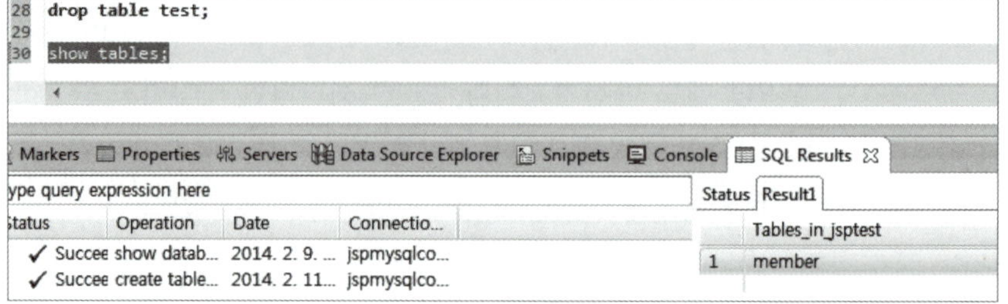

(2) 레코드 작업 관련 쿼리문

레코드 작업이란 레코드를 추가, 수정, 삭제 및 검색하는 것으로 이와 관련된 쿼리문에
는 INSERT, UPDATE, DELETE, SELECT문이 있다.

1) 레코드 추가 – INSERT문

테이블에 레코드를 추가할 때는 INSERT문을 사용한다.

레코드를 추가하는 쿼리의 일반형은 다음과 같다.

> INSERT INTO table_name (col_name1,col_name2…)
> VALUES (col_value1, col_value2…)
>
> **설명**
>
> • table_name : 레코드를 추가할 대상 테이블명
> • col_name : 데이터가 입력될 필드명
> • col_value : 필드에 입력되는 데이터 값

INSERT문에서 중요한 것은 필드명과 그에 대응되는 데이터들의 개수와 순서 및 데이
터 타입이 같아야 한다는 것이다. 즉, INSERT INTO table_name 다음에 나오는 필드명과
VALUES 다음에 나오는 데이터들은 개수와 순서 그리고 데이터 타입이 일치해야 한다.

> insert into member(id, passwd, name, reg_date)
>   values('kingdora@dragon.com','1234','김개동', now( ));

위의 Insert문 예시에서 values절 안에 입력될 데이터의 타입이 문자열인 경우 작은따
옴표(' ') 로 감싸줘야 한다. id, passwd, name 필드의 데이터 타입이 문자열이기 때문에
대응되는 해당 값인 'kingdora@dragon.com', '1234', '김개동'을 작은따옴표로 감싸줬다.
reg_date 필드에 대응되는 데이터 값에는 now( ) 함수를 사용했다. now( ) 함수는 현재의
시간을 포함한 오늘 날짜가 자동으로 들어가게 할 때 사용한다.

만약 모든 필드에 데이터를 입력한다면 INSERT INTO table_name 다음에 나오는 필드명은 생략하고 values 다음에 나오는 데이터들은 개수와 순서 그리고 데이터 타입만 신경 써서 입력하면 된다.

```
insert into member
   values('kingdora@dragon.com','1234','김개동', now( ));
```

따라하기　　INSERT문을 사용한 테이블에 레코드 추가

이 예제는 jsptest 데이터베이스에 있는 member 테이블에 레코드를 추가하는 방법을 학습하는 것이다.

■ 추가할 레코드

```
insert into member(id, passwd, name, reg_date, address, tel)
   values('kingdora@dragon.com','1234','김개동', now( ), '서울시', '010-1111-
1111');
insert into member(id, passwd, name, reg_date, address, tel)
   values('hongkd@aaa.com','1111','홍길동', now( ), '경기도', '010-2222-2222');
```

01 이클립스의 [Data Source Explorer] 뷰에서 [Database Connections]-[jspmysqlconn]의 연결이 해제되어 있으면 마우스 오른쪽 버튼을 눌러 [Connect] 메뉴를 선택하고 [Password]에 "jsppass"를 입력한 후 [OK] 버튼을 클릭한다.

02 두 개의 레코드 추가 쿼리문을 입력하여 한 번에 두 개의 레코드를 추가한다. 레코드를 추가하기 위해 [mysqlconn.sql] 에디터 뷰에 레코드 추가 쿼리문을 입력한 후 드래그해 블록을 지정하고 　Alt　+　X　키를 누르면 쿼리 실행 결과가 표시된다.

```
insert into member(id, passwd, name, reg_date, address, tel)
   values('kingdora@dragon.com','1234','김개동', now( ), '서울시', '010-1111-
1111');
insert into member(id, passwd, name, reg_date, address, tel)
   values('hongkd@aaa.com','1111','홍길동', now( ), '경기도', '010-2222-2222');
```

03 추가된 레코드는 "select * from member;"문을 입력한 후 드래그해 블록을 지정하고 　Alt　+　X　키를 누르면 [SQL Results] 뷰의 [Result1] 탭에서 확인할 수 있다.

```sql
select * from member;
```

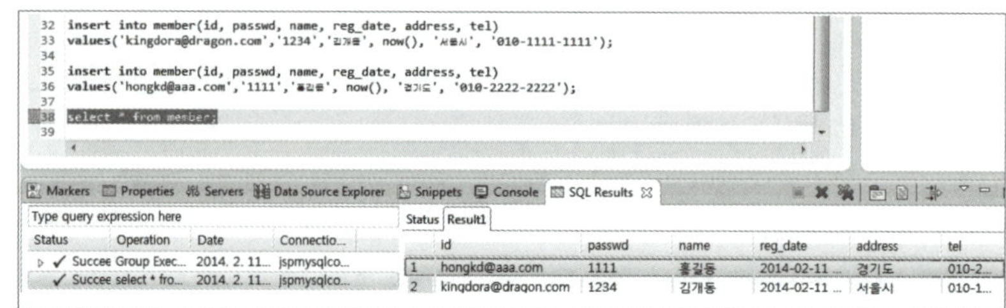

2) 레코드 검색 – SELECT문

테이블에 저장되어 있는 레코드를 검색(조회)할 때는 SELECT문을 사용한다.
레코드를 검색하는 쿼리의 일반형은 다음과 같다.

```sql
SELECT col_name1,col_name2
FROM table_name;
```

설명

SELECT문은 지정한 테이블에서 레코드를 검색할 때 사용하는 쿼리문으로 SELECT문
다음에는 필드명이 기술되고, FROM문 다음에는 테이블명이 기술된다.

다음의 SELECT문은 모든 레코드를 검색하는 문장이다.

```sql
SELECT * FROM table_name;
```

설명

* : 모든 필드를 의미

다음의 SELECT문은 조건을 만족하는 레코드만을 표시한다.

```sql
SELECT col_name1,col_name2
FROM table_name
WHERE condition;
```

이때 레코드에 표시되는 필드는 SELECT문과 FROM절 사이에 기술한 필드이다.
WHERE절은 조건을 기술하는 구문으로, condition 위치에 조건을 기술한다.

member 테이블의 모든 필드를 포함한 모든 레코드를 검색할 때는 다음과 같이 기술한다.

```sql
select * from member;
```

다음과 같이 입력하면 member 테이블의 모든 레코드가 검색되는데, 하나의 레코드에 표시되는 필드는 id, passwd 필드만 표시된다.

> select id, passwd from member;

다음은 member 테이블에서 id 필드의 값이 abc인 레코드만 검색된다. 이때 조건의 비교 대상이 되는 필드의 데이터 타입이 문자열이면 대응되는 조건 값을 작은따옴표(' ')로 감싸야 한다.

> select id, passwd from member where id='abc';

따라하기 ｜ SELECT문을 사용한 테이블의 레코드 검색(조회)

이 예제는 member 테이블에 저장되어 있는 레코드를 검색(조회), 테이블을 만드는 것을 학습한다. 레코드를 검색하는 방법을 학습한다.

01 이클립스의 [Data Source Explorer] 뷰에서 [Database Connections]-[jspmysqlconn]의 연결이 해제되어 있으면 마우스 오른쪽 버튼을 눌러 [Connect] 메뉴를 선택하고 [Password]에 "jsppass"를 입력한 후 [OK] 버튼을 클릭한다.

02 member 테이블의 모든 레코드를 검색하는데 선택한 필드만 표시되도록 한다. [mysqlconn.sql] 에디터 뷰에 다음과 같이 입력한 후 드래그해 블록을 지정하고 ￢Alt ￤+￢X￤ 키를 누른다. [SQL Results] 뷰의 [Result1] 탭에서 결과를 확인한다.

> select id, passwd from member;

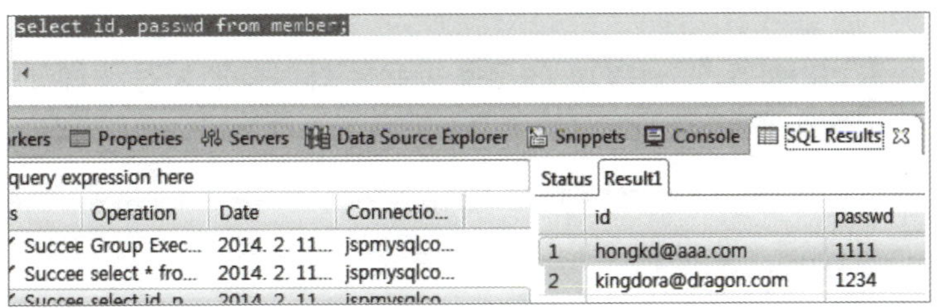

03 조건을 만족하는 레코드를 검색한다. [mysqlconn.sql] 에디터 뷰에 다음과 같이 입력한 후 드래그해 블록을 지정하고 ￢Alt ￤+￢X￤ 키를 누른다. [SQL Results] 뷰의 [Result1] 탭에서 결과를 확인한다.

select id, passwd from member where id='hongkd@aaa.com';

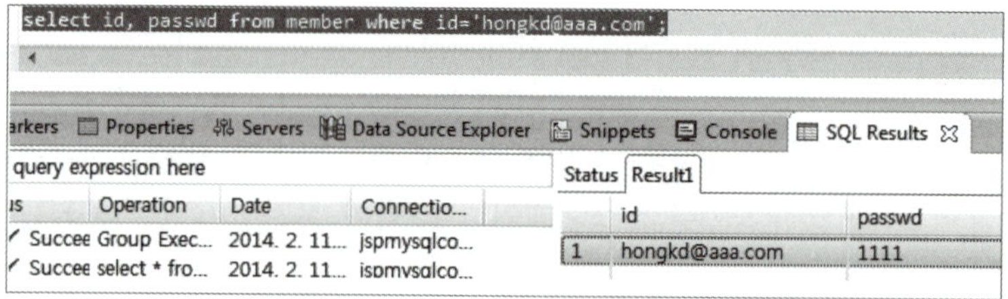

3) 레코드 수정 – UPDATE문

테이블에 저장되어 있는 레코드를 수정할 때는 UPDATE문을 사용한다.
레코드를 수정하는 쿼리의 일반형은 다음과 같다.

```
UPDATE table_name SET col_name = value,......
WHERE condition;
```

설명

- table_name : 테이블명
- col_name : 데이터를 변경할 필드명
- value : 변경할 데이터 값
- condition : 기술할 조건

다음은 member 테이블에서 id의 값이 abc인 레코드의 passwd 값을 3579로 수정하는 예이다.

```
update member set passwd='3579' where id='abc';
```

따라하기 UPDATE문을 사용한 테이블에 저장된 레코드 수정

이 예제는 jsptest 데이터베이스의 member 테이블에 저장된 레코드를 수정하는 방법을 학습하는 것이다.

01 이클립스의 [Data Source Explorer] 뷰에서 [Database Connections]–[jspmysqlconn]의 연결이 해제되어 있으면 마우스 오른쪽 버튼을 눌러 [Connect] 메뉴를 선택하고 [Password]에 "jsppass"를 입력한 후 [OK] 버튼을 클릭한다.

02 먼저 id 값이 'hongkd@aaa.com'인 레코드의 기존 내용을 확인하기 위해 [mysqlconn.sql] 에디터 뷰에 다음과 같이 입력한 후 드래그해 블록을 지정하고 `Alt`+`X` 키를 눌러 쿼리를 실행한다. [SQL Results] 뷰의 [Result1] 탭에서 결과를 확인한다.

> select * from member where id='hongkd@aaa.com';

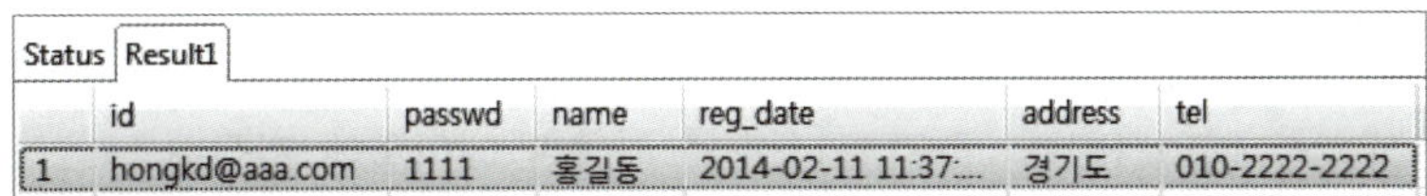

03 id 값이 'hongkd@aaa.com'인 레코드를 수정하기 위해 [mysqlconn.sql] 에디터 뷰에 레코드 수정 쿼리문을 입력하고 드래그해 블록을 지정한 후 `Alt`+`X` 키를 누르면 쿼리가 실행된다.

> update member set passwd='3579' where id='hongkd@aaa.com';

04 id 값이 'hongkd@aaa.com'인 레코드의 수정된 레코드 값을 확인하기 위해 [mysqlconn.sql] 에디터 뷰에 다음과 같이 입력한 후 드래그해 블록을 지정하고 `Alt`+`X` 키를 눌러 쿼리를 실행한다. [SQL Results] 뷰의 [Result1] 탭에서 결과를 확인한다.

> select * from member where id='hongkd@aaa.com';

4) 레코드 삭제 – DELETE문

테이블에 저장되어 있는 레코드를 삭제할 때는 DELETE문을 사용한다.

테이블에 저장되어 있는 레코드를 삭제하는 쿼리의 일반형은 다음과 같다.

```
DELETE FROM table_name
WHERE condition;
```

설명

DELETE문에서 WHERE절이 있는 경우 조건을 만족하는 레코드를 삭제한다. 만일 WHERE 절이 없으면 테이블에 입력되어 있는 모든 레코드를 삭제한다.

다음은 member 테이블에서 id의 값이 abc인 레코드를 삭제한다.

```
delete from member where id='abc';
```

다음 문장은 member 테이블의 모든 레코드를 삭제한다.

```
delete from member;
```

따라하기　DELETE문을 사용한 테이블에 저장된 레코드 삭제

이 예제는 jsptest 데이터베이스의 member 테이블에 저장되어 있는 레코드를 삭제하는
방법을 학습하는 것이다.

01 이클립스의 [Data Source Explorer] 뷰에서 [Database Connections]-
[jspmysqlconn]의 연결이 해제되어 있으면 마우스 오른쪽 버튼을 눌러 [Connect] 메
뉴를 선택하고 [Password]에 "jsppass"를 입력한 후 [OK] 버튼을 클릭한다.

02 먼저 기존에 저장된 레코드들을 확인하기 위해 [mysqlconn.sql] 에디터 뷰에 다음과
같이 입력한 후 드래그해 블록을 지정하고 [Alt]+[X]키를 눌러 쿼리를 실행한다.
[SQL Results] 뷰의 [Result1] 탭에서 결과를 확인한다.

```
select * from member;
```

	id	passwd	name	reg_date	address	tel
1	hongkd@aaa.com	3579	홍길동	2014-02-11 11:37...	경기도	010-2222-2222
2	kingdora@dragon.com	1234	김개동	2014-02-11 11:37...	서울시	010-1111-1111

03 id 값이 'hongkd@aaa.com' 인 레코드를 삭제하기 위해 [mysqlconn.sql] 에디터 뷰
에 레코드 삭제 쿼리문을 입력한 후 드래그해 블록을 지정하고 [Alt]+[X]키를 눌
러 쿼리를 실행한다.

```
delete from member where id='hongkd@aaa.com';
```

04 레코드가 삭제된 후에 테이블에 저장된 레코드들을 확인하기 위해 [mysqlconn.sql]
에디터 뷰에 다음과 같이 입력한 후 드래그해 블록을 지정하고 [Alt]+[X]키를 눌
러 쿼리를 실행한다. [SQL Results] 뷰의 [Result1] 탭에서 결과를 확인한다.

```
select * from member;
```

	id	passwd	name	reg_date	address	tel
1	kingdora@dragon.com	1234	김개동	2014-02-11 11:37...	서울시	010-1111-1111

05 모든 레코드를 삭제하기 위해 [mysqlconn.sql] 에디터 뷰에 레코드 삭제 쿼리문을 입력한 후 드래그해 블록을 지정하고 [Alt]+[X]키를 눌러 쿼리를 실행한다.

```
delete from member;
```

06 모든 레코드가 삭제된 후에 테이블 저장된 레코드들을 확인하기 위해 [mysqlconn.sql] 에디터 뷰에 다음과 같이 입력한 후 드래그해 블록을 지정하고 [Alt]+[X]키를 눌러 쿼리를 실행한다. [SQL Results] 뷰의 [Result1] 탭에서 결과를 확인한다.

```
select * from member;
```

id	passwd	name	reg_date	address	tel

JDBC를 사용한 JSP와 데이터베이스의 연동

여기에서는 데이터베이스와 연동하는 프로그램을 작성하기 위해 필요한 JDBC(Java Database Connectivity)의 개요 및 사용하는 방법에 대해 학습한다.

1 JDBC의 개요

(1) 개요

JDBC(Java Database Connectivity)는 자바 프로그램(JSP 포함)과 관계형 테이터 원본(데이터베이스, 테이블, …)을 연결하는 인터페이스이다. JDBC 라이브러리(Library)는 관계형 데이터베이스에 접근하고 SQL 쿼리문을 실행하는 방법을 제공한다. 즉, JDBC라는 것은 SQL 명령들을 수행할 수 있게 해준다. JDBC 라이브러리는 'java.sql' 패키지에 의해 구현된다. 이 패키지는 여러 종류의 데이터베이스에 접근할 수 있으며 단일 API를 제공하는 클래스와 인터페이스의 집합이다.

(2) JDBC 드라이버

JDBC 드라이버들은 일반적으로 다음과 같이 4가지 타입으로 제공된다.

- JDBC–ODBC 브리지+ODBC 드라이버(JDBC–ODBC Bridge Plus ODBC Drive)
- 네이티브–API 부분적인 자바 드라이버(Native–API Partly–Java Driver)
- JDBC–Net 순수 자바 드라이버(JDBC–Net Pure Java Driver)
- 네이티브–프로토콜 순수 자바 드라이버(Native–Protocol Pure Java Driver)

이중 네이티브–프로토콜 순수 자바 드라이버(Native–Protocol Pure Java Driver)는 Thin Driver라고도 불리며 별도의 클라이언트 소프트웨어 없이 표준 자바 소켓을 사용해서 데이터 소스와 직접 통신할 수 있다. 앞에서 다운로드한 MySQL Connector/J 5.1은 네이티브–프로토콜 순수 자바 드라이버로 순수 자바로 제공되어서 이식성이 좋다. 오라클

11g의 기본 제공되는 ojdbc6.jar(JDK6 지원)나 오라클 12c의 기본 제공되는 ojdbc7.jar(JDK7 지원)가 이에 해당된다.

이 책에서는 네이티브–프로토콜 순수 자바 드라이버(Native–Protocol Pure Java Driver)를 사용한다.

2 JDBC를 사용한 JSP와 데이터베이스의 연동

JDBC를 사용한 JSP와 데이터베이스를 연동하려면 JDBC 프로그램 순서와 각 단계에서 사용되는 클래스들에 대해 알아야 한다.

(1) JDBC 프로그램의 작성 단계

JDBC 프로그램은 JDBC 드라이버 로드, Connection 객체 생성, 쿼리 실행 객체 생성, 쿼리 수행의 필수 4단계를 포함하여 다음과 같은 단계에 의해서 프로그래밍된다.

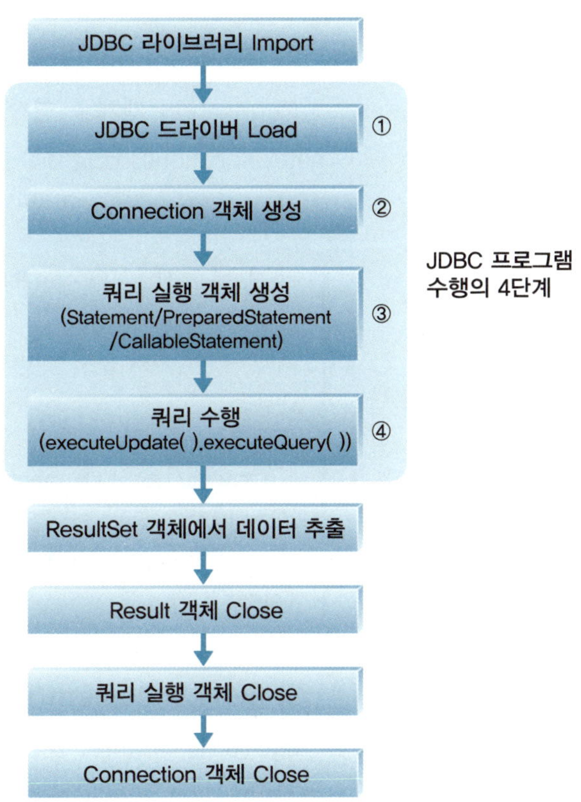

선수 단계인 JDBC 라이브러리는 'java.sql' 패키지를 import 받아 사용하며, 필수 4단계와 쿼리문의 종류에 따라 사용하는 5단계인 ResultSet 객체 처리에 대한 설명은 다음과 같다.

1) 1단계(JDBC 드라이버 Load)

인터페이스 드라이버(interface driver)를 구현(implements)하는 작업으로, Class 클래스의 forName( ) 메소드를 사용해서 드라이버를 로드한다. forName(String className) 메소드는 문자열로 주어진 클래스나 인터페이스 이름을 객체로 리턴한다.

```
//MySQL 드라이버 로딩
Class.forName ("com.mysql.jdbc.Driver");
```

```
//Oracle 11g 또는 12c thin 드라이버 로딩
Class.forName ("oracle.jdbc.driver.OracleDriver");
```

Class.forName ("com.mysql.jdbc.Driver") 메소드는 드라이버들이 읽히기만 하면 자동으로 객체가 생성되고 DriverManager에 등록된다. 드라이버 로딩은 프로그램 수행 시 단한 번만 필요하다.

2) 2단계(Connection 객체 생성)

Connection 객체를 연결하는 것으로 Driver Manager에 등록된 각 드라이버들을 getConnection(String url) 메소드를 사용해서 식별한다. 이때 url 식별자와 동일한 것을 찾아서 매핑(mapping)한다. 찾지 못하면 no suitable error가 발생한다.

```
//MySQL 사용 시 Connection 객체 생성
Connection conn=
DriverManage.getConnection("jdbc:mysql://localhost:3306/jsptest","jspid","jsppass");
```

```
//Oracle 사용 시 Connection 객체 생성
Connection conn=
DriverManager.getConnection ("jdbc:oracle:thin:@localhost:1521:orcl", "scott", "tiger");
```

3) 3단계(Statement/PreparedStatement/CallableStatement 객체 생성)

sql 쿼리를 생성하며 반환된 결과를 가져오게 할 작업 영역을 제공한다. Statement 객체는 Connection 객체의 createStatement( ) 메소드를 사용하여 생성하고, PreparedStatement 객체는 prepareStatement( ) 메소드를, CallableStatement 객체는 prepareCall( ) 메소드를 사용한다.

```
//여기 3단계부터는 JDBC 드라이버에 구애받지 않는다.
Statement stmt = conn.createStatement( );
PrepardStatement pstmt = conn.prepareStatement(sql);
CallableStatement cstmt = conn.prepareCall( );
```

4) 4단계(Query 수행)

Statement/PreparedStatement/CallableStatement 객체가 생성되면 객체의 executeQuery( ) 메소드나 executeUpdate( ) 메소드를 사용해서 쿼리를 실행한다.

- **stmt.executeQuery( )** : recordSet 반환 → Select문에서 사용

```
ResultSet rs = stmt.executeQuery ("select * from 소속기관");
```

- **stmt.executeUpdate( )** : 성공한 row 수 반환 → Insert문, Update문, Delete문에서 사용

```
String sql="update member set passwd='3579' where id='abc' ";
stmt.executeUpdate(sql);
```

5) 5단계(ResultSet 처리)

executeQuery( ) 메소드는 수행 결과로 ResultSet을 반환한다. 5단계는 이 ResultSet 객체로부터 원하는 데이터를 추출하는 과정이다. 데이터를 추출하는 방법은 ResultSet 객체에서 한 행씩 이동하면서 getXxx( )를 이용해서 원하는 필드 값을 추출하는데 이때 문자열 데이터를 갖는 필드는 rs.getString("name") 혹은 rs.getString(1)로 사용한다. 여기에서 한 가지 주의할 사항은 자바 계열에서 ResultSet의 첫 번째 필드는 1부터 시작한다는 것이다. 이들 중 rs.getString ("name")과 같이 필드명을 사용하는 것이 권장 형태이다.

한 행이 처리되고 다음 행으로 이동 시 next( ) 메소드를 사용한다.

```
while (rs.next ( )){
  out.println (rs.getString ("id"));
  out.println (rs.getString ("passwd"));
}
```

(2) JDBC 프로그래밍에 사용되는 객체

JDBC 프로그래밍에서 사용되는 주요 클래스와 인터페이스에는 DriverManager 클래스, Connection 인터페이스, Statement 인터페이스, PreparedStatement 인터페이스,

CallableStatement 인터페이스, ResultSet 인터페이스가 있다.

1) DriverManager 클래스

DriverManager 클래스는 데이터 원본에 JDBC 드라이버를 통하여 JSP에서 사용할 수 있는 커넥션을 만드는 역할을 한다. DriverManager는 Class.forName( ) 메소드를 사용해서 생성되며, 이 메소드는 인터페이스 드라이버(interface driver)를 구현하는 작업을 수행한다.

Class.forName("com.mysql.jdbc.Driver") 메소드의 매개 변수로 "com.mysql.jdbc.Driver"과 같은 특정 드라이버 클래스를 지정하면 자동으로 로딩되어 객체가 생성되고 DriverManger에 등록된다. 드라이버 클래스를 찾지 못하면 forName( ) 메소드는 ClassNotFoundException 예외를 발생시키므로 반드시 예외 처리를 해야 한다.

```
//예외 처리하는 방법 - ClassNotFoundException 사용
try{
  Class.forName("com.mysql.jdbc.Driver");
}catch(ClassNotFoundException e){ }

//또는 Exception 사용
try{
  Class.forName("com.mysql.jdbc.Driver");
}catch(Exception e){ }
```

일반적으로 드라이버 클래스들은 로드될 때 객체를 생성하고, 자동적으로 DriverManger 클래스의 메소드를 호출하여 그 객체를 등록한다.

DriverManger 클래스의 모든 메소드는 static이기 때문에 반드시 객체를 생성할 필요가 없다. DriverManger 클래스는 Connection 인터페이스를 구현하는 객체를 생성할 때 getConnection( ) 메소드를 사용한다. getConnection( ) 메소드 사용 시 SQLException 예외를 발생시키므로 반드시 예외 처리를 해야 한다.

```
try{
   Connection conn = DriverManger.getConnection(url,user,pass);
}catch(SQLException e){ }
```

getConnection(url, user, pass) 메소드는 수행 결과로 데이터베이스와 JSP가 연동할 Connection 객체를 리턴한다. 이 메소드의 첫 번째 매개 변수 url은 jdbc: subprotocol: subname과 같은 형태를 갖는 데이터베이스 URL을 기술한다. user는 데이터베이스에 접근할 수 있는 계정명이고 pass는 계정의 패스워드이다.

MySQL의 경우 getConnection("jdbc:mysql://localhost:3306/jsptest","jspid", "jsppass");과 같은 형태이고, 오라클은 DriverManager.getConnection ("jdbc:oracle: thin:@localhost:1521:orcl", "scott", "tiger");와 같은 형태를 갖는다.

프로그램 작성 시 Class.forName( ) 메소드 다음에 DriverManger.getConnection( ) 메소드를 기술한다. 그런데 이들 메소드가 발생시키는 예외가 다르기 때문에 예외를 각각 기술해서 프로그래밍하면 다음과 같다.

```
try{
    Class.forName("com.mysql.jdbc.Driver");
}catch(ClassNotFoundException e){ }
try{
    Connection conn = DriverManger.getConnection(
        "jdbc:mysql://localhost:3306/jsptest", "jspid", "jsppass");
}catch(SQLException e){ }
```

이렇게 각각 예외를 기술하는 것이 번거롭게 느껴진다면 모든 예외를 처리할 수 있는 Exception을 사용해서 한 번에 처리할 수 있다.

```
try{
    Class.forName("com.mysql.jdbc.Driver");
    Connection conn = DriverManger.getConnection(
        "jdbc:mysql://localhost:3306/jsptest", "jspid", "jsppass");
}catch(Exception e){ }
```

2) Connection 인터페이스

특정 데이터 원본(데이터베이스라 생각해도 됨)에 대한 커넥션은 Connection 인터페이스가 구현된 클래스의 객체로 표현된다. 즉, 다음과 같이 DriverManger 클래스의 getConnection( ) 메소드를 사용해 Connection 객체인 conn을 얻어낸다는 의미이다.

```
Connection conn = DriverManger.getConnection(
    "jdbc:mysql://localhost:3306/jsptest", "jspid", "jsppass");
```

어떤 SQL 쿼리문을 실행하려면 반드시 Connection 객체가 있어야 한다. Connection 객체는 특정 데이터 원본과 연결된 커넥션을 의미하며, 특정한 SQL문을 정의하고 실행시킬 수 있는 Statement/PreparedStatement/CallableStatement 객체를 생성할 때 사용한다. 즉, Connection 객체는 쿼리를 실행할 수 있는 Statement/PreparedStatement/CallableStatement 객체를 얻어낼 때 사용한다.

```java
//쿼리를 실행하는 세 가지 객체들 중 하나를 사용
Statement stmt = conn.createStatement( ); //Statement 객체 생성
PreparedStatement pstmt = conn.prepareStatement(sql); //PreparedStatement
객체 생성
CallableStatement cstmt = conn. prepareCall( ); //CallableStatement 객체 생성
```

또한 Connection 객체는 데이터베이스에 대한 데이터인 메타 데이터에 관한 정보를 데이터 원본에 질의하는 쿼리문을 사용할 때도 필요하다. 여기에는 사용 가능한 테이블의 이름, 특정 테이블의 열(row) 정보 등이 포함된다. 물론 실제로 쿼리를 수행하는 것은 쿼리를 실행하는 객체들이며, 메타 테이터의 정보는 쿼리의 결과(ResulSet 객체)로부터 뽑아낸다.

3) Statement 인터페이스

Statement 인터페이스는 Connection 객체의 메소드를 사용해 객체로서 생성되고, 이 생성된 객체에 의해 구현되는 일종의 메소드 집합을 정의한다. Statement 객체는 Statement 인터페이스를 구현한 객체로 Connection 클래스의 createStatement( ) 메소드를 호출함으로써 얻어진다. createStatement( ) 메소드는 SQLException 예외를 발생시키므로 반드시 예외 처리를 해야 한다.

```java
try {
   Statement stmt = connection.createStatement( );
}catch(SQLException e) {
   e.printStackTrace( );
}
```

일단 Statement 객체를 생성하면 Statement 객체의 executeQuery( ) 메소드 또는 executeUpadte( ) 메소드를 호출해 쿼리를 실행한다. 이때 executeQuery( ) 메소드는 쿼리의 수행 결과로 ResultSet 객체를 반환(리턴)한다. Statement 객체는 단순한 질의문을 사용할 경우에 좋았으나, 쿼리의 수행속도가 가장 느려 요즘에는 거의 사용하지 않는다.

4) PreparedStatement 인터페이스

PreparedStatement 인터페이스는 Connection 객체의 prepareStatement( ) 메소드를 사용해서 객체를 생성한다. prepareStatement( ) 메소드는 SQLException 예외를 발생시키므로 반드시 예외 처리를 해야 한다.

```java
try {
   PreparedStatement pstmt=conn.prepareStatement(sql);
}catch(SQLException e) {
   e.printStackTrace( );
}
```

PreparedStatement 객체에서는 SQL 쿼리 문장이 미리 컴파일된다. prepareState
ment(sql) 메소드에서 sql이 실행할 쿼리문으로, prepareStatement(sql)와 같이 사용하면
쿼리문이 미리 컴파일되는 것이다.

그리고 실행 시간동안 인수값을 위한 공간을 확보할 수 있다는 점에서 Statement 객체
와는 다르다. PreparedStatement 객체는 동일한 쿼리문을 값만 바꾸어서 여러 번 실행해
야 할 때, 인수가 많아서 쿼리문을 정리해야 될 필요가 있을 때 사용하면 좋다.

PreparedStatement 인터페이스는 각각의 인수에 대해 위치홀더(placeholder)를 사용
하여 SQL 문장을 정의할 수 있게 해준다. 위치홀더는 물음표(?)로 표현되며 실행 시간동안
인수 값을 위한 공간을 확보하는 역할을 한다.

```
try {
    String sql= "insert into member values (?,?,?,?)";
    PreparedStatement pstmt=conn.prepareStatement(sql);
}catch(SQLException e) {
    e.printStackTrace( );
}
```

위치홀더는 SQL 문장에 나타나는 토큰(token)인데, 이것은 SQL 문장이 실행되기 전에
실제 값으로 대체된다. 이때 setXxx( ) 메소드를 사용한다. 이러한 방법을 이용하면 특정
값으로 문자열을 연결하는 방법보다 훨씬 쉽게 SQL 문장을 만들 수 있다.

```
try {
    String sql= "insert into member values (?,?,?,?)";
    PreparedStatement pstmt=conn.prepareStatement(sql);
    pstmt.setString(1,id);
    pstmt.setString(2,passwd);
    생략...
}catch(SQLException e) {
    e.printStackTrace( );
}
```

PreparedStatement 객체는 각각의 SQL 데이터 타입을 처리할 수 있는 setXxx( ) 메소
드를 제공한다. 여기서 Xxx는 해당 테이블의 해당 필드의 데이터 타입과 관련이 있다. 해
당 필드의 데이터 타입이 문자열이면 setString( )이 되고, 해당 필드의 데이터 타입이 int
이면 setInt( )가 된다.

setXxx(num, var) 메소드는 두개의 매개 변수를 가지고 있다. num은 파라미터 인덱스
로서 물음표로 표현하는 위치홀더(?)와 대응된다. 첫 번째 위치홀더에 대응되면 1이고, 다

음 위치홀더의 대응부터는 1씩 값을 증가시키면 된다. var은 해당 필드에 저장할 데이터 값을 기술한다. 변수를 사용해도 된다.

위의 예제 중 pstmt.setString(1,id);와 pstmt.setString(2,passwd);에서 1과 2 값은 대응되는 위치홀더 번호이고, id와 passwd는 필드에 저장할 값을 가진 변수명이다. 그리고 위치홀더 번호가 1, 2에 해당되는 필드의 데이터 타입은 문자열이다.

PreparedStatement는 CallableStatement와 더불어 JSP에서 가장 많이 사용되는 쿼리 실행 객체이다.

5) CallableStatement 인터페이스

CallableStatement 인터페이스는 Connection 객체의 prepareCall( ) 메소드를 사용해서 객체를 생성한다. prepareCall( ) 메소드는 SQLException 예외를 발생하므로 반드시 예외 처리를 해야 한다.

```
try {
    CallableStatement cstmt= connection. prepareCall( )
}catch(SQLException e) {
    e.printStackTrace( );
}
```

CallableStatement 객체는 주로 스토어드 프로시저(Stored Procedure)를 사용하기 위해 쓰인다. 스토어드 프로시저란 해당 데이터베이스 SQL 쿼리문을 저장한 함수를 말한다. 미리 저장된 쿼리를 사용하기 때문에 수행 속도가 빠르다.

CallableStatement는 데이터베이스에 저장된 프로시저(함수)를 호출하는 것만으로 처리가 가능하다. query1이 저장된 프로시저(스토어드 프로시저)이다.

```
conn.prepareCall(" {call query1 }")
```

저장된 프로시저를 호출하는 형태는 다음과 같은 종류가 있다.

종류	설명
{call procedure_name[(?,?,...)]}	파라미터를 갖는 프로시저를 호출만 한다.
{? = call procedure_name[(?,?,...)]}	프로시저를 호출한 후 결과값을 얻어낸다.
{call procedure_name}	파라미터가 없는 프로시저를 호출한다.

6) ResultSet 인터페이스

SQL문 중에서 Select문을 사용한 쿼리문은 executeQuery( ) 메소드를 사용하는데, 이 메소드가 성공적으로 수행되면 ResultSet 객체가 반환된다. ResultSet은 쿼리의 결과로 생성된 테이블(레코드셋, 레코드들)을 갖고 있다.

필드명3	필드명3	필드명3
×××	×××	×××
×××	×××	×××

▲ 쿼리의 수행 결과물인 레코드셋

ResultSet 객체는 '커서(cursor)' 라는 것을 가지고 있는데, 이를 이용해 Result 객체에서 특정 레코드를 참조할 수 있다. 커서는 초기에 첫 번째 레코드(행)의 직전 즉, 필드명이 위치한 곳을 가리킨다.

커서의 위치 →

필드명3	필드명3	필드명3
×××	×××	×××
×××	×××	×××

▲ 레코드셋에서 초기 커서 위치

ResultSet 객체의 next( ) 메소드를 사용하면 다음 위치로 커서를 옮길 수 있다.

커서
next( )
커서 →

id	passwd	age
×××	×××	×××
×××	×××	×××

▲ 메소드를 사용한 커서(대상 레코드)의 이동

ResultSet의 first( ), last( ) 메소드를 호출하면 커서를 첫 번째 레코드나 마지막 레코드로 옮길 수 있다. 그리고 beforeFirst( )와 afterLast( ) 메소드는 커서의 위치를 첫 번째 레코드 이전과 마지막 레코드 다음으로 설정한다. previous( ) 메소드는 커서를 현재 위치에서 이전 레코드로 옮긴다.

ResultSet에서는 레코드가 여러 개이므로 반복문을 사용하여 처리한다. next( ) 메소드가 다음으로 이동할 레코드가 있으면 true를, 없으면 false 값을 리턴하는 점을 이용하여 while로 제어한다.

```
while(rs.next( )){ //여러 레코드의 이동을 처리

   ...

}
```

쿼리의 수행 결과 레코드들인 ResultSet 객체는 현재 레코드의 필드명 혹은 레코드셋에

서의 위치 번호를 사용해 어떤 필드의 값을 얻어낼 수 있다. 실제로 데이터가 저장된 곳은 필드이기 때문에 반드시 필드에서 값을 얻어낼 수 있어야 한다. 이 값을 얻어내기 위해 ResultSet 객체는 getXxx( ) 메소드를 제공한다. 이때 Xxx는 해당 필드의 데이터 타입이 결정한다. 즉, 해당 필드의 데이터 타입이 문자열이면 getString( )이 되고, 해당 필드의 데이터 타입이 int이면 getInt( )가 된다.

getXxx(필드명) 메소드로 레코드셋에서 해당 레코드의 필드 값을 가져올 수 있다. 여기서 필드명은 레코드셋에서 해당 필드의 이름을 나타낸다.

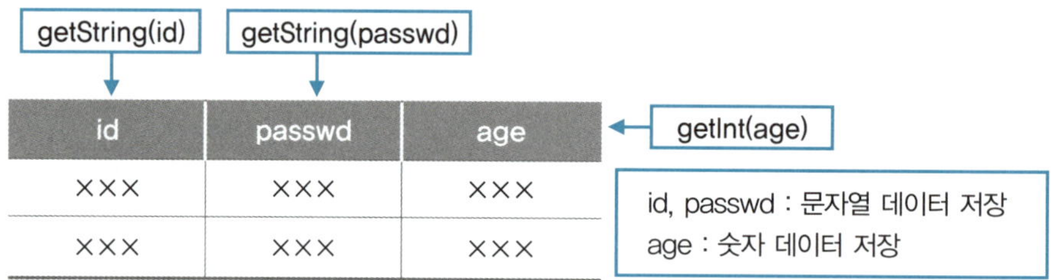

▲ 필드명으로 필드 값 추출 시

(3) JDBC를 사용한 JSP와 데이터베이스를 연동하는 프로그램 작성

JDBC를 사용한 JSP와 데이터베이스를 연동하는 프로그램을 작성하기 위해 먼저 연결 상황을 확인한다. 또한 레코드 추가, 검색, 수정, 삭제 작업을 수행하기 위한 JSP 페이지도 작성한다.

1) JDBC를 사용한 JSP와 데이터베이스 연동 테스트

JDBC를 사용한 JSP와 데이터베이스를 연동하는 프로그램을 작성하기 전에 먼저 제대로 연결이 되는지부터 테스트해야 한다. 그래야만 쿼리문을 사용할 수 있기 때문이다.

[studyjsp] 프로젝트의 [WebContent] 폴더에 [ch09] 폴더를 생성한다.

데이터베이스와 JSP 연동을 확인하기 위한 driverTest.jsp 페이지를 작성하여, 연동이 잘 이루어지면 "제대로 연결되었습니다."라는 메시지가 화면에 표시되는 예제이다.

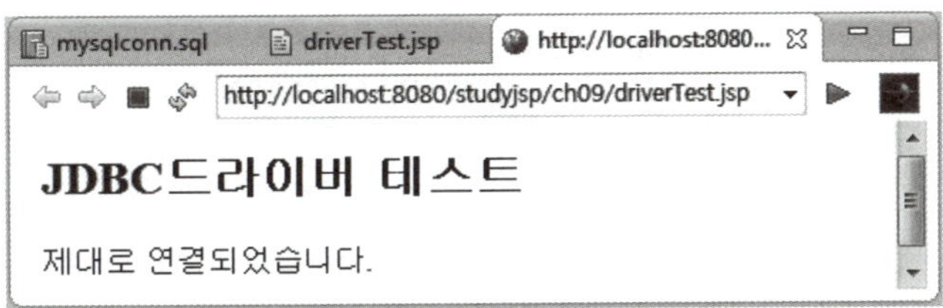

01 [New]-[JSP File] 메뉴를 사용해 [studyjsp]-[WebContent]-[ch09] 폴더에 driverTest.jsp 페이지를 작성한다. 기본적인 코딩이 작성되면 다음과 같이 수정한 후 저장한다.

```
01  <%@ page language="java" contentType="text/html; charset=UTF-8"
02      pageEncoding="UTF-8"%>
03  <%@ page import="java.sql.*"%>
04  <meta name="viewport" content="width=device-width,initial-scale=1.0"/>
05
06  <h2>JDBC드라이버 테스트 </h2>
07
08  <%
09   Connection conn=null;
10
11   try{
12       String jdbcUrl = "jdbc:mysql://localhost:3306/jsptest";
13       String dbId = "jspid";
14       String dbPass = "jsppass";
15
16       Class.forName("com.mysql.jdbc.Driver");
17       conn = DriverManager.getConnection(jdbcUrl,dbId ,dbPass );
18       out.println("제대로 연결되었습니다.");
19   }catch(Exception e){
20       e.printStackTrace( );
21   }
22  %>
```


3라인 JSP에서 JDBC의 라이브러리 클래스를 사용하려면 반드시 java.sql 패키지를 import 해야 한다. 여기서는 9, 17라인에서 사용한다.

9라인 레퍼런스 변수의 초기값은 null로 지정한다.

12라인 사용하려는 데이터베이스명을 포함한 URL을 기술한다.

02 driverTest.jsp 파일을 선택하고 마우스 오른쪽 버튼을 눌러 [Run As]–[Run on Server] 메뉴를 클릭하면 실행 결과가 표시된다.

"제대로 연결되었습니다." 문구가 표시되지 않는다면 작성한 문구에 오타가 있었는지 또는 JDBC 드라이버가 [studyjsp]–[WebContent]–[WEB-INF]–[lib] 안에 있는지를 다시 확인한다.

2) JSP 페이지에서 테이블에 레코드 추가

JSP 페이지에서 테이블에 레코드를 추가(삽입)하려면 데이터베이스와 커넥션을 설정한 후 insert문을 사용한다. 해당 테이블에 레코드를 추가하는 작업은 executeUpdate( ) 메소드를 통해 쿼리를 수행시켜서 한다. executeUpdate( ) 메소드는 성공 시에 결과로 수행된 레코드의 수를 반환한다. 즉, insert문에 의해 추가된 레코드의 수를 반환한다.

커넥션 설정 부분

```java
Connection conn=null;
PreparedStatement pstmt=null;
ResultSet rs=null;
try{
    //연동할 데이터베이스를 포함한 url
    String jdbcUrl="jdbc:mysql://localhost:3306/jsptest";
    String dbId="jspid"; //사용자 계정
    String dbPass="jsppass"; //계정 패스워드

    Class.forName("com.mysql.jdbc.Driver"); //DriverManager에 등록
    //Connection 객체를 얻어옴
    conn=DriverManager.getConnection(jdbcUrl,dbId ,dbPass );
```

insert문 사용해서 레코드를 추가

```java
String sql= "insert into member values (?,?,?,?)";
```

```
pstmt.executeUpdate( );
```

따라하기 JSP 페이지에서 member 테이블에 레코드 추가

이 예제는 입력 폼에 아이디, 비밀번호, 이름, 주소, 전화번호를 입력하고 [입력완료] 버튼을 클릭하면 입력한 내용이 member 테이블에 추가되는 것이다. 내용 입력 폼은 insertForm.jsp 페이지가 제공하고, 입력된 내용을 member 테이블에 추가하는 작업은 insertPro.jsp 페이지가 수행한다.

실행 결과 insertForm.jsp 페이지

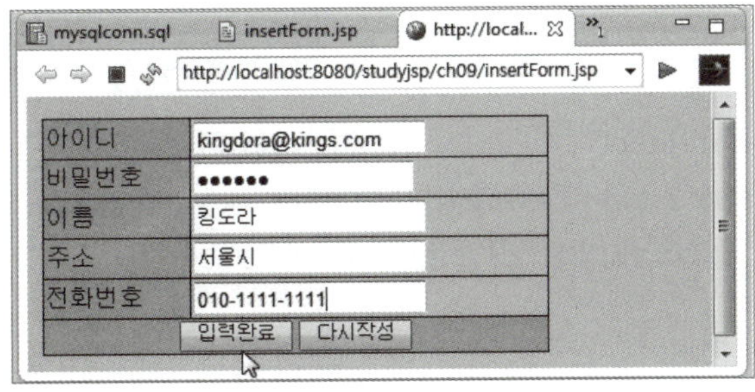

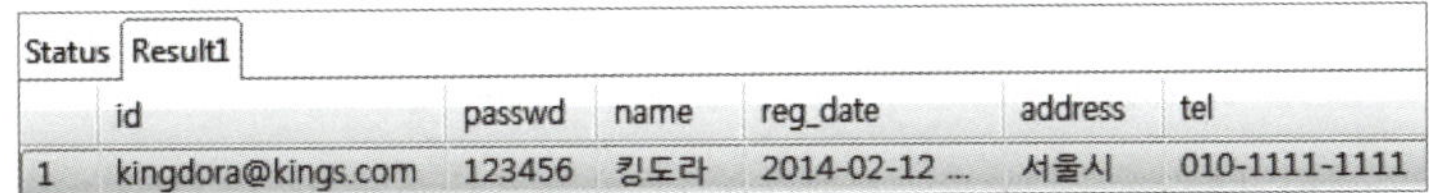

	id	passwd	name	reg_date	address	tel
1	kingdora@kings.com	123456	킹도라	2014-02-12 ...	서울시	010-1111-1111

▲ member 테이블에 레코드가 추가된 결과

01 [New]-[JSP File] 메뉴를 사용해 [studyjsp]-[WebContent]-[ch09] 폴더에 insertForm.jsp 페이지를 작성한다. 기본적인 코딩이 작성되면 다음과 같이 수정한 후 저장한다.

```
01  <%@ page language="java" contentType="text/html; charset=UTF-8"
02      pageEncoding="UTF-8"%>
03  <meta name="viewport" content="width=device-width,initial-scale=1.0"/>
04  <link rel="stylesheet" href="style.css"/>
05
06  <form method="post" action="insertPro.jsp">
07    <table>
```

```html
08      <tr>
09       <td class="label"><label for="idt">아이디</label>
10      <td class="content"><input id="idt" name="idt" type="text" size="20"
11        maxlength="50" placeholder="example@kings.com" autofocus required>
12       <tr>
13       <td class="label"><label for="passwd">비밀번호</label>
14       <td class="content"><input id="passwd" name="passwd" type="password"
15         size="20" placeholder="6~16자 숫자/문자" maxlength="16" required>
16       <tr>
17       <td class="label"><label for="name">이름</label>
18       <td class="content"><input id="name" name="name" type="text" size="20"
19             maxlength="10" placeholder="킹도라" required>
20       <tr>
21       <td class="label"><label for="name">주소</label>
22       <td class="content"><input id="addr" name="addr" type="text" size="20"
23             maxlength="100" placeholder="서울시" required>
24       <tr>
25       <td class="label"><label for="name">전화번호</label>
26       <td class="content"><input id="tel" name="tel" type="text" size="20"
27             maxlength="20" placeholder="010-1111-1111" required>
28       <tr>
29       <td class="label2" colspan="2"><input type="submit" value="입력완료">
30         <input type="reset" value="다시작성">
31     </table>
32   </form>
```


10, 14, 18, 26라인   아이디, 비밀번호, 이름, 주소, 전화번호를 입력하고 [입력완료] 버튼을 누르면 입력 정보를 가지고 6라인에서 지정한 insertPro.jsp 페이지로 제어가 이동한다.

02 [New]-[JSP File] 메뉴를 사용해 [studyjsp]-[WebContent]-[ch09] 폴더에 insertPro.jsp 페이지를 작성한다. 기본적인 코딩이 작성되면 다음과 같이 수정한 후 저장한다.

```jsp
01   <%@ page language="java" contentType="text/html; charset=UTF-8"
02       pageEncoding="UTF-8"%>
03   <%@ page import="java.sql.*"%>
04
```

```jsp
05    <% request.setCharacterEncoding("utf-8");%>
06
07    <%
08      String idt = request.getParameter("idt");
09      String passwd= request.getParameter("passwd");
10      String name = request.getParameter("name");
11      String addr = request.getParameter("addr");
12      String tel = request.getParameter("tel");
13      Timestamp register=new Timestamp(System.currentTimeMillis( ));
14
15      Connection conn=null;
16      PreparedStatement pstmt=null;
17      String str="";
18      try{
19        String jdbcUrl="jdbc:mysql://localhost:3306/jsptest";
20        String dbId="jspid";
21        String dbPass="jsppass";
22
23        Class.forName("com.mysql.jdbc.Driver");
24        conn=DriverManager.getConnection(jdbcUrl,dbId ,dbPass );
25
26        String sql= "insert into member values (?,?,?,?,?,?)";
27        pstmt=conn.prepareStatement(sql);
28        pstmt.setString(1,idt);
29        pstmt.setString(2,passwd);
30        pstmt.setString(3,name);
31        pstmt.setTimestamp(4,register);
32        pstmt.setString(5,addr);
33        pstmt.setString(6,tel);
34        pstmt.executeUpdate( );
35
36        out.println("member 테이블에 새로운 레코드를 추가했습니다.");
37
38      }catch(Exception e){ //예외 발생 시 처리
39            e.printStackTrace( );
40            out.println("member 테이블에 새로운 레코드를 추가에 실패했습니다");
41      }finally{//리소스 해제
42            if(pstmt != null)
43                try{pstmt.close( );}catch(SQLException sqle){ }
```

```
44              if(conn != null)
45                  try{conn.close( );}catch(SQLException sqle){ }
46          }
47    %>
```


3라인 JSP에서 JDBC의 객체를 사용하려면 java.sql 패키지가 필요하다.

8~13라인 폼으로부터 넘어오는 파라미터 값을 받아내는 부분이다. 이때 13라인의 Timestamp register=new Timestamp(System.currentTimeMillis( ));은 현재 날짜와 시간을 얻어낸다.

23~24라인 JDBC 드라이버를 로딩하여 DriverManager에 등록한 후 getConnection( ) 메소드를 사용해서 Connection 객체를 얻어낸다.

26~34라인 쿼리문을 수행하는 부분으로 26라인에서 기술한 쿼리문은 27라인의 pstmt=conn .prepareStatement(sql);을 사용해서 미리 컴파일한다. 미리 컴파일되고 나면 26라인의 위치홀더 (?)로 표시한 각각의 위치에 28~33라인에서 지정한 값으로 대치시키고, 34라인에서 pstmt. executeUpdate( );를 사용해서 쿼리를 실행한다. 26라인의 쿼리문이 Insert문이므로 34라인에서 쿼리를 실행할 때 executeUpdate( ) 메소드를 사용했다.

36라인 쿼리가 성공적으로 수행했을 때만 실행되는 문장이다.

38~40라인 쿼리 실패 시 수행되는 문장이다.

41~46라인 JDBC를 사용하는 데 필요한 리소스를 해제한다.

03 insertForm.jsp 파일을 선택하고 마우스 오른쪽 버튼을 눌러 [Run As]-[Run on Server] 메뉴를 클릭하면 실행 결과가 표시된다.

결과가 표시되면 아이디, 비밀번호, 이름, 주소, 전화번호를 입력하고 [입력완료] 버튼을 클릭한다.

레코드가 성공적으로 추가되면 다음과 같은 화면이 표시된다. 레코드가 추가된 상황은 [mysqlconn.sql] 에디터 뷰에서 select * from member; 쿼리문을 실행하여 확인할 수 있다.

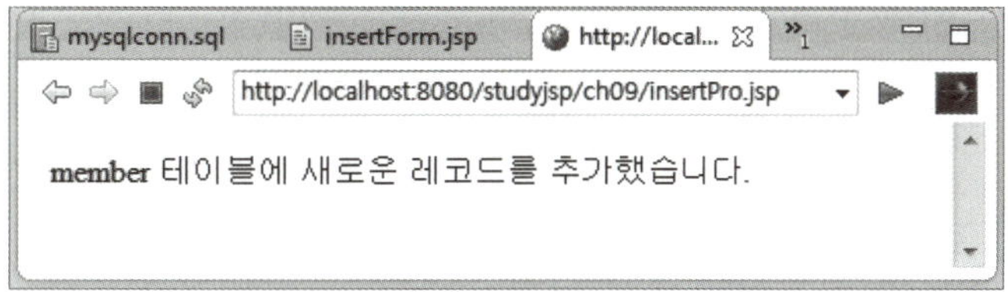

3) JSP 페이지에서 테이블의 레코드를 화면에 표시

JSP 페이지에서 테이블의 레코드들을 화면에 표시하려면 데이터베이스와 커넥션을 설정한 후 SELECT문을 사용해서 해당 테이블의 레코드를 검색해서 레코드셋을 얻어온다. 해당 테이블의 레코드들을 화면에 표시하려면 executeQuery( ) 메소드를 사용해서 쿼리를 수행시킨다. executeQuery( ) 메소드는 쿼리의 결과로 레코드셋을 반환한다.

JSP에서 레코드셋은 ResultSet 객체로 반환되므로 이것을 처리해야 한다. 한 레코드씩 처리할 때는 보통 while문을 사용하고, 해당 레코드의 필드 값은 getXxx( ) 메소드를 사용해서 얻어낸다.

커넥션 설정 부분

```
Connection conn=null;
PreparedStatement pstmt=null;
ResultSet rs=null;
try{
    //연동할 데이터베이스를 포함한 url
    String jdbcUrl="jdbc:mysql://localhost:3306/jsptest";
    String dbId="jspid"; //사용자 계정
    String dbPass="jsppass"; //계정 패스워드

    Class.forName("com.mysql.jdbc.Driver"); //DriverManager에 등록
    //Connection 객체를 얻어옴
    conn=DriverManager.getConnection(jdbcUrl,dbId ,dbPass );
```

select문 사용해서 레코드를 삽입(추가)

```
String sql= "select * from member";
```

select문 사용해서 레코드를 검색

```
rs=pstmt.executeQuery( );
```

쿼리의 결과로 반환된 레코드셋 처리

```
while(rs.next( )){
    String id= rs.getString("id");
```

```
String passwd= rs.getString("passwd");

    ....
}
```

 JSP 페이지에서 테이블의 레코드들을 화면에 표시

이 예제는 member 테이블의 모든 필드를 포함한 전체 레코드를 JSP 페이지에 표시하
는 것이다.

 selectPro.jsp 페이지

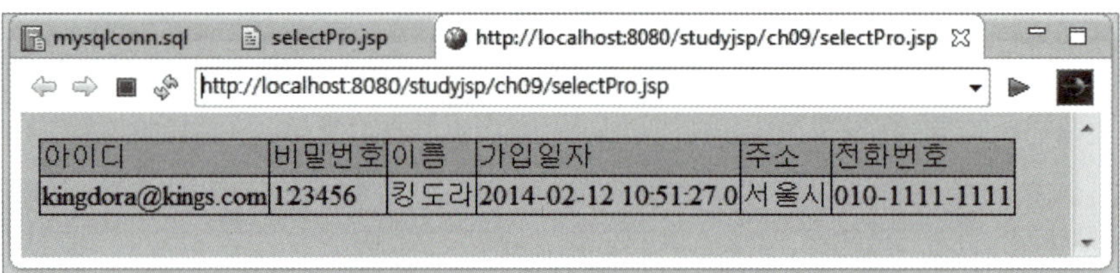

01 [New]-[JSP File] 메뉴를 사용해 [studyjsp]-[WebContent]-[ch09] 폴더에
selectPro.jsp 페이지를 작성한다. 기본적인 코딩이 작성되면 다음과 같이 수정한 후
저장한다.

```
01  <%@ page language="java" contentType="text/html; charset=UTF-8"
02      pageEncoding="UTF-8"%>
03  <%@ page import="java.sql.*"%>
04  <meta name="viewport" content="width=device-width,initial-scale=1.0"/>
05  <link rel="stylesheet" href="style.css"/>
06
07  <table>
08   <tr class="label">
09      <td>아이디
10      <td>비밀번호
11      <td>이름
12      <td>가입일자
13      <td>주소
14      <td>전화번호
15
```

```jsp
16  <%
17    Connection conn=null;
18    PreparedStatement pstmt=null;
19    ResultSet rs=null;
20
21    try{
22        String jdbcUrl="jdbc:mysql://localhost:3306/jsptest";
23        String dbId="jspid";
24        String dbPass="jsppass";
25
26            Class.forName("com.mysql.jdbc.Driver");
27            conn=DriverManager.getConnection(jdbcUrl,dbId ,dbPass );
28
29            String sql= "select * from member";
30            pstmt=conn.prepareStatement(sql);
31            rs=pstmt.executeQuery( );
32
33            while(rs.next( )){
34              String id= rs.getString("id");
35              String passwd= rs.getString("passwd");
36              String name= rs.getString("name");
37              Timestamp register=rs.getTimestamp("reg_date");
38              String address= rs.getString("address");
39              String tel= rs.getString("tel");
40  %>
41              <tr>
42                <td><%=id%>
43                <td><%=passwd%>
44                <td><%=name%>
45                <td><%=register.toString( )%>
46                <td><%=address%>
47                <td><%=tel%>
48  <%  }
49    }catch(Exception e){
50        e.printStackTrace( );
51    }finally{
52      if(rs != null)
53          try{rs.close( );}catch(SQLException sqle){ }
```

```
54        if(pstmt != null)
55            try{pstmt.close( );}catch(SQLException sqle){ }
56        if(conn != null)
57            try{conn.close( );}catch(SQLException sqle){ }
58     }
59   %〉
60   〈/table〉
```

29~31라인
- **29라인** String sql= "select * from member";은 실행할 쿼리문을 저장하는 부분이다.
- **30라인** 29라인의 쿼리문을 prepareStatement(sql) 메소드를 사용해서 실행한다.
- **31라인** rs=pstmt.executeQuery( );은 실행할 쿼리문이 select문이기 때문에 실행의 결과로 레코드셋인 ResultSet 객체를 반환한다. 이 반환된 객체는 ResultSet 객체 타입의 변수 rs에 저장한다.

33~48라인 반환된 레코드셋을 처리하기 위한 부분으로, 각 레코드들을 반복 처리하기 위해서 while문을 사용했다.
- **34~39라인** ResultSet 객체.getXxx( ) 메소드를 사용해서 레코드셋으로부터 각 필드의 값을 얻어낸다. 여기서는 ResultSet 객체가 rs이므로 rs.getString("id"), rs.getString("passwd"), rs.getString("name"), rs.getTimestamp("reg_date"), rs.getString("address"), rs.getString("tel")을 사용해 member 테이블의 id, passwd, name, reg_date, address, tel 필드의 값을 얻어낸다.

02 selectPro.jsp 파일을 선택하고 마우스 오른쪽 버튼을 눌러 [Run As]-[Run on Server] 메뉴를 클릭하면 실행 결과가 표시된다.

4) JSP 페이지에서 테이블에 저장된 레코드 수정

JSP 페이지에서 테이블의 레코드를 수정하려면 데이터베이스와 커넥션을 설정한 후 UPDATE문을 사용한다. 해당 테이블의 레코드를 수정하려면 executeUpdate( ) 메소드를 사용한다. executeUpdate( ) 메소드는 성공 시 결과로 변경된 레코드의 수를 반환한다.

커넥션 설정 부분

```
Connection conn=null;
PreparedStatement pstmt=null;
ResultSet rs=null;
try{
    //연동할 데이터베이스를 포함한 url
    String jdbcUrl="jdbc:mysql://localhost:3306/jsptest";
    String dbId="jspid"; //사용자 계정
```

String dbPass="jsppass"; //계정 패스워드

Class.forName("com.mysql.jdbc.Driver"); //DriverManager에 등록
//Connection 객체를 얻어옴
conn=DriverManager.getConnection(jdbcUrl,dbId ,dbPass);

---

update문 사용해서 레코드를 수정

sql= "update member set name= ? where id= ? ";

쿼리 수행

pstmt.executeUpdate( );

따라하기 JSP 페이지에서 member 테이블에 저장된 레코드 수정

이 예제는 수정 폼에 아이디, 패스워드, 수정할 이름, 주소, 전화번호를 입력하고 [수정완료] 버튼을 클릭하면 member 테이블에서 해당 레코드의 이름이 수정되는 것이다. 내용 수정 폼은 updateForm.jsp 페이지가 제공하고, member 테이블의 해당 레코드를 수정하는 작업은 updatePro.jsp 페이지가 수행한다.

실행 결과 updateForm.jsp 페이지

▲ member 테이블에 레코드가 수정된 결과

01 [New]-[JSP File] 메뉴를 사용해 [studyjsp]-[WebContent]-[ch09] 폴더에 updateForm.jsp 페이지를 작성한다. 기본적인 코딩이 작성되면 다음과 같이 수정한 후 저장한다.

```jsp
01  <%@ page language="java" contentType="text/html; charset=UTF-8"
02      pageEncoding="UTF-8"%>
03  <meta name="viewport" content="width=device-width,initial-scale=1.0"/>
04  <link rel="stylesheet" href="style.css"/>
05
06  <form method="post" action="updatePro.jsp">
07    <table>
08     <tr>
09      <td class="label"><label for="idt">아이디</label>
10      <td class="content"><input id="idt" name="idt" type="text" size="20"
11                maxlength="50" placeholder="example@kings.com" autofocus required>
12     <tr>
13      <td class="label"><label for="passwd">비밀번호</label>
14      <td class="content"><input id="passwd" name="passwd" type="password"
15        size="20" placeholder="6~16자 숫자/문자" maxlength="16" required>
16     <tr>
17      <td class="label"><label for="name">이름</label>
18      <td class="content"><input id="name" name="name" type="text" size="20"
19                maxlength="10" placeholder="킹도라" required>
20     <tr>
21      <td class="label"><label for="name">주소</label>
22      <td class="content"><input id="addr" name="addr" type="text" size="20"
23                maxlength="100" placeholder="서울시" required>
24     <tr>
25      <td class="label"><label for="name">전화번호</label>
26      <td class="content"><input id="tel" name="tel" type="text" size="20"
27                maxlength="20" placeholder="010-1111-1111" required>
28     <tr>
29      <td class="label2" colspan="2"><input type="submit" value="수정완료">
30        <input type="reset" value="다시작성">
31    </table>
32  </form>
```


10, 14, 18, 26라인 아이디, 비밀번호, 수정할 이름, 주소, 전화번호를 입력하고 [수정완료] 버튼을 누르면 입력 정보를 가지고 6라인에서 지정한 updatePro.jsp 페이지로 제어가 이동한다.

02 [New]-[JSP File] 메뉴를 사용해 [studyjsp]-[WebContent]-[ch09] 폴더에 updatePro.jsp 페이지를 작성한다. 기본적인 코딩이 작성되면 다음과 같이 수정한 후 저장한다.

```jsp
01  <%@ page language="java" contentType="text/html; charset=UTF-8"
02      pageEncoding="UTF-8"%>
03  <%@ page import="java.sql.*"%>
04  <%request.setCharacterEncoding("utf-8"); %>
05
06  <%
07     String id= request.getParameter("idt");
08     String passwd= request.getParameter("passwd");
09     String name= request.getParameter("name");
10     String addr = request.getParameter("addr");
11     String tel = request.getParameter("tel");
12
13     Connection conn=null;
14     PreparedStatement pstmt=null;
15     ResultSet rs=null;
16
17   try{
18      String jdbcUrl="jdbc:mysql://localhost:3306/jsptest";
19      String dbId="jspid";
20      String dbPass="jsppass";
21
22      Class.forName("com.mysql.jdbc.Driver");
23      conn=DriverManager.getConnection(jdbcUrl,dbId ,dbPass );
24
25      String sql= "select id, passwd from member where id= ?";
26      pstmt=conn.prepareStatement(sql);
27      pstmt.setString(1,id);
28      rs=pstmt.executeQuery( );
29
30      if(rs.next( )){
31         String rId=rs.getString("id");
32         String rPasswd=rs.getString("passwd");
```

```
33          if(id.equals(rId) && passwd.equals(rPasswd)){
34              sql= "update member set name=?, address=?, tel=? where id= ? ";
35              pstmt=conn.prepareStatement(sql);
36              pstmt.setString(1,name);
37              pstmt.setString(2,addr);
38              pstmt.setString(3,tel);
39              pstmt.setString(4,id);
40              pstmt.executeUpdate( );
41              out.println("member 테이블의 레코드를 수정했습니다.");
42          }else
43              out.println("패스워드가 틀렸습니다.");
44          }else
45              out.println("아이디가 틀렸습니다.");
46      }catch(Exception e){
47          e.printStackTrace( );
48      }finally{
49          if(rs != null)
50              try{rs.close( );}catch(SQLException sqle){ }
51          if(pstmt != null)
52              try{pstmt.close( );}catch(SQLException sqle){ }
53          if(conn != null)
54              try{conn.close( );}catch(SQLException sqle){ }
55      }
56  %>
```


25~28라인 수정 폼에 입력한 아이디를 가지고 member 테이블에서 해당하는 아이디에 대한 id, passwd의 값을 가져오는 쿼리문이다.

30~46라인 사용자가 수정 폼에 입력한 아이디에 대한 레코드가 없는 경우, 즉 회원 가입하지 않은 사용자라면 44~46라인을 수행한다. 입력한 아이디에 대한 레코드가 있는 경우에는 30~43라인을 수행한다. 33라인의 if문은 사용자가 입력한 아이디와 패스워드가 테이블에 저장된 아이디, 패스워드와 같으면 34~41라인을 수행해서 34~40라인에 걸쳐있는 Update문을 수행하고, 41라인을 화면에 표시한다. 만일 패스워드가 틀리면 42~43라인을 수행한다.

03 updateForm.jsp 파일을 선택하고 마우스 오른쪽 버튼을 눌러 [Run As]–[Run on Server] 메뉴를 클릭하면 실행 결과가 표시된다.

결과가 표시되면 아이디, 비밀번호, 이름, 주소, 전화번호를 입력하고 [수정완료] 버튼을 클릭한다.

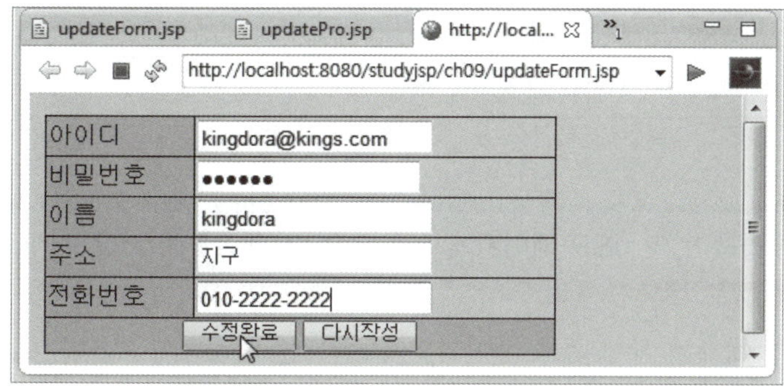

레코드가 성공적으로 수정되면 다음과 같은 화면이 표시된다. 레코드가 수정된 상황은 [mysqlconn.sql] 에디터 뷰에서 select * from member; 쿼리문을 실행해서 확인할 수 있다.

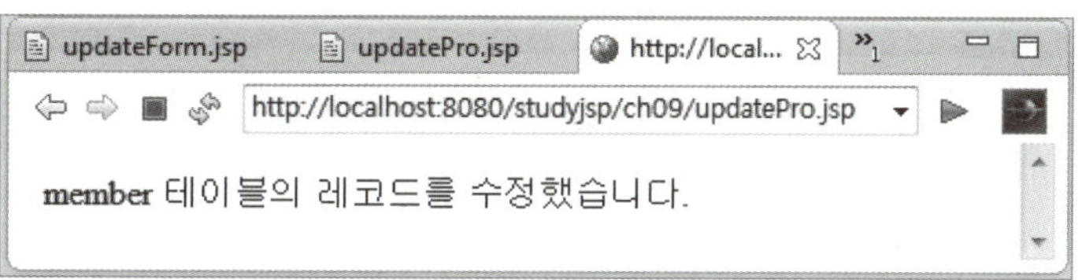

5) JSP 페이지에서 테이블에 저장된 레코드 삭제

JSP 페이지에서 테이블에 저장된 레코드를 삭제하려면 데이터베이스와 커넥션을 설정한 후 DELETE문을 사용한다. 해당 테이블에 레코드 삭제의 실행은 executeUpdate( ) 메소드를 사용한다. executeUpdate( ) 메소드는 성공 시 수행의 결과로 삭제된 레코드의 수를 반환한다.


```
Connection conn=null;
PreparedStatement pstmt=null;
ResultSet rs=null;
try{
    //연동할 데이터베이스를 포함한 url
    String jdbcUrl="jdbc:mysql://localhost:3306/jsptest";
    String dbId="jspid"; //사용자 계정
    String dbPass="jsppass"; //계정 패스워드

    Class.forName("com.mysql.jdbc.Driver"); //DriverManager에 등록
    //Connection 객체를 얻어옴
    conn=DriverManager.getConnection(jdbcUrl,dbId ,dbPass );
```



```
sql= "delete from member where id= ? ";
```

```
pstmt.executeUpdate( );
```

따라하기 JSP 페이지에서 member 테이블에 저장된 레코드 삭제

이 예제는 삭제 폼에 아이디, 패스워드를 입력하고 [삭제] 버튼을 클릭하면 member 테이블의 해당 레코드를 삭제하는 것이다. 레코드 삭제에 필요한 정보를 입력하는 삭제 폼은 deleteForm.jsp 페이지가 제공하고, 해당 레코드를 삭제하는 작업은 deletePro.jsp 페이지가 수행한다.

실행 결과 deleteForm.jsp 페이지

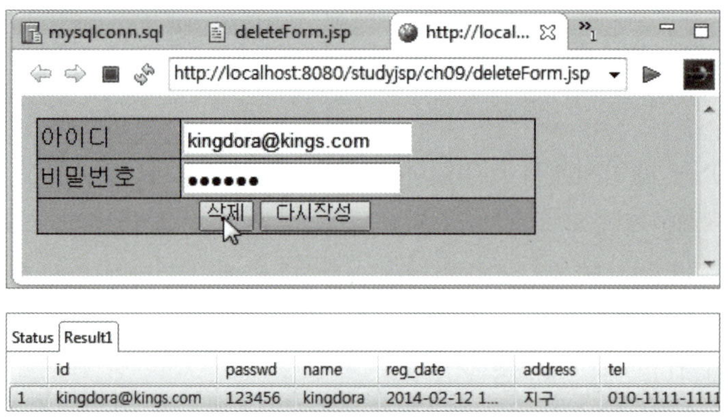

▲ member 테이블에 레코드가 삭제된 결과

01 [New]-[JSP File] 메뉴를 사용해 [studyjsp]-[WebContent]-[ch09] 폴더에 deleteForm.jsp 페이지를 작성한다. 기본적인 코딩이 작성되면 다음과 같이 수정한 후 저장한다.

```
01  <%@ page language="java" contentType="text/html; charset=UTF-8"
02      pageEncoding="UTF-8"%>
03  <meta name="viewport" content="width=device-width,initial-scale=1.0"/>
04  <link rel="stylesheet" href="style.css"/>
05
06  <form method="post" action="deletePro.jsp">
07    <table>
08      <tr>
```

```
09        〈td class="label"〉〈label for="idt"〉아이디〈/label〉
10          〈td class="content"〉〈input id="idt" name="idt" type="text" size="20"
11                    maxlength="50" placeholder="example@kings.com" autofocus required〉
12        〈tr〉
13          〈td class="label"〉〈label for="passwd"〉비밀번호〈/label〉
14          〈td class="content"〉〈input id="passwd" name="passwd" type="password"
15            size="20" placeholder="6~16자 숫자/문자" maxlength="16" required〉
16        〈tr〉
17          〈td class="label2" colspan="2"〉〈input type="submit" value="삭제"〉
18            〈input type="reset" value="다시작성"〉
19        〈/table〉
20      〈/form〉
```


10, 14라인 아이디, 비밀번호를 입력하고 [삭제] 버튼을 누르면 입력 정보를 가지고 6라인에서 지정한 deletePro.jsp 페이지로 제어가 이동한다.

02 [New]-[JSP File] 메뉴를 사용해 [studyjsp]-[WebContent]-[ch09] 폴더에 deletePro.jsp 페이지를 작성한다. 기본적인 코딩이 작성되면 다음과 같이 수정한 후 저장한다.

```
01    〈%@ page language="java" contentType="text/html; charset=UTF-8"
02        pageEncoding="UTF-8"%〉
03    〈%@ page import="java.sql.*"%〉
04
05    〈% request.setCharacterEncoding("utf-8");%〉
06
07    〈%
08       String id= request.getParameter("idt");
09       String passwd= request.getParameter("passwd");
10
11       Connection conn=null;
12       PreparedStatement pstmt=null;
13       ResultSet rs=null;
14
15       try{
16          String jdbcUrl="jdbc:mysql://localhost:3306/jsptest";
17          String dbId="jspid";
```

```java
18        String dbPass="jsppass";

20        Class.forName("com.mysql.jdbc.Driver");
21        conn=DriverManager.getConnection(jdbcUrl,dbId ,dbPass );

23        String sql= "select id, passwd from member where id= ?";
24        pstmt=conn.prepareStatement(sql);
25        pstmt.setString(1,id);
26        rs=pstmt.executeQuery( );

28        if(rs.next( )){
29          String rId=rs.getString("id");
30          String rPasswd=rs.getString("passwd");
31          if(id.equals(rId) && passwd.equals(rPasswd)){
32            sql= "delete from member where id= ? ";
33            pstmt=conn.prepareStatement(sql);
34            pstmt.setString(1,id);
35            pstmt.executeUpdate( );
36            out.println("member 테이블의 레코드를 삭제했습니다.");
37          }else
38            out.println("패스워드가 틀렸습니다.");
39      }else
40        out.println("아이디가 틀렸습니다.");
41  }catch(Exception e){
42      e.printStackTrace( );
43  }finally{
44      if(rs != null)
45          try{rs.close( );}catch(SQLException sqle){ }
46      if(pstmt != null)
47          try{pstmt.close( );}catch(SQLException sqle){ }
48      if(conn != null)
49          try{conn.close( );}catch(SQLException sqle){ }
50      }
51  %>
```

소스코드 설명

23~26라인 사용자가 입력한 아이디에 해당하는 비밀번호를 얻어낸다.

28~41라인 사용자가 삭제 폼에 입력한 아이디에 대한 레코드가 없는 경우, 즉 회원 가입하지 않

은 사용자라면 39~40라인을 수행한다. 입력한 아이디에 대한 레코드가 있는 경우에는 28~38라인을 수행한다. 31라인의 if문은 사용자가 입력한 아이디와 패스워드가 테이블에 저장된 아이디, 패스워드와 같으면 31~36라인을 수행해서 32~35라인에 걸쳐있는 Delete문을 수행하고, 36라인의 결과를 화면에 표시한다. 만일 패스워드가 틀리면 37~38라인을 수행한다.

03 deleteForm.jsp 파일을 선택하고 마우스 오른쪽 버튼을 눌러 [Run As]-[Run on Server] 메뉴를 클릭하면 실행 결과가 표시된다.

결과가 표시되면 아이디, 비밀번호를 입력하고 [삭제] 버튼을 클릭한다.

레코드가 성공적으로 삭제되면 다음과 같은 화면이 표시된다. 레코드가 삭제된 상황은 [mysqlconn.sql] 에디터 뷰에서 select * from member; 쿼리문을 실행해서 확인할 수 있다.

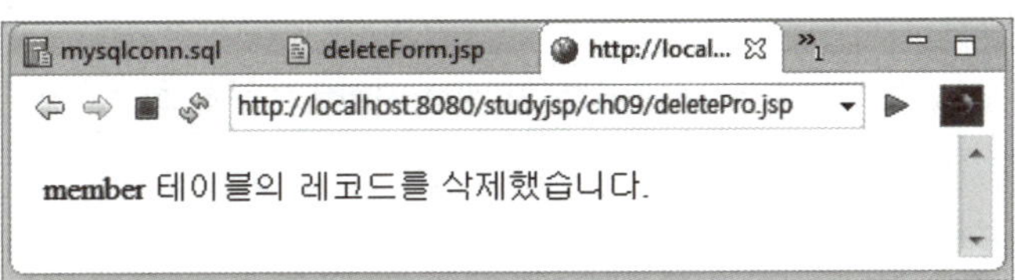

자카르타 DBCP API를 이용한 커넥션 풀 사용

여기서는 커넥션 풀(connection pools)을 사용하는 것이 왜 좋은가에 대한 기본적인 설명과 MySQL에서 제공하는 DBCP API를 이용한 커넥션 풀의 사용에 대해 학습한다.

1 커넥션 풀의 개요

데이터베이스에 연결하기 위한 커넥션(Connection)은 객체이다. 이 객체는 만들어질 때마다 많은 시스템 자원이 필요하다. 메모리에 객체를 할당할 자리를 만들고 또 객체가 사용할 여러 자원들에 대한 초기화 작업, 또한 이 객체가 더 이상 필요 없을 때 객체를 거둬들이는 작업이 필요하다. 이런 작업 등이 요구되어서 객체의 생성 작업은 많은 비용을 요구한다.

데이터베이스 커넥션은 데이터베이스에 한 번 연결하기 위한 작업인데, 이러한 작업들을 매번 새로운 데이터베이스 연결에 대한 요청이 들어올 때마다 수행해야 한다면 많은 부담이 된다.

이런 문제를 해결하기 위해 커넥션 풀(connection pools)에 커넥션 객체들을 만들어 놓은 후, 커넥션 객체가 필요한 경우 작성한 객체를 할당해 주고, 사용이 끝난 후에는 다시 커넥션 풀로 회수하는 방법을 사용한다. 즉, 한번 만들어져서 사용된 커넥션 객체는 다시 커넥션 풀로 회수되는 것이다.

커넥션 풀은 끊임없이 생성되는 커넥션 문제 해결이 목적으로, 반드시 컨테이너(container)에 1개만 만들어지도록 해야 한다. 컨테이너가 자동 지원을 못할 경우 커넥션 객체를 저장하고 있는 저장소인 커넥션 풀은 벡터(Vector)와 같은 컬렉션을 사용해서 구현한다.

■ 커넥션 풀의 전략

① service( ) 메소드(사용자 요청)당 1개씩 할당한다.

▲ service( ) 메소드와 커넥션 객체

② 커넥션의 개수를 제한한다.

③ 커넥션 객체 관리자가 다 쓰면 자원을 회수한다.

위의 전략을 도식도로 표시하면 다음과 같다.

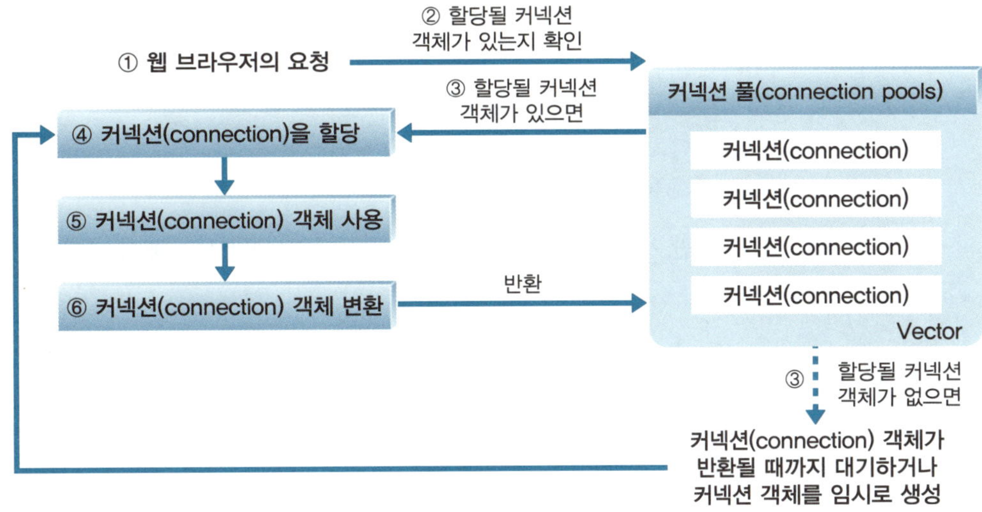

▲ 커넥션 풀의 구현 방법

위의 구현 방법대로 커넥션 풀을 직접 만들어도 되지만, 이는 바람직한 방법은 아니다. 커넥션 풀은 이것을 전문적으로 만드는 전문가에게 맡기고 우리는 비즈니스 로직에 전념하는 것이 좋다. 톰캣의 5.0.x 버전부터 커넥션 풀을 제공하고 있다. 이 책에서는 자카르타 프로젝트(Jakarta Project)에서 제공하는 DBCP API를 이용해서 커넥션 풀을 사용한다.

2 자카르타 DBCP API를 이용한 커넥션 풀

자카르타(Jakarta) 프로젝트의 DBCP API를 이용해서 커넥션 풀을 사용하려면 다음과 같은 단계를 거쳐야 한다.

> ① DBCP API 관련 jar 파일 설치
> ② DBCP에 관한 정보 설정 – context.xml
> ③ JNDI 리소스 사용 설정 – web.xml
> ④ JSP 페이지에서 커넥션 풀 사용

(1) DBCP API 관련 jar 파일 설치

최근의 톰캣 컨테이너는 DBCP API 관련 jar 파일인 tomcat-dbcp.jar를 컨테이너의 공용 라이브러리 폴더인 [톰캣홈]-[lib] 폴더 안에 같이 제공하고 있어서 따로 다운로드할 필요가 없다.

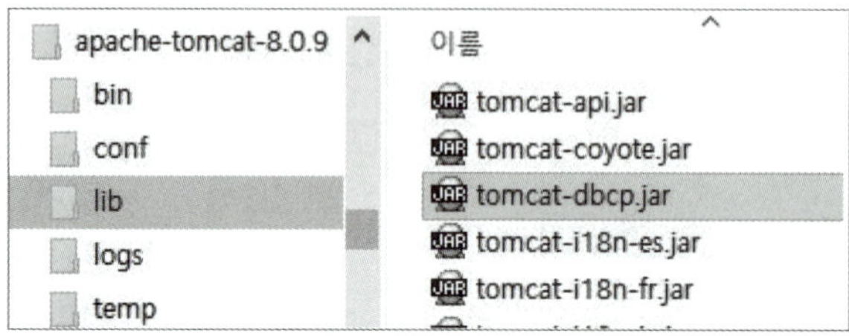

다만 프로젝트의 [WEB-INF]-[lib] 폴더에만 복사해서 넣어두면 된다.

따라하기　　DBCP API 관련 jar 파일인 tomcat-dbcp.jar를 이클립스 프로젝트에 추가

01 톰캣 공용 라이브러리 폴더인 [lib]([톰캣홈]-[lib]) 폴더에 있는 tomcat-dbcp.jar 파일을 복사한다.

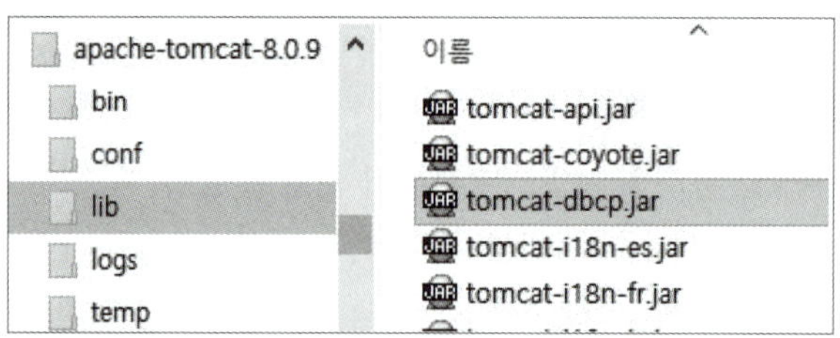

02 이클립스의 [프로젝트]-[WebContent]-[WEB-INF]-[lib] 폴더에 tomcat-dbcp.jar 파일을 붙여넣기 한다. 웹 프로젝트에서는 프로젝트에 필요한 라이브러리는 기본적으로 [WEB-INF]-[lib] 폴더에 넣어야 한다.

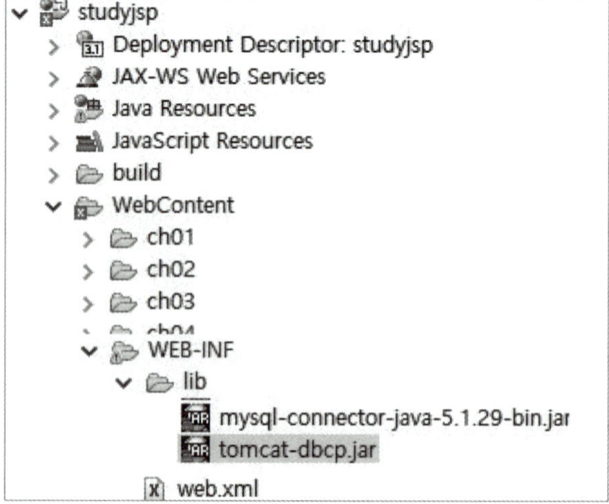

또한 추가로 JDBC 커넥터인 mysql-connector-java-5.1.29-bin.jar 파일을 복사해서 [톰캣홈]-[lib] 폴더에 복사한다. DBCP API를 사용할 경우 톰캣 버전에 따라 JDBC 커넥터를 인식 못할 수 있기 때문에 공용 라이브러리 폴더에 넣어두어야 한다.

 JDBC 커넥터를 톰캣 공용라이브러리 폴더에 복사

01 JDBC 커넥터인 mysql-connector-java-5.1.29-bin.jar 파일을 복사해서 [톰캣홈]-[lib] 폴더에 복사한다.

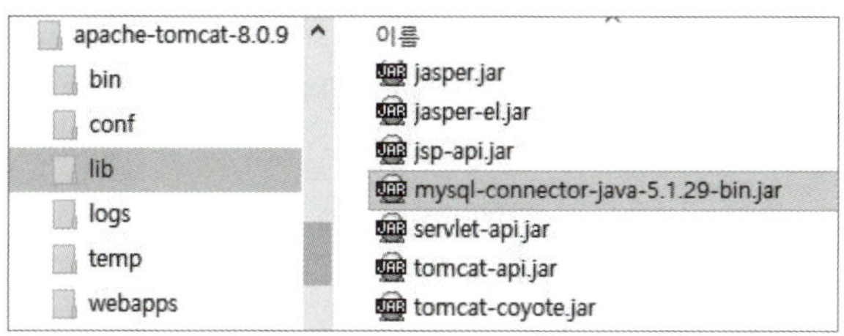

(2) DBCP에 관한 정보 설정 – context.xml

자카르타(Jakarta) DBCP를 사용하려면 DBCP에 관한 정보 설정을 context.xml에서 정의해야 한다. 실제 서비스 환경에서 context.xml은 [톰캣홈]-[conf]에 있다. 필자의 경우 [apache-tomcat-8.0.9]-[conf] 폴더에 있다. 또한 이클립스 가상환경에서는 [Project Explorer] 뷰의 [Servers]-[Tomcat v8.0 Server~] 안에 있다. 이 두 개의 context.xml에 정보 설정을 해야 한다.

사실 가상환경의 context.xml과 실제 환경의 context.xml은 크게 다르지 않다. context.xml에서 DBCP에 관한 정보 설정을 해야 하는 위치와 방법이 같기 때문이다.

context.xml에 DBCP에 관한 정보 설정을 하려면 〈Resource〉 엘리먼트를 정의해서 〈/Context〉 엘리먼트 안에 위치시키면 된다.

DBCP에 관한 정보를 설정하는 〈Resource〉 엘리먼트는 JDBC 사용 정보를 속성의 값으로 설정한다. 각각 어떤 속성이 어떤 값을 설정하는지에 대해 주로 사용하는 속성을 사용해서 학습한다. 좀 더 자세한 사항은 [톰캣홈]-[webapps]-[docs]의 jndi-resources-howto.html 파일을 참조한다.

Oracle을 사용한 DBCP에 관한 정보 설정 예시는 다음과 같다.

```
<Resource name="jdbc/jsptesto"
      auth="Container"
      type="javax.sql.DataSource"
      driverClassName="oracle.jdbc.driver.OracleDriver"
      username="scott"
      password="tiger"
      url="jdbc:oracle:thin:@localhost:1521:orcl"
      maxWait="5000"
/>
```

여기서는 MySQL을 사용한 DBCP에 관한 정보 설정 예시를 사용해서 기본 속성을 설명
한다.

```
<Resource name="jdbc/jsptest"
      auth="Container"
      type="javax.sql.DataSource"
      driverClassName="com.mysql.jdbc.Driver"
      username="jspid"
      password="jsppass"
      url="jdbc:mysql://localhost:3306/jsptest"
      maxWait="5000"
/>
```

설명

- name – java:comp/env 컨텍스트와 관련되어서 생성되는 자원의 이름을 기술한다.
  여기서는 jdbc/jsptest라 지정했으며, 임의로 지정할 수 있다.
- auth – 컨테이너를 자원 관리자로 기술할 수 있는데 Applicaion 혹은 Container가 속
  성값에 온다. 대부분 컨테이너를 자원 관리자로 기술하기 위해 Container를 사용한다.
- type – 웹에서 이 리소스를 사용할 때, 실제로 사용되는 클래스를 type 속성의 값으
  로 기술한다. 여기서는 javax.sql.DataSource을 속성값으로 사용했다. 즉, jdbc/
  jsptest라는 이름을 찾으면 이름에 해당하는 객체의 타입인 javax.sql.DataSource
  로 리턴된다.
- driverClassName – JDBC 드라이버로 MySQL을 사용할 때는 속성값으로
  com.mysql.jdbc.Driver를 기술한다. 만일 Oracle thin 드라이버를 사용할 때는
  oracle.jdbc.driver.OracleDriver를 기술한다.

- username – 데이터베이스에 접근하는 계정명으로 여기서는 jspid를 기술했다.
- password – 계정의 암호로 여기서는 jsppass를 기술했다.
- url – JDBC의 url로 여기서는 jdbc:mysql://localhost:3306/basicjsp를 기술했다. 만일 Oracle을 사용할 경우에는 jdbc:oracle:thin:@localhost:1521:orcl과 같이 오라클의 url 형식을 따라 기술한다.
- maxWait – 커넥션 풀에 사용 가능한 커넥션이 없는 경우, 커넥션의 회수를 기다리는 시간으로 밀리세컨드(millisecond, 1/1000초) 단위로 기술한다. 여기서는 5000을 기술했는데, 이는 5초 동안 기다린다는 의미이다.

위의 내용을 일일이 코딩할 필요 없이 제공되는 resource.txt 파일을 보고 필요한 부분을 복사해서 끼워 넣으면 된다.

우리는 이클립스 가상 환경부터 설정한 후 실제 서비스 환경도 설정한다.

따라하기 이클립스의 context.xml에 DBCP에 관한 정보 설정

이클립스의 [Project Explorer] 뷰의 [Servers]-[Tomcat v8.0 Server~] 안에 있는 context.xml에 정보 설정을 한다.

01 [Servers] 뷰의 Tomcat 서버가 시작되어 있으면 중단한다.

02 [Project Explorer] 뷰의 [Servers]-[Tomcat v8.0 Server~] 안에 있는 context.xml를 더블클릭해서 연다.

03 </Context>를 찾아 바로 윗줄에 <Resource> 엘리먼트의 내용을 추가 후 저장한다. 아래의 <Resource> 엘리먼트의 내용은 resource.txt 파일에서 제공되니 복사해서 사용해도 된다.

```
<Resource name="jdbc/jsptest"
        auth="Container"
        type="javax.sql.DataSource"
        driverClassName="com.mysql.jdbc.Driver"
        username="jspid"
        password="jsppass"
```

```
        url="jdbc:mysql://localhost:3306/jsptest"
        maxWait="5000"
/>
```

```
32        <Valve className="org.apache.catalina.valves.CometConnectionManagerValve" />
33        -->
34        <Resource name="jdbc/jsptest"
35            auth="Container"
36            type="javax.sql.DataSource"
37            driverClassName="com.mysql.jdbc.Driver"
38            username="jspid"
39            password="jsppass"
40            url="jdbc:mysql://localhost:3306/jsptest"
41            maxWait="5000"
42        />
43
44 </Context>
```
Design | Source


```
X context.xml
          on session expiration as well as webapp lifecycle)
31    <!--
32    <Valve className="org.apache.catalina.valves.CometConnectionManagerValve" />
33    -->
34    <Resource name="jdbc/jsptest"
35        auth="Container"
36        type="javax.sql.DataSource"
37        driverClassName="com.mysql.jdbc.Driver"
38        username="jspid"
39        password="jsppass"
40        url="jdbc:mysql://localhost:3306/jsptest"
41        maxWait="5000"
42    />
43
44    <Resource name="jdbc/jsptesto"
45        auth="Container"
46        type="javax.sql.DataSource"
47        driverClassName="oracle.jdbc.driver.OracleDriver"
48
49        loginTimeout="10"
50        maxWait="5000"
51        username="hr"
52        password="Toriko1"
53        testOnBorrow="true"
54        url="jdbc:oracle:thin:@localhost:1521:orcl"
55    />
56
57    <Resource name="jdbc/studyjsp2"
58        auth="Container"
59        type="javax.sql.DataSource"
60        driverClassName="org.sqlite.JDBC"
61        url="jdbc:sqlite:j:/study.db"
62        maxWait="5000"
63    />
64
65 </Context>
```
Design | Source

실제 서비스 환경 [톰캣홈]-[conf] 폴더 안에 있는 context.xml에 정보 설정을 한다.

01 [Servers] 뷰의 Tomcat 서버가 시작되어 있으면 중단한다.

02 탐색기에서 [톰캣홈]-[conf] 폴더 안에 있는 context.xml 파일을 메모장에서 열기 위해 마우스 오른쪽 버튼을 눌러 [편집] 메뉴를 선택한다. 필자의 경우에는 [apache-tomcat-8.0.9]-[conf] 폴더 내에 있다.

03 </Context>를 찾아 바로 윗줄에 <Resource> 엘리먼트의 내용을 추가한다. 아래의 <Resource> 엘리먼트의 내용은 resource.txt 파일에서 제공되니 복사해서 사용해도 된다.

```
<<Resource name="jdbc/jsptest"
        auth="Container"
        type="javax.sql.DataSource"
        driverClassName="com.mysql.jdbc.Driver"
        username="jspid"
        password="jsppass"
        url="jdbc:mysql://localhost:3306/jsptest"
        maxWait="5000"
/>
```

```
context.xml - 메모장                                    -    □    ×
파일(F)  편집(E)  서식(O)  보기(V)  도움말(H)
    <Manager pathname="" />
    -->

    <!-- Uncomment this to enable Comet connection tacking (provides events
        on session expiration as well as webapp lifecycle) -->
    <!--
    <Valve className="org.apache.catalina.valves.CometConnectionManagerValve" />
    -->
    <Resource name="jdbc/jsptest"
        auth="Container"
        type="javax.sql.DataSource"
        driverClassName="com.mysql.jdbc.Driver"
        username="jspid"
        password="jsppass"
        url="jdbc:mysql://localhost:3306/jsptest"
        maxWait="5000"
    />
</Context>
```

여러 DBMS와 연동을 하는 경우 마찬가지로 여기 [톰캣홈]-[conf] 폴더 안에 있는 context.xml에도 이클립스의 [Project Explorer] 뷰의 [Servers]-[Tomcat v8.0 Server ~] 안에 있는 context.xml에 설정한 것과 같은 내용을 넣어둔다.

```
context.xml - 메모장
파일(F)  편집(E)  서식(O)  보기(V)  도움말(H)

    <!--
    <Valve className="org.apache.catalina.valves.CometConnectionManagerValve" />
    -->
    <Resource name="jdbc/jsptest"
            auth="Container"
            type="javax.sql.DataSource"
            driverClassName="com.mysql.jdbc.Driver"
            username="jspid"
            password="jsppass"
            url="jdbc:mysql://localhost:3306/jsptest"
            maxWait="5000"
    />

    <Resource name="jdbc/jsptesto"
            auth="Container"
            type="javax.sql.DataSource"
            driverClassName="oracle.jdbc.driver.OracleDriver"

            loginTimeout="10"
            maxWait="5000"
            username="hr"
            password="Toriko1"
            testOnBorrow="true"
            url="jdbc:oracle:thin:@localhost:1521:orcl"
    />

    <Resource name="jdbc/studyjsp2"
            auth="Container"
            type="javax.sql.DataSource"
            driverClassName="org.sqlite.JDBC"
            url="jdbc:sqlite:j:/study.db"
            maxWait="5000"
    />

</Context>
```

(3) JNDI 리소스 사용 설정 – web.xml

context.xml에 저장된 JNDI 리소스를 자바빈 또는 JSP 페이지에서 사용하려면 web.xml에 다음과 같이 <resource-ref> 엘리먼트를 기술해야 한다.

```
<resource-ref>
  <description>jsptest db</description>
  <res-ref-name>jdbc/jsptest</res-ref-name>
  <res-type>javax.sql.DataSource</res-type>
  <res-auth>Container</res-auth>
</resource-ref>
```

설명

• <description> 엘리먼트 : 리소스의 설명을 기술한다.

- 〈res-ref-name〉 엘리먼트 : context.xml의 〈Resource〉 태그의 name 속성과 같은 값을 기술한다.
- 〈res-type〉 엘리먼트 : context.xml의 〈Resource〉 태그의 type 속성과 같은 값을 기술한다.
- 〈res-auth〉 엘리먼트 : context.xml의 〈Resource〉 태그의 auth 속성과 같은 값을 기술한다.

이클립스의 [프로젝트]-[WebContent]-[WEB-INF]에 있는 web.xml에 JNDI 리소스 사용 설정을 한다.

01 [Servers] 뷰의 톰캣 서버가 시작되어 있으면 중단한다.

02 [Project Explorer] 뷰의 [studyjsp]-[WebContent]-[WEB-INF] 안에 있는 web.xml를 더블클릭해서 연다.

03 web.xml 파일에서 〈/web-app〉를 찾아 바로 윗줄에 〈resource-ref〉 엘리먼트를 추가한다. 〈resource-ref〉 엘리먼트의 내용은 web.txt 파일에서 제공되니 복사해서 사용해도 된다.

```
<resource-ref>
  <description>jsptest db</description>
  <res-ref-name>jdbc/jsptest</res-ref-name>
  <res-type>javax.sql.DataSource</res-type>
  <res-auth>Container</res-auth>
</resource-ref>
```

```
24⊖  <resource-ref>
25       <description>jsptest db</description>
26       <res-ref-name>jdbc/jsptest</res-ref-name>
27       <res-type>javax.sql.DataSource</res-type>
28       <res-auth>Container</res-auth>
29    </resource-ref>
30
31  </web-app>
```

04 변경 사항이 반영되도록 web.xml 파일을 저장한다.

웹 페이지에서 커넥션 풀을 사용한 DB 연동을 하기 전에 확인 사항

커넥션 풀은 의외로 세팅에서 실수가 많은 부분이다. 커넥션 풀 설정이 제대로 되어야만 실행 결과를 볼 수 있는 '(4) JSP 페이지에서 커넥션 풀 사용'을 학습하기 전에 몇 가지를 체크해 본다. 오라클을 사용한 커넥션 풀 설정도 독자들이 종종 문의하므로 함께 살펴본다.

- **선수 체크** : 반드시 책은 처음부터 순서대로 학습한다. 처음부터 하지 않고 회원 가입이나 게시판부터 따라 하면 DBMS 설치나 커넥션 풀, 암호화 설정을 건너뛰게 되어 회원 가입이나 게시판이 제대로 동작하지 않는다. 컴퓨터 프로그래밍은 처음부터 차근차근 해야 한다.

1 DBMS 설치 확인

컴퓨터 성능 저하나 여러 가지 이유로 간혹 DBMS 설치를 안 하고 커넥션 풀을 사용하는 경우가 있다. 하지만 JSP를 학습할 때는 DBMS 서비스가 올라왔나를 항상 확인해야 한다. 윈도 운영체제에서 서비스는 [제어판]-[관리 도구]-[서비스] 항목을 선택해서 확인한다.

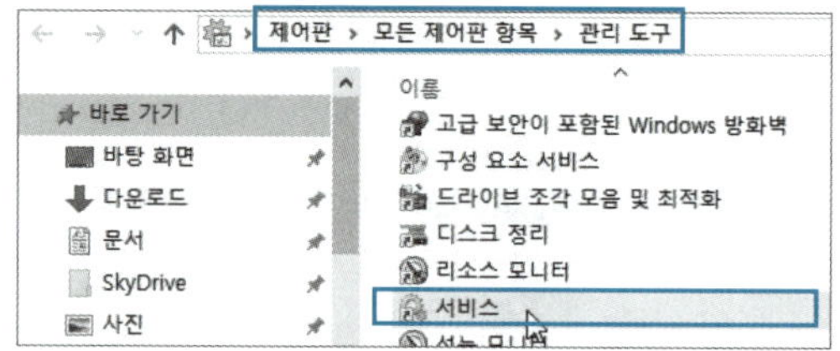

(1) MySQL의 경우

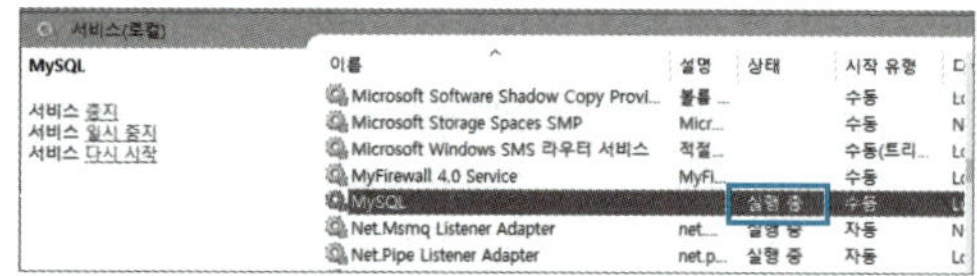

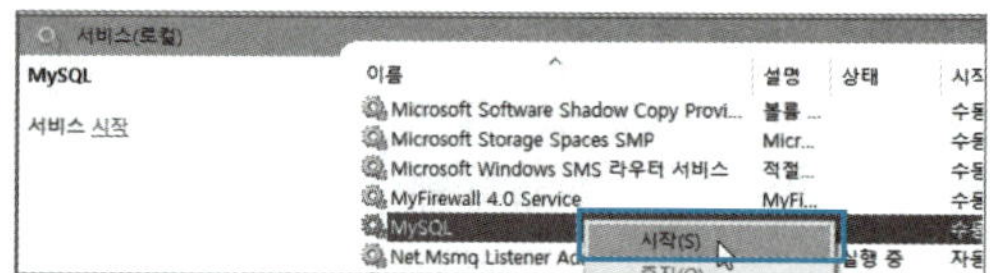

▲ 반드시 [MySQL] 서비스의 상태가 '실행 중'인지 확인   ▲ 실행 중이 아니면 마우스 오른쪽 버튼을 눌러 [시작] 클릭

(2) Oracle의 경우

OracleServiceSID명과 OracleOraDb오라클버전_home1TNSListener 서비스가 반드시 '실행 중'이어야 한다. 오라클 설치 시 SID명을 수정하지 않은 경우는 OracleServiceORCL 서비스이고, 오라클 11g를 사용할 경우 OracleOraDb11g_home1TNSListener 서비스이다. MySQL과 마찬가지로 실행 중이 아닌 경우 마우스 오른쪽 버튼을 눌러 [시작]을 클릭한다.

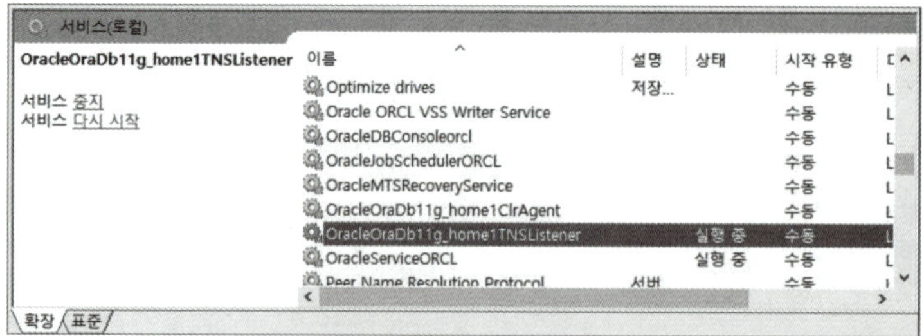

▲ OracleServiceORCL 서비스와 OracleOraDb11g_home1TNSListener 서비스의 상태가 '실행 중'인 경우

(3) 여러 DBMS를 설치한 경우

반드시 1개의 DBMS 서비스만 실행 중이어야 한다. 여러 DBMS를 동시에 실행 중일 경우 충돌이 일어날 수 있다.

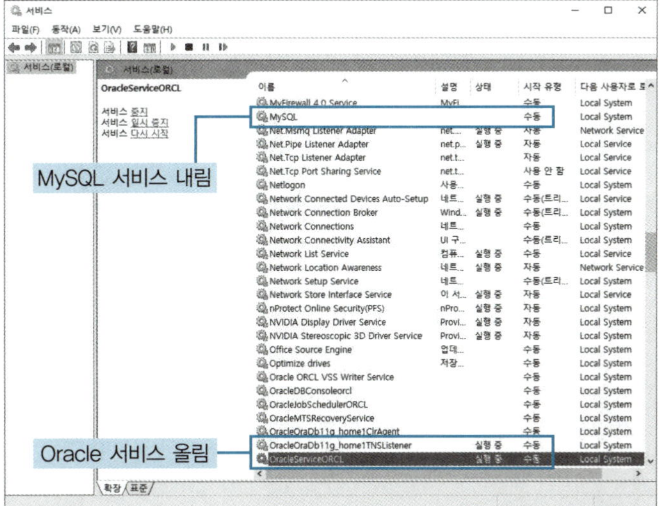

Oracle 사용을 위해서 ▶
MySQL 서비스를 내린 예시

2 JDBC 커넥터 위치 확인

JDBC 커넥터는 톰캣홈의 공용라이브러리 폴더와 프로젝트의 [WEB-INF]-[lib] 폴더에 반드시 위치해야 한다.

(1) 톰캣홈의 공용라이브러리 폴더

[톰캣홈]-[lib] 폴더

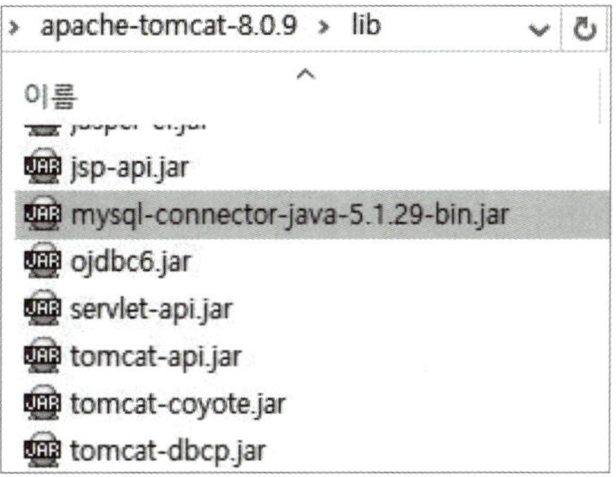

(2) 프로젝트의 [WEB-INF]-[lib] 폴더

이클립스의 [프로젝트]-[WebContent]-[WEB-INF]-[lib] 폴더

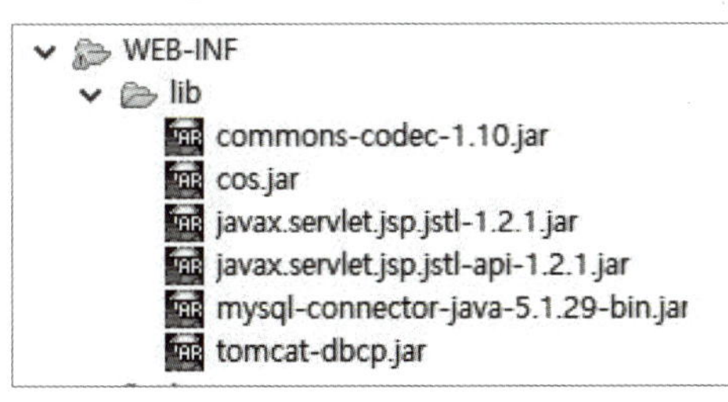

▲ MySQL JDBC 커넥터 사용   ▲ Oracle JDBC 커넥터 사용

3 커넥션 풀 설정 확인

354~361쪽의 DBCP API 관련 JAR 파일 배치, context.xml과 web.xml 파일 설정을 다시 한번 확인한다.

(4) JSP 페이지에서 커넥션 풀 사용

JSP 페이지에서 DBCP API를 사용한 커넥션 풀을 사용하려면 JNDI를 사용해 다음과
같이 프로그래밍한다.

```
<%@ page contentType = "text/html; charset=euc-kr" %>
<%@ page import = "java.sql.*,javax.sql.*, javax.naming.*" %> <%-- ①--%>

중략
…

 try{
    Context initCtx = new InitialContext( ); //②
    Context envCtx = (Context) initCtx.lookup("java:comp/env"); //③
    DataSource ds = (DataSource)envCtx.lookup("jdbc/jsptest"); //④
    Connection conn = ds.getConnection( ); //⑤
…
생략
```

① 먼저 필요한 클래스를 사용하기 위해 <%@ page import = "java.sql.*,javax.sql.*, javax.
naming.*" %>과 같이 javax.sql 패키지와 javax.naming 패키지를 import 받는다.

② Context initCtx = new InitialContext( );은 InitialContext 객체 initCtx를 생성한다.

③ Context envCtx = (Context) initCtx.lookup("java:comp/env");은 생성된
InitialContex 객체 initCtx의 lookup("java:comp/env") 메소드를 사용해 큰따옴표(" ")
안에 기술된 이름 "java:comp/env"에 해당하는 객체를 찾아서 envCtx 변수에 넣는다.

④ DataSource ds = (DataSource)envCtx.lookup("jdbc/jsptest");은 "java:comp/env" 이
름으로 찾아낸 객체 envCtx의 lookup("jdbc/jsptest") 메소드를 사용해 "jdbc/jsptest"를
가지고 객체를 얻어내서 DataSource 객체 타입으로 형 변환한 후 ds 변수에 저장한다.

⑤ Connection conn = ds.getConnection( );은 ds 객체의 getConnection( ) 메소드를 사
용해서 커넥션 풀로부터 커넥션 객체를 얻어내어 conn 변수에 저장한다. 이제부터
conn 객체를 사용해서 DB와 연동한다.

따라하기 JSP 페이지에서 커넥션 풀 사용

이 예제는 JSP 페이지에서 DBCP API 커넥션 풀을 어떻게 사용하는지 보여주는 것이
다. JSP 페이지에서 JNDI를 사용해 커넥션 풀을 사용한 프로그램을 작성한다.

01 이클립스의 [Data Source Explorer] 뷰에서 [Database Connections]–[jspmysqlconn] 의 연결이 해제되어 있으면 마우스 오른쪽 버튼을 눌러 [Connect] 메뉴를 선택하고 [Password]에 "jsppass"를 입력한 후 [OK] 버튼을 클릭한다.

02 레코드가 하나도 없는 member 테이블에 레코드를 추가한다. 다시 입력하지 말고 [mysqlconn.sql] 에디터 뷰의 내용을 재활용한다.

```sql
insert into member(id, passwd, name, reg_date, address, tel)
values('kingdora@dragon.com','1234','김개동',  now( ),  '서울시',  '010-1111-
1111');

insert into member(id, passwd, name, reg_date, address, tel)
values('hongkd@aaa.com','1111','홍길동', now( ), '경기도', '010-2222-2222');
```

추가된 내용은 다음과 같다.

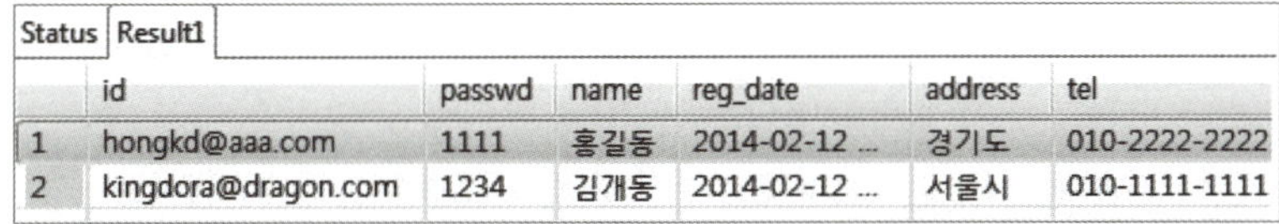

	id	passwd	name	reg_date	address	tel
1	hongkd@aaa.com	1111	홍길동	2014-02-12 …	경기도	010-2222-2222
2	kingdora@dragon.com	1234	김개동	2014-02-12 …	서울시	010-1111-1111

03 [New]–[JSP File] 메뉴를 사용해 [studyjsp]–[WebContent]–[ch09] 폴더에 usePool.jsp 페이지를 작성한다. 기본적인 코딩이 작성되면 다음과 같이 수정한 후 저장한다.

```
01    <%@ page language="java" contentType="text/html; charset=UTF-8"
02        pageEncoding="UTF-8"%>
03    <%@ page import = "java.sql.*,javax.sql.*, javax.naming.*" %>
04    <meta name="viewport" content="width=device-width,initial-scale=1.0"/>
05    <link rel="stylesheet" href="style.css"/>
06
07    <table>
08      <tr  class="label">
```

```jsp
09        <td>아이디
10        <td>비밀번호
11        <td>이름
12        <td>가입일자
13        <td>주소
14        <td>전화번호
15
16    <%
17      Connection conn=null;
18      PreparedStatement pstmt=null;
19      ResultSet rs=null;
20
21      try{
22          Context initCtx = new InitialContext( );
23          Context envCtx = (Context) initCtx.lookup("java:comp/env");
24          DataSource ds = (DataSource)envCtx.lookup("jdbc/jsptest");
25          conn = ds.getConnection( );
26
27          String sql= "select * from member";
28          pstmt=conn.prepareStatement(sql);
29          rs=pstmt.executeQuery( );
30
31          while(rs.next( )){
32            String id= rs.getString("id");
33            String passwd= rs.getString("passwd");
34            String name= rs.getString("name");
35            Timestamp register=rs.getTimestamp("reg_date");
36            String address= rs.getString("address");
37            String tel= rs.getString("tel");
38    %>
39            <tr>
40              <td><%=id%>
41              <td><%=passwd%>
42              <td><%=name%>
43              <td><%=register.toString( )%>
44              <td><%=address%>
45              <td><%=tel%>
```

```
46    <% }
47    }catch(Exception e){
48        e.printStackTrace( );
49    }finally{
50      if(rs != null)
51          try{rs.close( );}catch(SQLException sqle){ }
52      if(pstmt != null)
53          try{pstmt.close( );}catch(SQLException sqle){ }
54      if(conn != null)
55          try{conn.close( );}catch(SQLException sqle){ }
56    }
57    %>
58    </table>
```

기존의 selectTest.jsp 페이지와 거의 내용이 유사하나, 22~25라인의 커넥션 풀을 사용해서 커넥션 객체를 얻어오는 부분이 다르다.

22라인 Context initCtx = new InitialContext( );는 InitialContext 객체를 생성해서 Context 타입의 initCtx 레퍼런스에 할당했다.

23라인 Context envCtx = (Context) initCtx.lookup("java:comp/env");은 initCtx 객체를 가지고 lookup( ) 메소드를 사용해서 "java:comp/env" 이름에 해당하는 객체를 리턴받는다. 이때 객체를 원하는 타입으로 형 변환해서 envCtx 레퍼런스에 할당했다.

24라인 DataSource ds = (DataSource)envCtx.lookup("jdbc/jsptest");는 envCtx 객체의 lookup( ) 메소드를 사용해서 "jdbc/jsptest"에 해당하는 객체를 리턴받는다. DataSource 객체 타입으로 형 변환해서 ds 레퍼런스에 할당한다.

25라인 conn = ds.getConnection( );은 DataSource 타입의 ds 객체의 getConnection( )를 사용해서 Connection 객체를 얻어낸다. 얻어낸 Connection 객체는 conn 레퍼런스에 할당한다. 즉, 커넥션 풀로부터 Connection 객체를 할당받는다.

54라인 if(conn != null) try{conn.close( );}catch(SQLException sqle){ }에서 conn.close( )는 Connection 객체를 메모리에서 제거하는 것이 아니라, 커넥션 풀로 Connection 객체를 반환하는 것이다.

04 usePool.jsp 파일을 선택하고 마우스 오른쪽 버튼을 눌러 [Run As]-[Run on Server] 메뉴를 클릭하면 실행 결과가 표시된다.

05 실제 환경에서 커넥션 풀 설정을 테스트하기 위해 현재의 프로젝트를 WAR 파일로 내보내야 한다. 먼저 실행 중인 톰캣 서버를 중단한다.

06 [studyjsp] 프로젝트를 마우스 오른쪽 버튼으로 클릭하고 [Export]-[WAR file]을 선택한다. [Export] 창에서 내용을 [Destination] 은 [▼] 버튼을 눌러 기존 항목을 선택하고 나머지 값은 그대로 사용 후 [Finish] 버튼을 클릭한다.

07 실제 서비스 환경의 톰캣 서버를 올리기 위해 [톰캣홈]-[bin] 폴더의 startup.bat 파일을 더블클릭한다. 서비스가 올라와 WAR 파일의 압축이 해제된 것을 확인한다. 새로운 파일이 적용되지 않으면 [톰캣홈]-[webapps] 폴더 안에 있는 기존의 [studyjsp] 폴더를 제거한 후 톰캣 서버를 내렸다가 다시 올린다. 새로 압축이 풀린 [studyjsp] 폴더가 표시된다.

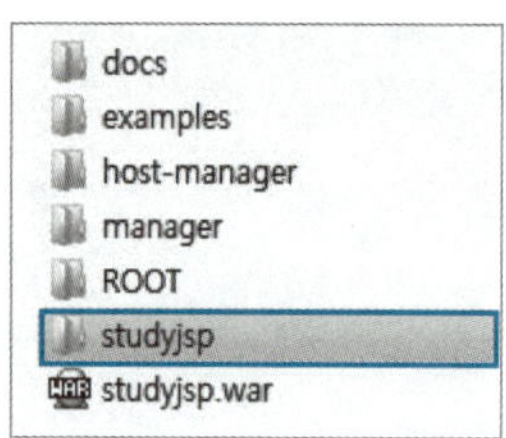

08 웹 브라우저를 실행하고 'http://127.0.0.1:8080/studyjsp/ch09/usePool.jsp'를 입력한 후 실행한다.

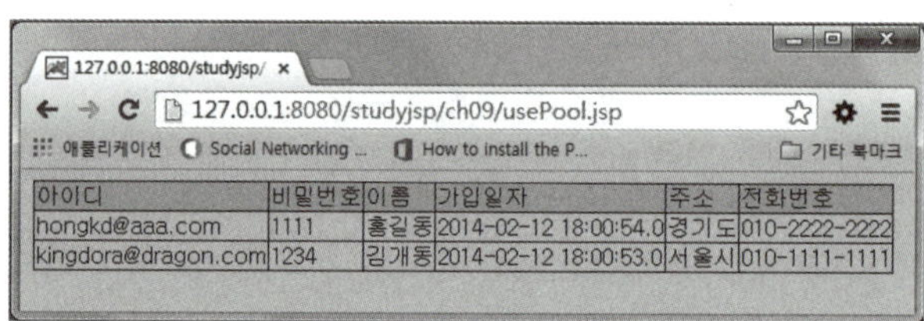

아이디	비밀번호	이름	가입일자	주소	전화번호
hongkd@aaa.com	1111	홍길동	2014-02-12 18:00:54.0	경기도	010-2222-2222
kingdora@dragon.com	1234	김개동	2014-02-12 18:00:53.0	서울시	010-1111-1111

▲ 실제 환경에서 usePool.jsp의 실행 결과

트랜잭션 처리

트랜잭션은 여러 단계의 작업을 하나로 처리하는 것으로, 하나로 인식된 작업이 모두 성공적으로 끝나면 commit이 되고, 하나라도 문제가 발생하면 rollback되어서 작업을 수행하기 전단계로 모든 과정이 회수된다. 이것이 트랜잭션이다. 즉, 트랜잭션은 프로그램의 신뢰도를 보장하게 된다.

트랜잭션(Transaction)은 All or Nothing으로 표현되는 것으로 데이터베이스 연동을 하는 애플리케이션에 있어서 아주 중요한 것이다. 데이터베이스와 연동된 모든 프로그램은 트랜잭션이 완벽히 보장되어야 한다.

예를 들어 여러분이 현금지급기에서 돈을 인출할 때, 통장에서 잔고가 인출되고 출금 부분에 돈이 들어 있어야 하나의 작업으로 수행이 이루어진 것으로 볼 수 있다. 그런데 통장에서는 잔고가 빠져나갔는데, 출금 부분에 돈이 없다면 어떻게 되겠는가? 이런 일이 발생하면 안 되기 때문에 통장에서는 잔고가 인출되고 출금 부분에 돈이 지급되는 과정이 하나의 작업으로 처리되어야 한다. 하나로 인식되는 작업이 모두 성공적으로 끝나면 commit이 되고, 하나라도 문제가 발생하면 rollback되어서 작업을 수행하기 전 단계로 모든 과정이 회수된다. 트랜잭션은 이렇게 처리된다.

실제로 트랜잭션이 적용되어 처리되는 부분은 많으나 쉽게 볼 수 있는 것 중의 하나가 쇼핑몰의 장바구니 부분이다. 쇼핑몰에서 여러분이 쇼핑을 할 때, 장바구니에서 구매할 물건을 선택해 신용카드의 결제까지 정상적으로 끝나야만 구매가 정상적으로 일어난다. 그러나 변심해서 구매 부분의 신용카드 결제를 취소하는 순간 다시 처음으로 복귀되어 장바구니에 물건이 그대로 남아 있는 상태가 된다. 이것은 트랜잭션에 의해 구매 과정의 신뢰도를 보장하기 위한 것이다.

JSP에서 제공하는 트랜잭션 처리에 대한 메소드에는 commit( ), rollback( ) 메소드가 있다. JDBC API의 Connection 객체가 제공한다. commit( )는 트랜잭션의 commit을 수행하고, rollback( ) 메소드는 트랜잭션의 rollback을 수행한다.

기본적으로 Connection 객체에 setAutoCommit(boolean autoCommit)이란 메소드가 있는데 기본값이 true로 설정되어 있다. 기본적으로 JSP는 오토커밋(Autocommit)이다.

그래서 우리가 지금까지 작성한 쿼리문이 오토커밋(Autocommit)에 의해 자동으로 수행되었던 것이다. commit이 자동으로 수행되었던 것이다.

그러나 트랜잭션을 처리할 때는 오토커밋(Autocommit)이 일어나서 자동으로 commit을 사용하면 안 된다. 여러 개의 쿼리 문장이 하나의 작업으로 수행되어야 하므로 JSP의 오토커밋(Autocommit)이 자동으로 작동되지 못하게 해야 한다. 오토커밋(Autocommit)이 자동으로 작동되지 못하게 하려면 setAutoCommit(false);로 지정해야 한다.

다음은 여러 작업을 하나의 트랜잭션으로 묶어서 처리하는 JSP 예제로, 쇼핑몰에서 트랜잭션을 사용하는 예시이다.

```java
//하나의 트랜잭션으로 처리
conn.setAutoCommit(false);
for(int i=0; i<lists.size( );i++){
   //해당 아이디에 대한 cart 테이블 레코드를 가져온 후 buy 테이블에 추가
   CartDataBean cart = lists.get(i);

   sql = "insert into buy (buy_id, buyer, book_id, book_title, buy_price, buy_count,";
   sql += "book_image, buy_date, account, deliveryName, deliveryTel, deliveryAddress)";
   sql += " values (?,?,?,?,?,?,?,?,?,?,?,?)";
   pstmt = conn.prepareStatement(sql);

   pstmt.setLong(1, buyId);
   pstmt.setString(2, id);
   pstmt.setInt(3, cart.getBook_id( ));
   pstmt.setString(4, cart.getBook_title( ));
   pstmt.setInt(5, cart.getBuy_price( ));
   pstmt.setByte(6, cart.getBuy_count( ));
   pstmt.setString(7, cart.getBook_image( ));
   pstmt.setTimestamp(8, reg_date);
   pstmt.setString(9, account);
   pstmt.setString(10, deliveryName);
   pstmt.setString(11, deliveryTel);
   pstmt.setString(12, deliveryAddress);
   pstmt.executeUpdate( );

//상품이 구매되었으므로 book 테이블의 상품 수량을 재조정함
pstmt = conn.prepareStatement(
```

```java
    "select book_count from book where book_id=?");
pstmt.setInt(1, cart.getBook_id( ));
rs = pstmt.executeQuery( );
rs.next( );

nowCount = (short)(rs.getShort(1) - 1);

sql = "update book set book_count=? where book_id=?";
pstmt = conn.prepareStatement(sql);

pstmt.setShort(1, nowCount);
pstmt.setInt(2, cart.getBook_id( ));

  pstmt.executeUpdate( );
}

pstmt = conn.prepareStatement(
    "delete from cart where buyer=?");
pstmt.setString(1, id);

pstmt.executeUpdate( );

conn.commit( );
conn.setAutoCommit(true);
```

데이터베이스 암호화

정보가 저장된 데이터베이스를 암호화하면 중요한 정보의 유출을 막을 수 있다. 여기에서는 데이터베이스에 저장되는 정보 중 필수적으로 보호해야 하는 것들을 암호화해 저장하는 방법을 학습한다.

1 개요

인터넷 정보 유출 사고는 너무 자주 발생되어, 이제는 이들 유출 사고에 무감각해지는 상황에 이르렀고 해킹을 100% 막을 수도 없다. 해킹을 막을 수 없다면, 최소한 유출된 정보가 읽히지 못하도록 데이터베이스를 암호화해야 한다. 정보통신망 이용 촉진 및 정보 보호 등에 관한 법률(이하 정보통신망법), 개인 정보 보호 등에서는 인터넷에서 사용되는 정보를 보호하기 위해 암호화 기술을 사용하도록 하고 있다. 암호화가 필요한 개인 정보에는 비밀번호, 바이오 정보, 주민등록번호(2014년08월07일부터 수집금지), 신용카드번호, 계좌번호, 여권번호, 운전면허번호, 외국인등록번호 등이 해당된다. 이들 정보들은 데이터베이스에 저장 및 통신망을 통해 송/수신되는 경우, 반드시 암호화되어야 한다.

> **참고 | 암호 기술 구현 안내서(2011, KISA) 참조**
> - **암호화** : 정보의 의미를 알 수 없는 형식의 암호문으로 변환하는 것
> - **복호화** : 암호화된 정보를 원래의 정보로 변환하는 것
> - **바이오 정보** : 지문, 얼굴, 홍채, 정맥, 음성, 필적 등 개인을 식별할 수 있는 신체적 또는 행동적 특징 정보에서 가공되거나 생성된 정보

암호화에 필요한 정보는 암호화된 정보를 다시 복호화할 수 없는 정보와 암호화된 정보를 다시 복호화할 수 있는 정보로 나뉜다.

종류	설명	기술	해당 정보
암호화된 정보를 다시 복호화할 수 없는 정보	정보를 입력한 당사자를 제외한 누구도(관리자 포함) 암호화된 정보가 원래 무엇인지 알 수 없어야 하는 정보	해시 함수	비밀번호
암호화된 정보를 다시 복호화할 수 있는 정보	정보를 저장할 때는 암호화되고, 사용 시에는 복호화가 가능해 원래의 정보를 알 수 있는 정보	블록 암호	바이오 정보, 주민등록번호, 신용카드번호, 계좌번호, 여권번호, 운전면허번호, 외국인등록번호

▲ 암호화가 필요한 정보의 종류

2 해시 함수

암호화된 정보를 다시 복호화할 수 없는 정보들은 해시 함수 알고리즘을 사용해서 암호화한다. 정보통신망법, 개인정보보호법에서 비밀번호는 해시 함수를 사용해서 암호화해야 한다.

해시 함수는 임의의 정보를 입력받아서 고정된 길이의 암호화 값인 해시 값을 얻어낸다. 그러나 암호화 값인 해시 값으로 원래의 정보를 얻어내는 복호화가 불가능하다. 즉, 해시 함수를 사용해서 비밀번호를 입력하면 암호 값을 생성할 수 있으나, 암호 값을 갖고 원래의 비밀번호를 알아낼 수는 없다는 의미이다. 원래의 비밀번호를 알 수 없기 때문에 안전성이 보장된다.

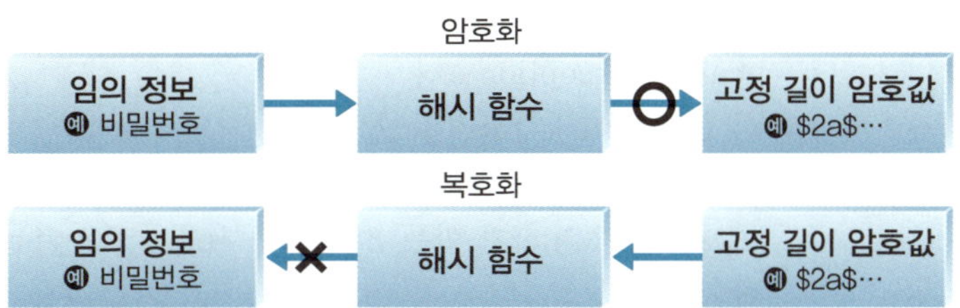

▲ 해시 함수를 사용한 암호화의 특징

해시 함수에서는 원래의 데이터에 salt라는 비밀 값을 추가해서 암호를 생성한다.

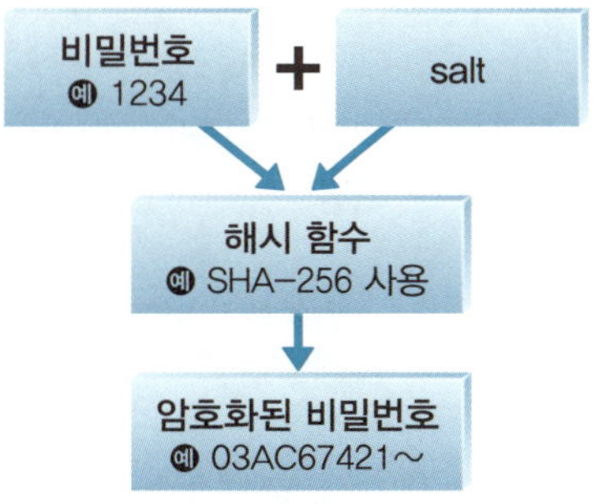

▲ 해시 함수를 사용한 암호화 원리

예를 들어 원래의 비밀번호 값 '1234'를 KISA(한국인터넷진흥원)에서 제공하는 SHA-256을 사용해 암호화하면 '03AC674216F3E15C761EE1A5E255F067953623C8B388B

4459E13F978D7C846F4' 라는 값이 생성된다. 이 암호화된 값을 데이터베이스에 저장한다.

KISA에서 제공하는 SHA-256만으로 안심이 안 되면, 가장 강력하다고 알려진 Bcrypt를 겹쳐 사용하면 된다. Bcrypt는 OpenBSD에서 기본 암호 매커니즘으로 사용하고 있다.

아래의 그림은 비밀번호 값 '1234'를 SHA-256을 사용해 암호화한 '03AC674216F3E15C761EE1A5E255F067953623C8B388B4459E13F978D7C846F4' 값을 다시 입력 값으로 사용해서, code.google.com에서 제공하는 Damien Miller가 만든 BCrypt.java(소스 경로–https://code.google.com/p/jbcrypt/source/browse/trunk/src/main/java /org/mindrot/jbcrypt/BCrypt.java?r=6) 파일을 사용해 재암호화된 '$2a$10$Awh14RUKd5xOfNqCSrs5newz3gn1LjmUmXy SVMoUd62u1fq.wlDaO' 값을 얻어내는 과정을 보여준다.

```
String password = "1234";// 원래 암호
String shapass="";

//KISA에서 배포한 SHA256 클래스의 객체 생성
SHA256 sha = SHA256.getInsatnce( );
try {//SHA256 클래스의 getSha256( ) 메소드 사용 시 try-catch 처리 필요
    //원래의 비밀번호를 SHA256를 사용한 암호 값으로 생성
    shapass = sha.getSha256(password.getBytes( ));
} catch (Exception e) {
    e.printStackTrace( );
}
//Damien Miller가 만든 Bcrypt를 사용한 BCrypt 클래스의 hashpw( ) 메소드를 사용
해 재암호화
String hashed = BCrypt.hashpw(shapass, BCrypt.gensalt( ));
```

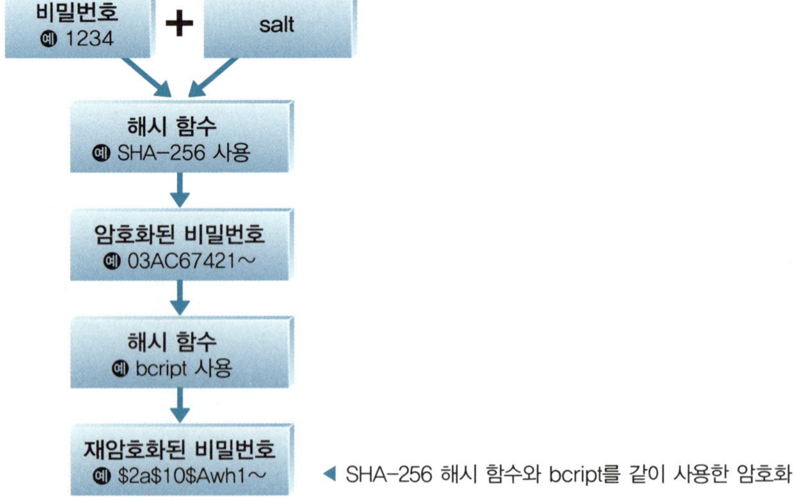

◀ SHA-256 해시 함수와 bcript를 같이 사용한 암호화

KISA에서 제공하는 SHA256.java를 사용하면 비밀번호가 64개의 문자로 암호화되고, 다시 이것을 사용해 Damien Miller가 만든 BCrypt.java를 사용하면 60개의 문자로 재암호화된다. 따라서 데이터베이스에 비밀번호를 저장할 때는 60개의 문자를 저장하는 필드로 설정하면 된다.

나중에 현업에서는 좀 더 좋은 해시 함수를 사용해 실무 프로젝트를 작성할 것이다. 여기에서는 해시 함수를 사용해 데이터베이스의 정보를 암호화하는 방법을 이해하는 정도로만 구성해서 무료로 제공되는 간단한 것을 사용했다.

따라하기 · 해시 함수를 사용한 비밀번호 암호화

이 예제는 JSP 페이지에서 해시 함수를 사용해 비밀번호를 암호화해 데이터베이스에 저장하는 것이다. cryptProcess.jsp 페이지의 [비밀번호 모두 암호화] 버튼을 클릭하면 암호화되어 있지 않은 member 테이블의 비밀번호를 모두 일괄적으로 암호화 저장한 후 화면에 표시한다.

학습용 예제이므로 해시 함수를 생성하는 SHA256.java와 BCrypt.java는 기존에 제공되는 것을 사용했다. 실무에서 사용할 때는 그에 맞게 salt를 설정하거나 저장 위치를 고려한다.

실행 결과 · cryptProcess.jsp 페이지

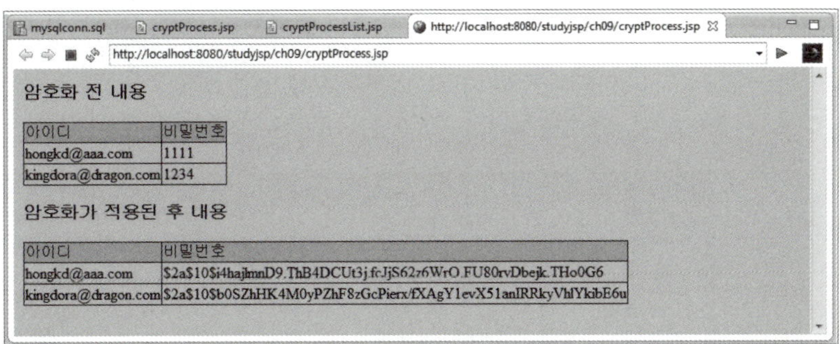

01 이클립스의 [Data Source Explorer] 뷰에서 [Database Connections]-[jspmysqlconn]의 연결이 해제되어 있으면 마우스 오른쪽 버튼을 눌러 [Connect] 메뉴를 선택하고 [Password]에 "jsppass"를 입력한 후 [OK] 버튼을 클릭한다.

02 다음의 테이블 및 레코드 작업을 수행한다.

ⓐ member 테이블에 있는 레코드를 확인한다.

```
select * from member;
```

	id	passwd	name	reg_date	address	tel
1	hongkd@aaa.com	1111	홍길동	2014-06-17...	경기도	010-2222-2222
2	kingdora@dragon.com	1234	김개동	2014-06-17...	서울시	010-1111-1111

ⓑ member 테이블의 passwd 필드 크기를 수정한다.

```
alter table member modify passwd varchar(60) not null;
```

ⓒ member 테이블의 변경된 구조를 확인한다.

```
desc member;
```

Status | Result1

	Field	Type	Null	Key	Default
1	id	varchar(50)	NO	PRI	NULL
2	passwd	varchar(60)	NO		NULL
3	name	varchar(10)	NO		NULL
4	reg_date	datetime	NO		NULL
5	address	varchar(100)	NO		NULL
6	tel	varchar(20)	NO		NULL

03 sun.misc.BASE64Decoder 클래스와 sun.misc.BASE64Encoder 클래스는 직접 사용을 권장하지 않는 클래스로 그냥 import 시 에러가 발생한다. KISA에서 제공하는 SHA256 클래스에서 이것을 직접 사용해서 구현했기 때문에, 이것을 사용 시에 에러가 표시되지 않고 경고로 낮추는 설정을 해야 한다.

이클립스 창에서 [Window]-[Preferences] 메뉴를 선택하여 표시되는 [Preferences] 창에서 [Java]-[Compiler]-[Error/Warning]을 선택한다. [Error/Warning]이 표시되면 [Deprecated and restricted API] 항목을 펼쳐 [Forbidden reference]를 [Warning]으로 변경한 후 [OK] 버튼을 클릭한다.

[Forbidden reference]의 값을 [Warning]으로 변경해도 프로젝트에 에러가 표시되는 경우

[Project]-[Clean] 메뉴를 사용해서 해당 프로젝트를 리빌드한다.

주의 설정을 했는데도 SHA256.java에서 에러가 제거되지 않는 경우, [window]-[preferences]-[Java]-[Compiler]에서 [Compiler compliance level] 항목을 '1.6'으로 설정

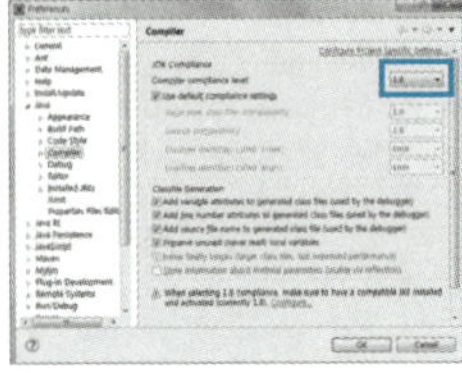

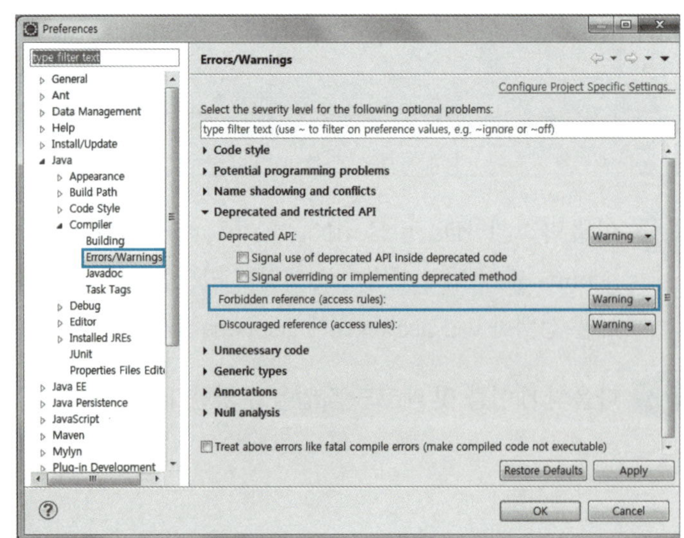

04 제공되는 SHA256.java와 BCrypt.java 암호화 라이브러리 클래스를 [Java Resources]−[src]에 [work.crypt] 패키지를 생성한 후 복사해서 붙여넣기 한다.

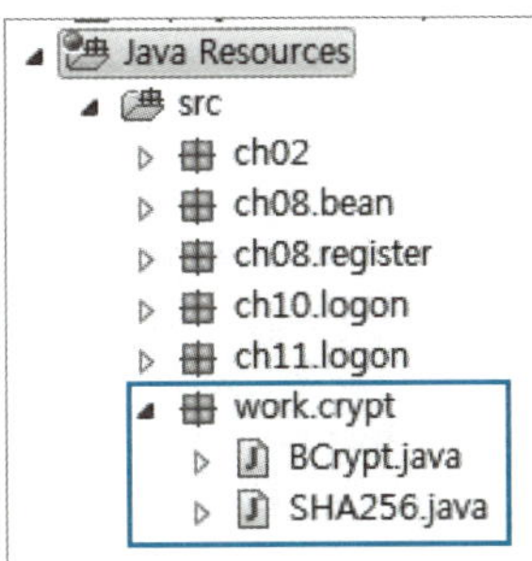

05 데이터 저장빈인 UpdateDateBean.java 파일을 작성한다.

ⓐ [New]−[Class] 메뉴를 사용해 [Java Resources]−[src]−[ch09.update] 패키지에 작성한다. 이때 [Package]에 "ch09.update"를, [Name]에 "UpdateDataBean"을 입력한다. 기본적인 코딩이 작성되면 다음과 같이 수정한 후 저장한다.

```
01    package ch09.update;
02
03    public class UpdateDataBean {
04          private String id;
05          private String passwd;
06
07    }
```

ⓑ [Source]−[Generate Getters and Setters] 메뉴를 선택한다.

ⓒ [Generate Getters and Setters] 창이 표시되면 [Select getters and setters to create]에서 [Select All] 버튼을 클릭한다. [Insertion point]에서 [After 'passwd']를 선택한 후 [Sort by]가 [Fields in getter/setter pairs]로 설정된 것을 확인한 후 나머지 항목은 기본값을 그대로 사용하고 [OK] 버튼을 클릭한다.

ⓓ 데이터 저장빈인 UpdateDataBean.java 파일의 내용이 완성된 것을 확인한 후 저장한다.

```
01    package ch09.update;
02
03    public class UpdateDataBean {
04    private String id;
05    private String passwd;
06
07    public String getId( ) {
```

```
08              return id;
09          }
10          public void setId(String id) {
11              this.id = id;
12          }
13          public String getPasswd( ) {
14              return passwd;
15          }
16          public void setPasswd(String passwd) {
17              this.passwd = passwd;
18          }
19  }
```

06 [New]-[Class] 메뉴를 사용해 [Java Resources]-[src]-[ch09.update] 패키지에 DB 저장빈인 UpdateDBBean.java 파일을 작성한다. 이때 [Package]에 "ch09.update"를, [Name]에 "UpdateDBBean"을 입력한다. 기본적인 코딩이 작성되면 다음과 같이 수정한 후 저장한다.

```
01  package ch09.update;
02
03  import java.sql.Connection;
04  import java.sql.PreparedStatement;
05  import java.sql.ResultSet;
06  import java.sql.SQLException;
07  import java.util.ArrayList;
08  import java.util.List;
09
10  import javax.naming.Context;
11  import javax.naming.InitialContext;
12  import javax.sql.DataSource;
13
14  import work.crypt.SHA256;
15  import work.crypt.BCrypt;
16
17  public class UpdateDBBean {
18      private static UpdateDBBean instance = new UpdateDBBean( );
```

```
19
20    public static UpdateDBBean getInstance( ) {
21            return instance;
22  }
23
24    private UpdateDBBean( ) { }
25
26        private Connection getConnection( ) throws Exception {
27            Context initCtx = new InitialContext( );
28            Context envCtx = (Context) initCtx.lookup("java:comp/env");
29            DataSource ds = (DataSource)envCtx.lookup("jdbc/jsptest");
30            return ds.getConnection( );
31          }
32
33        //member 테이블의 내용을 얻어내며, cryptProcessList.jsp 페이지에서 사용
34        public List<UpdateDataBean> getMembers( ) throws Exception {
35            Connection conn = null;
36            PreparedStatement pstmt = null;
37            ResultSet rs = null;
38            List<UpdateDataBean> memberList = null;
39            int x = 0;
40            try{
41                conn = getConnection( );
42
43            pstmt = conn.prepareStatement("select count(*) from member");
44            rs = pstmt.executeQuery( );
45
46            if(rs.next( )) x = rs.getInt(1);
47
48            pstmt = conn.prepareStatement(
49                        "select id, passwd from member");
50            rs = pstmt.executeQuery( );
51
52            if(rs.next( )) {
53                memberList = new ArrayList<UpdateDataBean>(x);
54                do{
55                    UpdateDataBean member= new UpdateDataBean( );
```

```java
56                    member.setId(rs.getString("id"));
57                    member.setPasswd(rs.getString("passwd"));
58                    memberList.add(member);
59                }while(rs.next( ));
60             }
61          }catch(Exception e) {
62             e.printStackTrace( );
63          } finally {
64             if (rs != null) try{ rs.close( ); }catch(SQLException ex) { }
65             if (pstmt != null) try{ pstmt.close( ); }catch(SQLException ex) { }
66             if (conn != null) try{ conn.close( ); }catch(SQLException ex) { }
67          }
68          return memberList;
69      }
70
71   //member 테이블의 비밀번호를 일괄적으로 암호화해서 저장하며,
72   //cryptProcess.jsp에서 사용
73   public void updateMember( ){
74       Connection conn = null;
75       PreparedStatement pstmt = null;
76       ResultSet rs= null;
77
78       //SHA-256을 사용하는 SHA256 클래스의 객체를 얻어낸다.
79       SHA256 sha = SHA256.getInsatnce( );
80
81       try {
82        conn = getConnection( );
83
84        pstmt = conn.prepareStatement(
85            "select id, passwd from member");
86        rs = pstmt.executeQuery( );
87
88        while(rs.next( )){
89            String id = rs.getString("id");
90            String orgPass = rs.getString("passwd");
91
92            //SHA256 클래스의 getSha256( ) 메소드를 사용해
```

```java
93              //원래의 비밀번호를 SHA-256 방식으로 암호화
94              String shaPass = sha.getSha256(orgPass.getBytes( ));
95
96              //SHA-256 방식으로 암호화된 값을 다시 BCrypt 클래스의
97              //hashpw( ) 메소드를 사용해서 bcrypt 방식으로 암호화
98              //BCrypt.gensalt( ) 메소드는 salt 값을 난수를 사용해 생성
99              String bcPass = BCrypt.hashpw(shaPass, BCrypt.gensalt( ));
100
101              pstmt = conn.prepareStatement(
102                  "update member set passwd=? where id=?");
103              pstmt.setString(1, bcPass);
104              pstmt.setString(2, id);
105              pstmt.executeUpdate( );
106          }
107      } catch(Exception ex) {
108          ex.printStackTrace( );
109      } finally {
110        if (rs != null) try { rs.close( ); } catch(SQLException ex) { }
111        if (pstmt != null) try { pstmt.close( ); } catch(SQLException ex) { }
112        if (conn != null) try { conn.close( ); } catch(SQLException ex) { }
113      }
114    }
115  }
```


34~69라인 getMembers( ) 메소드는 member 테이블의 내용을 얻어낸다. 이 내용은 cryptProcessList.jsp 페이지에서 사용해서 화면에 표시한다.

73~114라인 updateMember( ) 메소드는 member 테이블의 비밀번호를 일괄적으로 암호화해서 저장하며, cryptProcess.jsp 페이지에서 이 메소드에 접근해 변경한다.

- **79라인** SHA256 sha = SHA256.getInsatnce( );은 SHA-256 암호화를 사용하기 위해 KISA에서 제공하는 SHA256 클래스의 객체를 생성한다.
- **88~106라인** 레코드의 수만큼 반복해서 member 테이블 내의 비밀번호를 암호화된 비밀번호로 변경한 후 재저장한다.
- **89라인** String id = rs.getString("id");은 레코드셋에서 아이디를 얻어내 id 변수에 저장한다.
- **90라인** String orgPass = rs.getString("passwd");은 레코드셋에서 비밀번호를 얻어내 orgPass 변수에 저장한다. orgPass 변수에 저장되는 값이 암호화되지 않은 원래의 비밀번호이다.
- **94라인** String shaPass = sha.getSha256(orgPass.getBytes( )); 라인에서 orgPass.getBytes( )는 문자열을 바이트 배열(byte[ ]) 타입으로 변환한다. SHA256 클래스의 getSha256()

07 [New]-[JSP File] 메뉴를 사용해 [studyjsp]-[WebContent]-[ch09] 폴더에
cryptProcessList.jsp 페이지를 작성한다. 기본적인 코딩이 작성되면 다음과 같이
수정한 후 저장한다.

```
01  <%@ page language="java" contentType="text/html; charset=UTF-8"
02      pageEncoding="UTF-8"%>
03  <%@ page import = "java.util.List" %>
04  <%@ page import = "ch09.update.UpdateDataBean" %>
05  <%@ page import = "ch09.update.UpdateDBBean" %>
06  <meta name="viewport" content="width=device-width,initial-scale=1.0"/>
07  <link rel="stylesheet" href="style.css"/>
08
09  <%
10      List<UpdateDataBean> memberList = null;
11      UpdateDBBean dbPro = UpdateDBBean.getInstance( );
12      memberList = dbPro.getMembers( );
13
14  %>
15
16  <table>
17   <tr  class="label">
18          <td>아이디
19          <td>비밀번호
20  <%
21   for(int i = 0 ; i < memberList.size( ) ; i++) {
22          UpdateDataBean member = (UpdateDataBean)memberList.get(i);
```

```
23          String id = member.getId( );
24          String passwd = member.getPasswd( );
25   %>
26      <tr>
27        <td><%=id%>
28        <td><%=passwd%>
29   <%} %>
30   </table>
```


08 [New]–[JSP File] 메뉴를 사용해 [studyjsp]–[WebContent]–[ch09] 폴더에
cryptProcess.jsp 페이지를 작성한다. 기본적인 코딩이 작성되면 다음과 같이 수정
한 후 저장한다.

```
01   <%@ page language="java" contentType="text/html; charset=UTF-8"
02       pageEncoding="UTF-8"%>
03   <%@ page import = "java.util.List" %>
04   <%@ page import = "ch09.update.UpdateDataBean" %>
05   <%@ page import = "ch09.update.UpdateDBBean" %>
06   <meta name="viewport" content="width=device-width,initial-scale=1.0"/>
07   <link rel="stylesheet" href="style.css"/>
08
09   <h3>암호화 전 내용</h3>
10    <jsp:include page="cryptProcessList.jsp" flush="false"/>
11
12   <%
13     UpdateDBBean dbPro = UpdateDBBean.getInstance( );
14     dbPro.updateMember( );
15   %>
16
17   <h3>암호화가 적용된 후 내용</h3>
18    <jsp:include page="cryptProcessList.jsp" flush="false"/>
```

10라인 〈jsp:include page="cryptProcessList.jsp" flush="false"/〉는 암호화하기 전의 비밀번호를 확인하기 위해 cryptProcessList.jsp 페이지를 실행해 결과를 포함시켰다.

13~14라인 DB 연동빈인 UpdateDBBean 클래스의 updateMember( ) 메소드를 실행해 기존의 비밀번호를 암호화 비밀번호로 일괄 수정한다.

18라인 〈jsp:include page="cryptProcessList.jsp" flush="false"/〉는 암호화한 후의 비밀번호를 확인하기 위해 cryptProcessList.jsp 페이지를 실행해 결과를 포함시켰다.

09 cryptProcess.jsp 파일을 선택하고 마우스 오른쪽 버튼을 눌러 [Run As]-[Run on Server] 메뉴를 클릭하면 실행 결과가 표시된다. 이 페이지의 실행은 단 한 번만 수행해서 암호화되지 않은 비밀번호를 암호화된 비밀번호로 일괄 수정한다.

3 블록 암호

블록 암호에 대한 설명은 [SEED 블록 암호 알고리즘에 대한 소스 코드 활용 매뉴얼, KISA, 2013.12]를 참조했음

암호화된 정보를 다시 복호화할 수 있는 정보들은 블록 암호 알고리즘을 사용해서 암호화한다. 정보통신망법과 개인정보보호법에서 바이오 정보, 주민등록번호, 신용카드번호, 계좌번호, 여권번호, 운전면허번호, 외국인등록번호는 블록 암호를 사용해서 암호화해야 한다. 또한 웹 페이지 주소 중 보호해야 할 정보도 이것을 사용한다.

암호(Cryptography)란 메시지를 해독 불가능한 형태로 변환하거나 암호화된 메시지를 해독 가능한 형태로 변환하는 기술이다. 해독 가능한 형태의 메시지를 평문, 해독 불가능한 형태의 메시지가 암호문이다. 평문을 암호문으로 변환하는 과정을 암호화(Encryption), 암호문을 평문으로 변환하는 과정을 복호화(Decryption)라 부른다. 정보에 접근 권한이 있는 사용자만 암호화 및 복호화를 할 수 있어야 하며, 따라서 암호화된 데이터를 주고받는 두 사람만 알고 있는 비밀 정보를 공유해야 한다. 이런 비밀 정보를 비밀키(Secret Key)라고 하며 암호화에 필요한 암호화 키(Encryption Key)와 복호화에 필요한 복호화 키(Decryption Key)로 분류한다.

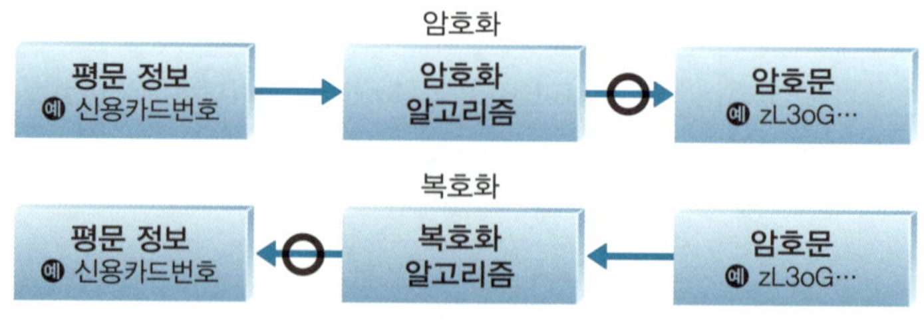

▲ 일반적인 암호화 및 복호화 과정

KISA에서 제공하는 SEED는 128비트의 암호화/복호화 키를 사용해서 임의의 길이를 갖는 평문을 128비트의 블록 단위로 처리하는 128비트 블록 암호 알고리즘이다.

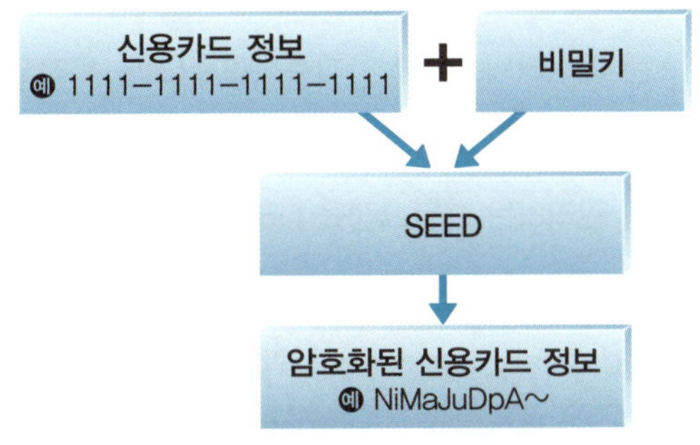

▲ SEED 암호화 과정

암호 키는 서버 또는 하드웨어 토큰에 저장될 수 있다. 서버에 저장하는 경우 웹 서버나 DB 서버를 사용할 수 있으나, 물리적으로 분리되어 있는 서버를 사용하는 것을 권장한다.

KISA에서 제공한 SEED-CBC를 사용한 블록 암호화는 [암호 기술 구현 안내서, KISA, 2013.12]에 사용방법이 명시되어 있다.

■ KISA SEED-CBC 예제 사용법

① 실제의 웹 애플리케이션 실행 환경에 KISA에서 제공하는 SEED-CBC 애플리케이션을 추가 후 key.dat 파일을 열고 128비트 초기값(IV)과 비밀키값(MK) 내용을 반드시 수정한 후 적당한 곳에 위치시킨다.

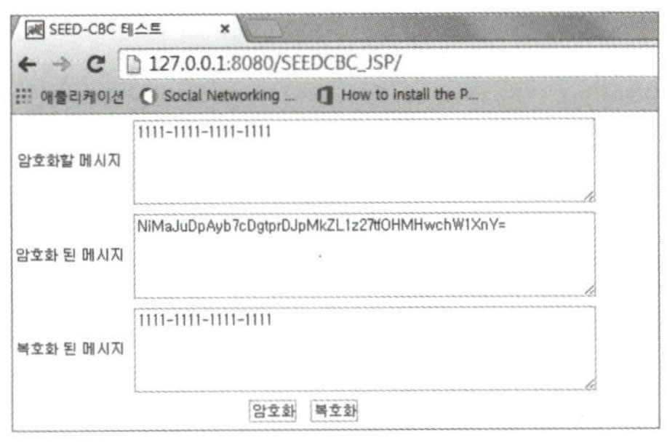

▲ 초기값과 비밀키값을 수정하기 전 실행

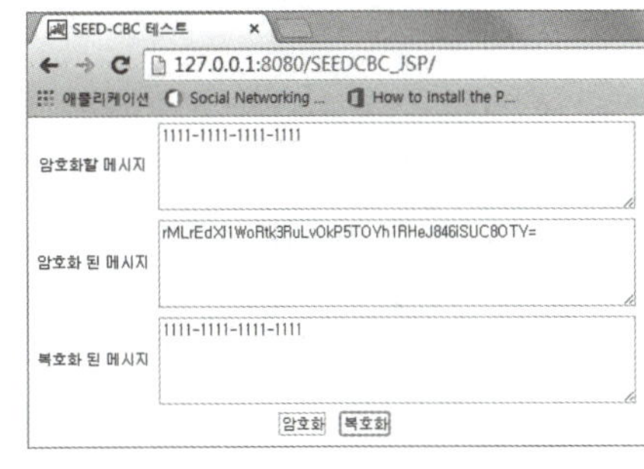

▲ 초기값과 비밀키값을 수정한 후 실행

② 비밀키의 위치 값을 저장하고 있는 config.jsp에 변경된 key.dat 파일의 경로를 입력한다.

> 참고 | 위의 예제를 실습하려면 KISA에서 제공한 부록 CD의 [source]-[SEEDCBC_JSP] 폴더를 직접 실제 웹 서비스 환경인 [톰캣홈]-[webapps]에 복사한 후 웹 서버를 올려서 한다.

- 데이터베이스는 데이터의 효율적·지속적인 관리를 목적으로 하는 데이터의 집합이다.

- 데이터베이스를 관리하는 프로그램을 DBMS(Database Management System)라고 한다.

- SQL(Structured Query Language) 쿼리문의 용도는 다음과 같다.

용도	쿼리문
데이터베이스 생성	CREATE DATABASE DB_NAME
데이터베이스 삭제	DROP DATABASE DB_NAME
테이블 생성	CREATE TABLE TABLE_NAME
테이블 삭제	DROP TABLE TABLE_NAME
테이블 구조 변경 명령	ALTER TABLE [TABLE_NAME]...
데이터 입력	INSERT INTO TABLE_NAME (COL_NAME,…) VALUES (VALUES,…)
데이터 전체 조회	SELECT * FROM TABLE_NAME
조건에 맞는 데이터 조회	SELECT * FROM TABLE_NAME WHERE [조건]
데이터 변경	UPDATE TABLE_NAME SET COL_NAME=VALUES …
데이터 삭제	DELETE FROM TABLE_NAME WHERE …

- JDBC를 사용한 JDBC 프로그램의 작성 순서

  - 1단계(JDBC 드라이버 Load) : 인터페이스 드라이버(interface driver)를 구현(implements)하는 작업

```
Class.forName ("com.mysql.jdbc.Driver");
```

  - 2단계(Connection 객체 생성) : Connection 객체를 연결하는 것으로 DriverManager에 등록된 각 드라이버들을 getConnection(String url) 메소드를 사용해서 식별한다.

```
Connection conn=
DriverManage.getConnection("jdbc:mysql://localhost:3306/jsptest","jspid","jsptest");
```

– 3단계(Statement/PreparedStatement/CallableStatement 객체 생성) : sql 쿼리를 생성하고 실행하며, 반환된 결과를 가져오게 할 작업 영역을 제공한다.

```
Statement stmt = con.createStatement( );
```

– 4단계(Query 수행) : Statement 객체가 생성되면 Statement 객체의 executeQuery( ) 메소드나 executeUpdate( ) 메소드를 사용해서 쿼리를 처리한다.

```
ResultSet rs = stmt.executeQuery ("select * from 소속기관");

String sql="update member1 set passwd='3579' where id='abc'";
stmt.executeUpdate(sql);
```

– 5단계(ResultSet 처리) : ResultSet에서 한 행씩 이동하면서 getXxx( )를 이용해서 원하는 필드 값을 추출하며, 한 행이 처리되고 다음 행으로 이동 시 next( ) 메소드를 사용한다.

```
while (rs.next ( )){
    out.println (rs.getString ("id"));
    out.println (rs.getString ("passwd"));
}
```

● 커넥션 풀(connection pools)은 한 번 만들어져서 사용된 커넥션 객체를 다시 커넥션 풀로 회수해서 재사용할 수 있다.

● 자카르타 프로젝트의 DBCP API를 이용해서 커넥션 풀을 사용하려면 다음과 같은 단계를 거쳐야 한다.

자카르타(Jakarta) DBCP API 관련 jar 파일 설치 → DBCP에 관한 정보 설정 : server.xml → JNDI 리소스 사용 설정 : web.xml → JSP 페이지에서 커넥션 풀 사용

Chapter 10

쿠키와 세션

이번 Chapter에서는 쿠키를 사용해 웹 페이지 간에 정보를 유지하는 방법과 세션을 사용해 정보를 유지하는 방법을 학습한다. 또한 세션을 사용해 회원 인증을 하는 방법도 살펴본다.

쿠키(Cookie)

HTTP 프로토콜이 상태를 유지하지 않기 때문에, 웹 페이지 간에 정보를 유지할 수 없다. 따라서 여기서는 웹 페이지 간에 정보를 유지하는 방법인 쿠키와 세션에 대해 살펴본다.

1 쿠키의 개요

HTTP 프로토콜은 상태가 없다. 즉, 이전에 무엇을 했고, 지금 무엇을 하는지에 대한 정보를 갖고 있지 않다. 따라서 웹 브라우저(클라이언트)의 요청에 대한 응답을 하고 나면 해당 클라이언트와의 연결을 지속하지 않는다.

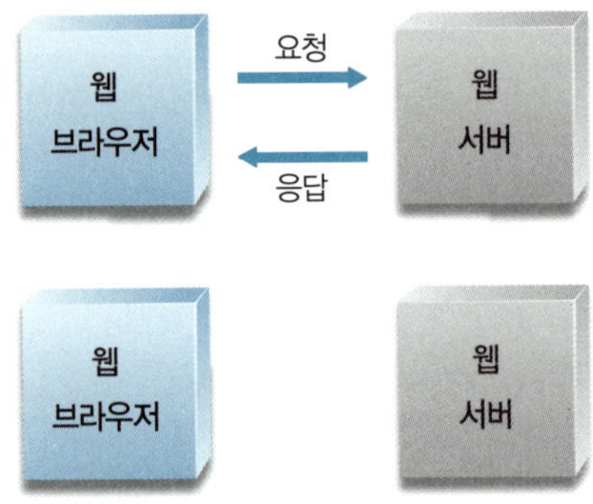

클라이언트의 요청에 응답 후 ◀ HTTP 프로토콜의 비연결성

HTTP 프로토콜은 상태에 대한 지속적인 연결이 없다. 따라서 이런 부분을 해결하기 위해서 웹 서버에 정보를 저장하면 이후에 계속 되는 웹 브라우저의 요청에 포함되어 있는 웹 브라우저의 정보와 서버에 저장되어 있는 각각의 웹 브라우저에 대한 정보를 비교해서 동일한 웹 브라우저로부터 온 요청을 판단할 수 있다.

쿠키는 상태가 없는 프로토콜을 위해 상태를 지속시키기 위한 방법이다. 쿠키는 웹 브라우저의 정보를 웹 브라우저에 저장하며, 이후에 서버로 전송되는 요청에는 쿠키가 가지고 있는 정보가 같이 포함되어서 전송된다. 이때 웹 서버는 웹 브라우저의 요청에 포함되어 있을 쿠키를 읽어서, 새로운 웹 브라우저인지 이전에 요청을 했던 웹 브라우저인지를 판단할 수가 있다. 따라서 웹 브라우저를 사용해서 특정 사이트에 접속하면, 웹 브라우저에 쿠키가 저장되어 접속한 사용자의 정보가 유지되는 것이다.

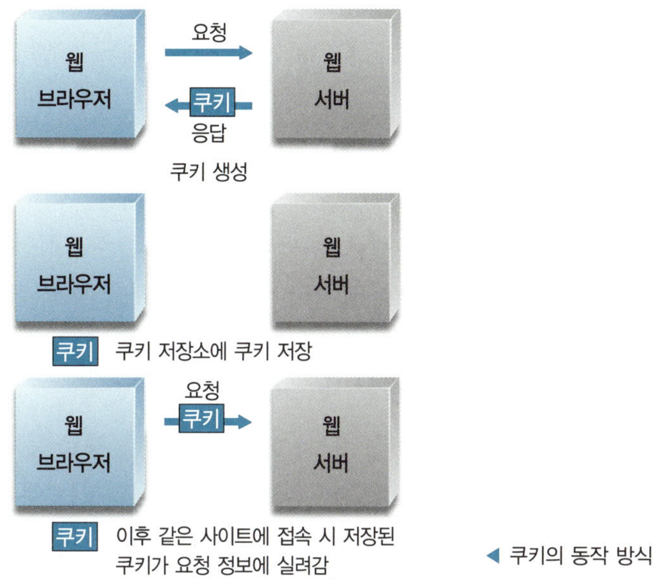

◀ 쿠키의 동작 방식

쿠키는 웹 사이트에 접속할 때 생성되는 정보를 저장한 임시 파일이다. 쿠키는 4KB 이하의 크기로 일반적으로 생성된다. 이러한 쿠키의 목적은 원래 사이트에 접속한 사용자의 정보를 유지하거나, 사이트에 접속하는 사용자들이 해당 사이트에 쉽게 접속하기 위해 만들어졌다.

어떤 웹 사이트를 처음 방문해서 로그인하고 나면 아이디와 패스워드를 기록한 쿠키가 만들어진다. 그 다음부터 해당 사이트에 접속하게 되면 별도의 절차 없이 사이트에 빠르게 연결할 수 있게 된다. 이러한 목적으로 사용하기 위해 쿠키가 만들어진 것이다.

그러나 쿠키는 웹 브라우저가 방문했던 웹 사이트에 대한 정보 및 개인의 정보가 기록되기 때문에 개인의 사생활 및 정보를 침해할 소지가 있다는 문제점을 안고 있다. 즉, 어떤 사용자가 인터넷을 통해서 어떤 정보에 접근했는지, 어떤 상품을 샀는지 등에 대한 모든 정보가 기록된다. 따라서 이러한 사용자의 기호를 판매 전략에 활용하기 위한 업체들이 쿠키를 통해서 개인정보를 유출해 가는 문제가 발생했다. 이러한 보안상의 문제를 어느 정도 해소하기 위해서 웹 브라우저 자체에 쿠키 거부 기능이 추가되어 있다.

쿠키에 대한 거부가 웹 브라우저에 설정되어 있으면, 쿠키 본래의 목적인 웹 브라우저와의 연결을 지속시키는 기능을 수행할 수 없게 된다. 이것이 쿠키의 가장 치명적인 단점이다.

따라서 이 책에서는 쿠키란 이런 것이고, 이렇게 사용해서 사용자의 정보를 유지한다는 개괄적인 개념과 간단한 예제만을 다룰 것이다. 사용자의 정보를 유지하는 자세한 사항은 세션을 통해서 학습한다.

JSP에서 쿠키를 사용하려면 javax.servlet.http 패키지에 있는 Cookie 클래스의 객체를 생성해야 한다. 이렇게 생성된 쿠키에는 각 웹 브라우저를 판별할 수 있는 정보가 포함되어 있다. 생성된 쿠키는 웹 서버가 웹 브라우저의 요청에 응답할 때 response 객체에 실려서 사용자의 웹 브라우저에 저장된다. 웹 브라우저에 저장된 쿠키는 다시 사용자가 웹 서버에 요청을 할 때 request 객체에 실려서 웹 서버에 전달된다. 이때 웹 서버는 전달된 쿠키의 값을 읽어서 같은 웹 브라우저로부터 온 요청인지를 판별하게 된다. 이러한 방법에 의해 웹 서버는 각각의 웹 브라우저와의 상태를 지속시킬 수 있다.

(1) 쿠키 생성 및 사용

쿠키는 이름, 값, 유효기간, 도메인, 경로 등의 요소로 이루어져 있는데, 이 중 쿠키의 이름과 값이 가장 중요하다. 쿠키를 식별하는 데 사용되는 것이 이름이고, 원하는 작업을 수행하려면 해당 쿠키에 대한 값이 있어야 하기 때문이다.

쿠키의 이름은 알파벳과 숫자로만 구성되고 $로는 시작할 수 없다. 쿠키 값은 공백, 괄호, 등호, 콤마, 콜론, 세미콜론을 포함할 수 없는데, 이들 값을 포함하려면 인코딩을 해주어야 한다.

JSP에서 쿠키를 생성하려면 다음과 같이 Cookie 클래스를 사용한다. Cookie 클래스를 사용한 쿠키의 생성은 다음과 같다.

```
Cookie cookie = new Cookie(String name, String value);
```

Cookie 클래스의 생성자는 String 타입의 매개 변수 두 개를 가지고 있다. 첫 번째 매개 변수 name은 생성되어지는 쿠키의 이름을 설정하고, 두 번째 매개 변수인 values는 이 쿠키에 해당하는 값을 설정한다.

쿠키를 생성한 후에는 반드시 response 객체의 addCookie( ) 메소드를 사용해서 쿠키를 추가해 주어야 한다. 그래야 생성된 쿠키가 response 객체에 실려서 웹 브라우저에 응답 시 브라우저에 저장된다.

```
response.addCookie(cookie);
```

```
//예시
Cookie cookie = new Cookie(id, "kingdora");
response.addCookie(cookie);
```

쿠키 생성 후 쿠키의 값을 새 값으로 변경할 때는 setValue( ) 메소드를 사용한다.

```
cookie.setValue(newValue);
```

즉, cookie라는 이름을 가진 쿠키 객체를 생성한 후 값을 새롭게 지정하기 위해서 사용된다. 이 메소드가 수행되면 초기에 생성된 쿠키의 값은 새로 지정된 값으로 변경된다.

```
Cookie cookie = new Cookie(id, "kingdora");
cookie.setValue("miming");
```

웹 브라우저의 요청과 함께 request 객체에 실려 온 쿠키를 읽어 올 때는 request 객체의 getCookies( ) 메소드를 사용한다. 즉, getCookies( ) 메소드를 사용해서 웹 브라우저에 저장된 쿠키를 읽어 온다.

```
Cookie[ ] cookies = request.getCookies( );
```

getCookies( ) 메소드는 웹 브라우저에 저장된 쿠키를 모두 읽어오기 때문에 리턴 타입이 Cookie[ ]이다.

쿠키의 수명(지속 시간)은 cookie 객체의 setMaxAge( ) 메소드를 사용해서 지정한다.

```
cookie.setMaxAge(int expiry)
```

매개 변수 expiry는 초 단위로 쿠키의 최대 수명을 설정한다. 쿠키가 생성된 후에 setMaxAge( ) 메소드에서 설정한 시간만큼만 쿠키가 유효하게 된다. 이 시간을 초과한 쿠키는 사용기간이 만료된 것으로 분류되며, 더 이상 사용되지 않는다. 예를 들어, 쿠키의 수명을 일주일로 설정하려면 cookie.setMaxAge(7*24*60*60);로 설정하면 된다.

(2) 쿠키 작성

1) 쿠키 작성 순서

① 먼저 쿠키를 생성한다.

② 쿠키에 필요한 설정을 한다. 쿠키의 유효 시간, 쿠키에 대한 설명 등을 적용하고 도메인, 패스, 보안 등을 설정한다.

③ 웹 브라우저에 생성된 쿠키를 전송한다.

2) 웹 브라우저에 저장된 쿠키를 사용하는 순서

① 웹 브라우저의 요청에서 쿠키를 얻어온다.

② 쿠키는 이름, 값의 쌍으로 된 배열 형태로 리턴된다. 리턴된 쿠키의 배열에서 쿠키 이름을 가져온다.

③ 쿠키 이름을 통해서 해당 쿠키에 설정된 값을 추출한다.

[studyjsp] 프로젝트의 [WebContent] 폴더에 [ch10] 폴더를 생성한다.

이 예제는 Cookie 객체를 사용해서 쿠키를 생성하고 사용하는 예제이다. 쿠키를 생성하는 역할은 makeCookie.jsp 페이지에서 수행하고, 생성된 쿠키를 사용하는 역할은 useCookie.jsp 페이지에서 수행한다.

실행 결과   makeCookie.jsp 페이지   useCookie.jsp 페이지

01 [New]-[JSP File] 메뉴를 사용해 [studyjsp]-[WebContent]-[ch10] 폴더에 makeCookie.jsp 페이지를 작성한다. 기본적인 코딩이 작성되면 다음과 같이 수정한 후 저장한다.

```
01  <%@ page language="java" contentType="text/html; charset=UTF-8"
02      pageEncoding="UTF-8"%>
03  <meta name="viewport" content="width=device-width,initial-scale=1.0"/>
04  <%
05    Cookie cookie = new Cookie("id", "kingdora");
06    cookie.setMaxAge(60*2);
07    response.addCookie(cookie);
08
09    out.println("쿠키가 생성되었습니다.");
10  %>
11
12  <form method="post" action="useCookie.jsp">
13    <table>
14      <tr>
15        <td><input type="submit" value="생성된 쿠키 확인">
```

16　　　</table>

17　　　</form>

5라인　Cookie cookie = new Cookie(cookieName, "hongkd");는 이름이 id이고, 값이 'hongkd'인 쿠키를 생성한다.

6라인　cookie.setMaxAge(60*2);는 쿠키의 지속 시간을 2분으로 설정하는 것이다. 2분이 지나면 이 쿠키는 더 이상 사용되지 않는다.

7라인　response.addCookie(cookie);는 생성된 쿠키를 response 객체에 추가한다.

12~17라인　[생성된 쿠키 확인] 버튼을 클릭하면 생성된 쿠키를 확인하는 페이지인 useCookie.jsp 페이지로 프로그램의 제어를 이동한다.

02 [New]-[JSP File] 메뉴를 사용해 [studyjsp]-[WebContent]-[ch10] 폴더에 useCookie.jsp 페이지를 작성한다. 기본적인 코딩이 작성되면 다음과 같이 수정한 후 저장한다.

```
01  <%@ page language="java" contentType="text/html; charset=UTF-8"
02      pageEncoding="UTF-8"%>
03  <meta name="viewport" content="width=device-width,initial-scale=1.0"/>
04
05  <%
06   Cookie[ ] cookies = request.getCookies( );
07   if(cookies!=null){
08       for(int i = 0; i<cookies.length; i++){
09         if(cookies[i].getName( ).equals("id")){
10            out.println("쿠키 이름: " + cookies[i].getName( ));
11            out.println(" , 쿠키 값 : " + cookies[i].getValue( ));
12         }
13       }
14   }
15  %>
```


6라인　request.getCookies( ) 메소드를 사용해서 웹 브라우저에 저장된 모든 쿠키를 가져온다.

7~14라인　쿠키가 있으면 for문을 사용해서 id 쿠키를 검색한다. id 쿠키인 경우 쿠키의 이름과 값을 화면에 출력한다.

03 makeCookie.jsp 파일을 선택하고 마우스 오른쪽 버튼을 눌러 [Run As]−[Run on Server] 메뉴를 클릭하면 실행 결과가 표시된다.

[생성된 쿠키 확인] 버튼을 클릭하면 생성된 쿠키를 useCookie.jsp 페이지가 실행된다.

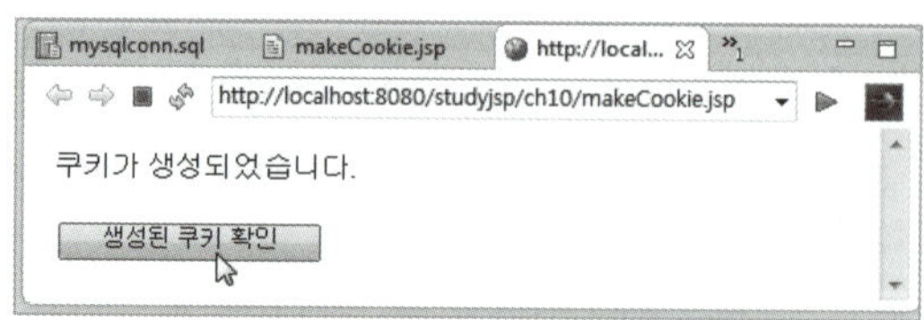

▲ makeCookie.jsp 페이지 실행 결과

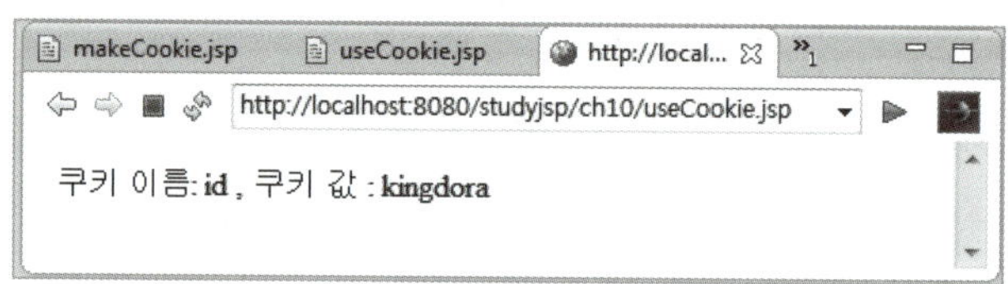

▲ useCookie.jsp 페이지 실행 결과

쿠키 지속 시간으로 설정한 2분이 지난 후 useCookie.jsp 페이지에서 F5 키를 눌러 재실행시키면 더 이상 쿠키가 사용되지 않아서 다음과 같은 화면이 표시된다.

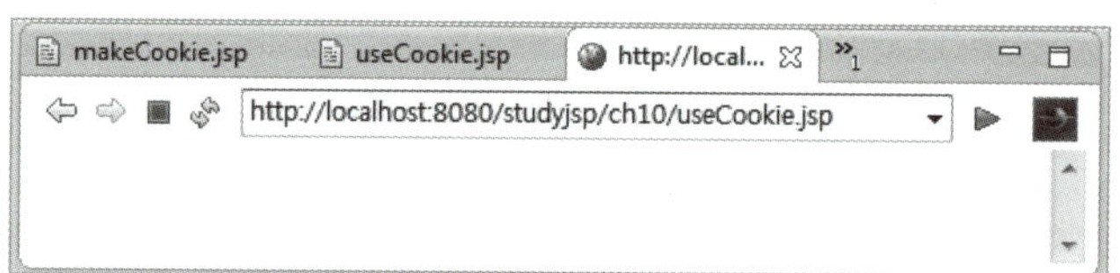

▲ 2분 후 useCookie.jsp 페이지를 재실행한 결과

세션(Session)

Section 02

여기서는 웹 페이지 간의 정보를 유지하기 위해 정보를 서버 쪽에 저장하는 세션에 대해 살펴보고, session 객체의 속성을 사용해 정보를 유지하는 과정을 학습한다.

1 세션의 개요

쿠키가 웹 브라우저에 사용자의 상태를 유지하기 위한 정보를 저장했다면, 세션 (Session)은 웹 서버 쪽의 웹 컨테이너에 상태를 유지하기 위한 정보를 저장한다.

세션은 사용자의 정보를 유지하기 위해 javax.servlet.http 패키지의 HttpSession 인터페이스를 구현해서 사용한다. 쿠키는 사용자의 상태 유지를 위한 정보를 웹 브라우저에 저장해서 웹 서버가 쿠키 정보를 읽어서 사용한다. 이렇게 웹 브라우저에 저장된 쿠키들은 웹 서버가 열어볼 수 있다는 점에서 보안상 문제가 될 수 있다.

따라서 사용자의 정보를 유지하기 위해서는 쿠키보다는 세션을 사용한 웹 브라우저와 웹 서버의 상태 유지가 훨씬 안정적이고 보안상의 문제도 해결할 수 있다. 세션은 웹 브라우저당 1개씩 생성되어 웹 컨테이너에 저장된다.

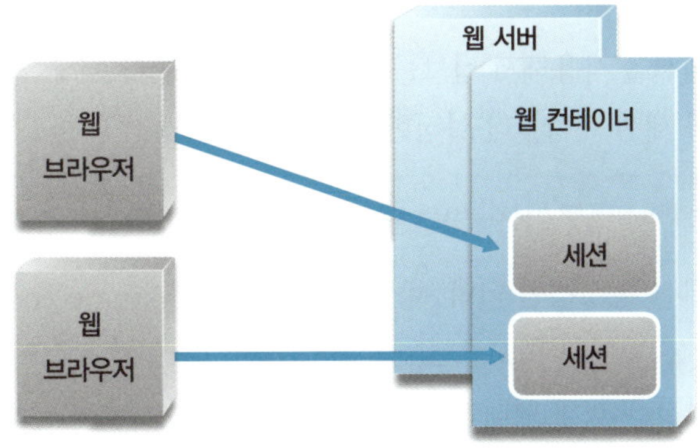

▲ 세션과 웹 브라우저의 관계

웹 서버는 각 웹 브라우저로부터 발생한 요청에 대해서 특정한 식별자를 부여한다. 이후에 이 식별자를 웹 브라우저에서 발생한 요청들과 비교해서 같은 식별자인지를 구별하게 된다. 이 특별한 식별자에 특정한 값을 넣을 수 있고, 이것을 사용해서 세션을 유지하게 된다.

2 세션 사용하기

메소드 : 리턴 타입	설명
getAttribute(java.lang.String name) : java.lang.Object	세션 속성명이 name인 속성의 값을 Object 타입으로 리턴한다. 해당되는 속성명이 없을 경우에는 null 값을 리턴한다.
getAttributeNames( ) : java.util.Enumeration	세션 속성의 이름들을 Enumeration 객체 타입으로 리턴한다.
getCreationTime( ) : long	1970년 1월 1일 0시 0초를 기준으로 하여 현재 세션이 생성된 시간까지 경과한 시간을 계산하여 1/1000초 값으로 리턴한다.
getId( ) : java.lang.String	세션에 할당된 고유 식별자를 String 타입으로 리턴한다.
getMaxInactiveInterval( ) : int	현재 생성된 세션을 유지하기 위해 설정된 세션 유지 시간을 int형으로 리턴한다.
invalidate( ) : void	현재 생성된 세션을 무효화시킨다.
removeAttribute(java.lang.String name) : void	세션 속성명이 name인 속성을 제거한다.
setAttribute(java.lang.String name, java.lang.Object value) : void	세션 속성명이 name인 속성에 속성값으로 value를 할당한다.
setMaxInactiveInterval (intinterval) : void	세션을 유지하기 위한 세션 유지 시간을 초 단위로 설정한다.

▲ Session 클래스에서 자주 사용되는 메소드

세션을 사용해서 정보를 유지하려면 먼저 session 객체의 setAttribute( ) 메소드를 사용해서 세션 속성부터 설정한다.

```
session.setAttribute("id","aaaa@king.com");
```

세션 속성명인 id의 속성값으로 "aaaa@king.com"을 사용해서 속성을 설정한다. 이때 id는 속성명이 되고, "aaaa@king.com"는 속성의 값이 된다. 여기서 주의할 사항은 세션의 속성값은 객체 형태만 올 수 있다는 것이다. session 객체는 웹 브라우저와 매핑되므로 해당 웹 브라우저를 닫지 않는 한 같은 창에서 열린 페이지는 모두 같은 session 객체를 공유하게 된다. 따라서 session 객체의 setAttribute( ) 메소드를 사용해서 세션의 속성을 지정하면 계속 상태를 유지하는 기능을 사용할 수 있다.

설정된 세션의 속성을 이용해 정보를 유지하려면 session 객체의 getAttribute( ) 메소드를 사용한다.

```
String id = (String)session.getAttribute("id");
```

이 메소드는 주어진 속성명에 해당하는 속성을 얻어올 때 사용한다. session 객체의 getAttribute("id") 메소드는 매개 변수로 속성명이 들어가서 얻어낸 속성값을 id 변수에 저장한다. getAttribute( ) 메소드는 리턴 타입이 Object이므로 사용 시 실제 할당된 객체 타입으로 형 변환(casting)을 해야 한다. (String)session.getAttribute("id")에서 (String)이 String 타입으로 형 변환을 하는 부분이다.

세션의 속성을 삭제하려면 session 객체의 removeAttribute( ) 메소드를 사용한다.

```
session.removeAttribute("id");
```

주어진 속성명에 해당하는 속성을 제거한다. 매개 변수로 제거할 속성명을 사용한다.

세션의 모든 속성을 삭제할 때는 session객체의 invalidate( ) 메소드를 사용한다.

```
session.invalidate( )
```

session 객체의 invalidate( ) 메소드를 사용하면 세션의 모든 속성이 제거된다.

쿠키와 마찬가지로 세션의 사용 방법도 매우 간단하다. 세션의 속성을 설정하고, 속성명과 속성값이 쌍으로 생성된 형태로 세션에 대한 정보를 사용한다.

따라하기　세션의 속성 설정 및 사용

이 예제는 세션 속성을 사용해 정보를 유지하는 것이다. 세션 속성의 설정은 setSession.jsp 페이지에서 하고, 설정된 세션을 사용해 정보를 유지하는 페이지는 viewSession.jsp이다.

실행 결과　setSession.jsp 페이지

01 [New]-[JSP File] 메뉴를 사용해 [studyjsp]-[WebContent]-[ch10] 폴더에 setSession.jsp 페이지를 작성한다. 기본적인 코딩이 작성되면 다음과 같이 수정한 후 저장한다.

```
01  <%@ page language="java" contentType="text/html; charset=UTF-8"
02      pageEncoding="UTF-8"%>
03  <meta name="viewport" content="width=device-width,initial-scale=1.0"/>
04
05  <%
06    String id = "kingdora@kings.com";
07    String passwd = "123456";
08
09    session.setAttribute("id", id);
10    session.setAttribute("passwd", passwd);
11
12    out.println("세션에 id 와 passwd 속성을 설정했습니다.<br>");
13  %>
14
15  <form method="post" action="viewSession.jsp">
16    <table>
17     <tr>
18      <td><input type="submit" value="세션 속성 확인">
19    </table>
20  </form>
```

9~10라인 두개의 세션 속성 id와 passwd를 설정하고 각각 속성값으로 "kingdora@kings.com"와 "123456"을 설정했다. 이때 "kingdora@kings.com"와 "123456"은 String 객체 타입이므로 속성값으로 사용할 수 있다.

02 [New]–[JSP File] 메뉴를 사용해 [studyjsp]–[WebContent]–[ch10] 폴더에 viewSession.jsp 페이지를 작성한다. 기본적인 코딩이 작성되면 다음과 같이 수정한 후 저장한다.

```
01  <%@ page language="java" contentType="text/html; charset=UTF-8"
02      pageEncoding="UTF-8"%>
03  <%@ page import="java.util.*" %>
04
05  <meta name="viewport" content="width=device-width,initial-scale=1.0"/>
06
07  <%
08  Enumeration <String>attr = session.getAttributeNames( );
09  while(attr.hasMoreElements( )){
10          String attrName = attr.nextElement( );
11          String attrValue = (String)session.getAttribute(attrName);
12          out.println("세션의 속성명은 " + attrName + " 이고 ");
13          out.println("세션의 속성값은 " + attrValue + "이다.<br>");
14  }
15  %>
```


3라인 7라인의 Enumeration 객체를 사용하기 위해 java.util 패키지를 import 했다.

8라인 session.getAttributeNames( )의 리턴 타입은 Enumeration 객체 타입이다. 따라서 Enumeration 객체 타입의 레퍼런스인 attr에 getAttributeNames( ) 메소드의 실행 결과를 넣는다. 이때 Enumeration <String>attr = session.getAttributeNames( );의 <String>attr에서 <String>은 제너릭이다. 컬렉션인 Enumeration에 저장된 객체를 10라인에서 사용할 때 원래의 형태로 형 변환을 안 해도 된다.

9~13라인 리턴된 Enumeration 객체의 엘리먼트(element)가 있으면 while( )문을 수행해 화면에 세션 속성과 값을 표시한다.
- **9라인** Enumeration 객체의 hasMoreElements( ) 메소드는 다음 엘리먼트가 있으면 true를 리턴한다.
- **10라인** nextElement( ) 메소드를 통해서 엘리먼트를 하나씩 추출한다. session.getAttribute Names( ) 메소드는 세션의 속성 이름들을 배열 형태로 갖고 있다. 배열 형태로 쌓여있는 세션의 속성 이름들을 차례대로 추출하기 위해서 nextElement( ) 메소드를 사용한다.

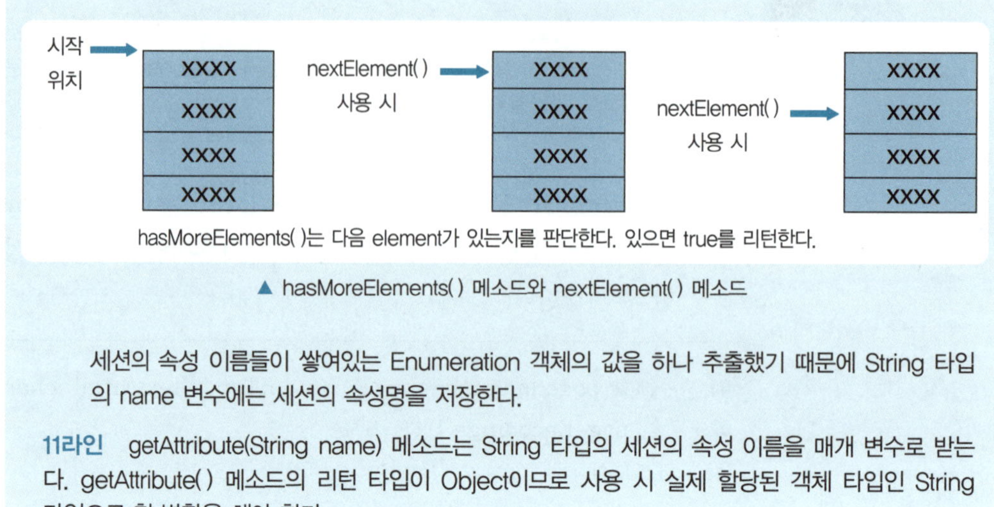

▲ hasMoreElements( ) 메소드와 nextElement( ) 메소드

세션의 속성 이름들이 쌓여있는 Enumeration 객체의 값을 하나 추출했기 때문에 String 타입의 name 변수에는 세션의 속성명을 저장한다.

11라인 getAttribute(String name) 메소드는 String 타입의 세션의 속성 이름을 매개 변수로 받는다. getAttribute( ) 메소드의 리턴 타입이 Object이므로 사용 시 실제 할당된 객체 타입인 String 타입으로 형 변환을 해야 한다.

03 setSession.jsp 파일을 선택하고 마우스 오른쪽 버튼을 눌러 [Run As]-[Run on Server] 메뉴를 클릭하면 실행 결과가 표시된다.

이때 [세션 속성 확인] 버튼을 클릭하면 세션이 유지된 viewSession.jsp 페이지가 표시된다.

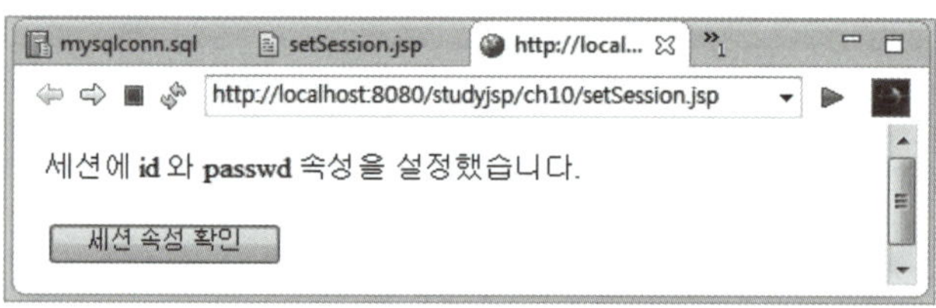

▲ setSession.jsp 페이지 실행 결과

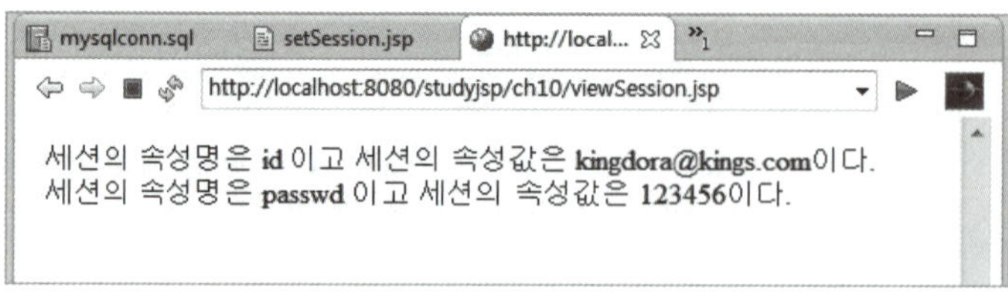

▲ viewSession.jsp 페이지 실행 결과

회원 관리 시스템 중 회원을 인증하는 예제를 작성해보며 세션을 사용한 정보 유지 방법을 이해해 보자.

■ **세션을 사용한 회원 인증 시스템의 구조**

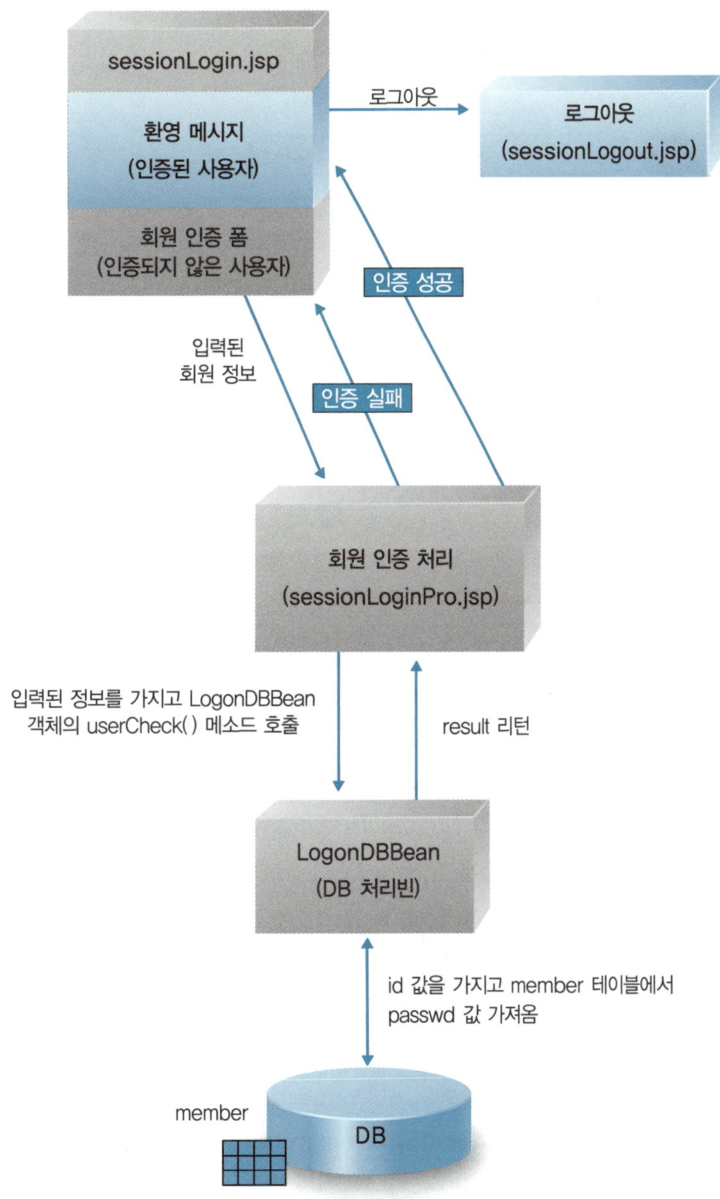

▲ 세션을 사용한 회원 인증 시스템의 구조

이 예제는 인증된 사용자일 경우 환영 메시지를 표시하고, 인증되지 않은 사용자일 경우 회원 인증 폼이 표시되는 sessionLogin.jsp 페이지, 회원 인증을 처리하는 session LoginPro.jsp 페이지, 로그아웃을 해 세션을 무효화하는 sessionLogout.jsp 페이지를 작성하는 것이다. 이때 sessionLoginPro.jsp 페이지는 자바빈인 LogonDBBean을 사용해서 DB와 연동하며, 사용자 인증에 필요한 정보는 member 테이블에 있다.

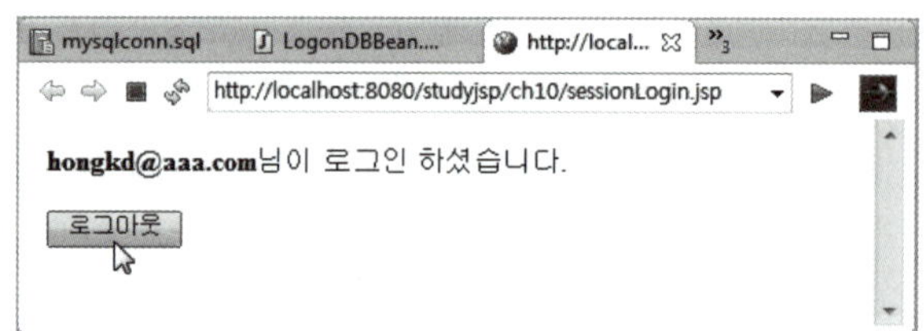

01 [New]-[Class] 메뉴를 사용해 [Java Resources]-[src]-[ch10.logon] 패키지에 DB 연동빈인 LogonDBBean.java 파일을 작성한다. 이때 [Package]에 "ch10.logon"을, [Name]에 "LogonDBBean"을 입력한다. 기본적인 코딩이 작성되면 다음과 같이 수정한 후 저장한다.

```
01    package ch10.logon;
02
03    import java.sql.Connection;
04    import java.sql.PreparedStatement;
05    import java.sql.ResultSet;
06    import java.sql.SQLException;
07
08    import javax.naming.Context;
```

```java
09    import javax.naming.InitialContext;
10    import javax.sql.DataSource;
11
12    import work.crypt.SHA256;
13    import work.crypt.BCrypt;
14
15    public class LogonDBBean {
16        private static LogonDBBean instance = new LogonDBBean( );
17
18        public static LogonDBBean getInstance( ) {
19            return instance;
20            }
21
22        private LogonDBBean( ) { }
23
24        private Connection getConnection( ) throws Exception {
25            Context initCtx = new InitialContext( );
26            Context envCtx = (Context) initCtx.lookup("java:comp/env");
27            DataSource ds = (DataSource)envCtx.lookup("jdbc/jsptest");
28            return ds.getConnection( );
29        }
30
31        public int userCheck(String id, String passwd){
32            Connection conn = null;
33            PreparedStatement pstmt = null;
34            ResultSet rs= null;
35            int x=-1;
36
37            SHA256 sha = SHA256.getInsatnce( );
38            try {
39                conn = getConnection( );
40
41                String orgPass = passwd;
42                String shaPass = sha.getSha256(orgPass.getBytes( ));
43
44                pstmt = conn.prepareStatement(
45                    "select passwd from member where id = ?");
```

```java
46            pstmt.setString(1, id);
47            rs= pstmt.executeQuery( );
48
49            if(rs.next( )){//해당 아이디가 있으면 수행
50                String dbpasswd= rs.getString("passwd");
51                if(BCrypt.checkpw(shaPass,dbpasswd))
52                x= 1; //인증 성공
53                else
54                x= 0; //비밀번호 틀림
55            }else//해당 아이디 없으면 수행
56                x= -1;//아이디 없음
57            }catch(Exception ex) {
58                ex.printStackTrace( );
59            }finally {
60            if (rs != null) try { rs.close( ); } catch(SQLException ex) { }
61                if (pstmt != null) try { pstmt.close( ); } catch(SQLException ex) { }
62                if (conn != null) try { conn.close( ); } catch(SQLException ex) { }
63            }
64            return x;
65        }
66
67    }
```


1라인 해당 클래스를 ch10.logon 패키지로 관리한다.

12~13라인 비밀번호 암호화를 위해 import 했다. work.crypt 패키지의 SHA256 클래스는 KISA 의 SHA-256 암호화를 위해, BCrypt 클래스는 Bcrypt 암호화를 사용하기 위해 import 받으며, 이 들은 회원 계정의 비밀번호를 암호화하기 위해서 사용했다.

16라인 private static LogonDBBean instance = new LogonDBBean( );처럼 멤버의 위치에서 static을 사용해서 객체를 생성하면 이 객체는 객체 간의 전역 객체가 된다. 즉, 이 객체는 단 한 번 만 생성되고 객체들 간에 공유된다. 결국 LogonDBBean 클래스의 객체는 한 번만 생성되고 이 객 체에 접근하는 모든 사용자 간에 공유된다.

18~20라인 getInstance( ) 메소드는 16라인에서 생성한 LogonDBBean 객체를 리턴한다. 객체 를 리턴할 때는 레퍼런스 변수명만 기술하면 된다.

24~29라인 getConnection( ) 메소드는 Connection 객체를 생성해서 리턴하는 메소드이다.

31~65라인 userCheck( ) 메소드의 영역으로 새로운 레코드를 추가하기 전에 기존에 가입된 아 이디인지를 체크하는 메소드이다.

- **34~45라인** 사용자가 입력한 id에 해당하는 passwd 값을 member 테이블에서 가져온다.

- **37, 42라인** 입력받은 비밀번호를 SHA-256 암호화를 사용해 암호화한다.

- **49~57라인** 사용자가 입력한 id에 해당하는 passwd 값이 없는 경우, 해당 아이디가 없으면 55라인으로 프로그램 제어가 넘어가서 56라인에서 x 변수에 −1 값을 저장한다. 사용자가 입력한 passwd 값이 맞으면 52라인을 수행해서 x 값에 1 값을 저장하고, passwd 값이 틀리면 54라인을 수행해서 0을 저장한다.

- **51라인** BCrypt.checkpw(shaPass,dbpasswd)은 Bcrypt 방식을 사용해 암호화한 비밀번호와 사용자가 입력한 비밀번호가 일치하는지를 비교한다. 첫 번째 매개 변수는 사용자가 입력한 비밀번호, 두 번째 매개 변수는 데이터베이스 테이블에 저장된 비밀번호이다. 여기서 첫 번째 매개 변수인 shaPass는 사용자가 입력한 비밀번호를 SHA-256 방식으로 암호화한 것이고, 두 번째 매개 변수 dbpasswd는 member 테이블에 저장된 SHA-256/Bcrypt 방식으로 암호화된 것이다. BCrypt.checkpw( ) 메소드는 사용자가 입력한 비밀번호와 Bcrypt 방식의 암호화만을 비교할 수 있는데, 여기서는 사용자가 입력한 비밀번호를 SHA-256 방식으로 암호화한 후 다시 Bcrypt 방식으로 암호화했다. 따라서 사용자가 입력한 비밀번호를 데이터베이스에 저장된 비밀번호와 비교하려면 사용자가 입력한 비밀번호를 SHA-256 방식으로 암호화해야만 가능하다.

02 [New]−[JSP File] 메뉴를 사용해 [studyjsp]−[WebContent]−[ch10] 폴더에 sessionLogin.jsp 페이지를 작성한다. 기본적인 코딩이 작성되면 다음과 같이 수정한 후 저장한다.

```
01  <%@ page language="java" contentType="text/html; charset=UTF-8"
02      pageEncoding="UTF-8"%>
03  <meta name="viewport" content="width=device-width,initial-scale=1.0"/>
04
05  <%
06  String id ="";
07  try{
08      id = (String)session.getAttribute("id");
09      if(id == null || id.equals("")){
10  %>
11
12  <form method="post" action="sessionLoginPro.jsp">
13    <table>
14    <tr>
15      <td class="label"><label for="id">아이디</label>
16      <td class="content"><input id="id" name="id" type="text" size="20"
17          maxlength="50" placeholder="example@kings.com" autofocus required>
```

```
18        <tr>
19            <td class="label"><label for="passwd">비밀번호</label>
20            <td class="content"><input id="passwd" name="passwd" type="password"
21                size="20" placeholder="6~16자 숫자/문자" maxlength="16" required>
22        <tr>
23            <td class="label2" colspan="2"><input type="submit" value="로그인">
24                <input type="reset" value="다시작성">
25        </table>
26    </form>
27
28    <%
29      }else{
30    %>
31
32    <b><%=id %></b>님이 로그인 하셨습니다.
33    <form method="post" action="sessionLogout.jsp">
34            <input type="submit" value="로그아웃">
35    </form>
36
37    <%
38      }
39    }catch(Exception e){
40      e.printStackTrace( );
41    }
42    %>
```


8라인 id = (String)session.getAttribute("id");은 세션 속성 id의 값을 얻어내 id 변수에 저장한다.

9~35라인 9라인의 if(id == null || id.equals(""))은 사용자 인증이 되지 않았을 때 실행되는 부분으로 12~26라인을 수행한다. 사용자 인증이 된 경우에는 29~31라인을 수행한다.

03 [New]-[JSP File] 메뉴를 사용해 [studyjsp]-[WebContent]-[ch10] 폴더에 sessionLoginPro.jsp 페이지를 작성한다. 기본적인 코딩이 작성되면 다음과 같이 수정한 후 저장한다.

```jsp
01  <%@ page language="java" contentType="text/html; charset=UTF-8"
02     pageEncoding="UTF-8"%>
03  <%@ page import="ch10.logon.LogonDBBean"%>
04
05  <meta name="viewport" content="width=device-width,initial-scale=1.0"/>
06
07  <% request.setCharacterEncoding("utf-8");%>
08
09  <%
10    String id = request.getParameter("id");
11    String passwd  = request.getParameter("passwd");
12
13    LogonDBBean logon = LogonDBBean.getInstance( );
14    int check= logon.userCheck(id,passwd);
15
16    if(check==1){
17       session.setAttribute("id",id);
18       response.sendRedirect("sessionLogin.jsp");
19    }else if(check==0){%>
20       <script>
21          alert("비밀번호가 맞지 않습니다.");
22          history.go(-1);
23       </script>
24  <%}else{ %>
25       <script>
26          alert("아이디가 맞지 않습니다..");
27          history.go(-1);
28       </script>
29  <%}%>
```


3라인 `<%@ page import="ch10.logon.LogonDBBean"%>`은 데이터 저장빈을 사용하기 위해 가져오는 부분이다.

13라인 `LogonDBBean logon = LogonDBBean.getInstance( );`은 데이터 저장빈의 객체를 생성한다.

04 [New]-[JSP File] 메뉴를 사용해 [studyjsp]-[WebContent]-[ch10] 폴더에 sessionLogout.jsp 페이지를 작성한다. 기본적인 코딩이 작성되면 다음과 같이 수정한 후 저장한다.

```
01  <%@ page language="java" contentType="text/html; charset=UTF-8"
02     pageEncoding="UTF-8"%>
03  <meta name="viewport" content="width=device-width,initial-scale=1.0"/>
04
05  <%session.invalidate( ); %>
06
07  <script>
08     alert("로그아웃 되었습니다.");
09     location.href="sessionLogin.jsp";
10  </script>
```


05 sessionLogin.jsp 파일을 선택하고 마우스 오른쪽 버튼을 눌러 [Run As]-[Run on Server] 메뉴를 클릭하면 실행 결과가 표시된다.

아이디와 비밀번호를 입력한 후 [로그인] 버튼을 클릭한다.

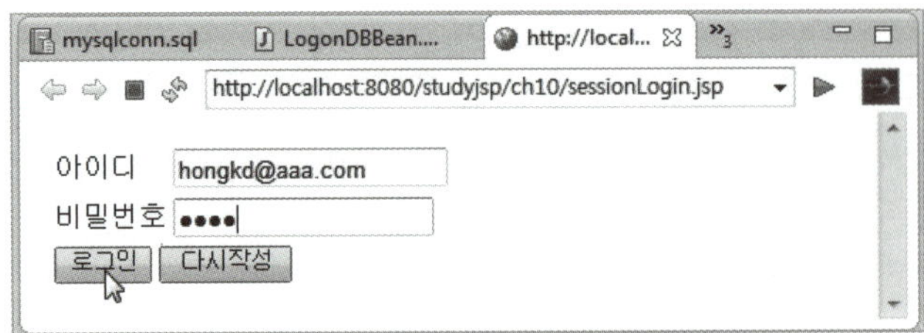

그러면 사용자 인증 처리를 하는데, 인증 성공 시 sessionLogin.jsp의 다음 화면이
표시된다.

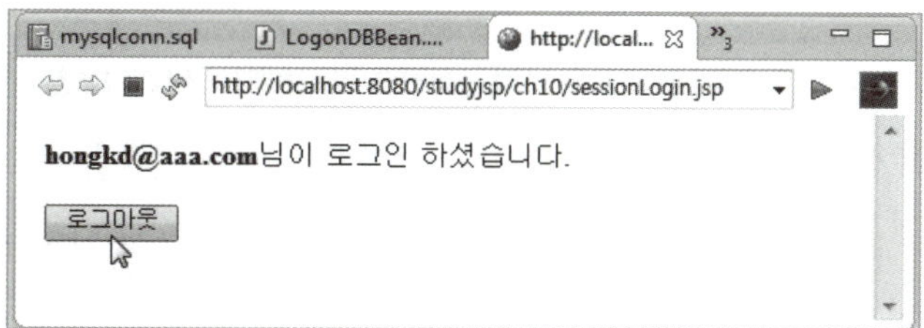

이때 [로그아웃] 버튼을 클릭하면 로그아웃되었다는 메시지가 표시된다. 여기서 [확
인] 버튼을 클릭하면 sessionLogin.jsp의 사용자 인증이 되지 않은 화면이 표시된다.

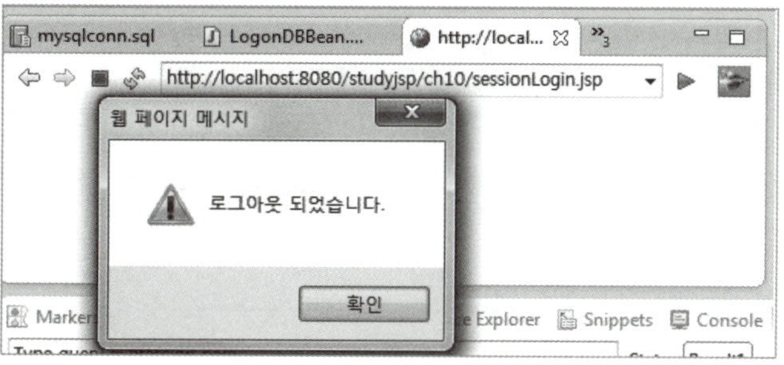

- 쿠키는 웹 브라우저(클라이언트) 쪽에 사용자의 상태를 유지하기 위한 정보를 저장하고, 세션은 웹 서버의 웹 컨테이너에 상태를 유지하기 위한 정보를 저장한다.

- 쿠키를 사용할 때는 javax.servlet.http 패키지에 있는 Cookie 클래스를 사용한다.

- 쿠키에는 각 브라우저를 판별할 수 있는 정보가 포함되어 있다. 이렇게 쿠키가 클라이언트에 한 번 저장이 된 후에 다시 서버로 요청을 할 때는 클라이언트에 저장된 쿠키의 정보가 같이 요청에 포함되어져 서버로 전송된다.

- Cookie 클래스를 사용하여 쿠키를 생성하는 방법은 다음과 같다.

```
Cookie cookie = new Cookie(String name, String value);
```

- 쿠키를 생성한 후에는 반드시 response 객체의 addCookie( ) 메소드를 사용해서 쿠키를 추가해 주어야 한다.

```
response.addCookie(name);
```

- 세션은 웹 브라우저당 1개씩 생성되어 웹 컨테이너에 저장된다.

- 세션 속성은 session 객체의 setAttribute( ) 메소드를 사용해서 설정한다.

```
session.setAttribute("memId","test");
```

- 세션의 속성을 사용하려면 session 객체의 getAttribute( ) 메소드를 사용한다.

```
String id= (String)session.getAttribute("memId");
```

- 세션의 속성은 session 객체의 removeAttribute( ) 메소드를 사용해서 삭제한다.

```
session.removeAttribute("memId");
```

- 세션의 모든 속성을 삭제할 때는 session 객체의 invalidate( ) 메소드를 사용한다.

```
session.invalidate( )
```

1 쿠키의 특징을 기술하시오.

2 쿠키를 생성하는 방법과 사용하는 방법을 기술하시오.

3 세션의 특징을 기술하시오.

4 세션을 유지하기 위해 세션 속성을 설정하는 방법과 세션 속성의 값을 얻어내는 방법을 각각 기술하시오.

자바빈/커넥션 풀/세션을 사용한 Ajax 기반의 회원 관리 시스템

이번 Chapter에서는 앞에서 개별적으로 학습했던 jQuery, 자바빈, 커넥션 풀, 세션을 모두 사용한 회원 관리 시스템을 작성해서 웹 프로그래밍의 구조를 이해하는 방법을 학습한다.

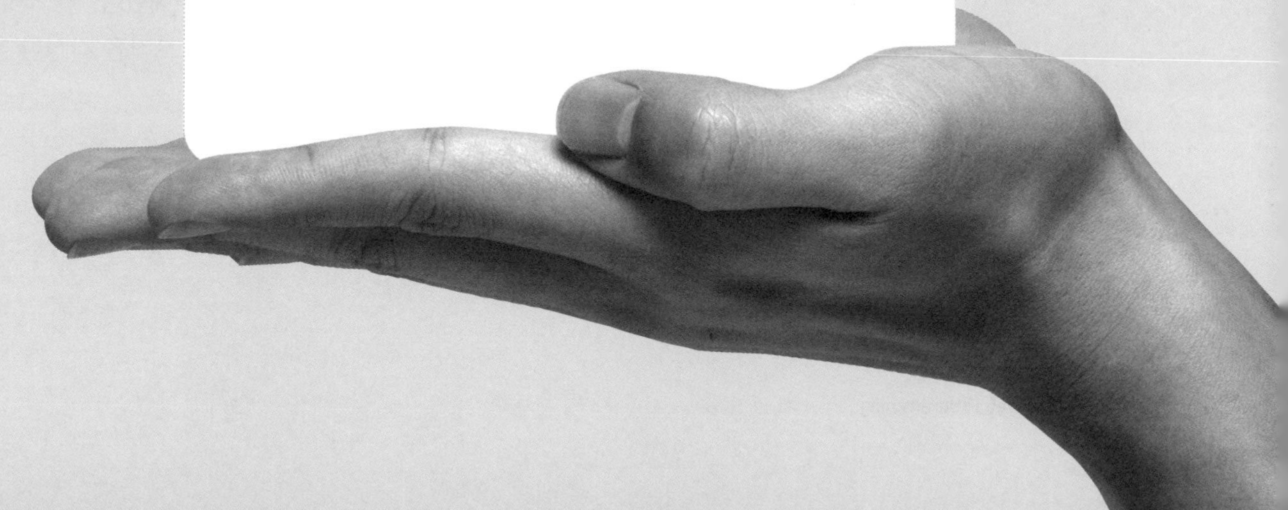

회원 관리 시스템의 개요

회원 관리 시스템은 크게 [회원 가입], [회원 인증], [회원 정보 수정], [회원 탈퇴]로 이루어져 있다.

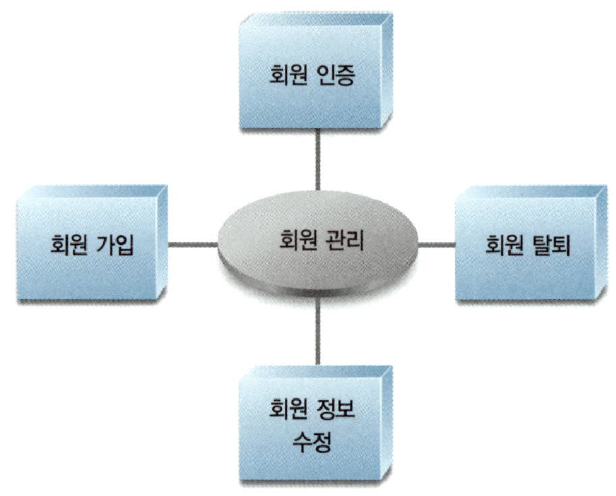

▲ 회원 관리 시스템의 기본 구조

- 회원 가입 – 사용자가 회원 가입을 하는 것을 제공
- 회원 인증 – 가입된 회원이 그에 맞는 서비스를 받을 수 있도록 회원임을 확인하는 것을 제공
- 회원 정보 수정 – 가입된 회원의 정보가 변경되었을 때 이를 수정하는 것을 제공
- 회원 탈퇴 – 회원이 서비스를 더 이상 사용하지 않는 것으로 회원 정보 삭제를 제공

〈Chapter 10. 쿠키와 세션〉에서 회원 인증 부분을 학습하였는데 이제부터는 나머지 회원 가입, 회원 정보 수정, 회원 탈퇴를 추가해서 시스템 전체를 이해한다. 웹 애플리케이션을 작성하려면 먼저 데이터베이스에 필요한 테이블을 생성하고 로직을 작성한 후 화면에 표시되는 웹 페이지를 만든다.

회원 관리 필요 테이블 작성

여기에서는 회원 관리 시스템에서 필요한 member 테이블의 각 필드가 어떤 정보를 저장하는가에 대해서 살펴본다. 〈Chapter 09. 데이터베이스와 JSP의 연동〉에서 이미 member 테이블을 생성하고 암호화 부분에서 필요한 것을 수정했으므로 여기에서는 생성 과정은 생략한다.

모든 애플리케이션의 데이터는 최종적으로 데이터베이스에서 관리된다. 애플리케이션에 필요한 데이터, 애플리케이션의 수행 결과로 발생한 데이터들은 데이터베이스 테이블에서 가져오거나 테이블로 저장한다. 따라서 이런 테이블을 프로그래밍하기 전에 설계하고 생성해야 프로그램이 원활하게 수행된다.

■ member 테이블의 구조

앞에서 작성했던 member 테이블의 구조는 다음과 같으며 MySQL의 문법을 따른다. 혹시 member 테이블을 작성하지 않은 경우에는 여기서 생성한다.

MySQL 문법

```
create table member(
  id varchar(50) not null primary key,
  passwd varchar(60) not null,
  name varchar(10) not null,
  reg_date datetime not null,
  address varchar(100) not null,
  tel varchar(20) not null
);
```

참고 | Oracle 문법

```
create table member(
  id varchar2(50) not null primary key,
  passwd varchar2(60) not null,
  name varchar2(10) not null,
  reg_date date not null
  address varchar2(100) not null,
  tel varchar2(20) not null
);
```

기본 키

한 레코드가 다른 레코드와 다르다는 유일한 값을 가짐

필드명	설명
id	회원의 아이디를 저장하는 필드로 기본 키
passwd	회원의 비밀번호를 저장하는 필드
name	회원의 이름을 저장하는 필드
reg_date	회원 가입 날짜를 저장하는 필드
address	회원의 주소를 저장하는 필드
tel	회원의 전화번호를 저장하는 필드

▲ member 테이블의 각 필드의 설명

회원 관리 자바빈 작성

여기에서는 회원 관리 시스템에서 사용하는 데이터 저장빈인 LogonDataBean.java와 DB 처리빈인 LogonDBBean.java를 작성한다.

Ajax 기반의 회원 관리 시스템에서 JSP 페이지, JS(자바스크립트), 자바빈 및 DB는 서로 유기적인 관계를 갖고 있다.

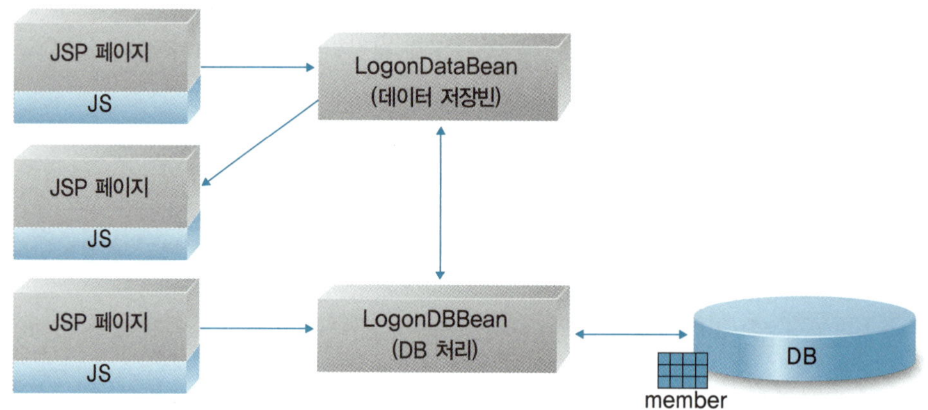

▲ JSP 페이지, 자바빈 및 DB의 관계

- JSP 페이지 – 화면에 내용 표시
- JS(자바스크립트) – 서버에 요청 작업 처리 및 응답된 결과 처리
- 데이터 저장빈 – 데이터를 객체로 관리
- DB 처리빈 – DB와 연동해서 쿼리문을 수행
- DB 테이블 – 데이터 저장소

위의 그림에서 이해할 수 있듯이 **JSP 페이지**는 화면의 표현부를 갖고 있으며, 자바빈은 로직을 가지고 시스템을 구현하는 구현부를 가지고 있다. JSP 페이지에서 데이터 저장빈 객체를 생성한 후, DB 처리빈의 메소드에서 생성한 데이터 저장빈 객체를 참조해서 DB와 연동할 수 있다. 또한 JSP 페이지에서 직접 DB 처리빈의 메소드를 호출해서 DB와 연동한

후, 데이터 저장빈 객체를 생성해서 JSP 페이지에서 사용할 수도 있다. 결국 사용되는 순서는 다르나 JSP 페이지, JS, 데이터 저장빈, DB 처리빈, DB가 모두 유기적인 관계로 얽혀있다는 것을 알 수 있다. 여기서 **JS**는 Ajax를 처리하기 위해 JSP 페이지를 호출하고, 호출 결과를 JSP 페이지에 표시하는 작업을 처리한다.

데이터 저장빈은 발생된 데이터를 객체로 관리하는 것으로, 객체로 관리되는 데이터는 객체의 주소만 넘겨주면 어디서든지 사용할 수 있다. **DB 처리빈**은 직접 DB와 연동하는 것으로, 데이터 저장빈 객체로 관리되는 데이터를 DB 테이블에 추가하거나 DB 테이블의 내용을 데이터 저장빈 객체로 생성한 후 JSP 페이지로 보내 화면에 표시한다.

1 데이터 저장빈(LogonDataBean.java)

LogonDataBean은 회원 관리 시스템에서 발생한 데이터를 객체로 생성해 관리하는 데이터 저장빈이다. 이 데이터 저장빈은 회원 관리 시스템에 필요한 정보를 저장하는 프로퍼티 및 프로퍼티 값을 저장하고 얻어내는 setter/getter 메소드로 이루어져 있다.

프로퍼티명		해당 메소드
id	아이디	setid(int id) : id 값 저장
		getId( ) : 저장된 id 값 가져옴
passwd	비밀번호	setPasswd(String passwd) : passwd 값 저장
		getPasswd( ) : 저장된 passwd 값 가져옴
name	이름	setName(String name) : name 값 저장
		getName(String name) : 저장된 name 값 가져옴
reg_date	가입 날짜	setReg_date(Timestamp reg_date) : reg_date 값 저장
		getReg_date( ) : 저장된 reg_date 값 가져옴
address	주소	setAddress(int address): address 값 저장
		getAddress( ) : 저장된 address 값 가져옴
tel	전화번호	setTel(String tel) : tel 값 저장
		getTel( ) : 저장된 tel 값 가져옴

▲ 데이터 저장빈(LogonDataBean)의 프로퍼티 및 메소드 설명

이 예제는 회원 관리 시스템의 데이터 저장빈인 LogonDataBean.java를 작성하는 것이다.

01 [New]–[Class] 메뉴를 사용해 [Java Resources]–[src]에 데이터 저장빈인 LogonDataBean.java 파일을 작성한다. 이때 [Package]에 "ch11.logon"을, [Name]에 "LogonDataBean"을 입력한다. 기본적인 코딩이 작성되면 다음과 같이 수정한 후 저장한다.

```
01    package ch11.logon;
02
03    import java.sql.Timestamp;
04
05    public class LogonDataBean {
06        private String id;
07        private String passwd;
08        private String name;
09        private Timestamp reg_date;
10        private String address;
11        private String tel;
12
13    }
```

02 [Source]–[Generate Getters and Setters] 메뉴를 선택한다.

03 [Generate Getters and Setters] 창이 표시되면 [Select getters and setters to create]에서 [Select All] 버튼을 클릭한다. [Insertion point]에서 [After 'tel']을 선택한 후 [Sort by]의 값이 [Fields in getter/setter pairs]로 설정된 것을 확인한다. 나머지 항목은 기본값을 그대로 사용하고 [OK] 버튼을 클릭한다.

04 데이터 저장빈인 LogonDataBean.java 파일의 내용이 완성된 것을 확인하고 저장한다.

```
01    package ch11.logon;
02
03    import java.sql.Timestamp;
```

```java
04
05    public class LogonDataBean {
06        private String id;
07        private String passwd;
08        private String name;
09        private Timestamp reg_date;
10        private String address;
11        private String tel;
12
13        public String getId( ) {
14            return id;
15        }
16        public void setId(String id) {
17            this.id = id;
18        }
19        public String getPasswd( ) {
20            return passwd;
21        }
22        public void setPasswd(String passwd) {
23            this.passwd = passwd;
24        }
25        public String getName( ) {
26            return name;
27        }
28        public void setName(String name) {
29            this.name = name;
30        }
31        public Timestamp getReg_date( ) {
32            return reg_date;
33        }
34        public void setReg_date(Timestamp reg_date) {
35            this.reg_date = reg_date;
36        }
37        public String getAddress( ) {
38            return address;
39        }
40        public void setAddress(String address) {
```

```
41              this.address = address;
42          }
43          public String getTel( ) {
44              return tel;
45          }
46          public void setTel(String tel) {
47              this.tel = tel;
48          }
49      }
```

2 DB 처리빈(LogonDBBean.java)

LogonDBBean은 회원 관리 시스템에서 DB와 연동해서 쿼리문을 수행하는 DB 처리빈
이다. LogonDBBean은 커넥션 풀로부터 커넥션 객체를 가져오는 메소드 및 JSP 페이지
에서 발생한 데이터를 저장하거나 DB 테이블의 레코드를 얻어내는 등의 쿼리를 수행하는
메소드들로 이루어져 있다.

메소드명	역할
getInstance( )	전역 LogonDBBean 객체의 레퍼런스를 리턴한다.
getConnection( )	쿼리 작업에 사용할 Connection 객체를 커넥션 풀로부터 얻어내서 리턴한다.
insertMember(LogonDataBean member)	회원 가입을 한 사용자를 member 테이블에 추가한다. 회원 가입 폼 처리(registerPro.jsp)에서 사용한다.
userCheck(String id, String passwd)	사용자 인증 시 사용한다. 회원 인증 처리(loginPro.jsp) 및 회원 정보 수정/탈퇴를 위한 인증(memberCheck.jsp)에서 사용한다.
confirmId(String id)	회원 가입 시 아이디 중복 확인(confirmId.jsp)을 할 때 사용한다. 회원 가입 폼(registerForm.jsp)에서 사용한다.
getMember(String id, String passwd)	id에 해당하는 레코드를 member 테이블에서 검색한다. 회원 정보 수정 폼(modifyForm.jsp)에서 사용한다.
updateMember(LogonDataBean member)	수정된 회원 정보를 갱신할 때 사용된다. 회원 정보 수정 처리(modifyPro.jsp)에서 사용한다.
deleteMember(String id, String passwd)	id에 해당하는 레코드를 member 테이블에서 삭제한다. 회원 탈퇴 처리(deletePro.jsp)에서 사용한다.

▲ DB 처리빈(LogonDBBean)의 메소드와 작업 내용

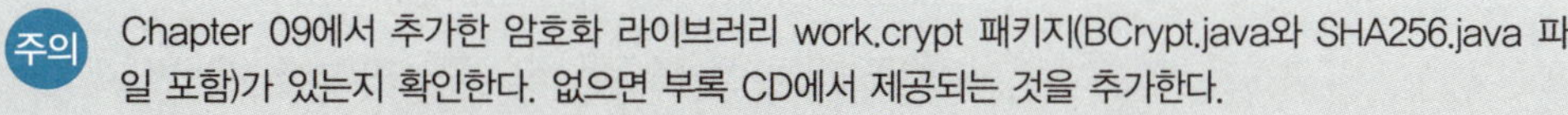

이 예제는 회원 관리 시스템의 DB 처리빈인 LogonDBBean.java를 작성하는 것이다.

> **주의** Chapter 09에서 추가한 암호화 라이브러리 work.crypt 패키지(BCrypt.java와 SHA256.java 파일 포함)가 있는지 확인한다. 없으면 부록 CD에서 제공되는 것을 추가한다.

01 [New]–[Class] 메뉴를 사용해 [Java Resources]–[src]에 데이터 저장빈인 Logon DBBean.java 파일을 작성한다. 이때 [Package]에 "ch11.logon"을, [Name]에 "LogonDBBean"을 입력한다. 기본적인 코딩이 작성되면 다음과 같이 수정한 후 저장한다(클래스 선언부와 각 메소드 선언부 및 주요 코드는 색으로 표시).

```
01    package ch11.logon;
02
03    import java.sql.Connection;
04    import java.sql.PreparedStatement;
05    import java.sql.ResultSet;
06    import java.sql.SQLException;
07
08    import javax.naming.Context;
09    import javax.naming.InitialContext;
10    import javax.sql.DataSource;
11
12    import work.crypt.SHA256;
13    import work.crypt.BCrypt;
14
15    public class LogonDBBean {
16
17       //LogonDBBean 전역 객체 생성 ← 한 개의 객체만 생성해서 공유
18       private static LogonDBBean instance = new LogonDBBean( ) ;
19
20       //LogonDBBean 객체를 리턴하는 메소드
21       public static LogonDBBean getInstance( ) {
22          return instance;
23       }
24
```

```java
25      private LogonDBBean( )  { }
26
27      //커넥션 풀에서 커넥션 객체를 얻어내는 메소드
28      private Connection getConnection( )  throws Exception {
29         Context initCtx = new InitialContext( ) ;
30         Context envCtx = (Context) initCtx.lookup("java:comp/env");
31         DataSource ds = (DataSource)envCtx.lookup("jdbc/jsptest");
32         return ds.getConnection( ) ;
33      }
34
35      //회원 가입 처리(registerPro.jsp)에서 사용하는 새 레코드 추가 메소드
36      public void insertMember(LogonDataBean member){
37         Connection conn = null;
38         PreparedStatement pstmt = null;
39
40         SHA256 sha = SHA256.getInsatnce( ) ;
41         try {
42            conn = getConnection( ) ;
43
44            String orgPass = member.getPasswd( ) ;
45            String shaPass = sha.getSha256(orgPass.getBytes( ) );
46            String bcPass = BCrypt.hashpw(shaPass, BCrypt.gensalt( ) );
47
48            pstmt = conn.prepareStatement(
49              "insert into member values (?,?,?,?,?,?)");
50            pstmt.setString(1, member.getId( ) );
51            pstmt.setString(2, bcPass);
52            pstmt.setString(3, member.getName( ) );
53            pstmt.setTimestamp(4, member.getReg_date( ) );
54            pstmt.setString(5, member.getAddress( ) );
55            pstmt.setString(6, member.getTel( ) );
56            pstmt.executeUpdate( ) ;
57         } catch(Exception ex) {
58            ex.printStackTrace( ) ;
59         } finally {
60            if (pstmt != null) try { pstmt.close( ) ; } catch(SQLException ex) { }
61            if (conn != null) try { conn.close( ) ; } catch(SQLException ex) { }
```

```java
62          }
63      }
64
65          //로그인 폼 처리(loginPro.jsp) 페이지의 사용자 인증 처리 및
66 //회원 정보 수정/탈퇴를 사용자 인증(memberCheck.jsp)에서 사용하는 메소드
67 public int userCheck(String id, String passwd){
68   Connection conn = null;
69   PreparedStatement pstmt = null;
70   ResultSet rs= null;
71   int x=-1;
72
73   SHA256 sha = SHA256.getInsatnce( ) ;
74   try {
75       conn = getConnection( ) ;
76
77       String orgPass = passwd;
78       String shaPass = sha.getSha256(orgPass.getBytes( ) );
79
80       pstmt = conn.prepareStatement(
81           "select passwd from member where id = ?");
82       pstmt.setString(1, id);
83       rs= pstmt.executeQuery( ) ;
84
85       if(rs.next( ) ){//해당 아이디가 있으면 수행
86            String dbpasswd= rs.getString("passwd");
87            if(BCrypt.checkpw(shaPass,dbpasswd))
88            x= 1; //인증 성공
89            else
90            x= 0; //비밀번호 틀림
91       }else//해당 아이디 없으면 수행
92            x= -1;//아이디 없음
93
94   } catch(Exception ex) {
95       ex.printStackTrace( ) ;
96   } finally {
97       if (rs != null) try { rs.close( ) ; } catch(SQLException ex) { }
98       if (pstmt != null) try { pstmt.close( ) ; } catch(SQLException ex) { }
```

```java
99          if (conn != null) try { conn.close( ) ; } catch(SQLException ex) { }
100      }

101        return x;
102      }

103

104  //아이디 중복 확인(confirmId.jsp)에서 아이디의 중복 여부를 확인하는 메소드
105  public int confirmId(String id) {
106      Connection conn = null;
107      PreparedStatement pstmt = null;
108      ResultSet rs= null;
109      int x=-1;

110

111      try {
112         conn = getConnection( ) ;

113

114         pstmt = conn.prepareStatement(
115            "select id from member where id = ?");
116         pstmt.setString(1, id);
117         rs= pstmt.executeQuery( ) ;

118

119         if(rs.next( ) )//아이디 존재
120            x= 1; //같은 아이디 있음
121         else
122            x= -1;//같은 아이디 없음
123      } catch(Exception ex) {
124         ex.printStackTrace( ) ;
125      } finally {
126         if (rs != null) try { rs.close( ) ; } catch(SQLException ex) { }
127         if (pstmt != null) try { pstmt.close( ) ; } catch(SQLException ex) { }
128         if (conn != null) try { conn.close( ) ; } catch(SQLException ex) { }
129      }
130      return x;
131  }

132

133  //회원 정보 수정 폼(modifyForm.jsp)을 위한 기존 가입 정보를 가져오는 메소드
134  public LogonDataBean getMember(String id, String passwd){
135      Connection conn = null;
```

```java
136        PreparedStatement pstmt = null;
137        ResultSet rs = null;
138        LogonDataBean member=null;
139
140        SHA256 sha = SHA256.getInsatnce( ) ;
141        try {
142           conn = getConnection( ) ;
143
144           String orgPass = passwd;
145           String shaPass = sha.getSha256(orgPass.getBytes( ) );
146
147           pstmt = conn.prepareStatement(
148              "select * from member where id = ?");
149           pstmt.setString(1, id);
150           rs = pstmt.executeQuery( ) ;
151
152           if (rs.next( ) ) {//해당 아이디에 대한 레코드가 존재
153              String dbpasswd= rs.getString("passwd");
154              //사용자가 입력한 비밀번호와 테이블의 비밀번호가 같으면 수행
155               if(BCrypt.checkpw(shaPass,dbpasswd)){
156                 member = new LogonDataBean( ) ;//데이터 저장빈 객체 생성
167                 member.setId(rs.getString("id"));
168                 member.setName(rs.getString("name"));
159                 member.setReg_date(rs.getTimestamp("reg_date"));
160                 member.setAddress(rs.getString("address"));
161                 member.setTel(rs.getString("tel"));
162              }
163           }
164        } catch(Exception ex) {
165           ex.printStackTrace( ) ;
166        } finally {
167           if (rs != null) try { rs.close( ) ; } catch(SQLException ex) { }
168           if (pstmt != null) try { pstmt.close( ) ; } catch(SQLException ex) { }
169           if (conn != null) try { conn.close( ) ; } catch(SQLException ex) { }
170        }
171         return member;//데이터 저장빈 객체 member 리턴
172    }
```

```
173
174    //회원 정보 수정 처리(modifyPro.jsp)에서 회원 정보 수정을 처리하는 메소드
175    public int updateMember(LogonDataBean member){
176        Connection conn = null;
177        PreparedStatement pstmt = null;
178        ResultSet rs= null;
179        int x=-1;
180
181        SHA256 sha = SHA256.getInsatnce( ) ;
182        try {
183            conn = getConnection( ) ;
184
185            String orgPass = member.getPasswd( ) ;
186            String shaPass = sha.getSha256(orgPass.getBytes( ) );
187
188            pstmt = conn.prepareStatement(
189                    "select passwd from member where id = ?");
190            pstmt.setString(1, member.getId( ) );
191            rs = pstmt.executeQuery( ) ;
192
193            if(rs.next( ) ){//해당 아이디가 있으면 수행
194                String dbpasswd= rs.getString("passwd");
195                if(BCrypt.checkpw(shaPass,dbpasswd)){
196                  pstmt = conn.prepareStatement(
197                     "update member set name=?,address=?,tel=? "+
198                      "where id=?");
199                  pstmt.setString(1, member.getName( ) );
200                  pstmt.setString(2, member.getAddress( ) );
201                  pstmt.setString(3, member.getTel( ) );
202                  pstmt.setString(4, member.getId( ) );
203                  pstmt.executeUpdate( ) ;
204                  x= 1;//회원 정보 수정 처리 성공
205                }else
206                x= 0;//회원 정보 수정 처리 실패
207            }
208        } catch(Exception ex) {
209            ex.printStackTrace( ) ;
```

```java
210        } finally {
211          if (rs != null) try { rs.close( ) ; } catch(SQLException ex) { }
212          if (pstmt != null) try { pstmt.close( ) ; } catch(SQLException ex) { }
213          if (conn != null) try { conn.close( ) ; } catch(SQLException ex) { }
214        }
215      return x;
216    }
217
218  //회원 탈퇴 처리(deletePro.jsp)에서 회원 정보를 삭제하는 메소드
219  public int deleteMember(String id, String passwd){
220      Connection conn = null;
221      PreparedStatement pstmt = null;
222      ResultSet rs= null;
223      int x=-1;
224
225      SHA256 sha = SHA256.getInsatnce( ) ;
226      try {
227        conn = getConnection( ) ;
228
229        String orgPass = passwd;
230        String shaPass = sha.getSha256(orgPass.getBytes( ) );
231
232        pstmt = conn.prepareStatement(
233        "select passwd from member where id = ?");
234        pstmt.setString(1, id);
235        rs = pstmt.executeQuery( ) ;
236
237        if(rs.next( ) ){
238          String dbpasswd= rs.getString("passwd");
239          if(BCrypt.checkpw(shaPass,dbpasswd)){
240            pstmt = conn.prepareStatement(
241              "delete from member where id=?");
242            pstmt.setString(1, id);
243            pstmt.executeUpdate( ) ;
244            x= 1;//회원 탈퇴 처리 성공
245          }else
246            x= 0;//회원 탈퇴 처리 실패
```

```
247                    }
248            } catch(Exception ex) {
249                ex.printStackTrace( ) ;
250            } finally {
251                if (rs != null) try { rs.close( ) ; } catch(SQLException ex) { }
252                if (pstmt != null) try { pstmt.close( ) ; } catch(SQLException ex) { }
253                if (conn != null) try { conn.close( ) ; } catch(SQLException ex) { }
254            }
255            return x;
256        }
257    }
```


1라인 해당 클래스를 ch11.logon 패키지로 관리한다.

3~6라인 LogonDBBean 클래스에서 SQL 작업을 수행하기 때문에 java.sql 패키지에 있는 Connection, PreparedStatement, ResultSet 인터페이스와 SQLException 클래스를 import 받는다.

8~9라인 javax.naming 패키지는 커넥션 풀의 네이밍 작업에서 필요해서 InitialContext 클래스와 Context 인터페이스를 import 받는다.

10라인 javax.sql 패키지는 커넥션 풀의 네이밍 작업 및 커넥션 객체를 얻어내는 데 필요한 DataSource 인터페이스를 사용하기 위해 import 받았다.

12~13라인 work.crypt 패키지의 SHA256 클래스는 KISA의 SHA-256 암호화를 위해, BCrypt 클래스는 Bcrypt 암호화를 사용하기 위해 import 받았다. 이들은 회원 계정의 비밀번호를 암호화한다.

18라인 private static LogonDBBean instance = new LogonDBBean( );처럼 멤버의 위치(메소드 외부)에서 static을 사용해서 객체를 생성하면, 이는 객체 간의 전역 객체가 된다. 즉, 이 객체는 단 한 번만 생성되고, 객체들 간에 공유된다. 결국 LogonDBBean 클래스의 객체는 한 번만 생성되고, 이 객체에 접근하는 모든 사용자 간에 공유된다. 커넥션 풀을 이런 구조에서 사용한다. 이 라인을 만나면 프로그램 제어가 25라인의 생성자로 이동하고, 생성자가 지시하는 대로 객체를 생성한다. 여기서는 파라미터가 없고 내용도 없는 기본 생성자이다.

21~23라인 getInstance( ) 메소드는 이 메소드를 호출한 곳으로 18라인에서 생성한 LogonDBBean 객체를 리턴(반환)한다. 즉, DB 연동이 필요한 JSP 페이지에서 이 메소드를 호출하면 LogonDBBean 객체를 얻어내서 언제든지 member 테이블에 접근할 수 있다. 객체를 리턴하는 메소드는 return문 다음에 객체의 레퍼런스 변수명만 기술하면 된다.

28~33라인 getConnection( ) 메소드는 DBCP API 커넥션 풀을 사용하여 커넥션 객체를 할당받는다. 그래서 getConnection() 메소드의 리턴 타입은 Connection인 것이다.

36~63라인 insertMember(LogonDataBean member) 메소드는 회원 가입을 처리할 때 사용되는 메소드로 registerPro.jsp 페이지에서 호출해서 사용한다. insertMember(LogonDataBean member) 메소드는 한 개의 파라미터를 가지고 있는데 LogonDataBean 객체 타입의 레퍼런스인 member는 회원 가입 폼인 registerForm.jsp에서 입력한 사용자 정보를 가지고 있다.

- **40라인** SHA256 sha = SHA256.getInsatnce( );은 KISA의 SHA-256 암호화를 사용하기 위해 SHA256 클래스의 객체를 얻어낸다.

- **42라인** conn = getConnection( );은 28라인의 getConnection( ) 메소드를 호출해서 커넥션 객체를 conn 레퍼런스에 넘겨준다.

- **44라인** String orgPass = member.getPasswd( );은 회원 가입 폼에 사용자가 입력한 비밀번호를 얻어내서 orgPass 변수에 저장한다.

- **45라 인** String shaPass = sha.getSha256(orgPass.getBytes( ));에 서 orgPass.getBytes( )은 사용자가 입력한 비밀번호 문자열을 바이트 배열(byte[ ])로 변환한다. SHA256 클래스의 getSha256( ) 메소드는 바이트 배열로 변환된 비밀번호를 갖고 SHA-256 암호화를 수행한다. 이 메소드의 실행 결과로 SHA-256 방식으로 암호화된 비밀번호가 shaPass 변수에 저장된다.

- **46라인** String bcPass = BCrypt.hashpw(shaPass, BCrypt.gensalt( ));는 Bcrypt 방식의 암호화를 하는 것으로 SHA-256 방식으로 암호화된 비밀번호를 다시 Bcrypt 방식으로 재암호화했다. 이렇게 암호화 방식을 겹쳐서 사용하면, 각 방식의 단점을 보완할 수 있어 좀 더 안전한 암호화 비밀번호를 생성할 수 있다. BCrypt.hashpw(shaPass, BCrypt.gensalt( )) 메소드는 암호화할 비밀번호 shaPass와 salt를 난수로 생성하는 BCrypt.gensalt( ) 값을 갖고 Bcrypt 방식의 암호화된 비밀번호를 생성한다. BCrypt.gensalt( )은 해시의 복잡성을 결정하는 것으로 4~31의 값을 입력할 수 있으며, 값이 클수록 복잡한 암호를 생성한다. 매개 변수 값이 없으면 기본값으로 10을 사용한다. 10~14 사이가 적당하며, 너무 큰 수는 계산에 시간이 걸려 시스템의 성능이 떨어진다.
데이터베이스 테이블에 비밀번호를 저장할 때는 아래와 같이 암호화해서 저장한다.

	id	passwd	name	reg_date	address	tel
1	aaaa...	$2a$10$f...	박대봉	2014-06-19 ...	서울시	010-3333-3333
2	hong...	$2a$10$i...	홍길동	2014-06-17 ...	경기도	010-2222-2222
3	king...	$2a$10$b...	김개동	2014-06-17 ...	서울시	010-1111-1111

▲ SHA-256/Bcrypt 방식으로 암호화한 비밀번호

- **48~56라인** member 테이블에 레코드를 추가하는 부분으로 insert문을 사용한다.

- **50~55라인** member.getXxx( ) 메소드는 데이터 저장빈인 LogonDataBean의 getXxx( ) 메소드에 접근해서 보관된 프로퍼티 값을 가져온다. 또한 pstmt.setXxx( ) 메소드는 테이블에 레코드를 삽입하기 위해 위치홀더(?)를 실제 값으로 대치하는 부분이다.

- **61라인** conn.close( );는 커넥션 풀에 사용한 커넥션 객체를 반환한다.

67~102라인 userCheck(String id, String passwd) 메소드는 사용자 인증을 할 때 필요한 것으로 로그인 시 인증을 처리하는 loginPro.jsp 페이지와 회원 정보 수정/탈퇴 시 인증을 처리하는 memberCheck.jsp 페이지에서 호출해서 사용한다. userCheck(String id, String passwd) 메소드는 두 개의 파라미터를 가지고 있는데, id는 사용자가 입력한 아이디를, passwd는 사용자가 입력한 비밀번호를 가지고 있다.

- **80~83라인** 사용자가 입력한 id 값을 가지고 해당 레코드의 passwd 필드를 검색한다.

- **85~92라인** 사용자가 입력한 id 값에 해당 레코드의 유무 및 검색된 passwd 필드값에 따라 if문을 사용해서 처리한다. passwd 필드값이 없으면 x에 −1 값을, passwd 필드값이 있으면 사용자가 입력한 passwd 파라미터와 비교한다. 비교 시 값이 일치하면 x에 1 값을, 일치하지 않으면 0 값을 넣는다.

- **87라인** BCrypt.checkpw(shaPass,dbpasswd)는 Bcrypt 방식을 사용해 암호화한 비밀번호와 사용자가 입력한 비밀번호가 일치하는지를 비교한다. 첫 번째 매개 변수는 사용자가 입력한 비밀번호, 두 번째 매개 변수는 데이터베이스 테이블에 저장된 비밀번호이다. 여기서 첫 번째 매개 변수인 shaPass는 사용자가 입력한 비밀번호를 SHA−256 방식으로 암호화 한 것이고, 두 번째 매개 변수 dbpasswd는 member 테이블에 저장된 SHA−256/Bcrypt 방식으로 암호화된 것이다. BCrypt.checkpw( ) 메소드는 사용자가 입력한 비밀번호와 Bcrypt 방식의 암호화만을 비교할 수 있는데, 여기서는 사용자가 입력한 비밀번호를 SHA−256 방식으로 암호화한 후 다시 Bcrypt 방식으로 암호화했다. 따라서 사용자가 입력한 비밀번호를 데이터베이스에 저장된 비밀번호와 비교하려면 사용자가 입력한 비밀번호를 SHA−256 방식으로 암호화해야만 가능하다.

- **101라인** userCheck( ) 메소드를 호출한 쪽에서 상황에 맞게 처리하도록 x 값을 리턴한다.

105~131라인 confirmId(String id) 메소드는 아이디 중복 확인을 할 때 사용되는 것으로 confirmId.jsp 페이지에서 호출해서 사용한다. confirmId(String id) 메소드는 한 개의 파라미터를 가지고 있는데, id는 사용자가 원하는 아이디 값을 가지고 있다.

- **114~117라인** id 값을 가지고 해당 레코드의 passwd 필드를 검색한다.

- **119~122라인** id 값에 해당하는 레코드의 passwd 필드가 있으면 이미 사용되는 아이디로 판단을 하는 부분이다. 이미 사용되는 아이디이면 x에 1을, 그렇지 않으면 −1을 넣는다.

- **130라인** confirmId( ) 메소드를 실행한 결과인 x 값을 호출한 쪽으로 리턴한다.

134~172라인 getMember(String id) 메소드는 회원의 정보를 수정하기 위해 기존에 등록되어있는 정보를 가져올 때 사용되는 것으로, modifyForm.jsp 페이지에서 호출해서 사용한다. getMember(String id) 메소드는 한 개의 파라미터를 가지고 있는데 이것은 인증된 사용자의 id 값을 가지고 있다.

- **147~150라인** 사용자의 id 값을 가지고 해당 레코드의 모든 필드를 검색하는 쿼리이다.

- **152~163라인** LogonDataBean 객체를 생성해서 레코드셋으로 반환된 해당 아이디의 정보를 저장한다.

- **171라인** getMember( ) 메소드를 호출한 페이지에서 LogonDataBean 객체를 사용할 수 있도록 레퍼런스 값을 리턴한다.

175~216라인 updateMember(LogonDataBean member) 메소드는 수정된 회원 정보를 저장하기 위해 사용되는 것으로 modifyPro.jsp 페이지에서 호출해서 사용한다. updateMember (LogonDataBean member) 메소드는 한 개의 파라미터를 가지고 있는데 LogonDataBean 객체 타입의 레퍼런스인 member는 modifyForm.jsp에서 수정한 사용자 정보를 가지고 있다.

- **188~191라인** id 값을 가지고 해당 레코드의 passwd 필드를 검색한다.

- **193~207라인** 해당 아이디가 있으면 193라인의 if문을, 비밀번호가 같으면 195라인의 if문이 수행해서 레코드 수정에 성공하면 x에 1을 넣는다. 수정에 실패하면 x에 0을 넣는다.

- **196~203라인** member 테이블에 수정된 정보를 update 하는 부분이다.

- **215라인** updateMember( ) 메소드를 실행한 결과 값 x를 호출한 곳으로 리턴한다.

219~256라인 deleteMember(String id, String passwd) 메소드는 회원 탈퇴를 할 때 사용되는 것으로 deletePro.jsp 페이지 호출해서 사용한다. deleteMember(String id, String passwd) 메소드는 두 개의 파라미터를 가지고 있는데 id는 인증된 사용자의 아이디, passwd는 사용자가 입력한 비밀번호를 가지고 있다.

- **232~235라인** id 값을 가지고 해당 레코드의 passwd 필드를 검색한다.

- **237~247라인** 해당 아이디가 있으면 237라인의 if문을, 비밀번호가 같으면 239라인의 if문이 수행해서 레코드 삭제에 성공하면 x에 1을 넣는다. 삭제에 실패하면 x에 0을 넣는다.

- **255라인** deleteMember( ) 메소드를 실행한 결과 값 x를 호출한 곳으로 리턴한다.

Section 04

회원 관리 JSP 페이지 작성

여기에서는 회원 관리 시스템의 화면 뷰로 사용자 UI에 해당하는 부분은 JSP 페이지를 사용하고, 사용자의 요청 처리는 jQuery 기반의 자바스크립트를 사용한다.

회원 관리 시스템은 회원 인증이 된 경우와 그렇지 않은 않은 경우를 나누어서 표시한다. 이것은 회원과 비회원에게 제공되는 서비스가 다르기 때문이며, 대부분의 웹 사이트가 이런 구조를 보여주고 있다.

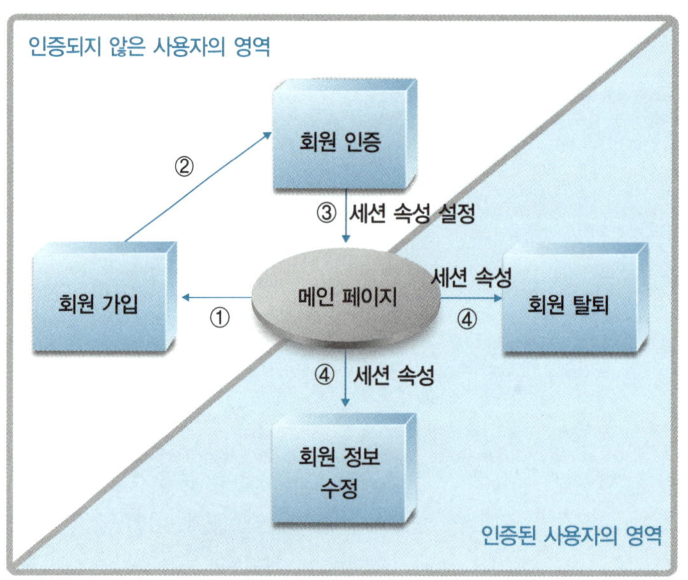

▲ 사용자 인증에 따른 영역

회원 관리 시스템에서 사용하는 JSP 페이지, CSS(스타일시트), JS(자바스크립트) 파일 간의 관계는 다음과 같다.

Ajax 기반에서 동작되며, JSP 페이지에서 버튼 등을 클릭하여 이벤트 처리 요구가 발생하면 자바스크립트가 작업을 처리하기 위해 웹 서버에 요청을 한다. 웹 서버가 이 요청을 받아 처리한 후 결과를 다시 자바스크립트로 반환하면, 자바스크립트가 결과를 받아 JSP 페이지로 보내 화면에 표시한다.

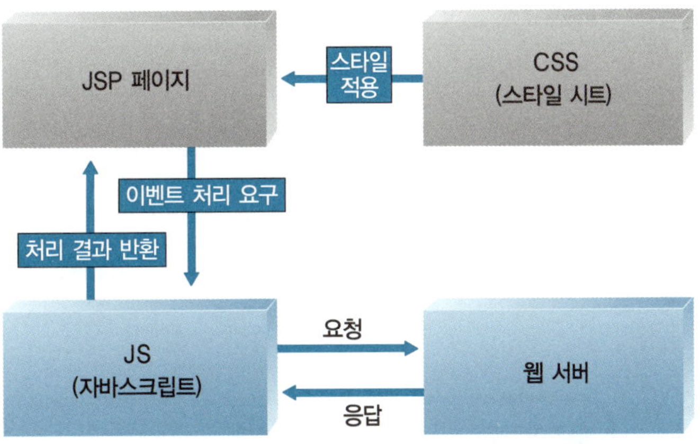

▲ Ajax 기반에서 JSP 페이지, JS, CSS 간의 관계

- JSP 페이지 : 화면의 내용 표시 및 DB 연동을 위한 자바빈 사용
- JS(자바스크립트) 파일 : JSP 페이지에서 발생한 이벤트의 요구를 받아 웹 서버에 요청을 하는 작업 수행
- CSS(스타일시트) 파일 : JSP 페이지에서 사용할 스타일을 정의

회원 관리 시스템에 필요한 각 페이지들이 하는 작업 내용은 다음과 같다.

페이지명	작업 내용
main.jsp	시작 페이지로 회원 가입 화면의 기본 구조를 제공
registerForm.jsp	회원 가입 폼으로 가입 정보를 입력하는 페이지
registerPro.jsp	입력된 회원 정보를 넘겨받아 회원 가입을 처리하는 페이지
confirmId.jsp	회원 가입 시 중복 아이디를 체크하는 페이지
register.js	회원 가입과 관련된 요청을 처리하며 회원 가입 폼의 [ID중복확인], [가입하기], [취소] 버튼을 클릭 시 작업을 처리
loginForm.jsp	회원 인증 폼으로 아이디와 비밀번호를 입력하는 페이지
loginPro.jsp	회원 인증을 처리하는 페이지
logout.jsp	사용자의 인증을 무효화하는 페이지
login.js	회원 인증과 관련된 요청을 처리. 회원 인증 폼의 인증되지 않은 사용자 영역에서 [로그인]과 [회원 가입] 버튼 클릭 또는 인증된 사용자 영역에서 [회원 정보 변경] 버튼과 [로그아웃] 버튼을 클릭 시 작업을 처리
modify.jsp	회원 정보 수정/회원 탈퇴를 위한 메인 페이지
modifyForm.jsp	회원 정보 수정 폼으로 기존의 사용자 정보를 제공하며, 수정 정보를 입력하는 페이지

modifyPro.jsp	회원 정보 수정을 처리하는 페이지
deletePro.jsp	회원 탈퇴 처리를 하는 페이지
modify.js	회원 정보 수정/회원 탈퇴를 위한 요청을 처리. modify.jsp에서 [정보수정]과 [탈퇴] 버튼 클릭, 회원 정보 수정 폼의 [회원정보수정]과 [취소] 버튼 클릭 시 작업을 처리
style.css	스타일시트 파일로 웹 페이지 글꼴, 배경색 등의 스타일을 지정

▲ 회원 관리 시스템에서 사용되는 페이지

 [ch11] 폴더 작성

[studyjsp] 프로젝트의 [WebContent] 폴더에 [ch11] 폴더를 생성한다.

1 메인 페이지 작성하기

회원 관리 시스템의 메인 화면으로 인증되지 않은 사용자 부분과 인증된 사용자 부분을 제공한다. 실제적으로 사용자 인증에 관한 부분은 loginForm.jsp 페이지에서 제공하며, main.jsp는 loginForm.jsp 페이지를 표시할 영역을 제공한다.

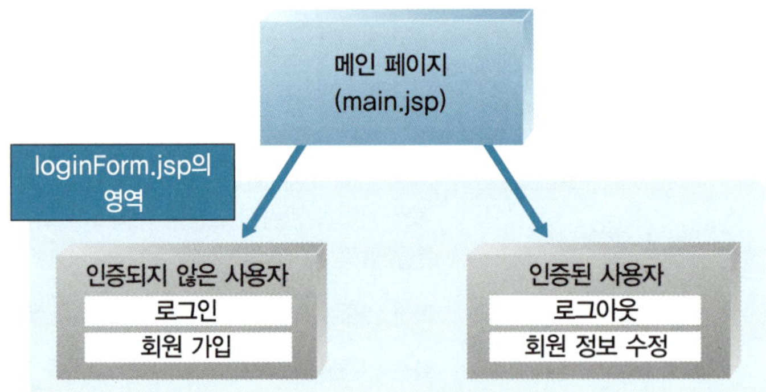

▲ main.jsp 페이지의 구조

- 인증되지 않은 사용자 영역 : 사용자 인증을 위한 정보를 입력하는 [로그인] 부분과 [회원 가입]으로 연결되는 버튼을 제공한다.
- 인증된 사용자 영역 : 인증을 해제하는 [로그아웃]과 연결된 버튼을 제공하며 회원의 정보를 수정할 수 있는 [회원정보수정] 부분을 제공한다.

메인 페이지에서 사용되는 페이지는 다음과 같다.

필요한 페이지명	작업 내용
main.jsp	시작 페이지로 메인 화면을 제공한다. main_auth 영역에 회원 가입, 회원 인증, 회원 정보 수정 등의 작업을 실행해서 표시한다.
loginForm.jsp	인증되지 않은 사용자 영역과 인증된 사용자 영역을 제공한다. • 인증되지 않은 사용자 영역 : [로그인] 부분과 [회원 가입] 버튼 제공 • 인증된 사용자 영역 : [로그아웃]과 [회원정보수정] 버튼 제공
login.js	loginForm.jsp에서 사용하는 자바스크립트 파일로 [로그인], [회원 가입], [로그아웃], [회원정보수정] 버튼을 클릭 시 사용자의 요청을 서버로 전달한다. 단, 메인 페이지 작성 부분에서는 [회원 가입] 버튼에 대한 부분만 작성한다.
style.css	스타일시트 파일로 웹 페이지 글꼴, 배경색 등의 스타일을 지정

▲ 메인 화면에서 사용되는 페이지

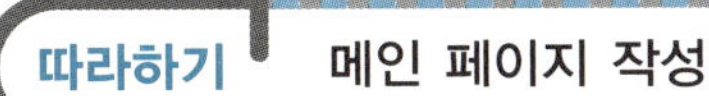

따라하기　메인 페이지 작성

회원 관리 시스템의 메인 화면에 해당하는 메인 페이지를 작성한다.

실행 결과　main.jsp 페이지

▲ loginForm.jsp 페이지에서 사용자 인증이 안 된 경우

▲ loginForm.jsp 페이지에서 사용자 인증이 된 경우

01 부록 CD에서 제공하는 스타일 시트 style.css 파일을 복사해서 [studyjsp]-[WebContent]에 [css] 폴더를 생성한 후 붙여넣기 한다.

style.css 파일은 PC용 각 웹 브라우저(최신 버전의 IE, 구글 크롬, 사파리), 이클립스 내장 브라우저 및 모바일 브라우저에서 화면 테스트를 해서 각각의 상황에서 적절히 보이도록 작성했다.

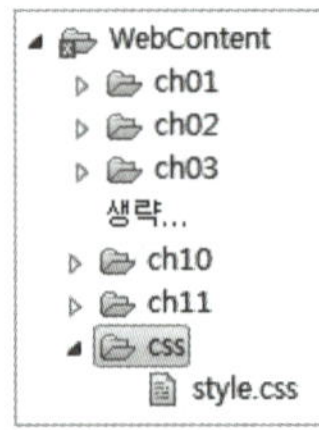

02 [New]-[JSP File] 메뉴를 사용해 [studyjsp]-[WebContent]-[ch11] 폴더에 main.jsp 페이지를 작성한다. 기본적인 코딩이 작성되면 다음과 같이 수정한 후 저장한다.

```
01  <%@ page language="java" contentType="text/html; charset=UTF-8"
02      pageEncoding="UTF-8"%>
03  <meta name="viewport" content="width=device-width,initial-scale=1.0"/>
04  <link rel="stylesheet" href="../css/style.css"/>
05  <script src="../js/jquery-1.11.0.min.js"></script>
06
07  <div id="main_image" class="box">
08    <img class="noborder" id="logo" src="mollahalf.png"/></div>
09  <div id="main_auth" class="box"><jsp:include page="loginForm.jsp"/></div>
```


main.jsp 페이지는 회원 관리 시스템의 메인 페이지로 회원 관리 관련 페이지를 로드 및 실행하는 main_auth 영역을 제공한다. 회원 관리 시스템은 이 영역에서 이루어진다.

3라인　n스크린 대응으로, 어떤 크기의 화면에서 보더라도 글씨가 적절한 크기로 표시되도록 설정한다.

4라인　프로젝트의 [webcontent]-[css] 폴더 내에 있는 스타일시트 style.css 파일을 적용하기 위해 연결하는 부분이다.

5라인　자바스크립트에서 jQuery를 사용하기 위해 [webcontent]-[js] 폴더에 있는 jquery-1.11.0.min.js를 가져오는 부분이다.

7~8라인　main_image 영역이다. 여기에서는 mollahalf.png 파일을 위치시켰다.

 main_auth 영역으로 회원 가입, 로그인, 정보 수정 작업을 처리하기 위해 각 페이지가 로드되는 부분이다. 기본적으로 loginForm.jsp가 표시되며, 이것은 〈jsp:include page="loginForm.jsp"/〉을 사용해서 표시했다.

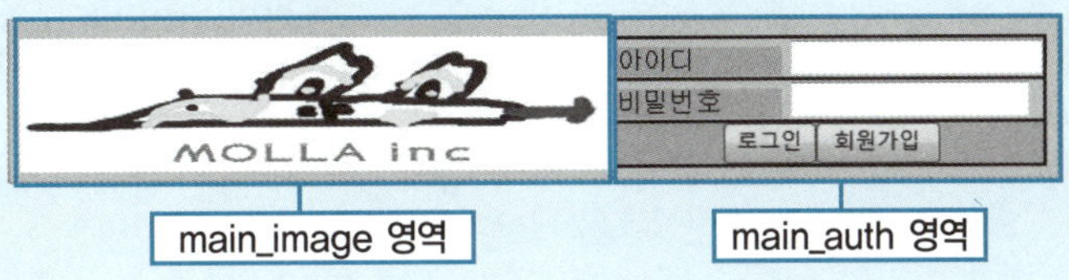

03 [New]–[JSP File] 메뉴를 사용해 [studyjsp]–[WebContent]–[ch11] 폴더에 loginForm.jsp 페이지를 작성한다. 기본적인 코딩이 작성되면 다음과 같이 수정한 후 저장한다.

```
01  <%@ page language="java" contentType="text/html; charset=UTF-8"
02      pageEncoding="UTF-8"%>
03  <meta name="viewport" content="width=device-width,initial-scale=1.0"/>
04  <link rel="stylesheet" href="../css/style.css"/>
05  <script src="../js/jquery-1.11.0.min.js"></script>
06  <script src="login.js"></script>
07
08  <%
09  String id ="";
10   try{
11          //id 세션 속성의 값을 얻어내서 id 변수에 저장
12          //인증된 사용자의 경우id 세션 속성의 값 null 또는 공백이 아님
13          id = (String)session.getAttribute("id");
14  %>
15
16  <%if(id == null || id.equals("")){ //인증되지 않은 사용자 영역%>
17   <div id="status">
18     <ul>
19       <li><label for="id">아이디</label>
20          <input id="id" name="id" type="email" size="20"
21            maxlength="50" placeholder="example@kings.com">
22       <li><label for="passwd">비밀번호</label>
23          <input id="passwd" name="passwd" type="password"
```

```
24              size="20" placeholder="6~16자 숫자/문자" maxlength="16">
25          <li class="label2">
26              <button id="login">로그인</button>
27              <button id="register">회원 가입</button>
28          </ul>
29        </div>
30    <%}else{//인증된 사용자 영역%>
31       <div id="status">
32          <ul>
33            <li><b><%=id %></b>님이 로그인 하셨습니다.
34            <li class="label2"><button id="logout">로그아웃</button>
35               <button id="update">회원 정보 변경</button>
36          </ul>
37       </div>
38    <%}}catch(Exception e){e.printStackTrace( ) ;}%>
```


13라인 id = (String)session.getAttribute("id");는 id 세션 속성의 값을 얻어내서 id 변수에 저장하는 부분으로 인증된 사용자의 경우 id 세션 속성의 값이 null 또는 공백이 아니다. 반면에 인증되지 않은 사용자의 경우 id 세션 속성의 값이 null 또는 공백이다.

16~29라인 인증되지 않은 사용자의 영역으로 아이디와 비밀번호를 입력하는 입력란과 [로그인], [회원 가입] 버튼을 제공한다.

30~37라인 인증된 사용자의 영역으로 로그인한 사용자의 아이디를 표시하고 [로그아웃]과 [회원 정보 변경] 버튼을 제공한다.

04 [New]-[Other]-[JavaScript]-[JavaScript Source File] 메뉴를 사용해 [studyjsp]-[WebContent]-[ch11] 폴더에 자바스크립트 login.js 파일을 작성한다. 기본적인 코딩이 작성되면 다음과 같이 수정한 후 저장한다.

```
01    $(document).ready(function( ) {
02          //[회원 가입] 버튼을 클릭하면 자동실행
03          $("#register").click(function( ) {//[회원 가입] 버튼 클릭
04             //회원 가입폼 registerForm.jsp 페이지를
05             //id 속성값이 main_auth인 영역에 로드
06             $("#main_auth").load("registerForm.jsp");
07          });
08    });
```

login.js 파일은 회원 가입과 회원 인증을 처리한다. 다만, 여기서는 회원 가입 부분과 연결하는 [회원 가입] 버튼을 눌렀을 경우에 대해서만 처리한다.

1~8라인 하나의 코드로 $(document).ready( );는 이 자바스크립트 파일을 가져다 쓰는 페이지가 모두 로드되어 화면에 표시되면 (function( ){$("#main_auth").load("registerForm.jsp");} 처리 함수의 내용으로 기술한 $("#main_auth").load("registerForm.jsp");를 실행한다. 이때 처리 함수는 이름이 없이 기술할 경우 function( ){ }과 같은 형태로 작성한다.

– **3~7라인** [회원 가입] 버튼을 클릭하면 자동 실행되어 회원 가입 폼을 main_auth 영역에 표시한다. 이 login.js 파일은 loginForm.jsp 페이지에서 사용되지만, main.jsp에 loginForm.jsp 를 로드했기 때문에 login.js 파일에서 main.jsp의 각 엘리먼트에 접근할 수 있다. 즉, loginForm.jsp 페이지의 [회원 가입] 버튼을 클릭하면 main.jsp 페이지의 main_auth 영역에 회원 가입 폼 registerForm.JSP 페이지가 표시된다.

– **6라인** $("#main_auth").load("registerForm.jsp");는 main.jsp 페이지의 main_auth 영역에 회원 가입 폼 registerForm.jsp 페이지를 표시한다. 주로 화면을 보여줘야 하는 폼 형태를 갖는 jsp 페이지를 불러올 때 load( ) 메소드를 사용한다. 즉, loginForm.jsp처럼 폼 형태를 갖는 ~Form.jsp 페이지들은 load( ) 메소드를 통해 페이지를 불러 사용해야 한다. 참고로 회원 관리 시스템에서 loginPro.jsp처럼 ~Pro.jsp 페이지들과 같이 표시할 화면이 없이 어떤 처리만 수행하는 페이지들은 $.ajax( )를 사용해서 서버에 페이지를 요청한다.

05 [Servers] 뷰의 톰캣 서버가 시작된 것을 확인한 후, main.jsp 페이지를 선택하고 마우스 오른쪽 버튼을 눌러 [Run As]–[Run on Server] 메뉴를 클릭하면 실행 결과가 표시된다.

웹 브라우저의 종류나 버전에 따라 CSS3의 적용 여부가 달라서 화면의 모양이 조금 다를 수 있다.

아직 사용자 인증을 하지 않아서 인증되지 않은 사용자 화면이 표시된다.

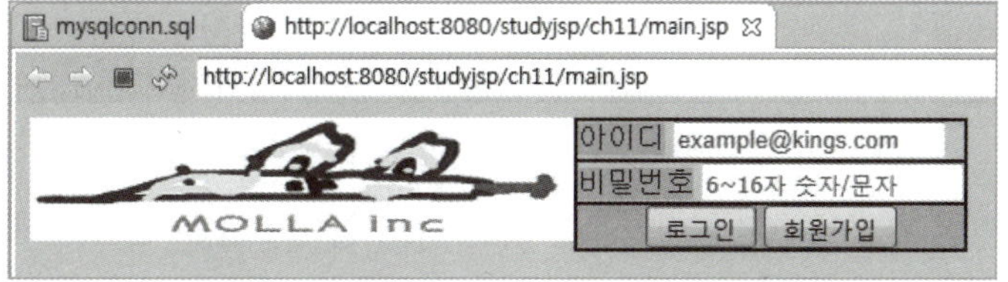

▲ main.jsp 페이지 실행 결과 – loginForm.jsp 페이지에서 사용자 인증이 안 된 경우

2 회원 가입 페이지 작성하기

회원 관리 시스템의 가입 구조는 메인 페이지에서 [회원 가입] 버튼을 클릭하면 동작되는 부분으로 회원 가입 폼, 회원 가입 처리, 아이디 중복 확인 부분으로 이루어져 있다.

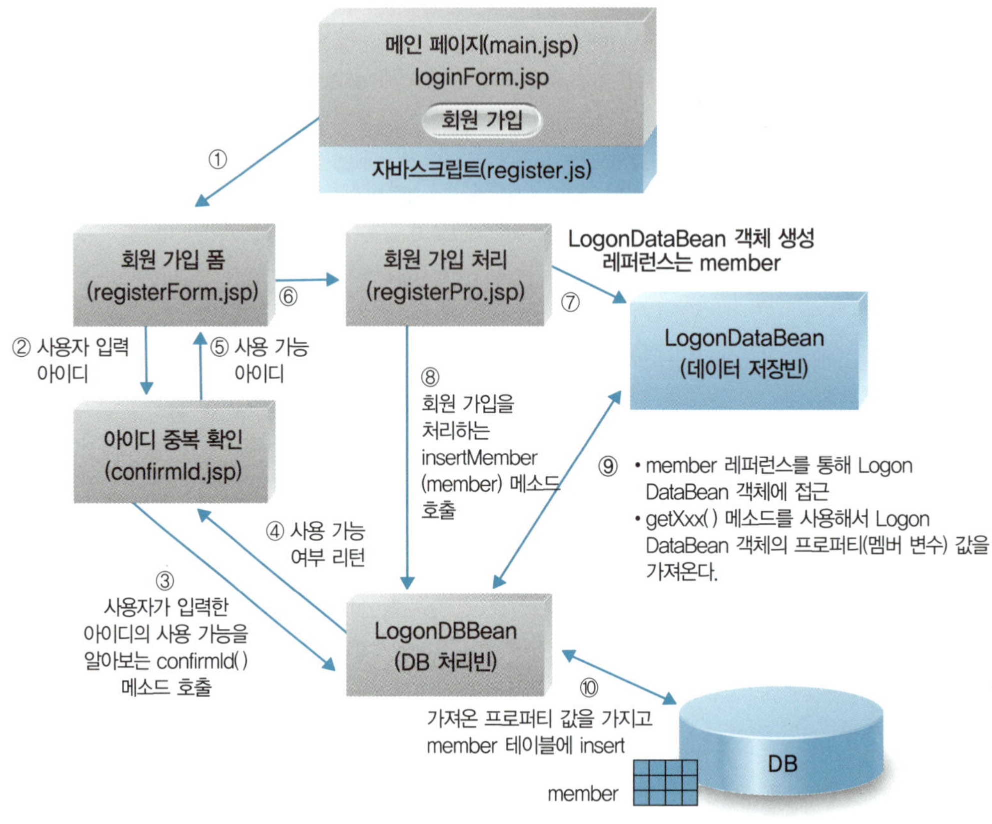

▲ 회원 관리 시스템 중 회원 가입의 구조

메인 페이지의 main_auth 영역에 표시된 loginForm.jsp 페이지의 [회원 가입] 버튼을 클릭하면 회원 가입 폼인 registerForm.jsp 페이지가 main.jsp의 main_auth 영역에 표시된다. 회원 가입 폼에 가입 정보를 입력한 후 [가입하기] 버튼을 클릭하면 registerPro.jsp가 회원 가입을 처리한다. 또한 회원 가입 폼의 [ID중복확인] 버튼을 클릭하면 confirmId.jsp에서 아이디 중복 확인을 처리한다.

회원 가입 처리에 필요한 페이지는 다음과 같다.

페이지명	작업 내용
registerForm.jsp	회원 가입 폼으로 가입 정보를 입력하는 페이지
registerPro.jsp	입력된 회원 정보를 넘겨받아 회원 가입을 처리하는 페이지
confirmId.jsp	회원 가입 시 중복 아이디를 체크하는 페이지
register.js	회원 가입에서 사용하는 자바스크립트 파일로 [ID중복확인]과 [가입하기] 버튼을 클릭 시 사용자의 요청을 서버로 전달

▲ 회원 가입에서 사용되는 페이지

회원 관리 시스템의 회원 가입 부분에 필요한 페이지들을 작성한다.

실행 결과 main.jsp 페이지에 registerForm.jsp 페이지 실행

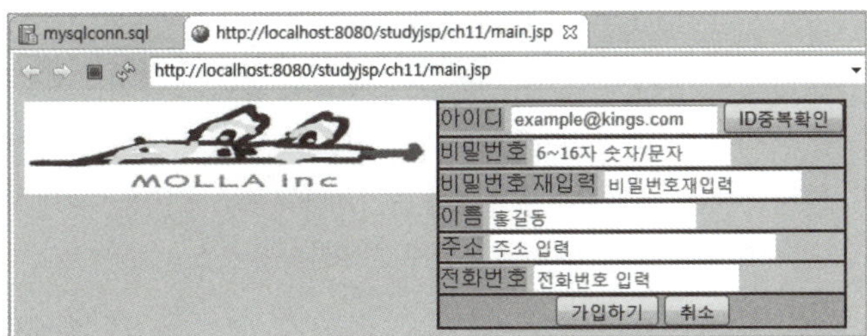

01 [New]–[JSP File] 메뉴를 사용해 [studyjsp]–[WebContent]–[ch11] 폴더에 registerForm.jsp 페이지를 작성한다. 기본적인 코딩이 작성되면 다음과 같이 수정한 후 저장한다.

registerForm.jsp 페이지는 회원 가입 폼을 제공한다.

```
01  <%@ page language="java" contentType="text/html; charset=UTF-8"
02     pageEncoding="UTF-8"%>
03
04  <meta name="viewport" content="width=device-width,initial-scale=1.0"/>
05  <link rel="stylesheet" href="../css/style.css"/>
06  <script src="../js/jquery-1.11.0.min.js"></script>
07  <script src="register.js"></script>
08
09  <div id="regForm" class="box">
10    <ul>
11      <li><label for="id">아이디</label>
12        <input id="id" name="id" type="email" size="20"
13          maxlength="50" placeholder="example@kings.com" autofocus>
14        <button id="checkId">ID중복확인</button>
15      <li><label for="passwd">비밀번호</label>
16        <input id="passwd" name="passwd" type="password"
17          size="20" placeholder="6~16자 숫자/문자" maxlength="16">
18      <li><label for="repass">비밀번호 재입력</label>
19        <input id="repass" name="repass" type="password"
20          size="20" placeholder="비밀번호재입력" maxlength="16">
```

```
21        <li><label for="name">이름</label>
22          <input id="name" name="name" type="text"
23          size="20" placeholder="홍길동" maxlength="10">
24        <li><label for="address">주소</label>
25          <input id="address" name="address" type="text"
26          size="30" placeholder="주소 입력" maxlength="50">
27        <li><label for="tel">전화번호</label>
28          <input id="tel" name="tel" type="tel"
29          size="20" placeholder="전화번호 입력" maxlength="20">
30        <li class="label2"><button id="process">가입하기</button>
31          <button id="cancle">취소</button>
32      </ul>
33    </div>
```

02 [New]-[Other]-[JavaScript]-[JavaScript Source File] 메뉴를 사용해 [studyjsp]-[WebContent]-[ch11] 폴더에 자바스크립트 register.js 파일을 작성한다. 기본적인 코딩이 작성되면 다음과 같이 수정한 후 저장한다.

```
01    var status = true;
02
03    $(document).ready(function( ) {
04          //[ID중복확인] 버튼을 클릭하면 자동 실행
05          //입력한 아이디 값을 갖고 confirmId.jsp 페이지 실행
06          $("#checkId").click(function( ) {
07            if($("#id").val( ) ){
08              //아이디를 입력하고 [ID중복확인] 버튼을 클릭한 경우
09              var query = {id:$("#id").val( ) };
10
11              $.ajax({
12                type:"post",//요청 방식
13                url:"confirmId.jsp",//요청 페이지
14                data:query,//파라미터
15                success:function(data){//요청 페이지 처리에 성공 시
16                  if(data == 1){//사용할 수 없는 아이디
17                    alert("사용할 수 없는 아이디");
18                    $("#id").val("");
19                  }else if(data == -1)//사용할 수 있는 아이디
```

```javascript
20            alert("사용할 수 있는 아이디");
21          }
22        });
23      }else{//아이디를 입력하지 않고 [ID중복확인] 버튼을 클릭한 경우
24        alert("사용할 아이디를 입력");
25        $("#id").focus( ) ;
26      }
27    });
28

29    //[가입하기] 버튼을 클릭하면 자동 실행
30    //사용자가 가입 폼인 registerForm.jsp 페이지에 입력한 내용을 갖고
31    //registerPro.jsp 페이지 실행
32    $("#process").click(function( ) {
33      checkIt( ) ; //입력 폼에 입력한 상황 체크
34

35      if(status){
36        var query = {id:$("#id").val( ) ,
37          passwd:$("#passwd").val( ) ,
38          name:$("#name").val( ) ,
39          address:$("#address").val( ) ,
40          tel:$("#tel").val( ) };
41

42        $.ajax({
43          type:"post",
44          url:"registerPro.jsp",
45          data:query,
46          success:function(data){
47              window.location.href("main.jsp");
48          }
49        });
50      }
51    });
52

53    //[취소] 버튼을 클릭하면 자동 실행
54    $("#cancle").click(function( ) {
55      window.location.href("main.jsp");
56    });
```

```
57
58      });
59
60   //사용자가 입력 폼에 입력한 상황을 체크
61   function checkIt( )  {
62          status = true;
63
64    if(!$("#id").val( ) ) {//아이디를 입력하지 않으면 수행
65       alert("아이디를 입력하세요");
66       $("#id").focus( ) ;
67       status = false;
68       return false;//사용자가 서비스를 요청한 시점으로 돌아감
69    }
70
71    if(!$("#passwd").val( ) ) {//비밀번호를 입력하지 않으면 수행
72       alert("비밀번호를 입력하세요");
73       $("#passwd").focus( ) ;
74       status = false;
75       return false;
76    }
77    //비밀번호와 재입력 비밀번호가 같지 않으면 수행
78    if($("#passwd").val( )  != $("#repass").val( ) ){
79       alert("비밀번호를 동일하게 입력하세요");
80       $("#repass").focus( ) ;
81       status = false;
82       return false;
83    }
84
85    if(!$("#name").val( ) ) {//이름을 입력하지 않으면 수행
86       alert("사용자 이름을 입력하세요");
87       $("#name").focus( ) ;
88       status = false;
89       return false;
90    }
91
92    if(!$("#address").val( ) ) {//주소를 입력하지 않으면 수행
93       alert("주소를 입력하세요");
```

```
94        $("#address").focus( ) ;
95        status = false;
96        return false;
97    }
98
99    if(!$("#tel").val( ) ) {//전화번호를 입력하지 않으면 수행
100       alert("전화번호를 입력하세요");
101       $("#tel").focus( ) ;
102       status = false;
103       return false;
104    }
105  }
```


register.js는 회원 가입과 관련된 처리를 담당하는 곳으로, 여기서는 [ID중복확인], [가입하기], [취소] 버튼을 클릭하면 해당 작업을 처리하는 페이지를 서버에 요청한다.

6~27라인 registerForm.jsp 페이지의 [ID중복확인] 버튼을 클릭하면 자동 실행되어 confirmId.jsp 페이지를 실행한다. confirmId.jsp 페이지는 DB 처리빈과 연동해서 입력한 아이디의 사용 가능 여부를 체크한다.

- **7~22라인** 회원 가입 폼에 아이디를 입력하고 [ID중복확인] 버튼을 클릭한 경우 실행된다.

- **9라인** var query = {id:$("#id").val( )};은 회원 가입 폼에 입력한 아이디를 얻어내서 query 변수에 저장한다.

- **11~22라인** 입력한 아이디 값을 가지고 confirmId.jsp 페이지를 POST 방식으로 서버에 요청한다. 요청한 confirmId.jsp 페이지의 실행이 정상적으로 수행되면 실행 결과를 data 변수로 반환한다. confirmId.jsp 페이지처럼 표시할 화면이 없이 특정 처리만 수행하는 페이지의 경우, $.ajax( )를 사용해서 서버에 페이지를 요청하고 처리해서 응답 결과를 되돌려 받는 형태로 처리한다.

- **16~20라인** confirmId.jsp 페이지의 실행 결과 값을 갖고 있는 data 변수의 값이 1이면 사용할 수 없는 아이디로 17~18라인을 수행하고, −1이면 사용할 수 있는 아이디로 20라인을 수행한다.

> **주의** 메시지 상자는 웹 브라우저의 종류와 버전에 따라 원활히 표시되지 않을 수 있다.

- **23~25라인** 회원 가입 폼에 아이디를 입력하지 않고 [ID중복 확인] 버튼을 클릭한 경우 실행된다.

32~51라인 registerForm.jsp 페이지의 [가입하기] 버튼을 클릭하면 자동 실행되어 registerPro.jsp 페이지를 실행한다. registerPro.jsp 페이지는 DB 처리빈과 연동해서 회원 가입을 처리한다.

- **33라인** checkIt( );은 입력 폼에 입력된 데이터가 제대로 입력되었는지 체크하는 함수를 호출한다. 61~104라인을 수행한다.

03 [New]-[JSP File] 메뉴를 사용해 [studyjsp]-[WebContent]-[ch11] 폴더에 confirmId.jsp 페이지를 작성한다. 기본적인 코딩이 작성되면 다음과 같이 수정한 후 저장한다.

```
01   <%@ page language="java" contentType="text/html; charset=UTF-8"
02      pageEncoding="UTF-8"%>
03   <%@ page import = "ch11.logon.LogonDBBean" %>
04
05   <% request.setCharacterEncoding("utf-8");%>
06
07   <%
08    //id는 사용자가 회원 가입을 하기 위해서 입력한 아이디
09    String id = request.getParameter("id");
10
11    //DB 처리빈인 LogonDBBean 클래스의 객체를 얻어낸다.
12    LogonDBBean manager = LogonDBBean.getInstance( ) ;
13
14    //사용자가 입력한 id 값을 가지고 LogonDBBean 클래스의 confirmId( ) 메소드 호출
15    //중복 아이디 체크  confirmId( ) 메소드의 실행 결과로 check에는 1 또는 -1 값이 리턴됨
16    int check= manager.confirmId(id);
17
18    out.println(check);//처리 결과를 register.js로 리턴
19   %>
```

confirmId.jsp 페이지는 회원 아이디 중복 여부를 체크하기 위해서 LogonDBBean 클래스의 confirmId( ) 메소드를 사용해 member 테이블과 연동한다.

04 [New]-[JSP File] 메뉴를 사용해 [studyjsp]-[WebContent]-[ch11] 폴더에 registerPro.jsp 페이지를 작성한다. 기본적인 코딩이 작성되면 다음과 같이 수정한 후 저장한다.

```
01  <%@ page language="java" contentType="text/html; charset=UTF-8"
02      pageEncoding="UTF-8"%>
03  <%@ page import = "ch11.logon.LogonDBBean" %>
04  <%@ page import = "java.sql.Timestamp" %>
05
06  <meta name="viewport" content="width=device-width,initial-scale=1.0"/>
07  <link rel="stylesheet" href="../css/style.css"/>
08  <script src="../js/jquery-1.11.0.min.js"></script>
09
10  <% request.setCharacterEncoding("utf-8");%>
11  <jsp:useBean id="member" class="ch11.logon.LogonDataBean">
12      <jsp:setProperty name="member" property="*" />
13  </jsp:useBean>
14
15  <%
16      //폼으로 부터 넘어오지 않는 데이터인 가입 날짜를 직접 데이터 저장빈에 세팅
17      member.setReg_date(new Timestamp(System.currentTimeMillis( ) ));
18
19      LogonDBBean manager = LogonDBBean.getInstance( ) ;
20      //사용자가 입력한 데이터 저장빈 객체를 가지고 회원 가입 처리 메소드 호출
21      manager.insertMember(member);
22  %>
```

registerPro.jsp 페이지는 회원 가입을 처리하기 위해서 LogonDBBean 클래스의 insertMember( ) 메소드를 사용해 member 테이블과 연동한다. 이때 가입 정보는 LogonDataBean 객체로 생성해서 insertMember( ) 메소드에 전달한다.

11~13라인 회원 가입 폼인 registerForm.jsp 페이지에 입력한 값을 가지고 데이터 저장빈인 LogonDataBean 클래스의 객체 member를 생성한다.

17라인 member.setReg_date(new Timestamp(System.currentTimeMillis( )));은 회원 가입 폼 으로부터 넘어오지 않는 데이터인 가입 날짜를 직접 데이터 저장빈에 세팅한다.

19, 21라인 DB 처리빈 LogonDBBean 객체 레퍼런스를 얻어내서 manager에 저장한 후 LogonDBBean 클래스의 insertMember(member) 메소드를 실행한다. 이 메소드는 입력받은 데 이터(member)를 member 테이블에 저장하는 회원 가입을 처리한다.

05 main.jsp 페이지를 선택하고 마우스 오른쪽 버튼을 눌러 [Run As]–[Run on Server] 메뉴를 클릭하면 실행 결과가 표시된다.

실행된 main.jsp 페이지에서 [회원 가입] 버튼을 클릭하면 회원 가입 폼인 registerForm.jsp 페이지가 main.jsp 페이지의 main_auth 영역에 표시된다.

◀ main.jsp 페이지를 실행해 [회원 가입] 버튼을 클릭

registerForm.jsp 페이지에서 아이디를 입력한 후 [ID중복확인] 버튼을 클릭해 사용 할 수 있는 아이디인지 체크한다.

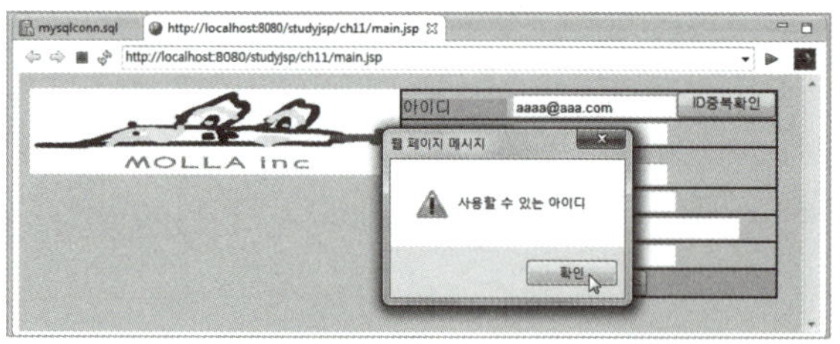

◀ registerForm.jsp 페이지에서 아이디 체크

아이디가 사용할 수 있는 것이면 나머지 데이터를 입력한 후 [가입하기] 버튼을 클릭한다.

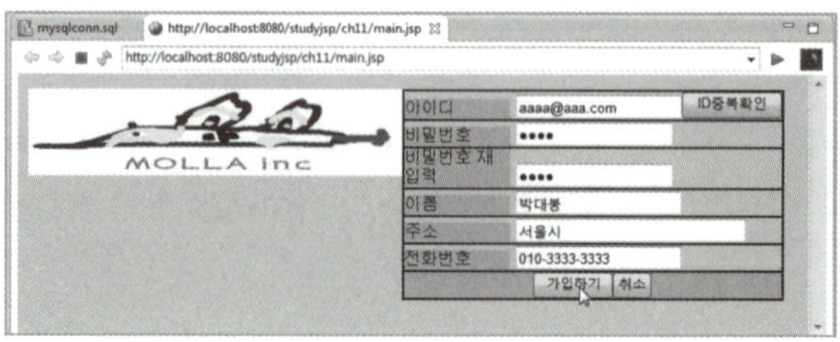

◀ registerForm.jsp 페이지에서 가입 정보 입력

가입이 성공적으로 이루어지면 로그인할 수 있도록 main.jsp 페이지가 표시된다.

3 회원 인증 페이지 작성하기

회원 관리 시스템의 회원 인증 구조는 메인 페이지에서 아이디와 비밀번호를 입력한 후 [로그인] 버튼을 클릭하면 동작되는 부분으로 로그인 폼, 로그인 처리, 로그아웃으로 이루어져 있다. 인증된 회원의 로그아웃 처리와 회원 정보 수정/탈퇴의 메인 화면으로 연결도 제공한다.

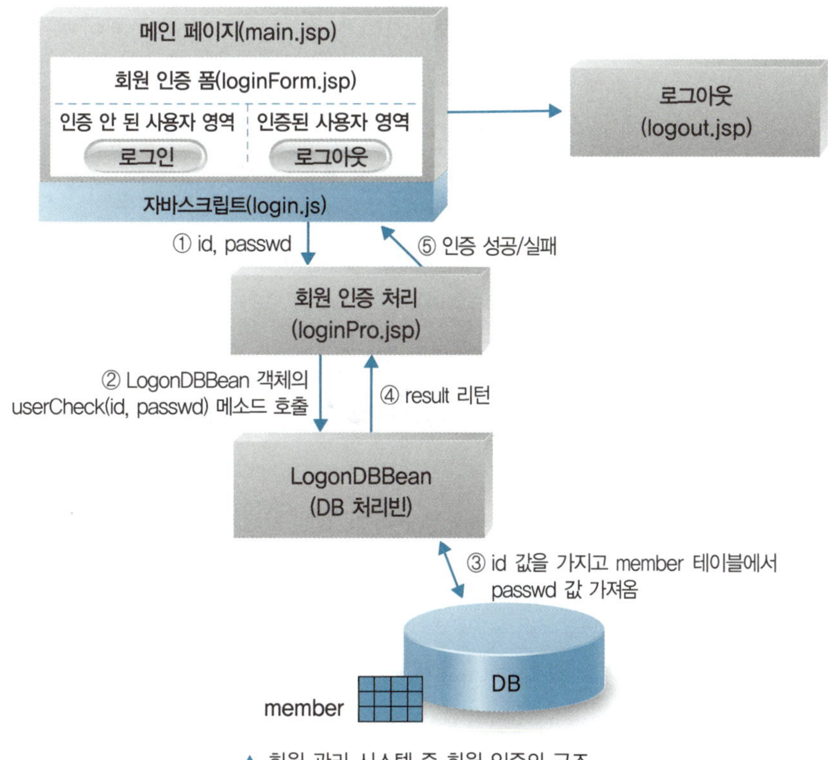

▲ 회원 관리 시스템 중 회원 인증의 구조

메인 페이지의 main_auth 영역에 표시된 회원 인증 폼인 loginForm.jsp 페이지에 아이디와 비밀번호를 입력한 후 [로그인] 버튼을 클릭하면 loginPro.jsp 페이지가 회원 인증을 처리한다. 회원 인증에 성공하면 [로그아웃]과 [회원정보변경] 버튼이 표시되며, [로그아웃] 버튼을 클릭하면 로그아웃을 처리한다.

회원 인증에서 필요한 페이지는 다음과 같다.

페이지명	작업 내용
loginForm.jsp	회원 인증 폼으로 아이디와 비밀번호를 입력하는 페이지 • 인증되지 않은 사용자 영역 : [로그인]과 [회원 가입] 버튼 제공 • 인증된 사용자 영역 : [로그아웃]과 [회원정보변경] 버튼 제공
loginPro.jsp	입력된 아이디와 비밀번호를 넘겨받아 회원 인증을 처리하는 페이지
logout.jsp	인증된 사용자의 로그아웃을 처리하는 페이지
login.js	회원 인증에서 사용하는 자바스크립트 파일로 [로그인], [회원 가입], [로그아웃], [회원정보변경] 버튼을 클릭 시 사용자의 요청을 서버로 전달

▲ 회원 인증에서 사용되는 페이지

따라하기   회원 인증 페이지 작성

회원 관리 시스템의 회원 인증 부분에 필요한 페이지들을 작성한다.

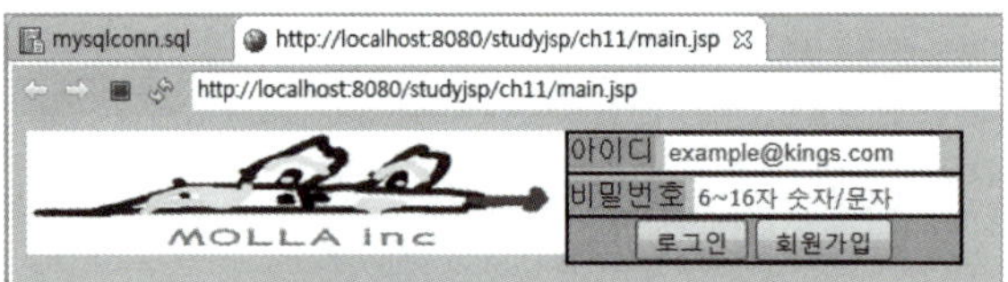

▲ 인증되지 않은 loginrForm.jsp 페이지

▲ 인증된 loginrForm.jsp 페이지

01 loginForm.jsp 페이지는 메인 화면에서 작성했으며, 내용은 다음과 같다.

```
01    <%@ page language="java" contentType="text/html; charset=UTF-8"
02        pageEncoding="UTF-8"%>
03    <meta name="viewport" content="width=device-width,initial-scale=1.0"/>
04    <link rel="stylesheet" href="../css/style.css"/>
05    <script src="../js/jquery-1.11.0.min.js"></script>
06    <script src="login.js"></script>
07
08    <%
```

```
09    String id ="";
10     try{
11             //id 세션 속성의 값을 얻어내서 id 변수에 저장
12             //인증된 사용자의 경우  id 세션 속성의 값 null 또는 공백이 아님
13             id = (String)session.getAttribute("id");
14     %>
15
16  <%if(id == null || id.equals("")){ //인증되지 않은 사용자 영역%>
17    <div id="status">
18      <ul>
19        <li><label for="id">아이디</label>
20          <input id="id" name="id" type="email" size="20"
21            maxlength="50" placeholder="example@kings.com">
22        <li><label for="passwd">비밀번호</label>
23          <input id="passwd" name="passwd" type="password"
24            size="20" placeholder="6~16자 숫자/문자" maxlength="16">
25        <li class="label2">
26          <button id="login">로그인</button>
27          <button id="register">회원 가입</button>
28      </ul>
29    </div>
30  <%}else{//인증된 사용자 영역%>
31    <div id="status">
32      <ul>
33        <li><b><%=id %></b>님이 로그인 하셨습니다.
34        <li class="label2"><button id="logout">로그아웃</button>
35          <button id="update">회원 정보 변경</button>
36      </ul>
37    </div>
38  <%}}catch(Exception e){e.printStackTrace( ) ;}%>
```

loginForm.jsp 페이지는 회원 인증 폼을 제공한다.

16~29라인   인증되지 않은 사용자 영역으로 아이디, 비밀번호의 입력란 및 [로그인], [회원 가입] 버튼을 표시한다.

30~37라인   인증된 사용자의 영역으로 로그인했다는 메시지와 [로그아웃], [회원 정보 변경] 버튼을 표시한다.

 메인 화면 부분에서 작성한 login.js 파일을 열어 다음과 같이 수정한 후 저장한다.

```javascript
01   var status = true;
02
03   $(document).ready(function( ) {
04           //[회원 가입] 버튼을 클릭하면 자동 실행
05           $("#register").click(function( ) {//[회원 가입] 버튼 클릭
06              //회원 가입 폼 registerForm.jsp 페이지를
07              //id 속성값이 main_auth인 영역에 로드
08              $("#main_auth").load("registerForm.jsp");
09           });
10
11           //[로그인] 버튼을 클릭하면 자동 실행
12           //입력한 아이디와 비밀번호를 갖고 loginPro.jsp 페이지 실행
13           $("#login").click(function( ) {
14              checkIt( ) ;//입력 폼에 입력한 상황 체크
15              if(status){
16                 //입력된 사용자의 아이디와 비밀번호를 얻어냄
17                 var query = {id : $("#id").val( ) ,
18                         passwd:$("#passwd").val( ) };
19
20                 $.ajax({
21                   type: "POST",
22                   url: "loginPro.jsp",
23                   data: query,
24                   success: function(data){
25                      if(data == 1)//로그인 성공
26                          $("#main_auth").load("loginForm.jsp");
27                      else if(data == 0){//비밀번호 틀림
28                         alert("비밀번호가 맞지 않습니다.");
29                          $("#passwd").val("");
30                          $("#passwd").focus( ) ;
31                      }else if(data == -1){//아이디 틀림
32                          alert("아이디가 맞지 않습니다.");
33                          $("#id").val("");
34                          $("#passwd").val("");
35                          $("#id").focus( ) ;
```

```javascript
36                }
37              }
38            });
39          }
40        });
41
42        /*-- 인증된 사용자 영역을 처리하는 버튼들 ---*/
43        //[회원 정보 변경] 버튼을 클릭하면 자동 실행
44        $("#update").click(function( ) {//[회원정보수정] 버튼 클릭
45          //회원 정보 수정 및 회원 탈퇴를 위한 modify.jsp 페이지 요청
46          $("#main_auth").load("modify.jsp");
47        });
48
49        //[로그아웃] 버튼을 클릭하면 자동 실행
50        //logout.jsp 페이지를 생행
51        $("#logout").click(function( ) {//[회원정보수정] 버튼 클릭
52          $.ajax({
53            type: "POST",
54            url: "logout.jsp",
55            success: function(data){
56              $("#main_auth").load("loginForm.jsp");
57            }
58          });
59        });
60
61      });
62
63  //인증되지 않은 사용자 영역에서 사용하는 입력 폼의 입력값 유무 확인
64  function checkIt( ) {
65        status = true;
66        if(!$.trim($("#id").val( ) )){
67          alert("아이디를 입력하세요.");
68          $("#id").focus( ) ;
69          status = false;
70          return false;
71        }
72
```

```
73        if(!$.trim($("#passwd").val( ) )){
74            alert("비밀번호를 입력하세요.");
75            $("#passwd").focus( ) ;
76            status = false;
77            return false;
78        }
79    }
```


login.js는 loginForm.jsp 페이지의 [회원 가입], [로그인], [로그아웃], [회원정보변경] 버튼을 클릭했을 때의 작업을 처리하기 위해서 해당 페이지를 서버에 요청한다.

13~39라인 [로그인] 버튼을 클릭하면 자동 실행하며, 입력한 아이디와 비밀번호를 갖고 loginPro.jsp 페이지를 실행하여 회원 인증을 처리한다. 회원 인증 처리 페이지의 처리 결과는 data 변수에 저장되며, 로그인에 성공하면 main.jsp 페이지의 main_auth 영역에 loginForm.jsp 페이지를 로드해 인증된 사용자 영역을 표시한다.

44~47라인 [회원 정보 변경] 버튼을 클릭하면 자동 실행하며, 회원 정보 수정/탈퇴 메인 화면인 modify.jsp 페이지를 main.jsp 페이지의 main_auth 영역에 표시한다.

51~59라인 [로그아웃] 버튼을 클릭하면 자동 실행해서 logout.jsp 페이지를 수행한다. 이 페이지는 세션을 무효화해 로그아웃을 처리한다. 로그아웃을 처리한 후에는 main.jsp 페이지의 main_auth 영역에 loginForm.jsp 페이지를 로드해 인증되지 않은 사용자 영역을 표시한다.

64~79라인 checkIt( ) 함수는 인증되지 않은 사용자 영역에서 사용하는 로그인 폼의 입력값의 유무를 확인한다.

03 [New]-[JSP File] 메뉴를 사용해 [studyjsp]-[WebContent]-[ch11] 폴더에 loginPro.jsp 페이지를 작성한다. 기본적인 코딩이 작성되면 다음과 같이 수정한 후 저장한다.

```
01    <%@ page language="java" contentType="text/html; charset=UTF-8"
02        pageEncoding="UTF-8"%>
03    <%@ page import = "ch11.logon.LogonDBBean" %>
04
05    <% request.setCharacterEncoding("utf-8");%>
06
07    <%
08    //사용자가 입력한 아이디와 비밀번호
09      String id = request.getParameter("id");
10      String passwd  = request.getParameter("passwd");
```

```
11
12        LogonDBBean manager = LogonDBBean.getInstance( ) ;
13        int check= manager.userCheck(id,passwd);//사용자 인증 처리 메소드
14
15        if(check==1)//사용자 인증에 성공 시 세션 속성을 설정
16            session.setAttribute("id",id);
17
18        out.println(check);//처리 결과를 반환
19    %>
```


loginPro.jsp 페이지는 회원 인증을 처리하기 위해서 LogonDBBean 클래스의 userCheck( ) 메소드를 사용해 member 테이블과 연동한다. 사용자 인증 처리에 성공한 경우 사용자 정보를 유지하기 위해 세션 속성을 설정한다.

9~10라인 회원 인증 폼에 입력한 아이디와 비밀번호를 넘겨받아 변수에 저장한다.

12~13라인 DB 처리빈 LogonDBBean의 객체 manager를 얻어낸 후 userCheck(id,passwd) 메소드를 호출해 사용자 인증을 체크한 후 처리 결과를 check 변수에 저장한다. 인증에 성공하면 1, 실패하면 0 또는 −1 값을 반환한다.

15~16라인 사용자 인증에 성공하면 session.setAttribute("id",id);과 같이 id 세션 속성을 생성해서 값으로 인증에 성공한 사용자의 아이디를 할당한다.

18라인 사용자 인증을 체크한 후 반환받은 check 값을 이 페이지를 호출한 login.js로 반환해서 각 값에 따른 처리를 수행한다.

04 [New]−[JSP File] 메뉴를 사용해 [studyjsp]−[WebContent]−[ch11] 폴더에 logout.jsp 페이지를 작성한다. 기본적인 코딩이 작성되면 다음과 같이 수정한 후 저장한다.

```
01    <%
02        session.invalidate( ) ;//세션 무효화
03    %>
```


logout.jsp 페이지는 세션 속성을 무효화해서 사용자 정보 유지를 해제한다.

2라인 session.invalidate( );은 설정된 모든 세션 속성을 무효화하는 것으로, 이것을 통해 로그아웃을 처리한다.

05 main.jsp 페이지를 선택하고 마우스 오른쪽 버튼을 눌러 [Run As]−[Run on Server] 메뉴를 클릭하면 실행 결과가 표시된다.

main.jsp 페이지가 실행되면 아이디와 비밀번호를 입력한 후 [로그인] 버튼을 클릭한다.
회원 인증에 성공하면 [로그아웃]과 [회원 정보 변경] 버튼이 있는 인증된 사용자 영
역 화면이 표시된다.

▲ main.jsp 페이지 – loginForm.jsp에서 로그인 성공 시 화면

4 회원 정보 수정 및 탈퇴 페이지 작성하기

회원 관리 시스템의 회원 정보 수정 구조는 회원 정보 수정/탈퇴 메인 화면에서 비밀번
호를 입력한 후 [정보수정] 버튼을 클릭하면 표시된다. 회원 정보 수정 폼, 회원 정보 수정
처리로 이루어져 있다.

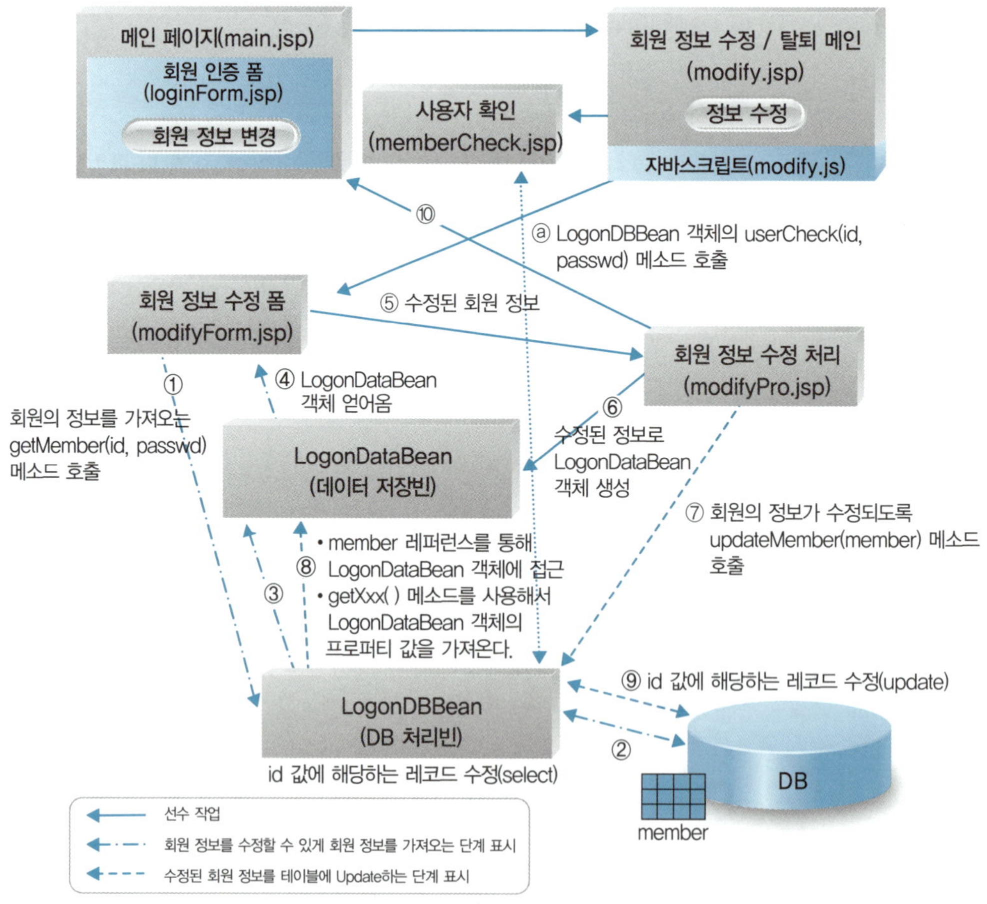

▲ 회원 관리 시스템 중 회원 정보 수정의 구조

메인 페이지의 main_auth 영역에 표시된 회원 인증 폼인 loginForm.jsp 페이지의 인증된 사용자 영역에서 [회원 정보 변경] 버튼을 클릭하면 회원 정보 수정/탈퇴 메인 화면인 modify.jsp 페이지가 표시된다. modify.jsp 페이지는 비밀번호를 입력하는 입력란과 [정보 수정], [탈퇴] 버튼을 제공한다. 이 페이지에서 비밀번호를 입력한 후 [정보수정] 버튼을 클릭하면 modifyForm.jsp 페이지에 기존의 회원 가입 정보와 [수정], [취소] 버튼이 표시된다. 정보를 수정한 후 [수정] 버튼을 클릭하면 modifyPro.jsp 페이지가 회원 정보 수정을 처리한다.

회원 관리 시스템의 회원 탈퇴 구조는 회원 정보 수정/탈퇴 메인 화면에서 비밀번호를 입력 후 [탈퇴] 버튼을 클릭하면 동작되며, 회원 탈퇴 처리로 이루어져 있다.

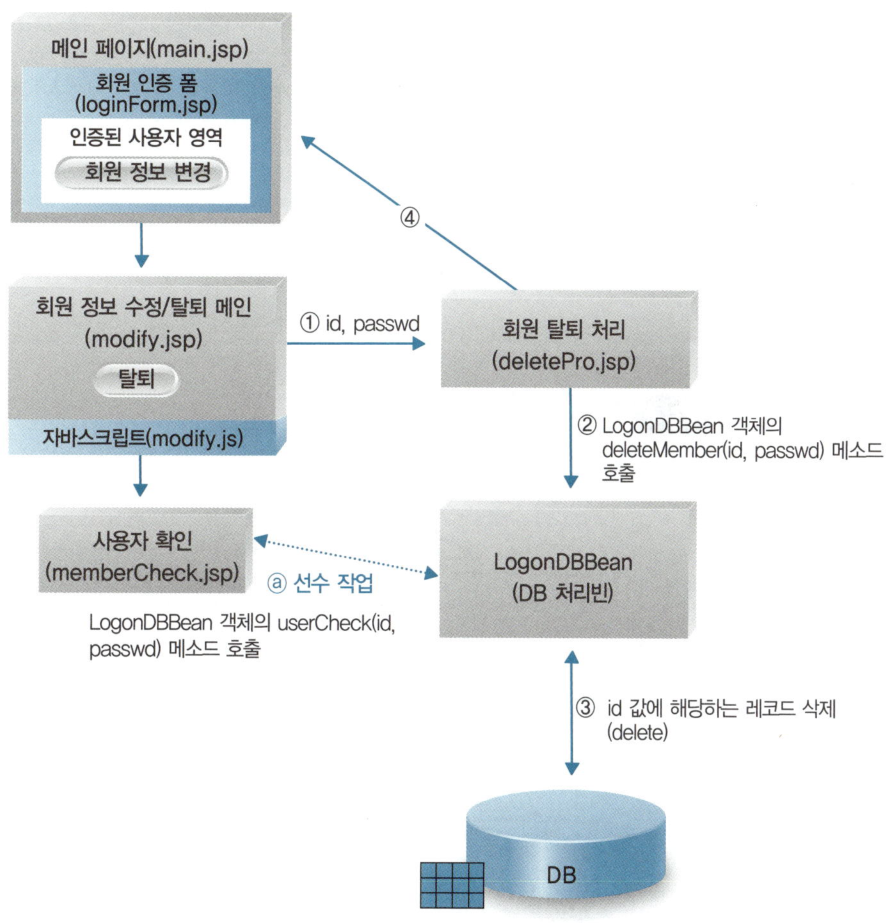

▲ 회원 관리 시스템 중 회원 탈퇴의 구조

회원 정보 수정/탈퇴 메인 화면인 modify.jsp 페이지에서 비밀번호를 입력한 후 [탈퇴] 버튼을 클릭하면 deletePro.jsp 페이지가 회원 탈퇴를 처리한다.

회원 정보 수정 및 탈퇴에서 필요한 페이지는 다음과 같다.

페이지명	작업 내용
modify.jsp	회원 정보 수정/탈퇴 메인 화면으로 비밀번호 입력란과 [정보 수정], [탈퇴] 버튼을 제공하는 페이지
memberCheck.jsp	입력받은 비밀번호를 통해 사용자를 재인증하는 페이지
modifyForm.jsp	회원 정보 수정 폼으로 기존에 가입된 사용자 정보를 수정할 수 있도록 제공하는 페이지
modifyPro.jsp	회원 정보 수정을 처리하는 페이지
deletePro.jsp	회원 탈퇴를 처리하는 페이지
modify.js	회원 정보 수정에서 사용하는 자바스크립트 파일로 [정보 수정], [탈퇴], [수정], [취소] 버튼을 클릭 시 사용자의 요청을 서버로 전달

▲ 회원 정보 수정 및 탈퇴에서 사용되는 페이지

따라하기 **회원 정보 수정 및 탈퇴 페이지 작성**

회원 관리 시스템의 회원 정보 수정 및 탈퇴에 필요한 페이지들을 작성한다.

실행 결과 — main.jsp 페이지

▲ 회원 정보 수정/탈퇴 메인 화면인 modify.jsp 페이지

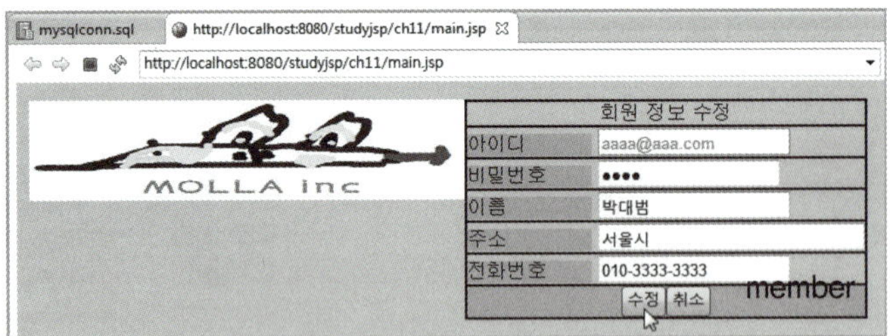

▲ 회원 정보 수정 폼인 modifyForm.jsp 페이지

01 [New]-[JSP File] 메뉴를 사용해 [studyjsp]-[WebContent]-[ch11] 폴더에 modify.jsp 페이지를 작성한다. 기본적인 코딩이 작성되면 다음과 같이 수정한 후 저장한다.

```jsp
01  <%@ page language="java" contentType="text/html; charset=UTF-8"
02     pageEncoding="UTF-8"%>
03
04  <meta name="viewport" content="width=device-width,initial-scale=1.0"/>
05  <link rel="stylesheet" href="../css/style.css"/>
06  <script src="../js/jquery-1.11.0.min.js"></script>
07  <script src="modify.js"></script>
08
09  <div id="status">
10     <ul>
11        <li><label for="passwd">비밀번호</label>
12           <input id="passwd" name="passwd" type="password"
13            size="20" placeholder="6~16자 숫자/문자" maxlength="16">
14        <li class="label2">
15           <button id="modify">정보수정</button>
16           <button id="delete">탈퇴</button>
17     </ul>
18  </div>
```

02 [New]-[Other]-[JavaScript]-[JavaScript Source File] 메뉴를 사용해 [studyjsp]-[WebContent]-[ch11] 폴더에 modify.js 파일을 작성한다. 기본적인 코딩이 작성되면 다음과 같이 수정한 후 저장한다.

```javascript
01  var status = true;
02
03  $(document).ready(function( ) {
04        //modify.jsp 페이지의 [정보수정] 버튼을 클릭하면 자동 실행
05        //입력한 비밀번호를 갖고 memberCheck.jsp 페이지 실행
06        $("#modify").click(function( ) {//[회원정보수정] 버튼 클릭
07           var query = {passwd:$("#passwd").val( ) };
08
09           $.ajax({
10           type: "post",
11           url: "memberCheck.jsp",
12           data: query,
13           success: function(data){
```

```
14        if(data == 1)//비밀번호가 맞음
15            $("#main_auth").load("modifyForm.jsp?passwd="+$("#passwd").val( ) );
16        else {//비밀번호 틀림
17            alert("비밀번호가 맞지 않습니다.");
18            $("#passwd").val("");
19            $("#passwd").focus( ) ;
20          }
21        }
22      });
23    });
24
25    //modifyForm.jsp 페이지의 [수정] 버튼 클릭 시 자동 실행
26    //수정 폼에 입력한 값을 갖고 modifyPro.jsp 실행
27    $("#modifyProcess").click(function( ) {
28      var query = {id:$("#id").val( ) ,
29          passwd:$("#passwd").val( ) ,
30          name:$("#name").val( ) ,
31          address:$("#address").val( ) ,
32          tel:$("#tel").val( ) };
33
34      $.ajax({
35      type: "post",
36      url: "modifyPro.jsp",
37      data: query,
38      success: function(data){
39        if(data == 1) {//정보 수정 성공
40          alert("회원정보가 수정되었습니다.");
41          window.location.href("main.jsp");
42        }
43      }
44      });
45    });
46
47    //modifyForm.jsp 페이지의 [취소] 버튼 클릭 시 자동 실행
48    $("#cancle").click(function( ) {
49      window.location.href("main.jsp");
50    });
```

```
51
52          //modify.jsp 페이지의 [탈퇴] 버튼을 클릭하면 자동 실행
53          //입력한 비밀번호를 갖고 memberCheck.jsp 실행 후
54          //비밀번호가 맞으면 deletePro.jsp 페이지를 실행
55          $("#delete").click(function( ) {//[회원정보수정] 버튼 클릭
56              var query = {passwd:$("#passwd").val( ) };
57
58              //입력한 비밀번호를 갖고 memberCheck.jsp 페이지 실행
59              $.ajax({
60              type: "post",
61              url: "memberCheck.jsp",
62              data: query,
63              success: function(data){
64                  if(data == 1){//비밀번호 맞음
65                      //회원 탈퇴 페이지 deletePro.jsp 실행
66                      $.ajax({
67                          type: "POST",
68                          url: "deletePro.jsp",
69                          data: query,
70                          success: function(data){
71                              if(data == 1){//탈퇴 성공
72                              alert("회원 탈퇴가 되었습니다.");
73                              $("#main_auth").load("loginForm.jsp");
74                              }
75                          }
76                      });
77                  }else {//비밀번호 틀림
78                      alert("비밀번호가 맞지 않습니다.");
79                      $("#passwd").val("");
80                      $("#passwd").focus( ) ;
81                  }
82              }
83          });
84      });
85
86  });
```

modify.js는 modify.jsp 페이지에서 [정보수정], [탈퇴] 버튼을 클릭하거나 modifyForm.jsp 페이지에서 [수정] 및 [취소] 버튼을 누르면 작업 처리를 위해 해당 요청을 서버에 전달한다.

6~23라인 회원 정보 수정/탈퇴 메인 화면인 modify.jsp 페이지에서 [정보수정] 버튼을 클릭하면 자동 실행되며, 입력한 비밀번호를 갖고 안전하게 사용자를 한 번 더 확인하는 memberCheck.jsp 페이지를 실행한다. 사용자의 인증 확인이 성공하면 modifyForm.jsp 페이지를 로드해서 main.jsp 페이지의 main_auth 영역에 해당 사용자의 정보 수정 폼이 표시된다.

27~45라인 회원 정보 수정 폼인 modifyForm.jsp 페이지의 [수정] 버튼을 클릭하면 자동 실행되어 정보 수정 폼의 입력 값을 갖고 modifyPro.jsp 페이지를 실행한다. modifyPro.jsp 페이지가 실행되면 회원 정보 수정이 처리된다.

48~50라인 회원 정보 수정 폼인 modifyForm.jsp 페이지의 [취소] 버튼을 클릭하면 자동 실행되어 main.jsp 페이지를 표시한다.

55~48라인 회원 정보 수정/탈퇴 메인 화면인 modify.jsp 페이지에서 [탈퇴] 버튼을 클릭하면 자동 실행되며, 입력한 비밀번호를 갖고 memberCheck.jsp 페이지를 실행한다. 사용자의 인증 확인이 성공하면 delete.jsp 페이지를 실행하여 회원 탈퇴를 처리한다. 회원 탈퇴에 성공하면 main.jsp 페이지의 main_auth 영역에 loginForm.jsp 페이지를 로드해서 인증되지 않은 사용자 영역인 초기 화면을 표시한다.

03 [New]-[JSP File] 메뉴를 사용해 [study.jsp]-[WebContent]-[ch11] 폴더에 memberCheck.jsp 페이지를 작성한다. 기본적인 코딩이 작성되면 다음과 같이 수정한 후 저장한다.

memberCheck.jsp 페이지는 세션 속성 값에서 얻어낸 아이디와 사용자가 입력한 비밀번호를 갖고 LogonDBBean 클래스의 userCheck() 메소드를 호출해 사용자 인증을 체크하고 처리 결과를 modify.js로 반환한다.

```
01  <%@ page language="java" contentType="text/html; charset=UTF-8"
02      pageEncoding="UTF-8"%>
03  <%@ page import = "ch11.logon.LogonDBBean" %>
04
05  <% request.setCharacterEncoding("utf-8");%>
06  <%
07    //사용자의 id 값은 세션 속성값으로부터 얻어냄
08    String id = (String)session.getAttribute("id");
09    String passwd = request.getParameter("passwd");
10
11    LogonDBBean manager = LogonDBBean.getInstance( ) ;
12    int check = manager.userCheck(id, passwd);
13
14    out.println(check);
15  %>
```

04 [New]-[JSP File] 메뉴를 사용해 [studyjsp]-[WebContent]-[ch11] 폴더에 modifyForm.jsp 페이지를 작성한다. 기본적인 코딩이 작성되면 다음과 같이 수정한 후 저장한다.

```
01  <%@ page language="java" contentType="text/html; charset=UTF-8"
02      pageEncoding="UTF-8"%>
03  <%@ page import = "ch11.logon.LogonDataBean" %>
04  <%@ page import = "ch11.logon.LogonDBBean" %>
05
06  <meta name="viewport" content="width=device-width,initial-scale=1.0"/>
07  <link rel="stylesheet" href="../css/style.css"/>
08  <script src="../js/jquery-1.11.0.min.js"></script>
09  <script src="modify.js"></script>
10
11  <% request.setCharacterEncoding("utf-8");%>
12
13  <%
14    String id = (String)session.getAttribute("id");
15    String passwd = request.getParameter("passwd");
16
17    LogonDBBean manager = LogonDBBean.getInstance( ) ;
18    //아이디와 비밀번호에 해당하는 사용자의 정보를 얻어냄
19    LogonDataBean m = manager.getMember(id,passwd);
20
21    try{//얻어낸 사용자 정보를 화면에 표시
22  %>
23
24  <div id="regForm" class="box">
25    <ul>
26    <li><p class="center">회원 정보 수정
27     <li><label for="id">아이디</label>
28        <input id="id" name="id" type="email" size="20"
29          maxlength="50" value="<%=id%>" readonly disabled>
30     <li><label for="passwd">비밀번호</label>
31        <input id="passwd" name="passwd" type="password"
32          size="20" placeholder="6~16자 숫자/문자" maxlength="16">
```

```
33        <li><label for="name">이름</label>
34           <input id="name" name="name" type="text"
35           size="20" maxlength="10" value="<%=m.getName( ) %>">
36        <li><label for="address">주소</label>
37           <input id="address" name="address" type="text"
38           size="30" maxlength="50" value="<%=m.getAddress( ) %>">
39        <li><label for="tel">전화번호</label>
40           <input id="tel" name="tel" type="tel"
41           size="20" maxlength="20" value="<%=m.getTel( ) %>">
42        <li class="label2"><button id="modifyProcess">수정</button>
43           <button id="cancle">취소</button>
44      </ul>
45    </div>
46   <%}catch(Exception e){ } %>
```


modifyForm.jsp 페이지는 회원 정보 수정 폼을 제공한다.

19라인 LogonDataBean m = manager.getMember(id,passwd);는 아이디와 비밀번호에 해
당하는 사용자의 정보를 얻어내서 데이터 저장빈인 LogonDataBean 객체 m에 저장한다.

21~46라인 얻어낸 사용자 정보가 담긴 m 객체에서 getXxx( ) 메소드를 사용해서 화면에 정보를
표시한다. 이 표시된 정보는 수정할 수 있으며, 값을 수정한 후 [수정] 버튼을 클릭하면 수정 처리
를 modify.js가 modifyPro.jsp에 요청해서 처리한다.

05 [New]-[JSP File] 메뉴를 사용해 [studyjsp]-[WebContent]-[ch11] 폴더에
modifyPro.jsp 페이지를 작성한다. 기본적인 코딩이 작성되면 다음과 같이 수정한
후 저장한다.

```
01   <%@ page language="java" contentType="text/html; charset=UTF-8"
02     pageEncoding="UTF-8"%>
03   <%@ page import = "ch11.logon.LogonDBBean" %>
04
05   <% request.setCharacterEncoding("utf-8");%>
06   <%-- 7~9라인: 수정된 정보를 가지고 데이터 저장빈 객체를 생성--%>
07   <jsp:useBean id="member" class="ch11.logon.LogonDataBean">
08     <jsp:setProperty name="member" property="*" />
09   </jsp:useBean>
10
```

```
11    <%
12      LogonDBBean manager = LogonDBBean.getInstance( ) ;
13      //회원 정보 수정 처리 메소드 호출 후 수정 상황값 반환
14      int check = manager.updateMember(member);
15
16      out.println(check);
17    %>
```


modifyPro.jsp 페이지는 회원 정보 수정을 처리하기 위해서 LogonDBBean 클래스의 update Member( ) 메소드를 사용해 member 테이블과 연동한다. 이때 수정 정보는 LogonDataBean 객체로 생성해서 updateMember( ) 메소드에 전달한다.

7~9라인　회원 정보 수정 폼에 수정 및 입력된 내용을 LogonDataBean 객체로 생성한다.

14라인　회원 정보 수정을 처리하기 위해 updateMember(member) 메소드를 호출해서 처리한다.

06 [New]-[JSP File] 메뉴를 사용해 [studyjsp]-[WebContent]-[ch11] 폴더에 deletePro.jsp 페이지를 작성한다. 기본적인 코딩이 작성되면 다음과 같이 수정한 후 저장한다.

```
01    <%@ page language="java" contentType="text/html; charset=UTF-8"
02        pageEncoding="UTF-8"%>
03    <%@ page import = "ch11.logon.LogonDBBean" %>
04
05    <% request.setCharacterEncoding("utf-8");%>
06
07    <%
08      String id = (String)session.getAttribute("id");
09      String passwd  = request.getParameter("passwd");
10
11      LogonDBBean manager = LogonDBBean.getInstance( ) ;
12      //회원 탈퇴 처리 메소드 수행 후 탈퇴 상황값 반환
13      int check = manager.deleteMember(id, passwd);
14
15      if(check == 1)//탈퇴 성공 시
16            session.invalidate( ) ;//세션을 무효화
17
18      out.println(check);
19    %>
```

deletePro.jsp 페이지는 회원 탈퇴를 처리하기 위해서 LogonDBBean 클래스의 deleteMember( ) 메소드를 사용해 member 테이블과 연동한다. 탈퇴를 위한 레코드 삭제에 성공하면 세션 속성값을 무효화해서 현재 유지되고 있는 사용자 정보를 해제한다.

13라인 회원 탈퇴를 위해 아이디와 비밀번호를 가지고 deleteMember(id,passwd) 메소드를 호출해 처리한다.

15~16라인 회원 탈퇴가 성공하면 세션을 무효화해서 사용자 인증 유지를 해제해야 한다.

07 main.jsp 페이지를 선택하고 마우스 오른쪽 버튼을 눌러 [Run As]–[Run on Server] 메뉴를 클릭하면 실행 결과가 표시된다.

▲ main.jsp 페이지 – [회원 정보 변경] 버튼 클릭

main.jsp 페이지가 실행되면 아이디와 비밀번호를 입력하고 [로그인] 버튼을 클릭하여 사용자 인증 화면이 표시되면 [회원 정보 변경] 버튼을 누른다.

▲ main.jsp 페이지 – 회원 정보 수정 1

회원 정보 수정을 위해 회원 정보 수정/탈퇴 메인 화면인 modify.jsp 페이지가 표시되면 비밀번호를 입력한 후 [정보수정] 버튼을 클릭한다.

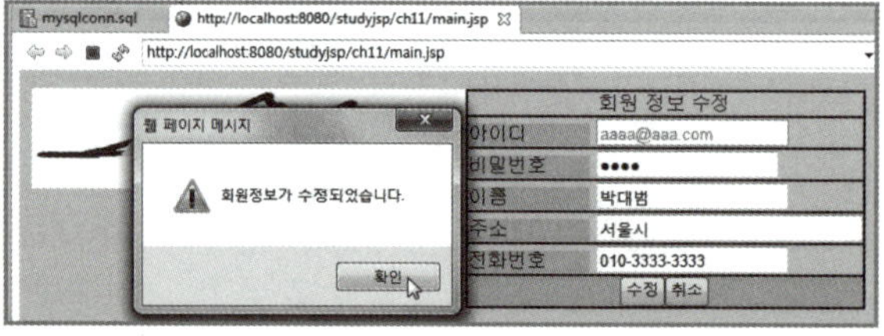

▲ main.jsp 페이지 – 회원 정보 수정 2

회원 정보 수정 폼에서 변경할 곳을 수정한 후 비밀번호를 입력하고 [수정] 버튼을 클릭한다. 수정이 성공적으로 이루어지면 메시지 상자가 표시되고, [확인] 버튼을 클릭하면 메인 화면으로 돌아간다.

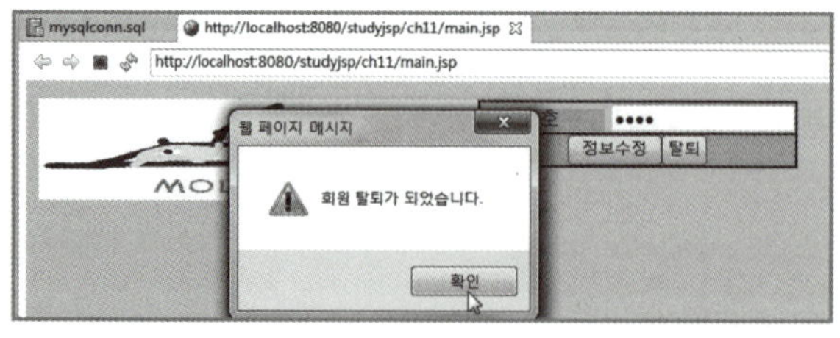

▲ main.jsp 페이지 – modify.jsp 페이지에서 회원 탈퇴

회원 탈퇴를 하려면 회원 정보 수정/탈퇴 메인 화면에서 비밀번호를 입력하고 [탈퇴] 버튼을 클릭한다. 탈퇴가 성공적으로 이루어지면 메시지 상자가 표시되고, [확인] 버튼을 클릭하면 메인 화면으로 돌아간다.

- 회원 관리 시스템은 크게 [회원 가입], [회원 인증], [회원 정보 수정], [회원 탈퇴]로 이루어져 있다.
  - 회원 가입 – 사용자가 회원 가입을 하는 것을 제공
  - 회원 인증 – 가입된 회원이 그에 맞는 서비스를 받을 수 있도록 회원임을 확인하는 것을 제공
  - 회원 정보 수정 – 가입된 회원의 정보가 변경되었을 때 이를 수정하는 것을 제공
  - 회원 탈퇴 – 회원이 서비스를 더 이상 사용하지 않는 것으로 회원 정보 삭제를 제공

- 웹 애플리케이션은 DB 테이블 작성 → 자바빈 작성 → JSP 페이지 순으로 작성한다.

- Ajax 기반의 회원 관리 시스템에서 JSP 페이지, JS(자바스크립트), 자바빈 및 DB 테이블은 서로 유기적인 관계를 갖고 있다.
  - JSP 페이지 – 화면에 내용 표시
  - JS(자바스크립트) – 서버에 요청 작업 처리 및 응답된 결과 처리
  - 데이터 저장빈 – 데이터를 객체로 관리
  - DB 처리빈 – DB와 연동해서 쿼리문을 수행
  - DB 테이블 – 데이터 저장소

- JSP 페이지는 화면의 표현부를 갖고 있으며, 자바빈은 로직을 가지고 시스템을 구현하는 구현부를 가지고 있다. JSP 페이지에서 데이터 저장빈 객체를 생성한 후, DB 처리빈의 메소드에서 생성한 데이터 저장빈 객체를 참조해서 DB와 연동할 수 있다. 또한 JSP 페이지에서 직접 DB 처리빈의 메소드를 호출해서 DB와 연동한 후, 데이터 저장빈 객체를 생성해서 JSP 페이지에서 사용할 수도 있다.

- JS는 Ajax 처리를 위해 JSP 페이지를 호출하고, 호출 결과를 JSP 페이지에 표시하는 작업을 처리한다.

- 데이터 저장빈은 발생된 데이터를 객체로 관리하는 것으로, 객체로 관리되는 데이터는 객체의 주소만 넘겨주면 어디서든지 사용할 수 있다.

- DB 처리빈은 직접 DB와 연동하는 것으로 데이터 저장빈 객체로 관리되는 데이터를 DB 테이블에 추가하거나 DB 테이블의 내용을 데이터 저장빈 객체로 생성한 후 JSP 페이지로 보내 화면에 표시한다.

12

자바빈/커넥션 풀/세션을 사용한 Ajax 기반의 게시판 시스템

이번 Chapter에서는 웹 프로그래밍의 구조를 좀 더 이해하기 위해 jQuery, 자바빈, 커넥션 풀, 세션을 사용한 게시판 시스템을 작성해본다.

게시판 시스템의 개요

게시판 시스템은 회원 관리 시스템과 더불어 웹 어플리케이션의 기본 구조 패턴을 이해하는 데 좋다. 기본 게시판 시스템은 필요에 따라 FAQ, Q&A 게시판 등으로 변경이 가능하기 때문에 기본 구조를 잘 이해하는 것이 중요하다.

■ 게시판 시스템의 구조

게시판 시스템은 크게 [글쓰기], [글목록], [글읽기], [글수정], [글삭제]로 이루어져 있다

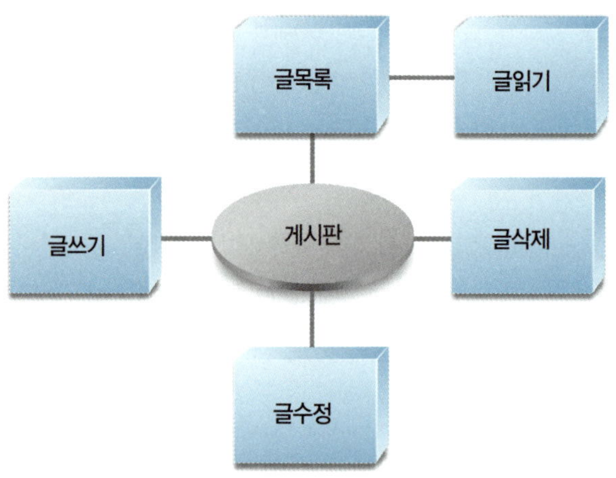

▲ 게시판 시스템의 기본 구조

- 글쓰기 : 사용자가 게시판에 글 쓰는 것을 제공
- 글목록 : 게시판에 쓰인 글의 목록을 제공
- 글읽기 : 게시판에 쓰인 글의 내용을 읽는 것을 제공
- 글수정 : 게시판에 쓰인 글의 제목 및 내용의 수정을 제공
- 글삭제 : 게시판에 쓰인 글의 삭제를 제공

게시판의 종류에 따라 글목록과 글읽기를 분리할 수 있고, 합쳐서 표현할 수 있다. 요즘 디자인 추세나 모바일 기기를 고려할 때는 이들을 합쳐서 표시하는 경우가 많다.

분리한 구조는 전통적인 게시판의 형태로, 공공기관 등의 PC 브라우저용 게시판 중 알림/고시 등의 경우에서 주로 볼 수 있다.

게시판에 필요한 테이블 작성

여기에서는 게시판 시스템에서 필요한 board 테이블을 생성하고 각 필드가 어떤 정보를 저장하는가에 대해서 살펴본다.

1 board 테이블 생성하기

게시판의 글을 저장하기 위해 먼저 board 테이블을 생성한다. board 테이블의 필드 구조는 기본적인 PC 브라우저용 게시판의 계층 구조를 표현하기 위해 비교적 복잡한 편이다. 이 구조로 테이블을 만들어 놓으면 PC용 계층형 게시판 및 모바일용 단순 구조 게시판도 작성할 수 있다.

따라하기   board 테이블 생성

게시판 시스템에서 사용할 board 테이블을 생성한다. 작성할 테이블 구조는 다음과 같다.

MySQL 문법

```
create table board(
  num int not null primary key auto_increment,
  writer varchar(50) not null,
  subject varchar(50) not null,
  content text not null,
  passwd varchar(60) not null,
  reg_date datetime not null,
  ip varchar(30) not null,
  readcount int default 0,
  ref int not null,
  re_step smallint not null,
  re_level smallint not null
);
```

> **참고 | Oracle 문법**
>
> ```sql
> create table board(
>   num number not null primary key
>   writer varchar2(50) not null,
>   subject varchar2(50) not null,
>   passwd varchar2(60) not null,
>   reg_date date not null,
>   readcount number default 0,
>   ref number not null,
>   re_step number not ull,
>   re_level number not null,
>   content clob not null,
>   ip varchar2(30) not null
> );
>
> create sequence board_seq
> increment by 1
> start with 1;
> ```

01 이클립스의 [Data Source Explorer] 뷰에서 [Database Connections]–[jspmysqlconn]의 연결이 해제되어 있으면 마우스 오른쪽 버튼을 눌러 [Connect] 메뉴를 선택한다.

02 [Properties for mysqlconn] 창이 표시되면 [Password]에 "jsppass"를 입력하고 [OK] 버튼을 클릭한다.

03 [Data Source Explorer] 뷰의 [Database Connections]–[mysqlconn]이 연결된 것을 확인할 수 있다. 또한 [mysqlconn.sql] 에디터 뷰의 [Status]의 값이 Connected로 변경된 것도 확인할 수 있다.

04 board 테이블을 생성하기 위해 작성한 테이블 구조 쿼리문을 [mysqlconn.sql] 에디터 뷰에 입력한다. 실행할 쿼리문을 드래그해 블록을 지정하고 마우스 오른쪽 버튼을 클릭해 [Execute Selected Text] 메뉴를 선택하거나 [Alt]+[X] 키를 누른다.

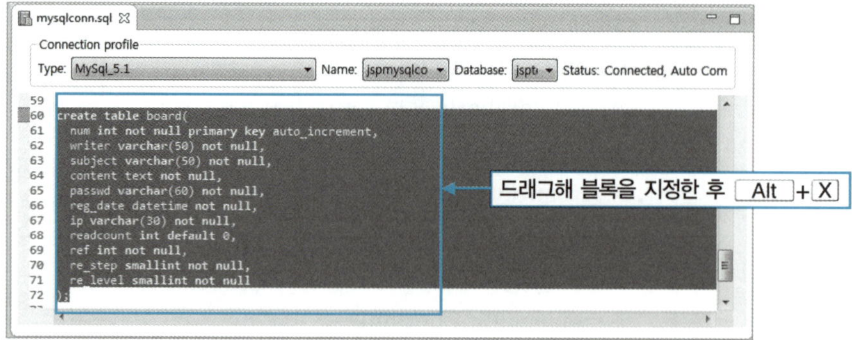

05 [SQL Results] 뷰의 [Status] 탭에 테이블이 생성되었는지 여부가 표시된다.

06 생성된 member 테이블의 구조를 확인하려면 [mysqlconn.sql] 에디터 뷰에 "desc member;"를 입력하고 드래그해 블록을 지정한 후 **Alt** + **X** 키를 누른다. 이때 [SQL Results] 뷰의 [Result1] 탭을 선택하면 테이블의 구조를 볼 수 있다.

2 board 테이블의 구조

글을 저장하는 board 테이블의 각 필드에 대한 설명은 다음과 같다.

필드명	설명
num	글번호를 저장하는 필드. 기본 키이고 auto_increment로 자동으로 글 번호를 증가시킴
writer	글쓴이를 저장하는 필드
subject	글제목을 저장하는 필드
content	글내용을 저장하는 필드
passwd	글의 비밀번호를 저장하는 필드
reg_date	글을 쓴 날짜를 저장하는 필드
ip	글쓴이의 ip를 저장하는 필드
readcount	글의 조회 수를 저장하는 필드. 단, 이 게시판 시스템에서는 조회 수를 누적하는 부분을 사용하지 않음
ref	글을 그룹화하기 위한 필드. 제목글과 그에 딸린 답변글이 그룹화
re_step	제목글과 답변글의 순서를 정리하기 위한 필드
re_level	글의 레벨을 저장하는 필드

▲ board 테이블의 필드

게시판 자바빈 작성

여기에서는 회원 관리 시스템에서 사용하는 데이터 저장빈인 BoardDataBean.java와
DB 처리빈인 BoardDBBean.java를 작성한다.

1 데이터 저장빈(BoardDataBean.java)

BoardDataBean은 게시판 시스템에서 발생한 데이터를 객체로 생성해 관리하는 데이
터 저장빈이다. 이 데이터 저장빈은 게시판 시스템에 필요한 정보를 저장하는 프로퍼티 및
프로퍼티 값을 저장하고 얻어내는 setter/getter 메소드로 이루어져 있다.

프로퍼티명		해당 메소드
num	글번호	setNum(int num) : num 값 저장
		getNum( ) : 저장된 num 값 가져옴
writer	작성자	setWriter(String writer) : writer 값 저장
		getWriter(String writer) : 저장된 writer 값 저장
subject	글제목	setSubject(String subject) : subject 값 저장
		getSubject(String subject) : 저장된 subject 값 저장
content	글내용	setContent(String content) : content 값 저장
		getCentent(String content) : 저장된 content 값 저장
passwd	비밀번호	setPasswd(String passwd) : passwd 값 저장
		getPasswd( ) : 저장된 passwd 값 가져옴
reg_date	글쓴 날짜	setReg_date(Timestamp reg_date) : reg_date 값 저장
		getReg_date( ) : 저장된 reg_date 값 가져옴
readcount	조회수	setReadcount(int readcount) : readcount 값 저장
		getReadcount( ) : 저장된 readcount 값 가져옴
ip	글 작성자의 IP	setIp(String ip) : ip 값 저장
		getIp( ) : 저장된 ip 값 가져옴

ref	글의 그룹 번호	setRef(String ref) : ref 값 저장
		getRef( ) : 저장된 ref 값 가져옴
re_step	제목글과 답변글의 순서	setRe_step(String re_step) : re_step 값 저장
		getRe_step( ) : 저장된 re_step 값 가져옴
re_level	글 제목의 들여쓰기 (제목글은 들여쓰기가 0이고 댓글은 1이다. 댓글의 댓글은 2와 같이 단계에 따라 들여쓰기 값이 커짐)	setRe_level(String re_level) : re_level 값 저장
		getRe_level( ) : 저장된 re_level 값 가져옴

▲ 데이터 저장빈(BoardDataBean)의 프로퍼티 및 메소드 설명

따라하기　게시판 시스템의 데이터 저장빈 작성

게시판 시스템의 데이터 저장빈인 BoardDataBean.java를 작성하는 예제이다.

01 [New]-[Class] 메뉴를 사용해 [Java Resources]-[src]에 데이터 저장빈인 BoardDataBean.java 파일을 작성한다. 이때 [Package]에 "ch12.board"를, [Name]에 "BoardDataBean"을 입력한다. 기본적인 코딩이 작성되면 다음과 같이 수정한 후 저장한다.

```
01    package ch12.board;
02
03    import java.sql.Timestamp;
04
05    public class BoardDataBean {
06        private int num;
07        private String writer;
08        private String subject;
09        private String content;
10        private String passwd;
11        private Timestamp reg_date;
12        private int readcount;
13        private String ip;
14        private int ref;
15        private int re_step;
```

```
16        private int re_level;
17
18    }
```


02 [Source]-[Generate Getters and Setters] 메뉴를 선택한다.

03 [Generate Getters and Setters] 창이 표시되면 [Select getters and setters to create]에서 [Select All] 버튼을 클릭한다. [Insertion point]에서 [After 're-level']을 선택하고 [Sort by]가 [Fields in getter/setter pairs]로 설정된 것을 확인한다. 나머지 항목은 기본값을 그대로 사용하고 [OK] 버튼을 클릭한다.

04 데이터 저장빈인 LogonDataBean.java 파일의 내용이 완성된 것을 확인하고 저장한다.

```
01    package ch12.board;
02
03    import java.sql.Timestamp;
04
05    public class BoardDataBean {
06        private int num;//글번호
07        private String writer;//글쓴이
08        private String subject;//글제목
09        private String content;//글내용
10        private String passwd;//글 비밀번호
11        private Timestamp reg_date;//글쓴 날짜
12        private int readcount;//조회수
13        private String ip;//글쓴이 IP
14        private int ref;//글 그룹화 번호
15        private int re_step;//그룹 내의 순서
16        private int re_level;//글제목 들여쓰기
17
18        public int getNum( ) {
19            return num;
20        }
21        public void setNum(int num) {
22            this.num = num;
23        }
```

```java
24    public String getWriter( ) {
25        return writer;
26    }
27    public void setWriter(String writer) {
28        this.writer = writer;
29    }
30    public String getSubject( ) {
31        return subject;
32    }
33    public void setSubject(String subject) {
34        this.subject = subject;
35    }
36    public String getContent( ) {
37        return content;
38    }
39    public void setContent(String content) {
40        this.content = content;
41    }
42    public String getPasswd( ) {
43        return passwd;
44    }
45    public void setPasswd(String passwd) {
46        this.passwd = passwd;
47    }
48    public Timestamp getReg_date( ) {
49        return reg_date;
50    }
51    public void setReg_date(Timestamp reg_date) {
52        this.reg_date = reg_date;
53    }
54    public int getReadcount( ) {
55        return readcount;
56    }
57    public void setReadcount(int readcount) {
58        this.readcount = readcount;
59    }
60    public String getIp( ) {
```

```java
61          return ip;
62      }
63      public void setIp(String ip) {
64          this.ip = ip;
65      }
66      public int getRef( ) {
67          return ref;
68      }
69      public void setRef(int ref) {
70          this.ref = ref;
71      }
72      public int getRe_step( ) {
73          return re_step;
74      }
75      public void setRe_step(int re_step) {
76          this.re_step = re_step;
77      }
78      public int getRe_level( ) {
79          return re_level;
80      }
81      public void setRe_level(int re_level) {
82          this.re_level = re_level;
83      }
84  }
```

2 DB 처리빈(BoardDBBean.java)

게시판 시스템에서 DB와 연동해서 쿼리문을 수행하는 DB 처리빈은 BoardDBBean이
다. 커넥션 풀로부터 커넥션 객체를 가져오는 메소드 및 JSP 페이지에서 발생한 데이터를
저장하거나 DB 테이블의 레코드를 얻어내는 등의 쿼리를 수행하는 메소드들로 이루어져
있다.

메소드명	작업 내용
getInstance( )	전역 BoardDBBean 객체의 레퍼런스를 리턴한다.
getConnection( )	쿼리 작업에 사용할 Connection 객체를 커넥션 풀로부터 얻어내서 리턴한다.
insertArticle(BoardDataBean article)	새로운 글을 board 테이블에 추가한다. 글 입력 처리에 사용한다.
getArticleCount( )	board 테이블의 전체 레코드의 수를 받아온다. 글 목록에서 글번호 및 전체 레코드 수를 표시할 때 사용된다.
getArticles(int start, int end)	start부터 end 개수만큼의 레코드를 board 테이블에서 검색한다. 글목록 보기에서 사용된다.
updateGetArticle(int num)	id에 해당하는 레코드를 board 테이블에서 검색한다. 글수정 폼에서 사용한다.
updateArticle(BoardDataBean article)	수정된 글의 내용을 갱신할 때 사용된다. 글수정 처리에서 사용한다.
deleteArticle(int num, String passwd)	id에 해당하는 레코드를 board 테이블에서 삭제한다. 글삭제 처리에서 사용한다.

▲ DB 처리빈(BoardDBBean)의 메소드와 작업 내용

따라하기   게시판 시스템의 DB 처리빈 작성

게시판 시스템의 DB 처리빈인 BoardDBBean.java를 작성하는 예제이다.

01 [New]-[Class] 메뉴를 사용해 [Java Resources]-[src]-[ch12.board] 패키지에 데이터 저장빈인 BoardDBBean.java 파일을 작성한다. 이때 [Package]에 "ch12.board"를, [Name]에 "BoardDBBean"을 입력한다. 기본적인 코딩이 작성되면 다음과 같이 수정한 후 저장한다(클래스 선언부와 각 메소드 선언부 및 주요 코드는 색으로 표시).

```
01    package ch12.board;
02
03    import java.sql.Connection;
04    import java.sql.PreparedStatement;
05    import java.sql.ResultSet;
06    import java.sql.SQLException;
07    import java.util.ArrayList;
08    import java.util.List;
09
10     import javax.naming.Context;
```

```java
11    import javax.naming.InitialContext;
12    import javax.sql.DataSource;
13
14    public class BoardDBBean {
15
16        private static BoardDBBean instance = new BoardDBBean( );
17
18        //.jsp 페이지에서 DB 연동빈인 BoardDBBean 클래스의 메소드에 접근 시 필요
19        public static BoardDBBean getInstance( ) {
20            return instance;
21        }
22
23        private BoardDBBean( ){ }
24
25        //커넥션 풀로부터 Connection 객체를 얻어냄 : DB 연동빈의 쿼리문을 수행하는 메
           소드에서 사용
26        private Connection getConnection( ) throws Exception {
27            Context initCtx = new InitialContext( );
28            Context envCtx = (Context) initCtx.lookup("java:comp/env");
29            DataSource ds = (DataSource)envCtx.lookup("jdbc/jsptest");
30            return ds.getConnection( );
31        }
32
33        //board 테이블에 글을 추가(inset문) ← writePro.jsp에서 사용
34        public int insertArticle(BoardDataBean article){
35            Connection conn = null;
36            PreparedStatement pstmt = null;
37            ResultSet rs = null;
38            int x = 0;
39            int number=0;//board 테이블에 들어갈 글번호
40            String sql="";
41
42            //43~46라인은 댓글이 가진 정보
43            int num=article.getNum( );//제목글의 글번호
44            int ref=article.getRef( );//제목글의 그룹화 아이디
45            int re_step=article.getRe_step( );//그룹 내의 글의 순서
46            int re_level=article.getRe_level( );//글제목의 들여쓰기
```

```java
47
48          try {
49              conn = getConnection( );
50              //51~57라인은 현재 board 테이블에 레코드의 유무 판단과 글번호 결정
51              pstmt = conn.prepareStatement("select max(num) from board");
52               rs = pstmt.executeQuery( );
53
54               if (rs.next( ))//기존에 레코드가 존재
55                   number=rs.getInt(1)+1;//다음 글 번호는 가장 큰 글번호+1
56               else//첫번째 글
57                   number=1;
58
59              //60~72라인은 제목글과 댓글 간의 순서를 결정
60              if (num!=0){//댓글 - 제목글의 글번호 가짐
61                  sql="update board set re_step=re_step+1 where ref=? and re_step> ?";
62                      pstmt = conn.prepareStatement(sql);
63                      pstmt.setInt(1, ref);
64                      pstmt.setInt(2, re_step);
65                      pstmt.executeUpdate( );
66                      re_step=re_step+1;
67                      re_level=re_level+1;
68              }else{//제목글 - 글번호 없음
69                  ref=number;
70                  re_step=0;
71                  re_level=0;
72              }
73              // 쿼리를 작성 : board 테이블에 새로운 레코드 추가
74              sql = "insert into board(writer,subject,content,passwd,reg_date,";
75               sql+="ip,ref,re_step,re_level) values(?,?,?,?,?,?,?,?,?)";
76              pstmt = conn.prepareStatement(sql);
77              pstmt.setString(1, article.getWriter( ));
78              pstmt.setString(2, article.getSubject( ));
79              pstmt.setString(3, article.getContent( ));
80              pstmt.setString(4, article.getPasswd( ));
81              pstmt.setTimestamp(5, article.getReg_date( ));
82              pstmt.setString(6, article.getIp( ));
83              pstmt.setInt(7, ref);
```

```java
84              pstmt.setInt(8, re_step);
85              pstmt.setInt(9, re_level);
86              pstmt.executeUpdate( );
87              x = 1; //레코드 추가 성공
88          } catch(Exception ex) {
89              ex.printStackTrace( );
90          } finally {
91              if (rs != null) try{ rs.close( ); }catch(SQLException ex) { }
92              if (pstmt != null) try{ pstmt.close( ); }catch(SQLException ex) { }
93              if (conn != null) try{ conn.close( ); }catch(SQLException ex) { }
94          }
95          return x;
96      }
97
98  //board 테이블에 저장된 전체글의 수를 얻어냄 ← list.jsp에서 사용
99  public int getArticleCount( ){
100         Connection conn = null;
101         PreparedStatement pstmt = null;
102         ResultSet rs = null;
103         int x=0;
104
105         try {
106             conn = getConnection( );
107
108             pstmt = conn.prepareStatement("select count(*) from board");
109             rs = pstmt.executeQuery( );
110
111             if (rs.next( ))
112                 x= rs.getInt(1);
113         } catch(Exception ex) {
114             ex.printStackTrace( );
115         } finally {
116             if (rs != null) try{ rs.close( ); }catch(SQLException ex) { }
117             if (pstmt != null) try{ pstmt.close( ); }catch(SQLException ex) { }
118             if (conn != null) try{ conn.close( ); }catch(SQLException ex) { }
119         }
120         return x;
```

```java
121    }
122
123    //글의 목록을 가져옴 ← list.jsp
124    public List<BoardDataBean> getArticles(int start, int end){
125      Connection conn = null;
126      PreparedStatement pstmt = null;
127      ResultSet rs = null;
128      List<BoardDataBean> articleList=null;//글목록을 저장하는 객체
129      try {
130          conn = getConnection( );
131
132          pstmt = conn.prepareStatement(
133            "select * from board order by ref desc, re_step asc limit ?,? ");
134          pstmt.setInt(1, start-1);
135          pstmt.setInt(2, end);
136          rs = pstmt.executeQuery( );
137
138          if (rs.next( )) {//ResultSet이 레코드를 가짐
139            articleList = new ArrayList<BoardDataBean>(end);
140            do{
141              BoardDataBean article= new BoardDataBean( );
142               article.setNum(rs.getInt("num"));
143              article.setWriter(rs.getString("writer"));
144              article.setSubject(rs.getString("subject"));
145              article.setContent(rs.getString("content"));
146              article.setPasswd(rs.getString("passwd"));
147              article.setReg_date(rs.getTimestamp("reg_date"));
148              article.setReadcount(rs.getInt("readcount"));
149              article.setRef(rs.getInt("ref"));
150              article.setRe_step(rs.getInt("re_step"));
151              article.setRe_level(rs.getInt("re_level"));
152              article.setContent(rs.getString("content"));
153              article.setIp(rs.getString("ip"));
154              //List객체에 데이터저장빈인 BoardDataBean객체를 저장
155              articleList.add(article);
156            }while(rs.next( ));
157          }
```

```
158        } catch(Exception ex) {
159           ex.printStackTrace( );
160        } finally {
161           if (rs != null) try { rs.close( ); } catch(SQLException ex) {}
162           if (pstmt != null) try { pstmt.close( ); } catch(SQLException ex) {}
163           if (conn != null) try { conn.close( ); } catch(SQLException ex) {}
164        }
165           return articleList;//List 객체의 레퍼런스를 리턴
166     }
167
168  //글수정 폼에서 사용할 글의 내용(1개의 글) ← updateForm.jsp에서 사용
169  public BoardDataBean updateGetArticle(int num){
170    Connection conn = null;
171    PreparedStatement pstmt = null;
172    ResultSet rs = null;
173    BoardDataBean article=null;
174    try {
175       conn = getConnection( );
176
177       pstmt = conn.prepareStatement(
178          "select * from board where num = ?");
179       pstmt.setInt(1, num);
180       rs = pstmt.executeQuery( );
181
182       if (rs.next( )) {
183          article = new BoardDataBean( );
184          article.setNum(rs.getInt("num"));
185          article.setWriter(rs.getString("writer"));
186          article.setSubject(rs.getString("subject"));
187          article.setPasswd(rs.getString("passwd"));
188          article.setReg_date(rs.getTimestamp("reg_date"));
189          article.setReadcount(rs.getInt("readcount"));
190          article.setRef(rs.getInt("ref"));
191          article.setRe_step(rs.getInt("re_step"));
192          article.setRe_level(rs.getInt("re_level"));
193          article.setContent(rs.getString("content"));
194          article.setIp(rs.getString("ip"));
```

```java
195            }
196        } catch(Exception ex) {
197            ex.printStackTrace( );
198        } finally {
199          if (rs != null) try{rs.close( );}catch(SQLException ex){ }
200          if (pstmt != null) try{pstmt.close( );}catch(SQLException ex){ }
201          if (conn != null) try{conn.close( );}catch(SQLException ex){ }
202        }
203      return article;
204    }

206    //글수정 처리에서 사용 ← updatePro.jsp에서 사용
207    public int updateArticle(BoardDataBean article){
208      Connection conn = null;
209      PreparedStatement pstmt = null;
210      ResultSet rs= null;
211      int x=-1;
212      try {
213        conn = getConnection( );

215        pstmt = conn.prepareStatement(
216          "select passwd from board where num = ?");
217        pstmt.setInt(1, article.getNum( ));
218        rs = pstmt.executeQuery( );

220        if(rs.next( )){
221          String dbpasswd= rs.getString("passwd");
222          if(dbpasswd.equals(article.getPasswd( ))){
223            String sql="update board set subject=?, ";
224            sql += "content=? where num=?";
225            pstmt = conn.prepareStatement(sql);
226            pstmt.setString(1, article.getSubject( ));
227            pstmt.setString(2, article.getContent( ));
228            pstmt.setInt(3, article.getNum( ));
229            pstmt.executeUpdate( );
230            x= 1;
231          }else
```

```java
232                    x= 0;
233                 }
234             } catch(Exception ex) {
235                ex.printStackTrace( );
236             } finally {
237             if (rs != null) try{ rs.close( ); }catch(SQLException ex) { }
238             if (pstmt != null) try{ pstmt.close( ); }catch(SQLException ex) { }
239             if (conn != null) try{ conn.close( ); }catch(SQLException ex) { }
240             }
241          return x;
242       }
243
244    //글삭제  처리 시 사용(delete문) ← deletePro.jsp에서 사용
245    public int deleteArticle(int num, String passwd){
246      Connection conn = null;
247      PreparedStatement pstmt = null;
248      ResultSet rs= null;
249      int x=-1;
250      try {
251          conn = getConnection( );
252
253         pstmt = conn.prepareStatement(
254             "select passwd from board where num = ?");
255         pstmt.setInt(1, num);
256         rs = pstmt.executeQuery( );
257
258         if(rs.next( )){
259             String dbpasswd= rs.getString("passwd");
260             if(dbpasswd.equals(passwd)){
261              pstmt = conn.prepareStatement(
262                 "delete from board where num=?");
263              pstmt.setInt(1, num);
264              pstmt.executeUpdate( );
265              x= 1; //글삭제 성공
266             }else
267              x= 0; //비밀번호 틀림
268           }
```

```
269                } catch(Exception ex) {
270                    ex.printStackTrace( );
271                } finally {
272                    if (rs != null) try{ rs.close( ); }catch(SQLException ex) { }
273                    if (pstmt != null) try{ pstmt.close( ); }catch(SQLException ex) { }
274                    if (conn != null) try{ conn.close( ); }catch(SQLException ex) { }
275                }
276            return x;
277        }
278    }
```


1라인 해당 클래스를 ch12.board; 패키지로 관리한다.

3~6라인 LogonDBBean 클래스에서 SQL 작업을 수행하기 때문에 java.sql 패키지에 있는 Connection, PreparedStatement, ResultSe 인터페이스와 SQLException 클래스를 import 받는다.

7~8라인 글목록을 저장하는 데 사용해서 import 받았다.

10~12라인 javax.naming 패키지는 커넥션 풀의 네이밍 작업에 필요한 InitialContext 클래스와 Context 인터페이스, javax.sql 패키지는 커넥션 풀의 네이밍 작업 및 커넥션 객체를 얻어내는 데 필요한 DataSource 인터페이스를 사용하기 위해 import 받았다.

16라인 private static BoardDBBean instance = new BoardDBBean( );처럼 멤버의 위치에서 static을 사용해서 객체를 생성한다. 이 객체는 JSP 페이지에서 DB 연동빈인 BoardDBBean 클래스의 메소드에 getInstance() 메소드를 호출해서 얻어낸다.

21~23라인 getInstance( ) 메소드는 이 메소드를 호출한 곳으로 18라인에서 생성한 Logon DBBean 객체를 리턴(반환)한다. 즉, DB 연동이 필요한 JSP 페이지에서 이 메소드를 호출하면 LogonDBBean 객체를 얻어내서 언제든지 member 테이블에 접근할 수 있다. 객체를 리턴하는 메소드는 return문 다음에 객체의 레퍼런스 변수명만 기술하면 된다.

26~31라인 getConnection( ) 메소드는 DBCP API 커넥션 풀을 사용해서 커넥션 객체를 할당받는다. 따라서 getConnection( ) 메소드의 리턴 타입은 Connection이다.

34~96라인 insertArticle(BoardDataBean article) 메소드는 글을 레코드에 추가할 때 사용하는 메소드이다. 즉, 글입력 처리인 writePro.jsp 페이지에서 호출해서 사용한다. insertArticle (BoardDataBean article) 메소드는 한 개의 파라미터를 가지고 있는데 BoardDataBean 객체 타입의 레퍼런스인 article은 writeForm.jsp에서 입력한 글의 내용을 가지고 있다.

- **43라인** int num=article.getNum( );은 제목글의 글번호이다. 원래 글번호는 board 테이블에서 새로운 글이 추가될 경우 자동으로 증가해서 생성된다. 그런데 article.getNum( )과 같이 JSP 페이지에서 넘어온 객체로부터 얻어내는 글번호는 댓글을 갖는 제목글의 글번호일 경우에 발생한다.

- **44라인** int ref=article.getRef( );은 계층형 게시판에서 제목글 밑에 댓글이 올 수 있도록 제

목글과 그에 딸린 댓글을 그룹화하기 위해 사용한다. board 테이블과 같이 관계형 데이터베이스에서는 제목글과 댓글 형태의 계층형을 표현할 수 없다. 다만, 화면에 글을 표시할 때 계층 형태를 보여주기 위해 그룹화라는 것을 사용한 것이다. 보통 그룹화 아이디 값은 제목글의 글번호를 사용한다.

- **45라인**　int re_step=article.getRe_step( );은 제목글과 댓글로 이루어진 글의 그룹 내에서 화면에 표시할 글의 순서를 결정한다. 댓글이 최신 글이더라도 제목글 위에 올 수 없기 때문에, 이런 순서를 지정하기 위해서 필요하다.

- **46라인**　int re_level=article.getRe_level( );은 글제목의 들여쓰기 정도를 지정하기 위해 사용된다. 댓글이 제목글에 딸린 글처럼 보이기 위해 들여쓰기 한다. 제목 글은 들여쓰기가 0이고 댓글은 1이다. 댓글의 댓글은 2와 같이 단계에 따라 들여쓰기 값이 커진다.

- **49라인**　getConnection( )은 26라인의 getConnection( ) 메소드를 호출하여 커넥션 객체를 리턴해서 conn 레퍼런스에 넘겨준다.

- **51~57라인**　글의 그룹화 아이디를 결정하기 위한 부분이다. 51라인은 현재 레코드에 저장되어 있는 글번호 중 가장 큰 값을 검색한다. 이것은 글을 그룹화할 때 그룹 아이디로 사용하기 위해서이다.

- **54~57라인**　아무런 글도 입력되어 있지 않으면 56라인의 else를 수행해서 number 값이 1이 되고, 글이 입력되어 있으면 입력된 글 중 [가장 큰 값+1]을 number 값으로 지정한다. 이것은 제목글 입력 시 글을 그룹화할 아이디 값을 지정하는 부분으로 number 값이 그룹화할 아이디 값이다.

- **60~72라인**　제목글과 댓글의 순서를 결정하는 작업을 수행한다. 60라인의 num 값이 0이면 제목글로 68~72라인을 수행하고, 0이 아니면 댓글로 60~67라인을 수행한다.

아래표의 1번 글은 제목글이며 ref 값은 글번호의 값을 그대로 사용한다. re_step과 re_level의 값은 0이 된다. → 68~72라인 수행 결과

2번 글은 1번 글에 대한 댓글로 ref 값은 부모글의 ref 값을 사용하고 re_step과 re_level의 기본값은 부모의 값을 가지고 있다(여기서는 ref:1, re_step:0, re_level:0). 이때 기존에 있던 re_step의 값 중 현재 글의 re_step 값보다 큰 값은 모두 +1을 한다. 자신의 re_step과 re_level 값도 모두 1씩을 더한다(결과적으로 ref:1, re_step:1, re_level:1). → 60~67라인 수행 결과

글번호	글제목	ref(그룹화 아이디)	re_step(그룹 내의 글순서)	re_level(글제목 들여쓰기)
1	테스트	1	0	0
2	[re]테스트	1	1	1

아래 표의 3번 글은 2번 글의 답변글이다. ref 값은 부모글의 ref 값을 사용하고 re_step과 re_level의 기본값은 부모의 값을 가지고 있다(여기서는 ref:1, re_step:1, re_level:1). 이때 기존에 있던 re_step의 값 중 현재 글의 re_step 값보다 큰 값은 모두 +1을 한다. 자신의 re_step과 re_level 값도 모두 1씩을 더한다(결과적으로 ref:1, re_step:2, re_level:2). → 60~67라인 수행 결과

글번호	글제목	ref(그룹화 아이디)	re_step(글순서)	re_level(글의 레벨)
1	테스트 1	0	0	
2	[re]테스트	1	1	1
3	[re]테스트	1	2	2

아래표의 4번 글은 1번 글의 답변글이다. ref 값은 부모글의 ref 값을 사용하고 re_step과 re_level의 기본값은 부모의 값을 가지고 있다(여기서는 ref:1, re_step:0, re_level:0). 이때 기존에 있던 re_step의 값 중 현재 글의 re_step 값보다 큰 값은 모두 +1을 한다. 자신의 re_step과 re_level 값도 모두 1씩을 더한다(결과적으로 ref:1, re_step:1, re_level:1). → 60~67라인 수행 결과

글번호	글제목	ref(그룹화 아이디)	re_step(글순서)	re_level(글의 레벨)
1	테스트 1	0	0	
2	[re]테스트	1	2	1
3	[re]테스트	1	3	2
4	[re]테스트	1	1	1

이것을 순서대로 정리하면 아래와 같다. 계층형 게시판은 이와 같이 화면에 표시된다.

글번호	글제목	ref(그룹화 아이디)	re_step(답변글 순서)	re_level(글의 레벨)
1	테스트 1	0	0	
4	[re]테스트	1	1	1
2	[re]테스트	1	2	1
3	[re]테스트	1	3	2

- **74~86라인** insert문을 사용해서 board 테이블에 새로운 레코드를 추가하는 부분이다.

- **87라인** 레코드 추가에 성공하면 x 변수에 1 값을 저장한다. 만일 레코드 추가에 실패하면 38라인의 int x=0;으로 선언한 0 값이 그대로 유지된다.

- **95라인** 이 메소드를 호출한 writePro.jsp 페이지로 x 값을 리턴한다.

99~121라인 getArticleCount( ) 메소드는 board 테이블에 저장되어 있는 전체 레코드의 수를 검색한다. 글목록 보기에서 전체 레코드와 화면에 표시할 글번호를 보여줄 때 사용된다. list.jsp 페이지에서 호출해서 사용한다.

- **108라인** board 테이블의 전체 레코드 수를 얻어내는 쿼리문을 사용하는 부분이다.

- **120라인** 이 메소드를 호출한 list.jsp 페이지로 메소드의 수행 결과인 x 값을 리턴한다.

124~166라인 getArticles(int start, int end) 메소드는 start(시작 글번호)부터 end(추출할 레코드 수)만큼의 레코드를 검색하는 메소드이다. 이 메소드는 게시판의 글목록을 보는 부분에서 사용되

며, list.jsp 페이지에서 호출해서 사용한다. 이 게시판 시스템에서 list.jsp는 글목록과 글내용 보기가 결합된 것이다.

- **128라인** List〈BoardDataBean〉 articleList=null;은 글목록을 저장하는 컬렉션이며 List 객체 타입으로 레퍼런스 변수 articleList를 선언했다. List는 인터페이스로 객체를 직접 생성할 수 없다. 따라서 139라인의 articleList = new ArrayList〈BoardDataBean〉(end);과 같이 하위 클래스인 ArrayList 타입의 객체를 생성해서 사용한다. List 인터페이스나 ArrayList 클래스와 같이 여러 객체를 저장하고 관리하는 컬렉션을 사용하려면, 해당 컬렉션이 저장할 객체의 타입을 〈저장할 객체 타입〉과 같은 형태로 기술해 주는 것이 JDK 1.5부터의 권고사항이다. 이것을 제너릭(Generic)이라고 하는데, 예를 들어 List〈BoardDataBean〉, ArrayList〈Board DataBean〉과 같이 컬렉션에 저장할 객체 타입을 지정하면, 나중에 객체를 꺼내서 사용할 때 형 변환(Casting)을 할 필요가 없어서 코딩이 편해진다.

- **132~136라인** board 테이블에서 레코드를 검색하는 것으로, start-1부터 end 개수만큼의 레코드만을 검색한다.

- **133라인** limit ?,?는 검색하는 레코드의 수를 제한하기 위해 사용하는 것으로, limit에서 파라미터가 둘인 경우의 사용법은 다음과 같다.

> limit 시작 레코드 번호, 검색할 레코드의 개수

MySQL에서 레코드의 번호는 0부터 시작하는데, JSP 페이지에서 글은 1부터 시작한다. 따라서 list.jsp 페이지에서 사용할 때보다 시작번호가 하나 작아야 한다. 즉, 134라인에서 pstmt.setInt(1, start-1);과 같이 사용한 것이다.

- **138~157라인** ArrayList에 board 테이블에서 가져온 레코드를 하나씩 BoardDataBean 객체로 생성해서 ArrayList 컬렉션에 넣는다.

- **139라인** articleList = new ArrayList〈BoardDataBean〉(end);는 end 변수의 값만큼의 객체를 저장할 수 있는 ArrayList 객체를 생성한다. 이 articleList 컬렉션에 글 1개를 저장한 BoardDataBean 객체들이 저장된다.

- **140~156라인** do-while문을 사용해서 board 테이블에서 가져온 레코드를 하나씩 BoardDataBean 객체로 생성해서 ArrayList에 넣는 작업을 반복한다. do-while문을 사용한 이유는 138라인과 같이 rs.next( )를 한 번 사용해서 레코드의 유무를 확인해야 하기 때문이다. 따라서 138라인에서 접근한 첫 번째 레코드는 조건에 구애받음 없이 BoardDataBean 객체를 생성해야 한다.

- **155라인** articleList.add(article);은 BoardDataBean 객체를 ArrayList에 넣는 부분이다.

- **165라인** 이 메소드를 호출한 list.jsp 페이지로 ArrayList 객체의 레퍼런스인 articleList를 리턴했다. 그러면 list.jsp에서는 이 ArrayList 컬렉션에 접근해서 글목록을 화면에 표시할 수 있다.

169~204라인 updateGetArticle(int num) 메소드는 num에 해당하는 레코드만을 검색하는 메소드이다. 게시판에서 글내용을 수정하는 폼 부분에서 사용되는 것으로 updateForm.jsp 페이지에서 호출되어 사용된다.

- **177~180라인** num에 해당하는 레코드를 검색한다.

- **182~195라인** 얻어낸 레코드를 BoardDataBean 객체로 생성한다.

- **203라인** 이 메소드를 호출한 updateForm.jsp 페이지로 num에 해당하는 글 1개 객체인 BoardDataBean 객체의 레퍼런스 article을 리턴한다.

207~242라인 updateArticle(BoardDataBean article) 메소드는 레코드를 수정하는 것이다. 여기서는 글의 수정을 처리하는 부분인 updatePro.jsp 페이지에서 호출되어 사용된다.

- **215~218라인** 사용자가 수정할 글의 비밀번호를 가져오는 부분이다.

- **220~233라인** 수정할 글의 비밀번호(rs.getString("passwd"))와 사용자가 입력한 비밀번호 (article.getPasswd( ))가 일치하는지를 비교해서 글의 수정 여부를 결정하는 곳이다. 비밀번호 가 같으면 222~231라인을 수행해서 레코드를 수정하고 x 값을 1로 설정한다. 비밀번호가 같 지 않으면 231~233라인을 수행해서 레코드를 수정하지 않고 x 값을 0으로 설정한다.

- **241라인** 이 메소드를 호출한 updatePro.jsp 페이지로 x 값을 리턴한다.

245~277라인 deleteArticle(int num, String passwd) 메소드는 num과 passwd 값을 가지고 글을 삭제하는 메소드이다. 여기서는 글삭제를 처리하는 부분인 deletePro.jsp 페이지에서 호출되 어 사용된다.

- **253~256라인** 사용자가 삭제할 글에 해당하는 비밀번호를 board 테이블에서 가져오는 부분 이다.

- **258~268라인** 삭제할 글의 비밀번호(rs.getString("passwd"))와 사용자가 입력한 비밀번호 (article.getPasswd( ))가 일치하는지를 비교해서 글의 삭제 여부를 결정하는 곳이다. 비밀번호 가 같으면 260~265라인을 수행해서 레코드를 삭제하고 x 값을 1로 설정한다. 비밀번호가 같 지 않으면 266~268라인을 수행해서 레코드를 삭제하지 않고 x 값을 0으로 설정한다.

- **276라인** 이 메소드를 호출한 deletePro.jsp 페이지로 x값을 리턴한다.

게시판 JSP 페이지 작성

여기서는 게시판 시스템의 화면 뷰로 사용자 UI에 해당하는 JSP 페이지를 사용하고, 사용자의 요청 처리는 jQuery 기반의 자바스크립트를 사용한다.

게시판 시스템은 크게 두 개의 흐름으로 나눌 수 있다. 하나는 게시판에 글을 입력해서 글목록 및 글의 내용을 보는 것이고, 다른 하나는 글목록 또는 글내용 보기에서부터 댓글쓰기, 글수정, 글삭제를 수행하는 부분이다.

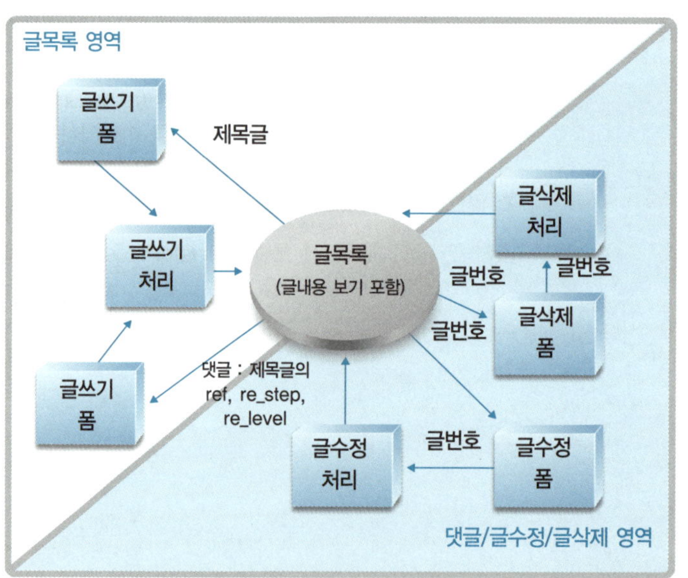

▲ 게시판 시스템의 영역별 구조

게시판 시스템에서 사용하는 JSP 페이지, CSS(스타일시트), JS(자바스크립트) 파일 간의 관계는 다음과 같다.

Ajax 기반에서 동작되며, JSP 페이지에서 버튼 등을 클릭하여 이벤트 처리 요구가 발생하면 자바스크립트가 작업을 처리하기 위해 웹 서버에 요청을 한다. 웹 서버가 이 요청을 받아 처리한 후 결과를 다시 자바스크립트로 반환하면, 자바스크립트가 결과를 받아 JSP 페이지로 보내 화면에 표시한다.

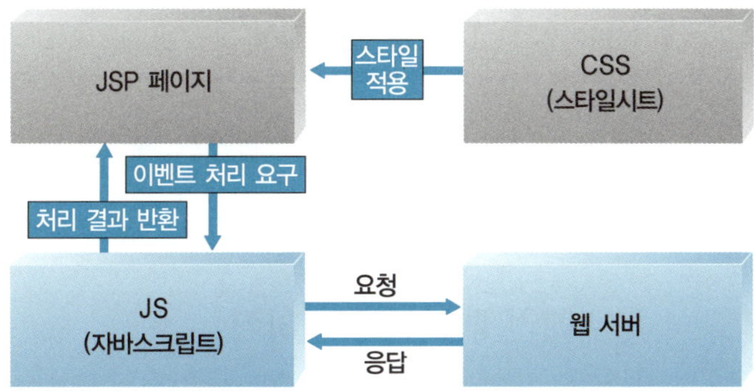

▲ Ajax 기반에서 JSP 페이지, JS, CSS 간의 관계

- JSP 페이지 : 화면의 내용 표시 및 DB 연동을 위한 자바빈 사용
- JS(자바스크립트) 파일 : JSP 페이지에서 발생한 이벤트의 요구를 받아 웹 서버에 요청을 하는 작업 수행
- CSS(스타일시트) 파일 : JSP 페이지에서 사용할 스타일을 정의

게시판 시스템의 각 페이지가 하는 작업은 다음과 같다.

페이지명	작업 내용
main.jsp	시작 페이지로 사용자 인증 부분과 인증된 사용자의 경우 글의 목록을 제공하는 페이지
loginForm.jsp	회원 인증 폼으로 아이디와 비밀번호를 입력하는 페이지
loginPro.jsp	회원 인증을 처리하는 페이지
logout.jsp	인증된 사용자의 인증을 무효화하는 페이지
login.js	회원 인증과 관련된 요청을 처리. 회원 인증 폼의 인증되지 않은 사용자 영역에서 [로그인] 버튼 클릭 및 인증된 사용자 영역에서 [로그아웃] 버튼 클릭 시 작업을 처리
main_board.jsp	메인 화면을 처음 로드 시 게시판 영역에 표시할 내용을 가진 페이지
writeForm.jsp	게시판에 추가할 글을 입력하는 페이지
writePro.jsp	입력된 글을 넘겨받아 글 추가를 처리하는 페이지
write.js	글쓰기와 관련된 요청을 처리. 글쓰기 폼에서 [등록], [취소] 버튼 클릭 시 작업을 처리
list.jsp	게시판의 글목록을 표시하는 페이지
list.js	글목록과 관련된 요청을 처리. 글목록을 표시하고 [글쓰기], [글수정], [글삭제], [댓글달기] 버튼 클릭 시 작업을 처리
updateForm.jsp	글을 수정하기 위한 폼을 제공하는 페이지
updatePro.jsp	글의 수정을 처리하는 페이지
update.js	글수정과 관련된 요청을 처리. 글수정 폼에서 [수정], [취소] 버튼 클릭 시 작업을 처리
deleteForm.jsp	글을 삭제하기 위한 폼을 제공하는 페이지
deletePro.jsp	글의 삭제를 처리하는 페이지
delete.js	글 삭제와 관련된 요청을 처리. 글삭제 폼에서 [삭제], [취소] 버튼 클릭 시 작업을 처리
style.css	스타일시트 파일로 웹 페이지 글꼴, 배경색 등의 스타일을 지정

▲ 게시판 시스템에서 사용되는 페이지

[study.jsp] 프로젝트의 [WebContent] 폴더에 [ch12] 폴더를 생성한다.

1 메인 페이지 작성하기

게시판 시스템의 메인 화면으로 인증된 사용자만 게시판을 사용할 수 있도록 제공한다. 실제적으로 사용자 인증에 관한 부분은 loginForm.jsp 페이지에서 제공하며, main.jsp 페이지는 인증 부분을 표시할 영역 및 게시판 관련 페이지를 표시할 영역을 제공한다.

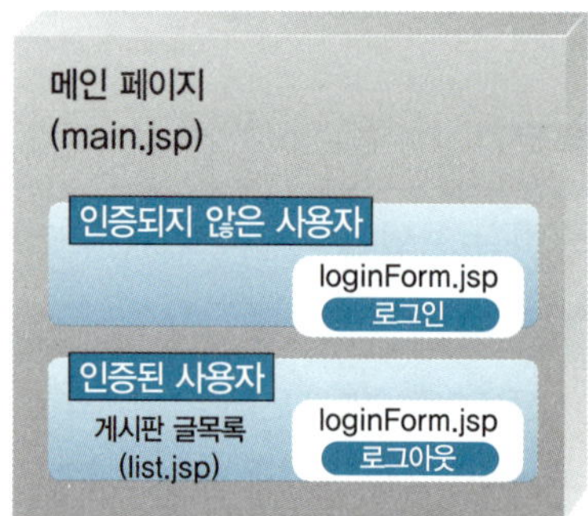

◀ main.jsp 페이지의 구조

메인 페이지에서 사용되는 페이지는 다음과 같다.

필요한 페이지명	작업 내용
main.jsp	시작 페이지로 메인 화면을 제공하며, 게시판 시스템을 위한 회원 인증 영역과 게시판 영역을 보유 • main_auth 영역 : 회원 인증 작업을 표시 • main_board 영역 : 게시판 관련 페이지를 표시
oginForm.jsp	main.jsp의 회원 인증 영역(main_auth)에 사용자 인증 여부를 표시 • 인증되지 않은 사용자 영역 : [로그인] 버튼 제공 • 인증된 사용자 영역 : [로그아웃] 버튼 제공
loginPro.jsp	회원 인증을 처리하는 페이지
logout.jsp	인증된 사용자의 인증을 무효화하는 페이지
login.js	loginForm.jsp에서 사용하는 자바스크립트 파일로 [로그인], [로그아웃] 버튼을 클릭 시 사용자의 요청을 서버로 전달
main_board.jsp	메인 화면을 처음 로드할 때 main.jsp의 게시판 영역(main_board)에 표시할 내용을 가진 페이지
list.jsp	게시판의 글목록을 표시하는 페이지
style.css	스타일시트 파일로 웹 페이지 글꼴, 배경색 등의 스타일을 지정

▲ 메인 페이지에서 사용되는 페이지

게시판 시스템의 메인 화면에 해당하는 메인 페이지를 작성한다.

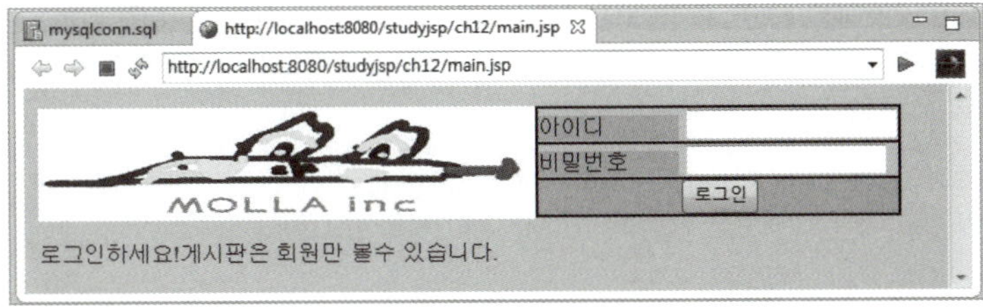

▲ 사용자 인증이 안 된 경우

▲ 사용자 인증이 된 경우

01 스타일시트 style.css 파일이 없는 경우 부록 CD에서 제공하는 것을 복사해서 [studyjsp]–[Content]에 [css] 폴더를 생성하고 붙여넣기 한다.

02 [New]–[JSP File] 메뉴를 사용해 [studyjsp]–[WebContent]–[ch12] 폴더에 main.jsp 페이지를 작성한다. 기본적인 코딩이 작성되면 다음과 같이 수정한 후 저장한다.

```
01  <%@ page language="java" contentType="text/html; charset=UTF-8"
02      pageEncoding="UTF-8"%>
03  <meta name="viewport" content="width=device-width,initial-scale=1.0"/>
04  <link rel="stylesheet" href="../css/style.css"/>
05  <script src="../js/jquery-1.11.0.min.js"></script>
06
07  <div id="main_user_cert" class="box2">
08      <div id="main_image" class="box">
```

```
09    <img class="noborder" id="logo" src="../images/mollahalf.png"/></div>
10    <div id="main_auth" class="box"><jsp:include page="loginForm.jsp"/></div>
11  </div>
12    <div id="main_board" class="box2"><jsp:include page="main_board.jsp"/></div>
```


main.jsp 페이지는 게시판 시스템의 메인 화면으로 사용자 인증을 위한 main_auth 영역과 게시판 관련 페이지를 표시하는 main_board 영역을 제공한다. 게시판 작업은 main_board 영역에서 표시되고 처리된다.

10라인 `<div id="main_auth" class="box"><jsp:include page="loginForm.jsp"/></div>`는 회원 인증을 위한 영역으로 loginForm.jsp 페이지를 표시한다.

12라인 `<div id="main_board" class="box2"><jsp:include page="main_board.jsp"/></div>`는 게시판 영역으로 초기 화면으로 main_board.jsp 페이지를 표시한다.

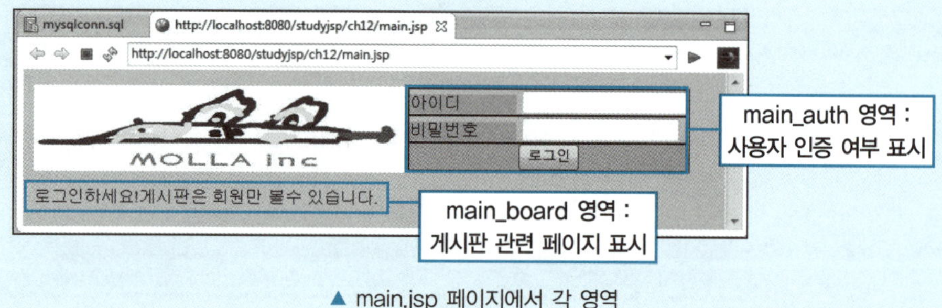

▲ main.jsp 페이지에서 각 영역

03 [New]–[JSP File] 메뉴를 사용해 [studyjsp]–[WebContent]–[ch12] 폴더에 loginForm.jsp 페이지를 작성한다. 기본적인 코딩이 작성되면 다음과 같이 수정한 후 저장한다.

Chapter 11의 loginForm.jsp와 내용이 같으므로 설명은 생략한다.

```
01  <%@ page language="java" contentType="text/html; charset=UTF-8"
02     pageEncoding="UTF-8"%>
03  <meta name="viewport" content="width=device-width,initial-scale=1.0"/>
04   <link rel="stylesheet" href="../css/style.css"/>
05  <script src="../js/jquery-1.11.0.min.js"></script>
06  <script src="login.js"></script>
07  <%
08  String id ="";
09  try{
10      //id 세션 속성의 값을 얻어내서 id 변수에 저장
11      //인증된 사용자의 경우  id 세션 속성의 값 null 또는 공백이 아님
12      id = (String)session.getAttribute("id");
```

```
13    %>
14
15    <%if(id == null || id.equals("")){ //인증되지 않은 사용자 영역%>
16      <div id="status">
17        <ul>
18          <li><label for="id">아이디</label>
19            <input id="id" name="id" type="email" size="20"
20              maxlength="50" placeholder="example@kings.com">
21          <li><label for="passwd">비밀번호</label>
22            <input id="passwd" name="passwd" type="password"
23              size="20" placeholder="6~16자 숫자/문자" maxlength="16">
24          <li class="label2">
25            <button id="login">로그인</button>
26        </ul>
27      </div>
28    <%}else{//인증된 사용자 영역%>
29      <div id="status">
30        <ul>
31          <li><b><%=id %></b>님이 로그인 하셨습니다.
32          <li class="label2"><button id="logout">로그아웃</button>
33        </ul>
34      </div>
35    <%}}catch(Exception e){e.printStackTrace( );}%>
```

---

04 [New]–[Other]–[JavaScript]–[JavaScript Source File] 메뉴를 사용해 [studyjsp]–[WebContent]–[ch12] 폴더에 자바스크립트 login.js 파일을 작성한다. 기본적인 코딩이 작성되면 다음과 같이 수정한 후 저장한다.

Chapter 11의 login.js와 내용이 같으므로 설명은 생략한다.

```
01    var status = true;
02
03    $(document).ready(function( ){
04        //[로그인] 버튼을 클릭하면 자동 실행
05        //입력한 아이디와 비밀번호를 갖고 loginPro.jsp 페이지 실행
06        $("#login").click(function( ){
07          checkIt( );//입력 폼에 입력한 상황 체크
08          if(status){
09            //입력된 사용자의 아이디와 비밀번호를 얻어냄
```

```
10        var query = {id : $("#id").val( ),
11              passwd:$("#passwd").val( )};
12
13      $.ajax({
14        type: "POST",
15        url: "loginPro.jsp",
16        data: query,
17        success: function(data){
18          if(data == 1){//로그인 성공
19            $("#main_auth").load("loginForm.jsp");
20            $("#main_board").load("list.jsp");
21          }else if(data == 0){//비밀번호 틀림
22            alert("비밀번호가 맞지 않습니다.");
23            $("#passwd").val("");
24            $("#passwd").focus( );
25          }else if(data == -1){//아이디 틀림
26            alert("아이디가 맞지 않습니다.");
27            $("#id").val("");
28            $("#passwd").val("");
29            $("#id").focus( );
30          }
31        }
32      });
33      }
34    });
35
36    //[로그아웃] 버튼을 클릭하면 자동 실행
37    //logout.jsp 페이지를 실행
38    $("#logout").click(function( ){//[회원정보수정] 버튼 클릭
39      $.ajax({
40        type: "POST",
41        url: "logout.jsp",
42        success: function(data){
43            $("#main_auth").load("loginForm.jsp");
44            $("#main_board").html("로그인하세요! 게시판은 회원만 볼 수 있습니다.");
45        }
46      });
```

```
47            });
48        });
49
50    //인증되지 않은 사용자 영역에서 사용하는 입력 폼의 입력값 유무 확인
51    function checkIt( ){
52            status = true;
53            if(!$.trim($("#id").val( ))){
54                alert("아이디를 입력하세요.");
55                $("#id").focus( );
56                status = false;
57                return false;
58            }
59
60            if(!$.trim($("#passwd").val( ))){
61                alert("비밀번호를 입력하세요.");
62                $("#passwd").focus( );
63                status = false;
64                return false;
65            }
66    }
```

---

05 [New]-[JSP File] 메뉴를 사용해 [studyjsp]-[WebContent]-[ch12] 폴더에 loginPro.jsp 페이지를 작성한다. 기본적인 코딩이 작성되면 다음과 같이 수정한 후 저장한다.

Chapter 11의 loginPro.jsp와 내용이 같으므로 설명은 생략한다.

```
01    <%@ page language="java" contentType="text/html; charset=UTF-8"
02        pageEncoding="UTF-8"%>
03    <%@ page import = "ch11.logon.LogonDBBean" %>
04
05    <% request.setCharacterEncoding("utf-8");%>
06
07    <%
08        //사용자가 입력한 아이디와 비밀번호
09        String id = request.getParameter("id");
10        String passwd  = request.getParameter("passwd");
11
```

```jsp
12    LogonDBBean manager = LogonDBBean.getInstance( );
13    int check= manager.userCheck(id,passwd);//사용자 인증 처리 메소드
14
15    if(check==1)//사용자 인증에 성공 시 세션 속성을 설정
16          session.setAttribute("id",id);
17
18    out.println(check);//처리 결과를 반환
19  %>
```

06 [New]-[JSP File] 메뉴를 사용해 [studyjsp]-[WebContent]-[ch12] 폴더에 logout.jsp 페이지를 작성한다. 기본적인 코딩이 작성되면 다음과 같이 수정한 후 저장한다.

Chapter 11의 logout.jsp와 내용이 같으므로 설명은 생략한다.

```jsp
01  <%
02     session.invalidate( );//세션 무효화
03  %>
```

07 [New]-[JSP File] 메뉴를 사용해 [studyjsp]-[WebContent]-[ch12] 폴더에 main_board.jsp 페이지를 작성한다. 기본적인 코딩이 작성되면 다음과 같이 수정한 후 저장한다.

```jsp
01  <%@ page language="java" contentType="text/html; charset=UTF-8"
02     pageEncoding="UTF-8"%>
03
04  <meta name="viewport" content="width=device-width,initial-scale=1.0"/>
05  <link rel="stylesheet" href="../css/style.css"/>
06  <script src="../js/jquery-1.11.0.min.js"></script>
07
08  <%
09  String id = "";
10   try{
11          id = (String)session.getAttribute("id");
12  %>
13
14  <%if(id == null || id.equals("")){%>
15     <div id="display_board" class="box2">로그인하세요! 게시판은 회원만 볼 수 있습니다.</div>
```

16	`<%}else{%>`
17	`<div id="display_board" class="box2"><jsp:include page="list.jsp"/></div>`
18	`<%}}catch(Exception e){e.printStackTrace( );}%>`

11라인　세션 속성인 id의 값을 얻어내 id 변수에 저장한다.

14~18라인　id 변수에 값 유무에 따라 다른 내용을 보여주기 위한 것으로, 이 내용은 메인 화면인 main.jsp의 main_board 영역에 표시된다.

id 변수에 값이 있으면 인증된 사용자이므로 16~17라인을 실행해 글목록인 list.jsp 페이지를 display_board 영역에 표시한다. 결론적으로 메인 화면의 main_board 영역에 글목록이 표시된다.

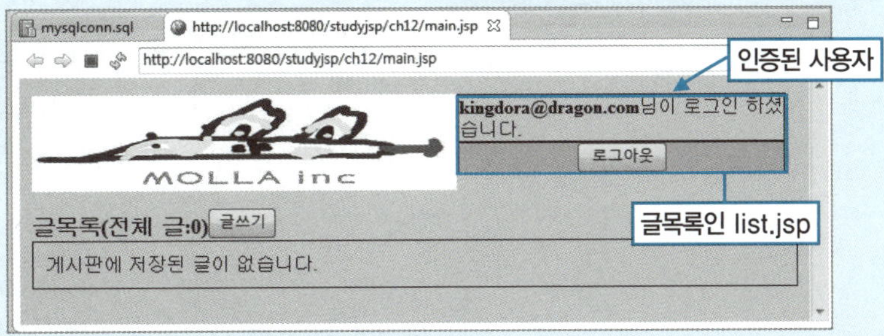

id 변수에 값이 없으면 14~15라인을 수행해서 메인 화면의 main_board 영역에 "로그인하세요! 게시판은 회원만 볼 수 있습니다."가 표시된다.

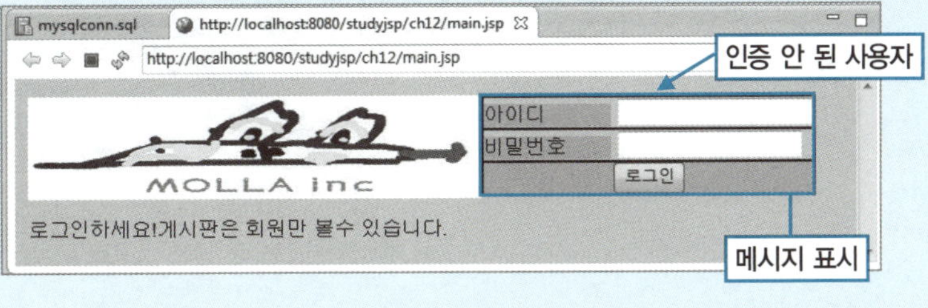

08　화면의 내용이 제대로 표시되지 않기 때문에 511쪽의 〈3. 글목록 보기 페이지 작성하기(글내용 보기 포함)〉의 list.jsp 페이지를 작성하기 전까지 실행하지 않는다.

2 | 글쓰기 페이지 작성하기

게시판 시스템의 글쓰기 구조는 글목록에서 [글쓰기], [댓글쓰기] 버튼을 클릭하면 동작되는 부분으로 글쓰기 폼, 글쓰기 처리 부분으로 이루어져 있다.

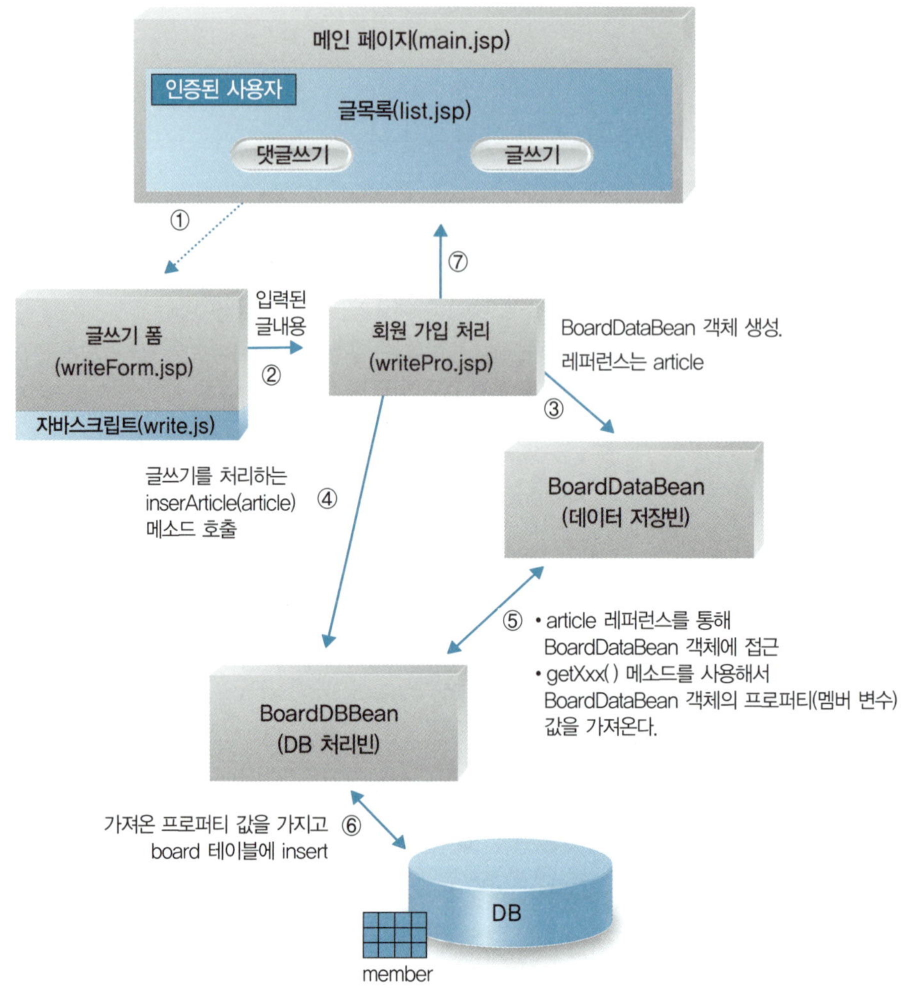

▲ 게시판 시스템 중 글쓰기 구조

메인 페이지의 main_board 영역에 표시된 list.jsp 페이지의 [글쓰기]와 [댓글쓰기] 버튼을 누르면 글쓰기 폼인 writeForm.jsp 페이지가 main.jsp의 main_board 영역에 표시된다. 글쓰기 폼에 내용을 입력한 후 [등록] 버튼을 클릭하면 writePro.jsp가 글쓰기를 처리한다. 이들 페이지 요청은 write.js가 하며, [글쓰기] 버튼을 클릭하면 제목글 쓰기가 되고, [댓글쓰기] 버튼을 누르면 댓글 쓰기가 된다.

글쓰기에서 사용되는 페이지는 다음과 같다.

페이지명	작업 내용
writeForm.jsp	글쓰기 폼으로 게시판에 추가할 글을 입력하는 페이지. 제목글 쓰기와 댓글 쓰기 제공
writePro.jsp	입력된 글을 넘겨받아 글 추가를 처리하는 페이지
write.js	글쓰기와 관련된 요청을 처리. 글쓰기 폼에서 [등록], [취소] 버튼 클릭 시 작업을 처리

▲ 글쓰기에서 사용되는 페이지

게시판 시스템에서 글쓰기를 하는 페이지를 작성한다.

실행 결과　main.jsp 페이지에 writeForm.jsp 페이지가 실행

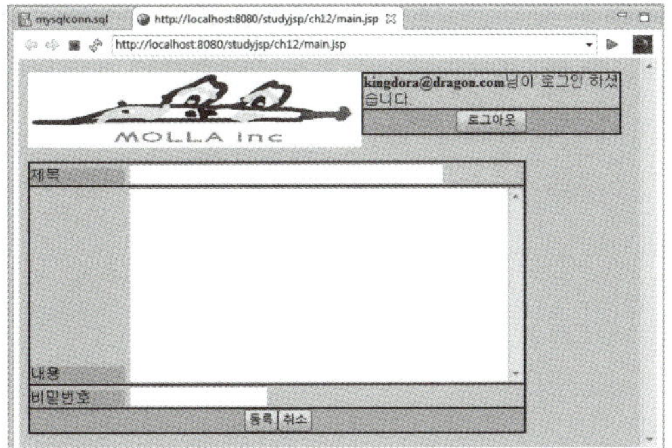

◀ 제목글 쓰기

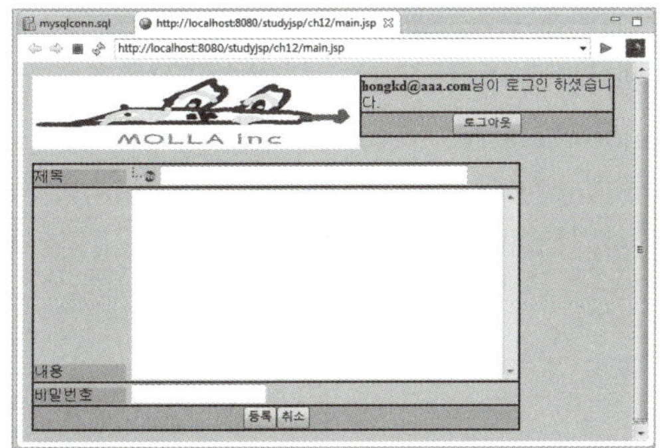

◀ 댓글 쓰기

01 [New]–[JSP File] 메뉴를 사용해 [studyjsp]–[WebContent]–[ch12] 폴더에
writeForm.jsp 페이지를 작성한다. 기본적인 코딩이 작성되면 다음과 같이 수정한
후 저장한다.

```
01  <%@ page language="java" contentType="text/html; charset=UTF-8"
02      pageEncoding="UTF-8"%>
03  <meta name="viewport" content="width=device-width,initial-scale=1.0"/>
04  <link rel="stylesheet" href="../css/style.css"/>
05  <script src="../js/jquery-1.11.0.min.js"></script>
06  <script src="write.js"></script>
07
08  <% request.setCharacterEncoding("utf-8");%>
```

```
09    <%
10    //제목글의 경우 갖는 값
11    int num=0,ref=1,re_step=0,re_level=0;
12    int pageNum = 1;
13
14    try{//댓글의 경우 갖는 값
15      if(request.getParameter("num")!=null){//댓글
16        //제목글의 글번호, 그룹화 번호, 그룹화 내의 순서, 들여쓰기 정도가
17        //list.jsp 페이지에서 넘어옴
18            num=Integer.parseInt(request.getParameter("num"));
19            ref=Integer.parseInt(request.getParameter("ref"));
20            re_step=Integer.parseInt(request.getParameter("re_step"));
21            re_level=Integer.parseInt(request.getParameter("re_level"));
22            pageNum=Integer.parseInt(request.getParameter("pageNum"));
23      }
24    %>
25    <input type="hidden" id="num" value="<%=num%>">
26    <input type="hidden" id="ref" value="<%=ref%>">
27    <input type="hidden" id="re_step" value="<%=re_step%>">
28    <input type="hidden" id="re_level" value="<%=re_level%>">
29
30    <div id="writeForm" class="box">
31      <ul>
32        <li><label for="subject">제목</label>
33         <%if(num != 0){//댓글%>
34            <img src="../images/re.gif">
35         <%}%>
36            <input id="subject" name="subject" type="text"
37            size="50" placeholder="제목" maxlength="50">
38        <li><label for="content">내용</label>
39            <textarea id="content" rows="13" cols="50"></textarea>
40        <li><label for="passwd">비밀번호</label>
41            <input id="passwd" name="passwd" type="password"
42            size="20" placeholder="6~16자 숫자/문자" maxlength="16">
43        <li class="label2">
44            <button id="regist" value="<%=pageNum%>">등록</button>
45            <button id="cancle" value="<%=pageNum%>">취소</button>
46      </ul>
```

```
47        </div>

48        <%}catch(Exception e){ }%>
```


writeForm.jsp은 글쓰기 폼으로 제목글일 경우와 댓글일 경우를 나눠서 표시한다.

11~12라인 제목글일 경우 글번호가 정해지지 않았으므로 num=0과 같이 기본값으로 지정하고, 글번호가 없으므로 그룹화 번호도 기본값인 ref=1을 사용한다. 또한 그룹 내의 순서 및 글제목의 들여쓰기 값도 기본값인 re_step=0, re_level=0으로 지정한다. 또한 최신글은 첫 번째 페이지에 표시되기 때문에 pageNum = 1이다.

15~23라인 댓글일 경우 list.jsp 페이지의 제목글에서 넘어온 정보를 얻어낸다. 이때 14라인의 try문은 15라인의 num 파라미터에 값이 없는 제목글일 경우 쓰지 않으면 에러가 발생하기 때문에 반드시 사용해야 한다.

- **15라인** if(request.getParameter("num")!=null){은 댓글일 경우 num 파라미터의 값이 null이 아니기 때문에 18~22라인을 수행한다.

- **18~21라인** 댓글의 경우 제목글의 글번호, 그룹화 번호, 그룹 내의 순서, 들여쓰기 정도가 필요하다. 이 정보가 있어야 계층 형태의 게시판을 화면에 구현할 수 있다.

- **22라인** 댓글을 쓴 후 list.jsp에서 제목글이 있던 페이지로 복귀하기 위해 제목글이 위치한 페이지가 필요하다.

33~35라인 댓글의 경우 글제목 앞에 댓글 쓰기임을 표시하는 이미지를 추가한다.

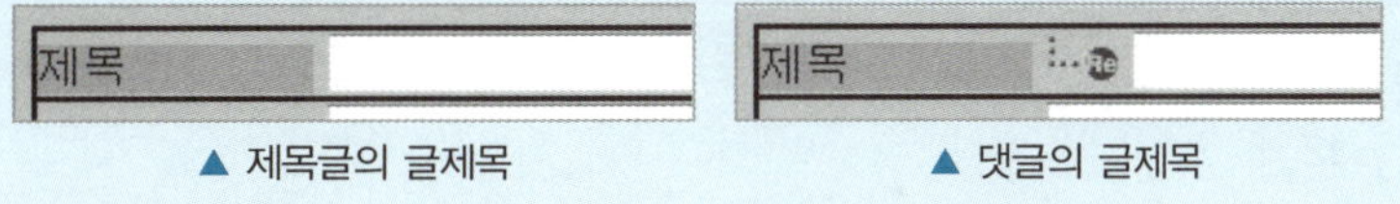

▲ 제목글의 글제목   ▲ 댓글의 글제목

02 [New]–[Other]–[JavaScript]–[JavaScript Source File] 메뉴를 사용해 [studyjsp]–[WebContent]–[ch12] 폴더에 자바스크립트 write.js 파일을 작성한다. 기본적인 코딩이 작성되면 다음과 같이 수정한 후 저장한다.

```
01    var wStatus = true;

02

03    $(document).ready(function( ){

04

05        //글쓰기 폼의 [등록] 버튼을 클릭하면 자동 실행
06        $("#regist").click(function( ){
07            formCheckIt( );//글쓰기 폼의 입력 여부 체크
08            if(wStatus){//입력란에 값을 모두 입력한 경우
09                //[등록] 버튼의 값으로 지정된 현재 페이지 번호를 얻어냄
10                var pageNum = $("#regist").val( );
11                //글쓰기 폼에 입력된 값을 얻어내서 query에 저장
```

```javascript
12        var query = {subject:$("#subject").val( ),
13            content:$("#content").val( ),
14            passwd:$("#passwd").val( ),
15            ref:$("#ref").val( ),
16            re_step:$("#re_step").val( ),
17            re_level:$("#re_level").val( ),
18            num:$("#num").val( )};
19
20        //query 값을 갖고 writePro.jsp 실행
21        $.ajax({
22          type: "POST",
23          url: "writePro.jsp",
24          data: query,
25          success: function(data){
26            if(data == 1){//글 추가 성공
27                alert("글이 등록되었습니다.");
28                var query = "list.jsp?pageNum="+pageNum;
29                $("#main_board").load(query);
30            }
31          }
32        });
33      }
34    });
35
36  //글쓰기 폼의 [취소] 버튼을 클릭하면 자동 실행
37  //글목록 보기 list.jsp 페이지를 표시
38  $("#cancle").click(function( ){
39      var pageNum = $("#cancle").val( );
40      var query = "list.jsp?pageNum="+pageNum;
41        $("#main_board").load(query);
42  });
43
44  });
45
46  //글쓰기 폼의 입력값 유무 확인
47  function formCheckIt( ){
48        wStatus = true;
```

```javascript
49          if(!$.trim($("#subject").val( ))){
50              alert("제목을 입력하세요.");
51              $("#subject").focus( );
52              wStatus = false;
53              return false;
54          }
55
56          if(!$.trim($("#content").val( ))){
57              alert("내용을 입력하세요.");
58              $("#content").focus( );
59              wStatus = false;
60              return false;
61          }
62
63          if(!$.trim($("#passwd").val( ))){
64              alert("비밀번호를 입력하세요.");
65              $("#passwd").focus( );
66              wStatus = false;
67              return false;
68          }
69      }
```


write.js는 글쓰기 폼에서 [등록], [취소] 버튼을 누르면 글쓰기와 관련된 해당 페이지를 서버에 요청한다.

6~34라인 글쓰기 폼에서 [등록] 버튼을 누르면 자동으로 실행되어 글쓰기 처리를 하는 writePro.jsp 페이지를 실행한다. 글쓰기 처리에 성공하면 list.jsp 페이지를 로드한다.

- **10라인** var pageNum = $("#regist").val( );은 [등록] 버튼의 value 속성에 지정된 값을 얻어 낸다. <button id="regist" value="<%=pageNum%>">등록</button>에서 value 속성의 값인 페이지 번호를 얻어낸다.

> **참고 | 버튼에서 값 얻어내기**
>
> 1. <button id="regist" value="<%=pageNum%>">등록</button>
> - $("#regist") : [등록] 버튼 자체
> - $("#regist").val( ) : value 속성의 값, 여기서는 페이지 번호
>
> 2. <button id="regist" name="r" value="<%=pageNum%>" onclick="res(this)">등록</button>
> function res(resBtn){//resBtn 클릭한 버튼 자체를 객체로 받음
>   var r = resBtn.name; //클릭한 버튼의 name 속성값 r을 얻어냄
>   var v = resBtn.value; //클릭한 버튼의 값, 여기서는 "등록" 문자열을 얻어냄
> }

03 [New]-[JSP File] 메뉴를 사용해 [studyjsp]-[WebContent]-[ch12] 폴더에 writePro.jsp 페이지를 작성한다. 기본적인 코딩이 작성되면 다음과 같이 수정한 후 저장한다.

```
01  <%@ page language="java" contentType="text/html; charset=UTF-8"
02      pageEncoding="UTF-8"%>
03  <%@ page import = "ch12.board.BoardDBBean" %>
04  <%@ page import = "java.sql.Timestamp" %>
05
06  <% request.setCharacterEncoding("utf-8");%>
07
08  <%-- 글쓰기 폼에 입력한 값을 갖고 BoardDataBean 클래스 객체 article을 생성 --%>
09  <jsp:useBean id="article" scope="page" class="ch12.board.BoardDataBean">
10    <jsp:setProperty name="article" property="*"/>
11  </jsp:useBean>
12
13  <%
14  String id = "";
15  try{
16      id = (String)session.getAttribute("id");//세션에서 얻어낸 사용자 아이디
17  }catch(Exception e){ }
18
19  //폼으로부터 넘어오지 않는 값을 데이터 저장빈 BoardDataBean 객체 article에 직접 저장
20  article.setWriter(id);
21  article.setReg_date(new Timestamp(System.currentTimeMillis( )) );
22  article.setIp(request.getRemoteAddr( ));
```

```
23
24      //DB 처리빈의 객체를 얻어냄
25      BoardDBBean dbPro = BoardDBBean.getInstance( );
26      //DB 처리빈 BoardDBBean 클래스의 insertArticle( ) 메소드를 호출해서 레코드 추가
27      //이때 추가될 레코드 내용 article을 매개 변수로 가짐
28      //이 메소드의 처리 결과는 check 변수에 저장
29      int check = dbPro.insertArticle(article);
30
31      //이 페이지를 호출한 write.js로 처리 결과값 check를 반환
32      out.println(check);
33  %>
```

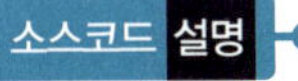

writePro.jsp 페이지는 글쓰기를 처리하기 위해서 BoardDBBean 클래스의 insertArticle( ) 메소드를 사용해 board 테이블과 연동한다. 이때 가입 정보는 BoardDataBean 객체로 생성해서 insertArticle( ) 메소드에 전달한다.

9~11라인   글쓰기 폼에 입력한 값을 갖고 BoardDataBean 클래스 객체 article을 생성하는 부분이다.

16라인   id = (String)session.getAttribute("id");는 세션 속성에서 얻어낸 사용자 아이디인데 작성자 정보로 사용된다. 이 게시판은 회원 전용 게시판이어서 글을 쓸 때 굳이 작성자를 입력할 필요 없이 세션으로부터 얻어내면 된다.

20~22라인   폼으로부터 넘어오지 않는 값을 데이터 저장빈 BoardDataBean 객체인 article에 직접 저장한다. 주로 작성일이나 IP 주소 등이 이에 해당한다. 여기서는 작성자, 작성일, IP 주소를 직접 저장한다.

25라인   BoardDBBean dbPro = BoardDBBean.getInstance( );는 DB 처리빈 BoardDBBean 클래스의 객체를 얻어내서 dbPro에 저장한다.

29라인   int check = dbPro.insertArticle(article);은 추가될 레코드 내용 article을 매개 변수로 갖고 DB 처리빈 BoardDBBean 클래스의 insertArticle( ) 메소드를 호출해서 레코드 추가한다. insertArticle( ) 메소드의 실행 결과값인 레코드 추가 작업의 성공 여부가 check 변수에 저장된다.

32라인   out.println(check);는 이 페이지를 호출한 write.js로 처리 결과값 check를 반환한다.

04 게시판의 구조가 원활하게 실행되려면 list.jsp페이지가 필요하므로 다음의 〈3. 글목록 보기 페이지 작성하기〉의 list.jsp 페이지를 작성하기 전까지 실행하지 않는다.

3 │ 글목록 보기 페이지 작성하기(글내용 보기 포함)

게시판 시스템의 글목록 보기 구조는 글목록 표시, 페이지 이동 처리로 이루어져 있다. 또한 제목글 및 댓글의 글쓰기 폼, 글수정 폼, 글삭제 폼으로의 연결도 제공한다.

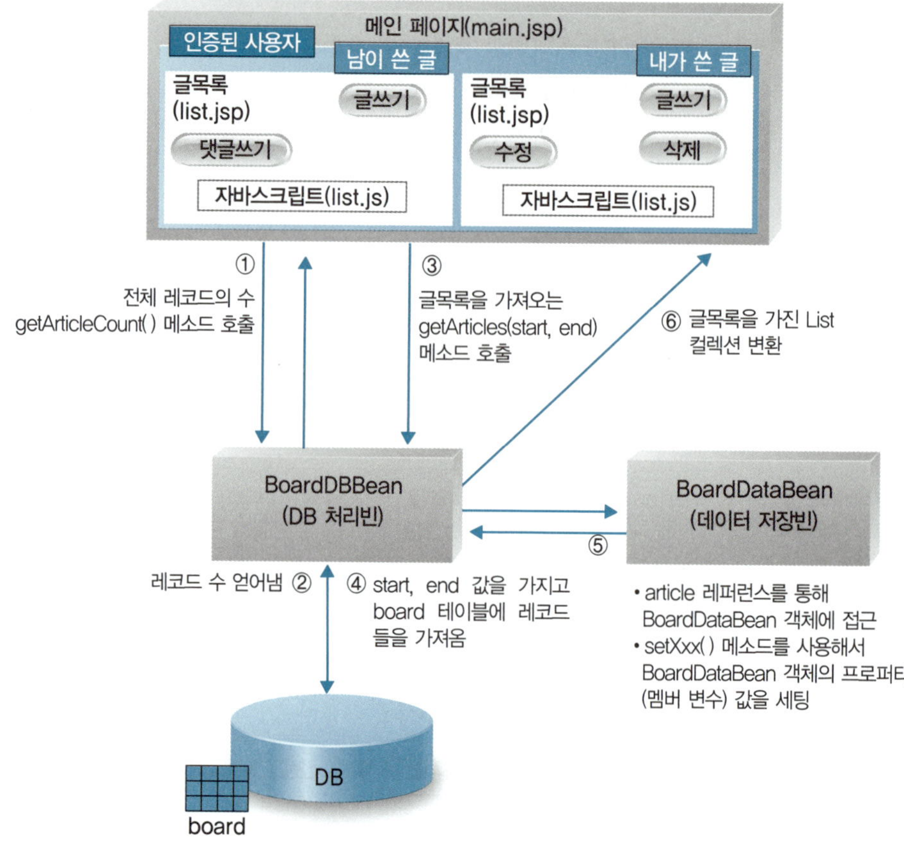

▲ 게시판 시스템 중 글목록의 구조

    메인 페이지의 main_auth 영역에서 회원 인증이 되면 main_board 영역에 글목록과 페이지 이동 영역이 표시된다. [글쓰기] 버튼을 클릭하면 글쓰기 폼인 writeForm.jsp 페이지가 표시된다. 또한 내가 쓴 글의 경우 [수정]과 [삭제] 버튼이 표시되고, 다른 사람이 쓴 글에는 [댓글쓰기] 버튼이 표시된다.

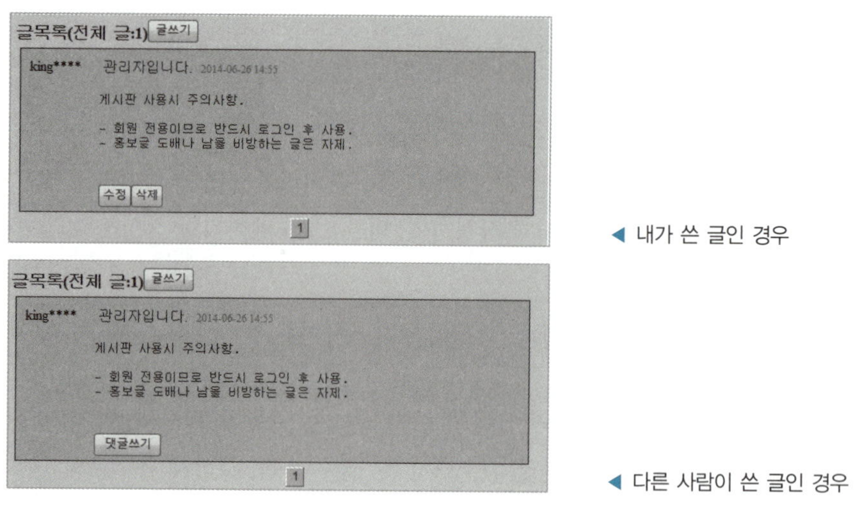

◀ 내가 쓴 글인 경우

◀ 다른 사람이 쓴 글인 경우

[수정] 버튼을 클릭하면 글수정 폼인 updateForm.jsp 페이지가 표시되고, [삭제] 버튼을 누르면 글삭제 폼인 deleteForm.jsp 페이지가 표시된다. [댓글쓰기] 버튼을 클릭하면 댓글용 writeForm.jsp 페이지가 표시된다. 이들 페이지 요청은 list.js에서 한다.

글목록 보기에서 사용되는 페이지는 다음과 같다.

페이지명	작업 내용
list.jsp	게시판의 글목록을 표시하는 페이지. 글목록과 페이지 이동 영역, 글쓰기, 댓글쓰기, 글수정, 글삭제로의 연결을 제공
list.js	글목록과 관련된 요청을 처리. 글목록을 표시하고 [글쓰기], [글수정], [글삭제], [댓글달기] 버튼 클릭 시 작업을 처리

▲ 글목록에서 사용되는 페이지

따라하기 글목록 보기 페이지 작성

게시판 시스템의 글목록 보기 페이지를 작성한다.

실행 결과 main.jsp 페이지에 list.jsp 페이지가 실행

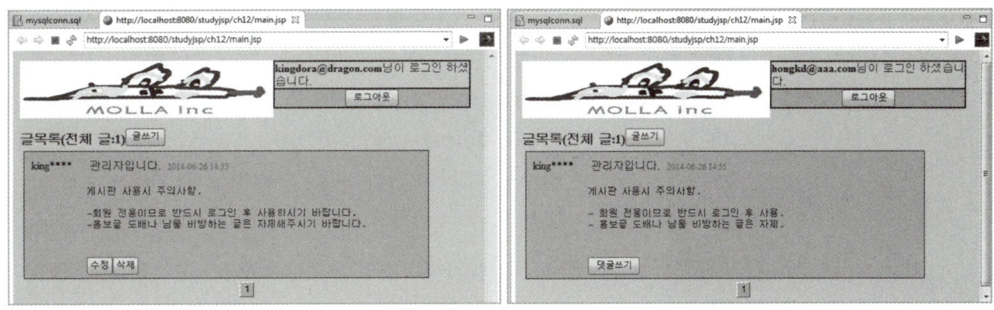

▲ 내가 쓴 글 　　　　　　　▲ 남이 쓴 글

01 [New]-[JSP File] 메뉴를 사용해 [studyjsp]-[WebContent]-[ch12] 폴더에 list.jsp 페이지를 작성한다. 기본적인 코딩이 작성되면 다음과 같이 수정한 후 저장한다.

```
01  <%@ page language="java" contentType="text/html; charset=UTF-8"
02      pageEncoding="UTF-8"%>
03  <%@ page import = "ch12.board.BoardDBBean" %>
04  <%@ page import = "ch12.board.BoardDataBean" %>
05  <%@ page import = "java.util.List" %>
```

```jsp
06    <%@ page import = "java.text.SimpleDateFormat" %>
07
08    <meta name="viewport" content="width=device-width,initial-scale=1.0"/>
09    <link rel="stylesheet" href="../css/style.css"/>
10    <script src="../js/jquery-1.11.0.min.js"></script>
11    <script src="list.js"></script>
12
13    <% request.setCharacterEncoding("utf-8");%>
14    <%
15    String id = "";
16    int pageSize = 3;//한 페이지에 표시할 글의 수
17    SimpleDateFormat sdf =
18        new SimpleDateFormat("yyyy-MM-dd HH:mm");//날짜 데이터 표시 형식 지정
19
20    String pageNum = request.getParameter("pageNum");//화면에 표시할 페이지 번호
21    if (pageNum == null) //페이지 번호가 없으면 1페이지의 내용이 화면에 표시
22        pageNum = "1";
23
24     int count = 0;//전체 글의 수
25    int currentPage = Integer.parseInt(pageNum);//숫자로 파싱
26
27    List<BoardDataBean> articleList = null;//글목록을 저장
28    BoardDBBean dbPro = BoardDBBean.getInstance( );
29    count = dbPro.getArticleCount( );//전체 글 수 얻어냄
30
31    if(count == (currentPage-1)*pageSize)
32       currentPage -=1;
33
34    int startRow = (currentPage - 1) * pageSize + 1;//현재 페이지에서의 시작글 번호
35
36    try{
37     if(count > 0)//테이블에 저장된 글이 있으면, 테이블에서 글목록을 가져옴
38        articleList = dbPro.getArticles(startRow, pageSize);
39
40     if(articleList.isEmpty( ))//테이블에 저장된 글이 없으면, 전체 글 수 : 0
41        count = 0;
42    }catch(Exception e){ }%>
```

```
43
44    <div id="list_head" class="box2">
45      <h3 class="inline">글목록(전체 글:<%=count%>)</h3>
46      <button id="new">글쓰기</button>
47    </div>
48
49    <% if (count == 0){//게시판에 글이 없는 경우%>
50    <div id="list_article" class="box2">
51      <ul>
52        <li><p>게시판에 저장된 글이 없습니다.
53      </ul>
54    </div>
55    <%}else{//게시판에 글이 있는 경우%>
56    <div id="list_article" class="box2">
57    <%
58      //글목록을 반복 처리
59      for (int i = 0 ; i < articleList.size( ) ; i++) {
60        BoardDataBean article = articleList.get(i);
61    %>
62      <ul class="article">
63       <li class="layout_f">
64        <%String writer = article.getWriter( );
65          out.println(writer.substring(0, 4) + "****");
66        %>
67       <li class="layout_f">
68        <%
69            int wid=0;
70            if(article.getRe_level( )>0){
71              wid=5*(article.getRe_level( ));
72        %>
73          <img src="../images/level.gif" width="<%=wid%>">
74          <img src="../images/re.gif">
75        <%}else{%>
76          <img src="../images/level.gif" width="<%=wid%>" height="16">
77        <%}%>
78
79            <% int num = article.getNum( );
```

```jsp
80          int ref = article.getRef( );
81          int re_step = article.getRe_step( );
82          int re_level = article.getRe_level( );
83      %>
84      <%=article.getSubject( )%>
85      <p class="date"><%=sdf.format(article.getReg_date( ))%><br>
86      <pre><%=article.getContent( )%></pre><br>
87      <%try{
88          id = (String)session.getAttribute("id");
89  }catch(Exception e){ }%>
90      <%if(id.equals(writer)) {%>
91        <button id="edit"
92          name="<%=num+","+pageNum%>" onclick="edit(this)">수정</button>
93        <button id="delete"
94          name="<%=num+","+pageNum%>" onclick="del(this)">삭제</button>
95      <%}else{ %>
96        <button id="reply"
97          name="<%=num+","+ref+","+re_step+","+re_level+","+pageNum%>"
98        onclick="reply(this)">댓글쓰기</button>
99        <%}%>
100    </ul>
101  <%}%>
102  </div>
103  <%}%>
104
105  <%-- 페이지 이동 처리 --%>
106  <div id="jump" class="box3">
107  <%
108  if (count > 0) {
109    int pageCount = count / pageSize + ( count % pageSize == 0 ? 0 : 1);
110    int startPage = 1;
111
112    if(currentPage % pageSize != 0)
113      startPage = (int)(currentPage/pageSize)*pageSize + 1;
114    else
115      startPage = ((int)(currentPage/pageSize)-1)*pageSize + 1;
116
```

```
117        int pageBlock = 3; //페이지들의 블록 단위 지정
118        int endPage = startPage + pageBlock-1;
119
120        if (endPage > pageCount) endPage = pageCount;
121
122        if (startPage > pageBlock) {%>
123          <button id="juP" name="<%=startPage - pageBlock%>"
124             onclick="p(this)" class="w2">이전</button>
125            
126    <% }
127      for (int i = startPage ; i <= endPage ; i++) {
128       if(currentPage == i){%>
129         <button id="ju" name="<%=i%>"
130           onclick="p(this)" class="w1"><%=i%></button>
131      <%}else{ %>
132         <button id="ju" name="<%=i%>"
133           onclick="p(this)" class="w"><%=i%></button>
134      <%}%>
135          
136    <% }
137      if (endPage < pageCount) {  %>
138          
139         <button id="juN" name="<%=startPage + pageBlock%>"
140            onclick="p(this)" class="w2">다음</button>
141    <%
142       }
143    }//108라인 if 의 것
144    %>
145    </div>
```


list.jsp 페이지는 글목록 보기 화면에 지정된 개수만큼의 글을 표시하고 지정된 개수 이외의 글은 링크를 제공해서 표시한다. 또한 글쓰기 폼, 댓글쓰기 폼, 수정 폼, 삭제 폼과의 연결도 제공한다.

3라인 BoardDBBean 객체를 사용하기 위해서 ch12.board.BoardDBBean을 import 받았다.

4라인 BoardDataBean 객체를 사용하기 위해서 ch12.board.BoardDataBean을 import 받았다.

5라인 글목록을 저장한 List 객체를 사용하기 위해서 java.util.List을 import 받았다.

6라인 표시되는 날짜의 형식을 설정하는 SimpleDateFormat 객체를 사용하기 위해서 java.text.SimpleDateFormat을 import 받았다.

15라인 String id = "";은 세션 속성의 값을 저장할 변수로, 이 id 변수값을 가지고 내가 쓴 글과 남이 쓴 글을 구분한다.

16라인 int pageSize = 3;은 한 페이지에 표시할 글의 수로, 원하는 값으로 변경하여 사용한다. 책의 예제를 적은 글 수로 페이지 이동을 보여 주기 위해 3으로 지정했다.

17~18라인 SimpleDateFormat sdf = new SimpleDateFormat("yyyy-MM-dd HH:mm");은 날짜 데이터 표시형식을 "연-월-일 시:분"으로 표시하기 위해 사용했다.

20~22라인 이 부분은 list.jsp 페이지로 넘어오는 페이지 번호인 pageNum 값을 받는 부분으로 pageNum 값이 없으면 기본값은 1로 지정한다.

24라인 int count = 0;은 게시판의 전체 글의 수를 저장하는 변수이다.

25라인 Integer.parseInt(pageNum)은 pageNum 값이 String 타입이기 때문에 정수 타입으로 변화시키기 위해서는 Integer 객체의 parseInt( ) 메소드를 사용했다. 웹에서 넘어오는 모든 데이터는 자동으로 문자열로 처리되므로 다른 타입으로 사용하려면 파싱 처리를 해야 한다.

27라인 List〈BoardDataBean〉 articleList = null;은 글목록을 저장할 컬렉션을 선언했다.

28~29라인 전체 레코드를 구하기 위해서 BoardDBBean 객체의 dpPro 레퍼런스를 사용해서 getArticleCount( ) 메소드를 호출했다. 이 메소드를 수행하면 전체 레코드 수가 리턴되어서 count 변수에 저장된다.

31~32라인 글삭제 시 현재 페이지와 글의 개수가 변경되는 것을 반영해 현재 페이지가 제대로 표시되게 했다.

34라인 현재 페이지의 시작 글번호를 계산한다.

36~42라인 count 변수가 가지고 있는 값이 0보다 크면, 즉 board 테이블에 저장된 글이 있으면 BoardDBBean 객체의 dpPro 레퍼런스를 사용해서 getArticles(startRow, pageSize) 메소드를 호출한다. getArticles(startRow, pageSize) 메소드는 글목록을 담고 있는 컬렉션인 ArrayList 객체를 리턴한다. 리턴한 결과는 articleList 레퍼런스 변수에 저장하며, 글목록의 글들은 articleList 레퍼런스 변수를 참조해서 접근한다.

  – **40~41라인** 글을 삭제하다가 모든 글을 삭제한 경우, count 변수값이 0으로 자동 수정되지 못해서 글이 없는데도 글목록을 가져오는 38라인이 수행될 수 있다. 이러면 글이 없다는 의미의 빈 리스트(Empty List)가 반환되는데, 이럴 때 count 변수값을 0으로 수정해 놓는다.

44~47라인 전체 글의 수와 제목글을 쓸 수 있는 [글쓰기] 버튼이 배치되어 있다.

49~54라인 게시판에 글이 없는 경우 글목록 보기에 표시할 내용이다.

55~103라인 게시판에 글이 있는 경우 글목록 보기에 표시할 내용이다.

  – **59~101라인** 글목록의 글을 하나씩 화면에 표시하기 위해서 반복 처리하는 부분이다.

  – **59라인** articleList.size( )는 글의 개수를 얻어내서 이 개수만큼 반복 처리한다.

  – **60라인** articleList.get(i)는 articleList 객체에서 i번째에 해당하는 객체를 얻어온다. 즉, i번째 글을 얻어내서 BoardDataBean 타입 article 변수에 저장한다. 이 article 변수에 저장된 개체가 1개의 글 정보이다.

- **62~100라인** 〈ul〉 태그를 통해 1개당 1개의 글을 표현하도록 화면에 배치했다.

- **64~65라인** 글 작성자의 정보를 보호하기 위해 첫 4글자를 제외한 나머지 부분은 '＊'로 처리했다.

- **69~77라인** 답변글인 경우 들여쓰기를 하기 위해서 사용했다.

- **79~83라인** 답변글을 쓰기 위해 [댓글쓰기] 버튼을 클릭한 경우 writeForm.jsp 페이지로 보내야 하는 정보들이다.

- **84~86라인** 글제목, 글쓴날짜, 글내용을 표시한다. 글내용을 원래 작성한 대로 표시하기 위해 〈pre〉 태그를 사용했다.

- **87~99라인** 내가 쓴 글일 경우 90~94라인을 수행해 [수정]과 [삭제] 버튼을 표시하고, 남이 쓴 글일 경우 95~98라인을 수행해 [댓글쓰기] 버튼을 표시한다. [수정], [삭제], [댓글쓰기] 버튼은 글목록에서 여러 개가 생성되는데 그럴 경우 id 속성은 모두 같은 값이 되어 맨 마지막에 쓴 최신 글의 id 속성값만 id가 기억하게 된다.

  예 첫 번째 글 : num= 1일 때, [댓글쓰기]의 id는 reply이고 $("#reply").val( ) = 1이 된다.

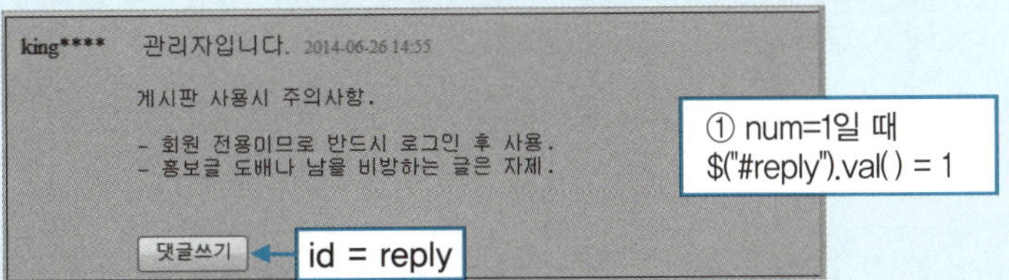

두 번째 글 : num= 2일 때, [수정]의 id는 edit이고 $("#edit").val( ) = 2, [삭제]의 id는 delete이고 $("#delete").val( ) = 2가 된다. [댓글쓰기]의 id인 reply 값은 1이 유지된다.

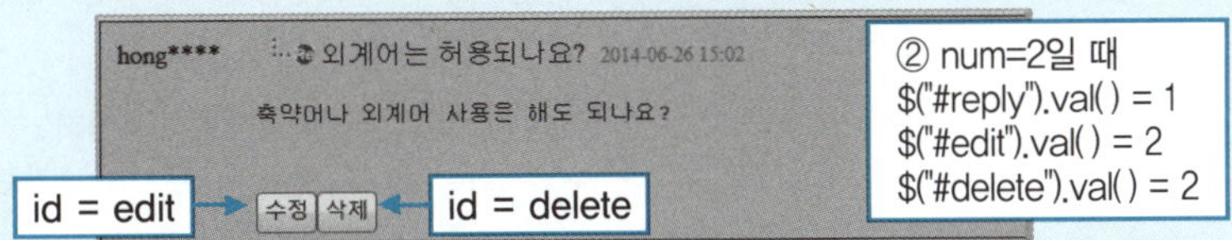

세 번째 글 : num= 3일 때, [댓글쓰기]의 id인 reply 값은 3이 된다. 즉, 최신 값으로 reply 변수의 값이 변경되어, 첫 번째 글의 [댓글쓰기]는 실행되지 않는다. [수정]의 id인 edit 값은 2, [삭제]의 id인 delete 값은 2가 유지된다.

네 번째 글 : num= 4일 때, [수정]의 id인 edit 값은 4, [삭제]의 id인 delete 값은 4가 된다. 즉, edit와 delete 변수의 값이 최신 값으로 변경되어, 두 번째 글의 [수정]과 [삭제]는 실행되지 않는다. [댓글쓰기]의 id인 reply 값은 3이 유지된다.

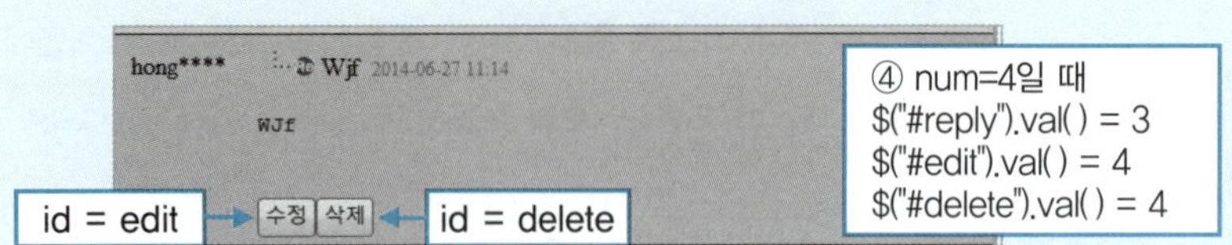

위의 예에서와 같이 id 속성에 값을 저장하면 최신 글의 정보만 유지되는 것을 알 수 있다.

이런 문제를 해결하기 위해 글목록처럼 여러 개의 글이 같은 id를 사용하는 경우에는 각 버튼이 기억해야 하는 값은 name 속성에 저장하고, 어떤 버튼을 눌렀는지 기억하도록 onclick="edit(this)"과 같이 함수에 this를 사용해서 이벤트가 발생한 버튼을 기억시킨다.

```
<button id="edit" name="<%=num+","+pageNum%>" onclick="edit
(this)">수정</button>
```

이렇게 기억된 값 name과 이벤트가 발생한 버튼 정보는 list.js에서 function edit(editBtn){과 같이 기술해서, 이벤트가 발생한 버튼 정보는 editBtn에 저장하고 name의 값은 editBtn.name과 같이 사용해서 얻어낸다. 그러면 각 글이 갖고 있는 고유 정보를 유지하면서 글목록을 표시할 수 있다.

106~145라인 페이지의 이동을 제공하는 버튼들을 생성한다.

- **108~143라인** 글목록에 글이 있는 경우만 페이지 이동 버튼을 표시한다.

- **109라인** 글의 수에 따라 페이지의 개수를 계산한다. pageSize가 3이고, 전체 글의 수가 10개이면 페이지의 수는 4가 된다.

- **112~115라인** 112라인의 %는 나머지를 구하는 연산자이고, currentPage가 pageSize의 배수이면 115라인을 수행하고 배수가 아니면 113라인을 수행한다. 예를 들어 currentPage가 1이고 pageSize가 3일 경우 startPage는 1이 되고, currentPage가 6이고 pageSize가 3일 경우 startPage는 4가 된다.

- **117라인** int pageBlock = 3;은 페이지들의 블록 단위를 지정하는 것으로 적절한 값으로 수정해서 사용한다. 여기서는 적은 수의 글로 페이지 블록을 표시하기 위해 3으로 지정했다.

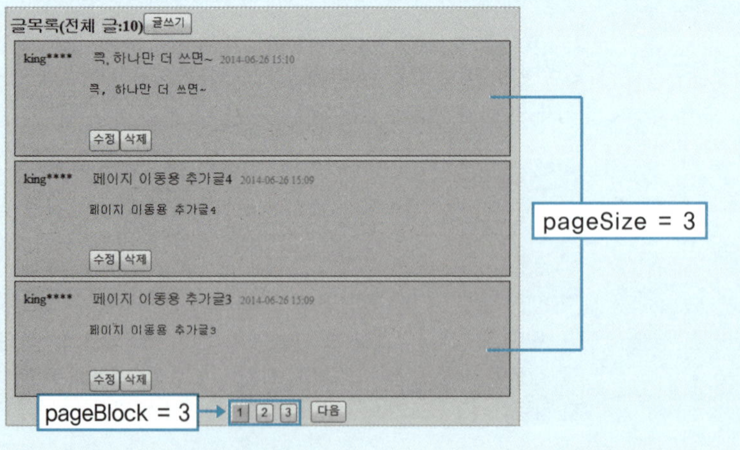

- **118라인** 한 페이지 블록에서 페이지 이동 버튼 중 마지막 버튼의 번호를 계산한다. 예를 들어 startPage는 1이고, pageBlock이 3인 경우 endPage의 값은 3이 된다.

- **120라인** endPage의 값은 전체 페이지(pageCount)의 값보다 클 수 없으므로, 큰 경우 endPage 값에 전체 페이지 값을 넣는다.

- **122~124라인** [이전], [다음], [1], [2] 등과 같이 페이지 이동 버튼을 생성하고 각 버튼을 클릭 시 해당 페이지로 이동하는 이벤트 핸들러를 onclick 속성에 기술했다.

- **122~126라인** 페이지 블록에서 시작 페이지 번호가 페이지 블록 값보다 크면 [이전] 버튼을 표시한다. 예를 들어 startPage는 4이고, pageBlock이 3인 경우 시작 페이지 번호인 4번 왼쪽에 [이전] 버튼이 표시된다.

- **127~136라인** 페이지 블록 내의 각 페이지를 버튼으로 생성한다.

- **137~142라인** 페이지 블록에서 마지막 페이지 번호가 전체 페이지 수보다 작으면 [다음] 버튼을 표시한다. 예를 들어 endPage는 3이고, pageCount이 4인 경우 페이지 블록의 마지막 페이지 번호 3번 오른쪽에 [다음] 버튼이 표시된다.

02 [New]-[Other]-[JavaScript]-[JavaScript Source File] 메뉴를 사용해 [studyjsp]-[WebContent]-[ch11] 폴더에 자바스크립트 list.js 파일을 작성한다. 기본적인 코딩이 작성되면 다음과 같이 수정한 후 저장한다.

```javascript
01  $(document).ready(function( ){
02          //[글쓰기] 버튼을 클릭하면 자동 실행 : 제목글 쓰기
03          //main.jsp의 main_board 영역에 writeForm.jsp 표시
04          $("#new").click(function( ){
05              $("#main_board").load("writeForm.jsp");
06          });
07  });
08
09  //[글수정] 버튼을 클릭하면 자동 실행
10   //main.jsp의 main_board 영역에 글수정 폼 표시
11   function edit(editBtn){
12          //수정할 글의 정보가 [글수정] 버튼인 editBtn의 name 속성에 지정
13          var rStr = editBtn.name;
14          var arr = rStr.split(",");
15          //글번호와 페이지 번호를 갖고 updateForm.jsp 페이지 로드
```

```javascript
16          var query = "updateForm.jsp?num="+arr[0];
17          query += "&pageNum="+arr[1];
18          $("#main_board").load(query);
19      }
20
21  //[글삭제] 버튼을 클릭하면 자동 실행
22  //main.jsp의 main_board 영역에 글삭제 폼 표시
23  function del(delBtn){
24          var rStr = delBtn.name;
25          var arr = rStr.split(",");
26          //글번호와 페이지 번호를 갖고 deleteForm.jsp 페이지 로드
27          var query = "deleteForm.jsp?num="+arr[0];
28          query += "&pageNum="+arr[1];
29          $("#main_board").load(query);
30      }
31
32  //[댓글쓰기] 버튼을 클릭하면 자동 실행
33  //main.jsp의 main_board 영역에 글쓰기 폼 표시
34  function reply(replyBtn){
35          var rStr = replyBtn.name;
36          var arr = rStr.split(",");
37          //댓글쓰기에 필요한 정보를 갖고 writeForm.jsp 페이지 로드
38          var query = "writeForm.jsp?num="+arr[0]+"&ref="+arr[1];
39          query += "&re_step="+arr[2]+"&re_level="+arr[3]+"&pageNum="+arr[4];
40          $("#main_board").load(query);
41      }
42
43  //페이지 이동 버튼을 누르면 자동으로 실행
44   //main.jsp의 main_board 영역에 해당 페이지의 글목록 표시
45  function p(jumpBtn){
46          var rStr = jumpBtn.name;
47          var query = "list.jsp?pageNum="+rStr;
48          $("#main_board").load(query);
49      }
```

list.js는 글목록에서 [글쓰기], [글수정], [글삭제], [댓글쓰기] 버튼 및 페이지 링크 버튼을 누르면 작업 처리를 위해서 해당 페이지를 서버에 요청한다.

4~6라인 [글쓰기] 버튼을 클릭하면 자동 실행되어 main.jsp의 main_board 영역에 writeForm.jsp 페이지를 표시한다.

11~19라인 [글수정] 버튼을 클릭하면 자동 실행되며, 클릭한 버튼의 정보는 editBtn에 넘겨진다.

- **13라인** var rStr = editBtn.name;은 이벤트가 발생한 버튼의 name 속성값을 얻어내 rStr 변수에 저장한다. 여기서 rStr 변수에 수정할 글번호와 수정할 글이 위치한 페이지 번호가 쉼표(,) 로 연결되어 있다. 예를 들어 "2,1"과 같은 형태이다.

- **14라인** var arr = rStr.split(",");은 "2,1"과 같은 형태의 값을 가진 rStr 변수의 문자열을 split() 메소드를 사용해 분할하는 것으로, 이때 중심으로 분할해 arr에 저장한다. 값이 분할되면 배열의 형태가 되기 때문에 arr은 배열 변수이다. 첫 번째 값은 arr[0], 두 번째 값은 arr[1]…에 차례로 저장된다. "2,1" 예에서 arr[0]에는 2가, arr[1]에는 1이 저장되는데 arr[0]은 수정할 글번호를 갖고, arr[1]에는 수정할 글이 위치한 페이지 번호가 들어간다.

- **16~17라인** var query = "updateForm.jsp?num="+arr[0]+ "&pageNum="+arr[1];은 updateForm.jsp에 수정할 글번호와 수정할 글이 위치한 페이지 번호를 보내는 쿼리문을 작성한다.

- **18라인** $("#main_board").load(query);는 실행할 페이지가 수정 폼이기 때문에 load() 메소드를 사용해서 main.jsp 페이지의 main_board 영역에 updateForm.jsp 페이지를 표시한다.

23~30라인 [글삭제] 버튼을 클릭하면 자동 실행되며, 클릭한 버튼의 정보는 delBtn에 넘겨진다. [글수정] 버튼과 같은 코딩이어서 설명을 생략한다. 다만 27~29라인에서 얻어낸 값으로 쿼리값을 생성한 후, query 변수값을 갖고 main.jsp 페이지의 main_board 영역에 deleteForm.jsp 페이지를 표시한다.

34~41라인 [댓글쓰기] 버튼을 클릭하면 자동 실행되며, 클릭한 버튼의 정보는 replyBtn에 넘겨진다. 댓글쓰기의 경우 35라인의 rStr에 "3,3,0,0,1"과 같이 제목글의 글번호, 그룹화 아이디, 그룹 내 순서, 들여쓰기 값, 제목글의 페이지 번호를 저장한다. 따라서 arr[0]에 제목글의 글번호 3이, arr[1]에는 그룹화 아이디 3이 저장된다. 그리고 arr[2]에 그룹 내 순서 0이, arr[4]에는 들여쓰기 값 0이, arr[4]에는 제목글의 페이지 번호 1이 저장된다.

- **38~40라인** 설정한 값을 갖고 쿼리문을 생성한 후 query 변수값을 갖고 main.jsp 페이지의 main_board 영역에 writeForm.jsp 페이지를 표시한다.

45~49라인 [이전], [다음], [1], [2] 등의 버튼을 클릭하면 자동 실행되며, 클릭한 버튼의 정보는 jumpBtn에 넘겨진다. 46라인 rStr에는 이동할 페이지의 번호가 저장되어 47~48라인에서 쿼리값을 생성해 main.jsp 페이지의 main_board 영역에 list.jsp 페이지를 표시한다.

03 main.jsp 페이지를 선택하고 마우스 오른쪽 버튼을 눌러 [Run As]–[Run on Server] 메뉴를 클릭하면 실행 결과가 표시된다.

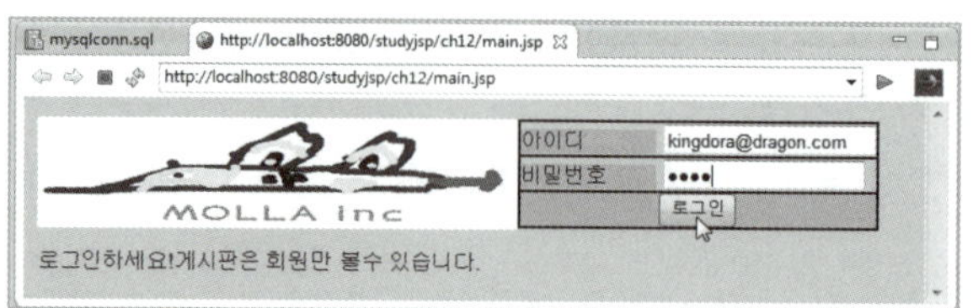

main.jsp 페이지가 실행되면 아이디와 비밀번호를 입력한 후 [로그인] 버튼을 클릭한다.

회원 인증에 성공하면 메인 화면의 게시판 영역에 글목록이 표시된다. 저장된 글이 없는 경우 다음과 같이 표시되며, 새로운 글을 쓸 경우 [글쓰기] 버튼을 클릭한다.

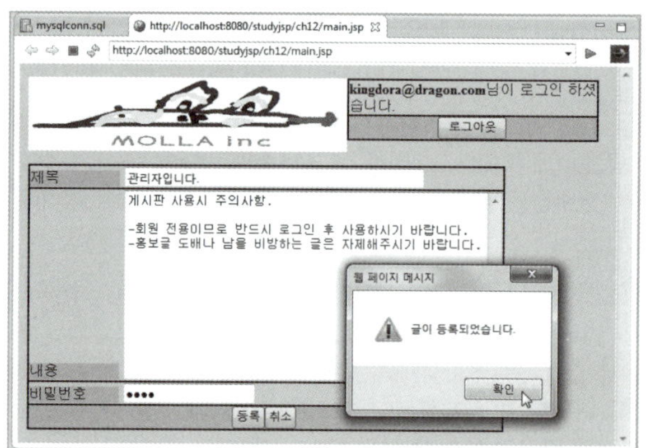

글쓰기 폼이 표시되면 글제목, 글내용, 비밀번호를 입력한 후 [등록] 버튼을 클릭한다. 글이 등록되었다는 메시지 상자가 표시되면 [확인] 버튼을 클릭한다.

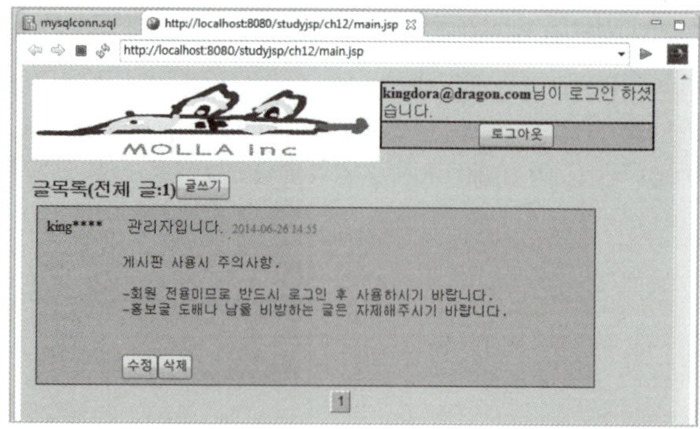

글목록에 새로운 글이 추가된 것을 확인할 수 있다. 자신이 쓴 글의 경우 [수정]과 [삭제] 버튼을 확인할 수 있다.

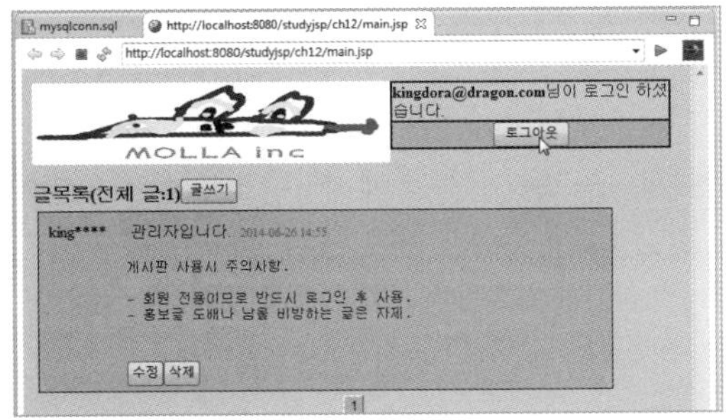

댓글을 작성하기 위해 기존 사용자 인증에서 [로그아웃] 버튼을 클릭하여 사용자 인증을 해제한다.

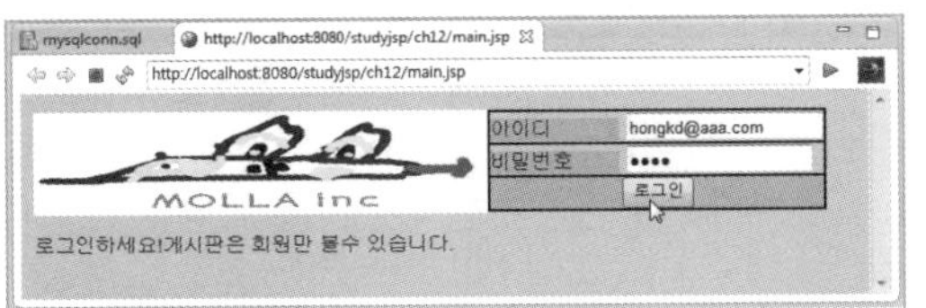

메인 화면에서 다른 아이디로 로그인한다.

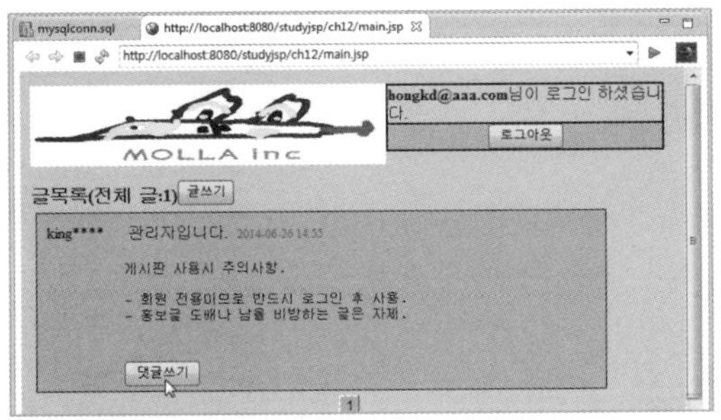

다른 아이디에서는 자신이 쓴 글이 아니므로 [댓글쓰기] 버튼이 표시된다. 댓글을 쓰기 위해 댓글을 쓸 글의 [댓글쓰기] 버튼을 클릭한다.

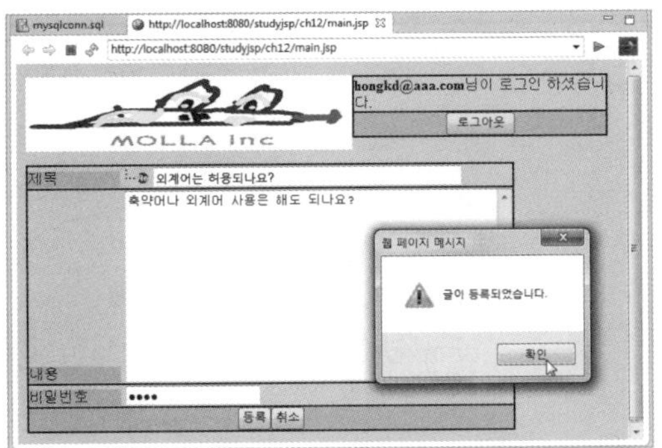

댓글을 쓴 후 [등록] 버튼을 클릭한다. 메시지 상자가 표시되면 [확인] 버튼을 클릭한다.

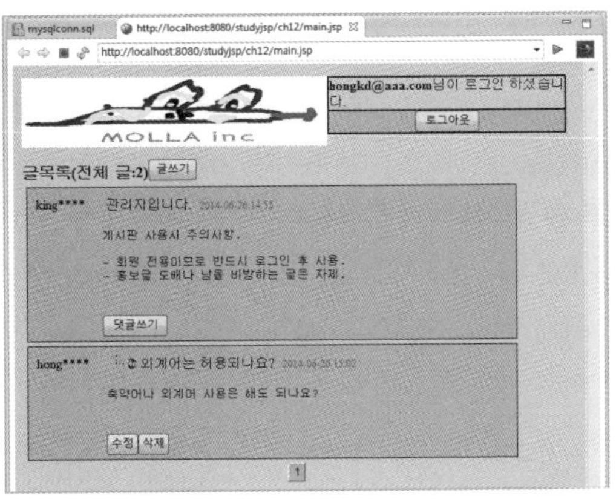

글목록에 댓글이 추가된 것을 확인할 수 있다. 댓글은 최신 글이어도 제목글 아래에 배치된다.

　게시판 시스템의 글수정 구조는 글목록에서 [수정] 버튼을 클릭하면 동작되며 글수정 폼, 글수정 처리로 이루어져 있다.

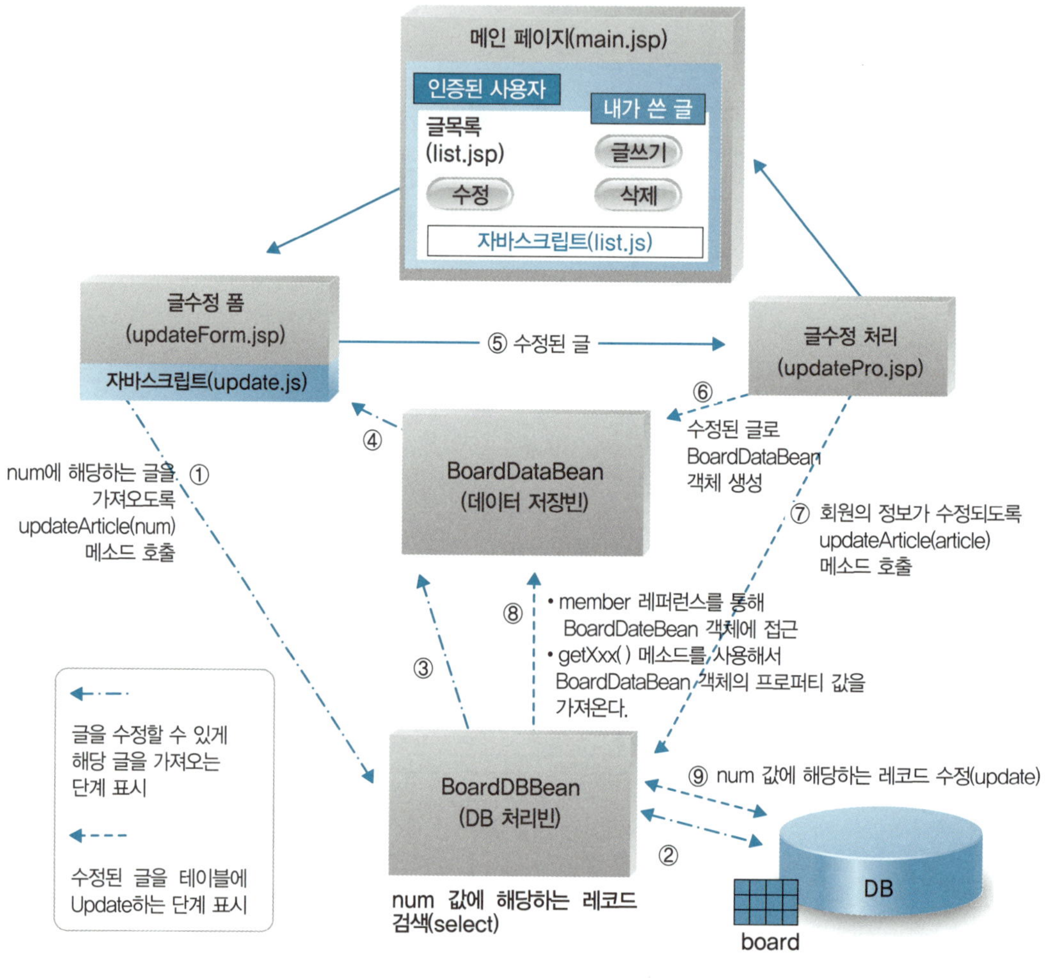

▲ 게시판 시스템 중 글수정의 구조

　메인 페이지의 main_board 영역에 표시된 글목록인 list.jsp 페이지에서 [수정] 버튼을 클릭하면 글수정 폼인 updateForm.jsp 페이지가 표시된다. 글수정 폼에 수정할 글의 정보를 입력한 후 [수정] 버튼을 클릭하면 updatePro.jsp 페이지가 글수정을 처리한다.

　게시판 시스템의 글삭제 구조는 글목록에서 [삭제] 버튼을 클릭하면 동작되며 글삭제 폼, 글삭제 처리로 이루어져 있다.

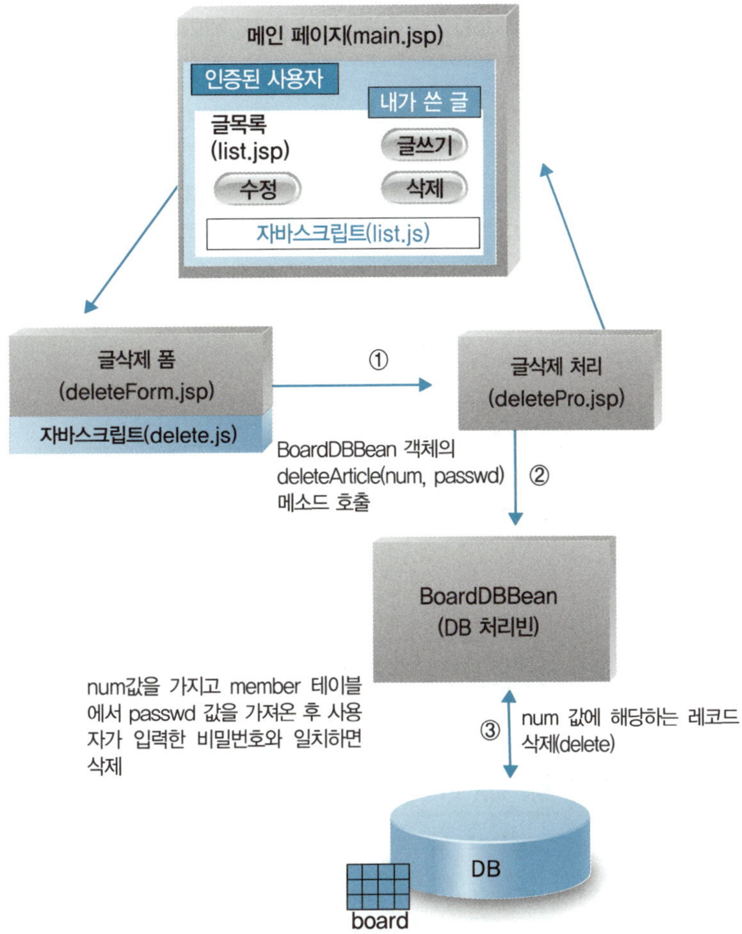

▲ 게시판 시스템 중 글삭제의 구조

메인 페이지의 main_board 영역에 표시된 글목록인 list.jsp 페이지에서 [삭제] 버튼을 클릭하면 글삭제 폼인 deleteForm.jsp 페이지가 표시된다. 글삭제 폼에 삭제할 글의 비밀 번호를 입력한 후 [삭제] 버튼을 클릭하면 deletePro.jsp 페이지가 글삭제를 처리한다.

글수정 및 삭제에서 필요한 페이지는 다음과 같다.

페이지명	작업 내용
updateForm.jsp	글을 수정하기 위한 폼을 제공하는 페이지
updatePro.jsp	글의 수정을 처리하는 페이지
deleteForm.jsp	글을 삭제하기 위한 폼을 제공하는 페이지
deletePro.jsp	글의 삭제를 처리하는 페이지
update.js	글수정과 관련된 요청을 처리. 글수정 폼에서 [수정], [취소] 버튼 클릭 시 작업을 처리

▲ 글수정 및 삭제에서 사용되는 페이지

게시판 시스템의 글수정 및 삭제를 하는 페이지를 작성한다.

실행 결과 main.jsp 페이지에 updateForm.jsp 페이지가 실행

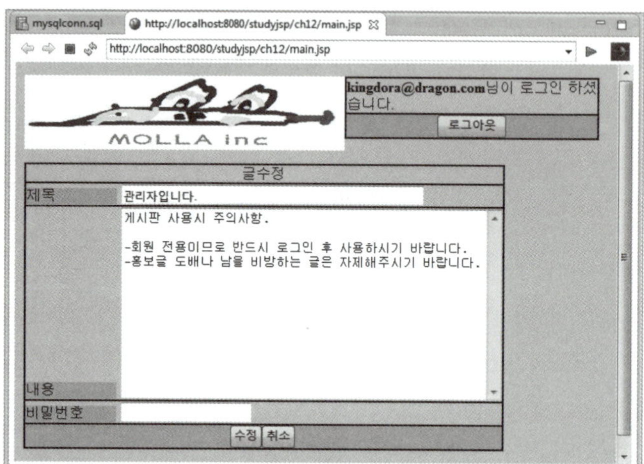

실행 결과 main.jsp 페이지에 deleteForm.jsp 페이지가 실행

01 [New]-[JSP File] 메뉴를 사용해 [studyjsp]-[WebContent]-[ch12] 폴더에
updateForm.jsp 페이지를 작성한다. 기본적인 코딩이 작성되면 다음과 같이 수정
한 후 저장한다.

```
01   <%@ page language="java" contentType="text/html; charset=UTF-8"
02       pageEncoding="UTF-8"%>
03   <%@ page import = "ch12.board.BoardDBBean" %>
04   <%@ page import = "ch12.board.BoardDataBean" %>
05
```

```html
<meta name="viewport" content="width=device-width,initial-scale=1.0"/>
<link rel="stylesheet" href="../css/style.css"/>
<script src="../js/jquery-1.11.0.min.js"></script>
<script src="update.js"></script>

<% request.setCharacterEncoding("utf-8");%>

<%
//수정할 글의 번호와 수정할 글이 위치한 페이지 번호를 얻어냄
int num = Integer.parseInt(request.getParameter("num"));
String pageNum = request.getParameter("pageNum");

BoardDBBean dbPro = BoardDBBean.getInstance( );
//주어진 글번호에 해당하는 수정할 글을 가져옴
BoardDataBean article =  dbPro.updateGetArticle(num);
%>
<%--수정할 글의 원래 저장 내용을 글수정폼에 표시 --%>
<div id="editForm" class="box">
  <ul>
    <li><p class="center">글수정
    <li><label for="subject">제목</label>
      <input id="subject" name="subject" type="text"
       size="50" maxlength="50" value="<%=article.getSubject( )%>">
      <input type="hidden" id="num" value="<%=num%>">
    <li><label for="content">내용</label>
      <textarea id="content" rows="13"
       cols="50"><%=article.getContent( )%></textarea>
    <li><label for="passwd">비밀번호</label>
      <input id="passwd" name="passwd" type="password"
       size="20" placeholder="6~16자 숫자/문자" maxlength="16">
    <li class="label2">
      <button id="update" value="<%=pageNum%>">수정</button>
      <button id="cancle" value="<%=pageNum%>">취소</button>
  </ul>
</div>
```

updateForm.jsp는 글수정 폼으로 수정할 글이 폼에 표시된다.

15~16라인 수정할 글의 번호와 수정할 글이 위치한 페이지 번호를 얻어낸다.

18, 20라인 데이터 처리빈 BoardDBBean의 객체를 얻어내서 dbPro에 저장한다. 주어진 글번호
에 해당하는 수정할 글을 가져오기 위해 BoardDataBean 클래스의 updateGetArticle( ) 메소드를
실행한다. 레코드 가져오기에 성공하면 가져온 글을 article에 저장한다.

23~40라인 수정할 글의 원래 저장 내용을 글수정 폼에 표시한다.

02 [New]-[Other]-[JavaScript]-[JavaScript Source File] 메뉴를 사용해 [studyjsp]-
[WebContent]-[ch12] 폴더에 자바스크립트 update.js 파일을 작성한다. 기본적인
코딩이 작성되면 다음과 같이 수정한 후 저장한다.

```
01    var wStatus = true;
02
03    $(document).ready(function( ){
04
05        //글수정 폼의 [수정] 버튼을 클릭하면 자동 실행
06      $("#update").click(function( ){
07            formCheckIt( );//글수정 폼의 입력 여부 체크
08            if(wStatus){
09            //[수정] 버튼의 값으로 지정된 현재 페이지 번호를 얻어냄
10            var pageNum = $("#update").val( );
11            //글번호와 글수정 폼에 입력된 값을 얻어내서 query에 저장
12             var query = {subject:$("#subject").val( ),
13                 content:$("#content").val( ),
14                 passwd:$("#passwd").val( ),
15                 num:$("#num").val( )};
16
17            //query 값을 갖고 updatePro.jsp 실행
18             $.ajax({
19                type: "POST",
20                url: "updatePro.jsp",
21                data: query,
22                success: function(data){
23                  if(data == 1){//글수정 처리가 성공한 경우
24                      alert("글이 수정되었습니다.");
25                      var query = "list.jsp?pageNum="+pageNum;
```

```javascript
26                    $("#main_board").load(query);
27                 }else{//글수정 처리가 실패한 경우
28                    alert("비밀번호 틀림.");
29                    $("#passwd").val("");
30                    $("#passwd").focus( );
31                 }
32              }
33           });
34        }
35     });
36
37  //글수정 폼의 [취소] 버튼을 클릭하면 자동 실행
38  //글목록 보기 list.jsp 페이지를 표시
39  $("#cancle").click(function( ){
40  var pageNum = $("#cancle").val( );
41  var query = "list.jsp?pageNum="+pageNum;
42  $("#main_board").load(query);
43  });
44
45  });
46
47  //글수정 폼의 입력값 유무 확인
48  function formCheckIt( ){
49      wStatus = true;
50      if(!$.trim($("#subject").val( ))){
51         alert("제목을 입력하세요.");
52         $("#subject").focus( );
53         wStatus = false;
54         return false;
55      }
56
57      if(!$.trim($("#content").val( ))){
58         alert("내용을 입력하세요.");
59         $("#content").focus( );
60         wStatus = false;
61         return false;
62      }
```

```
63
64                    if(!$.trim($("#passwd").val( ))){
65                       alert("비밀번호를 입력하세요.");
66                       $("#passwd").focus( );
67                       wStatus = false;
68                       return false;
69                    }
70             }
```


update.js는 글수정 폼에서 [수정]과 [취소] 버튼을 누르면 글수정과 관련된 해당 페이지를 서버에 요청한다.

6~35라인 글수정 폼에서 [수정] 버튼을 클릭하면 자동 실행되어 글수정 처리 페이지인 updatePro.jsp를 요청한 후 글수정을 처리한다. updatePro.jsp 페이지가 제대로 실행되어 작업을 처리한 후 응답된 결과에 따라 글수정 처리가 성공한 경우와 실패한 경우에 대한 처리를 한다.

- 10라인 var pageNum = $("#update").val( );은 글수정 처리가 성공하면 main.jsp 페이지의 main_board 영역에 list.jsp 페이지를 표시할 때의 페이지 번호 표시에 필요한 값이다.

- 12~15라인 글수정 처리 updatePro.jsp 페이지에 보낼 요청 데이터로 수정될 글의 정보이다.

39~43라인 글수정 폼에서 [취소] 버튼을 클릭하면 자동 실행되어 main.jsp 페이지의 main_board 영역에 list.jsp 페이지를 표시한다.

48~70라인 formCheckIt( ) 함수는 글수정 폼의 입력값 유무를 확인한다.

03 [New]-[JSP File] 메뉴를 사용해 [studyjsp]-[WebContent]-[ch12] 폴더에 updatePro.jsp 페이지를 작성한다. 기본적인 코딩이 작성되면 다음과 같이 수정한 후 저장한다.

```
01    <%@ page language="java" contentType="text/html; charset=UTF-8"
02        pageEncoding="UTF-8"%>
03    <%@ page import = "ch12.board.BoardDBBean" %>
04
05    <% request.setCharacterEncoding("utf-8");%>
06
07    <%-- BoardDataBean 클래스의 객체 article을 생성 : 향후 이 객체에 접근 시 article.--%>
08    <jsp:useBean id="article" scope="page" class="ch12.board.BoardDataBean">
09      <jsp:setProperty name="article" property="*"/>
10    </jsp:useBean>
```

```
11
12    <%
13    BoardDBBean dbPro = BoardDBBean.getInstance( );
14    //글수정 처리 후 결과를 check 변수에 저장
15    int check = dbPro.updateArticle(article);
16
17    //이 페이지를 호출한 update.js로 처리 결과값 check를 반환
18    out.println(check);
19    %>
```


updatePro.jsp 페이지는 글수정 처리를 위해서 BoardDBBean 클래스의 updateArticle(( ) 메소드를 사용해 board 테이블과 연동한다. 이때 수정한 글정보는 BoardDataBean 객체로 생성해서 updateArticle(( ) 메소드에 전달한다.

15라인　int check = dbPro.updateArticle(article);은 글수정 처리 후 수정 성공 여부 결과값을 check 변수에 저장한다.

18라인　out.println(check);는 이 페이지를 호출한 update.js로 처리 결과인 check 변수값을 반환한다.

04 [New]-[JSP File] 메뉴를 사용해 [studyjsp]-[WebContent]-[ch12] 폴더에 deleteForm.jsp 페이지를 작성한다. 기본적인 코딩이 작성되면 다음과 같이 수정한 후 저장한다.

deleteForm.jsp는 글삭제 폼으로 비밀번호를 입력하고 [삭제] 버튼을 클릭하는 작업을 한다. 글을 삭제하기 위한 글번호는 12라인에서 얻어내고, 글을 삭제한 후 복귀할 위치는 13라인에서 얻어낸다.

```
01    <%@ page language="java" contentType="text/html; charset=UTF-8"
02        pageEncoding="UTF-8"%>
03
04    <meta name="viewport" content="width=device-width,initial-scale=1.0"/>
05    <link rel="stylesheet" href="../css/style.css"/>
06    <script src="../js/jquery-1.11.0.min.js"></script>
07    <script src="delete.js"></script>
08
09    <% request.setCharacterEncoding("utf-8");%>
10    <%
11    //삭제할 글의 번호와 삭제할 글이 위치한 페이지 번호를 얻어냄
12    int num = Integer.parseInt(request.getParameter("num"));
13    String pageNum = request.getParameter("pageNum");
14    %>
```

```
15    <div id="deleteForm">
16      <ul>
17        <li><p class="center">글삭제
18        <li><label for="passwd">비밀번호</label>
19          <input id="passwd" name="passwd" type="password"
20            size="20" placeholder="6~16자 숫자/문자" maxlength="16">
21          <input type="hidden" id="num" value="<%=num%>">
22        <li class="label2">
23          <button id="delete" value="<%=pageNum%>">삭제</button>
24          <button id="cancle" value="<%=pageNum%>">취소</button>
25      </ul>
26    </div>
```


05 [New]-[Other]-[JavaScript]-[JavaScript Source File] 메뉴를 사용해 [studyjsp]-[WebContent]-[ch12] 폴더에 자바스크립트 delete.js 파일을 작성한다. 기본적인 코딩이 작성되면 다음과 같이 수정한 후 저장한다.

```
01    var wStatus = true;
02
03    $(document).ready(function( ){
04
05        //글삭제 폼의 [삭제] 버튼을 클릭하면 자동 실행
06      $("#delete").click(function( ){
07            formCheckIt( );
08            if(wStatus){
09              //[삭제] 버튼의 값으로 지정된 현재 페이지 번호를 얻어냄
10              var pageNum = $("#delete").val( );
11              //글번호와 글삭제 폼에 입력된 값을 얻어내서 query에 저장
12              var query = {passwd:$("#passwd").val( ),
13                num:$("#num").val( )};
14
15              //query값을 갖고 deletePro.jsp실행
16              $.ajax({
17                type: "POST",
18                url: "deletePro.jsp",
19                data: query,
```

```javascript
20              success: function(data){
21                  if(data == 1){//글삭제 처리에 성공한 경우
22                      alert("글이 삭제되었습니다.");
23                      var query = "list.jsp?pageNum="+pageNum;
24                      $("#main_board").load(query);
25                  }else{//글삭제 처리에 실패한 경우
26                      alert("비밀번호 틀림.");
27                      $("#passwd").val("");
28                      $("#passwd").focus( );
29                  }
30              }
31          });
32      }
33      });
34
35  //글삭제 폼의 [삭제] 버튼을 클릭하면 자동 실행
36  //글목록 보기 list.jsp 페이지를 표시
37  $("#cancle").click(function( ){
38      var pageNum = $("#cancle").val( );
39      var query = "list.jsp?pageNum="+pageNum;
40      $("#main_board").load(query);
41  });
42
43  });
44
45  //글삭제 폼의 비밀번호 입력 유무 확인
46  function formCheckIt( ){
47      wStatus = true;
48      if(!$.trim($("#passwd").val( ))){
49          alert("비밀번호를 입력하세요.");
50          $("#passwd").focus( );
51          wStatus = false;
52          return false;
53      }
54  }
```

delete.js는 글삭제 폼에서 [삭제]와 [취소] 버튼을 클릭하면 글삭제와 관련된 해당 페이지를 서버에 요청한다.

6~33라인 글삭제 폼에서 [삭제] 버튼을 클릭하면 자동 실행되어 글삭제 처리 페이지인 deletePro.jsp를 요청한 후 글삭제를 처리한다. deletePro.jsp 페이지가 제대로 실행되어 작업을 처리한 후 응답된 결과에 따라 글삭제 처리가 성공한 경우와 실패한 경우에 대한 처리를 한다. 10라인은 글삭제 처리가 성공하면 main.jsp 페이지의 main_board 영역에 list.jsp 페이지를 표시할 때 필요한 페이지 번호값이다. 12~13라인은 글삭제 처리 deletePro.jsp 페이지에 보낼 요청 데이터로 삭제할 글번호와 비밀번호이다.

37~41라인 글삭제 폼에서 [취소] 버튼을 클릭하면 자동 실행되어 main.jsp 페이지의 main_board영역에 list.jsp 페이지를 표시한다.

46~54라인 formCheckIt( ) 함수는 글삭제 폼의 비밀번호 입력 유무를 확인한다.

06 [New]-[JSP File] 메뉴를 사용해 [studyjsp]-[WebContent]-[ch12] 폴더에 deletePro.jsp 페이지를 작성한다. 기본적인 코딩이 작성되면 다음과 같이 수정한 후 저장한다.

```
01  <%@ page language="java" contentType="text/html; charset=UTF-8"
02      pageEncoding="UTF-8"%>
03  <%@ page import = "ch12.board.BoardDBBean" %>
04
05  <% request.setCharacterEncoding("utf-8");%>
06  <%
07   int num = Integer.parseInt(request.getParameter("num"));
08   String passwd = request.getParameter("passwd");
09
10   BoardDBBean dbPro = BoardDBBean.getInstance( );
11   //글삭제 처리 후 결과를 check 변수에 저장
12   int check = dbPro.deleteArticle(num, passwd);
13
14   //이 페이지를 호출한 delete.js로 처리 결과값 check를 반환
15   out.println(check);
16  %>
```


deletePro.jsp 페이지는 글삭제를 처리하기 위해서 BoardDBBean 클래스의 deleteArticle( ) 메소드를 사용해 board 테이블과 연동한다. 이때 삭제할 글의 번호와 비밀번호가 insertArticle( ) 메소드에 전달된다.

07 main.jsp 페이지를 선택하고 마우스 오른쪽 버튼을 눌러 [Run As]-[Run on Server] 메뉴를 클릭하면 실행 결과가 표시된다.

main.jsp 페이지가 실행되어 회원 인증이 된 상태에서 글목록이 표시된다. 수정할 글에서 [수정] 버튼을 클릭한다.

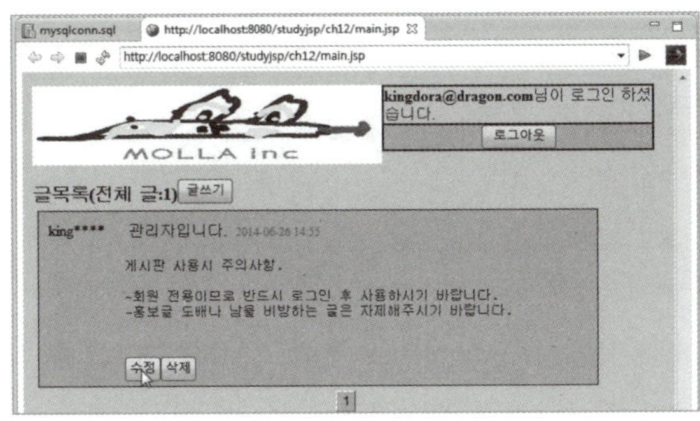

글수정 폼에서 수정 내용을 입력한 후 [수정] 버튼을 클릭한다. 글수정 처리 메시지 상자가 표시되면 [확인] 버튼을 클릭한다.

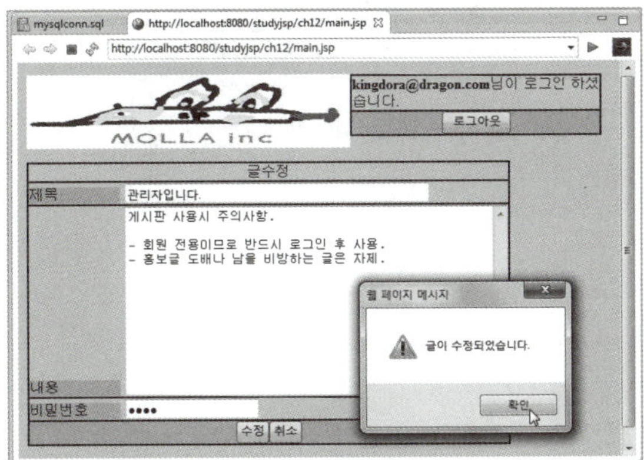

글의 수정이 처리되어 내용이 변경된 것을 확인할 수 있다.

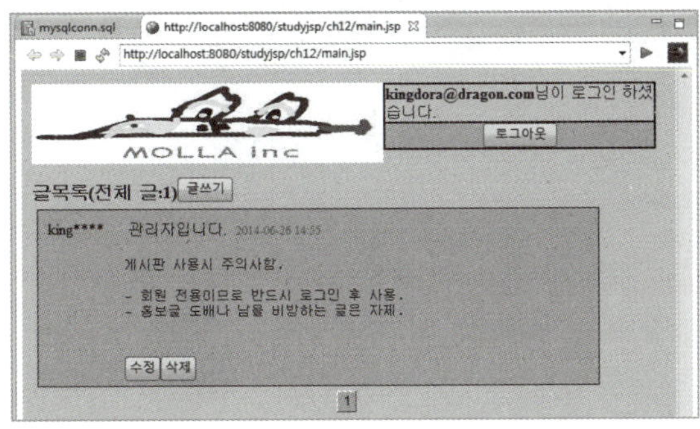

글목록에서 삭제할 글의 [삭제] 버튼을 클릭한다.

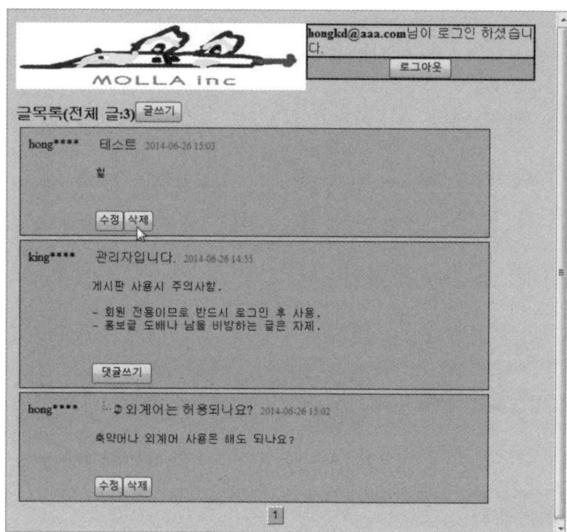

글삭제 폼에서 삭제할 글의 비밀번호를 입력한 후 [삭제] 버튼을 클릭한다. 글삭제 처리 메시지 상자가 표시되면 [확인] 버튼을 클릭한다.

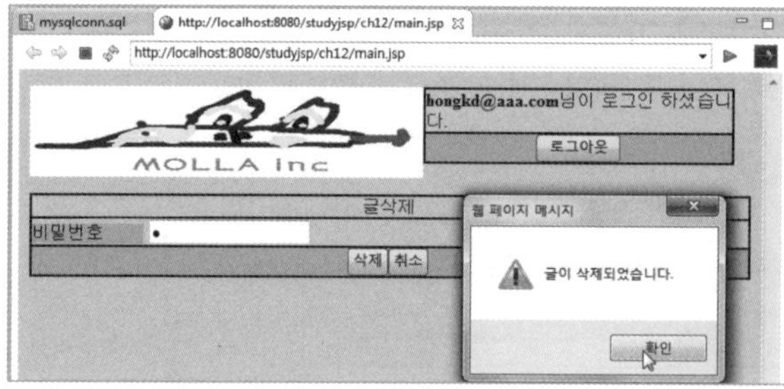

글삭제가 반영된 것을 확인할 수 있다.

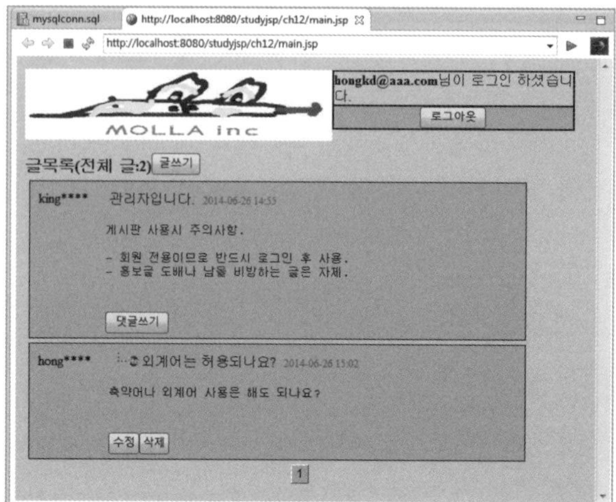

- **게시판 시스템은 크게 [글쓰기], [글목록], [글읽기], [글수정], [글삭제]로 이루어져 있다.**
  - 글쓰기 : 사용자가 게시판에 글 쓰는 것을 제공
  - 글목록 : 게시판에 쓰인 글의 목록을 제공
  - 글읽기 : 게시판에 쓰인 글의 내용을 읽는 것을 제공
  - 글수정 : 게시판에 쓰인 글의 제목 및 내용의 수정을 제공
  - 글삭제 : 게시판에 쓰인 글의 삭제를 제공

- **메인 페이지 작성**

  게시판 시스템의 메인 화면으로, 인증된 사용자만 게시판을 사용할 수 있도록 제공한다. 실제적으로 사용자 인증에 관한 부분은 loginForm.jsp 페이지에서 제공하며, main.jsp 페이지는 인증 부분을 표시할 영역 및 게시판 관련 페이지를 표시할 영역을 제공한다.

- **글쓰기 페이지 작성**

  게시판 시스템의 글쓰기 구조는 글목록에서 [글쓰기], [댓글쓰기] 버튼을 클릭하면 동작되는 부분으로 글쓰기 폼, 글쓰기 처리 부분으로 이루어져 있다.

- **글목록 보기 페이지 작성 – 글내용 보기 포함**

  게시판 시스템의 글목록 보기 구조는 글목록 표시, 페이지 이동 처리를 한다. 또한 제목글 및 댓글의 글쓰기 폼, 글수정 폼, 글삭제 폼으로의 연결도 제공한다.

- **글수정 및 삭제 페이지 작성**

  게시판 시스템의 글수정 구조는 글목록에서 [수정] 버튼을 클릭하면 동작되며 글수정 폼, 글수정 처리로 이루어져 있다. 게시판 시스템의 글삭제 구조는 글목록에서 [삭제] 버튼을 클릭하면 동작되며 글삭제 폼, 글삭제 처리로 이루어져 있다.

13

파일 업로드

이번 Chapter에서는 파일을 업로드하기 위한 폼의 형태, Ajax 기반일 경우의 사용 방법 및
파일 업로드 라이브러리를 사용한 파일 업로드 방법을 학습한다.

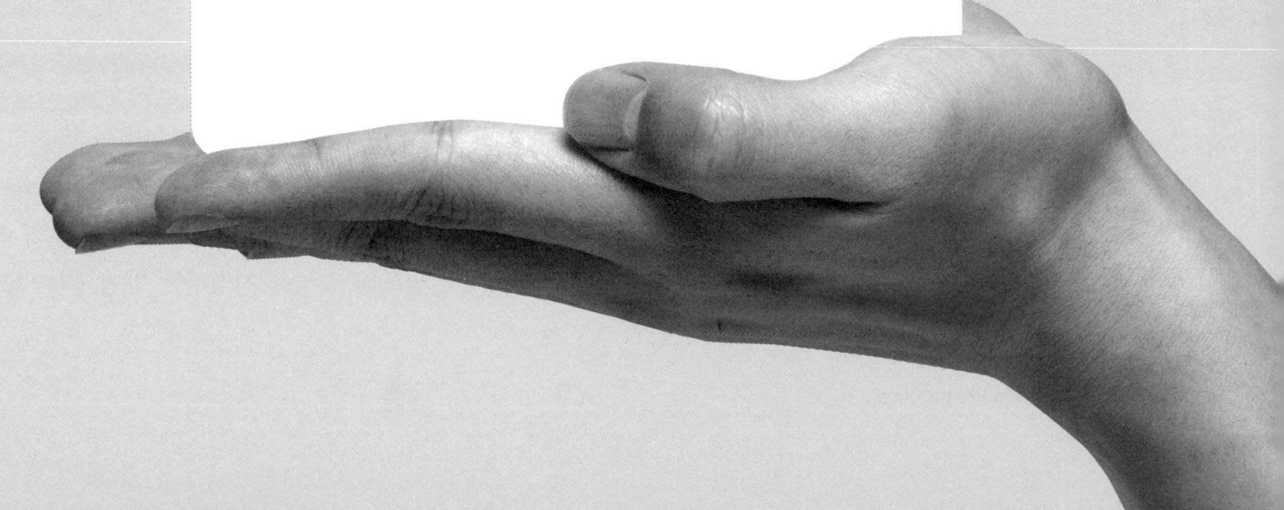

파일 업로드의 개요

여기에서는 파일을 업로드하기 위한 일반적인 폼의 형태와 jQuery 기반의 Ajax 구조를 사용했을 경우의 파일 업로드 방법에 대해 알아본다.

일반적인 구조든지 Ajax 구조든지 파일을 업로드하려면 파일을 입력받는 폼의 method 및 enctype 타입을 업로드용으로 지정하고, 업로드할 파일이 저장될 폴더 등을 사전에 생성해야 한다. 또한 파일을 업로드하려면 업로드할 파일을 이진 바이너리 형태로 읽어 들이는 클래스를 작성해야 하는데, 사실 이 클래스를 직접 작성하는 것보다는 JDBC처럼 전문가가 작성한 것을 사용하는 것이 좋다. 여기서는 cos.jar 라이브러리를 사용해 파일을 읽어 들이고 업로드된 파일로부터 정보를 얻어낸다.

■ **파일 업로드에 필요한 요소**

> ① 파일을 입력받는 폼의 method 및 enctype 타입
>
> **예** method="post" enctype="multipart/form-data"
>
> ② 업로드할 파일이 저장될 폴더
>
> **예** [fileSave] 폴더
>
> ③ 파일을 업로드하고 폼을 분석하는 라이브러리
>
> **예** cos.jar

Ajax 기반의 업로드를 하려면 추가적으로 jQuery Form Plugin, jQuery Multiple File Upload Plugin이 필요하다.

1 파일 업로드용 폼의 형태

파일 업로드를 위한 폼은 method가 "post"이고, enctype이 "multipart/form-data"를 가져야 한다. 폼의 속성을 사용해서 지정할 수 있으며, 기본적인 <form> 태그의 속성을 사용하는 방법, <input type="submit">에서 별도의 속성을 지정하는 방법, 자바스크립트에서 지정하는 방법이 있다.

(1) 방법1 : 기본적인 〈form〉 태그의 속성을 사용하는 방법

가장 기본적인 파일 업로드 폼을 작성하는 방법은 〈form〉 태그의 method 속성의 값을 "post", enctype 속성의 값은 "multipart/form-data"로 지정한다.

```
<form name="formName" method="post" enctype="multipart/form-data">
```

- **method 속성** : 서버에 요청 방식을 지정하는 것으로 생략이 가능하며, 생략 시 기본 값 get을 사용한다. 파일을 업로드할 때는 이 속성을 생략할 수 없으며, 반드시 post 로 지정해야 한다.
- **enctype 속성** : 서버에 폼 데이터를 전송 시 인코딩 방식을 지정하는 것으로 생략 가능하다. 생략 시 기본 값 application/x-www-form-urlencoded로 지정되어 공백은 '+' 로, 특수문자는 아스키 16진수(ASCII HEX)로 변경된 후 전송된다. 이 속성의 값 으로는 multipart/form-data, text/plain도 있다. multipart/form-data는 전송 데 이터를 인코딩하지 않으며 업로드할 때 사용한다. text/plain은 공백은 '+' 로 변환하 나 특수문자는 인코딩하지 않는다.

  또한 파일을 업로드하기 위해 파일을 입력받으며, 이때 〈input〉 태그의 type 속성값 을 "file"로 지정한다.

```
<input type="file" name="selectfile">
```

웹 브라우저의 종류에 따라 　　　　찾아보기... 또는 파일 선택 선택된 파일 없음 과 같은 형 태로 표시된다.

다음은 파일을 입력받아 업로드하기 위해서 필요한 폼 태그와 input 태그를 지정한 예시 이다.

```
<form name="formName" method="post" action="upPro.jsp" enctype="multipart/form-
    data">
  <input type="text" name="title">
  <input type="file" name="selectfile">
  <input type="submit" value="전송">
</form>
```

(2) 방법2 : 〈input type="submit"〉에서 별도의 속성을 지정하는 방법

파일 업로드 폼을 만들기 위한 다른 방법으로는 〈input type="submit"〉에 HTML5에서 새로 추가된 formenctype, formmethod 속성을 사용하는 것이다. formmethod="post", formenctype="multipart/form-data"와 같이 지정한다. 이 속성들은 ⟨form⟩ 태그의 method, enctype 속성값을 재정의(재설정)한다.

```
⟨form action="upPro.jsp"⟩
  ⟨input type="text" name="title"⟩
  ⟨input type="file" name="selectfile"⟩
  ⟨input type="submit" value="전송" ⟩
  ⟨input type="submit" formmethod="post", formenctype="multipart/form-data"
value="업로드 전송" ⟩
⟨/form⟩
```

위의 예시를 보면 ⟨form⟩ 태그의 method와 enctype 속성을 지정하지 않았기 때문에 method="get", enctype="application/x-www-form-urlencoded"로 자동 설정된다. [전송] 버튼을 클릭하면 method는 get 방식으로, enctype은 application/x-www-form-urlencoded로 전송 데이터가 upPro.jsp 페이지에 전송된다.

그러나 [업로드 전송] 버튼을 클릭하면 ⟨form⟩ 태그의 method와 enctype 속성을 formmethod="post", formenctype="multipart/form-data"를 사용하여 재정의해서 method는 post 방식으로, enctype은 multipart/form-data로 전송 데이터가 upPro.jsp 페이지에 전송된다.

(3) 방법3 : Ajax 기반의 자바스크립트에서 지정

앞의 두 가지 방법은 JSP 페이지에서 서버에 요청을 보내는 방식이었고, 세 번째는 Ajax 기반에서의 파일을 업로드하기 위해 자바스크립트에서 서버 요청을 하는 방식이다. 즉, 자바스크립트에서 jQuery를 사용하여 파일 업로드 페이지를 요청하는 방식이다.

Ajax 방식으로 파일을 업로드하려면 jQuery Form Plugin(제이쿼리 폼 플러그인)을 다운로드하여 사용하거나 $.ajax( ) 메소드에 FormData를 생성한다. 그런데 $.ajax( ) 메소드에 FormData를 생성해서 사용하는 방식은 IE 웹 브라우저의 경우 10 이상에서만 가능하다. 따라서 웹 브라우저 버전에 상관없는 jQuery Form Plugin 사용을 권장한다.

HTML 태그

```
⟨script src="../js/jquery-1.11.0.min.js"⟩⟨/script⟩
⟨script src="../js/jquery.form.min.js"⟩⟨/script⟩
⟨form id="formid" method="post" action="upPro.jsp" enctype="multipart/form-data"⟩
  ⟨input type="text" name="title"⟩
  ⟨input type="file" name="selectfile"⟩
```

```
    <input type="submit" value="전송">
  </form>
  <div id="upResult"></div>
```

자바스크립트(JS)

```
$("#formid).ajaxForm({ // 지정한 upPro.jsp 페이지에 폼 데이터 전송
    success: function(data, status){ // 업로드 성공 시
      $("#upResult").html(data); //결과 처리
    }
});
```

- **HTML 태그** : <script src="jquery.form.min.js"></script>와 같이 <script> 태그를 추가해서 jQuery Form Plugin을 사용한다. 이 플러그인은 Ajax 기반이더라도 <form> 태그에 method="post", enctype="multipart/form-data"를 지정하고 <input type="submit">과 같이 버튼을 submit으로 지정해야 한다.

- **자바스크립트(JS)** : $("#폼Id").ajaxForm( );과 같이 form 엘리먼트 객체에 ajaxForm( ) 메소드를 사용해 지정한 페이지로 폼 데이터를 전송한다. 이때 form 엘리먼트 객체는 $("폼Id")로 얻어낸다. 폼 데이터를 전송한 후 결과를 받아야하는 경우에는 ajaxForm( ) 메소드에 success: function(data, status){ }를 사용해서 처리한다.

위의 예시에서 [전송] 버튼을 클릭하면 method는 post 방식, enctype은 multipart/form-data로 전송 데이터가 비동기적으로 upPro.jsp 페이지에 전송된다. jQuery Form Plugin의 좀 더 자세한 설명은 'http://malsup.com/jquery/form/' 사이트를 참고한다.

2 다중 파일 업로드용 폼의 형태

다중 파일 업로드를 위해 다중 파일을 선택하는 폼은 자바스크립트를 사용한 방식, jQuery Multiple File Upload Plugin을 사용하는 방식, HTML5에서 추가된 multiple 속성을 사용하는 세 가지 방법이 있다.

(1) 방법1 : 자바스크립트에서 직접 작성하는 방법

<input type="file"> 태그는 기본적으로 1개의 파일만을 업로드할 수 있으므로, 만일 여러 개의 파일을 입력받을 경우 <input type="file"> 태그를 입력받을 파일의 수만큼 생성한다. 이것은 자바스크립트를 사용해서 직접 작성하는 방식이다.

HTML 태그

```html
<dl>
  <dd>
    <label for="num">업로드할 파일의 수</label>
    <input type="number" id="num">
    <button id="createf">업로드 필드 생성</button>
  </dd>
  <dd>
    <label for="title">제목</label>
    <input type="text" id="title">
  </dd>
  <dd>
    <div id="upfiles"></div>
  </dd>
  <dd>
    <input type="submit" value="전송">
  </dd>
</dl>
```

자바스크립트(JS)

```javascript
$("#createf").click(function( ){
  var num = $("#num").val( );
  var field = "";
  var str1 = "";

  $("#upfiles").append("<label>업로드할 파일 선택</label>");
  $("#upfiles").append("<br>");

  for(var i=0; i<num; i++){
    str1 = "<input type='file' id='f" + num + "'" + " name='f"+ num + "'>";
    field = $(str1);
    $("#upfiles").append(field);
    $("#upfiles").append("<br>");
  }
});
```

jQuery에서 특정 태그에 하위 태그를 추가할 때는 **특정 태그.append(하위태그)**와 같이 append( ) 메소드를 사용한다.

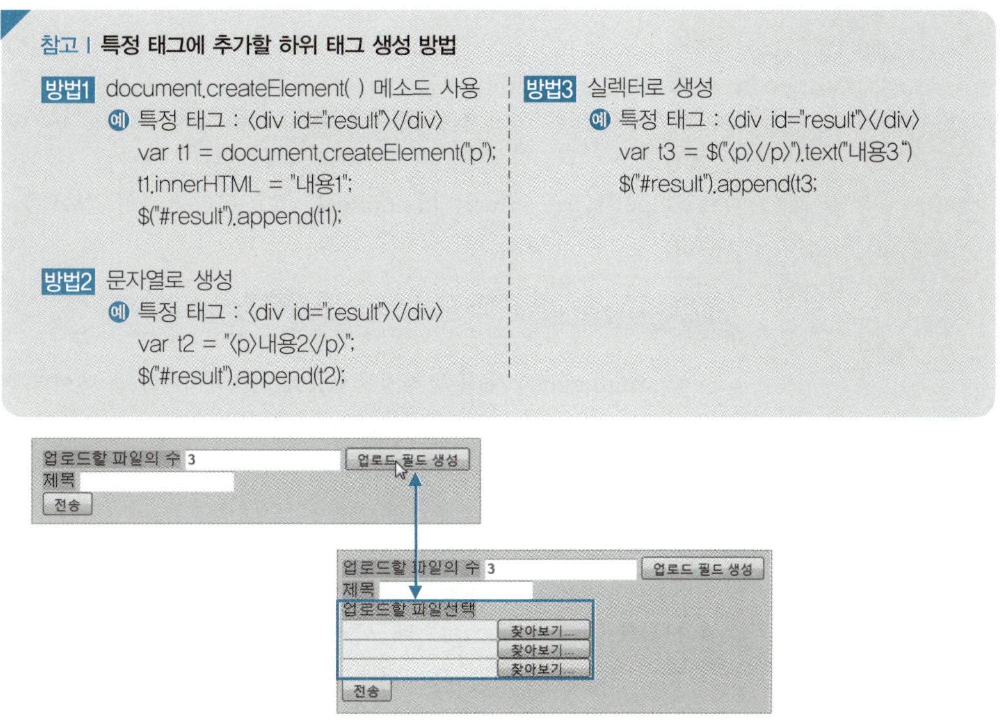

위의 예시를 실행하면 업로드할 파일의 수를 입력하는 부분이 표시된다. 이때 업로드할 파일 수를 입력한 후 [업로드 필드 생성] 버튼을 클릭하면 <div id="upfiles"></div> 영역에 업로드할 필드가 지정한 수만큼 생성된다.

(2) 방법2 : jQuery Multiple File Upload Plugin을 사용하는 방법

두 번째로 요즘 스타일의 다중 업로드를 지원하는 jQuery Multiple File Upload Plugin(제이쿼리 멀티 파일 업로드 플러그인)을 사용하는 방법을 알아본다.

jQuery Multiple File Upload Plugin은 파일 업로드 시 파일의 다중 선택 부분과 선택된 파일의 UI 부분은 jQuery Multiple File Upload Plugin을 사용하고, 서버에 업로드를 처리하는 페이지를 Ajax 방식으로 요청하는 것은 jQuery Form Plugin을 사용한다.

HTML 태그

```
<script src="../js/jquery-1.11.0.min.js"></script>
<script src="../js/jquery.form.min.js"></script>
<script src="../js/jquery.MetaData.js"></script>
```

```
<script src="../js/jquery.MultiFile.js"></script>
<script src="../js/jquery.blockUI.js"></script>
..생략
<ul>
  <li>
    <input type="file" id="file1" name="file1" class="multi" maxlength="3">
  <li>
    <input type="submit" id="upPro1" value="다중 파일 업로드">
</ul>
```

자바스크립트(JS)

```
$("#formid").ajaxForm({ // 지정한 upPro.jsp 페이지에 폼 데이터 전송
  success: function(data, status){ // 업로드 성공 시
    //결과 처리
  }
});
```

- **HTML 태그** : <script> 태그를 추가해서 jQuery Form Plugin과 jQuery Multiple File Upload Plugin을 사용한다. jQuery Multiple File Upload Plugin은 <input type="file" id="file1" name="file1" class="multi" maxlength="3">과 같이 <input type="file"> 태그에 class 속성값으로 "multi" 만 추가하면 다중 업로드를 지원한다. maxlength 속성은 한 번에 업로드할 파일의 수를 제한할 경우 사용하는 속성이다. 예를 들어 maxlength="3"과 같이 지정하면 한 번에 업로드할 수 있는 파일은 최대 3개가 된다. 만일 이 속성을 사용하지 않으면 한 번에 업로드할 수 있는 파일의 수는 무제한이 된다.

- **자바스크립트(JS)** : jQuery Form Plugin을 사용한 업로드 처리 페이지 요청을 하기 때문에 $("#폼Id").ajaxForm( );과 같이 form 엘리먼트 객체에 ajaxForm( ) 메소드를 사용해 지정한 페이지로 폼 데이터를 전송한다.

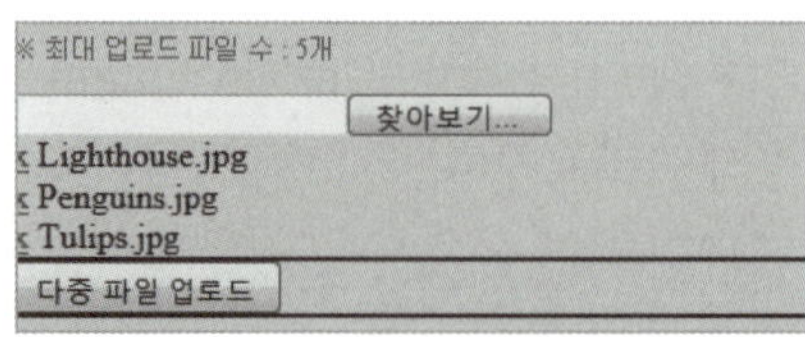

◀ jQuery Multiple File Upload Plugin을 사용한 다중 파일 선택

jQuery Multiple File Upload Plugin의 다양한 사용법 및 좀 더 자세한 설명은 'http://www.fyneworks.com/jquery/multiple-file-upload/' 사이트를 참고한다.

(3) 방법3 : HTML5의 multiple 속성을 사용한 방법

마지막 방법은 HTML5에서 제공하는 multiple 속성을 〈input type="file"〉 태그에 사용하는 것이다.

```
〈input type="file" name="selectfile" multiple〉
```

- **multiple 속성** : 〈imput〉 태그에 값을 1개 이상 넣을 수 있게 해준다.
  - 〈input type="file" multiple〉에서와 같이 파일을 여러 개 선택하는 경우에는 `Ctrl` 또는 `Shift`를 같이 사용한다. 여러 파일은 쉼표(,)를 사용해서 나열된다.
  - 〈input type="email" multiple〉의 경우에는 이메일 입력 필드에 ddd@aaa.com, aaa@aaa.com 등과 같이 여러 이메일 주소를 쉼표(,)를 사용해서 나열한다.

```
〈script src="../js/jquery-1.11.0.min.js"〉〈/script〉
〈script src="../js/jquery.form.min.js"〉〈/script〉
〈dl〉
  〈dd〉
    〈label for="files"〉파일선택〈/label〉
    〈input type="file" id="files" multiple〉
    〈button id="send"〉전송〈/button〉
  〈/dd〉
〈/dl〉
```

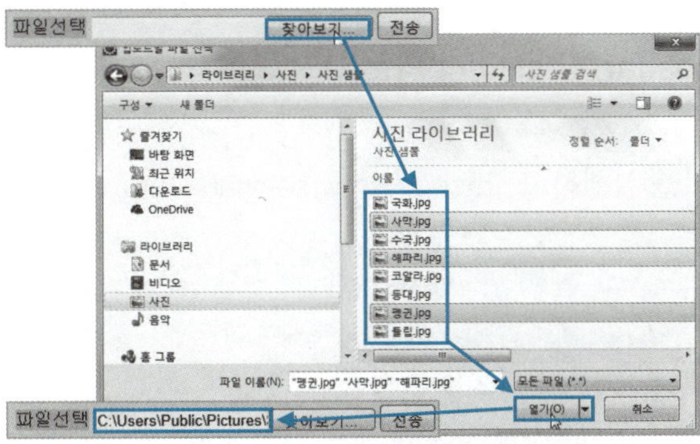

▲ multiple 속성을 사용한 다중 파일 선택

위의 예시에서 [찾아보기] 버튼을 클릭하여 [업로드할 파일 선택] 대화상자가 열리면 `Ctrl` 또는 `Shift` 키를 사용해서 여러 파일을 선택하고 [열기] 버튼을 누른다. 그러면 파일 선택 필드에 선택된 파일이 C:\Users\Public\ Pictures\SamplePictures\Desert.jpg, C:\Users\Public\Pictures\SamplePictures\Jellyfish.jpg, C:\Users\Public\Pictures\Sample Pictures\Penguins.jpg와 같은 형태로 쉼표(,)를 사용해서 나열된다.

파일을 업로드하고 폼을 분석하는 라이브러리_cos.jar

여기에서는 파일의 업로드와 폼의 분석을 제공하는 라이브러인 cos.jar를 다운받아 프로젝트에 배치하는 것을 알아본다. 또한 파일 업로드 및 폼 요소를 처리하는 Multipart Request 클래스에 대해서도 학습한다.

1 cos.jar 다운로드 및 배치하기

cos.jar 라이브러리는 파일을 업로드하고 폼으로부터 넘어오는 데이터를 얻어내는 데 사용된다. 이 라이브러리는 'http://www.servlets.com/cos' 사이트에서 다운로드하며, 톰캣 공용 라이브러리 폴더([톰캣홈]–[lib])와 해당 프로젝트의 라이브러리 폴더([프로젝트]–[Webcontent]–[WEB-INF]–[lib])에 넣어서 사용한다. cos.jar 파일은 부록 CD의 [program] 폴더에서도 제공하니 이것을 사용해도 된다.

> **따라하기** cos.jar 라이브러리 다운로드 및 배치

01 웹 브라우저를 실행하고 'http://www.servlets.com/cos'에 접속한다.

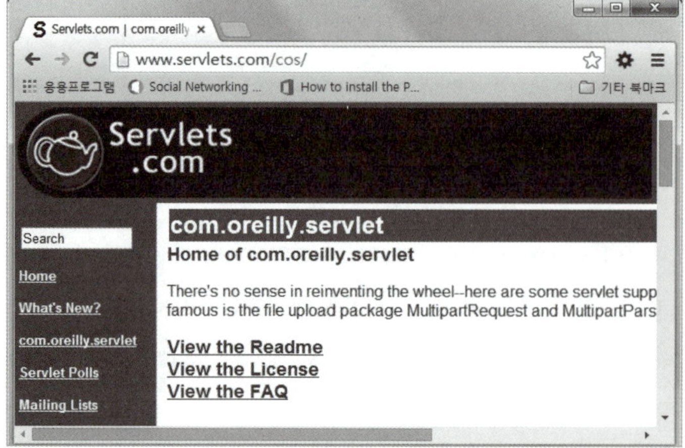

02 사이트가 열리면 스크롤바를 내려 [Download]의 [cos-26Dec2008.zip]를 클릭해 다운로드한다.

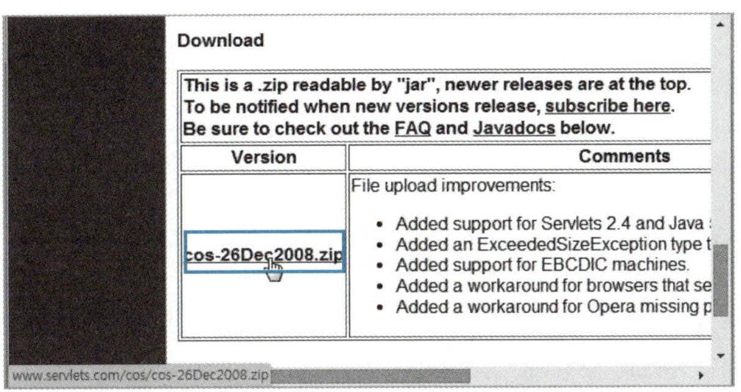

▲ cos.jar 다운로드 2

03 다운로드한 cos-26Dec2008.zip 파일의 압축을 해제한 후 [lib] 폴더 안에 있는 cos.jar 파일을 복사한다. [doc] 폴더에는 필요한 API 문서가 있고, [src] 폴더에는 라이브러리의 소스 파일이 있다. 또한 [lib] 폴더에는 패키징된 라이브러리가 있다.

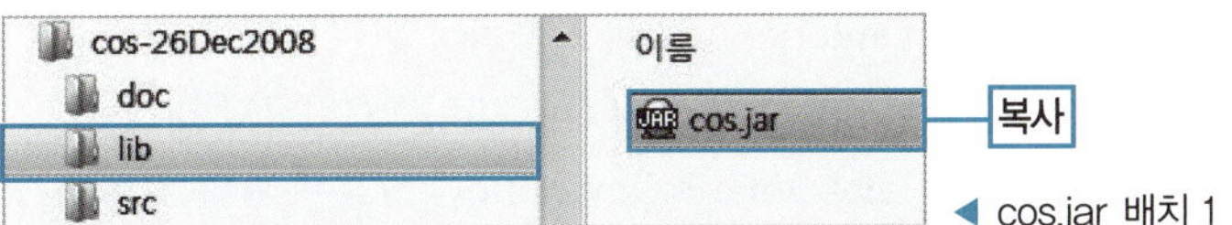

◀ cos.jar 배치 1

04 복사한 cos.jar 파일을 톰캣 공용 라이브러리 폴더([톰캣홈]-[lib])에 넣기 위해 해당 폴더를 선택하고 붙여넣기 한다.

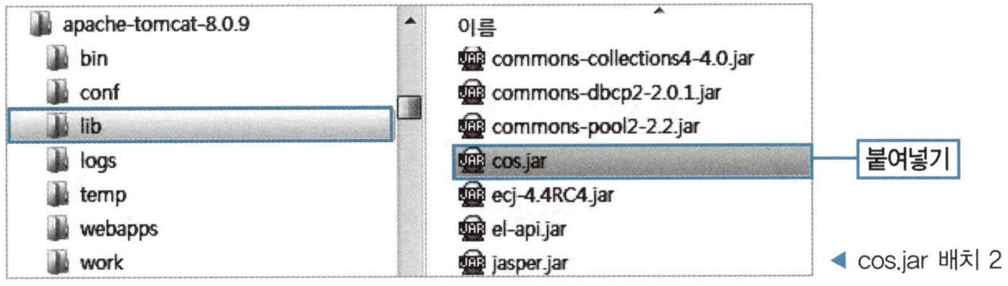

◀ cos.jar 배치 2

05 cos.jar 파일을 한 번 더 복사해서 프로젝트의 라이브러리 폴더([프로젝트]-[Webcontent]-[WEB-INF]-[lib])에 붙여넣기 한다. 여기서는 [studyjsp]-[Webcontent]-[WEB-INF]-[lib]에 붙여넣기 한다.

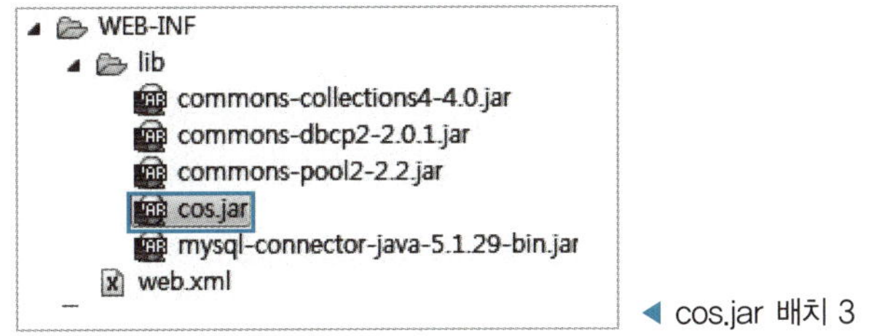

◀ cos.jar 배치 3

cos.jar 라이브러리에서 파일 업로드 및 폼 요소를 처리하는 MultipartRequest 클래스를 사용하려면 객체를 생성하는 주요 생성자와 파일 업로드 관련 작업을 처리하는 메소드를 알고 있어야 한다.

(1) MultipartRequest 클래스의 생성자

MultipartRequest 클래스를 사용하기 위해서는 객체를 생성해야 한다. 객체를 생성하려면 해당 클래스의 생성자가 요구하는 매개 변수들을 확인해야 한다. 다음은 이 클래스에서 주로 사용하는 생성자의 구조와 그 매개 변수에 대한 설명이다.

MultipartRequest 클래스의 생성자

```
MultipartRequest(javax.servlet.http.HttpServletRequest request, //request 객체
          java.lang.String saveDirectory, //파일 업로드할 폴더
          int maxPostSize, //업로드할 파일의 최대 크기
          java.lang.String encoding, //인코딩 방식
          FileRenamePolicy policy) //같은 파일 덮어쓰기 방지 설정
```

설명

- request : request 객체 **예** request
- saveDirectory : 업로드된 파일이 저장될 경로로 저장 폴더 **예** fileSave
- maxPostSize : 업로드할 파일의 최대 크기로 1024*1과 같이 보기 쉽게 작성(여기서 1024*1은 1KB를 의미) **예** 1024*1024*5 // 5M
- encoding : 인코딩 타입을 지정 **예** "utf-8"
- policy : 업로드될 파일명이 기존 파일명과 중복될 경우 덮어쓰기되는 것을 방지하기 위해 설정하는 부분 **예** new DefaultFileRenamePolicy( )

```
MultipartRequest upload = new MultiPartRequest(request, fileSave,
1024*5, "utf-8", new DefaultFileRenamePolicy( ));
```

(2) MultipartRequest 클래스의 메소드

생성된 객체의 정보를 얻어내거나 저장하는 작업은 메소드가 수행한다. 따라서 파일 업로드를 수행하는 MultipartRequest 클래스의 작업 처리는 메소드가 한다. 다음은 MultipartRequest 클래스가 제공하는 메소드들이다.

getContentType(java.lang.String name) : java.lang.String
업로드된 파일의 콘텐트 타입을 반환하는 것으로, 업로드된 파일이 없으면 null을 리턴한다.
• name : 폼으로부터 넘어온 file을 갖고 있는 파라미터의 이름

getFile(java.lang.String name) : java.io.File
서버상에 업로드된 파일을 File 객체 타입으로 리턴한다. 업로드된 파일이 없다면 null을 리턴한다.

getFileNames( ) : java.util.Enumeration
폼의 요소들 중 〈input type="file"〉로 된 파라미터들을 받아서 Enumeration 타입의 객체를 리턴한다.

getFilesystemName(java.lang.String name) : java.lang.String
사용자가 업로드한 파일명을 리턴한다. 서버상에 업로드된 파일명이 리턴된다.

getOriginalFileName(java.lang.String name) : java.lang.String
사용자가 업로드한 파일의 원래 파일명을 리턴한다. 파일명이 중복될 경우 이름이 변경되므로 변경되기 전의
원래 파일명이 리턴된다.

getParameter(java.lang.String name) : java.lang.String
name에 해당하는 파라미터의 값을 리턴한다.
• name : 폼으로부터 넘어온 파일이 아닌 단일 값을 갖는 파라미터 이름

getParameterNames( ) : java.util.Enumeration
폼의 요소들 중 〈input type="file"〉아닌 파라미터들을 Enumeraton 객체 타입으로 리턴한다.

getParameterValues(java.lang.String name) : java.lang.String[ ]
하나의 파라미터에 대해 여러 개의 값을 가지는 〈input type="checkbox"〉와 같은 경우에 파라미터의 값을
얻어내기 위해 사용된다.
• name : 폼으로부터 넘어온 파일이 아닌 체크박스 등의 파라미터 이름

▲ MultipartRequest 클래스의 메소드들

cos-26Dec2008.zip 파일의 압축을 해제한 폴더를 보면 [doc] 폴더(cos-26Dec2008
₩doc)에는 필요한 API Document가 있다. 여기서 index.html 파일을 실행하면 제공되는
라이브러리 클래스 및 인터페이스에 대한 설명과 이것들이 갖고 있는 생성자, 멤버 필드,
메소드들에 대한 설명도 볼 수 있다. 업로드에서 가장 중요한 MultipartRequest 클래스의
메소드들을 좀 더 자세히 살펴본다.

1) getContentType( ) 메소드

업로드된 파일의 콘텐트 타입을 얻어내는 메소드로 업로드된 파일이 없는 경우 null 값
이 반환되며, **MultipartRequest객체.getContentType(파라미터명)**과 같은 형태로 사용
한다. 이때 파라미터명은 file을 값으로 갖는 파라미터이다.

```
// MultipartRequest 객체 생성
MultipartRequest upload = new MultiPartRequest(request, fileSave,
    1024*5, "utf-8", new DefaultFileRenamePolicy( ));
String type = upload .getContentType(name); //업로드된 파일의 콘텐트 타입을 얻어냄
```

2) getFile( ) 메소드

업로드된 파일을 File 객체 타입으로 얻어내며, 업로드된 파일이 없으면 null을 반환한다. **MultipartRequest객체.getFile(파라미터명)**과 같은 형태로 사용하며, **파라미터명**은 file을 값으로 갖는 파라미터이다.


```
//upload는 MultipartRequest 객체 생성
File file = upload .getFile(name); //업로드된 파일을 File 객체 타입으로 얻어냄
out.println("파일크기: " + file.length( )); //파일의 크기를 화면에 표시
```

이 메소드는 주로 업로드한 파일의 크기 등을 얻어내는 데 사용한다.

3) getFileNames( ) 메소드

폼으로부터 넘어온 파라미터 중 <input type="file">로 된 파라미터들을 받아서 Enumeration 타입의 객체를 얻어낸다. **MultipartRequest객체.getFileNames( )**과 같은 형태로 사용한다.


```
//upload는 MultipartRequest 객체
Enumeration files = upload .getFileNames( ); //Enumeration 타입의 객체 얻어냄
```

업로드된 파일이 1개 이상이라는 가정 하에 컬렉션인 Enumeration 객체에 각 파일명을 저장한다. 따라서 반복문을 사용해서 Enumeration 내의 객체들을 객체가 있을 때까지 반복해서 처리한다. Enumeration 내의 각 객체는 nextElement( ) 메소드를 사용해서 얻어낸다.

```
//upload는 MultipartRequest 객체
Enumeration files = upload .getFileNames( );
while(files.hasMoreElements( )){ //컬렉션 내에 객체가 있을 때까지 반복 처리
  String name = (String)files.nextElement( ); // 객체를 얻어냄
  String filename = upload.getFilesystemName(name);//업로드된 파일명
  String original = upload.getOriginalFileName(name);//원래 파일명
}
```

위의 예시에서는 Enumeration에 저장된 파일명을 nextElement( )를 사용해서 얻어낸 후 name 변수에 저장한다. 파일명은 String 객체이나 컬렉션에 저장될 때는 Object 타입으로 변환된다. 따라서 Enumeration에 저장된 파일명을 얻어낼 때는 얻어낸 객체를 반드시 원래의 타입인 String으로 형 변환을 해서 사용한다.

4) getFilesystemName() 메소드

사용자가 업로드한 파일명을 얻어낸다. 업로드 시 중복된 파일명이 있는 경우 파일명이 변경되어 업로드된다. 이 메소드가 얻어내는 파일명은 서버상에 업로드된 파일명이다. **MultipartRequest객체.getFilesystemName(name)**과 같은 형태로 사용하며, **파라미터명**은 file을 값으로 갖는 파라미터이다.

<table>
<tr><td>사용 예시</td></tr>
<tr><td>

```
//upload는 MultipartRequest 객체
//서버상에 업로드된 파일명을 얻어냄
String filename = upload .getFilesystemName(name);
```

</td></tr>
</table>

5) getOriginalFileName( ) 메소드

사용자가 업로드한 파일의 원래 파일명을 얻어낸다. **MultipartRequest객체.getOriginalFileName(name)**과 같은 형태로 사용하며, **파라미터명**은 file을 값으로 갖는 파라미터이다.

<table>
<tr><td>사용 예시</td></tr>
<tr><td>

```
//upload는 MultipartRequest 객체
//사용자가 업로드한 실제 파일명을 얻어냄
String original = upload .getOriginalFileName(name);
```

</td></tr>
</table>

MultipartRequest 클래스의 생성자 중 중복된 파일을 덮어쓰는 것을 방지하기 위한 방법으로 FileRenamePolicy 인터페이스를 구현한 DefaultFileRenamePolicy 클래스를 사용한다. 이 클래스는 업로드 시 중복된 파일명이 있는 경우 업로드할 파일의 이름을 변경하는 정책을 사용한다. getOriginalFileName( ) 메소드는 이 정책에 의해 변경되기 전의 원래 파일명을 얻어내는 메소드이다.

getFileSystemName( ) 메소드는 기존에 업로드된 파일명들 중에 새로 업로드할 파일명이 중복될 경우 파일명 뒤에 '원파일명1.확장자, 원파일명2.확장자…' 식으로 변경된 이름을 반환하고, getOriginalFileName( ) 메소드는 '원파일명.확장자'를 반환한다. 예를 들어 업로드한 파일명이 abc.zip일 경우 같은 이름의 파일을 중복해서 업로드하면 다음에 업로드되는 abc.zip 파일은 abc1.zip으로 변경된다. getFileSystemName( ) 메소드를 사용하면 abc1.zip 파일명이 반환되고, getOriginalFileName( ) 메소드를 사용하면 abc.zip 파일명이 반환된다. 중복되는 경우가 없다면 모두 원래의 파일명을 반환한다.

6) getParameter( ) 메소드

파일이 아닌 단일 값을 갖는 파라미터의 값을 얻어낸다. **MultipartRequest 객체**.getParameter(name)과 같은 형태로 사용하며, **파라미터명**은 file이 아닌 값으로 갖는 파라미터이다.

> **사용 예시**
>
> ```
> //upload는 MultipartRequest 객체
> String name = upload .getParameter(name); //파라미터의 값을 얻어냄
> ```

7) getParameterNames( ) 메소드

폼으로부터 넘어온 파라미터 중 <input type="file">이 아닌 파라미터들을 받아서 Enumeration 타입의 객체를 얻어낸다. 즉, 각 파라미터의 이름을 Enumeration에 저장한다. **MultipartRequest객체**.getFileNames( )과 같은 형태로 사용한다.

> **사용 예시**
>
> ```
> //upload는 MultipartRequest 객체
> Enumeration params = upload.getParameterNames( );
> while(params.hasMoreElements( )){ //컬렉션 내에 객체가 있을 때까지 반복 처리
>   String name = (String)files.nextElement( ); // 파라미터의 이름을 얻어냄
>   String value = upload .getParameter(name); // 파라미터의 값을 얻어냄
> }
> ```

8) getParameterValues( ) 메소드

하나의 파라미터에 대해 여러 개의 값을 가지는 <input type="checkbox">인 파라미터의 값을 String 배열로 얻어낸다. **MultipartRequest객체**.getParameterValues(name)과 같은 형태로 사용하며, **파라미터명**은 file이 아닌 값으로 여러 개 갖는 파라미터이다.

> **사용 예시**
>
> ```
> //upload는 MultipartRequest 객체
> String[ ] values = upload.getParameterValues(name); //값의 배열을 얻어냄
> for(int i = 0; i < values.length; i++){ //값의 배열을 반복 처리
>   String value = values[i]; // 1개의 값을 얻어냄
>
> }
> ```

파일 업로드 예제 작성

　여기서는 단일 파일의 업로드와 여러 파일을 업로드하는 예제를 학습해 업로드 구조를 이해한다.

　파일을 업로드하면 업로드한 파일의 서버상의 특정 폴더에 저장되고, 업로드한 파일 정보는 데이터베이스 테이블에 저장된다. DB 테이블에 파일의 정보를 저장하는 예제는 〈Chapter 18. 모델 2 기반의 Ajax를 사용한 쇼핑몰〉에서 다룬다. 여기서는 파일을 서버상의 특정 폴더로 업로드하는 것만 학습한다.

　예제를 작성하기 전에 업로드된 파일을 저장하는 [upload] 폴더와 13장의 예제를 작성할 [ch13] 폴더를 작성한다.

따라하기　[upload], [ch13] 폴더 작성

01 [studyjsp] 프로젝트의 [WebContent] 폴더에 [upload] 폴더를 생성한다.

02 [studyjsp] 프로젝트의 [WebContent] 폴더에 [ch13] 폴더를 생성한다.

따라하기　jQuery Form Plugin 다운로드 및 배치

　jQuery Form Plugin을 사용해서 Ajax 기반의 업로드를 작성하기 위해 jQuery Form Plugin을 다운로드하고 이클립스 프로젝트 내에 배치한다.

01 웹 브라우저를 실행하고 jQuery Form Plugin 다운로드 사이트인 'http:// malsup. com/jquery/form/#download'로 이동한다. 사이트가 표시되면 [Minified version: jquery.form.min.js]를 클릭해 jQuery Form Plugin을 다운로드한다.

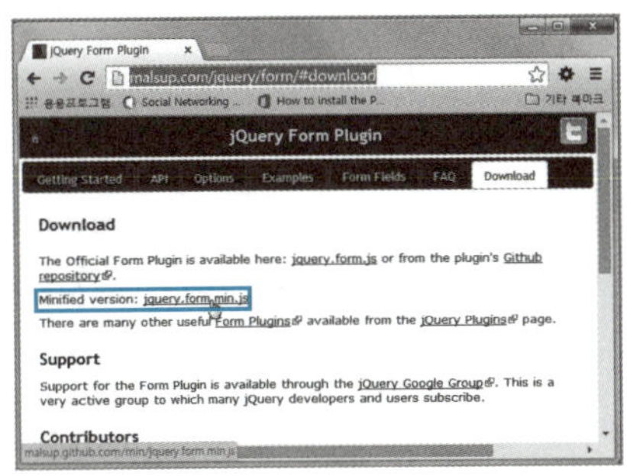

▲ jQuery Form Plugin 다운로드 및 배치 1

02 다운로드한 jquery.form.min.js 파일을 이클립스의 프로젝트([studyjsp]–[WebCon
tent])에 넣는다. 여기서는 [studyjsp]–[WebContent]–[js] 폴더에 넣었다.

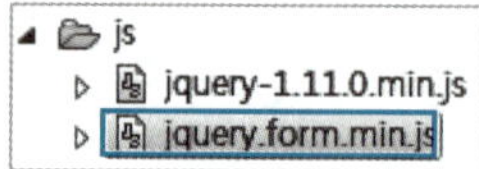

◀ jQuery Form Plugin 다운로드 및 배치 2

1 단일 파일 업로드 예제

먼저 jQuery Form Plugin을 사용한 Ajax 기반의 단일 파일 업로드 예제를 작성한다.

따라하기 단일 파일 업로드 예제 – jQuery Form Plugin 사용

글제목을 입력하고 업로드할 파일을 선택한 후 [단일 파일 업로드] 버튼을 클릭하면 선
택한 파일이 서버상의 특정 폴더로 업로드되는 예제이다. 제목과 업로드할 파일을 선택하
는 폼은 singleUploadForm.jsp가 제공하고, 파일의 업로드는 singleUploadPro.jsp가 한
다. 이때 파일 업로드 처리 페이지 singleUploadPro.jsp는 singleupload.js가 비동기적으
로 요청한다.

실행 결과 singleUploadForm.jsp 페이지

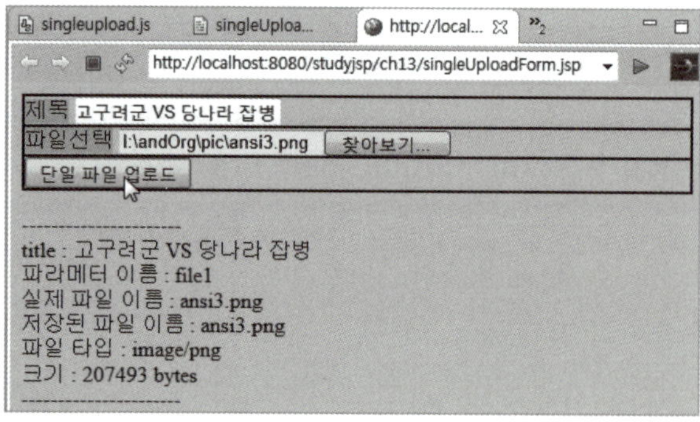

01 [New]–[JSP File] 메뉴를 사용해 [studyjsp]–[WebContent]–[ch13] 폴더에
singleUploadForm.jsp 페이지를 작성한다. 기본적인 코딩이 작성되면 다음과 같이
수정한 후 저장한다.

```
01   <%@ page language="java" contentType="text/html; charset=UTF-8"
02       pageEncoding="UTF-8"%>
```

```
03    <meta charset="UTF-8">
04    <meta name="viewport" content="width=device-width,initial-scale=1.0"/>
05    <link rel="stylesheet" href="../css/style.css"/>
06    <script src="../js/jquery-1.11.0.min.js"></script>
07    <script src="../js/jquery.form.min.js"></script>
08    <script src="singleupload.js"></script>
09
10    <form id="upForm1" action="singleUploadPro.jsp"
11          method="post" enctype="multipart/form-data">
12    <div id="form">
13    <ul>
14      <li>
15      <label for="title">제목</label>
16      <input type="text" id="title" name="title" size="20"
17          maxlength="50" placeholder="제목입력" autofocus>
18      <li>
19      <label for="file1">파일선택</label>
20      <input type="file" id="file1" name="file1">
21      <li>
22      <input type="submit" id="upPro1" value="단일 파일 업로드">
23    </ul>
24    </div>
25    </form>
26    <div id="upResult"></div>
```


singleUploadForm.jsp는 업로드 폼으로, 제목을 입력하는 필드 및 업로드할 파일을 선택하는 내용이 표시된다.

7라인 <script src="../js/jquery.form.min.js"></script>는 jQuery Form Plugin을 사용하기 위해 기술했다. 이 플러그인을 사용하려면 jQuery가 필요해서 6라인에서 지정했다.

8라인 이 폼에서 서버에 Ajax 요청을 하는 자바스크립트 파일을 지정했다.

10~25라인 id가 upForm1인 <form> 태그의 영역으로 22라인의 [단일 파일 업로드] 버튼을 클릭하면 16라인과 20라인의 <input> 태그에 입력 및 선택한 값을 action 속성에 지정한 singleUploadPro.jsp로 넘긴다.

  – **11라인** 업로드용 폼이기 때문에 method가 "post"이고, enctype을 "multipart/form-data"로 설정한다.

02 [New]-[Other]-[JavaScript]-[JavaScript Source File] 메뉴를 사용해 [studyjsp]-
[WebContent]-[ch13] 폴더에 자바스크립트 singleupload.js 파일을 작성한다. 기본
적인 코딩이 작성되면 다음과 같이 수정한 후 저장한다.

```
01   $(document).ready(function( ){
02          //Ajax 방식으로 요청 페이지를 호출해 파일을 업로드한다.
03          $("#upForm1").ajaxForm({
04             success: function(data, status){//업로드에 성공하면 수행
05                 $("#upResult").html(data);//응답받은 결과를 표시
06             }
07          });
08   });
```


singleupload.js는 업로드 폼에서 [단일 파일 업로드] 버튼을 클릭하면 업로드를 처리하는 페이지
를 서버에 Ajax 방식으로 요청 처리한다.

3~7라인 singleUploadForm.jsp 페이지의 10라인 action 속성에 지정한 singleUploadPro.jsp
를 Ajax 방식으로 요청한다. 요청 처리에 성공하면 응답 결과를 4라인의 data 변수로 반환한다.
이 응답 결과를 singleUploadForm.jsp 페이지의 <div id="upResult"></div>에 넣는다.

03 [New]-[JSP File] 메뉴를 사용해 [studyjsp]-[WebContent]-[ch13] 폴더에
singleuploadPro.jsp 페이지를 작성한다. 기본적인 코딩이 작성되면 다음과 같이
수정한 후 저장한다.

```
01   <%@ page language="java" contentType="text/html; charset=UTF-8"
02      pageEncoding="UTF-8"%>
03   <%@ page import="com.oreilly.servlet.MultipartRequest"%>
04   <%@ page import="com.oreilly.servlet.multipart.DefaultFileRenamePolicy"%>
05   <%@ page import="java.util.*"%>
06   <%@ page import="java.io.*"%>
07
08   <%request.setCharacterEncoding("utf-8");%>
09   <%
10   String result = "----------------------<br>";//결과 문자열
11   String realFolder = "";//웹 애플리케이션상의 절대 경로 저장
12   String saveFolder = "/upload"; //파일 업로드 폴더 지정
```

```
13  String encType = "utf-8"; //인코딩 타입
14  int maxSize = 5*1024*1024;  //업로드될 파일 크기 최대 5Mb
15
16  //현재 jsp 페이지의 웹 애플리케이션상의 절대 경로를 구함
17  ServletContext context = getServletContext( );
18  realFolder = context.getRealPath(saveFolder);
19
20  try{
21          MultipartRequest upload = null;
22
23          //파일 업로드를 수행하는 MultipartRequest 객체 생성
24          upload = new MultipartRequest(request,realFolder,maxSize,
25                      encType,new DefaultFileRenamePolicy( ));
26
27          //<input type="file">이 아닌 모든 파라미터를 얻어냄
28          Enumeration<?> params = upload.getParameterNames( );
29
30          //파일 아닌 파라미터들의 값을 반복해서 얻어냄
31          while(params.hasMoreElements( )){
32            String name = (String)params.nextElement( ); //파라미터명
33            String value = upload.getParameter(name); //파라미터 값
34            result += name + " : " + value +"<br>";//결과 문자열 누적
35          }
36
37          //<input type="file">인 모든 파라미터를 얻어냄
38          Enumeration<?> files = upload.getFileNames( );
39
40          //업로드된 모든 파일의 정보를 반복해서 얻어냄
41          while(files.hasMoreElements( )){
42            String name = (String)files.nextElement( );//파라미터명
43            //서버에 업로드된 파일명
44            String filename = upload.getFilesystemName(name);
45            //원래 파일명
46            String original = upload.getOriginalFileName(name);
47            //업로드된 파일의 타입 – 파일 종류
48            String type = upload.getContentType(name);
49
```

```java
50              //결과 문자열 누적
51              result += "파라미터 이름 : " + name +"<br>";
52              result += "실제 파일 이름 : " + original +"<br>";
53              result += "저장된 파일 이름 : " + filename +"<br>";
54              result += "파일 타입 : " + type +"<br>";
55
56              //업로드된 파일의 정보를 얻어내기 위해 File 객체로 생성
57              File file = upload.getFile(name);
58              if(file != null)
59                  result += "크기 : " + file.length( ) + " bytes <br>";//파일 크기
60          }
61      result += "----------------------<br>";
62      out.println(result);//처리 결과를 반환
63  }catch(Exception e){
64          e.printStackTrace( );
65  }
66  %>
```


singleuploadPro.jsp 페이지는 MultipartRequest 객체를 생성해서 업로드를 처리하고, MultipartRequest 클래스의 메소드를 사용해 업로드한 파일 및 폼에서 넘어온 파라미터의 정보를 얻어낸다.

3라인 MultipartRequest 클래스를 사용하기 위해 com.oreilly.servlet.MultipartRequest를 import 받았다.

4라인 파일 업로드 시 기존의 파일명과 동일한 파일이 있을 때 덮어쓰기를 방지하는 DefaultFileRenamePolicy 클래스를 사용하기 위해 com.oreilly.servlet.multipart.DefaultFileRename Policy 를 import 받았다.

5라인 Enumeration 인터페이스를 사용하기 위해 java.util 패키지를 import 받았다.

6라인 78라인의 File 클래스를 사용하기 위해 java.io 패키지를 import 받았다.

10라인 이 페이지를 요청한 singleupload.js로 응답 결과를 보내기 위한 결과 문자열 저장 변수이다.

11라인 realFolder 변수는 웹 애플리케이션상의 절대 경로를 저장할 변수이다.

12라인 saveFolder 변수는 파일이 업로드되는 폴더를 지정한다. 여기서는 [upload] 폴더로 지정했다. 톰캣 7 버전까지는 이 폴더를 지정 시 "upload"와 같이 사용하면 되었으나, 8 버전으로 업그레이드되면서 "/upload"와 같이 지정하는 방식으로 변경되었다.
파일 업로드 시 실제 서비스 환경에서는 [톰캣홈]-[webapps]-[studyjsp]-[upload] 폴더로 파일이 업로드되며, 이클립스 가상 환경에서는 [워크스페이스]-[.metadata]-[.plugins]-[org.eclipse.wst.server.core]-[tmp0]-[wtpwebapps]-[studyjsp]-[upload] 폴더에서 확인할 수 있다.

13라인　enwType 변수는 인코딩 타입을 저장할 변수이다. 여기서는 인코딩 타입으로 utf-8r을 사용했다. 파일 업로드에서는 요청 데이터의 한글 인코딩이 8라인에 좌우되는 것이 아니라 이 24라인 MultipartRequest 객체 생성 시 결정된다. 따라서 13라인은 빼먹으면 안 되는 중요한 부분이며, 24라인 MultipartRequest 객체도 반드시 5개의 매개 변수를 갖는 MultipartRequest(request, realFolder,maxSize,encType,new DefaultFileRenamePolicy( )) 생성자로 생성해야 한다.

14라인　maxSize 변수는 업로드될 최대 파일 크기를 지정하는 변수로 여기서는 5*1024*1024, 즉 5Mb로 설정했다. 업로드될 크기를 변경하려면 이 값을 수정한다.

17라인　getServletContext( ) 메소드를 사용해서 ServletContext를 얻어온다. 하나의 웹 애플리케이션이 실행되는 환경은 하나의 context에 대응된다. [톰캣홈]-[webapps]-[studyjsp]에서 studyjsp가 하나의 웹 애플리케이션이 된다. 이 context는 ServletContext 인터페이스로 구현되며 getServletContext( ) 메소드로 얻어낼 수 있다.

18라인　17라인의 getServletContext( ) 메소드로 얻어낸 context는 ServletContext 인터페이스에 있는 getRealPath( ) 메소드를 사용해서 주어진 가상 경로에 대한 실제 경로를 반환한다. 즉, 현재 jsp 페이지의 웹 애플리케이션상의 절대 경로를 구한다. 예를 들면 context.getRealPath (saveFolder) 메소드와 같이 사용하는데 saveFolder 변수가 가진 값은 /upload이다. 이것을 'http://127.0.0.1:8080/studyjsp/ch13/singleuploadPro.jsp'에서 실행하면 현재의 jsp 페이지가 singleuploadPro.jsp가 되고, 웹 애플리케이션 루트는 'http:// 0.0.1:8080/studyjsp'이다. 따라서 웹 애플리케이션상의 절대 경로는 'http://127.0.0.1:8080/ studyjsp/upload'이다.

24~25라인　MultipartRequest 객체를 생성하고 파일을 업로드한다. upload = new MultipartRequest(request,realFolder,maxSize,encType,new DefaultFileRenamePolicy( ));에서 request는 request 객체, realFolder는 웹 애플리케이션상의 절대 경로, maxSize는 업로드될 최대 파일 크기, encType은 문자 인코딩, new DefaultFileRenamePolicy( )는 기본 보안 적용(파일 업로드 시 기존의 파일명과 동일한 파일이 있을 때 덮어쓰기를 방지)한다.

28라인　Enumeration⟨?⟩ params = upload.getParameterNames( );에서 getParameter Names( ) 메소드는 파라미터들의 이름을 Enumeration 타입으로 반환해 params에 저장한다. Enumeration은 제너릭에 특정한 타입을 지정하지 않는 것을 권장해서 ⟨?⟩를 사용했다.

31~35라인　파일이 아닌 파라미터의 값을 while문을 사용해서 반복적으로 얻어낸다.

- **31라인**　while(params.hasMoreElements( )){에서 hasMoreElements( ) 메소드를 사용해서 컬렉션 내에 처리할 객체가 있는지를 검사해서, 객체가 있는 동안 31~35라인을 반복 수행하게 된다.

- **32라인**　String name = (String)params.nextElement( );에서 nextElement( ) 메소드는 하나 이상의 객체가 있으면 이 객체를 반환할 수 있는 위치로 이동한다. 즉, nextElement( ) 메소드로 해당 위치의 객체를 반환한다. 이때 원래 타입과는 상관없이 Object 타입으로 저장되기 때문에 사용하기 위해서는 원래 타입으로 형 변환을 해야 한다. 여기서는 (String)으로 형 변환을 했다. 28라인의 제너릭에서 ⟨?⟩을 사용해서 특정한 타입이 지정되지 못해 형 변환이 필요하다.

- **33라인**　String value = multi.getParameter(name);은 32라인에서 얻어낸 파라미터명 저장 변수 name을 매개 변수로 사용해서 파라미터가 가진 값을 얻어낸다. getParameter( ) 메소드는 request 객체에서 사용되는 메소드와 같은 역할을 하며, enctype="multipart/form-data"로 지정된 폼의 파라미터명을 통해서 값을 얻기 위해 사용되는 메소드이다.

04 singleUploadForm.jsp 파일을 선택하고 마우스 오른쪽 버튼을 눌러 [Run As]-[Run on Server] 메뉴를 클릭하면 실행 결과가 표시된다.

글제목을 입력하고 [찾아보기] 버튼을 클릭하여 파일을 선택한 후 [단일 파일 업로드] 버튼을 누른다. 파일이 업로드되는 것을 확인할 수 있다.

업로드된 파일은 이클립스 가상 환경에서는 [워크스페이스]-[.metadata]-[.plugins]-[org.eclipse.wst.server.core]-[tmp0]-[wtpwebapps]-[studyjsp]-[upload] 폴더에서 확인할 수 있다.

2 다중 파일 업로드 예제

이번에는 Ajax 기반의 다중 파일 업로드를 이해하기 위해서 〈input type="file"〉 태그에 multiple 속성을 사용하는 방법과 jQuery Multiple File Upload Plugin 사용 방법을 예제를 통해 학습한다.

다중 파일 업로드와 단일 파일 업로드는 기본적으로 처리 방식이 같다. 다만, 업로드 폼에서 파일을 1개만 선택하는지, 여러 개를 선택할 수 있는지의 차이점만 있을 뿐이다.

(1) 다중 파일 업로드 예제 – <input type="file"> 태그에 multiple 속성 사용

Ctrl, Shift 키를 사용해 다중 파일을 선택한 후 [다중 파일 업로드] 버튼을 클릭하면 선택된 파일이 서버상의 특정 폴더로 업로드된다. 업로드할 파일을 선택하는 폼은 multiUploadForm.jsp가 제공하고, 파일의 업로드는 multiUploadPro.jsp가 한다. 이때 다중 파일 업로드 처리 페이지 multiUploadPro.jsp는 multiupload.js가 비동기적으로 요청한다.

실행 결과 — multiUploadForm.jsp 페이지

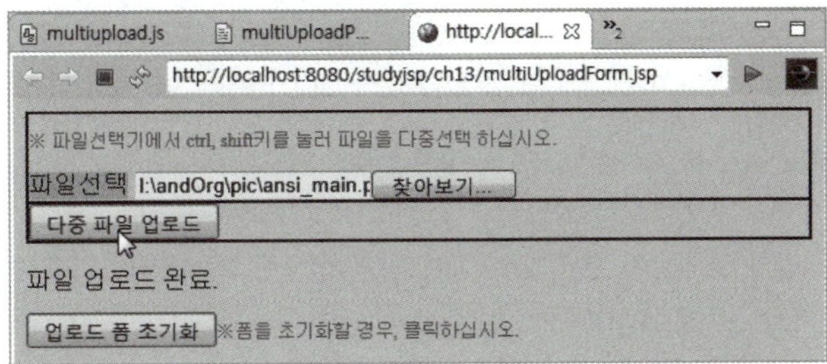

01 [New]–[JSP File] 메뉴를 사용해 [studyjsp]–[WebContent]–[ch13] 폴더에 multiUploadForm.jsp 페이지를 작성한다. 기본적인 코딩이 작성되면 다음과 같이 수정한 후 저장한다.

```
01   <%@ page language="java" contentType="text/html; charset=UTF-8"
02       pageEncoding="UTF-8"%>
03   <meta charset="UTF-8">
04   <meta name="viewport" content="width=device-width,initial-scale=1.0"/>
05   <link rel="stylesheet" href="../css/style.css"/>
06   <script src="../js/jquery-1.11.0.min.js"></script>
07   <script src="../js/jquery.form.min.js"></script>
08   <script src="multiupload.js"></script>
09
10   <form id="upForm1" action="multiUploadPro.jsp"
11           method="post" enctype="multipart/form-data">
12   <div id="form">
13   <ul>
```

14	<li>

```
14      <li>
15      <p class="cau">※ 파일선택기에서 ctrl, shift키를 눌러 파일을 다중선택 하십시오.</p>
16      <label for="file1">파일선택</label>
17      <input type="file" id="file1" name="file1" multiple>
18      <li>
19      <input type="submit" id="upPro1" value="다중 파일 업로드">
20      </ul>
21      </div>
22      </form>
23   <div id="upResult"></div>
```


multiUploadForm.jsp는 업로드 폼으로, 업로드할 다중 파일을 선택하는 내용이 표시된다.

6~7라인 jQuery Form Plugin을 사용하기 위해 기술했으며, 플러그인을 사용하려면 jQuery가 필요해서 6라인에서 지정했다

8라인 이 폼에서 서버에 Ajax 요청을 하는 자바스크립트 파일을 지정했다.

10~25라인 id가 upForm1인 <form> 태그의 영역으로 19라인의 [다중 파일 업로드] 버튼을 클릭하면 17라인의 <input type="file"> 태그에서 선택한 값을 action 속성에 지정한 multiUploadPro.jsp로 넘긴다.

- **17라인** <input type="file" id="file1" name="file1" multiple>은 파일을 선택하는 필드로서 속성에 multiple을 추가하여 다중 파일 선택이 가능하다. 이 속성은 파일 선택 대화상자에서 Ctrl , Shift 키를 사용해 다중 파일을 선택할 수 있는 기능을 제공한다.

02 [New]-[Other]-[JavaScript]-[JavaScript Source File] 메뉴를 사용해 [studyjsp]-[WebContent]-[ch13] 폴더에 자바스크립트 multiupload.js 파일을 작성한다. 기본적인 코딩이 작성되면 다음과 같이 수정한 후 저장한다.

```
01   $(document).ready(function( ){
02
03      $("#upForm1").ajaxForm({
04         success: function(data, status){
05            $("#upResult").html("파일 업로드 완료.<br>");
06            var appChild = "<p class='cau'><button id='refreshForm' oclick='refresh( )'>";
07            appChild += "업로드 폼 초기화</button>※폼을 초기화할 경우, 클릭하십시오.</p>";
```

```
08              $("#upResult").append(appChild);
09          }
10      });
11
12  });
13
14  //업로드 폼 초기화
15  function refresh( ){
16          //페이지 리로드를 사용한 폼 초기화
17          location.reload(true);
18  }
```


multiupload.js는 업로드 폼에서 [다중 파일 업로드] 버튼을 클릭하면 업로드를 처리하는 페이지를 서버에 Ajax 방식으로 요청 처리한다.

3~12라인 파일 업로드를 처리하는 multiUploadPro.jsp 페이지를 요청한다. 파일 업로드가 성공하면 4~9라인을 수행한다.

- 6~8라인 업로드에 성공한 후 현재의 폼에서 그대로 다른 파일을 계속 업로드할 수 있다. 그러나 폼을 초기화해야 할 경우를 대비해서 6~7라인에서 <p class='cau'><button id='refreshForm' onclick='refresh( )'>업로드 폼 초기화</button> 태그를 생성해 [업로드 폼 초기화] 버튼을 클릭하면 페이지를 새로 로드하는 refresh( ) 함수가 실행되도록 했다.

15~18라인 refresh( ) 함수는 17라인에서 location.reload(true);을 실행해 페이지를 새로 표시해서 폼을 초기화한다.

03 [New]–[JSP File] 메뉴를 사용해 [studyjsp]–[WebContent]–[ch13] 폴더에 multiUploadPro.jsp 페이지를 작성한다. 기본적인 코딩이 작성되면 다음과 같이 수정한 후 저장한다.

multiUploadPro.jsp 페이지는 MultipartRequest 객체를 생성해서 업로드를 처리한다. 단일 파일이건 다중 파일이건 지정한 위치로 업로드한다.

```
01  <%@ page language="java" contentType="text/html; charset=UTF-8"
02      pageEncoding="UTF-8"%>
03  <%@ page import="com.oreilly.servlet.MultipartRequest"%>
04  <%@ page import="com.oreilly.servlet.multipart.DefaultFileRenamePolicy"%>
05  <%@ page import="java.util.*"%>
06  <%@ page import="java.io.*"%>
07
08  <%request.setCharacterEncoding("utf-8");%>
09  <%
```

```
10    String result = "----------------------<br>";//결과 문자열
11    String realFolder = "";//웹 애플리케이션상의 절대 경로 저장
12    String saveFolder = "/upload"; //파일 업로드 폴더 지정
13    String encType = "utf-8"; //인코딩 타입
14    int maxSize = 5*1024*1024;  //업로드될 파일 크기 최대 5Mb
15
16    //현재 jsp 페이지의 웹 애플리케이션상의 절대 경로를 구함
17    ServletContext context = getServletContext( );
18    realFolder = context.getRealPath(saveFolder);
19
20    try{
21        //파일 업로드를 수행하는 MultipartRequest 객체 생성
22        MultipartRequest upload =
23            new MultipartRequest(request,realFolder,maxSize,
24                encType,new DefaultFileRenamePolicy( ));
25    }catch(Exception e){
26        e.printStackTrace( );
27    }
28    %>
```

04 [Servers] 뷰의 톰캣 서버가 시작된 것을 확인한 후, multiUploadForm.jsp 파일을 선택하고 마우스 오른쪽 버튼을 눌러 [Run As]-[Run on Server] 메뉴를 클릭하면 실행 결과가 표시된다.

[찾아보기] 버튼을 클릭하여 파일 선택 대화상자가 표시되면 ⌈Ctrl⌉, ⌈Shift⌉키를 사용해 다중 파일을 선택하고 [열기] 버튼을 누른다.

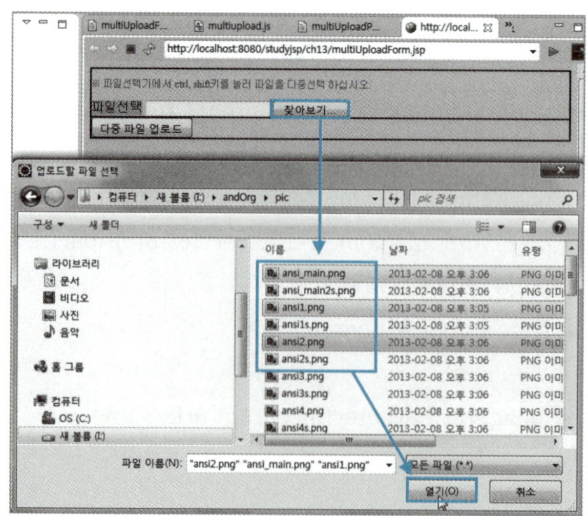

업로드할 파일이 선택되면 [다중 파일 업로드] 버튼을 클릭해서 업로드한다.

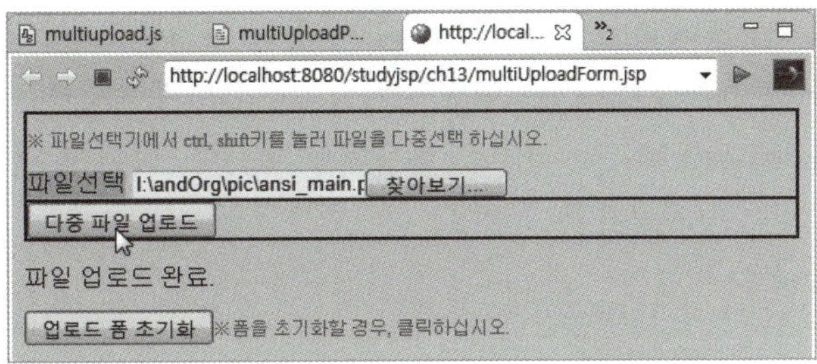

▲ multiUploadForm.jsp 페이지 실행 결과

업로드 된 파일은 이클립스 가상 환경에서는 [워크스페이스]-[.metadata]-[.plugins]
-[org.eclipse.wst.server.core]-[tmp0]-[wtpwebapps]-[studyjsp]-[upload] 폴더
에서 확인할 수 있다.

(2) 다중 파일 업로드 예제 – jQuery Multiple File Upload Plugin 사용

jQuery Multiple File Upload Plugin을 다운로드하여 프로젝트상의 특정 위치에 배치
한 후 예제를 작성한다.

따라하기   jQuery Multiple File Upload Plugin 다운로드 및 배치

01 웹 브라우저를 실행하고 jQuery Multiple File Upload Plugin 다운로드 사이트인
'http://www.fyneworks.com/jquery/multiple-file-upload/'로 이동한다. 사이
트가 표시되면 [Download] 탭을 선택하고 [Download]에서 [multiple-file-
upload.zip]을 클릭해서 다운로드한다.

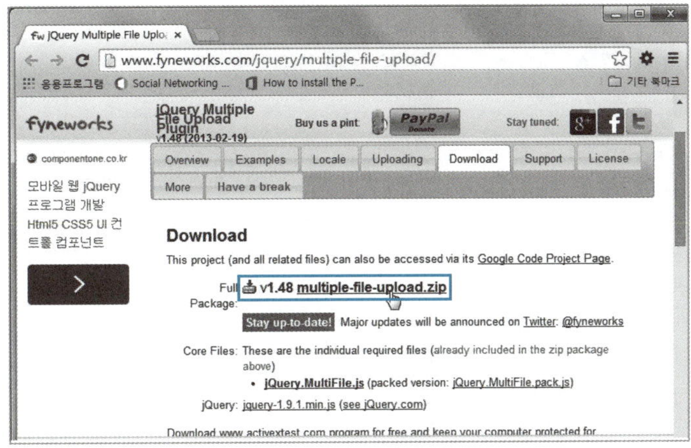

▲ jQuery Multiple File Upload Plugin 다운로드 및 배치 1

02 다운로드한 파일의 압축을 푼 후 압축 해제된 폴더에서 jquery.MetaData.js와 jquery.MultiFile.js 파일을 이클립스의 프로젝트에 넣는다. 단, jquery.blockUI.js 파일은 신 버전의 jquery와 매칭이 되지 않으므로 부록 CD의 [program] 폴더에서 제공하는 jquery.blockUI.js 파일을 복사해서 넣는다. 복사한 파일들을 여기서는 [studyjsp]-[WebContent/js] 폴더에 넣는다.

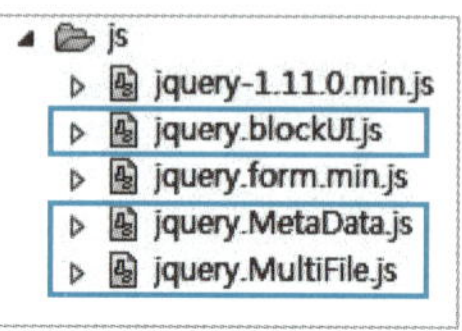

◀ jQuery Multiple File Upload Plugin 다운로드 및 배치 2

따라하기 jQuery Multiple File Upload Plugin을 사용한 다중 파일 업로드

다중 파일을 선택하고 [다중 파일 업로드] 버튼을 클릭하면 선택한 파일들이 서버상의 특정 폴더로 업로드된다. 업로드할 파일을 선택하는 폼은 multiUploadForm2.jsp가 제공하고, 파일의 업로드는 multiUploadPro.jsp가 한다. 이때 다중 파일 업로드 처리 페이지 multiUploadPro.jsp는 multiupload.js가 비동기적으로 요청한다.

실행 결과 multiUploadForm2.jsp 페이지

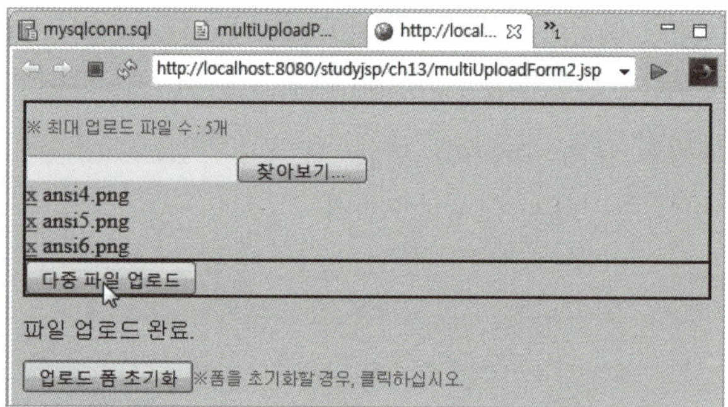

01 [New]-[JSP File] 메뉴를 사용해 [studyjsp]-[WebContent]-[ch13] 폴더에 multiUploadForm2.jsp 페이지를 작성한다. 기본적인 코딩이 작성되면 다음과 같이 수정한 후 저장한다.

```
01    <%@ page language="java" contentType="text/html; charset=UTF-8"
02        pageEncoding="UTF-8"%>
03    <meta charset="UTF-8">
04    <meta name="viewport" content="width=device-width,initial-scale=1.0"/>
```

```
05    <link rel="stylesheet" href="../css/style.css"/>
06    <script src="../js/jquery-1.11.0.min.js"></script>
07    <script src="../js/jquery.form.min.js"></script>
08    <script src="../js/jquery.MetaData.js"></script>
09    <script src="../js/jquery.MultiFile.js"></script>
10    <script src="../js/jquery.blockUI.js"></script>
11    <script src="multiupload.js"></script>
12
13    <form id="upForm1" action="multiUploadPro.jsp"
14        method="post" enctype="multipart/form-data">
15    <div id="form">
16    <ul>
17     <li>
18      <p class="cau">※ 최대 업로드 파일 수 : 5개</p>
19       <input type="file" id="file1" name="file1" class="multi" maxlength="5">
20     <li>
21       <input type="submit" id="upPro1" value="다중 파일 업로드">
22    </ul>
23    </div>
24    </form>
25    <div id="upResult"></div>
```


multiUploadForm2.jsp는 업로드 폼으로서 업로드할 다중 파일을 선택하는 내용이 표시된다.

6~7라인 jQuery Multiple File Upload Plugin을 사용하려면 기본적으로 jQuery와 jQuery Form Plugin이 필요하다.

8~10라인 jQuery Multiple File Upload Plugin을 사용하기 위해 지정했다.

19라인 <input type="file" id="file1" name="file1" class="multi" maxlength="5">는 <input type="file"> 태그에 class 속성값으로 "multi"를 지정해서 다중 파일을 선택할 수 있다. 그리고 maxlength 속성을 사용해서 한 번에 업로드할 수 있는 파일의 수를 제한할 수 있는데, 여기서는 한 번에 최대 5개의 파일을 업로드할 수 있다.

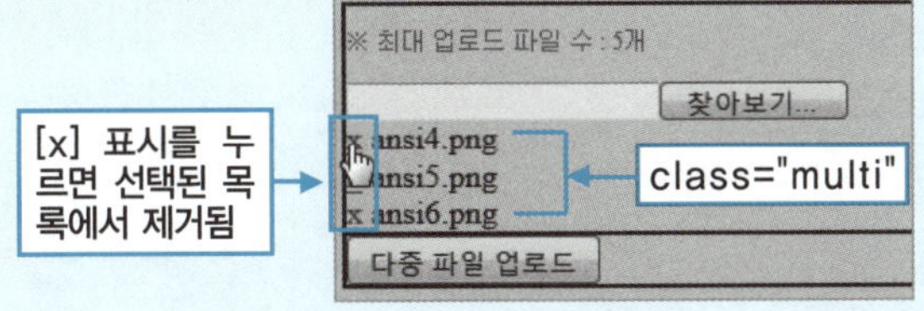

선택한 파일 목록에 있는 [x] 표시를 클릭하면 파일이 제거된다. 이렇게 파일을 자유롭게 선택 및 해제할 수 있다.

02 [Servers] 뷰의 톰캣 서버가 시작된 것을 확인한 후, multiUploadForm.jsp 파일을 선택하고 마우스 오른쪽 버튼을 눌러 [Run As]-[Run on Server] 메뉴를 클릭하면 실행 결과가 표시된다.

[찾아보기] 버튼을 클릭하여 업로드할 파일들을 선택한다. 업로드할 목록을 확인해 원하는 파일이 맞으면 [다중 파일 업로드] 버튼을 클릭해서 업로드한다.

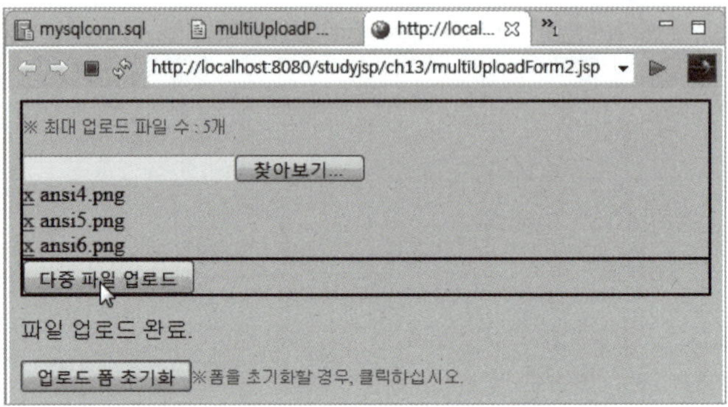

▲ jmultiUploadForm2.jsp 페이지 실행 결과

업로드된 파일은 이클립스 가상 환경에서는 [워크스페이스]-[.metadata]-[.plugins] -[org.eclipse.wst.server.core]-[tmp0]-[wtpwebapps]-[studyjsp]-[upload] 폴더 에서 확인할 수 있다.

학습 정리

- 파일 업로드에 필요한 요소는 파일을 입력받는 폼의 method 및 enctype 타입, 업로드할 파일이 저장될 폴더, 파일을 업로드하고 폼을 분석하는 라이브러리이다.

- Ajax 기반의 업로드를 하려면 jQuery Form Plugin과 jQuery Multiple File Upload Plugin이 추가로 필요하다.

- 파일 업로드를 위한 폼은 method가 "post", enctype은 "multipart/form-data"를 가져야 한다.

- 파일 업로드를 위한 폼은, 폼의 속성을 사용해서 지정할 수 있으며 기본적인 〈form〉 태그의 속성을 사용하는 방법, 〈input type="submit"〉에서 별도의 속성을 지정하는 방법, 자바스크립트에서 지정하는 방법이 있다.

- 다중 파일을 업로드하기 위해 다중 파일을 선택하는 폼은 자바스크립트를 사용한 방식, jQuery Multiple File Upload Plugin을 사용하는 방식, HTML5에서 추가된 multiple 속성을 사용하는 방식이 있다.

표현 언어
(Expression Language)

이번 Chapter에서는 JSP 페이지에서 스크립트릿과 같은 자바 코드를 대체하는 표현 언어(EL : Expression Language)의 기본 사용 방법과 제공하는 연산자 및 내장 객체에 대해 학습한다.

표현 언어의 개요

이번 Section에서는 표현 언어(EL : Expression Language)에 대한 기본적인 설명과 사용법에 대해 학습한다.

표현 언어는 JSP 페이지에 사용되는 선언문(〈%!%〉), 스크립트릿(〈%%〉), 표현식 (〈%=%〉)과 같은 자바 코드를 대신한다. JSP 페이지는 HTML 태그와 자바 코드가 혼재하는데, 이 방식은 페이지의 가독성을 떨어뜨린다. 이번 CHAPTER에서 배우는 표현 언어와 다음 CHAPTER에서 배울 JSTL(JSP Standard Tag Library)이 이러한 부분을 대체한다.

표현 언어는 좀 더 쉽고 자연스러운 형태로 태그(주로 액션 태그)의 속성값을 지정하고 객체의 메소드에 지정하는 방법을 제공한다. 이것을 사용하려면 웹 컨테이너로 톰캣을 사용할 경우 JSP 2.0 스펙이 적용된 Tomcat 5.x 이후의 버전을 사용해야 한다.

1 기존 방식과 표현 언어를 사용한 방식 비교하기

(1) 기존의 유동적인 속성값 지정 및 객체의 getter 메소드에 접근

지금까지는 태그에 유동적인 속성값 지정 또는 객체의 getter 메소드에 접근하기 위해 다음과 같은 방법을 사용했다.

■ 태그에 유동적인 속성값 지정

```
<someTags:aTag attribute="<%=aName%>">
```

설명

- 〈someTags:aTag〉 : 액션 태그
- attribute : 속성명
- 〈%=aName%〉 : 유동적인 속성값. aName 변수가 가진 값이 attribute 속성값이 됨

■ 객체의 getter 메소드에 접근

<%=aCustomer.getAddress( )%> <%--메소드의 실행결과를 화면에 표시--%>

> **설명**
>
> - aCustomer : 객체. 주로 데이터 저장빈 객체
> - getAddress( ) : 메소드. 위의 예제에서는 aCustomer 객체의 메소드로 값을 얻어내는 getter 메소드

위와 같은 방법으로 태그의 속성값을 지정하거나 객체의 getter 메소드에 접근해 값을 화면에 표시했다. 즉, 값 지정 및 출력에 표현식(<%=%>)을 사용해 왔다.

(2) 표현 언어에서 유동적인 속성값 지정 및 객체의 getter 메소드에 접근

표현 언어는 표현식(<%=%>)을 대신할 수 있는데, 이것을 사용해서 위의 예시를 다음과 같이 작성할 수 있다. 아래의 예시에서 ${ }은 <%=%>와 같다.

■ 태그에 유동적인 속성값 지정

<someTags:aTag attribute="${aName}">

> **설명**
>
> - <someTags:aTag> : 액션 태그
> - attribute : 속성명
> - ${aName} : 속성값. ${aName}은 <%=aName%>과 같음

■ 객체의 getter 메소드에 접근

${aCustomer.address}

> **설명**
>
> - aCustomer : 객체. 주로 데이터 저장빈 객체
> - address : 메소드. 위의 예제에서는 aCustomer 객체의 메소드로 값을 얻어내는 getter 메소드

표현 언어는 자바 코드를 대신하는 새로운 언어의 출현이라 할 수 있다. 과거에 표현 언어는 JSTL(JSP Standard Tag Library)에 상당히 종속적인 면을 가지고 있었으나, JSP 2.0 스펙에 포함되면서부터는 JSP 컨테이너가 표현 언어의 표현식을 해석할 수 있게 되었다. 따라서 표준 액션 태그, 커스텀 액션 태그 그리고 HTML같은 템플릿 텍스트와 같이 자바 코드를 사용해야 했던 모든 곳에서 표현 언어를 사용할 수 있게 되었다.

(1) 특징

표현 언어는 null 값을 가지는 변수에 대해 좀 더 관대하고, 데이터의 형 변환을 조금 더 자동적으로 처리해준다. JSP 페이지를 작성할 때 null 값을 가지는 변수에 대한 가차 없는 응징(?)을 여러 번 당했을 것이다(이 응징은 NullPointer Exception으로 우리에게 내려졌다). 또한 객체가 저장되는 곳에 따라 본래의 객체가 Object형으로 추출되는 경우, 다시 이 객체를 꺼내서 사용하기 위해 다시 본래의 객체형으로 형 변환을 했던 것이 기억날 것이다 (물론 요즘은 제너릭을 사용해서 이 부분이 필요 없을 수 있다). 그리고 파라미터의 파싱도 문제이다. 하지만 표현 언어는 이런 부분을 좀 더 자동적으로 처리해준다.

■ **표현 언어에서는 파라미터 값이 null이어도 상관없다.**

이러한 표현 언어의 특징은 파라미터들을 폼에서 얻어오는 웹 애플리케이션에서 중요하다. 때에 따라 파라미터들이 어떤 요청에서는 필요하고, 다른 요청에서는 필요하지 않을 수 있다.

■ **표현 언어에서는 파라미터 값의 파싱을 신경 쓰지 않아도 된다.**

웹 브라우저는 파라미터 값을 항상 문자열 형태로 보내는데 반해, 웹 애플리케이션에서는 숫자나 true 또는 false 값을 가지는 boolean형으로 사용해야 할 경우도 있다. 예를 들어 a.jsp?age=20이라는 쿼리 문자열에서 a.jsp는 파라미터를 받는 페이지고, age가 파라미터명, 20이 값이다. 이때 a.jsp로 전달되는 age 파라미터의 값 20은 "20"과 같이 문자열로 전달된다. 만일 age 파라미터를 계산식에서 사용하려면 Integer.parseInt(age)와 같이 사용해서 정수(Integer)형으로 파싱해야 한다. 하지만 표현 언어에서는 파라미터 값을 파싱할 필요가 없다.

이런 표현 언어의 특징들은 프로그램을 좀 더 간결하고 쉽게 작성할 수 있게 해준다.

(2) 기능

표현 언어의 표현식은 다음과 같은 기능을 가지고 있다.

■ 변수와 연산자를 포함하고 함수를 호출할 수 있다.

${변수명}과 같은 변수의 사용 및 산술 연산자(+, -, *, / 등), 관계 연산자(〉, 〈, ==, != 등), 논리 연산자(&&, ||, ! 등)의 연산자를 사용할 수 있다. 또한 func(매개 변수)와 같이 함수(클래스에서 정의한 메소드)를 호출할 수도 있다.

■ JSP의 영역(page, request, session, application)에 저장된 모든 속성 및 자바빈을 표현 언어의 변수로서 사용할 수 있다.

${sessionScope.id}와 같이 session 영역에 저장된 id 속성에 접근할 수 있으며, ${article.num}과 같이 자바빈 객체 article의 getNum() 메소드에 접근할 수 있다.

■ 내장 객체도 지원한다.

pageScope, requestScope, sessionScope, applicationScope 등의 영역 객체 및 param, paramValues, header, headerValues, cookie, pageContext, initParam 객체 등을 제공한다.

3 표현 언어의 작성 방법

표현 언어의 작성 방법은 간단하다. 표현 언어의 표현식은 숫자, 문자열, boolean 값 및 null 같은 상수값(리터럴)들도 포함할 수 있다. 표현 언어는 $와 표현식 그리고 {}를 사용해서 표현한다.

■ 표현 언어는 항상 '${'로 시작해서 '}'로 끝난다.

```
${num} <%-- num 변수값 출력--%>
```

위의 ${num}은 <%=num%>와 결과가 같으며 <%=%>를 대체하는 효과가 있다. 표현 언어의 표현식(${})은 JSP 스크립트인 <%%>, <%!%>, <%=%> 안에는 사용할 수 없다. 그 외의 곳에서는 사용 가능하다.

■ 표현 언어의 표현식 안에 연산식도 쓸 수 있다.

• num 변수값에 1을 더하는 표현 언어 표현식

```
${num + 1} <%-- num변수 값에 1을 더한 후 출력--%>
```

• 자바빈의 num 프로퍼티 값에 1을 더하는 표현 언어 표현식

```
<%-- article: 자바빈 객체, num: 프로퍼티--%>
${article.num + 1} <%-- article 객체의 num에 1 값을 더한 후 출력--%>
```

프로퍼티 접근 연산자 닷(dot(.))은 자바빈이나 컬렉션 객체에서 닷(.) 다음에 오는 이름과 같은 프로퍼티를 찾는다.

■ **표현 언어 표현식에는 브라켓 연산자(bracket ([ ]) operator)를 사용할 수 있다.**

브라켓 연산자(bracket ([ ]) operator)는 배열의 형태로 객체의 프로퍼티에 접근하는 것을 제공한다. ${article.num + 1}과 같이 자바빈의 프로퍼티 num의 값에 1을 더하는 예시는 닷(.) 연산자 대신 브라켓 연산자(bracket ([ ]) operator)를 사용해서 아래와 같이 표시할 수 있다.

```
${article['num'] + 1}
또는
${article["num"] + 1}
```

브라켓([]) 안의 값은 프로퍼티의 이름을 나타내는 문자열 또는 프로퍼티 이름을 값으로 가진 변수가 올 수 있다. 이때 프로퍼티 혹은 변수명은 큰따옴표("")나 작은 따옴표('') 로 둘러싼다.

■ **표현 언어는 동적으로 값을 받도록 JSTL이나 커스텀 태그의 JSP 액션의 속성값을 지정할 때도 사용할 수 있다.**

```
<c:out value="${article.num + 1}"/>
```

위의 예시는 JSTL의 문법으로 화면에 article 객체의 num 프로퍼티 값에 + 1을 한 값을 출력한다.

표현 언어의 연산자와 내장 객체

여기에서는 표현 언어에서 제공하는 연산자와 내장 객체에 대해서 학습한다.

1 표현 언어의 연산자

표현 언어에서 제공하는 연산자는 다음과 같으며, 연산자는 ${ 2+ 5}와 같이 표현식에서 사용한다.

연산자	설 명
.	빈의 프로퍼티 또는 맵(Map)의 엔트리에 접근
[ ]	배열이나 리스트(List)의 엘리먼트에 접근
( )	괄호. 표현식의 연산 순서를 바꿔서 연산할 때 사용
a?b:c	조건 테스트. 조건(a) ? true일 때 리턴값(b) : false일 때 리턴값(c)
+	더하기
−	빼기
*	곱하기
/ 또는 div	나누기
% 또는 mod	나머지
== 또는 =	같다
!= 또는 !=	같지 않다
〈 또는 lt	보다 작다
〉 또는 gt	보다 크다
<= 또는 le	작거나 같다
>= 또는 ge	크거나 같다
&& 또는 and	논리 AND
‖ ('|'가 연속으로 두개) 또는 or	논리 OR

! 또는 not	논리 not (true를 false로, false를 true로 변환)
empty	빈 변수값 체크. null, 빈 문자열, 빈 배열, 엔트리가 없는 맵(Map)이나 컬렉션(Collection)인지 등을 묻는 조건식에 사용
func(args)	• 함수(클래스에서 정의한 메소드) 호출. func는 임의의 함수 이름이고 args는 매개 변수 리스트로 없을 수도 있음 • ${ns:func(args1, args2…)}과 같이 사용. 여기서 ns는 func( ) 메소드가 속한 클래스의 prefix

▲ 표현 언어의 연산자

따라하기 [ch14] 폴더 작성

[studyjsp] 프로젝트의 [WebContent] 폴더에 [ch14] 폴더를 생성한다.

따라하기 표현 언어의 표현식 사용 예제 – 연산자 사용

이 예제는 표현 언어의 표현식에서 연산자를 사용하는 것을 학습한다.

실행 결과 elEx1.jsp 페이지

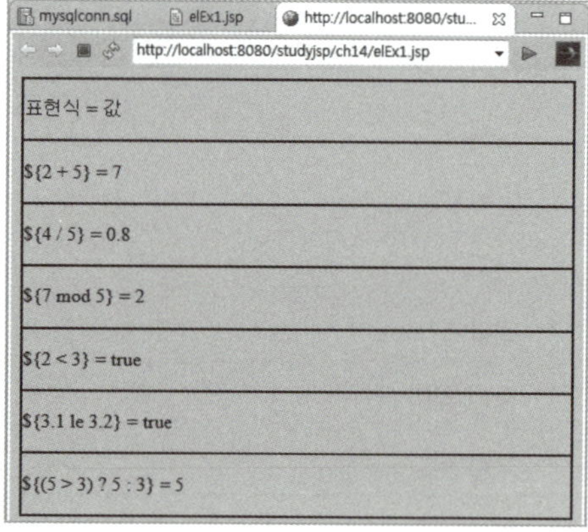

01 [New]-[JSP File] 메뉴를 사용해 [studyjsp]-[WebContent]-[ch14] 폴더에 elEx1.jsp 페이지를 작성한다. 기본적이 코딩이 작성되면 다음과 같이 수정한 후 저장한다.

```
01    <%@ page language="java" contentType="text/html; charset=UTF-8"
02        pageEncoding="UTF-8"%>
03    <meta charset="UTF-8">
04    <meta name="viewport" content="width=device-width,initial-scale=1.0"/>
05    <link rel="stylesheet" href="../css/style.css"/>
06
07    <ul>
08      <li>
09       <p>표현식 = 값
10        <li>
11         <p>\${2 + 5} = ${2 + 5}
12        <li>
13         <p>\${4 / 5} = ${4 / 5}
14        <li>
15         <p>\${7 mod 5} = ${7 mod 5}
16        <li>
17         <p>\${2 < 3} = ${2 < 3}
18        <li>
19         <p>\${3.1 le 3.2} = ${3.1 le 3.2}
20        <li>
21         <p>\${(5 > 3) ? 5 : 3} = ${(5 > 3) ? 5 : 3}
22    </ul>
```


11라인 <p>\${2 + 5} = ${2 + 5}에서 '\'는 '$'라는 문자를 화면에 표시하기 위해서 사용했다. \${2 + 5}와 같이 입력하면 화면에 ${2 + 5}로 표시된다. '=' 다음의 ${2 + 5}는 표현식을 사용해서 2+5 연산을 수행한 것이다. 13, 15, 17, 19, 21라인도 같다. 다만 이클립스의 [에디터] 뷰에 21라인의 <p>\${(5 > 3) ? 5 : 3} = ${(5 > 3) ? 5 : 3}에서 경고가 발생한 것은 ${(5 > 3) ? 5 : 3} 연산에서 5>3이기 때문에 참값(true)이 반환되어 '?' 다음의 5가 화면에 표시된다. 이런 경우 거짓값(false)일 경우 실행되는 ':' 다음의 은을 절대 실행되지 않는 쓸모없는 코드(dead code)가 된다. 이것에 대한 경고이다. 학습용 예제이기 때문에 이런 논리상 문제를 여기서는 그냥 넘어가기로 한다.

02 elEx1.jsp 파일을 선택하고 마우스 오른쪽 버튼을 눌러 [Run As]-[Run on Server] 메뉴를 클릭하면 실행 결과가 표시된다.

표현 언어에서 제공되는 내장 객체는 다음과 같으며, 이들은 ${sessionScope.id}와 같은 형태로 표현식에서 사용한다.

내장 객체	설 명
pageScope	page 영역 객체
requestScope	request 영역 객체
sessionScope	session 영역 객체
applicationScope	application 영역 객체
param	요청 파라미터 객체. 파라미터 값을 얻어낼 때 사용하는 것으로 request.getParameter( )와 같은 역할을 수행
paramValues	요청 파라미터 컬렉션. 복수의 값을 갖는 파라미터로부터 값을 얻어낼 때 사용하는 것으로 request.getParameterValues( )와 같은 역할을 수행
header	HTTP 요청 헤더 객체. 헤더 값을 얻어낼 때 사용하는 것으로 request.getHeader( )와 같은 역할을 수행
headerValues	HTTP 요청 헤더 객체 컬렉션. 복수의 값을 갖는 헤더로부터 값을 얻어낼 때 사용하는 것으로 request.getHeaders( )와 같은 역할을 수행
cookie	모든 쿠키값 컬렉션. 요청 객체로부터 모든 쿠키값을 얻어낼 때 사용하는 것으로 request.getCookies( )와 같은 역할을 수행
initParam	모든 애플리케이션의 초기화 파라미터 이름을 얻어내는 컬렉션으로 config.getInitParamer( )와 같음
pageContext	현재 JSP 페이지의 콘텍스트(Context). 주로 다른 내장 객체 servletContext, session, request, response를 구할 때 사용

▲ 표현 언어의 내장 객체

따라하기   **표현 언어의 표현식 사용 예제 – 내장 객체 사용**

이 예제는 표현 언어의 표현식에서 내장 객체를 사용하는 방법을 학습하는 것이다.

실행 결과   elEx2.jsp 페이지

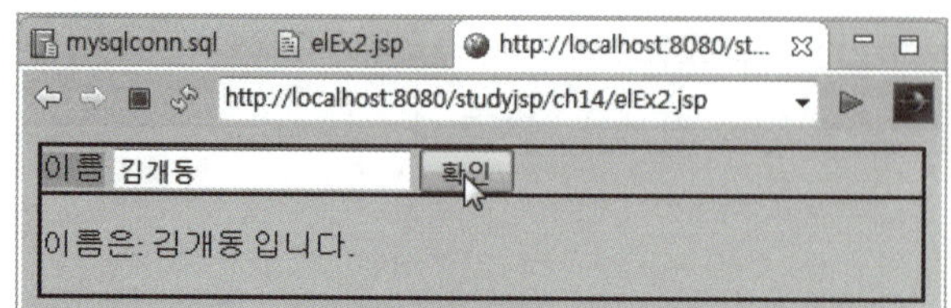

01 [New]-[JSP File] 메뉴를 사용해 [studyjsp]-[WebContent]-[ch14] 폴더에 elEx2.jsp 페이지를 작성한다. 기본적인 코딩이 작성되면 다음과 같이 수정한 후 저장한다.

```
01  <%@ page language="java" contentType="text/html; charset=UTF-8"
02     pageEncoding="UTF-8"%>
03  <meta charset="UTF-8">
04  <meta name="viewport" content="width=device-width,initial-scale=1.0"/>
05  <link rel="stylesheet" href="../css/style.css"/>
06
07  <% request.setCharacterEncoding("utf-8");%>
08
09  <form action="elEx2.jsp" method="post">
10    <ul>
11      <li><label for="name">이름</label>
12        <input type="text" id="name" name="name"
13                   value="${param['name']}">
14      <input type="submit" value="확인">
15      <li><p>이름은: ${param.name} 입니다.
16    </ul>
17  </form>
```


9라인 〈form〉 태그에서 [확인] 버튼을 클릭하면 입력받은 값을 현재 페이지인 elEx2.jsp로 보낸다.

13라인 value 속성값 ${param['name']}은 name 파라미터의 값을 표시한다. 만일 값이 null이면 공백으로 표시된다. 처음 실행했을 때는 아무런 파라미터도 없기 때문에 공백으로 표시된다.

15라인 ${param.name}은 화면에 name 파라미터 값을 표시하며, 13라인의 ${param['name']}과 결과가 같다.

02 elEx2.jsp 파일을 선택하고 마우스 오른쪽 버튼을 눌러 [Run As]-[Run on Server] 메뉴를 클릭하면 실행 결과가 표시된다.

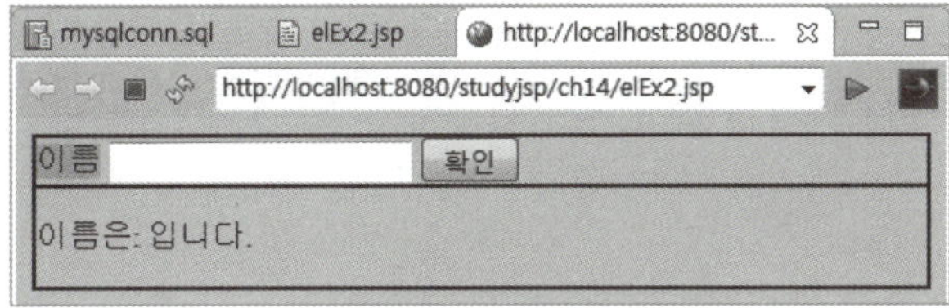

이때 이름을 입력하고 [확인] 버튼을 클릭하면 화면에 입력된 값이 표시된다.

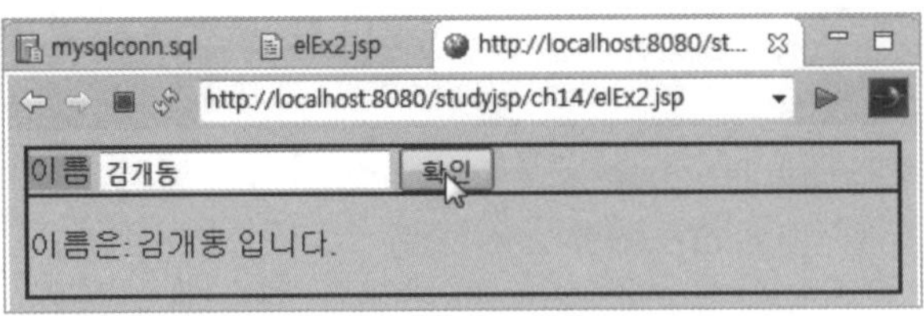

표현 언어는 주로 JSTL과 같이 사용되며, 단독으로는 잘 사용하지 않는다. 좀 더 자세히
활용하는 방법은 〈Chapter 15. JSTL(JSP Standard Tag Library)〉에서 살펴본다.

- 표현 언어는 JSP 페이지에 사용되는 자바 코드를 대신해서 태그의 속성에 값을 지정한다.

- 표현 언어의 특징
  - 표현 언어에서는 파라미터 값이 null이어도 상관없다.
  - 표현 언어에서는 파라미터 값의 파싱을 신경 쓰지 않아도 된다.

- 표현 언어의 기능
  - 변수와 연산자를 포함하고 함수를 호출할 수 있다.
  - SP의 영역(page, request, session, application)에 저장된 어떤 속성 및 자바빈이라도 표현 언어의 변수로 사용될 수 있다.
  - 내장 객체도 지원한다.

- 표현 언어의 표현식은 숫자, 문자열, boolean 값 및 null같은 상수값(리터럴)들도 포함할 수 있으며, $와 표현식 그리고 { }를 사용해서 표현한다.

- 표현 언어의 작성 방법

- 표현 언어는 항상 '${' 로 시작해서 '}'로 끝난다.

```
${num}
```

- 표현 언어 표현식 안에 연산식도 쓸 수 있다.

```
${num + 1}
<%-- article: 자바빈 객체, num: 프로퍼티--%>
${article.num + 1}
```

- 표현 언어 표현식에는 브라켓 연산자(bracket ([ ]) operator)를 사용할 수 있다.

```
${article['num'] + 1}
또는
${article["num"] + 1}
```

- 표현 언어는 동적으로 값을 받도록 JSTL이나 커스텀 태그의 JSP 액션의 속성에 값을 지정할 때도 사용할 수 있다.

```
<c:out value="${article.num + 1}"/>
```

JSTL
(JSP Standard Tag Library)

이번 Chapter에서는 JSP가 제공하는 표준 커스텀 태그인 JSTL의 기본 개요와 태그의 사용법을 학습한다.

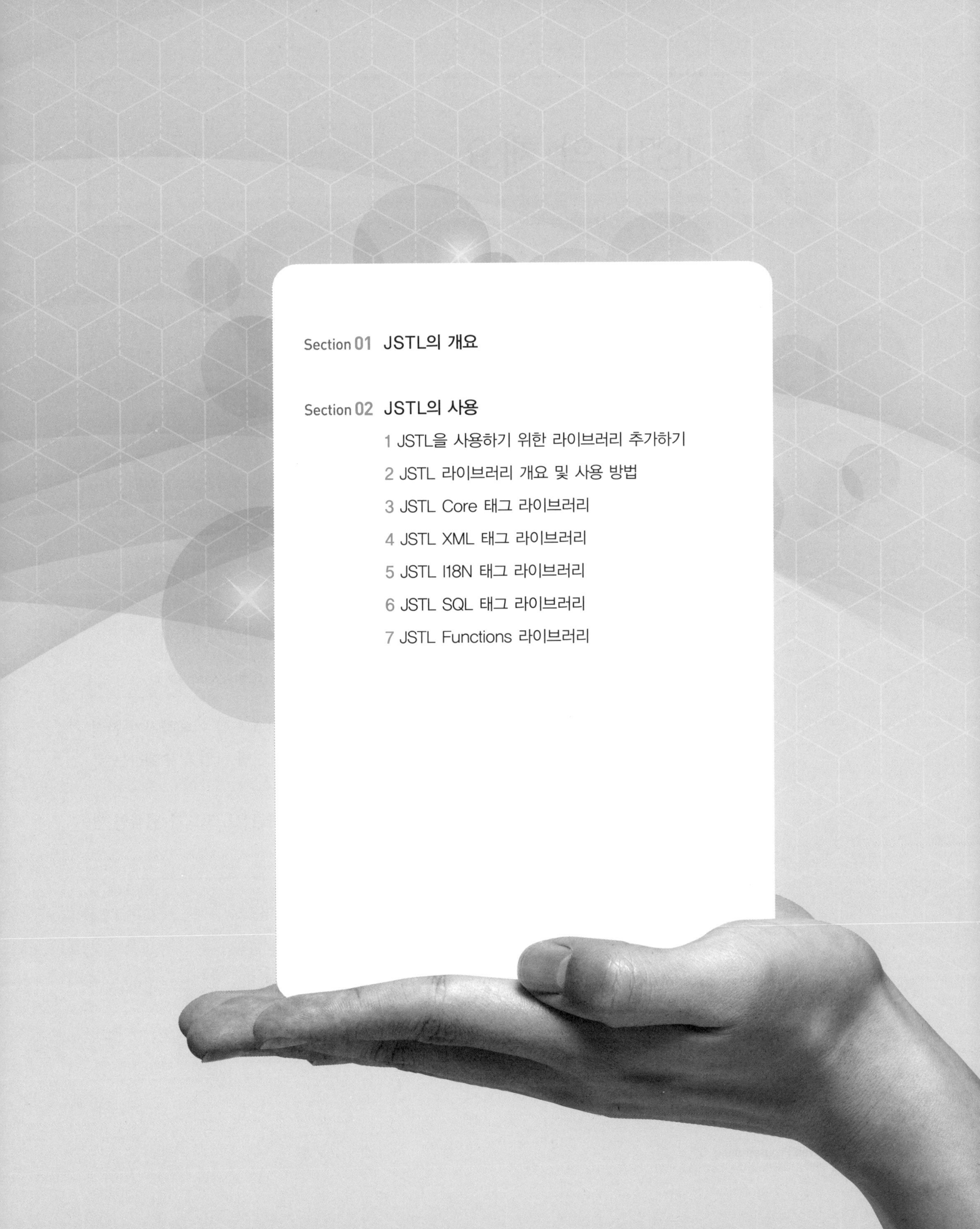

JSTL의 개요

여기에서는 왜 JSTL을 사용하는가에 대해서 살펴본다.

JSP에서는 XML처럼 사용자가 태그를 정의해서 사용하는 것이 가능하다. 이런 사용자 정의 태그를 커스텀 태그라고 하며, 이들 중 자주 사용하는 것을 표준으로 만들어 제공하게 되었는데 바로 이것이 JSTL(JSP Standard Tag Library)이다. 즉, JSTL은 자주 사용하는 커스텀 태그의 표준인 '표준 커스텀 태그(Custom Tag)'라고 할 수 있다. JSTL은 많은 JSP 애플리케이션을 간단한 태그로 제공한다.

우리가 자바빈 객체를 생성할 때 사용했던 액션 태그는 시스템이 제공하는 일종의 커스텀 태그라 할 수 있다. 다음은 자바빈 객체를 생성하는 코드를 <jsp:useBean> 액션 태그로 작성한 것이다.

```
<jsp:useBean id="article" class="ch12.board.BoardDataBean">
```

액션 태그를 사용하지 않으면 자바빈 객체는 new 키워드를 사용해서 생성한다.

```
<%ch12.board.BoardDataBean article = new ch12.board.BoardDataBean%>
```

위와 같이 액션 태그를 사용한 것이 HTML 코드에 더 가까워서 코드를 이해하기가 한결 쉽다. 마찬가지로 JSTL을 사용하면 JSP가 제공하는 액션 태그들처럼 작업을 수행하는 코드들을 태그로 간략화해 보기 쉽게 할 수 있다.

다음은 우리가 지금까지 작성해왔던 JSP의 스크립트 코드와 HTML 코드가 뒤섞인 형태이다. 별 내용이 아닌데도 불구하고 괜히 복잡해 보인다.

```
<%if(c.getEmail()==null){%>
  <input type="text" name="email" size="40" maxlength="30" >
<%}else{%>
  <input type="text" name="email" size="40" maxlength="30" value="<%=c.getEmail()%>">
<%}%>
```

이렇게 복잡해 보이는 코드를 다음과 같이 JSTL을 사용하면 훨씬 간결하게 표현할 수 있다.

```
<c:if test="empty ${c.getEmail}">
  <input type="text" name="email" size="40" maxlength="30" >
</c:if>
<c:if test="!empty ${c.getEmail}">
  <input type="text" name="email" size="40" maxlength="30" value="${c.getEmail}">
</c:if>
```

JSP 스크립트 코드들이 사라지니 가독성이 좋아지는 것을 알 수 있다. JSP의 스크립트와 HTML 코드를 혼용하는 것은 개발의 편리성이라는 면에서는 장점이 있으나 이처럼 코드를 복잡하게 만드는 문제점이 있다. 이러한 문제를 해결하고자 처리를 담당하는 로직 부분의 JSP 코드를 태그로 대치시켜서 태그로만 이루어진 JSP 페이지 작성 방법이 제시된 것이다.

JSTL은 JSP 페이지의 로직을 담당하는 부분인 if ,for, while, 데이터베이스 처리 등과 관련된 표준 커스텀 태그를 제공함으로써 코드를 깔끔하게 하고 JSP 페이지의 가독성을 좋게 한다.

다만, 한 가지 주의할 사항은 액션 태그도 그렇지만 JSTL과 커스텀 태그도 XML 기반이기 때문에 모든 태그는 시작 태그와 종료 태그의 쌍으로 작성해야 한다는 점이다.

시작 태그와 종료 태그가 존재하는 경우

```
<c:if test="empty ${c.getEmail}"> <!--시작태그-->
  <input type="text" name="email" size="40" maxlength="30" > <!--태그내용-->
</c:if> <!--종료태그-->
```

내용을 갖지 않는 <br>, <img> 태그 같은 경우 종료 태그가 없는데, JSTL에서 이런 경우의 태그들은 태그를 닫는 기호(>) 전에 '/'를 입력해 태그가 종료되었음을 나타낸다.

종료 태그가 없는 단독 태그의 경우

```
<c:set var="name" scope="page"/> <!--단독태그-->
```

JSTL의 사용

여기에서는 JSTL에서 제공하는 표준 커스텀 태그를 사용하기 위해 라이브러리를 추가하는 환경 설정을 한다. 그리고 JSTL에서 제공하는 라이브러리들과 각 라이브러리가 제공하는 태그들에 대해 살펴본다.

1 JSTL을 사용하기 위한 라이브러리 추가하기

JSTL 1.2.1(책을 쓰는 시점에서 최신 버전)을 사용하려면 javax.servlet.jsp.jstl-1.2.1.jar와 javax.servlet.jsp.jstl-api-1.2.1.jar가 필요하다. 이 두 파일을 프로젝트의 [WEB-INF]-[lib] 폴더에 넣어서 사용한다. 이 파일들은 다운로드하거나 부록 CD에서 제공하는 것을 사용한다.

> **따라하기** JSTL 라이브러리 다운로드 및 배치

JSTL 라이브러리를 다운로드하여 이클립스의 [프로젝트]-[WEB-INF]-[lib] 폴더에 넣는다.

01 웹 브라우저를 실행하고 JSTL 라이브러리 다운로드 사이트인 'https://jstl.java.net'로 이동한다. 사이트가 표시되면 [Download]를 클릭한다.

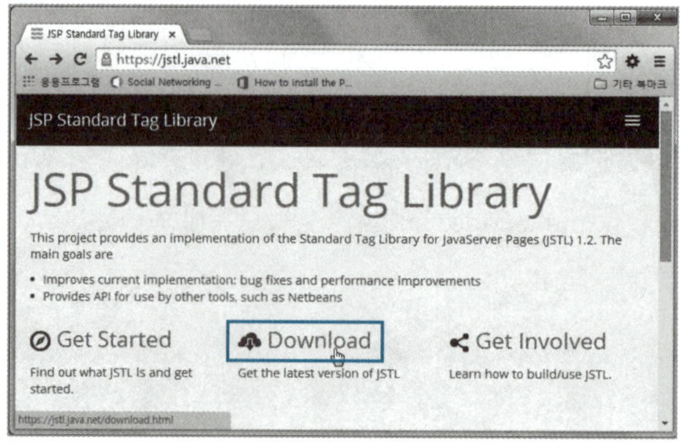

◀ JSTL 라이브러리 다운로드 및 배치 1

02 하이퍼링크가 2개 있는 화면으로 이동하는데 [JSTL API] 링크는 javax.servlet. jsp.jstl-api-1.2.1.jar의 다운로드 제공 사이트와 연결된다. [JSTL Implementation] 링크는 javax.servlet.jsp.jstl-1.2.1.jar의 다운로드 제공 사이트와 연결된다.

먼저 javax.servlet.jsp.jstl-api-1.2.1.jar를 다운로드하기 위해 [JSTL API] 링크를 클릭한다. 다운로드 사이트로 이동하면 스크롤바를 내려 javax.servlet.jsp.jstl-api-1.2.1.jar를 찾은 후 클릭해서 다운로드한다.

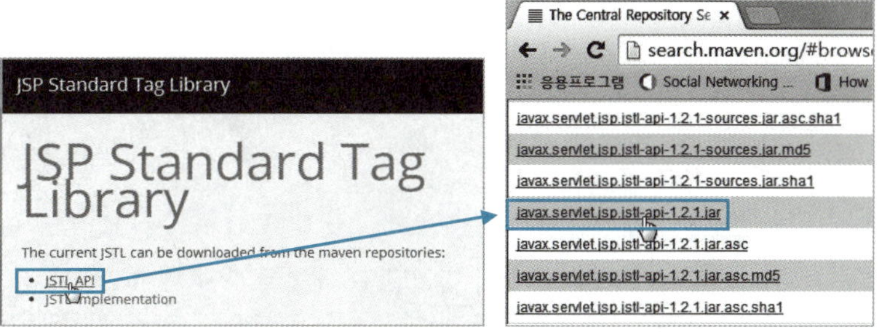

▲ JSTL 라이브러리 다운로드 및 배치 2

03 이번엔 [JSTL Implementation] 링크를 클릭하여 다운로드 사이트로 이동한 후 스크롤바를 내려 javax.servlet.jsp.jstl-1.2.1.jar를 다운로드한다.

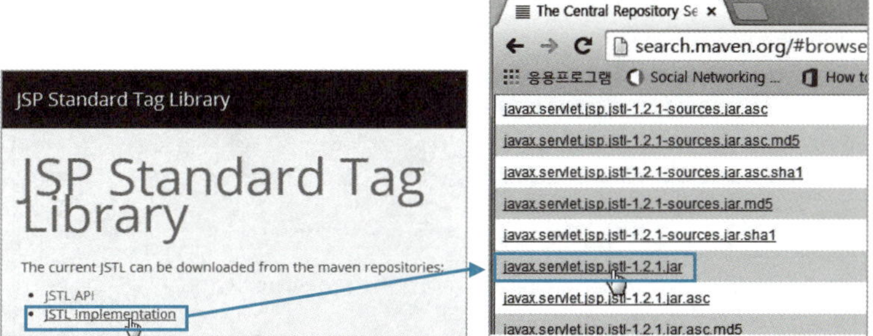

▲ JSTL 라이브러리 다운로드 및 배치 3

04 다운로드한 javax.servlet.jsp.jstl-api-1.2.1.jar와 javax.servlet.jsp.jstl-1.2.1.jar 를 복사해서 이클립스의 [프로젝트]-[WEB-INF]-[lib] 폴더에 넣는다.

◀ JSTL 라이브러리 다운로드 및 배치 4

JSTL은 많은 태그를 제공하며 이들을 사용하기 위해 각각 네임스페이스로 라이브러리를 제공한다. 라이브러리들은 URI로 제공되며 이들을 사용할 때는 접두어(prefix)를 사용한다. JSTL 라이브러리는 JSP 2.1 이상에서는 JSTL 1.2.1이 최신 버전으로 제공되며 Core, XML, I18N, SQL, Functions 라이브러리들을 제공한다.

JSTL 라이브러리에서 제공하는 태그를 사용하려면 taglib 디렉티브에 사용할 라이브러리의 prefix 속성과 uri 속성에 해당하는 값을 기술한다.

```
<%@ taglib prefix="c" uri="http://java.sun.com/jsp/jstl/core"%>
```

설명

- prefix : uri 속성에 명시된 값 대신에 해당 페이지에서 prefix 속성값으로 지정된 값을 사용

  예 prefix="c"일 경우, 태그는 <c:태그명>과 같이 사용
- uri : 라이브러리의 네임스페이스

  예 Core 라이브러리의 경우 uri="http://java.sun.com/jsp/jstl/core"

각 라이브러리의 uri와 prefix(접두어) 및 제공 기능은 다음과 같다.

라이브러리	URI	Prefix	제공 기능
Core(코어)	http://java.sun.com/jsp/jstl/core c	c	변수, 흐름 제어, URL 제어 및 기타 기능 등
XML	http://java.sun.com/jsp/jstl/xml	x	XML 데이터 접근 및 파싱, 흐름 제어 및 XML 변환 등
I18N(국제화, 포맷팅)	http://java.sun.com/jsp/jstl/fmt	fmt	로케일, 메시지, 숫자 문자 형식 등
SQL(데이터베이스)	http://java.sun.com/jsp/jstl/sql	sql	SQL 처리 등
Functions(함수)	http://java.sun.com/jsp/jstl/functions	fn	함수를 사용한 문자열 및 컬렉션 처리 등

▲ JSTL 라이브러리

JSTL 태그 라이브러리에 대한 자세한 내용은 SUN 사의 JSTL Tag Library Document (http://java.sun.com/products/jsp/jstl/1.1/docs/tlddocs/index.html) 및 'http://docs.oracle.com/javaee/5/tutorial/doc/bnake.html' 페이지를 참조한다.

3 JSTL Core 태그 라이브러리

Core(코어) 태그 라이브러리는 변수의 선언이나 삭제와 같이 변수와 관련된 작업, if · for문 등과 같은 제어문, URL 처리와 그밖에 예외 처리 및 화면 출력 등에 사용된다.

■ Core 태그 라이브러리 사용법

① JSP 페이지에 다음과 같이 taglib 디렉티브를 작성한다.

```
<%@ taglib prefix="c" uri="http://java.sun.com/jsp/jstl/core" %>
```

설명

- prefix : 여기서 값은 "c"로, 이 값은 네임스페이스명으로도 불린다.
  예 v1 변수 선언의 경우 <c:set var="v1"/>
- uri : 값은 "http://java.sun.com/jsp/jstl/core"

② 사용할 태그를 필요한 위치에 <c:태그명>과 같이 쓴다. 사용 예시는 다음과 같다.

```
<c:set var="v1" value="10"> <!--v1변수 선언, 변수값은 10-->
```

설명

- <c:set> : c가 prefix 값으로 네임스페이스명이고, set이 태그명이다.

■ Core 태그의 기능별 분류

- 변수 지원 기능 : <c:remove>, <c:set>
- 흐름 제어 기능 : <c:choose>(<c:when>, <c:otherwise>), <c:forEach>, <c:forTokens>, <c:if>
- URL 관리 기능 : <c:import>(<c:param>), <c:redirect>(<c:param>), <c:url>(<c:param>)
- 예외 처리 및 화면 출력 기능: <c:catch>, <c:out>

■ JSTL Core 태그 리스트

태그 요약(Tag Summary)	
catch	body 위치에서 실행되는 코드의 예외를 잡아내는 역할을 담당한다. <c:catch> 태그로 사용된다.
choose	자바의 switch문과 같지만, 조건에 문자열 비교도 가능하고 쓰임의 범위가 넓다. 하나 이상의 <when>과 하나 이하의 <otherwise> 서브 태그를 가지고 있다. <c:choose> 태그로 사용된다.
if	조건문을 사용할 때 쓴다. <c:if> 태그로 사용한다.
import	웹 애플리케이션 내부의 자원 접근은 물론이고, http나 ftp와 같이 외부에 있는 자원도 가져온다. 자원을 자유롭게 가공 및 편집할 수 있다. <c:import> 태그로 사용한다.

forEach	객체 전체에 걸쳐 반복 실행을 할 때 사용한다. 〈c:forEach〉 태그로 사용된다.
forTokens	자바의 StringTokenizer 클래스를 사용하는 것과 같다. 〈c:forToken〉 태그로 사용된다.
out	JSP의 표현식을 대체하는 것으로 가장 많이 사용된다. 〈c:out〉 태그로 사용된다.
otherwise	〈choose〉의 서브 태그로 〈when〉 태그 다음에 표시되는 것으로 조건을 만족하지 못한 경우에 사용한다. switch문의 default 역할을 하며 〈c:otherwise〉 태그로 사용된다.
param	〈import〉 태그의 URL 뒤에 파라미터로 붙여서 사용할 수 있다. 〈c:param〉 태그로 사용된다.
redirect	response.sendRedirect( )를 대체하는 태그로 지정한 다른 페이지로 이동한다. 〈c:redirect〉 태그로 사용된다.
remove	JSP의 removeAttribute( )와 같은 역할을 한다. (page|request|session|application) 범위의 변수(속성)를 제거한다. 〈c:remove〉 태그로 사용한다.
set	JSP의 setAttribute( )와 같은 역할을 한다. (page|request|session|application) 범위의 변수(속성)를 설정한다. 〈c:set〉 태그로 사용한다.
url	쿼리 파라미터로부터 URL을 생성한다. 〈c:url〉 태그로 사용한다.
when	〈choose〉의 서브 태그로 조건을 비교하여 만족한 경우에 사용한다. switch문의 case 역할을 하며 〈c:when〉 태그로 사용된다.

▲ JSTL Core 태그 리스트

(1) 〈c:set〉 태그 – 변수 선언

이 태그는 JSP의 setAttribute()와 같은 역할을 하며 (page|request|session|application) 범위의 변수(속성)를 설정한다.

〈c:set〉 태그의 기본형은 다음과 같다. 태그명과 필수 속성은 진하게 표시하고, 선택 속성은 '[ ]'로 표시했다.

```
<c:set [var="varName"] [value="value" target ="targetObjectName"]
  [property ="propertyName"] [scope="{page|request|session|application}"] />
```

설명

- var : 속성값으로 변수명을 갖는다.
- value : var 속성값으로 지정한 변수의 값으로 가진다.
- target : 속성값으로 자바빈 객체명이나 Map 객체명이 온다.
- property : target 속성은 값으로 자바빈 객체나 Map 객체의 값을 설정할 프로퍼티명이 온다.
- scope : 변수(속성)의 공유 범위(유효 기간)로 값은 page, request, session, application 중 하나가 오는데 생략 시 기본 값으로 page가 설정된다.

아래의 예시는 varName 변수값으로 20을 설정했고, varName 변수의 공유 범위는 현재 페이지 내에서만이다.

```
<c:set var="varName" value="${20}" />
```

아래의 예시는 varName 변수값으로 value를 설정했고, varName 변수의 공유 범위는 같은 request 내에서만이다.

```
<c:set var="varName" value="value" scope="request"/>
```

아래의 예시는 targetObjectName 객체의 propertyName 프로퍼티의 값을 value로 설정했다.

```
<c:set value="value" target="targetObjectName" property="propertyName"/>
```

(2) ⟨c:out⟩ 태그 – 화면 출력

⟨c:out⟩ 태그는 JSP의 표현식(⟨%=%⟩)을 대체하는 것으로 화면에 해당 변수값을 출력한다.

⟨c:out⟩ 태그의 기본형은 다음과 같다.

```
<c:out value="varName" [default="defaultValue"] [ escapeXml ="{true|false}"]/>
```

설명

- value : 속성값으로 출력할 내용을 가진 변수명을 기술한다.
- default : 기본값을 설정하는 부분이다.
- escapeXml : 속성값으로 true 또는 false 값을 가진다. 생략 시 기본 값은 true이다. true로 설정 시 escapeXml 속성은 값 중에 포함된 ⟨, ⟩, &, ', " 문자들을 각각 <, >, &. ', "로 출력한다.

아래의 예시는 browser라는 변수가 가진 값을 화면에 표시한다. browser 값이 null일 경우 공백으로 출력된다.

```
<c:out value="${browser}"/>
```

(3) ⟨c:remove⟩ 태그 – 변수 제거

JSP의 removeAttribute()와 같은 역할을 하며, (page|request|session|application) 범위의 변수(속성)를 제거한다.

⟨c:remove⟩ 태그의 기본형은 다음과 같다.

```
<c:remove var="varName" [scope="{page|request|session|application}"]/>
```


- var : 속성값으로 변수명을 갖는다.
- scope : 변수(속성)의 공유 범위(유효 기간)로 속성값은 page, request, session, application 중 하나가 오는데 생략 시 기본 값으로 page가 설정된다. 변수를 제거할 때 scope가 맞지 않으면 제거되지 않는다.

아래의 예시는 scope가 page인 browser 변수를 제거한다.

```
<c:remove var="browser"/>
```

따라하기　[ch15] 폴더 작성

[studyjsp] 프로젝트의 [WebContent] 폴더에 [ch15] 폴더를 생성한다.

따라하기　JSTL core 태그 예제 – set, out, remove

이 예제는 <c:set>, <c:out>, <c:remove> 태그를 사용해 변수를 하나 설정하고, 화면에 출력 후 다시 해당 변수를 제거하는 예제이다.

실행 결과 | jstlEx01.jsp 페이지

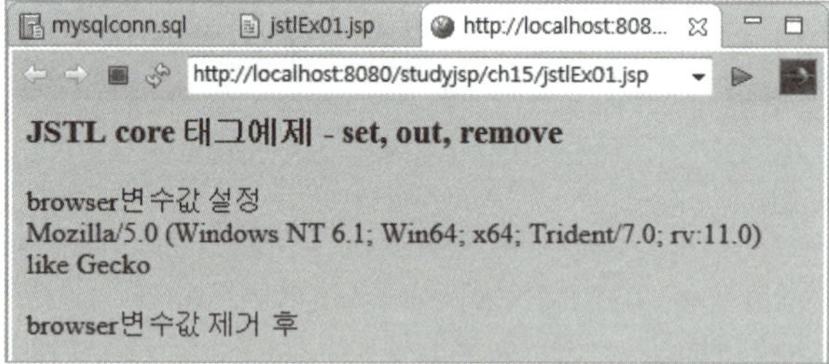

01 [New]–[JSP File] 메뉴를 사용해 [studyjsp]–[WebContent]–[ch15] 폴더에 jstlEx01.jsp 페이지를 작성한다. 기본적인 코딩이 작성되면 다음과 같이 수정한 후 저장한다.

```
01    <%@ page language="java" contentType="text/html; charset=UTF-8"
02       pageEncoding="UTF-8"%>
03    <%@ taglib prefix="c" uri="http://java.sun.com/jsp/jstl/core" %>
04    <meta name="viewport" content="width=device-width,initial-scale=1.0"/>
05    <link rel="stylesheet" href="../css/style.css"/>
06
07    <h3>JSTL core 태그 예제 – set, out, remove</h3>
08    <p>browser 변수값 설정
09    <c:set var="browser" value="${header['User-Agent']}"/><br>
10    <c:out value="${browser}"/><p>
11
12    <p>browser 변수값 제거 후
13    <c:remove var="browser"/>
14    <c:out value="${browser}"/>
```


02 jstlEx01.jsp 파일을 선택하고 마우스 오른쪽 버튼을 눌러 [Run As]–[Run on Server] 메뉴를 클릭하면 실행 결과가 표시된다.

(4) 〈c:catch〉 – 예외 처리

코드의 예외를 처리한다.

〈c:catch〉 태그의 기본형은 다음과 같다.

```
〈c:catch [var="errMag"]/〉
```

설명

- var : 속성값으로 변수명을 갖는다. 이때 에러가 발생하면 속성값으로 지정한 변수에 에러 메시지가 들어간다.

(5) 〈c:if〉 – if문

JSP 제어문의 if문과 같은 역할을 하며, 조건에 따른 처리를 한다.

〈c:if〉 태그의 기본형은 다음과 같다.

```
<c:if test="condition" [var="varName"] [scope="{page|request|session|application}"]/>
```

> **설명**
>
> - test : 속성값에는 조건식이 들어간다.
> - var : 속성값으로 변수명을 가지며 if문의 결과값이 이 속성의 값으로 들어간다.
> - scope : var 속성에서 지정한 변수의 공유 범위를 나타내는 것으로 생략 시 page가 기본값이다.

아래의 예시는 조건식에서 country 변수의 값이 Korea이면 문장을 출력한다.

```
<c:if test="${country == 'Korea'}">
   This customer is based in Korea.
</c:if>
```

(6) 〈c:choose〉 (〈c:when〉 , 〈c:otherwise〉) – 여러 경우에 따른 분기

〈c:choose〉 태그는 자바의 switch문과 같지만 조건에 문자열의 비교도 가능하고 쓰임의 범위가 넓다. 하나 이상의 〈when〉과 하나 이하의 〈otherwise〉 서브 태그를 가지고 있다. 즉, 〈c:when〉은 switch문에서 case에 해당하고, 〈c:otherwise〉는 default의 역할을 한다.

〈c:choose〉 태그의 기본형은 특별히 정해진 것이 없으나, 대체적으로 아래와 같은 형식으로 사용한다.

```
<c:choose>
  <c:when test="조건"> body의 내용 </c:when> <!--조건을 만족 시-->
  <c:otherwise> body의 내용 </c:otherwise> <!--조건을 만족하지 못했을 시-->
</c:choose>
```

〈c:when〉 태그의 기본형은 다음과 같다.

```
<c:when test="condition"/>
```

> **설명**
>
> - test : 속성 값에는 조건식이 들어간다.

이 예제는 〈c:set〉 태그를 사용해 변수를 하나 설정하고, 생성한 변수를 〈c:if〉와 〈c:choose〉 태그에서 조건 판별식으로 사용하는 것이다.

실행 결과 jstlEx02.jsp 페이지

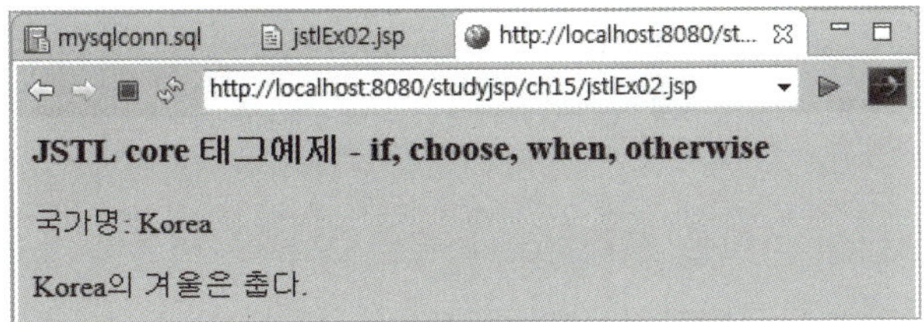

01 [New]–[JSP File] 메뉴를 사용해 [studyjsp]–[WebContent]–[ch15] 폴더에 jstlEx02.jsp 페이지를 작성한다. 기본적인 코딩이 작성되면 다음과 같이 수정한 후 저장한다.

```
01  <%@ page language="java" contentType="text/html; charset=UTF-8"
02      pageEncoding="UTF-8"%>
03  <%@ taglib prefix="c" uri="http://java.sun.com/jsp/jstl/core" %>
04  <meta name="viewport" content="width=device-width,initial-scale=1.0"/>
05  <link rel="stylesheet" href="../css/style.css"/>
06
07  <h3>JSTL core 태그예제 – if, choose, when, otherwise</h3>
08  <c:set var="country" value="${'Korea'}"/>
09  <c:if test="${country != null}">
10    국가명: <c:out value="${country}"/><br>
11  </c:if>
12
13  <c:choose>
14    <c:when test="${country == 'Korea'}">
15      <p><c:out value="${country}"/>의 겨울은 춥다.
16    </c:when>
17    <c:when test="${country == 'Canada'}">
18      <p><c:out value="${country}"/>의 겨울은 너무 춥다.
19    </c:when>
20    <c:otherwise>
```

21	〈p〉그외의 나라들의 겨울은 알 수 없다.
22	〈/c:otherwise〉
23	〈/c:choose〉

9~11라인 〈c:if〉문을 통해 조건식을 사용한다. 조건식은 test 속성에 기술하며 여기서는 country 변수값이 null이 아니면 country 변수의 내용을 화면에 출력한다.

13~23라인 〈c:choose〉문을 사용해서 다중 조건을 판별한다. country 변수의 값이 Korea이면 14~16라인을, country 변수의 값이 Canada이면 17~19라인을, country 변수의 값이 그 외의 값 이면 〈c:otherwise〉 태그인 20~22라인을 수행한다.

02 jstlEx02.jsp 파일을 선택하고 마우스 오른쪽 버튼을 눌러 [Run As]–[Run on Server] 메뉴를 클릭하면 실행 결과가 표시된다.

(7) 〈c:forEach〉 – for문

단순 반복문 및 컬렉션 내의 객체를 반복 실행할 때 사용한다.
〈c:forEach〉 태그의 기본형은 다음과 같다.

```
〈c:forEach [items="condition"] [begin="begin"] [end="end"] [step="step"] [var="varName"] [varStatus="varStatus"]/〉
```

설명

- items : 속성값에는 반복할 객체명 또는 카운터 변수가 들어간다.
- begin : 반복 시작값이 들어간다.
- end : 반복 마지막값이 들어간다.
- step : 증가값이 들어간다.
- var : 속성값으로 변수명을 갖는다. 컬렉션 내의 객체를 반복 처리할 경우 반복 처리 대상이 되는 1개의 객체가 이 속성에 값으로 저장된다.
- varStatus : 별도의 변수를 줄 때 사용한다.

아래의 예시는 〈c:forEach〉문을 사용해서 1부터 100까지의 숫자 중에서 짝수만 출력한다.

```
〈c:forEach var="i" begin="1" end"100"〉
 〈c:out value="${i % 2 == 0}"/〉
〈/c:forEach〉
```

아래의 예시는 customers 컬렉션으로부터 반복해서 객체를 추출하여 customer 변수에 저장한다. 이렇게 사용하면 customer 객체에 저장된 값을 화면에 표시하거나 다른 식에서 참조할 수 있다.

```
<c:forEach var="customer" items="${customers}">
  Customer: <c:out value="${customer}"/>
</c:forEach>
```


이 예제는 〈c:forEach〉 태그를 사용해서 header로부터 파라미터명과 값을 출력하는 것이다.

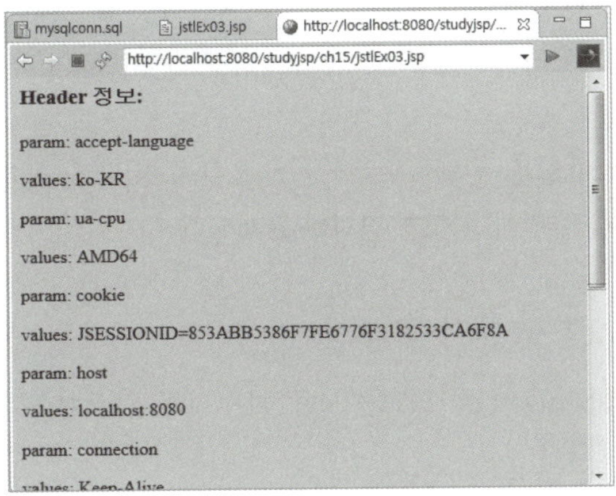

01 [New]–[JSP File] 메뉴를 사용해 [studyjsp]–[WebContent]–[ch15] 폴더에 jstlEx03.jsp 페이지를 작성한다. 기본적인 코딩이 작성되면 다음과 같이 수정한 후 저장한다.

```
01    <%@ page language="java" contentType="text/html; charset=UTF-8"
02        pageEncoding="UTF-8"%>
03    <%@ taglib prefix="c" uri="http://java.sun.com/jsp/jstl/core" %>
04    <meta name="viewport" content="width=device-width,initial-scale=1.0"/>
05    <link rel="stylesheet" href="../css/style.css"/>
06
```

```
07    <h3>Header 정보:</h3>
08
09    <c:forEach var="head" items="${headerValues}">
10       <p>param: <c:out value="${head.key}"/>
11       <p>values:
12        <c:forEach var="val" items="${head.value}">
13          <c:out value="${val}"/>
14        </c:forEach>
15    </c:forEach>
```


02 jstlEx03.jsp 파일을 선택하고 마우스 오른쪽 버튼을 눌러 [Run As]-[Run on Server] 메뉴를 클릭하면 실행 결과가 표시된다.

(8) <c:forTokens> - 문자열 분할

자바의 StringTokenizer 클래스를 사용하는 것과 같으며, 문자열을 주어진 구분자 (delimiter)로 분할한다.

<c:forTokens> 태그의 기본형은 다음과 같다.

```
<c:forTokens [items="condition"] [delims="delimiter"] [begin="begin"] [end="end"]
[step="step"] [var="varName"] [varStatus="varStatus"]/>
```

설명

- items : 분할할 문자열 및 컬렉션
- delims : 문자열을 분할할 구분자
- begin : 시작값
- end : 마지막값
- step : 증가값
- var : 속성값으로 변수명을 가지며, 이 변수에 분할된 문자열이 1개씩 들어감
- varStatus : 별도의 변수를 줄 때 사용

이 예시는 "red,yellow,black" 문자열을 ","로 구분해서 하나씩 출력한다. 쉼표(,)를 중심으로 분할된 문자열을 1개씩 color 변수에 저장해서 반복 처리한다.

```
〈c:forTokens var="color" items="red,yellow,black" delims="," 〉
  〈c:out value="${color}"/〉
〈/c:forTokens〉
```

따라하기 │ JSTL core 예제 – forTokens

이 예제는 〈c:forTokens〉 태그를 사용해서 주어진 문자열을 분할해 화면에 출력하는 것이다.

실행 결과 │ jstlEx04.jsp 페이지

01 [New]–[JSP File] 메뉴를 사용해 [studyjsp]–[WebContent]–[ch15] 폴더에 jstlEx04.jsp 페이지를 작성한다. 기본적인 코딩이 작성되면 다음과 같이 수정한 후 저장한다.

```
01    〈%@ page language="java" contentType="text/html; charset=UTF-8"
02        pageEncoding="UTF-8"%〉
03    〈%@ taglib prefix="c" uri="http://java.sun.com/jsp/jstl/core" %〉
04    〈meta name="viewport" content="width=device-width,initial-scale=1.0"/〉
05    〈link rel="stylesheet" href="../css/style.css"/〉
06
07    〈h3〉JSTL core 태그예제 – forTokens〈/h3〉
08
09    〈c:forTokens var="tech"
```

```
10              items="금강불괴,허공답보,열양기공,천마군림보" delims=",">
11      <p>익혀야할 기술: <c:out value="${tech}"/>
12  </c:forTokens>
```


9~12라인 <c:forTokens> 태그는 items 속성값 "금강불괴,허공답보,열양기공,천마군림보"를 delims 속성값인 구분자 ","를 사용해서 문자열을 분할한다. 이때 구분된 문자열은 var 속성값인 tech 변수에 저장된다. 11라인은 tech 변수의 값을 화면에 출력한다.

02 jstlEx04.jsp 파일을 선택하고 마우스 오른쪽 버튼을 눌러 [Run As]-[Run on Server] 메뉴를 클릭하면 실행 결과가 표시된다.

(9) <c:import> – 페이지 가져오기

이 태그는 웹 애플리케이션 내부의 자원(html, servlet, jsp 등)인 웹 페이지를 가져와서 표시한다. 뿐만 아니라 http나 ftp 등을 사용한 외부의 페이지들도 import 할 수 있다. <c:import> 태그의 기본형은 다음과 같다.

```
<c:import url="url" [var="varName"] [scope="{page|request|session|application}"]
[varReader="varReader"] [charEncoding="charEncoding"]/>
```

설명

- url : 속성값에는 가져올 페이지의 URL
- var : 읽어온 데이터(페이지)를 저장할 변수명
- scope : var 속성에서 지정한 변수의 공유 범위. 생략 시 page가 기본값
- varReader : 리소스의 내용을 Reader 객체로 읽어올 때 사용
- charEncoding : 읽어온 데이터의 문자 인코딩을 지정

따라하기 JSTL core 태그 예제 – import

이 예제는 <c:import> 태그를 사용해서 외부의 페이지를 출력하는 것이다.

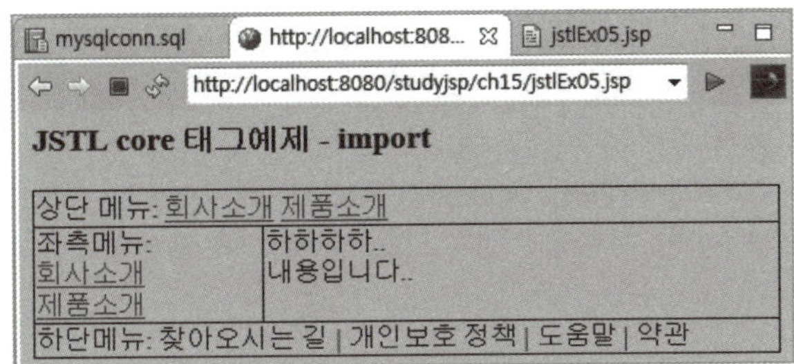

01 [New]-[JSP File] 메뉴를 사용해 [studyjsp]-[WebContent]-[ch15] 폴더에 jstlEx05.jsp 페이지를 작성한다. 기본적인 코딩이 작성되면 다음과 같이 수정한 후 저장한다.

```
01  <%@ page language="java" contentType="text/html; charset=UTF-8"
02    pageEncoding="UTF-8"%>
03  <%@ taglib prefix="c" uri="http://java.sun.com/jsp/jstl/core" %>
04  <meta name="viewport" content="width=device-width,initial-scale=1.0"/>
05  <link rel="stylesheet" href="../css/style.css"/>
06
07  <h3>JSTL core 태그예제 - import</h3>
08
09  <c:import url="/ch05/main.jsp" var="url"/>
10  ${url}
```


9라인 <c:import> 태그를 사용하여 /ch05/main.jsp 페이지를 가져와서 url 변수에 저장한다. 이때 "/ch05/main.jsp"는 웹 애플리케이션 절대 경로로 http://localhost:8080/studyjsp/까지가 웹 애플리케이션 루트인 "/"이다. 따라서 "/ch05/main.jsp"는 http://localhost:8080/studyjsp/ch05/main.jsp를 의미한다.

10라인 url 변수의 내용을 화면에 출력한다.

02 jstlEx05.jsp 파일을 선택하고 마우스 오른쪽 버튼을 눌러 [Run As]-[Run on Server] 메뉴를 클릭하면 실행 결과가 표시된다.

(10) 〈c:redirect〉 – 리다이렉트

response.sendRedirect()를 대체하는 태그로 지정한 다른 페이지로 이동한다.

〈c:redirect〉 태그의 기본형은 다음과 같다.

```
〈c:redirect url="url" [context="context"]/〉
```

설명

- url : 속성값에는 이동할 URL이 들어감
- context : 웹 애플리케이션 루트에서 슬래시(/) 다음에 나오는 웹 애플리케이션 이름. 생략 시 현재 페이지의 웹 애플리케이션 이름이 지정

이 예시는 url 속성값에 기술된 jstlEx01.jsp 페이지로 이동한다.

```
〈c:redirect url="jstlEx01.jsp" /〉
```

(11) 〈c:url〉 – URL 생성

쿼리 파라미터로부터 URL을 생성한다.

〈c:url〉 태그의 기본형은 다음과 같다.

```
〈c:url value="value" [var="varName"] [scope="{page|request|session|application}]
[context="context"]/〉
```

설명

- value : 속성값에는 생성할 URL이 들어감
- var : 생성한 URL이 저장될 변수명
- scope : var 속성에서 지정한 변수의 공유 범위. 생략 시 page가 기본값
- context : 웹 애플리케이션 루트에서 슬래시(/) 다음에 나오는 웹 애플리케이션 이름. 생략 시 현재 페이지의 웹 애플리케이션 이름이 지정

아래의 예시는 /customers/register를 URL로 생성해서 registrationURL 변수에 넣는다. 이때 파라미터로 name과 country의 값이 들어간다. registrationURL 변수에 저장된 URL 값은 /customers/register?name=xxx&country=xxx이다.

```
〈c:url value="/customers/register" var="registrationURL"〉
  〈c:param name="name" value="${param.name}"/〉
  〈c:param name="country" value="${param.country}"/〉
〈/c:url〉
```

XML 태그 라이브러리는 XML을 처리하기 위한 것으로 XML 출력, 흐름 제어, XML 변환 등의 작업에 사용된다.

■ XML 태그 라이브러리 사용법

① JSP 페이지에 다음과 같이 taglib 디렉티브를 작성한다.

```
<%@ taglib prefix="x" uri="http://java.sun.com/jsp/jstl/xml" %>
```

설명

- prefix : XML 태그 라이브러리에서는 "x"　예　v1 변수 선언의 경우 <x:set var="v1"/>
- uri : XML 태그 라이브러리에서는 "http://java.sun.com/jsp/jstl/xml"

② 사용할 태그를 필요한 위치에 〈x:태그명〉과 같이 쓴다. 사용 예시는 다음과 같다.

```
<x:set var="v1" > <!--v1변수 선언,-->
```

설명

- 〈x:set〉 : x가 prefix 값으로 네임스페이스명이고, set이 태그명이다.

■ XML 태그의 기능별 분류

- Core 기능 : 〈x:out〉, 〈xc:set〉, 〈x:parse〉
- 흐름 제어 기능 : 〈x:choose〉(〈x:when〉, 〈x:otherwise〉), 〈x:forEach〉, 〈x:if〉
- 변환 기능 : 〈x:transform〉(〈x:param〉)

■ JSTL XML 태그 리스트

태그 요약(Tag Summary)	
choose	이 태그는 〈c:choose〉 태그와 기능이 같다. • 〈x:choose〉 태그의 일반적인 형식 〈x:choose〉 　〈x:when select="XPathExpression"〉body 내용 〈/x:when〉 　〈x:otherwise〉body 내용〈/x:otherwise〉 〈/x:choose〉

out	XPath에 지정한 패턴에 따라 xml 내용을 출력한다. • 〈x:out〉 태그의 기본 형식 `<x:out select="XPathExpression" [escapeXml="{true|false}"]/>`

if	조건문에 사용
	• 〈x:if〉 태그의 기본 형식
	
	`<x:if select="XPathExpression" var="varName"`
	`[scope="{page|request|session|application}"]/>`

forEach	이 태그는 XPath에 따라서 해당하는 엘리먼트 수만큼 반복해서 수행된다.
	• 〈x:forEach〉 태그의 기본 형식
	
	`<x:forEach [var="varName"] select="XPathExpression">`
	`  body 내용`
	`</x:forEach>`

otherwise	〈x:otherwise〉은 조건이 false일 때 수행한다. 〈c:otherwise〉와 같다.
param	〈x:param〉 태그는 파라미터의 사용 시에 필요하다. • 〈x:param/〉 태그의 기본 형식 `<x:param name="name"/>`

parse	xml 문서를 읽어서 파싱한다.
	• 〈x:parse〉 태그의 기본 형식
	
	`<x:parse xml="XMLDocument" {var="var"`
	`[scope="scopeName"]|varDom="var" [scopeDom="scopeName"]}`
	`[systemId="systemId"]  [filter="filter"]/>`

set	XPath에 따라 선택된 내용을 변수에 저장한다.
	• 〈x:set〉 태그의 기본 형식
	
	`Syntax <x:set select="XPathExpression" var="varName"`
	`[scope="{page|request|session|application}"]/>`

transform	xml과 xslt 파일을 결합해서 새로운 형식의 문서를 생성한다.
	• 〈x:transform〉 태그의 기본 형식
	
	`<x:transform xml="XMLDocument" xslt="XSLTStylesheet"`
	`[xmlSystemId="XMLSystemId"] [xsltSystemId="XSLTSystemId"]`
	`[{var="varName" [scope="scopeName"]|result="resultObject"}]/>`

when	〈x:when〉은 조건이 true일 때 수행한다. 〈c:when〉와 같다.

▲ JSTL XML 태그 리스트

5 JSTL I18N 태그 라이브러리

JSTL I18N(Internationalization, Formatting) 태그 라이브러리는 국제화, 지역화 태그로 다국어 문서를 처리할 때 유용하며 날짜와 숫자 형식을 다룰 때 사용된다.

■ I18N 태그 라이브러리 사용법

① JSP 페이지에 다음과 같이 taglib 디렉티브를 작성한다.

```
<%@ taglib prefix="fmt" uri="http://java.sun.com/jsp/jstl/fmt" %>
```

설명

- prefix : I18N 태그 라이브러리에서는 "fmt"

  예 문자 인코딩을 utf-8로 지정 <fmt:requestEncoding value="utf-8"/>

- uri : I18N 태그 라이브러리에서는 "http://java.sun.com/jsp/jstl/fmt"

② 사용할 태그를 필요한 위치에 <fmt:태그명>과 같이 쓴다. 사용 예시는 다음과 같다.

```
<fmt:setLocale value="ko" /> <!--로케일을 한국어로 지정-->
```

설명

- <fmt:setLocale> : fmt가 prefix 값으로 네임스페이스명이고, setLocale이 태그명이다.

로케일(Locale)

사용자의 언어 및 국가를 설정하는 매개 변수이다. 언어 설정에 따른 숫자 형식이나 날짜 및 시간 형식도 지정한다.

■ I18N 태그의 기능별 분류

- Locale 설정 : <fmt:setLocale>, <fmt:requestEncoding>
- 메시지 처리 : <fmt:bundle>, <fmt:message(param)>, <fmt:setBundle>
- 숫자 날짜 형식 : <fmt:formatNumber>, <fmt:formatDate>, <fmt:parseDate>, <fmt:parseNumber>, <fmt:setTimeZone>, <fmt:timeZone>

■ JSTL I18N 태그 리스트

태그 요약(Tag Summary)	
requestEncoding	request.setCharacterEncoding( )과 같은 역할을 한다.
setLocale	다국어를 지원하는 페이지를 만들 경우에 사용한다. ResourceBundle로 불러오는 *.properties 파일들과 연계되어서 쓰인다.
timeZone	타임 존(Time Zone)을 적용할 때 사용된다.
setTimeZone	특정 scope의 타임 존을 설정할 때 사용된다.
bundle	properties 확장자를 사용하는 자원 파일을 읽어오는 역할을 한다.

setBundle	페이지 전체에서 사용할 수 있는 번들(bundle)을 지정하는 데 사용된다.
message	번들 태그에서 정한 값들을 가져온다.
param	<fmt:message> 태그의 서브 태그로 <fmt:message> 태그에서 설정하지 않은 값을 채워준다.
formatNumber	숫자 형식을 표현할 때 사용된다.
parseNumber	문자열로부터 수치를 파싱해낸다. 즉, 문자열을 숫자로 변환할 때 사용된다.
formatDate	날짜 형식을 표현할 때 사용된다.
parseDate	문자열에서 날짜를 파싱해낸다. 즉, 문자열을 날짜로 변환할 때 사용된다.

▲ JSTL I18N 태그 리스트

(1) 〈fmt:setLocale〉 - 로케일 지정

다국어를 지원하는 페이지를 만들어 사용할 경우 리소스번들(ResourceBundle : 지역화 파일)인 *.properties 파일들과 연계되어서 사용한다.

〈fmt:setLocale〉 태그의 기본형은 다음과 같다.

```
〈fmt:setLocale value="locale" [variant="variant"]
[scope="{page|request|session|application}"]/〉
```

설명

- value : 로케일 값. 이 값은 두 글자로 된 국가 코드와 언어 코드를 반드시 지정해주어야 한다. 언어 코드와 국가 코드는 "-", "_"로 연결한다. 한글의 경우 ko_KR로 지정하며, 기본 값은 en_US이다.
- variant : 다양한 브라우저의 스펙 등을 기술한다.
- scope : 로케일 설정 변수의 공유 범위를 나타내는 것으로 생략 시 기본 값은 page이다.

다음 예시는 로케일을 한국어로 설정한 것이다.

```
〈fmt:setLocale value="ko" /〉
```

(2) 〈fmt:requestEncoding〉 - 문자 인코딩 설정

request.setCharacterEncoding()과 같은 역할을 하며, 요청 파라미터의 인코딩을 설정한다.

〈fmt:requestEncoding〉 태그의 기본형은 다음과 같다.

```
<fmt:requestEncoding value="charsetName"/>
```

> **설명**
>
> • value : 속성값에는 인코딩 값을 기술 예 value="utf-8"

다음 예시는 요청 파라미터의 인코딩을 utf-8로 지정했다.

```
<fmt:requestEncoding value="utf-8"/>
```

따라하기　JSTL fmt(I18N) 태그 예제 – requestEncoding

이 예제는 <fmt:requestEncoding> 태그를 사용해서 파라미터의 인코딩을 설정하는 것이다.

실행 결과　jstlEx06.jsp 페이지

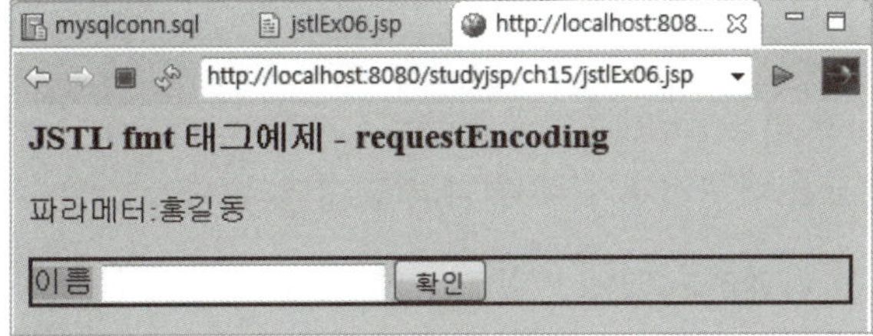

01 [New]–[JSP File] 메뉴를 사용해 [studyjsp]–[WebContent]–[ch15] 폴더에 jstlEx06.jsp 페이지를 작성한다. 기본적인 코딩이 작성되면 다음과 같이 수정한 후 저장한다.

```
01  <%@ page language="java" contentType="text/html; charset=UTF-8"
02      pageEncoding="UTF-8"%>
03  <%@ taglib prefix="c" uri="http://java.sun.com/jsp/jstl/core" %>
04  <%@ taglib prefix="fmt" uri="http://java.sun.com/jstl/fmt" %>
05  <meta name="viewport" content="width=device-width,initial-scale=1.0"/>
06  <link rel="stylesheet" href="../css/style.css"/>
07
08  <fmt:requestEncoding value="utf-8"/>
09
```

```
10    <h3>JSTL fmt 태그예제 - requestEncoding</h3>
11    <p>파라메터:<c:out value="${param.name}"/>
12    <form action="jstlEx06.jsp" method="post">
13      <ul>
14        <li><label for="name">이름</label>
15          <input type="text" id="name" name="name">
16          <input type="submit" value="확인">
17      </ul>
18    </form>
```


4라인 taglib 디렉티브에서 JSTL fmt(I18N) 라이브러리를 사용하기 위해서 prefix 속성값은 fmt 로, uri 속성값은 "http://java.sun.com/jstl/fmt"로 설정했다.

8라인 <fmt:requestEncoding> 태그를 사용해서 요청 파라미터의 인코딩을 utf-8로 설정했다.

11라인 ${param.name}는 request.getParameter("name")과 같으며, 15라인의 <input> 태그인 name 속성값이 "name"에 입력한 값을 얻어낸다. name 값이 null이면 공백으로 표시되고, name 값이 있으면 그 값을 출력한다.

02 jstlEx06.jsp 파일을 선택하고 마우스 오른쪽 버튼을 눌러 [Run As]-[Run on Server] 메뉴를 클릭하면 실행 결과가 표시된다.

처음에는 '파라메터:' 옆에 아무런 이름이 표시되지 않는다. 이때 이름을 입력하고 [확인] 버튼을 클릭한다. 그러면 다음과 같이 '파라메터:입력한 이름' 과 같은 결과가 표시된다.

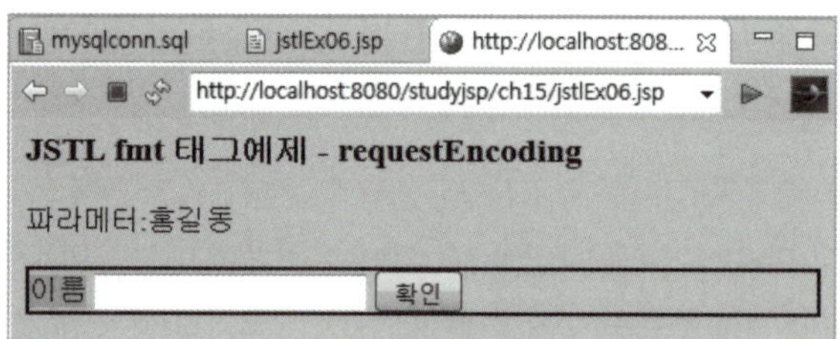

(3) <fmt:bundle> - 리소스 번들 읽어옴

properties 확장자를 사용하는 리소스 번들(자원 파일)을 읽어오는 역할을 한다.
<fmt:bundle> 태그의 기본형은 다음과 같다.

```
<fmt:bundle basename="basename" prefix="prefix">
 body 내용
</fmt:bundle>
```

설명

- basename : properties 파일명을 기술한다. properties 파일은 보통 실제 서비스 환경에서 웹 애플리케이션의 [WEB-INF]-[classes] 폴더, 이클립스 가상 환경에서는 [프로젝트]-[Java Resources]-[src]에 위치한다. 디렉터리의 깊이에 따라서 패키지 형식의 이름을 가진다. testBundle.properties 파일이 [ch15.bundle] 패키지에 있다면 basename 속성값은 ch15.bundle.testBundle로 작성한다. locale이 ko인 경우 testBundle_ko.properties 파일을 읽어오게 되며, locale이 맞지 않는 경우에는 testBundle.properties처럼 언어 코드가 붙지 않은 파일을 읽어온다.
- prefix : key 이름 앞에 붙여줄 prefix를 지정한다.

기존에 properties 파일에서 한글 깨짐 현상이 발생했었다. 이클립스 버전 4.4에서는 properties 파일 작성 시 파일의 인코딩을 utf-8 방식으로 변환하면 입력한 한글을 자동으로 유니코드로 변경해준다.

(4) <fmt:message> – 리소스 번들에서 변수값 얻어냄

지정한 변수의 값을 리소스 번들에서 얻어낸다.
<fmt:message> 태그의 기본형은 다음과 같다.

```
<fmt:message [key="messageKey"] [bundle="resourceBundle"] [var="varName"]
[scope="{page|request|session|application}"]/>
```

설명

- key : 읽어올 메시지의 key. key는 리소스번들에서 정의한 변수명
- bundle : setBundle 태그를 사용해서 로딩한 번들을 읽어올 때 사용
- var 속성 : 읽어온 key의 값인 메시지를 저장할 변수명
- scope : 변수가 저장되는 공유 범위를 지정

아래 예시는 key 속성값인 message 변수값을 properties 파일로부터 읽어 와서, var의 속성에 기술된 msg 변수에 저장한다.

```
<fmt:message key="message" var="msg"/>
```

이 예제는 〈fmt:bundle〉 태그와 〈fmt:message〉 태그를 사용해서 .properties 파일로부터 설정한 값을 출력한다.

실행 결과 ─ 로케일이 ko일 때 jstlEx07.jsp 페이지 / 로케일이 en일 때 jstlEx07.jsp 페이지

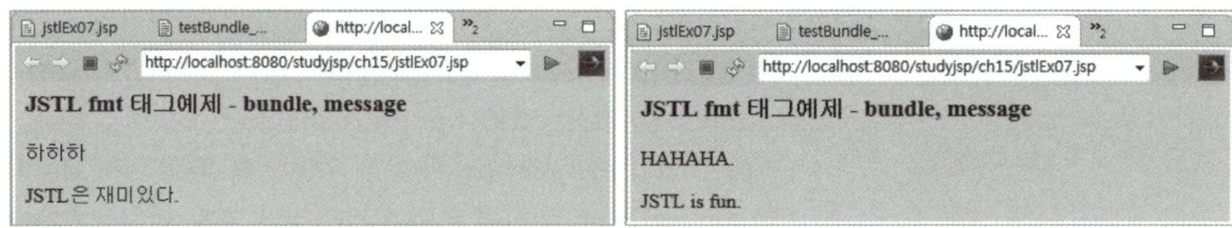

01 [studyjsp]-[Java Resources]-[src]를 마우스 오른쪽 버튼으로 선택하고 [New]-[Package] 메뉴를 클릭한다. [New Java Package] 창이 표시되면 [Source folder]의 값이 [studyjsp/src]인 것을 확인하고 [Name]에 "ch15.bundle"을 입력한 후 [Finish] 버튼을 클릭한다.

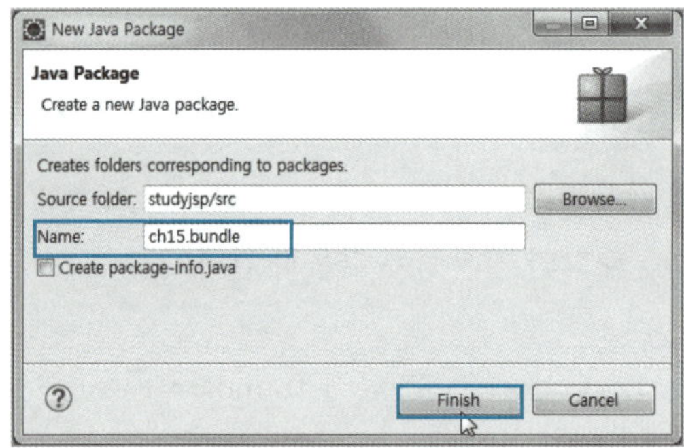

02 생성된 [ch15.bundle] 패키지를 마우스 오른쪽 버튼으로 선택하고 [New]-[Other] 메뉴를 클릭한다. [New] 창이 표시되면 [General]-[File]을 선택하고 [Next] 버튼을 클릭한다.

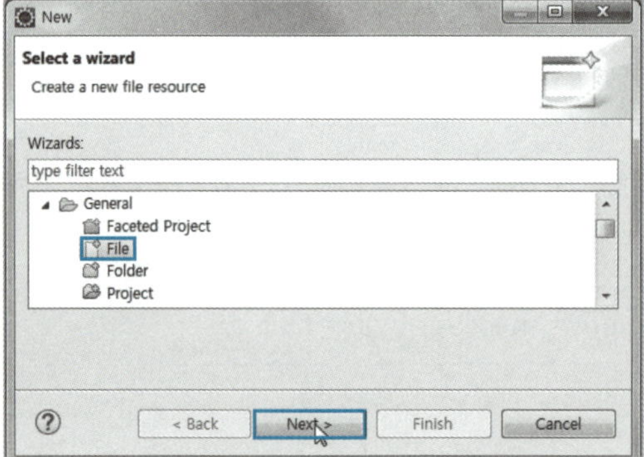

03 [File] 화면에서 'studyjsp/src/ ch15/bundle'을 선택하고 [File name]을 "testBundle.properties"로 입력한 후 [Finish] 버튼을 클릭한다.

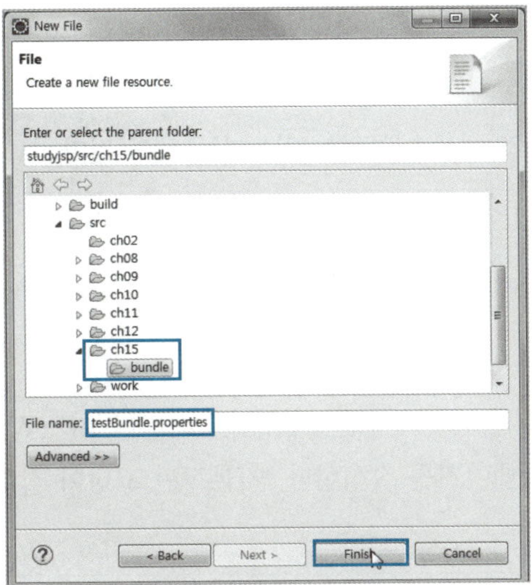

04 파일이 생성되면 [Edit]–[Set Encoding] 메뉴를 선택한다. [Set Encoding] 대화상자가 표시되면 [Other]의 값을 [UTF-8]로 선택하고 [OK] 버튼을 클릭한다.

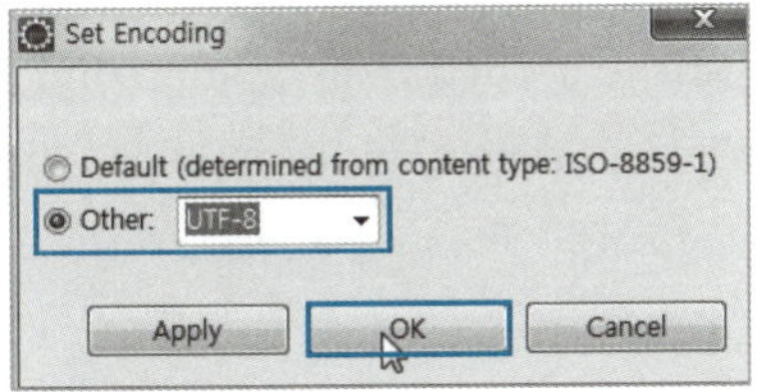

05 testBundle.properties 파일에 내용을 입력한 후 저장한다. 이 파일은 부록 CD에서 제공되는 것을 사용해도 된다.

```
01    name=HAHAHA.
02    message=JSTL is fun.
```


testBundle.properties 파일에서 name과 message가 〈fmt:message〉 태그의 key 속성값으로 사용된다.

06 testBundle.properties 파일을 복사한 후 같은 폴더에 붙여넣기 한다. [Name Conflict] 대화상자가 표시되면 "testBundle_ko.properties"를 입력하고 [OK] 버튼을 클릭한다.

name=HAHAHA에서 "HAHAHA" 대신 한글로 "하하하"를 입력하면 자동으로 name=\uD558\uD558\uD558로 변경된다. 또한 message=JSTL is fun.도 한글로 "JSTL은 재미있다."를 입력하면 message=JSTL\uC740 \uC7AC\uBBF8\uC788\uB2E4.로 변경된다. 변경 사항을 저장한다.

파일은 부록 CD에서 제공하는 것을 사용해도 된다.

```
01    name=\uD558\uD558\uD558
02    message=JSTL\uC740 \uC7AC\uBBF8\uC788\uB2E4.
```

07 [New]-[JSP File] 메뉴를 사용해 [studyjsp]-[WebContent]-[ch15] 폴더에 jstlEx07.jsp 페이지를 작성한다. 기본적인 코딩이 작성되면 다음과 같이 수정한 후 저장한다.

```
01    <%@ page language="java" contentType="text/html; charset=UTF-8"
02       pageEncoding="UTF-8"%>
03    <%@ taglib prefix="c" uri="http://java.sun.com/jsp/jstl/core" %>
04    <%@ taglib prefix="fmt" uri="http://java.sun.com/jstl/fmt" %>
05    <meta name="viewport" content="width=device-width,initial-scale=1.0"/>
06    <link rel="stylesheet" href="../css/style.css"/>
07
08    <h3>JSTL fmt 태그예제 - bundle, message</h3>
09    <%--<fmt:setLocale value="en"/> --%>
10    <fmt:bundle basename="ch15.bundle.testBundle">
11      <fmt:message key="name"/>
12      <fmt:message key="message" var="msg"/>
13      <p><c:out value="${msg}"/>
14    </fmt:bundle>
```


jstlEx07.jsp 페이지를 실행해보면 우리는 한국어를 사용하므로 웹 브라우저의 로케일이 ko이다. 따라서 testBundle_ko.properties가 실행되어 메시지가 한국어로 표시된다. 만일 영어가 기본인 로케일이 웹 브라우저에서 실행하면 'testBundle.properties'가 실행된다.

9라인 로케일을 en으로 설정해 testBundle.properties가 실행되어 메시지를 영어로 표기되는 것을 확인할 경우 주석을 제거해서 실행한다. 이 라인은 확인용이다. 실무 예제에서는 쓰지 말아야 자동적으로 로케일에 따른 표시를 실행한다.

10~14라인 <fmt:bundle> 태그가 적용되는 영역이다.

08 [studyjsp]-[Java Resources]-[src]에 파일을 생성하기 때문에 실행 시, 톰캣 서버를
내렸다가 다시 올린 후 실행한다.

[Servers] 뷰의 ■[Stop the Server] 아이콘을 눌러 톰캣 서버를 내린 후, 다시 ▶
[Start the Server] 아이콘을 눌러 시작시킨다. jstlEx07.jsp 파일을 선택하고 마우
스 오른쪽 버튼을 눌러 [Run As]-[Run on Server] 메뉴를 클릭하면 실행 결과가 표
시된다.

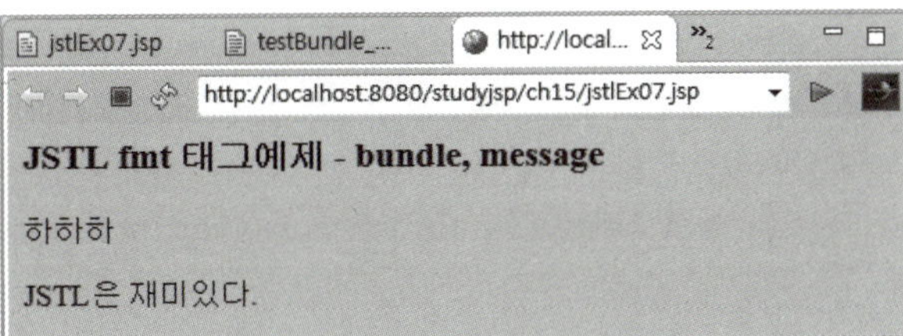

▲ 로케일이 ko일 때 jstlEx07.jsp 페이지 실행 결과

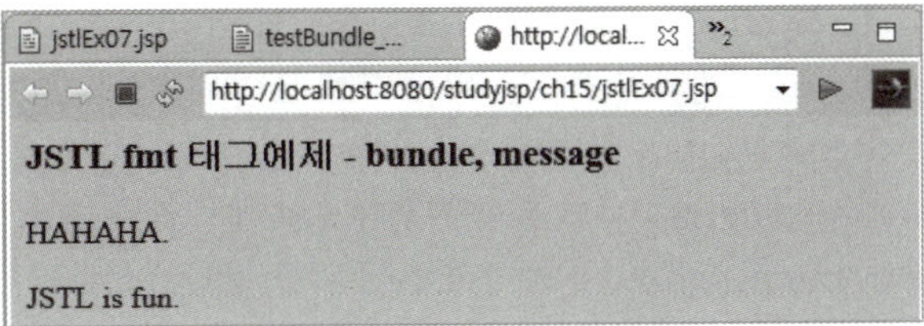

▲ 로케일이 en일 때 jstlEx07.jsp 페이지 실행 결과

(5) 〈fmt:setBundle〉 – 리소스 번들 읽어옴

리소스 번들을 읽어 들여서 사용한다.

〈fmt:setBundle〉 태그의 기본형은 다음과 같다.

```
<fmt:setBundle basename="basename" [var="varName"]
  [scope="{page|request|session|application}"]/>
```

- basename : properties 파일명
- var : 읽어온 번들을 저장하기 위한 변수명
- scope : 변수가 저장되는 공유 범위를 지정

(6) 〈fmt:formatNumber〉 – 숫자 형식

숫자 형식(서식)을 표현할 때 사용한다.

〈fmt:formatNumber〉 태그의 기본형은 다음과 같다.

```
<fmt:formatNumber value="numericValue" [type="{number|currency|percent}"]
 [pattern="customPattern"] [currencyCode="currencyCode"]
 [currencySymbol="currencySymbol"] [groupingUsed="{true|false}"]
 [maxIntegerDigits="maxIntegerDigits"] [minIntegerDigits="minIntegerDigits"]
 [maxFractionDigits="maxFractionDigits"] [minFractionDigits="minFractionDigits"]
 [var="varName"] [scope="{page|request|session|application}"] />
```


- value : 숫자값
- type : 숫자, 통화, 퍼센트({number|currency|percent}) 중 어느 것으로 표시할지 지정
- pattern : 사용자가 지정한 형식 패턴
- currencyCode : ISO 4217 통화 코드 지정. 통화 형식(type="currency")일 때만 적용
- currencySymbol : 통화 기호 지정. 통화 형식(type="currency")일 때만 적용
- groupingUsed : 화면 출력을 위해 그룹 분리 기호를 포함할지 여부를 지정
- maxIntegerDigits : 화면 출력을 위해 출력에서 정수 최대 자릿수 지정
- minIntegerDigits : 화면 출력을 위해 출력에서 정수 최소 자릿수 지정
- maxFractionDigits : 화면 출력을 위해 출력에서 소수점 이하 최대 자릿수 지정
- minFractionDigits : 화면 출력을 위해 소수점 이하 최소 자릿수 지정
- var : 출력 결과 문자열을 저장할 변수 지정
- scope : var의 scope 지정

따라하기 JSTL fmt(I18N) 태그 예제 – formatNumber

이 예제는 〈fmt:formatNumber〉를 사용해서 숫자 형식을 지정하는 것이다.

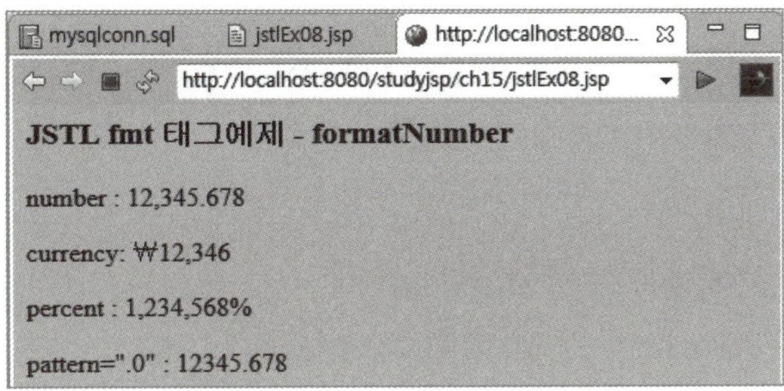

01 [New]-[JSP File] 메뉴를 사용해 [studyjsp]-[WebContent]-[ch15] 폴더에 jstlEx08.jsp 페이지를 작성한다. 기본적인 코딩이 작성되면 다음과 같이 수정한 후 저장한다.

```
01  <%@ page language="java" contentType="text/html; charset=UTF-8"
02      pageEncoding="UTF-8"%>
03  <%@ taglib prefix="c" uri="http://java.sun.com/jsp/jstl/core" %>
04  <%@ taglib prefix="fmt" uri="http://java.sun.com/jstl/fmt" %>
05  <meta name="viewport" content="width=device-width,initial-scale=1.0"/>
06  <link rel="stylesheet" href="../css/style.css"/>
07
08  <h3>JSTL fmt 태그예제 - formatNumber</h3>
09  <p>number : <fmt:formatNumber value="12345.678" type="number"/>
10  <p>currency: <fmt:formatNumber value="12345.678"
11                  type="currency" currencySymbol="₩"/>
12  <p>percent : <fmt:formatNumber value="12345.678" type="percent"/>
13  <p>pattern=".0" : <fmt:formatNumber value="12345.678" pattern=".000"/>
```


9라인 <fmt:formatNumber> 태그를 사용해서 value에 지정한 값을 숫자로 표시한다.

10라인 <fmt:formatNumber> 태그를 사용해서 value에 지정한 값을 통화로 표시한다. 여기서는 통화 기호를 "₩"으로 지정했다.

12라인 <fmt:formatNumber> 태그를 사용해서 value에 지정한 값을 퍼센트로 표시한다.

13라인 <fmt:formatNumber> 태그를 사용해서 value에 지정한 값을 pattern에서 지정한 형태로 표시한다.

02 jstlEx08.jsp 파일을 선택하고 마우스 오른쪽 버튼을 눌러 [Run As]−[Run on Server] 메뉴를 클릭하면 실행 결과가 표시된다.

(7) 〈fmt:parseNumber〉 − 숫자로 파싱

문자형 숫자 데이터를 숫자 데이터로 파싱한다. 예를 들어 "123"으로 표현된 문자형 숫자값을 연산 가능한 123으로 변환하는 것이다.

〈fmt:parseNumber〉 태그의 기본형은 다음과 같다.

```
<fmt:parseNumber [value="numericValue"] [type="{number|currency|percent}"]
    [pattern="customPattern"] [parseLocale="parseLocale"]
    [integerOnly="{true|false}"] [var="varName"]
    [scope="{page|request|session|application}"] />
```

설명

- value : 숫자로 파싱할 문자형 숫자값
- type : 숫자, 통화, 퍼센트({number|currency|percent}) 중 지정
- pattern : 사용자가 지정한 형식 패턴 지정
- parseLocale : 파싱 작업의 기본 형식 패턴(숫자, 통화, 퍼센트 각각)을 제공하는 로케일
- integerOnly : 주어진 값에서 정수 부분만 파싱할지 여부를 지정
- var : 파싱 결과를 저장할 변수
- scope : var의 scope 지정

(8) 〈fmt:formatDate〉 − 날짜 형식

날짜 형식(서식)을 표현할 때 사용된다.

〈fmt:formatDate〉 태그의 기본형은 다음과 같다.

```
<fmt:formatDate value="date" [type="{time|date|both}"]
[dateStyle="{default|short|medium|long|full}"]
[timeStyle="{default|short|medium|long|full}"]
[pattern="customPattern"] [timeZone="timeZone"] [var="varName"]
[scope="{page|request|session|application}"]/>
```

설명

- value : 형식을 적용할 날짜 데이터와 시간 데이터 지정
- type 속성 : 형식을 적용할 데이터로 시간, 날짜 또는 시간과 날짜 모두의 셋 중 하나를 지정

- dateStyle : type 속성 생략 또는 date나 both일 때 사용하는 것으로 미리 정의된 날짜 형식 지정
- timeStyle : type 속성이 time이나 both일 때 사용하는 것으로 미리 정의된 시간 형식 지정
- pattern : 사용자 지정 형식 스타일 지정
- timeZone : java.util.TimeZone에 따른 타임존 지정
- var : 출력 결과 문자열을 저장할 변수
- scope : var의 scope 지정

(9) ⟨fmt:parseDate⟩ – 날짜로 파싱

문자열 데이터를 날짜 데이터로 파싱할 때 사용된다.

⟨fmt:parseDate⟩ 태그의 기본형은 다음과 같다.

```
⟨fmt:parseDate [value="dateString"] [type="{time|date|both}"]
[dateStyle="{default|short|medium|long|full}"]
[timeStyle="{default|short|medium|long|full}"] [pattern="customPattern"]
[timeZone="timeZone"] [parseLocale="parseLocale"] [var="varName"]
[scope="{page|request|session|application}"] />
```

설명

- value : 파싱할 날짜 데이터와 시간 데이터 지정
- type : 파싱할 데이터가 시간, 날짜 또는 시간과 날짜 모두의 셋 중 하나를 지정
- dateStyle : type 속성 생략 또는 date나 both일 때 사용하는 것으로 미리 정의된 날짜 형식 지정
- timeStyle : type 속성이 time이나 both일 때 사용하는 것으로 미리 정의된 시간 형식 지정
- pattern : 사용자 지정 형식 스타일 지정
- timeZone : 타임존 지정
- parseLocale : 파싱하는 동안 적용될 로케일 지정
- var : 파싱 결과를 저장할 변수 지정
- scope : var의 scope 지정

(10) ⟨fmt:setTimeZone⟩, ⟨fmt:timeZone⟩ – 타임존 설정

⟨fmt:setTimeZone⟩ 태그는 특정 시간대(타임존)를 설정하고. ⟨fmt:timeZone⟩ 태그는 타임존을 적용한다.

⟨fmt:setTimeZone⟩ 태그의 기본형은 다음과 같다.

```
<fmt:setTimeZone value="timeZone" [var="varName"]
    [scope="{page|request|session|application}"] />
```

설명

- value : 설정할 시간대를 지정
- var : 설정한 시간대를 저장
- scope : var의 scope 지정

<fmt:timeZone> 태그의 기본형은 다음과 같다.

```
<fmt:timeZone value="timeZone">
 적용한 날짜/시간 데이터
</fmt:timeZone>
```

설명

- value : 적용할 시간대

6 JSTL SQL 태그 라이브러리

DataSource를 이용한 SQL 작업 처리에 사용된다.

■ SQL 태그 라이브러리 사용법

① JSP 페이지에 다음과 같이 taglib 디렉티브를 작성한다.

```
<%@ taglib prefix="sql" uri="http://java.sun.com/jsp/jstl/sql" %>
```

설명

- prefix : sql 태그 라이브러리에서는 "sql"
  예 콘텍스트에 설정된 JNDI 리소스 네임 사용 <sql:query var="rs" dataSource ="jdbc/jsptest">
- uri : I18N 태그 라이브러리에서는 "http://java.sun.com/jsp/jstl/sql"

② 사용할 태그를 필요한 위치에 <sql:태그명>과 같이 쓴다. 사용 예시는 다음과 같다.

```
<sql:query var="rs" dataSource="jdbc/jsptest">
```

설명

- <sql:query> : sql이 prefix 값으로 네임스페이스명이고, query가 태그명이다.


```
```

■ **SQL 태그의 기능별 분류**

- DataSource 설정 : ⟨sql:setDataSource⟩
- SQL : ⟨sql:query⟩ (⟨sql:dateParam⟩, ⟨sql:param⟩), ⟨sql:update⟩(⟨sql:dateParam⟩, ⟨sql:param⟩), ⟨sql:transaction⟩

■ **JSTL SQL 태그 리스트**

태그 요약(Tag Summary)	
transaction	트랜잭션을 구현할 때 사용한다.
query	sql 태그의 속성 또는 body에 정의된 SQL 쿼리 문장을 실행한다. executeQuery( )와 같은 기능을 한다.
update	sql 태그의 속성 또는 body에 정의된 SQL 쿼리 문장을 실행한다. executeUpdate( )와 같은 기능을 한다.
param	java.sql.PreparedStatement.setString( )과 같은 역할을 한다.
dateParam	java.sql.PreparedStatement.setTimestamp와 같은 역할을 한다.
setDataSource	DataSource를 지정한다.

▲ JSTL SQL 태그 리스트

(1) ⟨sql:setDataSource⟩ – DataSource 지정

DB에 접근하기 위한 DataSource를 지정한다.

⟨sql:setDataSource⟩ 태그의 기본형은 다음과 같다.

```
⟨sql:setDataSource [{dataSource="dataSource" | url="jdbcUrl" driver="driver
ClassName" user="userName" password="password" }] [var="varName"]
[scope="{page|request|session|application}"]/⟩
```

설명

- url : JDBC url
- driver : JDBC driver
- user : DB 사용자 계정
- password : 사용자 패스워드
- var : 데이터 소스의 설정값 저장 변수
- scope : var의 scope 지정

■ DataSource 설정 방법 1 : MySQL 표준 드라이버를 사용할 경우 일반형

```
<sql:setDataSource url="jdbc:mysql://localhost:3306/jsptest"
driver="com.mysql.jdbc.Driver" user="jspid" password="jsppass" var="ds"
scope="application" />
```

■ DataSource 설정 방법 2 : 콘텍스트에 JNDI가 설정되어 있는 경우

기존에 설정된 JNDI를 불러와 사용하는 경우 <sql:setDataSource> 태그의 사용법은 다음과 같다. 이 경우 dataSource 속성의 값에는 server.xml에서 정의한 <Resource> 태그의 name 속성값(JNDI의 리소스 네임)이 들어간다.

```
<sql:setDataSource dataSource="jdbc/jsptest" var="ds" scope="application" />
```

■ 그 외의 방법 : 콘텍스트에 JNDI가 설정되어 있는 경우

더 간단한 방법으로 <sql:query>또는 <sql:update> 태그에서 설정된 컨텍스트의 JNDI를 가지고 쿼리를 수행한다. 이 경우 <sql:setDataSource> 태그를 사용할 필요가 없다. <sql:query> 또는 <sql:update> 태그에서 설정된 JNDI를 사용해 쿼리를 수행하는 경우, dataSource 속성의 속성값에는 server.xml에서 정의한 <Resource> 태그의 name 속성값(JNDI의 리소스 네임)을 넣어서 사용한다.

```
<sql:query var="rs" dataSource="jdbc/jsptest">
```

(2) <sql:query> - select문을 사용하는 쿼리 수행

이 태그의 속성 또는 내용(body)에 정의된 Select문을 사용한 SQL 쿼리문을 실행하며, executeQuery() 메소드와 유사하다.

<sql:query> 태그의 기본형은 다음과 같다.

■ 속성에 SQL 쿼리문을 기술한 경우

```
<sql:query sql="sqlQuery" var="varName" scope="{page|request|session|application}"
dataSource="dataSource" maxRows="maxRows" startRow="startRow" />
```

■ 속성에 SQL 쿼리문을 기술하고, 쿼리의 파라미터가 태그 내용(body)에 있는 경우

```
<sql:query sql="sqlQuery" var="varName" scope="{page|request|session|application}"
dataSource="dataSource" maxRows="maxRows" startRow="startRow">
  <sql:param> 태그들
</sql:query>
```

■ 태그 내용(body)에 SQL 쿼리문과 파라미터들을 기술한 경우

<sql:query var="varName" scope="{page|request|session|application}"
dataSource="dataSource" maxRows="maxRows" startRow="startRow" >
　SQL쿼리문
　<sql:param> 태그들
</sql:query>

설명

- sql : SQL 쿼리 문장
- var : 쿼리의 결과를 저장
- scope : var의 scope 지정
- dataSource : JNDI의 리소스 네임 또는 DriverManager를 위한 파라미터
- maxRows : 쿼리의 결과에 포함될 최대 행의 수
- startRow : 쿼리의 결과에 포함될 시작 행 번호. 0부터 시작

따라하기　JSTL sql 태그 예제 – query

이 예제는 <sql:query>를 사용해서 데이터베이스 테이블로부터 레코드를 검색해서 가져오는 쿼리를 실행하는 것이다.

실행 결과 | jstlEx09.jsp 페이지

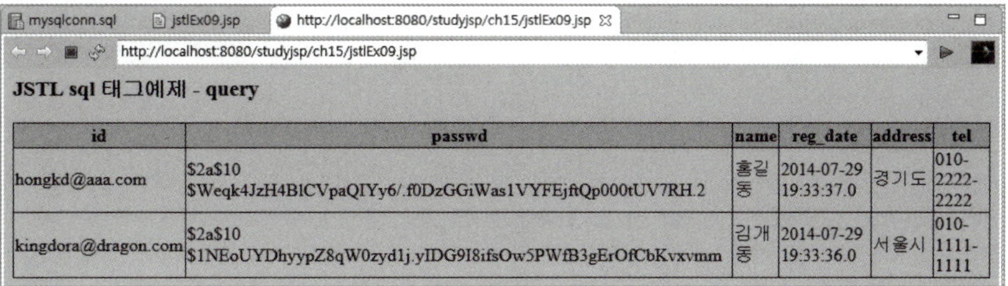

id	passwd	name	reg_date	address	tel
hongkd@aaa.com	$2a$10$Weqk4JzH4BlCVpaQIYy6/.f0DzGGiWas1VYFEjftQp000tUV7RH.2	홍길동	2014-07-29 19:33:37.0	경기도	010-2222-2222
kingdora@dragon.com	$2a$10$1NEoUYDhyypZ8qW0zyd1j.yIDG9I8ifsOw5PWfB3gErOfCbKvxvmm	김개동	2014-07-29 19:33:36.0	서울시	010-1111-1111

01 [New]–[JSP File] 메뉴를 사용해 [studyjsp]–[WebContent]–[ch15] 폴더에 jstlEx09.jsp 페이지를 작성한다. 기본적인 코딩이 작성되면 다음과 같이 수정한 후 저장한다.

01　<%@ page language="java" contentType="text/html; charset=UTF-8"
02　　　pageEncoding="UTF-8"%>

```jsp
03  <%@ taglib prefix="c" uri="http://java.sun.com/jsp/jstl/core" %>
04  <%@ taglib prefix="sql" uri="http://java.sun.com/jsp/jstl/sql" %>
05  <meta name="viewport" content="width=device-width,initial-scale=1.0"/>
06  <link rel="stylesheet" href="../css/style.css"/>
07
08  <h3>JSTL sql 태그예제 - query</h3>
09
10  <sql:query var="rs"  dataSource="jdbc/jsptest">
11     select * from member
12  </sql:query>
13
14  <table>
15   <tr  class="label2"><%--필드명  출력--%>
16    <c:forEach var="columnName" items="${rs.columnNames}">
17     <th><c:out value="${columnName}"/></th>
18    </c:forEach>
19   </tr>
20   <c:forEach var="row" items="${rs.rowsByIndex}"><%-- 레코드의 수만큼 반복한다.
     --%>
21   <tr>
22    <c:forEach var="column" items="${row}" varStatus="i"><%-- 레코드의 필드 수만 큼
     반복한다. --%>
23    <td>
24     <c:if test="${column!=null}"> <%--해당 필드값이 null이 아니면--%>
25         <c:out value="${column}"/>
26     </c:if> <%--해당 필드값이 null이면--%>
27     <c:if test="${column==null}">
28          
29     </c:if>
30    </td>
31    </c:forEach>
32   </tr>
33   </c:forEach>
34  </table>
```

4라인 taglib 디렉티브에서 prefix 속성값으로 sql을, uri 속성값으로 "http://java.sun.com/jsp/jstl/sql"을 사용해서 JSTL sql 라이브러리를 사용할 수 있게 했다.

10~12라인 〈sql:query〉 태그의 dataSource 속성값을 JNDI 리소스 네임 값인 jdbc/jsptest을 사용해서, 11라인에서 member 테이블의 전체 레코드를 검색하는 쿼리((select * from member))를 수행했다. var 속성의 rs 변수에는 이 쿼리의 실행 결과가 저장된다.

16~18라인 〈c:forEach〉 태그는 items 속성값 ${rs.columnNames}를 사용해서 필드명들을 가져온 후 var 속성의 columnName에 필드명을 하나씩 저장한다. 18라인에서 〈c:out〉 태그를 사용해서 columnName에 저장된 필드명을 화면에 출력하는 것을 반복해서 처리한다.

20~33라인 〈c:forEach〉문은 items 속성값인 ${rs.rowsByIndex}를 사용해서 쿼리의 결과를 담고 있는 레코드셋을 얻어낸 후 var 속성의 row에 한 레코드씩 저장하는 작업을 반복한다.

  - **22~23라인** 〈c:forEach〉문은 items 속성값인 ${row}는 한 레코드를 가지고 있고, 이 레코드의 필드 1개 값을 var 속성값인 column에 저장한다. 이때 varStatus 값은 i를 사용해서 각각의 필드마다 1, 2, 3…의 번호를 지정해 준다.
  - **24~26라인** 〈c:if〉 태그를 사용해서 column의 값이 null이 아니면 25라인에서 column 변수의 값을 화면에 출력한다.
  - **27~29라인** 〈c:if〉 태그를 사용해서 column의 값이 null이면 28라인에서 값을 화면에 출력한다. column의 값이 null일 경우   처리를 하지 않으면 테이블이 깨질 수 있다.

02 [Servers] 뷰의 톰캣 서버가 시작된 것을 확인한 후, jstlEx09.jsp 파일을 선택하고 마우스 오른쪽 버튼을 눌러 [Run As]-[Run on Server] 메뉴를 클릭하면 실행 결과가 표시된다.

(3) 〈sql:dateParam〉, 〈sql:param〉 – 날짜 파라미터와 문자 파라미터 값 지정

JSTL sql 라이브러리에서 지원하는 파라미터에는 두 가지 형식이 있는데, 하나가 날짜 형식이고 다른 하나가 문자열 형식이다. 날짜 형식은 〈sql:dateParam〉 태그를 사용하고 문자열 형식은 〈sql:param〉 태그를 사용한다.

〈sql:dateParam〉 태그는 java.sql.PreparedStatement.setTimestamp()와 같은 역할을 하고, 〈sql:param〉 태그는 java.sql.PreparedStatement.setString()과 같은 역할을 한다.

〈sql:param〉 태그의 기본형은 다음과 같다.

```
<sql:param value="value"/>
```

설명

- value : 파라미터의 값을 지정

〈sql:dateParam〉 태그의 기본형은 다음과 같다.

〈sql:dateParam value="value" type="{ timestamp|time|date} "/〉

> **설명**
>
> • value : 파라미터의 값을 지정
> • type : timestamp, time, date 중 하나를 기술

(4) 〈sql:update〉 – insert, upadte, delete문을 사용하는 쿼리 수행

이 태그의 속성 또는 내용(body)에 정의된 insert, upadte, delete문을 사용한 SQL 쿼리문을 실행하며 executeUpdate() 메소드와 같은 기능을 한다.

〈sql:update〉 태그의 기본형은 다음과 같다.

> **■ 속성에 SQL 쿼리 문장을 기술한 경우**
>
> 〈sql:update sql="sqlUpdate" dataSource="dataSource" var="varName"
> scope="{page|request|session|application}" /〉
>
> **■ 속성에 SQL 쿼리 문장을 기술하고 쿼리의 파라미터가 body에 있는 경우**
>
> 〈sql:update sql="sqlUpdate" dataSource="dataSource" var="varName"
> scope="{page|request|session|application}" 〉
>   〈sql:param〉 태그들
> 〈/sql:update〉
>
> **■ body에 SQL 쿼리 문장과 파라미터들을 기술한 경우**
>
> 〈sql:update dataSource="dataSource" var="varName"
> scope="{page|request|session|application}" 〉
>   SQL 쿼리문
>   〈sql:param〉 태그들
> 〈/sql:update〉
>
> **설명**
>
> • sql : SQL 쿼리 문장
> • var : 쿼리의 결과를 저장
> • scope : var의 scope 지정
> • dataSource : JNDI의 리소스 네임 또는 DriverManager를 위한 파라미터

이 예제는 〈sql:update〉와 〈sql:param〉 태그를 사용해서 테이블의 해당 레코드 필드 값을 수정하는 쿼리를 실행한다.

실행 결과 (jstlEx10.jsp 페이지)

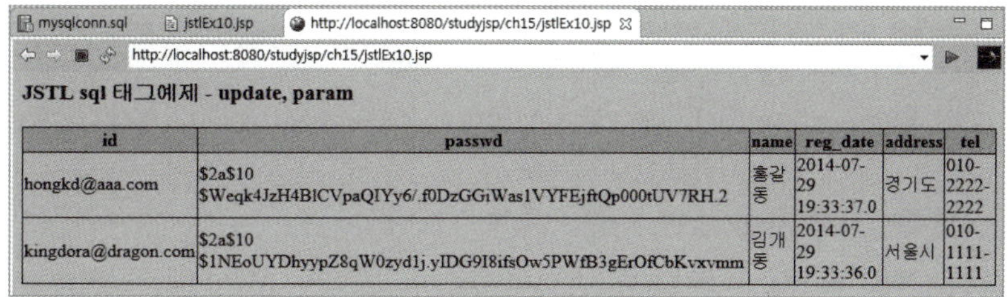

01 [New]-[JSP File] 메뉴를 사용해 [studyjsp]-[WebContent]-[ch15] 폴더에 jstlEx10.jsp 페이지를 작성한다. 기본적인 코딩이 작성되면 다음과 같이 수정한 후 저장한다.

```
01  <%@ page language="java" contentType="text/html; charset=UTF-8"
02      pageEncoding="UTF-8"%>
03  <%@ taglib prefix="c" uri="http://java.sun.com/jsp/jstl/core" %>
04  <%@ taglib prefix="sql" uri="http://java.sun.com/jsp/jstl/sql" %>
05  <meta name="viewport" content="width=device-width,initial-scale=1.0"/>
06  <link rel="stylesheet" href="../css/style.css"/>
07
08  <h3>JSTL sql 태그 예제 – update, param</h3>
09
10  <sql:update dataSource="jdbc/jsptest">
11      update member set name=? where id= ?
12      <sql:param value="${'홍갈동'}"/>
13      <sql:param value="${'hongkd@aaa.com'}"/>
14  </sql:update>
15
16  <sql:query var="rs"  dataSource="jdbc/jsptest">
17      select * from member
18  </sql:query>
19
```

```
20      <table>
21      <tr class="label2"><%--필드명 출력--%>
22        <c:forEach var="columnName" items="${rs.columnNames}">
23          <th><c:out value="${columnName}"/></th>
24        </c:forEach>
25      </tr>
26      <c:forEach var="row" items="${rs.rowsByIndex}"><%-- 레코드의 수만큼 반복한다.
        --%>
27      <tr>
28        <c:forEach var="column" items="${row}" varStatus="i"><%-- 레코드의 필드 수
        만큼 반복한다. --%>
29        <td>
30          <c:if test="${column!=null}"> <%--해당 필드값이 null이 아니면--%>
31                <c:out value="${column}"/>
32          </c:if> <%--해당 필드값이 null이면--%>
33          <c:if test="${column==null}">
34                 
35          </c:if>
36        </td>
37        </c:forEach>
38      </tr>
39      </c:forEach>
40      </table>
```


10~14라인 〈sql:update〉 태그를 사용해서 member 테이블의 레코드를 수정한다.
 - 11라인 update member set name=? where id= ?은 주어진 id에 해당하는 레코드를 수
   정하는 쿼리문이다. PreparedStatement의 위치홀더(?)처럼 파라미터 값이 들어가는 위치에
   '?' 를 표시하고 '?' 의 수만큼 〈sql:param〉 태그를 작성한다.
 - 12~13라인 〈sql:param〉 태그는 11라인의 위치홀더의 수만큼 존재하며, 위치홀더에 value
   속성값을 대치시킨다.
16~40라인 레코드의 수정된 결과를 확인하기 위해 사용한 부분이다.
 - 16~18라인 〈sql:query〉 태그를 사용해 select문에서 member 테이블의 레코드를 얻어낸다.
 - 20~40라인 〈sql:query〉 태그를 수행한 결과를 화면에 표시한다.

02 jstlEx10.jsp 파일을 선택하고 마우스 오른쪽 버튼을 눌러 [Run As]-[Run on
   Server] 메뉴를 클릭하면 실행 결과가 표시된다.

(5) 〈sql:transaction〉 - 트랜잭션 처리

이 태그는 JSTL에서 트랜잭션을 구현할 때 사용한다.

〈sql:transaction〉 태그의 기본형은 다음과 같다.

```
〈sql:transaction [dataSource="dataSource"] [isolation="isolationLevel"] 〉
 〈sql:query〉 태그
 〈sql:update〉 태그

 ....
〈/sql:transaction〉
```

설명

- dataSource : JNDI의 리소스 네임 또는 DriverManager를 위한 파라미터
- isolation 속성 : 격리 수준(isolationLevel) 값을 넣는데, java.sql.Connection의 set TransactionIsolation() 메소드를 사용한다. "read_committed", "read_uncommitted", "repeatable_read", "serializable" 중 하나를 사용

〈sql:transaction〉 태그의 사용 예는 다음과 같다.

```
〈sql:transaction dataSource="jdbc/jsptest" 〉
 〈sql:update dataSource="jdbc/jsptest"〉〈!--장바구니목록을 구매목록에 추가--〉
   insert into buy (buy_id, buyer values (?,?)
   〈sql:param value="${buyId}"/〉
   〈sql:param value="${id}"/〉
 〈/sql:update〉
 ...생략
 〈sql:update dataSource="jdbc/jsptest"〉 〈!--장바구니 비움--〉
   delete from cart where buyer=?
   〈sql:param value="${id}"/〉
 〈/sql:update〉
〈/sql:transaction〉
```

〈sql:transaction〉 태그 내에 〈sql:update 〉 태그 2개가 존재하며, 이들이 모두 성공적으로 수행되어야 처리가 완료된다. 이들 중 하나라도 수행에 실패하면 모든 처리가 수행되기 전으로 되돌려진다.

7 JSTL Functions 라이브러리

JSTL functions 라이브러리는 JSTL에서 제공하는 각종 함수를 사용해서 문자열이나 콜렉션들을 처리한다. 이 라이브러리는 함수 실행 결과값을 반환하기 때문에 태그 자체로 쓰이기보다는 특정 태그 내의 값으로 많이 사용된다.

■ Functions 라이브러리 사용법

① JSP 페이지에 다음과 같이 taglib 디렉티브를 작성한다.

```
<%@ taglib prefix="fn" uri="http://java.sun.com/jsp/jstl/functions" %>
```

- prefix : Functions 태그 라이브러리에서는 "fn"
  예 str1 문자열의 문자 수를 얻어냄 ${fn:length(str1)}
- uri : Functions 태그 라이브러리에서는 "http://java.sun.com/jsp/jstl/functions"

② 특정 태그의 값으로 주로 쓰이기 때문에 ${fn:태그명}과 같은 형태로 많이 쓰인다. 사용 예시는 다음과 같다.

```
<c:set var="str1" value=" Test String "/><!--str1 변수 선언 후 값 지정-->
<!--str1 변수의 값에서 좌우 불필요한 공백을 제거 후 str2 변수에 저장-->
<c:set var="str2" value="${fn:trim(str1)}"/>
```

- ${fn:trim(str1)} : fn이 prefix 값으로 네임스페이스명이고, trim(str1)은 사용할 함수 명이며, str1은 함수에서 사용할 매개 변수이다.

■ Functions 라이브러리의 함수 기능별 분류

- 컬렉션의 요소 개수 또는 문자열의 문자 개수 얻기 기능 : fn.length()
- 문자열 조작 기능 : fn.toUpperCase(), fn.toLowerCase(), fn.substring(), fn.substringAfter(), fn.substringBefore(), fn.trim(), fn.replace(), fn.indexOf(), fn.startsWith(), fn.endsWith(), fn.contains(), fn.containsIgnoreCase(), fn.split(), fn.join(), fn.escapeXml()

■ JSTL Functions 라이브러리의 함수 리스트

함수 요약(Function Summary)
boolean contains(String string, String substring) : string이 substring을 포함하면 true 값을 리턴한다.

```
<c:set var="str1" value="test String"/>
<c:if test="${fn:contains(str1, 'test')}">
    <p>test문자열 포함됨
</c:if>
```

---

boolean containsIgnoreCase(String string, String substring)
: 대소문자에 관계없이, string이 substring을 포함하면 true 값을 리턴한다.

사용 예 "test문자열 포함됨"이 화면에 출력됨

```
<c:set var="str1" value="Test String"/>
<c:if test="${fn:containsIgnoreCase(str1, 'test')}">
    <p>test문자열 포함됨
</c:if>
```

---

boolean endsWith(String string, String substring)
: string이 suffix로 끝나면 true값을 리턴한다.

사용 예 "주어진 문자열이 123으로 끝남"이 화면에 출력됨

```
<c:set var="str1" value="test String 123"/>
<c:if test="${fn:endsWith(str1, '123')}">
    <p>주어진 문자열이 123으로 끝남
</c:if>
```

String escapeXml(String string)
: string에 있는 <, >, &, ', " 문자들을 각각 <, >, &, ', "로 바꿔준 뒤 문자열을 리턴한다.

사용 예 "여기<를 클릭해서 다운로드"와 "<aaa>여기</aaa>를 클릭해서 다운로드"가 화면에 출력됨

```
<c:set var="str1" value="<aaa>여기</aaa>를 클릭해서 다운로드"/>
<p>str1 출력 : ${str1}
<p>escapeXml(str1) 출력 : ${fn:escapeXml(str1)}
```

---

int indexOf(String string, String substring)
: string에서 substring이 처음으로 나타나는 인덱스 번호를 리턴한다.

사용 예 0이 출력됨

```
<c:set var="str1" value="test String"/>
<p>${fn:indexOf(str1,'t')}
```

String join(String[ ] array, String separator)
: 배열 요소들을 separator를 구분자로 하여 모두 연결해서 리턴한다.

사용 예 "test-String"이 출력됨

```
<c:set var="str1" value="test String"/>
<c:set var="spStr" value="${fn:split(str1, ' ')}" />
<p>${fn:join(spStr, '-')}
```

int length(Object item)
: item이 배열이나 컬렉션이면 요소의 개수를, 문자열이면 문자의 개수를 리턴한다.

사용 예 24가 출력됨

```
<c:set var="str2" value="<aaa>여기</aaa>를 클릭해서 다운로드"/>
<p>length(str2) : ${fn:length(str2)}
```

String replace(String string, String before, String after)
: string 내에 있는 before 문자열을 after 문자열로 모두 바꿔서 리턴한다.

사용 예 "테스트 String"이 출력됨

```
<c:set var="str1" value="test String"/>
<p>${fn:replace(str1,'test', '테스트')}
```

String[ ] split(String string, String separator)
: string 내의 문자열을 separator에 따라 분할하고, 이 분할한 문자열들을 배열로 구성해서 리턴한다.

사용 예 "test"가 출력됨

```
<c:set var="str1" value="test String"/>
<c:set var="spStr" value="${fn:split(str1, ' ')}" />
<p>${spStr[0]}
```

boolean startsWith(String string, String prefix)
: string이 prefix로 시작하면 true값을 리턴한다.

사용 예 true가 출력됨

```
<c:set var="str1" value="test String"/>
<p>${fn:startsWith(str1, 'test')}
```

String substring(String string, int begin, int end)
: string에서 begin 인덱스 번호부터 end 인덱스 번호 전까지의 문자열을 리턴한다.

사용 예 "tes"가 출력됨

```
<c:set var="str1" value="test String"/>
<p>${fn:substring(str1,0,3)}
```

String substringAfter(String string, String substring)
: string에서 substring이 나타난 이후 부분에 있는 문자열을 리턴한다.

사용 예 "String"이 출력됨

```
<c:set var="str1" value="test String"/>
<p>${fn:substringAfter(str1, ' ')}
```

String substringBefore(String string, String substring)
: string에서 substring이 나타나기 이전 부분에 있는 문자열을 리턴한다.

사용 예 "test"가 출력됨

```
<c:set var="str1" value="test String"/>
<p>${fn:substringBefore(str1, ' ')}
```

String toLowerCase(String string)
: string을 모두 소문자로 바꿔서 리턴한다.

사용 예 "test string"이 출력됨

```
<c:set var="str1" value="test String"/>
<p>${fn:toLowerCase(str1)}
```

String toUpperCase(String string)
: string을 모두 대문자로 바꿔서 리턴한다.

사용 예 "TEST STRING"이 출력됨

```
<c:set var="str1" value="test String"/>
<p>${fn:toUpperCase(str1)}
```

String trim(String string)
: string 앞뒤의 공백을 모두 제거하여 리턴한다.

사용 예 "String"이 출력됨

```
<c:set var="str3" value=" String "/>
<p>${fn:trim(str3)}
```

따라하기 JSTL Functions 라이브러리의 함수 사용 예제

이 예제는 Functions 라이브러리의 함수를 사용하는 예제이다.

실행 결과 jstlEx11.jsp 페이지

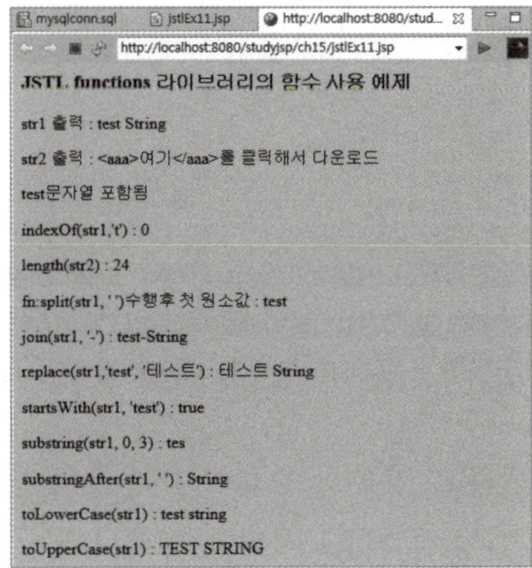

01 [New]–[JSP File] 메뉴를 사용해 [studyjsp]–[WebContent]–[ch15] 폴더에 jstlEx11.jsp 페이지를 작성한다. 기본적인 코딩이 작성되면 다음과 같이 수정한 후 저장한다.

```
01  <%@ page language="java" contentType="text/html; charset=UTF-8"
02      pageEncoding="UTF-8"%>
03  <%@ taglib prefix="c" uri="http://java.sun.com/jsp/jstl/core" %>
04  <%@ taglib prefix="fn" uri="http://java.sun.com/jsp/jstl/functions" %>
05  <meta name="viewport" content="width=device-width,initial-scale=1.0"/>
05  <link rel="stylesheet" href="../css/style.css"/>
07
08  <h3>JSTL functions 라이브러리의 함수 사용 예제</h3>
09
10  <c:set var="str1" value="test String"/>
11  <c:set var="str2" value="<aaa>여기</aaa>를 클릭해서 다운로드"/>
12  <p>str1 출력 : ${str1}
13  <p>str2 출력 : ${fn:escapeXml(str2)}
14
15  <c:if test="${fn:contains(str1, 'test')}">
16      <p>test문자열 포함됨
17  </c:if>
18
19  <p>indexOf(str1,'t') : ${fn:indexOf(str1,'t')}
20  <p>length(str2) : ${fn:length(str2)}
21
22  <c:set var="spStr" value="${fn:split(str1, ' ')}" />
23  <p>fn:split(str1, ' ')수행 후 첫 원소값 : ${spStr[0]}
24  <p>join(str1, '-') : ${fn:join(spStr, '-')}
25
26  <p>replace(str1,'test', '테스트') : ${fn:replace(str1,'test', '테스트')}
27  <p>startsWith(str1, 'test') : ${fn:startsWith(str1, 'test')}
28  <p>substring(str1, 0, 3) : ${fn:substring(str1, 0, 3)}
29  <p>substringAfter(str1, ' ') : ${fn:substringAfter(str1, ' ')}
30  <p>toLowerCase(str1) : ${fn:toLowerCase(str1)}
31  <p>toUpperCase(str1) : ${fn:toUpperCase(str1)}
```


4라인 JSTL functions 라이브러리를 사용하기 위해 taglib 디렉티브에서 prefix 속성값으로 fn을 지정하고, uri 속성값으로 "http://java.sun.com/jsp/jstl/functions"를 사용했다.

10~31라인 JSTL functions 라이브러리가 제공하는 함수를 사용한 예시들이다.

02 jstlEx11.jsp 파일을 선택하고 마우스 오른쪽 버튼을 눌러 [Run As]–[Run on Server] 메뉴를 클릭하면 실행 결과가 표시된다.

학습 정리

- JSTL은 JSP 페이지의 로직을 담당하는 부분인 if, for, while, 데이터베이스 처리 등을 표준 커스텀 태그로 제공함으로써 코드를 깔끔하게 하고 JSP 페이지의 가독성을 좋게 한다.

- JSTL과 커스텀 태그도 XML 기반에서 작성되었기 때문에 모든 태그는 시작 태그와 종료 태그의 쌍으로 이루어져야 한다.

- JSTL을 사용하려면 'https://jstl.java.net' 사이트에서 javax.servlet.jsp.jstl-1.2.1.jar와 javax.servlet.jsp.jstl-api-1.2.1.jar를 다운로드하여 [프로젝트]-[WEB-INF]-[lib] 폴더에 넣는다.

- JSTL 1.2의 라이브러리들은 다음과 같다.

라이브러리	URI	Prefix	제공 기능
Core(코어)	http://java.sun.com/jsp/jstl/core	c	변수, 흐름 제어, URL 제어 및 기타 기능 등
XML	http://java.sun.com/jsp/jstl/xml	x	XML 데이터 접근 및 파싱, 흐름 제어 및 XML 변환 등
I18N(국제화, 포맷팅)	http://java.sun.com/jsp/jstl/fmt	fmt	로케일, 메시지, 숫자 문자 형식 등
SQL(데이터베이스)	http://java.sun.com/jsp/jstl/sql	sql	SQL 처리 등
Functions(함수)	http://java.sun.com/jsp/jstl/functions	fn	함수를 사용한 문자열 및 컬렉션 처리 등

16

커스텀 태그
(Custom Tag)

이번 Chapter에서는 사용자가 만들어 쓰는 커스텀 태그의 개요와 자바 클래스 기반의 커스텀 태그 작성, 태그 파일 기반의 커스텀 태그 작성 및 작성한 커스텀 태그를 배포하는 방법에 대해 학습한다.

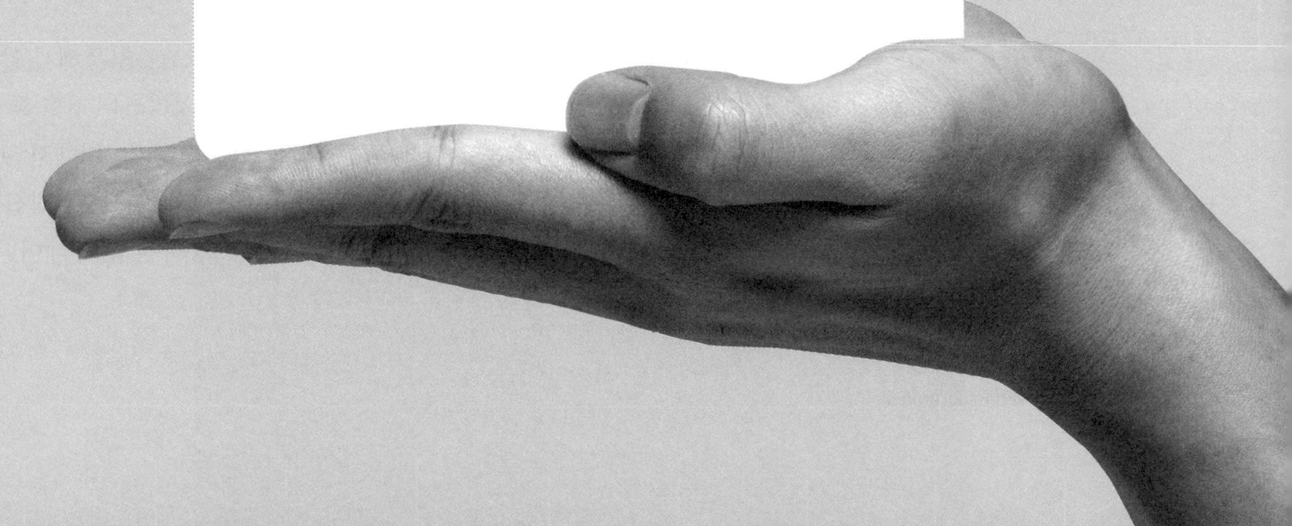

커스텀 태그의 개요 및 구성

여기에서는 커스텀 태그(Custom Tag)의 기본 개요와 커스텀 태그 라이브러리를 사용하기 위해 필요한 기본 구성 요소에 대해 학습한다.

1 커스텀 태그의 개요

표준 커스텀 태그인 JSTL에서 제공하지 않는 태그는 사용자가 직접 만들어 써야 하는데, 이를 커스텀 태그라 한다. 커스텀 태그는 JSTL에서 제공하지 않는 이외의 작업을 JSP의 스크립트를 사용하지 않고 태그 기반에서 간결하게 프로그래밍하기 위해 꼭 필요하다.

사용자가 직접 태그를 만들어 사용하는 이 커스텀 태그는 JSP의 핵심 기술 중 하나라고 할 수 있다. JSP 스펙에서도 이것을 구현하는 기술에 관한 내용이 많은 부분을 차지하며, 자주 사용하는 커스텀 태그의 표준인 JSTL까지 지원한다. 이것은 다른 웹 프로그래밍 언어인 ASP나 PHP 등에서는 찾아 볼 수 없는 핵심 기술이기도 하다.

앞에서 JSTL의 학습을 통해서 JSP의 스크립트(<%%>, <%!%>, <%=%>) 없이 프로그램 흐름 제어 및 DB와의 연동이 가능한 것을 확인했다. 다음은 JSTL에서 <sql:query>문을 사용해서 DB 테이블의 내용을 가져오는 부분이다. 코드가 간결하여 프로그램을 한눈에 이해하기 쉽다.

```
<sql:query var="rs" dataSource="jdbc/jsptest">
    select * from member
</sql:query>
```

JSP 스크립트가 없으면 코드의 가독성이 좋아지는 것은 이미 JSTL을 통해서 알고 있다. JSTL과 표현 언어 코드를 혼합해서 충분히 JSP의 스크립트들을 처리하는 것도 확인했다.

그런데 한 가지 문제가 있다. 우리는 자바빈에서 직접적으로 JSP 페이지에서 SQL 쿼리문을 작성하지 않고 프로그래밍하도록 배웠다. 위의 코드는 JSP 페이지에서 직접 SQL 쿼리문을 사용하고 있다. JSP 페이지에서 직접 SQL 쿼리문을 사용하지 않고 데이터 저장빈 및 DB 연동빈을 사용해서 쿼리의 실행 결과만을 받는 태그는 없다. 만일 이런 작업을 수행하는 태그를 사용하고 싶다면 직접 커스텀 태그를 만들어 쓴다.

<db:memberlist/> <!--member 테이블의 모든 레코드를 가져오는 커스텀 태그 -->

즉, 예를 들어 위와 같이 member 테이블의 모든 레코드를 가져오는 커스텀 태그를 직접 만들어 쓰면, 코드는 더욱 간결해지고 DB 연동 로직과 뷰도 분리할 수 있다.

커스텀 태그를 이용하면 JSTL과 EL을 사용하지 않고도 자신만의 태그를 작성할 수 있다. 이렇게 사용자가 정의한 자신만의 커스텀 태그를 모아 놓은 것을 커스텀 태그 라이브러리라 한다.

■ 커스텀 태그의 장점

- 한 번 작성한 커스텀 태그는 언제든지 필요한 곳에서 재사용이 가능하다. 또한 다른 사용자에게 배포하여(package) 재사용될 수 있다.
- 커스텀 태그는 프로그램의 가독성을 향상시킨다. 수백 라인의 페이지에서 가독성은 프로그램의 이해를 쉽게 해주는 중요 요소이다.
- 커스텀 태그는 JSP의 스크립트를 사용하지 않으므로 자바 문법에 덜 의존적이다. 그래서 JSP 페이지의 작성이 보다 쉽다.
- 로직과 뷰의 분리로 디자이너와 프로그래머가 각자의 일을 분담할 수 있으므로 효율적인 작업이 가능하다.

커스텀 태그를 작성하는 방법에는 자바 클래스 파일을 사용하는 것과 태그 파일을 사용하는 방법이 있다.

자바 클래스 파일을 사용하는 방법은 자바 언어 자체를 전혀 모르면 조금 어렵고, 잘 정의된 사용자 태그를 개발하려면 많은 노력과 시간이 필요하다. 그러나 JSP 2.0 기반에서 추가로 제공되는 태그 파일을 사용하는 방법은 자바 언어를 몰라도 간편하게 커스텀 태그를 작성할 수 있다.

2 커스텀 태그의 구성

여기서는 자바 클래스 파일 기반과 태그 파일 기반의 커스텀 태그를 작성하고 사용하기 위해 필요한 구성 요소들을 학습한다.

커스텀 태그는 자바의 클래스 파일 기반의 태그 라이브러리를 사용하는 것과 태그 파일을 태그 라이브러리로 사용하는 것으로 나눌 수 있다.

(1) 자바 클래스 파일 기반의 태그 라이브러리 구성 요소

1) 태그 라이브러리 작성

태그의 로직을 자바 클래스 파일(.class)을 사용해 작성한다.

2) 구성 요소

- **태그 핸들러(자바 클래스)** : 자바 클래스 파일 기반에서는 태그의 로직 기술
  - 예 WelcomTag.class : 이클립스에서 WelcomTag.java를 작성하면 자동 컴파일되어 생성됨
- **태그 라이브러리 디스크립터 파일(.tld)** : 태그 라이브러리 참조를 설정
  - 예 welcomeTag.tld
- **web.xml** : JSP 페이지에서 태그 라이브러리 디스크립터(tld) 파일을 사용할 수 있
  도록 설정 예 프로젝트의 web.xml
- **JSP 페이지** : 태그 라이브러리 예 welcomeTag.jsp

3) 파일 간의 관계 구조

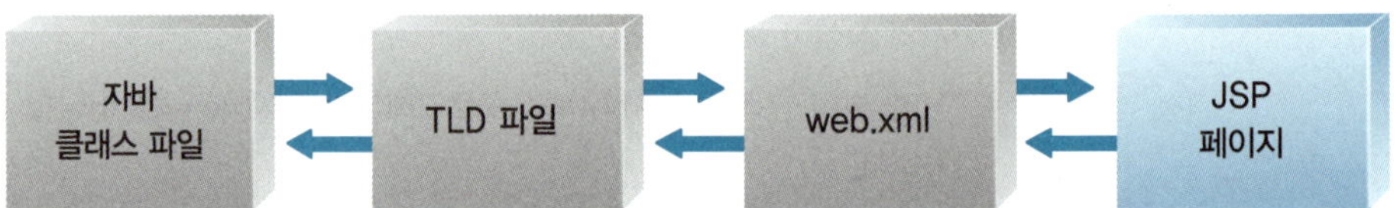

▲ 자바의 클래스 파일 기반의 커스텀 태그 라이브러리 사용 구조

(2) 태그 파일 기반의 태그 라이브러리 구성요소

1) 태그 라이브러리 작성

태그의 로직을 태그 파일(.tag)을 사용해 작성한다.

2) 구성 요소

- **태그 파일(.tag)** : 태그를 사용해 태그의 로직 기술 예 welcome.tag
- **JSP 페이지** : 태그 라이브러리 예 welcome.jsp

3) 파일 간의 관계 구조

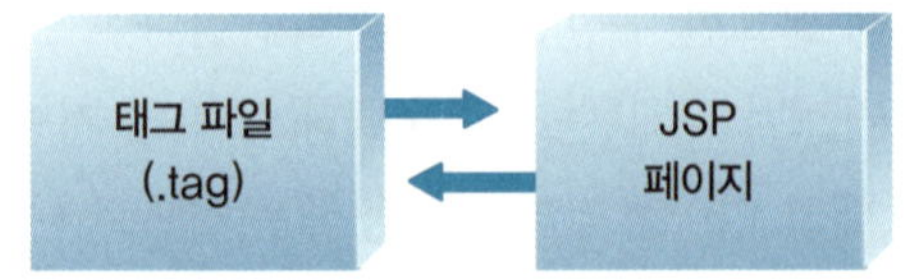

▲ 태그 파일을 커스텀 태그 라이브러리로 사용한 구조

자바 클래스 파일 기반의 커스텀 태그 작성 방법

여기에서는 클래스 파일 기반의 커스텀 태그 작성 순서 및 필요 파일의 위치 그리고 작성 방법에 대해 살펴본다.

1 클래스 기반 커스텀 태그의 작성 순서 및 필요 파일

이 방식을 사용하려면 태그의 로직을 기술하는 자바 클래스 파일인 태그 핸들러(Tag Handler)를 작성하며, 태그 라이브러리 참조를 설정하는 태그 라이브러리 디스크립터 파일(.tld), JSP 페이지에서 태그 라이브러리 디스크립터(tld) 파일을 사용할 수 있도록 설정하는 web.xml 그리고 태그 라이브러리를 사용하는 JSP 페이지가 필요하다.

(1) 작성 순서

자바 클래스 파일 기반의 태그 라이브러리를 사용하는 커스텀 태그를 작성해야 할 경우 필요한 파일들의 작성 순서는 다음과 같다.

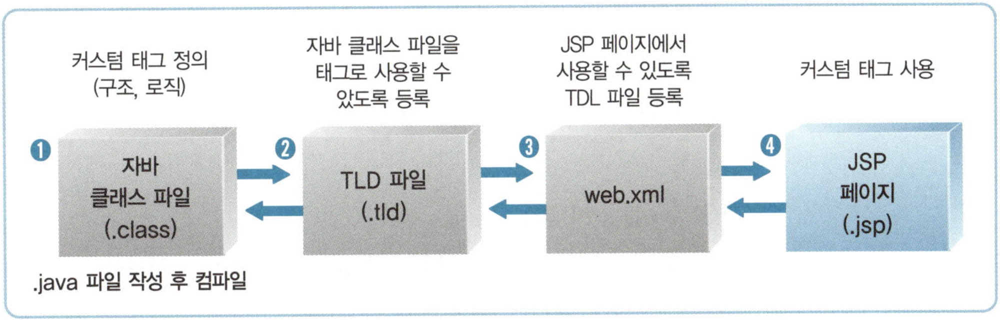

▲ 자바 클래스 파일 기반의 커스텀 태그 라이브러리 사용

❶ 커스텀 태그를 정의하는 자바 파일을 작성한다.

❷ 자바의 클래스를 커스텀 태그로 사용하기 위해 TLD(Tag Library Descriptor) 파일에 등록(정의)한다.

❸ JSP 페이지에서 해당 커스텀 태그를 사용할 수 있도록 web.xml에 등록한다.

❹ JSP 페이지에서 해당 커스텀 태그를 사용한다.

(2) 작성 파일의 위치

1) 태그 핸들러

실제 서비스 환경에서는 [웹 애플리케이션 폴더]-[WEB-INF]-[classes] 폴더 안에 위치하고, 이클립스 가상 환경에서는 [프로젝트]-[build] 내에 위치한다. 이 [build] 내용은 이클립스 버전에 따라 볼 수 없는 경우도 있다. 따라서 이클립스 가상 환경에서는 [프로젝트]-[src]-[패키지] 내에 자바 파일(.java)을 작성하면 알아서 컴파일되어 컴파일의 위치를 신경쓰지 않아도 된다. 모든 자바 로직 파일(서블릿 포함)은 이 위치에서 작성한다.

> **예시**
>
> ■ **실제 서비스 환경**
> C 드라이브의 [apache]-[tomcat-8.0.9]-[webapps]-[studyjsp]-[WEB-INF]-[classes]
>
> ■ **이클립스 가상 환경(자바 파일 위치)**
> [studyjsp]-[src]-[ch16.customtag]

2) 태그 라이브러리 디스크립터 파일(.tld)

실제 서비스 환경에서는 [웹 애플리케이션 폴더]-[WEB-INF]-[tlds] 폴더 안에 위치하고, 이클립스 가상 환경에서는 [프로젝트]-[WebContent]-[WEB-INF]-[tlds] 내에 위치한다.

> **예시**
>
> ■ **실제 서비스 환경**
> C 드라이브의 [apache]-[tomcat-8.0.9]-[webapps]-[studyjsp]-[WEB-INF]-[tlds]
>
> ■ **이클립스 가상 환경**
> [studyjsp]-[WebContent]-[WEB-INF]-[tlds]

3) web.xml 파일

실제 서비스 환경에서는 [웹 애플리케이션 폴더]-[WEB-INF] 폴더 안에 위치하고, 이클립스 가상 환경에서는 [프로젝트]-[WebContent]-[WEB-INF] 내에 위치한다.

> **예시**
>
> ■ **실제 서비스 환경**
> C 드라이브의 [apache]-[tomcat-8.0.9]-[webapps]-[studyjsp]-[WEB-INF]
>
> ■ **이클립스 가상 환경**
> [studyjsp]-[WebContent]-[WEB-INF]

4) JSP 페이지

실제 서비스 환경에서는 [웹 애플리케이션 폴더] 안에 위치하고, 이클립스 가상 환경에서는 [프로젝트]-[WebContent]에 위치한다.

> **예시**
>
> ■ **실제 서비스 환경**
>
> C 드라이브의 [apache]-[tomcat-8.0.9]-[webapps]-[studyjsp]
>
> ■ **이클립스 가상환경**
>
> [studyjsp]-[WebContent]

(3) 주요 파일 작성 방법

주요 파일에 대한 예시를 직접 작성하는 경우를 위해서 [ch16]과 [tlds] 폴더를 생성한다.

따라하기 ┃ **[ch16] 폴더 작성**

[studyjsp] 프로젝트의 [WebContent] 폴더에 [ch16] 폴더를 생성한다.

따라하기 ┃ **[tlds] 폴더 작성**

[studyjsp] 프로젝트의 [WebContent]-[WEB-INF] 폴더에 [tlds] 폴더를 생성한다.

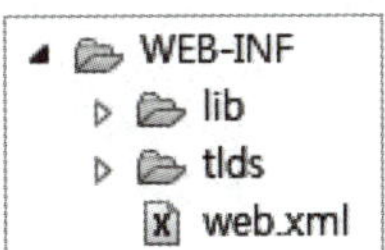

예시를 통해 파일들의 주요 부분들을 설명한다.

1) 태그 핸들러(Tag Handler)_태그의 로직을 기술하는 자바 클래스 파일

■ **[studyjsp]-[src]-[ch16.customtag] 패키지에 위치**

[New]-[Class] 메뉴를 사용해 [Java Resources]-[src] 패키지에 작성한다. 이때 [Package]에 "ch16.customtag"를, [Name]에 "WelcomeTag"를 입력한다.

```java
01    package ch16.customtag;
02
03    import javax.servlet.jsp.JspException;
04    import javax.servlet.jsp.tagext.TagSupport;
05
06    public class WelcomeTag extends TagSupport{
07
08          private static final long serialVersionUID = 1L;
09
10          public int doStartTag() throws JspException{
11            try{
12                pageContext.getOut().print("Welcome to My Custom Tag");
13            }catch (Exception e) {
14                e.printStackTrace();
15            }
16            return SKIP_BODY;
17          }
18    }
```


WelcomeTag 클래스는 내용 없는 단순한 태그를 정의한다.

1라인 패키지를 ch16.customtag로 한다.

3라인 10라인의 예외 처리 클래스를 사용하기 위해 javax.servlet.jsp.JspException을 import 받았다.

4라인 6라인의 TagSupport 클래스를 사용하기 위해 javax.servlet.jsp.tagext.TagSupport를 import 받았다.

10~17라인 doStartTag()는 시작 태그를 만날 때 실행된다. 이 예제에서는 welcomeTag.jsp 페이지의 8라인 ⟨tag:welcome/⟩ 태그에서 ⟨tag:welcome 부분을 만나면 자동으로 실행된다.

  – 12라인 pageContext.getOut()을 만나면 JspWriter 타입의 out 객체를 리턴한다. pageContext.getOut().print("Welcome to My Custom Tag") 부분은 out.print("Welcome to My Custom Tag")와 같은 역할로 화면에 내용을 출력한다. 즉, Welcome to My Custom Tag가 출력된다.

  – 16라인 태그에 내용이 없을 때 return SKIP_BODY를 사용해서 body가 없음을 알리면 태그 명 뒤에 '/>' 처리를 한다. welcomeTag.jsp 페이지의 8라인 ⟨tag:welcome/⟩ 태그가 태그에 내용이 없을 때에 해당한다.

2) 태그 라이브러리 디스크립터 파일(.tld)_태그 라이브러리 참조 설정 파일

■ [studyjsp]-[WebContent]-[WEB-INF]-[tlds]에 위치

[tlds] 폴더에서 [New]-[File] 메뉴를 사용해 welcomeTag.tld 파일을 작성한다.

```
01    <?xml version="1.0" encoding="utf-8" ?>
02
03    <taglib
04      xsi:schemaLocation=
05      "http://java.sun.com/xml/ns/javaee web-
06          jsptaglibrary_2_1.xsd"
07      xmlns="http://java.sun.com/xml/ns/javaee"
08       xmlns:xsi="http://www.w3.org/2001/XMLSchema-instance"
09       version="2.1">
10
11    <tlib-version>1.0</tlib-version>
12    <short-name>welcomeTag</short-name>
13
14    <tag>
15          <name>welcome</name>
16          <tag-class>ch16.customtag.WelcomeTag</tag-class>
17          <body-content>empty</body-content>
18    </tag>
19    </taglib>
```

소스코드 설명

welcomeTag.tld 파일은 태그의 로직인 WelcomeTag 클래스를 welcomeTag.jsp 페이지에서 사용할 수 있도록 설정한다.

3~9라인 <taglib> 태그 라이브러리를 사용하기 위한 설정 부분이다. 이 부분은 직접 입력하지 말고 가급적 부록 CD의 [source]-[ch16] 폴더의 taglib선언부.txt 파일의 내용을 복사해서 사용한다.

11~12라인 태그 라이브러리의 버전, 이름 등을 설정하는 부분이다.
- **11라인** <tlib-version> 태그는 태그 라이브러리 버전을 입력하는 것으로 필수 요소이다. 따라서 반드시 입력해야 한다.
- **12라인** <short-name> 태그는 태그 라이브러리 이름을 입력하는 것으로 선택 요소이다.

14~18라인 <tag> 태그는 커스텀 태그 1개당 1개씩 매핑된다. 만일 커스텀 태그가 5개이면 <tag> 태그도 5개 나온다. 여기서는 WelcomeTag.java로 작성한 커스텀 태그를 연동하기 위한 것이다.
- **15라인** <name> 태그는 JSP 페이지에서 사용할 태그 이름을 기술하는 부분으로 필수 요소이

3) web.xml 파일 수정_JSP 페이지에서 태그 라이브러리 디스크립터(tld) 파일을 사용
설정

■ [studyjsp]-[WebContent]-[WEB-INF]에 위치
web.xml 파일을 수정한다.

```
01  <?xml version="1.0" encoding="UTF-8"?>
02  <web-app xmlns:xsi="http://www.w3.org/2001/XMLSchema-instance" xmlns
    ="http://xmlns.jcp.org/xml/ns/javaee" xsi:schemaLocation="http://xmlns.jcp.org/
    xml/ns/javaee http://xmlns.jcp.org/xml/ns/javaee/web-app_3_1.xsd"
    id="WebApp_ID" version="3.1">
03
04    <display-name>studyjsp</display-name>
05    <welcome-file-list>
06      <welcome-file>index.html</welcome-file>
07      <welcome-file>index.htm</welcome-file>
08      <welcome-file>index.jsp</welcome-file>
09      <welcome-file>default.html</welcome-file>
10      <welcome-file>default.htm</welcome-file>
11      <welcome-file>default.jsp</welcome-file>
12    </welcome-file-list>
13
14    <error-page><!--404 에러 처리-->
15      <error-code>404</error-code>
16      <location>/error/404code.jsp</location>
17    </error-page>
18
19    <error-page><!--500 에러 처리-->
20      <error-code>500</error-code>
```

```
21        <location>/error/500code.jsp</location>
22      </error-page>
23
24      <resource-ref> <!-- JNDI -->
25        <description>jsptest db</description>
26        <res-ref-name>jdbc/jsptest</res-ref-name>
27        <res-type>javax.sql.DataSource</res-type>
28        <res-auth>Container</res-auth>
29      </resource-ref>
30
31      <jsp-config><!-- 커스텀 태그 -->
32        <taglib>
33          <taglib-uri>/WEB-INF/tlds/welcomeTag.tld</taglib-uri>
34          <taglib-location>/WEB-INF/tlds/welcomeTag.tld</taglib-location>
35        </taglib>
36      </jsp-config>
37    </web-app>
```


web.xml 파일은 welcomeTag.jsp에서 커스텀 태그를 사용할 수 있도록 taglib 디렉티브에 지정할 식별자들을 정의한다.

31~36라인 welcomeTag.tld 파일을 JSP 페이지에서 사용하기 위해서 태그 라이브러리 식별자와 태그 라이브러리의 위치를 설정하는 부분이다. tld 파일당 <taglib> 태그가 하나이다.
- **33라인** JSP 페이지에서 사용할 태그 라이브러리 식별자를 기술한다. 필수 요소이다.
- **34라인** TLD 파일의 실제 경로를 기술한다. 필수 요소이다.

4) JSP 페이지 : 태그 라이브러리 사용

■ [studyjsp]–[WebContent]–[ch16]에 위치

[WebContent]–[ch16] 폴더에 [New]–[JSP File] 메뉴를 사용해 welcomeTag.jsp 페이지를 작성한다.

```
01    <%@ page language="java" contentType="text/html; charset=UTF-8"
02        pageEncoding="UTF-8"%>
03    <%@ taglib prefix="tag" uri="/WEB-INF/tlds/welcomeTag.tld" %>
04    <meta name="viewport" content="width=device-width,initial-scale=1.0"/>
```

```
05      <link rel="stylesheet" href="../css/style.css"/>

06

07      <h3>자바 클래스 기반의 커스텀 태그 작성 예제</h3>

08      <tag:welcome/>
```


welcomeTag.jsp 페이지는 커스텀 태그 <tag:welcome/>을 사용한다.

3라인 taglib 디렉티브에서 커스텀 태그를 사용하기 위해 prefix 속성값은 tag로 설정하고, uri 속성값은 /WEB-INF/tlds/welcomeTag.tld로 설정하였다. 이렇게 지정하면 실제적으로 ch17.WelcomeTag 클래스를 사용할 수 있게 된다.

8라인 <tag:welcome/>에서 tag는 네임스페이스명, welcome은 태그명으로 welcomeTag.tld 파일의 <tag> 태그의 <name> 속성에서 정의한 태그명이다. <tag:welcome/>을 만나면 ch16.customtag.WelcomeTag 클래스의 10~17라인에 있는 doStartTag() 메소드를 실행한다.

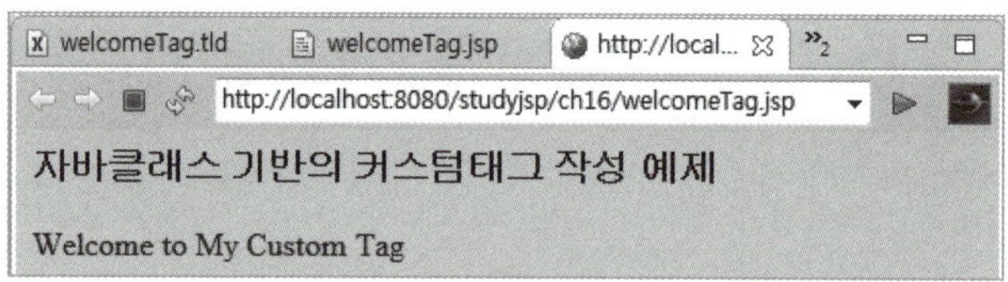

▲ welcomeTag.jsp 페이지 실행 결과

이제까지 자바 클래스 기반에서 반드시 필요한 주요 파일에 대한 기본적인 문법 설명을 했다. 이제부터는 자바 클래스 기반 커스텀 태그 작성 방법에 대해 좀 더 알아본다.

2 클래스 파일 기반의 커스텀 태그 작성하기

(1) javax.servlet.jsp.tagext 패키지

클래스 파일 기반의 커스텀 태그를 작성하려면 javax.servlet.jsp.tagext 패키지에서 제공하는 인터페이스를 구현(implements)해서 한다.

다음은 이 패키지에서 제공하는 인터페이스 리스트이다. 자세한 내용은 'http://docs.oracle.com/javaee/5/api/javax/servlet/jsp/tagext/package-summary.html' 사이트를 참고한다.

BodyTag	태그의 내용 부분이 있는 커스텀 태그를 정의할 때 사용한다. JSP 1.2부터 제공한다.
DynamicAttributes	이 인터페이스를 구현하는 동적 속성(dynamic attributes)을 받아들이는 태그를 정의하기 위해 제공한다. JSP 2.0부터 제공한다.
IterationTag	반복적인 작업을 처리하는 커스텀 태그를 정의할 때 사용한다. JSP 1.2부터 제공한다.
JspIdConsumer	컴파일러에 의해 생성된 ID를 제공하는 태그 핸들러인 컨테이너를 감지한다. JSP 2.1부터 제공한다.
JspTag	Tag와 SimpleTag를 위한 베이스 클래스(부모 클래스)로 제공한다. JSP 2.0부터 제공한다.
SimpleTag	Tag, IterationTag를 하나로 묶어서 좀 더 쉽게 구현이 가능한 커스텀 태그 생성 시 사용한다. JSP 2.0부터 제공한다.
Tag	단순한 커스텀 태그를 정의할 때 사용한다. JSP 1.2부터 제공한다.
TryCatchFinally	Tag, IterationTag, BodyTag를 위한 보조 인터페이스로, 리소스 관리를 위한 부분이 필요할 때 사용한다. JSP 1.2부터 제공한다.

▲ javax.servlet.jsp.tagext 패키지에서 제공하는 인터페이스 리스트

javax.servlet.jsp.tagext 패키지의 인터페이스들 중 실질적으로 커스텀 태그를 정의하는 데 사용하는 것은 Tag, IterationTag, BodyTag, SimpleTag 인터페이스이다. 이들 인터페이스는 커스텀 태그의 작성 시 직접 사용하지 않고 이들의 하위 클래스를 상속받아 생성한다. 이들이 구현된 하위 클래스를 사용해 커스텀 태그를 정의하는 것이 더 간단하다.

- **Tag, IterationTag 인터페이스를 구현해 커스텀 태그를 정의하는 경우** : TagSupport 클래스를 상속받아 정의한다.

- **BodyTag 인터페이스를 구현해 커스텀 태그를 정의하는 경우** : BodyTagSupport 클래스를 상속받아 정의한다.

- **SimpleTag 인터페이스를 구현해 커스텀 태그를 정의하는 경우** : SimpleTagSupport 클래스를 상속받아 정의한다.

(2) 커스텀 태그를 정의하고 처리하는 태그 핸들러 클래스

태그 핸들러(Tag Handler)란 커스텀 태그를 직접적으로 담당하여 처리하고 결과물을 생성해 주는 클래스 파일을 말한다. 커스텀 태그를 만든다는 것은 "태그 핸들러를 만드는 과정이다."라고 할 수 있다. 왜냐하면 태그 핸들러가 실질적으로 커스텀 태그의 정의와 처리를 담당하는 클래스 파일이기 때문이다.

이러한 태그 핸들러를 만든다는 것은 일반적인 자바 프로그래밍을 하는 것과 같으며

Tag, IteratorTag, BodyTag, SimpleTag 인터페이스를 통해 개발자가 작성해야 할 메소드가 미리 정의되어 있다.

1) 각 인터페이스에서 제공하는 태그 정의 시 사용하는 메소드

Tag 인터페이스의 메소드는 다음과 같다(좀 더 자세한 설명은 'http://docs.oracle.com/javaee/7/api/'를 참고).

다음의 메소드들은 TagSupport 클래스, BodyTagSupport 클래스를 상속받아 커스텀 태그를 정의할 때 사용할 수 있다.

메소드	설명
int doEndTag( )	끝 태그를 만날 때 실행된다.
int doStartTag( )	시작 태그를 만날 때 실행된다.
Tag getParent( )	부모 태그를 구한다.
void release( )	커스텀 태그를 사용하지 않을 때 실행된다.
void setPageContext(PageContext ctx)	커스텀 태그가 포함된 JSP 페이지의 콘텍스트를 전달받는다.
void setParent(Tag t)	해당 태그의 부모 태그가 존재할 때 부모 태그를 설정한다.

▲ Tag 인터페이스의 메소드

IterationTag 인터페이스의 메소드는 다음과 같다. IterationTag 인터페이스는 Tag 인터페이스를 상속받으므로 Tag 인터페이스의 모든 멤버(멤버 변수와 메소드)를 사용할 수 있다.

다음의 메소드들은 TagSupport 클래스, BodyTagSupport 클래스를 상속받아 커스텀 태그를 정의할 때 사용할 수 있다.

메소드	설명
int doAfterBody( )	태그의 body 내용을 처리한 뒤에 실행된다.

▲ IterationTag 인터페이스의 메소드

BodyTag 인터페이스의 메소드는 다음과 같다. BodyTag 인터페이스는 IterationTag 인터페이스를 상속받으므로 IterationTag 인터페이스의 모든 멤버(멤버 변수와 메소드)를 사용할 수 있다. 또한 IterationTag 인터페이스의 슈퍼 인터페이스인 Tag 인터페이스의 모든 멤버도 사용할 수 있다.

다음의 메소드들은 BodyTagSupport 클래스를 상속받아 커스텀 태그를 정의할 때 사용할 수 있다.

메소드	설명
void **doInitBody( )**	body를 수행하기 위한 준비를 한다.
void **setBodyContent(BodyContent b)**	bodyconent 속성을 지정한다.

▲ BodyTag 인터페이스의 메소드들

정의한 태그 내용의 처리 유무에 따라 TagSupport 클래스를 상속받을지 BodyTag
Support 클래스를 상속받을지를 결정해야 했다. 그러나 JSP 2.0 이후에서는 이런 것을 신
경 쓸 필요 없이 모두 SimpleTag 인터페이스에서 처리한다.

SimpleTag 인터페이스의 메소드는 다음과 같으며 SimpleTagSupport 클래스를 상속
받아 커스텀 태그를 정의할 때 사용할 수 있다.

메소드	설명
void **doTag( )**	커스텀 태그를 만나면 실행된다.
protected **JspFragment getJspBody( )**	이 메소드를 통해 JspFragment 객체를 얻는데, JspFragment 객체로 커스텀 태그의 body를 처리한다.
protected **JspContext getJspContext( )**	JspContext 객체를 얻어낸다.

▲ SimpleTag 인터페이스의 메소드들

2) 태그 핸들러 클래스 분류

태그 핸들러 클래스는 태그 내용의 처리 여부에 따라 사용하는 것이 다르다.

태그 핸들러 클래스	사용
TagSupport	태그의 내용(body)을 처리하지 않는 경우
BodyTagSupport	태그의 내용을 처리하는 경우
SimpleTagSupport	태그의 내용이 있거나 없거나 모두 사용 가능

▲ 태그 핸들러를 만들기 위한 클래스

내용이 있는 태그와 그렇지 않은 태그는 다음 예시와 같다.

태그 내용 처리에 따른 구분	예시
내용이 없는 태그	<tag:welcome/>
내용이 있는 태그	<tag:welcome>홍길동</tag:welcome>

▲ 태그 내용에 따른 구분 예시

만일 내용이 없는 커스텀 태그를 처리할 태그 핸들러가 필요하다면 당연히 TagSupport 클래스를 상속받아 작성하면 된다. 그런데 내용이 있으면 문제가 약간 복잡해진다. 커스텀 태그가 내용을 가지면 이 내용을 처리하느냐 혹은 처리하지 않느냐에 따라서 상속받을 태그 핸들러 클래스가 달라진다. 먼저 커스텀 태그가 내용을 가지고 있지만 이것을 처리하지 않는 경우라면 TagSupport를 상속받아 작성하는 것으로 충분하다. 그러나 커스텀 태그의 내용을 반드시 처리해야 한다면 BodyTagSupport를 상속받아 작성해야 한다. 여기서 태그의 내용 처리란, 태그의 내용을 읽어 오거나 태그의 내용을 변경하고 수정하는 경우를 말한다. 반대로 태그의 내용을 처리하지 않는다는 것은 태그 속에 내용을 포함하고 있다 해도 사용자 태그의 내용을 아예 없는 것으로 무시해 버린다거나, body 내용을 읽거나 변경하지 않고 JSP 페이지에 있는 태그의 내용을 그대로 출력하는 경우를 말한다.

내용이 없는 태그일 경우 〈tag:welcome/〉과 같이 표현할 수 있다. xml 태그 기반에서 커스텀 태그가 만들어지는 것이므로 시작 태그가 있으면 꼭 종료 태그가 있어야 한다. 만일 JSP 페이지 내에서 〈tag:welcome〉과 같이 사용자 태그를 사용했다면 잘못된 것이다. 바르게 사용하려면 〈tag:welcome/〉 혹은 〈tag:welcome〉〈/tag:welcome〉처럼 표기한다.

이런 복잡한 문제는 태그의 내용이 있거나 없거나, 내용을 처리하거나 하지 않거나 SimpleTagSupport 클래스를 사용하면 신경 쓰지 않아도 된다. JSP 2.0 기반의 SimpleTag를 사용한 커스텀 태그는 doTag() 메소드를 사용해서 시작 태그와 종료 태그를 모두 처리한다. doTag() 메소드는 커스텀 태그를 만나기만 하면 실행된다. 또한 커스텀 태그의 내용은 getJspBody() 메소드를 통해 JspFragment 객체를 받아와서 처리할 수 있다. 그리고 getJspContext().getOut() 메소드를 사용하면 JspWriter 객체인 out 객체를 리턴받을 수 있기 때문에 out.println()과 같이 화면에 내용을 출력할 수도 있다.

(3) 태그 핸들러 클래스를 사용한 커스텀 태그 예제 작성

TagSupport 클래스를 사용한 내용 없는 커스텀 태그의 정의는 이번 Chapter의 〈Section 02. 자바 클래스 파일 기반의 커스텀 태그 작성 방법 – 1. 클래스 기반 커스텀 태그 작성의 순서 및 필요 파일 – (3) 주요 파일 작성 방법〉에서 다뤘으므로 생략한다.

BodyTagSupport 클래스는 거의 SimpleTagSupport 클래스를 사용하는 것으로 많이 대체되었으므로 여기서는 SimpleTagSupport 클래스를 사용하여 내용이 없는 태그와 있는 태그를 정의해서 사용하는 예제를 살펴본다.

JSP 2.0에서 SimpleTag를 사용하여 "Welcome to My CustomTag"라는 문자열을 화면에 출력하는 커스텀 태그 예제이다.

실행 결과   simpleTag.jsp 페이지

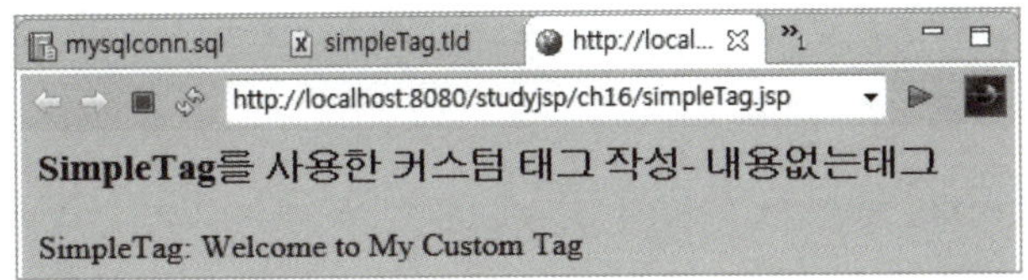

01 [New]–[Class] 메뉴를 사용해 [Java Resources]–[src]에 태그 핸들러 Simple WelcomeTag.java 파일을 작성한다. 이때 [Package]에 "ch16.customtag"를, [Name]에 "SimpleWelcomeTag"를 입력한다. 기본적인 코딩이 작성되면 다음과 같이 수정한 후 저장한다.

```
01    package ch16.customtag;
02
03    import javax.servlet.jsp.JspException;
04    import javax.servlet.jsp.tagext.SimpleTagSupport;
05
06    public class SimpleWelcomeTag extends SimpleTagSupport{
07        public void doTag() throws JspException {
08            try {
09                getJspContext().getOut().print("SimpleTag: Welcome to My Custom
                   Tag");
10            }catch (Exception e) {
11                e.printStackTrace();
12            }
13        }
14    }
```

소스코드 설명 

SimpleWelcomeTag 클래스는 내용 없는 단순한 태그를 정의한다.

1라인   패키지를 ch16.customtag로 한다.

02 [New]–[File] 메뉴를 사용해 [studyjsp]–[WebContent]–[WEB–INF]–[tlds]에 태그
라이브러리 디스크립터 파일인 simpleTag.tld를 작성한다. 다음과 같이 수정한 후
저장한다.

```xml
01  <?xml version="1.0" encoding="utf-8" ?>
02
03  <taglib
04    xsi:schemaLocation=
05    "http://java.sun.com/xml/ns/javaee web-
06       jsptaglibrary_2_1.xsd"
07    xmlns="http://java.sun.com/xml/ns/javaee"
08     xmlns:xsi="http://www.w3.org/2001/XMLSchema-instance"
09     version="2.1">
10
11  <tlib-version>1.0</tlib-version>
12  <short-name>simpleTag</short-name>
13
14  <tag>
15      <name>simpleWelcome</name>
16      <tag-class>ch16.customtag.SimpleWelcomeTag</tag-class>
17      <body-content>empty</body-content>
18  </tag>
19  </taglib>
```

simpleTag.tld 파일은 태그의 로직인 SimpleWelcomeTag 클래스를 simpleTag.jsp 페이지에서
사용할 수 있도록 설정한다.

03 태그 라이브러리 디스크립터(tld) 파일의 사용 설정을 [studyjsp]-[WebContent]-[WEB-INF]에 위치한 web.xml 파일에 추가한다. 다음과 같이 수정한 후 저장한다.

```
01    <?xml version="1.0" encoding="UTF-8"?>

02    <web-app xmlns:xsi="http://www.w3.org/2001/XMLSchema-instance" xmlns
      ="http://xmlns.jcp.org/xml/ns/javaee" xsi:schemaLocation="http://xmlns.jcp.org/
      xml/ns/javaee http://xmlns.jcp.org/xml/ns/javaee/web-app_3_1.xsd" id=
      "WebApp_ID" version="3.1">

03

04    <display-name>studyjsp</display-name>

05    <welcome-file-list>

06      <welcome-file>index.html</welcome-file>

07      <welcome-file>index.htm</welcome-file>

08      <welcome-file>index.jsp</welcome-file>

09      <welcome-file>default.html</welcome-file>

10      <welcome-file>default.htm</welcome-file>

11      <welcome-file>default.jsp</welcome-file>

12    </welcome-file-list>

13
```

```xml
14    <error-page><!--404 에러 처리-->
15      <error-code>404</error-code>
16      <location>/error/404code.jsp</location>
17    </error-page>
18
19    <error-page><!--500 에러 처리-->
20      <error-code>500</error-code>
21      <location>/error/500code.jsp</location>
22    </error-page>
23
24    <resource-ref> <!-- JNDI -->
25      <description>jsptest db</description>
26      <res-ref-name>jdbc/jsptest</res-ref-name>
27      <res-type>javax.sql.DataSource</res-type>
28      <res-auth>Container</res-auth>
29    </resource-ref>
30
31    <jsp-config><!-- 커스텀 태그 -->
32      <taglib>
33        <taglib-uri>/WEB-INF/tlds/welcomeTag.tld</taglib-uri>
34        <taglib-location>/WEB-INF/tlds/welcomeTag.tld</taglib-location>
35      </taglib>
36      <taglib>
37        <taglib-uri>/WEB-INF/tlds/simpleTag.tld</taglib-uri>
38        <taglib-location>/WEB-INF/tlds/simpleTag.tld</taglib-location>
39      </taglib>
40    </jsp-config>
41  </web-app>
```

소스코드 설명

web.xml 파일은 simpleTag.jsp에서 커스텀 태그를 사용할 수 있도록 taglib 디렉티브에 지정할 식별자들을 정의한다.

36~39라인 simpleTag.tld 파일을 JSP 페이지에서 사용하기 위해서 태그 라이브러리 식별자와 태그 라이브러리의 위치를 설정하는 부분이다. tld 파일당 <taglib> 태그가 하나이다.

-37라인 JSP 페이지에서 사용할 태그 라이브러리 식별자를 기술한다. 필수 요소이다.

-38라인 TLD 파일의 실제 경로를 기술한다. 필수 요소이다.

04 [New]–[JSP File] 메뉴를 사용해 [studyjsp]–[WebContent]–[ch16] 폴더에 태그 라이브러리를 사용하는 simpleTag.jsp 페이지를 작성한다. 기본적인 코딩이 작성되면 다음과 같이 수정한 후 저장한다.

```
01    <%@ page language="java" contentType="text/html; charset=UTF-8"
02        pageEncoding="UTF-8"%>
03    <%@ taglib prefix="simple" uri="/WEB-INF/tlds/simpleTag.tld" %>
04    <meta name="viewport" content="width=device-width,initial-scale=1.0"/>
05    <link rel="stylesheet" href="../css/style.css"/>
06
07    <h3>SimpleTag를 사용한 커스텀 태그 작성- 내용 없는 태그</h3>
08    <simple:simpleWelcome/>
```


simpleTag.jsp 페이지는 커스텀 태그 <tag:simpleWelcome/> 태그를 사용한다.

3라인 taglib 디렉티브에서 커스텀 태그를 사용하기 위해 prefix 속성값은 simple로 설정하고, uri 속성값은 /WEB-INF/tlds/simpleTag.tld로 설정했다. 이렇게 하면 ch16.customtag.SimpleWelcomeTag 클래스를 사용할 수 있다.

8라인 <simple:simpleWelcome/>에서 simpleWelcome은 태그명으로 simpleTag.tld 파일의 <tag> 태그의 <name> 속성에서 정의한 태그명이다. <simple:simpleWelcome/>를 만나면 ch16.customtag.SimpleWelcomeTag 클래스의 dotTag( ) 메소드를 실행한다.

05 [Servers] 뷰의 톰캣 서버가 시작되어 있으면 ■[Stop the Server] 아이콘을 눌러 내린 후 다시 ▶[Start the Server] 아이콘을 눌러 서비스를 올린다. simpleTag.jsp 파일을 선택하고 마우스 오른쪽 버튼을 눌러 [Run As]–[Run on Server] 메뉴를 클릭하면 실행 결과가 표시된다.

▲ simpleTag.jsp 페이지 실행 결과

이 예제는 SimpleTag를 사용해서 JSP 페이지에 있는 커스텀 태그의 내용을 처리하는 것이다.

실행 결과 ─ simpleBodyTag.jsp 페이지

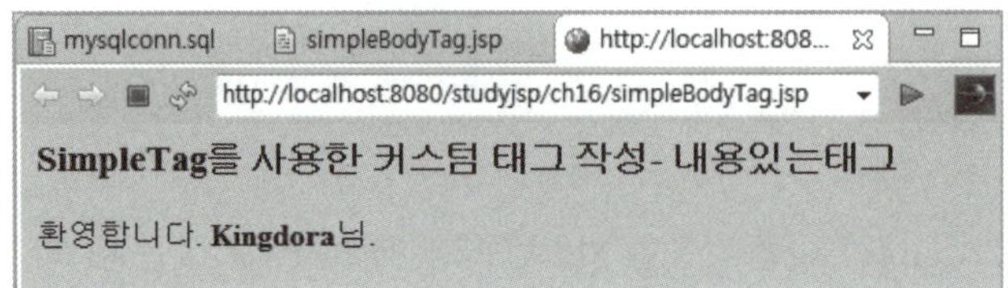

01 [New]–[Class] 메뉴를 사용해 [Java Resources]–[src]에 태그 핸들러 SimpleBody Tag.java 파일을 작성한다. 이때 [Package]에 "ch16.customtag"를, [Name]에 "SimpleBodyTag"를 입력한다. 기본적인 코딩이 작성되면 다음과 같이 수정한 후 저 장한다.

```
01    package ch16.customtag;
02
03    import javax.servlet.jsp.JspException;
04    import javax.servlet.jsp.tagext.JspFragment;
05    import javax.servlet.jsp.tagext.SimpleTagSupport;
06
07    public class SimpleBodyTag extends SimpleTagSupport{
08        public void doTag() throws JspException {
09        try {
10        JspFragment fragment = getJspBody();
11        fragment.invoke(null);
12        } catch (Exception e) {
13        e.printStackTrace();;
14        }
15        }
16    }
```

SimpleBodyTag 클래스는 내용 있는 태그를 정의한다.

8~15라인 doTag( )는 태그를 만날 때마다 실행된다. 이 예제에서는 simpleBodyTag.jsp 페이지의 8라인 〈simple:simpleBody〉 태그를 만나면 자동으로 실행된다.

- **10라인** getJspBody( ) 메소드를 사용해서 커스텀 태그의 내용을 처리하는 JspFragment 객체를 얻어냈다. 이때 객체의 레퍼런스는 fragment이다.
- **11라인** fragment.invoke(null);에서 JspFragment 객체의 invoke(null) 메소드의 파라미터 값이 null이면 현재의 JspWriter에 태그의 내용을 전달한다.

02 기존에 작성된 태그 라이브러리 디스크립터 파일인 simpleTag.tld에 내용을 추가한 후 저장한다.

```
01    <?xml version="1.0" encoding="utf-8" ?>
02
03    <taglib
04       xsi:schemaLocation=
05       "http://java.sun.com/xml/ns/javaee web-
06          jsptaglibrary_2_1.xsd"
07       xmlns="http://java.sun.com/xml/ns/javaee"
08        xmlns:xsi="http://www.w3.org/2001/XMLSchema-instance"
09        version="2.1">
10
11    <tlib-version>1.0</tlib-version>
12    <short-name>simpleTag</short-name>
13
14    <tag>
15         <name>simpleWelcome</name>
16         <tag-class>ch16.customtag.SimpleWelcomeTag</tag-class>
17         <body-content>empty</body-content>
18    </tag>
19
20    <tag>
21         <name>simpleBody</name>
22         <tag-class>ch16.customtag.SimpleBodyTag</tag-class>
23         <body-content>scriptless</body-content>
24    </tag>
25    </taglib>
```

simpleTag.tld 파일은 태그의 로직인 SimpleWelcomeTag 클래스와 SimpleBodyTag 클래스를 JSP 페이지에서 사용할 수 있도록 설정한다.

20~24라인 〈tag〉 태그는 커스텀 태그당 1개씩 매핑된다. 여기서는 SimpleBodyTag.java로 작성한 커스텀 태그를 연동하기 위한 것이다.

- **21라인** 〈name〉 태그는 JSP 페이지에서 사용할 태그 이름을 기술하는 부분으로 필수 요소이다. 여기서는 이름이 simpleBody이다. simpleBodyTag.jsp 페이지의 8라인 〈simple:simpleBody〉 태그의 simpleBody을 여기서 정의한다.
- **22라인** 〈tag-class〉 태그는 커스텀 태그를 정의한 자바 클래스 파일의 패키지명을 포함한 풀 네임을 기술하는 필수 요소이다. 여기서는 ch16.customtag.SimpleBodyTag로 입력했다.
- **23라인** 〈body-content〉 태그는 커스텀 태그의 내용이 존재할 경우 tagdependent 혹은 scriptless를 입력한다. scriptless는 스크립트 요소를 사용할 수 없다는 의미이다.

03 같은 simpleTag.tld 파일을 사용하기 때문에 기존의 web.xml 파일은 그대로 사용한다.

04 [New]-[JSP File] 메뉴를 사용해 [studyjsp]-[WebContent]-[ch16] 폴더에 태그 라이브러리를 사용하는 simpleBodyTag.jsp 페이지를 작성한다. 기본적인 코딩이 작성되면 다음과 같이 수정한 후 저장한다.

```
01  <%@ page language="java" contentType="text/html; charset=UTF-8"
02      pageEncoding="UTF-8"%>
03  <%@ taglib prefix="simple" uri="/WEB-INF/tlds/simpleTag.tld" %>
04  <meta name="viewport" content="width=device-width,initial-scale=1.0"/>
05  <link rel="stylesheet" href="../css/style.css"/>
06
07  <h3>SimpleTag를 사용한 커스텀 태그 작성- 내용있는태그</h3>
08  <simple:simpleBody>환영합니다. <b>Kingdora</b>님.</simple:simpleBody>
```


simpleBodyTag.jsp 페이지는 커스텀 태그 〈simple:simpleBody〉 태그를 사용한다.

3라인 taglib 디렉티브에서 커스텀 태그를 사용하기 위해 prefix 속성값은 simple로 설정하고 url 속성값은 /WEB-INF/tlds/simpleTag.tld로 설정하였다. 이렇게 하면 실제적으로 ch16.customtag.SimpleWelcomeTag 클래스와 ch16.customtag.SimpleBodyTag 클래스를 사용할 수 있게 된다.

8라인 〈simple:simpleBody〉환영합니다. 〈b〉Kingdora〈/b〉님.〈/simple:simpleBody〉에서 simpleBody는 태그명으로 simpleTag.tld 파일의 〈tag〉 태그의 〈name〉 속성에서 정의한 태그명이다. 〈simple:simpleBody〉를 만나면 ch16.customtag.SimpleBodyTag 클래스의 doTag() 메소드를 실행한다. 그리고 태그의 내용을 가지고 있기 때문에 이 내용을 화면에 출력시켜준다.

05 [Servers] 뷰의 톰캣 서버가 시작되어 있으면 ■ [Stop the Server] 아이콘을 눌러 내린 후 다시 ▶ [Start the Server] 아이콘을 눌러 서비스를 올린다. simpleBodyTag.jsp 파일을 마우스 오른쪽 버튼으로 클릭하고 [Run As]-[Run on Server] 메뉴를 선택하면 실행 결과가 표시된다.

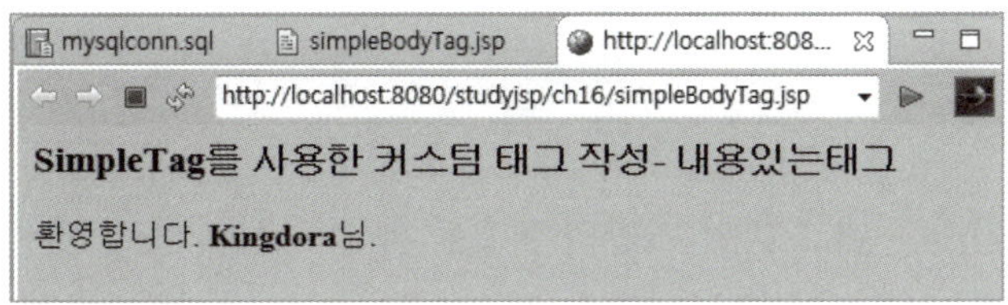

▲ simpleBodyTag.jsp 페이지 실행 결과

Section 03

태그 파일 기반의 커스텀 태그 작성 방법

여기서는 태그 파일 기반의 커스텀 태그 작성의 순서 및 필요 파일의 위치 그리고 작성 방법에 대해 살펴본다.

1 태그 파일 기반 커스텀 태그 작성의 순서 및 필요 파일

이 방식을 사용하려면 태그의 로직을 기술하는 태그 파일(.tag)을 작성하며, 태그 라이브러리 사용하는 JSP 페이지가 필요하다.

태그 파일로 커스텀 태그를 작성하는 것은 JSP2.0 기반에서 제공하는 방법이다. 이 방법은 커스텀 태그를 정의한 태그 파일을 생성한 후 JSP 페이지에서 해당 태그 파일을 사용한다. 커스텀 태그당 태그 파일이 1개이다.

(1) 작성 순서

자바 클래스 파일 기반의 태그 라이브러리를 사용하는 커스텀 태그를 작성해야 할 경우 필요한 파일들의 작성 순서는 다음과 같다.

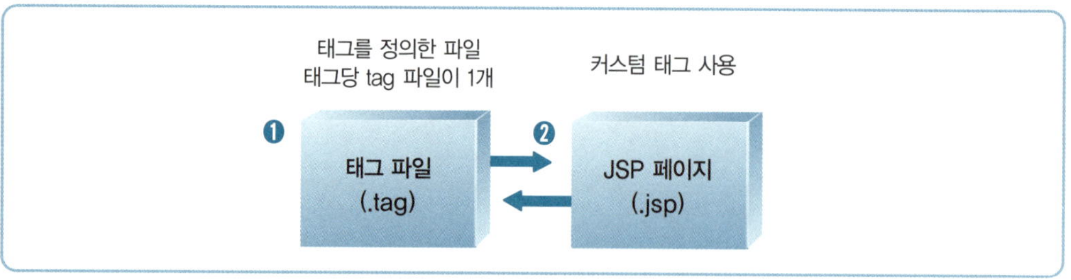

▲ 태그 파일 기반의 커스텀 태그 라이브러리 사용

❶ 커스텀 태그를 정의하는 태그 파일을 작성한다.
❷ JSP 페이지에서 해당 커스텀 태그를 사용한다.

(2) 필요 파일 및 위치

- **태그 파일** : 커스텀 태그를 정의한 파일로 커스텀 태그당 태그 파일 1개가 매핑된다. 파일의 위치는 실제 서비스 환경에서는 [웹 애플리케이션 폴더]–[WEB-INF]–[tags] 폴더 안에 위치하고, 이클립스 가상 환경에서는 [프로젝트]–[WebContent]–[WEB-INF]–[tags] 내에 위치한다.

> **예시**
>
> 실제 서비스 환경 : C 드라이브의 [apache-tomcat-8.0.9]–[webapps]–[studyjsp]–[WEB-INF]–[tags]
> 이클립스 가상 환경 : [studyjsp]–[WebContent]–[WEB-INF]–[tags]

- **JSP 페이지** : 해당 커스텀 태그를 사용하는 JSP 페이지이다. 파일의 위치는 실제 서비스 환경에서는 [웹 애플리케이션 폴더] 안에 위치하고, 이클립스 가상 환경에서는 [프로젝트]–[WebContent]에 위치한다.

> **예시**
>
> 실제 서비스 환경 : C 드라이브의 [apache-tomcat-8.0.9]–[webapps]–[studyjsp]
> 이클립스 가상 환경 : [studyjsp]–[WebContent]

자바 클래스 파일에 비해 필요 파일이나 작성 단계가 간소하다는 것을 알 수 있다. 또한 자바에 익숙하지 않는 경우 자바 클래스로 커스텀 태그를 만드는 것은 고역이다. 그에 비해 태그파일은 JSP 페이지를 작성하는 것과 같은 방식으로 만들기 때문에 작성하는 것도 간편하다.

태그 파일과 JSP 페이지의 차이점은 태그 파일은 파일 확장자가 .tag이고, 〈%@page %〉 디렉티브 대신 〈%@tag%〉 디렉티브를 사용한다는 것이다. 또한 태그 파일에서만 쓸 수 있는 디렉티브를 사용해서 입력과 출력을 선언한다. 사실 태그 파일은 내부적으로 사용될 때 태그 핸들러(자바 커스텀 태그 클래스)로 변환되어 처리된다. JSP 페이지가 서블릿으로 변환되는 것처럼 말이다. 따라서 우리는 더 이상 태그 핸들러를 작성할 필요 없이 태그 파일을 만들면 나머지는 시스템이 알아서 처리를 해준다.

2 | 태그 파일로 커스텀 태그 작성하기

태그 파일은 JSP와 동일한 문법을 사용해서 JSP와 같은 방식으로 작성하며,

jspContext(pageContext), request, response, session application, out 등의 내장 객체를 사용할 수 있다.

태그 파일에서도 JSP 페이지에서 제공하는 디렉티브(page, include, taglib)와 같은 몇 가지 디렉티브를 제공한다. 태그 파일에서 제공하는 디렉티브는 다음과 같다(태그 파일에 대한 좀 더 상세한 설명은 'http://docs.oracle.com/javaee/5/tutorial/doc/bnama.html' 페이지 참고).

디렉티브	설명
taglib	JSP 페이지의 taglib 디렉티브와 동일하다.
include	JSP 페이지의 include 디렉티브와 동일하다. 다만 태그 파일에 포함되는 파일은 태그 파일에 맞는 문법을 사용해야 한다.
tag	JSP 페이지의 page 디렉티브와 유사하나 page 디렉티브가 JSP 페이지의 설정을 지원하듯이 tag 디렉티브는 태그 파일의 설정을 지원한다.
attribute	태그 파일에서 커스텀 태그의 속성을 선언한다.
variable	표현 언어(EL) 변수를 선언한다.

▲ 태그 파일의 디렉티브

(1) tag 디렉티브(<%@ tag%>)

tag 디렉티브는 태그 파일의 설정정보를 기술하는 데 사용되며, 이 디렉티브가 제공하는 속성은 다음과 같다.

속성	설명
display-name	태그 파일이 툴에 의해 표시될 때의 이름을 지정한다. 확장자 없는(.tag) 태그 파일명이 기본값이다(옵션 항목).
body-content	태그의 body의 내용에 대한 정보를 제공한다. empty, tagdependent, scriptless 중 하나의 값을 설정하며 이외의 값을 사용하면 에러가 발생한다. 기본값은 scriptless이다(옵션 항목).
dynamic-attributes	해당 태그의 동적인 속성을 지원하는 것으로, 이름과 값의 쌍으로 Map으로 저장된다(옵션 항목).
small-icon	태그 파일이 툴에 의해 사용될 때 small icon으로 연결될 수 있는 이미지 파일의 태그 소스 파일로부터 상대적인 경로를 기술한다. 기본값은 small icon을 설정하지 않는다(옵션 항목).
large-icon	태그 파일이 툴에 의해 사용될 때 large icon으로 연결될 수 있는 이미지 파일의 태그 소스 파일로부터 상대적인 경로를 기술한다. 기본값은 large icon을 설정하지 않는다(옵션 항목).
description	태그의 설명을 임의의 문자열로 정의할 수 있는데, 기본값은 설명(description)을 기술하지 않는다(옵션 항목).
example	해당 액션이 사용될 때의 예시에 대한 비형식적인 설명을 나타내는 임의의 문자열을 정의할 수 있는데, 기본값은 예시(example)를 기술하지 않는다(옵션 항목).

language	JSP의 페이지 디렉티브의 language 속성과 동일하다(옵션 항목).
import	JSP의 페이지 디렉티브의 import 속성과 동일하다(옵션 항목).
pageEncoding	JSP의 페이지 디렉티브의 pageEncoding 속성과 동일하다(옵션 항목).
isELIgnored	JSP의 페이지 디렉티브의 isELIgnored 속성과 동일하다(옵션 항목).

▲ tag 디렉티브의 속성들

예제를 통해서 tag 디렉티브의 사용을 확인해 보자. 먼저 내용이 없는 경우의 태그 파일 사용법을 살펴본다.

먼저 태그 파일을 저장하는 [tags] 폴더를 작성한다.

따라하기   [tags] 폴더 작성

[studyjsp] 프로젝트의 [WebContent]–[WEB-INF] 폴더에 [tags] 폴더를 생성한다.

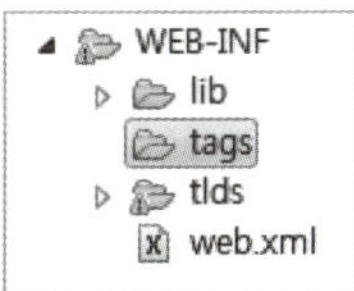

따라하기   태그 파일을 사용한 커스텀 태그 작성 예제 – 내용 없는 태그

이 예제는 간단한 문자열을 그냥 출력하는 message라는 태그를 생성해서 JSP 페이지에서 사용하는 것이다. 이때 message 태그는 태그 파일을 사용해서 작성한다.

실행 결과   messageTagUse.jsp 페이지

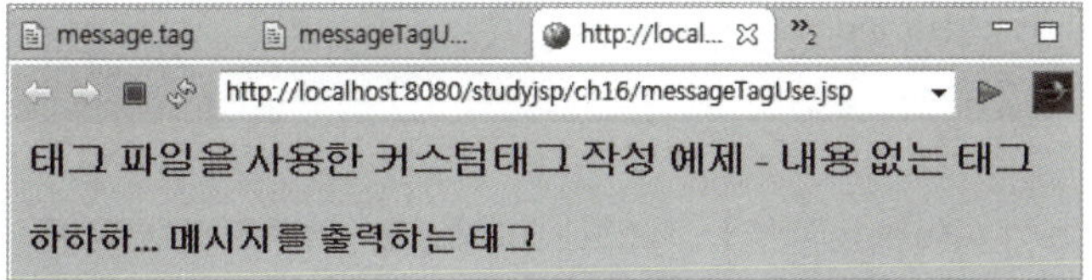

01 [New]–[File] 메뉴를 사용해 [studyjsp]–[WebContent]–[WEB-INF]–[tags]에 태그 파일인 message.tag를 작성한다. 다음과 같이 수정한 후 저장한다.

01	<%@ tag body-content="empty" pageEncoding="utf-8" %>
02	
03	하하하… 메시지를 출력하는 태그

태그를 정의하는 message.tag 파일로 messgeTagUse.jsp 페이지에서 사용한다.

1라인 tag 디렉티브로 tag 파일의 설정 정보를 담고 있다. body-content 속성은 이 태그 파일이 정의하는 커스텀 태그가 내용이 있는지와 있으면 어떻게 처리할지를 설정하는 부분이다.
- body-content 속성의 값이 "empty"이면 정의하는 커스텀 태그의 내용이 없다는 의미이다. 즉, 이 태그를 사용하는 페이지인 messageTagUse.jsp에서 <msg:message/>와 같이 내용 없는 형태로 사용된다. message는 태그명으로 태그 파일의 확장자를 제외한 파일명이다.
- pageEncoding 속성은 해당 태그 파일의 페이지 인코딩을 설정하는 부분으로 여기서는 한글이 깨지지 않도록 "utf-8"로 지정했다.

3라인 3라인 이후는 태그의 내용을 기술하는 부분이다. 여기서는 간단한 문자열만 출력하는 의미로 사용했다.

02 [New]-[JSP File] 메뉴를 사용해 [studyjsp]-[WebContent]-[ch16] 폴더에 태그 파일을 사용하는 messgeTagUse.jsp 페이지를 작성한다. 기본적인 코딩이 작성되면 다음과 같이 수정한 후 저장한다.

01	<%@ page language="java" contentType="text/html; charset=UTF-8"
02	pageEncoding="UTF-8"%>
03	<%@ taglib prefix="tagFile" tagdir="/WEB-INF/tags" %>
04	<meta name="viewport" content="width=device-width,initial-scale=1.0"/>
05	<link rel="stylesheet" href="../css/style.css"/>
06	
07	<h3> 태그 파일을 사용한 커스텀 태그 작성 예제 – 내용 없는 태그</h3>
08	<b><tagFile:message/></b>

messageTagUse.jsp 페이지는 커스텀 태그 <tagFile:message/> 태그를 사용한다.

2라인 taglib 디렉티브에서 태그 파일로 설정된 커스텀 태그를 사용하기 위해 prefix 속성값은 tagFile로, tagdir 속성값은 /WEB-INF/tags로 설정하였다. tagdir 속성값에는 태그 파일의 위치가 들어가는데 이때 /WEB-INF/tags와 같이 폴더명만 기술하면 해당 폴더의 모든 태그 파일(.tag)을 사용할 수 있다.

8라인 <tagFile:message/>에서 message는 태그명으로 2라인에서 명시한 /WEB-INF/tags 폴더의 모든 태그 파일 중 message.tag 파일이 실행된다.

 [Servers] 뷰의 톰캣 서버가 시작되어 있으면 ■ [Stop the Server] 아이콘을 눌러 내린 후 다시 ▶ [Start the Server] 아이콘을 눌러 서비스를 올린다. messgeTag Use.jsp 파일을 마우스 오른쪽 버튼으로 클릭하고 [Run As]-[Run on Server] 메뉴 를 선택하면 실행 결과가 표시된다.

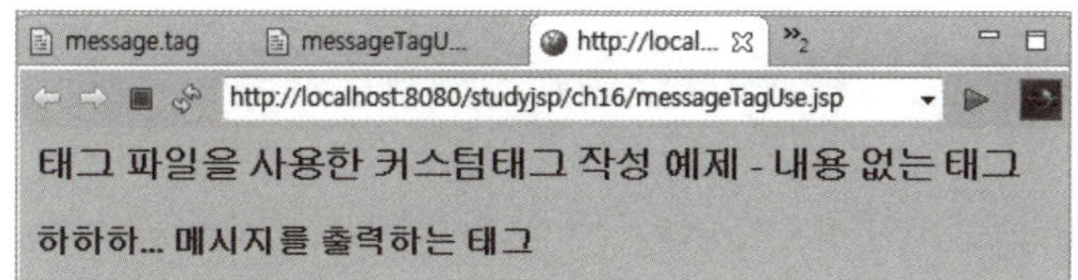

▲ messageTagUse.jsp 페이지 실행 결과

지금까지 태그 파일에 body가 없는 경우를 보았다. 그렇다면 태그 파일에 body가 있는 경우는 어떻게 처리해야 할까?

■ 태그 파일에 body가 있는 경우 처리할 2가지

① 먼저 tag 디렉티브의 body-content 속성값을 tagdependent나 scriptless로 지정 해야 한다. 속성값이 tagdependent의 경우 커스텀 태그의 내용을 처리하지 않고 그대로 사용하고, scriptless일 경우 표현 언어(EL) 요소나 액션 태그의 처리 결과를 사용할 수 있다.

② 태그 파일에서 〈jsp:doBody〉 태그를 사용해서 태그 내용을 처리해야 한다. 〈jsp: doBody〉태그는 액션 태그로 〈jsp:invoke〉 속성과 거의 동일하나 차이점은 fragment 속성을 지원하지 않는다는 것이다. 〈jsp:doBody〉 태그는 두 가지 사용법 이 있는데, 하나는 〈jsp:doBody/〉를 사용해서 body의 내용을 출력하는 것과 다른 하나는 〈jsp:doBody var="varName" scope="page"/〉를 사용해서 body의 내용을 영역의 속성에 저장하는 방법이다.

이번에는 태그에 내용이 있는 경우의 태그 파일 사용법을 살펴본다.

따라하기　　태그 파일을 사용한 커스텀 태그 작성 예제_내용 있는 태그

이 예제는 태그 파일에서 태그의 내용을 처리하는 예제로 tagBody라는 태그를 생성해 서 JSP 페이지에서 사용하는 것이다. tagBody 태그는 오늘 날짜(현재 시간 포함)와 태그 의 내용을 화면에 출력한다.

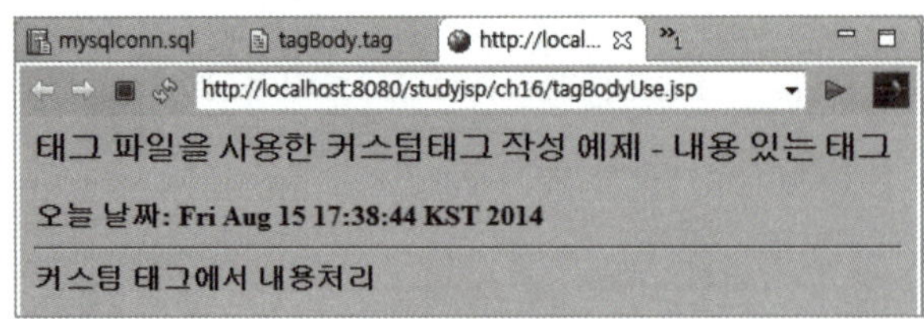

01 [New]–[File] 메뉴를 사용해 [studyjsp]–[WebContent]–[WEB-INF]–[tags]에 태그 파일인 tagBody.tag를 작성한다. 다음과 같이 수정한 후 저장한다.

```
01  <%@ tag body-content="scriptless" pageEncoding="utf-8" %>
02  <%@ tag import = "java.util.Date" %>
03
04  <% Date now = new Date( );%>
05  오늘 날짜: <%=now%>
06  <hr>
07  <jsp:doBody/>
```

소스코드 설명

태그를 정의하는 tagBody.tag 파일로 tagBodyUse.jsp 페이지에서 사용한다.

1라인 tag 디렉티브로 tag 파일의 설정 정보를 담고 있다. body-content 속성은 이 태그 파일이 정의하는 커스텀 태그가 body가 있는지 유무와 있으면 어떻게 처리할지를 설정하는 부분이다. body-content 속성값이 "scriptless"이면 정의하는 커스텀 태그가 내용이 있고 표현 언어(EL)요소나 액션 태그의 처리 결과를 사용할 수 있다는 의미이다. 즉, 이 태그를 사용하는 페이지인 tagBodyUse.jsp 페이지에서와 같이 내용이 있는 커스텀 태그의 형태를 지원해서 태그 내용을 처리할 수 있게 해준다.

2라인 tag 디렉티브에서 import 속성을 사용해서 java.util.Date 클래스를 사용할 수 있도록 했다. import 속성은 JSP의 page 디렉티브와 사용법이 동일하다.

4라인 Date 클래스의 객체를 생성해서 오늘 날짜와 현재 시간에 대한 정보를 얻어낸다. 이때 객체의 레퍼런스는 now이다.

5라인 오늘 날짜와 현재 시간을 자바 형식으로 화면에 출력한다.

7라인 <jsp:doBody/>는 바디를 처리하는 태그로 body의 내용을 출력한다. 여기서는 tagBodyUse.jsp 페이지의 8라인 <tagFile:tagBody> 커스텀 태그에서 내용 처리 </tagFile:tagBody>의 "커스텀 태그에서 내용처리" 부분을 화면에 출력한다는 의미이다.

02 [New]–[JSP File] 메뉴를 사용해 [studyjsp]–[WebContent]–[ch16] 폴더에 태그 파일을 사용하는 tagBodyUse.jsp 페이지를 작성한다. 기본적인 코딩이 작성되면 다음과 같이 수정한 후 저장한다.

```
01    <%@ page language="java" contentType="text/html; charset=UTF-8"
02       pageEncoding="UTF-8"%>
03    <%@ taglib prefix="tagFile" tagdir="/WEB-INF/tags" %>
04    <meta name="viewport" content="width=device-width,initial-scale=1.0"/>
05    <link rel="stylesheet" href="../css/style.css"/>
06
07    <h3> 태그 파일을 사용한 커스텀 태그 작성 예제 - 내용 있는 태그</h3>
08    <b><tagFile:tagBody>커스텀 태그에서 내용처리</tagFile:tagBody></b>
```

tagBodyUse.jsp 페이지는 커스텀 태그 〈tagFile:tagBody〉 태그를 사용한다.

2라인 taglib 디렉티브에서 태그 파일로 설정된 커스텀 태그를 사용하기 위해 prefix 속성값은 tagFile로, tagdir 속성값은 /WEB-INF/tags로 설정하였다. tagdir 속성값에는 태그 파일의 위치가 들어가는데 이때 /WEB-INF/tags와 같이 폴더명만 기술하면 해당 폴더의 모든 태그 파일(.tag)을 사용할 수 있다.

8라인 〈tagFile:tagBody〉커스텀 태그에서 내용처리〈/tagFile:tagBody〉에서 tagBody는 태그명으로 2라인에서 명시한 /WEB-INF/tags 폴더의 모든 태그 파일 중 tagBody.tag 파일이 실행된다. 이때 〈tagFile:tagBody〉 바디의 내용인 "커스텀 태그에서 내용처리"는 tagBody.tag 파일의 7라인 〈jsp:doBody/〉 태그가 처리한다.

03 [Servers] 뷰의 톰캣 서버가 시작되어 있으면 ■ [Stop the Server] 아이콘을 눌러 내린 후 다시 ▶ [Start the Server] 아이콘을 눌러 서비스를 올린다. tagBodyUse. jsp 파일을 마우스 오른쪽 버튼으로 클릭하고 [Run As]-[Run on Server] 메뉴를 선택하면 실행 결과가 표시된다.

▲ tagBodyUse.jsp 페이지 실행 결과

(2) attribute 디렉티브(〈%@ tag%〉)

attribute 디렉티브는 태그 파일에서 커스텀 태그의 속성을 선언하는 데 사용되며, 속성은 다음과 같다.

속성	설명
description	속성에 대한 설명으로 기본값은 설명(description)을 기술하지 않는다(옵션 항목).
name	속성 이름으로, 유일한 이름(unique name)으로 선언된다. 같은 속성 이름이 하나 이상 선언되면 에러가 발생한다. 마찬가지로 tag 디렉티브의 dynamic-attributes의 속성값과 같거나 variable 디렉티브의 name-given 속성값과 같은 경우 에러가 발생한다(필수 항목으로 반드시 기술해야 함)
required	속성의 필수 여부를 설정하는 부분으로 "true"또는 "false" 값이 오는데 속성을 필수로 설정하려면 "true", 속성을 선택으로 설정하려면 "false"를 기술한다. 기본값은 "false"이다(옵션 항목).
rtexprvalue	속성의 값으로 표현식을 사용할 수 있는지 여부를 지정한다. 기본값은 "true"이다(옵션 항목).
type	속성값의 타입을 기술한다. 기본값은 java.lang.String이다(옵션 항목).
fragment	속성값을 전달할 때 사용한다. 이 속성값이 "true"이면 rtexprvalue 속성값은 false가 되고 타입의 속성값은 javax.servlet.jsp.tagext.JspFragment가 된다. 기본값은 "false"이다(옵션 항목).

▲ attribute 디렉티브의 속성들

attribute 디렉티브를 사용한 예시는 다음과 같다.

attributeEx.tag

```
<%@ attribute name="name" required="true" %>
<%@ attribute name="welcome" required="true" %>
<h2>${name}님, ${welcome}</h2>
```

attributeExUse.jsp

```
<%@ taglib prefix="tagFile"  tagdir="/WEB-INF/tags"%>
<%@ taglib prefix="c" uri="http://java.sun.com/jsp/jstl/core"%>
<%@ taglib  prefix="fn" uri="http://java.sun.com/jsp/jstl/functions"%>

<c:set var="welcome" value="환영합니다." />
<form method="post" action="#">
 <input type="text" name="name">
 <input type="submit" value="Submit">
</form>

<c:if test="${fn:length(param.name) > 0}" >
   <tagFile:attribute name="${param.name}" welcome="${welcome}"/>
</c:if>
```

따라하기 태그 파일을 사용한 커스텀 태그 작성 예제_속성이 있는 태그

이 예제는 태그 파일에서 속성을 처리하는 예제로 attribute라는 태그를 생성해서 JSP 페이지에서 사용하는 것이다. attribute 태그는 attribute 디렉티브를 사용해서 입력한 이름에 환영메시지를 표시한다.

실행 결과 attributeTagUse.jsp 페이지

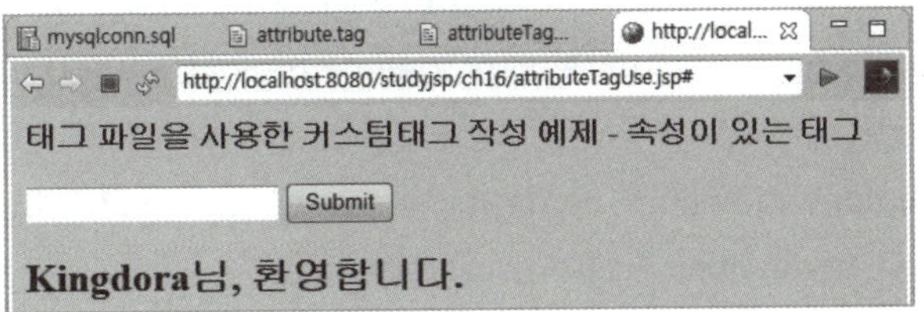

01 [New]-[File] 메뉴를 사용해 [studyjsp]-[WebContent]-[WEB-INF]-[tags]에 태그 파일인 attribute.tag를 작성한다. 다음과 같이 수정한 후 저장한다.

```
01    <%@ tag body-content="scriptless" pageEncoding="utf-8" %>
02    <%@ attribute name="name" required="true" %>
03    <%@ attribute name="welcome" required="true" %>
04    <h2>${name}님, ${welcome}</h2>
```

소스코드 설명

태그를 정의하는 attribute.tag 파일로 attributeTagUse.jsp 페이지에서 사용한다.

1라인 tag 디렉티브로 tag 파일의 설정 정보를 지정하고 있다. body-content 속성값은 "scriptless"를 사용해서 커스텀 태그의 내용을 처리할 수 있게 해준다.

2라인 attribute 디렉티브를 사용해서 name 속성의 값을 "name"으로 지정해서 name이라는 속성을 생성했다. 또한 required 속성값을 "true"로 지정해서 이 속성을 필수 속성으로 지정했다. 즉, attributeTagUse.jsp 페이지의 17라인 <tagFile:attribute> 태그에서 name이라는 속성은 반드시 기술해야 하는 속성이다.

3라인 attribute 디렉티브를 사용해서 name 속성의 값을 "welcome"으로 지정해서 welcome이라는 속성을 생성했다. 또한 required 속성값을 "true"로 지정해서 이 속성을 필수 속성으로 지정했

다. 즉, attributeTagUse.jsp 페이지의 17라인 〈tagFile:attribute〉 태그에서 welcome이라는 속성
은 반드시 기술해야 하는 속성이다.

4라인 〈h2〉${name}님, ${welcome}〈/h2〉은 attributeTagUse.jsp 페이지의 17라인의
〈tagFile:attribute〉 태그를 사용하면 표시되는 내용이다. 여기서는 "[입력한 값]님, 환영합니다."가
표시된다.

02 [New]–[JSP File] 메뉴를 사용해 [studyjsp]–[WebContent]–[ch16] 폴더에 태그 파
일을 사용하는 attributeTagUse.jsp 페이지를 작성한다. 기본적인 코딩이 작성되면
다음과 같이 수정한 후 저장한다.

```
01  <%@ page language="java" contentType="text/html; charset=UTF-8"
02      pageEncoding="UTF-8"%>
03  <%@ taglib prefix="tagFile" tagdir="/WEB-INF/tags" %>
04  <%@ taglib prefix="c" uri="http://java.sun.com/jsp/jstl/core"%>
05  <%@ taglib  prefix="fn" uri="http://java.sun.com/jsp/jstl/functions"%>
06  <meta name="viewport" content="width=device-width,initial-scale=1.0"/>
07  <link rel="stylesheet" href="../css/style.css"/>
08
09  <h3> 태그 파일을 사용한 커스텀 태그 작성 예제  – 속성이 있는 태그</h3>
10   <c:set var="welcome" value="환영합니다." />
11   <form method="post" action="#">
12    <input type="text" name="name">
13    <input type="submit" value="Submit">
14   </form>
15
16   <c:if test="${fn:length(param.name) > 0}" >
17    <tagFile:attribute name="${param.name}" welcome="${welcome}"/>
18   </c:if>
```


attributeTagUse.jsp 페이지는 커스텀 태그 〈tagFile:attribute〉 태그를 사용한다.

10라인 〈c:set var="welcome" value="환영합니다." /〉는 welcome 변수를 생성하고 값으로 "환
영합니다."를 지정한다.

11~14라인 〈form〉 태그의 영역으로 12라인의 입력상자에 이름을 입력하면 입력한 값이 name 변
수에 저장되고, [Submit] 버튼을 클릭하면 입력한 값을 자신의 페이지로 보낸다.

03 [Servers] 뷰의 톰캣 서버가 시작되어 있으면 ■ [Stop the Server] 아이콘을 눌러 내린 후 다시 ▶ [Start the Server] 아이콘을 눌러 서비스를 올린다. attributeTag Use.jsp 파일을 마우스 오른쪽 버튼으로 클릭하고 [Run As]-[Run on Server] 메뉴를 선택하면 실행 결과가 표시된다. 이때 이름을 입력하고 [Submit] 버튼을 클릭한다. 그 러면 환영 메시지가 화면에 표시된다.

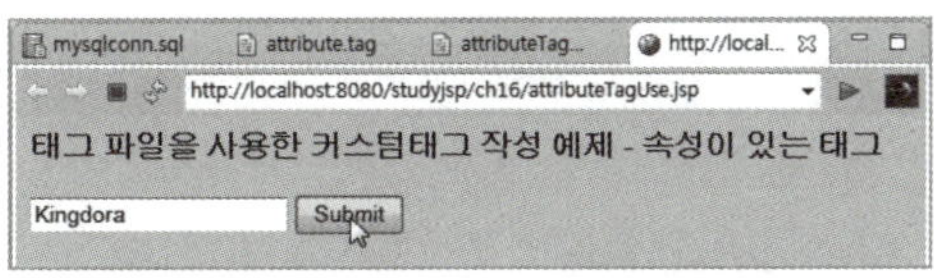
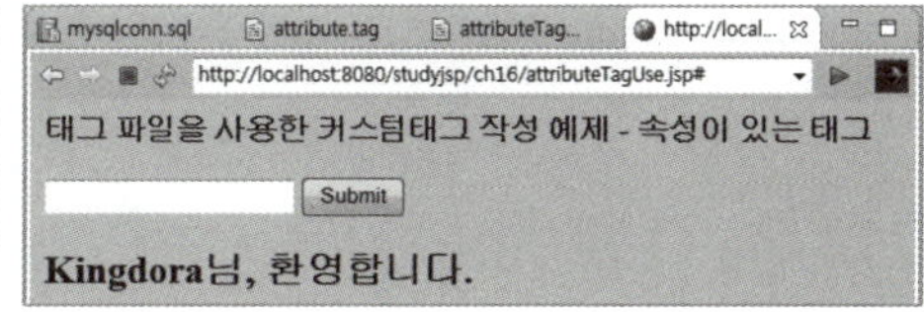

▲ attributeTagUse.jsp 페이지 실행 결과

(3) variable 디렉티브(〈%@ tag%〉)

variable 디렉티브는 표현 언어(EL) 변수를 선언하는 데 사용되며, 속성은 다음과 같다.

속성	설명
description	속성에 대한 설명으로 기본값은 설명(description)을 기술하지 않는다(옵션 항목).
name-given 또는 name-from-attribute	태그 파일을 사용할 페이지에서 사용되어질 표현 언어(EL) 변수의 이름을 선언한다. name-given과 name-from-attribute 둘 중 하나는 반드시 기술해야 하며, 둘 다 기술하면 에러가 발생한다. 둘 이상의 variable 디렉티브를 가지고 있을 때 같은 name-given 속성값을 갖는 경우 에러가 발생한다. variable 디렉티브의 name-given 속성의 값, attribute 디렉티브의 name 속성의 값, tag directive의 dynamic-attributes의 값이 같으면 에러가 발생한다(필수 항목).
alias	name-from-attribute 속성을 사용하면 반드시 기술해 주어야 하는 속성으로 커스 텀 태그의 body에서 사용될 변수를 정의하는 것으로 이 변수는 같은 값을 가지는 표현 언어(EL) 변수의 이름을 명시한다(필수 항목).
variable-class	변수의 타입을 명시하는 것으로 기본값은 is java.lang.String이다(옵션 항목).
declare	변수의 선언 유무와 관계없이 기본값은 True이다(옵션 항목).
scope	변수의 범위를 설정하는 것으로 범위 값으로 NESTED, AT_BEGIN, AT_END 중 한 가지가 기술된다. 기본값은 NESTED이다(옵션 항목).

▲ variable 디렉티브의 속성들

scope 속성값에 따른 지정된 변수값의 차이는 다음과 같다.

scope 속성값	설명

NESTED	이 속성값을 사용하면 커스텀 태그의 내용 안에서만 커스텀 태그로 정의한 변수값이 적용된다.
	
	variable.tag
	
	`<%@ variable name-given="x" scope="NESTED" %>`
	`<c:set var="x" value="2"/>`
	`<jsp:doBody/>`
	`<c:set var="x" value="4"/>`
	
	variableTagUse.jsp
	
	`<c:set var="x" value="1"/>`
	`<p>variable 태그 전 : x = ${x}`
	`<tagFile:variable>`
	`  <p>variable 태그 안 : x =  ${x}`
	`</tagFile:variable>`
	`<p>variable 태그 밖 : x = ${x}`
	
	실행 결과
	
	variable태그 전 : x = 1
	variable태그 안 : x = 2
	variable태그 밖 : x = 1

AT_BEGIN	이 속성값을 사용하면 커스텀 태그의 내용 안과 닫는 태그에서 커스텀 태그로 정의한 변수값이 적용된다.
	
	variable2.tag
	
	`<%@ variable name-given="x" scope="AT_BEGIN" %>`
	`<c:set var="x" value="2"/>`
	`<jsp:doBody/>`
	`<c:set var="x" value="4"/>`
	
	variable2TagUse.jsp
	
	`<c:set var="x" value="1"/>`
	`<p>variable 태그 전 : x = ${x}`

```
<tagFile:variable2>
  <p>variable 태그 안 : x =  ${x}
</tagFile:variable2>
<p>variable 태그 밖 : x = ${x}
```

실행 결과

```
variable태그 전 : x = 1
variable태그 안 : x = 2
variable태그 밖 : x = 4
```

이 속성값을 사용하면 커스텀 태그의 내용 안에서만 커스텀 태그로 정의한 변수값이 적용되지 않는다. 커스텀 태그의 내용 안에서는 이 태그를 사용하는 페이지에서 지정한 값이 사용된다.

AT_END

예

variable2.tag

```
<%@ variable name-given="x" scope="AT_END" %>
<c:set var="x" value="2"/>
<jsp:doBody/>
<c:set var="x" value="4"/>
```

variable2TagUse.jsp

```
<c:set var="x" value="1"/>
<p>variable 태그 전 : x = ${x}
<tagFile:variable2>
  <p>variable 태그 안 : x =  ${x}
</tagFile:variable2>
<p>variable 태그 밖 : x = ${x}
```

실행 결과

```
variable태그 전 : x = 1
variable태그 안 : x = 1
variable태그 밖 : x = 4
```

▲ scope 속성값에 따른 지정된 변수값 차이

위의 scope 속성값에 따른 지정된 변수값의 차이 예시는 부록 CD의 [source]-[ch16] 폴더 안에 있으니 필요한 경우 실행시켜 확인해본다.

JAR 파일로 커스텀 태그 배포하기

Section **04**

여기에서는 작성한 커스텀 태그를 언제든지, 누구든지 사용할 수 있도록 JAR 파일로 만들어서 배포한다.

따라하기   JAR 배포 순서

기존에 작성했던 태그 핸들러(자바 클래스 파일)와 태그 파일을 JAR로 배포하기 위한 순서는 다음과 같다.

01 먼저 임의의 드라이브에 임의의 폴더를 만든다. 여기서는 [temp] 폴더를 생성한다.

02 워크스페이스 프로젝트의 [build]-[classes] 폴더에 있는 태그 핸들러(자바 클래스 파일)들을 [temp] 폴더에 복사한다. 여기서는 [project] 워크스페이스의 [studyjsp] 프로젝트의 [build]-[classes] 폴더 안에 있는 [ch16] 폴더를 [temp] 폴더에 복사한다.

03 [temp] 폴더 안에 [META-INF] 폴더를 생성한다.

04 워크스페이스 프로젝트의 [WebContent]-[WEB-INF] 폴더 안에 있는 [tags] 폴더를 [temp]-[META-INF] 폴더에 복사한다. 여기서는 [project] 워크스페이스의 [studyjsp] 프로젝트의 [WebContent]-[WEB-INF] 폴더 안에 있는 [tags] 폴더를 [temp]-[META-INF] 폴더에 복사한다.

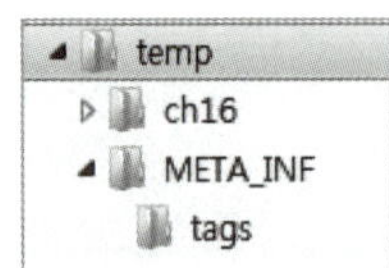

05 워크스페이스 프로젝트의 [WebContent]-[WEB-INF]-[tlds] 폴더 안에 있는 모든 tld 파일을 [temp]-[META-INF] 폴더에 복사한다. 여기서는 [project] 워크스페이스의 [studyjsp] 프로젝트의 [WebContent]-[WEB-INF]-[tlds] 폴더 안에 있는 모든 tld 파일을 [temp]-[META-INF] 폴더에 복사한다.

06 tag 파일의 경우 JAR 파일로 배포할 때 tld 파일을 생성해서 배포해야 한다.

```
<tlib-version>1.0</tlib-version>
  <short-name>tags</short-name>

  <tag>
          <name>message</name>
          <path>/META-INF/tags/message.tag</path>
  </tag>

  <tag>
          <name>tagBody</name>
          <path>/META-INF/tags/tagBody.tag</path>
  </tag>

  <tag>
          <name>attribute</name>
          <path>/META-INF/tags/attribute.tag</path>
  </tag>
```

위의 예시 tags.tld 파일은 부록 CD의 [source]-[ch16] 폴더에서 제공한다. 이 tags.tld 파일을 [temp]-[META-INF] 폴더에 복사한다.

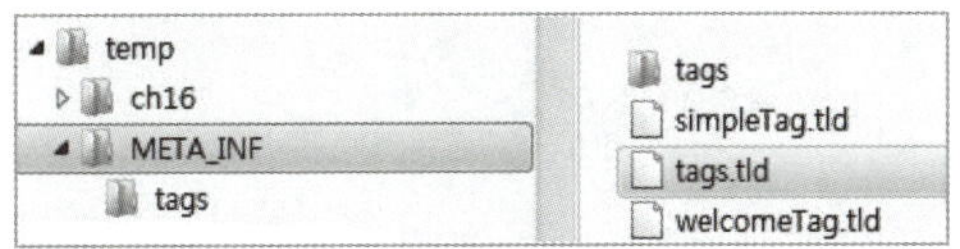

07 [명령 프롬프트] 창을 열어 아래의 명령을 입력하고 실행한다.

```
jar cvf0 study.jar *
```

설명

- jar : JAR 파일을 만들기 위한 명령
- cvf0 : c는 새 아카이브를 만든다는 의미이고, v는 표준 출력에 대한 자세한 정보를 출력한다는 의미, f는 아카이브 파일의 이름을 생성한다는 의미, 0은 압축은 하지 않고 저장만 한다는 의미
- study.jar : 생성될 JAR 파일의 이름
- * : 현재 폴더의 모든 파일이 JAR 파일로 만들어짐

▲ JAR 파일 작성하기 1

08 탐색기를 실행하여 [temp] 폴더를 확인하면 study.jar가 생성된 것을 확인할 수 있다.

▲ JAR 파일 작성하기 2

- 커스텀 태그는 사용자가 직접 자신만의 태그를 만들어 사용하는 기술이다. 이러한 커스텀 태그를 모아 놓은 것을 커스텀 태그 라이브러리라 한다.

- 커스텀 태그를 사용한 장점
  - 한 번 작성한 커스텀 태그는 언제든지 필요한 곳에서 재사용이 가능하다. 또한 다른 사용자에게 배포하여(package) 재사용될 수 있다.
  - 커스텀 태그는 프로그램의 가독성을 향상시킨다. 수백 라인의 페이지에서 가독성은 프로그램의 이해를 쉽게 해주는 중요 요소이다.
  - 커스텀 태그는 JSP의 스크립트를 사용하지 않으므로 자바 문법에 덜 의존적이다. 그래서 JSP 페이지의 작성이 쉽다.
  - 로직과 뷰의 분리로 디자이너와 프로그래머가 각자의 일을 분담할 수 있으므로 효율적인 작업이 가능하다.

- 커스텀 태그는 자바 클래스 파일 기반의 태그 라이브러리를 사용하는 것과 태그 파일을 태그 라이브러리로 사용하는 것으로 나눌 수 있다.

- 자바 클래스 파일 기반의 태그 라이브러리 구성 요소
  - 태그 핸들러(자바 클래스) : 자바 클래스 파일 기반에서는 태그의 로직 기술
    - 예 WelcomTag.class : 이클립스에서 WelcomTag.java를 작성하면 자동 컴파일되어 생성됨
  - 태그 라이브러리 디스크립터 파일(.tld) : 태그 라이브러리 참조를 설정
    - 예 welcomeTag.tld
  - web.xml : JSP 페이지에서 태그 라이브러리 디스크립터(tld) 파일을 사용할 수 있도록 설정
    - 예 프로젝트의 web.xml
  - JSP 페이지 : 태그 라이브러리 사용
    - 예 welcomeTag.jsp

- 태그 파일 기반의 태그 라이브러리 구성 요소
  - 태그 파일(.tag) : 태그를 사용해 태그의 로직 기술 예 welcome.tag
  - JSP 페이지 : 태그 라이브러리 사용 예 welcome.jsp

- 작성한 커스텀 태그를 언제든지, 누구든지 사용할 수 있도록 JAR 파일로 만들어서 배포한다.

모델 2 기반의 MVC 패턴

이번 Chapter에서는 애플리케이션 작성 시 로직을 가지는 모델(Model), 화면에 내용을 표시하는 뷰(View), 그리고 프로그램의 흐름을 제어하는 컨트롤러(Controller)로 나뉜 작업 패턴을 제공하는 MVC(Model-View-Controller) 패턴에 대해 학습한다.

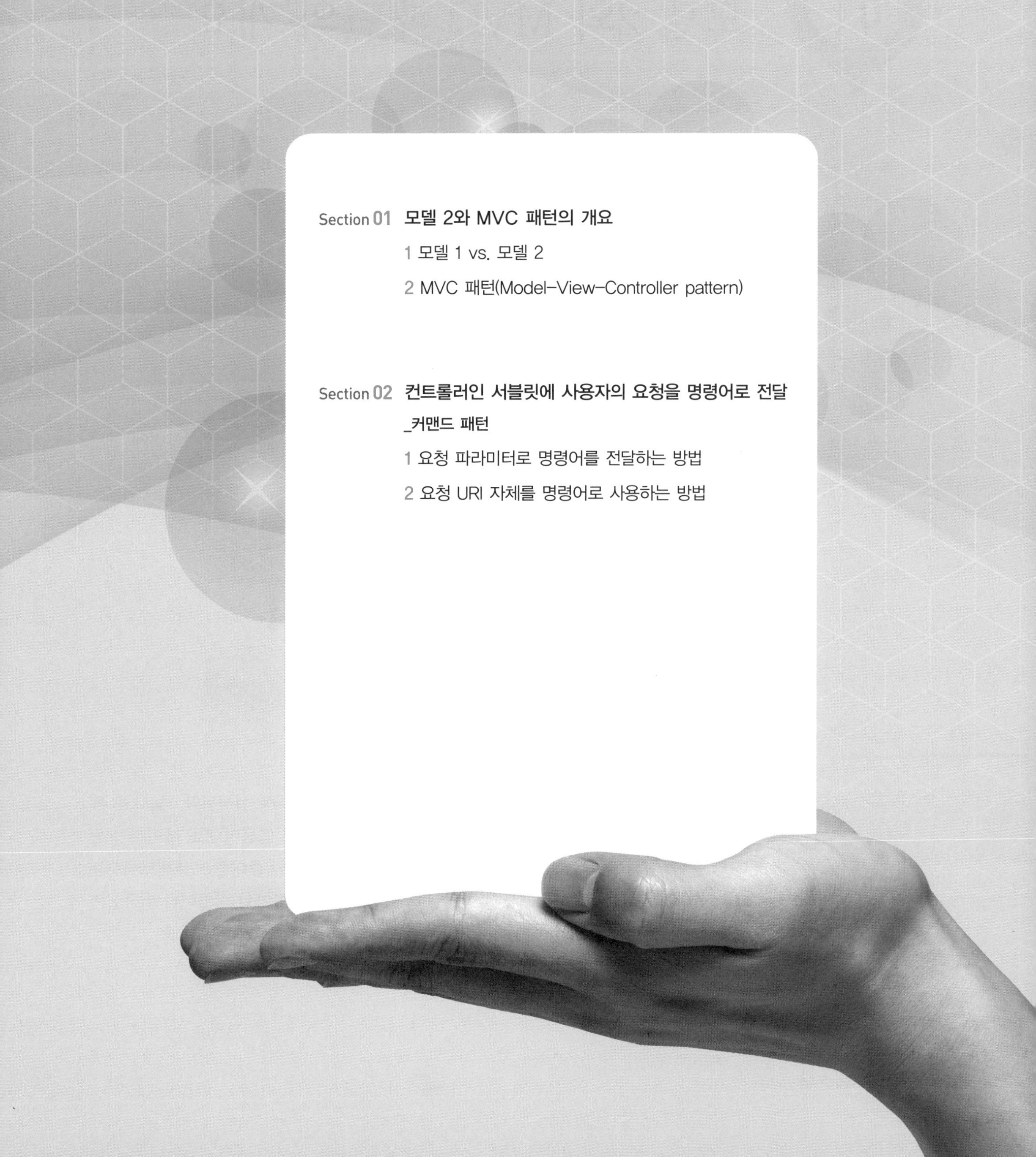

모델 2와 MVC 패턴의 개요

여기에서는 모델 1(Model 1)과 모델 2(Model 2)의 구조 비교 및 MVC(Model-View-Controller) 패턴에 대한 개요를 학습한다.

1 모델 1 vs. 모델 2

(1) 모델 1(Model 1) 구조

지금까지 우리가 작성한 JSP 웹 애플리케이션들은 모두 모델 1의 형태로 만들어진 것이다. 모델 1 구조에서는 웹 브라우저의 요청(request)을 받아들이고, 웹 브라우저에 응답(response)하는 것을 JSP 페이지가 단독으로 처리한다.

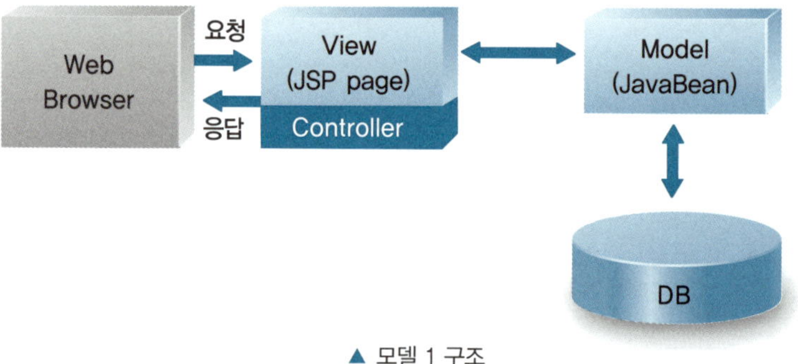

▲ 모델 1 구조

MVC 구조를 적용하면 뷰와 컨트롤러가 같은 JSP 페이지 안에서 실행된다. 즉, JSP 페이지가 뷰와 컨트롤러의 역할을 같이 해서 모든 사용자 요청의 진입점이 JSP 페이지가 된다. 모델 1 구조는 간단한 웹 애플리케이션을 구축할 때 적당하다. 중대형 프로젝트에서는 비즈니스 로직(business logic)과 뷰 사이의 구분이 없어져서 개발자와 디자이너의 작업의 분리가 어려운 문제가 발생할 수 있다.

■ **장점**

• 페이지 흐름이 단순하여 개발 기간이 단축된다.

• MVC 구조에 대한 추가적인 교육이 필요 없고 개발팀의 팀원의 수준이 높지 않아도 된다.

• 중소형 프로젝트에 적합하다.

■ **단점**

• 웹 애플리케이션이 복잡해질수록 유지보수가 힘들다.

• 디자이너와 개발자 간의 원활한 의사 소통이 필요하다.

(2) 모델 2(Model 2) 구조

모델 2 구조에서는 요청(request) 처리, 데이터 접근(data access), 비즈니스 로직(business logic)을 포함하고 있는 컨트롤러와 뷰가 엄격히 구분되어 있다. 뷰는 어떠한 처리 로직도 포함하고 있지 않다.

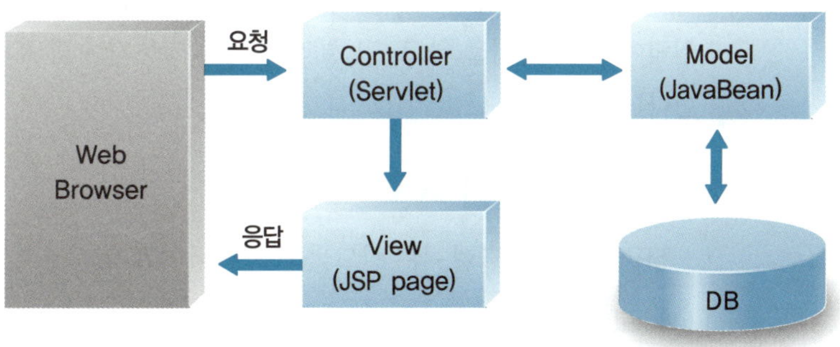

▲ 모델 2 구조

컨트롤러는 사용자 요청을 받고, 요청에 대한 로직 처리를 모델로 보낸다. 또한 모델로부터 받은 결과를 뷰로 보내서 사용자에게 응답한다. 즉, 전체적인 프로그램의 흐름을 컨트롤러가 통제하는 구조이다. 이런 구조는 개발자와 디자이너의 역할과 책임을 명확하게 구분해줄 수가 있어서, 복잡한 중대형 규모의 프로젝트에 적합하다.

■ **장점**

• 비즈니스 로직과 뷰가 분리되어 애플리케이션이 명료해지며 유지보수와 확장이 쉽다.

• 개발자와 디자이너와의 작업이 분리되어 있어 역할과 책임이 명확히 구분된다.

■ **단점**

• 개발 초기에 구조 설계를 위한 시간이 많이 소요되므로 개발 기간이 길어진다.

• MVC 구조에 대한 개발자들의 이해가 필요해서 개발팀의 팀원의 높은 수준이 요구된다.

웹 애플리케이션을 개발할 때 모델 1 구조와 모델 2 구조 중 어떤 것을 선택해야 하는가의 문제는 개발하려는 애플리케이션의 복잡도(규모), 유지 보수의 빈도, 애플리케이션 컴포넌트의 재사용성 그리고 팀원의 수와 수준에 따라 결정해야 한다. 개발하려는 웹 애플리케이션의 복잡도(규모)가 적고 유지 보수가 빈번하지 않다면 모델 1의 구조로 개발하는 것이 적합하며, 반대로 웹 애플리케이션의 복잡도(규모)가 크고 유지보수가 빈번하게 발생한다면 모델 2 구조를 사용하는 것이 적합할 것이다. 반드시 무엇이 정답이라고 할 수 없다. 상황에 따라 맞는 것을 선택하는 것이 가장 좋은 방법이다.

2 MVC 패턴(Model-View-Controller pattern)

MVC(Model-View-Controller) 구조는 전통적인 GUI(Graphic User interface) 기반의 애플리케이션을 구현하기 위한 디자인 패턴이다. MVC 구조는 사용자의 입력을 받아서 입력에 대한 처리를 하고, 그 결과를 다시 사용자에게 표시하기 위한 최적화된 설계를 제시한다.

(1) MVC 패턴의 요소

MVC 패턴은 모델, 뷰, 컨트롤러로 이루어져 있다.

■ 모델(Model)

모델은 **로직을 가지는 부분**으로 DB와의 연동을 통해서 데이터를 가져와 어떤 작업을 처리하거나 처리한 작업의 결과를 데이터로서 DB에 저장하는 일을 한다. 모델은 애플리케이션의 수행에 필요한 데이터를 모델링하고 비즈니스 로직을 처리한다. 즉, 데이터를 생성하고 저장하고 처리하는 역할만을 담당한다. JSP 기반의 웹 애플리케이션에서는 DB 연동 로직인 자바빈(JavaBean)과 처리 로직인 자바 클래스(Java class)가 모델에 해당한다.

■ 뷰(View)

뷰는 **화면에 내용을 표시하는 역할**을 담당하는 것으로, 데이터가 어떻게 생성되고 어디서 왔는지에 대해서는 전혀 관여하지 않고 단지 정보를 보여주는 역할만을 담당한다. JSP 기반의 웹 애플리케이션에서는 JSP 페이지가 뷰에 해당한다.

■ 컨트롤러(Controller)

컨트롤러는 **애플리케이션의 흐름을 제어**하는 것으로 뷰와 모델 사이에서 이들의 흐름을 제어한다. 컨트롤러는 사용자의 요청을 받아서 모델에 넘겨주고, 모델이 처리한 작업의 결과를 뷰에 보내주는 역할을 한다. JSP 기반의 웹 애플리케이션에서는 보통 서블릿(Servlet)을 컨트롤러로 사용한다.

JSP 기반의 웹 애플리케이션 구조에 MVC 패턴을 적용한 구조도는 다음과 같다. 위의 그림에서 볼 수 있듯이 모델 2 구조와 MVC 구조가 일치함을 알 수 있다.

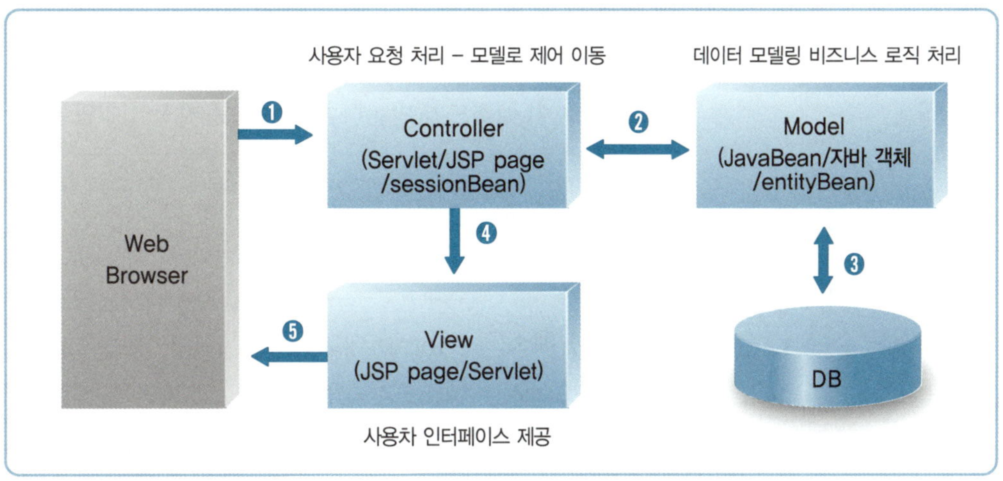

▲ JSP 기반 웹 애플리케이션 구조에 MVC 패턴 적용

JSP 웹 애플리케이션 작성 시 MVC 패턴의 각 요소에 해당하는 웹 애플리케이션의 요소는 다음과 같다.

- **뷰(View)** : JSP 페이지 또는 서블릿(Servlet)
- **모델(Model)** : 자바빈, 자바 클래스(객체) 또는 EJB(Enterprise Java Bean)의 entityBean
- **컨트롤러(Controller)** : 서블릿(Servlet), JSP 페이지 또는 EJB(Enterprise Java Bean)의 sessionBean

일반적으로 컨트롤러에 서블릿(Servlet)을 많이 사용하는데 이것은 서블릿이 사용자의 요청을 받아서 비즈니스 로직을 처리하는 모델을 통해 수행 결과를 받아와 해당 JSP 페이지에 결과를 보내서 뷰가 사용자에 응답을 보내기에 적합한 구조를 가지고 있기 때문이다.

여기서는 컨트롤러를 서블릿으로, 모델은 자바 클래스(자바빈 포함)로, 뷰는 JSP 페이지로 작성한다. 이들이 처리하는 각각의 작업은 다음과 같다.

(2) 컨트롤러 : 서블릿

컨트롤러는 웹 브라우저의 요청을 받는 진입점으로, 사용자의 요청을 받아서 요구 사항을 분석한 후 로직 처리를 모델로 보낸다. 다시 로직의 처리 결과를 모델로부터 받아서 사용자에게 응답하기 위해 뷰에 보낸다.

각각의 작업에 대한 처리 과정은 다음과 같다.

1) 웹 브라우저의 요청을 받음

웹 브라우저의 요청은 서블릿의 서비스 메소드인 doGet() 또는 doPost() 메소드가 받는다.

■ **doGet() 메소드** : ⟨form⟩ 태그의 method 속성값이 "get"인 경우, 웹 브라우저의 요청
은 자동으로 이 메소드가 받는다. method를 지정하지 않는 경우 get이 기본값이다.

```
public void doGet(HttpServletRequest request, HttpServletResponse response){
  //get 방식의 요청을 받아서 처리
}
```

■ **doPost() 메소드** : ⟨form⟩ 태그의 method 속성값이 "post"인 경우, 웹 브라우저의
요청은 자동으로 이 메소드가 받는다.

```
public void doPost(HttpServletRequest request, HttpServletResponse response){
  //post 방식의 요청을 받아서 처리
}
```

2) 웹 브라우저가 요구하는 작업을 분석

사용자가 요구한 작업에 맞는 로직이 실행되도록 웹 브라우저의 요구 작업을 분석한다.
다음은 요구 작업을 분석하는 예시이다.

```
String type= request.getParameter("type");
```

3) 모델을 사용해서 요청한 작업을 처리

요청한 작업에 해당하는 로직을 처리한다.
다음은 요청 작업에 해당하는 로직을 처리하는 모델의 예시이다.

```
if(type.equals("a"){
  //a 요청 처리
}else{type.equals("b"){
  //b 요청 처리
}
```

4) 로직 처리 결과를 request 객체의 속성에 저장

로직의 처리 결과를 컨트롤러를 통해 뷰까지 사용할 수 있도록 request 객체의 속성에
처리 결과를 저장한다. 이때 처리 결과는 같은 request 객체 영역에서 공유된다.

다음은 처리 결과를 request 객체의 result 속성에 저장하는 예시이다. 이때 "result"가 속성명, result 변수가 속성값을 가진 변수이다.

```
request.setAttribute("result",result);
```

5) 적당한 뷰(JSP 페이지)를 선택한 후 해당 뷰로 포워딩(forwarding)

처리 결과를 저장한 request 객체를 뷰로 전달한다. 이때 RequestDispatcher 클래스의 객체를 생성한 후 forward() 메소드를 사용한다.

다음은 뷰로 처리 결과를 전달하는 예시이다. 이때 request, response는 doGet(), doPost() 메소드의 request와 response 객체와 같은 것이다.

```
//RequestDispatcher 객체 생성
RequestDispatcher dispatcher = request.getRequestDispatcher("a.jsp");
dispacher.forward(request,response); //forward() 메소드를 사용한 처리 결과 전달
```

RequestDispatcher 클래스는 javax.servlet 패키지에 있으며 클라이언트로부터 요청 request를 받고 그것을 서버상의 다른 웹 페이지(Servlet, HTML, JSP)로 보내는 작업을 할 때 사용한다. RequestDispatcher 클래스의 forward(request,response) 메소드는 서블릿에서 다른 웹 페이지(Servlet, HTML, JSP)로 요청을 전달한다. 이때 요청을 전달받는 웹 페이지들과 request, response 객체를 공유한다.

다음은 컨트롤러에서 필수로 처리할 작업이 포함된 작성한 예시이다.

```
public class MessageController extends HttpServlet {

    public void doGet( //① 웹 브라우저의 요청을 받음
        HttpServletRequest request, HttpServletResponse response)
        throws ServletException, IOException {
        requestPro(request, response);
    }

    public void doPost( //① 웹 브라우저의 요청을 받음
        HttpServletRequest request, HttpServletResponse response)
        throws ServletException, IOException {
        requestPro(request, response);
    }

    private void requestPro(
```

```java
        HttpServletRequest request, HttpServletResponse response)
    throws ServletException ,IOException{
    //② 웹 브라우저가 요구하는 작업을 분석
    String message = request.getParameter("message");
    //③ 모델을 사용해서 요청한 작업을 처리
    ...생략
    //④ 로직 처리 결과를 request 객체의 속성에 저장
    request.setAttribute("result", result);
    //⑤ 적당한 뷰(JSP 페이지)를 선택 후 해당 뷰로 포워딩(forwarding)
    RequestDispatcher dispatcher =
        request.getRequestDispatcher("/ch18/messageView.jsp");
    dispatcher.forward(request, response);
    }

}
```

(3) 뷰 : JSP 페이지

MVC 패턴의 뷰는 로직을 가지고 있지 않은 점을 제외하고는 일반적인 JSP 페이지와 같다. 다만 서블릿에서 dispacher.forward(request,response)로 해당 JSP 페이지와 request, response를 공유한 경우 이 JSP 페이지에서 request.getAttribute("result")와 같이 사용해서 결과를 화면에 표시한다. 이때 JSP 페이지의 request는 컨트롤러인 서블릿과 같은 객체로 공유되어진다.

다음은 뷰의 예시이다. 여기서는 requestScope.result를 사용해서 request 객체의 result 속성값을 얻어낸 후 result 변수에 저장해서 화면에 출력한다.

```jsp
<c:set var="result" value="${requestScope.result}" />
<c:out value="${result}"/>
```

(4) 모델 : 자바빈

MVC 패턴의 모델은 JSP 페이지에서 요청받아서 처리했던 것과 달라지는 것이 없다. 다만 요청을 하는 주체가 JSP 페이지에서 컨트롤러인 서블릿으로 바뀐 것뿐이다.

1) 컨트롤러의 요청을 받음

컨트롤러에서 모델(로직 클래스)의 메소드를 호출한다.

컨트롤러

```java
private void requestPro(
    HttpServletRequest request, HttpServletResponse response)
    throws ServletException, IOException {
    ..생략
    try {
            String command = request.getParameter("command");
            com = (CommandProcess)commandMap.get(command);
            view = com.requestPro(request, response); //①모델의 메소드 호출
    } catch(Throwable e) {}
    RequestDispatcher dispatcher =request.getRequestDispatcher(view);
    dispatcher.forward(request, response);
}
```

2) 모델에서 로직을 처리

모델인 자바 클래스에서 처리할 작업을 기술하고 request 객체에 결과를 저장한다.
다음 로직 처리 클래스의 예시이다.

모델

```java
public class MessageProcess implements CommandProcess {

    public String requestPro(
        HttpServletRequest request,HttpServletResponse response)
        throws Throwable {
        //② 모델에서 로직을 처리 및 결과 저장
        request.setAttribute("message", "요청 파라미터로 명령어를 전달");
        return "/ch18/process.jsp";
    }
}
```

3) 처리한 로직의 결과를 컨트롤러로 반환

처리한 로직의 결과를 return문을 사용해서 컨트롤러로 반환한다.
다음 로직 처리 클래스의 예시이다.

모델

```java
public class MessageProcess implements CommandProcess {

    public String requestPro(
        HttpServletRequest request,HttpServletResponse response)
        throws Throwable {
```

```java
        request.setAttribute("message", "요청 파라미터로 명령어를 전달");
        //③ 처리한 로직의 결과를 컨트롤러(Controller)로 반환한다.
        return "/ch18/process.jsp";
    }
}
```

(5) 간단한 MVC 패턴을 사용한 모델 2 예제 작성

위에 제시한 처리 작업을 반영한 MVC 패턴을 사용한 모델 2 예제를 작성한다.

따라하기 [ch17] 폴더 작성

[studyjsp] 프로젝트의 [WebContent] 폴더에 [ch17] 폴더를 생성한다.

따라하기 간단한 MVC 패턴 예제

이 예제는 컨트롤러인 MessageController 서블릿이 사용자의 요청을 받고 그 요청을 처리한 후, 결과를 뷰인 messageView.jsp 페이지로 보내서 사용자의 요청에 응답하는 것이다. 간단한 예제이므로 모델 없이 컨트롤러가 로직을 처리한다.

실행 결과 MessageController.java 서블릿

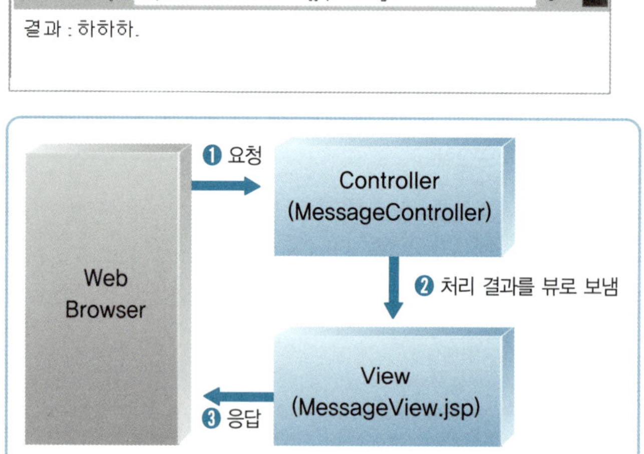

▲ 간단한 컨트롤러의 사용 예제의 구조

01 컨트롤러인 MessageController.java 파일은 서블릿이기 때문에 [Java Resources]–[src]에 [New]–[Servlet] 메뉴를 클릭해서 작성한다.

02 [Create Servlet] 대화상자가 표시되면 [Java package]에 "ch17.controller"를, [Class name]에 "MessageController"를 입력하고 [Next] 버튼을 클릭한다.

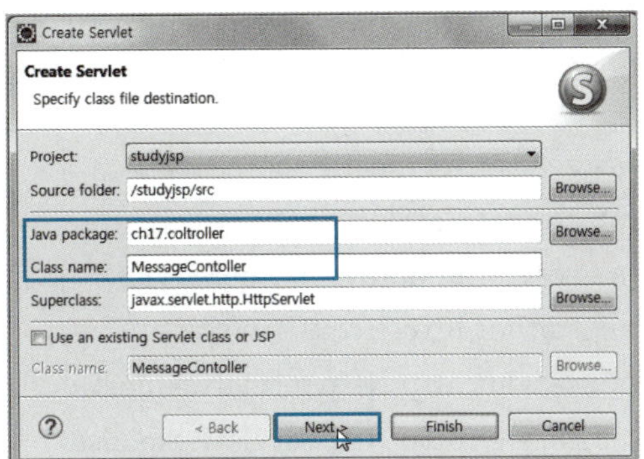

03 설정 정보를 추가하는 부분이 표시되면 기본값을 그대로 사용하고 [Next] 버튼을 클릭한다.

[URL mappings]에 기술된 '/MessageController'는 자동으로 제공되는 url 매핑값으로, 서블릿 실행 시 'http://localhost:8080/studyjsp/MessageController'와 같이 간략한 url을 제공한다.

만일 url 매핑을 사용하지 않으면 서블릿 실행 시 다음과 같은 url을 사용한다.

http://localhost:8080/studyjsp/servlet/ch17.controller.MessageController

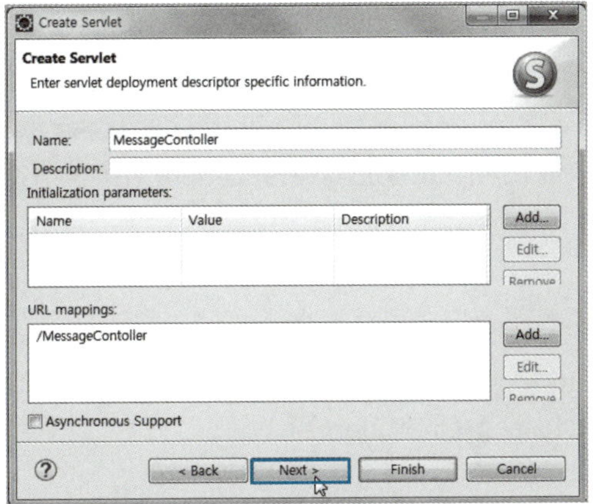

04 서블릿에서 생성할 메소드를 선택하는 부분이 표시되면 doGet()과 doPost() 메소드가 선택된 것을 확인하고 [Finish] 버튼을 클릭한다.

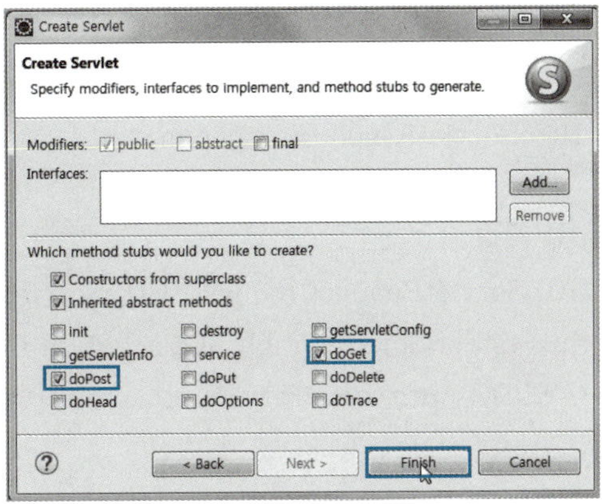

```
01    package ch17.controller;
02
03    import java.io.IOException;
04
05    import javax.servlet.RequestDispatcher;
06    import javax.servlet.ServletException;
07    import javax.servlet.annotation.WebServlet;
08    import javax.servlet.http.HttpServlet;
09    import javax.servlet.http.HttpServletRequest;
10    import javax.servlet.http.HttpServletResponse;
11
12    /**
13     * Servlet implementation class MessageContoller
14     */
15    @WebServlet("/MessageContoller")
16    public class MessageContoller extends HttpServlet {
17       private static final long serialVersionUID = 1L;
18
19       /**
20        * @see HttpServlet#HttpServlet()
21        */
22       public MessageContoller() {
23          super();
24          // TODO Auto-generated constructor stub
25       }
26
27        /**
28         * @see   HttpServlet#doGet(HttpServletRequest   request,
              HttpServletResponse response)
29         */
30       protected void doGet(
31             HttpServletRequest request, HttpServletResponse response)
32             throws ServletException, IOException {
33             // TODO Auto-generated method stub
```

```java
34              requestPro(request, response);//① 웹 브라우저의 요청을 받음
35          }
36
37      /**
38       *  @see  HttpServlet#doPost(HttpServletRequest  request,
              HttpServletResponse response)
39       */
40      protected void doPost(
41              HttpServletRequest request, HttpServletResponse response)
42              throws ServletException, IOException {
43              // TODO Auto-generated method stub
44              requestPro(request, response);//① 웹 브라우저의 요청을 받음
45          }
46
47      private void requestPro(
48              HttpServletRequest request, HttpServletResponse response)
49              throws ServletException, IOException{
50              //② 웹 브라우저가 요구하는 작업을 분석
51              String message = request.getParameter("message");
52
53              //③ 요청한 작업을 처리
54          Object result = null;
55          if (message == null || message.equals("base"))
56              result = "하하하.";
57          else if (message.equals("name"))
58              result = "홍길동 입니다.";
59          else
60              result = "타입이 맞지 않습니다.";
61
62          //④ 로직 처리 결과를 request 객체의 속성에 저장
63          request.setAttribute("result", result);
64
65          //⑤ 적당한 뷰를 선택 후 해당 뷰로 포워딩
66          RequestDispatcher dispatcher =
67              request.getRequestDispatcher("/ch17/messageView.jsp");
68          dispatcher.forward(request, response);
69      }
70  }
```

MessageController.java 파일은 사용자의 요청을 받아 처리 결과를 뷰인 messageView.jsp로 보낸다.

1라인 패키지를 ch17.controller로 한다. 서블릿 클래스를 패키지로 관리할 경우 웹 브라우저에서 해당 서블릿을 실행할 때 '/웹애플리케이션/servlet/패키지명.서블릿클래스명'과 같이 입력해야 한다. 여기서는 url 매핑을 사용했기 때문에 http://127.0.0.1:8080/studyjsp/MessageController와 같이 서용한다.

3라인 java.io.IOException 클래스를 import 했다. 68라인의 RequestDispatcher 클래스의 forward(request, response) 메소드를 사용하려면 IOException 처리를 해야 한다. 따라서 이 메소드를 사용하는 47라인의 requestPro( ) 메소드에서 IOException 처리를 했고 requestPro( ) 메소드를 호출해서 하는 30라인 doGet( ) 메소드와 40라인 doPost( ) 메소드도 IOException 처리를 했다.

5라인 66라인에서 RequestDispatcher를 사용하여 해당 뷰로 포워딩하기 위해서 javax.servlet.RequestDispatcher 클래스를 import 받았다.

6라인 30, 40라인의 서비스 메소드 doGet( )과 doPost( )는 반드시 ServletException 처리를 해야 하므로 javax.servlet.ServletException 클래스를 import 받았다.

7라인 15라인 @WebServlet("/MessageContoller")의 어노테이션(annotation, 주석) 때문에 사용했다.

8라인 16라인에서 HttpServlet을 사용하므로 javax.servlet.http.HttpServlet 클래스를 import 받았다.

9라인 30, 40, 47라인에서 HttpServletRequest를 사용하므로 javax.servlet.http. HttpServletRequest 클래스를 import 받았다.

10라인 30, 40, 47라인에서 HttpServletResponse를 사용하므로 javax.servlet.http. HttpServletResponse 클래스를 import 받았다.

16라인 public class MessageContoller extends HttpServlet {은 서블릿 클래스를 정의하는 것으로, 서블릿 클래스는 GenericServlet 또는 HttpServlet 클래스를 상속받아서 정의한다. http 프로토콜에 종속적인 경우 HttpServlet 클래스를 상속받아 만든다. 서블릿 실행 시 http://127.0.0.1:8080/studyjsp/MessageController와 같은 형태가 http에 종속적인 것이다. GenericServlet는 http가 아닌 프로토콜에서 사용한다.

30~35라인 doGet( ) 메소드는 서비스 메소드로 사용자의 요청이 get 방식인 경우 호출된다. get 방식은 기본값이므로 요청 방식을 기술하지 않으면 이 메소드가 호출된다. 사용자의 요청을 받아들여서 34라인에서 requestPro(request, response) 메소드를 호출해서 프로그램 제어가 47라인으로 이동한다.

40~45라인 doPost( ) 메소드는 서비스 메소드로 사용자의 요청이 post 방식인 경우 호출된다. 사용자의 요청을 받아들여서 44라인에서 requestPro(request, response) 메소드를 호출해서 프로그램 제어가 47라인으로 이동한다.

47~69라인 requestPro(HttpServletRequest request, HttpServletResponse response) 메소드는 사용자의 요청을 분석해서, 요청에 따라 작업을 처리한 후 결과를 뷰인 JSP 페이지로 보낸다. 여기서는 messageView.jsp 페이지로 결과를 보낸다.

- **51라인** String message = request.getParameter("message");는 사용자의 요청을 분석한다.
- **54~60라인** 사용자의 요청에 따른 작업을 처리하는 부분이다.
- **63라인** request.setAttribute("result", result);는 request의 속성에 처리 결과를 저장하는 부분이다. 이때 처리 결과가 저장되는 곳은 result 속성이다.
- **66~67라인** RequestDispatcher dispatcher = request.getRequestDispatcher ("/ch18/messageView.jsp");는 RequestDispatcher를 사용하여 해당 뷰로 포워딩하기 위해서 RequestDispatcher 객체를 생성하는데, 이때 포워드되는 페이지는 "/ch18/message View.jsp"이다. 서블릿과 경로가 다르므로 웹 애플리케이션을 기준으로 한 절대 경로를 사용했다.
- **68라인** dispatcher.forward(request, response) 메소드는 뷰로 포워딩하는 부분이다.

06 [New]-[JSP File] 메뉴를 사용해 [studyjsp]-[WebContent]-[ch17] 폴더에 컨트롤러가 응답 결과를 보낼 뷰인 messageview.jsp 페이지를 작성한다. 기본적인 코딩이 작성되면 다음과 같이 수정한 후 저장한다.

```
01  <%@ page language="java" contentType="text/html; charset=UTF-8"
02     pageEncoding="UTF-8"%>
03  <meta name="viewport" content="width=device-width,initial-scale=1.0"/>
04
05  <p>결과 : ${requestScope.result}
```


messageView.jsp 페이지는 MessageController.java 서블릿이 처리한 결과를 화면에 표시한다.

5라인 request 객체의 속성인 result의 값을 화면에 표시한다. ${requestScope.result}의 requestScope.result는 request.getParameter("result")와 같다.

07 [Servers] 뷰의 톰캣 서버가 시작되어 있으면 ■ [Stop the Server] 아이콘을 눌러 내린 후 다시 ▶ [Start the Server] 아이콘을 눌러 서비스를 올린다. 서블릿인 MessageController.java 파일을 선택하고 마우스 오른쪽 버튼을 눌러 [Run As]-[Run on Server] 메뉴를 클릭하면 실행 결과가 표시된다.

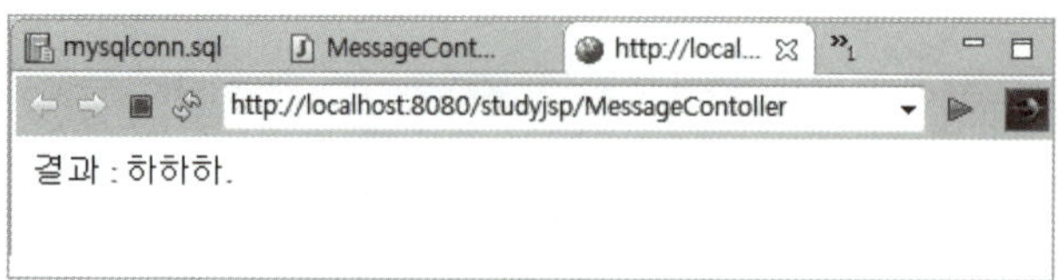

▲ MessageController.java 서블릿 실행 결과

결과가 표시된 웹 브라우저에 'http://localhost:8080/studyjsp/MessageContoller ?message=name'과 같이 '?message=name'을 추가한 후 실행하면 다음과 같은 결과가 표시된다.

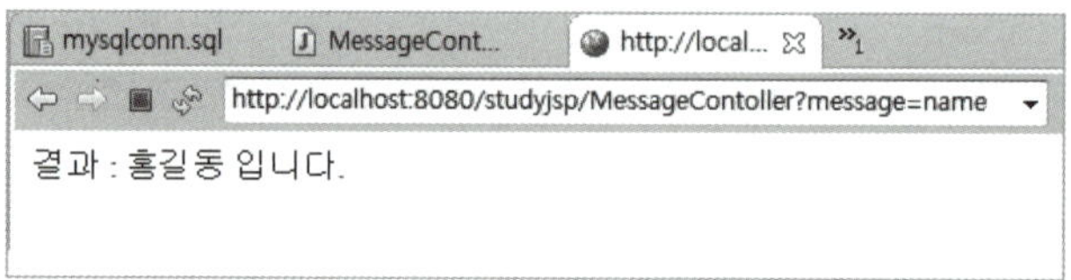

▲ MessageController.java 서블릿에 쿼리 스트링 '?message=name'을 추가해서 실행한 결과

결과가 표시된 웹 브라우저에 'http://localhost:8080/studyjsp/MessageContoller ?message=aaa'와 같이 '?message=aaa'를 추가한 후 실행하면 다음과 같은 결과가 표시된다.

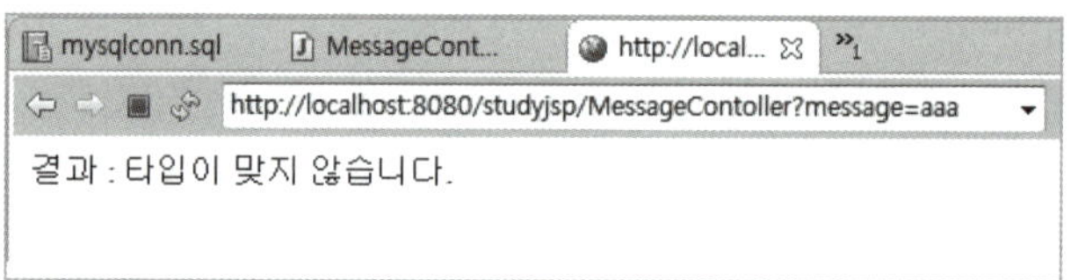

▲ MessageController.java 서블릿에 쿼리 스트링 '?message=aaa'를 추가해서 실행한 결과

간단한 컨트롤러의 사용 예제를 살펴보았다. 이 예제를 작성하고 나면 이 패턴을 어디선가 보았다는 느낌이 들 것이다. 〈jsp:forward〉 액션 태그를 사용하는 것과 같은 스타일이라는 것을 느낄 수가 있다. 즉, dispatcher.forward(request, response) 메소드와 〈jsp:forward〉 액션 태그의 하는 일이 같다는 것을 알 수 있다.

컨트롤러인 서블릿에 사용자의 요청을 명령어로 전달_커맨드 패턴

여기서는 서블릿에 사용자의 요청을 명령어로 전달할 경우 요청 파라미터로 명령어를 전달하는 방법과 요청 URI 자체를 명령어로 사용하는 방법에 대해 학습한다.

사용자가 어떤 요청을 했는지 판단하기 위한 가장 일반적인 방법이 명령어로서 사용자의 요청을 전달하는 것이다. 예를 들어 사용자가 글목록을 보는 작업을 요청하면 "글목록"을 명령어로, 글삭제 작업을 요청하면 "글삭제"를 명령어로서 컨트롤러인 서블릿에 전달하는 방법이다. 그러면 컨트롤러는 전달된 명령어를 분석해서 해당 작업을 처리하도록 한 후 결과를 뷰(View)로 보내주면 된다.

컨트롤러인 서블릿에 사용자의 요청을 명령어로 전달하는 방법에는 두 가지가 있다. 하나는 요청 파라미터로 명령어를 전달하는 방법이고 다른 하나는 요청 URI 자체를 명령어로 사용하는 방법이다.

이 두 방법은 모두 properties 매핑 파일이 필요하기 때문에, 이 파일들을 저장할 [property] 폴더를 미리 만들어 둔다.

따라하기   [property] 폴더 작성

[studyjsp] 프로젝트의 [WebContent] 폴더에 [property] 폴더를 생성한다.

1   요청 파라미터로 명령어를 전달하는 방법

요청 파라미터로 명령어를 전달하는 방법은 컨트롤러인 서블릿에 요청 파라미터를 정보를 덧붙여서 사용하는 방법이다.

http://localhost:8080/studyjsp/MessageContoller?message=aaa

위의 예시에서 컨트롤러인 MessageController 서블릿에 message라는 파라미터와 파라미터 값 aaa를 붙여서 사용자의 요청을 받는다. 이때 파라미터인 message가 가진 값에 따라 컨트롤러에서 처리되는 작업이 달라지고 처리 결과도 달라진다.

이 방법은 간편하긴 하나 명령어를 파라미터로 전달 시 정보가 웹 브라우저를 통해 노출된다. 간혹 이러한 파라미터를 보고 악의적으로 사이트에 접근할 수 있는 빌미를 제공한다는 단점을 가지고 있다.

 요청 파라미터로 명령어를 전달하는 예제

 서블릿 파일은 부록 CD에서 통째로 복사해서 쓰면 안 된다. 반드시 생성한 후 코드의 일부만을 복사해서 사용해야 한다. 만일 서블릿을 직접 만들지 않으면 동작되지 않는다.

이 예제는 컨트롤러인 Controller 서블릿이 사용자의 요청을 명령어로 전달받아서 그 명령어에 따른 처리를 하는 것이다. 이때 컨트롤러에 요청 파라미터를 전달받아서 해당 명령에 대한 처리를 명령어 처리 클래스에 일임해서 처리하게 한다. 그리고 그 결과를 전달받아서 뷰인 process.jsp 페이지로 보내서 사용자의 요청에 응답한다.

 Controller.java 서블릿

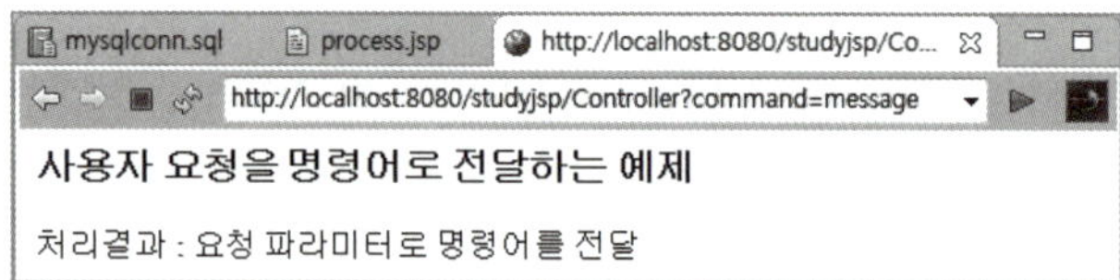

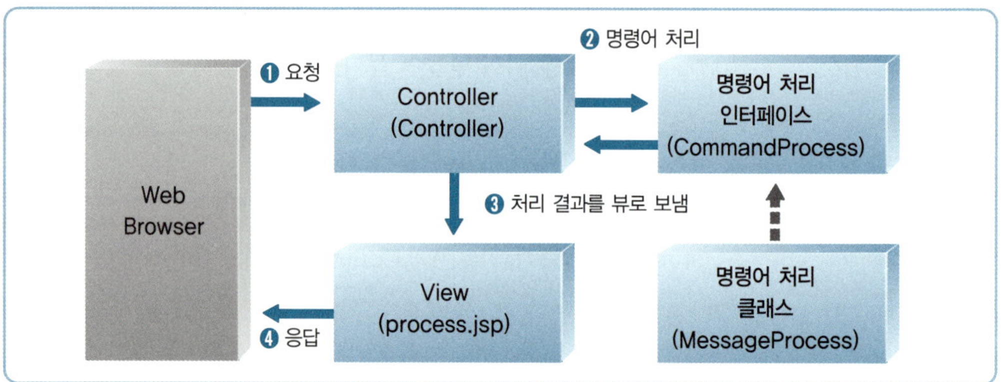

▲ 요청 파라미터로 명령어를 전달하는 예제의 구조

01 [New]-[File] 메뉴를 사용해 [studyjsp]-[WebContent]-[property] 폴더에 명령어와 명령어 처리 클래스를 매핑한 정보 파일인 command.properties 파일을 작성한다. 기본적인 코딩이 작성되면 다음과 같이 수정한 후 저장한다.

```
01    #command = class full name
02    message=ch17.controller.MessageProcess
```

command.properties 파일은 명령어와 명령어 처리 클래스의 매핑 정보를 갖고 있다.

1라인 주석문이다. properties 파일에서 주석은 '#'을 사용한다. 한글 입력 시 유니코드로 표시되어 영어로 주석문을 기술했다.

2라인 message=ch17.controller.MessageProcess에서 message는 명령어이고 ch17.controller.MessageProcess는 해당 명령어를 처리할 클래스명이다. 만일 다른 작업을 처리할 명령어가 더 있는 경우, 다음 줄에 명령어와 명령어 처리 클래스를 2라인과 같이 작성해서 나열하면 된다.

02 [New]-[Interface] 메뉴를 사용해 [Java Resources]-[src]에 명령어 처리 클래스의 슈퍼 인터페이스인 CommandProcess.java 파일을 작성한다. 이때 [Package]에 "ch17.controller"를, [Name]에 "CommandProcess"를 입력한다. 기본적인 코딩이 작성되면 다음과 같이 수정한 후 저장한다.

```
01    package ch17.controller;
02
03    import javax.servlet.http.HttpServletRequest;
04    import javax.servlet.http.HttpServletResponse;
05
06    public interface CommandProcess {
07          public String requestPro(
08              HttpServletRequest request, HttpServletResponse response)
09              throws Throwable;
10    }
```


CommandProcess.java는 명령어 처리 클래스의 슈퍼 인터페이스로 각 명령어 처리 클래스를 관리하는 역할을 한다. 이렇게 슈퍼 인터페이스를 만들고 그것을 구현하는 클래스를 만드는 이유는 다형성 때문으로 좀 더 유연한 형태의 객체가 생성되고 컨트롤하기도 쉽다.

1라인 해당 클래스 패키지를 ch17.controller로 한다.

3~4라인 8라인에서 해당 클래스를 사용하므로 import 받았다.

6~10라인 CommandProcess 인터페이스는 서블릿으로부터 명령어의 처리를 지시받아 해당 명령에 대한 작업을 처리하고 작업 결과를 서블릿으로 리턴한다. 그러나 CommandProcess가 인터페이스(interface)인 관계로 실제로 작업을 처리하는 것은 이 인터페이스를 구현하는(implements) 클래스가 수행한다. 이 인터페이스가 명령어 처리를 받으면 자동으로 해당 명령어 처리 클래스가 실행된다.

03 [New]-[Class] 메뉴를 사용해 [Java Resource]-[src]에 슈퍼 인터페이스를 구현하는 명령어 처리 클래스인 MessageProcess.java 파일을 작성한다. 이때 [Package]에 "ch17.controller"를, [Name]에 "MessageProcess"를 입력한다. 기본적인 코딩이 작성되면 다음과 같이 수정한 후 저장한다.

```
01    package ch17.controller;
02
03    import javax.servlet.http.HttpServletRequest;
04    import javax.servlet.http.HttpServletResponse;
05
06    public class MessageProcess implements CommandProcess{
07
08        @Override
09        public String requestPro(
10            HttpServletRequest request, HttpServletResponse response)
11            throws Throwable{
12            request.setAttribute("message", "요청 파라미터로 명령어를 전달");
13            return "/ch17/process.jsp";
14        }
15    }
```

서블릿으로 리턴하는 실제 작업은 이 클래스가 수행한다.

슈퍼 인터페이스인 CommandProcess와 명령어 처리 클래스인 MessageProcess는 일종의 상속 관계를 가지고 있다. 아래의 그림은 이들의 관계를 UML(Unified Modeling Language) 다이어그램의 클래스 다이어그램으로 표시한 것이다. UML 다이어그램에 대해서는 이번 Chapter의 마지막에 설명하니 참고하기 바란다.

작업 처리에 대해 단일 진입점인 CommandProcess 인터페이스에서 실제 작업을 처리하는 클래스로 제어가 이동하므로 제어와 관리가 편하고 확장성이 좋다. 또한 구현하는 클래스가 늘어나더라도 컨트롤러인 서블릿의 소스 코드를 고칠 필요가 없다.

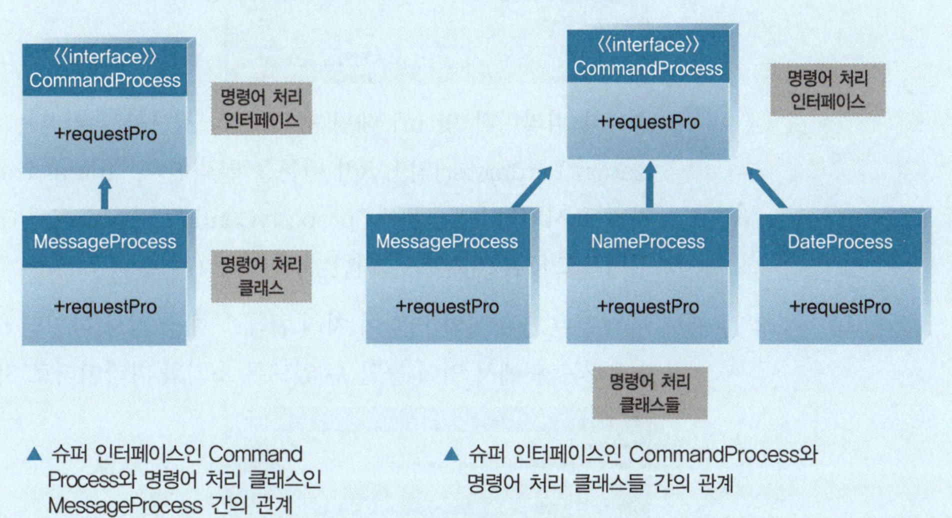

▲ 슈퍼 인터페이스인 Command Process와 명령어 처리 클래스인 MessageProcess 간의 관계

▲ 슈퍼 인터페이스인 CommandProcess와 명령어 처리 클래스들 간의 관계

9~14라인 public String requestPro(HttpServletRequest request, HttpServletResponse response)throws Throwable{ 메소드는 CommandProcess 인터페이스의 7~9라인에 있는 requestPro(HttpServletRequest request,HttpServletResponse response) 메소드를 오버라이딩(재정의)한 메소드이다. 이 메소드는 반드시 오버라이딩해야 하며, 그렇지 않을 경우 에러가 발생한다.

- **12라인** request 객체의 message 속성에 "요청 파라미터로 명령어를 전달"이라는 속성값을 지정했다.
- **13라인** return "/ch17/process.jsp";는 이 메소드를 호출한 서블릿인 Controller의 121라인으로 이 값이 리턴된다.

04 컨트롤러인 Controller.java를 작성하기 위해 [Java Resources]-[src]를 선택하고 [New]-[Servlet] 메뉴를 클릭한다.

05 [Create Servlet] 대화상자가 표시되면[Java package]에 "ch17.controller"를, [Classname]에 "Controller"를 입력하고 [Next] 버튼을 클릭한다.

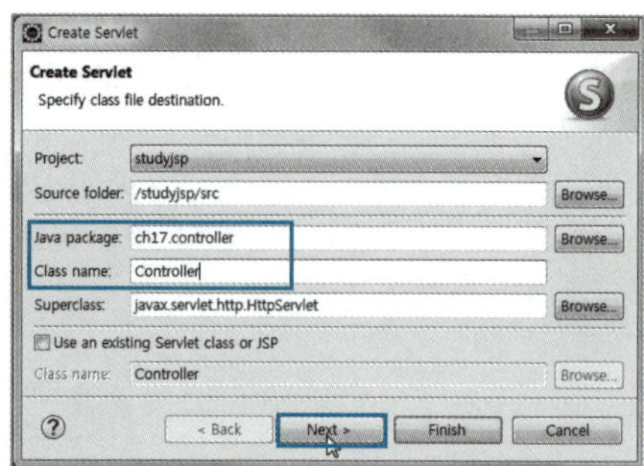

06 초기화 파라미터 및 url 매핑 등의 설정 정보를 추가하는 부분이 표시되면 [Initial ization Parameter]의 [Add] 버튼을 클릭한다. [Initial ization Parameter] 대화상 자가 표시되면 [Name]에 "propertyConfig"를, [Value]에 "command.properties"를 입력하고 [OK] 버튼을 클릭한다.

이 부분은 명령어와 명령어 처리 클래스 매핑 정보 파일인 command. properties 파 일을 서블릿에서 읽어 들일 수 있도록 초기화 파라미터로 지정하는 곳이다.

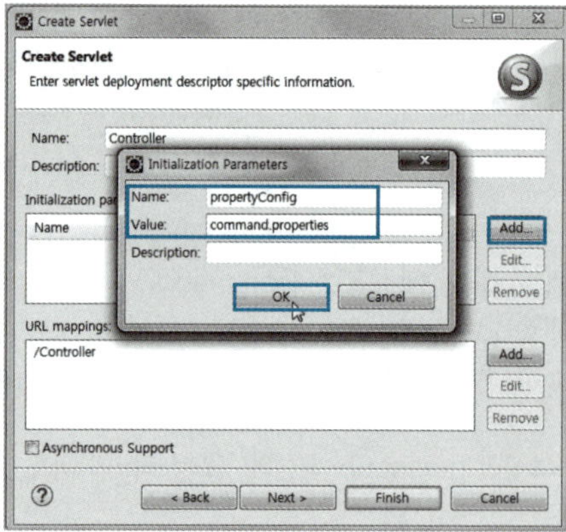

07 [Initialization Parameter]에 추가한 파라미터가 등록된 것을 확인한 후 [Next] 버 튼을 클릭한다.

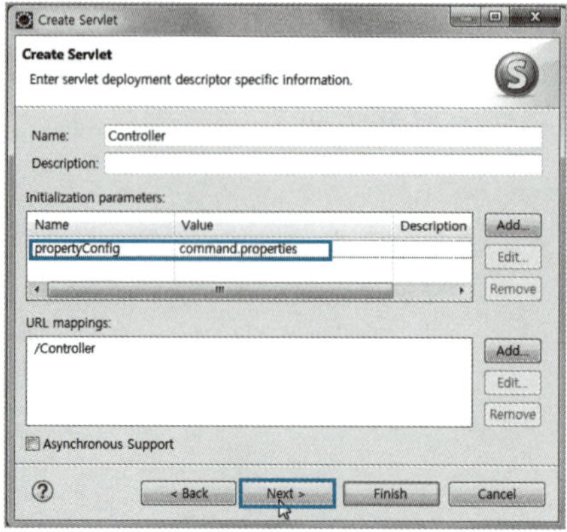

08 서블릿에서 생성할 메소드를 선택하는 부분이 표시되면 [init] 메소드를 체크하여 선택하고 [doGet], [doPost] 메소드가 선택된 것을 확인한 후 [Finish] 버튼을 클릭한다.

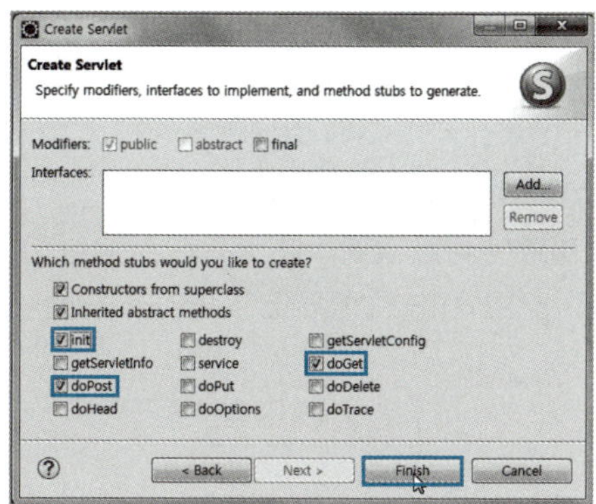

09 Controller.java 파일의 기본적인 코딩이 작성되면 다음과 같이 수정하고 저장한다.

```java
01    package ch17.controller;
02
03    import java.io.FileInputStream;
04    import java.io.IOException;
05    import java.util.HashMap;
06    import java.util.Iterator;
07    import java.util.Map;
08    import java.util.Properties;
09
10    import javax.servlet.RequestDispatcher;
11    import javax.servlet.Servlet;
12    import javax.servlet.ServletConfig;
13    import javax.servlet.ServletContext;
14    import javax.servlet.ServletException;
15    import javax.servlet.annotation.WebInitParam;
16    import javax.servlet.annotation.WebServlet;
17    import javax.servlet.http.HttpServlet;
18    import javax.servlet.http.HttpServletRequest;
19    import javax.servlet.http.HttpServletResponse;
20
21    /**
22     * Servlet implementation class Controller
23     */
24    @WebServlet(
```

```java
25          urlPatterns = { "/Controller" },
26          initParams = {
27          @WebInitParam(name = "propertyConfig", value = "command.properties")
28      })
29  public class Controller extends HttpServlet {
30      private static final long serialVersionUID = 1L;
31      //명령어와 명령어 처리 클래스를 쌍으로 저장
32      private Map<String, Object> commandMap = new HashMap<String,
        Object>();
33
34      /**
35       * @see HttpServlet#HttpServlet()
36       */
37      public Controller() {
38          super();
39          // TODO Auto-generated constructor stub
40      }
41
42      /**
43       * @see Servlet#init(ServletConfig)
44       */
45      //명령어와 처리 클래스가 매핑되어 있는 properties 파일을 읽어서
46      //HashMap 객체인 commandMap에 저장
47      public void init(ServletConfig config) throws ServletException {
48          // TODO Auto-generated method stub
49
50          //initParams에서 propertyConfig의 값을 읽어옴
51          String props = config.getInitParameter("propertyConfig");
52          String realFolder = "/property"; //properties 파일이 저장된 폴더
53          //웹 애플리케이션 루트 경로
54          ServletContext context = config.getServletContext();
55          //realFolder를 웹 애플리케이션 시스템상의 절대 경로로 변경
56          String realPath = context.getRealPath(realFolder) +"\\"+props;
57
58          //명령어와 처리 클래스의 매핑 정보를 저장할 Properties 객체 생성
59          Properties pr = new Properties();
60          FileInputStream f = null;
```

```java
61          try {
62              //command.properties 파일의 내용을 읽어옴
63              f = new FileInputStream(realPath);
64              //command.properties의 내용을 Properties 객체 pr에 저장
65              pr.load(f);
66          } catch (IOException e) {
67              e.printStackTrace();
68          } finally {
69              if (f != null) try { f.close(); } catch(IOException ex) {}
70          }
71          //Set 객체의 iterator() 메소드를 사용해 Iterator 객체를 얻어냄
72          Iterator<?> keyIter = pr.keySet().iterator();
73          //Iterator 객체에 저장된 명령어와 처리 클래스를 commandMap에 저장
74          while( keyIter.hasNext() ) {
75              String command = (String)keyIter.next();
76              String className = pr.getProperty(command);
77              try {
78                  Class<?> commandClass = Class.forName(className);
79                  Object commandInstance = commandClass.newInstance();
80                  commandMap.put(command, commandInstance);
81              } catch (ClassNotFoundException e) {
82                  throw new ServletException(e);
83              } catch (InstantiationException e) {
84                  throw new ServletException(e);
85              } catch (IllegalAccessException e) {
86                  throw new ServletException(e);
87              }
88          }
89      }
90
91      /**
92       * @see HttpServlet#doGet(HttpServletRequest request, HttpServletResponse
       response)
93       */
94  protected void doGet(//get 방식의 서비스 메소드
95      HttpServletRequest request, HttpServletResponse response)
96      throws ServletException, IOException {
```

```java
97          // TODO Auto-generated method stub
98          requestPro(request, response);//웹 브라우저 요청 처리 메소드 호출
99      }
100
101     /**
102      * @see HttpServlet#doPost(HttpServletRequest request, HttpServletResponse
103           response)
104     protected void doPost(//post 방식의 서비스 메소드
105         HttpServletRequest request, HttpServletResponse response)
106         throws ServletException, IOException {
107         // TODO Auto-generated method stub
108         requestPro(request, response);//웹 브라우저 요청 처리 메소드 호출
109     }
110
111     //웹 브라우저의 요청을 분석하고, 해당 로직의 처리를 할 모델 실행 및
112     //처리 결과를 뷰에 보냄
113     private void requestPro(
114         HttpServletRequest request, HttpServletResponse response)
115         throws ServletException, IOException {
116         String view = null;
117         CommandProcess com=null;
118         try{
119             String command = request.getParameter("command");
120             com = (CommandProcess)commandMap.get(command);
121             view = com.requestPro(request, response);
122         } catch(Throwable e) {
123             throw new ServletException(e);
124         }
125         RequestDispatcher dispatcher =request.getRequestDispatcher(view);
126         dispatcher.forward(request, response);
127     }
128 }
```

Controller.java 파일은 사용자의 요청을 요청 파라미터로 구분해서 요청에 해당하는 로직의 진입점 슈퍼 인터페이스인 CommandProcess 클래스의 메소드를 호출한다. 그러면 슈퍼 인터페이스에서

해당 작업을 처리할 명령어 처리 클래스인 MessageProcess의 .requestPro(request, response) 메소드가 호출되어 작업을 처리한다. 처리 결과와 결과를 보낼 뷰에 대한 정보는 다시 컨트롤러인 Controller 서블릿으로 보내진다. 컨트롤러가 이 정보를 지정된 뷰인 process.jsp로 보내면 화면에 결과가 표시된다.

1라인 패키지를 기술한다.

3~19라인 필요 클래스를 import 한다.

24~28라인 따라하기 ❻번에서 설정한 초기화 파라미터 및 url 매핑 등의 설정 정보가 기술되는 부분이다.

- **27라인** @WebInitParam(name = "propertyConfig", value = "command.properties")는 초기화 파라미터 변수명 propertyConfig에 대한 값 command.properties이 기술된 부분이다.

32라인 private Map〈String, Object〉 commandMap = new HashMap〈String, Object〉( );는 Map 객체인 commandMap에 명령어와 명령어 처리 클래스를 쌍으로 저장하기 위한 저장소로 사용하려고 생성했다. 이때 명령어의 타입은 String이고, 명령어 처리 클래스는 Object이기 때문에 제너릭이 〈String, Object〉이다.

47~89라인 init(ServletConfig config) 메소드는 서블릿이 실행될 때 가장 먼저 1번만 자동으로 실행된다. init( ) 메소드에서 하는 일은 명령어와 처리 클래스가 매핑되어 있는 properties 파일을 읽어서 Map 객체인 commandMap에 저장한다. 이때 명령어와 처리 클래스가 매핑되어 있는 properties 파일은 Command.properties 파일이다.

- **51라인** String props = config.getInitParameter("propertyConfig");는 27라인의 initParams에서 propertyConfig의 값인 "command.properties"를 props 변수에 저장한다.

- **52~56라인** command.properties 파일이 있는 위치를 웹 애플리케이션 시스템상의 절대 경로로 얻어낸다. 예를 들어 여기서는 'C:\apache-tomcat-8.0.9\webapps\studyjsp\property\command.properties' 파일을 읽어오도록 지정한 것이다.

- **59라인** Properties pr = new Properties( );은 명령어와 명령어 처리 클래스의 매핑 정보를 저장할 Properties 객체인 pr을 생성한다.

- **63라인** f = new FileInputStream(realPath);는 FileInputStream 객체 f로 command.properties 파일의 내용을 읽어온다. 외부 데이터(파일 포함)를 자바 클래스로 읽어오려면 입력 스트림을 사용해야 한다. 여기서 FileInputStream은 파일을 읽어올 때 사용하는 스트림 객체이다.

- **65라인** pr.load(f);pr.load(f);는 FileInputStream 객체로 읽어온 command.properties 파일의 정보를 Properties 객체에 저장한다.

- **72라인** Iterator〈?〉 keyIter = pr.keySet( ).iterator( );에서 pr.keySet( ) 메소드의 리턴 타입은 Set 객체이다. 이 Set 객체의 iterator( ) 메소드를 사용하면 Iterator 객체가 리턴된다. 여기서는 keyIter는 Iterator 객체의 레퍼런스이다. Iterator 객체는 Enumeration 객체를 확장시킨 개념으로, Enumeration 객체와 비슷하다. Enumeration과 Iterator의 제너릭이 〈?〉인 이유는, 이들 컬렉션은 특정 객체가 아닌 모든 객체를 저장할 수 있도록 타입을 지정하지 않는 것을 권장하기 때문이다. 〈?〉는 객체라면 무엇이든지 저장 가능하다고 이해하면 된다.

- **74~88라인** while문은 Iterator 객체에 저장된 명령어와 처리 클래스를 꺼내서 commandMap에 저장하는 작업을 반복 처리한다.

- **75라인** String command = (String)keyIter.next( );는 keyIter.next( )를 사용해서 해당 객체를 하나씩 꺼내서 command 변수에 저장한다. 여기서는 이 변수에 "message" 문자열이 저장된다. 이 문자열이 명령어이다.

- **76라인** String className = pr.getProperty(command);에서 pr.getProperty(command)는 command 변수값인 명령어에 해당하는 명령 처리 클래스명을 Iterator에서 꺼내서 className 변수에 저장한다. 여기서 명령어 처리 클래스는 command 변수값이 message일 때 ch17.controller.MessageProcess 값이며, 아직 객체가 아닌 "ch17.controller.MessageProcess"와 같은 문자열이 className 변수에 저장된다.

- **78라인** Class⟨?⟩ commandClass = Class.forName(className);에서 Class.forName(className)은 className 변수가 가지고 있는 해당 문자열을 클래스로 생성한다. 즉, ch17.controller.MessageProcess가 문자열이 아닌 클래스가 되어서 commandClass에 저장된다.

- **79라인** Object commandInstance = commandClass.newInstance();는 MessageProcess 클래스를 사용하기 위해 객체로 생성하는 부분이다. commandClass.newInstance() 메소드는 commandClass에 저장된 ch17.controller.MessageProcess 클래스의 객체를 생성한다. 이때 ch17.controller.MessageProcess 클래스의 객체는 Object 타입으로 commandInstance 레퍼러스를 갖는다. 이때 실제 할당된 객체는 ch17.controller.MessageProcess 클래스의 객체이다.

- **80라인** commandMap.put(command, commandInstance);에서 commandMap.put(command, commandInstance)은 Map 객체인 commandMap에 키와 값의 쌍으로 객체를 저장한다. command="message"이고 commandInstance 레퍼런스는 ch17.controller.MessageProcess 객체를 가지므로 키가 "message"이고, 값이 ch17.controller.MessageProcess 객체이다.

94~99라인, 104~109라인 doGet()과 doPost() 메소드는 서비스 메소드로 사용자의 요청을 받아서 98, 108라인에서 requestPro() 메소드를 호출한다. 그러면 113라인의 requestPro() 메소드가 실행된다.

113~127라인 requestPro(HttpServletRequest request, HttpServletResponse response) 메소드는 시용자의 요청을 분석해서 해당 로직을 처리할 모델을 실행한다. 또한 로직의 실행 결과를 모델로부터 받아서 처리 결과를 뷰로 보내는 메소드이다.

- **119라인** String command = request.getParameter("command");는 사용자의 요청으로부터 command 파라미터의 값을 읽어 와서 command 변수에 저장한다. command 파라미터는 명령어를 가지고 있는데 결론적으로 command 변수에 사용자의 요청을 처리할 수 있는 명령어가 저장된다.

- **120라인** com = (CommandProcess)commandMap.get(command);에서 commandMap.get(command)은 command 변수값이 Map 객체인 commandMap 객체의 키에 있으면 해당 키의 값을 가져오는 부분이다. 즉, 명령어에 해당하는 명령어 처리 클래스가 리턴된다. 이때 저장된 객체를 실제 타입으로 형 변환해야 한다. CommandProcess형으로 형 변환 객체의 레퍼런스를 com에 넘겨준다. 즉, com이 명령어에 해당하는 명령 처리 클래스의 객체의 레퍼런스가 된다. 앞으로 com으로 해당 객체에 접근할 수 있다. 만일 command="message"이면 ch17.controller. MessageProcess 객체가 리턴되는데 이것을 CommandProcess으로 형 변환한다. com에 실제 할당된 객체는 MessageProcess 객체이지만 레퍼런스는 부모인 CommandProcess 타입이 된다.
이것은 다형성으로서 레퍼런스는 슈퍼 클래스이고 할당되는 객체는 서브 클래스로, 실제로 수행되는 것은 할당된 서브 클래스의 객체이다. 왜 이렇게 사용해야 하는지 마음에 들지 않을 수도 있으나, 이것은 서브 클래스가 다양한 형태로 여러 개 있을 때 단일 진입점인 슈퍼 클래스를 통해 진입함으로써 관리와 프로그래밍이 편해지는 방법이다.

- **121라인** view = com.requestPro(request, response);에서 com.requestPro(request, response)는 com 객체의 requestPro( ) 메소드를 호출한다. 여기서 com 레퍼런스가 Command Process 타입이므로 CommandProcess 인터페이스의 7라인을 수행한다. 그런데 이 메소드는 CommandProcess 인터페이스를 구현한 클래스인 MessageProcess 클래스의 9라인에서 오버라이딩을 했으므로 실제로 수행되는 것은 MessageProcess 클래스의 9라인의 requestPro( ) 메소드이다. 즉, MessageProcess 클래스의 requestPro( ) 메소드가 호출된다. 이 메소드가 수행된 후 리턴된 결과가 view에 저장된다. MessageProcess 클래스의 requestPro( ) 메소드를 보면 알겠지만 리턴되는 것을 이동할 JSP 페이지(뷰)이다. 즉, view 변수에는 이동할 뷰가 저장된다. 여기서는 view가 "/ch17/process.jsp"를 갖는다.

- **125라인** RequestDispatcher dispatcher =request.getRequestDispatcher(view);는 해당 뷰로 포워딩하기 위해서 RequestDispatcher 객체를 생성하는데, 이때 포워드되는 페이지는 view 변수가 가지는 값이다. 여기서는 view가 가지는 값이 "/ch17/process.jsp"이다. 서블릿과 경로가 다르므로 웹 애플리케이션을 기준으로 한 절대 경로를 사용했다.

- **126라인** dispatcher.forward(request, response);에서 dispatcher.forward(request, response) 메소드는 해당 뷰로 포워딩하는 부분이다.

10 [New]-[JSP File] 메뉴를 사용해 [studyjsp]-[WebContent]-[ch17] 폴더에 컨트롤러가 응답 결과를 보낼 뷰인 process.jsp 페이지를 작성한다. 기본적인 코딩이 작성되면 다음과 같이 수정한 후 저장한다.

```
01    <%@ page language="java" contentType="text/html; charset=UTF-8"
02        pageEncoding="UTF-8"%>
03    <meta name="viewport" content="width=device-width,initial-scale=1.0"/>
04
05    <h3>요청 파라미터로 명령어를 전달하는 예제</h3>
06    <p>처리결과 : ${requestScope.message}
```


process.jsp 페이지는 Controller.java 서블릿이 처리한 결과를 화면에 표시한다.

6라인 request 객체 속성 중 message 속성값을 화면에 출력한다.

11 [Servers] 뷰의 톰캣 서버가 시작되어 있으면 ■ [Stop the Server] 아이콘을 눌러 내린 후 다시 ▶ [Start the Server] 아이콘을 눌러 서비스를 올린다. 서블릿인 Controller.java 파일을 선택하고 마우스 오른쪽 버튼을 눌러 [Run As]-[Run on Server] 메뉴를 클릭하면 실행 결과가 에러로 표시된다.

이때 주소에 http://localhost:8080/studyjsp/Controller?command=message와 같이 '?command=message' 쿼리 스트링을 추가하고 Enter 키를 눌러 재실행한다.

▲ Controller.java 서블릿 실행 결과

2 요청 URI 자체를 명령어로 사용하는 방법

요청 URI 자체를 명령어로 사용하는 방법은 사용자가 요청한 URI 자체를 명령어로 사용하는 방법이다.

> http://127.0.0.1:8080/studyjsp/ch17/test.do

위의 예시는 URI 자체를 명령어로 인식하도록 했는데, 이 방법은 일단 요청한 URI을 읽어서 웹 애플리케이션 루트까지의 문자열 위치값을 알아낸 후 URI에서 웹 애플리케이션의 다음 문자열부터 명령어로 인식하게 하는 방법이다. 이 예시에서는 'http://127.0.0.1:8080/studyjsp/ch17/test.do' 로부터 웹 애플리케이션 루트인 'http://127.0.0.1:8080/studyjsp' 를 제외한 '/ch17/test.do' 만을 명령어로 사용한다.

이 방법은 요청되는 URI가 실제 페이지가 아니고 명령어이므로 악의적인 명령어로부터 사이트가 보호되며, 요청되는 URL이 좀 더 자연스러워진다는 장점이 있다.

따라하기   요청 URI 자체를 명령어로 사용하는 예제

주의 서블릿 파일은 부록 CD에서 통째로 복사해서 쓰면 안 된다. 반드시 생성한 후 코드의 일부만을 복사해서 사용해야 한다. 만일 서블릿을 직접 만들지 않으면 동작되지 않는다.

이 예제는 컨트롤러인 ControllerURI 서블릿이 사용자의 요청 자체를 URI로 전달받아서, 그 요청 URI 자체를 명령어로 사용하는 것에 대한 처리를 하는 것이다. 이때 명령어 컨트롤러에 사용자의 요청 자체를 URI로 전달받아서 해당 명령에 해당하는 처리를 명령어 처리 클래스에 일임해서 처리하게 하고, 그 결과를 전달받아서 뷰인 process.jsp 페이지로 보내서 사용자의 요청에 응답한다.

실행 결과   요청 URI 예제

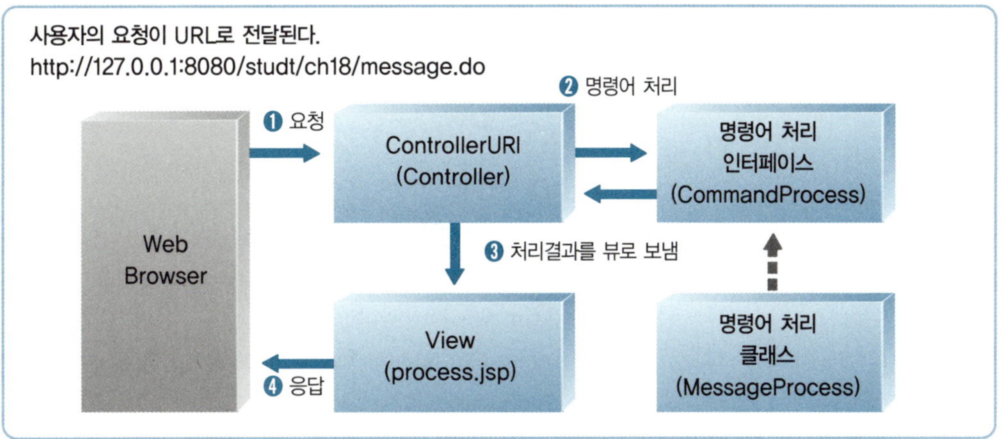

▲ 요청 URI 자체를 명령어로 전달하는 예제의 구조

01 [New]-[File] 메뉴를 사용해 [studyjsp]-[WebContent]-[property] 폴더에 명령어
와 명령어 처리 클래스를 매핑한 정보 파일인 commandURI.properties 파일을 작
성한다. 기본적인 코딩이 작성되면 다음과 같이 수정하고 저장한다.

```
01    #command = class full name
02    /ch17/message.do=ch17.controller.MessageProcessURI
```

소스코드 설명

commandURI.properties 파일은 명령어와 명령어 처리 클래스의 매핑 정보를 갖고 있다.

2라인 /ch17/message.do=ch17.controller.MessageProcessURI에서 /ch17/message.do는 명
령어이고, ch17.controller.MessageProcessURI는 해당 명령어를 처리할 클래스명이다.

02 명령어 처리 클래스의 슈퍼 인터페이스인 CommandProcess.java 파일은 앞에서 작
성해서 생략한다.

03 [New]-[Class] 메뉴를 사용해 [Java Resources]-[src]에 슈퍼 인터페이스를 구현하
는 명령어 처리 클래스인 MessageProcessURI.java 파일을 작성한다. 이때
[Package]에 "ch17.controller"를, [Name]에 "MessageProcessURI"를 입력한다.
기본적인 코딩이 작성되면 다음과 같이 수정하고 저장한다.

```
01    package ch17.controller;
02
03    import javax.servlet.http.HttpServletRequest;
```

```java
04    import javax.servlet.http.HttpServletResponse;
05
06    public class MessageProcessURI implements CommandProcess{
07
08            @Override
09            public String requestPro(
10                HttpServletRequest request,HttpServletResponse response)
11                throws Throwable{
12                request.setAttribute("message", "요청 URI로 명령어를 전달");
13                return "/ch17/process.jsp";
14            }
15    }
```


MessageProcessURU.java는 명령어 처리 클래스로 요청한 작업에 대한 로직 처리를 한다. 이 클래스의 메소드는 직접 호출하지 않고 슈퍼 인터페이스인 CommandProcess를 통해 호출해서 사용한다.

6라인 public class MessageProcessURI implements CommandProcess{에서 MessageProcessURI 클래스는 CommandProcess 인터페이스를 구현(implements)한다. 서블릿으로부터 명령어의 처리를 지시받는 것은 CommandProcess 인터페이스이나, 해당 명령에 대한 작업을 처리하고 작업 결과를 서블릿으로 리턴하는 실제 작업은 이 클래스가 수행한다.

9~14라인 public String requestPro(HttpServletRequest request, HttpServletResponse response)throws Throwable{ 메소드는 CommandProcess 인터페이스의 7~9라인에 있는 requestPro(HttpServletRequest request,HttpServletResponse response) 메소드를 오버라이딩(재정의)한 메소드이다. 이 메소드는 반드시 오버라이딩해야 하며, 그렇지 않을 경우 에러가 발생한다.

- **12라인** request객체의 message 속성에 "요청 URI로 명령어를 전달"이라는 속성값을 지정했다.
- **13라인** return "/ch17/process.jsp";는 이 메소드를 호출한 서블릿인 ControllerURI의 125라인으로 이 값이 리턴된다.

04 컨트롤러인 ControllerURI.java를 작성하기 위해 [Java Resources]-[src]를 선택하고 [New]-[Servlet] 메뉴를 클릭한다.

05 [Create Servlet] 대화상자가 표시되면 [Java package]에 "ch17.controller"를, [Class name]에 "ControllerURI"를 입력하고 [Next] 버튼을 클릭한다.

06 초기화 파라미터 및 url 매핑 등의 설정 정보를 추가하는 부분이 표시되면 [Initialization Parameter]의 [Add] 버튼을 클릭한다. [Initialization Parameter] 대화상자가 표시되면

[Name]에 "property Config"를, [Value]에 "commandURI. properties"를 입력하고 [OK] 버튼을 클릭한다.

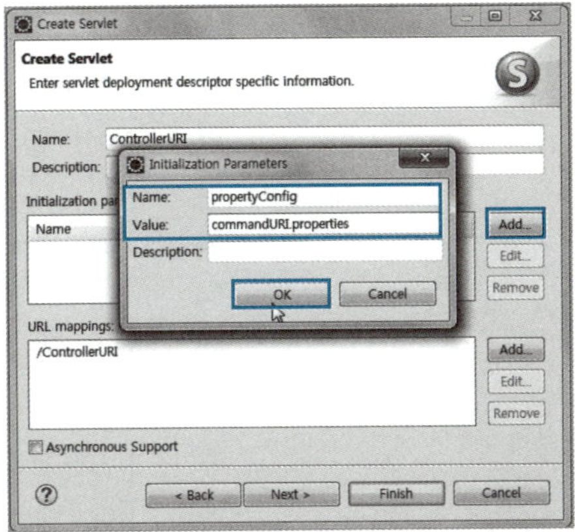

07 [Initialization Parameter]에 추가한 파라미터가 등록된 것을 확인한 후 [URI mappings]의 [Add] 버튼을 클릭한다. [URI Mappings] 대화상자가 표시되면 [pattern]에 "*.do"를 입력하고 [OK] 버튼을 클릭한다.

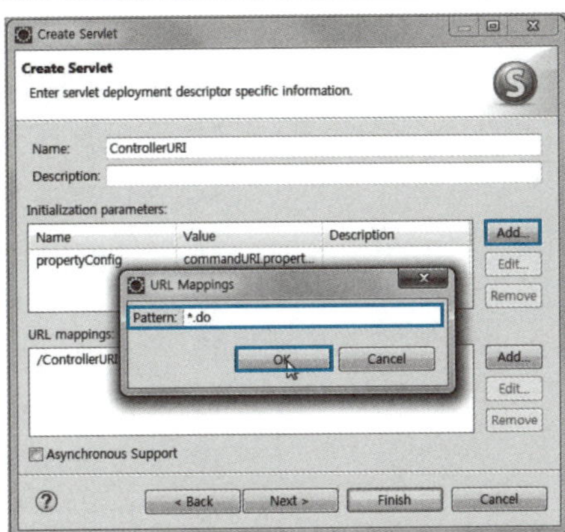

08 [Initialization Parameter]와 [URI mappings]에 입력한 내용이 추가된 것을 확인하고 [Next] 버튼을 클릭한다.

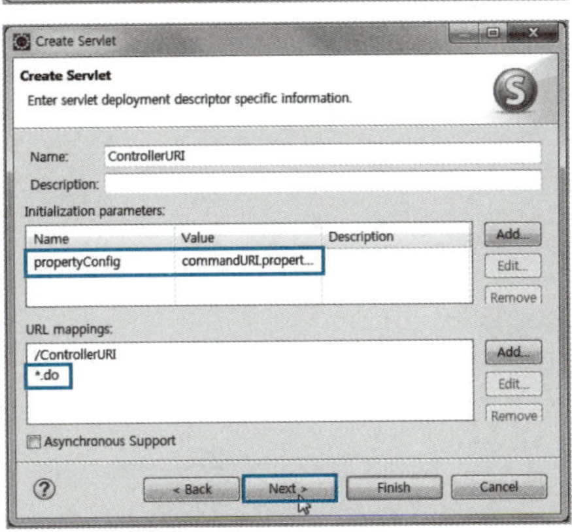

09 서블릿에서 생성할 메소드를 선택하는 부분이 표시되면 [init] 메소드를 체크하여 선택하고 [doGet], [doPost] 메소드가 선택된 것을 확인한 후 [Finish] 버튼을 클릭한다.

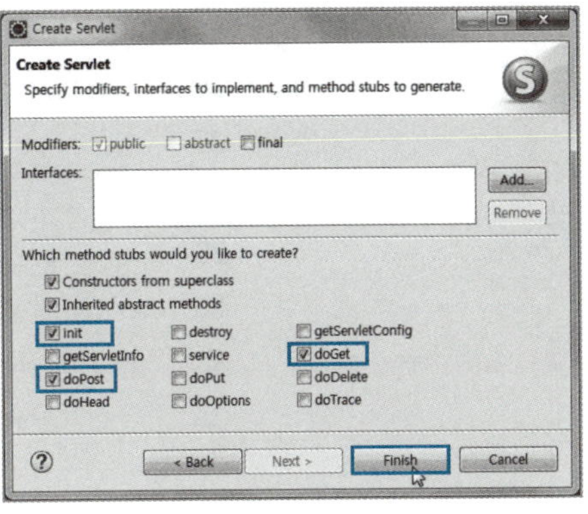

```java
01    package ch17.controller;
02
03    import java.io.FileInputStream;
04    import java.io.IOException;
05    import java.util.HashMap;
06    import java.util.Iterator;
07    import java.util.Map;
08    import java.util.Properties;
09
10    import javax.servlet.RequestDispatcher;
11    import javax.servlet.Servlet;
12    import javax.servlet.ServletConfig;
13    import javax.servlet.ServletContext;
14    import javax.servlet.ServletException;
15    import javax.servlet.annotation.WebInitParam;
16    import javax.servlet.annotation.WebServlet;
17    import javax.servlet.http.HttpServlet;
18    import javax.servlet.http.HttpServletRequest;
19    import javax.servlet.http.HttpServletResponse;
20
21    /**
22     * Servlet implementation class ControllerURI
23     */
24    @WebServlet(
25        urlPatterns = {
26                "/ControllerURI",
27                "*.do"
28        },
29        initParams = {
30    @WebInitParam(name = "propertyConfig", value = "commandURI.properties")
31    })
32    public class ControllerURI extends HttpServlet {
33        private static final long serialVersionUID = 1L;
34        //명령어와 명령어 처리 클래스를 쌍으로 저장
35        private Map<String, Object> commandMap = new HashMap<String, Object>();
36        /**
```

```java
37      * @see HttpServlet#HttpServlet()
38      */
39  public ControllerURI() {
40         super();
41         // TODO Auto-generated constructor stub
42      }
43
44      /**
45       * @see Servlet#init(ServletConfig)
46       */
47  //명령어와 처리 클래스가 매핑되어 있는 properties 파일을 읽어서
48  //HashMap 객체인 commandMap에 저장
49  public void init(ServletConfig config) throws ServletException {
50         // TODO Auto-generated method stub
51
52         //initParams에서 propertyConfig의 값을 읽어옴
53         String props = config.getInitParameter("propertyConfig");
54         String realFolder = "/property"; //properties 파일이 저장된 폴더
55         //웹 애플리케이션 루트 경로
56         ServletContext context = config.getServletContext();
57         //realFolder를 웹 애플리케이션 시스템상의 절대 경로로 변경
58         String realPath = context.getRealPath(realFolder) +"\\"+props;
59
60         //명령어와 처리 클래스의 매핑 정보를 저장할 Properties 객체 생성
61         Properties pr = new Properties();
62         FileInputStream f = null;
63         try{
64            //command.properties 파일의 내용을 읽어옴
65            f = new FileInputStream(realPath);
66            //command.properties의 내용을 Properties 객체 pr에 저장
67            pr.load(f);
68         }catch (IOException e) {
69            e.printStackTrace();
70         }finally {
71            if (f != null) try { f.close(); } catch(IOException ex) {}
72         }
73         //Set 객체의 iterator() 메소드를 사용해 Iterator 객체를 얻어냄
74         Iterator<?> keyIter = pr.keySet().iterator();
```

```java
75              //Iterator 객체에 저장된 명령어와 처리 클래스를 commandMap에 저장
76              while( keyIter.hasNext() ) {
77                  String command = (String)keyIter.next();
78                  String className = pr.getProperty(command);
79                  try {
80                      Class<?> commandClass = Class.forName(className);
81                      Object commandInstance = commandClass.newInstance();
82                      commandMap.put(command, commandInstance);
83                  }catch (ClassNotFoundException e) {
84                      throw new ServletException(e);
85                  }catch (InstantiationException e) {
86                      throw new ServletException(e);
87                  }catch (IllegalAccessException e) {
88                      throw new ServletException(e);
89                  }
90              }
91          }
92
93          /**
94           * @see HttpServlet#doGet(HttpServletRequest request, HttpServletResponse
                 response)
95           */
96          protected void doGet(//get 방식의 서비스 메소드
97              HttpServletRequest request, HttpServletResponse response)
98              throws ServletException, IOException {
99              // TODO Auto-generated method stub
100             requestPro(request, response);//웹 브라우저 요청 처리 메소드 호출
101         }
102
103         /**
104          * @see HttpServlet#doPost(HttpServletRequest request, HttpServletResponse
                 response)
105          */
106         protected void doPost(//post 방식의 서비스 메소드
107             HttpServletRequest request, HttpServletResponse response)
108             throws ServletException, IOException {
109             // TODO Auto-generated method stub
110             requestPro(request, response);//웹 브라우저 요청 처리 메소드 호출
```

```java
111        }
112
113        //웹 브라우저의 요청을 분석하고, 해당 로직의 처리를 할 모델 실행 및
114        //처리 결과를 뷰에 보냄
115        private void requestPro(
116            HttpServletRequest request, HttpServletResponse response)
117            throws ServletException, IOException {
118            String view = null;
119            CommandProcess com=null;
120            try {
121                String command = request.getRequestURI();
122                if(command.indexOf(request.getContextPath()) == 0)
123                    command=command.substring(request.getContextPath().length());
124                com = (CommandProcess)commandMap.get(command);
125                view = com.requestPro(request, response);
126            }catch(Throwable e) {
127                throw new ServletException(e);
128            }
129            RequestDispatcher dispatcher =request.getRequestDispatcher(view);
130            dispatcher.forward(request, response);
131        }
132    }
```


컨트롤러인 ControllerURI.java 파일은 사용자의 요청을 URI로 구분해서, 요청에 해당하는 로직의 진입점 슈퍼 인터페이스인 CommandProcess 클래스의 메소드를 호출한다. 그러면 슈퍼 인터페이스에서 해당 작업을 처리할 명령어 처리 클래스인 MessageProcessURI의 requestPro(request, response) 메소드가 호출되어 작업을 처리한다. 처리 결과와 결과를 보낼 뷰에 대한 정보는 다시 컨트롤러인 ControllerURI 서블릿으로 보내진다. 컨트롤러는 이 정보를 가지고 지정된 뷰인 process.jsp로 보내면 화면에 결과가 표시된다. 각 라인 설명 중 생략된 부분은 앞에서 작성한 Controller.java를 참고한다.

24~31라인 따라하기 ❻, ❼번에서 설정한 초기화 파라미터 및 url 매핑 등의 설정 정보가 기술되는 부분이다.

– **27라인** "*.do"는 url 매핑의 패턴을 지정해서 .do 확장자로 들어오는 URL을 인식할 수 있게 했다.

– **30라인** @WebInitParam(name = "propertyConfig", value = "commandURI.properties") 는 초기화 파라미터 변수명 propertyConfig에 대한 값 commandURI.properties가 기술된 부분이다.

49~91라인 init(ServletConfig config) 메소드는 서블릿이 실행될 때 가장 먼저 1번만 자동으로 실행된다. init() 메소드에서 하는 일은 명령어와 처리 클래스가 매핑되어 있는 properties 파일을 읽어서 Map 객체인 commandMap에 저장한다.

11 컨트롤러가 응답 결과를 보낼 뷰인 process.jsp 페이지는 앞에서 작성해서 생략한다.

12 [Servers] 뷰의 톰캣 서버가 시작되어 있으면 ■ [Stop the Server] 아이콘을 눌러 내린 후 다시 ▶ [Start the Server] 아이콘을 눌러 서비스를 올린다. 아이콘을 눌러 이클립스 내장 웹 브라우저를 실행한다. 내장 웹 브라우저에 "http://localhost: 8080/studyjsp/ch17/message.do"와 같이 주소를 직접 입력하고 Enter 키를 눌러 실행한다.

▲ 요청 URI 예제 실행 결과

- 모델 1(Model 1) 구조 : 웹 브라우저의 요청을 받아들이고, 그 요청에 응답하는 것에 대해 JSP 페이지가 단독으로 처리하는 구조이다.

  ■ 장점
  - 페이지 흐름이 단순하여 개발 기간이 단축된다.
  - MVC 구조에 대한 추가적인 교육이 필요 없고 개발팀의 팀원의 수준이 높지 않아도 된다.
  - 중소형 프로젝트에 적합하다.

  ■ 단점
  - 웹 애플리케이션이 복잡해질수록 유지 보수가 힘들다.
  - 디자이너와 개발자 간의 원활한 의사소통이 필요하다.

- 모델 2(Model 2) 구조 : 로직을 가진 모델, 흐름을 제어하는 컨트롤러와 뷰가 엄격히 구분되어져 있다. 뷰는 어떠한 처리 로직도 포함하고 있지 않다.

  ■ 장점
  - 비즈니스 로직과 뷰의 분리로 인해 애플리케이션이 명료해지며 유지보수와 확장이 용이하다.
  - 개발자와 디자이너와의 작업이 분리되어 역할과 책임이 명확히 구분된다.

  ■ 단점
  - 개발 초기에 구조 설계를 위한 시간이 많이 소요되므로 개발 기간이 증가한다.
  - MVC 구조에 대한 개발자들의 이해가 필요해서 개발팀의 팀원의 높은 수준이 요구된다.

- MVC(Model–View–Controller) 구조는 전통적인 GUI(Graphic User interface) 기반의 애플리케이션을 구현하기 위한 디자인 패턴이다.

- 뷰(View)는 단지 정보를 보여주는 역할만을 담당한다. JSP 기반의 웹 애플리케이션에서는 JSP 페이지가 뷰에 해당한다.

- 모델(Model)은 애플리케이션의 수행에 필요한 데이터를 모델링하고 비즈니스 로직을 처리한다. 즉, 데이터를 생성하고 저장하고 처리하는 역할만을 담당한다. JSP 기반의 웹 애플리케이션에서는 DB 연동하는 자바빈(JavaBean)과 그 외의 로직을 처리하는 자바 클래스가 모델에 해당한다.

학습 정리

- 컨트롤러(Controller)는 애플리케이션의 흐름을 제어하는 것으로 뷰와 모델 사이에서 이들의 흐름을 제어한다. 컨트롤러는 사용자의 요청을 받아서 모델에 넘겨주고, 모델이 처리한 작업의 결과를 뷰에 보내주는 역할을 한다. JSP 기반의 웹 애플리케이션에서는 보통 서블릿을 컨트롤러로 사용한다.

- 컨트롤러인 서블릿에 사용자의 요청을 명령어로 전달하는 방법에는 요청 파라미터로 명령어를 전달하는 것과 요청 URI 자체를 명령어로 사용하는 방법이 있다.

  - 요청 파라미터로 명령어를 전달하는 방법 : 컨트롤러인 서블릿에 요청 파라미터를 정보를 덧붙여서 사용하는 방법

    ```
    http://127.0.0.1:8080/studyjsp/Controller?message=name
    ```

  - 요청 URI 자체를 명령어로 사용하는 방법 : 사용자가 요청한 URI 자체를 명령어로 사용하는 방법

    ```
    http://localhost:8080/studyjsp/ch17/message.do
    ```

클래스 다이어그램(class diagram)

UML(Unified Modeling Language) 다이어그램 중 하나인 클래스 다이어그램(class diagram)을 사용해서 클래스의 구조를 표시한다. 클래스 다이어그램에는 하나의 클래스의 구조를 표현하는 것과 클래스 간의 관계를 표현하는 것이 있다.

1 하나의 클래스의 구조를 클래스 다이어그램을 사용해서 표시

다이어그램에 클래스와 클래스의 멤버인 멤버 필드, 메소드를 기술해야 한다. 클래스 다이어그램은 사각형 안에 클래스 영역, 멤버 필드 영역, 메소드 영역이 각각 나뉘어져 있으며 이곳에 클래스, 멤버 필드, 메소드를 기술한다.

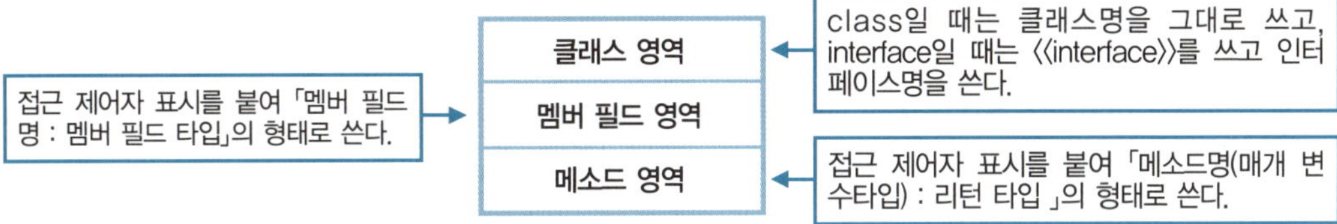

다음의 예시는 Test 클래스에 대한 클래스 다이어그램이다

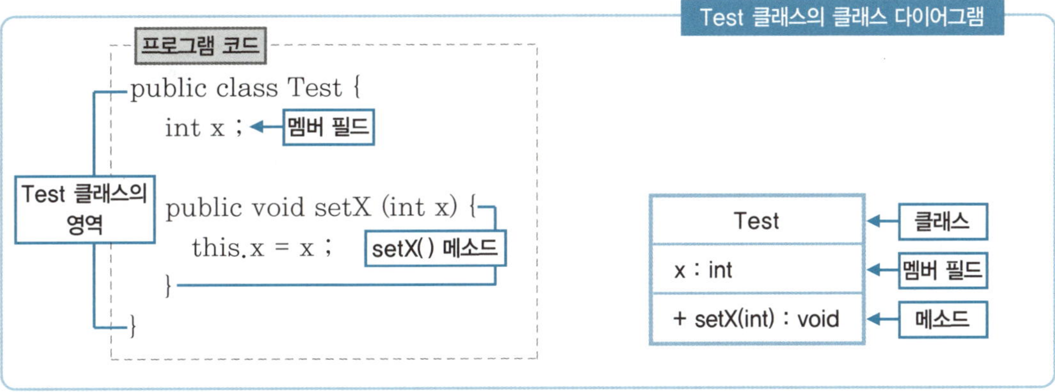

멤버 필드가 없으면 멤버 필드 영역은 생략할 수 있으며, 마찬가지로 메소드가 없으면 메소드 영역을 생략할 수 있다.

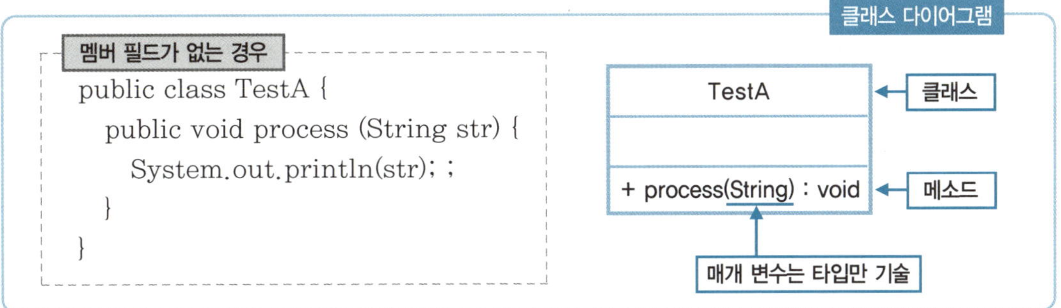

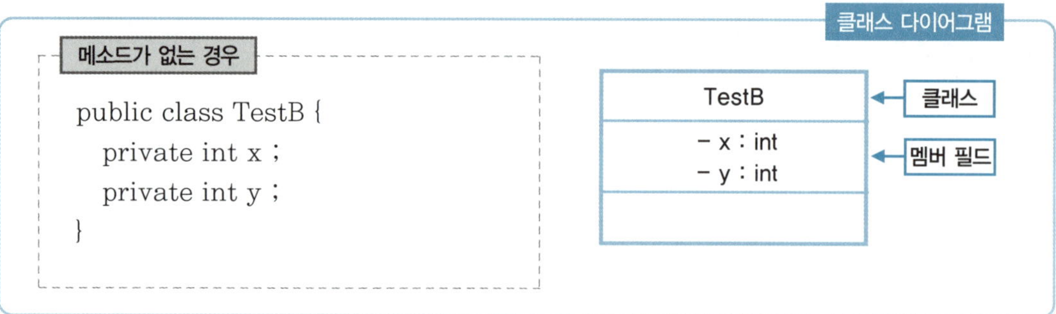

클래스 다이어그램에서는 멤버 필드나 메소드의 접근 제어자를 기호로 표시할 수 있다. 「+」는 public, 「−」는 private, 「#」은 protected이고, 아무 표시도 없는 것은 default 접근 제어자이다.

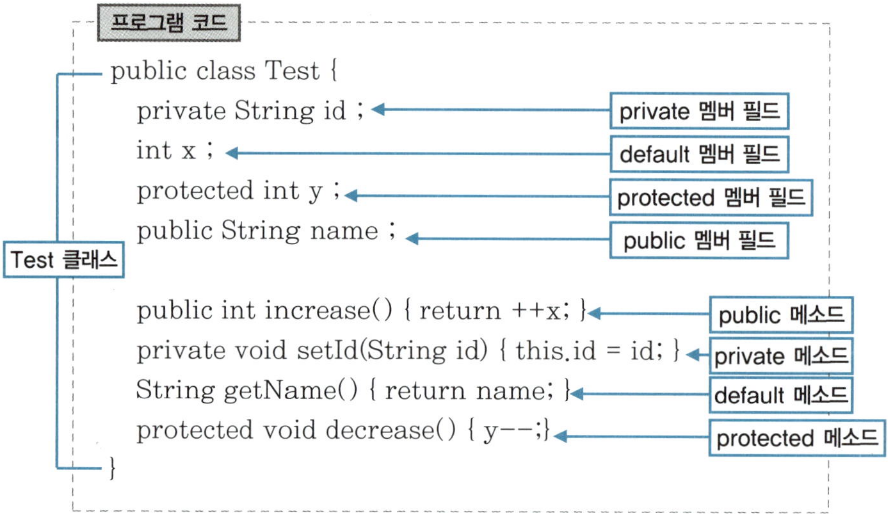

위의 Test 클래스에 대한 클래스 다이어그램은 다음과 같다.

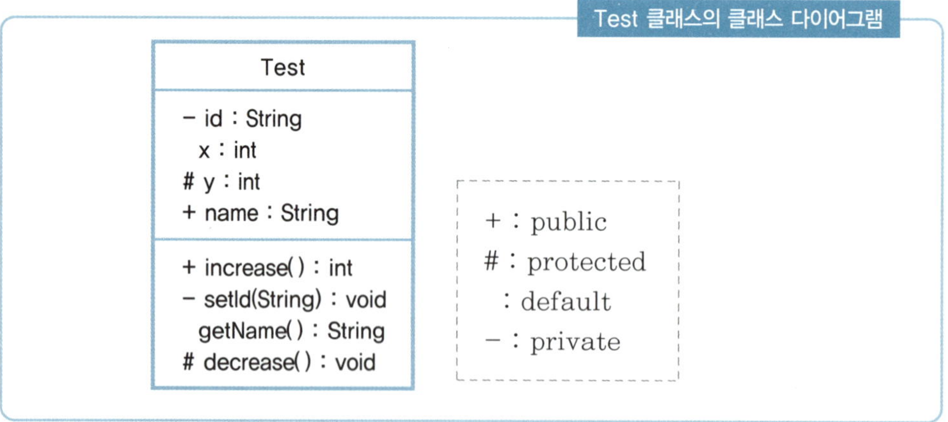

추상 클래스(abstract class)나 추상 메소드(abstract method)와 같이 abstract 키워드를 사용한 경우, 기울임꼴(italic, 이탤릭체)로 표시한다. 또한 static 키워드를 사용한 메소드나 멤버 필드에는 밑줄(underline, 언더라인)을 표시한다.

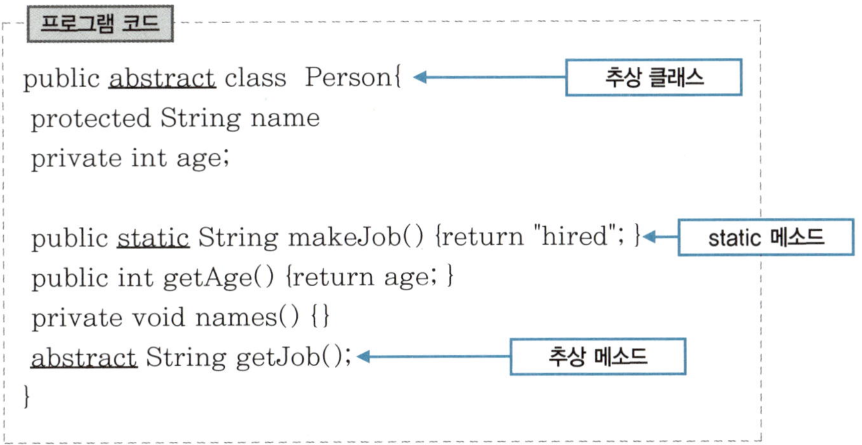

위의 코드를 클래스 다이어그램으로 표시하면 다음과 같다.

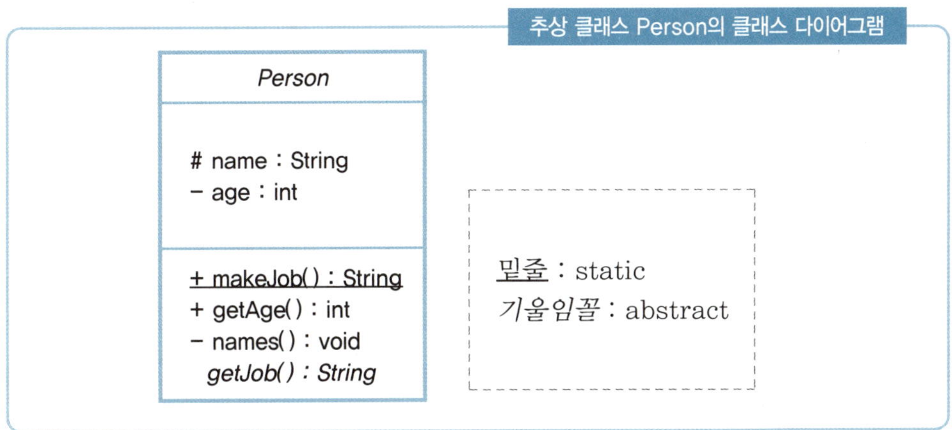

2 클래스 간의 관계를 표현

- **상속(extends)** : 상속의 표시는 음영이 없는 직선 화살표로 나타내며, 화살촉이 있는 부분이 상속을 해주는 클래스이고 반대편이 상속을 받는 클래스이다. 아래의 예시를 보면 상속을 해주는 클래스가 SuperTest 클래스이고 상속을 받는 클래스가 Test 클래스이다.

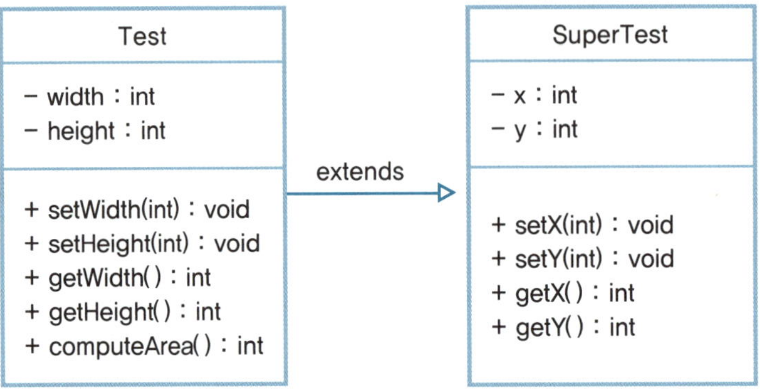

- **임플리먼츠(implements)** : implements 표시는 음영이 없는 점선 화살표로 나타낸다. 인터페이스는 《interface》를 기입한다. 자바는 다중 상속이 되지 않으므로 인터페이스를 사용해서 편법적인 다중 상속을 한다. 인터페이스를 클래스에 상속해줄 때는 상속이라는 단어를 쓰지 않고 implements(구현)라고 쓴다. 아래의 그림은 Action 인터페이스를 ActionImpl 클래스가 implements 하는 것이다.

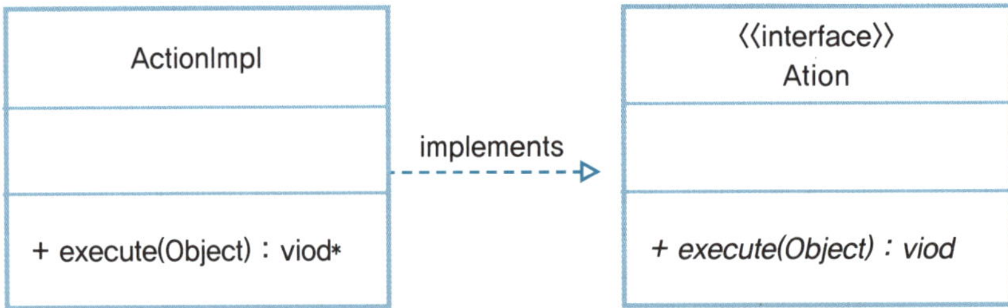

- **객체들 간의 포함 관계** : 하나의 객체를 생성할 때 다른 객체를 같이 생성하도록 프로그래밍하는 형태를 디자인 패턴에서는 상속을 해서 생성하는 것보다 더 권장한다. 디자인 패턴을 구현할 때 객체들 간에 포함 관계로 객체가 확장되어서 생성하는 것이 더욱 구조에 맞는 형태이기 때문이다. 아래의 예시는 Company 클래스의 객체를 생성할 경우 Employee 클래스의 객체 emp1과 Manage 클래스의 객체 mng1이 같이 생성되는데, 이들 객체는 생성되지 않을 수도 있고 생성될 수도 있는데, 생성되면 1개가 생성된다.

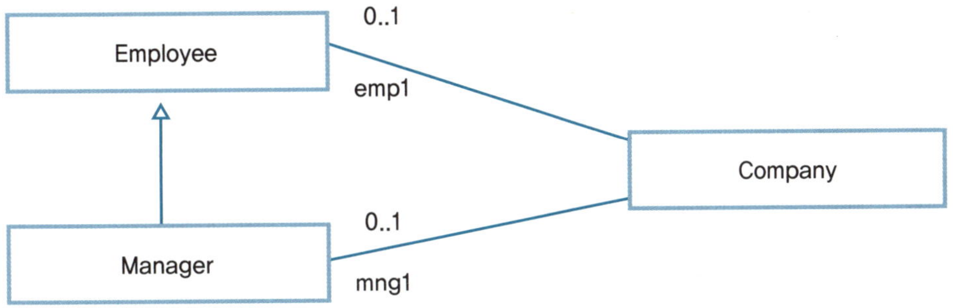

아래의 예시에서 Company 클래스의 객체를 생성할 때 EmployeeL 클래스의 객체 emp1은 마찬가지로 생성되지 않을 수도 있고, 생성되면 여러 개가 생성되는 구조를 표시한다. 이런 경우는 Employee 클래스 타입의 배열을 선언할 경우에 볼 수 있다.

• **메소드 호출 관계와 주석** : Visitor 클래스에서는 Employee 클래스의 accept(v) 메소드를 호출하고, Employee 클래스에서는 Visitor 클래스의 visit(this) 메소드를 호출한다.

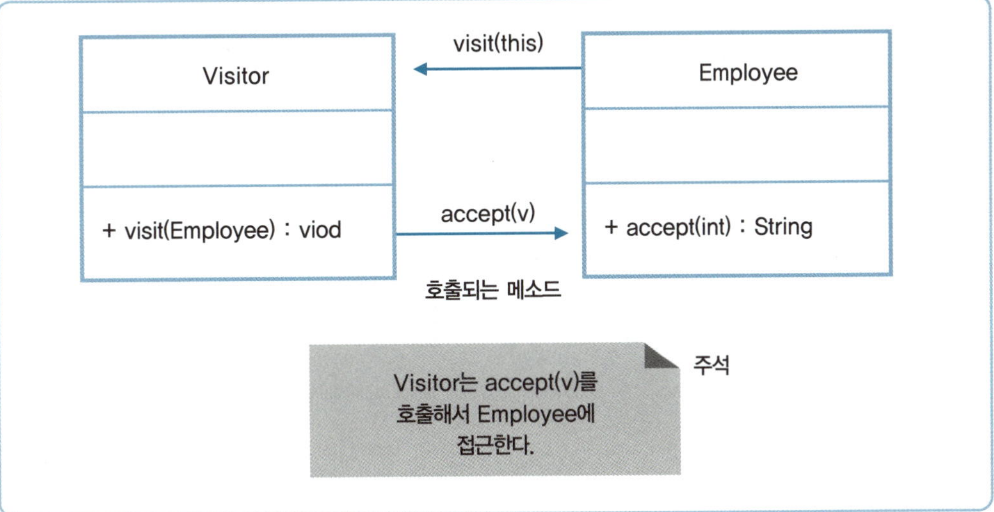

모델 2 기반의 Ajax를 사용한 쇼핑몰

이번 Chapter에서는 JSP의 기본 기능, Ajax, 파일 업로드, JSTL, EL, 모델 2 등 이제까지 배운 내용을 모두 활용하여 쇼핑몰 프로젝트를 작성해 본다. 쇼핑몰 프로젝트에서는 트랜잭션이 구현되기 때문에 이 부분도 함께 살펴본다.

쇼핑몰 시스템 개요

여기서는 쇼핑몰을 이루는 관리자 영역과 사용자 영역에 대한 개요를 학습하고 쇼핑몰 프로젝트의 기본 구조를 작성한다.

1 개요

쇼핑몰은 기본적으로 관리자 영역과 사용자 영역으로 나누어진다. 관리자의 영역에서는 물품을 등록하거나 수정하고 구매 목록을 관리한다. 그리고 사용자의 쇼핑 영역에서는 관리자 영역과 등록된 상품을 기반으로 작성된 쇼핑몰을 사용한다.

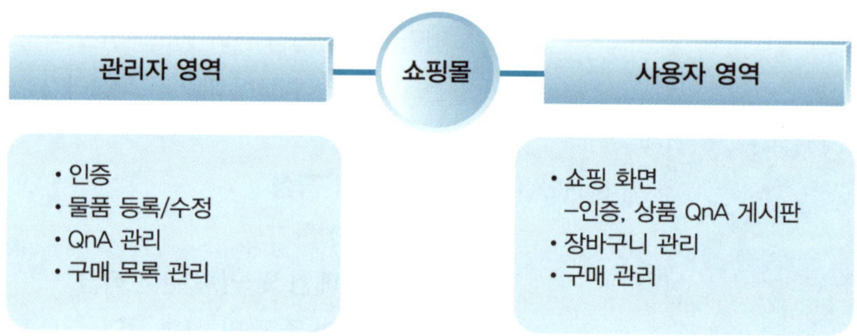

▲ 쇼핑몰 시스템의 기본 구조

각 영역에서 필수로 처리해야 하는 작업은 다음과 같다.

- **관리자 영역** : 관리자 인증, 물품 등록 및 수정, QnA 관리, 구매 목록 관리
- **사용자 영역** : 쇼핑 화면 구성(사용자 인증, 쇼핑 작업, 상품 QnA 게시판 등이 포함), 장바구니 관리, 구매 관리

다음의 모델 2 기반 프로그램의 흐름을 개략적으로 표현한 것이다.

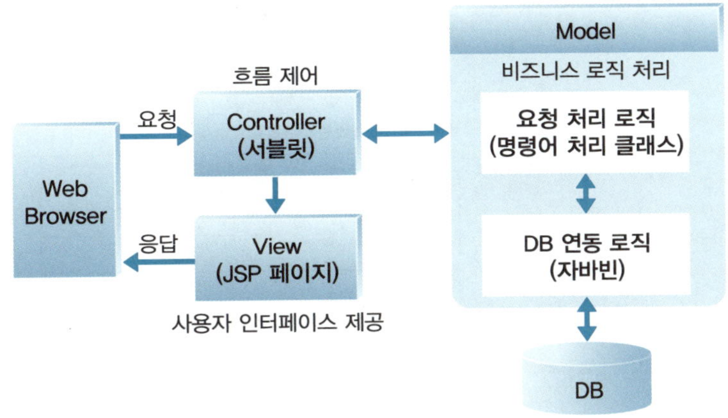

▲ 모델 2 기반의 프로그램 흐름

위와 같이 모델 2 기반의 웹 애플리케이션을 작성하려면 컨트롤러, 모델, 뷰 그리고 DB 테이블이 필요하다. 작성 순서는 'DB 테이블 → 모델(자바빈, 슈퍼 인터페이스, 명령어 처리 클래스) → 컨트롤러 → 뷰' 이다. 프로그램의 이해를 돕기 위해 명령어 처리 클래스와 뷰 그리고 경우에 따라 자바빈을 같이 작성한다. 쇼핑몰은 관리자 영역과 사용자 영역의 측면의 이해가 필요하기 때문에, 작성 순서가 뒤섞일 수 있다.

■ 작성된 관리자 영역의 메인 페이지

관리자는 크게 상품의 등록, 수정, 삭제 등과 같이 판매하는 상품에 관련된 작업과 구매된 상품을 관리하는 작업의 두 가지를 주로 수행한다.

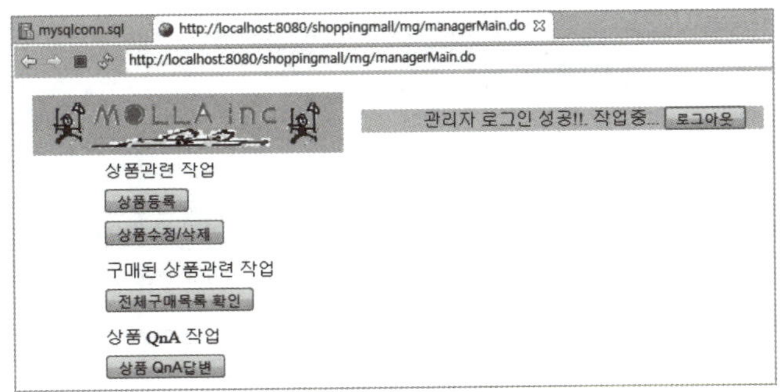

▲ 관리자 영역의 메인 페이지

■ 작성된 사용자 영역(쇼핑몰)의 메인 페이지

쇼핑몰의 소비자인 사용자는 쇼핑몰의 상품을 보고 구매하는 작업을 주로 수행한다.

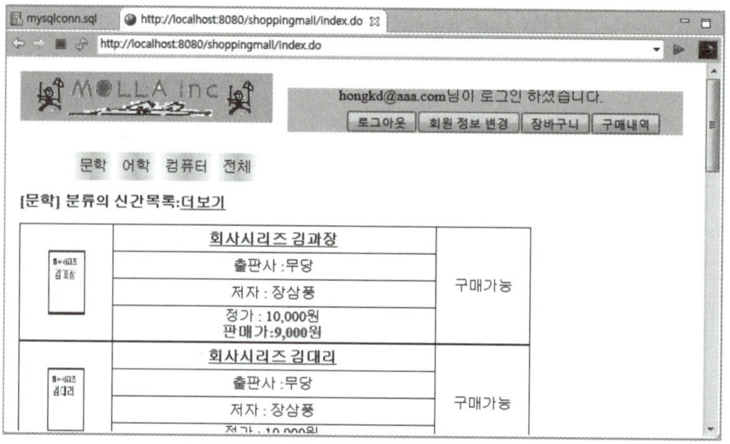

▲ 사용자 영역(쇼핑몰)의 메인 페이지

2 쇼핑몰 프로젝트의 기본 구조 작성하기

쇼핑몰 프로젝트인 [shoppingmall]은 컨트롤러를 포함한 로직이 위치하는 [Java Resources]–[src]와 뷰 및 뷰를 구성하는 데 필요한 파일들이 위치한 [Webcontent]로 이루어져 있다.

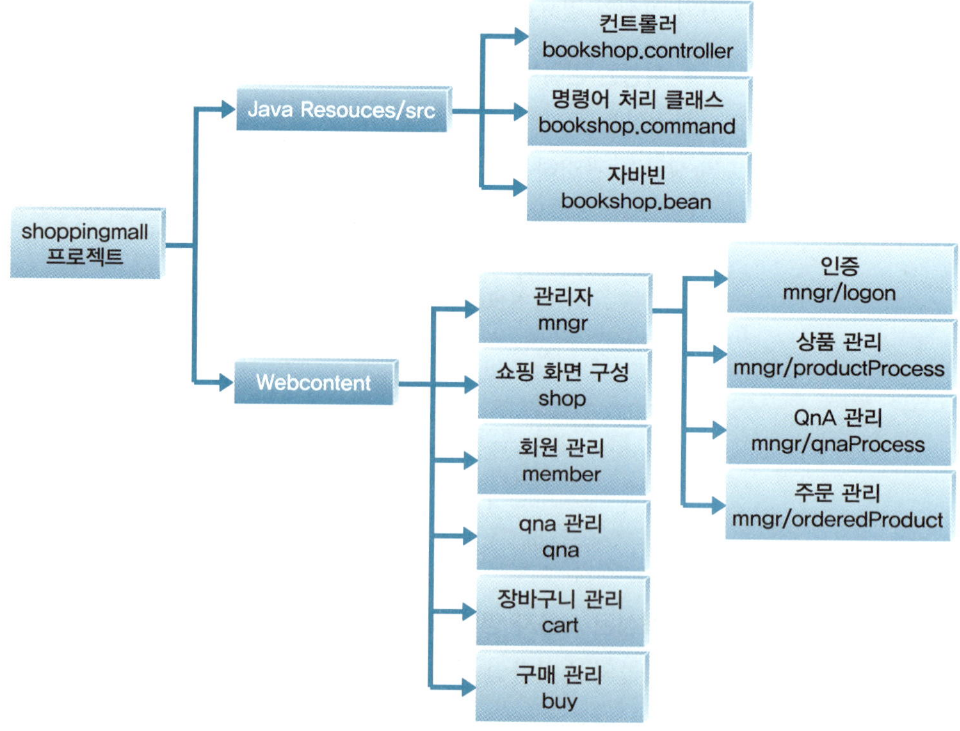

▲ 쇼핑몰 프로젝트의 기본 구조

위의 구조도에서 쇼핑몰 시스템 구조를 지원하는 기본적인 폴더인 [js], [css], [error], [images], [bookImage], [property]는 생략되어 있다. 이들은 쇼핑몰 시스템 구조를 위한 선수 작업을 수행한다. 즉, [shoppingmall] 프로젝트를 작성하고 웹 애플리케이션을 위한 설정을 한 후, [Webcontent]에 지원 폴더를 작성하고 제공 파일들을 배치한다.

(1) [shoppingmall] 프로젝트 작성 및 웹 애플리케이션을 위한 설정

동적 웹 프로젝트를 작성한 후 웹 애플리케이션으로서의 기능을 제대로 수행하기 위해 몇 가지 설정을 해야 한다.

    ① 동적 웹 프로젝트 작성 후 서버에 등록

    ② 에러 페이지 설정

    ③ 필요한 라이브러리 추가

    ④ 커넥션 풀 설정

1) 동적 웹 프로젝트 작성 후 서버에 등록

[Dynamic Web Project]을 사용해 동적 웹 프로젝트를 작성한 후 [Servers] 뷰의 [Tomcat v8.0 Server~]에 추가한다.

따라하기   **[shoppingmall] 프로젝트 작성**

[Dynamic Web Project]를 사용해서 [shoppingmall] 프로젝트를 작성한다.

01 이클립스에서 [File]–[New]–[Other] 메뉴를 선택한다.

02 [New] 대화상자가 표시되면 [Web]–[Dynamic Web Project]를 선택하고 [Next] 버튼을 클릭한다.

03 [New Dynamic Web Project] 대화상자로 변경되면 [Project name]에 "shoppingmall"을 입력하고 [Next] 버튼을 클릭한다.

04 [New Dynamic Web Project] 대화상자가 [Java]로 진행되면 기본값을 그대로 사용하고 [Next] 버튼을 클릭한다.

05 [New Dynamic Web Project] 대화상자가 [Web Module]로 진행되면 [Generate web.xml deployment descriptor]를 선택하고 나머지는 기본값을 그대로 둔 채 [Finish] 버튼을 클릭한다.

06 [shoppingmall] 프로젝트가 생성되어 [Project Explorer]에 표시되면 [Servers] 뷰의

[Tomcat v8.0 Server~]를 마우스 오른쪽 버튼으로 선택하고 [Add and Remove]를
클릭한다.

07 [Add and Remove] 대화상자가 표시되면 [Available]에 추가된 [shoppingmall]을
선택하고 [Add] 버튼을 클릭한다. [Configured]에 추가된 것을 확인하고 [Finish] 버
튼을 클릭한다.

08 [Tomcat v8.0 Server~]를 펼치면 [shoppingmall] 프로젝트가 추가된 것을 확인할
수 있다.

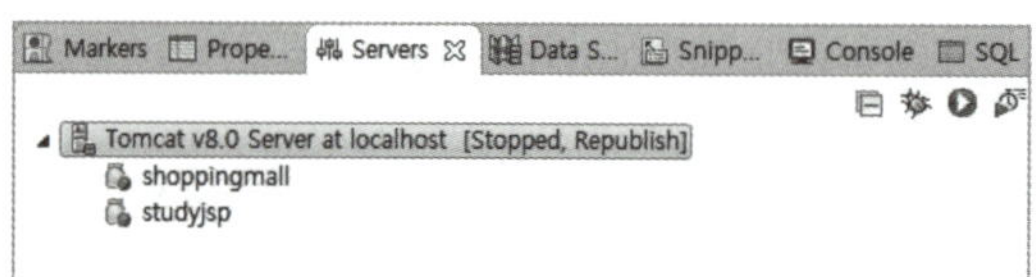

▲ [shoppingmall] 프로젝트 작성 7

2) 에러 페이지 설정

앞에서 작성한 [studyjsp] 프로젝트에서 설정한 에러 처리 페이지를 복사하여
[shoppingmall] 프로젝트에 사용한다.

> **따라하기**　　[shoppingmall] 프로젝트에 에러 처리 페이지 추가

기존에 작성한 [studyjsp] 프로젝트의 에러 처리 페이지를 복사한다.

01 [studyjsp]-[Webcontent]의 [error] 폴더를 복사해서 [shoppingmall]-
[Webcontent] 에 붙여넣기 한다.

02 [studyjsp]-[Webcontent]-[WEB-INF]의 web.xml 파일에서 <error-page>
</error-page> 태그 두 개를 복사한 후 [shoppingmall]-[Webcontent]-[WEB-
INF]의 web.xml 파일의 </web-app> 위에 붙여넣기 한다.

```
01  <?xml version="1.0" encoding="UTF-8"?>
02      <web-app xmlns:xsi="http://www.w3.org/2001/XMLSchema-instance" xmlns=
        "http://xmlns.jcp.org/xml/ns/javaee"xsi:schemaLocation="http://xmlns.jcp.
        org/xml/ns/javaee http://xmlns.jcp.org/xml/ns/javaee/web-app_3_1.xsd"
        id="WebApp_ID" version="3.1">
03  <display-name>shoppingmall</display-name>
04  <welcome-file-list>
```

```
05      <welcome-file>index.html</welcome-file>
06      <welcome-file>index.htm</welcome-file>
07      <welcome-file>index.jsp</welcome-file>
08      <welcome-file>default.html</welcome-file>
09      <welcome-file>default.htm</welcome-file>
10      <welcome-file>default.jsp</welcome-file>
11    </welcome-file-list>
12
13    <error-page>
14      <error-code>404</error-code>
15      <location>/error/404code.jsp</location>
16    </error-page>
17    <error-page>
18      <error-code>500</error-code>
19      <location>/error/500code.jsp</location>
20    </error-page>
21  </web-app>
```

3) 필요한 라이브러리 추가

[shoppingmall] 프로젝트에 JDBC 커넥터, 커넥션 풀, 파일 업로드, jstl 등 사용에 필요한 라이브러리를 추가한다.

따라하기 | **[shoppingmall] 프로젝트에 필요 라이브러리 추가**

기존에 작성한 [studyjsp] 프로젝트의 라이브러리를 복사한다. [studyjsp]-[Webcontent]-[WEB-INF]-[lib]의 모든 라이브러리(.jar)를 복사해서[shoppingmall]-[Webcontent]-[WEB-INF]-[lib]에 붙여넣기 한다.

4) 커넥션 풀 설정

가상 환경 이클립스의 [shoppingmall] 프로젝트 및 실제 서비스 환경에서 커넥션 풀을 사용하기 위한 설정을 한다.

기존에 작성한 [studyjsp] 프로젝트의 라이브러리를 복사한다.

01　[Project Explorer] 뷰의 [Servers]–[Tomcat v8.0 Server~]에서 server.xml 파일을 더블클릭해서 [에디터] 뷰에 표시한다.

02　server.xml 파일이 열리면 [Source] 탭을 선택하고 스크롤바를 끝까지 내린다.

03　〈Context docBase="shoppingmall" ~〉로 시작하는 태그를 다음과 같이 변경한 후 저장한다. 〈Context docBase="shoppingmall"~〉 〈/Context〉 사이에 129라인의 〈Resource〉 태그를 복사해서 붙여넣기 한다.

~생략~

```
128  <Context docBase="studyjsp" path="/studyjsp" reloadable="true" source="org.
       eclipse.jst.jee.server:studyjsp">
129    <Resource auth="Container" driverClassName="com.mysql.jdbc.Driver"
         maxWait="5000" name="jdbc/jsptest" password="jsppass" type="javax.sql.Data
         Source" url="jdbc:mysql://localhost:3306/jsptest" username="jspid"/>
130  </Context>
131    <Context docBase="shoppingmall" path="/shoppingmall" reloadable=" true"
         source="org.eclipse.jst.jee.server:shoppingmall">
132      <Resource auth="Container" driverClassName="com.mysql.jdbc.Driver"
           maxWait="5000" name="jdbc/jsptest" password="jsppass" type="javax.sql.
           DataSource" url="jdbc:mysql://localhost:3306/ jsptest" username="jspid"/>
133    </Context>
134      </Host>
135    </Engine>
136  </Service>
137  </Server>
```

04　[studyjsp]–[Webcontent]–[WEB-INF]의 web.xml 파일에서 〈resource-ref〉 〈/resource-ref〉 태그를 복사한 후 [shoppingmall]–[Webcontent]–[WEB-INF]의 web.xml 파일의 〈/web-app〉 위에 붙여넣기 한다.

~생략 ~

```
12
13    〈error-page〉
14      〈error-code〉404〈/error-code〉
15      〈location〉/error/404code.jsp〈/location〉
16    〈/error-page〉
17    〈error-page〉
18      〈error-code〉500〈/error-code〉
19      〈location〉/error/500code.jsp〈/location〉
20    〈/error-page〉
21
22    〈resource-ref〉
23      〈description〉jsptest db〈/description〉
24      〈res-ref-name〉jdbc/jsptest〈/res-ref-name〉
25      〈res-type〉javax.sql.DataSource〈/res-type〉
26      〈res-auth〉Container〈/res-auth〉
27    〈/resource-ref〉
28  〈/web-app〉
```

> **따라하기**　실제 서비스 환경에서 [shoppingmall] 프로젝트 커넥션 풀 설정

실제 서비스 환경인 톰캣 컨테이너의 [conf]의 server.xml에 [shoppingmall] 프로젝트의 커넥션 풀을 설정한다.

01 먼저 [shoppingmall] 프로젝트를 WAR 내보내기 위해서 이클립스의 톰캣 서버를 내린 후 [shoppingmall] 프로젝트를 마우스 오른쪽 버튼으로 클릭하고 [Export]-[WAR file]을 선택한다.

02 [Export] 대화상자가 표시되면 [Browse] 버튼을 눌러 [Destination]에 'c:\apache-tomcat-8.0.9\webapps\shoppingmall.war' 경로를 선택한다. [Overwrite existing file]이 선택되어 있는지 확인하고 [Finish] 버튼을 클릭한다.

03 [톰캣홈]-[webapps] 폴더에 shoppingmall.war 파일이 위치되면 [톰캣홈]-[bin] 폴더의 startup.bat 파일을 더블클릭해서 웹 서버를 올린다. 웹 서버가 올라가면 shoppingmall.war 파일이 서비스용 웹 애플리케이션으로 압축 해제되어 [톰캣홈]-[webapps] 폴더 안에 [shoppingmall] 폴더가 생성된다.

04 [shoppingmall] 폴더가 생성되면 [톰캣홈]-[bin] 폴더의 shutdown.bat파일을 더블 클릭해서 웹 서비스를 내린다.

05 [톰캣홈]-[conf]의 server.xml파일을 마우스 오른쪽 버튼으로 클릭하고 [편집]을 선택해서 메모장에 연다. 파일이 열리면 스크롤바를 끝까지 내린다.

06 <Context path="/studyjsp"~>부터 </Context>까지 복사해서 </Host> 위에 붙여넣기 한 후 다음과 같이 수정하고 저장한다. path와 docBase 속성값의 studyjsp를 모두 shoppingmall로 변경한다.

```
~생략~
    <Context path="/studyjsp"
        docBase="c:\apache-tomcat-8.0.9\webapps\studyjsp">
      <Resource name="jdbc/jsptest"
        auth="Container"
        type="javax.sql.DataSource"
        driverClassName="com.mysql.jdbc.Driver"
        username="jspid"
        password="jsppass"
        url="jdbc:mysql://localhost:3306/jsptest"
        maxWait="5000"
      />
    </Context>
    <Context path="/shoppingmall"
        docBase="c:\apache-tomcat-8.0.9\webapps\shoppingmall">
      <Resource name="jdbc/jsptest"
        auth="Container"
        type="javax.sql.DataSource"
        driverClassName="com.mysql.jdbc.Driver"
        username="jspid"
        password="jsppass"
        url="jdbc:mysql://localhost:3306/jsptest"
        maxWait="5000"
      />
    </Context>
    </Host>
```

</Engine>
  </Service>
</Server>

---

(2) [shoppingmall] 프로젝트에 필요한 폴더를 작성하고 제공 파일들을 배치

여기서는 [shoppingmall]−[Webcontent]에 필요한 파일을 배치하고 [Java Resources]−[src]에 암호화 로직을 복사한다.

① 기타 필요 폴더 복사 및 생성

② [Java Resources]−[src]에 암호화 로직을 복사

1) 기타 필요 폴더 복사 및 생성

Ajax 사용에 필요한 [js] 폴더, 웹 페이지 디자인에 필요한 [css] 폴더, 제공되는 이미지 파일이 있는 [images] 폴더를 복사해서 사용한다. 그리고 [bookImage]와 [property] 폴더를 생성한다.

따라하기　기타 필요 폴더 복사 및 생성

01 부록 CD의 [source]−[shoppingmall]에서 [js], [css], [images] 폴더를 복사해서 [shoppingmall]−[Webcontent]에 붙여넣기 한다.

02 [shoppingmall]−[Webcontent]에 [bookImage], [images], [property] 폴더를 생성한다.

2) 암호화 로직을 [Java Resources]−[src]에 복사

비밀번호 암호화에 사용한 [studyjsp] 프로젝트의 work.crypt 패키지를 [shoppingmall] 프로젝트에 복사한다.

따라하기　[shoppingmall] 프로젝트에 암호화 로직 추가

기존에 작성한 [studyjsp] 프로젝트의 암호화 로직을 복사한다. [studyjsp]−[Java Resources]−[src]에 있는 work.crypt 패키지를 복사해서 [shoppingmall]−[Java Resources]−[src]에 붙여넣기 한다.

기본적으로 필요한 설정이 모두 끝났다. 이제부터는 쇼핑몰 시스템을 위한 필요 작업을 수행한다.

쇼핑몰 시스템에 필요한 테이블 작성

여기에서는 쇼핑몰 시스템에서 사용하는 테이블 생성 및 기존 테이블을 수정한다.

다음은 쇼핑몰 시스템에서 필요 테이블로, 기존 것을 사용/수정 및 생성해야 하는 각 테이블의 정보이다.

테이블명	설명	생성형태
member	쇼핑몰의 고객 정보를 저장 · 관리 – 회원 가입과 인증에 필요	기존 테이블 사용
manager	쇼핑몰의 관리자 정보를 저장 · 관리 – 관리자 인증에 필요	새로 생성
book	쇼핑몰의 상품을 저장 · 관리 – 상품 목록	새로 생성
qna	각 상품에 대한 Q&A 저장 · 관리 – 각 상품에 대한 질문글 및 답변글	새로 생성
bank	상품 구매 시 입금 계좌 정보를 저장 · 관리 – 쇼핑몰의 구매 금액 입금 계좌	새로 생성
cart	장바구니의 상품 목록을 저장 · 관리 – 장바구니에 담은 상품 목록	새로 생성
buy	상품 구매 시 구매 상품의 목록을 저장 · 관리 – 구매 목록 관리	새로 생성

▲ 쇼핑몰 시스템의 필요 테이블 정보

1 member 테이블 생성하기(기존 테이블 사용)

member 테이블은 쇼핑을 하는 사용자의 정보를 갖고 있는 것으로, 기본적으로 쇼핑몰은 회원만 구매할 수 있도록 작성되어 있기 때문에 반드시 필요하다. 이 테이블은 〈Chapter 11. 자바빈/커넥션 풀/세션을 사용한 Ajax 기반의 회원 관리 시스템〉에서 작성한 것을 그대로 사용한다.

2 | manager 테이블 생성하기

쇼핑몰의 관리자 정보를 저장하는 테이블인 manager 테이블을 작성하고 레코드를 추가한다.

```
create table manager(
 managerId varchar(50) not null primary key,
 managerPasswd varchar(60) not null
);

insert into manager(managerId, managerPasswd)
values('bookmaster@shop.com','123456');
```

다음은 manager 테이블의 각 필드에 대한 설명이다.

필드명	설명
managerId	관리자의 아이디를 저장하는 필드. 기본 키
managerPasswd	관리자의 비밀번호를 저장하는 필드

▲ manager 테이블의 필드 설명

따라하기 | manager 테이블 생성

관리자 정보를 저장하는 manager 테이블을 생성한다. 이 테이블의 암호화는 뒤에서 한다.

01 이클립스의 [Data Source Explorer] 뷰에서 [Database Connections]-[mysqlconn]의 연결이 해제되어 있으면 마우스 오른쪽 버튼을 클릭하고 [Connect]를 선택한다.

02 [Properties for mysqlconn] 대화상자가 표시되면 [Password]에 "jsppass"를 입력하고 [OK] 버튼을 클릭해 [Data Source Explorer] 뷰의 [Database Connections]-[mysqlconn]이 연결된 것을 확인한다.

03 테이블을 생성하고 새로운 레코드를 추가하기 위해 [mysqlconn.sql] 에디터 뷰에 다음과 같이 입력하고 드래그해 블록을 지정한 후 [Alt]+[X] 키를 눌러 쿼리를 실행한다.

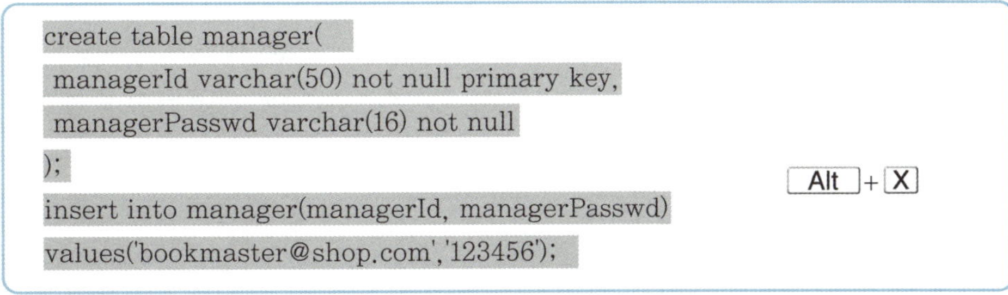

```
create table manager(
 managerId varchar(50) not null primary key,
 managerPasswd varchar(16) not null
);                                                    Alt + X
insert into manager(managerId, managerPasswd)
values('bookmaster@shop.com','123456');
```

04 테이블 생성과 레코드의 추가를 확인하기 위해 [mysqlconn.sql] 에디터 뷰에 다음과 같이 입력하고 드래그해 블록을 지정한 후 Alt + X 키를 눌러 쿼리를 실행한다.

```
select * from manager;                    Alt + X
```

3 book 테이블 생성하기

상품에 대한 정보를 저장 및 관리하는 book 테이블을 작성한다. 여기서 book 테이블은 책에 대한 정보를 가지고 있다.

```
create table book(
  book_id int not null primary key auto_increment,
  book_kind varchar(3) not null,
  book_title varchar(100) not null,
  book_price int not null,
  book_count smallint not null,
  author varchar(40) not null,
  publishing_com varchar(30) not null,
  publishing_date varchar(15) not null,
  book_image varchar(16) default 'nothing.jpg',
  book_content text not null,
  discount_rate tinyint default 10,
  reg_date datetime not null
);
```

다음은 book 테이블의 각 필드에 대한 설명이다.

필드명	설명
book_id	책의 아이디를 저장하는 필드. 기본 키이고 자동 증가
book_kind	책의 종류를 저장하는 필드
book_title	책의 제목을 저장하는 필드
book_price	책의 가격을 저장하는 필드
book_count	책의 재고량을 저장하는 필드
author	책의 저자를 저장하는 필드
publishing_com	책의 출판사를 저장하는 필드

publishing_date	책의 출간일을 저장하는 필드
book_image	책의 이미지를 저장하는 필드
book_content	책 상품 설명 내용을 저장하는 필드
discount_rate	책의 할인율을 저장하는 필드
reg_date	책의 등록일을 저장하는 필드

▲ book 테이블의 필드 설명

따라하기   book 테이블 생성

상품에 대한 정보를 가지고 있는 book 테이블을 생성한다.

01 이클립스의 [Data Source Explorer] 뷰에서 [Database Connections]-[mysqlconn] 의 연결이 해제되어 있으면 연결한다.

02 테이블을 생성하기 위해 [mysqlconn.sql] 에디터 뷰에 다음과 같이 입력하고 드래그 해 블록을 지정한 후 ⎡Alt⎤+⎡X⎤ 키를 눌러 쿼리를 실행한다.

```
create table book(
  book_id int not null primary key auto_increment,
  book_kind varchar(3) not null,
  book_title varchar(100) not null,
  book_price int not null,
  book_count smallint not null,
  author varchar(40) not null,
  publishing_com varchar(30) not null,
  publishing_date varchar(15) not null,
  book_image varchar(16) default 'nothing.jpg',
  book_content text not null,
  discount_rate tinyint default 10,
  reg_date datetime not null
);
```

⎡Alt⎤+⎡X⎤

03 생성된 테이블의 구조를 확인하기 위해 [mysqlconn.sql] 에디터 뷰에 다음과 같이 입 력하고 드래그해 블록을 지정한 후 ⎡Alt⎤+⎡X⎤ 키를 눌러 쿼리를 실행한다.

```
desc book;
```

⎡Alt⎤+⎡X⎤

4 qna 테이블 생성하기

각 상품에 대한 질문과 답변(Q&A)을 저장 및 관리하는 qna 테이블을 작성한다.

```
create table qna(
    qna_id int not null primary key auto_increment,
    book_id int not null,
    book_title varchar(100) not null,
    qna_writer varchar(50) not null,
    qna_content text not null,
    group_id int not null,
    qora tinyint not null,
    reply tinyint default 0,
    reg_date datetime not null
);
```

다음은 qna 테이블의 각 필드에 대한 설명이다.

필드명	설명
qna_id	QnA의 아이디를 저장하는 필드. 기본 키이고 자동 증가
book_id	상품별로 질의를 그룹하기 위한 값을 저장하는 필드
book_title	QnA 상품명을 저장하는 필드
gna_writer	작성자를 저장하는 필드
qna_content	질문 내용을 저장하는 필드
group_id	질문과 답변을 그룹화하기 위한 값을 저장하는 필드
qora	질문과 답변의 순서를 결정할 값을 저장하는 필드
reply	답변을 했는지 여부를 저장하는 필드
reg_date	질문 등록일을 저장하는 필드

▲ qna 테이블의 필드 설명

따라하기   qna 테이블 생성

상품에 대한 각 질문과 답변을 가지고 있는 qna 테이블을 생성한다.

01 이클립스의 [Data Source Explorer] 뷰에서 [Database Connections]-[mysqlconn]의 연결이 해제되어 있으면 연결한다.

02 테이블을 생성하기 위해 [mysqlconn.sql] 에디터 뷰에 다음과 같이 입력하고 드래그해 블록을 지정한 후 `Alt`+`X` 키를 눌러 쿼리를 실행한다.

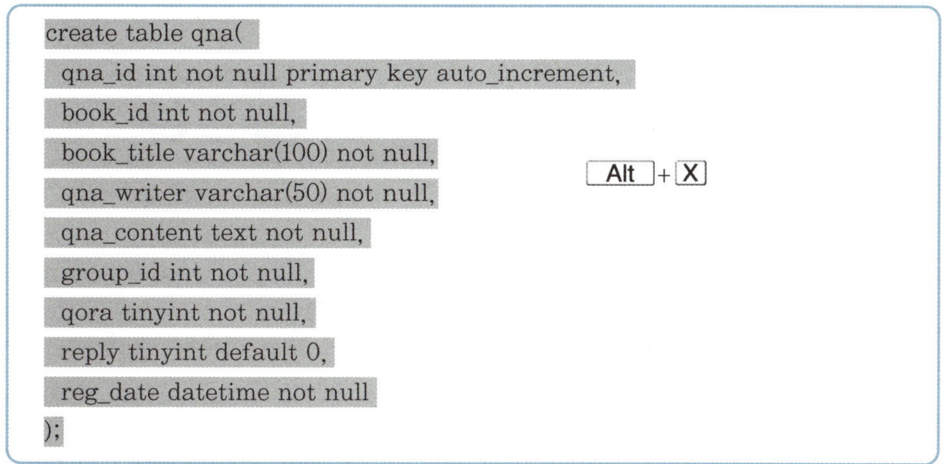


```sql
create table qna(
    qna_id int not null primary key auto_increment,
    book_id int not null,
    book_title varchar(100) not null,
    qna_writer varchar(50) not null,
    qna_content text not null,
    group_id int not null,
    qora tinyint not null,
    reply tinyint default 0,
    reg_date datetime not null
);
```

03 생성된 테이블의 구조를 확인하기 위해 [mysqlconn.sql] 에디터 뷰에 다음과 같이 입력하고 드래그해 블록을 지정한 후 `Alt`+`X` 키를 눌러 쿼리를 실행한다.

```sql
desc qna;                                    Alt + X
```

5 | bank 테이블 생성하기

결제계좌에 대한 정보를 가지고 있는 bank 테이블을 작성한다. 여기서는 쇼핑몰의 구조를 학습하는 것이 목적이기 때문에 신용카드에 대한 처리는 하지 않고, 구매한 상품의 결제를 통장 입금으로만 한다. 만일 신용카드 결제를 추가하려면, 직접 만드는 것보다 기존에 검증된 것을 구매해서 쓰는 것이 좋다. 금융 부분이기 때문에 문제가 발생하면 사이트의 신뢰도가 떨어진다.

```sql
create table bank(
  account varchar(30) not null,
  bank varchar(10) not null,
  name varchar(10) not null
);
insert into bank(account, bank, name)
values('11111-111-11111','내일은행','오내일');
```

다음은 bank 테이블의 필드에 대한 설명은 다음과 같다.

필드명	설명
account	결제 계좌 번호 저장 필드
bank	은행명 저장 필드
name	예금주 저장 필드

▲ bank 테이블의 필드 설명

따라하기 bank 테이블 생성

결제 계좌에 대한 정보를 가지고 있는 bank 테이블을 생성한다.

01 이클립스의 [Data Source Explorer] 뷰에서 [Database Connections]-[mysqlconn]의 연결이 해제되어 있으면 연결한다.

02 테이블을 생성하기 위해 [mysqlconn.sql] 에디터 뷰에 다음과 같이 입력하고 드래그해 블록을 지정한 후 [Alt]+[X] 키를 눌러 쿼리를 실행한다.

```
create table bank(
  account varchar(30) not null,
  bank varchar(10) not null,
  name varchar(10) not null
);
insert into bank(account, bank, name)
values('11111-111-11111','내일은행','오내일');
```

[Alt]+[X]

03 테이블 생성과 추가된 레코드를 확인하기 위해 [mysqlconn.sql] 에디터 뷰에 다음과 같이 입력하고 드래그해 블록을 지정한 후 [Alt]+[X] 키를 눌러 쿼리를 실행한다.

```
select * from bank;
```

[Alt]+[X]

6 cart 테이블 생성하기

cart 테이블은 장바구니 역할을 하는 것으로 사용자가 장바구니에 담은 상품의 정보를 갖고 있다.

```
create table cart(
  cart_id int not null primary key auto_increment,
  buyer varchar(50) not null,
  book_id int not null,
  book_title varchar(100) not null,
  buy_price int not null,
  buy_count tinyint not null,
  book_image varchar(16) default 'nothing.jpg'
);
```

다음은 cart 테이블의 각 필드에 대한 설명이다.

필드명	설명
cart_id	장바구니의 아이디를 저장하는 필드. 기본 키이고 자동 증가
buyer	구매자를 저장하는 필드
book_id	구매할 상품의 아이디를 저장하는 필드
book_title	구매할 상품의 제목을 저장하는 필드
buy_price	구매할 상품의 가격을 저장하는 필드
buy_count	구매할 상품의 수량을 저장하는 필드
book_image	구매할 제품의 이미지를 저장하는 필드

▲ cart 테이블의 필드 설명

따라하기 cart 테이블 생성

장바구니 역할을 하는 cart 테이블을 생성한다.

01 이클립스의 [Data Source Explorer] 뷰에서 [Database Connections]-[mysqlconn]의 연결이 해제되어 있으면 연결한다.

02 [Properties for mysqlconn] 창이 표시되면 [Password]에 "jsppass"를 입력하고 [OK] 버튼을 클릭해 [Data Source Explorer] 뷰의 [Database Connections]-[mysqlconn]이 연결된 것을 확인한다.

03 테이블을 생성하기 위해 [mysqlconn.sql] 에디터 뷰에 다음과 같이 입력하고 드래그해 블록을 지정한 후 Alt + X 키를 눌러 쿼리를 실행한다.

```
create table cart(
cart_id int not null primary key auto_increment,
buyer varchar(50) not null,
book_id int not null,
book_title varchar(100) not null,
buy_price int not null,
buy_count tinyint not null,
book_image varchar(16) default 'nothing.jpg'
);
```
                                                              Alt + X

04 생성된 테이블의 구조를 확인하기 위해 [mysqlconn.sql] 에디터 뷰에 다음과 같이 입력하고 드래그해 블록을 지정한 후 Alt + X 키를 눌러 쿼리를 실행한다.

```
desc cart;
```
                                                              Alt + X

7 buy 테이블 생성하기

buy 테이블은 사용자가 구매한 상품에 대한 정보를 가지고 있는 것으로 장바구니에서 구매한 상품 및 배송에 필요한 정보를 갖고 있다.

```
create table buy(
  buy_id bigint not null,
  buyer varchar(50) not null,
  book_id varchar(12) not null,
  book_title varchar(100) not null,
  buy_price int not null,
  buy_count tinyint not null,
  book_image varchar(16) default 'nothing.jpg',
  buy_date datetime not null,
  account varchar(50) not null,
  deliveryName varchar(10) not null,
  deliveryTel varchar(20) not null,
  deliveryAddress varchar(100) not null,
  sanction varchar(10) default '상품준비중'
);
```

다음은 buy 테이블의 각 필드에 대한 설명이다.

필드명	설명
buy_id	상품 구매 아이디를 저장하는 필드. 계산에 의해서 생성
buyer	구매자를 저장하는 필드
book_id	구매한 상품 아이디를 저장하는 필드
book_title	구매한 상품명을 저장하는 필드
buy_price	구매한 상품 가격을 저장하는 필드
buy_count	구매한 상품의 수량을 저장하는 필드
book_image	구매한 상품의 이미지를 저장하는 필드
buy_date	구매일을 저장하는 필드
account	입금할 계좌번호를 저장하는 필드
deliveryName	배송지 이름을 저장하는 필드
deliveryTel	배송지 전화번호를 저장하는 필드
deliveryAddress	배송지 주소를 저장하는 필드
sanction	배송 상황을 저장하는 필드

▲ buy 테이블의 필드 설명

따라하기   buy 테이블 생성

사용자가 구매한 상품에 대한 정보를 가지고 있는 buy 테이블을 생성한다.

01 이클립스의 [Data Source Explorer] 뷰에서 [Database Connections]-[mysqlconn]의 연결이 해제되어 있으면 연결한다.

02 [Properties for mysqlconn] 창이 표시되면 [Password]에 "jsppass"를 입력하고 [OK] 버튼을 클릭해 [Data Source Explorer] 뷰의 [Database Connections]-[mysqlconn]이 연결된 것을 확인한다.

03 테이블을 생성하기 위해 [mysqlconn.sql] 에디터 뷰에 다음과 같이 입력하고 드래그해 블록을 지정한 후 [Alt]+[X] 키를 눌러 쿼리를 실행한다.

```
create table buy(
 buy_id bigint not null primary key,
 buyer varchar(50) not null,
 book_id varchar(12) not null,
 book_title varchar(100) not null,
 buy_price int not null,                        Alt + X
 buy_count tinyint not null,
 book_image varchar(16) default 'nothing.jpg',
 buy_date datetime not null,
 account varchar(50) not null,
 deliveryName varchar(10) not null,
 deliveryTel varchar(20) not null,
 deliveryAddress varchar(100) not null,
 sanction varchar(10) default '상품준비중'
);
```

04 생성된 테이블의 구조를 확인하기 위해 [mysqlconn.sql] 에디터 뷰에 다음과 같이 입력하고 드래그해 블록을 지정한 후 **Alt** + **X** 키를 눌러 쿼리를 실행한다.

```
desc buy;                                       Alt + X
```


관리자 계정은 회원 가입과 같은 형태로 직접 입력해 작성하는 형태보다는 사이트의 관리자들이 쿼리 명령으로 직접 생성하는 경우가 많다. 앞에서 manager 테이블을 만든 후 insert문을 사용해서 관리자 계정과 비밀 번호를 직접 생성했다. 이 비밀번호를 SHA-256과 Bcrypt를 사용해 암호화한다.

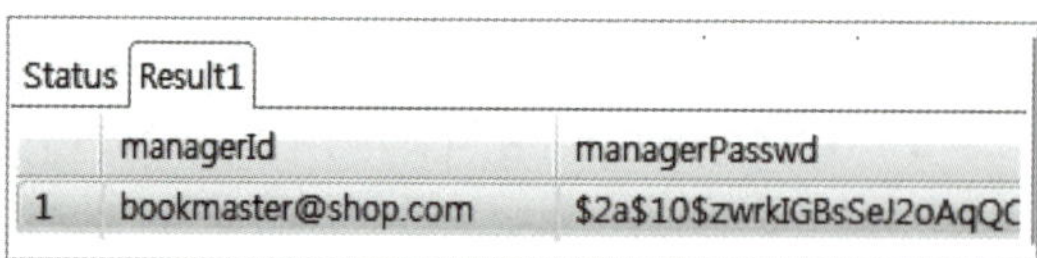

Status	Result1	
	managerId	managerPasswd
1	bookmaster@shop.com	$2a$10$zwrkIGBsSeJ2oAqQC

▲ 암호화한 결과

01 톰캣 서비스를 내린 후 부록 CD의 [source]-[shoppingmall]-[enc] 폴더를 복사해서 [shoppingmall]-[Webcontent]에 붙여넣기 한다.

02 붙여넣기 한 [enc] 폴더 안의 [mngr] 폴더를 복사해서 [shoppingmall]–[Java Resources]–[src]에 붙여넣기 한다.

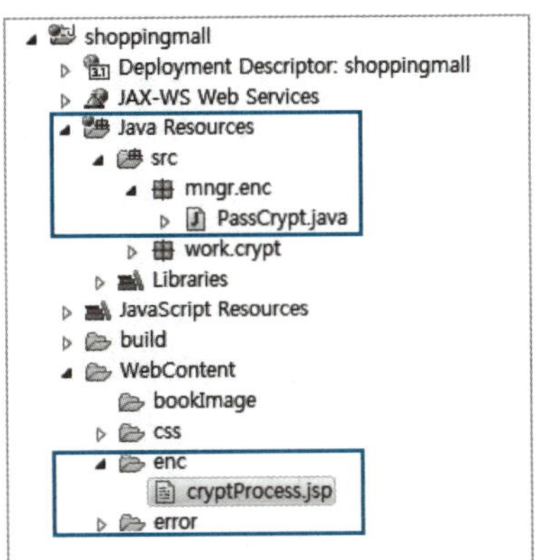

03 [Servers] 뷰의 톰캣 서버를 선택하고 ▶ [Start the Server] 아이콘을 클릭하여 서비스를 올린다. [enc] 폴더의 cryptProcess.jsp 파일을 선택하고 마우스 오른쪽 버튼을 클릭해 [Run As]–[Run on Server] 메뉴를 선택하면 암호화를 수행한 실행 결과가 표시된다.

컨트롤러와 명령어의 진입점인 슈퍼 인터페이스 작성

여기에서는 쇼핑몰의 흐름을 제어하는 컨트롤러(Controller)와 모델 중 명령어 처리 진입점인 슈퍼 인터페이스(Super Interface)를 작성한다.

원래는 모델을 전부 작성해야 하지만, 프로그램의 이해를 돕고 쇼핑몰의 영역별로 작성하기 위해 슈퍼 인터페이스와 컨트롤러만을 먼저 작성한다.

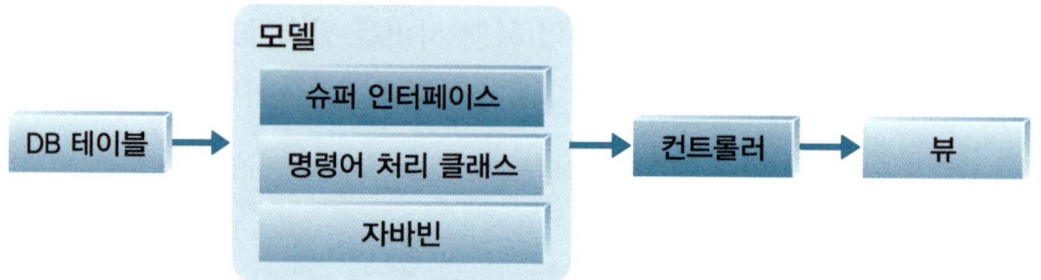

1 명령어와 명령어 처리 클래스 매핑 파일 작성하기

명령어와 명령어 처리 클래스를 연결하는 매핑 파일을 작성한다. 이 파일이 컨트롤러의 작성에 사용되므로 여기서 작성해야 한다. 그런데 JSP 2.3에서는 매핑 파일에 기술한 명령어 처리 클래스가 존재하지 않을 경우, 서버를 올려서 실행하면 에러 메시지가 표시된다. 즉, 매핑 파일에 기술한 명령어 처리 클래스를 모두 생성한 후에 실행해야 한다는 것이다. 그런데 이런 작성 방식은 너무 힘들기 때문에 기본 형태와 몇 개의 명령어 처리 클래스 파일만 기술한 후 필요한 부분에서 명령어 처리 클래스를 추가해도 된다. 여기서 작성할 매핑 파일의 전체 내용은 다음과 같다.

■ **commandMapping.properties 파일의 전체 내용**

```
01  #command = class full name
02  #admin area
03  ##admin area - main & authorization
04  /mg/managerMain.do=bookshop.command.ManagerMainAction
05  /mg/managerLoginForm.do=bookshop.command.ManagerLoginFormAction
```

```
06  /mg/managerLoginPro.do=bookshop.command.ManagerLoginProAction
07  /mg/managerLogout.do=bookshop.command.ManagerLogoutAction
08  ##admin area - manage product
09  /mg/bookRegisterForm.do=bookshop.command.BookRegisterFormAction
10  /mg/bookRegisterPro.do=bookshop.command.BookRegisterProAction
11  /mg/bookList.do=bookshop.command.BookListAction
12  /mg/bookUpdateForm.do=bookshop.command.BookUpdateFormAction
13  /mg/bookUpdatePro.do=bookshop.command.BookUpdateProAction
14  /mg/bookDeletePro.do=bookshop.command.BookDeleteProAction
15  ##admin area - manage order
16  /mg/orderList.do=bookshop.command.OrderListAction
17
18  ##admin area - process QnA
19  /mg/qnaList.do=bookshop.command.QnaListAction
20  /mg/qnaReplyForm.do=bookshop.command.QnaReplyFormAction
21  /mg/qnaReplyPro.do=bookshop.command.QnaReplyProAction
22  /mg/qnaReplyUpdateForm.do=bookshop.command.QnaReplyUpdateFormAction
23  /mg/qnaReplyUpdatePro.do=bookshop.command.QnaReplyUpdateProAction
24
25  #user area
26  ##user area - display shop
27  /index.do=bookshop.command.ShopMainAction
28  /list.do=bookshop.command.ProListAction
29  /bookContent.do=bookshop.command.BookContentAction
30  ##user area - process member
31  /registerForm.do=bookshop.command.RegisterFormAction
32  /registerPro.do=bookshop.command.RegisterProAction
33  /confirmId.do=bookshop.command.ConfirmIdAction
34  /loginForm.do=bookshop.command.LoginFormAction
35  /loginPro.do=bookshop.command.LoginProAction
36  /logout.do=bookshop.command.LogoutAction
37  /modify.do=bookshop.command.ModifyAction
38  /modifyForm.do=bookshop.command.ModifyFormAction
39  /modifyPro.do=bookshop.command.ModifyProAction
40  /deletePro.do=bookshop.command.DeleteProAction
41  ##user area - process qna
42  /qnaForm.do=bookshop.command.QnaFormAction
```

43 /qnaPro.do=bookshop.command.QnaProAction

44 /qnaUpdateForm.do=bookshop.command.QnaUpdateFormAction

45 /qnaUpdatePro.do=bookshop.command.QnaUpdateProAction

46 /qnaDeletePro.do=bookshop.command.QnaDeleteProAction

47 ##user area - shopping cart

48 /insertCart.do=bookshop.command.InsertCartAction

49 /cartList.do=bookshop.command.CartListAction

50 /cartUpdateForm.do=bookshop.command.CartUpdateFormAction

51 /cartUpdatePro.do=bookshop.command.CartUpdateProAction

52 /deleteCart.do=bookshop.command.DeleteCartAction

53 ##user area - buy

54 /buyForm.do=bookshop.command.BuyFormAction

55 /buyPro.do=bookshop.command.BuyProAction

56 /buyList.do=bookshop.command.BuyListAction

> **따라하기**　명령어와 명령어 처리 클래스 매핑 파일 복사

commandMapping.properties 파일은 복사해서 사용한다.

01 부록 CD의 [source]-[shoppingmall]-[property]의 commandMapping.properties 파일을 복사해서 [shoppingmall]-[WebContent]-[property]에 붙여넣기 한다.

02 복사한 commandMapping.properties 파일을 열어서 모두 주석(#) 처리한다. 나중에 필요한 곳에서 주석을 해제해서 사용한다.

---

01 #command = class full name

02 #admin area

03 ##admin area - main & authorization

04 #/mg/managerMain.do=bookshop.command.ManagerMainAction

05 #/mg/managerLoginForm.do=bookshop.command.ManagerLoginFormAction

06 #/mg/managerLoginPro.do=bookshop.command.ManagerLoginProAction

07 #/mg/managerLogout.do=bookshop.command.ManagerLogoutAction

~생략~

53 ##user area - buy

54 #/buyForm.do=bookshop.command.BuyFormAction

55 #/buyPro.do=bookshop.command.BuyProAction
56 #/buyList.do=bookshop.command.BuyListAction

---

2 명령어의 진입점 슈퍼 인터페이스 작성하기

쇼핑몰의 로직인 명령어 처리 클래스의 관리 및 진입점인 슈퍼 인터페이스(Super Interface)를 작성한다.

DB 이외의 로직을 처리하기 위한 명령어 처리 클래스를 관리하는 슈퍼 인터페이스를 작성한다.

[New]-[Interface] 메뉴를 사용해 [Java Resources]-[src]에 명령어 처리 클래스의 슈퍼 인터페이스인 CommandAction.java 파일을 작성한다. 이때 [Package]에 "bookshop.command"를, [Name]에 "CommandAction"을 입력한다. 기본적인 코딩이 작성되면 다음과 같이 수정한 후 저장한다.

```
01  package bookshop.process;
02
03  import javax.servlet.http.HttpServletRequest;
04  import javax.servlet.http.HttpServletResponse;
05
06  public interface CommandAction {
07      public String requestPro(
08          HttpServletRequest request, HttpServletResponse response)
09          throws Throwable;
10  }
```

소스코드 설명

CommandAction.java는 쇼핑몰에서 명령어 처리 클래스의 진입점으로, 명령어 처리 클래스를 관리한다.

(1) 컨트롤러 작성

쇼핑몰 시스템의 프로그램 흐름을 관리하는 컨트롤러(Controller)를 작성한다.

01 컨트롤러 Controller.java를 작성하기 위해 [Java Resources]-[src]를 선택하고 [New]-[Servlet] 메뉴를 클릭한다.

02 [Create Servlet] 대화상자가 표시되면 [Java package]에 "bookshop.controller"를, [Class name]에 "Controller"를 입력하고 [Next] 버튼을 클릭한다.

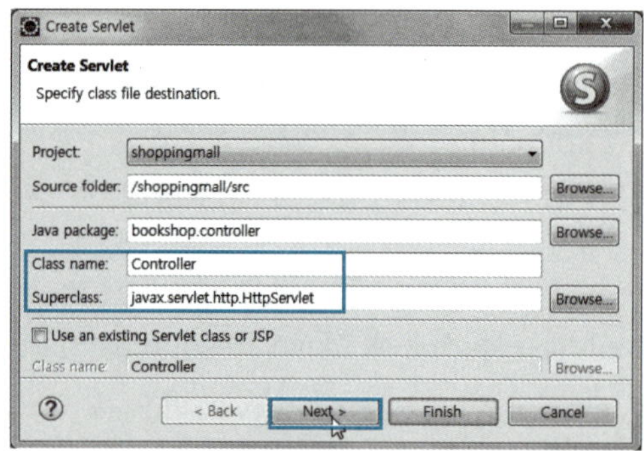

03 초기화 파라미터 및 url 매핑 등의 설정 정보를 추가하는 부분이 표시되면 [Initialization Parameter]의 [Add] 버튼을 클릭한다. [Initialization Parameter] 대화상자가 표시되면 [Name]에 "propertyConfig"를, [Value]에 "command Mapping.properties" 값을 입력하고 [OK] 버튼을 클릭한다.

04 [Initialization Parameter]에 추가한 파라미터가 등록된 것을 확인하고 [URI mappings]의 [Add] 버튼을 클릭한다. [URI Mappings] 대화상자가 표시되면 [pattern]에 "*.do"를 입력하고 [OK] 버튼을 클릭한다.

05 [Initialization Parameter]와 [URI mappings]에 설정한 내용이 추가된 것을 확인하고 [Next] 버튼을 클릭한다.

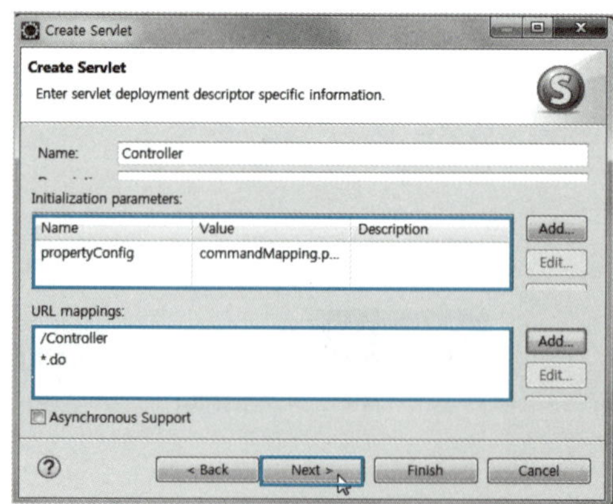

 서블릿에서 생성할 메소드를 선택하는 부분이 표시되면 [init] 메소드를 체크하여 선택하고 [doGet], [doPost] 메소드가 선택된 것을 확인한 후 [Finish] 버튼을 클릭한다.

 Controller.java 파일의 기본적인 코딩이 작성되면 다음과 같이 수정하고 저장한다.

```java
01  package bookshop.controller;
02
03  import java.io.FileInputStream;
04  import java.io.IOException;
05  import java.util.HashMap;
06  import java.util.Iterator;
07  import java.util.Map;
08  import java.util.Properties;
09
10  import javax.servlet.RequestDispatcher;
11  import javax.servlet.Servlet;
12  import javax.servlet.ServletConfig;
13  import javax.servlet.ServletContext;
14  import javax.servlet.ServletException;
15  import javax.servlet.annotation.WebInitParam;
16  import javax.servlet.annotation.WebServlet;
17  import javax.servlet.http.HttpServlet;
18  import javax.servlet.http.HttpServletRequest;
19  import javax.servlet.http.HttpServletResponse;
20
21  import bookshop.command.CommandAction;
22
23  /**
24   * Servlet implementation class Controller
25   */
26  @WebServlet(
27      urlPatterns = {
28              "/Controller",
29              "*.do"
30      },
31      initParams = {
```

```java
32        @WebInitParam(name = "propertyConfig", value = "commandMapping.properties")
33    })
34 public class Controller extends HttpServlet {
35    private static final long serialVersionUID = 1L;
36    //명령어와 명령어 처리 클래스를 쌍으로 저장
37    private Map<String, Object> commandMap = new HashMap<String, Object>( );
38    /**
39     * @see HttpServlet#HttpServlet( )
40     */
41    public Controller( ) {
42       super( );
43       // TODO Auto-generated constructor stub
44    }
45
46    /**
47     * @see Servlet#init(ServletConfig)
48     */
49    //명령어와 처리 클래스가 매핑되어 있는 properties 파일을 읽어서
50    //HashMap 객체인 commandMap에 저장
51     public void init(ServletConfig config) throws ServletException {
52       // TODO Auto-generated method stub
53
54       //initParams에서 propertyConfig의 값을 읽어옴
55       String props = config.getInitParameter("propertyConfig");
56       String realFolder = "/property"; //properties 파일이 저장된 폴더
57       //웹 애플리케이션 루트 경로
58       ServletContext context = config.getServletContext( );
59       //realFolder를 웹 애플리케이션 시스템상의 절대 경로로 변경
60       String realPath = context.getRealPath(realFolder) +"\\"+props;
61
62       //명령어와 처리 클래스의 매핑 정보를 저장할 Properties 객체 생성
63       Properties pr = new Properties( );
64       FileInputStream f = null;
65       try{
66            //command.properties 파일의 내용을 읽어옴
67            f = new FileInputStream(realPath);
68            //command.properties의 내용을 Properties 객체 pr에 저장
```

```java
69          pr.load(f);
70      }catch (IOException e) {
71          e.printStackTrace( );
72      }finally {
73          if (f != null) try { f.close( ); } catch(IOException ex) { }
74      }
75      //Set 객체의 iterator( ) 메소드를 사용해 Iterator 객체를 얻어냄
76      Iterator<?> keyIter = pr.keySet( ).iterator( );
77      //Iterator 객체에 저장된 명령어와 처리 클래스를 commandMap에 저장
78      while( keyIter.hasNext( ) ) {
79          String command = (String)keyIter.next( );
80          String className = pr.getProperty(command);
81          try{
82              Class<?> commandClass = Class.forName(className);
83              Object commandInstance = commandClass.newInstance( );
84              commandMap.put(command, commandInstance);
85          }catch (ClassNotFoundException e) {
86              e.printStackTrace( );
87          }catch (InstantiationException e) {
88              e.printStackTrace( );
89          }catch (IllegalAccessException e) {
90              e.printStackTrace( );
91          }
92      }
93  }
94
95  /**
96   * @see HttpServlet#doGet(HttpServletRequest request, HttpServletResponse
         response)
97   */
98  protected void doGet(
99      HttpServletRequest request, HttpServletResponse response)
100     throws ServletException, IOException {
101     // TODO Auto-generated method stub
102     requestPro(request, response);//요청 처리 메소드 호출
103 }
104
```

```java
105    /**
106     * @see HttpServlet#doPost(HttpServletRequest request, HttpServletResponse response)
107     */
108    protected void doPost(
109       HttpServletRequest request, HttpServletResponse response)
110       throws ServletException, IOException {
111       // TODO Auto-generated method stub
112       requestPro(request, response);//요청 처리 메소드 호출
113    }
114
115    //웹 브라우저의 요청을 분석하고, 해당 로직의 처리를 할 모델 실행 및
116    //처리 결과를 뷰에 보냄
117    private void requestPro(
118       HttpServletRequest request, HttpServletResponse response)
119       throws ServletException, IOException {
120       String view = null;
121       CommandAction com=null;
122       try {
123          String command = request.getRequestURI( );
124          if(command.indexOf(request.getContextPath( )) == 0)
125             command = command.substring(request.getContextPath( ).length( ));
126          com = (CommandAction)commandMap.get(command);
127          view = com.requestPro(request, response);
128       }catch(Throwable e) {
129          e.printStackTrace( );
130       }
131       request.setAttribute("cont",view);
132       RequestDispatcher dispatcher =
133             request.getRequestDispatcher("/index.jsp");
134       dispatcher.forward(request, response);
135    }
136 }
```

컨트롤러인 Controller.java 파일은 사용자의 요청을 받아 요청에 해당하는 로직의 진입점 슈퍼 인터페이스인 CommandAction 클래스의 메소드를 호출한다. 그러면 슈퍼 인터페이스를 통해서 해당 작업을 처리할 명령어 처리 클래스의 requestPro(request, response) 메소드가 호출되어 작업을 처리한다. 처리 결과와 결과를 표시할 뷰에 대한 정보는 다시 컨트롤러로 보내진다. 컨트롤러가 이 정보를 template.jsp로 보내면 화면에 결과가 표시된다.

26~33라인 따라하기 ❸, ❹번에서 설정한 초기화 파라미터 및 url 매핑 등의 설정 정보가 기술되는 부분이다.

- **29라인** "*.do"는 url 매핑의 패턴을 지정해서 .do 확장자로 들어오는 URL을 인식할 수 있게 했다.

- **32라인** @WebInitParam(name = "propertyConfig", value = "commandMapping.properties")는 초기화 파라미터 변수명 propertyConfig에 대한 값 commandMapping.properties가 기술되어 있다.

51~93라인 init(ServletConfig config) 메소드는 서블릿이 실행될 때 가장 먼저 실행되는 메소드이다. init( ) 메소드로, 여기서는 명령어와 처리 클래스가 매핑되어 있는 properties 파일을 읽어서 Map 객체인 commandMap에 저장한다. 이때 commandMap 객체에 키가 명령어, 값이 명령어 처리 클래스로 저장된다.

98~103라인, 108~113라인 doGet( ), doPost( ) 메소드는 서비스 메소드로 사용자의 요청을 받아서 102, 112라인에서 117라인의 requestPro( ) 메소드를 호출한다.

117~135라인 requestPro(HttpServletRequest request, HttpServletResponse response) 메소드는 사용자의 요청을 분석해서 해당 로직을 처리할 모델을 실행한다. 또한 로직의 실행 결과를 모델로부터 받아서 처리 결과를 뷰로 보내는 메소드이다.

- **123~125라인** 요청 URI에서 명령어를 추출하는 부분이다.

  - **123라인** String command = request.getRequestURI( );에서 request.getRequestURI( )는 사용자가 요청한 URI가 http://localhost:8080/shopping mall/xxx.do일 경우 웹 애플리케이션부터 요청 페이지까지를 얻어낸다. 여기서는 /shoppingmall/xxx.do가 결과로 나오고 이것이 command 변수에 저장된다.

  - **124~125라인** if문의 영역으로 웹 애플리케이션 루트를 얻어내는 경우 125라인을 수행한다.

    - **124라인** if(command.indexOf(request.getContextPath( )) == 0)에서 request.getContext Path( )는 현재의 웹 애플리케이션 루트인 /shoppingmall을 얻어낸다. command. indexOf(request.getContextPath( ))은 command 변수가 가지고 있는 문자열에 웹 애플리케이션 루트 값인 /shoppingmall이 있으면 시작 인덱스 번호를 리턴한다. 이때 command 변수는 "/shoppingmall/xxx.do" 값을 가지고 있으며, 시작 인덱스 번호로 0을 리턴한다. if (command.indexOf(request.getContextPath( )) == 0)은 시작 인덱스 번호가 0이면 125라인을 수행한다.

    - **125라인** command=command.substring(request.getContextPath( ).length( ));에서 request.getContextPath( ).length( )는 웹 애플리케이션 루트인 /shoppingmall의 문자열 개수 13이 리턴된다. command.substring(request. getContextPath( ).length( ))는 command 변수에서 문자열을 인덱스 번호가 13부터 끝까지 추출한다.

이 추출한 결과는 다시 command 변수에 들어간다. 이때 command 변수는 "/xxx.do"
값을 가지게 된다. 즉, 이 부분만 명령어로 사용하기 위해서 요청 URI에서 웹 애플리
케이션 루트의 문자열을 제거한 것이다.

- 126라인 com = (CommandSI)commandMap.get(command);에서 commandMap.get
(command)는 command 변수값이 commandMap 객체의 키에 있으면 해당 키의 값을 가
져온다. 즉, 명령어에 해당하는 명령어 처리 클래스가 리턴되며, 이때 저장된 객체를 실제 타입
으로 형 변환한다. CommandAction 타입으로 형 변환한 객체의 레퍼런스를 com에 넘겨준
다. 이때 com의 레퍼런스는 CommandAction 타입이고, 실제 할당된 객체는 명령어 처리 클
래스의 객체가 된다. 따라서 실제적으로 수행되는 메소드는 명령어 처리 클래스의 메소드가 되
고, 슈퍼 인터페이스는 명령어의 진입점 역할만을 수행한다. 단일 진입점인 슈퍼 인터페이스를
통해 진입하므로 관리와 프로그래밍이 편해진다.

- 127라인 view = com.requestPro(request, response);에서 com.requestPro(request,
response)는 com 객체의 requestPro( ) 메소드를 호출한다. 여기서 com 레퍼런스가
CommandAction 타입이므로 CommandAction 인터페이스의 7라인을 수행한다. 그런데 이
메소드는 명령어 처리 클래스로 오버라이딩되기 때문에, 실제적으로 수행되는 메소드는 명령
어 처리 클래스의 메소드가 된다.

- 131라인 request.setAttribute("cont",view);는 request 객체의 CONTENT 속성값으로 view
변수의 내용을 저장한다. 이때 view 변수는 템플릿 페이지의 내용으로 표시할 JSP 페이지명이
들어간다.

- 132~133라인 RequestDispatcher dispatcher = request.getRequestDispatcher
("/index.jsp");는 해당 /index.jsp로 포워딩하기 위해서 RequestDispatcher 객체를 생성한다.
index.jsp가 템플릿(화면에 틀을 제공) 역할을 하기 때문에 사용자에게 응답은 이 페이지를 사
용해서 한다. 이때 템플릿의 내용은 127라인에서 받아온 view 변수값이 결정한다.

- 134라인 dispatcher.forward(request, response);에서 dispatcher.forward(request,
response) 메소드는 해당 뷰로 포워딩(전달)한다.

(2) 템플릿 페이지 작성

템플릿(Template) 역할을 하는 index.jsp 페이지를 작성한다.

따라하기 템플릿 페이지 index.jsp 작성

[New]-[JSP File] 메뉴를 사용해 [shoppingmall]-[WebContent] 폴더에 index.jsp 페
이지를 작성한다. 기본적인 코딩이 작성되면 다음과 같이 수정하고 저장한다.

```
01  <%@ page language="java" contentType="text/html; charset=UTF-8"
02      pageEncoding="UTF-8"%>
03  <%@ taglib prefix="c" uri="http://java.sun.com/jsp/jstl/core" %>
```

```
04  <meta name="viewport" content="width=device-width,initial-scale=1.0"/>
05  <link rel="stylesheet" href="/shoppingmall/css/style.css"/>
06
07  <div id="header">
08    <div id="logo" class="box">
09      <img class="noborder" id="logo" src="/shoppingmall/images/mollalogo3.png"/>
10    </div>
11    <div id="auth" class="box">
12      <c:if test="${type == 0}">
13        <jsp:include page="mngr/logon/mLoginForm.jsp"/>
14      </c:if>
15      <c:if test="${type == 1}">
16        <jsp:include page="member/loginForm.jsp"/>
17      </c:if>
18    </div>
19  </div>
20  <div id="content" class="box2">
21    <jsp:include page="${cont}"/>
22  </div>
```


12~14라인 type 값이 0이면 관리자 코드로, 관리자용 로그인 폼이 표시된다.

15~17라인 type 값이 1이면 사용자 코드로, 사용자용 로그인 폼이 표시된다.

20~22라인 템플릿 화면의 내용 부분이다. 로직에서 응답한 페이지가 템플릿의 내용이 되며, 이 것은 Controller의 131라인에서 request 속성값으로 지정했다. 이 값은 템플릿인 index.jsp 페이지로 넘겨져서 화면에 표시된다. 즉, 21라인의 <jsp:include page="${cont}"/>에서 cont 변수에는 화면의 내용에 해당하는 페이지가 저장되어 있어서, <jsp:include>를 사용해서 화면에 표시된다.

관리자 영역 작성

여기에서는 쇼핑몰의 관리자 영역 부분을 구현한다.

관리자는 새로운 상품(여기서는 책)의 등록, 수정, 삭제 등을 관리하는 상품 관리 작업과 구매된 상품 목록을 가지고 구매 및 배송 등의 구매 관리 작업 사용자의 QnA를 관리한다. 단, 여기에서는 배송 관련 작업은 작성하지 않는다.

따라서 관리자 영역은 크게 관리자를 인증하는 부분, 상품을 관리하는 부분, 구매를 관리하는 부분 그리고 상품 Q&A를 관리하는 부분으로 나눌 수 있다.

▲ 관리자 영역

- **관리자 인증 부분** : 관리자를 인증하는 부분으로 관리자 인증에 성공하면 상품 관리, 구매 관리, 상품 Q&A 관리 부분이 표시된다.

- **상품 관리 부분** : 쇼핑몰의 상품을 등록, 수정 및 삭제하는 부분으로 쇼핑몰의 상품을 관리한다.

- **구매 관리 부분** : 사용자가 쇼핑몰에서 구매한 목록을 관리한다. 여기에는 구매 목록 상태가 표시된다.

- **상품 Q&A 관리 부분** : 사용자의 상품 문의에 대한 답변글을 쓰고 관리한다.

관리자 영역을 프로그래밍하기 위해서는 먼저 자바빈을 작성한다. 명령어 처리 클래스는 각 부분을 작성할 때 뷰와 같이 작성해 프로그램의 이해를 돕는다.

여기서는 관리자 영역에서 사용할 자바빈을 작성한다.

관리자 영역에서는 2가지 자바빈이 있는데 관리자 인증, 상품 관리, 구매 관리 부분에서 사용하는 자바빈과 상품 Q&A 관리에 사용할 자바빈이다. 상품 Q&A 관리 부분에서 사용하는 자바빈은 사용자의 Q&A에서도 같이 사용한다.

(1) 관리자 인증, 상품 관리, 구매 관리 부분에서 사용하는 자바빈

1) 데이터 저장빈_MngrDataBean

다음은 데이터 저장빈 MngrDataBean의 프로퍼티이다.

프로퍼티명	설명
book_id	책의 등록 번호
book_kind	책의 분류
book_title	책 이름
book_price	책 가격
book_count	책의 재고 수량
author	저자
publishing_com	출판사
publishing_date	출판일
book_image	책 이미지명
book_content	책의 내용
discount_rate	책의 할인율
reg_date	책의 등록 날짜

▲ 데이터 저장빈 MngrDataBean의 프로퍼티

> **따라하기** 관리자 인증, 상품 관리, 구매 관리 부분에서 사용하는 데이터 저장빈
> 작성_MngrDataBean.java

[New]–[Class] 메뉴를 사용해 [Java Resources]–[src]에 데이터 저장빈인 MngrData Bean.java 파일을 작성한다. 이때 [Package]에 "bookshop.bean"을, [Name]에 "MngrDataBean"을 입력한다. 기본적인 코딩이 작성되면 [Source]–[Generate Getters and Setters] 메뉴를 사용해서 완성하고 저장한다.

```java
01  package bookshop.bean;
02
03  import java.sql.Timestamp;
04
05  public class MngrDataBean {
06      private int book_id; //책의 등록 번호
07      private String book_kind; //책의 분류
08      private String book_title; //책 이름
09      private int book_price; //책 가격
10      private short book_count; //책의 재고 수량
11      private String author; //저자
12      private String publishing_com; //출판사
13      private String publishing_date; //출판일
14      private String book_image; //책 이미지명
15      private String book_content; //책의 내용
16      private byte discount_rate; //책의 할인율
17      private Timestamp reg_date; //책의 등록 날짜
18
19      public int getBook_id( ) {
20              return book_id;
21      }
22      public void setBook_id(int book_id) {
23              this.book_id = book_id;
24      }
25      public String getBook_kind( ) {
26              return book_kind;
27      }
28      public void setBook_kind(String book_kind) {
29              this.book_kind = book_kind;
30      }
31      public String getBook_title( ) {
32              return book_title;
33      }
34      public void setBook_title(String book_title) {
35              this.book_title = book_title;
36      }
```

```java
37    public int getBook_price( ) {
38            return book_price;
39    }
40    public void setBook_price(int book_price) {
41            this.book_price = book_price;
42    }
43    public short getBook_count( ) {
44            return book_count;
45    }
46    public void setBook_count(short book_count) {
47            this.book_count = book_count;
48    }
49    public String getAuthor( ) {
50            return author;
51    }
52    public void setAuthor(String author) {
53            this.author = author;
54    }
55    public String getPublishing_com( ) {
56            return publishing_com;
57    }
58    public void setPublishing_com(String publishing_com) {
59            this.publishing_com = publishing_com;
60    }
61    public String getPublishing_date( ) {
62            return publishing_date;
63    }
64    public void setPublishing_date(String publishing_date) {
65            this.publishing_date = publishing_date;
66    }
67    public String getBook_image( ) {
68            return book_image;
69    }
70    public void setBook_image(String book_image) {
71            this.book_image = book_image;
72    }
73    public String getBook_content( ) {
```

```
74        return book_content;
75    }
76    public void setBook_content(String book_content) {
77            this.book_content = book_content;
78    }
79    public byte getDiscount_rate( ) {
80            return discount_rate;
81    }
82    public void setDiscount_rate(byte discount_rate) {
83            this.discount_rate = discount_rate;
84    }
85    public Timestamp getReg_date( ) {
86            return reg_date;
87    }
88    public void setReg_date(Timestamp reg_date) {
89            this.reg_date = reg_date;
90    }
91 }
```

2) DB 처리빈_MngrDBBean

다음은 DB 처리빈인 MngrDBBean의 메소드이다.

메소드명	작업 내용
getInstance( )	전역 BoardDBBean 객체의 레퍼런스를 리턴
getConnection( )	쿼리 작업에 사용할 Connection 객체를 커넥션 풀로부터 얻어내서 리턴
userCheck(String id, String passwd)	관리자 인증 메소드
insertBook(MngrDataBean book)	책 등록 메소드
registedBookconfirm(String kind, String bookName, String author)	이미 등록된 책을 검증
getBookCount( )	전체 등록된 책의 수를 얻어내는 메소드
getBookCount(String book_kind)	해당 분류의 책의 수를 얻어내는 메소드
getBookTitle(int book_id)	책의 제목을 얻어냄
getBooks(String book_kind)	분류별 또는 전체 등록된 책의 정보를 얻어내는 메소드

getBooks(String book_kind,int count)	쇼핑몰 메인에 표시하기 위해서 사용하는 분류별 신간책 목록을 얻어내는 메소드
getBook(int bookId)	bookId에 해당하는 책의 정보를 얻어내는 메소드로, 등록된 책을 수정하기 위해 수정 폼으로 읽어들이기 위해서 사용
updateBook(MngrDataBean book, int bookId)	등록된 책의 정보를 수정 시 사용하는 메소드
deleteBook(int bookId)	bookId에 해당하는 책의 정보를 삭제 시 사용하는 메소드

▲ DB 처리빈인 MngrDBBean의 메소드

> **따라하기** | **관리자 인증, 상품 관리, 구매 관리 부분에서 사용하는 DB 처리빈 작성_MngrDBBean.java**

[New]–[Class] 메뉴를 사용해 [Java Resources]–[src]에 DB 처리빈인 Mngr DBBean. java 파일을 작성한다. 이때 [Package]에 "bookshop.bean"을, [Name]에 "MngrDBBean" 을 입력한다. 기본적인 코딩이 작성되면 내용을 완성하고 저장한다.

```java
01  package bookshop.bean;
02
03  import java.sql.Connection;
04  import java.sql.PreparedStatement;
05  import java.sql.ResultSet;
06  import java.sql.SQLException;
07  import java.util.ArrayList;
08  import java.util.List;
09
10  import javax.naming.Context;
11  import javax.naming.InitialContext;
12  import javax.sql.DataSource;
13
14  import work.crypt.BCrypt;
15  import work.crypt.SHA256;
16
17  public class MngrDBBean {
18      //MngrDBBean 전역 객체 생성 ← 한 개의 객체만 생성해서 공유
```

```java
19    private static MngrDBBean instance = new MngrDBBean( );
20
21    //MngrDBBean 객체를 리턴하는 메소드
22    public static MngrDBBean getInstance( ) {
23        return instance;
24    }
25
26    private MngrDBBean( ) { }
27
28    //커넥션 풀에서 커넥션 객체를 얻어내는 메소드
29    private Connection getConnection( ) throws Exception {
30        Context initCtx = new InitialContext( );
31        Context envCtx = (Context) initCtx.lookup("java:comp/env");
32        DataSource ds = (DataSource)envCtx.lookup("jdbc/jsptest");
33        return ds.getConnection( );
34    }
35
36    //관리자 인증 메소드
37    public int userCheck(String id, String passwd){
38        Connection conn = null;
39      PreparedStatement pstmt = null;
40        ResultSet rs= null;
41        int x=-1;
42
43        SHA256 sha = SHA256.getInsatnce( );
44        try {
45          conn = getConnection( );
46
47          String orgPass = passwd;
48          String shaPass = sha.getSha256(orgPass.getBytes( ));
49
50          pstmt = conn.prepareStatement(
51            "select managerPasswd from manager where managerId = ?");
52          pstmt.setString(1, id);
53          rs= pstmt.executeQuery( );
54
55          if(rs.next( )){//해당 아이디가 있으면 수행
```

```java
56              String dbpasswd= rs.getString("managerPasswd");
57              if(BCrypt.checkpw(shaPass,dbpasswd))
58                x= 1; //인증 성공
59              else
60                x= 0; //비밀번호 틀림
61            }else//해당 아이디 없으면 수행
62              x= -1;//아이디 없음
63
64      } catch(Exception ex) {
65         ex.printStackTrace( );
66      } finally {
67         if (rs != null) try { rs.close( ); } catch(SQLException ex) { }
68         if (pstmt != null) try { pstmt.close( ); } catch(SQLException ex) { }
69         if (conn != null) try { conn.close( ); } catch(SQLException ex) { }
70      }
71       return x;
72    }
73
74    //책 등록 메소드
75    public void insertBook(MngrDataBean book)
76    throws Exception {
77       Connection conn = null;
78       PreparedStatement pstmt = null;
79
80       try {
81          conn = getConnection( );
82          String sql = "insert into book(book_kind,book_title,book_price,";
83          sql += "book_count,author,publishing_com,publishing_date,book_image,";
84          sql += "book_content,discount_rate,reg_date) values (?,?,?,?,?,?,?,?,?,?,?)";
85
86          pstmt = conn.prepareStatement(sql);
87          pstmt.setString(1, book.getBook_kind( ));
88          pstmt.setString(2, book.getBook_title( ));
89          pstmt.setInt(3, book.getBook_price( ));
90          pstmt.setShort(4, book.getBook_count( ));
91          pstmt.setString(5, book.getAuthor( ));
92          pstmt.setString(6, book.getPublishing_com( ));
```

```java
93              pstmt.setString(7, book.getPublishing_date( ));
94              pstmt.setString(8, book.getBook_image( ));
95              pstmt.setString(9, book.getBook_content( ));
96              pstmt.setByte(10,book.getDiscount_rate( ));
97              pstmt.setTimestamp(11, book.getReg_date( ));
98
99              pstmt.executeUpdate( );
100
101         } catch(Exception ex) {
102           ex.printStackTrace( );
103         } finally {
104           if (pstmt != null)
105               try { pstmt.close( ); } catch(SQLException ex) { }
106           if (conn != null)
107               try { conn.close( ); } catch(SQLException ex) { }
108         }
109     }
110
111     //이미 등록된 책을 검증
112     public int registedBookconfirm(
113                 String kind, String bookName, String author)
114     throws Exception {
115         Connection conn = null;
116         PreparedStatement pstmt = null;
117         ResultSet rs= null;
118         int x=-1;
119
120         try {
121           conn = getConnection( );
122
123           String sql = "select book_name from book ";
124           sql += " where book_kind = ? and book_name = ? and author = ?";
125
126           pstmt = conn.prepareStatement(sql);
127           pstmt.setString(1, kind);
128           pstmt.setString(2, bookName);
129           pstmt.setString(3, author);
```

```java
130
131            rs= pstmt.executeQuery( );
132
133            if(rs.next( ))
134                x= 1; //해당 책이 이미 등록되어 있음
135            else
136                x= -1;//해당 책이 이미 등록되어 있지 않음
137
138        } catch(Exception ex) {
139            ex.printStackTrace( );
140        } finally {
141          if (rs != null)
142             try { rs.close( ); } catch(SQLException ex) { }
143          if (pstmt != null)
144             try { pstmt.close( ); } catch(SQLException ex) { }
145          if (conn != null)
146             try { conn.close( ); } catch(SQLException ex) { }
147        }
148      return x;
149    }
150
151 // 전체 등록된 책의 수를 얻어내는 메소드
152 public int getBookCount( )
153  throws Exception {
154     Connection conn = null;
155     PreparedStatement pstmt = null;
156     ResultSet rs = null;
157
158     int x=0;
159
160     try {
161        conn = getConnection( );
162
163        pstmt = conn.prepareStatement("select count(*) from book");
164        rs = pstmt.executeQuery( );
165
166        if (rs.next( ))
```

```java
167        x= rs.getInt(1);
168    } catch(Exception ex) {
169      ex.printStackTrace( );
170    } finally {
171      if (rs != null)
172         try { rs.close( ); } catch(SQLException ex) { }
173      if (pstmt != null)
174         try { pstmt.close( ); } catch(SQLException ex) { }
175      if (conn != null)
176         try { conn.close( ); } catch(SQLException ex) { }
177    }
178    return x;
179  }
180

181  // 해당 분류의 책의 수를 얻어내는 메소드
182  public int getBookCount(String book_kind)
183  throws Exception {
184    Connection conn = null;
185    PreparedStatement pstmt = null;
186    ResultSet rs = null;
187

188    int x=0;
189    int kind  = Integer.parseInt(book_kind);
190

191    try {
192      conn = getConnection( );
193      String query = "select count(*) from book where book_kind=" + kind;
194      pstmt = conn.prepareStatement(query);
195      rs = pstmt.executeQuery( );
196

197      if (rs.next( ))
198         x= rs.getInt(1);
199    } catch(Exception ex) {
200      ex.printStackTrace( );
201    } finally {
202      if (rs != null)
203         try { rs.close( ); } catch(SQLException ex) { }
```

```java
204         if (pstmt != null)
205             try { pstmt.close( ); } catch(SQLException ex) { }
206         if (conn != null)
207             try { conn.close( ); } catch(SQLException ex) { }
208     }
209     return x;
210 }
211
212 //책의 제목을 얻어냄
213 public String getBookTitle(int book_id){
214     Connection conn = null;
215     PreparedStatement pstmt = null;
216     ResultSet rs = null;
217     String x="";
218
219     try {
220         conn = getConnection( );
221
222         pstmt = conn.prepareStatement("select book_title from book where
                book_id = "+book_id);
223         rs = pstmt.executeQuery( );
224
225         if (rs.next( ))
226             x= rs.getString(1);
227     } catch(Exception ex) {
228         ex.printStackTrace( );
229     } finally {
230         if (rs != null) try{ rs.close( ); }catch(SQLException ex) { }
231         if (pstmt != null) try{ pstmt.close( ); }catch(SQLException ex) { }
232         if (conn != null) try{ conn.close( ); }catch(SQLException ex) { }
233     }
234     return x;
235 }
236 // 분류별 또는 전체 등록된 책의 정보를 얻어내는 메소드
237 public List<MngrDataBean> getBooks(String book_kind)
238  throws Exception {
239     Connection conn = null;
```

```java
240    PreparedStatement pstmt = null;
241    ResultSet rs = null;
242    List<MngrDataBean> bookList=null;
243
244    try {
245       conn = getConnection( );
246
247       String sql1 = "select * from book";
248       String sql2 = "select * from book ";
249       sql2 += "where book_kind = ? order by reg_date desc";
250
251       if(book_kind.equals("all")||book_kind.equals("")){
252          pstmt = conn.prepareStatement(sql1);
253       }else{
254          pstmt = conn.prepareStatement(sql2);
255          pstmt.setString(1, book_kind);
256       }
257       rs = pstmt.executeQuery( );
258
259       if (rs.next( )) {
260          bookList = new ArrayList<MngrDataBean>( );
261          do{
262            MngrDataBean book= new MngrDataBean( );
263
264               book.setBook_id(rs.getInt("book_id"));
265               book.setBook_kind(rs.getString("book_kind"));
266               book.setBook_title(rs.getString("book_title"));
267               book.setBook_price(rs.getInt("book_price"));
268               book.setBook_count(rs.getShort("book_count"));
269               book.setAuthor(rs.getString("author"));
270               book.setPublishing_com(rs.getString("publishing_com"));
271               book.setPublishing_date(rs.getString("publishing_date"));
272               book.setBook_image(rs.getString("book_image"));
273               book.setDiscount_rate(rs.getByte("discount_rate"));
274               book.setReg_date(rs.getTimestamp("reg_date"));
275
276               bookList.add(book);
```

```java
277              }while(rs.next( ));
278          }
279      } catch(Exception ex) {
280         ex.printStackTrace( );
281      } finally {
282         if (rs != null)
283            try { rs.close( ); } catch(SQLException ex) {}
284         if (pstmt != null)
285            try { pstmt.close( ); } catch(SQLException ex) {}
286         if (conn != null)
287            try { conn.close( ); } catch(SQLException ex) {}
288      }
289      return bookList;
290  }
291
292  // 쇼핑몰 메인에 표시하기 위해서 사용하는 분류별 신간책 목록을 얻어내는 메소드
293  public MngrDataBean[ ] getBooks(String book_kind,int count)
294  throws Exception {
295      Connection conn = null;
296      PreparedStatement pstmt = null;
297      ResultSet rs = null;
298      MngrDataBean bookList[ ]=null;
299      int i=0;
300
301      try {
302         conn = getConnection( );
303
304         String sql = "select * from book where book_kind = ? ";
305         sql += "order by reg_date desc limit ?,?";
306
307         pstmt = conn.prepareStatement(sql);
308         pstmt.setString(1, book_kind);
309         pstmt.setInt(2, 0);
310         pstmt.setInt(3, count);
311         rs = pstmt.executeQuery( );
312
313         if (rs.next( )) {
```

```java
314            bookList = new MngrDataBean[count];
315            do{
316              MngrDataBean book= new MngrDataBean( );
317                book.setBook_id(rs.getInt("book_id"));
318                book.setBook_kind(rs.getString("book_kind"));
319                book.setBook_title(rs.getString("book_title"));
320                book.setBook_price(rs.getInt("book_price"));
321                book.setBook_count(rs.getShort("book_count"));
322                book.setAuthor(rs.getString("author"));
323                book.setPublishing_com(rs.getString("publishing_com"));
324                book.setPublishing_date(rs.getString("publishing_date"));
325                book.setBook_image(rs.getString("book_image"));
326                book.setDiscount_rate(rs.getByte("discount_rate"));
327                book.setReg_date(rs.getTimestamp("reg_date"));
328
329                bookList[i]=book;
330
331                i++;
332              }while(rs.next( ));
333            }
334      } catch(Exception ex) {
335         ex.printStackTrace( );
336      } finally {
337         if (rs != null)
338            try { rs.close( ); } catch(SQLException ex) { }
339         if (pstmt != null)
340            try { pstmt.close( ); } catch(SQLException ex) { }
341         if (conn != null)
342            try { conn.close( ); } catch(SQLException ex) { }
343      }
344      return bookList;
345   }
346
347 // bookId에 해당하는 책의 정보를 얻어내는 메소드로
348 //등록된 책을 수정하기 위해 수정 폼으로 읽어들이기 위한 메소드
349 public MngrDataBean getBook(int bookId)
350 throws Exception {
```

```java
351        Connection conn = null;
352        PreparedStatement pstmt = null;
353        ResultSet rs = null;
354        MngrDataBean book=null;
355
356        try {
357            conn = getConnection( );
358
359            pstmt = conn.prepareStatement(
360                "select * from book where book_id = ?");
361            pstmt.setInt(1, bookId);
362
363            rs = pstmt.executeQuery( );
364
365            if (rs.next( )) {
366                book = new MngrDataBean( );
367
368                book.setBook_kind(rs.getString("book_kind"));
369                book.setBook_title(rs.getString("book_title"));
370                book.setBook_price(rs.getInt("book_price"));
371                book.setBook_count(rs.getShort("book_count"));
372                book.setAuthor(rs.getString("author"));
373                book.setPublishing_com(rs.getString("publishing_com"));
374                book.setPublishing_date(rs.getString("publishing_date"));
375                book.setBook_image(rs.getString("book_image"));
376                book.setBook_content(rs.getString("book_content"));
377                book.setDiscount_rate(rs.getByte("discount_rate"));
378            }
379        } catch(Exception ex) {
380            ex.printStackTrace( );
381        } finally {
382            if (rs != null)
383                try { rs.close( ); } catch(SQLException ex) {}
384            if (pstmt != null)
385                try { pstmt.close( ); } catch(SQLException ex) {}
386            if (conn != null)
387                try { conn.close( ); } catch(SQLException ex) {}
```

```
388         }

389      return book;

390     }

391

392  // 등록된 책의 정보를 수정 시 사용하는 메소드
393  public void updateBook(MngrDataBean book, int bookId)
394  throws Exception {
395     Connection conn = null;
396     PreparedStatement pstmt = null;
397     String sql;

398

399     try {
400        conn = getConnection( );

401

402        sql = "update book set book_kind=?,book_title=?,book_price=?";
403        sql += ",book_count=?,author=?,publishing_com=?,publishing_date=?";
404        sql += ",book_image=?,book_content=?,discount_rate=?";
405        sql += " where book_id=?";

406

407        pstmt = conn.prepareStatement(sql);

408

409        pstmt.setString(1, book.getBook_kind( ));
410        pstmt.setString(2, book.getBook_title( ));
411        pstmt.setInt(3, book.getBook_price( ));
412        pstmt.setShort(4, book.getBook_count( ));
413        pstmt.setString(5, book.getAuthor( ));
414        pstmt.setString(6, book.getPublishing_com( ));
415        pstmt.setString(7, book.getPublishing_date( ));
416        pstmt.setString(8, book.getBook_image( ));
417        pstmt.setString(9, book.getBook_content( ));
418        pstmt.setByte(10, book.getDiscount_rate( ));
419        pstmt.setInt(11, bookId);

420

421        pstmt.executeUpdate( );

422

423     } catch(Exception ex) {
424        ex.printStackTrace( );
```

```java
425    } finally {
426       if (pstmt != null)
427          try { pstmt.close( ); } catch(SQLException ex) { }
428       if (conn != null)
429          try { conn.close( ); } catch(SQLException ex) { }
430    }
431 }
432

433 // bookId에 해당하는 책의 정보를 삭제 시 사용하는 메소드
434 public void deleteBook(int bookId)
435 throws Exception {
436    Connection conn = null;
437    PreparedStatement pstmt = null;
438    ResultSet rs= null;
439
440    try {
441       conn = getConnection( );
442
443       pstmt = conn.prepareStatement(
444          "delete from book where book_id=?");
445       pstmt.setInt(1, bookId);
446
447       pstmt.executeUpdate( );
448
449    } catch(Exception ex) {
450       ex.printStackTrace( );
451    } finally {
452       if (rs != null)
453          try { rs.close( ); } catch(SQLException ex) { }
454       if (pstmt != null)
455          try { pstmt.close( ); } catch(SQLException ex) { }
456       if (conn != null)
457          try { conn.close( ); } catch(SQLException ex) { }
458    }
459 }
460 }
```

(2) 상품 Q&A 관리 부분에서 사용하는 자바빈

1) 데이터 저장빈_QnaDataBean

다음은 데이터 저장빈 QnaDataBean의 프로퍼티이다.

프로퍼티명	설명
qna_id	qna 글번호
book_id	책의 등록 번호
book_title	책 이름
qna_writer	qna 작성자
qna_content	qna 내용
group_id	qna 그룹 아이디
qora	qna 그룹 내의 순서
reply	답변 여부
reg_date	qna 작성일

▲ 데이터 저장빈 QnaDataBean의 프로퍼티

따라하기 상품 Q&A 관리 부분에서 사용하는 데이터 저장빈 작성
_QnaDataBean.java

[New]-[Class] 메뉴를 사용해 [Java Resources]-[src]에 데이터 저장빈인 QnaDataBean.java 파일을 작성한다. 이때 [Package]에 "bookshop.bean"을, [Name]에 "QnaDataBean"을 입력한다. 기본적인 코딩이 작성되면 [Source]-[Generate Getters and Setters] 메뉴를 사용해서 완성하고 저장한다.

```java
01  package bookshop.bean;
02
03  import java.sql.Timestamp;
04
05  public class QnaDataBean {
06      private int qna_id;//qna 글번호
07      private int book_id;//책의 등록 번호
08      private String book_title;//책 이름
09      private String qna_writer;//qna 작성자
10      private String qna_content;//qna 내용
```

```java
11      private int group_id;//qna 그룹

12      private byte qora;//qna 그룹 내의 순서

13      private byte reply;//답변 여부

14      private Timestamp reg_date;//qna 작성일

15

16      public int getQna_id( ) {

17              return qna_id;

18      }

19      public void setQna_id(int qna_id) {

20              this.qna_id = qna_id;

21      }

22      public int getBook_id( ) {

23              return book_id;

24      }

25      public void setBook_id(int book_id) {

26              this.book_id = book_id;

27      }

28      public String getBook_title( ) {

29              return book_title;

30      }

31      public void setBook_title(String book_title) {

32              this.book_title = book_title;

33      }

34      public String getQna_writer( ) {

35              return qna_writer;

36      }

37      public void setQna_writer(String qna_writer) {

38              this.qna_writer = qna_writer;

39      }

40      public String getQna_content( ) {

41              return qna_content;

42      }

43      public void setQna_content(String qna_content) {

44              this.qna_content = qna_content;

45      }

46      public int getGroup_id( ) {

47              return group_id;
```

```java
48         }
49     public void setGroup_id(int group_id) {
50             this.group_id = group_id;
51     }
52     public byte getQora( ) {
53             return qora;
54     }
55     public void setQora(byte qora) {
56             this.qora = qora;
57     }
58     public byte getReply( ) {
59             return reply;
60     }
61     public void setReply(byte reply) {
62             this.reply = reply;
63     }
64     public Timestamp getReg_date( ) {
65             return reg_date;
66     }
67     public void setReg_date(Timestamp reg_date) {
68             this.reg_date = reg_date;
69     }
70 }
```

2) DB 처리빈_QnaDBBean

다음은 DB 처리빈 QnaDBBean의 메소드이다.

메소드명	작업 내용
getInstance( )	전역 BoardDBBean 객체의 레퍼런스를 리턴
getConnection( )	쿼리 작업에 사용할 Connection 객체를 커넥션 풀로부터 얻어내서 리턴
insertArticle(QnaDataBean article)	qna 테이블에 글을 추가 시 사용. 사용자가 작성하는 글
insertArticle(QnaDataBean article, int qna_id)	qna 테이블에 글을 추가 시 사용. 관리자가 작성한 답변
getArticleCount( )	qna 테이블에 저장된 전체 글의 수를 얻어내는 메소드
getArticleCount(int book_id)	특정 책에 대해 작성한 qna 글의 수를 얻어내는 메소드
getArticles(int count)	지정한 수에 해당하는 qna 글의 수를 얻어내는 메소드

getArticles(int count, int book_id)	책의 제목을 얻어내는 메소드
updateGetArticle(int qna_id)	QnA 글수정 폼에서 사용할 글의 내용을 얻어내는 메소드
updateArticle(QnaDataBean article)	QnA 글수정 처리에서 사용하는 메소드
deleteArticle(int qna_id)	QnA 글수정 삭제 처리 시 사용하는 메소드

▲ DB 처리빈 QnaDBBean의 메소드

따라하기 상품 Q&A 관리 부분에서 사용하는 DB 처리빈 작성
_QnaDBBean.java

[New]-[Class] 메뉴를 사용해 [Java Resources]-[src]에 DB 처리빈인 Qna DBBean.java 파일을 작성한다. 이때 [Package]에 "bookshop.bean"을, [Name]에 "QnaDBBean"을 입력한다. 기본적인 코딩이 작성되면 내용을 완성하고 저장한다.

```
01  package bookshop.bean;
02
03  import java.sql.Connection;
04  import java.sql.PreparedStatement;
05  import java.sql.ResultSet;
06  import java.sql.SQLException;
07  import java.util.ArrayList;
08  import java.util.List;
09
10  import javax.naming.Context;
11  import javax.naming.InitialContext;
12  import javax.sql.DataSource;
13
14  public class QnaDBBean {
15
16      private static QnaDBBean instance = new QnaDBBean( );
17
18      //.jsp 페이지에서 DB 연동빈인 BoardDBBean 클래스의 메소드에 접근 시 필요
19      public static QnaDBBean getInstance( ) {
20          return instance;
21      }
```

```java
22
23    private QnaDBBean( ){ }
24
25    //커넥션 풀로부터 Connection 객체를 얻어냄
26    private Connection getConnection( ) throws Exception {
27      Context initCtx = new InitialContext( );
28      Context envCtx = (Context) initCtx.lookup("java:comp/env");
29      DataSource ds = (DataSource)envCtx.lookup("jdbc/jsptest");
30      return ds.getConnection( );
31    }
32
33    //qna 테이블에 글을 추가 – 사용자가 작성하는 글
34    @SuppressWarnings("resource")
35    public int insertArticle(QnaDataBean article){
36        Connection conn = null;
37        PreparedStatement pstmt = null;
38        ResultSet rs = null;
39        int x = 0;
40        String sql="";
41        int group_id = 1;
42        try {
43            conn = getConnection( );
44
45            pstmt = conn.prepareStatement("select max(qna_id) from qna");
46            rs = pstmt.executeQuery( );
47
48            if (rs.next( ))
49              x= rs.getInt(1);
50
51            if(x > 0)
52              group_id = rs.getInt(1)+1;
53
54            // 쿼리를 작성 : board 테이블에 새로운 레코드 추가
55            sql = "insert into qna(book_id,book_title,qna_writer,qna_content,";
56              sql += "group_id,qora,reply,reg_date) values(?,?,?,?,?,?,?,?)";
57            pstmt = conn.prepareStatement(sql);
58            pstmt.setInt(1, article.getBook_id( ));
```

```java
59          pstmt.setString(2, article.getBook_title( ));
60          pstmt.setString(3, article.getQna_writer( ));
61          pstmt.setString(4, article.getQna_content( ));
62          pstmt.setInt(5, group_id);
63          pstmt.setInt(6, article.getQora( ));
64          pstmt.setInt(7, article.getReply( ));
6           pstmt.setTimestamp(8, article.getReg_date( ));
66          pstmt.executeUpdate( );
67
68          x = 1; //레코드 추가 성공
69      } catch(Exception ex) {
70          ex.printStackTrace( );
71      } finally {
72          if (rs != null) try{ rs.close( ); }catch(SQLException ex) { }
73          if (pstmt != null) try{ pstmt.close( ); }catch(SQLException ex) { }
74          if (conn != null) try{ conn.close( ); }catch(SQLException ex) { }
75      }
76      return x;
77  }
78
79  //qna 테이블에 글을 추가 - 관리자가 작성한 답변
80  @SuppressWarnings("resource")
81  public int insertArticle(QnaDataBean article, int qna_id){
82      Connection conn = null;
83      PreparedStatement pstmt = null;
84      ResultSet rs = null;
85      int x = 0;
86      String sql="";
87
88      try {
89          conn = getConnection( );
90
91          // 쿼리를 작성 : board 테이블에 새로운 레코드 추가
92          sql = "insert into qna(book_id,book_title,qna_writer,qna_content,";
93          sql += "group_id,qora,reply,reg_date) values(?,?,?,?,?,?,?,?)";
94          pstmt = conn.prepareStatement(sql);
95          pstmt.setInt(1, article.getBook_id( ));
```

```java
96          pstmt.setString(2, article.getBook_title( ));
97          pstmt.setString(3, article.getQna_writer( ));
98          pstmt.setString(4, article.getQna_content( ));
99          pstmt.setInt(5, article.getGroup_id( ));
100         pstmt.setInt(6, article.getQora( ));
101         pstmt.setInt(7, article.getReply( ));
102         pstmt.setTimestamp(8, article.getReg_date( ));
103         pstmt.executeUpdate( );
104
105         sql="update qna set reply=? where qna_id=?";
106         pstmt = conn.prepareStatement(sql);
107         pstmt.setInt(1, 1);
108         pstmt.setInt(2, qna_id);
109         pstmt.executeUpdate( );
110
111         x = 1; //레코드 추가 성공
112     } catch(Exception ex) {
113         ex.printStackTrace( );
114     } finally {
115         if (rs != null) try{ rs.close( ); }catch(SQLException ex) { }
116         if (pstmt != null) try{ pstmt.close( ); }catch(SQLException ex) { }
117         if (conn != null) try{ conn.close( ); }catch(SQLException ex) { }
118     }
119     return x;
120 }
121
122 //qna 테이블에 저장된 전체 글의 수를 얻어냄
123 public int getArticleCount( ){
124     Connection conn = null;
125     PreparedStatement pstmt = null;
126     ResultSet rs = null;
127     int x=0;
128
129     try {
130         conn = getConnection( );
131
132         pstmt = conn.prepareStatement("select count(*) from qna");
```

```java
133        rs = pstmt.executeQuery( );
134
135        if (rs.next( ))
136           x= rs.getInt(1);
137     } catch(Exception ex) {
138        ex.printStackTrace( );
139     } finally {
140        if (rs != null) try{ rs.close( ); }catch(SQLException ex) { }
141        if (pstmt != null) try{ pstmt.close( ); }catch(SQLException ex) { }
142        if (conn != null) try{ conn.close( ); }catch(SQLException ex) { }
143     }
144     return x;
145  }
146
147  //특정 책에 대해 작성한 qna 글의 수를 얻어냄
148  public int getArticleCount(int book_id){
149     Connection conn = null;
150     PreparedStatement pstmt = null;
151     ResultSet rs = null;
152     int x=0;
153
154     try {
155        conn = getConnection( );
156
157        pstmt = conn.prepareStatement("select count(*) from qna where book_id
           = "+book_id);
158        rs = pstmt.executeQuery( );
159
160        if (rs.next( ))
161           x= rs.getInt(1);
162     } catch(Exception ex) {
163        ex.printStackTrace( );
164     } finally {
165        if (rs != null) try{ rs.close( ); }catch(SQLException ex) { }
166        if (pstmt != null) try{ pstmt.close( ); }catch(SQLException ex) { }
167        if (conn != null) try{ conn.close( ); }catch(SQLException ex) { }
168     }
```

```java
169        return x;
170    }
171
172
173    //지정한 수에 해당하는 qna 글의 수를 얻어냄
174    public List<QnaDataBean> getArticles(int count){
175        Connection conn = null;
176        PreparedStatement pstmt = null;
177        ResultSet rs = null;
178        List<QnaDataBean> articleList=null;//글목록을 저장하는 객체
179        try {
180            conn = getConnection( );
181
182            pstmt = conn.prepareStatement(
183                "select * from qna order by group_id desc, qora asc");
184
185            rs = pstmt.executeQuery( );
186
187            if (rs.next( )) {//ResultSet이 레코드를 가짐
188                articleList = new ArrayList<QnaDataBean>(count);
189                do{
190                  QnaDataBean article= new QnaDataBean( );
191                   article.setQna_id(rs.getInt("qna_id"));
192                   article.setBook_id(rs.getInt("book_id"));
193                   article.setBook_title(rs.getString("book_title"));
194                   article.setQna_writer(rs.getString("qna_writer"));
195                   article.setQna_content(rs.getString("qna_content"));
196                   article.setGroup_id(rs.getInt("group_id"));
197                   article.setQora(rs.getByte("qora"));
198                   article.setReply(rs.getByte("reply"));
199                   article.setReg_date(rs.getTimestamp("reg_date"));
200
201                   //List 객체에 데이터 저장빈인 BoardDataBean 객체를 저장
202                   articleList.add(article);
203                 }while(rs.next( ));
204             }
205        } catch(Exception ex) {
```

```java
206            ex.printStackTrace( );
207        } finally {
208          if (rs != null) try { rs.close( ); } catch(SQLException ex) { }
209          if (pstmt != null) try { pstmt.close( ); } catch(SQLException ex) { }
210          if (conn != null) try { conn.close( ); } catch(SQLException ex) { }
211        }
212        return articleList;//List 객체의 레퍼런스를 리턴
213    }
214
215    //특정 책에 대해 작성한 qna 글을 지정한 수만큼 얻어냄
216    public List<QnaDataBean> getArticles(int count, int book_id){
217        Connection conn = null;
218        PreparedStatement pstmt = null;
219        ResultSet rs = null;
220        List<QnaDataBean> articleList=null;//글 목록을 저장하는 객체
221        try {
222          conn = getConnection( );
223
224          pstmt = conn.prepareStatement(
225          "select * from qna where book_id="+book_id+" order by group_id desc,
          qora asc");
226
227          rs = pstmt.executeQuery( );
228
229          if (rs.next( )) {//ResultSet이 레코드를 가짐
230            articleList = new ArrayList<QnaDataBean>(count);
231            do{
232              QnaDataBean article= new QnaDataBean( );
233              article.setQna_id(rs.getInt("qna_id"));
234              article.setBook_id(rs.getInt("book_id"));
235              article.setBook_title(rs.getString("book_title"));
236              article.setQna_writer(rs.getString("qna_writer"));
237              article.setQna_content(rs.getString("qna_content"));
238              article.setGroup_id(rs.getInt("group_id"));
239              article.setQora(rs.getByte("qora"));
240              article.setReply(rs.getByte("reply"));
241              article.setReg_date(rs.getTimestamp("reg_date"));
```

```java
242
243                         //List 객체에 데이터 저장빈인 BoardDataBean 객체를 저장
244                         articleList.add(article);
245                   }while(rs.next( ));
246             }
247       } catch(Exception ex) {
248          ex.printStackTrace( );
249       } finally {
250          if (rs != null) try { rs.close( ); }catch(SQLException ex) { }
251          if (pstmt != null) try { pstmt.close( );}catch(SQLException ex) { }
252          if (conn != null) try { conn.close( ); }catch(SQLException ex) { }
253       }
254       return articleList;//List 객체의 레퍼런스를 리턴
255   }
256
257   //QnA 글수정 폼에서 사용할 글의 내용
258   public QnaDataBean updateGetArticle(int qna_id){
259      Connection conn = null;
260      PreparedStatement pstmt = null;
261      ResultSet rs = null;
262      QnaDataBean article=null;
263      try {
264         conn = getConnection( );
265
266         pstmt = conn.prepareStatement(
267            "select * from qna where qna_id = ?");
268         pstmt.setInt(1, qna_id);
269         rs = pstmt.executeQuery( );
270
271         if (rs.next( )) {
272            article = new QnaDataBean( );
273            article.setQna_id(rs.getInt("qna_id"));
274            article.setBook_id(rs.getInt("book_id"));
275            article.setBook_title(rs.getString("book_title"));
276            article.setQna_writer(rs.getString("qna_writer"));
277            article.setQna_content(rs.getString("qna_content"));
278            article.setGroup_id(rs.getInt("group_id"));
```

```java
279            article.setQora(rs.getByte("qora"));
280            article.setReply(rs.getByte("reply"));
281            article.setReg_date(rs.getTimestamp("reg_date"));
282                }
283        } catch(Exception ex) {
284           ex.printStackTrace( );
285        } finally {
286           if (rs != null) try{rs.close( );}catch(SQLException ex){ }
287           if (pstmt != null) try{pstmt.close( );}catch(SQLException ex){ }
288           if (conn != null) try{conn.close( );}catch(SQLException ex){ }
289        }
290       return article;
291    }
292
293    //QnA 글수정 처리에서 사용
294    public int updateArticle(QnaDataBean article){
295       Connection conn = null;
296       PreparedStatement pstmt = null;
297       ResultSet rs= null;
298        int x=-1;
299       try {
300          conn = getConnection( );
301
302          String sql="update qna set qna_content=? where qna_id=?";
303          pstmt = conn.prepareStatement(sql);
304          pstmt.setString(1, article.getQna_content( ));
305          pstmt.setInt(2, article.getQna_id( ));
306          pstmt.executeUpdate( );
307          x= 1;
308       } catch(Exception ex) {
309          ex.printStackTrace( );
310       } finally {
311          if (rs != null) try{ rs.close( ); }catch(SQLException ex) { }
312          if (pstmt != null) try{ pstmt.close( ); }catch(SQLException ex) { }
313          if (conn != null) try{ conn.close( ); }catch(SQLException ex) { }
314       }
315       return x;
```

```java
316        }
317
318    //QnA 글수정 삭제 처리 시 사용
319    public int deleteArticle(int qna_id){
320        Connection conn = null;
321        PreparedStatement pstmt = null;
322        ResultSet rs= null;
323        int x=-1;
324        try {
325            conn = getConnection( );
326
327            pstmt = conn.prepareStatement(
328                    "delete from qna where qna_id=?");
329            pstmt.setInt(1, qna_id);
330            pstmt.executeUpdate( );
331            x= 1; //글 삭제 성공
332        } catch(Exception ex) {
333            ex.printStackTrace( );
334        } finally {
335            if (rs != null) try{ rs.close( ); }catch(SQLException ex) { }
336            if (pstmt != null) try{ pstmt.close( ); }catch(SQLException ex) { }
337            if (conn != null) try{ conn.close( ); }catch(SQLException ex) { }
338        }
339        return x;
340    }
341 }
```

2 관리자의 메인 및 인증 관련 작업

여기서는 관리자의 메인 화면과 관리자 인증 관련 작업을 처리한다.

(1) 개요

Ajax와 모델 2를 사용한 쇼핑몰 서비스의 기본 구조는 다음과 같다.

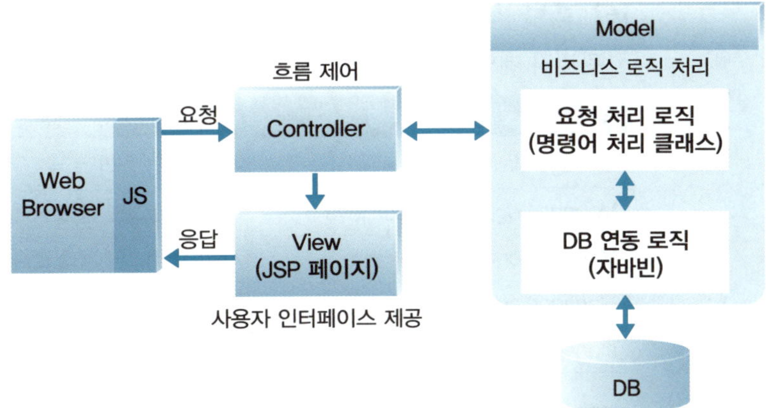

▲ Ajax와 모델 2를 사용한 웹 서비스의 기본 구조

- **자바스크립트(JS) :** 서버에 페이지 요청. 때에 따라서는 처리 결과의 응답도 받음

- **컨트롤러(Controller) :** 요청을 받아서, 해당하는 명령어 처리 클래스를 실행

- **자바빈 :** 명령어 처리 클래스에서 DB와 연동하는 부분이 필요하면 실행

- **JSP 페이지 :** 요청 처리한 결과를 화면에 표시하기 위한 부분

여기서 작성하는 로직과 페이지들은 다음과 같다.

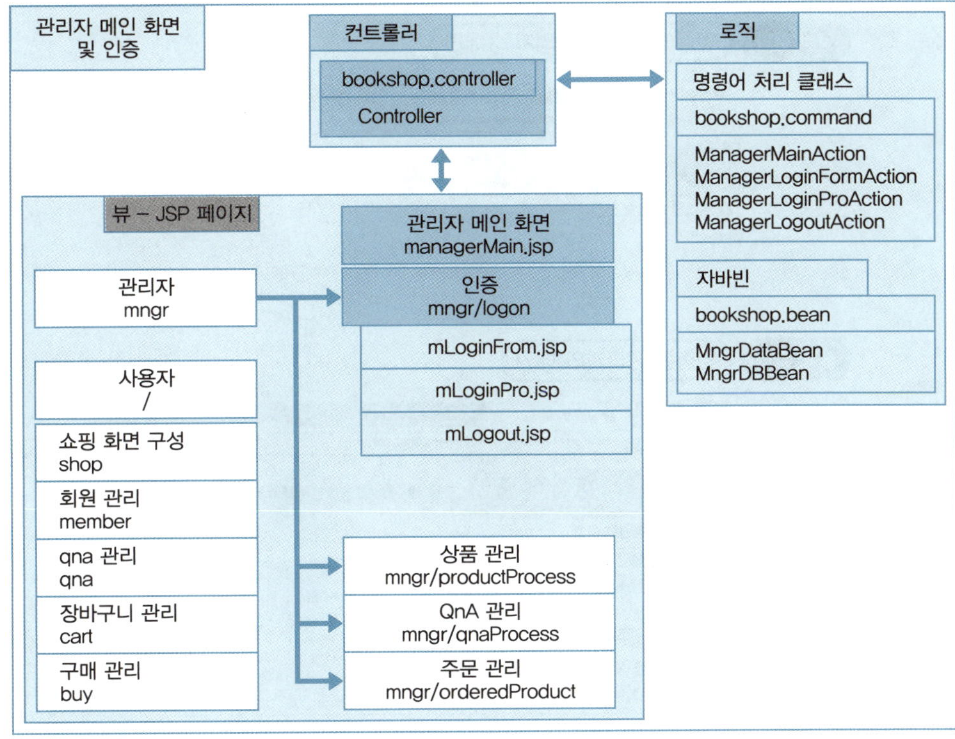

(2) 관리자 메인 화면 및 인증 처리

관리자 메인 화면 및 인증 처리에서 사용되는 로직과 페이지는 다음과 같다.

로직 및 페이지명	작업 내용
ManagerMainAction.java	메인 화면 처리 로직
ManagerLoginFormAction.java	관리자 로그인 폼 로직
ManagerLoginProAction.java	관리자 로그인 처리 로직
ManagerLogoutAction.java	관리자 로그아웃 로직
managerMain.jsp	시작 페이지로 메인 화면의 기본 구조를 제공
managerMain.js	관리자 영역의 작업 요청을 처리하며, [상품등록], [상품수정/삭제], [전체구매목록 확인], [상품 QnA답변] 버튼을 클릭 시 작업을 처리
mLoginForm.jsp	관리자 인증 폼으로 아이디와 비밀번호를 입력하는 페이지
mLoginPro.jsp	관리자 인증을 처리하는 페이지
mLogout.jsp	관리자의 인증을 무효화하는 페이지
mlogin.js	관리자 인증과 관련된 요청을 처리하며, 인증 폼의 인증되지 않은 사용자 영역에서 [로그인] 버튼 클릭 또는 인증된 사용자 영역에서 [로그아웃] 버튼을 클릭 시 작업을 처리

▲ 관리자의 메인 및 인증 관련 작업의 로직과 페이지

실행 결과 ─ 인증되지 않은 관리자의 메인

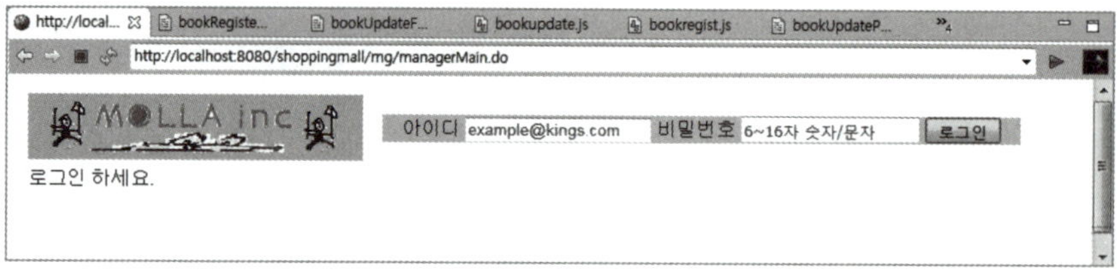

실행 결과 ─ 인증된 관리자의 메인

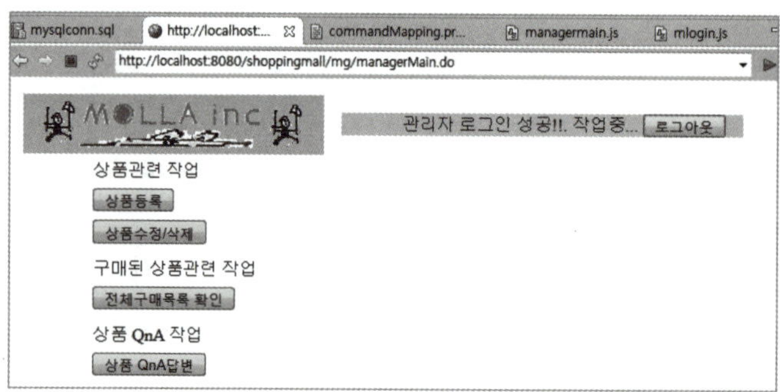

[shoppingmall]–[WebContent]–[property]에 있는 commandMapping. properties 파일에서 관리자 메인 및 인증 관련 작업의 주석을 제거한다.

```
01 #command = class full name
02 #admin area
03 ##admin area - main & authorization
04 /mg/managerMain.do=bookshop.command.ManagerMainAction
05 /mg/managerLoginForm.do=bookshop.command.ManagerLoginFormAction
06 /mg/managerLoginPro.do=bookshop.command.ManagerLoginProAction
07 /mg/managerLogout.do=bookshop.command.ManagerLogoutAction
08 ##admin area - manage product
```
생략~

01 [shoppingmall] 프로젝트의 [WebContent] 폴더에 [mngr] 폴더를 생성한다.

02 [shoppingmall] 프로젝트의 [WebContent]–[mngr] 폴더에 [logon] 폴더를 생성한다.

관리자 메인 및 인증 관련 작업의 로직과 웹 페이지를 작성한다.

파일 작성

01 [New]–[Class] 메뉴를 사용해 [Java Resources]–[src]의 bookshop.command 패키지에 ManagerMainAction.java 파일을 작성한다. 기본적인 코딩이 작성되면 내용을 완성하고 저장한다.

```
01 package bookshop.command;
02
03 import javax.servlet.http.HttpServletRequest;
```

```java
04  import javax.servlet.http.HttpServletResponse;
05
06  public class ManagerMainAction implements CommandAction {
07
08      @Override
09      public String requestPro(HttpServletRequest request,
10          HttpServletResponse response) throws Throwable {
11          // TODO Auto-generated method stub
12
13          //관리자를 구분할 때 사용
14          request.setAttribute("type", new Integer(0));
15          return "/mngr/managerMain.jsp";//응답 페이지
16      }
17  }
```

02 [New]-[JSP File] 메뉴를 사용해 [shoppingmall]-[WebContent]-[mngr] 폴더에 managerMain.jsp 페이지를 작성한다. 기본적인 코딩이 작성되면 다음과 같이 수정하고 저장한다.

```jsp
01  <%@ page language="java" contentType="text/html; charset=UTF-8"
02      pageEncoding="UTF-8"%>
03  <%@ taglib prefix="c" uri="http://java.sun.com/jsp/jstl/core" %>
04  <meta name="viewport" content="width=device-width,initial-scale=1.0"/>
05  <link rel="stylesheet" href="/shoppingmall/css/style.css"/>
06  <script src="/shoppingmall/js/jquery-1.11.0.min.js"></script>
07  <script src="/shoppingmall/mngr/managermain.js"></script>
08
09  <c:if test="${empty sessionScope.id}">
10    <div id="mList"><p>로그인 하세요.
11    </div>
12  </c:if>
13  <c:if test="${!empty sessionScope.id}">
14    <div id="mList">
15      <ul>
16        <li>상품관련 작업
17        <li><button id="registProduct">상품등록</button>
18        <li><button id="updateProduct">상품수정/삭제</button>
```

```
19      &lt;/ul&gt;
20      &lt;ul&gt;
21        &lt;li&gt;구매된 상품관련 작업
22        &lt;li&gt;&lt;button id="orderedProduct"&gt;전체구매목록 확인&lt;/button&gt;
23      &lt;/ul&gt;
24      &lt;ul&gt;
25        &lt;li&gt;상품 QnA 작업
26        &lt;li&gt;&lt;button id="qna"&gt;상품 QnA답변&lt;/button&gt;
27      &lt;/ul&gt;
28    &lt;/div&gt;
29  &lt;/c:if&gt;
```

9~12라인　관리자 인증이 되지 않은 경우 표시되는 내용이다.

13~29라인　관리자의 인증이 성공한 경우 표시되는 내용이다.

03 [New]-[File] 메뉴를 사용해 [shoppingmall]-[WebContent]-[mngr] 폴더에 managerMain.js를 작성한다. 기본적인 코딩이 작성되면 다음과 같이 수정하고 저 장한다.

모델 2 구조에서 $("#main _auth").load(로드할페이지)와 같이 화면의 특정 영역에 .do 요청을 통해 웹 페이지를 넣을 수 없다. 화면이 필요한 페이지 의 경우 window.location. href(로드할페이지)와 같이 사 용해야 한다. 즉, $("#main_ auth").load("/shoppingmall/ mg/bookRegisterForm.do") 를 쓸 수 없다.

```
01  var status = true;
02
03  $(document).ready(function( ){
04      $("#registProduct").click(function( ){//[상품등록] 버튼 클릭
05              window.location.href("/shoppingmall/mg/bookRegisterForm.do");
06      });
07
08      $("#updateProduct").click(function( ){//[상품수정/삭제] 버튼 클릭
09              window.location.href("/shoppingmall/mg/bookList.do?book_kind=all");
10      });
11
12      $("#orderedProduct").click(function( ){//[전체구매목록 확인] 버튼 클릭
13              window.location.href("/shoppingmall/mg/orderList.do");
14      });
15
16      $("#qna").click(function( ){//[상품 QnA답변] 버튼 클릭
17              window.location.href("/shoppingmall/mg/qnaList.do");
```

```
18      });
19  });
```

04 [New]–[Class] 메뉴를 사용해 [Java Resources]–[src]의 bookshop.command 패키
지에 ManagerLoginFormAction.java 파일을 작성한다. 기본적인 코딩이 작성되면
내용을 완성하고 저장한다.

```
01  package bookshop.command;
02
03  import javax.servlet.http.HttpServletRequest;
04  import javax.servlet.http.HttpServletResponse;
05
06  public class ManagerLoginFormAction implements CommandAction {
07
08      @Override
09      public String requestPro(HttpServletRequest request,
10          HttpServletResponse response) throws Throwable {
11          // TODO Auto-generated method stub
12
13          return "/mngr/logon/mLoginForm.jsp";
14      }
15  }
```

05 [New]–[JSP File] 메뉴를 사용해 [shoppingmall]–[WebContent]–[mngr]–[logon]
폴더에 mLoginForm.jsp 페이지를 작성한다. 기본적인 코딩이 작성되면 다음과 같
이 수정하고 저장한다.

```
01  <%@ page language="java" contentType="text/html; charset=UTF-8"
02      pageEncoding="UTF-8"%>
03  <%@ taglib prefix="c" uri="http://java.sun.com/jsp/jstl/core" %>
04  <meta name="viewport" content="width=device-width,initial-scale=1.0"/>
05  <link rel="stylesheet" href="/shoppingmall/css/style.css"/>
06  <script src="/shoppingmall/js/jquery-1.11.0.min.js"></script>
07  <script src="/shoppingmall/mngr/logon/mlogin.js"></script>
08
09  <c:if test="${empty sessionScope.id}">
```

```
10    <div id="status">
11      <ul>
12        <li><label for="id">아이디</label>
13          <input id="id" name="id" type="email" size="20"
14            maxlength="50" placeholder="example@kings.com">
15          <label for="passwd">비밀번호</label>
16          <input id="passwd" name="passwd" type="password"
17            size="20" placeholder="6~16자 숫자/문자" maxlength="16">
18          <button id="login">로그인</button>
19      </ul>
20    </div>
21  </c:if>
22  <c:if test="${!empty sessionScope.id}">
23    <div id="status">
24      <ul>
25        <li>관리자 로그인 성공!!. 작업중...
26          <button id="logout">로그아웃</button>
27      </ul>
28    </div>
29  </c:if>
```


9~21라인 관리자 인증이 되지 않은 경우 로그인 폼에 표시되는 내용이다.

22~29라인 관리자 인증된 경우 로그인 폼에 표시되는 내용이다.

06 [New]-[File] 메뉴를 사용해 [shoppingmall]-[WebContent]-[mngr]-[logon] 폴더에 mlogin.js를 작성한다. 기본적인 코딩이 작성되면 다음과 같이 수정하고 저장한다.

```
01  $(document).ready(function( ){
02      //[로그인] 버튼을 클릭하면 자동 실행
03      $("#login").click(function( ){
04          var query = {id : $("#id").val( ),
05                       passwd:$("#passwd").val( )};
06
07          $.ajax({
08              type: "POST",
09              url: "/shoppingmall/mg/managerLoginPro.do",
10              data: query,
```

```
11              success: function(data){
12                  window.location.href("/shoppingmall/mg/managerMain.do");
13              }
14          });
15
16      });
17
18      //[로그아웃] 버튼을 클릭하면 자동 실행
19      $("#logout").click(function( ){
20        $.ajax({
21              type: "POST",
22              url: "/shoppingmall/mg/managerLogout.do",
23              success: function(data){
24                  window.location.href("/shoppingmall/mg/managerMain.do");
25              }
26          });
27      });
28  });
```

07 [New]-[Class] 메뉴를 사용해 [Java Resources]-[src]의 bookshop.command 패키지에 ManagerLoginProAction.java 파일을 작성한다. 기본적인 코딩이 작성되면 내용을 완성하고 저장한다.

```
01  package bookshop.command;
02
03  import javax.servlet.http.HttpServletRequest;
04  import javax.servlet.http.HttpServletResponse;
05
06  import bookshop.bean.MngrDBBean;
07
08  public class ManagerLoginProAction implements CommandAction {
09
10      @Override
11      public String requestPro(HttpServletRequest request,
12        HttpServletResponse response) throws Throwable {
13        // TODO Auto-generated method stub
14        request.setCharacterEncoding("utf-8");//한글 인코딩
```

```java
15
16        //넘어온 요청의 데이터를 얻어냄
17        String id = request.getParameter("id");
18        String passwd  = request.getParameter("passwd");
19
20        //DB와 연동해서 사용자의 인증을 처리
21        MngrDBBean dbPro = MngrDBBean.getInstance( );
22        int check = dbPro.userCheck(id,passwd);
23
24        //해당 뷰(응답 페이지)로 보낼 내용을 request 속성에 지정
25        request.setAttribute("check", new Integer(check));
26        request.setAttribute("id", id);
27
28        return "/mngr/logon/mLoginPro.jsp";
29    }
30 }
```

08 [New]-[JSP File] 메뉴를 사용해 [shoppingmall]-[WebContent]-[mngr]-[logon]
폴더에 mLoginPro.jsp 페이지를 작성한다. 기본적인 코딩이 작성되면 다음과 같이
수정하고 저장한다.

회원 인증에 성공하면 5~7라
인에서 session 속성 id를 설
정해 세션을 지정한다.

```jsp
01 <%@ page language="java" contentType="text/html; charset=UTF-8"
02    pageEncoding="UTF-8"%>
03 <%@ taglib prefix="c" uri="http://java.sun.com/jsp/jstl/core" %>
04
05 <c:if test="${check == 1}">
06   <c:set var="id" value="${id}" scope="session"/>
07 </c:if>
```

09 [New]-[Class] 메뉴를 사용해 [Java Resources]-[src]의 bookshop.command 패키
지에 ManagerLogoutAction.java 파일을 작성한다. 기본적인 코딩이 작성되면 내용
을 완성하고 저장한다.

```java
01 package bookshop.command;
02
03 import javax.servlet.http.HttpServletRequest;
```

```java
04  import javax.servlet.http.HttpServletResponse;
05
06  public class ManagerLogoutAction implements CommandAction {
07
08      @Override
09      public String requestPro(HttpServletRequest request,
10          HttpServletResponse response) throws Throwable {
11          // TODO Auto-generated method stub
12          return "/mngr/logon/mLogout.jsp";
13      }
14  }
```

10 [New]–[JSP File] 메뉴를 사용해 [shoppingmall]–[WebContent]–[mngr]–[logon] 폴더에 mLogout.jsp 페이지를 작성한다. 기본적인 코딩이 작성되면 내용을 완성하고 저장한다.

```jsp
01  <%@ page language="java" contentType="text/html; charset=UTF-8"
02      pageEncoding="UTF-8"%>
03  <%@ taglib prefix="c" uri="http://java.sun.com/jsp/jstl/core" %>
04  <meta name="viewport" content="width=device-width,initial-scale=1.0"/>
05  <c:remove var="id" scope="session"/>
```


5라인 session 속성을 제거해서 세션을 해제한다.

실행

01  아이콘을 클릭하여 이클립스 내장 웹 브라우저를 실행한다. 내장 웹 브라우저의 주소에 "http://localhost:8080/shoppingmall/mg/managerMain.do"를 직접 입력하고 Enter 키를 눌러 실행한다.

관리자 메인 화면이 표시되면 관리자 아이디와 비밀번호를 입력하고 [로그인] 버튼을 클릭한다.

02 로그인에 성공하면 다음과 같은 내용이 표시된다.

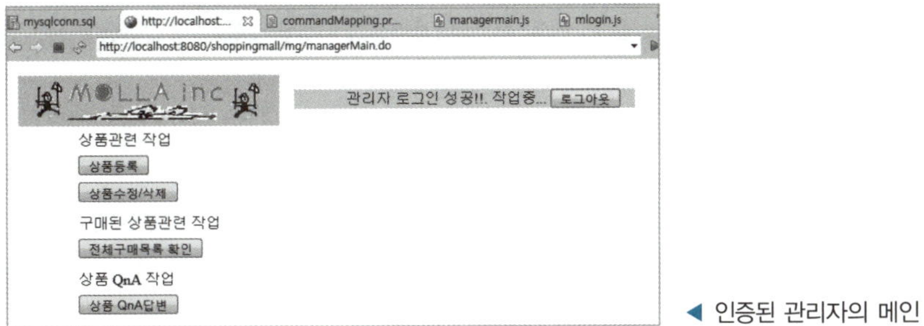

◀ 인증된 관리자의 메인

3 상품 등록과 수정 및 삭제 작업

여기서는 관리자의 작업 영역 중 하나인 상품의 등록과 수정 및 삭제 작업을 처리한다.

(1) 개요

여기서 작성하는 로직과 페이지들은 다음과 같다.

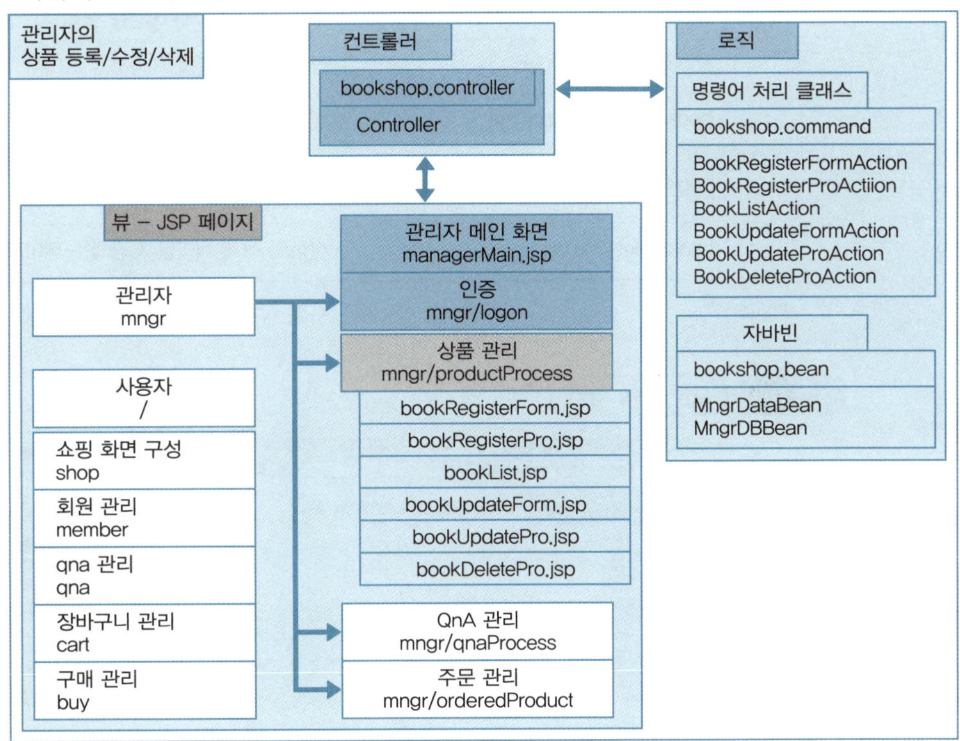

▲ 관리자의 상품 등록 및 수정 삭제 작업의 로직과 페이지

(2) 상품 등록, 수정, 삭제

다음은 관리자 상품 등록, 수정, 삭제 처리에서 사용되는 로직과 페이지이다.

로직 및 페이지명	작업 내용
BookRegisterFormAction.java	상품 등록 폼 로직
BookRegisterProAction.java	상품 등록 처리 로직
BookListAction.java	등록된 상품 리스트 표시 처리 로직
BookUpdateFormAction.java	상품 수정 폼 로직
BookUpdateProAction.java	상품 수정 처리 로직
BookDeleteProAction.java	상품 삭제 처리 로직
bookRegisterForm.jsp	상품 등록 폼을 제공하는 페이지
bookregist.js	상품 등록과 관련된 요청을 처리하는 것으로 [책등록], [관리자 메인으로], [목록으로] 버튼을 클릭 시 작업을 처리
bookRegisterPro.jsp	상품의 등록을 처리하는 페이지
bookList.jsp	등록된 상품의 리스트를 표시하는 페이지
booklist.js	상품 목록에서 요청을 처리하는 것으로 [책등록], [관리자 메인으로], [수정], [삭제] 버튼을 클릭 시 작업을 처리
bookUpdateForm.jsp	상품의 수정 폼을 제공하는 페이지
bookUpdatePro.jsp	상품의 수정 처리를 제공하는 페이지
bookupdate.js	상품 수정과 관련된 요청을 처리하는 것으로 [책수정], [관리자 메인으로], [목록으로] 버튼을 클릭 시 작업을 처리
bookDeletePro.jsp	상품의 삭제 처리를 제공하는 페이지

▲ 관리자 상품 등록, 수정, 삭제 처리에서 사용되는 로직과 페이지

실행 결과 — 상품 등록 화면　　　　상품 리스트 화면

주의 상품 등록 테스트 시, 모든 데이터는 직접 선택 및 입력해야 한다. 웹 브라우저의 버전에 따라 기본값이 인식되지 않는 경우가 있다.

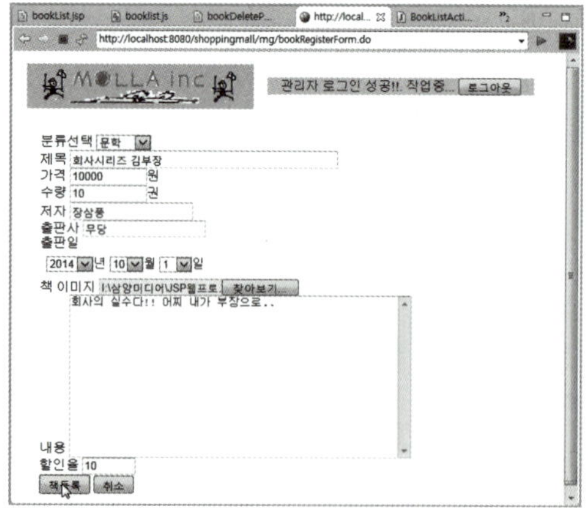

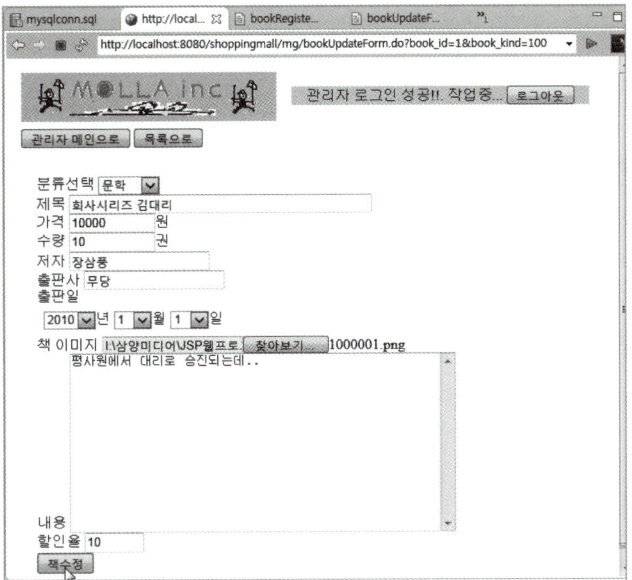

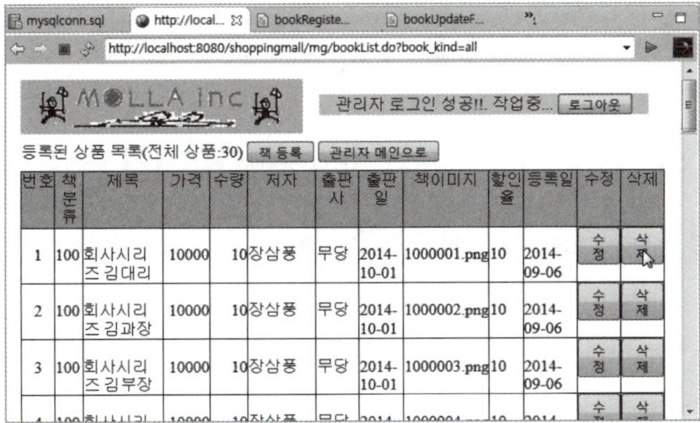

따라하기 매핑 파일 commandMapping.properties에서 상품 등록, 수정, 삭제 관련 작업의 주석 제거

[shoppingmall]-[WebContent]-[property]에 있는 commandMapping.properties 파일에서 상품 등록, 수정, 삭제 관련 작업의 주석을 제거한다.

~생략

08 ##admin area - manage product

09 /mg/bookRegisterForm.do=bookshop.command.BookRegisterFormAction

10 /mg/bookRegisterPro.do=bookshop.command.BookRegisterProAction

11 /mg/bookList.do=bookshop.command.BookListAction

12 /mg/bookUpdateForm.do=bookshop.command.BookUpdateFormAction

13 /mg/bookUpdatePro.do=bookshop.command.BookUpdateProAction

14 /mg/bookDeletePro.do=bookshop.command.BookDeleteProAction

15 ##admin area - manage order

생략~

따라하기 [mngr/productProcess] 폴더 작성

[shoppingmall] 프로젝트의 [WebContent]-[mngr] 폴더에 [productProcess] 폴더를 생성한다.

따라하기 관리자 상품 등록, 수정, 삭제 관련 작업

관리자 상품 등록, 수정, 삭제 관련 작업의 로직과 웹 페이지를 작성한다.

파일 작성 – 상품 등록 및 등록된 상품 표시

01 [New]-[Class] 메뉴를 사용해 [Java Resources]-[src]의 bookshop.command 패키지에 BookRegisterFormAction.java 파일을 작성한다. 기본적인 코딩이 작성되면 내용을 완성하고 저장한다.

```
01 package bookshop.command;
02
03 import javax.servlet.http.HttpServletRequest;
04 import javax.servlet.http.HttpServletResponse;
05
06 public class BookRegisterFormAction implements CommandAction {
07
08     @Override
```

```
09    public String requestPro(HttpServletRequest request,
10       HttpServletResponse response) throws Throwable {
11       // TODO Auto-generated method stub
12
13       request.setAttribute("type", new Integer(0));
14       return "/mngr/productProcess/bookRegisterForm.jsp";
15    }
16 }
```

02 [New]-[JSP File] 메뉴를 사용해 [shoppingmall]-[WebContent]-[mngr]-[productProcess] 폴더에 bookRegisterForm.jsp 페이지를 작성한다. 기본적인 코딩이 작성되면 다음과 같이 수정하고 저장한다.

```
01 <%@ page language="java" contentType="text/html; charset=UTF-8"
02    pageEncoding="UTF-8"%>
03 <%@ taglib prefix="c" uri="http://java.sun.com/jsp/jstl/core" %>
04 <%@ taglib prefix="fmt" uri="http://java.sun.com/jsp/jstl/fmt" %>
05 <meta name="viewport" content="width=device-width,initial-scale=1.0"/>
06 <link rel="stylesheet" href="/shoppingmall/css/style.css"/>
07 <script src="/shoppingmall/js/jquery-1.11.0.min.js"></script>
08 <script src="/shoppingmall/js/jquery.form.min.js"></script>
09 <script src="/shoppingmall/mngr/productProcess/bookregist.js"></script>
10
11 <c:if test="${empty sessionScope.id}">
12 <meta http-equiv="Refresh" content="0;url=/shoppingmall/mg/managerMain.do" >
13 </c:if>
14
15 <div id="listHeader">
16    <button id="bookMain">관리자 메인으로</button>
17    <button id="bookList">목록으로</button>
18 </div>
19 <form id="upForm1" action="/shoppingmall/mg/bookRegisterPro.do"
20       method="post" enctype="multipart/form-data">
21 <div id="bookRegistForm" class="box">
22    <ul>
23      <li><label for="book_kind">분류선택</label>
24        <select id="book_kind" name="book_kind">
```

```
25    <option value="100">문학</option>
26    <option value="200">외국어</option>
27    <option value="300">컴퓨터</option>
28   </select>
29 <li><label for="book_title">제목</label>
30   <input id="book_title" name="book_title" type="text"
31   size="50" placeholder="제목" maxlength="50">
32 <li><label for="book_price">가격</label>
33   <input id="book_price" name="book_price" type="text"
34   size="10" placeholder="가격" maxlength="9">원
35 <li><label for="book_count">수량</label>
36   <input id="book_count" name="book_count" type="text"
37   size="10" placeholder="수량" maxlength="5">권
38 <li><label for="author">저자</label>
39   <input id="author" name="author" type="text"
40   size="20" placeholder="저자" maxlength="30">
41 <li><label for="publishing_com">출판사</label>
42   <input id="publishing_com" name="publishing_com" type="text"
43   size="20" placeholder="출판사" maxlength="30">
44 <li><label for="publishing_date">출판일</label>
45   <div id="publishing_date">
46    <jsp:useBean id="nowTime" class="java.util.Date"></jsp:useBean>
47      <fmt:formatDate var="nowTimeStr" pattern="yyyy-MM-dd" value=
         "${nowTime}" />
48      <fmt:parseNumber var="lastYear" type="NUMBER" value="$
         {nowTimeStr.toString( ).substring(0,4)}"/>
49    <select name="publishing_year">
50     <c:forEach var="i" begin="2010" end="${lastYear}">
51      <option value="${i}">${i}</option>
52     </c:forEach>
53    </select>년
54    <select name="publishing_month">
55     <c:forEach var="i" begin="1" end="12">
56      <option value="${i}">${i}</option>
57     </c:forEach>
58    </select>월
59    <select name="publishing_day">
60     <c:forEach var="i" begin="1" end="31">
```

```
61              <option value="${i}">${i}</option>
62           </c:forEach>
63         </select>일
64       </div>
65    <li><label for="book_image">책 이미지</label>
66       <input id="book_image" name="book_image" type="file">
67    <li><label for="book_content">내용</label>
68           <textarea id="book_content" name="book_content" rows="13"
              cols="50"></textarea>
69    <li><label for="discount_rate">할인율</label>
70       <input id="discount_rate" name="discount_rate" type="text"
71         size="5" placeholder="10" maxlength="2">
72    <li class="label2">
73       <input type="submit" id="registBook" value="책등록">
74    </ul>
75  </div>
76 </form>
```

11~13라인 관리자 인증이 되지 않은 상태에서 이 페이지에 접근한 경우 튕겨내서 /shoppingmall /mg/managerMain.do 요청으로 이동한다.

19~76라인 상품을 등록하는 폼으로, 이미지의 업로드가 포함되어 있어서 파일 업로드 구조의 폼을 사용한다.

46~47라인 JSTL을 사용해서 오늘 날짜를 얻어낼 때 사용한다.

03 [New]–[File] 메뉴를 사용해 [shoppingmall]–[WebContent]–[mngr]–[product Process] 폴더에 bookregist.js를 작성한다. 기본적인 코딩이 작성되면 다음과 같이 수정하고 저장한다.

```
01 $(document).ready(function( ){//[책등록] 버튼 클릭
02    $("#upForm1").ajaxForm({//이미지를 포함한 상품 등록
03     success: function(data, status){//업로드에 성공하면 수행
04       window.location.href("/shoppingmall/mg/bookList.do?book_kind=all");
05     }
06    });
07
08    $("#bookMain").click(function( ){//[관리자 메인으로] 버튼 클릭
```

```
09        window.location.href("/shoppingmall/mg/managerMain.do");
10    });
11
12    $("#bookList").click(function( ){//[목록으로] 버튼 클릭
13        window.location.href("/shoppingmall/mg/bookList.do?book_kind=all");
14    });
15 });
```

04 [New]-[Class] 메뉴를 사용해 [Java Resources]-[src]의 bookshop.command 패키
지에 BookRegisterProAction.java 파일을 작성한다. 기본적인 코딩이 작성되면 내
용을 완성하고 저장한다.

```java
01 package bookshop.command;
02
03 import java.sql.Timestamp;
04 import java.util.Enumeration;
05
06 import javax.servlet.ServletContext;
07 import javax.servlet.http.HttpServletRequest;
08 import javax.servlet.http.HttpServletResponse;
09
10 import com.oreilly.servlet.MultipartRequest;
11 import com.oreilly.servlet.multipart.DefaultFileRenamePolicy;
12
13 import bookshop.bean.MngrDataBean;
14 import bookshop.bean.MngrDBBean;
15
16 public class BookRegisterProAction implements CommandAction {
17
18     @Override
19     public String requestPro(HttpServletRequest request,
20         HttpServletResponse response) throws Throwable {
21         // TODO Auto-generated method stub
22         request.setCharacterEncoding("utf-8");//한글 인코딩
23
24         String filename ="";
25         String realFolder = "";//웹 애플리케이션상의 절대 경로 저장
```

```java
26      String saveFolder = "/bookImage"; //파일 업로드 폴더 지정
27      String encType = "utf-8"; //인코딩 타입
28      int maxSize = 1*1024*1024;  //최대 업로드될 파일 크기 1Mb
29
30      MultipartRequest imageUp = null;
31
32      //웹 애플리케이션상의 절대 경로를 구함
33      ServletContext context = request.getSession( ).getServletContext( );
34      realFolder = context.getRealPath(saveFolder);
35
36      try{
37          //파일 업로드를 수행하는 MultipartRequest 객체 생성
38          imageUp = new MultipartRequest(request,realFolder,maxSize,
39          encType,new DefaultFileRenamePolicy( ));
40
41          //<input type="file">인 모든 파라미터를 얻어냄
42          Enumeration<?> files = imageUp.getFileNames( );
43
44          //파일 정보가 있다면
45          while(files.hasMoreElements( )){
46            //input 태그의 속성이 file인 태그의 name 속성값 :파라미터이름
47            String name = (String)files.nextElement( );
48
49            //서버에 저장된 파일 이름
50            filename = imageUp.getFilesystemName(name);
51          }
52      }catch(Exception e){
53          e.printStackTrace( );
54      }
55
56      //폼으로부터 넘어온 정보 중 파일이 아닌 정보를 얻어냄
57      MngrDataBean book = new MngrDataBean( );
58      String book_kind = imageUp.getParameter("book_kind");
59      String book_title = imageUp.getParameter("book_title");
60      String book_price = imageUp.getParameter("book_price");
61      String book_count = imageUp.getParameter("book_count");
62      String author = imageUp.getParameter("author");
```

```java
63        String publishing_com = imageUp.getParameter("publishing_com");
64        String book_content = imageUp.getParameter("book_content");
65        String discount_rate = imageUp.getParameter("discount_rate");
66
67        //책 등록일 계산
68        String year = imageUp.getParameter("publishing_year");
69        String month =
70            (imageUp.getParameter("publishing_month").length( )==1)?
71             "0"+ imageUp.getParameter("publishing_month"):
72             imageUp.getParameter("publishing_month");
73        String day =  (imageUp.getParameter("publishing_day").length( )==1)?
74             "0"+ imageUp.getParameter("publishing_day"):
75              imageUp.getParameter("publishing_day");
76        book.setBook_kind(book_kind);
77        book.setBook_title(book_title);
78        book.setBook_price(Integer.parseInt(book_price));
79        book.setBook_count(Short.parseShort(book_count));
80        book.setAuthor(author);
81        book.setPublishing_com(publishing_com);
82        book.setPublishing_date(year+"-"+month+"-"+day);
83        book.setBook_image(filename);
84        book.setBook_content(book_content);
85        book.setDiscount_rate(Byte.parseByte(discount_rate));
86        book.setReg_date(new Timestamp(System.currentTimeMillis( )));
87
88        //DB 연동 - 넘어온 정보를 테이블의 레코드로 추가
89        MngrDBBean bookProcess = MngrDBBean.getInstance( );
90        bookProcess.insertBook(book);
91
92        request.setAttribute("book_kind", book_kind);
93        return "/mngr/productProcess/bookRegisterPro.jsp";
94    }
95 }
```

---

05 [New]-[JSP File] 메뉴를 사용해 [shoppingmall]-[WebContent]-[mngr]-[productProcess] 폴더에 bookRegisterPro.jsp 페이지를 작성한다. 기본적인 코딩이 작성되면 다음과 같이 수정하고 저장한다.

```
01  <%@ page language="java" contentType="text/html; charset=UTF-8"
02     pageEncoding="UTF-8"%>
03  <%@ taglib prefix="c" uri="http://java.sun.com/jsp/jstl/core" %>
```

06 [New]-[Class] 메뉴를 사용해 [Java Resources]-[src]의 bookshop.command 패키지에 BookListAction.java 파일을 작성한다. 기본적인 코딩이 작성되면 내용을 완성하고 저장한다.

```java
01  package bookshop.command;
02
03  import java.util.List;
04
05  import javax.servlet.http.HttpServletRequest;
06  import javax.servlet.http.HttpServletResponse;
07
08  import bookshop.bean.MngrDataBean;
09  import bookshop.bean.MngrDBBean;
10
11  public class BookListAction implements CommandAction {
12
13      @Override
14      public String requestPro(HttpServletRequest request,
15          HttpServletResponse response) throws Throwable {
16          // TODO Auto-generated method stub
17
18          List<MngrDataBean> bookList = null;
19          String book_kind = request.getParameter("book_kind");
20          int count = 0;
21
22          //DB 연동 - 전체 상품의 수를 얻어냄
23          MngrDBBean bookProcess = MngrDBBean.getInstance( );
24          count = bookProcess.getBookCount( );
25
26          if (count > 0){//상품이 있으면 수행
27              //상품 전체를 테이블에서 얻어내서 bookList에 저장
28              bookList = bookProcess.getBooks(book_kind);
```

```
29            //bookList를 뷰에서 사용할 수 있도록 request 속성에 저장
30            request.setAttribute("bookList", bookList);
31        }
32
33     //뷰에서 사용할 속성
34     request.setAttribute("count", new Integer(count));
35     request.setAttribute("book_kind", book_kind);
36     request.setAttribute("type", new Integer(0));
37      return "/mngr/productProcess/bookList.jsp";
38    }
39 }
```

07 [New]-[JSP File] 메뉴를 사용해 [shoppingmall]-[WebContent]-[mngr]-[productProcess] 폴더에 bookList.jsp 페이지를 작성한다. 기본적인 코딩이 작성되면 다음과 같이 수정하고 저장한다.

```
01 <%@ page language="java" contentType="text/html; charset=UTF-8"
02    pageEncoding="UTF-8"%>
03 <%@ taglib prefix="c" uri="http://java.sun.com/jsp/jstl/core" %>
04 <%@ taglib prefix="fmt" uri="http://java.sun.com/jsp/jstl/fmt" %>
05 <meta name="viewport" content="width=device-width,initial-scale=1.0"/>
06 <link rel="stylesheet" href="/shoppingmall/css/style.css"/>
07 <script src="/shoppingmall/js/jquery-1.11.0.min.js"></script>
08 <script src="/shoppingmall/mngr/productProcess/booklist.js"></script>
09
10 <c:if test="${empty sessionScope.id}">
11 <meta http-equiv="Refresh" content="0;url=/shoppingmall/mg/managerMain.do" >
12 </c:if>
13
14 <div id="listHeader">
15   <p>등록된 상품 목록(전체 상품:${count})
16   <button id="regist">책 등록</button>
17   <button id="bookMain">관리자 메인으로</button>
18 </div>
19 <div id="books">
20   <c:if test="${count == 0}">
21   <ul>
```

```
22      <li>등록된 상품이 없습니다.
23    </ul>
24  </c:if>
25  <c:if test="${count > 0}">
26  <table>
27    <tr class="title">
28      <td align="center"  width="30">번호</td>
29      <td align="center"  width="30">책분류</td>
30      <td align="center"  width="100">제목</td>
31      <td align="center"  width="50">가격</td>
32      <td align="center"  width="50">수량</td>
33      <td align="center"  width="70">저자</td>
34      <td align="center"  width="70">출판사</td>
35      <td align="center"  width="50">출판일</td>
36      <td align="center"  width="50">책이미지</td>
37      <td align="center"  width="30">할인율</td>
38      <td align="center"  width="70">등록일</td>
39      <td align="center"  width="50">수정</td>
40      <td align="center"  width="50">삭제</td>
41    </tr>
42
43  <c:set var="number" value="${0}"/>
44  <c:forEach var="book" items="${bookList}">
45  <tr>
46  <td align="center"  width="50" >
47    <c:set var="number" value="${number+1}"/>
48     <c:out value="${number}"/>
49   </td>
50  <td width="30">${book.getBook_kind( )}</td>
51    <td width="100" align="left">
52        ${book.getBook_title( )}</td>
53    <td width="50" align="right">${book.getBook_price( )}</td>
54    <td width="50" align="right">
55    <c:if test="${book.getBook_count( ) == 0}">
56     <font color="red">일시품절</font>
57    </c:if>
58     <c:if test="${book.getBook_count( ) > 0}">
```

```
59        ${book.getBook_count( )}
60     </c:if>
61     </td>
62     <td width="70">${book.getAuthor( )}</td>
63     <td width="70">${book.getPublishing_com( )}</td>
64     <td width="50">${book.getPublishing_date( )}</td>
65     <td width="50">${book.getBook_image( )}</td>
66     <td width="50">${book.getDiscount_rate( )}</td>
67     <td width="50"><fmt:formatDate pattern="yyyy-MM-dd"value="${book.
       getReg_date ( )}"/></td>
68     <td width="50">
69     <button id="edit" name="${book.getBook_id( )},${book.getBook_kind( )}"
       onclick="edit(this)">수정</button></td>
70     <td width="50">
71     <button id="delete" name="${book.getBook_id( )},${book.getBook_kind( )}"
       onclick="del(this)">삭제</button></td>
72     </tr>
73   </c:forEach>
74   </table>
75   </c:if>
76   </div>
```


20~24라인 등록된 상품이 없는 경우 수행된다.

25~75라인 등록된 상품이 있는 경우 수행되는 것으로, 상품의 수만큼 44~74라인에서 반복처리
해서 화면에 표시한다.

08 [New]-[File] 메뉴를 사용해 [shoppingmall]-[WebContent]-[mngr]-[product
Process] 폴더에 booklist.js를 작성한다. 기본적인 코딩이 작성되면 다음과 같이 수
정하고 저장한다.

```
01  $(document).ready(function( ){
02
03    $("#regist").click(function( ){//[책등록] 버튼 클릭
04          window.location.href("/shoppingmall/mg/bookRegisterForm.do");
05    });
06
```

```
07    $("#bookMain").click(function( ){//[관리자 메인으로] 버튼 클릭
08          window.location.href("/shoppingmall/mg/managerMain.do");
09    });
10 });
11
12 //[수정] 버튼을 클릭하면 자동 실행
13 function edit(editBtn){
14    var rStr = editBtn.name;
15    var arr = rStr.split(",");
16    var query = "/shoppingmall/mg/bookUpdateForm.do?book_id="+arr[0];
17    query += "&book_kind="+arr[1];
18    window.location.href(query);
19 }
20
21 //[삭제] 버튼을 클릭하면 자동 실행
22 function del(delBtn){
23    var rStr = delBtn.name;
24    var arr = rStr.split(",");
25    var query = "/shoppingmall/mg/bookDeletePro.do?book_id="+arr[0];
26    query += "&book_kind="+arr[1];
27    window.location.href(query);
28 }
```

파일 작성 – 상품 수정/삭제

01 [New]–[Class] 메뉴를 사용해 [Java Resources]–[src]의 bookshop.command 패키지에 BookUpdateFormAction.java 파일을 작성한다. 기본적인 코딩이 작성되면 내용을 완성하고 저장한다.

```
01 package bookshop.command;
02
03 import javax.servlet.http.HttpServletRequest;
04 import javax.servlet.http.HttpServletResponse;
05
06 import bookshop.bean.MngrDataBean;
07 import bookshop.bean.MngrDBBean;
08
```

```java
09  public class BookUpdateFormAction implements CommandAction {
10
11    @Override
12    public String requestPro(HttpServletRequest request,
13       HttpServletResponse response) throws Throwable {
14       // TODO Auto-generated method stub
15
16       int book_id = Integer.parseInt(request.getParameter("book_id"));
17       String book_kind = request.getParameter("book_kind");
18
19       //DB 연동 book_id에 해당하는 상품을 얻어내서 book에 저장
20       MngrDBBean bookProcess = MngrDBBean.getInstance( );
21       MngrDataBean book =  bookProcess.getBook(book_id);
22
23       request.setAttribute("book_id", book_id);
24       request.setAttribute("book_kind", book_kind);
25      request.setAttribute("book", book);
26       request.setAttribute("type", new Integer(0));
27       return "/mngr/productProcess/bookUpdateForm.jsp";
28    }
29  }
```

02 [New]-[JSP File] 메뉴를 사용해 [shoppingmall]-[WebContent]-[mngr]-[productProcess] 폴더에 bookUpdateForm.jsp 페이지를 작성한다. 기본적인 코딩이 작성되면 다음과 같이 수정하고 저장한다.

```jsp
01  <%@ page language="java" contentType="text/html; charset=UTF-8"
02     pageEncoding="UTF-8"%>
03  <%@ taglib prefix="c" uri="http://java.sun.com/jsp/jstl/core" %>
04  <%@ taglib prefix="fmt" uri="http://java.sun.com/jsp/jstl/fmt" %>
05  <meta name="viewport" content="width=device-width,initial-scale=1.0"/>
06  <link rel="stylesheet" href="/shoppingmall/css/style.css"/>
07  <script src="/shoppingmall/js/jquery-1.11.0.min.js"></script>
08  <script src="/shoppingmall/js/jquery.form.min.js"></script>
09  <script src="/shoppingmall/mngr/productProcess/bookupdate.js"></script>
10
11  <c:if test="${empty sessionScope.id}">
```

```html
12  <meta http-equiv="Refresh" content="0;url=/shoppingmall/mg/managerMain.do">
13  </c:if>
14
15  <div id="header">
16    <button id="bookMain">관리자 메인으로</button>
17    <button id="bookList">목록으로</button>
18  </div>
19  <form id="upForm1" action="/shoppingmall/mg/bookUpdatePro.do"
20          method="post" enctype="multipart/form-data">
21  <div id="bookUpdateForm" class="box">
22    <ul>
23      <li><label for="book_kind">분류선택</label>
24        <select id="book_kind" name="book_kind">
25          <option value="100"
26          <c:if test="${book_kind == 100}">selected</c:if>
27          >문학</option>
28          <option value="200"
29          <c:if test="${book_kind == 200}">selected</c:if>
30          >외국어</option>
31          <option value="300"
32          <c:if test="${book_kind == 300}">selected</c:if>
33          >컴퓨터</option>
34        </select>
35      <li><label for="book_title">제목</label>
36        <input id="book_title" name="book_title" type="text"
37         size="50" maxlength="50" value="${book.book_title}">
38        <input type="hidden" name="book_id" value="${book_id}">
39      <li><label for="book_price">가격</label>
40        <input id="book_price" name="book_price" type="text"
41         size="10" maxlength="9" value="${book.book_price}">원
42      <li><label for="book_count">수량</label>
43        <input id="book_count" name="book_count" type="text"
44         size="10" maxlength="5" value="${book.book_count}">권
45      <li><label for="author">저자</label>
46        <input id="author" name="author" type="text"
47         size="20" maxlength="30" value="${book.author}">
48      <li><label for="publishing_com">출판사</label>
49        <input id="publishing_com" name="publishing_com" type="text"
```

```
50          size="20" maxlength="30" value="${book.publishing_com}">
51      <li><label for="publishing_date">출판일</label>
52        <div id="publishing_date">
53         <jsp:useBean id="nowTime" class="java.util.Date"></jsp:useBean>
54            <fmt:formatDate var="nowTimeStr" pattern="yyyy-MM-dd"
                  value="${nowTime}" />
55            <fmt:parseNumber var="lastYear" type="NUMBER" value="${now
                  TimeStr.toString( ).substring(0,4)}"/>
56         <select name="publishing_year">
57          <c:forEach var="i" begin="2010" end="${lastYear}">
58            <option value="${i}">${i}</option>
59          </c:forEach>
60         </select>년
61         <select name="publishing_month">
62          <c:forEach var="i" begin="1" end="12">
63            <option value="${i}">${i}</option>
64          </c:forEach>
65         </select>월
66         <select name="publishing_day">
67          <c:forEach var="i" begin="1" end="31">
68            <option value="${i}">${i}</option>
69          </c:forEach>
70         </select>일
71        </div>
72      <li><label for="book_image">책 이미지</label>
73         <input id="book_image" name="book_image" type="file">${book.book_image}
74      <li><label for="book_content">내용</label>
75         <textarea id="book_content" name="book_content"
76             rows="13" cols="50">${book.book_content}</textarea>
77      <li><label for="discount_rate">할인율</label>
78         <input id="discount_rate" name="discount_rate" type="text"
79         size="5" maxlength="2" value="${book.discount_rate}">
80      <li class="label2">
81         <input type="submit" id="updateBook" value="책수정">
82     </ul>
83   </div>
84 </form>
```

03 [New]–[File] 메뉴를 사용해 [shoppingmall]–[WebContent]–[mngr]–[product Process] 폴더에 bookupdate.js를 작성한다. 기본적인 코딩이 작성되면 다음과 같이 수정하고 저장한다.

```
01  $(document).ready(function( ){
02    $("#upForm1").ajaxForm({//[책수정] 버튼 클릭
03      success: function(data, status){//업로드에 성공하면 수행
04        window.location.href("/shoppingmall/mg/bookList.do?book_kind=all");
05      }
06    });
07
08    $("#bookMain").click(function( ){//[관리자 메인으로] 버튼 클릭
09      window.location.href("/shoppingmall/mg/managerMain.do");
10    });
11
12    $("#bookList").click(function( ){//[목록으로] 버튼 클릭
13      window.location.href("/shoppingmall/mg/bookList.do?book_kind=all");
14    });
15  });
```

04 [New]–[Class] 메뉴를 사용해 [Java Resources]–[src]의 bookshop.command 패키지에 BookUpdateProAction.java 파일을 작성한다. 기본적인 코딩이 작성되면 내용을 완성하고 저장한다.

```
01  package bookshop.command;
02
03  import java.sql.Timestamp;
04  import java.util.Enumeration;
05
06  import javax.servlet.ServletContext;
07  import javax.servlet.http.HttpServletRequest;
08  import javax.servlet.http.HttpServletResponse;
09
10  import bookshop.bean.MngrDBBean;
11  import bookshop.bean.MngrDataBean;
12
13  import com.oreilly.servlet.MultipartRequest;
```

```java
14 import com.oreilly.servlet.multipart.DefaultFileRenamePolicy;
15
16 public class BookUpdateProAction implements CommandAction {
17
18     @Override
19     public String requestPro(HttpServletRequest request,
20         HttpServletResponse response) throws Throwable {
21         // TODO Auto-generated method stub
22         request.setCharacterEncoding("utf-8");//한글 인코딩
23
24         String filename ="";
25         String realFolder = "";//웹 애플리케이션상의 절대 경로 저장
26         String saveFolder = "/bookImage"; //파일 업로드 폴더 지정
27         String encType = "utf-8"; //인코딩 타입
28         int maxSize = 1*1024*1024;  //최대 업로드될 파일 크기 1Mb
29
30         MultipartRequest imageUp = null;
31
32         //웹 애플리케이션상의 절대 경로를 구함
33         ServletContext context = request.getSession( ).getServletContext( );
34         realFolder = context.getRealPath(saveFolder);
35
36         try{
37             //파일 업로드를 수행하는 MultipartRequest 객체 생성
38             imageUp = new MultipartRequest(request,realFolder,maxSize,
39                     encType,new DefaultFileRenamePolicy( ));
40
41             //<input type="file">인 모든 파라미터를 얻어냄
42             Enumeration<?> files = imageUp.getFileNames( );
43
44             while(files.hasMoreElements( )){
45                 String name = (String)files.nextElement( );
46                 filename = imageUp.getFilesystemName(name);
47             }
48         }catch(Exception e){
49             e.printStackTrace( );
50         }
```

```java
51
52      MngrDataBean book = new MngrDataBean( );
53      int book_id= Integer.parseInt( imageUp.getParameter("book_id"));
54      String book_kind = imageUp.getParameter("book_kind");
55      String book_title = imageUp.getParameter("book_title");
56      String book_price = imageUp.getParameter("book_price");
57      String book_count = imageUp.getParameter("book_count");
58      String author = imageUp.getParameter("author");
59      String publishing_com = imageUp.getParameter("publishing_com");
60      String book_content = imageUp.getParameter("book_content");
61      String discount_rate = imageUp.getParameter("discount_rate");
62
63      String year = imageUp.getParameter("publishing_year");
64      String month =
65          (imageUp.getParameter("publishing_month").length( )==1)?
66          "0"+ imageUp.getParameter("publishing_month"):
67          imageUp.getParameter("publishing_month");
68      String day =  (imageUp.getParameter("publishing_day").length( )==1)?
69          "0"+ imageUp.getParameter("publishing_day"):
70          imageUp.getParameter("publishing_day");
71
72      book.setBook_kind(book_kind);
73      book.setBook_title(book_title);
74      book.setBook_price(Integer.parseInt(book_price));
75      book.setBook_count(Short.parseShort(book_count));
76      book.setAuthor(author);
77      book.setPublishing_com(publishing_com);
78      book.setPublishing_date(year+"-"+month+"-"+day);
79      book.setBook_image(filename);
80      book.setBook_content(book_content);
81      book.setDiscount_rate(Byte.parseByte(discount_rate));
82      book.setReg_date(new Timestamp(System.currentTimeMillis( )));
83
84      //DB 연동해서 상품 수정 처리
85      MngrDBBean bookProcess = MngrDBBean.getInstance( );
86      bookProcess.updateBook(book, book_id);
87
```

```
88      request.setAttribute("book_kind", book_kind);
89      return "/mngr/productProcess/bookUpdatePro.jsp";
90   }
91 }
```

05 [New]-[JSP File] 메뉴를 사용해 [shoppingmall]-[WebContent]-[mngr]-[productProcess] 폴더에 bookUpdatePro.jsp 페이지를 작성한다. 기본적인 코딩이 작성되면 다음과 같이 수정하고 저장한다.

```
01 <%@ page language="java" contentType="text/html; charset=UTF-8"
02    pageEncoding="UTF-8"%>
03 <%@ taglib prefix="c" uri="http://java.sun.com/jsp/jstl/core" %>
```

06 [New]-[Class] 메뉴를 사용해 [Java Resources]-[src]의 bookshop.command 패키지에 BookDeleteProAction.java 파일을 작성한다. 기본적인 코딩이 작성되면 내용을 완성하고 저장한다.

```java
01 package bookshop.command;
02
03 import javax.servlet.http.HttpServletRequest;
04 import javax.servlet.http.HttpServletResponse;
05
06 import bookshop.bean.MngrDBBean;
07
08 public class BookDeleteProAction implements CommandAction {
09
10     @Override
11     public String requestPro(HttpServletRequest request,
12         HttpServletResponse response) throws Throwable {
13         // TODO Auto-generated method stub
14
15         int book_id = Integer.parseInt(request.getParameter("book_id"));
16         String book_kind = request.getParameter("book_kind");
17
18         //DB 연동 - book_id에 해당하는 상품을 삭제
19         MngrDBBean bookProcess = MngrDBBean.getInstance( );
```

```
20        bookProcess.deleteBook(book_id);
21
22        request.setAttribute("book_kind", book_kind);
23        return "/mngr/productProcess/bookDeletePro.jsp";
24    }
25 }
```

07 [New]-[JSP File] 메뉴를 사용해 [shoppingmall]-[WebContent]-[mngr]-[productProcess] 폴더에 bookDeletePro.jsp 페이지를 작성한다. 기본적인 코딩이 작성되면 다음과 같이 수정하고 저장한다.

상품을 삭제한 후에 book DeletePro.jsp 페이지에서 /shoppingmall/mg/bookList. do?book_kind=all을 요청해 상품 목록 화면으로 이동한다.

```
01 <%@ page language="java" contentType="text/html; charset=UTF-8"
02    pageEncoding="UTF-8"%>
03 <%@ taglib prefix="c" uri="http://java.sun.com/jsp/jstl/core" %
04 <meta http-equiv="Refresh" content="0;url=/shoppingmall/mg/bookList.do?book_
      kind=all" >
```

실행

01 아이콘을 클릭하여 이클립스 내장 웹 브라우저를 실행한다. 내장 웹 브라우저의 주소에 "http://localhost:8080/shoppingmall/mg/managerMain.do"를 직접 입력하고 Enter 키를 눌러 실행한다. 화면이 표시되면 로그인되어 있지 않은 경우 관리자 로그인을 수행한다.

02 인증된 관리자 작업 영역이 표시되면 상품을 등록하기 위해서 [상품등록] 버튼을 클릭한다.

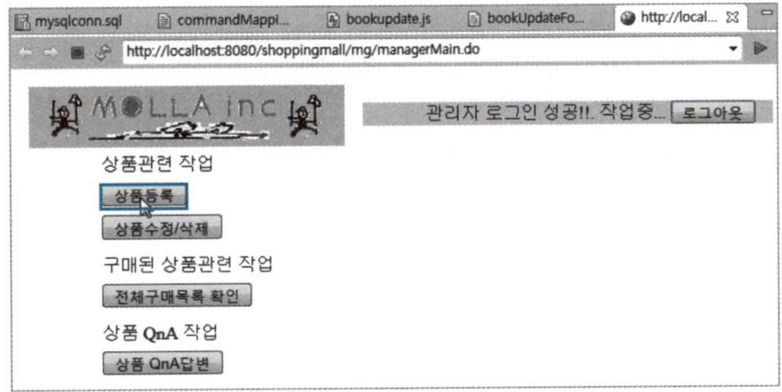

▲ 상품 등록 1

상품 등록 폼이 표시되면 상품 정보를 입력하고 [책등록] 버튼을 클릭한다.

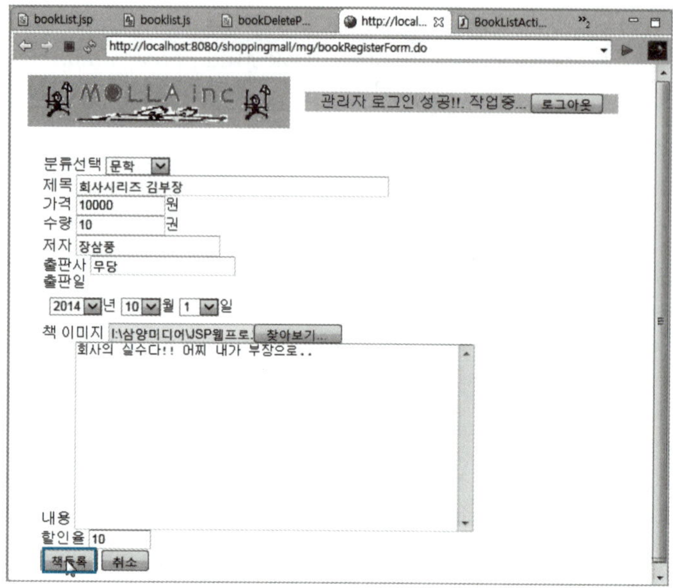

▲ 상품 등록 2

상품이 등록되면, 등록된 상품 목록이 표시된다.

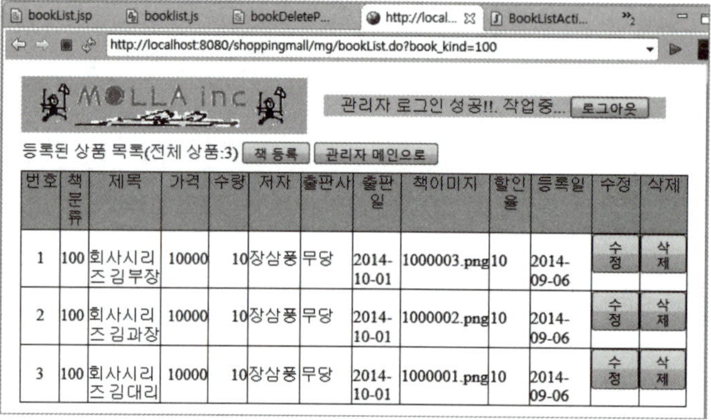

▲ 등록된 상품 목록

03 상품을 수정하거나 삭제하려면 [상품수정/삭제] 버튼을 클릭한다.

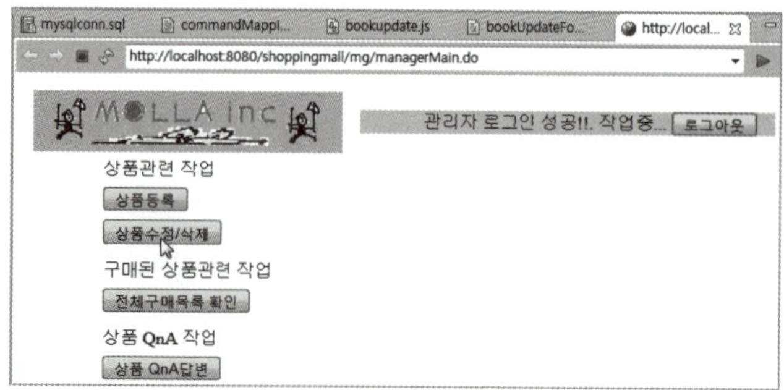

▲ 상품 수정/삭제

 상품을 수정하려면 등록된 상품 목록에서 [수정] 버튼을 클릭한다.

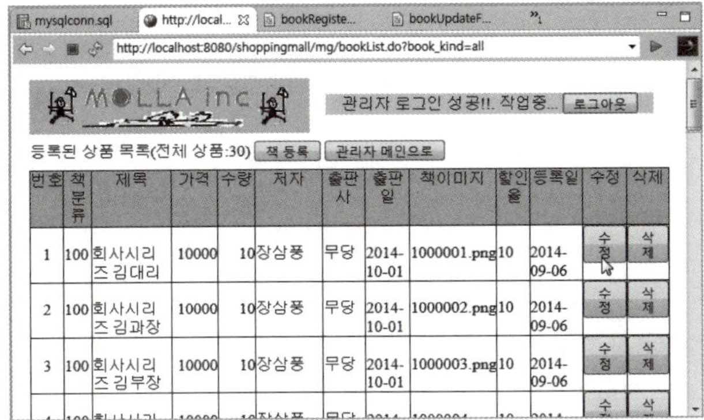

▲ 상품 수정/삭제를 위한 목록

상품 수정 폼에서 변경 사항을 입력하고 [책수정] 버튼을 클릭하면 수정 처리된다.

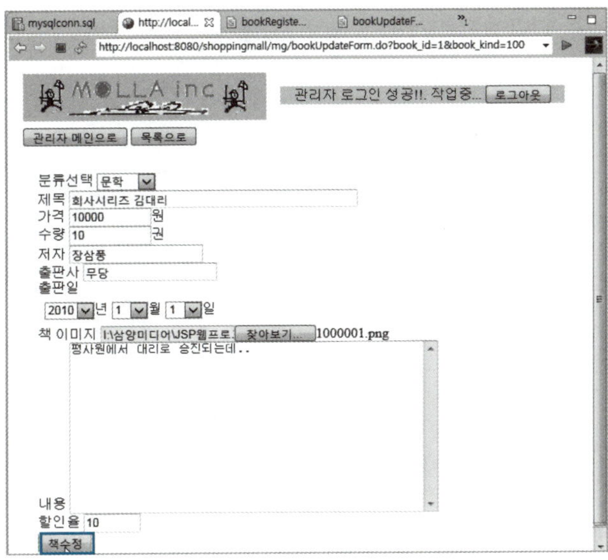

▲ 상품 수정 삭제를 위한 목록

 상품을 삭제하려면 등록된 상품 목록에서 [삭제] 버튼을 클릭한다.

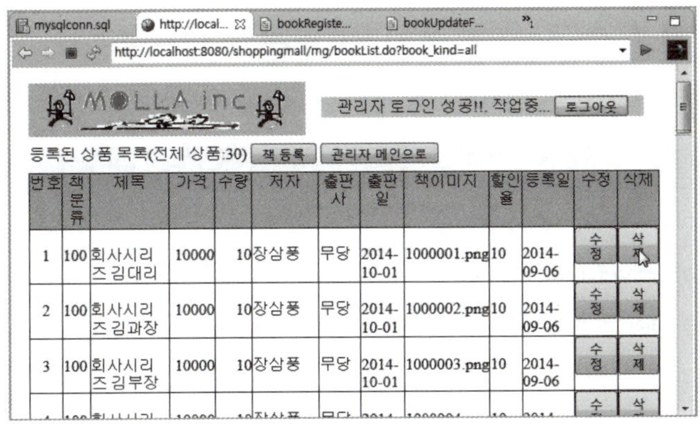

▲ 상품 수정 삭제를 위한 목록

여기서는 상품에 작성하는 QnA 관련 작업을 처리한다.

(1) 개요

관리자의 상품 QnA 관리는 사용자 영역의 "(1)쇼핑을 위한 화면구성(qna 포함)" 부분을
모두 작성한 후에 한다. 등록된 QnA가 있어야 답변을 할 수 있기 때문이다.

여기에서 작성하는 로직과 페이지들은 다음과 같다.

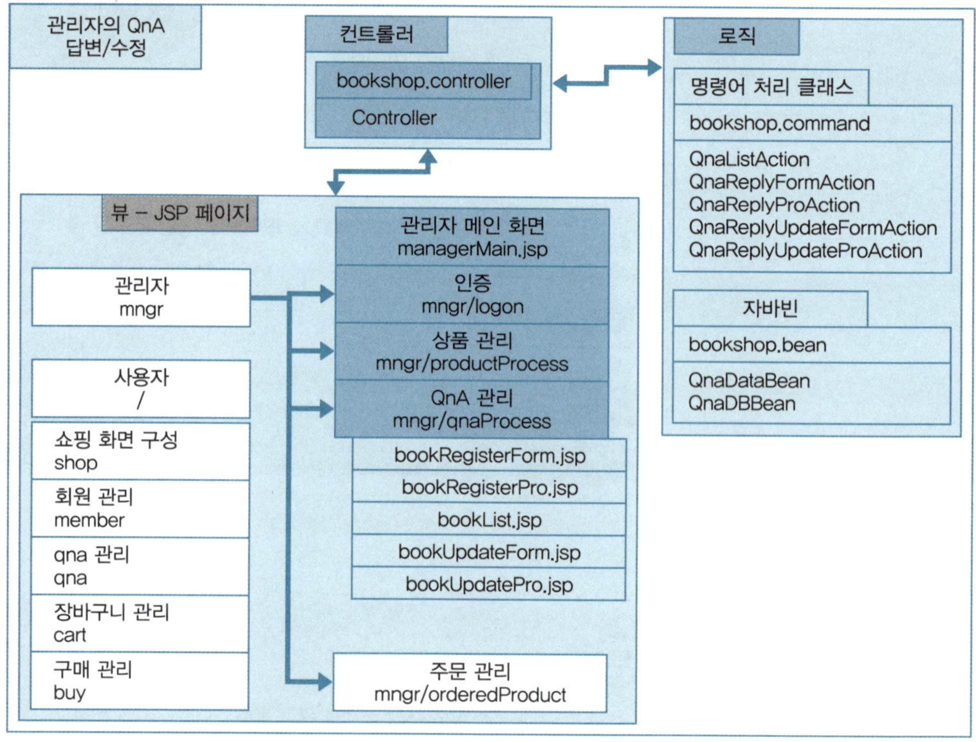

▲ 관리자의 상품 QnA 관리 작업의 로직과 페이지

(2) 상품 QnA 답변 쓰기 및 수정

관리자 상품 QnA 답변 쓰기 및 수정 처리에서 사용되는 로직과 페이지는 다음과 같다.

로직 및 페이지명	작업 내용
QnaReplyFormAction.java	상품 QnA 답변 쓰기 폼 로직
QnaReplyProAction.java	상품 QnA 답변 쓰기 처리 로직
QnaListAction.java	상품 QnA 목록 처리 로직
QnaReplyUpdateFormAction.java	상품 QnA 답변 수정 폼 로직

QnaReplyUpdateProAction.java	상품 QnA 답변 수정 처리 로직
qnaReplyForm.jsp	상품 QnA 답변 쓰기 폼 페이지
qnawrite.js	상품 QnA 답변 쓰기 관련 요청을 처리하며 [답변하기], [취소] 버튼 클릭 시 작업을 처리
qnaReplyPro.jsp	상품 QnA 답변 쓰기 처리 페이지
qnaList.jsp	상품 QnA 목록 보기 페이지
qnalist.js	상품 QnA 목록 작업 요청을 처리하며 [관리자 메인으로], [답변하기], [수정] 버튼을 클릭 시 작업을 처리
qnaReplyUpdateForm.jsp	상품 QnA 답변 수정 폼 페이지
qnaupdate.js	상품 QnA 답변 수정 요청을 처리하며 [수정], [취소] 버튼을 클릭 시 작업을 처리
qnaReplyUpdatePro.jsp	상품 QnA 답변 수정 처리 페이지

▲ 관리자 상품 QnA 답변 쓰기 및 수정 처리에서 사용되는 로직과 페이지

QnA 목록 보기

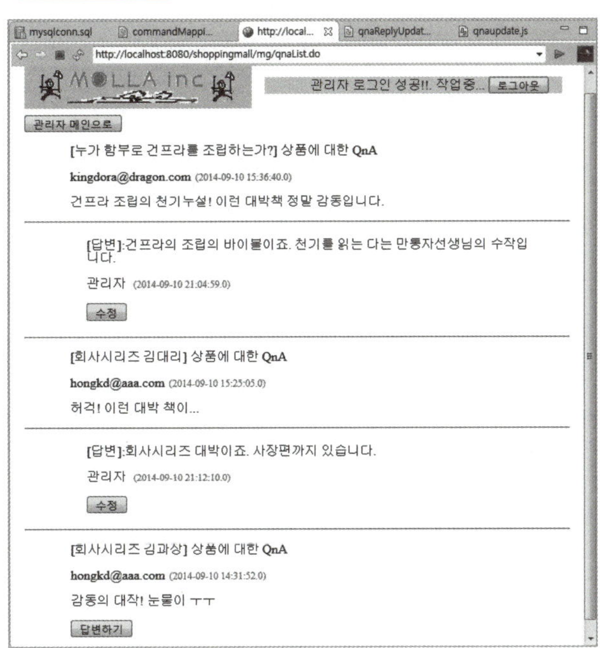

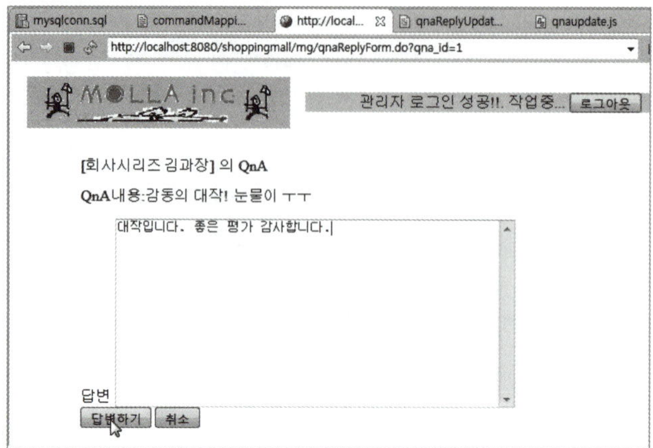

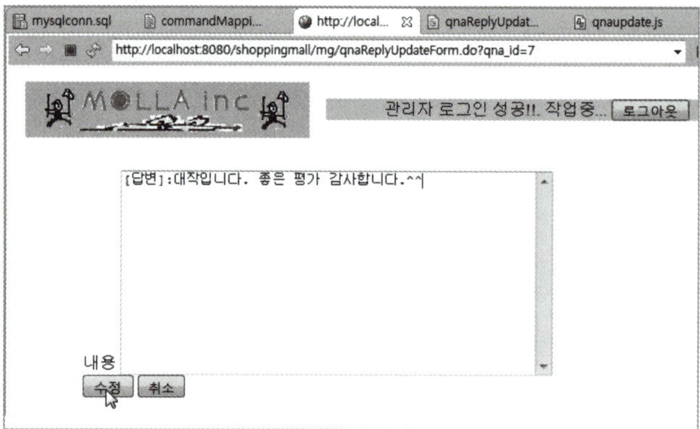

따라하기   매핑 파일 commandMapping.properties에서 관리자 QnA 답변 쓰기 및 수정 관련 작업의 주석 제거

    [shoppingmall]–[WebContent]–[property]에 있는 commandMapping. properties 파일에서 관리자 QnA 답변 쓰기 및 수정 관련 작업의 주석을 제거한다.

~생략

18   ##admin area – process QnA

19   /mg/qnaList.do=bookshop.command.QnaListAction

20   /mg/qnaReplyForm.do=bookshop.command.QnaReplyFormAction

21   /mg/qnaReplyPro.do=bookshop.command.QnaReplyProAction

22 /mg/qnaReplyUpdateForm.do=bookshop.command.QnaReplyUpdateFormAction

23 /mg/qnaReplyUpdatePro.do=bookshop.command.QnaReplyUpdateProAction

~생략

따라하기 [mngr]-[qnaProcess] 폴더 작성

[shoppingmall] 프로젝트의 [WebContent]-[mngr] 폴더에 [qnaProcess] 폴더를 생성한다.

따라하기 관리자의 상품 QnA 답변 쓰기 및 수정 관련 작업

관리자 상품 QnA 답변 쓰기 및 수정 관련 작업의 로직과 웹 페이지를 작성한다.

파일 작성 - QnA 목록/답변 쓰기

01 [New]-[Class] 메뉴를 사용해 [Java Resources]-[src]의 bookshop.command 패키지에 QnaListAction.java 파일을 작성한다. 기본적인 코딩이 작성되면 내용을 완성하고 저장한다.

```java
01 package bookshop.command;
02
03 import java.util.List;
04
05 import javax.servlet.http.HttpServletRequest;
06 import javax.servlet.http.HttpServletResponse;
07
08 import bookshop.bean.QnaDBBean;
09 import bookshop.bean.QnaDataBean;
10
11 public class QnaListAction implements CommandAction {
12
13     @Override
14     public String requestPro(HttpServletRequest request,
15         HttpServletResponse response) throws Throwable {
16         // TODO Auto-generated method stub
17         List<QnaDataBean> qnaLists;
```

```java
18
19        //DB 연동 - 상품 QnA의 수를 얻어냄
20        QnaDBBean qnaProcess = QnaDBBean.getInstance( );
21        int count = qnaProcess.getArticleCount( );
22
23        if (count > 0){//상품 QnA가 있으면 수행
24                //지정한 수만큼의 상품 QnA를 얻어냄
25                qnaLists = qnaProcess.getArticles(count);
26                request.setAttribute("qnaLists", qnaLists);
27        }
28
29        request.setAttribute("count", new Integer(count));
30        request.setAttribute("type", new Integer(0));
31        return "/mngr/qnaProcess/qnaList.jsp";
32    }
33 }
```

02 [New]-[JSP File] 메뉴를 사용해 [shoppingmall]-[WebContent]-[mngr]-[qnaProcess] 폴더에 qnaList.jsp 페이지를 작성한다. 기본적인 코딩이 작성되면 다음과 같이 수정하고 저장한다.

```jsp
01 <%@ page language="java" contentType="text/html; charset=UTF-8"
02     pageEncoding="UTF-8"%>
03 <%@ taglib prefix="c" uri="http://java.sun.com/jsp/jstl/core" %>
04 <%@ taglib prefix="fmt" uri="http://java.sun.com/jsp/jstl/fmt" %>
05 <meta name="viewport" content="width=device-width,initial-scale=1.0"/>
06 <link rel="stylesheet" href="/shoppingmall/css/style.css"/>
07 <script src="/shoppingmall/js/jquery-1.11.0.min.js"></script>
08 <script src="/shoppingmall/mngr/qnaProcess/qnalist.js"></script>
09
10 <c:if test="${empty sessionScope.id}">
11 <meta http-equiv="Refresh" content="0;url=/shoppingmall/mg/managerMain.do" >
12 </c:if>
13
14 <div id="qnaHeader">
15   <button id="bookMain">관리자 메인으로</button>
16 </div>
```

```jsp
17
18 <c:if test="${count==0}">
19   <p>등록된 QnA가 없습니다.
20 </c:if>
21
22 <c:if test="${count>0}">
23 <div id="qnaList">
24  <c:forEach var="qna" items="${qnaLists}">
25    <ul>
26      <c:if test="${qna.getQora( )==1}">
27      <li><p>[${qna.getBook_title( )}] 상품에 대한 QnA</p>
28          <p>${qna.getQna_writer( )}<small class="date">(${qna.getReg_date( )}
              </small></p>
29          <p>${qna.getQna_content( )}</p>
30      </c:if>
31      <c:if test="${qna.getReply( )==0}">
32       <p><button id="reply" name="${qna.getQna_id( )}"
33          onclick="reply(this)">답변하기</button></p>
34      </c:if>
35      <c:if test="${qna.getQora( )==2}">
36       <li class="re">
37          <p>${qna.getQna_content( )}</p>
38          <p><c:if test="${qna.getQna_writer( )=='manager'}">관리자</c:if>
39            <small class="date">(${qna.getReg_date( )})</small></p>
40          <p><button id="editReply" name="${qna.getQna_id( )}" onclick="edit(this)">
              수정</button></p>
41      </c:if>
42    </ul>
43    <hr>
44  </c:forEach>
45 </div>
46 </c:if>
```


18~20라인   등록된 상품 QnA가 없는 경우 표시되는 부분이다.

22~46라인   등록된 상품 QnA가 있는 경우 표시되는 부분으로, 24~44라인을 반복 수행해서 상품 QnA를 화면에 표시한다.

03 [New]-[File] 메뉴를 사용해 [shoppingmall]-[WebContent]-[mngr]-[qnaProcess] 폴더에 qnalist.js를 작성한다. 기본적인 코딩이 작성되면 다음과 같이 수정하고 저장한다.

```javascript
01  $(document).ready(function( ){
02      $("#bookMain").click(function( ){//[관리자 메인으로] 버튼 클릭
03              window.location.href("/shoppingmall/mg/managerMain.do");
04      });
05  });
06
07  function reply(replyBtn){//[답변하기] 버튼 클릭
08      var rStr = replyBtn.name;
09      var query = "/shoppingmall/mg/qnaReplyForm.do?qna_id="+rStr;
10      window.location.href(query);
11  }
12
13  function edit(editBtn){//[수정] 버튼 클릭
14      var rStr = editBtn.name;
15      var query = "/shoppingmall/mg/qnaReplyUpdateForm.do?qna_id="+rStr;
16      window.location.href(query);
17  }
```

04 [New]-[Class] 메뉴를 사용해 [Java Resources]-[src]의 bookshop.command 패키지에 QnaReplyFormAction.java 파일을 작성한다. 기본적인 코딩이 작성되면 내용을 완성하고 저장한다.

```java
01  package bookshop.command;
02
03  import javax.servlet.http.HttpServletRequest;
04  import javax.servlet.http.HttpServletResponse;
05
06  import bookshop.bean.QnaDBBean;
07  import bookshop.bean.QnaDataBean;
08
09  public class QnaReplyFormAction implements CommandAction {
10
11      @Override
```

```java
12      public String requestPro(HttpServletRequest request,
13          HttpServletResponse response) throws Throwable {
14          // TODO Auto-generated method stub
15
16          int qna_id = Integer.parseInt(request.getParameter("qna_id"));
17
18          //qna_id에 해당하는 QnA를 가져옴
19          QnaDBBean qnaProcess = QnaDBBean.getInstance( );
20          QnaDataBean qna  =  qnaProcess.updateGetArticle(qna_id);
21
22          //QnA 답변에 필요한 정보를 얻어냄
23          int book_id = qna.getBook_id( );
24          String book_title = qna.getBook_title( );
25          String qna_content = qna.getQna_content( );
26          byte qora = 2;//답변글
27
28          request.setAttribute("qna_id", new Integer(qna_id));
29          request.setAttribute("book_id", new Integer(book_id));
30          request.setAttribute("book_title", book_title);
31          request.setAttribute("qna_content", qna_content);
32          request.setAttribute("qora", new Integer(qora));
33          request.setAttribute("type", new Integer(0));
34          return "/mngr/qnaProcess/qnaReplyForm.jsp";
35      }
36  }
```

05 [New]–[JSP File] 메뉴를 사용해 [shoppingmall]–[WebContent]–[mngr]–[qnaProcess] 폴더에 qnaReplyForm.jsp 페이지를 작성한다. 기본적인 코딩이 작성되면 다음과 같이 수정하고 저장한다.

```jsp
01  <%@ page language="java" contentType="text/html; charset=UTF-8"
02      pageEncoding="UTF-8"%>
03  <%@ taglib prefix="c" uri="http://java.sun.com/jsp/jstl/core" %>
04  <meta name="viewport" content="width=device-width,initial-scale=1.0"/>
05  <link rel="stylesheet" href="../css/style.css"/>
06  <script src="/shoppingmall/js/jquery-1.11.0.min.js"></script>
07  <script src="/shoppingmall/mngr/qnaProcess/qnawrite.js"></script>
```

```
08
09 <c:if test="${empty sessionScope.id}">
10 <meta http-equiv="Refresh" content="0;url=/shoppingmall/mg/managerMain.do" >
11 </c:if>
12
13 <input type="hidden" id="qna_writer" value="manager">
14 <input type="hidden" id="qna_id" value="${qna_id}">
15 <input type="hidden" id="book_id" value="${book_id}">
16 <input type="hidden" id="book_title" value="${book_title}">
17 <input type="hidden" id="qora" value="${qora}">
18
19 <div id="writeForm" class="box">
20   <ul>
21     <li><p>[${book_title}] 의 QnA </p>
22        <p>QnA내용:${qna_content}</p>
23     <li><label for="rContent">답변</label>
24        <textarea id="rContent" rows="13" cols="50"></textarea>
25     <li class="label2">
26        <button id="replyPro">답변하기</button>
27        <button id="cancle">취소</button>
28   </ul>
29 </div>
```

06 [New]-[File] 메뉴를 사용해 [shoppingmall]-[WebContent]-[mngr]-[qnaProcess] 폴더에 qnawrite.js를 작성한다. 기본적인 코딩이 작성되면 다음과 같이 수정하고 저장한다.

```
01 $(document).ready(function( ){
02   $("#replyPro").click(function( ){//[답변하기] 버튼 클릭
03     var query = {qna_content:$("#rContent").val( ),
04                  qna_writer:$("#qna_writer").val( ),
05                  book_title:$("#book_title").val( ),
06                  book_id:$("#book_id").val( ),
07                  qna_id:$("#qna_id").val( ),
08                  qora:$("#qora").val( )};
09
10     $.ajax({
```

```
11              type: "POST",
12              url: "/shoppingmall/mg/qnaReplyPro.do",
13              data: query,
14              success: function(data){
15                  window.location.href("/shoppingmall/mg/qnaList.do");
16              }
17          });
18      });
19
20      $("#cancle").click(function( ){//[취소] 버튼 클릭
21          window.location.href("/shoppingmall/mg/managerMain.do");
22      });
23
24  });
```

07 [New]–[Class] 메뉴를 사용해 [Java Resources]–[src]의 bookshop.command 패키지에 QnaReplyProAction.java 파일을 작성한다. 기본적인 코딩이 작성되면 내용을 완성하고 저장한다.

```
01  package bookshop.command;
02
03  import java.sql.Timestamp;
04
05  import javax.servlet.http.HttpServletRequest;
06  import javax.servlet.http.HttpServletResponse;
07
08  import bookshop.bean.QnaDBBean;
09  import bookshop.bean.QnaDataBean;
10
11  public class QnaReplyProAction implements CommandAction {
12
13      @Override
14      public String requestPro(HttpServletRequest request,
15          HttpServletResponse response) throws Throwable {
16          // TODO Auto-generated method stub
17          request.setCharacterEncoding("utf-8");
18
```

```java
19    //상품 Qna 답변글 관련 내용
20    int qna_id =  Integer.parseInt(request.getParameter("qna_id"));
21    int book_id =  Integer.parseInt(request.getParameter("book_id"));
22    String qna_writer =  request.getParameter("qna_writer");
23    String book_title =  request.getParameter("book_title");
24    String qna_content = "[답변]:"+request.getParameter("qna_content");
25    Byte qora =  Byte.parseByte(request.getParameter("qora"));
26    byte reply = 1;//답변 여부 – 답변함
27
28    //상품 Qna 답변글 저장을 위한 정보 설정
29    QnaDataBean qna = new QnaDataBean( );
30    qna.setQna_id(qna_id);
31    qna.setBook_id(book_id);
32    qna.setBook_title(book_title);
33    qna.setQna_content(qna_content);
34    qna.setQna_writer(qna_writer);
35    qna.setGroup_id(qna_id);
36    qna.setReply(reply);
37    qna.setReg_date(new Timestamp(System.currentTimeMillis( )));
38    qna.setQora(qora);
39
40    //DB 작업 – 테이블에 상품 Qna 답변글 추가
41    QnaDBBean qnaProcess = QnaDBBean.getInstance( );
42    int check = qnaProcess.insertArticle(qna, qna_id);
43
44    request.setAttribute("check", new Integer(check));
45    return "/mngr/qnaProcess/qnaReplyPro.jsp";
46  }
47
48 }
```

08 [New]–[JSP File] 메뉴를 사용해 [shoppingmall]–[WebContent]–[mngr]–[qnaProcess] 폴더에 qnaReplyPro.jsp 페이지를 작성한다. 기본적인 코딩이 작성되면 다음과 같이 수정하고 저장한다.

```
01  <%@ page language="java" contentType="text/html; charset=UTF-8"
```

02   pageEncoding="UTF-8"%>

03 <p id="ck">${check}

---

01 [New]–[Class] 메뉴를 사용해 [Java Resources]–[src]의 bookshop.command 패키
지에 QnaReplyUpdateFormAction.java 파일을 작성한다. 기본적인 코딩이 작성되
면 내용을 완성하고 저장한다.

```java
01  package bookshop.command;
02
03  import javax.servlet.http.HttpServletRequest;
04  import javax.servlet.http.HttpServletResponse;
05
06  import bookshop.bean.QnaDataBean;
07  import bookshop.bean.QnaDBBean;
08
09  public class QnaReplyUpdateFormAction implements CommandAction {
10
11      @Override
12      public String requestPro(HttpServletRequest request,
13          HttpServletResponse response) throws Throwable {
14          // TODO Auto-generated method stub
15          request.setCharacterEncoding("utf-8");
16
17          int qna_id = Integer.parseInt(request.getParameter("qna_id"));
18
19          //주어진 qna_id에 해당하는 수정할 qna 답변을 가져옴
20          QnaDBBean qnaProcess = QnaDBBean.getInstance( );
21          QnaDataBean qna  =  qnaProcess.updateGetArticle(qna_id);
22
23          request.setAttribute("qna", qna);
24          request.setAttribute("qna_id", new Integer(qna_id));
25          request.setAttribute("type", new Integer(0));
26          return "/mngr/qnaProcess/qnaReplyUpdateForm.jsp";
27      }
28  }
```

---

02 [New]-[JSP File] 메뉴를 사용해 [shoppingmall]-[WebContent]-[mngr]-[qnaProcess] 폴더에 qnaReplyUpdateForm.jsp 페이지를 작성한다. 기본적인 코딩이 작성되면 다음과 같이 수정하고 저장한다.

```
01  <%@ page language="java" contentType="text/html; charset=UTF-8"
02      pageEncoding="UTF-8"%>
03  <%@ taglib prefix="c" uri="http://java.sun.com/jsp/jstl/core" %>
04  <meta name="viewport" content="width=device-width,initial-scale=1.0"/>
05  <link rel="stylesheet" href="../css/style.css"/>
06  <script src="/shoppingmall/js/jquery-1.11.0.min.js"></script>
07  <script src="/shoppingmall/mngr/qnaProcess/qnaupdate.js"></script>
08
09  <c:if test="${empty sessionScope.id}">
10  <meta http-equiv="Refresh" content="0;url=/shoppingmall/mg/managerMain.do">
11  </c:if>
12
13  <input type="hidden" id="qna_id" value="${qna_id}">
14
15  <div id="editForm" class="box">
16    <ul>
17      <li><label for="content">내용</label>
18        <textarea id="uRContent" rows="13" cols="50">${qna.getQna_content( )}
          </textarea>
19      <li class="label2">
20        <button id="update">수정</button>
21        <button id="cancle">취소</button>
22    </ul>
23  </div>
```

03 [New]-[File] 메뉴를 사용해 [shoppingmall]-[WebContent]-[mngr]-[qnaProcess] 폴더에 qnaupdate.js를 작성한다. 기본적인 코딩이 작성되면 다음과 같이 수정하고 저장한다.

```
01  $(document).ready(function( ){
02
03    $("#update").click(function( ){//[수정] 버튼 클릭
04      var qna_id = $("#qna_id").val( );
```

```javascript
05              var query = {qna_content:$("#uRContent").val( ),
06                    qna_id:$("#qna_id").val( )};
07
08              $.ajax({
09                type: "POST",
10                url: "/shoppingmall/mg/qnaReplyUpdatePro.do",
11                data: query,
12                success: function(data){
13                   window.location.href("/shoppingmall/mg/qnaList.do");
14                }
15              });
16        });
17
18     $("#cancle").click(function( ){//[취소] 버튼 클릭
19       window.location.href("/shoppingmall/mg/qnaList.do");
20     });
21  });
```

04 [New]-[Class] 메뉴를 사용해 [Java Resources]-[src]의 bookshop.command 패키지에 QnaReplyUpdateProAction.java 파일을 작성한다. 기본적인 코딩이 작성되면 내용을 완성하고 저장한다.

```java
01  package bookshop.command;
02
03  import javax.servlet.http.HttpServletRequest;
04  import javax.servlet.http.HttpServletResponse;
05
06  import bookshop.bean.QnaDBBean;
07  import bookshop.bean.QnaDataBean;
08
09  public class QnaUpdateProAction implements CommandAction {
10
11     @Override
12     public String requestPro(HttpServletRequest request,
13        HttpServletResponse response) throws Throwable {
14        // TODO Auto-generated method stub
15        request.setCharacterEncoding("utf-8");
```

```
16        int qna_id =  Integer.parseInt(request.getParameter("qna_id"));
17        String qna_content = request.getParameter("qna_content");
18
19        QnaDataBean qna = new QnaDataBean( );
20        qna.setQna_id(qna_id);
21        qna.setQna_content(qna_content);
22
23        QnaDBBean qnaProcess = QnaDBBean.getInstance( );
24        int check = qnaProcess.updateArticle(qna);
25
26        request.setAttribute("check", new Integer(check));
27        return "/qna/qnaUpdatePro.jsp";
28    }
29 }
```

05 [New]-[JSP File] 메뉴를 사용해 [shoppingmall]-[WebContent]-[mngr]-[qnaProcess] 폴더에 qnaReplyUpdatePro.jsp 페이지를 작성한다. 기본적인 코딩이 작성되면 다음과 같이 수정하고 저장한다.

```
01 <%@ page language="java" contentType="text/html; charset=UTF-8"
02    pageEncoding="UTF-8"%>
03 <p id="ck">${check}
```


01 🌑 아이콘을 클릭하고 이클립스 내장 웹 브라우저를 실행한다. 내장 웹 브라우저의 주소에 "http://localhost:8080/shoppingmall/mg/managerMain.do"를 직접 입력하고 [Enter] 키를 눌러 실행한다. 화면이 표시되면 로그인되어 있지 않은 경우 관리자 로그인을 수행한다.

02 상품 QnA 작업을 하려면 [상품 QnA답변] 버튼을 클릭한다.

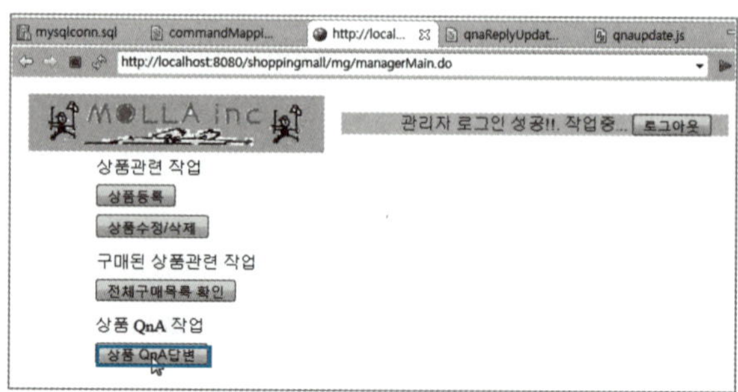

상품 QnA의 목록이 표시되어 답변 쓰기 및 수정을 할 수 있다. 답변이 없는 글은 [답변쓰기] 버튼이, 답변이 있는 글은 답변을 수정할 수 있는 [수정] 버튼이 표시된다.

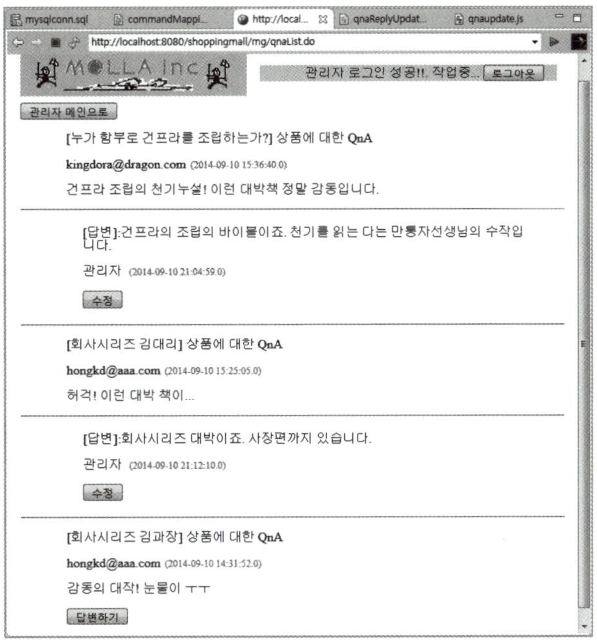

03 상품 QnA의 목록에서 답변을 하려면 [답변하기] 버튼을 클릭한다.

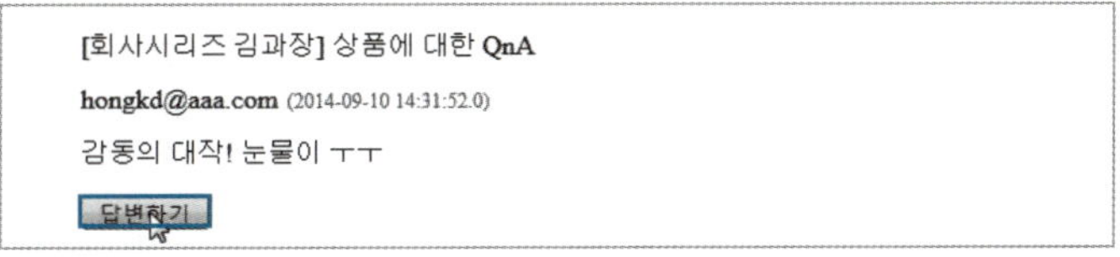

답변을 입력하고 [답변하기] 버튼을 클릭한다.

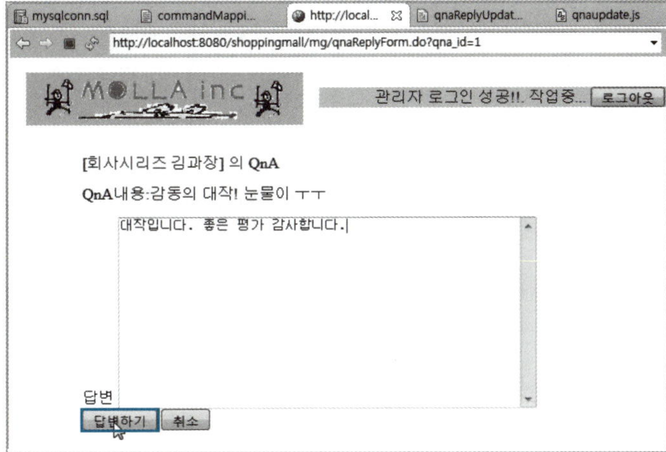

04 등록된 답변을 수정하려면 [수정] 버튼을 클릭한다.

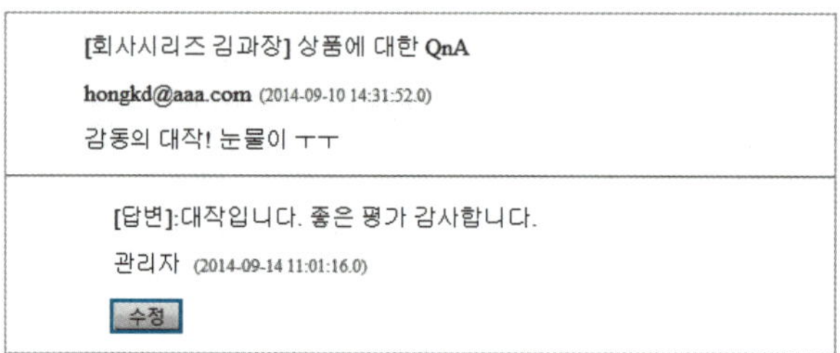

내용을 수정하고 [수정] 버튼을 클릭하면 답변이 수정된다.

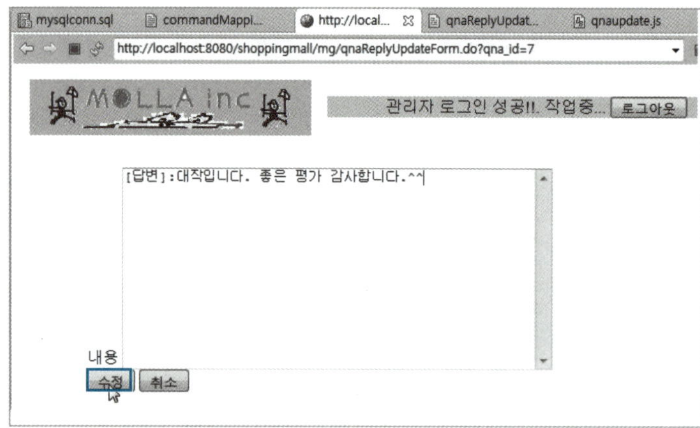

상품 QnA 목록에서 답변이 수정된 것을 확인할 수 있다.

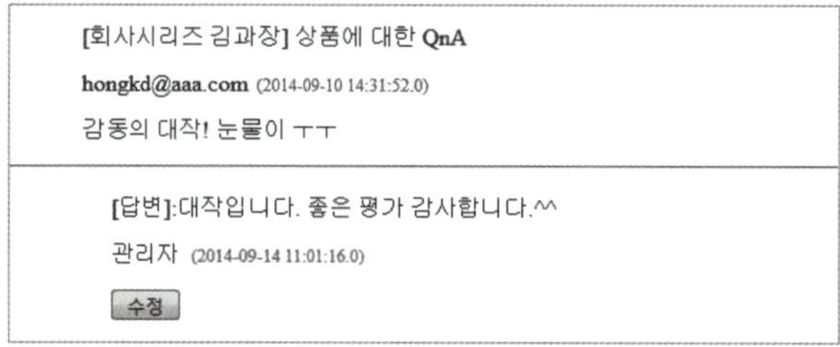

5 주문된 구매 목록 관리 작업

여기서는 주문된 전체 구매 목록을 표시하는 작업을 처리한다.

(1) 구조

여기서 작성하는 로직과 페이지들은 다음과 같다. 이 작업은 사용자 영역의 "(3) 구매관리"를 먼저 작성한 후에 가장 마지막에 작성한다.

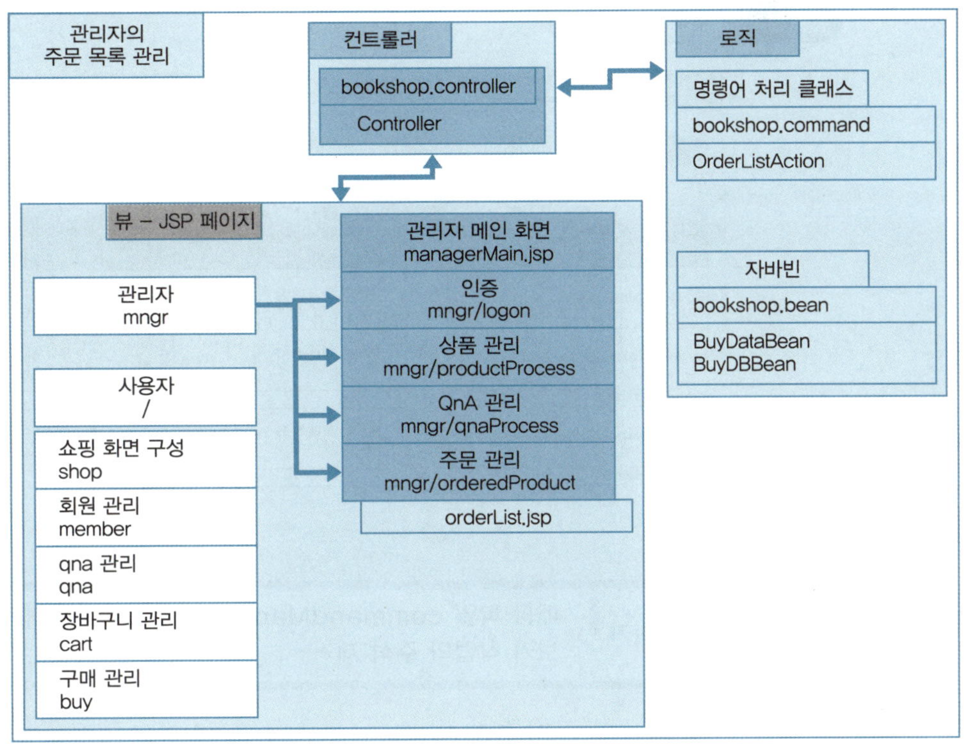

▲ 관리자의 메인 및 인증 관련 작업의 로직과 페이지

(2) 주문된 구매 목록 보기

다음은 관리자 영역의 주문된 구매 목록 보기에서 사용되는 로직과 페이지이다.

로직 및 페이지명	작업 내용
OrderListAction.java	주문된 구매 목록 처리 로직
orderList.jsp	주문 목록 보기 페이지
orderlist.js	관리자의 영역의 주문 목록 보기에서 [관리자 메인으로] 버튼을 클릭 시 작업을 처리

▲ 관리자 영역의 주문된 구매 목록 보기에서 사용되는 로직과 페이지

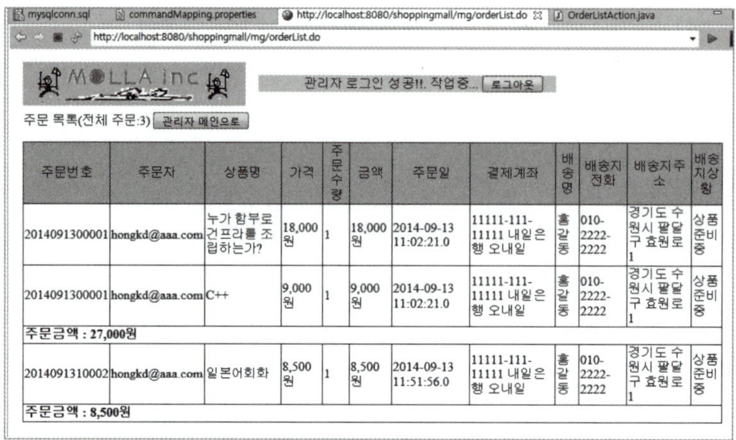

주문번호	주문자	상품명	가격	주문수량	금액	주문일	결제계좌	배송명	배송지전화	배송지주소	배송지상황
2014091300001	hongkd@aaa.com	누가 함부로 건프라를 조립하는가?	18,000원	1	18,000원	2014-09-13 11:02:21.0	11111-111-11111 내일은행 오내일	홍갈동	010-2222-2222	경기도 수원시 팔달구 효원로1	상품준비중
2014091300001	hongkd@aaa.com	C++	9,000원	1	9,000원	2014-09-13 11:02:21.0	11111-111-11111 내일은행 오내일	홍갈동	010-2222-2222	경기도 수원시 팔달구 효원로1	상품준비중
주문금액 : 27,000원											
2014091310002	hongkd@aaa.com	일본어회화	8,500원	1	8,500원	2014-09-13 11:51:56.0	11111-111-11111 내일은행 오내일	홍갈동	010-2222-2222	경기도 수원시 팔달구 효원로1	상품준비중
주문금액 : 8,500원											

따라하기 매핑 파일 commandMapping.properties에서 주문된 구매 목록 보기 작업의 주석 제거

[shoppingmall]-[WebContent]-[property]에 있는 commandMapping.properties 파일에서 주문된 구매 목록 보기 작업의 주석을 제거한다.

~생략

15 ##admin area - manage order

16 /mg/orderList.do=bookshop.command.OrderListAction

생략~

따라하기 [mngr]-[orderedProduct] 폴더 작성

[shoppingmall] 프로젝트의 [WebContent]-[mngr] 폴더에 [orderedProduct] 폴더를 생성한다.

따라하기 관리자의 주문된 전체 구매 목록 보기 작업

관리자의 주문된 전체 구매 목록 보기 작업의 로직과 웹 페이지를 작성한다.

01 [New]–[Class] 메뉴를 사용해 [Java Resources]–[src]의 bookshop.command 패키지에 OrderListAction.java 파일을 작성한다. 기본적인 코딩이 작성되면 내용을 완성하고 저장한다.

```java
01  package bookshop.command;
02
03  import java.util.List;
04
05  import javax.servlet.http.HttpServletRequest;
06  import javax.servlet.http.HttpServletResponse;
07
08  import bookshop.bean.BuyDataBean;
09  import bookshop.bean.BuyDBBean;
10
11  public class OrderListAction implements CommandAction {
12
13      @Override
14      public String requestPro(HttpServletRequest request,
15          HttpServletResponse response) throws Throwable {
16          // TODO Auto-generated method stub
17
18          List<BuyDataBean> buyLists = null;
19          int count = 0;
20
21          //전체 주문 목록의 수를 얻어냄
22          BuyDBBean buyProcess = BuyDBBean.getInstance( );
23          count = buyProcess.getListCount( );
24
25          if(count > 0){//주문 목록이 있으면
26              //전체 주문 목록을 얻어냄
27              buyLists = buyProcess.getBuyList( );
28              request.setAttribute("buyLists", buyLists);
29          }
30
31          request.setAttribute("count", new Integer(count));
```

```
32        request.setAttribute("type", new Integer(0));
33        return "/mngr/orderedProduct/orderList.jsp";
34    }
35 }
```

02 [New]-[JSP File] 메뉴를 사용해 [shoppingmall]-[WebContent]-[mngr]-[orderedProduct] 폴더에 orderList.jsp 페이지를 작성한다. 기본적인 코딩이 작성되면 다음과 같이 수정하고 저장한다.

```
01 <%@ page language="java" contentType="text/html; charset=UTF-8"
02     pageEncoding="UTF-8"%>
03 <%@ taglib prefix="c" uri="http://java.sun.com/jsp/jstl/core" %>
04 <%@ taglib prefix="fmt" uri="http://java.sun.com/jsp/jstl/fmt" %>
05 <meta name="viewport" content="width=device-width,initial-scale=1.0"/>
06 <link rel="stylesheet" href="/shoppingmall/css/style.css"/>
07 <script src="/shoppingmall/js/jquery-1.11.0.min.js"></script>
08 <script src="/shoppingmall/mngr/orderedProduct/orderlist.js"></script>
09
10 <c:if test="${empty sessionScope.id}">
11 <meta http-equiv="Refresh" content="0;url=/shoppingmall/mg/managerMain.do" >
12 </c:if>
13
14 <div id="listHeader">
15   <p>주문 목록(전체 주문:${count})
16   <button id="bookMain">관리자 메인으로</button>
17 </div>
18
19 <div id="orders">
20  <c:if test="${count == 0}">
21   <ul>
22    <li>주문 목록이 없습니다.
23   </ul>
24  </c:if>
25
26  <c:if test="${count > 0}">
27   <table>
```

```
28      <tr class="title">
29        <td>주문번호</td>
30        <td>주문자</td>
31        <td>상품명</td>
32        <td>가격</td>
33        <td>주문수량</td>
34        <td>금액</td>
35        <td>주문일</td>
36        <td>결제계좌</td>
37        <td>배송명</td>
38        <td>배송지전화</td>
39        <td>배송지주소</td>
40        <td>배송지상황</td>
41      </tr>
42    <c:set var="total" value="0"/>
43    <c:forEach var="i" begin="0" end="${buyLists.size( )-1}">
44      <c:set var="buyList" value="${buyLists.get(i)}"/>
45      <c:set var="pid" value="${buyList.getBuy_id( )}"/>
46      <c:if test="${i+1 > buyLists.size( )-1 }">
47        <c:set var="nid" value="0"/>
48      </c:if>
49      <c:if test="${i+1 <= buyLists.size( )-1 }">
50        <c:set var="nid" value="${buyLists.get(i+1).getBuy_id( )}"/>
51      </c:if>
52    <tr>
53      <td>${buyList.getBuy_id( )}</td>
54      <td>${buyList.getBuyer( )}</td>
55      <td>${buyList.getBook_title( )}</td>
56      <td><fmt:formatNumber value="${buyList.getBuy_price( )}" type="number"
          pattern="#,##0"/>원</td>
57      <td>${buyList.getBuy_count( )}</td>
58      <td><c:set var="amount" value="${buyList.getBuy_count( )*buyList.getBuy_price( )}"/>
59        <c:set var="total" value="${total+amount}"/>
60        <fmt:formatNumber value="${amount}" type="number" pattern="#,##0"/>원</td>
61      <td>${buyList.getBuy_date( ).toString( )}</td>
62      <td>${buyList.getAccount( )}</td>
63      <td>${buyList.getDeliveryName( )}</td>
```

```
64        <td>${buyList.getDeliveryTel( )}</td>
65        <td>${buyList.getDeliveryAddress( )}</td>
66        <td>${buyList.getSanction( )}</td>
67     </tr>
68
69     <c:if test="${pid != nid}">
70     <tr><td colspan="12" class="b">주문금액 :
71        <fmt:formatNumber value="${total}" type="number" pattern="#,##0"/>원</td></tr>
72     <c:set var="total" value="0"/>
73     <c:set var="pid" value="${nid}"/>
74     </c:if>
75     </c:forEach>
76   </table>
77   </c:if>
78   </div>
```


20~24라인 주문 목록이 없을 경우 표시되는 내용이다.

26~77라인 주문 목록이 없을 경우 표시되는 내용으로 43~75라인을 주문 목록의 수만큼 반복 처리해서 화면에 표시한다.

– 43~51, 69~75라인 주문 번호가 다를 경우 같은 주문 번호의 금액 합계를 계산해 표시하기 위해서 기술했다.

03 [New]–[File] 메뉴를 사용해 [shoppingmall]–[WebContent]–[mngr]–[ordered Product] 폴더에 orderlist.js를 작성한다. 기본적인 코딩이 작성되면 다음과 같이 수정하고 저장한다.

```
01   $(document).ready(function( ){
02      $("#bookMain").click(function( ){//[관리자 메인으로] 버튼 클릭
03            window.location.href("/shoppingmall/mg/managerMain.do");
04      });
05   });
```

01 ● 아이콘을 클릭하여 이클립스 내장 웹 브라우저를 실행한다. 내장 웹 브라우저의 주소에 "http://localhost:8080/shoppingmall/mg/managerMain.do"를 직접 입력하고 Enter 키를 눌러 실행한다. 화면이 표시되면 로그인되어 있지 않은 경우 관리자 로그인을 수행한다.

02 관리자 작업 영역에서 [전체구매목록 확인] 버튼을 클릭하면 구매 목록이 표시된다.

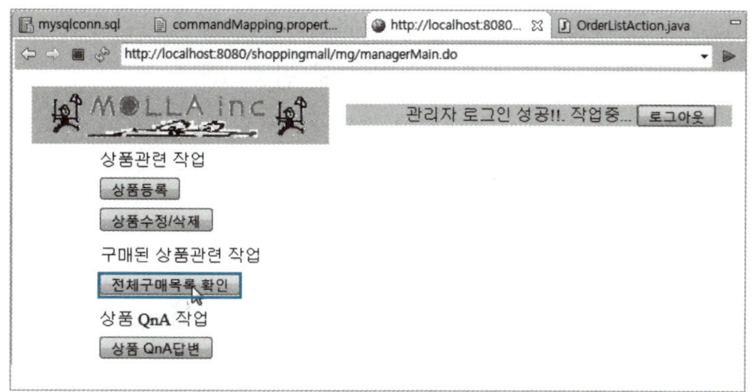

다음과 같이 전체 구매 목록이 표시된다.

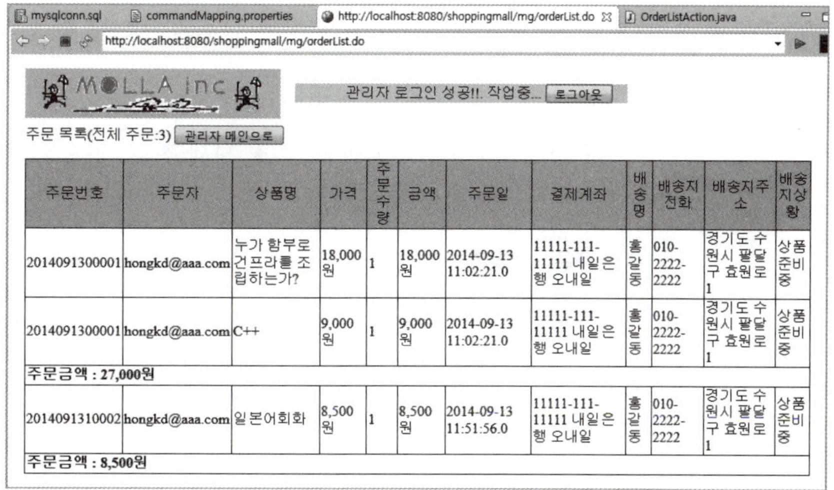

주문 목록(전체 주문:3) [관리자 메인으로]

주문번호	주문자	상품명	가격	주문수량	금액	주문일	결제계좌	배송명	배송지전화	배송지주소	배송지상황
2014091300001	hongkd@aaa.com	누가 함부로 건프라를 조립하는가?	18,000원	1	18,000원	2014-09-13 11:02:21.0	11111-111-11111 내일은행 오내일	홍갈동	010-2222-2222	경기도 수원시 팔달구 효원로 1	상품준비중
2014091300001	hongkd@aaa.com	C++	9,000원	1	9,000원	2014-09-13 11:02:21.0	11111-111-11111 내일은행 오내일	홍갈동	010-2222-2222	경기도 수원시 팔달구 효원로 1	상품준비중
주문금액 : 27,000원											
2014091310002	hongkd@aaa.com	일본어회화	8,500원	1	8,500원	2014-09-13 11:51:56.0	11111-111-11111 내일은행 오내일	홍갈동	010-2222-2222	경기도 수원시 팔달구 효원로 1	상품준비중
주문금액 : 8,500원											

사용자 영역 작성

여기에서는 회원 전용 쇼핑몰의 사용자 영역 부분을 구현한다.

쇼핑몰 사용자는 쇼핑 화면(회원 인증, QnA 포함), 쇼핑한 상품을 보관하는 장바구니, 장바구니의 상품을 구매하는 작업을 한다.

따라서 사용자 영역은 크게 쇼핑 화면(회원 인증, QnA 포함) 부분, 장바구니 부분, 구매 부분으로 나눌 수 있다.

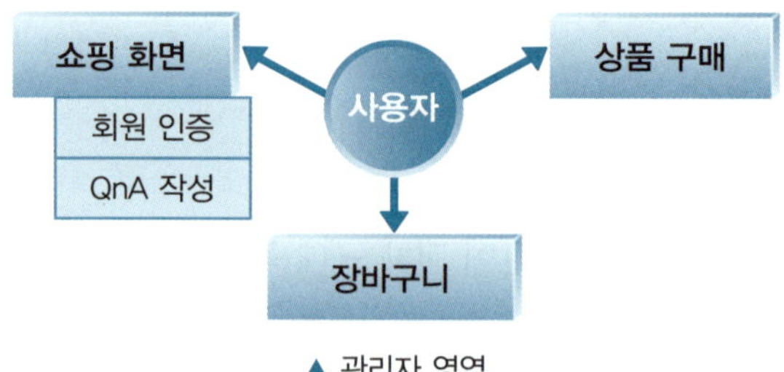

▲ 관리자 영역

- **쇼핑 화면(회원 인증, QnA 포함) 부분** : 회원 가입·인증·수정·탈퇴의 작업이 포함된 회원 인증, 쇼핑몰의 메인 화면 및 상세 정보 제공 부분, 상품 QnA 작성·수정·삭제 작업으로 이루어진다.

- **장바구니 부분** : 쇼핑몰에서 사용자는 장바구니에 물건 추가, 수량 수정, 항목 삭제, 장바구니 비우기 작업으로 이루어진다.

- **구매 부분** : 사용자의 구매 폼 작성, 구매된 목록 보기 작업으로 이루어진다.

사용자 영역의 각 부분별로 자바빈, 명령어 처리 로직 및 웹 페이지를 같이 작성하여 프로그램의 이해를 돕는다.

1 쇼핑을 위한 화면 구성(QnA, 인증 포함)

여기서는 회원 가입·인증·수정·탈퇴의 작업이 포함된 회원 인증, 쇼핑몰의 메인 화면, 제품 상세 정보 및 상품 QnA 작성 · 수정 · 삭제 작업을 작성한다.

(1) 자바빈

쇼핑 부분 및 상품 QnA 관련 자바빈은 관리자 영역에서 작성한 자바빈을 같이 사용하고, 여기에서는 회원 인증에 관련된 자바빈만을 작성한다. 회원 인증에 관련된 자바빈은 Chapter 11에서 작성한 자바빈과 거의 같다.

1) 회원 인증 데이터 저장빈_LogonDataBean

다음은 데이터 저장빈 LogonDataBean의 프로퍼티이다.

프로퍼티명	설명
id	아이디
passwd	비밀번호
name	이름
reg_date	가입 날짜
address	주소
tel	전화번호

▲ 데이터 저장빈 LogonDataBean의 프로퍼티

> **따라하기**　회원 인증 부분에서 사용하는 데이터 저장빈 작성
> _LogonDataBean.java

[New]-[Class] 메뉴를 사용해 [Java Resources]-[src]의 bookshop.bean 패키지에 데이터 저장빈인 LogonDataBean.java 파일을 작성한다. 기본적인 코딩이 작성되면 [Source]-[Generate Getters and Setters] 메뉴를 사용해서 완성하고 저장한다.

```
01  package bookshop.bean;
02
03  import java.sql.Timestamp;
04
05  public class LogonDataBean {
06      private String id;//아이디
07      private String passwd; //비밀번호
08      private String name; //이름
09      private Timestamp reg_date; //가입 날짜
10      private String address; //주소
11      private String tel; //전화번호
12
```

```java
13    public String getId( ) {
14            return id;
15    }
16    public void setId(String id) {
17            this.id = id;
18    }
19    public String getPasswd( ) {
20            return passwd;
21    }
22    public void setPasswd(String passwd) {
23            this.passwd = passwd;
24    }
25    public String getName( ) {
26            return name;
27    }
28    public void setName(String name) {
29            this.name = name;
30    }
31    public Timestamp getReg_date( ) {
32            return reg_date;
33    }
34    public void setReg_date(Timestamp reg_date) {
35            this.reg_date = reg_date;
36    }
37    public String getAddress( ) {
38            return address;
39    }
40    public void setAddress(String address) {
41            this.address = address;
42    }
43    public String getTel( ) {
44            return tel;
45    }
46    public void setTel(String tel) {
47            this.tel = tel;
48    }
49 }
```

2) 회원 인증 DB 처리빈_LogonDBBean

다음은 DB 연동빈 LogonDBBean의 메소드이다.

메소드명	작업 내용
getInstance( )	전역 LogonDBBean 객체의 레퍼런스를 리턴한다.
getConnection( )	쿼리 작업에 사용할 Connection 객체를 커넥션 풀로부터 얻어내서 리턴한다.
insertMember(LogonDataBean member)	회원 가입한 사용자를 member 테이블에 추가한다. 회원 가입 폼 처리(registerPro.jsp)에서 사용한다.
userCheck(String id, String passwd)	사용자 인증 시 사용한 회원 인증 처리(loginPro.jsp) 및 회원 정보 수정 · 탈퇴를 위한 인증(memberCheck.jsp)에서 사용한다.
confirmId(String id)	회원 가입 시 아이디 중복 확인(confirmId.jsp)을 할 때 사용한다. 회원 가입 폼(registerForm.jsp)에서 사용한다.
getMember(String id)	id에 해당하는 레코드를 member 테이블에서 검색한다.
getMember(String id, String passwd)	id, passwd에 해당하는 레코드를 member 테이블에서 검색한다.
updateMember (LogonDataBean member)	수정된 회원 정보를 갱신할 때 사용된다. 회원 정보 수정 처리(modifyPro.jsp)에서 사용한다.
deleteMember (String id, String passwd)	id에 해당하는 레코드를 member 테이블에서 삭제한다. 회원 탈퇴 처리(deletePro.jsp)에서 사용한다.

▲ DB 연동빈 LogonDBBean의 메소드

> **따라하기** 회원 인증 부분에서 사용하는 DB 처리빈 작성_LogonDBBean.java

[New]–[Class] 메뉴를 사용해 [Java Resources]–[src]의 bookshop.bean 패키지에 DB 처리빈인 LogonDBBean.java 파일을 작성한다. 기본적인 코딩이 작성되면 내용을 완성하고 저장한다.

```
01  package bookshop.bean;
02
03  import java.sql.Connection;
04  import java.sql.PreparedStatement;
05  import java.sql.ResultSet;
06  import java.sql.SQLException;
```

```java
07
08 import javax.naming.Context;
09 import javax.naming.InitialContext;
10 import javax.sql.DataSource;
11
12 import work.crypt.SHA256;
13 import work.crypt.BCrypt;
14
15 public class LogonDBBean {
16
17     //LogonDBBean 전역 객체 생성 ← 한 개의 객체만 생성해서 공유
18     private static LogonDBBean instance = new LogonDBBean( );
19
20     //LogonDBBean객체를 리턴하는 메소드
21     public static LogonDBBean getInstance( ) {
22         return instance;
23     }
24
25     private LogonDBBean( ) { }
26
27     //커넥션 풀에서 커넥션 객체를 얻어내는 메소드
28     private Connection getConnection( ) throws Exception {
29         Context initCtx = new InitialContext( );
30         Context envCtx = (Context) initCtx.lookup("java:comp/env");
31         DataSource ds = (DataSource)envCtx.lookup("jdbc/jsptest");
32         return ds.getConnection( );
33     }
34
35     //회원 가입 처리에서 사용하는 메소드
36     public void insertMember(LogonDataBean member){
37         Connection conn = null;
38         PreparedStatement pstmt = null;
39
40         SHA256 sha = SHA256.getInsatnce( );
41         try {
42             conn = getConnection( );
43
```

```java
44            String orgPass = member.getPasswd( );
45            String shaPass = sha.getSha256(orgPass.getBytes( ));
46              String bcPass = BCrypt.hashpw(shaPass, BCrypt.gensalt( ));
47
48            pstmt = conn.prepareStatement(
49              "insert into member values (?,?,?,?,?,?)");
50            pstmt.setString(1, member.getId( ));
51            pstmt.setString(2, bcPass);
52            pstmt.setString(3, member.getName( ));
53            pstmt.setTimestamp(4, member.getReg_date( ));
54            pstmt.setString(5, member.getAddress( ));
55            pstmt.setString(6, member.getTel( ));
56            pstmt.executeUpdate( );
57        } catch(Exception ex) {
58            ex.printStackTrace( );
59        } finally {
60            if (pstmt != null) try { pstmt.close( ); } catch(SQLException ex) { }
61            if (conn != null) try { conn.close( ); } catch(SQLException ex) { }
62        }
63    }
64
65    //로그인 폼 처리의 사용자 인증 처리에서 사용하는 메소드
66    public int userCheck(String id, String passwd){
67        Connection conn = null;
68        PreparedStatement pstmt = null;
69        ResultSet rs= null;
70        int x=-1;
71
72        SHA256 sha = SHA256.getInsatnce( );
73        try {
74          conn = getConnection( );
75
76          String orgPass = passwd;
77          String shaPass = sha.getSha256(orgPass.getBytes( ));
78
79          pstmt = conn.prepareStatement(
80              "select passwd from member where id = ?");
```

```java
81          pstmt.setString(1, id);
82          rs= pstmt.executeQuery( );
83
84          if(rs.next( )){//해당 아이디가 있으면 수행
85                  String dbpasswd= rs.getString("passwd");
86                  if(BCrypt.checkpw(shaPass,dbpasswd))
87                    x= 1; //인증 성공
88                  else
89                    x= 0; //비밀번호 틀림
90          }else//해당 아이디 없으면 수행
91                  x= -1;//아이디 없음
92
93      } catch(Exception ex) {
94        ex.printStackTrace( );
95      } finally {
96        if (rs != null) try { rs.close( ); } catch(SQLException ex) { }
97        if (pstmt != null) try { pstmt.close( ); } catch(SQLException ex) { }
98        if (conn != null) try { conn.close( ); } catch(SQLException ex) { }
99      }
100     return x;
101   }
102
103   //아이디 중복 확인에서 아이디의 중복 여부를 확인하는 메소드
104   public int confirmId(String id) {
105       Connection conn = null;
106     PreparedStatement pstmt = null;
107     ResultSet rs= null;
108     int x=-1;
109
110     try {
111       conn = getConnection( );
112
113       pstmt = conn.prepareStatement(
114         "select id from member where id = ?");
115       pstmt.setString(1, id);
116       rs= pstmt.executeQuery( );
117
```

```java
118            if(rs.next( ))//아이디 존재
119                x= 1; //같은 아이디 있음
120            else
121                x= -1;//같은 아이디 없음
122        } catch(Exception ex) {
123            ex.printStackTrace( );
124        } finally {
125          if (rs != null) try { rs.close( ); } catch(SQLException ex) { }
126          if (pstmt != null) try { pstmt.close( ); } catch(SQLException ex) { }
127          if (conn != null) try { conn.close( ); } catch(SQLException ex) { }
128        }
129      return x;
130    }
131
132    //주어진 id에 해당하는 회원 정보를 얻어내는 메소드
133    public LogonDataBean getMember(String id){
134        Connection conn = null;
135        PreparedStatement pstmt = null;
136        ResultSet rs = null;
137        LogonDataBean member=null;
138
139        try {
140            conn = getConnection( );
141
142            pstmt = conn.prepareStatement(
143                "select * from member where id = ?");
144            pstmt.setString(1, id);
145            rs = pstmt.executeQuery( );
146
147            if (rs.next( )) {//해당 아이디에 대한 레코드가 존재
148                member = new LogonDataBean( );//데이터 저장빈 객체 생성
149                member.setId(rs.getString("id"));
150                member.setName(rs.getString("name"));
151                member.setReg_date(rs.getTimestamp("reg_date"));
152                member.setAddress(rs.getString("address"));
153                member.setTel(rs.getString("tel"));
154            }
```

```java
155      } catch(Exception ex) {
156         ex.printStackTrace( );
157      } finally {
158         if (rs != null) try { rs.close( ); } catch(SQLException ex) { }
159         if (pstmt != null) try { pstmt.close( ); } catch(SQLException ex) { }
160         if (conn != null) try { conn.close( ); } catch(SQLException ex) { }
161      }
162      return member;//데이터 저장빈 객체 member 리턴
163   }
164
165   //주어진 id, passwd에 해당하는 회원 정보를 얻어내는 메소드
166   public LogonDataBean getMember(String id, String passwd){
167      Connection conn = null;
168      PreparedStatement pstmt = null;
169      ResultSet rs = null;
170      LogonDataBean member=null;
171
172      SHA256 sha = SHA256.getInsatnce( );
173      try {
174         conn = getConnection( );
175
176         String orgPass = passwd;
177         String shaPass = sha.getSha256(orgPass.getBytes( ));
178
179         pstmt = conn.prepareStatement(
180            "select * from member where id = ?");
181         pstmt.setString(1, id);
182         rs = pstmt.executeQuery( );
183
184         if (rs.next( )) {//해당 아이디에 대한 레코드가 존재
185            String dbpasswd= rs.getString("passwd");
186            //사용자가 입력한 비밀번호와 테이블의 비밀번호가 같으면 수행
187            if(BCrypt.checkpw(shaPass,dbpasswd)){
188               member = new LogonDataBean( );//데이터 저장빈 객체 생성
189               member.setId(rs.getString("id"));
190               member.setName(rs.getString("name"));
191               member.setReg_date(rs.getTimestamp("reg_date"));
```

```java
192                member.setAddress(rs.getString("address"));
193                member.setTel(rs.getString("tel"));
194            }
195         }
196      } catch(Exception ex) {
197         ex.printStackTrace( );
198      } finally {
199        if (rs != null) try { rs.close( ); } catch(SQLException ex) { }
200        if (pstmt != null) try { pstmt.close( ); } catch(SQLException ex) { }
201        if (conn != null) try { conn.close( ); } catch(SQLException ex) { }
202      }
203       return member;//데이터 저장빈 객체 member 리턴
204   }
205
206   //회원 정보 수정을 처리하는 메소드
207   @SuppressWarnings("resource")
208   public int updateMember(LogonDataBean member){
209      Connection conn = null;
210      PreparedStatement pstmt = null;
211      ResultSet rs= null;
212      int x=-1;
213
214      SHA256 sha = SHA256.getInsatnce( );
215      try {
216        conn = getConnection( );
217
218        String orgPass = member.getPasswd( );
219        String shaPass = sha.getSha256(orgPass.getBytes( ));
220
221        pstmt = conn.prepareStatement(
222            "select passwd from member where id = ?");
223        pstmt.setString(1, member.getId( ));
224        rs = pstmt.executeQuery( );
225
226        if(rs.next( )){//해당 아이디가 있으면 수행
227            String dbpasswd= rs.getString("passwd");
228            if(BCrypt.checkpw(shaPass,dbpasswd)){
```

```java
229                 pstmt = conn.prepareStatement(
230                     "update member set name=?,address=?,tel=? "+
231                     "where id=?");
232                 pstmt.setString(1, member.getName( ));
233                 pstmt.setString(2, member.getAddress( ));
234                 pstmt.setString(3, member.getTel( ));
235                 pstmt.setString(4, member.getId( ));
236                 pstmt.executeUpdate( );
237                 x= 1;//회원 정보 수정 처리 성공
238             }else
239                 x= 0;//회원 정보 수정 처리 실패
240         }
241     } catch(Exception ex) {
242         ex.printStackTrace( );
243     } finally {
244         if (rs != null) try { rs.close( ); } catch(SQLException ex) { }
245         if (pstmt != null) try { pstmt.close( ); } catch(SQLException ex) { }
246         if (conn != null) try { conn.close( ); } catch(SQLException ex) { }
247     }
248     return x;
249 }
250
251 //회원 정보를 삭제하는 메소드
252 @SuppressWarnings("resource")
253 public int deleteMember(String id, String passwd){
254     Connection conn = null;
255     PreparedStatement pstmt = null;
256     ResultSet rs= null;
257     int x=-1;
258
259     SHA256 sha = SHA256.getInsatnce( );
260     try {
261         conn = getConnection( );
262
263         String orgPass = passwd;
264         String shaPass = sha.getSha256(orgPass.getBytes( ));
265
```

```java
            pstmt = conn.prepareStatement(
                "select passwd from member where id = ?");
            pstmt.setString(1, id);
            rs = pstmt.executeQuery( );

            if(rs.next( )){
                String dbpasswd= rs.getString("passwd");
                if(BCrypt.checkpw(shaPass,dbpasswd)){
                    pstmt = conn.prepareStatement(
                    "delete from member where id=?");
                    pstmt.setString(1, id);
                    pstmt.executeUpdate( );
                    x= 1;//회원 탈퇴 처리 성공
                }else
                    x= 0;//회원 탈퇴 처리 실패
                }
    } catch(Exception ex) {
        ex.printStackTrace( );
    } finally {
        if (rs != null) try { rs.close( ); } catch(SQLException ex) { }
        if (pstmt != null) try { pstmt.close( ); } catch(SQLException ex) { }
        if (conn != null) try { conn.close( ); } catch(SQLException ex) { }
    }
    return x;
}
}
```

(2) 사용자 쇼핑 화면, 회원 인증 및 상품 QnA

여기서 작성하는 로직과 페이지들은 다음과 같다.

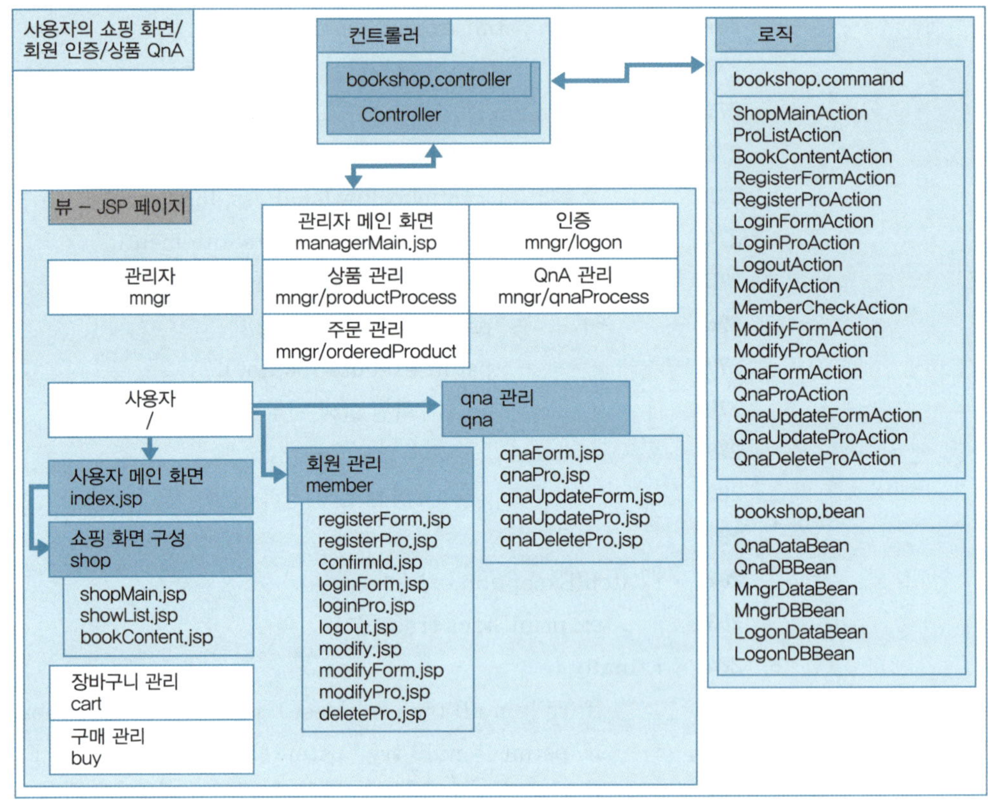

▲ 사용자 쇼핑 화면, 회원 인증 및 상품 QnA 관련 작업의 로직과 페이지

1) 사용자 쇼핑 화면

다음은 사용자 쇼핑 화면에서 사용되는 로직과 페이지이다.

로직 및 페이지명	작업 내용
ShopMainAction.java	사용자 메인 화면 처리 로직
ProListAction.java	메인 화면에 표시하는 상품 목록 로직
BookContentAction.java	상품 내용 보기 처리 로직
shopMain.jsp	사용자 메인 화면으로 신상품 목록을 화면에 표시하는 페이지
showList.jsp	사용자가 쇼핑할 수 있도록 상품 목록을 제공하는 페이지
bookContent.jsp	상품의 내용을 표시하는 페이지
bookContent.js	관리자 인증과 관련된 요청을 처리하며, 인증 폼의 인증되지 않은 사용자 영역에서 [로그인] 버튼 클릭 또는 인증된 사용자 영역에서 [로그아웃] 버튼을 클릭 시 작업을 처리

▲ 사용자 쇼핑 화면에서 사용되는 로직과 페이지

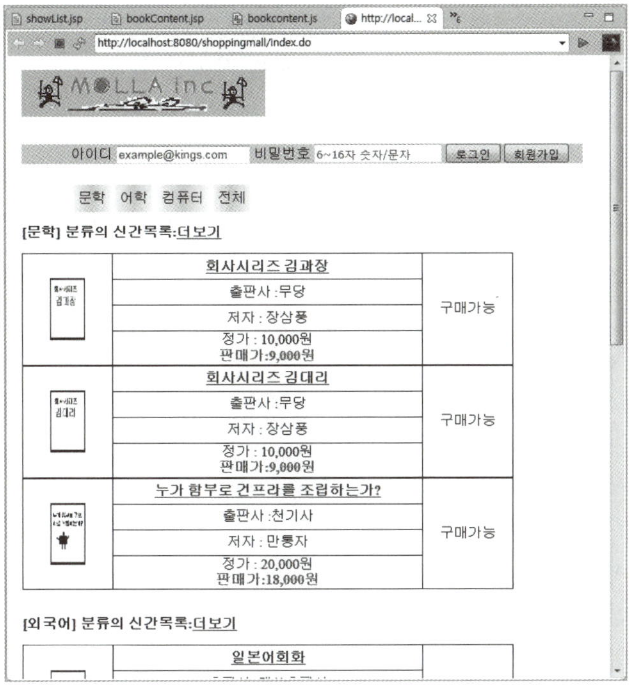

따라하기 — 매핑 파일 commandMapping.properties에서 사용자 메인 관련 작업의 주석 제거

[shoppingmall]-[WebContent]-[property]에 있는 commandMapping. properties 파일에서 사용자 메인 관련 작업의 주석을 제거한다.

~생략

25 #user area

26 ##user area - display shop

27 /index.do=bookshop.command.ShopMainAction

28 /list.do=bookshop.command.ProListAction

29 /bookContent.do=bookshop.command.BookContentAction

생략~

따라하기 — [shop] 폴더 작성

[shoppingmall] 프로젝트의 [WebContent] 폴더에 [shop] 폴더를 생성한다.

사용자 메인 관련 작업의 로직과 웹 페이지를 작성한다.

파일 작성

01 [New]-[Class] 메뉴를 사용해 [Java Resources]-[src]의 bookshop.command 패키지에 ShopMainAction.java 파일을 작성한다. 기본적인 코딩이 작성되면 내용을 완성하고 저장한다.

```java
01  package bookshop.command;
02
03  import java.util.ArrayList;
04  import java.util.List;
05
06  import javax.servlet.http.HttpServletRequest;
07  import javax.servlet.http.HttpServletResponse;
08
09  import bookshop.bean.MngrDBBean;
10  import bookshop.bean.MngrDataBean;
11
12  public class ShopMainAction implements CommandAction {
13
14      @Override
15      public String requestPro(HttpServletRequest request,
16          HttpServletResponse response) throws Throwable {
17          // TODO Auto-generated method stub
18
19          MngrDataBean bookList[ ] = null;
20          List<MngrDataBean[ ]> bookLists = new ArrayList<MngrDataBean[ ]>( );
21
22          MngrDBBean bookProcess = MngrDBBean.getInstance( );//DB연동
23
24          //카테고리별 최신의 상품 3개씩 얻어내서 List에 저장
25          for(int i=1; i<=3;i++){
26              bookList = bookProcess.getBooks(i+"00",3);
27              bookLists.add(bookList);
28          }
```

```java
29
30        //해당 페이지로 보낼 내용 설정
31        request.setAttribute("bookLists", bookLists);
32        //사용자 화면을 의미하는 값을 설정
33        request.setAttribute("type", new Integer(1));
34        return "/shop/shopMain.jsp";
35    }
36 }
```

02 [New]–[JSP File] 메뉴를 사용해 [shoppingmall]–[WebContent]–[shop] 폴더에 shopMain.jsp 페이지를 작성한다. 기본적인 코딩이 작성되면 다음과 같이 수정하고 저장한다.

```jsp
01 <%@ page language="java" contentType="text/html; charset=UTF-8"
02    pageEncoding="UTF-8"%>
03 <%@ taglib prefix="c" uri="http://java.sun.com/jsp/jstl/core" %>
04 <%@ taglib prefix="fmt" uri="http://java.sun.com/jsp/jstl/fmt" %>
05 <meta name="viewport" content="width=device-width,initial-scale=1.0"/>
06 <link rel="stylesheet" href="/shoppingmall/css/style.css"/>
07 <script src="../js/jquery-1.11.0.min.js"></script>
08
09 <div id="cata" class="box2">
10   <ul>
11   <li><a href="/shoppingmall/list.do?book_kind=100">문학</a>
12   <li><a href="/shoppingmall/list.do?book_kind=200">어학</a>
13   <li><a href="/shoppingmall/list.do?book_kind=300">컴퓨터</a>
14   <li><a href="/shoppingmall/list.do?book_kind=all">전체</a>
15   </ul>
16 </div>
17
18 <div id="shop" class="box2">
19   <c:forEach var="bookList" items="${bookLists}">
20    <c:set var="book_kind" value="${bookList[0].getBook_kind( )}"/>
21    <c:if test="${book_kind=='100'}">
22     <c:set var="book_kindName" value="문학"/>
23    </c:if>
```

```jsp
24  <c:if test="${book_kind=='200'}">
25    <c:set var="book_kindName" value="외국어"/>
26  </c:if>
27  <c:if test="${book_kind=='300'}">
28    <c:set var="book_kindName" value="컴퓨터"/>
29  </c:if>
30  <p class="b">[${book_kindName}] 분류의 신간목록:<a href="/shoppingmall/list.do?book_kind=${book_kind}">더보기</a></p>
31  <c:forEach var="book" items="${bookList}">
32   <table class="vhcenter">
33    <tr height="30">
34     <td rowspan="4"  width="100">
35        <a href="/shoppingmall/bookContent.do?book_id=${book.getBook_id( )}&book_kind=${book.getBook_kind( )}">
36        <img src="/shoppingmall/bookImage/${book.getBook_image( )}" class="listimage"></a></td>
37     <td width="350" class="vhcenter">
38        <a href="/shoppingmall/bookContent.do?book_id=${book.getBook_id( )}&book_kind=${book.getBook_kind( )}" class="b">
39        ${book.getBook_title( )}</a></td>
40     <td rowspan="4" width="100">
41      <c:if test="${book.getBook_count( )==0}">
42        일시품절
43      </c:if>
44      <c:if test="${book.getBook_count( )!=0}">
45       구매가능
46      </c:if>
47    </td>
48    </tr>
49    <tr height="30">
50     <td width="350">출판사 :${book.getPublishing_com( )}</td></tr>
51    <tr height="30">
52     <td width="350">저자 : ${book.getAuthor( )}</td></tr>
53    <tr height="30">
54     <td width="350"><c:set var="price" value="${book.getBook_price( )}"/>
55      <c:set var="rate" value="${book.getDiscount_rate( )}"/>
56        정가 : <fmt:formatNumber value="${price}" type="number" pattern="#,##0"/>원<br>
```

```
57        <strong class="bred">판매가:<fmt:formatNumber value="${price*((100.0-
          rate)/100)}" type="number" pattern="#,##0"/>원</strong>
58      </td></tr>
59    </table>
60    </c:forEach>
61    <br>
62  </c:forEach>
63 </div>
```


03 [New]-[Class] 메뉴를 사용해 [Java Resources]-[src]의 bookshop.command 패키
지에 ProListAction.java 파일을 작성한다. 기본적인 코딩이 작성되면 내용을 완성
하고 저장한다.

```
01 package bookshop.command;
02
03 import java.util.List;
04
05 import javax.servlet.http.HttpServletRequest;
06 import javax.servlet.http.HttpServletResponse;
07
08 import bookshop.bean.MngrDBBean;
09 import bookshop.bean.MngrDataBean;
10
11 public class ProListAction implements CommandAction {
```

```java
12
13      @Override
14      public String requestPro(HttpServletRequest request,
15          HttpServletResponse response) throws Throwable {
16          // TODO Auto-generated method stub
17
18          List<MngrDataBean> bookList = null;
19          int count = 0;
20          String book_kind = request.getParameter("book_kind");
21
22          MngrDBBean bookProcess = MngrDBBean.getInstance( );
23
24          //kind 값이 all이면 전체 상품의 수를 얻어냄
25          if(book_kind.equals("all"))
26             count = bookProcess.getBookCount( );
27          else//all이 아니면 해당 카테고리의 상품 수를 얻어냄
28             count = bookProcess.getBookCount(book_kind);
29
30          if (count > 0){//상품이 있으면 수행
31              //상품 목록을 얻어냄
32              bookList = bookProcess.getBooks(book_kind);
33              request.setAttribute("bookList", bookList);
34          }
35
36          //해당 뷰에서 사용할 속성
37          request.setAttribute("count", new Integer(count));
38          request.setAttribute("book_kind", book_kind);
39          request.setAttribute("type", new Integer(1));
40           return "/shop/showList.jsp";
41      }
42
43  }
```

04 [New]-[JSP File] 메뉴를 사용해 [shoppingmall]-[WebContent]-[shop] 폴더에
showList.jsp 페이지를 작성한다. 기본적인 코딩이 작성되면 다음과 같이 수정하고
저장한다.

```jsp
01 <%@ page language="java" contentType="text/html; charset=UTF-8"
02    pageEncoding="UTF-8"%>
03 <%@ taglib prefix="c" uri="http://java.sun.com/jsp/jstl/core" %>
04 <%@ taglib prefix="fmt" uri="http://java.sun.com/jsp/jstl/fmt" %>
05 <meta name="viewport" content="width=device-width,initial-scale=1.0"/>
06 <link rel="stylesheet" href="/shoppingmall/css/style.css"/>
07 <script src="/shoppingmall/js/jquery-1.11.0.min.js"></script>
08
09 <div id="cata" class="box2">
10   <ul>
11     <li><a href="/shoppingmall/list.do?book_kind=100">문학</a>
12     <li><a href="/shoppingmall/list.do?book_kind=200">어학</a>
13     <li><a href="/shoppingmall/list.do?book_kind=300">컴퓨터</a>
14     <li><a href="/shoppingmall/list.do?book_kind=all">전체</a>
15   </ul>
16 </div>
17
18 <div id="shop" class="box2">
19   <c:if test="${book_kind=='100'}">
20     <c:set var="book_kindName" value="문학"/>
21   </c:if>
22   <c:if test="${book_kind=='200'}">
23     <c:set var="book_kindName" value="외국어"/>
24   </c:if>
25   <c:if test="${book_kind=='300'}">
26     <c:set var="book_kindName" value="컴퓨터"/>
27   </c:if>
28
29   <c:if test="${book_kind=='all'}">
30     <c:set var="book_kindName" value="전체"/>
31     <c:set var="display" value="전체 목록"/>
32   </c:if>
33   <c:if test="${book_kind!='all'}">
34     <c:set var="display" value="[${book_kindName}] 분류의 목록"/>
35   </c:if>
36
```

```
37  <p class="b">${display} : (${count}개)</p>
38  <c:forEach var="book" items="${bookList}">
39    <table class="vhcenter">
40     <tr height="30">
41      <td rowspan="4"  width="100">
42         <a  href="/shoppingmall/bookContent.do?book_id=${book.getBook_id( )}
           &book_kind=${book.getBook_kind( )}">
43              <img  src="/shoppingmall/bookImage/${book.getBook_image( )}"
           class="listimage"></a></td>
44       <td width="350" class="vhcenter">
45          <a  href="/shoppingmall/bookContent.do?book_id=${book.getBook_id( )}&
           book_kind=${book.getBook_kind( )}" class="b">
46          ${book.getBook_title( )}</a></td>
47       <td rowspan="4" width="100">
48        <c:if test="${book.getBook_count( )==0}">
49         일시품절
50        </c:if>
51        <c:if test="${book.getBook_count( )!=0}">
52         구매가능
53        </c:if>
54      </td>
55      </tr>
56      <tr height="30">
57      <td width="350">출판사 :${book.getPublishing_com( )}</td></tr>
58      <tr height="30">
59      <td width="350">저자 : ${book.getAuthor( )}</td></tr>
60      <tr height="30">
61      <td width="350"><c:set var="price" value="${book.getBook_price( )}"/>
62        <c:set var="rate" value="${book.getDiscount_rate( )}"/>
63         정가 : <fmt:formatNumber value="${price}" type="number"pattern
           ="#,##0"/>원<br>
64         <strong class="bred">판매가:<fmt:formatNumber value="${price*((100.0-
           rate)/100)}" type="number" pattern="#,##0"/>원</strong>
65      </td></tr>
66    </table>
67  </c:forEach>
68 </div>
```

05 [New]–[Class] 메뉴를 사용해 [Java Resources]–[src]의 bookshop.command 패키
지에 BookContentAction.java 파일을 작성한다. 기본적인 코딩이 작성되면 내용을
완성하고 저장한다.

```java
01  package bookshop.command;
02
03  import java.util.List;
04
05  import javax.servlet.http.HttpServletRequest;
06  import javax.servlet.http.HttpServletResponse;
07
08  import bookshop.bean.MngrDBBean;
09  import bookshop.bean.MngrDataBean;
10  import bookshop.bean.QnaDBBean;
11  import bookshop.bean.QnaDataBean;
12
13  public class BookContentAction implements CommandAction {
14
15      @Override
16      public String requestPro(HttpServletRequest request,
17          HttpServletResponse response) throws Throwable {
18          // TODO Auto-generated method stub
19
20          List<QnaDataBean> qnaLists;
21          String book_kind = request.getParameter("book_kind");
22          int book_id = Integer.parseInt(request.getParameter("book_id"));
23
24          //book_id에 해당하는 상품을 얻어냄
25          MngrDBBean bookProcess = MngrDBBean.getInstance( );
26          MngrDataBean book = bookProcess.getBook(book_id);
27
28          //book_id에 해당하는 상품의 QnA 수를 얻어냄
29          QnaDBBean qnaProcess = QnaDBBean.getInstance( );
30          int count = qnaProcess.getArticleCount(book_id);
31
32          if (count > 0){//QnA가 있으면 수행
33              //book_id에 해당하는 상품의 QnA를 얻어냄
```

```
34              qnaLists = qnaProcess.getArticles(count, book_id);
35              request.setAttribute("qnaLists", qnaLists);
36          }
37
38      request.setAttribute("book", book);
39      request.setAttribute("book_id", new Integer(book_id));
40      request.setAttribute("book_kind", book_kind);
41      request.setAttribute("count", new Integer(count));
42      request.setAttribute("type", new Integer(1));
43      return "/shop/bookContent.jsp";
44      }
45 }
```

06 [New]-[JSP File] 메뉴를 사용해 [shoppingmall]-[WebContent]-[shop] 폴더에 bookContent.jsp 페이지를 작성한다. 기본적인 코딩이 작성되면 다음과 같이 수정하고 저장한다.

```
01 <%@ page language="java" contentType="text/html; charset=UTF-8"
02    pageEncoding="UTF-8"%>
03 <%@ taglib prefix="c" uri="http://java.sun.com/jsp/jstl/core" %>
04 <%@ taglib prefix="fmt" uri="http://java.sun.com/jsp/jstl/fmt" %>
05 <%@ taglib prefix="fn" uri="http://java.sun.com/jsp/jstl/functions" %>
06 <meta name="viewport" content="width=device-width,initial-scale=1.0"/>
07 <link rel="stylesheet" href="/shoppingmall/css/style.css"/>
08 <script src="/shoppingmall/js/jquery-1.11.0.min.js"></script>
09 <script src="/shoppingmall/shop/bookcontent.js"></script>
10
11 <div id="cata" class="box2">
12   <ul>
13     <li><a href="/shoppingmall/list.do?book_kind=100">문학</a>
14     <li><a href="/shoppingmall/list.do?book_kind=200">어학</a>
15     <li><a href="/shoppingmall/list.do?book_kind=300">컴퓨터</a>
16     <li><a href="/shoppingmall/list.do?book_kind=all">전체</a>
17   </ul>
18 </div>
19
20 <div id="showBook">
```

```
21  <table class="vhcenter">
22  <tr height="30">
23    <td rowspan="6"  width="150">
24        <img  src="/shoppingmall/bookImage/${book.getBook_image( )}"
          class="contentimage"></td>
25    <td width="500">
26      <b>${book.getBook_title( )}</b></td>
27  </tr>
28  <tr><td width="500">저자 : ${book.getAuthor( )}</td></tr>
29  <tr><td width="500">출판사 : ${book.getPublishing_com( )}</td></tr>
30  <tr><td width="500">출판일 : ${book.getPublishing_date( )}</td></tr>
31  <tr><td width="500"><c:set var="price" value="${book.getBook_price( )}"/>
32      <c:set var="rate" value="${book.getDiscount_rate( )}"/>
33      정가 : <fmt:formatNumber value="${price}" type="number" pattern="#,##0"/>원
        <br>
34      <strong  class="bred">판매가:<c:set  var="rPrice"  value="${price*((100.0-
        rate)/100)}"/>
35        <fmt:formatNumber  value="${rPrice}"  type="number"  pattern="#,##0"/>
        원</strong>
36  <tr><td width="500">
37
38  <c:if test="${!empty sessionScope.id}">
39    <c:if test="${book.getBook_count( )==0}">
40     <p>일시품절
41    </c:if>
42    <c:if test="${book.getBook_count( )>=1}">
43      수량 : <input type="text" size="5" id="buy_count" value="1"> 개
44    </c:if>
45    <input type="hidden" id="book_id" value="${book_id}">
46    <input type="hidden" id="book_image" value="${book.getBook_image( )}">
47    <input type="hidden" id="book_title" value="${book.getBook_title( )}">
48    <input type="hidden" id="buy_price" value="${rPrice}">
49    <input type="hidden" id="book_kind" value="${book_kind}">
50    <input type="hidden" id="buyer" value="${sessionScope.id}">
51    <button id="insertCart">장바구니에 담기</button>
52  </c:if>
53  <c:if test="${empty sessionScope.id}">
```

```
54        <c:if test="${book.getBook_count( )==0}">
55          <p>일시품절
56        </c:if>
57        <p>제품을 구매하시려면 로그인 하세요.
58      </c:if>
59      <button id="list">목록으로</button>
60      <button id="shopMain">메인으로</button>
61    </td>
62    </tr>
63    <tr class="ch">
64      <td colspan="2" class="hleft">${book.getBook_content( )}</td>
65    </tr>
66  </table>
67  </div>
68
69  <div id="showQna">
70  <p class="b">상품QnA
71  <c:if test="${!empty sessionScope.id}">
72    <button id="writeQna">상품QnA쓰기</button>
73  </c:if>
74  <c:if test="${empty sessionScope.id}">
75    <p>상품QnA를 쓰실려면 로그인 하세요.</p>
76  </c:if>
77  </p>
78  <c:if test="${count == 0}">
79    <ul>
80      <li>등록된 상품QnA가 없습니다.
81    </ul>
82  </c:if>
83  <c:if test="${count > 0}">
84    <c:forEach var="qna" items="${qnaLists}">
85    <ul>
86      <li>
87      <c:set var="writer" value="${qna.getQna_writer( )}"/>
88      ${fn:substring(writer, 0, 4)}****
89      <small class="date">(${qna.getReg_date( )})</small>
90      <li>${qna.getQna_content( )}
```

```
91        <li>
92          <c:if test="${sessionScope.id==writer}">
93            <button id="edit" name="${qna.getQna_id( )},${book_kind}"
94             onclick="edit(this)">수정</button>
95            <button id="delete" name="${qna.getQna_id( )},${book_id},${book_kind}"
96             onclick="del(this)">삭제</button>
97          </c:if>
98        </ul>
99      </c:forEach>
100    </c:if>
101  </div>
```


20~67라인 상품의 내용이 표시되는 영역이다

- 38~52라인 인증된 사용자의 영역으로, [장바구니에 담기] 버튼이 표시되어 상품 구매가 가능하다.

- 53~58라인 인증되지 않은 사용자의 영역으로 "제품을 구매하시려면 로그인 하세요." 메시지가 표시된다.

69~101라인 상품 QnA가 표시되는 영역이다.

- 74~76라인 상품 QnA를 쓰기 위한 [상품QnA쓰기] 버튼은 인증된 사용자일 때만 표시된다.

07 [New]-[File] 메뉴를 사용해 [shoppingmall]-[WebContent]-[shop] 폴더에 bookContent.js를 작성한다. 기본적인 코딩이 작성되면 다음과 같이 수정하고 저장한다.

jQuery를 사용한 모델 2 구조에서 요청 페이지의 응답을 받아, 응답 받은 내용에 따라 다른 처리를 할 때 문제가 발생한다. 56~68라인이/shoppingmall/qnaDeletePro.do 요청에 대한 응답 결과에 따라 다른 처리를 하는 부분이다. 문제는 응답 결과가 html 코드에 같이 포함되어 문자열로 반환된다는 것이다. 따라서 이것을 처리하기 위해 응답받는 페이지에 <p id="ck">[응답결과]와 같은 코드를 추가해 <p id="ck"> 다음의 [응답결과]를 얻어 내는 방법을 사용해야 한다. [응답결과]를 얻어 내는 방법은 57~60라인과 같이 문자열의 위치값을 사용해서 한다.

```
01  $(document).ready(function( ){
02    $("#insertCart").click(function( ){//[장바구니에 담기] 버튼 클릭
03        var buyer = $("#buyer").val( );
04        var book_kind = $("#book_kind").val( );
05        var query = {book_id:$("#book_id").val( ),
06            buy_count:$("#buy_count").val( ),
07            book_image:$("#book_image").val( ),
08            book_title:$("#book_title").val( ),
09            buy_price:$("#buy_price").val( ),
10            buyer:buyer};
11        $.ajax({
```

```javascript
12                      type: "POST",
13                      url: "/shoppingmall/insertCart.do",
14                      data: query,
15                      success: function(data){
16                          alert("장바구니에 담겼습니다.");
17                      }
18                  });
19          });
20
21      $("#list").click(function( ){//[목록으로] 버튼 클릭
22              window.location.href("/shoppingmall/list.do?book_kind=all");
23      });
24
25      $("#shopMain").click(function( ){//[메인으로] 버튼 클릭
26              window.location.href("/shoppingmall/index.do");
27      });
28
29      $("#writeQna").click(function( ){//[상품QnA쓰기] 버튼 클릭
30              var book_id = $("#book_id").val( );
31              var book_kind = $("#book_kind").val( );
32
33              var query="/shoppingmall/qnaForm.do?book_id="+book_id;
34              query += "&book_kind="+book_kind;
35              window.location.href(query);
36      });
37 });
38
39 function edit(editBtn){//[수정] 버튼 클릭
40     var rStr = editBtn.name;
41     var arr = rStr.split(",");
42     var query = "/shoppingmall/qnaUpdateForm.do?qna_id="+arr[0];
43     query += "&book_kind="+arr[1];
44     window.location.href(query);
45 }
```

```javascript
46
47 function del(delBtn){//[삭제] 버튼 클릭
48     var rStr = delBtn.name;
49     var arr = rStr.split(",");
50
51     var query = {qna_id: arr[0]};
52   $.ajax({
53     type: "POST",
54     url: "/shoppingmall/qnaDeletePro.do",
55     data: query,
56     success: function(data){
57       var str1 = '<p id="ck">';
58        var loc = data.indexOf(str1);
59        var len = str1.length;
60        var check = data.substr(loc+len,1);
61        if(check == "1"){//
62             alert("QnA가 삭제 되었습니다.");
63             var query = "/shoppingmall/bookContent.do?book_id="+arr[1];
64             query += "&book_kind="+arr[2];
65             window.location.href(query);
66        }else//사용할 수 있는 아이디
67             alert("QnA가 삭제 실패");
68     }
69   });
70 }
```

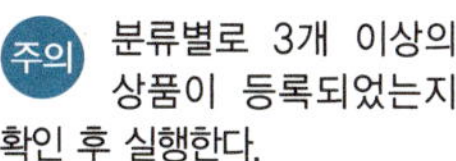

 분류별로 3개 이상의 상품이 등록되었는지 확인 후 실행한다.

01 🔘 아이콘을 클릭하여 이클립스 내장 웹 브라우저를 실행한다. 내장 웹 브라우저의 주소에 "http://localhost:8080/shoppingmall/index.do"를 직접 입력하고 **Enter** 키를 눌러 실행한다.

02 사용자 메인 화면이 표시된다. [문학], [어학], [컴퓨터], [전체]를 클릭하면 해당 카테고리별 전체 상품이 표시된다. 상품 목록에서 상품 제목을 클릭하면 상품의 상세 내용 페이지가 표시된다.

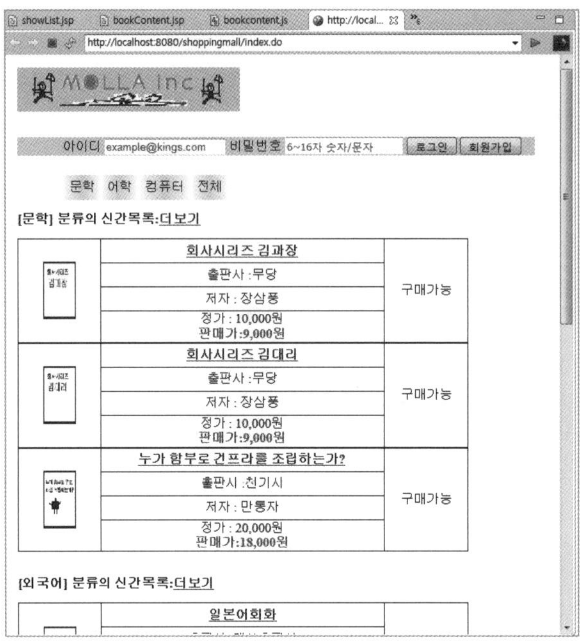

카테고리별로 [더보기] 링크를 클릭하면 해당 카테고리의 모든 상품이 표시된다.

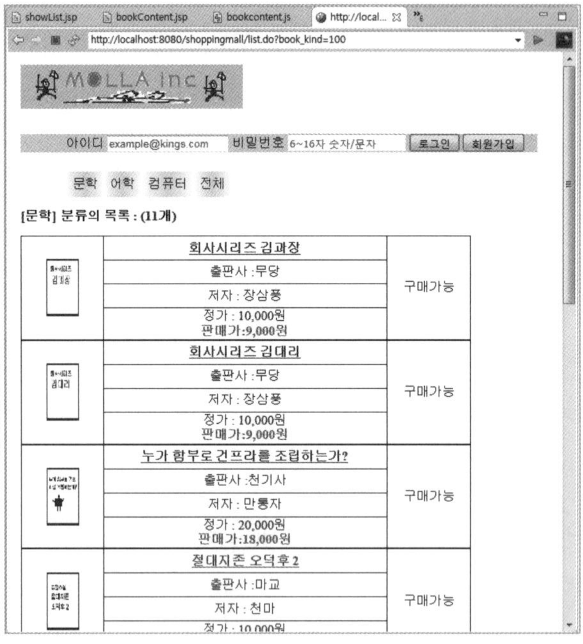

상품의 상세 내용 페이지에서는 상품의 내용 및 해당 상품의 QnA 목록이 표시된다.

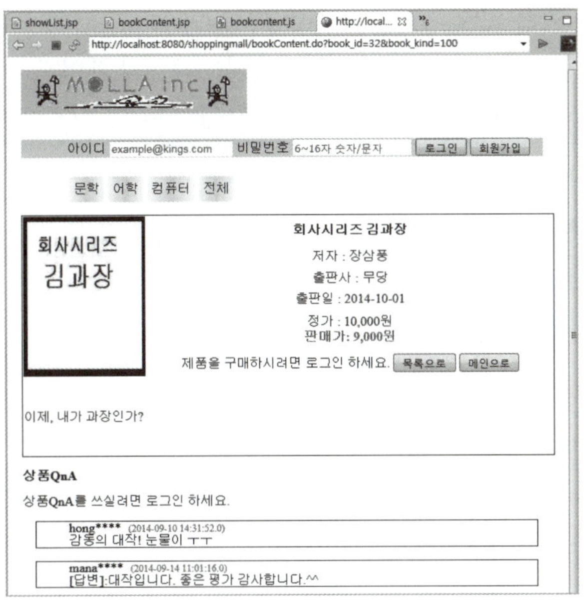

사용자 인증을 한 후 상품의 상세 내용 페이지로 이동하면 다음과 같이 [장바구니에 담기], [상품QnA쓰기] 버튼이 활성화되며, 자신이 쓴 상품 QnA의 경우 [수정]과 [삭제] 버튼이 표시된다.

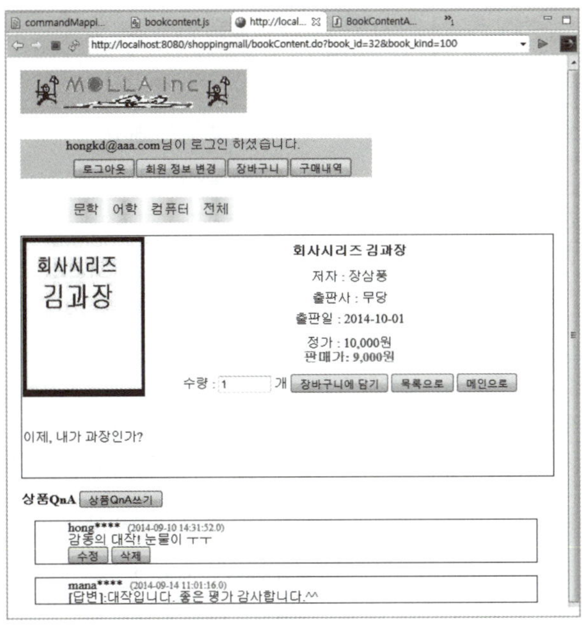

2) 사용자 회원 인증

다음은 사용자 회원 인증 처리에서 사용되는 로직과 페이지이다.

로직 및 페이지명	작업 내용
RegisterFormAction.java	회원 가입 폼 처리 로직
RegisterProAction.java	회원 가입 처리 로직
ConfirmIdAction.java	아이디 중복 확인 처리 로직
LoginFormAction.java	로그인 폼 로직
LoginProAction.java	로그인 처리 로직
LogoutAction.java	로그아웃 로직
ModifyAction.java	회원 정보 수정과 탈퇴의 메인 화면 로직
ModifyFormAction.jav	회원 정보 수정 폼 로직
ModifyProAction.java	회원 정보 수정 처리 로직
DeleteProAction.java	회원 정보 탈퇴 처리 로직
registerForm.jsp	회원 가입 폼 페이지
register.js	회원 가입 관련 요청을 처리하며 [ID중복확인], [가입하기], [취소] 버튼을 클릭 시 작업을 처리
registerPro.jsp	회원 가입 처리 페이지
confirmId.jsp	아이디 중복 확인 페이지
loginForm.jsp	로그인 폼 페이지
login.js	로그인 관련 요청을 처리하며 인증되지 않은 경우 [회원가입]과 [로그인]을, 인증된 경우 [회원정보 변경]과 [로그아웃] 및 [장바구니]와 [구매내역] 버튼을 클릭 시 작업을 처리
loginPro.jsp	로그인 처리 페이지
logout.jsp	회원 인증 무효화 페이지
modify.jsp	회원 정보 수정과 탈퇴의 메인 화면 페이지
modifyForm.jsp	회원 정보 수정 폼 페이지
modify.js	회원 정보 수정과 관련된 요청을 처리하며 [수정], [취소] 버튼을 클릭 시 작업을 처리
modifyPro.jsp	회원 정보 수정 처리 페이지
deletePro.jsp	회원 정보 탈퇴 처리 페이지

▲ 사용자 회원 인증 처리에서 사용되는 로직과 페이지

인증되지 않은 사용자 로그인 폼

인증된 사용자 로그인 폼

회원 정보 수정과 탈퇴의 메인 화면

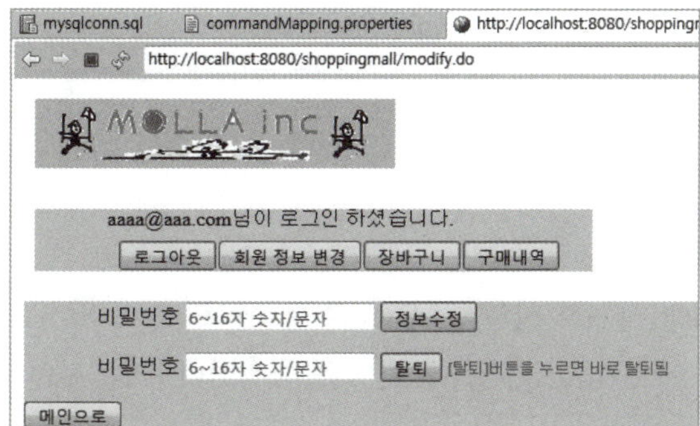

> **따라하기**　매핑 파일 commandMapping.properties에서 사용자 인증 관련 작업의 주석 제거

[shoppingmall]-[WebContent]-[property]에 있는 commandMapping. properties 파일에서 사용자 인증 관련 작업의 주석을 제거한다.

~생략

30 ##user area – process member

생략~

따라하기   [member] 폴더 작성

[shoppingmall] 프로젝트의 [WebContent] 폴더에 [member] 폴더를 생성한다.

따라하기   사용자 인증 관련 작업

사용자 인증 관련 작업의 로직과 웹 페이지를 작성한다.

파일 작성 – 회원 가입

01 [New]–[Class] 메뉴를 사용해 [Java Resources]–[src]의 bookshop.command 패키지에 RegisterFormAction.java 파일을 작성한다. 기본적인 코딩이 작성되면 내용을 완성하고 저장한다.

```java
01  package bookshop.command;
02
03  import javax.servlet.http.HttpServletRequest;
04  import javax.servlet.http.HttpServletResponse;
05
06  public class RegisterFormAction implements CommandAction {
07
08      @Override
09      public String requestPro(HttpServletRequest request,
```

```
10        HttpServletResponse response) throws Throwable {
11            // TODO Auto-generated method stub
12
13            request.setAttribute("type", new Integer(1));
14            return "/member/registerForm.jsp";
15        }
16  }
```

02 [New]–[JSP File] 메뉴를 사용해 [shoppingmall]–[WebContent]–[member] 폴더에 registerForm.jsp 페이지를 작성한다. 기본적인 코딩이 작성되면 다음과 같이 수정하고 저장한다.

```
01  <%@ page language="java" contentType="text/html; charset=UTF-8"
02      pageEncoding="UTF-8"%>
03  <meta name="viewport" content="width=device-width,initial-scale=1.0"/>
04  <link rel="stylesheet" href="/shoppingmall/css/style.css"/>
05  <script src="/shoppingmall/js/jquery-1.11.0.min.js"></script>
06  <script src="/shoppingmall/member/register.js"></script>
07
08  <div id="regForm" class="box">
09    <ul>
10      <li><label for="id">아이디</label>
11        <input id="id" name="id" type="email" size="20"
12        maxlength="50" placeholder="example@kings.com" autofocus>
13        <button id="checkId">ID중복확인</button>
14      <li><label for="passwd">비밀번호</label>
15        <input id="passwd" name="passwd" type="password"
16      size="20" placeholder="6~16자 숫자/문자" maxlength="16">
17      <li><label for="repass">비밀번호 재입력</label>
18        <input id="repass" name="repass" type="password"
19        size="20" placeholder="비밀번호재입력" maxlength="16">
20      <li><label for="name">이름</label>
21        <input id="name" name="name" type="text"
22        size="20" placeholder="홍길동" maxlength="10">
23      <li><label for="address">주소</label>
24        <input id="address" name="address" type="text"
```

```
25            size="30" placeholder="주소 입력" maxlength="50">
26        <li><label for="tel">전화번호</label>
27          <input id="tel" name="tel" type="tel"
28            size="20" placeholder="전화번호 입력" maxlength="20">
29        <li class="label2"><button id="process">가입하기</button>
30          <button id="cancle">취소</button>
31     </ul>
32   </div>
```

03 [New]-[File] 메뉴를 사용해 [shoppingmall]-[WebContent]-[member] 폴더에
register.js를 작성한다. 기본적인 코딩이 작성되면 다음과 같이 수정하고 저장한다.

```
01 $(document).ready(function( ){
02    $("#checkId").click(function( ){//[ID중복확인] 버튼 클릭
03      if($("#id").val( )){
04            var query = {id:$("#id").val( )};
05
06        $.ajax({
07            type:"post",
08            url:"/shoppingmall/confirmId.do",
09            data:query,
10            success:function(data){
11               var str1 = '<p id="ck">';
12               var loc = data.indexOf(str1);
13               var len = str1.length;
14               var check = data.substr(loc+len,1);
15               if(check == "1"){//사용할 수 없는 아이디
16                  alert("사용할 수 없는 아이디");
17                  $("#id").val("");
18               }else//사용할 수 있는 아이디
19                  alert("사용할 수 있는 아이디");
20               }
21        });
22      }else{//아이디를 입력하지 않고 [ID중복확인] 버튼을 클릭한 경우
23            alert("사용할 아이디를 입력");
24            $("#id").focus( );
25      }
```

```
26        });
27
28        $("#process").click(function( ){//[가입하기] 버튼 클릭
29                var query = {id:$("#id").val( ),
30                    passwd:$("#passwd").val( ),
31                    name:$("#name").val( ),
32                    address:$("#address").val( ),
33                    tel:$("#tel").val( )};
34
35                $.ajax({
36                    type:"post",
37                    url:"/shoppingmall/registerPro.do",
38                    data:query,
39                    success:function(data){
40                        window.location.href("/shoppingmall/index.do");
41                    }
42                });
43        });
44
45        $("#cancle").click(function( ){//[취소] 버튼 클릭
46                window.location.href("/shoppingmall/index.do");
47        });
48
49    });
```

04 [New]-[Class] 메뉴를 사용해 [Java Resources]-[src]의 bookshop.command 패키지에 ConfirmIdAction.java 파일을 작성한다. 기본적인 코딩이 작성되면 내용을 완성하고 저장한다.

```
01  package bookshop.command;
02
03  import javax.servlet.http.HttpServletRequest;
04  import javax.servlet.http.HttpServletResponse;
05
06  import bookshop.bean.LogonDBBean;
07
```

```
08  public class ConfirmIdAction implements CommandAction {
09
10      @Override
11      public String requestPro(HttpServletRequest request,
12          HttpServletResponse response) throws Throwable {
13          // TODO Auto-generated method stub
14
15          request.setCharacterEncoding("utf-8");
16          String id = request.getParameter("id");
17
18          //주어진 id의 중복 여부를 체크해 값을 반환
19          LogonDBBean manager = LogonDBBean.getInstance( );
20          int check= manager.confirmId(id);
21
22          request.setAttribute("check", new Integer(check));
23          return "/member/confirmId.jsp";
24      }
25  }
```

05 [New]-[JSP File] 메뉴를 사용해 [shoppingmall]-[WebContent]-[member] 폴더에 confirmId.jsp 페이지를 작성한다. 기본적인 코딩이 작성되면 다음과 같이 수정하고 저장한다.

```jsp
01  <%@ page language="java" contentType="text/html; charset=UTF-8"
02      pageEncoding="UTF-8"%>
03  <%@ taglib prefix="c" uri="http://java.sun.com/jsp/jstl/core" %>
04  <meta name="viewport" content="width=device-width,initial-scale=1.0"/>
05  <link rel="stylesheet" href="/shoppingmall/css/style.css"/>
06  <script src="/shoppingmall/js/jquery-1.11.0.min.js"></script>
07
08  <p id="ck">${check}
```

06 [New]-[Class] 메뉴를 사용해 [Java Resources]-[src]의 bookshop.command 패키지에 RegisterProAction.java 파일을 작성한다. 기본적인 코딩이 작성되면 내용을 완성하고 저장한다.

```java
01  package bookshop.command;
02
03  import java.sql.Timestamp;
04
05  import javax.servlet.http.HttpServletRequest;
06  import javax.servlet.http.HttpServletResponse;
07
08  import bookshop.bean.LogonDataBean;
09  import bookshop.bean.LogonDBBean;
10
11  public class RegisterProAction implements CommandAction {
12
13      @Override
14      public String requestPro(HttpServletRequest request,
15          HttpServletResponse response) throws Throwable {
16          // TODO Auto-generated method stub
17          request.setCharacterEncoding("utf-8");
18
19          //회원 가입 정보
20          LogonDataBean member = new LogonDataBean( );
21          member.setId(request.getParameter("id"));
22          member.setPasswd(request.getParameter("passwd"));
23          member.setName(request.getParameter("name"));
24          member.setReg_date(new Timestamp(System.currentTimeMillis( )));
25          member.setAddress(request.getParameter("address"));
26          member.setTel(request.getParameter("tel"));
27
28          //회원 가입 처리
29          LogonDBBean dbPro = LogonDBBean.getInstance( );
30          dbPro.insertMember(member);
31
32          return "/member/registerPro.jsp";
33      }
34
35  }
```

07 [New]–[JSP File] 메뉴를 사용해 [shoppingmall]–[WebContent]–[member] 폴더에 registerPro.jsp 페이지를 작성한다. 기본적인 코딩이 작성되면 다음과 같이 수정하고 저장한다.

```
01  <%@ page language="java" contentType="text/html; charset=UTF-8"
02      pageEncoding="UTF-8"%>
03  <%@ taglib prefix="c" uri="http://java.sun.com/jsp/jstl/core" %>
```

파일 작성 – 회원 인증

01 [New]–[Class] 메뉴를 사용해 [Java Resources]–[src]의 bookshop.command 패키지에 LoginFormAction.java 파일을 작성한다. 기본적인 코딩이 작성되면 내용을 완성하고 저장한다.

```java
01  package bookshop.command;
02
03  import javax.servlet.http.HttpServletRequest;
04  import javax.servlet.http.HttpServletResponse;
05
06  public class LoginFormAction implements CommandAction {
07
08      @Override
09      public String requestPro(HttpServletRequest request,
10              HttpServletResponse response) throws Throwable {
11          // TODO Auto-generated method stub
12
13          request.setAttribute("type", new Integer(1));
14          return "/member/loginForm.jsp";
15      }
16  }
```

02 [New]–[JSP File] 메뉴를 사용해 [shoppingmall]–[WebContent]–[member] 폴더에 loginForm.jsp 페이지를 작성한다. 기본적인 코딩이 작성되면 다음과 같이 수정하고 저장한다.

```jsp
01  <%@ page language="java" contentType="text/html; charset=UTF-8"
02      pageEncoding="UTF-8"%>
03  <%@ taglib prefix="c" uri="http://java.sun.com/jsp/jstl/core" %>
04  <meta name="viewport" content="width=device-width,initial-scale=1.0"/>
05  <link rel="stylesheet" href="/shoppingmall/css/style.css"/>
06  <script src="/shoppingmall/js/jquery-1.11.0.min.js"></script>
07  <script src="/shoppingmall/member/login.js"></script>
08
09  <c:if test="${empty sessionScope.id}">
10   <div id="lStatus">
11     <ul>
12       <li><label for="cid">아이디</label>
13         <input id="cid" name="cid" type="email" size="20"
14           maxlength="50" placeholder="example@kings.com">
15         <label for="cpasswd">비밀번호</label>
16         <input id="cpasswd" name="cpasswd" type="password"
17           size="20" placeholder="6~16자 숫자/문자" maxlength="16">
18         <button id="uLogin">로그인</button>
19         <button id="uRes">회원가입</button>
20     </ul>
21   </div>
22  </c:if>
23  <c:if test="${!empty sessionScope.id}">
24   <div id="lStatus">
25     <ul>
26       <li>${sessionScope.id}님이 로그인 하셨습니다.
27         <div id="info">
28         <table>
29           <tr height="10">
30             <td><button id="uLogout">로그아웃</button></td>
31             <td><button id="uUpdate">회원 정보 변경</button></td>
32             <td><form id="cartForm" method="post" action="/shoppingmall/cartList.do">
33               <input type="hidden" name="buyer" value="${sessionScope.id}">
34               <input type="submit" name="cart" value="장바구니"></form></td>
35             <td><form id="buyForm" method="post" action="/shoppingmall/buyList.do">
36               <input type="hidden" name="buyer" value="${sessionScope.id}">
```

```
37                    <input type="submit" name="buy" value="구매내역"></form></td>
38                </tr>
39            </table>
40        </div>
41
42      </ul>
43    </div>
44  </c:if>
```


9~22라인 인증되지 않은 사용자의 영역으로 [로그인]과 [회원가입] 버튼이 표시된다.

23~44라인 인증된 사용자의 영역으로 [로그아웃], [회원정보 수정], [장바구니], [구매내역] 버튼이 표시된다.

03 [New]-[File] 메뉴를 사용해 [shoppingmall]-[WebContent]-[member] 폴더에 login.js를 작성한다. 기본적인 코딩이 작성되면 다음과 같이 수정하고 저장한다.

```
01  $(document).ready(function( ){
02    $("#uRes").click(function( ){//[회원가입] 버튼 클릭
03          window.location.href("/shoppingmall/registerForm.do");
04    });
05
06    $("#uLogin").click(function( ){//[로그인] 버튼 클릭
07      var query = {id : $("#cid").val( ),
08              passwd:$("#cpasswd").val( )};
09
10      $.ajax({
11          type: "POST",
12          url: "/shoppingmall/loginPro.do",
13          data: query,
14          success: function(data){
15            var str1 = '<p id="ck">';
16            var loc = data.indexOf(str1);
17            var len = str1.length;
18            var check = data.substr(loc+len,1);
19            if(check == "1"){//
```

```javascript
20              window.location.href("/shoppingmall/index.do");
21            }else if(check == "0"){
22              alert("비밀번호 틀림");
23            $("#cpasswd").val("");
24            }else{
25              alert("아이디 틀림");
26              $("#cid").val("");
27              $("#cpasswd").val("");
28                }
29              }
30       });
31    });
32
33    $("#uUpdate").click(function( ){//[회원 정보 변경] 버튼 클릭
34            window.location.href("/shoppingmall/modify.do");
35    });
36
37    $("#uLogout").click(function( ){//[로그아웃] 버튼 클릭
38            $.ajax({
39              type: "POST",
40              url: "/shoppingmall/logout.do",
41              success: function(data){
42                 window.location.href("/shoppingmall/index.do");
43               }
44            });
45    });
46
47    $("#cart").click(function( ){//[장바구니] 버튼 클릭
48            window.location.href("/shoppingmall/cartList.do");
49    });
50
51    $("#buy").click(function( ){//[구매내역] 버튼 클릭
52            window.location.href("/shoppingmall/buyList.do");
53    });
54
55 });
```

04 [New]−[Class] 메뉴를 사용해 [Java Resources]−[src]의 bookshop.command 패키지에 LoginProAction.java 파일을 작성한다. 기본적인 코딩이 작성되면 내용을 완성하고 저장한다.

```java
01  package bookshop.command;
02
03  import javax.servlet.http.HttpServletRequest;
04  import javax.servlet.http.HttpServletResponse;
05
06  import bookshop.bean.LogonDBBean;
07
08  public class LoginProAction implements CommandAction {
09
10      @Override
11      public String requestPro(HttpServletRequest request,
12          HttpServletResponse response) throws Throwable {
13          // TODO Auto-generated method stub
14          request.setCharacterEncoding("utf-8");
15
16          String id = request.getParameter("id");
17          String passwd  = request.getParameter("passwd");
18
19          //사용자가 입력한 id, passwd를 가지고 인증 체크 후 값 반환
20          LogonDBBean manager = LogonDBBean.getInstance( );
21          int check= manager.userCheck(id,passwd);
22
23          request.setAttribute("id", id);
24          request.setAttribute("check", new Integer(check));
25          return "/member/loginPro.jsp";
26      }
27  }
```

05 [New]−[JSP File] 메뉴를 사용해 [shoppingmall]−[WebContent]−[member] 폴더에 loginPro.jsp 페이지를 작성한다. 기본적인 코딩이 작성되면 다음과 같이 수정하고 저장한다.

```
01  <%@ page language="java" contentType="text/html; charset=UTF-8"
02     pageEncoding="UTF-8"%>
03  <%@ taglib prefix="c" uri="http://java.sun.com/jsp/jstl/core" %>
04
05  <c:if test="${check == 1}">
06     <c:set var="id" value="${id}" scope="session"/>
07  </c:if>
08
09  <p id="ck">${check}
```


5~7라인 check의 값이 회원 로그인에 성공한 것을 의미한 1이면 6라인에서 세션을 설정한다.

06 [New]-[Class] 메뉴를 사용해 [Java Resources]-[src]의 bookshop.command 패키지에 LogoutAction.java 파일을 작성한다. 기본적인 코딩이 작성되면 내용을 완성하고 저장한다.

```java
01  package bookshop.command;
02
03  import javax.servlet.http.HttpServletRequest;
04  import javax.servlet.http.HttpServletResponse;
05
06  public class LogoutAction implements CommandAction {
07
08     @Override
09     public String requestPro(HttpServletRequest request,
10        HttpServletResponse response) throws Throwable {
11        // TODO Auto-generated method stub
12
13        return "/member/logout.jsp";
14     }
15  }
```

07 [New]–[JSP File] 메뉴를 사용해 [shoppingmall]–[WebContent]–[member] 폴더에 logout.jsp 페이지를 작성한다. 기본적인 코딩이 작성되면 다음과 같이 수정하고 저장한다.

```
01 <%@ page language="java" contentType="text/html; charset=UTF-8"
02    pageEncoding="UTF-8"%>
03 <%@ taglib prefix="c" uri="http://java.sun.com/jsp/jstl/core" %>
04 <c:remove var="id" scope="session"/>
```

파일 작성 – 회원 정보 수정, 탈퇴

01 [New]–[Class] 메뉴를 사용해 [Java Resources]–[src]의 bookshop.command 패키지에 ModifyAction.java 파일을 작성한다. 기본적인 코딩이 작성되면 내용을 완성하고 저장한다.

```java
01 package bookshop.command;
02
03 import javax.servlet.http.HttpServletRequest;
04 import javax.servlet.http.HttpServletResponse;
05
06 public class ModifyAction implements CommandAction {
07
08    @Override
09    public String requestPro(HttpServletRequest request,
10       HttpServletResponse response) throws Throwable {
11       // TODO Auto-generated method stub
12
13       request.setAttribute("type", new Integer(1));
14       return "/member/modify.jsp";
15    }
16 }
```

02 [New]–[JSP File] 메뉴를 사용해 [shoppingmall]–[WebContent]–[member] 폴더에 modify.jsp 페이지를 작성한다. 기본적인 코딩이 작성되면 다음과 같이 수정하고 저장한다.

```jsp
01  <%@ page language="java" contentType="text/html; charset=UTF-8"
02     pageEncoding="UTF-8"%>
03  <%@ taglib prefix="c" uri="http://java.sun.com/jsp/jstl/core" %>
04  <meta name="viewport" content="width=device-width,initial-scale=1.0"/>
05  <link rel="stylesheet" href="/shoppingmall/css/style.css"/>
06  <script src="/shoppingmall/js/jquery-1.11.0.min.js"></script>
07
08  <c:if test="${empty sessionScope.id}">
09    <meta http-equiv="Refresh" content="0;url=/shoppingmall/index.do">
10  </c:if>
11
12  <div id="mStatus">
13    <form id="uForm" method="post" action="/shoppingmall/modifyForm.do">
14      <ul>
15        <li><label for="passwd">비밀번호</label>
16           <input id="passwd" name="passwd" type="password"
17            size="20" placeholder="6~16자 숫자/문자" maxlength="16">
18           <input id="id" name="id" type="hidden" value="${sessionScope.id}">
19           <input type="submit" id="modify" value="정보수정">
20      </ul>
21    </form>
22
23    <form id="dForm" method="post" action="/shoppingmall/deletePro.do">
24      <ul>
25        <li><label for="passwd">비밀번호</label>
26           <input id="passwd" name="passwd" type="password"
27            size="20" placeholder="6~16자 숫자/문자" maxlength="16">
28           <input id="id" name="id" type="hidden" value="${sessionScope.id}">
29           <input type="submit" id="delete" value="탈퇴">
30           <small class="cau">[탈퇴] 버튼을 누르면 바로 탈퇴됨</small>
31      </ul>
32    </form>
33
34    <button id="shopMain"
35    onclick="window.location.href('/shoppingmall/index.do')">메인으로</button>
36  </div>
```

 [New]−[Class] 메뉴를 사용해 [Java Resources]−[src]의 bookshop.command 패키지에 ModifyFormAction.java 파일을 작성한다. 기본적인 코딩이 작성되면 내용을 완성하고 저장한다.

```java
01  package bookshop.command;
02
03  import javax.servlet.http.HttpServletRequest;
04  import javax.servlet.http.HttpServletResponse;
05
06  import bookshop.bean.LogonDataBean;
07  import bookshop.bean.LogonDBBean;
08
09  public class ModifyFormAction implements CommandAction {
10
11      @Override
12      public String requestPro(HttpServletRequest request,
13          HttpServletResponse response) throws Throwable {
14          // TODO Auto-generated method stub
15          request.setCharacrteEncoding("utf-8");
16
17          String id = request.getParameter("id");
18          String passwd = request.getParameter("passwd");
19
20          //회원 정보를 수정하기 위한 정보를 얻어냄
21          LogonDBBean manager = LogonDBBean.getInstance( );
22          LogonDataBean m = manager.getMember(id,passwd);
23
24          request.setAttribute("m",m);
25          request.setAttribute("id", id);
26          request.setAttribute("type", new Integer(1));
27          return "/member/modifyForm.jsp";
28      }
29  }
```

04 [New]–[JSP File] 메뉴를 사용해 [shoppingmall]–[WebContent]–[member] 폴더에 modifyForm.jsp 페이지를 작성한다. 기본적인 코딩이 작성되면 다음과 같이 수정하고 저장한다.

```
01  <%@ page language="java" contentType="text/html; charset=UTF-8"
02    pageEncoding="UTF-8"%>
03  <%@ taglib prefix="c" uri="http://java.sun.com/jsp/jstl/core" %>
04  <meta name="viewport" content="width=device-width,initial-scale=1.0"/>
05  <link rel="stylesheet" href="/shoppingmall/css/style.css"/>
06  <script src="/shoppingmall/js/jquery-1.11.0.min.js"></script>
07  <script src="/shoppingmall/member/modify.js"></script>
08
09  <c:if test="${empty sessionScope.id}">
10    <meta http-equiv="Refresh" content="0;url=/shoppingmall/index.do">
11  </c:if>
12
13  <div id="regForm" class="box">
14    <ul>
15      <li><p class="center">회원 정보 수정
16      <li><label for="id">아이디</label>
17        <input id="id" name="id" type="email" size="20"
18          maxlength="50" value="${id}" readonly disabled>
19      <li><label for="passwd">비밀번호</label>
20        <input id="passwd" name="passwd" type="password"
21          size="20" placeholder="6~16자 숫자/문자" maxlength="16">
22        <small class="cau">반드시 입력하세요.</small>
23      <li><label for="name">이름</label>
24        <input id="name" name="name" type="text"
25          size="20" maxlength="10" value="${m.getName( )}">
26      <li><label for="address">주소</label>
27        <input id="address" name="address" type="text"
28          size="30" maxlength="50" value="${m.getAddress( )}">
29      <li><label for="tel">전화번호</label>
30        <input id="tel" name="tel" type="tel"
31          size="20" maxlength="20" value="${m.getTel( )}">
32      <li class="label2"><button id="modifyProcess">수정</button>
33        <button id="cancle">취소</button>
```

```
34    </ul>
35  </div>
```


05 [New]-[File] 메뉴를 사용해 [shoppingmall]-[WebContent]-[member] 폴더에
modify.js를 작성한다. 기본적인 코딩이 작성되면 다음과 같이 수정하고 저장한다.

```javascript
01  $(document).ready(function( ){
02
03    $("#modifyProcess").click(function( ){//[수정] 버튼 클릭
04          var query = {id:$("#id").val( ),
05              passwd:$("#passwd").val( ),
06              name:$("#name").val( ),
07              address:$("#address").val( ),
08              tel:$("#tel").val( )};
09
10          $.ajax({
11              type: "post",
12              url: "/shoppingmall/modifyPro.do",
13              data: query,
14              success: function(data){
15                  var str1 = '<p id="ck">';
16                  var loc = data.indexOf(str1);
17                  var len = str1.length;
18                  var check = data.substr(loc+len,1);
19                  if(check == "1"){//
20                      alert("회원정보가 수정되었습니다.");
21                      window.location.href("/shoppingmall/modify.do");
22                  }else{
23                      alert("비밀번호 틀림.");
24                      $("#passwd").val("");
25                      $("#passwd").focus( );
26                  }
27              }
28          });
29    });
30
```

```javascript
31    $("#cancle").click(function( ){//[취소] 버튼 클릭
32       window.location.href("/shoppingmall/modify.do");
33    });
34
35  });
```

06 [New]−[Class] 메뉴를 사용해 [Java Resources]−[src]의 bookshop.command 패키지에 ModifyProAction.java 파일을 작성한다. 기본적인 코딩이 작성되면 내용을 완성하고 저장한다.

```java
01  package bookshop.command;
02
03  import javax.servlet.http.HttpServletRequest;
04  import javax.servlet.http.HttpServletResponse;
05
06  import bookshop.bean.LogonDataBean;
07  import bookshop.bean.LogonDBBean;
08
09  public class ModifyProAction implements CommandAction {
10
11     @Override
12     public String requestPro(HttpServletRequest request,
13        HttpServletResponse response) throws Throwable {
14        // TODO Auto-generated method stub
15        request.setCharacterEncoding("utf-8");
16
17        //수정할 회원 정보
18        LogonDataBean member = new LogonDataBean( );
19        member.setId(request.getParameter("id"));
20        member.setPasswd(request.getParameter("passwd"));
21       member.setName(request.getParameter("name"));
22        member.setAddress(request.getParameter("address"));
23        member.setTel(request.getParameter("tel"));
24
25        //수정할 회원 정보를 가지고 수정 처리 후 성공 여부 반환
26        LogonDBBean manager = LogonDBBean.getInstance( );
```

```java
27        int check = manager.updateMember(member);
28
29        request.setAttribute("check", new Integer(check));
30        return "/member/modifyPro.jsp";
31    }
32 }
```

07 [New]-[JSP File] 메뉴를 사용해 [shoppingmall]-[WebContent]-[member] 폴더에 modifyPro.jsp 페이지를 작성한다. 기본적인 코딩이 작성되면 다음과 같이 수정하고 저장한다.

```jsp
01 <%@ page language="java" contentType="text/html; charset=UTF-8"
02    pageEncoding="UTF-8"%>
03 <p id="ck">${check}
```

08 [New]-[Class] 메뉴를 사용해 [Java Resources]-[src]의 bookshop.command 패키지에 DeleteProAction.java 파일을 작성한다. 기본적인 코딩이 작성되면 내용을 완성하고 저장한다.

```java
01 package bookshop.command;
02
03 import javax.servlet.http.HttpServletRequest;
04 import javax.servlet.http.HttpServletResponse;
05
06 import bookshop.bean.LogonDBBean;
07
08 public class DeleteProAction implements CommandAction {
09
10    @Override
11    public String requestPro(HttpServletRequest request,
12       HttpServletResponse response) throws Throwable {
13       // TODO Auto-generated method stub
14
15       String id = request.getParameter("id");
16       String passwd  = request.getParameter("passwd");
```

```
17
18          //사용자가 입력한 id, passwd를 가지고 회원 정보 삭제 후 성공 여부 반환
19          LogonDBBean manager = LogonDBBean.getInstance( );
20          int check = manager.deleteMember(id, passwd);
21
22          request.setAttribute("check", new Integer(check));
23          return "/member/deletePro.jsp";
24     }
25 }
```

09 [New]–[JSP File] 메뉴를 사용해 [shoppingmall]–[WebContent]–[member] 폴더에
deletePro.jsp 페이지를 작성한다. 기본적인 코딩이 작성되면 다음과 같이 수정하고
저장한다.

```
01 <%@ page language="java" contentType="text/html; charset=UTF-8"
02    pageEncoding="UTF-8"%>
03 <%@ taglib prefix="c" uri="http://java.sun.com/jsp/jstl/core" %>
04
05 <c:if test="${check==1}">
06   <c:remove var="id" scope="session"/>
07 </c:if>
08 <meta http-equiv="Refresh" content="0;url=/shoppingmall/index.do">
```


01 아이콘을 클릭하여 이클립스 내장 웹 브라우저를 실행한다. 내장 웹 브라우저의
주소에 "http://localhost:8080/shoppingmall/index.do"를 직접 입력하고 **Enter**
키를 눌러 실행한다.

02 회원 가입을 하려면 [회원가입] 버튼을 클릭한다.

회원 가입 정보를 입력하고 [가입하기] 버튼을 클릭하면 회원 가입이 된다.

03 로그인을 하려면 아이디와 비밀번호를 입력하고 [로그인] 버튼을 클릭한다.

회원 인증에 성공하면 다음과 같은 그림이 표시된다. 회원 정보 변경 및 탈퇴를 하려면 [회원 정보 변경] 버튼을 클릭한다.

04 회원 정보를 수정하려면 회원 정보 수정/탈퇴의 메인 화면에서 비밀번호를 입력하고 [정보수정] 버튼을 클릭한다.

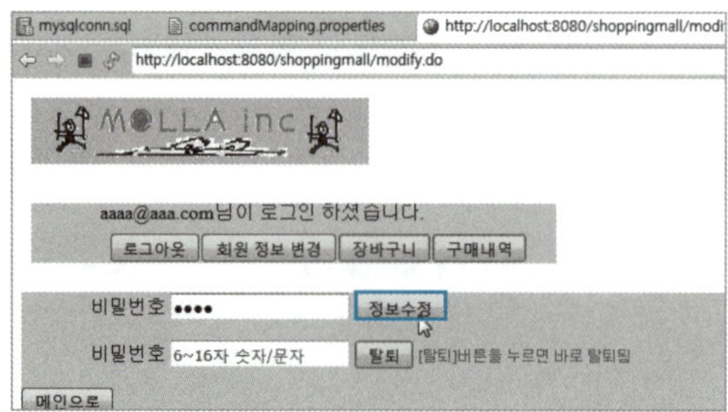

수정 정보를 입력하고 [수정] 버튼을 클릭하면 정보가 수정된다.

05 회원 탈퇴는 회원 정보 수정/탈퇴의 메인 화면에서 비밀번호를 입력하고 [탈퇴] 버튼을 클릭한다.

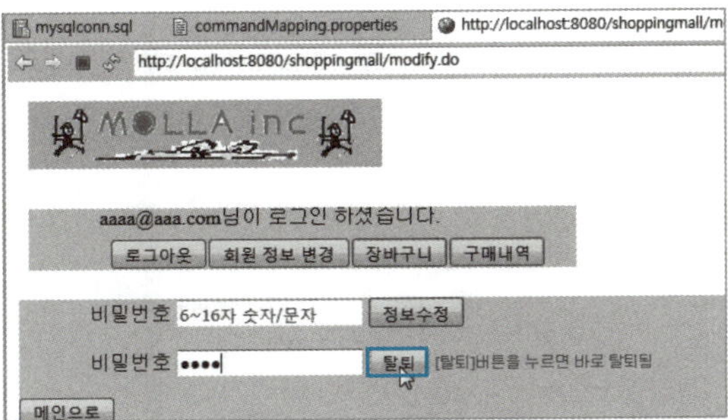

3) 사용자 상품 QnA 작성, 수정, 삭제

다음은 사용자 상품 QnA 작성, 수정, 삭제에서 사용되는 로직과 페이지이다.

로직 및 페이지명	작업 내용
QnaFormAction.java	상품 QnA 쓰기 폼 로직
QnaProAction.java	상품 QnA 쓰기 처리 로직
QnaUpdateFormAction.java	상품 QnA 수정 폼 로직
QnaUpdateProAction.java	상품 QnA 수정 처리 로직
QnaDeleteProAction.java	상품 QnA 삭제 처리 로직
qnaForm.jsp	상품 QnA 쓰기 폼 페이지

write.js	상품 QnA 쓰기 관련 작업 요청을 처리하며 [상품등록], [상품수정/삭제], [전체구매목록 확인], [상품 QnA답변] 버튼을 클릭 시 작업을 처리
qnaPro.jsp	상품 QnA 쓰기 처리 페이지
qnaUpdateForm.jsp	상품 QnA 수정 폼 페이지
update.js	관리자의 인증을 무효화하는 페이지
qnaUpdatePro.jsp	상품 QnA 수정 처리 페이지
qnaDeletePro.jsp	상품 QnA 삭제 처리 페이지

▲ 사용자 상품 QnA 작성, 수정, 삭제에서 사용되는 로직과 페이지

상품QnA 작성, 수정, 삭제

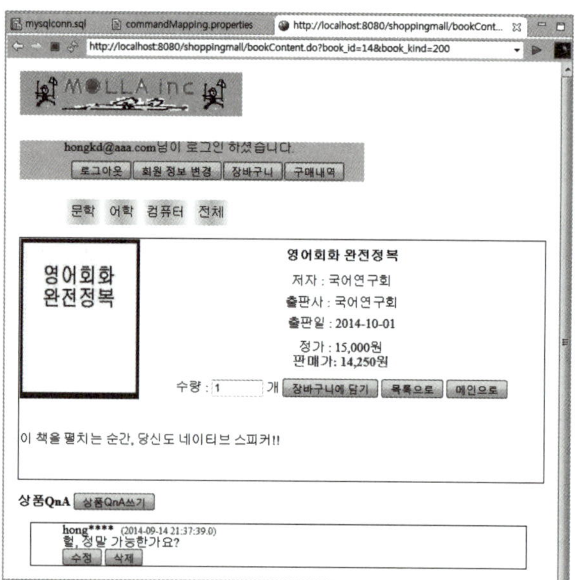

매핑 파일 commandMapping.properties에서 사용자 상품 QnA 작성, 수정, 삭제 관련 작업의 주석 제거

[shoppingmall]-[WebContent]-[property]에 있는 commandMapping. properties 파일에서 사용자 상품QnA 작성, 수정, 삭제의 주석을 제거한다.

~생략

41 ##user area - process qna

42 /qnaForm.do=bookshop.command.QnaFormAction

43 /qnaPro.do=bookshop.command.QnaProAction

44 /qnaUpdateForm.do=bookshop.command.QnaUpdateFormAction

45 /qnaUpdatePro.do=bookshop.command.QnaUpdateProAction

46 /qnaDeletePro.do=bookshop.command.QnaDeleteProAction

생략~

따라하기   [qna] 폴더 작성

[shoppingmall] 프로젝트의 [WebContent] 폴더에 [qna] 폴더를 생성한다.

따라하기   사용자 상품 QnA 작성, 수정, 삭제 관련 작업

사용자 상품 QnA 작성, 수정, 삭제 관련 작업의 로직과 웹 페이지를 작성한다.

파일 작성 – QnA 작성

01 [New]–[Class] 메뉴를 사용해 [Java Resources]–[src]의 bookshop.command 패키지에 QnaFormAction.java 파일을 작성한다. 기본적인 코딩이 작성되면 내용을 완성하고 저장한다.

```
01  package bookshop.command;
02
03  import javax.servlet.http.HttpServletRequest;
04  import javax.servlet.http.HttpServletResponse;
05
06  import bookshop.bean.MngrDBBean;
07
08  public class QnaFormAction implements CommandAction {
09
10      @Override
11      public String requestPro(HttpServletRequest request,
```

```java
12              HttpServletResponse response) throws Throwable {
13              // TODO Auto-generated method stub
14
15              request.setCharacterEncoding("utf-8");
16
17              String book_kind = request.getParameter("book_kind");
18              int book_id=Integer.parseInt(request.getParameter("book_id"));
19
20               //book_id에 해당하는 book_title을 얻어냄
21               MngrDBBean bookProcess = MngrDBBean.getInstance( );
22               String book_title = bookProcess.getBookTitle(book_id);
23
24              request.setAttribute("book_kind", book_kind);
25              request.setAttribute("book_id", new Integer(book_id));
26              request.setAttribute("book_title", book_title);
27              request.setAttribute("qora", new Integer(1));
28              request.setAttribute("type", new Integer(1));
29              return "/qna/qnaForm.jsp";
30        }
31 }
```

02 [New]-[JSP File] 메뉴를 사용해 [shoppingmall]-[WebContent]-[qna] 폴더에 qnaForm.jsp 페이지를 작성한다. 기본적인 코딩이 작성되면 다음과 같이 수정하고 저장한다.

```jsp
01 <%@ page language="java" contentType="text/html; charset=UTF-8"
02    pageEncoding="UTF-8"%>
03 <%@ taglib prefix="c" uri="http://java.sun.com/jsp/jstl/core" %>
04 <meta name="viewport" content="width=device-width,initial-scale=1.0"/>
05 <link rel="stylesheet" href="../css/style.css"/>
06 <script src="/shoppingmall/js/jquery-1.11.0.min.js"></script>
07 <script src="/shoppingmall/qna/write.js"></script>
08
09 <c:if test="${empty sessionScope.id}">
10   <meta http-equiv="Refresh" content="0;url=/shoppingmall/index.do">
11 </c:if>
```

```
12
13   <input type="hidden" id="qna_writer" value="${sessionScope.id}">
14   <input type="hidden" id="book_kind" value="${book_kind}">
15   <input type="hidden" id="book_id" value="${book_id}">
16   <input type="hidden" id="book_title" value="${book_title}">
17   <input type="hidden" id="qora" value="${qora}">
18
19   <div id="writeForm" class="box">
20     <ul>
21       <li>[${book_title}]에 대한 QnA
22       <li><label for="content">내용</label>
23         <textarea id="qnaCont" rows="13" cols="50"></textarea>
24       <li class="label2">
25         <button id="regist">등록</button>
26         <button id="cancle">취소</button>
27     </ul>
28   </div>
```


9~12라인 관리자 인증이 되지 않은 경우 표시되는 내용이다.

13~29라인 관리자 인증이 성공한 경우 표시되는 내용이다.

03 [New]–[File] 메뉴를 사용해 [shoppingmall]–[WebContent]–[qna] 폴더에 write.js 를 작성한다. 기본적인 코딩이 작성되면 다음과 같이 수정하고 저장한다.

```
01  $(document).ready(function( ){
02    $("#regist").click(function( ){//[등록] 버튼 클릭
03      var book_kind = $("#book_kind").val( );
04      var book_id = $("#book_id").val( );
05
06      var query = {qna_content:$("#qnaCont").val( ),
07              qna_writer:$("#qna_writer").val( ),
08              book_title:$("#book_title").val( ),
09              book_id:book_id,
10              qora:$("#qora").val( )};
11
```

```
12    $.ajax({
13      type: "POST",
14      url: "/shoppingmall/qnaPro.do",
15      data: query,
16      success: function(data){
17        var str1 = '<p id="ck">';
18        var loc = data.indexOf(str1);
19        var len = str1.length;
20        var check = data.substr(loc+len,1);
21        if(check == "1"){//
22            alert("QnA가 등록되었습니다.");
23            var query = "/shoppingmall/bookContent.do?book_id="+book_id;
24            query += "&book_kind="+book_kind;
25            window.location.href(query);
26        }else
27            alert("QnA 등록 실패");
28      }
29    });
30    });
31
32  $("#cancle").click(function( ){//[취소] 버튼 클릭
33    var book_kind = $("#book_kind").val( );
34    var book_id = $("#book_id").val( );
35    var query = "/shoppingmall/bookContent.do?book_id="+book_id;
36    query += "&book_kind="+book_kind;
37    window.location.href(query);
38  });
39
40 });
```

04 [New]-[Class] 메뉴를 사용해 [Java Resources]-[src]의 bookshop.command 패키지에 QnaProAction.java 파일을 작성한다. 기본적인 코딩이 작성되면 내용을 완성하고 저장한다.

```
01 package bookshop.command;
02
```

```java
03    import java.sql.Timestamp;
04
05    import javax.servlet.http.HttpServletRequest;
06    import javax.servlet.http.HttpServletResponse;
07
08    import bookshop.bean.QnaDataBean;
09    import bookshop.bean.QnaDBBean;
10
11    public class QnaProAction implements CommandAction {
12
13        @Override
14        public String requestPro(HttpServletRequest request,
15            HttpServletResponse response) throws Throwable {
16            // TODO Auto-generated method stub
17            request.setCharacterEncoding("utf-8");
18
19            //폼에서 입력 후 넘어온 qna 내용
20            String qna_writer =  request.getParameter("qna_writer");
21            String book_title =  request.getParameter("book_title");
22            String qna_content =  request.getParameter("qna_content");
23            int book_id =  Integer.parseInt(request.getParameter("book_id"));
24            Byte qora =  Byte.parseByte(request.getParameter("qora"));
25            byte reply = 0; //답변 여부 - 미답변
26
27            //qna를 추가하기 위한 정보 작성
28            QnaDataBean qna = new QnaDataBean( );
29            qna.setBook_id(book_id);
30            qna.setBook_title(book_title);
31            qna.setQna_content(qna_content);
32            qna.setQna_writer(qna_writer);
33            qna.setReply(reply);
34            qna.setReg_date(new Timestamp(System.currentTimeMillis( )));
35            qna.setQora(qora);
36
37            //qna를 테이블에 추가
38            QnaDBBean qnaProcess = QnaDBBean.getInstance( );
39            int check = qnaProcess.insertArticle(qna);
```

```
40
41        request.setAttribute("check", new Integer(check));
42        return "/qna/qnaPro.jsp";
43    }
44
45 }
```

05 [New]-[JSP File] 메뉴를 사용해 [shoppingmall]-[WebContent]-[qna] 폴더에 qnaPro.jsp 페이지를 작성한다. 기본적인 코딩이 작성되면 다음과 같이 수정하고 저장한다.

```
01 <%@ page language="java" contentType="text/html; charset=UTF-8"
02    pageEncoding="UTF-8"%>
03 <p id="ck">${check}
```


01 [New]-[Class] 메뉴를 사용해 [Java Resources]-[src]의 bookshop.command 패키지에 QnaUpdateFormAction.java 파일을 작성한다. 기본적인 코딩이 작성되면 내용을 완성하고 저장한다.

```
01 package bookshop.command;
02
03 import javax.servlet.http.HttpServletRequest;
04 import javax.servlet.http.HttpServletResponse;
05
06 import bookshop.bean.QnaDataBean;
07 import bookshop.bean.QnaDBBean;
08
09 public class QnaUpdateFormAction implements CommandAction {
10
11    @Override
12    public String requestPro(HttpServletRequest request,
13       HttpServletResponse response) throws Throwable {
14       // TODO Auto-generated method stub
```

```java
15        request.setCharacterEncoding("utf-8");
16
17        int qna_id = Integer.parseInt(request.getParameter("qna_id"));
18        String book_kind = request.getParameter("book_kind");
19
20        //수정할 qna를 테이블에서 가져옴
21        QnaDBBean qnaProcess = QnaDBBean.getInstance( );
22        QnaDataBean qna  =  qnaProcess.updateGetArticle(qna_id);
23
24        request.setAttribute("qna", qna);
25        request.setAttribute("qna_id", new Integer(qna_id));
26        request.setAttribute("book_kind", book_kind);
27        request.setAttribute("type", new Integer(1));
28        return "/qna/qnaUpdateForm.jsp";
29    }
30 }
```

02 [New]-[JSP File] 메뉴를 사용해 [shoppingmall]-[WebContent]-[qna] 폴더에 qnaUpdateForm.jsp 페이지를 작성한다. 기본적인 코딩이 작성되면 다음과 같이 수정하고 저장한다.

```jsp
01 <%@ page language="java" contentType="text/html; charset=UTF-8"
02     pageEncoding="UTF-8"%>
03 <%@ taglib prefix="c" uri="http://java.sun.com/jsp/jstl/core" %>
04 <meta name="viewport" content="width=device-width,initial-scale=1.0"/>
05 <link rel="stylesheet" href="../css/style.css"/>
06 <script src="/shoppingmall/js/jquery-1.11.0.min.js"></script>
07 <script src="/shoppingmall/qna/update.js"></script>
08
09 <c:if test="${empty sessionScope.id}">
10   <meta http-equiv="Refresh" content="0;url=/shoppingmall/index.do">
11 </c:if>
12
13 <input type="hidden" id="qna_id" value="${qna_id}">
14 <input type="hidden" id="book_kind" value="${book_kind}">
15 <input type="hidden" id="book_id" value="${qna.getBook_id( )}">
```

```
16
17 <div id="editForm" class="box">
18    <ul>
19       <li><label for="content">내용</label>
20              <textarea id="updateCont" rows="13" cols="50">${qna.getQna_content(
)}</textarea>
21       <li class="label2">
22          <button id="update">수정</button>
23          <button id="cancle">취소</button>
24    </ul>
25 </div>
```

03 [New]-[File] 메뉴를 사용해 [shoppingmall]-[WebContent]-[qna] 폴더에 update.js를 작성한다. 기본적인 코딩이 작성되면 다음과 같이 수정하고 저장한다.

```javascript
01 $(document).ready(function( ){
02    $("#update").click(function( ){//[수정] 버튼 클릭
03        var book_id = $("#book_id").val( );
04        var book_kind = $("#book_kind").val( );
05
06        var query = {qna_content:$("#updateCont").val( ),
07                    qna_id:$("#qna_id").val( )};
08
09        $.ajax({
10          type: "POST",
11          url: "/shoppingmall/qnaUpdatePro.do",
12          data: query,
13          success: function(data){
14              var str1 = '<p id="ck">';
15              var loc = data.indexOf(str1);
16              var len = str1.length;
17              var check = data.substr(loc+len,1);
18              if(check == "1"){
19                  alert("QnA가 수정되었습니다.");
20                  var query = "/shoppingmall/bookContent.do?book_id="+book_id;
21                  query += "&book_kind="+book_kind;
```

```
22          window.location.href(query);
23       }else
24          alert("QnA수정 실패");
25       }
26     });
27   });
28
29   $("#cancle").click(function( ){//[취소] 버튼 클릭
30     var book_id = $("#book_id").val( );
31      var book_kind = $("#book_kind").val( );
32      var query = "/shoppingmall/bookContent.do?book_id="+book_id;
33      query += "&book_kind="+book_kind;
34      window.location.href(query);
35    });
36
37 });
```

04 [New]–[Class] 메뉴를 사용해 [Java Resources]–[src]의 bookshop.command 패키지에 QnaUpdateProAction.java 파일을 작성한다. 기본적인 코딩이 작성되면 내용을 완성하고 저장한다.

```java
01 package bookshop.command;
02
03 import javax.servlet.http.HttpServletRequest;
04 import javax.servlet.http.HttpServletResponse;
05
06 import bookshop.bean.QnaDBBean;
07 import bookshop.bean.QnaDataBean;
08
09 public class QnaUpdateProAction implements CommandAction {
10
11    @Override
12    public String requestPro(HttpServletRequest request,
13       HttpServletResponse response) throws Throwable {
14       // TODO Auto-generated method stub
15       request.setCharacterEncoding("utf-8");
```

```java
16      int qna_id =  Integer.parseInt(request.getParameter("qna_id"));
17      String qna_content = request.getParameter("qna_content");
18
19      //수정에 필요한 정보 구성
20      QnaDataBean qna = new QnaDataBean( );
21      qna.setQna_id(qna_id);
22      qna.setQna_content(qna_content);
23
24      //qna 수정
25      QnaDBBean qnaProcess = QnaDBBean.getInstance( );
26      int check = qnaProcess.updateArticle(qna);
27
28      request.setAttribute("check", new Integer(check));
29      return "/qna/qnaUpdatePro.jsp";
30    }
31 }
```

05 [New]-[JSP File] 메뉴를 사용해 [shoppingmall]-[WebContent]-[qna] 폴더에 qnaUpdatePro.jsp 페이지를 작성한다. 기본적인 코딩이 작성되면 다음과 같이 수정하고 저장한다.

```jsp
01 <%@ page language="java" contentType="text/html; charset=UTF-8"
02    pageEncoding="UTF-8"%>
03 <p id="ck">${check}
```

06 [New]-[Class] 메뉴를 사용해 [Java Resources]-[src]의 bookshop.command 패키지에 QnaDeleteProAction.java 파일을 작성한다. 기본적인 코딩이 작성되면 내용을 완성하고 저장한다.

```java
01 package bookshop.command;
02
03 import javax.servlet.http.HttpServletRequest;
04 import javax.servlet.http.HttpServletResponse;
05
```

```java
06 import bookshop.bean.QnaDBBean;
07
08 public class QnaDeleteProAction implements CommandAction {
09
10     @Override
11     public String requestPro(HttpServletRequest request,
12         HttpServletResponse response) throws Throwable {
13         // TODO Auto-generated method stub
14         request.setCharacterEncoding("utf-8");
15
16         int qna_id =  Integer.parseInt(request.getParameter("qna_id"));
17
18         //qna_id에 해당하는 qna 삭제
19         QnaDBBean qnaProcess = QnaDBBean.getInstance( );
20         int check = qnaProcess.deleteArticle(qna_id);
21
22         request.setAttribute("check", new Integer(check));
23         return "/qna/qnaDeletePro.jsp";
24     }
25 }
```

07 [New]-[JSP File] 메뉴를 사용해 [shoppingmall]-[WebContent]-[qna] 폴더에 qnaDeletePro.jsp 페이지를 작성한다. 기본적인 코딩이 작성되면 다음과 같이 수정하고 저장한다.

```jsp
01 <%@ page language="java" contentType="text/html; charset=UTF-8"
02     pageEncoding="UTF-8"%>
03 <p id="ck">${check}
```

실행

01 ◉ 아이콘을 클릭하고 이클립스 내장 웹 브라우저를 실행한다. 내장 웹 브라우저의 주소에 "http://localhost:8080/shoppingmall/mg/managerMain.do"를 직접 입력하고 [Enter] 키를 눌러 실행한다. 화면이 표시되면 로그인한다.

  상품 내용 보기에서 [상품QnA
쓰기] 버튼을 클릭한다.

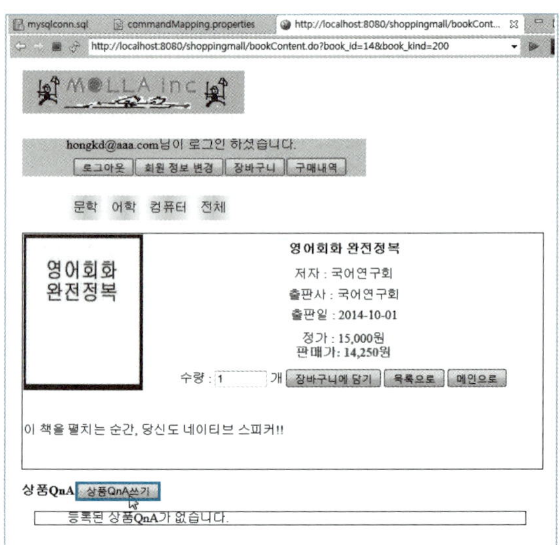

내용을 입력하고 [등록] 버튼을
클릭한다.

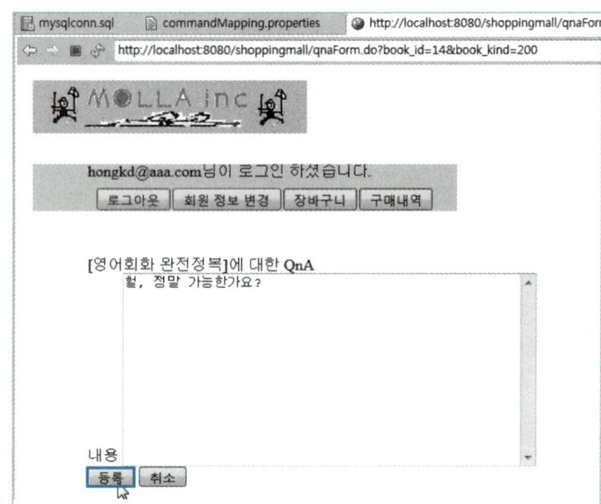

QnA가 등록된다.

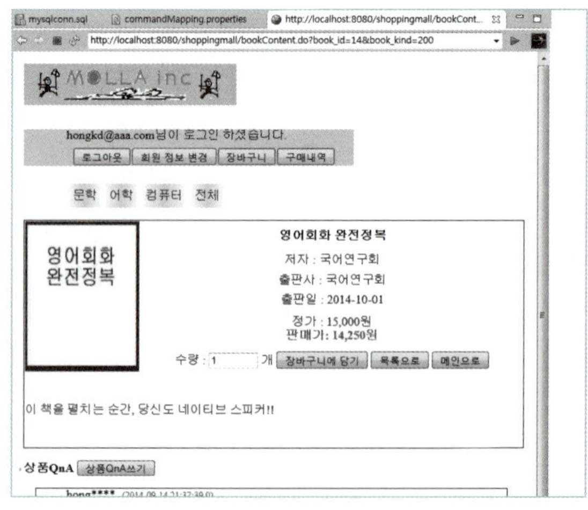

03 QnA를 수정하려면 [수정] 버튼을 클릭한다.

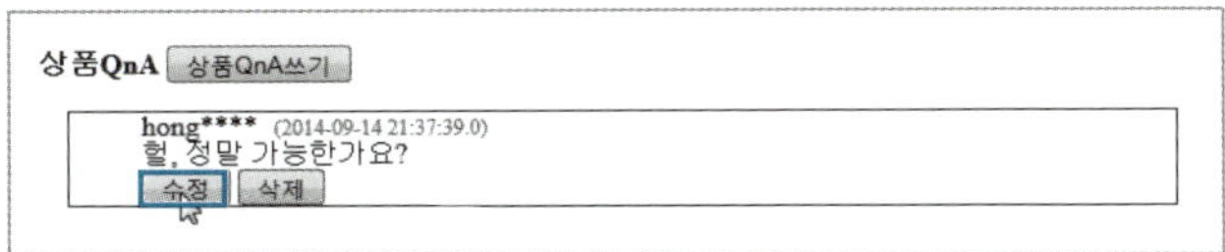

수정 폼이 표시되면 내용을 수정하고 [수정] 버튼을 클릭한다.

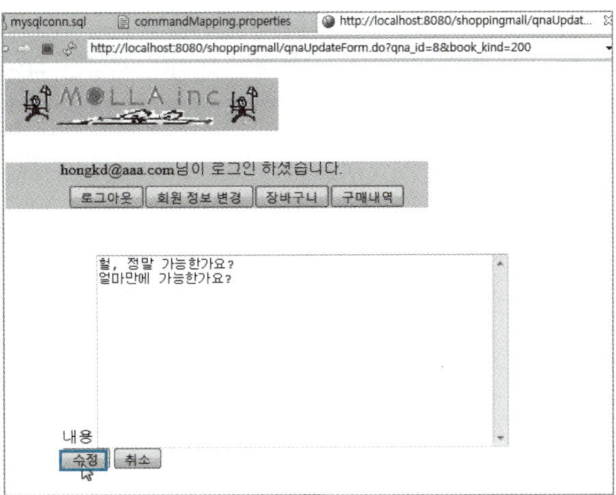

04 QnA를 삭제하려면 [삭제] 버튼을 클릭한다.

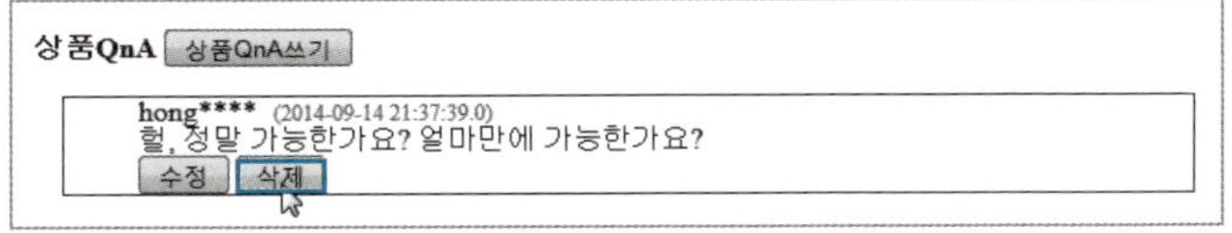

2 장바구니 관리

여기서는 쇼핑몰의 장바구니 관련 작업을 처리한다.

(1) 자바빈

1) 데이터 저장빈_CartDataBean

다음은 데이터 저장빈 CartDataBean의 프로퍼티이다.

프로퍼티명	설명
cart_id	장바구니의 아이디
buyer	구매자
book_id	구매된 책의 아이디
book_title	구매된 책 이름

buy_price	판매가
buy_count	판매 수량
book_image	책 이미지

▲ 데이터 저장빈 CartDataBean의 프로퍼티

[New]-[Class] 메뉴를 사용해 [Java Resources]-[src]의 bookshop.bean 패키지에 데이터 저장빈인 CartDataBean.java 파일을 작성한다. 기본적인 코딩이 작성되면 [Source]-[Generate Getters and Setters] 메뉴를 사용해서 내용을 완성하고 저장한다.

```
01  package bookshop.bean;
02
03  public class CartDataBean {
04      private int cart_id; //장바구니의 아이디
05      private String buyer; //구매자
06      private int book_id; //구매된 책의 아이디
07      private String book_title;//구매된 책명
08      private int  buy_price;//판매가
09      private byte buy_count; //판매 수량
10      private String book_image;//책 이미지
11
12      public int getCart_id( ) {
13              return cart_id;
14      }
15      public void setCart_id(int cart_id) {
16              this.cart_id = cart_id;
17      }
18      public String getBuyer( ) {
19              return buyer;
20      }
21      public void setBuyer(String buyer) {
22              this.buyer = buyer;
23      }
```

```java
24      public int getBook_id( ) {
25              return book_id;
26      }
27      public void setBook_id(int book_id) {
28              this.book_id = book_id;
29      }
30      public String getBook_title( ) {
31              return book_title;
32      }
33      public void setBook_title(String book_title) {
34              this.book_title = book_title;
35      }
36      public int getBuy_price( ) {
37              return buy_price;
38      }
39      public void setBuy_price(int buy_price) {
40              this.buy_price = buy_price;
41      }
42      public byte getBuy_count( ) {
43              return buy_count;
44      }
45      public void setBuy_count(byte buy_count) {
46              this.buy_count = buy_count;
47      }
48      public String getBook_image( ) {
49              return book_image;
50      }
51      public void setBook_image(String book_image) {
52              this.book_image = book_image;
53      }
54 }
```

2) DB 처리빈_CartDBBean

다음은 DB 연동빈 CartrDBBean의 메소드이다.

메소드명	작업 내용
getInstance( )	전역 BoardDBBean 객체의 레퍼런스를 리턴
getConnection( )	쿼리 작업에 사용할 Connection 객체를 커넥션 풀로부터 얻어 내서 리턴
insertCart(CartDataBean cart)	장바구니에 상품 추가 메소드
getListCount(String id)	해당 구매자 장바구니의 목록 수를 얻어내는 메소드
getCart(String id, int count)	장바구니에서 해당 구매자의 장바구니 목록을 얻어내는 메소드
updateCount(int cart_id, byte count)	장바구니 각 목록의 수량 수정 시 사용하는 메소드
deleteList(int cart_id)	장바구니 각 목록을 삭제하는 메소드
deleteAll(String id)	장바구니를 비우는 메소드

▲ DB 연동빈 CartrDBBean의 메소드

따라하기 　장바구니 부분에서 사용하는 DB 처리빈 작성_CartDBBean.java

[New]-[Class] 메뉴를 사용해 [Java Resources]-[src]의 bookshop.bean 패키지에 데이터 저장빈인 CartDBBean.java 파일을 작성한다. 기본적인 코딩이 작성되면 완성하고 저장한다.

```
01  package bookshop.bean;
02
03  import java.sql.Connection;
04  import java.sql.PreparedStatement;
05  import java.sql.ResultSet;
06  import java.sql.SQLException;
07  import java.util.ArrayList;
08  import java.util.List;
09
10  import javax.naming.Context;
11  import javax.naming.InitialContext;
12  import javax.sql.DataSource;
13
14  public class CartDBBean {
15      private static CartDBBean instance = new CartDBBean( );
```

```java
16
17     public static CartDBBean getInstance( ) {
18      return instance;
19     }
20
21     private CartDBBean( ) { }
22
23     private Connection getConnection( ) throws Exception {
24         Context initCtx = new InitialContext( );
25         Context envCtx = (Context) initCtx.lookup("java:comp/env");
26         DataSource ds = (DataSource)envCtx.lookup("jdbc/jsptest");
27         return ds.getConnection( );
28     }
29
30     //[장바구니에 담기]를 클릭하면 수행되는 것으로 cart 테이블에 새로운 레코드를 추가
31     public void insertCart(CartDataBean cart) throws Exception {
32         Connection conn = null;
33         PreparedStatement pstmt = null;
34         String sql="";
35
36         try {
37            conn = getConnection( );
38            sql = "insert into cart (book_id, buyer," +
39            "book_title,buy_price,buy_count,book_image) " +
40            "values (?,?,?,?,?,?)";
41            pstmt = conn.prepareStatement(sql);
42
43            pstmt.setInt(1, cart.getBook_id( ));
44            pstmt.setString(2, cart.getBuyer( ));
45            pstmt.setString(3, cart.getBook_title( ));
46            pstmt.setInt(4, cart.getBuy_price( ));
47            pstmt.setByte(5, cart.getBuy_count( ));
48            pstmt.setString(6, cart.getBook_image( ));
49
50            pstmt.executeUpdate( );
51        }catch(Exception ex) {
52            ex.printStackTrace( );
```

```java
53    } finally {
54      if (pstmt != null)
55          try { pstmt.close( ); } catch(SQLException ex) { }
56      if (conn != null)
57          try { conn.close( ); } catch(SQLException ex) { }
58    }
59  }
60
61    //id에 해당하는 레코드의 수를 얻어내는 메소드
62  public int getListCount(String id) throws Exception {
63    Connection conn = null;
64    PreparedStatement pstmt = null;
65    ResultSet rs = null;
66
67      int x=0;
68
69      try {
70        conn = getConnection( );
71
72        pstmt = conn.prepareStatement(
73          "select count(*) from cart where buyer=?");
74        pstmt.setString(1, id);
75        rs = pstmt.executeQuery( );
76
77        if (rs.next( )) {
78          x= rs.getInt(1);
79        }
80      } catch(Exception ex) {
81        ex.printStackTrace( );
82      } finally {
83        if (rs != null)
84            try { rs.close( ); } catch(SQLException ex) { }
85        if (pstmt != null)
86            try { pstmt.close( ); } catch(SQLException ex) { }
87        if (conn != null)
88            try { conn.close( ); } catch(SQLException ex) { }
89      }
```

```java
90      return x;
91  }
92
93
94  //id에 해당하는 레코드의 목록을 얻어내는 메소드
95  public List<CartDataBean> getCart(String id, int count) throws Exception {
96      Connection conn = null;
97      PreparedStatement pstmt = null;
98      ResultSet rs = null;
99    CartDataBean cart=null;
100     String sql = "";
101   List<CartDataBean> lists = null;
102
103     try {
104        conn = getConnection( );
105
106        sql = "select * from cart where buyer = ?";
107        pstmt = conn.prepareStatement(sql);
108
109        pstmt.setString(1, id);
110        rs = pstmt.executeQuery( );
111
112        lists = new ArrayList<CartDataBean>(count);
113
114      while (rs.next( )) {
115          cart = new CartDataBean( );
116
117          cart.setCart_id(rs.getInt("cart_id"));
118          cart.setBook_id(rs.getInt("book_id"));
119          cart.setBook_title(rs.getString("book_title"));
120          cart.setBuy_price(rs.getInt("buy_price"));
121          cart.setBuy_count(rs.getByte("buy_count"));
122          cart.setBook_image(rs.getString("book_image"));
123
124          lists.add(cart);
125      }
126    }catch(Exception ex) {
```

```java
127        ex.printStackTrace( );
128      }finally {
129        if (rs != null)
130          try { rs.close( ); } catch(SQLException ex) { }
131        if (pstmt != null)
132          try { pstmt.close( ); } catch(SQLException ex) { }
133        if (conn != null)
134          try { conn.close( ); } catch(SQLException ex) { }
135      }
136      return lists;
137    }
138
139    //장바구니에서 수량 수정 시 실행되는 메소드
140    public void updateCount(int cart_id, byte count) throws Exception {
141      Connection conn = null;
142      PreparedStatement pstmt = null;
143
144      try {
145        conn = getConnection( );
146
147        pstmt = conn.prepareStatement(
148        "update cart set buy_count=? where cart_id=?");
149        pstmt.setByte(1, count);
150        pstmt.setInt(2, cart_id);
151
152        pstmt.executeUpdate( );
153      }catch(Exception ex) {
154        ex.printStackTrace( );
155      }finally {
156        if (pstmt != null)
157          try { pstmt.close( ); } catch(SQLException ex) { }
158        if (conn != null)
159          try { conn.close( ); } catch(SQLException ex) { }
160      }
161    }
162
163    //장바구니에서 cart_id에 대한 레코드를 삭제하는 메소드
```

```java
164    public void deleteList(int cart_id) throws Exception {
165        Connection conn = null;
166        PreparedStatement pstmt = null;
167
168        try {
169            conn = getConnection( );
170
171            pstmt = conn.prepareStatement(
172                "delete from cart where cart_id=?");
173            pstmt.setInt(1, cart_id);
174
175            pstmt.executeUpdate( );
176        }catch(Exception ex) {
177            ex.printStackTrace( );
178        }finally {
179
180            if (pstmt != null)
181                try { pstmt.close( ); } catch(SQLException ex) { }
182            if (conn != null)
183                try { conn.close( ); } catch(SQLException ex) { }
184        }
185    }
186
187    //id에 해당하는 모든 레코드를 삭제하는 메소드로 [장바구니 비우기] 버튼을 클릭 시 실행된다.
188    public void deleteAll(String id) throws Exception {
189        Connection conn = null;
190        PreparedStatement pstmt = null;
191
192        try {
193            conn = getConnection( );
194
195            pstmt = conn.prepareStatement(
196                "delete from cart where buyer=?");
197            pstmt.setString(1, id);
198
199            pstmt.executeUpdate( );
200        }catch(Exception ex) {
```

```
201         ex.printStackTrace( );
202       }finally {
203         if (pstmt != null)
204           try { pstmt.close( ); } catch(SQLException ex) { }
205         if (conn != null)
206           try { conn.close( ); } catch(SQLException ex) { }
207       }
208     }
209 }
```

(2) 장바구니 처리

여기서 작성하는 로직과 페이지들은 다음과 같다.

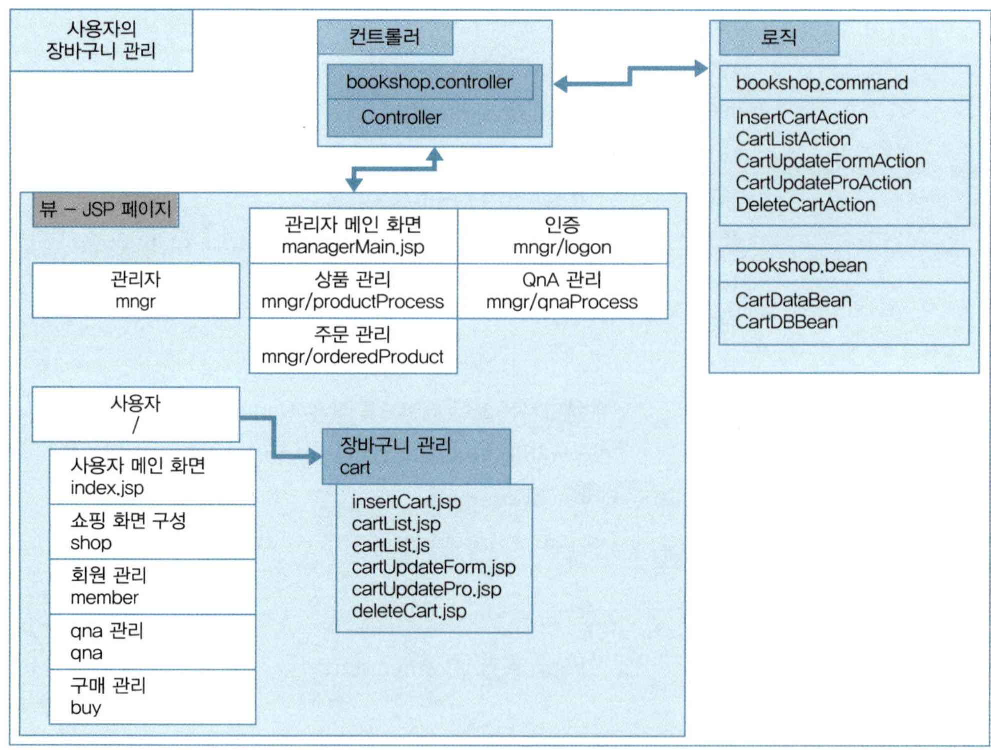

▲ 사용자의 장바구니 관련 작업의 로직과 페이지

사용자의 장바구니 처리에서 사용되는 로직과 페이지는 다음과 같다.

로직 및 페이지명	작업 내용
InsertCartAction.java	장바구니에 추가 처리 로직
CartListAction.java	장바구니 목록 처리 로직
CartUpdateFormAction.java	장바구니 수량 수정 폼 로직
CartUpdateProAction.java	장바구니 수량 수정 처리 로직
DeleteCartAction.java	장바구니 목록 삭제 및 비우기 처리 로직
insertCart.jsp	장바구니에 추가 페이지
cartList.jsp	장바구니 목록 페이지
cartList.js	장바구니 관련 작업 요청을 처리하며 [쇼핑계속], [메인으로], [수정], [삭제] 버튼을 클릭 시 작업을 처리
cartUpdateForm.jsp	장바구니 목록의 수량 수정 폼 페이지
cartUpdatePro.jsp	장바구니 목록의 수량 수정 처리 페이지
deleteCart.jsp	장바구니의 목록 및 비우기 처리 페이지

▲ 장바구니 처리에서 사용되는 로직과 페이지

실행 결과 ─ 장바구니 목록

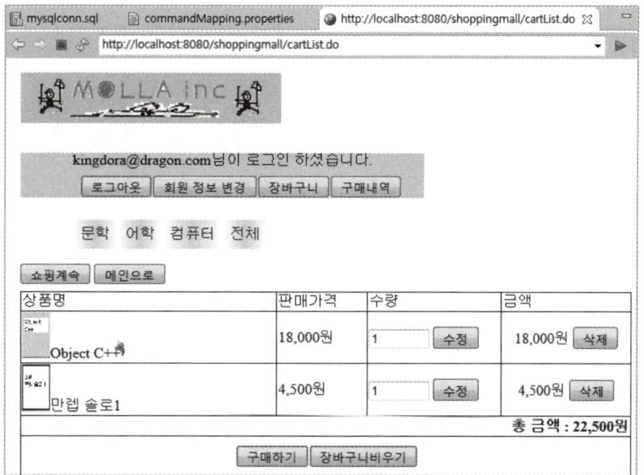

따라하기   매핑 파일 commandMapping.properties에서 장바구니 관련 작업의 주석 제거

[shoppingmall]–[WebContent]–[property]에 있는 commandMapping.properties 파일에서 장바구니 관련 작업의 주석을 제거한다.

~생략

47 ##user area – shopping cart

48 /insertCart.do=bookshop.command.InsertCartAction

49 /cartList.do=bookshop.command.CartListAction

50 /cartUpdateForm.do=bookshop.command.CartUpdateFormAction

51 /cartUpdatePro.do=bookshop.command.CartUpdateProAction

52 /deleteCart.do=bookshop.command.DeleteCartAction

생략~

따라하기 　[cart] 폴더 작성

[shoppingmall] 프로젝트의 [WebContent] 폴더에 [cart] 폴더를 생성한다.

따라하기 　관리자 메인 및 인증 관련 작업

관리자 메인 및 인증 관련 작업의 로직과 웹 페이지를 작성한다.

파일 작성 – 장바구니 추가/목록 보기

01 [New]–[Class] 메뉴를 사용해 [Java Resources]–[src]의 bookshop.command 패키지에 InsertCartAction.java 파일을 작성한다. 기본적인 코딩이 작성되면 내용을 완성하고 저장한다.

```
01  package bookshop.command;
02
03  import javax.servlet.http.HttpServletRequest;
04  import javax.servlet.http.HttpServletResponse;
05
06  import bookshop.bean.CartDataBean;
07  import bookshop.bean.CartDBBean;
08
09  public class InsertCartAction implements CommandAction {
10
11      @Override
```

```java
12    public String requestPro(HttpServletRequest request,
13        HttpServletResponse response) throws Throwable {
14        // TODO Auto-generated method stub
15        request.setCharacterEncoding("utf-8");
16
17        //장바구니에 추가할 정보를 파라미터에서 받아냄
18        byte buy_count = Byte.parseByte(request.getParameter("buy_count"));
19        int book_id = Integer.parseInt(request.getParameter("book_id"));
20        String book_title = request.getParameter("book_title");
21        String book_image = request.getParameter("book_image");
22        int buy_price = (int)Float.parseFloat(request.getParameter("buy_price"));
23        String buyer = request.getParameter("buyer");
24
25        //장바구니에 추가하기 위한 정보 구성
26        CartDataBean cart = new CartDataBean( );
27        cart.setBook_id(book_id);
28        cart.setBook_image(book_image);
29        cart.setBook_title(book_title);
30        cart.setBuy_count(buy_count);
31        cart.setBuy_price(buy_price);
32        cart.setBuyer(buyer);
33
34        //장바구니에 추가
35        CartDBBean bookProcess = CartDBBean.getInstance( );
36        bookProcess.insertCart(cart);
37
38        return "/cart/insertCart.jsp";
39    }
40 }
```

02 [New]-[JSP File] 메뉴를 사용해 [shoppingmall]-[WebContent]-[cart] 폴더에 insertCart.jsp 페이지를 작성한다. 기본적인 코딩이 작성되면 다음과 같이 수정하고 저장한다.

```jsp
01 <%@ page language="java" contentType="text/html; charset=UTF-8"
02     pageEncoding="UTF-8"%>
```

03 [New]-[Class] 메뉴를 사용해 [Java Resources]-[src]의 bookshop.command 패키지에 CartListAction.java 파일을 작성한다. 기본적인 코딩이 작성되면 내용을 완성하고 저장한다.

```java
01  package bookshop.command;
02
03  import java.util.List;
04
05  import javax.servlet.http.HttpServletRequest;
06  import javax.servlet.http.HttpServletResponse;
07
08  import bookshop.bean.CartDataBean;
09  import bookshop.bean.CartDBBean;
10
11  public class CartListAction implements CommandAction {
12
13      @Override
14      public String requestPro(HttpServletRequest request,
15          HttpServletResponse response) throws Throwable {
16          // TODO Auto-generated method stub
17          request.setCharacterEncoding("utf-8");
18          String buyer = request.getParameter("buyer");
19
20          List<CartDataBean> cartLists = null;
21          int count = 0;
22
23          //해당 buyer의 장바구니 목록의 수를 얻어냄
24          CartDBBean bookProcess = CartDBBean.getInstance( );
25          count = bookProcess.getListCount(buyer);
26
27          if(count > 0){//해당 buyer의 장바구니 목록이 있으면 수행
28              //해당 buyer의 장바구니 목록을 얻어냄
29              cartLists = bookProcess.getCart(buyer, count);
30              request.setAttribute("cartLists", cartLists);
31          }
32
33          request.setAttribute("count", new Integer(count));
```

```
34        request.setAttribute("type", new Integer(1));
35        return "/cart/cartList.jsp";
36    }
37 }
```

04 [New]-[JSP File] 메뉴를 사용해 [shoppingmall]-[WebContent]-[cart] 폴더에 cartList.jsp 페이지를 작성한다. 기본적인 코딩이 작성되면 다음과 같이 수정하고 저장한다.

```
01 <%@ page language="java" contentType="text/html; charset=UTF-8"
02    pageEncoding="UTF-8"%>
03 <%@ taglib prefix="c" uri="http://java.sun.com/jsp/jstl/core" %>
04 <%@ taglib prefix="fmt" uri="http://java.sun.com/jsp/jstl/fmt" %>
05 <%@ taglib prefix="fn" uri="http://java.sun.com/jsp/jstl/functions" %>
06 <meta name="viewport" content="width=device-width,initial-scale=1.0"/>
07 <link rel="stylesheet" href="/shoppingmall/css/style.css"/>
08 <script src="/shoppingmall/js/jquery-1.11.0.min.js"></script>
09 <script src="/shoppingmall/cart/cartList.js"></script>
10
11 <c:if test="${empty sessionScope.id}">
12   <meta http-equiv="Refresh" content="0;url=/shoppingmall/index.do">
13 </c:if>
14
15 <div id="cata" class="box2">
16   <ul>
17   <li><a href="/shoppingmall/list.do?book_kind=100">문학</a>
18     <li><a href="/shoppingmall/list.do?book_kind=200">어학</a>
19     <li><a href="/shoppingmall/list.do?book_kind=300">컴퓨터</a>
20     <li><a href="/shoppingmall/list.do?book_kind=all">전체</a>
21   </ul>
22 </div>
23 <div id="goShop">
24   <button id="conShopping">쇼핑계속</button>
25   <button id="shopMain">메인으로</button>
26 </div>
27 <div id="cartList">
```

```
28  <c:if test="${count == 0}">
29    <ul>
30      <li>장바구니에 담긴 물품이 없습니다.
31    </ul>
32  </c:if>
33  <c:if test="${count > 0}">
34    <table>
35    <tr>
36    <td width="300">상품명</td>
37    <td width="100">판매가격</td>
38    <td width="150">수량</td>
39    <td width="150">금액</td>
40    </tr>
41    <c:set var="total" value="0"/>
42    <c:forEach var="cart" items="${cartLists}">
43      <tr>
44        <td  width="300">
45         <img src="/shoppingmall/bookImage/${cart.getBook_image( )}"
46            class="cartimage">${cart.getBook_title( )}</td>
47        <td width="100">
48           <fmt:formatNumber value="${cart.getBuy_price( )}" type="number"
              pattern="#,##0"/>원</td>
49        <td width="150">
50         <input type="text" name="buy_count" size="5" value="${cart.getBuy_ count( )}">
51         <button id="updateSu" name="${cart.getCart_id( )},${cart.getBuy_count( )}"
52          onclick="editSu(this)">수정</button>
53        </td>
54        <td align="center"  width="150">
55         <c:set var="amount" value="${cart.getBuy_count( )*cart.getBuy_price( )}"/>
56         <c:set var="total" value="${total+amount}"/>
57         <fmt:formatNumber value="${amount}" type="number" pattern="#,##0"/>원
58         <button id="deleteList" name="${cart.getCart_id( )}"
59          onclick="delList(this)">삭제</button>
60        </td>
61      </tr>
62    </c:forEach>
63      <tr>
```

```
64    <td colspan="4" align="right" class="b">총 금액 :
65      <fmt:formatNumber value="${total}" type="number" pattern="#,##0"/>원</td>
66    </tr>
67    <tr  height="10">
68     <td colspan="5" align="center">
69      <div id="cinfo">
70      <table><tr>
71        <td><form id="cartForm" method="post" action="/shoppingmall/
          buyForm.do">
72      <input type="hidden" name="buyer" value="${sessionScope.id}">
73      <input type="submit" value="구매하기">
74      </form></td>
75    <td><form id="cartClearForm" method="post" action="/shoppingmall/
      deleteCart.do">
76      <input type="hidden" name="list" value="all">
77       <input type="hidden" name="buyer" value="${sessionScope.id}">
78       <input type="submit" value="장바구니비우기">
79       </form></td></tr>
80      </table>
81       </div>
82      </td>
83    </tr>
84   </table>
85  </c:if>
86  </div>
```

05 [New]–[File] 메뉴를 사용해 [shoppingmall]–[WebContent]–[cart] 폴더에
cartList.js를 작성한다. 기본적인 코딩이 작성되면 다음과 같이 수정하고 저장한다.

```
01  $(document).ready(function( ){
02    $("#conShopping").click(function( ){//[쇼핑계속] 버튼 클릭
03        window.location.href("/shoppingmall/list.do?book_kind=all");
04    });
05
06    $("#shopMain").click(function( ){//[메인으로] 버튼 클릭
07        window.location.href("/shoppingmall/index.do");
```

```
08      });

09  });

10

11  function editSu(editBtn){//[수정] 버튼 클릭

12

13      var rStr = editBtn.name;

14      var arr = rStr.split(",");

15      var query = "/shoppingmall/cartUpdateForm.do?cart_id="+arr[0];

16      query += "&buy_count="+arr[1];

17      window.location.href(query);

18  }

19

20  function delList(delBtn){//[삭제] 버튼 클릭

21      var rStr = delBtn.name;

22      var query = "/shoppingmall/deleteCart.do?list="+rStr;

23      window.location.href(query);

24  }
```


파일 작성 – 장바구니 수량 수정, 삭제, 비우기

01 [New]–[Class] 메뉴를 사용해 [Java Resources]–[src]의 bookshop.command 패키지에 CartUpdateFormAction.java 파일을 작성한다. 기본적인 코딩이 작성되면 내용을 완성하고 저장한다.

장바구니 수량 조정으로 모델 2를 사용하는 것이 좋은 방법은 아니나, 학습용 예제라서 이 책에서는 그냥 사용했다. 실무에서는 유연하게 처리하는 것이 좋다.

```
01  package bookshop.command;

02

03  import javax.servlet.http.HttpServletRequest;

04  import javax.servlet.http.HttpServletResponse;

05

06  public class CartUpdateFormAction implements CommandAction {

07

08      @Override

09      public String requestPro(HttpServletRequest request,

10          HttpServletResponse response) throws Throwable {

11          // TODO Auto-generated method stub

12          request.setCharacterEncoding("utf-8");
```

```
13        String cart_id = request.getParameter("cart_id");
14        String buy_count = request.getParameter("buy_count");
15
16        request.setAttribute("cart_id", cart_id);
17        request.setAttribute("buy_count", buy_count);
18        request.setAttribute("type", new Integer(1));
19        return "/cart/cartUpdateForm.jsp";
20    }
21
22 }
```

02 [New]-[JSP File] 메뉴를 사용해 [shoppingmall]-[WebContent]-[cart] 폴더에 cartUpdateForm.jsp 페이지를 작성한다. 기본적인 코딩이 작성되면 다음과 같이 수정하고 저장한다.

```
01 <%@ page language="java" contentType="text/html; charset=UTF-8"
02    pageEncoding="UTF-8"%>
03 <%@ taglib prefix="c" uri="http://java.sun.com/jsp/jstl/core" %>
04
05 <c:if test="${empty sessionScope.id}">
06   <meta http-equiv="Refresh" content="0;url=/shoppingmall/index.do">
07 </c:if>
08
09 <div id="cartUpdate">
10         <form id="cartUpdateForm" method="post" action="/shoppingmall/cart
           UpdatePro.do">
11   <input type="text" name="buy_count" size="5" value="${buy_count}">
12   <input type="hidden" name="cart_id" value="${cart_id}">
13   <input type="submit" value="변경" >
14   </form>
15 </div>
```

03 [New]-[Class] 메뉴를 사용해 [Java Resources]-[src]의 bookshop.command 패키지에 CartUpdateProAction.java 파일을 작성한다. 기본적인 코딩이 작성되면 내용을 완성하고 저장한다.

```java
01  package bookshop.command;
02
03  import javax.servlet.http.HttpServletRequest;
04  import javax.servlet.http.HttpServletResponse;
05
06  import bookshop.bean.CartDBBean;
07
08  public class CartUpdateProAction implements CommandAction {
09
10      @Override
11      public String requestPro(HttpServletRequest request,
12          HttpServletResponse response) throws Throwable {
13          // TODO Auto-generated method stub
14          request.setCharacterEncoding("utf-8");
15          int cart_id = Integer.parseInt(request.getParameter("cart_id"));
16          byte buy_count = Byte.parseByte(request.getParameter("buy_count"));
17
18          //cart_id에 해당하는 buy_count의 값을 수정
19          CartDBBean bookProcess = CartDBBean.getInstance( );
20          bookProcess.updateCount(cart_id, buy_count);
21
22          request.setAttribute("type", new Integer(1));
23          return "/cart/cartUpdatePro.jsp";
24      }
25  }
```

04 [New]-[JSP File] 메뉴를 사용해 [shoppingmall]-[WebContent]-[cart] 폴더에 cartUpdatePro.jsp 페이지를 작성한다. 기본적인 코딩이 작성되면 다음과 같이 수정하고 저장한다.

```jsp
01  <%@ page language="java" contentType="text/html; charset=UTF-8"
02      pageEncoding="UTF-8"%>
03  <%@ taglib prefix="c" uri="http://java.sun.com/jsp/jstl/core" %>
04
05  <c:if test="${empty sessionScope.id}">
```

```
06    <meta http-equiv="Refresh" content="0;url=/shoppingmall/index.do">
07  </c:if>
08
09  <div id="updateResult">
10    <p>수량이 수정되었습니다.
11  </div>
12
13  <div id="cartUpdatePro">
14    <form id="cartUpdatePro" method="post" action="/shoppingmall/cartList.do">
15      <input type="hidden" name="buyer" value="${sessionScope.id}">
16      <input type="submit" value="장바구니로 되돌아가기" >
17    </form>
18  </div>
```

05 [New]-[Class] 메뉴를 사용해 [Java Resources]-[src]의 bookshop.command 패키지에 DeleteCartAction.java 파일을 작성한다. 기본적인 코딩이 작성되면 내용을 완성하고 저장한다.

```java
01  package bookshop.command;
02
03  import javax.servlet.http.HttpServletRequest;
04  import javax.servlet.http.HttpServletResponse;
05
06  import bookshop.bean.CartDBBean;
07
08  public class DeleteCartAction implements CommandAction {
09
10      @Override
11      public String requestPro(HttpServletRequest request,
12          HttpServletResponse response) throws Throwable {
13          // TODO Auto-generated method stub
14          request.setCharacterEncoding("utf-8");
15          String list = request.getParameter("list");
16          String msg = "";
17
18          CartDBBean bookProcess = CartDBBean.getInstance( );
19
```

```
20    if(list.equals("all")){//list 값이 "all"이면 수행
21            //해당 buyer의 장바구니 목록을 모두 삭제
22            String buyer = request.getParameter("buyer");
23            bookProcess.deleteAll(buyer);
24            msg = "장바구니가 모두 비워졌습니다.";
25    }else{//list 값이 "all" 이외(cart_id)의 값이면 수행
26            //list 값(cart_id)에 해당하는 레코드 삭제
27            bookProcess.deleteList(Integer.parseInt(list));
28            msg = "지정한 항목이 삭제되었습니다..";
29    }
30
31    request.setAttribute("msg", msg);
32    request.setAttribute("type", new Integer(1));
33    return "/cart/deleteCart.jsp";
34    }
35
36 }
```

06 [New]-[JSP File] 메뉴를 사용해 [shoppingmall]-[WebContent]-[cart] 폴더에 deleteCart.jsp 페이지를 작성한다. 기본적인 코딩이 작성되면 다음과 같이 수정하고 저장한다.

```
01 <%@ page language="java" contentType="text/html; charset=UTF-8"
02    pageEncoding="UTF-8"%>
03 <%@ taglib prefix="c" uri="http://java.sun.com/jsp/jstl/core" %>
04
05 <c:if test="${empty sessionScope.id}">
06  <meta http-equiv="Refresh" content="0;url=/shoppingmall/index.do">
07 </c:if>
08
09 <div id="updateResult">
10  <p>${msg}
11 </div>
12
13 <div id="cartDeletePro">
14  <form id="cartDeletePro" method="post" action="/shoppingmall/cartList.do">
15   <input type="hidden" name="buyer" value="${sessionScope.id}">
```

16	<input type="submit" value="장바구니로 되돌아가기" >
17	</form>
18	</div>

---

01 🌐 아이콘을 클릭하여 이클립스 내장 웹 브라우저를 실행한다. 내장 웹 브라우저의 주소에 "http://localhost:8080/shoppingmall/index.do"를 직접 입력하고 **Enter** 키를 눌러 실행한다. 화면이 표시되면 로그인 되어 있지 않은 경우 로그인을 한다.

02 상품 내용 보기 페이지에서 [장바구니에 담기] 버튼을 누르면 장바구니에 추가된다.

03 수량을 수정할 경우 [수정] 버튼을, 항목을 삭제할 경우 [삭제] 버튼을 클릭한다. 그리고 장바구니 전체를 비울 때는 [장바구니 비우기] 버튼을, 제품을 구매할 경우에는 [구매하기] 버튼을 클릭한다.

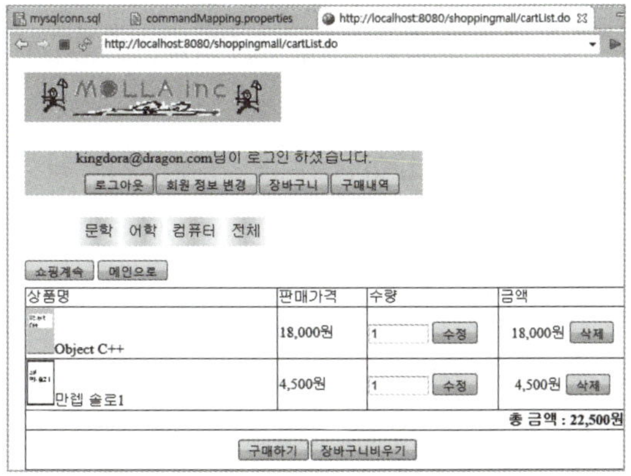

여기서는 쇼핑몰의 구매 관련 작업을 처리한다.

(1) 자바빈

1) 데이터 저장빈_BuyDataBean

다음은 데이터 저장빈 BuyDataBean의 프로퍼티이다.

프로퍼티명	설명
buy_id	구매 아이디
buyer	구매자
book_id	구매된 책 아이디
book_title	구매된 책명
buy_price	판매가
buy_count	판매 수량
book_image	책 이미지
buy_date	구매일자
account	결제계좌
deliveryName	배송지
deliveryTel	배송지 전화번호
deliveryAddress	배송지 주소
sanction	배송 상황

▲ 데이터 저장빈 BuyDataBean의 프로퍼티

> **따라하기** 구매 부분에서 사용하는 데이터 저장빈 작성_BuyDataBean.java

[New]–[Class] 메뉴를 사용해 [Java Resources]–[src]의 bookshop.bean 패키지에 데이터 저장빈인 BuyDataBean.java 파일을 작성한다. 기본적인 코딩이 작성되면 [Source]–[Generate Getters and Setters] 메뉴를 사용해서 내용을 완성하고 저장한다.

```
01  package bookshop.bean;
02
03  import java.sql.Timestamp;
04
05  public class BuyDataBean {
```

```java
06      private Long buy_id;//구매 아이디
07      private String buyer;//구매자
08      private int book_id;//구매된 책 아이디
09      private String book_title;//구매된 책명
10      private int buy_price;//판매가
11      private byte buy_count;//판매 수량
12      private String book_image;//책 이미지
13      private Timestamp buy_date;//구매일자
14      private String account;//결제계좌
15      private String deliveryName;//배송지
16      private String deliveryTel ;//배송지 전화번호
17      private String deliveryAddress;//배송지 주소
18      private String sanction;//배송 상황
19
20      public Long getBuy_id( ) {
21              return buy_id;
22      }
23      public void setBuy_id(Long buy_id) {
24              this.buy_id = buy_id;
25      }
26      public String getBuyer( ) {
27              return buyer;
28      }
29      public void setBuyer(String buyer) {
30              this.buyer = buyer;
31      }
32      public int getBook_id( ) {
33              return book_id;
34      }
35      public void setBook_id(int book_id) {
36              this.book_id = book_id;
37      }
38      public String getBook_title( ) {
39              return book_title;
40      }
41      public void setBook_title(String book_title) {
42              this.book_title = book_title;
43      }
```

```java
44      public int getBuy_price( ) {
45              return buy_price;
46      }
47      public void setBuy_price(int buy_price) {
48              this.buy_price = buy_price;
49      }
50      public byte getBuy_count( ) {
51              return buy_count;
52      }
53      public void setBuy_count(byte buy_count) {
54              this.buy_count = buy_count;
55      }
56      public String getBook_image( ) {
57              return book_image;
58      }
59      public void setBook_image(String book_image) {
60              this.book_image = book_image;
61      }
62      public Timestamp getBuy_date( ) {
63              return buy_date;
64      }
65      public void setBuy_date(Timestamp buy_date) {
66              this.buy_date = buy_date;
67      }
68      public String getAccount( ) {
69              return account;
70      }
71      public void setAccount(String account) {
72              this.account = account;
73      }
74      public String getDeliveryName( ) {
75              return deliveryName;
76      }
77      public void setDeliveryName(String deliveryName) {
78              this.deliveryName = deliveryName;
79      }
80      public String getDeliveryTel( ) {
81              return deliveryTel;
```

```java
82        }
83        public void setDeliveryTel(String deliveryTel) {
84                this.deliveryTel = deliveryTel;
85        }
86        public String getDeliveryAddress( ) {
87                return deliveryAddress;
88        }
89        public void setDeliveryAddress(String deliveryAddress) {
90                this.deliveryAddress = deliveryAddress;
91        }
92        public String getSanction( ) {
93                return sanction;
94        }
95        public void setSanction(String sanction) {
96                this.sanction = sanction;
97        }
98 }
```

2) DB 처리빈_BuyDBBean

다음은 DB 연동빈 BuyDBBean의 메소드이다.

메소드명	작업 내용
getInstance( )	전역 BoardDBBean 객체의 레퍼런스를 리턴
getConnection( )	쿼리 작업에 사용할 Connection 객체를 커넥션 풀로부터 얻어내서 리턴
getAccount( )	bank 테이블에 있는 전체 레코드를 얻어내는 메소드
insertBuy(List〈CartDataBean〉 lists, String id, String account, String deliveryName, String deliveryTel, String deliveryAddress)	구매 테이블인 buy에 구매 목록 등록
getListCount(String id)	id에 해당하는 buy 테이블의 레코드 수를 얻어내는 메소드
getListCount( )	buy 테이블의 전체 레코드 수를 얻어내는 메소드
getBookCount(String book_kind)	해당 분류의 책의 수를 얻어내는 메소드
getBuyList(String id)	id에 해당하는 buy 테이블의 구매 목록을 얻어내는 메소드
getBuyList( )	buy 테이블의 전체 목록을 얻어내는 메소드

▲ DB 연동빈 BuyDBBean의 메소드

[New]–[Class] 메뉴를 사용해 [Java Resources]–[src]의 bookshop.bean 패키지에 데이터 저장빈인 BuyDBBean.java 파일을 작성한다. 기본적인 코딩이 작성되면 내용을 완성하고 저장한다.

```java
01  package bookshop.bean;
02
03  import java.sql.Connection;
04  import java.sql.PreparedStatement;
05  import java.sql.ResultSet;
06  import java.sql.SQLException;
07  import java.sql.Timestamp;
08  import java.util.ArrayList;
09  import java.util.List;
10
11  import javax.naming.Context;
12  import javax.naming.InitialContext;
13  import javax.sql.DataSource;
14
15  public class BuyDBBean {
16      private static BuyDBBean instance = new BuyDBBean();
17
18      public static BuyDBBean getInstance() {
19       return instance;
20      }
21
22      private BuyDBBean() {}
23
24      private Connection getConnection() throws Exception {
25         Context initCtx = new InitialContext();
26         Context envCtx = (Context) initCtx.lookup("java:comp/env");
27         DataSource ds = (DataSource)envCtx.lookup("jdbc/jsptest");
28         return ds.getConnection();
29      }
30
```

```java
31    // bank 테이블에 있는 전체 레코드를 얻어내는 메소드
32    public List<String> getAccount( ){
33        Connection conn = null;
34        PreparedStatement pstmt = null;
35        ResultSet rs = null;
36        List<String> accountList = null;
37        try {
38            conn = getConnection( );
39
40            pstmt = conn.prepareStatement("select * from bank");
41            rs = pstmt.executeQuery( );
42
43            accountList = new ArrayList<String>( );
44
45            while (rs.next( )) {
46                String account = new String(rs.getString("account")+" "
47                    + rs.getString("bank")+" "+rs.getString("name"));
48                accountList.add(account);
49            }
50        }catch(Exception ex) {
51            ex.printStackTrace( );
52        } finally {
53            if (pstmt != null)
54                try { pstmt.close( ); } catch(SQLException ex) { }
55            if (conn != null)
56                try { conn.close( ); } catch(SQLException ex) { }
57        }
58        return accountList;
59    }
60
61    //구매 테이블인 buy에 구매 목록 등록
62    @SuppressWarnings("resource")
63    public void insertBuy( List<CartDataBean> lists,
64        String id, String account, String deliveryName, String deliveryTel,
65        String deliveryAddress) throws Exception {
66        Connection conn = null;
67        PreparedStatement pstmt = null;
```

```java
68        ResultSet rs = null;
69        Timestamp reg_date = null;
70        String sql = "";
71      String maxDate =" ";
72        String number = "";
73        String todayDate = "";
74      String compareDate = "";
75        long buyId = 0;
76        short nowCount ;
77        try {
78           conn = getConnection( );
79           reg_date = new Timestamp(System.currentTimeMillis( ));
80           todayDate = reg_date.toString( );
81           compareDate = todayDate.substring(0, 4) + todayDate.substring(5, 7) +
             todayDate.substring(8, 10);
82
83           pstmt = conn.prepareStatement("select max(buy_id) from buy");
84
85           rs = pstmt.executeQuery( );
86           rs.next( );
87           if (rs.getLong(1) > 0){
88              Long val = new Long(rs.getLong(1));
89              maxDate = val.toString( ).substring(0, 8);
90              number =  val.toString( ).substring(8);
91             if(compareDate.equals(maxDate)){
92                if((Integer.parseInt(number)+1)<10000
93                   buyId = Long.parseLong(maxDate+(Integer.parseInt(number)+1+10000));
94                else
95                   buyId = Long.parseLong(maxDate + (Integer.parseInt(number)+1));
96                }else{
97                compareDate += "00001";
98                   buyId = Long.parseLong(compareDate);
99                }
100           }else {
101              compareDate += "00001";
102              buyId = Long.parseLong(compareDate);
103           }
```

```java
104     //105~154라인까지 하나의 트랜잭션으로 처리
105     conn.setAutoCommit(false);
106   for(int i=0; i<lists.size( );i++){
107     //해당 아이디에 대한 cart 테이블의 레코드를 가져온 후 buy 테이블에 추가
108      CartDataBean cart = lists.get(i);
109
110      sql = "insert into buy(buy_id,buyer,book_id,book_title,buy_price,buy_count,";
111      sql += "book_image,buy_date,account,deliveryName,deliveryTel,deliveryAddress)";
112      sql += " values (?,?,?,?,?,?,?,?,?,?,?,?)";
113      pstmt = conn.prepareStatement(sql);
114
115      pstmt.setLong(1, buyId);
116      pstmt.setString(2, id);
117      pstmt.setInt(3, cart.getBook_id( ));
118      pstmt.setString(4, cart.getBook_title( ));
119      pstmt.setInt(5, cart.getBuy_price( ));
120      pstmt.setByte(6, cart.getBuy_count( ));
121      pstmt.setString(7, cart.getBook_image( ));
122      pstmt.setTimestamp(8, reg_date);
123      pstmt.setString(9, account);
124       pstmt.setString(10, deliveryName);
125      pstmt.setString(11, deliveryTel);
126      pstmt.setString(12, deliveryAddress);
127      pstmt.executeUpdate( );
128
129      //상품이 구매되었으므로 book 테이블의 상품 수량을 재조정함
130      pstmt = conn.prepareStatement(
131         "select book_count from book where book_id=?");
132      pstmt.setInt(1, cart.getBook_id( ));
133      rs = pstmt.executeQuery( );
134      rs.next( );
135
136      nowCount = (short)(rs.getShort(1) - 1);//실무에서는 구매 수량을 뺄 것
137
138      sql = "update book set book_count=? where book_id=?";
139      pstmt = conn.prepareStatement(sql);
140
```

```java
                 pstmt.setShort(1, nowCount);
                    pstmt.setInt(2, cart.getBook_id( ));

                 }

             pstmt = conn.prepareStatement(
                "delete from cart where buyer=?");
             pstmt.setString(1, id);

             pstmt.executeUpdate( );

             conn.commit( );
             conn.setAutoCommit(true);
         }catch(Exception ex) {
                ex.printStackTrace( );
         } finally {
            if (pstmt != null)
                try { pstmt.close( ); } catch(SQLException ex) { }
            if (conn != null)
                try { conn.close( ); } catch(SQLException ex) { }
         }
     }

//id에 해당하는 buy 테이블의 레코드 수를 얻어내는 메소드
public int getListCount(String id) throws Exception {
    Connection conn = null;
    PreparedStatement pstmt = null;
    ResultSet rs = null;

    int x=0;

    try {
        conn = getConnection( );

        pstmt = conn.prepareStatement(
            "select count(*) from buy where buyer=?");
```

```java
178         pstmt.setString(1, id);
179          rs = pstmt.executeQuery( );
180
181          if (rs.next( )) {
182             x= rs.getInt(1);
183               }
184       } catch(Exception ex) {
185          ex.printStackTrace( );
186       } finally {
187          if (rs != null)
188            try { rs.close( ); } catch(SQLException ex) { }
189          if (pstmt != null)
190             try { pstmt.close( ); } catch(SQLException ex) { }
191          if (conn != null)
192             try { conn.close( ); } catch(SQLException ex) { }
193          }
194      return x;
195   }
196
197 //buy 테이블의 전체 레코드 수를 얻어내는 메소드
198 public int getListCount( ) throws Exception {
199     Connection conn = null;
200     PreparedStatement pstmt = null;
201     ResultSet rs = null;
202
203     int x=0;
204
205     try {
206        conn = getConnection( );
207
208        pstmt = conn.prepareStatement(
209           "select count(*) from buy");
210        rs = pstmt.executeQuery( );
211
212        if (rs.next( )) {
213           x= rs.getInt(1);
214             }
```

```
215        } catch(Exception ex) {
216          ex.printStackTrace( );
217        } finally {
218          if (rs != null)
219             try { rs.close( ); } catch(SQLException ex) { }
220          if (pstmt != null)
221             try { pstmt.close( ); } catch(SQLException ex) { }
222          if (conn != null)
223             try { conn.close( ); } catch(SQLException ex) { }
224        }
225      return x;
226    }
227
228    //id에 해당하는 buy 테이블의 구매 목록을 얻어내는 메소드
229    public List<BuyDataBean> getBuyList(String id) throws Exception {
230      Connection conn = null;
231      PreparedStatement pstmt = null;
232    ResultSet rs = null;
233      BuyDataBean buy=null;
234      String sql = "";
235      List<BuyDataBean> lists = null;
236
237      try {
238          conn = getConnection( );
239
240          sql = "select * from buy where buyer = ?";
241          pstmt = conn.prepareStatement(sql);
242
243          pstmt.setString(1, id);
244          rs = pstmt.executeQuery( );
245
246          lists = new ArrayList<BuyDataBean>( );
247
248        while (rs.next( )) {
249          buy = new BuyDataBean( );
250
251          buy.setBuy_id(rs.getLong("buy_id"));
```

```java
252            buy.setBook_id(rs.getInt("book_id"));
253            buy.setBook_title(rs.getString("book_title"));
254            buy.setBuy_price(rs.getInt("buy_price"));
255            buy.setBuy_count(rs.getByte("buy_count"));
256            buy.setBook_image(rs.getString("book_image"));
257            buy.setSanction(rs.getString("sanction"));
258
259            lists.add(buy);
260          }
261      }catch(Exception ex) {
262        ex.printStackTrace( );
263      }finally {
264        if (rs != null)
265          try { rs.close( ); } catch(SQLException ex) { }
266        if (pstmt != null)
267          try { pstmt.close( ); } catch(SQLException ex) { }
268        if (conn != null)
269          try { conn.close( ); } catch(SQLException ex) { }
270      }
271      return lists;
272  }
273
274  //buy 테이블의 전체 목록을 얻어내는 메소드
275  public List<BuyDataBean> getBuyList( ) throws Exception {
276    Connection conn = null;
277    PreparedStatement pstmt = null;
278    ResultSet rs = null;
279    BuyDataBean buy=null;
280    String sql = "";
281    List<BuyDataBean> lists = null;
282
283    try {
284      conn = getConnection( );
285
286      sql = "select * from buy";
287      pstmt = conn.prepareStatement(sql);
288      rs = pstmt.executeQuery( );
```

```java
289
290          lists = new ArrayList<BuyDataBean>( );
291
292          while (rs.next( )) {
293            buy = new BuyDataBean( );
294
295            buy.setBuy_id(rs.getLong("buy_id"));
296            buy.setBuyer(rs.getString("buyer"));
297            buy.setBook_id(rs.getInt("book_id"));
298            buy.setBook_title(rs.getString("book_title"));
299            buy.setBuy_price(rs.getInt("buy_price"));
300            buy.setBuy_count(rs.getByte("buy_count"));
301            buy.setBook_image(rs.getString("book_image"));
302            buy.setBuy_date(rs.getTimestamp("buy_date"));
303            buy.setAccount(rs.getString("account"));
304            buy.setDeliveryName(rs.getString("deliveryName"));
305            buy.setDeliveryTel(rs.getString("deliveryTel"));
306            buy.setDeliveryAddress(rs.getString("deliveryAddress"));
307            buy.setSanction(rs.getString("sanction"));
308
309            lists.add(buy);
310          }
311       }catch(Exception ex) {
312          ex.printStackTrace( );
313       }finally {
314          if (rs != null)
315             try { rs.close( ); } catch(SQLException ex) { }
316          if (pstmt != null)
317             try { pstmt.close( ); } catch(SQLException ex) { }
318          if (conn != null)
319             try { conn.close( ); } catch(SQLException ex) { }
320       }
321       return lists;
322    }
323 }
```

(2) 구매 관리 처리

여기서 작성하는 로직과 페이지들은 다음과 같다.

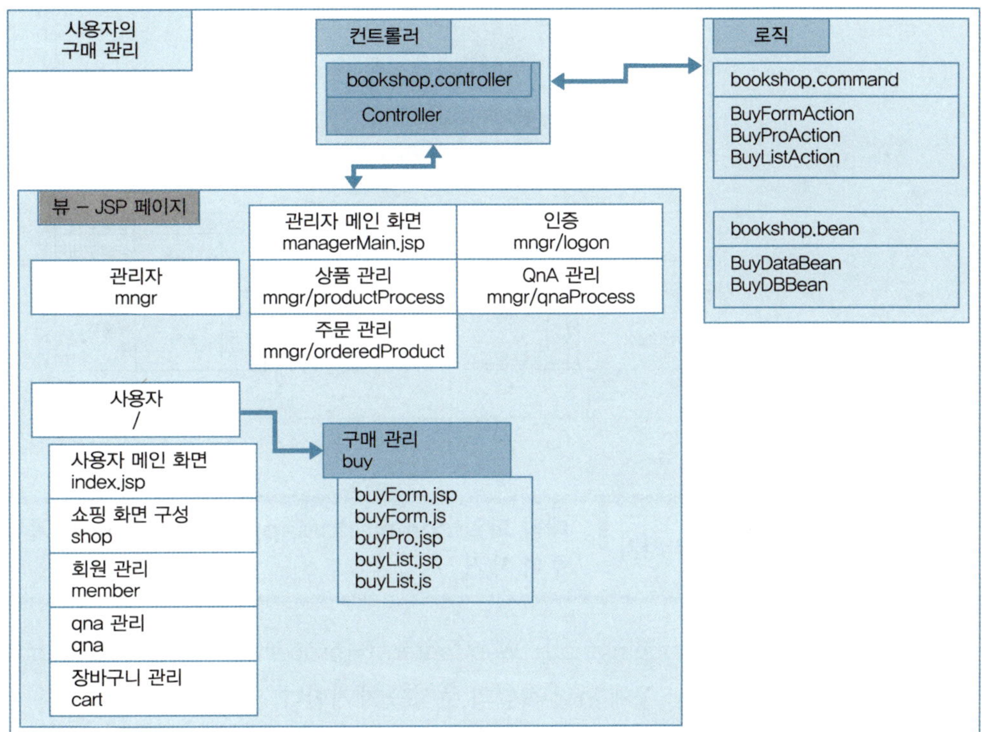

▲ 사용자의 구매 관련 작업의 로직과 페이지

다음은 사용자의 구매 처리에서 사용되는 로직과 페이지이다.

로직 및 페이지명	작업 내용
BuyFormAction.java	구매 폼 처리 로직
BuyProAction.java	구매 처리 로직
BuyListAction.java	구매 목록 처리 로직
buyForm.jsp	구매 폼 페이지
buyForm.js	[취소] 버튼을 클릭 시 작업을 처리
buyPro.jsp	구매 처리 페이지
buyList.jsp	구매 목록 페이지
buyList.js	[쇼핑계속], [메인으로] 버튼을 클릭 시 작업을 처리

▲ 사용자의 구매 처리에서 사용되는 로직과 페이지

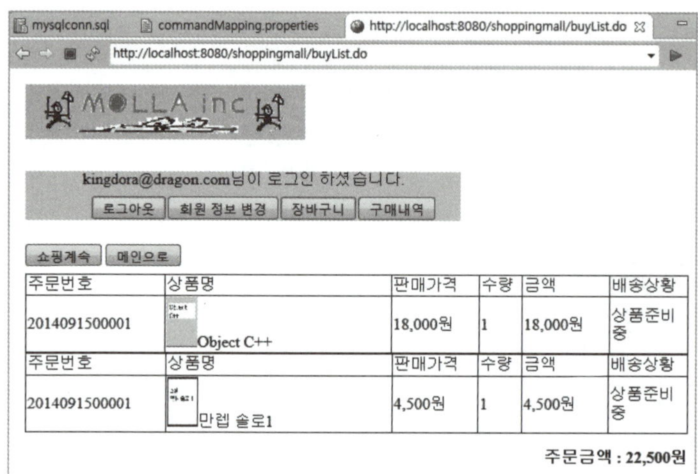

주문번호	상품명	판매가격	수량	금액	배송상황
2014091500001	Object C++	18,000원	1	18,000원	상품준비 중
주문번호	상품명	판매가격	수량	금액	배송상황
2014091500001	만렙 솔로1	4,500원	1	4,500원	상품준비 중

> **따라하기** 매핑 파일 commandMapping.properties에서 구매 관련 작업의 주석 제거

[shoppingmal]–[WebContent]–[property]에 있는 commandMapping.properties 파일에서 구매 관련 작업의 주석을 제거한다.

~생략

53 ##user area – buy

54 /buyForm.do=bookshop.command.BuyFormAction

55 /buyPro.do=bookshop.command.BuyProAction

56 /buyList.do=bookshop.command.BuyListAction

> **따라하기** [buy] 폴더 작성

[shoppingmall] 프로젝트의 [WebContent] 폴더에 [buy] 폴더를 생성한다.

> **따라하기** 관리자 메인 및 인증 관련 작업

관리자 메인 및 인증 관련 작업의 로직과 웹 페이지를 작성한다.

01 [New]-[Class] 메뉴를 사용해 [Java Resources]-[src]의 bookshop.command 패키지에 BuyFormAction.java 파일을 작성한다. 기본적인 코딩이 작성되면 내용을 완성하고 저장한다.

```java
01  package bookshop.command;
02
03  import java.util.List;
04
05  import javax.servlet.http.HttpServletRequest;
06  import javax.servlet.http.HttpServletResponse;
07
08  import bookshop.bean.LogonDataBean;
09  import bookshop.bean.LogonDBBean;
10  import bookshop.bean.CartDataBean;
11  import bookshop.bean.CartDBBean;
12  import bookshop.bean.BuyDBBean;
13
14  public class BuyFormAction implements CommandAction {
15
16      @Override
17      public String requestPro(HttpServletRequest request,
18              HttpServletResponse response) throws Throwable {
19          // TODO Auto-generated method stub
20          request.setCharacterEncoding("utf-8");
21
22          String buyer = request.getParameter("buyer");
23
24          List<CartDataBean> cartLists = null;
25          List<String> accountLists = null;
26          LogonDataBean member= null;
27          int count = 0;
28
29          //해당 buyer의 장바구니 목록의 수를 얻어냄
30          CartDBBean bookProcess = CartDBBean.getInstance( );
31          count = bookProcess.getListCount(buyer);
```

```java
32
33        if(count > 0){//장바구니 목록이 있으면 수행
34              //구매에 필요한 해당 buyer의 장바구니 목록을 얻어냄
35              cartLists = bookProcess.getCart(buyer, count);
36              request.setAttribute("cartLists", cartLists);
37        }
38
39        //구매에 필요한 buyer의 정보를 얻어냄
40        LogonDBBean memberProcess = LogonDBBean.getInstance( );
41        member = memberProcess.getMember(buyer);
42
43        //구매에 필요한 결제 계좌를 얻어냄
44        BuyDBBean buyProcess = BuyDBBean.getInstance( );
45        accountLists = buyProcess.getAccount( );
46
47        request.setAttribute("member", member);
48        request.setAttribute("accountLists", accountLists);
49        request.setAttribute("type", new Integer(1));
50        return "/buy/buyForm.jsp";
51    }
52 }
```

02 [New]-[JSP File] 메뉴를 사용해 [shoppingmall]-[WebContent]-[buy] 폴더에
buyForm.jsp 페이지를 작성한다. 기본적인 코딩이 작성되면 다음과 같이 수정하고
저장한다.

```jsp
01 <%@ page language="java" contentType="text/html; charset=UTF-8"
02    pageEncoding="UTF-8"%>
03 <%@ taglib prefix="c" uri="http://java.sun.com/jsp/jstl/core" %>
04 <%@ taglib prefix="fmt" uri="http://java.sun.com/jsp/jstl/fmt" %>
05 <%@ taglib prefix="fn" uri="http://java.sun.com/jsp/jstl/functions" %>
06 <meta name="viewport" content="width=device-width,initial-scale=1.0"/>
07 <link rel="stylesheet" href="/shoppingmall/css/style.css"/>
08 <script src="/shoppingmall/js/jquery-1.11.0.min.js"></script>
09 <script src="/shoppingmall/buy/buyForm.js"></script>
10
```

```jsp
11  <c:if test="${empty sessionScope.id}">
12    <meta http-equiv="Refresh" content="0;url=/shoppingmall/index.do">
13  </c:if>
14
15  <div id="cartArea">
16  <table>
17    <tr class="cen">
18      <td width="300">상품명</td>
19      <td width="100">판매가격</td>
20      <td width="50">수량</td>
21      <td width="100" >금액</td>
22    </tr>
23  <c:set var="total" value="0"/>
24    <c:forEach var="cart" items="${cartLists}">
25      <tr>
26        <td width="300">
27          <img src="/shoppingmall/bookImage/${cart.getBook_image( )}"
28        class="cartimage">${cart.getBook_title( )}</td>
29        <td width="100" class="cen">
30              <fmt:formatNumber value="${cart.getBuy_price( )}" type="number"
                  pattern="#,##0"/>원</td>
31        <td width="50" class="cen" >${cart.getBuy_count( )}</td>
32        <td width="100" class="cen">
33          <c:set var="amount" value="${cart.getBuy_count( )*cart.getBuy_price( )}"/>
34          <c:set var="total" value="${total+amount}"/>
35          <fmt:formatNumber value="${amount}" type="number" pattern="#,##0"/>원
36      </td>
37      </tr>
38    </c:forEach>
39      <tr>
40        <td colspan="4" align="right" class="b">총 금액 :
41        <fmt:formatNumber value="${total}" type="number" pattern="#,##0"/>원</td>
42      </tr>
43  </table>
44  </div>
45
46  <div id="buyArea">
```

```
47  <form name="buyForm" method="post" action="/shoppingmall/buyPro.do">
48  <table>
49    <tr>
50    <td  colspan="2"><font size="+1" ><b>주문자 정보</b></font></td>
51    </tr>
52    <tr>
53    <td  width="200" align="left">성명</td>
54    <td  width="400" align="left">${member.getName( )}</td>
55    </tr>
56    <tr>
57    <td  width="200" align="left">전화번호</td>
58    <td  width="400" align="left">>${member.getTel( )}</td>
59    </tr>
60    <tr>
61    <td  width="200" align="left">주소</td>
62    <td  width="400" align="left">${member.getAddress( )}</td>
63    </tr>
64    <tr>
65    <td  width="200" align="left">결제계좌</td>
66    <td  width="400" align="left">
67      <select name="account">
68        <c:forEach var="accountList" items="${accountLists}">
69          <option value="${accountList}">${accountList}</option>
70        </c:forEach>
71      </select>
72    </td>
73    </tr>
74  </table>
75  <br>
76
77  <table>
78    <tr>
79    <td  colspan="2" align="center"><font size="+1" ><b>배송지 정보</b></font></td>
80    </tr>
81    <tr>
82    <td  width="200" align="left">성명</td>
83    <td  width="400" align="left">
```

```
 84       <input type="text" name="deliveryName" value="${member.getName( )}">
 85     </td>
 86   </tr>
 87   <tr>
 88     <td  width="200" align="left">전화번호</td>
 89     <td  width="400" align="left">
 90      <input type="text" name="deliveryTel" value="${member.getTel( )}">
 91   </td>
 92   </tr>
 93   <tr>
 94     <td  width="200" align="left">주소</td>
 95     <td  width="400" align="left">
 96      <input type="text" name="deliveryAddess" value="${member.getAddress( )}">
 97      <input type="hidden" name="buyer" value="${sessionScope.id}">
 98     </td>
 99   </tr>
100   <tr>
101     <td colspan="2" align="center">
102        <input type="submit" value="주문">
103        <button id="cancle">취소</button>
104     </td>
105   </tr>
106 </table>
107 </form>
108 </div>
```

03 [New]-[File] 메뉴를 사용해 [shoppingmall]-[WebContent]-[buy] 폴더에 buyForm.js를 작성한다. 기본적인 코딩이 작성되면 다음과 같이 수정하고 저장한다.

```javascript
01 $(document).ready(function( ){
02    $("#cancle").click(function( ){//[취소] 버튼 클릭
03            window.location.href("/shoppingmall/index.do");
04    });
05 });
```

04 [New]-[Class] 메뉴를 사용해 [Java Resources]-[src]의 bookshop.bean 패키지에
BuyProAction.java 파일을 작성한다. 기본적인 코딩이 작성되면 내용을 완성하고
저장한다.

```java
01 package bookshop.command;
02
03 import java.util.List;
04
05 import javax.servlet.http.HttpServletRequest;
06 import javax.servlet.http.HttpServletResponse;
07
08 import bookshop.bean.BuyDBBean;
09 import bookshop.bean.CartDBBean;
10 import bookshop.bean.CartDataBean;
11
12 public class BuyProAction implements CommandAction {
13
14     @Override
15     public String requestPro(HttpServletRequest request,
16         HttpServletResponse response) throws Throwable {
17       // TODO Auto-generated method stub
18       request.setCharacterEncoding("utf-8");
19
20       //구매 처리에 필요한 정보를 파라미터에서 얻어냄
21       String account = request.getParameter("account");
22       String deliveryName = request.getParameter("deliveryName");
23       String deliveryTel = request.getParameter("deliveryTel");
24       String deliveryAddess = request.getParameter("deliveryAddess");
25       String buyer = request.getParameter("buyer");
26       int count = 0;
27
28       //구매 처리를 위해 장바구니의 목록을 얻어냄
29       CartDBBean cartProcess = CartDBBean.getInstance( );
30       count = cartProcess.getListCount(buyer);
31       List<CartDataBean> cartLists = cartProcess.getCart(buyer,count);
32
33       //장바구니의 목록, 구매자, 결제계좌, 배송지 정보를
```

```
34        //buy 테이블에 추가
35        BuyDBBean buyProcess = BuyDBBean.getInstance( );
36        buyProcess.insertBuy(cartLists,buyer,account,
37              deliveryName, deliveryTel, deliveryAddess);
38
39        request.setAttribute("orderStus", "주문완료");
40        request.setAttribute("type", new Integer(1));
41        return "/buy/buyPro.jsp";
42    }
43 }
```

05 [New]–[JSP File] 메뉴를 사용해 [shoppingmall]–[WebContent]–[buy] 폴더에 buyPro.jsp 페이지를 작성한다. 기본적인 코딩이 작성되면 다음과 같이 수정하고 저장한다.

```jsp
01 <%@ page language="java" contentType="text/html; charset=UTF-8"
02    pageEncoding="UTF-8"%>
03 <%@ taglib prefix="c" uri="http://java.sun.com/jsp/jstl/core" %>
04 <meta name="viewport" content="width=device-width,initial-scale=1.0"/>
05 <link rel="stylesheet" href="/shoppingmall/css/style.css"/>
06
07 <c:if test="${empty sessionScope.id}">
08   <meta http-equiv="Refresh" content="0;url=/shoppingmall/index.do">
09 </c:if>
10
11 <div id="orderResult">
12   <p>${orderStus}
13 </div>
14
15 <div id="buyProcess">
16   <form id="buyPro" method="post" action="/shoppingmall/buyList.do">
17     <input type="hidden" name="buyer" value="${sessionScope.id}">
18      <input type="submit" value="주문확인" >
19   </form>
20 </div>
```

06 [New]–[Class] 메뉴를 사용해 [Java Resources]–[src]의 bookshop.bean 패키지에
BuyListAction.java 파일을 작성한다. 기본적인 코딩이 작성되면 내용을 완성하고
저장한다.

```java
01  package bookshop.command;
02
03  import java.util.List;
04
05  import javax.servlet.http.HttpServletRequest;
06  import javax.servlet.http.HttpServletResponse;
07
08  import bookshop.bean.BuyDataBean;
09  import bookshop.bean.BuyDBBean;
10
11  public class BuyListAction implements CommandAction {
12
13      @Override
14      public String requestPro(HttpServletRequest request,
15          HttpServletResponse response) throws Throwable {
16          // TODO Auto-generated method stub
17          request.setCharacterEncoding("utf-8");
18          String buyer = request.getParameter("buyer");
19
20          List<BuyDataBean> buyLists = null;
21          int count = 0;
22
23          //해당 buyer의 구매 목록의 수를 얻어냄
24          BuyDBBean buyProcess = BuyDBBean.getInstance( );
25          count = buyProcess.getListCount(buyer);
26
27          if(count > 0){//구매 목록이 있으면 수행
28              //해당 buyer의 구매 목록을 얻어냄
29              buyLists = buyProcess.getBuyList(buyer);
30              request.setAttribute("buyLists",buyLists);
31          }
32
33          request.setAttribute("count", new Integer(count));
```

```
34        request.setAttribute("type", new Integer(1));
35        return "/buy/buyList.jsp";
36    }
37 }
```

07 [New]-[JSP File] 메뉴를 사용해 [shoppingmall]-[WebContent]-[buy] 폴더에 buyList.jsp 페이지를 작성한다. 기본적인 코딩이 작성되면 다음과 같이 수정하고 저장한다.

```
01 <%@ page language="java" contentType="text/html; charset=UTF-8"
02     pageEncoding="UTF-8"%>
03 <%@ taglib prefix="c" uri="http://java.sun.com/jsp/jstl/core" %>
04 <%@ taglib prefix="fmt" uri="http://java.sun.com/jsp/jstl/fmt" %>
05 <%@ taglib prefix="fn" uri="http://java.sun.com/jsp/jstl/functions" %>
06 <meta name="viewport" content="width=device-width,initial-scale=1.0"/>
07 <link rel="stylesheet" href="/shoppingmall/css/style.css"/>
08 <script src="/shoppingmall/js/jquery-1.11.0.min.js"></script>
09 <script src="/shoppingmall/buy/buyList.js"></script>
10
11 <c:if test="${empty sessionScope.id}">
12   <meta http-equiv="Refresh" content="0;url=/shoppingmall/index.do">
13 </c:if>
14
15 <div id="goShop">
16   <button id="conShopping">쇼핑계속</button>
17   <button id="shopMain">메인으로</button>
18 </div>
19 <div id="buyList">
20 <c:if test="${count == 0}">
21   <ul>
22     <li>구매 목록이 없습니다.
23   </ul>
24 </c:if>
25
26 <c:if test="${count > 0}">
27   <c:set var="total" value="0"/>
```

```jsp
28  <c:forEach var="i" begin="0" end="${buyLists.size( )-1}">
29    <c:set var="buylist" value="${buyLists.get(i)}"/>
30    <c:set var="pid" value="${buylist.getBuy_id( )}"/>
31    <c:if test="${i+1 > buyLists.size( )-1 }">
32      <c:set var="nid" value="0"/>
33    </c:if>
34    <c:if test="${i+1 <= buyLists.size( )-1 }">
35      <c:set var="nid" value="${buyLists.get(i+1).getBuy_id( )}"/>
36    </c:if>
37    <table>
38     <tr>
39      <td width="150">주문번호</td>
40      <td width="300">상품명</td>
41      <td width="100">판매가격</td>
42      <td width="50">수량</td>
43      <td width="100">금액</td>
44      <td width="100">배송상황</td>
45     </tr>
46     <tr>
47      <td width="150">${buylist.getBuy_id( )}</td>
48      <td width="300"> <img src="/shoppingmall/bookImage/${buylist.getBook_image( )}"
49         class="cartimage">${buylist.getBook_title( )}</td>
50      <td width="100">
51        <fmt:formatNumber value="${buylist.getBuy_price( )}" type="number"
           pattern="#,##0"/>원</td>
52      <td width="50">${buylist.getBuy_count( )}</td>
53      <td width="100">
54        <c:set var="amount" value="${buylist.getBuy_count( )*buylist.getBuy_price( )}"/>
55        <c:set var="total" value="${total+amount}"/>
56        <fmt:formatNumber value="${amount}" type="number" pattern="#,##0"/>원
57      </td>
58      <td width="100">${buylist.getSanction( )}</td>
59     </tr>
60    </table>
61  <c:if test="${pid != nid}">
62    <p align="right" class="b">주문금액 :
63      <fmt:formatNumber value="${total}" type="number" pattern="#,##0"/>원</p>
64    <c:set var="total" value="0"/>
```

```
65    <c:set var="pid" value="${nid}"/>

66    </c:if>

67    </c:forEach>

68 </c:if>

69 </div>
```

---

08 [New]-[File] 메뉴를 사용해 [shoppingmall]-[WebContent]-[buy] 폴더에 buyList.js를 작성한다. 기본적인 코딩이 작성되면 다음과 같이 수정하고 저장한다.

```javascript
01 $(document).ready(function( ){

02    $("#conShopping").click(function( ){//[쇼핑계속] 버튼 클릭

03            window.location.href("/shoppingmall/list.do?book_kind=all");

04    });

05

06    $("#shopMain").click(function( ){//[메인으로] 버튼 클릭

07            window.location.href("/shoppingmall/index.do");

08    });

09 });
```

---

01 🌐 아이콘을 클릭하여 이클립스 내장 웹 브라우저를 실행한다. 내장 웹 브라우저의 주소에 "http://localhost:8080/shoppingmall/index.do"를 직접 입력하고 [Enter] 키를 눌러 실행한다. 화면이 표시되면 로그인 되어 있지 않은 경우 로그인을 한다.

02 사용자 메인 화면에서 [장바구니] 버튼을 누르고 장바구니 목록에서 [구매하기] 버튼을 클릭한다.

03 구매 폼이 표시되면 추가 정보를 입력하고 [주문] 버튼을 클릭한다.

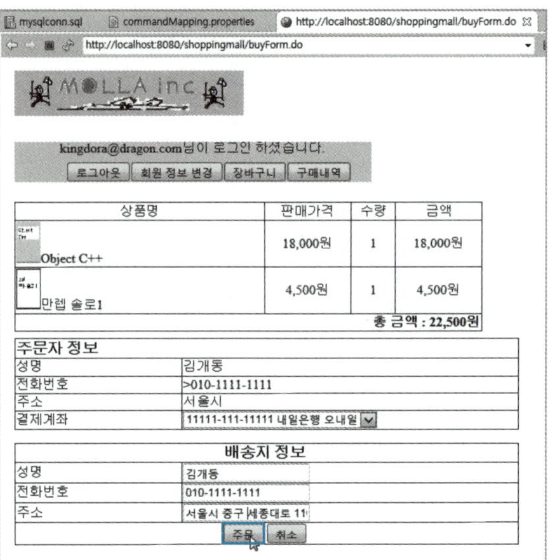

04 [구매목록]에서 구매된 상품을 확인할 수 있다.

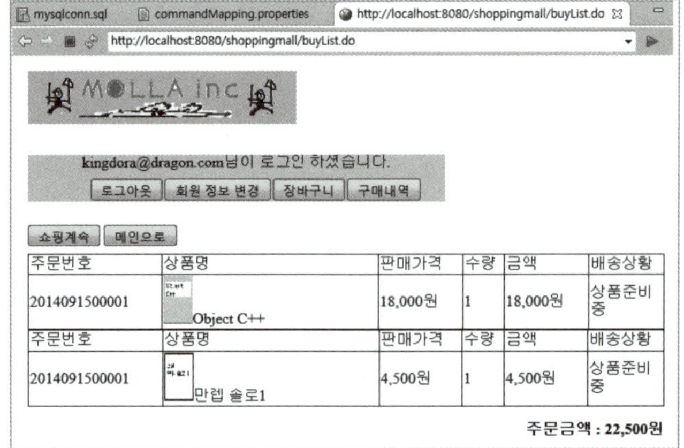

● Ajax와 모델 2를 사용한 웹 서비스의 기본 구조는 다음과 같다.

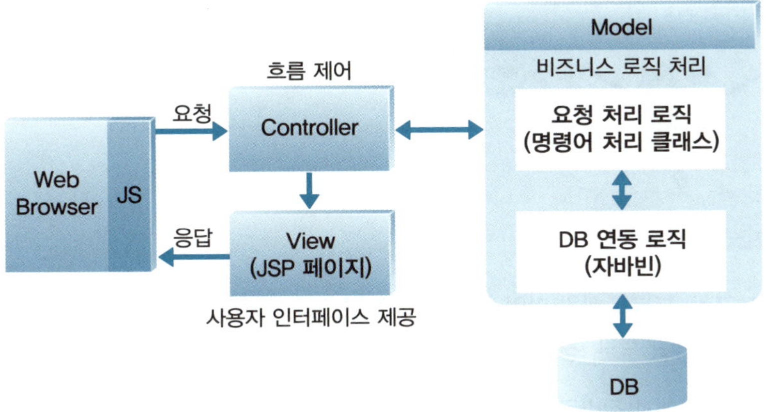

● 쇼핑몰은 기본적으로 물품을 등록 및 수정하고 구매 목록을 관리하는 관리자의 영역과 등록된 상품을 기반으로 작성된 쇼핑몰을 사용하는 사용자의 쇼핑 영역으로 나뉜다.

　• 관리자 영역 : 관리자 인증, 물품 등록 및 수정, QnA 관리, 구매 목록 관리

　• 관리자 인증 부분 : 관리자를 인증하는 부분으로 관리자 인증에 성공하면 상품 관리, 구매 관리, 상품 Q&A 관리 부분이 표시된다.

　• 상품 관리 부분 : 쇼핑몰의 상품을 등록, 수정 및 삭제하는 부분으로 쇼핑몰의 상품을 관리한다.

　• 구매 관리 부분 : 사용자가 쇼핑몰에서 구매한 구매 목록을 관리한다. 여기에는 구매 목록 상태가 표시된다.

　• 상품 Q&A 관리 부분 : 사용자의 상품 문의에 대한 답변글을 쓰고 관리한다.

- 사용자 영역 : 쇼핑 화면 구성(사용자 인증, 쇼핑 작업, 상품 QnA 게시판 등이 포함), 장바구니 관리, 구매 관리

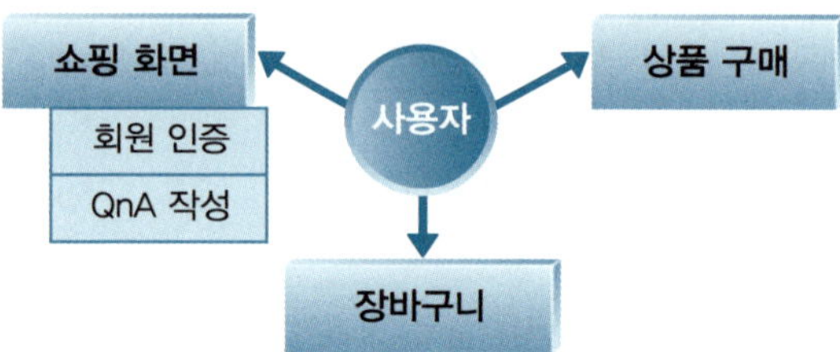

- 쇼핑 화면(회원 인증, QnA 포함) 부분 : 회원 가입 · 인증 · 수정 · 탈퇴의 작업이 포함된 회원 인증, 쇼핑몰의 메인 화면 및 상세 정보 제공 부분, 상품 QnA 작성 · 수정 · 삭제 작업으로 이루어진다.

- 장바구니 부분 : 사용자가 쇼핑몰에서 장바구니에 물건 추가, 수량 수정, 항목 삭제, 장바구니 비우기 작업으로 이루어진다.

- 구매 부분 : 사용자의 구매 폼 작성, 구매된 목록 보기 작업으로 이루어진다.

chapter 01

1
- 웹 브라우저 : 웹 애플리케이션에서 클라이언트이며, 사용자의 작업 창
- 웹 서버 : 웹 브라우저의 요청을 받아들이는 곳으로, 웹 브라우저가 요청한 작업의 결과를 웹 브라우저에게 응답
- 웹 애플리케이션 서버 : 웹 브라우저가 요청한 작업에 필요한 프로그래밍 로직의 처리 및 데이터베이스와의 연동을 처리하는 부분. 이때 처리 결과를 웹 브라우저로 응답하기 위해서 처리 결과를 웹 서버로 보냄
- 데이터베이스 : 데이터의 저장소로 웹에서 발생한 데이터는 모두 이곳에 저장

2
- CGI 방식 : 웹서버가 애플리케이션 프로그램을 직접 호출하는 구조. 이때 어플리케이션 프로그램의 처리 방식은 프로세스를 생성하여 처리. 하나의 요청에 대해 1개의 프로세스가 생성되어서 그 요청을 처리한 뒤 종료
- 웹 애플리케이션 서버 방식 : 웹 서버가 직접 애플리케이션 프로그램을 처리하는 것이 아니라, 웹 애플리케이션 서버에게 처리를 넘겨주고 애플리케이션 서버가 애플리케이션 프로그램을 처리

3
- CGI : 웹 서버와 동적 콘텐츠 생성을 맡은 프로그램 사이에서 정보를 주고받는 인터페이스로, 어떠한 언어라도 CGI의 규약을 준수한다면 사용 가능
- ASP : ActiveX라는 제공된 컴포넌트를 사용할 수 있으며, 이것을 직접 개발하기 위한 기능도 제공
- PHP : 어떤 플랫폼에서든지 동작하며 C 언어의 문법과 유사하기 때문에 기존의 개발자들에게 쉽게 사용
- JSP/Servlet : 자바 기반으로 만들어진 웹 프로그래밍 언어. Servlet이 자바 코드에 의존적이라면 JSP는 덜 의존적이라 프로그래밍하기가 보다 쉽고 편함

4
① 클라이언트의 서비스 요청 → 객체 생성의 유무 체크 : only one
② Yes면 생성 안 함, no면 객체 생성(메모리에 올린다)
③ Invoker 실행
　Thread를 하나 만들어줌 – 작업용 request당 1개씩
④ Invoker에서 생성된 thread에서 service 메소드(response의 내용이 담김) 호출, Thread의 run 메소드와 유사, 클라이언트당 1개씩 생성
⑤ 결과를 클라이언트에게 보냄. 이때 결과를 mime type으로 보내는데 웹 브라우저의 mime type은 text/html

5　Get, Post, Head, Put, Delete, Trace, Options

chapter 03

1　부록 CD\source의 [ex] 프로젝트의 [WebContent]–[ex03] 폴더에 수록

2　부록 CD\source의 [ex] 프로젝트의 [WebContent]–[ex03] 폴더에 수록

3　부록 CD\source의 [ex] 프로젝트의 [WebContent]–[ex03] 폴더에 수록

chapter 04

1　부록 CD\source의 [ex] 프로젝트의 [WebContent]–[ex04] 폴더에 수록

2　부록 CD\source의 [ex] 프로젝트의 [WebContent]–[ex04] 폴더에 수록

3　부록 CD\source의 [ex] 프로젝트의 [WebContent]–[ex04] 폴더에 수록

chapter 05

1　page, name, page

2　include 액션 태그 : 지정한 실행 결과를 포함할 때 사용

include 디렉티브 : 조각 코드를 삽입할 때 사용

3　홍길동 님이 좋아하는 스포츠는 eSports입니다.

chapter 07

1　부록 CD\source의 [ex] 프로젝트의 [WebContent]–[ex07] 폴더에 수록

2　부록 CD\source의 [ex] 프로젝트의 [WebContent]–[ex07] 폴더에 수록

3　부록 CD\source의 [ex] 프로젝트의 [WebContent]–[ex07] 폴더에 수록

chapter 08

1　부록CD\source의 [ex] 프로젝트의 [src]의 [ex\ch08] 패키지에 수록

2　부록CD\source의 [ex] 프로젝트의 [WebContent]–[ex07] 폴더의 ex08-01.jsp

chapter 10

1　쿠키는 웹 페이지 간의 상태를 유지하기 위한 정보를 웹 브라우저에 저장

2　• 쿠키 생성 : Cookie 클래스의 객체를 생성한 후 response 객체의 addCookie( ) 메소드를 사용해서 쿠키 저장

• 쿠키 사용 : 웹 브라우저의 요청에 실려 온 쿠키를 request 객체의 getCookies( ) 메소드를 사용

3　세션은 웹 페이지 간의 상태를 유지하기 위한 정보를 서버에 저장

4　• 세션 속성 설정 : session 객체의 setAttribute( ) 메소드 사용

• 세션 속성 얻기 : session 객체의 getAttribute( ) 메소드 사용

JSP 2.3 웹 프로그래밍

발 행 일	초판 1쇄 발행 2014년 11월 20일
	초판 5쇄 발행 2019년 9월 10일

지 은 이	김은옥
발 행 인	신재석
발 행 처	(주)삼양미디어
주 소	서울시 마포구 양화로 6길 9-28
전 화	02) 335-3030
팩 스	02) 335-2070
등록번호	제 10-2285호
	Copyright ⓒ 2014., 2019. samyangmedia
홈페이지	www.samyangM.com
I S B N	978-89-5897-291-4(13560)

정 가	38,000원